Win-Q

실내건축
산업기사 필기

시대에듀

합격에 **윙크[Win-Q]**하다!

Win-Q

Win Qualification

Always with you

사람이 길에서 우연하게 만나거나 함께 살아가는 것만이 인연은 아니라고 생각합니다.
책을 펴내는 출판사와 그 책을 읽는 독자의 만남도 소중한 인연입니다.
시대에듀는 항상 독자의 마음을 헤아리기 위해 노력하고 있습니다.
늘 독자와 함께하겠습니다.

 끝까지 책임진다! 시대에듀!
QR코드를 통해 도서 출간 이후 발견된 오류나 개정법령, 변경된 시험 정보, 최신기출문제, 도서 업데이트 자료 등이 있는지 확인해 보세요! **시대에듀 합격 스마트 앱**을 통해서도 알려 드리고 있으니 구글 플레이나 앱 스토어에서 다운받아 사용하세요.
또한, 파본 도서인 경우에는 구입하신 곳에서 교환해 드립니다.

편집진행 윤진영 · 김달해 · 권기윤 | **표지디자인** 권은경 · 길전홍선 | **본문디자인** 정경일

PREFACE

실내건축 분야의 전문가를 향한 첫 발걸음!

'시간을 덜 들이면서도 시험을 좀 더 효율적으로 대비하는 방법은 없을까'
'짧은 시간 안에 시험을 준비할 수 있는 방법은 없을까'

자격증 시험을 앞둔 수험생들이라면 누구나 한 번쯤 들었을 법한 생각이다. 실제로도 많은 자격증 관련 카페에서도 빈번하게 올라오는 질문이기도 하다. 이런 질문들에 대해 대체적으로 기출문제 분석 → 출제경향 파악 → 핵심이론 요약 → 관련 문제 반복 숙지의 과정을 거쳐 시험을 대비하라는 답변이 꾸준히 올라오고 있다.

윙크(Win-Q) 시리즈는 위와 같은 질문과 답변을 바탕으로 기획되어 발간된 도서이다.
그중에서도 윙크(Win-Q) 실내건축산업기사는 PART 01 핵심이론, PART 02 과년도+최근 기출복원문제로 구성하였다. PART 01은 과거에 치러 왔던 기출문제의 keyword를 철저하게 분석하여, 자주 출제되는 중요 이론과 관련 빈출문제를 수록하였다. PART 02에서는 과년도 기출문제와 최근 기출복원문제를 수록하여 상세한 해설을 통해 핵심이론만으로는 아쉬운 내용을 보충 학습하고, 최근에 출제되고 있는 새로운 유형의 문제에 대비할 수 있게 하였다.

자격증 시험의 목적은 높은 점수를 받아 합격하는 것이라기보다는 합격 그 자체에 있다. 다시 말해 평균 60점만 넘으면 어떤 시험이든 합격이 가능하다. 효과적인 자격증 대비서로서 기존의 부담스러웠던 수험서에서 과감하게 군살을 제거하고 꼭 필요한 공부만 할 수 있도록 구성한 윙크(Win-Q) 시리즈가 수험준비생들에게 '합격 비법노트'로서 함께하는 수험서로 자리 잡길 바란다. 수험생 여러분들의 건승을 기원한다.

편저자 씀

자격증 · 공무원 · 금융/보험 · 면허증 · 언어/외국어 · 검정고시/독학사 · 기업체/취업
이 시대의 모든 합격! 시대에듀에서 합격하세요!
www.youtube.com → 시대에듀 → 구독

시험안내

개요
실내 공간은 기능적 조건뿐만 아니라, 인간의 예술적·정서적 욕구의 만족까지 추구해야 하는 것으로 실내 공간을 계획하는 실내건축 분야는 환경에 대한 이해와 건축적 이해를 바탕으로 기능적이고 합리적인 계획, 시공 등의 업무를 수행할 수 있는 지식과 기술이 요구된다. 이에 따라 건축 의장 분야에서 필요로 하는 인력을 양성하고자 자격제도를 제정하였다.

진로 및 전망
건축설계사무실, 건설회사, 인테리어사업부, 인테리어전문업체, 백화점, 방송국, 모델 하우스 전문시공업체, 디스플레이전문업체 등에 취업할 수 있으며, 본인이 직접 개업하거나 프리랜서로 활동이 가능하다. 실내건축은 창의적인 능력과 경험을 토대로 하는 지식산업의 하나로 상당한 부가가치를 창출할 수 있으며, 실내 공간의 용도가 전문적이고도 특별한 기능이 요구되고 있어 업무영역의 확대로 실내건축산업기사의 인력수요는 증가할 전망이다.

시험일정

구분	필기원서접수 (인터넷)	필기시험	필기합격 (예정자)발표	실기원서접수	실기시험	최종 합격자 발표일
제1회	1월 중순	2월 초순	3월 중순	3월 하순	4월 중순	6월 중순
제2회	4월 중순	5월 초순	6월 중순	6월 하순	7월 중순	9월 중순
제3회	7월 하순	8월 초순	9월 초순	9월 하순	11월 초순	12월 하순

※ 상기 시험일정은 시행처의 사정에 따라 변경될 수 있으니, www.q-net.or.kr에서 확인하시기 바랍니다.

시험요강
❶ 시행처 : 한국산업인력공단
❷ 관련 학과 : 전문대학 이상의 실내건축, 실내디자인 건축설계디자인공학, 건축설계학 관련 학과
❸ 시험과목
　㉠ 필기 : 실내디자인 계획, 실내디자인 시공 및 재료, 실내디자인 환경
　㉡ 실기 : 실내디자인 실무
❹ 검정방법
　㉠ 필기 : 객관식 4지 택일형 60문항(1시간 30분)
　㉡ 실기 : 복합형[필답형(1시간) + 작업형(5시간 정도)]
❺ 합격기준
　㉠ 필기 : 100점을 만점으로 하여 과목당 40점 이상, 전 과목 평균 60점 이상
　㉡ 실기 : 100점을 만점으로 하여 60점 이상

검정현황

필기시험

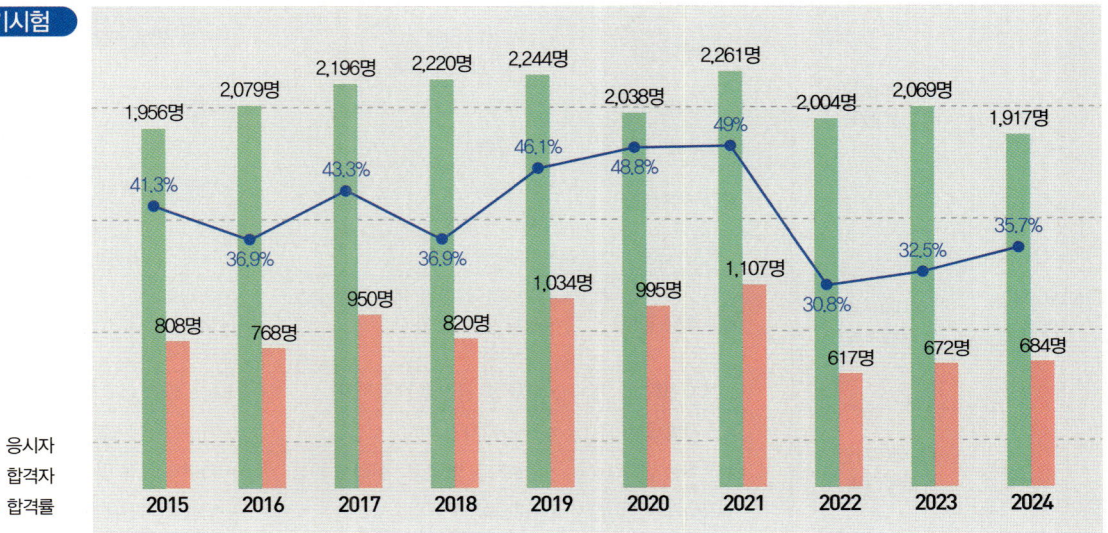

실기시험

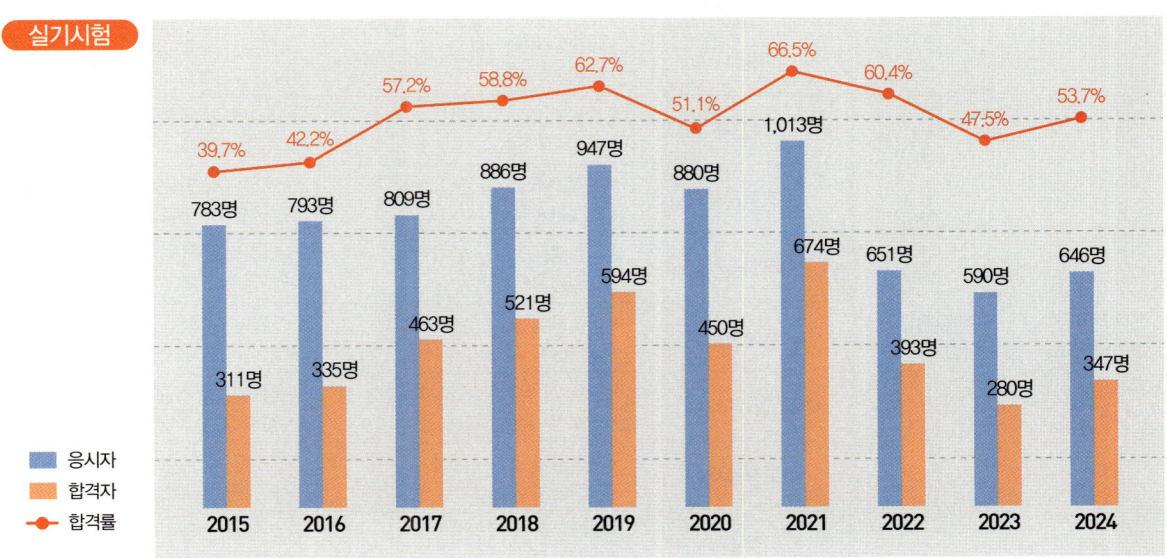

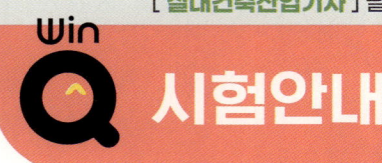

[실내건축산업기사] 필기

시험안내

출제기준(필기)

필기 과목명	주요항목	세부항목	세세항목	
실내디자인 계획	실내디자인 기본계획	디자인 요소	• 점, 선, 면, 형태	• 질감, 문양, 공간 등
		디자인 원리	• 스케일과 비례 • 조화, 대비, 통일 등	• 균형, 리듬, 강조
		실내디자인 요소	• 고정적 요소(1차적 요소)	• 가동적 요소(2차적 요소)
		공간 기본 구상	• 조닝계획	• 동선계획
		공간 기본계획	• 주거 공간계획 • 상업 공간계획	• 업무 공간계획 • 전시 공간계획
	실내디자인 색채계획	색채 구상	• 색채 기본 구상	• 부위 및 공간별 색채 구상
		색채 적용 검토	• 부위 및 공간별 색채 적용 검토 • 색채 분류 및 표시 • 색채 심리	• 색채 지각 • 색채 조화 • 색채 관리
		색채계획	• 부위 및 공간별 색채계획	• 용도와 특성에 맞는 색채계획
	실내디자인 가구계획	가구 자료 조사	• 가구 디자인 역사 · 트렌드	• 가구 구성 재료
		가구 적용 검토	• 사용자의 행태적 · 심리적 특성	• 가구의 종류 및 특성
		가구계획	• 공간별 가구계획	• 업종별 가구계획
	실내건축 설계 시각화 작업	2D 표현	• 2D 설계 도면의 종류 및 이해	• 2D 설계 도면 작성 기준
		3D 표현	• 3D 설계 도면의 종류 및 이해	• 3D 설계 도면 작성 기준
		모형 제작	• 모형 제작계획	
실내디자인 시공 및 재료	실내디자인 마감계획	목공사	• 목공사 조사 · 분석 • 목공사 시공	• 목공사 적용 검토 • 목공사 재료
		석공사	• 석공사 조사 · 분석 • 석공사 시공	• 석공사 적용 검토 • 석공사 재료
		조적공사	• 조적공사 조사 · 분석 • 조적공사 시공	• 조적공사 적용 검토 • 조적공사 재료
		타일공사	• 타일공사 조사 · 분석 • 타일공사 시공	• 타일공사 적용 검토 • 타일공사 재료
		금속공사	• 금속공사 조사 · 분석 • 금속공사 시공	• 금속공사 적용 검토 • 금속공사 재료
		창호 및 유리공사	• 창호 및 유리공사 조사 · 분석 • 창호 및 유리공사 시공	• 창호 및 유리공사 적용 검토 • 창호 및 유리공사 재료
		도장공사	• 도장공사 조사 · 분석 • 도장공사 시공	• 도장공사 적용 검토 • 도장공사 재료
		미장공사	• 미장공사 조사 · 분석 • 미장공사 시공	• 미장공사 적용 검토 • 미장공사 재료
		수장공사	• 수장공사 조사 · 분석 • 수장공사 시공	• 수장공사 적용 검토 • 수장공사 재료

필기 과목명	주요항목	세부항목	세세항목	
실내디자인 시공 및 재료	실내디자인 시공관리	공정계획 관리	• 설계도 해석 · 분석 • 공정계획서 • 자재 성능검사	• 소요 예산계획 • 공사 진도관리
		안전관리	• 안전관리계획 수립 • 안전시설 설치 • 피난계획 수립	• 안전관리 체크리스트 작성 • 안전교육
		실내디자인 협력 공사	• 가설공사 • 방수 및 방습공사 • 기타 공사	• 콘크리트공사 • 단열 및 음향공사
		시공감리	• 공사 품질관리 기준 • 공사현장 검측 • 검사장비 사용과 검·교정	• 자재 품질 적정성 판단 • 시공 결과 적정성 판단
	실내디자인 사후관리	유지관리	• 하자요인 유지관리지침 • 하자 대처방안	
실내디자인 환경	실내디자인 자료조사 · 분석	주변환경 조사	• 열 및 습기 환경 • 빛환경	• 공기환경 • 음환경
		건축법령 분석	• 총칙 • 건축설비	• 건축물의 구조 및 재료 등 • 보칙
		건축 관계 법령 분석	• 건축물의 설비기준 등에 관한 규칙 • 건축물의 피난 · 방화구조 등의 기준에 관한 규칙 • 장애인 · 노인 · 임산부 등의 편의증진 보장에 관한 법률	
		소방시설 설치 및 관리에 관한 법령 분석	• 총칙 • 소방시설 등의 설치 · 관리 및 방염	
	실내디자인 조명계획	실내 조명 자료 조사	• 조명방법	• 조도 분포와 조도 측정
		실내 조명 적용 검토	• 조명 연출	
		실내 조명계획	• 공간별 조명 • 조명기구 시공계획	• 조명 설계도서 • 물량 산출
	실내디자인 설비계획	기계설비계획	• 기계설비 조사 · 분석 • 각종 기계설비계획	• 기계설비 적용 검토
		전기설비계획	• 전기설비 조사 · 분석 • 각종 전기설비계획	• 전기설비 적용 검토
		소방설비계획	• 소방설비 조사 · 분석 • 각종 소방설비계획	• 소방설비 적용 검토

[실내건축산업기사] 필기

CBT 응시 요령

전면 CBT 시행에 따른
CBT 완전 정복!

"CBT 가상 체험 서비스 제공"
한국산업인력공단
(http://www.q-net.or.kr) 참고

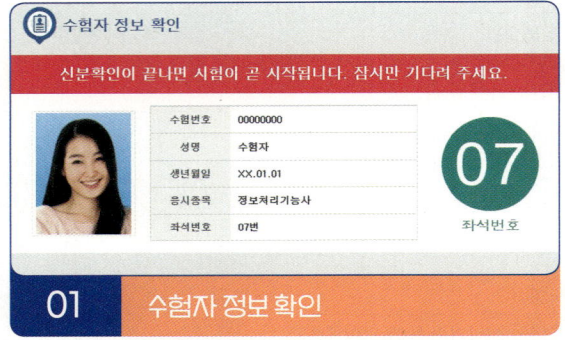

01 수험자 정보 확인

시험장 감독위원이 컴퓨터에 나온 수험자 정보와 신분증이 일치하는지를 확인하는 단계입니다. 수험번호, 성명, 생년월일, 응시종목, 좌석번호를 확인합니다.

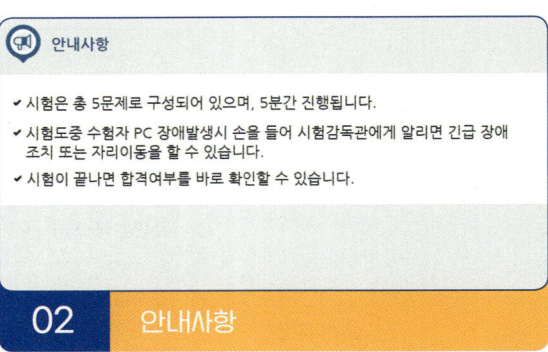

02 안내사항

시험에 관한 안내사항을 확인합니다.

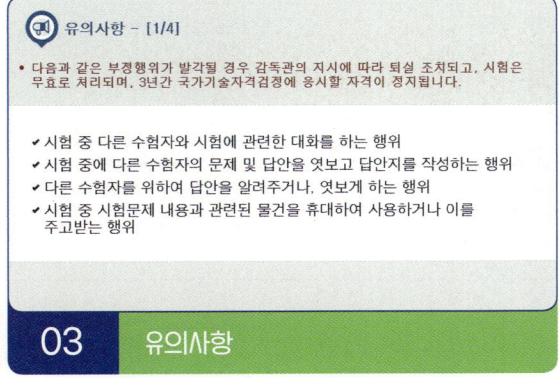

03 유의사항

부정행위에 관한 유의사항이므로 꼼꼼히 확인합니다.

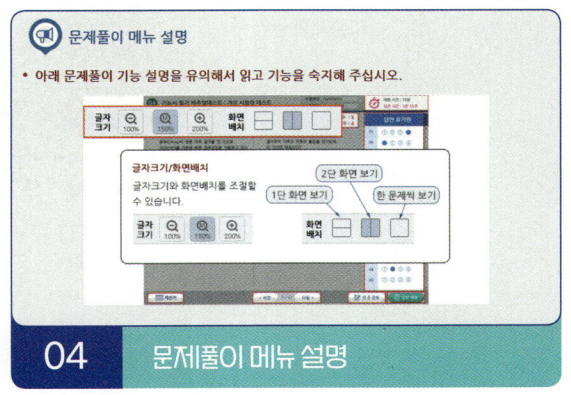

04 문제풀이 메뉴 설명

문제풀이 메뉴의 기능에 관한 설명을 유의해서 읽고 기능을 숙지해 주세요.

FORMULA OF PASS · SDEDU.CO.KR

CBT GUIDE

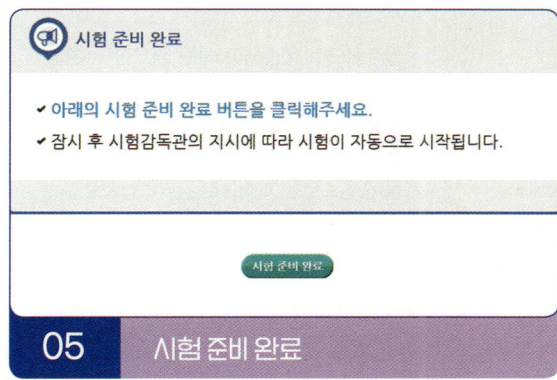

05 시험 준비 완료

시험 안내사항 및 문제풀이 연습까지 모두 마친 수험자는 시험 준비 완료 버튼을 클릭한 후 잠시 대기합니다.

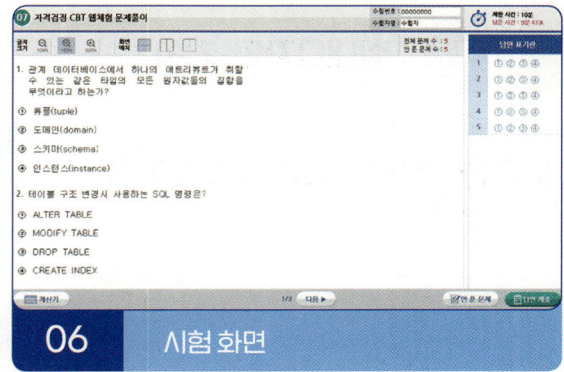

06 시험 화면

시험 화면이 뜨면 수험번호와 수험자명을 확인하고, 글자크기 및 화면배치를 조절한 후 시험을 시작합니다.

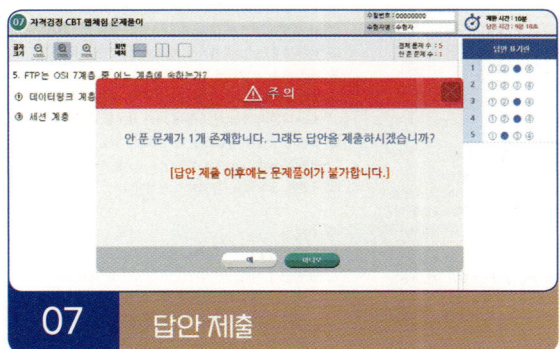

07 답안 제출

[답안 제출] 버튼을 클릭하면 답안 제출 승인 알림창이 나옵니다. 시험을 마치려면 [예] 버튼을 클릭하고 시험을 계속 진행하려면 [아니오] 버튼을 클릭하면 됩니다. 답안 제출은 실수 방지를 위해 두 번의 확인 과정을 거칩니다. [예] 버튼을 누르면 답안 제출이 완료되며 득점 및 합격여부 등을 확인할 수 있습니다.

CBT 완전 정복 Tip

내 시험에만 집중할 것
CBT 시험은 같은 고사장이라도 각기 다른 시험이 진행되고 있으니 자신의 시험에만 집중하면 됩니다.

이상이 있을 경우 조용히 손을 들 것
컴퓨터로 진행되는 시험이기 때문에 프로그램상의 문제가 있을 수 있습니다. 이때 조용히 손을 들어 감독관에게 문제점을 알리며, 큰 소리를 내는 등 다른 사람에게 피해를 주는 일이 없도록 합니다.

연습 용지를 요청할 것
응시자의 요청에 한해 연습 용지를 제공하고 있습니다. 필요시 연습 용지를 요청하며 미리 시험에 관련된 내용을 적어놓지 않도록 합니다. 연습 용지는 시험이 종료되면 회수되므로 들고 나가지 않도록 유의합니다.

답안 제출은 신중하게 할 것
답안은 제한 시간 내에 언제든 제출할 수 있지만 한 번 제출하게 되면 더 이상의 문제풀이가 불가합니다. 안 푼 문제가 있는지 또는 맞게 표기하였는지 다시 한 번 확인합니다.

[실내건축산업기사] 필기

구성 및 특징

핵심이론

필수적으로 학습해야 하는 중요한 이론들을 각 과목별로 분류하여 수록하였습니다. 시험과 관계없는 두꺼운 기본서의 복잡한 이론은 이제 그만! 시험에 꼭 나오는 이론을 중심으로 효과적으로 공부하십시오.

10년간 자주 출제된 문제

출제기준을 중심으로 출제 빈도가 높은 기출문제와 필수적으로 풀어보아야 할 문제를 핵심이론당 1~2문제씩 선정했습니다. 각 문제마다 핵심을 찌르는 명쾌한 해설이 수록되어 있습니다.

FORMULA OF PASS · SDEDU.CO.KR

STRUCTURES

과년도 기출문제

지금까지 출제된 과년도 기출문제를 수록하였습니다. 각 문제에는 자세한 해설이 추가되어 핵심이론만으로는 아쉬운 내용을 보충 학습하고 출제경향의 변화를 확인할 수 있습니다.

최근 기출복원문제

최근에 출제된 기출문제를 복원하여 가장 최신의 출제경향을 파악하고 새롭게 출제된 문제의 유형을 익혀 처음 보는 문제들도 모두 맞힐 수 있도록 하였습니다.

이 책의 목차

[실내건축산업기사] 필기

빨리보는 간단한 키워드

PART 01	핵심이론	
CHAPTER 01	실내디자인 계획	002
CHAPTER 02	실내디자인 시공 및 재료	107
CHAPTER 03	실내디자인 환경	208

PART 02	과년도 + 최근 기출복원문제	
2015년	과년도 기출문제	312
2016년	과년도 기출문제	370
2017년	과년도 기출문제	426
2018년	과년도 기출문제	483
2019년	과년도 기출문제	542
2020년	과년도 기출문제	598
2021년	과년도 기출복원문제	634
2022년	과년도 기출복원문제	672
2023년	과년도 기출복원문제	700
2024년	과년도 기출복원문제	728
2025년	최근 기출복원문제	755

빨간키

빨리보는 간단한 키워드

CHAPTER 01 실내디자인 계획

■ 점
- 하나의 점 : 배경의 중심에 있는 하나의 점은 점에 시선을 집중시키고, 정지의 효과를 느끼게 한다.
- 두 개의 점 : 두 개의 점 사이에는 서로 잡아당기는 인장력이 지각된다.
- 다수의 점 : 나란히 있는 점의 간격에 따라 집합·분리의 효과를 얻는다.

■ 선
선은 위치, 길이, 방향의 개념은 있으나 폭과 깊이의 개념은 없으며 면의 한계, 교차에서 나타난다.
- 수평선 : 안정되고 편안한 느낌을 주며, 영원, 확대, 무한, 침착, 고요 등 정적인 느낌을 준다.
- 수직선 : 구조적인 높이감 외에 상승감, 존엄성, 엄숙함, 위엄, 절대, 희망, 강한 의지의 느낌을 준다.
- 사선 : 역동적이고 방향적이며 시각적으로 위험, 변화, 활동적인 느낌을 준다.
- 곡선 : 매력적이고 우아하며 흥미로운 느낌을 주어 실내의 경직된 분위기를 부드럽고, 유연하고, 경쾌하고, 여성적으로 느끼게 한다.

■ 면
- 면은 길이와 폭, 위치, 방향을 갖지만 두께는 없다.
- 면 자체의 절단에 의해 새로운 면을 얻을 수 있다.
- 면의 종류는 선의 궤적에 따라 수없이 만들어진다.
- 면은 선을 조밀하게 함으로써 느낄 수 있다.
- 평면은 형태와 공간의 볼륨(volume)을 한정한다.
- 곡면은 온화하고, 유연하며 동적이다.

■ 형태(form)
- 이념적 형태(순수 형태, 상징적 형태) : 인간의 지각, 즉 시각과 촉각 등으로 직접 느낄 수 없고 개념적으로만 제시될 수 있는 형태로 순수 형태, 상징적 형태, 추상적 형태라고도 한다.
  ※ 추상적 형태 : 구체적 형태를 생략 또는 과장의 과정을 거쳐 재구성된 형태이다.
- 현실적 형태 : 우리가 직접 지각하여 얻는 형태이다.
  - 자연적 형태 : 자연계에 존재하는 모든 것으로부터 보이는 형태이다.
  - 인위적 형태 : 인간에 의해 만들어진 사물이나 환경에서 보이는 형태이다.

▌ 형태의 지각심리 – 게슈탈트(Gestalt)의 법칙

- 접근성(근접성) : 가까이 있는 두 개 또는 그 이상의 시각요소들이 서로 가까이 있으면 하나의 패턴이나 그룹으로 인지하게 되는 경향이다.
- 유사성 : 비슷한 형태, 규모, 색채, 질감, 명암, 패턴의 그룹을 하나의 그룹으로 지각하는 경향이다.
- 연속성 : 유사한 배열로 구성된 형들이 연속되어 보이는 하나의 묶음으로 지각되는 것으로 공동운명의 법칙이라고도 한다.
- 폐쇄성 : 시각요소들이 어떤 형상을 지각하는 데 있어서 폐쇄된 느낌을 주는 법칙이다.

▌ 형과 배경의 법칙 – 다의 도형의 착시(반전 착시)

- 형과 배경이 교체하는 것을 모호한 형 혹은 반전 도형이라고도 한다.
- 형과 배경이 순간적으로 번갈아 보이면서 다른 형태로 지각되는 심리의 대표적인 예로 '루빈의 항아리'를 들 수 있다.

▌ 질감

- 촉각 또는 시각으로 지각할 수 있는 어떤 물체 표면상의 특징이다.
- 질감 선택 시 스케일, 빛의 반사와 흡수, 촉감 등의 요소를 고려해야 한다.
- 좁은 실내 공간을 넓게 느껴지도록 하기 위해서는 밝은색을 사용하고, 표면이 곱고 매끄러운 재료를 사용한다.

▌ 척도(스케일)

물체의 크기와 인간과의 관계 및 물체 상호 간의 관계를 표시하는 디자인 원리이다.

▌ 황금비례

- 황금비례는 1 : 1.618이다.
- 한 선분을 길이가 다른 두 선분으로 분할했을 때, 긴 선분에 대한 짧은 선분의 길이의 비가 전체 선분에 대한 긴 선분의 길이의 비와 같을 때 이루어지는 비례이다.
- 르 코르뷔지에(Le Corbusier)가 제시한 모듈러와 가장 관계가 깊은 디자인 원리이다.

■ 균형
디자인 요소들의 상호작용이 하나의 지점에서 역학적으로 평형을 갖거나 전체의 그룹 안에서 서로 균등함을 이루고 있는 상태를 말한다.

■ 리듬
규칙적인 요소들의 반복으로 디자인에 시각적인 질서를 부여하는 통제된 운동감각을 의미하는 디자인 원리이다.

■ 리듬의 요소
- 반복 : 색채, 문양, 질감, 선이나 형태가 되풀이됨으로써 이루어지는 리듬이다.
- 점이 : 형태의 크기, 방향 및 색의 점차적인 변화로 생기는 리듬이다.
- 대립 : 사각 창문틀의 모서리처럼 직각 부위에서 연속적이면서 규칙적인 상이(相異)한 선에서 볼 수 있는 리듬이다.
- 변이 : 삼각형에서 사각형으로, 검은색이 빨간색 등으로 변화하는 현상으로, 상반된 분위기를 배치하는 것이다.
- 방사 : 디자인의 모든 요소가 중심점으로부터 중심 주변으로 퍼져 나가는 양상을 구성하며 리듬을 이루는 것이다.

■ 강조
시각적인 힘의 강약에 단계를 주어 디자인의 일부분에 초점이나 흥미를 부여하는 디자인 원리이다.

■ 조화
서로 성질이 다른 두 가지 이상의 요소(선, 면, 형태, 공간, 재질, 색채 등)가 한 공간 내에서 결합될 때 발생하는 상호관계에 대한 미적 현상으로, 전체적인 조립방법이 모순 없이 질서를 잡는다.

■ 대비
서로 다른 특성을 가진 요소를 같은 공간에 배열할 때 서로의 특성이 더욱 돋보이는 현상으로, 질적·양적으로 서로 다른 요소들이 대립되도록 하는 디자인 원리이다.

■ 통일
이질적인 각 구성요소들이 전체적으로 동일한 이미지를 갖게 하는 디자인 원리이다.

■ 실내 공간의 요소
- 1차적 요소(고정적 요소) : 천장, 벽, 바닥, 기둥, 보, 개구부(창과 문), 실내환경 시스템, 통로
- 2차적 요소(가동적 요소) : 가구, 장식물(액세서리), 디스플레이, 조명
- 3차적 요소(심리적 요소) : 색채, 질감, 직물, 문양, 형태, 전시

▌공간의 분할
- 차단적(물리적) 구획 : 칸막이 등으로 실내 공간을 수평, 수직 방향으로 분리하는 방법이며 고정벽, 이동벽, 커튼, 블라인드, 유리창, 열주 등이 있다.
- 상징적(암시적) 구획 : 공간을 완전히 차단하지 않고 공간의 영역을 상징적으로 분할하는 방법이며 이동 가구, 기둥, 벽난로, 식물, 물, 조각, 바닥의 변화 등이 있다.
- 지각적(심리적) 분할 : 느낌에 의한 분할방법이며 조명, 색채, 패턴, 마감재의 변화 등이 있다.

▌천장
- 천장은 바닥과 함께 공간을 형성하는 수평적 요소로서, 바닥과 천장 사이에 있는 내부 공간을 규정한다.
- 천장은 시각적 흐름이 최종적으로 멈추는 곳이므로 지각의 느낌에 영향을 미친다.

▌벽
- 실내 공간을 형성하는 수직적 요소로, 수평 방향을 차단하여 공간을 형성한다.
- 인간의 시선이나 동선을 차단하며 공기의 움직임, 소리의 전파, 열의 이동을 제어한다.
- 외부로부터의 방어와 프라이버시를 확보한다.

▌바닥
- 바닥은 천장과 함께 실내 공간을 구성하는 수평적 요소이다.
- 인간의 감각 중 시각적·촉각적 요소와 밀접한 관계가 있다.
- 외부로부터 추위와 습기를 차단하고, 사람과 물건을 지지한다.
- 다른 요소들이 시대와 양식에 의한 변화가 현저한 데 비해 바닥은 매우 고정적이다.

▌기둥
- 기둥은 수직적 요소이며, 수평적 요소와 대조를 이루어 입면에 아름다움을 준다.
- 실내에서의 기둥은 공간의 영역을 규정하며, 공간의 흐름과 동선에 영향을 미친다.

▌보
- 보는 지지재상 옆으로 작용하여 하중을 받치고 있는 구조재이다.
- 보는 조형계획에 있어 제한적 요소로 작용하며, 공조의 설비 및 조명의 설치를 위해 수반되는 제반장치와 더불어 천장에 감춰지는게 일반적이다.

▍창

- 창은 채광, 조망, 환기, 통풍의 역할을 한다.
- 창의 높낮이는 가구의 높이와 사람의 시선 높이에 영향을 받는다.
- 일반적으로 창이 크고 많으면 실내 공간의 개방감이나 확대감을 주어 시원스런 느낌을 갖게 하며, 창이 작고 적으면 밀폐감을 주어 답답한 느낌을 갖게 한다.
- 창은 시야, 조망을 위해서는 크게 하는 것이 좋지만, 개폐의 용이함과 단열을 위해서는 작게 만드는 것이 좋다.
- 종류
  - 측창 : 벽체에 수직으로 설치하는 가장 일반적인 창의 형태이다.
  - 정측창 : 창의 하부 높이가 눈높이보다 높거나, 상부 높이가 천장선과 일치하거나 거의 비슷한 높이에 위치한 수직창이다.
  - 천창 : 건축의 지붕이나 천창면을 따라 채광·환기의 목적으로 수평면이나 약간 경사진 면에 낸 창으로 상부에서 채광하는 방식이다.

▍문의 분류

- 미서기문 : 문틀의 홈으로 2~4개의 문이 미끄러져 닫히는 문으로 슬라이딩 도어라고 한다.
- 여닫이문 : 문틀에 정첩을 부착하여 개폐하며, 개폐를 위한 여분의 면적이 필요하다.
- 회전문 : 4장의 유리문을 축에 장치하여 회전하면서 개폐가 이루어지는 문이다.
- 미닫이문 : 미서기문과 같이 서로 겹쳐지지 않고 벽체의 내부로 문이 들어가도록 처리하거나, 좌우 옆벽에 밀어붙여 개폐되도록 처리한 문이다.
- 자동문 : 문에 기계장치를 하여 자동으로 개폐되는 미닫이문이다.

▍일광조절장치

- 커튼 : 공간의 차단적 구획에 사용하며, 필요에 따라 공간을 구획할 수 있어 공간 사용에 융통성을 준다. 또한 열손실 방지와 흡음성을 갖는 등 융통성이 우수한 일광조절장치이다.
- 블라인드 : 블라인드는 날개의 각도를 조절하여 일광, 조망 및 시각의 차단 정도를 조절하는 창 가리개이다.
- 루버 : 루버는 창 외부에 덧문으로 날개형 루버를 설치하여 일조를 차단하는 장치이다.

▍블라인드의 종류

- 롤 블라인드 : 천을 감아 올려 높이 조절이 가능하며, 칸막이나 스크린의 효과를 얻을 수 있다. 셰이드(shade) 블라인드라고도 하며 단순하고 깔끔한 느낌을 준다.
- 베니션 블라인드 : 수평형 블라인드이며 날개의 각도를 조절하여 일광, 조망 및 시각의 차단 정도를 조정할 수 있지만, 날개 사이에 먼지가 쌓이기 쉽다는 단점이 있다.
- 로만 블라인드 : 블라인드 중간 부분에 가로봉 등을 삽입해 넓은 주름을 형성한 블라인드이다.
- 버티컬 블라인드 : 세로 방향으로 블라인드 조각이 연결되어 끈으로 각도를 조절하여 실내로 비치는 햇빛의 양을 조절한다.

■ 인체공학적 입장에 따른 분류
- 인체 지지용 가구(인체계 가구) : 인체를 직접 지지하는 가구이며 소파, 의자, 스툴, 침대 등이 있다.
- 작업용 가구(준인체계 가구) : 간접적으로 인간과 관계하고 인간 동작에 보조가 되는 가구이며 테이블, 받침대, 주방 작업대, 책상, 화장대 등이 있다.
- 정리·수납용 가구(건축계 가구) : 수납의 크기, 수량, 중량 등과 관계있는 가구이며 벽장, 선반, 서랍장, 붙박이장 등이 있다.

■ 건축화 조명
- 광창조명 : 광원을 넓은 면적의 벽면에 매입하여 비스타(vista)적인 효과를 낼 수 있으며, 시선에 안락한 배경으로 작용하는 건축화 조명방식이다.
- 광천장조명 : 천장 내부에 광원을 배치하는 방식으로 고조도가 필요한 곳에 설치하는 가장 일반적인 건축화 조명방식이다.
- 코브 조명 : 주로 천장의 높낮이차를 이용하여 설치하는 간접조명방식이다.
- 코니스 조명 : 벽면의 상부에 위치하여 모든 빛이 아래로 직사하도록 하는 조명방식이다.
- 코퍼 조명 : 천장면을 사각형이나 원형으로 파내고 그 내부에 조명기구를 매립하는 조명방식이다.
- 캐노피 조명 : 천장면의 일부를 돌출시켜 조명하는 방식이다.
- 밸런스 조명 : 창이나 벽의 커튼 상부에 부설된 조명이다.

■ 조닝(zoning)
단위 공간 사용자의 특성, 사용목적, 사용시간, 사용빈도 등을 고려하여 전체 공간을 몇 개의 생활권으로 구분하는 실내디자인의 과정을 말한다.

■ 동선의 3요소
- 빈도 : 얼마나 많이 통행하느냐의 정도(공간적 두께)
- 속도 : 얼마나 빠를 수 있냐의 정도
- 하중 : 동선을 따라 이동하는 대상의 무게감(짐을 운반할 시)

■ 주행동에 따른 주거공간의 분류
- 개인공간 : 침실, 서재, 공부방, 욕실, 화장실, 세면실 등
- 작업공간 : 부엌, 세탁실, 작업실, 창고, 다용도실 등
- 사회적 공간 : 거실, 응접실, 식당, 현관 등(가족 모두가 공동으로 사용하는 공간)

■ 부엌의 유형
- 리빙 키친(living kitchen) : 거실 코너에 식사실을 두는 형태이다.
- 다이닝 키친(dining kitchen) : 식사실과 부엌이 합쳐진 형태이다.
- 리빙 다이닝 키친(living dining kitchen) : 거실, 식사실, 부엌을 하나의 공간에 배치한 형태이며, 공간을 최대한 절약할 수 있어 소규모 주택에 적합하다.

■ 작업대는 능률적인 작업을 위해 준비대 → 개수대 → 조리대 → 가열대 → 배선대 순서로 배치한다.

■ 아파트 평면형식
- 홀형 : 프라이버시가 계단실형보다는 불량하고 중복도형보다는 양호하다.
- 집중형 : 프라이버시가 극히 나쁘며 통풍·채광상 불리하다.
- 편복도형 : 프라이버시는 좋지 않으나 고층 아파트에 적합하다.
- 중복도형 : 프라이버시가 좋지 않고 시끄러우며 복도의 면적이 넓어진다.

■ 업무 공간의 실단위에 의한 분류
- 개실 시스템(세포형 오피스) : 긴 복도를 가지고 작은 공간의 실로 구획되는 사무 공간이다. 방 길이에는 변화를 줄 수 있으나, 방 깊이에는 변화를 줄 수 없다.
- 개방식 배치(오픈 오피스) : 단일 공간의 개방된 대규모 사무 공간이다. 전 면적을 유효하게 이용할 수 있어 공간 절약상 유리하다.
- 오피스 랜드스케이프(office landscape) : 사무 공간의 능률 향상을 위한 배려와 개방 공간에서의 근무자의 심리적 상태를 고려한 사무 공간계획 방식이다. 개방식 배치의 일종으로 공간이 절약된다.

■ 업무 공간의 코어 유형
- 외코어형(독립코어형)
  - 자유로운 사무실 공간을 코어와 관계없이 제공할 수 있다.
  - 각종 덕트, 배관, 등의 길이가 길어지며, 사무실공간으로 연결하는 데 제약이 많다.
- 중앙코어형(중심코어형)
  - 바닥 면적이 클 경우에 적합하며 특히 고층, 초고층에 적합하다.
  - 외주 프레임을 내력벽으로 하며 코어와 일체로한 내진구조를 만들 수 있어 구조적으로 가장 바람직하다.
- 편심코어형(편단코어형)
  - 코어의 위치를 사무소 평면상의 어느 한쪽에 편중하여 배치한 유형이다.
  - 기준 층 바닥 면적이 적은 경우에 적합하며, 너무 고층인 경우에는 구조상 좋지 않다.

■ 아트리움
고대 로마 건축의 실내에 설치된 넓은 마당 또는 주위에 건물이 둘러 있는 안마당을 뜻하며, 현대 건축에서는 이를 실내화한 것을 말한다.

■ 극장의 평면형식
- 가변형 : 최소한의 비용으로 극장 표현에 대한 최대한의 선택 가능성을 부여하는 형식으로, 필요에 따라 무대와 관람석의 크기, 모양, 배열 등을 변경하여 적합한 공간을 만들어 낼 수 있다.
- 아레나(arena)형 : 중앙무대형이라고도 하며, 무대가 객석으로 360° 둘러싸인 형식이다.
- 프로시니엄(proscenium)형 : 연기자가 일정한 방향으로만 관객을 보는 형식이다.
- 오픈 스테이지 : 무대를 중심으로 객석이 동일 공간에 있는 형식이다.

■ 상점의 공간 구성
- 판매 공간 : 도입 공간, 통로 공간, 상품 전시 공간, 서비스 공간
- 부대 공간 : 상품관리 공간, 판매원의 후생 공간, 시설관리 부분, 영업관리 부분, 주차장
- 파사드(facade) : 쇼윈도, 출입구 및 홀의 입구 부분을 포함한 평면적인 구성요소와 아케이드, 광고판, 사인, 외부 장치를 포함한 입체적인 구성요소의 총체이다.

■ 상점계획에서 요구되는 5가지 광고요소(AIDMA)
- Attention(주의)
- Interest(흥미, 관심)
- Desire(욕망, 욕구)
- Memory(기억)
- Action(행동)

■ 상점의 판매방식
- 대면 판매 : 고객과 종업원이 진열장을 사이에 두고 판매하는 방식이다(소형 고가품인 귀금속, 시계, 화장품, 의약품 판매점 등).
- 측면판매 : 고객이 직접 상품과 접촉하여 충동구매를 유도하는 방식이다(전기용품, 서적, 양복, 문구류 등).

■ 골든 스페이스(golden space)
- 바닥에서 높이 850~1,250mm의 범위이다.
- 골든 스페이스 : 유효 진열범위 내에서도 고객의 시선이 가장 편하게 머물고, 손으로 잡기에도 편안한 높이이다.

■ 비주얼 머천다이징(VMD ; Visual Merchandising)

상품계획, 상점계획, 관측 등을 시각화시켜 상점 이미지를 고객에게 인식시키는 판매전략을 말한다. 상품과 고객 사이에서 치밀하게 계획된 정보전달 수단으로서 디스플레이의 기법 중 하나이다.

■ 판매 공간의 동선계획

- 동선의 흐름은 공간적·물리적·시각적으로 원활하게 한다.
- 고객, 종업원, 상품의 동선은 서로 교차되지 않게 한다.
- 고객 동선은 가능한 한 길게 배치하여 상점 내에 오래 머물도록 한다.
- 종업원 동선은 되도록 짧게 하여 일의 능률이 저하되지 않게 한다.

■ 쇼룸(showroom)

쇼룸은 기업체가 자사제품의 홍보, 판매 촉진 등을 위해 제품 및 기업에 관한 자료를 소비자들에게 직접 호소하는 전시 공간이다.

■ 눈부심(glare)의 방지대책

- 광원의 휘도를 줄이고, 광원의 수를 늘린다.
- 광원을 시선에서 멀리 위치시킨다.
- 광원 주위를 밝게 한다.
- 가리개(shield), 갓(hood) 혹은 차양(visor), 발(blind)을 사용한다.
- 창문을 높이 설치한다.
- 옥외 창 위에 오버행(overhang)을 설치한다.
- 휘도가 낮은 형광램프를 사용한다.
- 간접조명방식을 채택한다.
- 시선을 중심으로 해서 30° 범위 내의 글레어 존(glare zone)에는 광원을 설치하지 않는다.
- 플라스틱 커버가 설치되어 있는 조명기구를 선정한다.

■ 특수전시기법

- 디오라마 전시 : 하나의 사실 또는 주제의 시간 상황을 고정시켜 연출함으로써 현장의 상황에 직접 참여하는 듯한 느낌을 주는 기법이다.
- 파노라마 전시 : 연속적인 주제를 선적으로 연계성을 표현하기 위한 전시로, 넓은 시야의 전경을 보는 듯한 감각을 주는 전시기법이다.
- 하모니카 전시 : 전시 공간을 격자화하여 규칙적으로 배치하는 방식이며 통일된 전시내용이 규칙적·반복적으로 나타날 때 적용이 용이하다.
- 아일랜드 전시 : 어떤 주제를 종합적으로 전시하기 위해 전시벽면을 이용하지 않고, 전시 공간 바닥을 섬과 같이 계획한 전시방법이다.

■ 전시공간의 순회 유형
- 연속순회형
  - 긴 직사각형 또는 다각형 평면의 전시실이 연속적으로 연결된 형식이다.
  - 1실을 폐쇄할 경우 전체 동선이 막히게 되므로 비교적 소규모의 전시실에 적합하다.
- 갤러리 및 복도형
  - 연속된 전시실의 한쪽 벽에 의해서 각 실을 배치한 형식이다.
  - 관람자가 각 전시실을 자유로이 선택하여 직접 들어갈 수 있다.
- 중앙홀형
  - 중심부에 하나의 큰 홀을 두고 그 주위에 각 전시실을 배치하여 자유로이 출입하는 형식이다.
  - 중앙홀이 크면 동선의 혼란은 없으나, 장래의 확장에는 무리가 있다.

■ 색채 지각을 위한 시각의 3요소 : 빛(광원), 물체, 눈(관찰자)

■ 가시광선
보통 우리의 눈으로 지각할 수 있는 빛을 말하며, 약 380~780nm까지의 범위이다.

■ 스펙트럼(spectrum) 현상
- 뉴턴(Newton)은 프리즘(prism)을 사용하여 스펙트럼을 발견하였다.
- 스펙트럼이란 무지개의 색과 같이 연속된 색의 띠를 말한다.
- 빛의 굴절현상을 이용하여 백광을 분광시키면 빨, 주, 노, 초, 파, 남, 보의 연속된 띠가 생기는데, 이것은 파장의 길고 짧음에 따라 굴절률이 다르기 때문에 나타난다.

■ 연색성
- 물체를 조명하는 광원색의 성질(분광분포)에 따라서 같은 물체라도 색이 다르게 보이는 것을 말한다.
- 태양광(주광)을 기준으로 하여 어느 정도 주광과 비슷한 색상을 연출할 수 있는지를 나타내는 지표이다.
- 연색성을 수치로 나타낸 것을 연색평가수라고 하며, 평균연색평가수(Ra)가 100에 가까울수록 연색성이 좋다.

■ 푸르킨예 현상
명소시(밝은 곳)에서 암소시(어두운 곳)로 이행할 때 붉은 색(장파장)은 어둡게 되고, 녹색과 청색(단파장)은 상대적으로 밝게 보이는 현상이다.

▌ 색의 3속성
- 색상(H ; Hue) : 색의 이름을 말한다.
- 명도(V ; Value) : 밝기의 정도를 말한다.
- 채도(C ; Chroma) : 색의 선명도를 말한다.
  - 순색 : 색상 중 채도가 가장 높은 색
  - 청색 : 순색 + 검정(= 암청색), 순색 + 흰색(= 명청색)
  - 탁색 : 순색이나 청색에 회색을 섞은 것

▌ 가산혼합(가색혼합, 가법혼색, 색광혼합)
- 빛의 혼합으로 색광혼합이라고 한다.
- 색광혼합의 3원색은 빨강(R), 녹색(G), 파랑(B)이며, 혼합할수록 명도가 높아진다.
- 원색 인쇄의 색분해, 스포트라이트(spotlight), 컬러 TV, 기타 조명 등에 사용된다.

▌ 감산혼합(감법혼색, 색료혼합)
- 물감(색료)의 혼합으로 색료혼합이라고 한다.
- 색료혼합의 3원색은 자주(M), 노랑(Y), 청록(C)이며, 혼합할수록 명도가 낮아진다.
- 포스터 컬러, 수채화 물감 등에 사용된다.

▌ 중간혼합(중간혼색)
- 회전혼합 : 서로 다른 2가지 색을 회전판에 적당한 비례로 붙여 회전하면 혼합색이 된다(예 색팽이, 바람개비).
- 병치혼합 : 서로 다른 색이 조밀하게 병치되어 있어 서로 혼합되어 보이는 현상을 말한다(예 컬러 TV의 화면이나 인상파 화가의 점묘법, 직물 등).

▌ 먼셀의 색상환
빨강(R), 노랑(Y), 초록(G), 파랑(B), 보라(P)의 주요 다섯 가지 기본 색상을 기준으로 색상환을 구성했다. 기본 색상 사이에 주황(YR), 연두(GY), 청록(BG), 남색(PB), 자주(RP) 등 중간 색상을 정해 10가지 색상을 주색상으로 구성하고, 주색상을 다시 각각 10단위로 분류하여 100가지 색상을 전체 색상의 범위로 했다.

▌ 오스트발트의 색상환
주요 색상(빨강, 노랑, 초록, 파랑) 사이에 각기 중간색(주황, 보라, 청록, 연두)을 끼워 8가지 주요 색상이 되게 하고, 이것을 3분할하여 24색상환이 되게 한 것이다.

CIE 표준표색계
- 1931년 국제조명위원회(CIE)에서 개발한 것으로, 가법혼색의 원리를 기본으로 심리·물리적인 빛의 혼색실험에 기초한 표색계이다.
- XYZ 좌표계를 사용하며, 분광광도계를 이용하여 색편의 분광반사율을 측정했을 때 가장 정확하게 색좌표가 계산되는 색체계이다.

색명
- 관용색명 : 옛날부터 전해 내려오는 습관상으로 사용하는 색이다.
- 계통(일반)색명 : 일반색명은 색상, 명도, 채도를 나타내는 수식어를 특별히 정하여 표시하는 색이름으로, 색명의 기능적 역할을 기본으로 한다.

색채조화의 3원리
- 동일색상에 의한 조화
- 유사색상에 의한 조화
- 대비색상에 의한 조화

색채조화의 공통 원리
- 질서의 원리 : 색채의 조화는 의식할 수 있고 효과적인 반응을 일으키는, 질서 있는 계획에 따라 선택된 색채들에서 생긴다.
- 비모호성의 원리 : 색채조화는 두 색 이상의 배색의 선택에 있어서 이상한 점이 없는 명료한 배색에서만 얻어진다.
- 동류(同流)의 원리 : 가장 가까운 색채끼리의 배색은 보는 사람에게 친근감을 주며, 조화를 느끼게 한다.
- 유사의 원리 : 배색된 색채들이 서로 공통되는 상태와 속성을 가질 때 그 색채군은 조화를 이룬다.
- 대비의 원리 : 배색된 색채들의 상태와 속성이 서로 반대되면서도 모호한 점이 없을 때 조화를 이룬다.

오스트발트의 조화론
- 등백계열의 조화 : 동일한 백색량, 즉 기호의 앞자가 같은 색은 조화된다.
- 등흑계열의 조화 : 동일한 흑색량, 즉 기호의 끝자가 같은 색은 조화된다.
- 등순계열의 조화 : 순도가 같은 색채로 수직선상에 있는 색채를 일정간격으로 선택하면 조화를 이룬다.

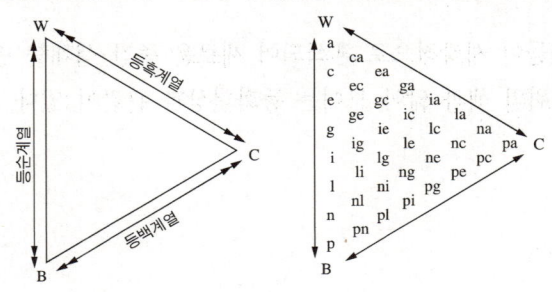

조화와 부조화의 분류(문-스펜서)

조화의 원리	동일조화	같은 색의 조화
	유사조화	유사색의 조화
	대비조화	반대색의 조화
부조화의 영역	제1부조화(1st ambiguity)	아주 유사한 색의 부조화
	제2부조화(2nd ambiguity)	약간 다른 색의 부조화
	눈부심(glare)	극단적인 반대색의 부조화

Birkhoff의 미감척도 공식

$M = O/C = (0.5 <$ 좋은 배색$)$

여기서, M : 미도(미감의 정도)
　　　　O : 질서의 요소
　　　　C : 복잡성의 요소

색의 대비

- 동시대비 : 서로 가까이 놓인 두 개 이상의 색을 동시에 볼 때 일어나는 색의 대비를 말한다.
  - 명도대비 : 명도가 서로 다른 색들끼리의 영향으로 명도차가 더 크게 나타나는 현상이다.
  - 색상대비 : 색상이 서로 다른 색들끼리의 영향으로 인하여 색상 차이가 커보이는 현상이다.
  - 채도대비 : 채도가 서로 다른 색들 간의 영향으로 인하여 채도가 높은 색은 더 높게, 낮은 색은 더 낮게 느끼는 현상이다.
  - 보색대비 : 보색 관계인 두 색이 서로의 영향으로 각각의 채도가 더 높게 보이는 현상이다.
- 계시대비 : 어떤 색을 보고 난 후에 곧이어 다른 색을 보는 경우, 먼저 본 색의 영향으로 다음에 보는 색이 다르게 보이는 현상이다.
- 면적대비 : 면적이 크고 작음에 의하여 색이 다르게 보이는 현상이다. 면적이 커지면 명도 및 채도가 증대되어 실제 색보다 더 밝고 선명하게 보이고, 면적이 작아지면 명도와 채도가 감소되어 보인다.
- 연변대비 : 어떤 두 색이 붙어 있는 그 경계 언저리는, 그곳에서 멀리 떨어져 있는 부분보다 색의 3속성(색상, 명도, 채도)별로 대비현상이 더 강하게 일어나는 현상이다.

베졸드 효과

- 멀리서 보면 직조된 색채들이 시각적으로 혼색되어 새로운 중간 색채를 만들어 내는 것을 말한다.
- 일종의 가법혼색이며, 주위의 색과 닮아 보이는 동화현상과 관련이 있다.

잔상현상

일정한 에너지의 자극이 눈에 들어와 색감각의 반응이 생긴 후 자극을 제거하면, 제거한 후에도 그 흥분이 남아서 원자극과 동질 또는 이질(異質)의 감각 경험을 일으키는 현상이다.
- 부(negative, 소극적, 음성적)의 잔상 : 자극으로 생긴 상의 밝기나 색상 등이 정반대로 느껴지는 현상이다.
- 정(positive, 적극적, 양성적)의 잔상 : 매우 짧은 시간 동안 강한 자극이 작용할 때 많이 생기는 것이다.

항상성

일종의 색순응 현상으로, 밝기나 색이 조명의 변화에도 불구하고 본래의 모습을 유지하려는 것을 밝기 또는 색의 항상성이라고 한다.

색의 진출, 후퇴
- 진출색 : 난색계의 색, 유채색, 높은 채도, 밝은색
- 후퇴색 : 한색계의 색, 무채색, 낮은 채도, 어두운색

색의 온도감
- 따뜻한 색(난색) : 빨강, 노랑, 주황 등의 색으로 자극적이고 활동적인 느낌을 준다.
- 차가운 색(한색) : 청록, 파랑, 남색 등의 색으로 침착하고 안정된 느낌을 준다.
- 중성색 : 연두, 녹색, 보라, 자주 등 온도감을 느낄 수 없는 색을 말한다.

색채와 공감각 중 미각
- 단맛 : 빨간색, 핑크
- 쓴맛 : 올리브그린, 밤색
- 신맛 : 노란색, 연두색, 녹황색
- 짠맛 : 청록색, 회색, 흰색

색채조절
- 색채가 지닌 심리적, 생리적, 물리학적 성질을 잘 활용하는 일을 색채조절이라고 한다.
- 인류생활, 작업상의 분위기, 환경 등을 상쾌하고 능률적으로 꾸미기 위한 것이다.

색채조절의 4가지 요건 : 능률성, 안전성, 쾌적성, 고감각성

안전·보건표지의 색도기준(산업안전보건법 시행규칙 별표 8)

색채	색도기준	용도	사용 예
빨간색	7.5R 4/14	금지	정지신호, 소화설비 및 그 장소, 유해행위의 금지
		경고	화학물질 취급장소에서의 유해·위험 경고
노란색	5Y 8.5/12	경고	화학물질 취급장소에서의 유해·위험경고 이외의 위험경고, 주의표지 또는 기계방호물
파란색	2.5PB 4/10	지시	특정 행위의 지시 및 사실의 고지
녹색	2.5G 4/10	안내	비상구 및 피난소, 사람 또는 차량의 통행표지
흰색	N9.5		파란색 또는 녹색에 대한 보조색
검은색	N0.5		문자 및 빨간색 또는 노란색에 대한 보조색

색의 선정

- 주조색 : 가장 넓은 면적에 분포. 70% 이상의 면적색(1~2개)
- 보조색 : 주조색의 유사계열로 20~25%의 면적색(1~2개)
- 강조색 : 주, 보조색과 대비되어 작은 5~10%의 면적으로 악센트가 됨

배색방법

- 톤온톤(tone on tone) 배색 : 동일 색상으로 두 가지 톤의 명도차를 강조한 배색이다.
- 반복배색 : 2색 이상을 반복하여 리듬감, 활기찬 이미지를 준다.
- 강조배색 : 단조로운 배색에 반대색상 또는 반대색조를 사용하여 엑센트를 준 배색이다.
- 트리콜로 배색 : 3색 배색으로 주로 하나의 무채색과 고채도를 사용한 강렬한 배색이다.
- 연속배색 : 하나로 단계적으로 명도, 채도, 색상, 톤의 배열에 따라서 시각적인 자연스러움을 주는 것으로 3색 이상의 다색배색에서 이와 같은 효과를 낼 수 있는 배색방법이다.
- 그라데이션 : 색채의 조화로운 배열에 의해 시각적으로 자연스러움을 주는 배색으로 점진적인 배색 혹은 연속배색이라고도 한다.

색채계획 과정

색채환경분석 → 색채심리분석 → 색채전달계획 → 디자인 적용

RGB 색체계

빛의 3원색인 R(빨강), G(녹색), B(파랑)를 가산혼합의 원리에 따라 색을 나타내는 방식이다.

CMYK 색체계

색료의 3원색인 C(청록), M(자주), Y(노랑)와 K(검정)의 감산혼합의 원리에 따라 색을 나타내는 방식이다.

▌ Lab(CIE L*a*b) 색체계

모니터나 프린터에 좌우되지 않는 독립적인 방법으로 색상을 구현하며, RGB와 CMYK의 범위를 모두 포함할 수 있는 색상 범위를 가진다.

▌ 서양 건축의 발달사

- 고대 : 이집트 → 그리스 → 로마
- 중세 : 초기 기독교 → 비잔틴 → 로마네스크 → 고딕
- 근세 : 르네상스 → 바로크 → 로코코
- 근대 : 미술공예운동 → 아르누보 → 세제션 → 독일공작연맹 → 데 스틸 → 바우하우스 → 에스프리누보
- 현대 : 포스트모더니즘(post modernism) → 멤피스(memphis)

▌ 비잔틴 가구

동로마시대와 동양의 페르시아나 아랍의 예술양식이 혼합화되었다.

▌ 로마네스크 가구

반원의 아치, 둥근 천장을 건축에 사용한 것이 특징이다.

▌ 고딕양식 가구

직선으로 된 장방형에 도금을 하거나 건축적인 주제를 적용한 의자가 많고 종교적 색채가 강하다.

▌ 바로크의 가구

17세기 후반 프랑스에서 유행한 호화스런 양식이다.

▌ 로코코의 가구

- 루이 15세 시대의 실내장식이나 가구의 장식 형태를 로코코 양식 또는 루이 15세 양식이라고 한다.
- 가구의 다리에는 개브리올(gabriole)이라고 하는 곡선 디자인이 쓰였다.
- 가구는 최고의 아름다움에 도달한 시대이다.

▌ 미술공예운동

공예가인 W. 모리스는 많은 사람에게 삶의 기쁨을 줄 수 있는 성실한 가구를 만들어야 한다고 주장하였다. 이것이 영국의 '미술공예운동'의 추진력이 되어 수공업에 의한 실용적인 가구가 만들어지게 되었다.

▌ 아르누보(art nouveau)

- 1870~1910년경 모리스의 미술공예운동에 반발한 유럽의 젊은 예술가들에 의해 전개되었다.
- 인간과 자연과의 결합으로 진정한 아름다움을 추구하였다.

▌ 주거공간의 가구

- 라운지 소파 : 편히 누울 수 있도록 쿠션성이 좋으며 머리와 어깨부분을 받칠 수 있도록 한쪽 부분이 경사져 있다.
- 체스터필드(chesterfield) : 팔걸이와 등판의 높이가 동일하고, 등받이와 등판의 끝부분이 안에서 밖으로 말려진 형태이다. 쿠션성이 좋도록 솜, 스펀지 등으로 속을 채워 넣고 천으로 감싼 소파이다.
- 러브 시트(love seat) : 2인이 나란히 앉을 수 있는 형태의 소파이다.
- 스툴(stool) : 등받이와 팔걸이가 없는 형태의 보조의자로, 가벼운 작업이나 잠시 걸터앉아 휴식을 취하는 데 사용된다.
- 오토만(ottoman) : 스툴의 일종으로 좀 더 편안한 휴식을 위해 발을 올려놓는 데도 사용된다.
- 풀업체어(pull-up chair) : 필요에 따라 이동시켜 사용할 수 있는 간이의자로, 크지 않으며 가벼운 느낌의 형태이다.
- 라운지 체어(lounge chair) : 비교적 큰 크기의 의자로 편하게 휴식을 취할 수 있는 안락의자이다.
- 카우치(couch) : 고대 로마시대 음식물을 먹거나 잠을 자기 위해 사용했던 긴 의자로, 몸을 기댈 수 있도록 좌판의 한쪽 끝이 올라간 형태이다.
- 세티(settee) : 동일한 2개의 의자를 나란히 합해 2인이 앉을 수 있도록 한 의자이다.
- 이지 체어(easy chair) : 푹신하게 만든 편안한 팔걸이 안락의자이다.

▌ 침대의 크기

명칭	크기
싱글(single)	1,000×2,000mm
슈퍼싱글(super single)	1,100×2,000mm
더블(double)	1,350(1,400)×2,000mm
퀸(queen)	1,500×2,000mm
킹(king)	1,600 이상×2,000mm

▌ 적정치수의 결정방법

- 최소치 +α : 치수계획의 기본으로 문, 창 등의 개구부의 높이, 천장고 등 단위 공간 또는 구성재의 크기를 정할 때 사용하는 방법이다.
- 최대치 −α : 계단의 챌판 높이, 수납공간에서 손발이 닿는 범위의 유효거리, 인간상호 간 대화가 가능한 거리 등을 정할 때 사용하는 방법이다.
- 목표치 ±α : 설계자나 사용자의 판단으로 어느 목표치를 설정하고 그 효과를 타진하면서 치수를 조정하는 방법이다.

 여기서, α : 적정치수를 끌어내기 위한 여유치

CHAPTER 02 실내디자인 시공 및 재료

▌ 목재의 장단점

장점	• 색깔 및 무늬 등 외관이 아름답다. • 재질이 부드럽고, 촉감이 좋다. • 무게가 가벼워서 운반하거나 다루기가 쉽다. • 중량에 비하여 강도가 크며, 온도에 따른 신축이 적다. • 열, 소리, 전기 등의 전도성이 낮다. • 생산량이 많고, 가격이 비교적 저렴하며, 입수가 용이하다.
단점	• 자연소재이므로 내화성이 없고, 부패하기 쉽다. • 함수량의 증감에 따라 팽창·수축하여 변형되기 쉽다. • 부위에 따라 재질이 고르지 못하다. • 목재 자체의 부분적 조직의 결함을 갖고 있음(옹이, 썩음, 껍질박이, 진구멍 등) • 강도가 균일하지 못하고, 크기에 제한을 받는다.

▌ 목재의 비중

- 기건비중 : 목재 성분 중 수분을 공기 중에서 제외한 상태의 비중을 말한다.
- 진비중 : 목재가 공극을 포함하지 않은 실제 부분의 비중을 말한다.
- 절대건조비중 : 온도 100~110℃에서 목재의 수분을 완전히 제거했을 때의 비중을 말한다.

▌ 목재의 함수율의 특징

- 기건상태에서 목재의 함수율은 15% 정도이다.
- 기건상태는 목재가 통상 대기의 온도, 습도와 평형된 수분을 함유한 상태를 말한다.
- 전건상태에 이르면 강도는 섬유포화점 상태에 비해 3배로 증가한다.
- 섬유포화점 이상의 상태에서는 함수율의 증감에 따라 수축 및 팽창이 발생하지 않는다.
- 섬유포화점 이하에서는 함수율이 감소할수록 강도는 증대하며 인성은 감소한다.

▌ 목재의 강도(비중이 클수록 강도가 크다)

- 섬유방향의 강도 > 직각방향의 강도
- 인장강도 > 휨강도 > 압축강도 > 전단강도

목재의 방부제에 요구되는 성질
- 목재에 침투가 잘되고 전기전도율이 우수할 것
- 금속을 부식시키지 않을 것
- 방부처리 후 표면에 페인트칠을 할 수 있을 것
- 목재의 인화성・흡수성 증가가 없을 것
- 목재에 접촉되는 금속이나 인체에 피해가 없을 것

목재의 건조 목적
- 균류에 의한 부식과 벌레의 피해를 예방
- 사용 후의 수축 및 균열을 방지
- 강도 및 내구성의 증진
- 중량경감과 그로 인한 취급 및 운반비의 절약
- 방부제 등의 약제 주입을 용이하게 함
- 도장의 용이 및 접착제의 효과 증대

목재의 이음
- 맞댄이음 : 부재의 끝부분을 단순히 맞대어 잇는 방법으로는 연결할 수 없기 때문에 덧판을 대고 못이나 볼트로 연결해야 한다(평보 등).
- 겹친이음 : 2개의 부재를 단순히 겹쳐대고 큰못, 볼트, 듀벨 등으로 보강한다(간단한 구조, 통나무 비계 등).
- 따낸이음 : 두 개의 이음재가 서로 견고하게 맞물리도록 부재를 따내어 맞추는 방법으로 주먹장이음, 메뚜기장이음, 엇걸이이음 등이 있다.
- 엇걸이이음 : 구부림(휨)에 가장 효과적이며 휨을 받는 가로재의 내이음에 주로 사용된다.
- 주먹장이음 : 토대, 멍에, 도리 등에 사용되며 가장 손쉽고 좋은 이음이다.
- 빗이음 : 경사로 맞대어 이음을 한 것으로 띠장, 장선이음 등에 사용한다.
- 엇걸이 산지이음 : 옆에서 산지치기로 하고, 중간은 빗물리게 한다.
- 턱솔이음 : 옆으로 물러나지 않도록 하는 것으로 -자형, +자형, ㄷ자형 등 홈을 이용해 연결하는 방법이다.
- 겹친이음 : 두 개의 부재를 단순히 겹쳐대고 큰못 볼트 등으로 보강한다.

듀벨
2개의 목재를 접합할 때 두 부재 사이에 끼워 볼트와 병용하여 전단력에 저항하도록 한 철물이며, 접합재 상호 간의 변위를 방지하는 강한 이음을 얻는 데 쓰인다.

▎목재제품
- 합판 : 단판을 섬유 방향이 서로 직교되도록 적층하면서 접착제로 접착하여 합친 판이다. 뒤틀림이나 변형이 적은 비교적 큰 면적의 평면재료를 얻을 수 있다.
- 섬유판 : 식물 섬유질(볏짚·톱밥·목펄프·파지·파목 등)을 주원료로 하며 이를 섬유화·펄프화하여 합성수지와 접착제를 섞어 판상으로 만든 것이다.
- 파티클 보드 : 목재 또는 식물질을 절삭, 파쇄 등을 거쳐 작은 조각으로 하여 건조시킨 후 합성수지 접착제를 첨가하여 열압성형 제판한 제품이다.
- 집성목재 : 제재판재 또는 소각재 등의 부재를 섬유 방향이 평행하게 접착시킨 것이다. 충분히 건조된 건조재를 사용하므로 비틀림, 변형 등이 생기지 않는다.
- 코펜하겐 리브판 : 목재 가공 제품 중 집회장, 강당, 영화관, 극장 등의 천장 또는 내벽에 붙여 음향조절 효과와 장식효과를 내기 위해 사용한다.

▎석재의 성인에 의한 분류
- 화성암 : 화강암, 안산암, 섬록암, 현무암
- 수성암 : 사암, 점판암, 응회암, 석회석
- 변성암 : 대리석, 트래버틴, 사문암
- 기타 : 테라초, 질석, 펄라이트, 암면, 석면

▎석재의 종류
- 화강암 : 화성암의 일종으로, 마그마가 냉각되면서 굳은 것으로 흡수율이 최고이며, 내산성이 우수하다.
- 현무암 : 용암가스 때문에 슬래그 모양의 다공질 구조이다.
- 사암 : 석영질의 모래가 수중 또는 육상에서 퇴적하여 형성된 암석으로 내화성 및 흡수성이 크고, 가공이 용이하다.
- 점판암 : 쪼개짐이 잘 발달되어 있어 평행한 얇은 판으로 잘 쪼개지며, 천연 슬레이트라고 한다.
- 응회암 : 주로 화산재나 사암 조각 등의 화산 분출물이 오랜 기간 동안 수중이나 육상에서 퇴적·응고되어 이루어진 암석이다.
- 석회암 : 화강암이나 동·식물의 잔해 중에 포함되어 있는 석회분이 침전, 퇴적, 응고하여 이루어진 암석이다.
- 대리석 : 주성분은 방해석으로 점토질, 규산질, 산화철 등 많은 불순물이 포함되어 여러 가지 아름다운 색조 또는 무늬를 볼 수 있다.
- 트래버틴 : 대리석의 일종으로 탄산석회가 함유된 물에서 침전·생성된 것이다. 다공질이며 암갈색 무늬가 있으며 갈면 광택이 나서 실내장식재로 사용된다.
- 사문암 : 감람석이 변질된 것을 암녹색 바탕에 아름다운 무늬를 갖고 있다.

▌ 석재의 일반적인 성질

- 불연성이고 압축강도가 크다.
- 인장강도는 압축강도의 1/40~1/10 정도이고, 장대재를 얻기 어렵다.
- 내수성, 내구성, 내화학성이 풍부하고 내마모성이 크다.
- 종류가 다양하고, 같은 종류의 석재라도 산지나 조직에 따라 다르며, 여러 가지 외관과 색조를 나타낸다.
- 외관이 장중하고 치밀하며, 갈면 광택이 난다.
- 대부분의 석재는 비중이 크고, 가공성이 좋지 않다.
- 열에 닿으면 균열이 생기거나 파괴되며, 분해되는 것도 있다.

▌ 내화도 크기 순서

응회암, 부석 > 안산암, 점판암 > 사암 > 대리석 > 화강암

▌ 석재의 강도 중에서 가장 큰 것은 압축강도이며 인장, 휨 및 전단강도는 압축강도에 비하여 매우 작다.

▌ 석재 다듬기 순서와 석공구

순서		석공구	내용
1	혹두기(메다듬)	쇠메	마름돌 돌출부를 쇠메로 쳐서 평탄하게 메다듬는 것
2	정다듬	정	혹두기면을 정으로 쪼아 평평하게 다듬는 것
3	도드락다듬	도드락망치	정다듬면을 도드락망치로 평탄하게 다듬는 것
4	잔다듬	날망치	도드락다듬면을 날망치로 평탄하게 마무리하는 것
5	물갈기	숫돌, 금강사	잔다듬면을 숫돌, 금강사로 갈아서 광택을 내는 것(거친갈기 → 물갈기 → 본갈기 → 정갈기)

▌ 벽돌의 품질(KS L 4201)

품질	종류	
	1종	2종
흡수율(%)	10.0 이하	15.0 이하
압축강도(MPa)	24.50 이상	14.70 이상

▌ 벽돌의 크기(길이×너비×두께, 단위 : mm)

구분	길이	너비	두께
표준형 (허용차)	190 (±5.0)	90 (±3.0)	57 (±2.5)
기존형	210	100	600

▌ 벽돌의 종류
- 보통벽돌 : 보통벽돌은 진흙을 빚어 소성하여 만든 벽돌로서 불완전 연소로 구운 검정벽돌과 완전연소로 구운 붉은벽돌이 있다.
- 경량벽돌 : 저급 점토, 목탄가루, 톱밥 등을 혼합·성형한 후 소성하여 만든 것으로서 보통벽돌보다 가벼운 벽돌을 말한다.
- 내화벽돌 : 내화 점토로 만든 벽돌로서, 내화도가 1,500~2,000℃ 정도인 황백색 벽돌이다.

▌ 벽돌의 줄눈
- 막힌줄눈 : 세로줄눈의 상하가 막혀 있는 줄눈으로, 상부 응력을 하부에 고르게 분포시키므로 벽돌쌓기 시 막힌줄눈으로 하는 것을 원칙으로 한다.
- 통줄눈 : 세로줄눈의 상하가 통한 줄눈으로, 상부 응력을 국소 부위에 전달하므로 구조적으로 불리하여 잘 사용하지 않는다.
- 치장줄눈 : 줄눈 부위에 의장적인 효과를 위한 줄눈으로, 벽돌쌓기가 끝난 후 벽돌면에서 10mm 정도 깊이로 줄눈파기를 한 것이다.

▌ 벽돌쌓기 방법
- 영국식(영식) 쌓기 : 한 켜는 마구리쌓기, 다음 켜는 길이쌓기로 하고, 모서리 벽 끝에는 이오토막을 사용하여 마무리하는 쌓기법으로 벽돌쌓기 중 가장 튼튼한 쌓기법이다.
- 네덜란드식(화란식) 쌓기 : 영국식 쌓기와 거의 같으나 길이쌓기 층의 끝에 칠오토막을 사용한다.
- 프랑스식(불식) 쌓기 : 매 켜에 길이와 마구리쌓기가 번갈아 나오게 쌓는 방법이다.
- 미국식(미식) 쌓기 : 5켜는 길이쌓기로 하고, 다음 한 켜는 마구리쌓기로 한다.
- 길이쌓기(0.5B 쌓기) : 길이 면이 보이도록 쌓는 방식으로 가장 얇은 벽쌓기이며 칸막이용으로 쓰인다.
- 마구리쌓기(1.0B 쌓기) : 원형 굴뚝에 쓰인다.
- 세워쌓기 : 길이 면이 보이도록 수직으로 쌓는 방식이다.
- 옆세워쌓기 : 마구리면이 보이도록 수직으로 쌓는 방식이다.
- 영롱쌓기 : 상부 하중을 지지하지 않는 벽으로, 장식적인 효과를 기대하기 위해 벽체에 구멍을 내어 쌓는 방식이다.
- 엇모쌓기 : 담, 처마에 내쌓기를 할 때 45°로 모서리가 면에 나오게 쌓는 방식이다. 시공이 간단하며 외관 장식에 좋다.

▌ 백화현상
벽 표면에 침투하는 빗물, 재료 및 시공불량에 의해 모르타르의 석회분이 유출되어 공기 중의 탄산가스와 결합하여 벽 표면에 백색의 미세한 물질이 생기는 현상이다.

소지의 질에 의한 타일의 구분

호칭	소지의 질
내장 타일	자기질, 석기질, 도기질
외장 타일	자기질, 석기질
바닥 타일	자기질, 석기질
모자이크 타일	자기질
클링커 타일	석기질

※ 소지 : 타일의 주체를 이루는 부분으로, 시유 타일의 경우에는 표면의 유약을 제거한 부분이다.

점토제품

- 점토제품의 색상은 철산화물 또는 석회물질에 의해 나타난다.
- 점토의 주성분은 실리카(이산화규소 SiO_2), 알루미나(Al_2O_3) 등이다.
- 점토제품의 흡수율이 큰 순서 : 토기 > 도기 > 석기 > 자기(3.0% 이하)
- 점토제품의 소성온도 : 자기 > 석기 > 도기 > 토기
- 제조 공정 : 원료 조합 → 반죽 → 숙성 → 성형 → 건조 → 소성 → 시유
- 경량벽돌에는 중공벽돌(구멍벽돌, 속빈벽돌, 공동벽돌)과 다공질벽돌 등이 있다.
- 자기질 타일은 유약처리방법에 따라 시유 타일과 무유 타일로 나뉜다.

테라코타

자토(磁土)를 반죽하여 조각의 형틀로 찍어내어 소성한, 속이 빈 대형의 점토제품이다. 공동(空胴)이므로 석재보다 경량이고 흡수성이 거의 없으며 색조가 다양하다.

점토의 종류

종류	성질	용도
자토	순백색이며 내화성이 있고, 가소성은 부족함	도자기의 원료
내화 점토	회백색·담색이며 내화도 1,580℃ 이상이고, 가소성이 있음	내화벽돌 및 도자기의 원료
석기 점토	내화도가 높고 가소성이 있으며, 유색·견고·치밀함	유색 도기의 원료
석회질 점토	백색이며 용해되기 쉽고, 백회질의 포함량이 많음	연질 도기의 원료
사질 점토	적갈색이며 내화성이 부족하고, 세사 및 불순물이 포함	보통벽돌·기와·토관 등의 원료

점토제품 제조공정

원료조합 → 반죽 → 숙성 → 성형 → 건조 → 소성 → 시유

■ 금속재료의 분류

- 철강재료 : 탄소 함유량에 따라 순철, 강, 주철 크게 3가지로 구분된다.
  - 순철(탄소량 0.02% 이하) : 연질이고, 가단성(可鍛性)이 크다.
  - 강(탄소강, 합금강) : 가단성, 주조성, 담금질 효과가 있다.
  - 주철(보통주철, 특수주철) : 경질이며 주조성이 좋고, 취성(脆性)이 크다.
- 비철금속 : 구리(Cu), 알루미늄(Al), 마그네슘(Mg), 타이타늄(Ti), 니켈(Ni), 아연(Zn), 납(Pb), 주석(Sn), 수은(Hg), 귀금속(금(Au), 은(Ag), 백금(Pt)) 등이 있다.

■ 응력-변형도 곡선

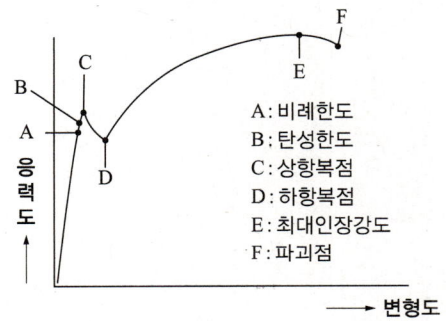

A : 비례한도
B : 탄성한도
C : 상항복점
D : 하항복점
E : 최대인장강도
F : 파괴점

■ 탄성한계점

강의 역학적 성질에서 가해진 외부의 힘을 제거하였을 때 잔류변형 없이 원형으로 되돌아오는 한계를 의미한다.

■ 강재의 열처리방법

- 풀림 : 강을 연화하거나 내부응력을 제거할 목적으로 실시한다.
- 뜨임 : 경도를 감소시키고 내부응력을 제거하며, 연성과 인성을 크게 하기 위해 실시한다.
- 불림 : 조직을 개선하고, 결정을 미세화하기 위해 800~1,000℃로 가열하여 소정의 시간까지 유지한 후에 대기 중에서 냉각시킨다.
- 담금질 : 가열된 강을 물이나 기름 속에서 급히 냉각시키는 것으로, 탄소 함유량이 클수록 담금질 효과가 크다.

■ 강의 성형방법

- 압연 : 강괴를 가열한 후 회전하는 롤러 사이에 여러 번 통과시켜 압축성형하는 가공법을 말한다.
- 압출 : 재료를 금형 속에서 압축하여 금형의 구멍을 통하여 재료가 빠져나오게 하여 원래보다 단면적을 작게 하고 원하는 형태를 만드는 가공법이다.
- 인발 : 선재(線材)나 가는 관을 만들기 위한 금속의 변형 가공법으로, 금속을 다이(die)공을 통하여 출구쪽으로 당김으로써 단면수축을 얻는 방법이다.
- 단조 : 금속재료를 해머 또는 프레스 등으로 압축력 또는 충격력을 가하여 필요한 형태로 만드는 가공법이다.

▌건축 재료의 일반적인 성질
- 강성 : 재료가 외력을 받으면서 발생하는 변형에 저항하는 정도
- 소성 : 재료의 외력을 제거하여도 재료가 원상으로 돌아가지 않고 변형된 그대로의 상태로 남아 있는 성질
- 인성 : 외력에 의해 파괴되기 어려운 질기고 강한 충격에 잘 견디는 재료의 성질
- 전성 : 압축력에 의해 물체가 넓고 얇은 형태로 소성변형을 하는 성질
- 취성 : 재료에 외력을 가했을 때 작은 변형에도 곧 파괴되는 성질
- 탄성 : 외력을 받아 변형되어도 다시 복원되는 성질

▌스테인리스강
- 탄소강에 크롬, 니켈 등을 함유한 합금(특수강, 비자성강)이다.
- 탄소량이 적고 내식성·내마모성이 우수하고 강도가 높다.
- 전기저항이 크고, 열전도율은 낮다.

▌구리(Cu, 동)
- 열전도율 및 전기전도율이 매우 크며 내식성이 우수하다.
- 유연하고 전연성이 좋아 가공하기 쉽다.
- 아연, 주석, 니켈 등과 합금하면 귀금속적 성질을 갖는다.
- 아름다운 광택과 색을 지녀 장식재료로 사용된다.
- 알칼리성에 약하므로 시멘트, 콘크리트 등에 접하는 곳에서는 빨리 부식된다.

▌구리합금
- 양은 = 구리 + 아연 + 니켈
- 청동 = 구리 + 주석
- 황동 = 구리 + 아연
- 백동 = 구리 + 니켈

▌알루미늄
- 융점이 낮기 때문에 용해주조도는 좋으나 내화성이 부족하다.
- 전연성이 좋고 내식성이 우수하다.
- 산, 알칼리 및 해수에 약하다.

▌납
- 융점이 낮고 가공이 쉽다.
- 비중(11.4)이 크고 연질이며, 전·연성이 크다.
- 내식성이 우수하고 방사선의 투과도가 낮아 방사선 차폐용 재료로 사용된다.

아연

- 청색을 띤 백색 금속이며, 비점이 비교적 낮다.
- 내식성이 양호하여 철강의 피복재로 많이 사용된다.
- 건조한 공기 중에서는 거의 산화되지 않지만 알칼리와 해수에 약하다.
- 도금재, 산, 약품 저장실, 함석 지붕재료 및 홈통 등에 사용된다.

주석

- 납과 청동 합금으로, 철판도금에 사용한다.
- 공기 또는 수중에서 녹슬지 않는다.
- 인체에는 무해하며 유기산에 침식되지 않아 식품보관용의 용기류에 이용된다.

부식 방지방법

- 가능한 한 다른 종류의 금속을 인접 또는 접촉시켜 사용하지 않는다.
- 표면을 깨끗하게 하며, 물기나 습기가 없도록 한다.
- 부분적으로 녹이 생기면 즉시 제거한다.
- 균질한 것을 선택하고 사용할 때는 변형을 주지 않는다.
- 큰 변형을 준 것은 가능한 한 풀림하여 사용한다.
- 도료나 내식성이 큰 금속으로 표면을 피막한다.

미장용 철물

- 와이어 라스(wire lath) : 지름이 0.9, 1.2, 2.0mm 등인 철선이다. 보통 철선 또는 아연도금 철선으로 마름모형, 갑옷형으로 만들어 시멘트 모르타르바름 바탕에 사용한다.
- 메탈 라스(metal lath) : 얇은 강판에 마름모꼴의 구멍을 연속적으로 뚫어 그물처럼 만든 것으로 천장, 벽 등의 미장 바탕에 사용한다.

콘크리트 타설용 철물

- 와이어 메시(wire mesh) : 연강 철선을 가로 세로로 대어 전기용접하여 정방형 또는 장방형으로 만들어, 콘크리트 도로 바탕용 등의 처짐 및 균열에 대응하도록 만든 철물이다.
- 익스팬디드 메탈(expanded metal) : 두께 6~13mm의 연강판을 망상으로 만든 것으로, 주로 콘크리트 보강용으로 쓰인다.
- 데크 플레이트(deck plate) : 얇은 강판에 골모양을 내어 만든 강판 성형품으로, 콘크리트 슬래브의 거푸집 패널 또는 바닥판 및 지붕판으로 사용한다.

■ 창호 철물

- 정첩(경첩) : 문틀에 여닫이 창호를 달 때 한쪽은 문틀에, 다른 한쪽은 문짝에 고정하고 여닫는 축이 되는 철물이다.
- 플로어 힌지 : 금속제 용수철과 완충유와의 조합작용으로 열린 문이 자동으로 닫히게 하는 것으로 바닥에 설치되며, 일반적으로 무게가 큰 중량 창호에 사용한다.
- 걸쇠 : 넓적 걸쇠, 도래 걸쇠, 갈고리 걸쇠, 크레센트(장부가 구멍에 끼어 돌게 만든 철물)가 있다.
- 도어 체크(도어 클로저) : 문과 문틀(여닫이)에 장치하여 문을 열면 저절로 닫히는 장치가 되어 있는 창호 철물이다.
- 도어 스톱 : 문을 열어 제자리에 머물러 있게 하거나 벽 하부에 대어 문짝이 벽에 부딪히지 않게 하며, 갈고리로 걸어 제자리에 머무르게 하는 철물이다.
- 도어 행거 : 접문 등 문 상부에서 달아매는 철물 또는 미닫이 창호용 철물로 달아매는 문의 이동장치에 쓰인다.

■ 유리의 성분

- 주성분
  - 규사(SiO_2) : 71~73%
  - 소다(Na_2O) : 14~16%
  - 석회(CaO) : 8~15%
  - 기타 : 붕산, 인산, 산화마그네슘, 알루미나, 산화아연 등 소량 함유
- 부성분(유리에 특수성을 부여한다) : 산화제, 환원제, 청정제, 착색재료, 탈색재료 등

■ 유리의 종류

- 보통 판유리 : 두께 6mm 미만의 박판유리와, 두께 6mm 이상의 후판유리가 있으며 무색투명하고 평활한 유리판이며, 가장 널리 사용되고 있다.
- 열선흡수유리(색유리, 단열유리) : 보통 판유리의 조성에 산화철, 니켈, 코발트 등의 금속산화물을 미량 첨가하고, 착색이 되게 한 유리이다.
- 망입유리(망유리, 철망유리, 그물유리) : 유리 내부에 금속망(철선, 황동선, 알루미늄선 등)을 삽입하고 압착·성형한 판유리이다.
- 열선반사유리 : 유리 한 면에 열선반사막(금속, 금속산화물)을 입힌 판유리이다.
- 로이(low-emissivity) 유리 : 유리 내부에 특수금속막 코팅으로 적외선을 반사시켜 열의 이동을 극소화시킨 고기능성 유리이다.
- 강화유리 : 유리를 가열한 후 공기를 분사하여 급랭·강화시킴으로써 투시성은 같으나 강도나 내열성을 높인 안전유리의 일종이다.
- 복층유리(이중유리 또는 겹유리) : 2장 이상의 판유리 등을 나란히 넣고, 그 틈새에 압력 공기를 채운 뒤 그 주변을 밀봉·봉착하여 만든 유리이다.
- 접합유리 : 2장 이상의 판유리 사이에 접착성이 강한 필름막을 넣고, 고열·고압으로 접합하여 파손 시 파편이 떨어지지 않게 만든 유리이다.
- 스팬드럴 유리 : 플로트 판유리의 한쪽 면에 세라믹질의 도료를 코팅한 후 고온에서 융착·반강화시킨 불투명한 유리이다.

■ 도장의 목적
- 내식성・방부성・내후성・내화성・내열성・내구성・내화학성 등을 증가시킨다.
- 방수성・방습성・내마모성 등을 높인다.
- 착색・광택・무늬 등으로 외관을 아름답게 한다.

■ 수지의 종류
- 천연수지 : 로진(송진), 대머(수목 분비물), 코우펄(열대수목 분비물), 셸락(곤충 분비물)
- 합성수지 : 석탄산수지(페놀수지), 요소수지, 비닐수지, 멜라민수지, 실리콘수지

■ 페인트
- 수성 페인트 : 안료와 아교 또는 카세인과 물을 혼합한 것으로 건조시간이 빠르며, 내산・내알칼리성이 우수하다.
- 유성 페인트 : 보일유와 안료를 혼합한 것으로 붓바름 작업성 및 내후성이 뛰어나다.
- 에나멜 페인트 : 안료, 유성 바니시, 건조제 등을 섞은 도료이다. 유성 페인트와 비교하여 건조시간, 광택, 경도, 도막의 평활 정도가 우수하다.
- 에멀전 페인트 : 수성 페인트에 합성수지와 유화제를 섞은 것으로 수성과 유성 페인트의 특징을 모두 가지고 있다.

■ 투명마감도료
- 바니시 : 합성수지, 아스팔트, 안료 등에 건성유나 용제를 첨가한 것으로 건조가 빠르고 광택, 작업성, 점착성 등이 좋아 주로 옥내 목재부 바탕의 투명마감 도료로 사용한다. 유성 바니시와 휘발성 바니시로 분류한다.
- 래커 : 섬유소에 합성수지, 가소제와 안료를 첨가한 도료이며 내마모성, 내수성, 내후성이 우수하나 도막이 얇고 부착력이 약하다.

■ 유성페인트와 비교한 합성수지도료의 특징
- 건조시간이 빠르고 도막이 단단하다.
- 방화성이 우수하다.
- 내산, 내알칼리성이 있어 콘크리트나 플라스터면에 바를 수 있다.
- 투명한 합성수지를 사용하면 극히 선명한 색을 낼 수 있다.

■ 방청도료
광명단 도료, 방청산화철 도료, 징크로메이트, 알루미늄 도료, 역청질 도료, 규산염 도료, 워시(에칭) 프라이머 등이 있다.

▌ 합성수지 접착제

- 에폭시수지 접착제 : 액체 상태나 용융 상태의 수지에 경화제를 넣어 사용하며 내산성·내알칼리성 등이 우수하여 콘크리트, 항공기, 기계부품 등의 접착에 사용된다.
- 페놀수지 접착제 : 페놀수지의 초기 축합물을 주성분으로 하고, 이것을 메탄올 또는 변성 알코올에 녹여서 경화제와 증량재(규조토, 목분 등)를 혼합하여 만든다. 접착력, 내열성·내수성·내한성이 우수하다.
- 비닐수지 접착제 : 값이 저렴하고 작업성이 좋으며, 다양한 종류를 접착할 수 있으며 목재가구 및 창호, 종이 도배, 천 도배, 논스립 등의 접착 등에 주로 사용된다.
- 요소수지 접착제 : 요소와 폼알데하이드 초기 축합물을 탈수하여 축합한 것이다. 다른 접착제와 비교하여 내수성이 부족하고, 값이 저렴하다.
- 멜라민수지 접착제 : 멜라민수지와 폼알데하이드의 반응에 의하여 얻어진 액상 접착제이다. 내수성·내열성 등이 좋고, 목재에 접착성이 우수하다(내수합판 등의 접착제).
- 실리콘수지 접착제 : 실리콘수지를 알코올, 벤졸 등에 녹여서 60% 정도의 농도로 만든 접착제이다. 내수성이 높고 내열성·내화학성이 매우 우수하며 유리섬유판, 텍스, 피혁류 등에 접착의 용도로 쓰인다.

▌ 실(seal)재

퍼티, 코킹, 실런트 등의 총칭으로서 건축물의 프리패브 공법, 커튼월 공법 등의 공장 생산화가 추진되면서 주목받기 시작한 재료이다.

▌ 실링재가 갖추어야 할 조건

- 기밀성, 수밀성, 내구성, 내후성이 우수해야 한다.
- 부재와의 밀착성이 양호해야 한다.
- 온도변화에 잘 견디고, 이음 밖으로 표출하지 않아야 한다.
- 주입시공이 용이하고, 콘크리트에 잘 부착해야 한다.

▌ 석고 플라스터

석고를 주원료로 하는 결합재(돌로마이트 플라스터, 점토 등), 접착제(풀 등), 응결시간조절재(아교질재 등) 등을 혼합한 플라스터로서 벽, 천장 등의 미장재료이다.

▌ 경석고 플라스터(킨즈 시멘트)

- 무수석고에 약품처리를 한 것이다(무수석고 + 모래 + 여물 + 물).
- 강도, 경도가 크고 응결수축에 따른 수축과 균열이 거의 없다.

■ 회반죽
- 소석회에 모래, 해초풀, 여물 등을 혼합하여 바르는 미장재료이다.
- 회반죽에 석고를 약간 혼합하면 수축균열을 방지할 수 있다.

■ 돌로마이트 플라스터
- 돌로마이트를 석회암과 같이 900~1,200℃에서 가열소성한 후, 소화해서 돌로마이트 플라스터를 제조한다.
- 원칙적으로 풀 또는 여물을 사용하지 않고 물로 연화하여 사용한다.
  ※ 미장재료 중 수축률이 큰 순서 : 돌로마이트 플라스터 > 소석회 > 순수석고 플라스터

■ 시멘트 모르타르 바름
순서는 위에서 아래로 바른다(천장 → 벽 → 바닥).

■ 인조석바름
모르타르로 바름 바탕을 한 위에 종석(화강석, 사문암, 석회석 등의 부순 돌)과 보통 포틀랜드 시멘트 또는 백색 포틀랜드 시멘트와 안료, 돌가루(석분) 등을 배합·반죽하여 바르고 씻어 내기, 갈기 또는 잔다듬 등으로 마무리하여 천연의 석재와 유사하게 만든 것이다.

■ 섬유벽 바름
섬유벽바름은 목면, 펄프, 인견 등의 합성섬유, 톱밥, 코르크분, 왕겨, 수목 껍질, 암면 등의 각종 섬유상의 재료를 접착제로 접합해서 벽에 바른 것을 말한다.

■ 리신바름(lithin coat)
돌로마이트에 화강석 부스러기, 색 모래, 안료 등을 섞어 정벌바름하고 충분히 굳지 않은 때에 표면에 거친 솔, 얼레 빗 같은 것으로 긁어 거친 면으로 마무리하는 것으로 일종의 인조석바름이다.

■ 수장공사의 종류
- 바탕공사 : 내·외장재료를 붙여대는 바탕의 재료에 따라 공법이 구분되며 주로 사용되는 자재는 목재, 미장, 콘크리트, 조적, 금속 바탕 등이 있다.
- 바닥공사 : 건물 바닥에 사용되는 재료 및 공법에 따라 목재 플로어링 공사, 카펫 공사, 이중바닥공사, 타일공사 등이 있다.
- 벽공사 : 건물 내부 벽 마감을 설치하는 공사이며, 사용되는 재료 및 공법에 따라 목질계(합판 또는 섬유판 등), 무기질계(목모 보드, 섬유강화 시멘트판, 석고보드 등), 금속판계로 구분된다.

- 천장공사 : 사용되는 재료 및 공법에 따라 목질계, 무기질계, 금속판계, 시스템 천장, 합성고분자계 등으로 분류된다.
- 도배공사 : 종이, 천 및 합성수지 시트계 등을 벽, 천장, 바닥, 창호 등에 풀 또는 접착제를 사용하여 붙이는 작업을 말한다.
- 커튼 및 블라인드 공사

▍반자틀의 구성 순서
달대받이 → 달대 → 반자틀받이 → 반자틀 → 반자돌림대

▍합성수지의 분류
- 열가소성 수지
  - 성형 후 열이나 용제를 가하면 소성변형하고, 냉각하면 고결하는 고체상의 고분자 물질로 구성된 수지(중합반응)이다.
  - 폴리스티렌, 폴리에틸렌, 폴리아미드, 폴리프로필렌, 염화비닐, 초산비닐, 메타크릴, 아크릴 등
- 열경화성 수지
  - 성형 후 열이나 용제를 가해도 형태가 변하지 않는, 비교적 저분자 물질로 구성된 수지(축합반응)이다.
  - 페놀, 에폭시, 요소, 멜라민, 프란, 실리콘, 알키드, 폴리에스테르 등

▍유리섬유 강화플라스틱(FRP ; Fiberglass Reinforced Plastic)
최근 가장 많이 쓰이는 플라스틱재료로, 강도가 약한 플라스틱에 강화제인 유리섬유를 넣어 성질을 개량한 플라스틱이다.

▍열경화성 수지
- 페놀수지 : 석탄산과 포르말린의 축합반응에 의하여 얻어지는 합성수지이다. 내알칼리성은 약하나 전기절연성, 내열성, 내수성이 우수하다.
- 멜라민수지 : 내열성, 전기절연성이 우수하고 표면 경도가 크고 아름다운 광택을 지녔으며, 외관이 미려하다.
- 불포화 폴리에스테르수지 : 강화플라스틱(FRP)의 재료로서 전기절연성, 내열성, 내약품성이 뛰어나다.
- 알키드 수지 : 프탈산과 글리세린수지를 변성시킨 포화폴리에스테르수지이다. 내구성, 내후성, 접착성, 광택 및 색조 유지성이 우수하다.
- 에폭시수지 : 금속과의 접착성, 내수성, 내약품성과 내열성, 전기절연성, 내알칼리성이 우수하다. 금속 도료 및 접착제, 콘크리트 균열 보수제 등으로 사용된다.
- 실리콘수지 : 발수성, 내약품성, 내후성이 좋으며 전기절연성이 우수하다. 탄력성, 내수성 등이 우수하기 때문에 주로 접착제, 도료로 사용된다.

▋ 열가소성 수지

- 폴리에틸렌수지 : 건축용 방수재료로 이용되어 내화학성의 파이프로도 쓰이지만, 도료로서의 사용은 곤란하다.
- 폴리스티렌수지 : 무색투명하고 내수성, 내약품성, 전기절연성이 양호하며 건축벽 타일, 천장재, 전기용품, 냉장고 내부 상자 등에 사용된다.
- 아크릴수지 : 투명성, 착색성이 우수하며 표면의 손상이 쉽고 열에 약하다.
- 폴리아미드수지 : 엔지니어링 플라스틱 중의 하나로 나일론수지라고도 하며 강인하고 내마모성이 크다.

▋ 설계 프로세스

- 계획설계 : 프로젝트 기획 및 분석과정에서 검토된 내용을 근거로 프로젝트 취지, 목적, 용도, 기능과 사용자의 요구사항에 적합한 디자인 주제를 추출하고 공간 환경의 기본계획을 진행하는 단계이다.
- 기본설계 : 선정된 아이디어를 토대로 필요한 요소들의 크기와 형태를 지정하고 종합하여 기능, 동선, 공간, 규모, 형태, 구조, 재료, 색채 등 종합적인 계획 방침을 수립하고 구체적인 기본 도면(배치, 평면, 입면, 단면)을 작성하는 단계이다.
- 실시설계 : 기본설계 내용의 기준과 다양한 관련 분야의 계획을 종합하여 도면을 작성하고 재료의 종류와 특성, 시공방법을 함께 표현하며, 도면으로 표현하기 어려운 내용과 필요한 내용을 구체적으로 제시한 시방서와 이에 관련한 공사비 내역을 산출하는 단계이다.
- 시공 프로세스 : 공사 준비, 가설공사, 구조체 공사, 방수·방습공사, 창호공사, 타일·도장·도배·바닥공사, 청소의 순으로 진행한다.

▋ 건축허가 신청 서류

- 허가 신청서
- 건축할 대지의 범위, 대지 소유 또는 사용에 관한 권리 증명 서류
- 기본설계도서
  - 제출도서 : 건축계획서, 배치도, 평·입·단면도, 구조도, 구조계산서, 소방설비도
  - 표준설계도서는 건축계획서·배치도에 한하여 제출
- 사전결정서(사전결정서를 받은 경우만 해당)
- 결합건축협정서(해당 사항이 있는 경우로 한정)

▋ 공사 감리자

자기의 책임(보조자 도움을 받는 경우 포함)으로 건축물, 건축설비, 공작물이 설계도서의 내용대로 시공되는지를 확인하고, 품질관리·공사관리·안전관리 등에 대하여 지도·감독하는 자

직영방법과 도급방법의 대상업무 비교

직영방법	도급방법
• 재빠른 대응이 필요한 업무 • 연속해서 행할 수 없는 업무 • 진척상황이 명확치 않고 검사하기 어려운 업무 • 금액이 적고 간편한 업무 • 일상적으로 행하는 유지관리적인 업무	• 장기에 걸쳐 단순작업을 행하는 업무 • 전문적 지식, 기능, 자격 등을 요하는 업무 • 규모가 크고, 노력, 재료 등을 포함하는 업무 • 관리주체가 보유한 설비로는 불가능한 업무 • 직영의 관리인원으로서는 부족한 업무

도급공사

- 공사 실시방식에 따른 분류 : 일식도급, 분할도급, 공동도급
- 공사비 지불방식에 따른 분류 : 정액도급, 단가도급, 실비청산(정산) 보수가산도급

턴키도급

건설업자가 대상 계획의 기업, 금융, 토지조달, 설계, 시공, 기계기구 설치, 시운전까지 주문자가 필요로 하는 모든 것을 조달하여 주문자에게 인도하는 도급계약 방식이다.

경쟁입찰방식

- 일반경쟁입찰(공개경쟁입찰) : 다수의 희망자가 경쟁에 참가하여 가장 유리한 조건을 제시한 자를 선정하는 방식이다.
- 지명경쟁입찰 : 건축주가 공사에 적합한 3~7개 회사를 선정 후 입찰시키는 방법이다.
- 제한경쟁입찰 : 계약의 목적이나 성질 등에 따라 참가자의 자격을 제한하는 방식이다.
- 일괄입찰 : 공사설계서와 시공에 필요한 도면 및 서류를 작성하여 입찰서와 함께 제출하여 입찰하는 방식이다.

건설공사의 입찰 순서

입찰공고 → 현장 설명 → 입찰 → 개찰 → 낙찰 → 계약

공정표의 종류

- 횡선식 막대 공정표 : 공사 종목(가로축)과 공사기간(세로축)을 기입하고, 각 공종별 공사일정을 막대 그래프로 표시하는 방법이다.
- 사선식 공정표 : 공사량을 세로축, 날짜를 가로축에 기입하여 공사 진척사항을 사선 그래프로 표시한 것이다(그래프식, 바나나 곡선).
- 네트워크 공정표 : 공정별 작업 단위를 망형도로 표시하고 각 공사의 순서관계, 일정관계를 도해식으로 표시한 것이다.

■ 시공계획의 4대 목표

품질관리, 원가관리, 공정관리, 안전관리

■ 안전관리총괄책임자 직무
- 안전관리계획서의 작성 및 제출
- 안전관리 관계자의 업무 분담 및 직무 감독
- 안전사고가 발생할 우려가 있거나 안전사고가 발생한 경우의 비상동원 및 응급조치
- 안전관리비의 집행 및 확인
- 협의체의 운영
- 안전관리에 필요한 시설 및 장비 등의 지원

■ 산업재해를 예방하기 위한 재해예방 4원칙
- 손실우연의 원칙
- 예방가능의 원칙
- 원인계기의 원칙
- 대책선정의 원칙

■ 사고발생 시 조치순서

운전정지 → 피해자 구조 → 응급처치 → 2차 재해 방지

■ 시멘트 창고 면적 산출
- 시멘트 창고 면적 $= 0.4 \times \dfrac{N}{n}$

  여기서, N : 시멘트 포대수, n : 쌓기 단수(최대 13단)
- 수량별 면적
  - 600포 미만 : N = 쌓기 포대수 전량
  - 600포 이상~1,800포 이하 : N = 600포
  - 1,800포 초과 : N = 1/3만 적용

■ 수평규준틀

건물 각 부의 위치, 높이, 기초너비, 길이 등을 정확히 결정하기 위해 설치한다.

■ 비계(용도상 종류)
- 시스템비계 : 규격화된 부재들을 강력한 쐐기방식으로 연결하여 흔들림이나 이탈이 없고, 작업발판 및 안전난간을 함께 설치하므로 작업이 쉽고 빠르며 안전하다.
- 강관틀비계 : 공사용 통로나 작업용 발판을 위해서 구조물의 이부에 조립, 설치되는 비계이다.
- 달비계 : 건축공사에서 외벽작업 시 이동설치가 가능하도록 달아매는 비계시스템으로, 건물에 고정된 돌출보 등에 와이어로 매달고 고정시킨다. 고층 건물공사 또는 외부 마감이나 청소 등에 활용한다.

■ 시멘트의 분류
- 수경성 시멘트 : 물과 섞이면서 상호작용하여 경화되고, 점차 강도가 커지는 성질(팽창성)을 갖는다(석회질, 진흙질, 회반죽, 돌로마이트 플라스터 등).
- 기경성 시멘트 : 공기 중에서 경화하는 것으로, 공기가 없는 수중에서는 경화되지 않는 성질(수축성, 알칼리성)을 갖는다(석고질, 시멘트질, 순석고, 경석고 플라스터 등).

■ 시멘트 분말도
- 분말도는 단위 중량에 대한 표면적, 즉 비표면적에 의하여 표시한다.
- 비표면적이 큰 시멘트일수록 수화반응이 촉진되어 응결 및 강도의 증진이 크다.
- 과도하게 미세한 것은 풍화되기 쉽고, 사용 후 균열이 발생한다.
- 분말도는 시멘트의 성능 중 블리딩, 초기강도 등에 크게 영향을 준다.
  ※ 시멘트의 분말도가 클수록(미세) : 수화작용 촉진, 초기강도 증진, 발열량 증대, 응결속도 증진, 시공연도 양호

■ 응결과 경화
시멘트풀(cement paste)이 시간이 경과함에 따라 수화에 의하여 유동성과 점성을 상실하고 고화하는 현상을 응결이라 하고, 이 과정 이후를 경화라 한다.

응결속도가 빨라지는 경우	응결속도가 늦어지는 경우
• 분말도가 크고 알칼리가 많을수록 • 알루민산 3석회가 많을수록 • 조강성의 시멘트를 사용할수록 • 골재나 물에 염분이 포함될수록 • 물-시멘트비가 작을수록 • 온도가 높을수록, 습도가 낮을수록 • 동일 시멘트상에서 슬럼프가 낮을수록	• 첨가된 석고량이 많거나 물-시멘트비가 많을수록 • 수(水)량이 많으면 응결이 늦어진다.

■ 시멘트의 안정성 시험
오토클레이브팽창도 시험과 르샤틀리에 시험 중 택일하여 실시한다.

■ 콘크리트의 강도에 영향을 미치는 요인
- 일반적으로 강자갈보다 쇄석을 사용한 콘크리트의 강도가 크다.
- 굵은 골재의 최대 치수가 클수록 콘크리트의 강도는 작아진다.
- 물-시멘트비가 낮으면 콘크리트 강도는 높게 된다.
- 공기량이 증가할수록 콘크리트의 강도는 낮아진다.
- 빈배합 콘크리트가 부배합의 경우보다 높은 강도를 낼 수 있다.
- 손비빔으로 하는 것보다 기계비빔으로 하는 것이 강도가 커진다.
- 아황산, 규산 3석회가 많을수록 조기강도는 높아진다.
- 규산 2석회 함량이 많을수록 장기강도는 높아진다.

■ 포틀랜드 시멘트
- 보통 포틀랜드 시멘트 : 혼합 시멘트 등의 베이스 시멘트로 사용되며 시멘트의 분말도가 높으면 응결, 경화속도가 빠르다.
- 중용열 포틀랜드 시멘트 : 시멘트의 수화열을 저감시킬 목적으로 제조한 시멘트로 매스 콘크리트용으로 사용되며, 건조수축이 적고 화학저항성이 크다.
- 조강 포틀랜드 시멘트 : 보통 포틀랜드 시멘트보다 규산 3석회 또는 석고가 많은 시멘트이다. 수밀성이 높고 경화에 따른 수화열과 강도 발현성이 크며, 공사기간 단축을 필요로 하는 긴급공사나 시멘트 제품, 한중공사에 사용된다.
- 저열 포틀랜드 시멘트 : 수화열이 적게 되도록 보통 포틀랜드 시멘트보다 규산 3석회와 알루민산 3석회의 양을 아주 적게 한 것이다. 중용열 시멘트보다 수화열이 적게 발생하며, 대형 구조물 공사에 적합하다.
- 내황산염 포틀랜드 시멘트 : 황산염의 침식작용에 대한 화학적 저항성을 크게 한 시멘트로서, 알루민산 3석회의 양을 적게 한 것으로 해양공사에 유리하다.

■ 고로 시멘트
수화열이 낮고, 조기강도는 적으나 장기 강도가 우수하고 내열성이므로 항만, 댐, 도로 등의 공사에 사용되고 있다.

■ 시멘트 저장 시 주의사항
- 창고의 바닥높이는 지면에서 30cm 이상으로 한다.
- 지붕은 비가 새지 않는 구조로 하고, 벽이나 천장은 기밀하게 한다.
- 창고 주위는 배수도랑을 두고 우수의 침입을 방지한다.
- 출입구 채광창 이외의 환기창은 두지 않는다.
  ※ 시멘트 창고는 환기가 잘되면 응결되기 때문에 풍화작용을 방지하기 위해서 공기의 흐름을 막기 위해 환기창을 금지한다.
- 반입구와 반출구를 따로 두어 먼저 쌓는 것부터 사용하도록 한다.

- 시멘트 쌓기의 높이는 13포(1.5m) 이내로 한다. 장기간 쌓아두는 것은 7포 이내로 한다.
- 시멘트의 보관은 1m^{2}당 30~35포대 정도로 하고, 통로를 고려하지 않는 경우에는 1m^{2}당 50포대 정도로 한다. 시멘트 사용량이 600포대 이하인 경우에는 전량을 저장할 수 있는 창고를 가설하고, 600포대 이상인 경우에는 공사기간에 따라서 전량을 1/3을 저장할 수 있는 창고로 한다.

■ 굳지 않은 콘크리트의 성질
- 워커빌리티(workability, 시공연도) : 부어 넣기의 난이도 정도 및 재료분리에 저항하는 정도를 나타낸다.
- 컨시스턴시(consistency, 반죽질기) : 주로 수량에 의해서 변화되는 유동성의 정도를 말한다.
- 플라스티시티(plasticity, 가소성·성형성) : 거푸집에 용이하게 충전할 수 있는 정도를 의미한다.
- 피니셔빌리티(finishability, 마감성의 난이를 표시하는 성질) : 굵은 골재의 최대 치수, 잔골재율, 잔골재입도, 컨시스턴시 등에 의한 마감성의 난이를 표시하는 성질이다.

■ 워커빌리티 측정방법
- 보통 콘크리트 : 슬럼프시험
- 묽은 콘크리트 : 플로시험
- 된 콘크리트 : 다짐계수시험, 비비시험(진동대식 반죽질기 시험), 콘 관입시험 등

■ 크리프
콘크리트에 일정한 하중이 지속적으로 작용하면 하중의 증가가 없어도 콘크리트의 변형이 시간에 따라 증가하는 현상이다.

■ 물-시멘트비(시멘트 중량에 대한 물의 중량비)
$$물-시멘트비 = \frac{단위수량(W)}{단위시멘트량(C)} \times 100$$

■ 콘크리트의 배합설계에서 골재의 함수 상태
표면건조포화 상태(골재입자의 표면에 물은 없으나 내부의 공극에는 물이 꽉 차 있는 상태)를 기준으로 한다.

■ 워커빌리티에 영향을 주는 인자
- 단위 수량 : 단위 수량이 많을수록 콘크리트의 컨시스턴시는 크게 되지만, 워커빌리티(작업성)가 떨어진다.
- 단위 시멘트량 : 단위 시멘트량이 많아질수록 콘크리트의 플라스티시티가 증가하므로 워커빌리티가 좋아진다.
- 시멘트의 성질 : 시멘트의 종류, 분말도, 풍화의 정도 등이 영향을 준다.
- 골재의 입도 및 입형 : 골재 중의 세립분, 특히 0.3mm 이하의 세립분은 콘크리트에 점성을 주고 플라스티시티를 좋게 한다.

- 공기량 : AE제나 감수제에 의하여 콘크리트 중에 연행된 미세한 공기포는 볼베어링 작용에 의하여 콘크리트의 워커빌리티를 개선한다.
- 혼화재료 : 양질의 포졸란을 사용하면 워커빌리티가 개선된다. 특히 플라이애시는 구상의 미립분이기 때문에 볼베어링 작용에 의해 콘크리트 워커빌리티를 개선한다.
- 비빔시간 : 비빔이 불충분하고 불균질한 상태의 콘크리트는 워커빌리티가 나쁘다.
- 온도 : 콘크리트의 온도가 높을수록 컨시스턴시가 저하된다.

▌ 혼화제

- 워커빌리티(작업성)와 동결융해에 대한 내구성을 향상시키는 것 : AE제, 감수제, AE 감수제, 고성능 감수제, 유동화제
- 응결, 경화시간을 조절하는 것 : 촉진제, 지연제, 급결제, 초지연제
- 방수효과를 부여하는 것 : 방수제
- 기포의 작용으로 충전성을 개선하거나 중량을 조절하는 것 : 기포제, 발포제
- 응집작용 등을 향상시켜 재료분리를 억제 : 증점제
- 기타 : 시멘트풀(grout)용 혼화제, 소포제, 응집제, 수중 콘크리트용 혼화제 등
- 염화물에 의한 철근의 부식을 억제시키는 것 : 방청제

▌ 혼화재

- 포졸란 작용이 있는 것 : 플라이애시, 고로 슬래그, 규산백토 미분말, 실리카 퓸
- 경화과정에서 팽창을 일으키는 것 : 콘크리트용 팽창재
- 오토클레이브 양생에 의해 고강도를 갖게 하는 것 : 규산질 미분말
- 착색시키는 것 : 착색제
- 기타 : 폴리머 중량재, 광물질 미분말 등

▌ 콘크리트에 AE제가 미치는 영향과 효과

- 콘크리트 내부에 미세한 독립된 기포를 발생시킨다.
- 콘크리트의 워커빌리티를 개선한다.
- 블리딩을 감소시킨다.
- 단위 수량이 감소된다.
- 콘크리트의 동결융해에 대한 내구성을 크게 증가시킨다.
- 경화 시 수축 감소 및 균열을 방지한다.
- 알칼리골재반응의 영향이 적어진다.

■ 감수제
표면활성제의 일종으로 기포작용은 하지 않고 분산 및 습윤작용에 의해 시멘트 입자를 분산시켜 시멘트 페이스트의 유동성을 증가시킴으로써 콘크리트의 워커빌리티를 개선하여 단위 수량을 감소시키는 혼화제이다.

■ 속빈 콘크리트 성능을 평가하는 시험항목(KS F 4002)
기건비중시험, 전 단면적에 대한 압축강도시험, 흡수율시험

■ 골재의 함수량
- 흡수량 = 표면건조 상태의 중량 − 절대건조 상태의 중량
- 유효흡수량 = 표면건조 상태의 중량 − 기건 상태의 중량
- 표면수량 = 습윤 상태의 중량 − 표면건조 상태의 중량
- 함수량 = 습윤 상태의 골재중량 − 절건 상태의 골재중량

■ 아스팔트 종류
- 천연 아스팔트 : 록 아스팔트, 레이크 아스팔트, 아스팔타이트
- 석유 아스팔트 : 스트레이트 아스팔트, 블론 아스팔트, 아스팔트 콤파운드

■ 도막방수
우레탄 고무계, 아크릴 고무계, 고무 아스팔트계 등의 합성고무, 합성수지 용액을 여러 번 칠하여 소요두께의 방수층을 형성하는 공법이다.

■ 에폭시 방수
내약품성, 내마모성이 우수하여 화학공장의 방수층을 겸한 바닥 마무리재로 가장 적합하다.

■ 수직면에 도장하였을 경우 흘러내림을 방지하기 위한 방법
- 규정 도막을 유지한다.
- 희석량을 줄여 점도를 높게 한다.
- 사전에 시험도장을 하여 확인 후 도장한다.
- airless 도장 시 팁사이즈를 줄여 도료 토출량을 적게 하고 2차압을 높인다.

■ 단열재료의 종류
- 무기질 단열재료 : 유리면, 암면, 세라믹파이버, 펄라이트판, 규산칼슘판, 경량 기포 콘크리트
- 유기질 단열재료 : 셀룰로스 섬유판, 연질 섬유판, 폴리스틸렌폼, 경질 우레탄폼

■ 단열재의 선정 조건
- 열전도율, 흡수율, 투기성이 낮을 것
- 비중이 작으며, 기계적 강도가 우수할 것
- 내구성, 내열성, 내식성이 우수하여 냄새가 없을 것
- 경제적이고 시공이 용이할 것
- 품질의 편차가 적을 것
- 사용연한에 따른 변질이 없을 것
- 유독성 가스가 발생되지 않을 것

■ 차음재료의 요구성능
- 비중이 클 것
- 음향투과손실이 높을 것
- 밀도(무게)가 높을 것

■ 품질관리를 위한 7가지 도구
- 히스토그램 : 데이터가 어떤 분포를 하고 있는지 알기 위해 막대 그래프와 같은 형태로 만든 도표이다.
- 파레토도표 : 결함부 또는 기타 시공불량 등의 항목을 구분하여 크기순으로 나열한 도표이다.
- 특성요인도 : 결과에 대해 원인이 어떻게 관계하는지를 알기 쉽게 작성한 그림으로, 생선뼈 그림이라고도 한다.
- 체크시트 : 계수치의 데이터가 분류 항목의 어디에 집중되어 있는지 알아보기 쉽게 나타낸 표 또는 그림을 말한다.
- 산점도 : 서로 대응하는 데이터를 그래프 용지 위에 점으로 나타낸 것이다.
- 각종 그래프 및 관리도 : 데이터를 요약하여 쉽게 의미를 알 수 있도록 나타낸 그림이다.
- 층별(stratification) : 집단을 구성하는 데이터를 특징에 따라 몇 개의 부분 집단으로 나누는 것이다.

■ 감리의 종류
- 설계 감리 : 건설공사의 계획·조사 또는 설계가 관계 법령과 건설공사설계기준 및 건설공사시공기준 등에 따라 품질과 안전을 확보하여 시행될 수 있도록 관리하는 것을 말한다.
- 검측 감리 : 건설공사가 설계도서 및 그 밖의 관계 서류와 관계 법령의 내용대로 시공되고 있는 지의 여부를 확인하는 감리
- 시공 감리 : 품질 관리·시공 관리·안전 관리 등에 대한 기술 지도와 검측 감리를 하는 것을 말한다.
- 책임 감리 : 시공 감리와 관계 법령에 따라 발주청이 감독 권한을 대행하는 것을 말하며, 책임감리는 공사 감리의 내용별로 대통령령으로 정하는 바에 따라 전면 책임 감리 및 부분 책임 감리로 구분한다.

■ 공사현장검측 시 첨부해야 할 서류
- 검측 의뢰서
- 검측 대상 시공도면
- 검측 체크리스트
- 관련 사진
- 공사 참여자 실명부

■ 하자 담보 책임 기간
- 2년 : 도장공사, 도배공사, 미장공사, 수장공사, 타일공사, 석공사, 옥내가구공사, 주방가구공사
- 3년 : 옥외급수·위생 관련 공사, 가스설비공사, 목공사, 창호공사, 조경공사, 소방설비공사, 정보통신공사
- 5년 : 조적공사, 지붕공사, 방수공사, 대지조성공사, 철근콘크리트공사, 철골공사

■ 결로 방지대책
- 벽체의 단열성 증대로 벽체 표면의 온도를 상승시킨다.
- 실내의 습기를 제거하고 수증기 발생을 억제한다.
- 벽 표면에 건조하고 따뜻한 공기를 보내어 벽체 표면의 이슬점을 낮춘다.
- 마감재를 표면의 응결수를 비교적 빨리 흡수시킬 수 있는 재료를 사용한다.
- 냉교현상이 발생하지 않게 설계와 시공에 유의한다.

CHAPTER 03 실내디자인 환경

■ **인체의 열쾌적에 영향을 주는 물리적 온열 4요소**
 기온, 습도, 기류, 복사열

■ **실효온도(유효온도)**
 - 기온·습도·기류의 3요소 조합에 의한 실내 온열감각을 기온의 척도로 나타낸 온열지표이다.
 - 실제로 감각되는 온도이며, 상대습도 100%일 때의 건구온도에서 느끼는 것과 동일한 온감(溫感)이다.
 - 실효온도의 종류 : Oxford 지수, WBGT 지수(습구 글로브온도), Botsball 지수

■ **불쾌지수의 범위(쾌적함의 척도)**
 - 68 미만 : 전원이 쾌적함을 느낀다.
 - 68~75 : 불쾌감을 나타내기 시작한다.
 - 75~80 : 일반인의 절반 정도가 불쾌감을 느낀다.
 - 80 이상 : 대부분의 사람이 불쾌감을 느낀다.

■ **건물 외벽의 열관류 저항값을 높이는 방법**
 - 벽체 내에 공기층을 둔다.
 - 벽체의 두께를 두껍게 하거나 단열재를 사용한다.
 - 열전도율이 낮은 재료를 사용한다.
 - 열관류저항이 큰 재료를 사용한다.
 - 열전도율이 같으면 흡수성이 작은 재료를 사용한다.

■ **단열재가 갖추어야 할 요건**
 - 경제적이고 시공이 용이할 것
 - 가벼우며 기계적 강도가 우수할 것
 - 열전도율, 흡수율, 수증기 투과율이 낮을 것
 - 내구성, 내열성, 내식성이 우수하고 냄새가 없을 것

■ **열교현상**

벽이나 바닥, 지붕 등 건축물의 특정 부위에 단열이 연속되지 않은 부분이 있어 이 부위를 통한 열의 이동이 많아지는 현상이다. 열교현상이 발생하면 구조체 전체의 단열성이 저하되고 표면결로가 발생한다.

■ **건축물의 에너지 절약을 위한 단열계획**
- 외벽 부위는 외단열로 시공하고, 외피의 모서리 부분은 열교현상이 발생하지 않도록 단열재를 연속적으로 설치한다.
- 건물의 창 및 문은 가능한 한 작게 설계하고, 특히 열손실이 많은 북측 거실의 창 및 문의 면적은 최소화한다.
- 발코니 확장을 하는 공동주택이나 창 및 문의 면적이 큰 건물에는 단열성이 우수한 로이(low-e) 복층창이 나 삼중창을 설치한다.
- 외벽은 가능한 한 굴곡을 피하고 단순한 형태로 한다.
- 단열재는 투습성이 적은 것을 사용한다.
- 실의 용도 및 기능에 따라 수평, 수직으로 조닝계획을 한다.
- 공동주택은 인동 간격을 넓게 하여 저층부의 일사수 열량을 증대시킨다.
- 거실의 층고 및 반자 높이는 실의 용도와 기능에 지장을 주지 않는 범위 내에서 가능한 한 낮게 한다.
- 건축물은 남향 또는 남동향 배치를 한다.

■ **표면결로의 방지방법**
- 직접가열이나 기류촉진에 의해 표면온도를 상승시킨다.
- 수증기 발생이 많은 부엌이나 화장실에 배기구나 배기팬을 설치한다.
- 실내벽 표면온도를 실내공기의 노점온도보다 높게 한다.
- 구조체의 열관류 저항을 크게 한다.
- 내부결로를 방지하기 위해 방습층은 온도가 높은 단열재의 실내측에 위치하도록 한다.
- 주방 벽 근처의 공기를 순환시킨다.
- 벽체의 단열결함 부위와 열발생 부위를 줄인다.

■ **일조율**

가조시간에 대한 일조시간의 백분율을 의미한다.
- 일조시간 : 실제 직사광선이 지표를 조사한 시간
- 가조시간 : 장애물이 없는 곳에서 청천 시 일출부터 일몰까지의 시간

필요환기량

실내 환경의 쾌적성을 유지하기 위한 외기량을 필요환기량이라 한다.

$$\text{필요환기량}(m/h) = \frac{20(CMH) \times \text{실의 면적}(m^3)}{1\text{인당 점유하는 면적}(m^3/h \cdot \text{인})}$$

여기서, 20(CMH) : 성인 남자가 조용히 앉아 있을 때 CO_2 배출량을 기준으로 한 필요환기량

자연환기(중력환기)

자연환기는 실내의 공기 압력차 또는 온도차에 의한 공기 밀도차를 이용하여 환기하는 것이다.

기계환기

- 제1종 환기법(급기팬 + 배기팬, 압입·흡출 병용방식)
  - 급기측과 배기측에 송풍기와 배풍기를 설치하여 환기하는 방식이다.
  - 필요에 따라 실내 압력을 인위적으로 조절할 수 있다.
- 제2종 환기법(급기팬 + 자연배기, 압입식)
  - 송풍기로 실내에 급기를 실시하고, 배기구를 통하여 자연적으로 유출시키는 방식이다.
  - 실내의 압력이 외부보다 높아진다.
- 제3종 환기법(자연급기 + 배기팬, 흡출식)
  - 급기는 자연급기가 되도록 하고, 배기는 배풍기로 한다.

조명 용어와 사용단위

- 광속(lm) : 광원으로부터 방출되는 빛의 총량을 말한다.
- 조도(lx) : 물체나 표면에 도달하는 빛의 단위 면적당 밀도(광의 밀도)를 나타낸다.
- 휘도(cd/m^2) : 빛을 내는 물체의 단위 면적당 표면 밝기의 정도이다.
- 광도(cd) : 단위 면적당 표면에서 반사 또는 방출되는 광량(빛의 양)을 말한다.

최소 조도기준(산업안전보건기준에 관한 규칙 제8조)

- 초정밀작업 : 750lx 이상
- 정밀작업 : 300lx 이상
- 보통작업 : 150lx 이상
- 그 밖의 작업 : 75lx 이상

▌ 조명분포에 의한 분류
- 전체조명(전반조명) : 천장이나 바닥에 전반적인 조명을 설치하는 것으로 실 전체를 평균적으로 밝고 온화한 분위기로 만든다. 눈의 피로가 적어져서 사고나 재해가 적어지는 조명방식이다.
- 국부조명(부분조명) : 작업면상의 필요한 개소만 고조도를 취하는 방식으로, 일부분만 밝게 하므로 명암의 차이가 많아 눈부심을 일으켜 눈을 피로하게 하는 결점이 있다.
- 장식조명(분위기 조명) : 조명기구 자체가 하나의 예술품과 같이 강조되거나 분위기를 살려주는 조명을 말한다. 펜던트, 샹들리에, 브래킷 등이 대표적이다.

▌ 배광방식에 의반 조명 분류
- 직접조명 : 빛의 90~100%가 아래로 향하고, 빛의 0~10%가 위로 향하게 투사시키는 방식이다. 일반적으로 조명률은 좋으나 조도분포가 균일하지 않고 눈부심 현상과 강한 그림자가 생겨 근로자의 눈 피로도가 큰 조명방법이다.
- 반직접조명 : 빛의 60~90%가 아래로 향하여 직접 표면을 비추고, 나머지 10~40%의 빛이 위로 향하여 1차적으로 천장면을 향하여 반사된다.
- 간접조명 : 빛의 90~100%가 위로 향하고, 빛의 0~10%가 아래로 향하여 광원의 빛을 1차적으로 천장이나 벽에 비추어 그 반사광으로 원하는 조도를 구하는 조명방식이다. 반사광에 의한 조명방식이므로 조도분포가 균일하여 부드러운 분위기가 되므로 눈부심현상이 없다.
- 반간접조명 : 빛의 60~90%가 위로 향하고, 빛의 10~40%가 아래로 향하여 투사되는 가장 효과적인 조명방식이다.
- 직간접(전반확산)조명 : 직접조명과 간접조명방식을 병용하여 위아래로 향하는 빛의 양이 40~60%로 균등하게 확산·배분되는 조명방식이다.

▌ 음 관련 이론
- 도플러(doppler) 효과 : 음원과 관측자가 서로 상대속도를 가질 때, 음원의 소리보다 더 높거나 낮은 소리를 듣게 되는 현상이다.
- 마스킹 효과 : 어느 음을 듣고자 할 때, 다른 음에 의하여 듣고자 하는 음이 작게 들리거나 아예 들리지 않는 현상이다.
- 임피던스(impedance) 효과 : 밀폐된 공간에서 발생되는 공기의 압력 차이로 인하여 소리 전달이 방해되는 현상이다.

▌ 주파수 범위

저주파	가청 주파수	고주파	초음파
20Hz 이하	20~20,000Hz	4,000~20,000Hz	20,000Hz 이상

■ 음의 3요소 : 음색, 음의 고저, 음의 크기

■ 공명(공진)
강제로 진동시킨 어떤 물체의 진동수(주파수)가, 그 물체의 고유 진동수와 같을 때, 진폭이 엄청 커지는 현상이다.

■ 실내음향 상태를 표현하는 표준(요소) : 명료도, 잔향시간, 음압분포, 소음 레벨

■ 언어의 명료도에 직접적인 영향을 주는 요인 : 소음, 잔향시간, 음의 세기

■ 음압 레벨

$$SPL(dB수준) = 20\log\frac{P}{P_0}$$

음압이 10배 증가하면 20dB 증가하고, 음압이 100배 증가하면 40dB 증가한다.

■ 소음의 노출기준(충격소음 제외)

1일 노출시간(hr)	소음강도 dB(A)
8	90
4	95
2	100
1	105
1/2	110
1/4	115

※ 115dB(A)를 초과하는 소음 수준에 노출되어서는 안 된다.

■ 강렬한 소음작업(산업안전보건기준에 관한 규칙 제512조)
- 90dB 이상의 소음이 1일 8시간 이상 발생하는 작업
- 95dB 이상의 소음이 1일 4시간 이상 발생하는 작업
- 100dB 이상의 소음이 1일 2시간 이상 발생하는 작업
- 105dB 이상의 소음이 1일 1시간 이상 발생하는 작업
- 110dB 이상의 소음이 1일 30분 이상 발생하는 작업
- 115dB 이상의 소음이 1일 15분 이상 발생하는 작업

■ 지하층(건축법 제2조)
건축물의 바닥이 지표면 아래에 있는 층으로서 바닥에서 지표면까지 평균 높이가 해당 층 높이의 2분의 1 이상인 것을 말한다.

■ **주요 구조부(건축법 제2조)**

내력벽(耐力壁), 기둥, 바닥, 보, 지붕틀 및 주계단(主階段)을 말한다. 다만, 사이 기둥, 최하층 바닥, 작은 보, 차양, 옥외 계단, 그 밖에 이와 유사한 것으로 건축물의 구조상 중요하지 아니한 부분은 제외한다.

■ **건축 행위(건축법 제2조)** : 신축, 증축, 개축, 재축, 이전(대수선은 건축 행위가 아님)

■ **벽의 내화구조 기준(건축물방화구조규칙 제3조)**
- 철근콘크리트조 또는 철골철근콘크리트조로서 두께가 10cm 이상인 것
- 골구를 철골조로 하고 그 양면을 두께 4cm 이상의 철망 모르타르(그 바름바탕을 불연재료로 한 것으로 한정한다) 또는 두께 5cm 이상의 콘크리트블록·벽돌 또는 석재로 덮은 것
- 철재로 보강된 콘크리트블록조·벽돌조 또는 석조로서 철재에 덮은 콘크리트블록 등의 두께가 5cm 이상인 것
- 벽돌조로서 두께가 19cm 이상인 것
- 고온·고압의 증기로 양생된 경량기포 콘크리트 패널 또는 경량기포 콘크리트블록조로서 두께가 10cm 이상인 것

■ **방화구조(건축물방화구조규칙 제4조)**

화염의 확산을 막을 수 있는 성능을 가진 구조로서 국토교통부령으로 정하는 기준에 적합한 구조를 말한다.

구조 부분	방화구조의 기준
철망 모르타르 바르기	바름 두께 : 2cm 이상
석고판 위에 시멘트 모르타르 또는 회반죽을 바른 것	두께 합계 : 2.5cm 이상
시멘트 모르타르 위에 타일을 붙인 것	
심벽에 흙으로 맞벽치기를 한 것	두께에 관계없이 인정
산업표준화법에 따른 한국산업표준이 정하는 바에 따라 시험한 결과	방화 2급 이상인 것

■ **특별건축구역 지정 불가 구역(건축법 제69조)**
- 개발제한구역의 지정 및 관리에 관한 특별조치법에 따른 개발제한구역
- 자연공원법에 따른 자연공원
- 도로법에 따른 접도구역
- 산지관리법에 따른 보전산지

■ **피난층에서 건축물의 바깥쪽으로의 출구에 이르는 보행거리(건축법 시행령 제34조, 건축물방화구조규칙 제11조)**

구분	원칙	주요 구조부가 내화구조, 불연재료일 경우
계단으로부터 옥외로의 출구까지	30m 이하	50m 이하(16층 이상 공동주택의 16층 이상인 층 : 40m)
거실로부터 옥외로의 출구까지	60m 이하	100m 이하(16층 이상 공동주택의 16층 이상인 층 : 80m)

■ **직통계단의 설치(건축법 시행령 제34조)**
- 피난층 외의 층에서의 보행거리 : 30m 이하
- 주요구조부가 내화구조 또는 불연재료 건축물
  - 50m 이하(지하층 바닥 면적 300m^2 이상 공연장·집회장·관람장, 전시장 제외)
  - 16층 이상 공동주택의 경우 16층 이상인 층에 대해서는 40m 이하
- 자동화생산시설에 스프링클러 등 자동식소화설비를 설치한 공장 : 반도체 및 디스플레이 패널 제조공장 75m 이하(무인화 공장은 100m 이하)

■ **피난계단 또는 특별피난계단의 설치(건축법 시행령 제35조)**
5층 이상 또는 지하 2층 이하인 층에 설치하는 직통계단은 국토교통부령으로 정하는 기준에 따라 피난계단 또는 특별피난계단으로 설치해야 한다. 다만, 건축물의 주요 구조부가 내화구조 또는 불연재료로 되어 있는 경우로서, 다음의 어느 하나에 해당하는 경우에는 그러지 아니한다.
- 5층 이상인 층의 바닥 면적의 합계가 200m^2 이하인 경우
- 5층 이상인 층의 바닥 면적 200m^2 이내마다 방화구획이 되어 있는 경우

■ **관람실 등으로부터의 출구의 설치기준(건축물방화구조규칙 제10조)**
- 건축물의 관람실 또는 집회실로부터 바깥쪽으로의 출구로 쓰이는 문은 안여닫이로 해서는 안 된다.
- 문화 및 집회시설 중 공연장의 개별 관람실(바닥 면적이 300m^2 이상인 것만 해당)의 출구는 다음의 기준에 적합하게 설치해야 한다.
  - 관람실별로 2개소 이상 설치할 것
  - 각 출구의 유효 너비는 1.5m 이상일 것
  - 개별 관람실 출구의 유효 너비의 합계는 개별 관람실의 바닥 면적 100m^2마다 0.6m의 비율로 산정한 너비 이상으로 할 것

■ **건축물의 바깥쪽으로의 출구의 설치기준(건축물방화구조규칙 제11조)**
- 건축물의 바깥쪽으로 나가는 출구를 설치하는 건축물 중 문화 및 집회시설(전시장 및 동·식물원을 제외한다), 종교시설, 장례식장 또는 위락시설의 용도에 쓰이는 건축물의 바깥쪽으로의 출구로 쓰이는 문은 안여닫이로 하여서는 아니 된다.
- 건축물의 바깥쪽으로 나가는 출구를 설치하는 경우 관람실의 바닥 면적의 합계가 300m^2 이상인 집회장 또는 공연장은 주된 출구 외에 보조출구 또는 비상구를 2개소 이상 설치해야 한다.

■ 옥상광장 등의 설치(건축법 시행령 제40조)

층수가 11층 이상인 건축물로서 11층 이상인 층의 바닥 면적의 합계가 10,000㎡ 이상인 건축물의 옥상에는 다음의 구분에 따른 공간을 확보해야 한다.
- 건축물의 지붕을 평지붕으로 하는 경우 : 헬리포트를 설치하거나 헬리콥터를 통하여 인명 등을 구조할 수 있는 공간
- 건축물의 지붕을 경사지붕으로 하는 경우 : 경사지붕 아래에 설치하는 대피 공간

■ 방화구획 등의 설치(건축법 시행령 제46조)
- 내화구조로 된 바닥·벽
- 60분+ 방화문, 60분 방화문 또는 자동방화셔터

■ 피난층 또는 지상으로 통하는 직통계단을 설치하는 경우 계단 및 계단참의 유효너비(건축물방화구조규칙 제15조)
- 공동주택 : 1.2m 이상
- 공동주택이 아닌 건축물 : 1.5m 이상

■ 계단을 대체하여 설치하는 경사로 기준(건축물방화구조규칙 제15조)
- 경사도는 1 : 8을 넘지 아니할 것
- 표면을 거친 면으로 하거나 미끄러지지 아니하는 재료로 마감할 것

■ 채광 및 환기를 위한 창문 등(건축물방화구조규칙 제17조)
- 채광을 위하여 거실에 설치하는 창문 등의 면적은 그 거실의 바닥 면적의 1/10 이상이어야 한다. 다만, 거실의 용도에 따라 조도 이상의 조명장치를 설치하는 경우에는 그러하지 아니하다.
- 환기를 위하여 거실에 설치하는 창문 등의 면적은 그 거실의 바닥 면적 1/20 이상이어야 한다.

■ 창문 등의 차면시설(건축법 시행령 제55조)

인접 대지 경계선으로부터 직선거리 2m 이내에 이웃 주택의 내부가 보이는 창문 등을 설치하는 경우에는 차면시설을 설치해야 한다.

■ 경계벽 등의 구조(건축물방화구조규칙 제19조)

경계벽은 소리를 차단하는 데 장애가 되는 부분이 없도록 다음의 어느 하나에 해당하는 구조로 하여야 한다.
- 철근콘크리트조·철골철근콘크리트조로서 두께가 10cm 이상인 것
- 무근콘크리트조 또는 석조로서 두께가 10cm(시멘트모르타르·회반죽 또는 석고플라스터의 바름두께를 포함한다) 이상인 것
- 콘크리트블록조 또는 벽돌조로서 두께가 19cm 이상인 것

■ 승강기의 설치 대수대수(건축물설비기준규칙 별표 1의2)

건축물의 용도 \ 6층 이상의 거실 면적의 합계	3,000m² 이하	3,000m² 초과

• 문화 및 집회시설 중
  - 공연장
  - 집회장
  - 관람장
• 판매시설
• 의료시설
	2대	2대에 3,000m²를 초과하는 2,000m² 이내마다 1대를 더한 대수
		〈계산식〉
		2대 + $\dfrac{초과\ 면적 - 3{,}000m^2}{2{,}000m^2}$(대)

• 문화 및 집회시설 중
  - 전시장
  - 동, 식물원
• 업무시설
• 숙박시설
• 위락시설
	1대	1대에 3,000m²를 초과하는 2,000m² 이내마다 1대를 더한 대수
		〈계산식〉
		1대 + $\dfrac{초과\ 면적 - 3{,}000m^2}{2{,}000m^2}$(대)

• 공동주택 • 교육연구시설 • 노유자시설 • 그 밖의 시설	1대	1대에 3,000m²를 초과하는 3,000m² 이내마다 1대를 더한 대수 〈계산식〉 1대 + $\dfrac{초과\ 면적 - 3{,}000m^2}{3{,}000m^2}$(대)

※ 승강기의 대수 계산 인정
  • 8인승 이상 15인승 이하 : 1대
  • 16인승 이상 : 2대

■ 비상용 승강기 설치 제외대상 건축물(건축물설비기준규칙 제9조)
• 높이 31m를 넘는 각 층을 거실 외의 용도로 쓰는 경우
• 높이 31m를 넘는 각 층의 바닥 면적의 합계가 500m² 이하인 건축물
• 높이 31m를 넘는 층수가 4개층 이하로서 당해 각 층의 바닥 면적의 합계 200m²(벽 및 반자가 실내에 접하는 부분의 마감을 불연재료로 한 경우에는 500m²) 이내마다 방화구획으로 구획된 건축물

■ 설계자가 건축물에 대한 구조의 안전을 확인하는 경우 건축구조기술사의 협력을 받아야 하는 대상 건축물
• 6층 이상인 건축물
• 특수 구조 건축물
• 다중이용 건축물
• 준다중이용 건축물
• 3층 이상의 필로티 형식 건축물
• 지진구역 Ⅰ의 지역에 건축하는 건축물로서 건축물의 구조기준 등에 관한 규칙 별표 11에 따른 중요도가 특에 해당하는 건축물

▌ 공동주택 및 다중이용시설의 환기설비 기준(건축물설비기준규칙 제11조)

신축 또는 리모델링하는 다음의 어느 하나에 해당하는 주택 또는 건축물은 시간당 0.5회 이상의 환기가 이루어질 수 있도록 자연환기설비 또는 기계환기설비를 설치하여야 한다.
- 30세대 이상의 공동주택
- 주택을 주택 외의 시설과 동일 건축물로 건축하는 경우로서 주택이 30세대 이상인 건축물

▌ 공동주택과 오피스텔의 개별 난방설비(건축물설비기준규칙 제13조)

구분	설치기준
보일러의 설치	• 거실 외의 곳에 설치 • 보일러실과 거실 사이 경계벽은 내화구조(출입구는 제외)
보일러실의 환기	• 윗부분에 면적 0.5m² 이상의 환기창 설치 • 윗부분, 아랫부분에 지름 10cm 이상 공기흡입구, 배기구를 항상 개방된 상태로 외기와 접하도록 설치(전기보일러 제외)
보일러실과 거실 사이의 출입구	출입구가 닫힌 경우에는 보일러 가스가 거실에 들어갈 수 없는 구조
기름저장소	보일러실 외의 다른 곳에 설치할 것(기름보일러를 설치하는 경우)
오피스텔 난방구획	난방구획을 방화구획으로 할 것
보일러실 연도	내화구조로서 공동연도로 설치

▌ 배연설비 설치기준(건축물설비기준규칙 제14조)

- 방화구획마다 1개소 이상의 배연창을 설치한다.
- 배연창 상변과 천장 또는 반자로부터 수직거리가 0.9m 이내이어야 한다(단, 반자 높이가 3m 이상인 경우 배연창 하변이 바닥부터 2.1m 이상 위치에 놓이도록 설치해야 한다).
- 배연창 유효 면적은 기준에 의해 산정된 면적이 1m² 이상으로서 해당 건축물 바닥 면적의 1/100 이상이어야 한다(이 경우 거실 바닥 면적의 1/20 이상 환기창을 설치한 거실 면적 제외).
- 배연구는 연기감지기 또는 열감지기에 의해 자동으로 열 수 있는 구조로 하되 손으로도 열고 닫을 수 있도록 한다.
- 배연구는 예비전원에 의하여 열 수 있도록 해야 한다.

▌ 건폐율

대지 면적에 대한 건축 면적(대지에 2 이상의 건축물이 있는 경우에는 이들 건축 면적의 합계)의 비율을 말한다.

$$건폐율(\%) = \frac{건축\ 면적}{대지\ 면적} \times 100$$

■ 용적률

대지 면적에 대한 지상층 연면적(대지에 2 이상의 건축물이 있는 경우 지상층 연면적의 합계)의 비율을 말한다.

$$용적률(\%) = \frac{연면적}{대지\ 면적} \times 100$$

■ 소방시설의 구분(소방시설법 시행령 별표 1)
- 소화설비 : 소화기구, 자동소화장치, 옥내소화전설비, 스프링클러설비 등, 물분무 등 소화설비, 옥외소화전설비
- 경보설비 : 단독경보형 감지기, 비상경보설비(비상벨설비, 자동식 사이렌설비), 자동화재탐지설비, 시각경보기, 화재알림설비, 비상방송설비, 자동화재속보설비, 통합감시시설, 누전경보기, 가스누설경보기
- 피난구조설비 : 피난기구, 인명구조기구, 유도등, 비상조명등 및 휴대용 비상조명등
- 소화용수설비 : 상수도소화용수설비, 소화수조·저수조, 그 밖의 소화용수설비
- 소화활동설비 : 제연설비, 연결송수관설비, 연결살수설비, 비상콘센트설비, 무선통신보조설비, 연소방지설비

■ 건축허가 등의 동의 등(소방시설법 제6조)

건축물 등의 신축·증축·개축·재축(再築)·이전·용도변경 또는 대수선(大修繕)의 허가·협의 및 사용승인의 권한이 있는 행정기관은 건축허가 등을 할 때 미리 그 건축물 등의 시공지(施工地) 또는 소재지를 관할하는 소방본부장이나 소방서장의 동의를 받아야 한다.

■ 건축허가에 등의 동의 요구 시 제출서류(소방시설법 시행규칙 제3조)
- 건축허가신청서 및 건축허가서 또는 건축·대수선·용도변경신고서 등 건축허가 등을 확인할 수 있는 서류의 사본
- 다음의 설계도서
  - 건축물 설계도서 : 건축물 개요 및 배치도, 주단면도, 입면도, 층별 평면도, 방화구획도(창호도를 포함), 실내·외 마감재료표, 소방자동차 진입 동선도, 부서 공간 위치도
  - 소방시설 설계도서 : 소방시설의 계통도, 소방시설별 층별 평면도, 실내장식물 방염대상물품 설치계획, 소방시설의 내진설계 계통도 및 기준층 평면도
- 소방시설 설치계획표
- 임시소방시설 설치계획서
- 소방시설설계업등록증과 소방시설을 설계한 기술인력자의 기술자격증 사본
- 소방시설설계 계약서 사본

■ 소방시설의 내진설계기준(소방시설법 제7조)

지진·화산재해대책법 제14조 제1항 각 호의 시설 중 대통령령으로 정하는 특정소방대상물에 대통령령으로 정하는 소방시설(옥내소화전설비, 스프링클러설비, 물분무 등 소화설비)을 설치하려는 자는 지진이 발생할 경우 소방시설이 정상적으로 작동될 수 있도록 소방청장이 정하는 내진설계기준에 맞게 소방시설을 설치하여야 한다.

■ 방염성능기준 이상의 실내장식물 등을 설치하여야 하는 특정소방대상물(소방시설법 시행령 제30조)
- 근린생활시설 중 의원, 치과의원, 한의원, 조산원, 산후조리원, 체력단련장, 공연장 및 종교집회장
- 건축물의 옥내에 있는 시설로서 문화 및 집회시설, 종교시설, 운동시설(수영장은 제외)
- 의료시설
- 교육연구시설 중 합숙소
- 노유자시설
- 숙박이 가능한 수련시설
- 숙박시설
- 방송통신시설 중 방송국 및 촬영소
- 다중이용업소
- 위의 시설에 해당하지 않는 것으로서 층수가 11층 이상인 것(아파트 등은 제외한다)

■ 방염대상물품(소방시설법 시행령 제31조)
- 창문에 설치하는 커튼류(블라인드를 포함)
- 카펫
- 벽지류(두께가 2mm 미만인 종이벽지는 제외)
- 전시용 합판·목재 또는 섬유판, 무대용 합판·목재 또는 섬유판(합판·목재류의 경우 불가피하게 설치현장에서 방염처리한 것을 포함)
- 암막·무대막(영화상영관에 설치하는 스크린과 가상체험체육시설업에 설치하는 스크린 포함)
- 섬유류 또는 합성수지류 등을 원료로 하여 제작된 소파·의자(단란주점영업, 유흥주점영업 및 노래연습장업의 영업장에 설치하는 것으로 한정한다)

■ 방염성능기준(소방시설법 시행령 제31조)

방염대상물품의 종류에 따른 구체적인 방염성능기준은 다음의 기준의 범위에서 소방청장이 정하여 고시하는 바에 따른다.
- 버너의 불꽃을 제거한 때부터 불꽃을 올리며 연소하는 상태가 그칠 때까지 시간은 20초 이내일 것
- 버너의 불꽃을 제거한 때부터 불꽃을 올리지 않고 연소하는 상태가 그칠 때까지 시간은 30초 이내일 것
- 탄화 면적 : 50cm^2 이내, 탄화길이 : 20cm 이내
- 불꽃에 완전히 녹을 때까지 불꽃의 접촉횟수 : 3회 이상
- 발연량을 측정하는 경우 최대 연기밀도 : 400 이하

■ **소방안전관리보조자를 선임해야 하는 소방안전관리대상물의 범위(화재예방법 시행령 별표 5)**
  ㉠ 건축법 시행령에 따른 아파트 중 300세대 이상인 아파트
  ㉡ 연면적이 15,000m² 이상인 특정소방대상물(아파트 및 연립주택은 제외)
  ㉢ ㉠ 및 ㉡에 따른 특정소방대상물을 제외한 특정소방대상물 중 다음의 어느 하나에 해당하는 특정소방대상물
   • 공동주택 중 기숙사
   • 의료시설
   • 노유자시설
   • 수련시설
   • 숙박시설(숙박시설로 사용되는 바닥 면적의 합계가 1,500m² 미만이고 관계인이 24시간 상시 근무하고 있는 숙박시설은 제외)

■ **소방안전관리자의 업무(화재예방법 제24조)**
특정소방대상물(소방안전관리대상물은 제외)의 관계인과 소방안전관리대상물의 소방안전관리자는 다음의 업무를 수행한다(단, ㉠, ㉡, ㉤ 및 ㉥의 업무는 소방안전관리대상물의 경우에만 해당한다).
  ㉠ 피난계획에 관한 사항과 대통령령으로 정하는 사항이 포함된 소방계획서의 작성 및 시행
  ㉡ 자위소방대(自衛消防隊) 및 초기대응체계의 구성, 운영 및 교육
  ㉢ 소방시설 설치 및 관리에 관한 법률에 따른 피난시설, 방화구획 및 방화시설의 관리
  ㉣ 소방시설이나 그 밖의 소방 관련 시설의 관리
  ㉤ 소방훈련 및 교육
  ㉥ 화기(火氣) 취급의 감독
  ㉦ 행정안전부령으로 정하는 바에 따른 소방안전관리에 관한 업무수행에 관한 기록·유지(㉢·㉣ 및 ㉥의 업무를 말한다)
  ㉧ 화재발생 시 초기대응
  ㉨ 그 밖에 소방안전관리에 필요한 업무

■ **소방안전관리대상물의 소방계획서 작성 시 포함사항(화재예방법 시행령 제27조)**
  • 소방안전관리대상물의 위치·구조·연면적·용도 및 수용인원 등 일반 현황
  • 소방안전관리대상물에 설치한 소방시설·방화시설, 전기시설·가스시설 및 위험물시설의 현황
  • 화재예방을 위한 자체점검계획 및 대응대책
  • 소방시설·피난시설 및 방화시설의 점검·정비계획
  • 피난층 및 피난시설의 위치와 피난경로의 설정, 화재안전취약자의 피난계획 등을 포함한 피난계획
  • 방화구획, 제연구획, 건축물의 내부 마감재료 및 방염대상물품의 사용현황과 그 밖의 방화구조 및 설비의 유지·관리계획
  • 관리의 권원이 분리된 특정소방대상물의 소방안전관리에 관한 사항

- 소방훈련·교육에 관한 계획
- 소방안전관리대상물의 근무자 및 거주자의 자위소방대 조직과 대원의 임무(화재안전취약자 피난 보조 임무를 포함)에 관한 사항
- 화기 취급 작업에 대한 사전 안전조치 및 감독 등 공사 중 소방안전관리에 관한 사항
- 소화에 관한 사항과 연소 방지에 관한 사항
- 위험물의 저장·취급에 관한 사항(예방규정을 정하는 제조소 등은 제외)
- 소방안전관리에 대한 업무수행에 관한 기록 및 유지에 관한 사항
- 화재발생 시 화재경보, 초기소화 및 피난유도 등 초기 대응에 관한 사항

■ 소방안전관리자의 선임(화재예방법 제35조)

다음의 어느 하나에 해당하는 특정소방대상물로서 그 관리의 권원(權原)이 분리되어 있는 특정소방대상물의 경우 그 관리의 권원별 관계인은 대통령령으로 정하는 바에 따라 소방안전관리자를 선임하여야 한다. 다만, 소방본부장 또는 소방서장은 관리의 권원이 많아 효율적인 소방안전관리가 이루어지지 아니한다고 판단되는 경우 대통령령으로 정하는 바에 따라 관리의 권원을 조정하여 소방안전관리자를 선임하도록 할 수 있다.

※ 소방안전관리대상물의 관계인은 관계법령에 따라 소방안전관리자 선임 사유가 발생한 날로부터 30일 이내에 선임하여야 한다.

- 복합건축물(지하층을 제외한 층수가 11층 이상 또는 연면적 30,000m² 이상인 건축물)
- 지하가(지하의 인공 구조물 안에 설치된 상점 및 사무실, 그 밖에 이와 비슷한 시설이 연속하여 지하도에 접하여 설치된 것과 그 지하도를 합한 것을 말한다)
- 그 밖에 대통령령으로 정하는 특정소방대상물(판매시설 중 도매시장, 소매시장 및 전통시장)

■ 건축화 조명

건축 구조체(천장, 벽, 기둥 등)의 일부분이나 구조적인 요소를 이용하여 조명하는 방식이다.

■ 건축화 조명의 종류

- 천장면 조명 : 광천장조명, 루버 조명, 코브 조명
- 천장 매입형 조명 : 다운 라이트, 라인 라이트, 코퍼 조명
- 벽면 조명 : 코니스 조명, 밸런스 조명, 라이트 윈도(광창조명)

■ 조명의 연출기법

- 강조(high lighting) 기법 : 특정 물체에 보통 배경 밝기의 5배 이상을 비춰 배경과 강한 대조를 이루게 함으로써 사람의 주의를 끄는 기법이다.
- 빔 플레이(beam play) 기법 : 강조하고자 하는 물체에 의도적으로 광선을 조사시킴으로써 광선 그 자체가 시각적인 특성을 지니게 하는 기법이다.

- 월 워싱(wall washing) 기법 : 수직 벽면을 빛으로 쓸어내리는 듯한 효과를 주기 위해 비대칭 배광방식의 조명기구를 사용하여 수직 벽면에 균일한 조도의 빛을 비추는 기법이다.
- 그림자 연출기법 : 빛에 의해 생기는 그림자를 강조하여 시각적인 의미를 전달하는 고도의 연출기법이다.
- 실루엣(silhouette) 기법 : 물체의 형상만을 강조하는 기법으로 시각적인 눈부심이 없으며 물체의 형상은 강조되나 물체면의 세밀한 묘사도 할 수 없다.
- 스파클(sparkle) 기법 : 광원의 순간적인 on-off를 통하여 반짝거림을 이용하는 기법이다.

■ 조명설계 순서
소요조도의 결정 → 광원의 선택 → 조명기구 선택 → 기구의 배치 → 검토

■ 조명계획 시 체크리스트
조도분포, 사용자 기호, 장식성, 동선, 조명의 연색성, 마감재료의 반사율, 공간감, 조명효과와 기법 등

■ 급수방식 종류
- 수도직결방식
  - 위생성 및 유지·관리 측면에서 가장 바람직한 방식이다.
  - 설비비가 저렴하고, 소규모 건물에 적합하다.
- 고가수조(탱크)방식
  - 일반적으로 하향 급수 배관방식이 사용된다.
  - 대규모의 급수 수요에 쉽게 대응할 수 있다.
- 압력수조(탱크)방식
  - 국부적 고압이 필요할 때 적합하다.
  - 탱크가 없어 구조 강화의 필요성이 없다.
- 펌프직송방식
  - 급수펌프로 저수조 내의 상수를 필요한 곳에 직접 급수하는 방식이다.
  - 펌프운전방식에 따라 정속방식과 변속방식으로 분류할 수 있다.

■ 급탕방식의 분류
- 개별식(국소식) 급탕법
  - 배관거리가 짧고, 배관 중 열손실이 적다.
  - 고온의 물을 수시로 얻을 수 있다.
  - 시설비가 비교적 저렴하다.

- 중앙식 급탕법
  - 대규모 건물에 적합하며 일정한 장소에 급탕설비를 설치하여 배관에 의하여 배송하는 방식이다.
  - 저렴한 연료를 사용하여 대량으로 온수를 생산할 수 있어 경제적이고 열효율도 좋은 편이다.

위생기구의 조건
- 흡수성이 적어야 한다.
- 위생적이고 항상 청결을 유지할 수 있어야 한다.
- 내식성과 내마모성이 있어야 한다.
- 기타 미관이 수려하고 제작과 설치 및 관리가 용이하여야 한다.

트랩과 봉수
- 트랩은 배수관에서 발생하는 악취 및 벌레의 침입을 방지하기 위한 기구이다.
- 트랩에 채워진 물을 봉수라 한다.
- 트랩의 봉수는 자기사이펀 작용, 흡인작용, 분출작용, 모세관현상, 증발, 운동량에 의한 관성에 의해 파괴가 발생한다.
- 모세관현상이나 증발의 경우를 제외하고는 대부분의 경우 통기관을 설치하는 것으로 방지할 수 있다.

통기관의 역할
- 배수관 내의 배수 및 공기의 흐름을 원활히 한다.
- 배수관 계통의 환기를 도모하여 관 내를 청결하게 유지한다.
- 사이펀 작용 및 배압으로부터 트랩의 봉수를 보호한다.
- 배수관 내의 기압을 일정하게 유지시킨다.

통기관의 종류
- 각개 통기관 : 위생기구 1개에 1개의 통기관을 설치하는 것이다.
- 루프 통기관(회로 통기관, 환상 통기관) : 2개 이상의 트랩 봉수를 보호하기 위하여 사용한다.
- 신정 통기관 : 신정 통기관은 배수 수직관을 상부로 연장하여 옥상 등에 개구한 것이다.
- 도피 통기관 : 루프 통기관의 능률 촉진을 위해 기구 수가 8개 이상일 경우 추가로 설치하는 통기관이다.
- 결합 통기관 : 고층 건물에서 5개 층마다 통기 수직관과 배수 수직관을 연결하는 통기관이다.

■ 실내공기질 유지 및 권고기준(실내공기질 관리법 시행규칙 별표 2, 별표 4의2)

- 다중이용시설 중 대규모 점포, 실내 주차장의 경우, 이산화탄소의 실내공기질 유지기준 : 1,000ppm 이하
- 실내 공기오염의 종합적 지표로 사용되는 오염물질 : CO_2
- 신축 공동주택의 실내공기질 권고기준
  - 폼알데하이드 : $210\mu g/m^3$ 이하
  - 벤젠 : $30\mu g/m^3$ 이하
  - 톨루엔 : $1,000\mu g/m^3$ 이하
  - 에틸벤젠 : $360\mu g/m^3$ 이하
  - 자일렌 : $700\mu g/m^3$ 이하
  - 스티렌 : $300\mu g/m^3$ 이하
  - 라돈 : $148Bq/m^3$ 이하

■ 전압(V) : 전기량이 이동하여 일을 할 수 있는 전위 에너지 차(단위 : V, Volt)

구분 \ 종류	교류	직류
저압	1,000V 이하	1,500V 이하
고압(2종)	1,000 초과~7,000V 이하	1,500 초과~7,000V 이하
특고압(3종)	7,000V 초과	

■ 과전류 보호기(차단기)

과전류(정격전류의 120% 이상)가 흐르면 전로를 차단하는 것, 즉 정상적인 회로조건에서 전류를 보내면서 차단할 수 있고, 또한 일정한 시간 동안만 전류를 보낼 수도 있으며, 단락회로와 같은 비정상적인 특별회로 조건에서 전류를 차단시키기 위한 장치이다.

교육은 우리 자신의 무지를 점차 발견해 가는 과정이다.

– 윌 듀란트 –

PART 01

핵심이론

CHAPTER 01   실내디자인 계획
CHAPTER 02   실내디자인 시공 및 재료
CHAPTER 03   실내디자인 환경

CHAPTER 01 실내디자인 계획

> **제1절** 실내디자인 기본계획

1-1. 디자인 요소

핵심이론 01 점, 선

(1) 점의 특성
① 기하학적으로 점은 크기가 없고 위치나 장소만 존재한다.
② 점은 정적이며 방향이 없고 자기중심적이다.
③ 점은 선의 양 끝, 선의 교차, 굴절 및 면과 선의 교차 등에서 나타난다.
④ 동일한 점이라도 밝은 점은 크고 넓게, 어두운 점은 작고 좁게 보인다.
⑤ 점의 연속이 점진적으로 축소 또는 팽창되어 나열되면 원근감이 생긴다.

(2) 점의 표현
① 하나의 점
  ㉠ 하나의 점은 관찰자의 시선을 화면 안에 특정한 위치로 이끈다.
  ㉡ 면 또는 공간에 하나의 점이 놓이면 주의력이 집중되는 효과가 있다.
② 두 개의 점
  ㉠ 두 개의 점 사이에는 서로 잡아당기는 인장력이 지각된다.
  ㉡ 두 점의 크기가 같을 때 주의력은 균등하게 작용한다.
  ㉢ 두 점의 크기가 다를 때는 두 점 중 큰 쪽으로 주의력이 쏠린다.

③ 다수의 점
  ㉠ 나란히 있는 점의 간격에 따라 집합·분리의 효과를 얻는다.
  ㉡ 가까운 거리에 있는 점은 도형(삼각형, 사각형)으로 인지된다.
  ㉢ 점이 많은 경우에는 선이나 면으로 지각되며, 같은 조건으로 집결되면 평면감을 준다.
  ㉣ 배경의 중심에서 벗어난 하나의 점은, 점을 둘러싼 영역 사이에 시각적 긴장감을 생성한다.

(3) 선의 특성
① 선은 위치, 길이, 방향의 개념은 있으나 폭과 깊이의 개념은 없다.
② 점이 이동한 궤적이며 면의 한계, 교차에서 나타난다.
③ 선은 운동감·속도감·깊이감·방향감·성장감·동선감·통로감 등을 나타낸다.
④ 선의 외관은 명암, 색채, 질감 등의 특성을 가질 수 있다.

(4) 선의 종류
① **수평선** : 안정되고 편안한 느낌을 주며, 영원, 확대, 무한, 침착, 고요 등 정적인 느낌을 준다.
② **수직선** : 구조적인 높이감 외에 상승감, 존엄성, 엄숙함, 위엄, 절대, 희망, 강한 의지의 느낌을 준다.
③ **사선** : 역동적이고 방향적이며 시각적으로 위험, 변화, 활동적인 느낌을 준다.
④ **곡선** : 매력적이고 우아하며 흥미로운 느낌을 주어 실내의 경직된 분위기를 부드럽고, 유연하고, 경쾌하고, 여성적으로 느끼게 한다.

10년간 자주 출제된 문제

1-1. 다음 그림과 같이 많은 점이 근접되었을 때 효과로 가장 알맞은 것은?

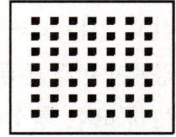

① 면으로 지각
② 부피로 지각
③ 물체로 지각
④ 공간으로 지각

1-2. 점과 선에 관한 설명으로 옳지 않은 것은?
① 선은 면의 한계, 면들의 교차에서 나타난다.
② 크기가 같은 두 개의 점에는 주의력이 균등하게 작용한다.
③ 곡선은 약동감, 생동감 넘치는 에너지와 속도감을 준다.
④ 배경의 중심에 있는 하나의 점은 시선을 집중시키는 효과가 있다.

1-3. 디자인 요소인 선에 관한 설명으로 옳지 않은 것은?
① 사선은 기울기가 있는 선으로 약동감을 느끼게 한다.
② 곡선은 유연, 우아, 풍요, 여성스런 느낌을 주며 기하곡선과 자유곡선이 있다.
③ 수직선은 구조적인 높이와 존엄성을 느끼게 한다.
④ 수평선은 방향성과 생동감을 느끼게 한다.

[해설]

1-1
많은 점의 근접은 면으로 지각된다.

1-2
곡선은 유연하고, 경쾌하고, 여성스런 느낌을 준다.

1-3
방향성과 생동감을 느끼게 하는 것은 사선이다.

정답 1-1 ① 1-2 ③ 1-3 ④

핵심이론 02 면, 형태

(1) 면의 특성
① 면은 길이와 폭, 위치, 방향을 갖지만 두께는 없다.
② 면 자체의 절단에 의해 새로운 면을 얻을 수 있다.
③ 면의 종류는 선의 궤적에 따라 수없이 만들어진다.
④ 면은 선을 조밀하게 함으로써 느낄 수 있다.
⑤ 면의 심리적 인상은 그 면이 놓인 위치, 질감, 색, 패턴 또는 다른 면과의 관계 등에 따라 차이를 나타낸다.
⑥ 곡면과 평면의 결합으로 대비효과를 얻을 수 있다.
⑦ 평면은 형태와 공간의 볼륨(volume)을 한정한다.
⑧ 곡면은 온화하고, 유연하며 동적이다.

(2) 형태
① 이념적 형태
   ㉠ 인간의 지각, 즉 시각과 촉각 등으로 직접 느낄 수 없고 개념적으로만 제시될 수 있는 형태로 순수 형태, 상징적 형태, 추상적 형태라고도 한다.
      ※ 추상적 형태 : 구체적 형태를 생략 또는 과장의 과정을 거쳐 재구성된 형태이다.
   ㉡ 기하학적으로 취급한 점, 선, 면, 입체 등이 속하는 형태이다.
② 현실적 형태
   우리가 직접 지각하여 얻는 것으로 자연적 형태와 인위적 형태가 있다.
   ㉠ 자연적 형태
      • 자연계에 존재하는 모든 것으로부터 보이는 형태이다.
      • 자연현상에 따라 끊임없이 변화하며 새로운 형태를 창출한다.
      • 단순한 부정형의 형태를 취하기도 하지만 경우에 따라서는 체계적인 기하학적인 특징을 갖는다.

ⓒ 인위적 형태
- 인간에 의해 만들어진 사물이나 환경에서 보이는 형태이다.
- 3차원적인 모양, 부피, 구조를 가진다.
- 물리적으로나 감정적으로 커다란 영향을 끼친다.
- 인위적 형태는 휴먼 스케일을 기준으로 해야 좋은 디자인이 된다.

10년간 자주 출제된 문제

2-1. 형태에 관한 설명으로 옳지 않은 것은?
① 디자인에 있어서 형태는 대부분이 자연형태이다.
② 추상적 형태는 구체적 형태를 생략 또는 과장의 과정을 거쳐 재구성된 형태이다.
③ 자연형태는 단순한 부정형의 형태를 취하기도 하지만 경우에 따라서는 체계적인 기하학적인 특징을 갖는다.
④ 순수 형태는 인간의 지각, 즉 시각과 촉각 등으로는 직접 느낄 수 없고 개념적으로만 제시될 수 있는 형태이다.

2-2. 디자인 요소 중 2차원적 형태가 가지는 물리적 특성이 아닌 것은?
① 질감 ② 명도
③ 패턴 ④ 부피

[해설]
2-1
디자인에 있어서 형태는 대부분 인위적 형태이다.
2-2
부피는 3차원적 형태를 가지는 물리적 특성이다.

정답 2-1 ① 2-2 ④

핵심이론 03 질감, 문양

(1) 질감
① 질감(texture)은 촉각 또는 시각적으로 지각할 수 있는 어떤 물체가 갖고 있는 표면상의 특징이다.
② 질감은 시각적 환경에서 여러 종류의 물체를 구분하는 데 큰 도움을 주는 중요한 특성이다.
③ 촉각에 의한 질감과 시각에 의한 질감으로 구분한다.
④ 질감은 공간에 있어서 형태나 위치를 강조한다.
⑤ 실내 공간에서 재료의 질감 대비를 통하여 변화와 다양성, 드라마틱한 분위기를 연출할 수 있다.
⑥ 좁은 실내 공간을 넓게 느껴지도록 하기 위해서는 색이 밝고, 표면이 곱고, 매끄러운 재료를 사용한다.
⑦ 질감 선택 시 촉감, 스케일, 빛의 반사와 흡수 등을 고려해야 한다.
⑧ 효과적인 질감을 표현하기 위해서는 색채와 조명을 동시에 고려해야 한다.
⑨ 질감이 거칠수록 빛을 흡수하여 시각적으로 무겁고 안정된 느낌을 준다.
⑩ 유리, 거울과 같은 재료는 높은 반사율을 나타내며 차갑게 느껴진다.
⑪ 나무, 돌, 흙 등의 자연재료는 인공재료에 비해 따뜻함과 친근함을 준다.

(2) 문양(pattern)
① 문양은 일반적으로 2차원적이거나 3차원적인 장식의 질서를 부여하는 배열로서 선·형태·공간·조명·색채의 사용으로 만들어진다.
② 문양은 대체로 연속성과 운동감을 지닌다.
③ 규칙적인 반복과 불규칙한 반복의 패턴이 있다.

10년간 자주 출제된 문제

3-1. 촉각 또는 시각으로 지각할 수 있는 어떤 물체 표면상의 특징을 의미하는 것은?
① 모듈   ② 패턴
③ 스케일   ④ 질감

3-2. 질감(texture)으로 느낄 수 있는 효과에 관한 설명으로 옳지 않은 것은?
① 질감은 공간에 있어서 형태나 위치를 강조한다.
② 거친 재질은 빛을 흡수하고 음영의 효과가 있다.
③ 질감으로는 변화 및 다양성의 효과를 낼 수 없다.
④ 매끄러운 재료는 반사율 때문에 거울과 같은 효과가 있다.

3-3. 질감(texture)에 관한 설명으로 옳지 않은 것은?
① 모든 물체는 일정한 질감을 갖는다.
② 매끄러운 재료는 빛을 많이 반사하므로 무겁고 안정적인 느낌을 준다.
③ 효과적인 질감 표현을 위해서는 색채와 조명을 동시에 고려해야 한다.
④ 실내 공간에서는 재료의 질감대비를 통하여 변화, 다양성, 드라마틱한 분위기를 연출할 수 있다.

[해설]

3-1
질감이란 어떤 물체가 갖고 있는 독특한 표면상의 특징으로서, 만져 보거나 눈으로만 보아도 알 수 있는 촉각적·시각적으로 지각되는 재질감이다.

3-2
실내 공간에서 재료의 질감대비를 통해 변화와 다양성, 드라마틱한 분위기를 연출할 수 있다.

3-3
유리나 금속 등 매끄러운 재료는 빛을 반사하여 차갑고 강한 느낌을 주며 본래의 색보다 강조되어 보인다.

정답 3-1 ④ 3-2 ③ 3-3 ②

핵심이론 04 공간

(1) 공간의 정의
① 실내디자인의 가장 기본적인 요소이다.
② 모든 사물을 담고 있는 무한한 영역을 의미한다.
③ 실내 공간은 건축의 구조물에 의해 영역이 한정된다.

(2) 공간의 형태
① 내부 공간의 형태는 바닥, 벽, 천장의 수직·수평적 요소에 의해 이루어진다.
② 평면, 입면, 단면의 비례에 의해 내부 공간의 특성이 달라지며 사람은 심리적으로 다르게 영향을 받는다.
③ 내부 공간의 형태에 따라 가구 유형과 형태, 가구배치 등 실내의 제요소들이 달라진다.

(3) 공간의 분할
공간을 구획하는 요소에 따라 차단적 구획, 상징적 구획, 지각적 분할로 나뉜다.
① **차단적(물리적) 구획**
   ㉠ 칸막이 등으로 실내 공간을 수평, 수직 방향으로 분리하는 방법이다.
   ㉡ 고정벽, 이동벽, 커튼, 블라인드, 유리창, 열주 등
② **상징적(암시적) 구획**
   ㉠ 공간을 완전히 차단하지 않고 공간의 영역을 상징적으로 분할하는 방법이다.
   ㉡ 이동 가구, 기둥, 벽난로, 식물, 물, 조각, 바닥의 변화 등
③ **지각적(심리적) 분할**
   ㉠ 느낌에 의한 분할방법이다.
   ㉡ 조명, 색채, 패턴, 마감재의 변화 등

> **유니버설 공간**(universal space, 보편적·다목적 공간)
> • 공간의 융통성이 극대화된 공간을 말한다.
> • 내부 공간 구획을 파티션으로 자유롭게 구획하여 사용할 수 있다.

10년간 자주 출제된 문제

4-1. 실내 공간의 형태에 관한 설명으로 옳지 않은 것은?
① 원형의 공간은 중심성을 갖는다.
② 정방형의 공간은 방향성을 갖는다.
③ 직사각형의 공간에서는 깊이를 느낄 수 있다.
④ 천장이 모인 삼각형 공간은 높이에 관심이 집중된다.

4-2. 다음의 공간에 대한 설명 중 옳지 않은 것은?
① 내부 공간의 형태는 바닥, 벽, 천장의 수직·수평적 요소에 의해 이루어진다.
② 평면, 입면, 단면의 비례에 의해 내부 공간의 특성이 달라지며 사람은 심리적으로 다르게 영향을 받는다.
③ 내부 공간의 형태에 따라 가구 유형과 형태, 가구 배치 등 실내의 제요소들이 달라진다.
④ 불규칙적 형태의 공간은 일반적으로 한 개 이상의 축을 가지며 자연스럽고 대칭적이어서 안정되어 있다.

4-3. 공간의 차단적 구획에 사용되는 요소에 속하지 않는 것은?
① 커튼
② 열주
③ 조명
④ 스크린벽

[해설]

4-1
직사각형의 평면형을 갖는 공간 형태는 강한 방향성을 갖는다.

4-2
불규칙적인 형태 공간은 일반적으로 한쪽 방향으로 긴 축이 형성되어 강한 방향성을 갖게 되는 것이 특징이다.

4-3
공간의 분할
- 차단적(물리적) 구획 : 고정벽, 이동벽, 커튼, 블라인드, 유리창, 열주 등
- 상징적(암시적) 구획 : 이동 가구, 기둥, 벽난로, 식물, 물, 조각, 바닥의 변화 등
- 지각적(심리적) 분할 : 조명, 색채, 패턴, 마감재의 변화 등

정답 4-1 ② 4-2 ④ 4-3 ③

핵심이론 05 형태의 지각심리

(1) 형태의 지각의 특징
① 대상을 가능한 한 단순한 구조로 지각하려 한다.
② 형태를 있는 그대로가 아니라 수정된 이미지로 지각하려 한다.
③ 이미지를 파악하기 위하여 몇 개의 부분으로 나누어 지각하려 한다.
④ 가까이 있는 유사한 시각적 요소들은 하나의 그룹으로 지각하려 한다.
⑤ 시각적으로 동일한 기본 단위들은 다른 여러 가지가 무리를 이루고 있어도 한꺼번에 눈에 들어온다.
⑥ 폐쇄된 형태는 폐쇄되지 않은 형태보다 시각적으로 더 안정감이 있다.

(2) 형태의 지각심리[게슈탈트(Gestalt)의 법칙]
① 접근성(근접성)
　가까이 있는 두 개 또는 그 이상의 시각요소들이 서로 가까이 있으면 하나의 패턴이나 그룹으로 인지하게 되는 경향이다.
② 유사성
　㉠ 비슷한 형태, 규모, 색채, 질감, 명암, 패턴의 그룹을 하나의 그룹으로 지각하는 경향이다.
　㉡ 여러 종류의 형들이 모두 일정한 규모, 색채, 질감, 명암, 윤곽선을 갖고 모양만이 다를 경우에는 모양에 따라 그룹화되어 지각된다.
③ 연속성
　유사한 배열로 구성된 형들이 연속되어 보이는 하나의 묶음으로 지각되는 것으로 공동운명의 법칙이라고도 한다.
④ 폐쇄성
　㉠ 시각요소들이 어떤 형상을 지각하는 데 있어서 폐쇄된 느낌을 주는 법칙이다.
　㉡ 사람들에게 불완전한 형을 순간적으로 보여줄 때 이를 완전한 형으로 지각하는 경향이다.

(3) 형과 배경의 법칙

① 형과 배경이 교체하는 것을 모호한 형(ambiguous figure) 혹은 반전 도형이라고도 한다.
② 형과 배경이 순간적으로 번갈아 보이면서 다른 형태로 지각되는 심리의 대표적인 예로 '루빈의 항아리'를 들 수 있다.
③ 형은 가깝게 느껴지고 배경은 멀게 느껴진다.
④ 명도가 높은 것보다는 낮은 것이 배경으로 쉽게 인식된다.
⑤ 일반적으로 면적이 작은 부분이 형이 되고, 큰 부분은 배경이 된다.

10년간 자주 출제된 문제

5-1. 형태의 지각에 관한 설명으로 옳지 않은 것은?
① 불완전한 형태는 완전한 형태로 지각하려 한다.
② 대상을 가능한 한 복합적인 구조로 지각하려 한다.
③ 형태를 있는 그대로가 아니라 수정된 이미지로 지각하려 한다.
④ 이미지를 파악하기 위하여 몇 개의 부분으로 나누어 지각하려 한다.

5-2. 다음 설명과 가장 관련이 깊은 형태의 지각심리는?

> 여러 종류의 형들이 모두 일정한 규모, 색채, 질감, 명암, 윤곽선을 갖고 모양만이 다를 경우에는 모양에 따라 그룹화되어 지각된다.

① 근접성 ② 유사성
③ 연속성 ④ 폐쇄성

5-3. 형태의 지각에 대한 설명 중 옳지 않은 것은?
① 근접성 : 거리적, 공간적으로 가까이 있는 시각적 요소들은 함께 지각된다.
② 유사성 : 시각적으로 동일한 기본 단위들은 다른 여러 가지가 무리를 이루고 있는 데서도 한꺼번에 눈에 들어온다.
③ 프래그난츠 원리 : 어떠한 형태도 그것을 될 수 있는 한 단순하고 명료하게 볼 수 있는 상태에서 지각시킨다.
④ 폐쇄성 : 폐쇄된 형태는 빈틈이 있는 형태들보다 우선적으로 지각된다.

5-4. '루빈의 항아리'와 관련된 형태의 지각심리는?
① 그룹핑 법칙
② 폐쇄성의 법칙
③ 형과 배경의 법칙
④ 프래그난츠의 법칙

|해설|

5-1
우리의 눈은 주어진 조건이 허용하는 범위 안에서 가능한 한 단순화된 형태(간결성)로 표현하려는 경향이 있다.

5-2
유사성
대상을 보는 관찰자가 비슷한 모양의 형이나 그룹을 모두 하나의 부류로 보는 경향을 말한다.

5-3
폐쇄성
불완전하거나 떨어져 있는 부분이 연결되어 완전한 것으로 지각되는 현상이다.

5-4
형과 배경의 법칙
- 형과 배경이 교체하는 것을 모호한 형 또는 반전 도형이라고 한다.
- 형과 배경이 순간적으로 번갈아 보이면서 다른 형태로 지각되는 심리의 대표적인 예로 '루빈의 항아리'가 있다.
- 형은 가깝게 느껴지고, 배경은 멀게 느껴진다.
- 명도가 높은 것보다는 낮은 것이 배경으로 쉽게 인식된다.
- 일반적으로 면적이 작은 부분은 형이 되고, 큰 부분은 배경이 된다.

정답 5-1 ② 5-2 ② 5-3 ④ 5-4 ③

핵심이론 06 착시현상

(1) 착시현상의 개념
① 눈이 받는 자극에 대한 지각의 착각현상을 말한다.
② 보는 관점에 따라 형태가 다르게 지각된다.

(2) 착시현상의 종류
① 길이의 착시
  ㉠ 두 선분은 길이가 같지만, 화살표가 밖으로 향한 선분이 안으로 향한 선분보다 길어 보인다(뮐러리어 도형).

  ㉡ 두 개의 선분은 길이가 같지만, 수직선이 수평선보다 더 길어 보인다.

② 방향의 착시 : 같은 각도이지만 조건에 따라 한쪽 방향으로 치우쳐 보이는 현상으로, 둘 다 직선이지만 사선을 그음에 따라 방향이 틀어진 것처럼 보인다.

  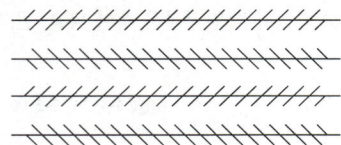

③ 면적의 착시 : 밝은 것은 크게, 어두운 것은 작게 느껴진다.

④ 대소(에빙하우스)의 착시 : 같은 크기이지만 주변에 큰 것이 있으면 작은 것이 있을 경우보다 작게 보인다.

  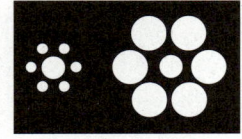

⑤ 위치(포겐도르프) 착시 : 사선이 2개 이상의 평행선으로 인해 중단되면 서로 어긋나 보이는 현상이다. 다음 그림에서 실제로는 a와 c가 일직선상에 있으나 b와 c가 일직선으로 보인다.

  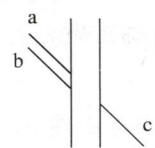

⑥ 분할의 착시 : 분할된 선은 분할되지 않은 선보다 길게 보인다.

⑦ 만곡의 착시 : 분트 도형에서 2개의 평행선이 만곡하여 오목렌즈 모양으로 보인다.

⑧ 역리 도형 착시
  ㉠ 모순 도형, 불가능 도형을 이용한 착시현상이다.
  ㉡ 펜로즈의 삼각형이 대표적이다. 부분적으로는 삼각형으로 보이지만, 전체적으로는 삼각형이 되는 것은 불가능하다. 즉, 3차원의 세계를 2차원 평면에 그린 것이지만 실제로 존재할 수 없는 도형이다.

⑨ 다의 도형의 착시(반전 착시)
  ㉠ 같은 도형이지만 음영 변화에 따라 다른 도형으로 보이는 착시현상이다.
  ㉡ 루빈의 항아리라고도 한다. 가운데 검은색 부분은 항아리처럼 보이지만, 흰색 부분은 두 사람이 얼굴을 맞대고 있는 것처럼 보인다.

10년간 자주 출제된 문제

6-1. 다음 중 다의 도형 착시의 사례로 가장 알맞은 것은?
① 루빈의 항아리 ② 펜로즈의 삼각형
③ 쾨니히의 목걸이 ④ 포겐도르프의 도형

6-2. 다음 그림과 같이 가운데 위치한 두 원의 크기는 동일할 때 나타나는 착시현상을 무엇이라 하는가?

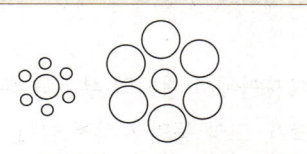

① 분할의 착시 ② 만곡의 착시
③ 대비의 착시 ④ 각도의 착시

6-3. 다음 그림과 같이 (a)와 (b) 각각의 중앙부 각도는 같으나 (b)의 각도가 (a)의 각도보다 작게 보이는 착시현상을 무엇이라 하는가?

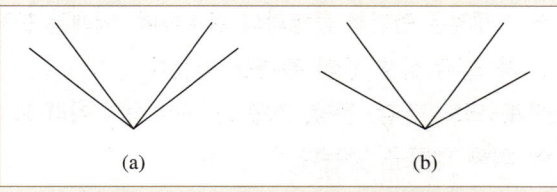

① 분할의 착시 ② 방향의 착시
③ 대비의 착시 ④ 동화의 착시

[해설]

6-1
루빈의 항아리 : 가운데 검은색 부분은 항아리처럼 보이지만 흰색 부분은 두 사람이 얼굴을 맞대고 있는 것처럼 보이는 현상이다.

6-2, 6-3
대비의 착시 : 각도, 원 등이 그 주변에 큰 것이 있으면 주변에 작은 것이 있을 경우보다 작게 보인다.

정답 6-1 ① 6-2 ③ 6-3 ③

1-2. 디자인 원리

핵심이론 01 스케일

(1) 스케일(scale, 척도)

① 상대적인 크기, 즉 척도를 말하며 디자인의 기본 요소이다.
② 스케일은 가구, 실내건축물 등 물체와 인체와의 관계 및 물체 상호 간의 관계를 말한다.
③ 디자인이 적용되는 공간에서 인간 및 공간 내에 사물과의 종합적인 연관을 고려하는 공간 관계형성의 측정 기준을 말한다.
④ 스케일의 상이성(相異性)이란 작은 공간에서는 커 보이고, 큰 공간에서는 작아 보이는 현상이다.
⑤ 공간에 있어 스케일의 유형은 다양한 공간지각을 가져온다.

(2) 휴먼 스케일(human scale)

① 인체를 기준으로 파악·측정되는 척도기준이다.
② 인체의 크기에 비해 너무 크거나 작지 않을 때 휴먼 스케일이라 한다.
③ 휴먼 스케일의 적용은 추상적, 상징적이 아닌 기능적인 척도를 추구하는 것이다.
④ 휴먼 스케일이 잘 적용된 실내 공간은 심리적, 시각적으로 안정되고 편안한 느낌을 준다.
⑤ 휴먼 스케일은 인간을 기준으로 계산하여 공간에 대해 감각적으로 가장 쾌적한 비율이다.

10년간 자주 출제된 문제

1-1. 다음의 (　) 안에 들어갈 용어로 알맞은 것은?

> (㉠)은/는 상대적인 크기, 즉 척도를 말하며 (㉡)은/는 인간의 신체를 기준으로 파악·측정되는 척도기준이다.

① ㉠ 모듈　　㉡ 스케일
② ㉠ 스케일　㉡ 휴먼 스케일
③ ㉠ 모듈　　㉡ 그리드
④ ㉠ 그리드　㉡ 황금비

1-2. 실내의 크기를 결정하는 데 가장 기본적인 기준이 되는 것은?

① 창　　　　　　② 인간
③ 공간의 형태　　④ 가구

1-3. 실내디자인의 원리 중 휴먼 스케일에 관한 설명으로 옳지 않은 것은?

① 인간의 신체를 기준으로 파악되고 측정되는 척도기준이다.
② 공간의 규모가 웅대한 기념비적인 공간은 휴먼 스케일의 적용이 용이하다.
③ 휴먼 스케일이 잘 적용된 실내 공간은 심리적, 시각적으로 안정된 느낌을 준다.
④ 휴먼 스케일의 적용은 추상적, 상징적이 아닌 기능적인 척도를 추구하는 것이다.

[해설]

1-2
인체를 기준으로 파악·측정되는 척도기준을 휴먼 스케일이라 한다.

1-3
공간의 규모가 웅대한 기념비적인 공간은 기념비적 스케일의 적용이 용이하다.
※ 기념비적 스케일 : 초인간적 스케일로 주로 기념비적 공원이나 상징적인 공간 등에 사용한다.

정답 1-1 ②　1-2 ②　1-3 ②

핵심이론 02 비례

(1) 비례의 특징

① 비례(proportion)는 물리적 크기를 선으로 측정하는 기하학적 개념이다.
② 비례는 대소의 분량, 장단의 차이, 부분과 부분 또는 부분과 전체와의 수량적 관계를 비율로 표현 가능한 것이다.
③ 비례는 디자인에서 형태의 부분과 부분, 부분과 전체 사이의 크기, 모양 등의 시각적 질서, 균형을 결정하는 데 사용된다.
④ 공간 내의 비례관계는 평면, 입면, 단면에 있어서 입체적으로 평가되어야 한다.
⑤ 실내 공간에는 항상 비례가 존재하며, 스케일과 밀접한 관계가 있다.
　※ 스케일은 인간과 물체와의 관계이며, 비례는 물체와 물체 상호 간의 관계를 갖는다.
⑥ 색채, 명도, 질감, 문양, 조형 등 공간 속의 여러 요소에 의해 영향을 받는다.
⑦ 르 코르뷔지에(Le Corbusier)가 제시한 모듈러와 가장 관계가 깊은 디자인 원리이다.

(2) 황금비 또는 황금분할(ϕ)

① 황금비율은 1 : 1.618이다.
② 르 코르뷔지에는 생활에 적합한 건축을 위해 인체와 관련된 모듈의 사용에 있어 단순한 길이의 배수보다는 황금비례를 이용함이 타당하다고 주장하였다.
③ 황금비례는 고대 그리스인들이 창안하였으며, 건축물과 조각 등에 이용된 기하학적 분할방식이다.

(3) 모듈(module)

① 모듈은 일종의 치수측정 단위로서 자(尺)나 피트(feet)처럼 인체의 치수를 근거로 하여 만든 표준치수이다.

② 건축, 실내가구의 디자인에서 종류, 규모에 따라 계획자가 정하는 상대적·구체적인 기준의 단위이다.
③ 모듈과 가장 관계가 깊은 디자인 원리는 비례이다.
④ 기본 모듈이란 기본척도를 10cm로 하고 이것을 1m로 표시한 것을 말한다.
⑤ 공간구획 시 평면상의 길이는 3m(30cm)의 배수가 되도록 하는 것이 일반적이다.
⑥ 모듈을 설정하여 계획하면 설계작업이 단순화되어 용이하고, 재료의 생산비용을 낮출 수 있다.
⑦ 모듈 플래닝(module planning) : 모듈 플래닝은 모듈을 기본척도로 설정하여 평면, 입면, 단면 등의 공간치수계획에 적용하는 것을 말한다.
⑧ 척도조정(MC ; Modular Coordination) : 건축재료, 부품에서 설계시공에 이르기까지의 건축생산 전반에 걸쳐 치수상 유기적인 연계성을 만들어내는 것이다.
⑨ 르 코르뷔지에의 모듈러에 따른 인체의 기본 치수
  ㉠ 기본 신장 : 183cm
  ㉡ 배꼽까지의 높이 : 113cm
  ㉢ 손을 들었을 때 손끝까지 높이 : 226cm

(4) 모듈 플래닝(module planning)의 이점
① 설계작업과 시공이 단순·신속·정확하다.
② 대량 생산이 가능하여 생산비가 절감된다.
③ 시공의 균질성이 보장된다.
④ 공사기간이 단축된다.
⑤ 경제적 시공이 가능하다.

10년간 자주 출제된 문제

2-1. 디자인 원리 중 비례에 관한 설명으로 옳지 않은 것은?
① 이상적인 비례란 추상적으로 조화를 이루는 관계를 말한다.
② 실내 공간에는 항상 비례가 존재하며 스케일과 밀접한 관계가 있다.
③ 색채, 명도, 질감, 문양, 조형 등의 공간 속의 여러 요소에 의해 영향을 받는다.
④ 디자인의 각 부분 간의 개념적인 의미이며, 부분과 전체 또는 부분 사이의 관계를 말한다.

2-2. 모듈(module) 계획에 관한 설명으로 옳지 않은 것은?
① 공사기간이 단축된다.
② 설계작업이 단순하고 용이하다.
③ 계획의 유연성, 심미성, 다양성이 높다.
④ 건축 구성재의 대량 생산이 가능하여 경제적이다.

2-3. 르 코르뷔지에의 모듈러에서 설명된 인체의 기본치수로 옳지 않은 것은?
① 기본 신장 : 183cm
② 배꼽까지의 높이 : 113cm
③ 손을 들었을 때 손끝까지 높이 : 226cm
④ 어깨까지의 높이 : 162cm

|해설|

2-1
이상적인 비례란 황금비례를 말하는 것으로 기하학적 상수이다.

2-2
모듈(module) 계획의 장점은 설계작업과 시공이 단순·신속·정확하다는 데 있다.

2-3
르 코르뷔지에는 공간의 크기를 계량하는 기준으로서 자연스런 모습으로 손을 올린 인간을 선택하였다. 사람의 올린 손끝에서 머리끝까지, 머리끝에서 배꼽까지, 배꼽에서 발꿈치까지 세 부분으로 구분하였다.
• 기본 신장 : 183cm
• 배꼽까지의 높이 : 113cm
• 손을 들었을 때 손끝까지 높이 : 226cm

정답 2-1 ① 2-2 ③ 2-3 ④

핵심이론 03 균형

(1) 균형의 특성
① 균형(balance)은 인간의 주의력에 의해 감지되는 것으로 실내 공간의 편안함과 침착함을 연출한다.
② 디자인 요소들의 상호작용이 하나의 지점에서 역학적으로 평형을 갖거나 전체의 그룹 안에서 서로 균등함을 이루고 있는 상태를 말한다.
③ 균형은 정적·동적·시각적 안정성을 가져올 수 있다.

(2) 균형의 원리
① 크기가 큰 것은 작은 것보다 시각적 중량감이 크다.
② 어두운 색상이 밝은 색상보다 시각적 중량감이 크다.
③ 거친 질감은 부드러운 질감보다 시각적 중량감이 크다.
④ 불규칙적인 형태는 기하학적인 형태보다 시각적 중량감이 크다.
⑤ 사선이나 톱니모양의 선은 수직선이나 수평선보다 시각적 중량감이 크다.

(3) 균형의 분류
① 대칭적(정형적) 균형 : 좌우대칭, 방사대칭
  ㉠ 가장 완전한 균형의 상태로 공간에 질서를 주기가 용이하다.
  ㉡ 형, 형태의 크기, 위치, 형식, 집합의 정렬 등이 축을 중심으로 서로 대칭적으로 구성되어 있는 경우를 말한다.
  ㉢ 안정감·엄숙함·완고함·단순함 등의 느낌을 준다.
  ㉣ 방사형 균형은 한 점에서 분산되거나 중심점에서부터 원형으로 분산되어 표현된다.
  ※ 대칭적 균형은 비대칭적 균형보다 질서 있고 안정된 느낌을 준다.

② 비대칭적(비정형) 균형
  ㉠ 대칭적 균형보다 자연스런 균형의 형태이다.
  ㉡ 물리적으로는 불균형이지만 시각적으로는 균형을 이룬다.
  ㉢ 자유분방함, 긴장감, 율동감 등의 생명감을 느끼게 한다.
  ㉣ 능동적이며 비형식적인 느낌을 준다.
  ㉤ 배열의 가능성에 제한을 받지 않는다.
  ㉥ 자연스러우며 풍부한 개성을 표현할 수 있어 능동의 균형이라고도 한다.

> **10년간 자주 출제된 문제**

3-1. 디자인의 원리 중 균형에 대한 설명으로 옳지 않은 것은?
① 대칭적 균형은 가장 완전한 균형의 상태이다.
② 비대칭 균형은 능동의 균형, 비정형 균형이라고도 한다.
③ 방사형 균형은 한 점에서 분산되거나 중심점에서부터 원형으로 분산되어 표현된다.
④ 명도에 의해서 균형을 이끌어 낼 수 있으나 색채에 의해서는 균형을 표현할 수 없다.

3-2. 비정형 균형에 관한 설명으로 옳은 것은?
① 좌우대칭, 방사대칭으로 주로 표현된다.
② 대칭의 구성 형식이며, 가장 완전한 균형의 상태이다.
③ 단순하고 엄숙하며 완고하고 변화가 없는 정적인 것이다.
④ 물리적으로는 불균형이지만 시각상으로 힘의 정도에 의해 균형을 이룬 것이다.

|해설|

3-1
시각적인 균형을 느끼게 할 수 있는 요소로서 형태, 명도, 질감, 색채 등의 균형으로 구분할 수 있다.
- 명도의 균형 : 밝음과 어두움 사이의 균형을 의미한다.
- 색채의 균형 : 빨강, 노랑, 주황 등 따뜻한 색은 파랑, 초록, 보라색 등 차가운 색보다 시각적으로 무겁게 느껴진다.

3-2
비정형 균형(비대칭적 균형)은 물리적으로는 불균형이지만 시각적으로는 균형을 이루는 것으로 자유분방함, 긴장감, 율동감 등의 생명감을 느끼게 한다.

정답 3-1 ④ 3-2 ④

핵심이론 04 리듬, 강조

(1) 리듬의 특징
① 리듬은 규칙적인 요소들의 반복으로 나타나는 통제된 운동감이다.
② 리듬은 실내에 있어서 공간이나 형태의 구성을 조직하고 반영하여 시각적으로 디자인에 질서를 부여한다.
③ 리듬은 실내 공간 디자인에서 시각적 질서, 율동감 및 생동감을 연출하는 데 사용된다.
④ 리듬은 청각적 원리를 시각적으로 표현한 것으로 반복, 점층, 대립, 변이, 방사로 이루어진다.

(2) 리듬의 요소
① 반복 : 색채, 문양, 질감, 선이나 형태가 되풀이됨으로써 이루어지는 리듬이다.
② 점층(점이, 점진) : 형태의 크기, 방향 및 색의 점차적인 변화로 생기는 리듬이다.
③ 대립(교체) : 사각 창문틀의 모서리처럼 직각 부위에서 연속적이면서 규칙적인 상이(相異)한 선에서 볼 수 있는 리듬이다.
④ 변이(대조) : 삼각형에서 사각형으로, 검은색이 빨간색 등으로 변화하는 현상으로 상반된 분위기를 배치하는 것이다.
⑤ 방사 : 중심점에서 중심 주변으로 퍼져 나가는 양상을 보이며 리듬을 이루는 것이다.

(3) 강조(emphasis)
① 강조는 시각적인 힘의 강약에 단계를 주어 디자인의 일부분에 주어지는 초점이나 흥미를 부여하는 디자인 원리이다.
② 강조는 단조로움의 극복, 관심의 초점을 조성하거나 흥분을 유도할 때 적용한다.
③ 강조의 원리가 적용되는 시각적 초점은 주위가 대칭적 균형일 때 더욱 효과적이다.
④ 도시의 랜드마크에 가장 중요시되는 디자인 원리이다.
⑤ 최소한의 표현으로 최대의 가치를 표현하고 미의 상승효과를 가져온다.
⑥ 단조로운 실내를 흥미롭게 만드는 데 가장 효과적인 디자인 원리이다.
⑦ 구성의 구조 안에서 각 요소들의 시각적 계층관계를 기본으로 한다.

10년간 자주 출제된 문제

4-1. 리듬에 관한 설명으로 가장 알맞은 것은?
① 모든 조형에 대한 미의 근원이 된다.
② 서로 다른 요소들 사이에서 평형을 이루는 상태이다.
③ 음악적 감각인 청각적 원리를 촉각적으로 표현한 것이다.
④ 규칙적인 요소들의 반복으로 디자인에 시각적인 질서를 부여하는 통제된 운동감각을 말한다.

4-2. 다음 중 리듬(rhythm)에 의한 디자인 사례와 가장 거리가 먼 것은?
① 나선형의 계단
② 교회의 높은 창고
③ 강렬한 붉은 색의 의자가 반복적으로 배열된 객석
④ 위쪽의 밝은색에서 아래쪽의 어두운색으로 변화하는 벽면

4-3. 다음 중 도시의 랜드마크에 가장 중요시되는 디자인 원리는?
① 점이
② 균형
③ 강조
④ 반복

4-4. 디자인의 원리 중 강조에 대한 설명으로 가장 알맞은 것은?
① 이질의 각 구성요소들이 전체로서 동일한 이미지를 갖게 하는 것이다.
② 최소한의 표현으로 최대의 가치를 표현하고 미의 상승효과를 가져오게 한다.
③ 서로 다른 요소들 사이에서 평형을 이루는 상태이다.
④ 규칙적인 요소들의 반복으로 디자인에 시각적인 질서를 부여한다.

【해설】

4-1
리듬은 실내에 있어서 공간이나 형태의 구성을 조직하고 반영하여 시각적으로 디자인에 질서를 부여한다.

4-2
리듬은 음악적 감각인 청각적 원리를 시각적으로 표현하는 것으로 반복, 점층, 대립, 변이, 방사로 이루어진다.
① 방사의 예
③ 반복의 예
④ 점층(점이)의 예

4-3, 4-4
강조는 시각적인 힘의 강약에 단계를 주어 디자인의 일부분에 주어지는 초점이나 흥미를 중심으로 변화, 변칙, 불규칙성을 의도적으로 조성하는 것이다. 주위를 환기시키거나 규칙성이 갖는 단조로움을 극복하거나, 관심의 초점을 조성하거나 흥분을 유도할 때 사용한다.

정답 4-1 ④ 4-2 ② 4-3 ③ 4-4 ②

핵심이론 05 조화

(1) 조화의 개념
① 조화(harmony)란 다른 두 가지 이상의 요소(선, 면, 형태, 공간, 재질, 색채 등)와 한 공간 내에서 결합될 때 발생하는 상호관계에 대한 미적 현상이다.
② 실내건축의 요소들이 한 공간에서 표현될 때 상호관계에 대한 미적 판단이 된다.
③ 전체적인 조립방법이 모순 없이 질서를 잡아가는 것이다.
④ 동일성이 높은 요소들의 결합은 쉽게 조화를 이루지만, 무미건조하고 지루할 수 있다.
⑤ 성질이 다른 요소들의 결합에 의한 조화는 구성이 어렵고 질서를 잃기 쉽지만, 생동감이 있다.

(2) 조화의 분류
① 단순조화
  ㉠ 실내 마감재료를 동일 소재 또는 동일 색채로 사용하는 경우로서 뚜렷하고 선명한 이미지를 준다.
  ㉡ 대체적으로 온화하며 부드럽고 안정감이 있다.
② 복합조화
  ㉠ 각각의 요소가 하나의 객체로 존재하는 동시에 공존의 상태에서는 조화를 이루는 경우를 말한다.
  ㉡ 다양한 주제와 이미지들이 요구될 때 주로 사용된다.
③ 대비조화
  ㉠ 서로 다른 요소들의 조합으로 얻어지는 조화이다.
  ㉡ 대비를 너무 많이 사용하면 통일성을 잃을 수 있다.
④ 유사조화
  ㉠ 형식적·외형적·시각적으로 동일한 요소의 조합을 통해 만들어진다.
  ㉡ 통일에 가까우며 동일감, 친근감, 부드러움을 줄 수 있으나 단조로워질 수 있다.

10년간 자주 출제된 문제

5-1. 실내건축의 요소들이 한 공간에서 표현될 때 상호관계에 대한 미적 판단이 되는 원리는?
① 리듬
② 균형
③ 강조
④ 조화

5-2. 실내디자인의 원리 중 조화에 대한 설명으로 옳지 않은 것은?
① 복합조화는 동일한 색채와 질감이 자연스럽게 조합되어 만들어진다.
② 유사조화는 시각적으로 성질이 동일한 요소의 조합에 의해 만들어진다.
③ 동일성이 높은 요소들의 결합은 조화를 이루기 쉬우나 무미건조하고 지루할 수 있다.
④ 성질이 다른 요소들의 결합에 의한 조화는 구성이 어렵고 질서를 잃기 쉽지만 생동감이 있다.

5-3. 다음의 디자인의 원리에 대한 설명 중 옳지 않은 것은?
① 통일은 변화와 함께 모든 조형에 대한 미의 근원이 되는 원리이다.
② 유사조화는 시각적으로 동일한 요소 간에 이루어진다.
③ 대비조화는 여성적인 부드럽고 차분한 감정의 온화성·유연성·안정성이 나타난다.
④ 조화란 전체적인 조립방법이 모순 없이 질서를 잡는 것이다.

[해설]

5-1
조화는 서로 성질이 다른 두 가지 이상의 요소가 한 공간 내에서 결합될 때 발생하는 상호관계에 대한 미적 판단으로서, 서로 분리하거나 배척하지 않고 통일된 전체 요소로서 융합하여 새로운 미적 아름다움을 만드는 것을 말한다.

5-2
복합조화는 서로 다른 요소가 각기 개체이면서 공존하는 구성으로 풍부한 감성과 다양한 경험을 준다.

5-3
대비조화는 강력함, 화려함, 남성적인 느낌을 준다.

정답 5-1 ④ 5-2 ① 5-3 ③

핵심이론 06 대비, 통일

(1) 대비

① 대비(대조)는 서로 다른 특성을 가진 요소를 같은 공간에 배열할 때 서로의 특성을 더욱 돋보이게 하는 현상이다.
② 대비는 모든 시각적 요소에 대해 극적인 분위기를 주는 상반된 성격의 결합에서 이루어진다.
③ 질적·양적으로 전혀 다른 둘 이상의 요소가 동시적 또는 계속적으로 배열될 때 상호의 특질이 한층 강하게 느껴지는 통일적 현상이다.
④ 동일한 색상이라도 주변 색의 영향으로 실제와 다르게 느껴지는 현상이다.
⑤ 극적인 분위기를 연출하는 데 효과적이다.
⑥ 상반된 요소의 거리가 멀수록 대비의 효과는 감소된다.
⑦ 대비를 지나치게 많이 사용하면 통일성을 방해할 우려가 있다.

(2) 통일

① 통일은 각 구성요소들이 전체적으로 동일한 이미지를 갖게 한다.
② 디자인 대상의 전체에 미적 질서를 부여하는 것으로 모든 형식의 출발점이다.
③ 변화와 함께 모든 조형에 대한 미의 근원이 된다.
④ 통일과 변화는 서로 대립되는 관계가 아니라 상호 유기적인 관계 속에서 성립된다.
⑤ 변화는 단순히 무질서한 변화가 아니라 통일 속의 변화이다.

10년간 자주 출제된 문제

6-1. 다음 설명에 알맞은 디자인 원리는?

- 디자인 대상의 전체에 미적 질서를 주는 기본원리이다.
- 변화와 함께 모든 조형에 대한 미의 근원이 된다.

① 리듬　　② 통일
③ 균형　　④ 대비

6-2. 서로 다른 특성을 가진 요소를 같은 공간에 배열할 때 서로의 특성을 더욱 돋보이게 하는 디자인 원리는?

① 대칭　　② 통일
③ 대비　　④ 척도

6-3. 디자인의 원리 중 대비에 대한 설명으로 옳지 않은 것은?

① 극적인 분위기를 연출하는 데 효과적이다.
② 상반 요소가 밀접하게 접근하면 할수록 대비의 효과는 감소된다.
③ 강력하고 화려하며 남성적인 이미지를 주지만 지나치게 크거나 많은 대비의 사용은 통일성을 방해할 우려가 있다.
④ 질적, 양적으로 전혀 다른 둘 이상의 요소가 동시에 혹은 계속적으로 배열될 때 상호의 특질이 한층 강하게 느껴지는 통일적 현상이다.

[해설]

6-1
통일은 변화와 함께 모든 조형에 대한 미의 근원이 된다. 변화는 단순히 무질서한 변화가 아니라 그것은 통일 속의 변화이다. 통일과 변화는 서로 대립되는 관계가 아니라 상호 유기적인 관계 속에서 성립되는 것이다.

6-2
대비 : 질적, 양적으로 전혀 다른 둘 이상의 것이 동일 공간에 배열되어 서로의 특질을 한층 돋보이게 하는 디자인의 원리이다.

6-3
상반 요소가 밀접하게 접근하면 할수록 대비의 효과는 극대화된다.

정답 6-1 ② 6-2 ③ 6-3 ②

1-3. 실내디자인 요소

※ 실내 공간의 요소
- 1차적 요소(고정적 요소) : 천장, 벽, 바닥, 기둥, 보, 개구부(창과 문), 실내환경 시스템, 통로
- 2차적 요소(가동적 요소) : 가구, 장식물(액세서리), 디스플레이, 조명
- 3차적 요소(심리적 요소) : 색채, 질감, 직물, 문양, 형태, 전시

핵심이론 01 고정적 요소(1) : 천장, 벽

(1) 천장

① 천장은 바닥과 함께 공간을 형성하는 수평적 요소로서, 바닥과 천장 사이에 있는 내부 공간을 규정한다.
② 내부 공간을 태양, 비, 눈 등 자연으로부터 보호하며, 이중으로 차단한다.
③ 천장은 시각적 흐름이 최종적으로 멈추는 곳이므로 지각의 느낌에 영향을 미친다.
④ 다른 요소에 비해 조형적으로 가장 자유롭다.
⑤ 바닥에 비해 시대와 양식에 의한 변화가 뚜렷하다.
⑥ 천장의 일부를 높이거나 낮추어 공간의 영역을 한정할 수 있다.
⑦ 천장을 낮추면 친근하고 아늑한 공간이 되고, 높이면 확대감을 줄 수 있다.
⑧ 공간의 개방감과 확장성을 도모하기 위하여 입구는 낮게 하고, 내부 공간은 높게 처리한다.
　㉠ 천장고 : 해당 층에서 마감된 바닥에서 마감된 천장까지의 순수한 실내부 높이를 말한다.
　㉡ 층고 : 기준층 콘크리트바닥에서 기준층 바로 위층의 콘크리트바닥까지의 거리로 층고는 천장고에 층간 두께를 더한 값이다.

(2) 벽

① 공간요소 중 가장 많은 면적을 차지한다.
② 실내 공간을 형성하는 수직적 요소로, 수평 방향을 차단하여 공간을 형성한다.
③ 인간의 시선이나 동선을 차단한다.
④ 공기의 움직임, 소리의 전파, 열의 이동을 제어한다.
⑤ 외부로부터의 방어와 프라이버시를 확보한다.
⑥ 벽면의 형태는 동선을 유도하는 역할을 담당한다.
⑦ 벽체는 공간의 폐쇄성과 개방성을 조절하여 공간감을 형성한다.
⑧ 바닥에 대한 직각적인 벽은 공간요소 중 가장 눈에 띄기 쉽다.
⑨ 가구, 조명 등 실내에 놓는 설치물에 대한 배경적 요소이다.
⑩ 시각적 대상물이 되거나 공간에 초점적 요소가 된다.
⑪ 색, 패턴, 질감, 조명 등에 의해 실내 분위기를 형성·조절한다.
⑫ 눈높이보다 높은 벽은 공간을 분할하고, 낮은 벽은 영역을 표시하거나 경계를 나타낸다.
  ⊙ 높이 60cm 이하의 벽 : 상징적 경계로서 두 공간을 상징적으로 분할한다.
  ⓒ 높이 120cm 정도의 벽 : 통행은 어렵지만, 시각적으로 개방된 느낌을 준다.
⑬ 벽의 높이가 가슴 정도이면 주변 공간에 시각적 연속성을 주면서도 특정 공간을 감싸는 느낌을 준다.
⑭ 내력벽은 수직압축력을 받고, 비내력벽은 벽 자체의 하중만 받아 스크린이나 칸막이 역할을 한다.

10년간 자주 출제된 문제

1-1. 천장에 관한 설명으로 옳지 않은 것은?
① 바닥면과 함께 공간을 형성하는 수평적 요소이다.
② 천장은 마감방식에 따라 마감천장과 노출천장으로 구분할 수 있다.
③ 천장은 시각적 흐름이 최종적으로 멈추는 곳이며 지각의 느낌에 영향을 미친다.
④ 공간의 개방감과 확장성을 도모하기 위하여 입구는 높게 하고 내부 공간은 낮게 처리한다.

1-2. 실내디자인의 요소 중 벽에 관한 설명으로 옳지 않은 것은?
① 높이 180cm 정도의 벽은 두 공간을 상징적으로 분리, 구분한다.
② 바닥에 대한 직각적인 벽은 공간요소 중 가장 눈에 띄기 쉬운 요소이다.
③ 실내 분위기를 형성하며 특히 색, 패턴, 질감, 조명 등에 의해 그 분위기가 조절된다.
④ 공간을 에워싸는 수직적 요소로 수평 방향을 차단하여 공간을 형성하는 기능을 갖는다.

1-3. 주변 공간과 시각적인 연속성은 유지된 상태에서 공간을 감싸는 분위기를 조성하는 벽의 높이는?
① 눈높이
② 가슴 높이
③ 무릎 높이
④ 키보다 큰 높이

[해설]

1-1
공간의 개방감과 확장성을 도모하기 위하여 입구는 낮게 하고 내부 공간은 높게 처리한다.

1-2
상징적 벽체는 영역의 한정을 구분할 뿐 통행이나 시각적인 방해가 되지 않는 60cm 이하의 낮은 벽체이다.

1-3
① 눈높이의 벽 : 시각적 차단의 기준이 된다.
④ 키보다 큰 높이 : 공간의 영역이 완전히 차단되어 분리된 공간을 연출할 수 있다.

정답 1-1 ④ 1-2 ① 1-3 ②

핵심이론 02 고정적 요소(2) : 바닥, 기둥, 보

(1) 바닥
① 바닥은 천장과 함께 실내 공간을 구성하는 수평적 요소이다.
② 인간의 감각 중 시각적·촉각적 요소와 밀접한 관계가 있다.
③ 신체와 직접 접촉하므로 촉각적인 만족감을 중요시한다.
④ 외부로부터 추위와 습기를 차단하고, 사람과 물건을 지지한다.
⑤ 다른 요소들이 시대와 양식에 의한 변화가 현저한 데 비해 바닥은 매우 고정적이다.
⑥ 바닥의 고저차로 영역의 분리처리가 가능하고, 스케일감의 변화를 줄 수 있다.
　㉠ 상승된 바닥면은 공간의 흐름이나 동선을 차단하지만, 주변의 공간과는 다른 중요한 공간으로 인식된다.
　㉡ 하강된 바닥면은 내향적이며 주변 공간에 대해 아늑한 은신처로 인식된다.
⑦ 바닥의 고저차가 없는 경우에는 바닥의 색, 질감, 재료 등으로 공간의 변화를 줄 수 있다.

(2) 기둥
① 기둥은 건축물의 높이 결정에 중요한 역할을 한다.
② 기둥은 수직적 요소이며, 수평적 요소와 대조를 이루워 입면에 아름다움을 준다.
③ 실내에서의 기둥은 공간의 영역을 규정하며, 공간의 흐름과 동선에 영향을 미친다.
④ 구조적인 역할의 기둥은 건축구조 중 가구식 구조로 목구조, 철골구조와 같이 비교적 가늘고 긴 부재를 조립하여 구축한다.
⑤ 열주(줄지어 늘어선 기둥)
　㉠ 한 개의 단일 공간을 시각적·공간적으로 연속성이 유지되도록 공간을 분할하거나 연결한다.
　㉡ 공간의 차단적 구획에 사용되는 것으로, 시각적 연결감을 주면서 프라이버시를 확보할 수 있다.

(3) 보
① 보는 지지재상 옆으로 작용하여 하중을 받치고 있는 구조재이다.
② 보는 조형계획에 있어 제한적 요소로 작용한다.
③ 보는 공조의 설비 및 조명의 설치를 위해 수반되는 제반장치와 더불어 천장에 감춰지는 것이 일반적이다.
④ 천장 구성 시 천장 자체에 리듬을 주어 개성을 강조한다.

10년간 자주 출제된 문제

2-1. 실내 공간을 형성하는 주요 기본요소로서, 다른 요소들이 시대와 양식에 의한 변화가 현저한 데 비해 매우 고정적인 것은?
① 벽　　　② 천장
③ 바닥　　④ 기둥

2-2. 실내 기본요소 중 바닥에 관한 설명으로 옳지 않은 것은?
① 공간을 구성하는 수평적 요소이다.
② 촉각적으로 만족할 수 있는 조건을 요구한다.
③ 고저차를 통해 공간의 영역을 조정할 수 있다.
④ 다른 요소들에 비해 시대와 양식에 의한 변화가 현저하다.

2-3. 실내 공간을 구성하는 기본요소에 관한 설명으로 옳은 것은?
① 공간의 분할 요소로는 수직적 요소만이 사용된다.
② 바닥은 인체와 항상 접촉하므로 안전성이 고려되어야 한다.
③ 천장은 시각적 효과보다 촉각적 효과를 더 크게 고려해야 한다.
④ 공간의 영역을 상징적으로 분할하는 벽체의 최대 높이는 180cm이다.

2-4. 실내 공간을 형성하는 기본 요소 중 바닥에 관한 설명으로 옳지 않은 것은?
① 바닥은 모든 공간의 기초가 되므로 항상 수평면이어야 한다.
② 하강된 바닥면은 내향적이며 주변의 공간에 대해 아늑한 은신처로 인식된다.
③ 다른 요소들이 시대와 양식에 의한 변화가 현저한 데 비해 바닥은 매우 고정적이다.
④ 상승된 바닥면은 공간의 흐름이나 동선을 차단하지만 주변의 공간과는 다른 중요한 공간으로 인식된다.

[해설]

2-1, 2-2
바닥은 천장과 함께 공간을 구성하는 수평적 요소로서 생활을 지탱하는 가장 기본적인 요소이며, 다른 요소와는 달리 시대와 양식, 디자인에 의한 변화가 많지 않다.

2-3
① 공간의 분할 요소로는 수직적 요소와 수평적 요소가 사용된다.
③ 천장은 시각적 흐름이 최종적으로 멈추는 곳이며 지각의 느낌에 영향을 미친다.
④ 공간의 영역을 상징적으로 분할하는 벽체의 최대 높이는 60cm이다(시각적 차단 높이 180cm의 벽).

2-4
바닥의 고저차로 영역의 분리처리가 가능하고 스케일감의 변화를 줄 수 있다.

정답 2-1 ③ 2-2 ④ 2-3 ② 2-4 ①

핵심이론 03 고정적 요소(3) : 창

(1) 창의 특징
① 창은 채광, 조망, 환기, 통풍의 역할을 한다.
② 창의 크기와 위치, 형태는 창에서 보이는 시야의 특징을 결정한다.
③ 창의 높낮이는 가구의 높이와 사람의 시선 높이에 영향을 받는다.
④ 일반적으로 창이 크고 많으면 실내 공간의 개방감이나 확대감을 주어 시원스런 느낌을 갖게 하며, 창이 작고 적으면 밀폐감을 주어 답답한 느낌을 갖게 한다.
⑤ 창은 시야, 조망을 위해서는 크게 하는 것이 좋지만, 개폐의 용이함과 단열을 위해서는 작게 만드는 것이 좋다.

(2) 창의 분류
① 작동 여부에 따른 분류
　㉠ 고정창 : 개폐가 불가능한 창으로 붙박이창이라고도 한다. 채광이나 조망은 가능하지만 환기나 온도 조절이 어렵다.
　　• 픽처 윈도(picture window)
　　　- 바닥부터 천장까지 닿는 커다란 창문이다.
　　　- 정원, 발코니 등의 외부로 직접 연결되어 나갈 수 있는 문을 설치하기도 한다.
　　• 윈도 월(window wall)
　　　- 벽면 전체를 창으로 처리하는 것으로, 어떤 창보다도 조망이 좋으며 많은 투과광량을 얻는다.
　　　- 자연광선을 충분히 공급받을 수 있어 에너지 보존의 측면에서 유리하다.
　　　- 빛이 투과되는 면적이 넓어, 높은 열 등 냉난방에 의한 열손실 방지 문제가 있다.

- 고창(clerestory window)
  - 천장 가까이에 있는 벽에 위치한 좁고 긴 창문이다.
  - 욕실, 화장실 등과 같이 높은 프라이버시를 필요로 하는 실이나 부엌과 같이 환기를 필요로 하는 실에 적합하다.
- 베이 윈도(bay window) : 창과 함께 벽면이 둥글게 돌출된 형태로, 아늑한 구석 공간을 형성한다.

ⓒ 이동창 : 상하좌우로 개폐가 가능한 창으로 환기, 채광, 조망이 가능하다.
- 오르내리기창 : 위아래 두 짝의 창문이 개폐되는 창문이다. 창문이 완전히 열리지 않고 반만 열리지만, 위아래를 동시에 열 수 있어 환기가 잘 된다.
- 미닫이창 : 한 짝 또는 두 짝으로 하여 좌우로 개폐될 때 옆 벽에 밀어 붙이거나 벽 속으로 들어가는 창문이다.
- 여닫이창 : 열리는 범위를 조절할 수 있고, 전체를 다 열 수도 있어 청소가 용이하며 환기가 잘 된다.
- 들창(미서기창) : 경사지게 열리므로 비나 눈이 올 때도 창문을 열 수 있다.

② 설치 위치에 따른 분류
  ㉠ 측창
  - 벽체에 수직으로 설치하는 가장 일반적인 창의 형태이다.
  - 반사로 인한 눈부심이 적고, 입체감이 우수하다.
  - 편측창, 양측창, 고창으로 구분된다.
  - 투명 부분을 설치하면 해방감이 있다.
  - 근린의 상황에 의해 채광을 방해할 우려가 있다.
  - 남측창일 경우 실전체의 조도분포가 비교적 균일하지 않다.
  - 시공과 개폐가 용이하다.
  - 천창에 비해 비막이에 유리하다.

  ㉡ 정측창
  창의 하부 높이가 눈높이보다 높거나, 상부 높이가 천장선과 일치하거나 거의 비슷한 높이에 위치한 수직창이다.

  ㉢ 천창
  - 건축의 지붕이나 천창면을 따라 채광·환기의 목적으로 수평면이나 약간 경사진 면에 낸 창으로 상부에서 채광하는 방식이다.
  - 천창의 형태는 넓고 얇은 것이, 좁고 깊은 것보다 빛의 손실이 적어 더 효과적이다.
  - 건축계획의 자유도가 증가한다.
  - 밀집된 건물에 둘러싸여 있어도 일정량의 채광을 확보할 수 있다.
  - 개구부에 상관없이 벽면을 다양하게 활용할 수 있다.
  - 국부조명처럼 실내의 어느 한 지점을 밝게 비추어 강조할 수 있다.
  - 천창은 조도가 균일하며 같은 크기의 측창에 비해 채광효과가 3배 더 높다.
  - 차열, 통풍에 불리하고 개방감도 적다.

10년간 자주 출제된 문제

3-1. 창에 관한 설명으로 옳지 않은 것은?
① 고정창은 비교적 크기와 형태에 제약 없이 자유로이 디자인할 수 있다.
② 창의 높낮이는 가구의 높이와 사람의 시선 높이에 영향을 받는다.
③ 충분한 보온과 개폐의 용이를 위해 창은 가능한 한 크게 하는 것이 좋다.
④ 창은 채광, 조망, 환기, 통풍의 역할을 하며 벽과 천장에 위치할 수 있다.

3-2. 다음 설명에 알맞은 창의 종류는?

- 천장에 가까이에 있는 벽에 위치한 좁고 긴 창문으로 채광을 얻고 환기를 시킨다.
- 욕실, 화장실 등과 같이 높은 프라이버시를 필요로 하는 실이나 부엌과 같이 환기를 필요로 하는 실에 적합하다.

① 측창 ② 고창
③ 윈도창 ④ 베이 윈도

3-3. 측창에 관한 설명으로 옳지 않은 것은?
① 천창에 비해 채광량이 많다.
② 천창에 비해 비막이에 유리하다.
③ 편측창의 경우 실내 조도분포가 불균일하다.
④ 근린의 상황에 의한 채광 방해의 우려가 있다.

[해설]

3-1
충분한 보온과 개폐의 용이함을 위해 창은 가능한 한 작게 내는 것이 바람직하다.

3-2
고창은 벽의 상부에 설치하는 창으로 채광에 좋고 프라이버시를 확보할 수 있으며, 외부 경관이 좋지 않을 때 주로 사용한다.

3-3
천창은 같은 면적의 측창보다 3배 정도 광량(光量)이 많다.

정답 3-1 ③ 3-2 ② 3-3 ①

핵심이론 04 고정적 요소(4) : 문, 개구부

(1) 문

① 문의 특징
  ㉠ 문은 공간과 인접 공간을 연결시켜 준다.
  ㉡ 문의 위치는 가구 배치와 내부 공간에서의 동선에 영향을 준다.
  ㉢ 문의 치수는 기본적으로 사람의 출입을 기준으로 결정된다.
  ㉣ 사람이 출입하는 문의 폭은 일반적으로 900mm 정도이다.

② 문의 분류
  ㉠ 미서기문
   - 문틀의 홈으로 2~4개의 문이 미끄러져 닫히는 문으로 슬라이딩 도어라고 한다.
   - 원활하게 미끄러지도록 하기 위해 호차나 행거 레일을 설치한다.
  ㉡ 여닫이문
   - 문틀에 정첩을 부착하여 개폐하며, 개폐를 위한 여분의 면적이 필요하다.
   - 문은 안으로 여닫는 것이 원칙이나 비상문의 경우 빠른 피난을 위해 밖여닫이로 한다.
  ㉢ 회전문
   - 4장의 유리문을 축에 장치하여 회전하면서 개폐가 이루어지는 문이다.
   - 방풍 및 열손실을 최소로 줄여 주고, 통행의 흐름을 완만하게 해준다.
   - 실내외의 공기 유출 방지효과와 아울러 출입 인원을 조절할 목적으로 설치한다.
   - 호텔이나 은행 등 사람의 출입이 빈번한 장소에 설치한다.

② 미닫이문
- 미서기문과 같이 서로 겹쳐지지 않고 벽체의 내부로 문이 들어가도록 처리하거나, 좌우 옆벽에 밀어붙여 개폐되도록 처리한 문이다.
- 미닫이문은 경첩을 사용하지 않고, 개폐를 위한 면적이 필요 없다.

⑤ 자동문(auto door)
- 문에 기계장치를 하여 자동으로 개폐되는 미닫이문이다.
- 창고나 격납고 등에 사용되는 행거 도어(hanger door)가 그 예이다.

(2) 개구부

① 문, 창문과 같이 벽의 일부분이 오픈된 부분을 총칭한다.
② 한 공간과 인접된 공간을 연결시킨다.
③ 실내 공간의 성격을 규정하는 요소이다.
④ 프라이버시를 확보하는 역할을 한다.
⑤ 동선이나 가구 배치에 영향을 준다.
⑥ 공기와 빛을 통과시켜 통풍과 채광이 가능하도록 한다.

10년간 자주 출제된 문제

4-1. 출입구에 통풍기류를 방지하고 출입 인원을 조절할 목적으로 설치하는 문은?
① 접이문　　　　② 회전문
③ 여닫이문　　　④ 미닫이문

4-2. 문(門)에 관한 설명으로 옳지 않은 것은?
① 문의 위치는 가구 배치에 영향을 준다.
② 문의 위치는 공간에서의 동선을 결정한다.
③ 회전문은 출입하는 사람이 충돌할 위험이 없다는 장점이 있다.
④ 미닫이문은 문틀에 경첩을 부착한 것으로 개폐를 위한 면적이 필요하다.

4-3. 개구부에 대한 설명으로 옳지 않은 것은?
① 문, 창문과 같이 벽의 일부분이 오픈된 부분을 총칭하여 이르는 말이다.
② 실내 공간의 성격을 규정하는 요소이다.
③ 프라이버시 확보의 역할을 한다.
④ 가구 배치와 동선에 영향을 주지 않는다.

|해설|

4-1
회전문 : 방풍 및 열손실을 최소로 줄여 주는 반면, 통행의 흐름을 완만히 해주는 데 가장 유리한 출입문 방식이다.

4-2
④는 여닫이문에 대한 설명이다. 미닫이문은 경첩을 사용하지 않고, 개폐를 위한 면적이 필요 없다.

4-3
개구부는 실내 공간의 성격을 구분할 뿐만 아니라 동선이나 가구 배치에도 결정적인 영향을 준다.

정답 4-1 ②　4-2 ④　4-3 ④

핵심이론 05 고정적 요소(5) : 커튼, 블라인드, 루버 등

(1) 커튼

① 커튼의 특성
  ㉠ 공간의 차단적 구획에 사용하며, 필요에 따라 공간을 구획할 수 있어 공간 사용에 융통성을 준다.
  ㉡ 열손실 방지와 흡음성을 갖는 등 융통성이 우수한 일광 조절장치이다.
  ㉢ 커튼은 강한 일광을 차단하여 실내의 밝음을 부드럽고 은은하게 해주며 시선을 차단하여 프라이버시를 확보할 수 있다.

② 커튼의 종류
  ㉠ 새시 커튼 : 창문 전체를 커튼으로 처리하지 않고 반 정도만 친 형태이다.
  ㉡ 글라스 커튼 : 투시성이 있는 얇은 커튼의 총칭으로 창문의 유리면 바로 앞에 얇은 직물로 설치하기 때문에 실내에 유입되는 빛을 부드럽게 하며 약간의 프라이버시를 제공한다.
  ㉢ 드로우 커튼 : 창문 위의 수평 가로대에 설치하는 커튼으로, 글라스 커튼보다 두꺼운 재질의 직물로 만든다.
  ㉣ 드레이퍼리(drapery) 커튼 : 창문에 느슨하게 걸어두는 무거운 커튼으로, 장식적인 목적으로 이용한다.

(2) 블라인드(blind)

① 블라인드는 날개의 각도를 조절하여 일광, 조망 및 시각의 차단 정도를 조절하는 창 가리개이다.

② 블라인드의 종류
  ㉠ 롤 블라인드 : 천을 감아 올려 높이 조절이 가능하며, 칸막이나 스크린의 효과를 얻을 수 있다. 셰이드(shade) 블라인드라고도 하며 단순하고 깔끔한 느낌을 준다.
  ㉡ 베니션 블라인드 : 수평형 블라인드이며 날개의 각도를 조절하여 일광, 조망 및 시각의 차단 정도를 조정할 수 있지만, 날개 사이에 먼지가 쌓이기 쉽다는 단점이 있다.
  ㉢ 로만 블라인드 : 블라인드 중간 부분에 가로봉 등을 삽입해 넓은 주름을 형성한 블라인드이다.
  ㉣ 버티컬 블라인드 : 세로 방향으로 블라인드 조각이 연결되어 끈으로 각도를 조절하여 실내로 비치는 햇빛의 양을 조절한다.

(3) 루버(louver)

① 루버는 창 외부에 덧문으로 날개형 루버를 설치하여 일조를 차단하는 장치이다. 수평형이 주로 사용되며 수직형, 격자형 등이 있다.

② 루버의 종류
  ㉠ 수평형 루버 : 여름에는 일광을 차단하고, 겨울에는 실내 깊숙이 일광을 유입한다.
  ㉡ 수직형 루버 : 일출·일몰 시, 아침 일찍이나 늦은 오후에 실내에 입사하는 강한 빛을 조절하는 데 효과적이다.
  ㉢ 격자형 루버 : 광선을 내부로 유입하고, 외부의 시선을 차단한다.

(4) 통로 공간

① 출입구
  성격이 다른 외부 공간과 내부 공간을 연결시켜 통과, 이동, 왕래가 가능하도록 하는 개구부이다.

② 복도, 통로, 홀(hall)
  ㉠ 복도 : 수평적으로 독립된 공간과 공간을 연결하는 통로 공간이다.
  ㉡ 통로 : 공간 고유의 형태를 유지하면서 최소한의 통행이 가능한 동선적인 공간이다.
  ㉢ 홀 : 동선이 집중·분산되는 곳으로 다목적 공간이 되도록 계획한다.

③ 계단, 경사로
- ㉠ 계단과 경사로는 각 공간을 수직적으로 연결하는 통행 공간이다.
- ㉡ 계단은 통행자의 밀도, 빈도, 연령 등에 따라 사용상의 고려가 필요하다.
- ㉢ 계단의 경사도 : 30~35° 정도가 일반적이다.
- ㉣ 계단의 난간 높이 : 850mm 정도가 일반적이다.
- ㉤ 계단참 : 계단의 구성에서 보행에 피로가 생길 우려가 있어 도중에 3~4단을 하나의 넓은 단으로 만들거나 꺾여 돌아가는 곳을 넓게 만든 것이다.

10년간 자주 출제된 문제

5-1. 채광을 조절하는 일광 조절장치와 관련이 없는 것은?
① 루버(louver)
② 커튼(curtain)
③ 베니션 블라인드(venetian blind)
④ 디퓨저(diffuser)

5-2. 날개의 각도를 조절하여 일광, 조망, 시각의 차단 정도를 조절하는 창 가리개는?
① 드레이퍼리   ② 블라인드
③ 커튼   ④ 케이스먼트

5-3. 다음 설명에 알맞은 블라인드(blind)의 종류는?

- 셰이드(shade)라고도 한다.
- 단순하고 깔끔한 느낌을 주며 창 이외에 칸막이 스크린으로 효과적으로 사용할 수 있다.

① 롤 블라인드   ② 로만 블라인드
③ 버티컬 블라인드   ④ 베니션 블라인드

5-4. 계단 및 경사로의 계획 시 우선적으로 고려하지 않아도 될 사항은?
① 각 실과의 동선관계
② 건축법규에 의한 설치 규정
③ 통행자의 빈도, 연령 및 성별
④ 강도, 내구성, 경제성

｜해설｜

5-1
디퓨저는 광원으로부터 빛을 분산시키는 기구나 방식을 말한다.

5-2
블라인드는 날개의 각도를 조절하여 실내에 입사되는 빛을 부드럽게 조절하며 시각의 차단을 자유롭게 조절한다.
① 주름을 잡아 늘어뜨린 커튼이다.
③ 광선의 조절, 시선 차단, 방음·방서·방한의 목적으로 사용되는 천이다.
④ 반투명감으로 차폐성, 조광, 칸막이에 이용한다.

5-3
롤 블라인드
단순하고 깔끔한 느낌을 주는 창처리 방법으로 셰이드, 롤스크린, 롤커튼으로도 불린다. 창의 알맞은 높이에서 멎게 할 수 있어 일광, 조망 및 시각 조절이 용이하고 창 이외에 칸막이나 스크린의 효과를 얻을 수 있다.

5-4
통행자의 성별은 고려사항이 아니다.

정답 5-1 ④ 5-2 ② 5-3 ① 5-4 ③

핵심이론 06 가동적 요소(1) : 가구, 조명

(1) 가구
① 인체공학적 입장에 따른 분류
  ㉠ 인체 지지용 가구(인체계 가구)
    • 인체를 직접 지지하는 가구이다.
    • 종류 : 소파, 의자, 스툴, 침대 등
  ㉡ 작업용 가구(준인체계 가구)
    • 간접적으로 인간과 관계하고 인간 동작에 보조가 되는 가구이다.
    • 종류 : 테이블, 받침대, 주방 작업대, 책상, 화장대 등
  ㉢ 정리 · 수납용 가구(건축계 가구)
    • 수납의 크기, 수량, 중량 등과 관계있는 가구이다.
    • 종류 : 벽장, 선반, 서랍장, 붙박이장 등
② 가구의 이동에 따른 분류
  ㉠ 모듈러 가구(modular furniture) : 공간에 따라, 사용하는 용도에 따라 자유자재로 모습을 다르게 하고, 다양한 형태로 확장 혹은 축소할 수 있는 가구이다.
  ㉡ 붙박이 가구(built in furniture) : 건물과 일체화해서 만든 가구로서 가구 배치의 혼란감을 없애고 공간을 최대한 활용할 수 있다.
  ㉢ 이동성 가구
    • 유닛 가구 : 필요에 따라 가구의 형태를 변화시킬 수 있어 고정적이면서 이동적인 성격을 갖는다.
    • 시스템 가구 : 통일된 치수로 모듈화된 유닛들이 가구를 형성한 것이다.

(2) 건축화 조명
① 광창조명 : 광원을 넓은 면적의 벽면에 매입하여 비스타(vista)적인 효과를 낼 수 있으며, 시선에 안락한 배경으로 작용하는 건축화 조명방식이다.
② 광천장조명 : 천장 내부에 광원을 배치하는 방식으로 고조도가 필요한 곳에 설치하는 가장 일반적인 건축화 조명방식이다.
③ 코브 조명 : 주로 천장의 높낮이차를 이용하여 설치하는 간접조명방식이다.
④ 코니스 조명 : 벽면의 상부에 위치하여 모든 빛이 아래로 직사하도록 하는 조명방식이다.
⑤ 코퍼 조명 : 천장면을 사각형이나 원형으로 파내고 그 내부에 조명기구를 매립하는 조명방식이다.
⑥ 캐노피 조명 : 천장면의 일부를 돌출시켜 조명하는 방식이다.
⑦ 밸런스 조명 : 창이나 벽의 커튼 상부에 부설된 조명이다.

10년간 자주 출제된 문제

6-1. 다음 중 인체 지지용 가구가 아닌 것은?
① 소파 ② 침대
③ 책상 ④ 작업의자

6-2. 다음 중 가구류의 분류가 옳지 않은 것은?
① 작업용 가구 – 테이블, 책상
② 인체 지지용 가구 – 휴식의자, 침대
③ 정리·수납용 가구 – 벽장, 선반, 서랍
④ 작업용 가구 – 부엌 작업대, 작업의자

6-3. 필요에 따라 가구의 형태를 변화시킬 수 있어 고정적이면서 이동적인 성격을 갖는 가구로, 규격화된 단일가구를 원하는 형태로 조합하여 사용할 수 있으므로 다목적으로 사용이 가능한 것은?
① 유닛 가구 ② 가동 가구
③ 원목 가구 ④ 붙박이 가구

6-4. 다음 설명에 알맞은 건축화 조명방식은?

> 창이나 벽의 커튼 상부에 부설된 조명으로, 상향조명일 경우 천장에 반사하는 간접조명으로 전체조명 역할을 하며 하향조명일 경우 벽이나 커튼을 강조하는 역할을 한다.

① 광창조명 ② 밸런스 조명
③ 광천장조명 ④ 코니스 조명

【해설】

6-1
가구기능에 따른 분류
- 인체 지지용 가구 : 소파, 침대, 의자 등
- 작업용 가구 : 작업대, 싱크대, 책상 등
- 정리·수납용 가구 : 장롱, 캐비닛, 책장 등

6-2
작업의자는 인체 지지용 가구에 해당한다.
작업용 가구 : 테이블, 탁자, 책상, 조리대, 카운터, 판매대 등

6-3
② 가동 가구 : 일반적인 가구가 여기에 속한다.
③ 원목 가구 : 베어 낸 그대로 가공하지 않은 나무를 이용하여 만든 가구이다.
④ 붙박이 가구 : 건축계획 시 함께 계획하여 건축물과 일체화하여 설치한 가구이다.

6-4
① 광창조명 : 광원을 넓은 면적의 벽면에 매입하여 비스타(vista)적인 효과를 낼 수 있으며, 시선에 안락한 배경으로 작용하는 건축화 조명방식이다.
③ 광천장조명 : 천장 내부에 광원을 배치하는 방식으로 고조도가 필요한 곳에 설치한다.
④ 코니스 조명 : 벽면의 상부에 위치하여 모든 빛이 아래로 직사하도록 하는 조명방식이다.

정답 6-1 ③ 6-2 ④ 6-3 ① 6-4 ②

핵심이론 07 가동적 요소(2) : 액세서리

(1) 장식물의 특성
① 실내장식 요소 중 시각적인 효과를 강조하는 회화, 목공예품, 조각품, 벽화, 도자기, 금속공예품 등 비교적 작고 이동이 쉬운 것을 말한다.
② 공간을 강조하고 흥미를 높여 주는 효과가 있으며, 실내 공간을 생기 있게 하는 역할을 한다.
③ 화초, 벽시계, 조명기기 등 장식물도 기능성을 가질 수 있다.
④ 미적·기능적인 면에서 필수적이지는 않지만, 강조하고 싶은 요소를 보완해 주는 요소이다.
⑤ 개성을 표현하는 자기표현의 수단이 될 수 있다.

(2) 장식물의 종류
① 장식품
  ㉠ 실용적 장식품
   - 생활에 있어서 실질적인 기능을 담당하는 물품이다.
   - 종류 : 가전제품류(에어컨, 냉장고, TV 등), 조명기구(플로어 스탠드, 테이블 램프, 샹들리에, 블래킷, 펜던트 등), 스크린(병풍, 가리개 등), 꽃꽂이 용구(화병, 수반 등)
  ㉡ 감상용 장식품
   - 실생활보다는 실내 분위기를 북돋워 주는 감상 위주의 물품이다.
   - 종류 : 골동품, 조각, 수석, 서화류, 모형, 인형, 완구류, 분재, 관상수, 화초류 등
  ㉢ 기념적 장식품
   - 개개인의 취미활동이나 전문 직종의 활동실적에 따른 기념적 요소가 강한 물품이다.
   - 종류 : 상패, 메달, 배지(badge), 페넌트, 박제류, 총포, 악기류 등

② 예술품
- ㉠ 예술적 가치를 지닌 물품으로 실내 공간에서 강한 주목성과 시각적 효과를 상승시키는 요소로 작용한다.
- ㉡ 종류 : 회화, 벽화, 태피스트리(tapestry), 조각, 슈퍼그래픽(super graphic)

(3) 장식물의 선택과 배치
① 실내 공간의 성격, 크기, 마감재료, 색채 등을 고려하여 그 종류를 선정한다.
② 여러 장식품들이 서로 조화를 이루도록 배치한다.
③ 형태, 스타일, 색상 등이 실내 공간과 어울리도록 한다.
④ 계절에 따른 변화를 시도할 수 있는 여지를 남긴다.

10년간 자주 출제된 문제

7-1. 액세서리에 대한 설명과 가장 거리가 먼 것은?
① 강조하고 싶은 요소들을 보완해 주는 물건이다.
② 액세서리에는 장식물, 회화, 공예품 등이 있다.
③ 공간의 분위기를 생기 있게 하는 실내디자인의 최종 작업이다.
④ 액세서리는 생활에 있어서의 실질적인 기능과는 무관하다.

7-2. 실내디자인에서 장식물(accessories)에 관한 설명으로 옳지 않은 것은?
① 장식물에는 화분, 용기, 직물류, 예술품 등이 있다.
② 모든 장식물은 기능성이 부가되면 장식성이 반감된다.
③ 장식물은 실내 공간의 분위기를 생기 있게 하는 역할을 한다.
④ 미적이나 기능적인 면에서는 필수적이지는 않지만 강조하고 싶은 요소를 보완해 주는 물건이다.

7-3. 장식물의 선정과 배치상의 주의사항과 관련이 먼 것은?
① 좋고 귀한 것은 돋보일 수 있도록 많이 진열한다.
② 형태, 스타일, 색상 등이 실내 공간과 어울리도록 한다.
③ 계절에 따른 변화를 시도할 수 있는 여지를 남긴다.
④ 여러 장식품들이 서로 조화를 이루도록 배치한다.

|해설|

7-1
실용적 장식품(액세서리)은 생활에 있어 실질적인 기능을 담당하는 물품으로 장식적인 효과를 갖는다.

7-2
장식물도 기능성을 가질 수 있다.

7-3
좋고 귀한 것을 많이 진열하면 돋보일 수 없다.

정답 7-1 ④ 7-2 ② 7-3 ①

1-4. 공간 기본구성

핵심이론 01 조닝계획

(1) 조닝(zoning)

① 단위 공간 사용자의 특성, 사용목적, 사용시간, 사용빈도 등을 고려하여 전체 공간을 몇 개의 생활권으로 구분하는 실내디자인의 과정을 말한다.

② 주거 공간의 조닝방법
  ㉠ 주행동에 의한 구분
  ㉡ 사용시간에 의한 구분
  ㉢ 프라이버시 정도에 따른 구분

(2) 레이아웃(layout)

① 고객에 대한 계획적 유도와 회유를 고려해 매장 내 동선과 상품군을 배치하는 작업을 말한다.

② 공간의 레이아웃
  ㉠ 공간을 구성하는 기본요소에 프로그램에 따른 구성요소를 배치하는 것을 의미한다.
  ㉡ 공간을 형성하는 부분(바닥, 벽, 천장)과 설치되는 물체(가구, 기구)의 평면상 배치계획이다.

③ 실내디자인의 레이아웃 단계에서 고려해야 할 사항
  ㉠ 출입형식 및 동선체계와 시선계획
  ㉡ 인체공학적 치수와 가구의 크기(가구의 크기와 점유 면적)
  ㉢ 공간 상호 간의 연계성(zoning), 공간별 그룹핑

10년간 자주 출제된 문제

1-1. 다음 중 조닝(zoning)계획에서 존(zone)의 설정 시 고려할 사항과 가장 거리가 먼 것은?
① 사용 빈도 ② 사용시간
③ 사용행위 ④ 사용재료

1-2. 주택의 평면계획 시 공간의 조닝방법으로 옳지 않은 것은?
① 실의 크기에 의한 조닝
② 가족 전체와 개인에 의한 조닝
③ 정적 공간과 동적 공간에 의한 조닝
④ 주간과 야간의 사용시간에 의한 조닝

1-3. 공간의 레이아웃(layout)과 가장 알맞은 관계를 가지고 있는 것은?
① 재료계획 ② 동선계획
③ 설비계획 ④ 색채계획

[해설]

1-1
단위 공간 사용자의 특성, 사용목적, 사용시간, 사용 빈도, 행위의 연결 등을 고려하여 전체 공간을 몇 개의 생활권으로 구분하는 것을 조닝(zoning)이라 하며 그 구분된 공간을 구역 또는 존(zone)이라 한다.

1-2
실의 크기는 단위 공간 사용자의 특성, 사용목적, 사용시간, 사용빈도, 행위의 연결 등에 포함되지 않는다.

1-3
동선계획은 평면 레이아웃과 함께 이루어져야 한다.

정답 1-1 ④ 1-2 ① 1-3 ②

핵심이론 02 동선계획

(1) 동선

① 동선이란 사람이나 물건이 움직인 궤적을 선으로 나타낸 것이다.
② 동선의 3요소
  ㉠ 빈도 : 얼마나 많이 통행하느냐의 정도(공간적 두께)
  ㉡ 속도 : 얼마나 빠를 수 있냐의 정도
  ㉢ 하중 : 동선을 따라 이동하는 대상의 무게감(짐을 운반할 시)
③ 동선의 3요소에 따라 거리의 장단, 폭의 대소가 결정된다.
④ 동선은 대체로 짧고 직선적이어야 능률적이라 볼 수 있는데 상점, 백화점 건축과 같은 경우는 예외적으로 고객의 동선을 길게 유도하여 매장의 진열효과를 높인다.
⑤ 실내 공간의 평면계획에서 가장 먼저 고려해야 할 사항은 공간의 동선계획이다.

(2) 동선의 원칙

① 동선은 가능한 한 굵고 짧게 한다.
② 동선의 형은 가능한 한 단순하며 명쾌하게 한다.
③ 서로 다른 종류의 동선은 가능한 한 분리하고 필요 이상의 교차는 피한다.
④ 동선이 복잡해질 경우 별도의 통로 공간을 두어 동선을 독립시킨다.

(3) 동선의 분류

① 직선형 : 최단 거리의 연결로 통과시간이 가장 짧다.
② 방사형 : 중심에서 바깥쪽으로 회전하면서 연결된다.
③ 격자형 : 정방형 형태가 간격을 두고 반복된다.
④ 나선형 : 공간적 연속성으로 우아하면서도 경쾌한 느낌을 연출한다(최소한의 공간을 차지함).
⑤ 혼합형 : 여러 가지 형태가 종합적으로 구성되며, 통로 간의 위계질서를 갖도록 계획한다.

10년간 자주 출제된 문제

2-1. 동선의 3요소에 해당하지 않는 것은?
① 빈도 ② 속도
③ 하중 ④ 방향성

2-2. 동선의 유형 중 최단 거리의 연결로 통과시간이 가장 짧은 것은?
① 직선형 ② 나선형
③ 방사형 ④ 혼합형

해설

2-1
동선의 3요소 : 빈도, 속도, 하중

2-2
동선의 유형
- 직선형 : 최단 거리의 연결로 통과시간이 가장 짧다.
- 방사형 : 중심에서 바깥쪽으로 회전하면서 연결된다.
- 격자형 : 정방형 형태가 간격을 두고 반복된다.
- 나선형 : 공간적 연속성으로 우아하면서도 경쾌한 느낌을 연출한다.
- 혼합형 : 여러 가지 형태가 종합적으로 구성되며, 통로 간의 위계질서를 갖도록 계획한다.

정답 2-1 ④ 2-2 ①

1-5. 공간 기본계획

핵심이론 01 주거 공간계획(1)

(1) 주거 공간의 개념
① 삶의 가장 기본적인 단위인 가정생활을 영위하는 곳이다.
② 인간이 일정한 곳에 정주(定住)하여 의식주 생활을 해 나갈 수 있도록 마련된 거처, 즉 가족 단위 또는 개인의 생활권을 형성하는 단위 공간이다.

(2) 주행동에 따른 주거 공간의 분류
① 개인 공간
 ㉠ 사생활을 위해 계획된 사적 공간이다.
 ㉡ 침실, 서재, 공부방, 욕실, 화장실, 세면실 등이 있다.
 ㉢ 개인의 기호, 취미나 개성이 나타나도록 계획한다.
 ㉣ 프라이버시가 존중되어야 한다.
② 작업 공간 : 부엌, 세탁실, 작업실, 창고, 다용도실 등이 있다.
③ 사회적 공간 : 가족 모두가 공동으로 사용하는 공간이며 거실, 응접실, 식당, 현관 등이 있다.

(3) 주거 공간의 동선계획
① 동선은 사용 빈도를 기준으로 주동선과 부동선으로 분류한다. 주동선은 외부와 직접 연결시키고, 동선은 가능한 한 짧고 직선이 되도록 한다.
② 각 실의 동선계획은 가구 배치계획에 따라 유동적·가변적이므로 평면계획과 동시에 이루어져야 한다.
③ 주거 공간계획에서 동선처리의 분기점이 되는 곳은 거실이다.
④ 주부의 작업 동선은 가능한 한 짧고 직선적으로 처리한다.
⑤ 동선이 교차하는 곳은 공간적 두께를 크게 한다.
⑥ 개인, 사회, 가사노동권 등의 동선은 상호 간 분리한다.

10년간 자주 출제된 문제

1-1. 주거 공간의 주행동에 따른 분류에 속하지 않는 것은?
① 개인 공간 ② 정적 공간
③ 작업 공간 ④ 사회 공간

1-2. 주거 공간을 주행동에 따라 개인 공간, 사회 공간, 노동 공간 등으로 구분할 경우, 다음 중 사회 공간에 속하지 않는 것은?
① 거실 ② 식당
③ 서재 ④ 응접실

[해설]

1-1
주거 공간의 주행동에 따른 분류는 개인 공간, 작업 공간, 사회적 공간으로 구분한다.

1-2
서재는 개인 공간에 속한다.

정답 1-1 ② 1-2 ③

핵심이론 02 주거 공간계획(2) : 거실, 현관

(1) 주택의 거실계획

① 거실의 기능
  ㉠ 각 실을 연결하는 동선의 분기점이 된다.
  ㉡ 휴식, 대화, 단란한 공동생활의 중심이 된다.
  ㉢ 다목적 기능을 갖는 공간이다(손님 접견, 식사, TV 시청, 음악감상 등).

② 거실의 계획
  ㉠ 거실의 평면은 정방형보다 한 변이 너무 짧지 않은 장방형이 좋다.
  ㉡ 현관에서 가까운 곳에 위치하되 직접 면하는 것은 피한다.
  ㉢ 거실의 규모는 가족 수, 가족 구성, 생활방식, 전체 주택의 규모, 접객 빈도 등에 따라 결정된다.
  ㉣ 평면의 동쪽 끝이나 서쪽 끝에 배치하면 정적인 공간과 동적인 공간의 분리가 비교적 정확히 이루어져 독립적 안정감 조성에 유리하다.
  ㉤ 거실은 실내의 다른 공간과 유기적으로 연결될 수 있도록 하되 거실이 통로화되지 않도록 주의해야 한다.
  ㉥ 거실을 가능한 한 남향으로 하여 일조와 조망, 통풍이 잘되도록 한다.

(2) 주택의 현관계획

① 복도나 계단실 같은 연결통로에 근접하게 배치한다.
② 현관에서 정면으로 화장실 문이 보이지 않도록 하는 것이 좋다.
③ 현관 홀의 내부에는 외기, 바람 등의 차단을 위해 방풍문을 설치할 필요가 있다.
④ 거실의 일부를 현관으로 만드는 것은 지양하도록 한다.
⑤ 거실이나 침실의 내부와 직접 연결되지 않도록 배치한다.
⑥ 바닥 마감재로는 내수성이 강한 석재, 타일, 인조석 등이 바람직하다.
⑦ 바닥은 더러워지기 쉬우므로 저명도 · 저채도의 색으로 계획하는 것이 좋다.
⑧ 현관의 크기는 주택의 규모와 가족의 수, 방문객의 예상 수 등을 고려한 출입량에 중점을 두어 계획하는 것이 바람직하다.

10년간 자주 출제된 문제

2-1. 일반적으로 주거 공간계획에서 동선처리의 분기점이 되는 곳은?
① 침실 ② 거실
③ 식당 ④ 다용도실

2-2. 다음 중 단독주택의 거실 크기를 결정하는 요소와 가장 거리가 먼 것은?
① 가족 구성 ② 생활방식
③ 거실의 조도 ④ 주택의 규모

2-3. 주택의 거실에 관한 설명으로 옳지 않은 것은?
① 현관에서 가까운 곳에 위치하되 직접 면하는 것은 피하는 것이 좋다.
② 주택의 중심에 두어 공간과 공간을 연결하는 통로 기능을 갖도록 한다.
③ 거실의 규모는 가족 수, 가족 구성, 전체 주택의 규모, 접객 빈도 등에 따라 결정된다.
④ 평면의 동쪽 끝이나 서쪽 끝에 배치하면 정적인 공간과 동적인 공간의 분리가 비교적 정확히 이루어져 독립적 안정감 조성에 유리하다.

해설

2-1
거실은 각 실을 연결하는 동선의 분기점이지만 복합적인 기능을 갖는 독립된 생활 공간이므로 동선이 복잡하게 교차되거나 통로로 사용되지 않도록 해야 하며 가급적 현관에서 가까운 곳으로 하되 직접 노출되지 않도록 해야 한다.

2-2
거실의 규모는 가족 수, 가족 구성, 생활방식, 전체 주택의 규모, 접객 빈도 등에 따라 결정된다.

2-3
거실은 실내의 다른 공간과 유기적으로 연결도록 하되, 거실이 통로화되지 않도록 주의해야 한다.

정답 2-1 ② 2-2 ③ 2-3 ②

핵심이론 03 주거 공간계획(3) : 부엌

(1) 단독주택의 부엌계획
① 가사 작업은 인체의 활동 범위를 고려해야 한다.
② 부엌이 너무 협소한 경우에는 작업에 불편을 주며, 너무 넓을 경우에는 작업 동선이 길어져 쉽게 피로를 느낀다.
③ 부엌은 작업대를 중심으로 구성하되 충분한 작업대의 면적이 필요하다.
④ 부엌의 크기는 식생활 양식, 부엌 내에서의 가사작업 내용, 작업대의 종류, 각종 수납공간의 크기 등에 영향을 받는다.
⑤ 부엌계획 시 작업 동선의 최소화·극소화가 기본이다.

(2) 부엌의 유형
① 리빙 키친(living kitchen) : 거실 코너에 식사실을 두는 형태이다.
② 다이닝 키친(dining kitchen) : 식사실과 부엌이 합쳐진 형태이다.
③ 리빙 다이닝 키친(living dining kitchen) : 거실, 식사실, 부엌을 하나의 공간에 배치한 형태이며, 공간을 최대한 절약할 수 있어 소규모 주택에 적합하다.
④ 오픈 키친(open kitchen) : 구획하는 시설물 없이 완전히 개방된 형태이다.
⑤ 아일랜드 키친(island kitchen) : 취사용 작업대가 부엌 중앙에 설치된 형태이다.
  ㉠ 부엌의 작업대가 식당이나 거실 등으로 개방된 형태의 부엌이다.
  ㉡ 가족 구성원이 모두 부엌일에 참여하는 것을 유도할 수 있다.
  ㉢ 부엌 공간이 넓은 단독주택이나 아파트에 제한적으로 도입되고 있다.

(3) 작업대
① 작업대의 배치 순서 : 준비대 → 개수대 → 조리대 → 가열대 → 배선대
② 작업 삼각형(work triangle)
  ㉠ 개수대, 가열대, 냉장고를 잇는 형태이다.
  ㉡ 작업 삼각형의 각 변의 합은 3.6~6.6m를 넘지 않도록 한다.
③ 작업대의 배치 유형 중 'ㄷ'자 형이 가장 효율적인 형태이다.
④ 작업대의 높이를 결정하는 기본 치수는 작업하는 사람의 팔꿈치 높이이다.

(4) 작업대의 배치 유형
① 일렬형(직선형)
  ㉠ 작업대를 벽면에 한 줄로 붙여 배치하는 유형이다.
  ㉡ 부엌의 폭이 좁은 경우나 규모가 작아 공간의 여유가 없을 경우에 적용한다.
  ㉢ 작업대의 배치 길이가 길면 작업 동선이 길어져 비효율적이다.
  ㉣ 총길이는 3,000mm를 넘지 않도록 한다.
  ㉤ 동선에 혼란이 없는 반면, 좌우로 움직임이 많아져 동선이 길어지는 경향이 있다.
② 병렬형
  ㉠ 양쪽 벽면에 작업대를 마주 보도록 배치하는 형태이다.
  ㉡ 작업 시 몸을 앞뒤로 바꿔야 하는 불편이 있다.
  ㉢ 식당과 부엌이 개방되지 않고 외부로 통하는 출입구가 필요한 경우에 사용한다.
  ㉣ 동선이 짧아 가사노동 경감에 효과적이다.
③ ㄱ자형
  ㉠ 작업대를 인접된 양면에 ㄱ자형으로 배치한 형태이다.
  ㉡ 동선의 흐름이 자유롭다.

④ ㄷ자형

　㉠ 인접한 3벽면에 작업대를 배치한 형태이다.

　㉡ 비교적 규모가 큰 공간에 적합하다.

　㉢ 작업면이 넓어 작업 효율이 좋다.

10년간 자주 출제된 문제

3-1. 다음 중 부엌의 작업대 배치 시 가장 중요하게 고려해야 할 사항은?

① 조명 배치　② 마감재료
③ 작업 동선　④ 색채조화

3-2. 주택계획에서 LDK(Living Dining Kitchen)형에 대한 설명으로 옳지 않은 것은?

① 거실, 식당, 부엌을 개방된 하나의 공간에 배치한 것이다.
② 동선을 최대한 단축시킬 수 있다.
③ 부엌에서 조리를 하면서 거실이나 식당의 가족과 대화할 수 있는 장점이 있다.
④ 소요 면적이 많아 소규모 주택에서는 도입이 어렵다.

3-3. 주택에서 부엌의 작업대에 관한 설명으로 옳지 않은 것은?

① 작업 삼각형은 개수대, 가열대, 냉장고를 잇는 형태이다.
② 작업대의 배치 유형 중 'ㄷ'자 형이 가장 효율적인 형태이다.
③ 작업대의 배치순서는 준비대 – 개수대 – 가열대 – 조리대 – 배선대이다.
④ 작업대의 높이를 결정하는 기본 치수는 작업하는 사람의 팔꿈치 높이이다.

3-4. 다음 그림과 같이 작업 시 몸을 앞뒤로 바꾸어야 하는 불편이 있으나 식당과 부엌이 개방되지 않고 외부로 통하는 출입구가 필요한 경우에 사용되는 부엌의 평면형식은?

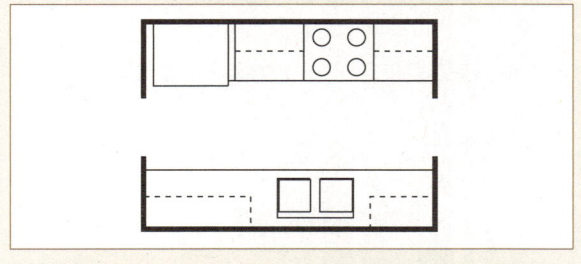

① 일렬형　② ㄷ자형
③ 병렬형　④ 아일랜드형

해설

3-1
부엌계획 시 작업 동선의 최소화·극소화가 기본이다.

3-2
LDK(Living Dining Kitchen)형
• 주방 내에 거실, 식당이 한 공간에 배치된 형태로 조리와 식사뿐만이 아니라 휴식과 오락을 함께 즐길 수 있다.
• 공간을 효율적으로 활용할 수 있어서 소규모 주택에 주로 이용된다.

3-3
작업대는 부엌에서 취사가 이루어지는 곳으로 '준비대 → 개수대 → 조리대 → 가열대 → 배선대' 순으로 배치한다.

3-4
병렬형은 양쪽 벽면에 작업대를 마주 보도록 배치하는 형태이다.
① 일렬형 : 동선의 혼란이 없는 반면에 좌우로 움직임이 많아져 동선이 길어지는 경향이 있다.
② ㄷ자형 : 인접한 세 벽면에 작업대를 배치한 형태이다. 비교적 규모가 큰 공간에 적합하며, 작업면이 넓어 작업효율이 가장 좋다.
④ 아일랜드형 : 작업대를 부엌의 중앙 공간에 설치한 것으로, 주로 개방된 공간의 오픈 시스템에서 사용되며 공간이 큰 경우에 적합하다.

정답 3-1 ③　3-2 ④　3-3 ③　3-4 ③

핵심이론 04 주거 공간계획(4) : 침실, 욕실

(1) 침실계획
① 침실의 기능 : 취침의 장소, 작업의 장소, 휴식의 장소
② 침실의 위치
　㉠ 독립성이 요구되는 정적인 공간이므로 거실, 식당, 부엌 등 동적인 공간과 분리해야 한다.
　㉡ 프라이버시가 강한 주침실은 가장 내측에 두어 소음과 동선이 복잡한 실과 멀리 떨어지도록 한다.
　㉢ 침실은 일조, 통풍 조건이 가장 좋은 남향 또는 동남향이 유리하다.
③ 침대 배치방법
　㉠ 침대의 측면은 내측 벽에 붙이는 것이 이상적이다.
　㉡ 침대 배치는 실의 크기, 침대와의 균형, 통로 부분의 확보 등을 고려한다.
　㉢ 침대의 머리 부분에 조명기구를 둘 경우 빛이 눈에 직접 들어오지 않게 한다.
　㉣ 침대 하부(머리 부분의 반대편)는 통행이 불편하지 않도록 여유 공간을 두는 것이 좋다.

(2) 욕실계획
① 방수·방오성이 큰 마감재를 사용하는 것이 기본이다.
② 욕실 바닥은 미끄럼을 방지할 수 있는 재료를 사용한다.
③ 조명은 방습형 조명기구를 사용하도록 한다.
④ 욕실의 색채는 한색계통보다 난색계통을 사용하는 것이 바람직하다.
⑤ 변기 주위에는 사용시간 중 기분 좋게 하도록 책, 꽃, 화분 등을 둘 수 있게 하면 좋다.

10년간 자주 출제된 문제

4-1. 주택의 침실계획에 관한 설명으로 옳지 않은 것은?
① 침대의 측면을 외벽에 붙이는 것이 이상적이다.
② 침대 배치는 실의 크기와 침대와의 균형, 통로 부분의 확보 등을 고려한다.
③ 침대의 머리(head) 부분에 조명기구를 둘 경우 빛이 눈에 직접 들어오지 않도록 한다.
④ 침대 하부(머리 부분의 반대편)는 통행에 불편하지 않도록 여유 공간을 두는 것이 좋다.

4-2. 주거 공간에 있어 욕실에 대한 설명 중 틀린 것은?
① 조명은 방습형 조명기구를 사용하도록 한다.
② 욕실의 색채는 한색계통보다 난색계통을 사용하는 것이 바람직하다.
③ 방수·방오성이 큰 마감재를 사용하는 것이 기본이다.
④ 변기 주위에는 냄새가 나므로 책, 화분 등을 놓지 않는다.

|해설|
4-1
침대의 측면은 내측 벽에 붙이는 것이 이상적이다.
4-2
변기 주위에는 사용시간 중 기분 좋게 하도록 책, 꽃, 화분 등을 둘 수 있게 하면 좋다.

정답 4-1 ① 4-2 ④

핵심이론 05 업무 공간계획(1) : 사무소 건축

(1) 실단위에 의한 분류

① 개실 시스템(세포형 오피스, cellular type office)
   ㉠ 긴 복도를 가지고 작은 공간의 실로 구획되는 사무 공간이다.
   ㉡ 방 길이에는 변화를 줄 수 있으나, 방 깊이에는 변화를 줄 수 없다.
   ㉢ 독립성과 쾌적감의 이점이 있는 데 반해, 공사비가 비교적 고가이다.
   ㉣ 개인별 공간을 확보하여 스스로 작업 공간의 연출과 구성이 가능하다.
   ㉤ 조직 구성원 간의 커뮤니케이션에 문제점이 있을 수 있다.
   ㉥ 연구원, 변호사 등 지식집약형 업종에 적합하다(1~2인 정도의 사무 공간에 어울림).

② 개방식 배치(오픈 오피스, open office)
   ㉠ 단일 공간의 개방된 대규모 사무 공간이다.
   ㉡ 전 면적을 유효하게 이용할 수 있어 공간 절약상 유리하다.
   ㉢ 동선이 자유롭고 커뮤니케이션이 용이하다.
   ㉣ 방의 길이나 깊이에 변화를 줄 수 있다.
   ㉤ 칸막이 벽이 없는 관계로 공사비가 저렴하다.
   ㉥ 소음과 프라이버시의 확보가 문제되며, 산만한 분위기로 작업능률이 저하될 수 있다.

③ 오피스 랜드스케이프(office landscape)
   ㉠ 사무 공간의 능률 향상을 위한 배려와 개방 공간에서의 근무자의 심리적 상태를 고려한 사무 공간계획 방식이다.
   ㉡ 개방식 배치의 일종으로 공간이 절약된다.
   ㉢ 유효 면적이 크고, 적은 비용으로 변화가 가능하므로 경제적이다.
   ㉣ 칸막이 벽과 복도가 없고 코어와 사무실이 직접 연결되어 공간이 절약된다.
   ㉤ 작업능률의 향상을 꾀할 수 있다.
   ㉥ 밀접한 팀워크가 필요할 때 유리하다.
   ㉦ 작업패턴의 변화에 따른 조절이 가능하다.
   ㉧ 독립성이 결여될 수 있으며 소음이 발생하기 쉽다.

(2) 복도형에 따른 분류

① 편복도형(단일지역 배치)
   ㉠ 거주성이 균일한 배치 구성이 가능하다.
   ㉡ 경제성보다는 쾌적한 환경이나 분위기 등이 필요한 곳에 적합한 유형이다.
   ㉢ 프라이버시는 좋지 않으나 고층 아파트에 적합하다.

② 중복도형(2중지역 배치)
   ㉠ 부지와 엘리베이터 이용효율이 높다.
   ㉡ 프라이버시가 좋지 않다.
   ㉢ 도심지 내의 독신자용 아파트에 적용된다.

③ 계단실형(홀형, 3중지역 배치)
   ㉠ 통행부의 면적이 작아 건축물의 이용도가 높다.
   ㉡ 프라이버시가 좋다.

10년간 자주 출제된 문제

5-1. 사무소 건축의 실단위 계획 중 개방식 배치에 관한 설명으로 옳지 않은 것은?
① 소음의 우려가 있다.
② 프라이버시의 확보가 용이하다.
③ 모든 면적을 유용하게 이용할 수 있다.
④ 방의 길이나 깊이에 변화를 줄 수 있다.

5-2. 오피스 랜드스케이프에 관한 설명으로 옳지 않은 것은?
① 독립성과 쾌적감의 이점이 있다.
② 밀접한 팀워크가 필요할 때 유리하다.
③ 유효 면적이 크므로 그만큼 경제적이다.
④ 작업패턴의 변화에 따른 조절이 가능하다.

5-3. 다음의 아파트 평면형식 중 프라이버시가 가장 양호한 것은?
① 홀형   ② 집중형
③ 편복도형   ④ 중복도형

[해설]

5-1
개방식 배치
• 전 면적을 유용하게 이용할 수 있다.
• 방의 길이나 깊이에 변화를 줄 수 있다.
• 소음이 들리고 프라이버시가 결핍된다.
• 칸막이가 없어서 공사비가 적게 든다.

5-2
독립성이 결여될 수 있으며 소음이 발생하기 쉽다.

5-3
아파트 홀형은 프라이버시가 계단실형보다는 불량하고 중복도형보다는 양호하다.
② 집중형 : 프라이버시가 극히 나쁘며 통풍 채광상 극히 불리하다.
③ 편복도형 : 프라이버시는 좋지 않으나 고층 아파트에 적합하다.
④ 중복도형 : 프라이버시가 나쁘고 소음이 발생하지만 복도의 면적이 넓어진다.

정답 5-1 ② 5-2 ① 5-3 ①

핵심이론 06 업무 공간계획(2) : 코어 및 업무 공간

(1) 코어계획

① 코어의 역할
 ㉠ 내력적 구조체로서의 기능을 수행할 수 있다.
 ㉡ 공용 부분을 집약시켜 사무소의 유효 면적이 증가한다.
 ㉢ 엘리베이터, 파이프 샤프트, 덕트 등의 설비요소를 집약시킬 수 있다.
 ㉣ 설비 및 교통요소들의 존(zone)을 형성하여 업무 공간의 융통성이 증가한다.

② 코어의 유형
 ㉠ 외코어형(독립코어형)
  • 자유로운 사무실 공간을 코어와 관계없이 제공할 수 있다.
  • 각종 덕트, 배관, 등의 길이가 길어지며, 사무실 공간으로 연결하는 데 제약이 많다.
  • 방재상 불리하고 바닥 면적이 커지면 피난시설을 포함한 서브 코어가 필요하다.
  • 내진구조에는 불리하다.
 ㉡ 중앙코어형(중심코어형)
  • 바닥 면적이 클 경우에 적합하며 특히 고층, 초고층에 적합하다.
  • 외주 프레임을 내력벽으로 하며 코어와 일체로 한 내진구조를 만들 수 있다.
  • 코어 프레임이 내력벽 및 내진구조의 역할을 하므로 구조적으로 가장 바람직하다.
  • 유효율이 높고 대여 빌딩으로서 가장 경제적인 계획을 할 수 있다.
 ㉢ 편심코어형(편단코어형)
  • 코어의 위치를 사무소 평면상의 어느 한쪽에 편중하여 배치한 유형이다.
  • 기준층 바닥 면적이 적은 경우에 적합하며, 너무 고층인 경우에는 구조상 좋지 않다.

- 바닥 면적이 커지면 코어 이외에 피난시설, 설비 샤프트 등이 필요하다.
  ㉣ 양단코어형(분리코어형)
  - 한 개의 대공간을 필요로 하는 전용 사무실에 적합하다.
  - 중·대규모 사무소 건축에 적합하다.
  - 2방향 피난에 이상적이며, 방재 및 피난상 유리하다.

(2) 업무 공간의 평면 및 입면계획

① 그리드 플래닝(grid planning)
  ㉠ 규칙적인 형태의 기하학적인 면이나, 입체인 그리드를 계획의 보조도구로 사용하여 디자인을 전개하는 것이다.
  ㉡ 논리적이고 합리적인 디자인 전개가 가능하다.
  ㉢ 그리드가 단순화되고 보편적인 법칙에 종속되면 틀에 박힌 계획이 되기 쉽다.
  ㉣ 직사각형 그리드는 가장 기본적인 형태의 그리드로 좌우대칭이기에 중립적이며 방향성도 없다. 일반적으로 황금비율에 의한 그리드이거나 경제적 스팬에 준한 그리드를 사용한다.
  ㉤ 육각형 그리드는 각 모서리가 120°로 삼각형 그리드보다 내부 공간에서의 사용이나 시각적 처리에 무리가 적다.

② 모듈러 시스템(modular system)
  바닥, 벽, 천장을 구성하는 각 부재의 크기를 기준 단위로 한 모듈을 계획의 보조도구로 삼아 의장, 기능, 구조, 공법 등 여러 면에서의 요구를 종합적으로 조정·해결하는 것이다.
  ㉠ 수직 모듈 : 인체치수를 기본으로 예상되는 동작, 눈높이 등을 고려하여 치수를 합리화한다.
  ㉡ 평면 모듈 : 1인당 단위 면적, 작업 좌석 타입, 표준화된 가구 치수, 창, 문, 칸막이의 패널 치수, 기둥의 간격, 개실의 최소 치수 등

10년간 자주 출제된 문제

6-1. 사무소 건축에서 코어의 기능에 관한 설명으로 옳지 않은 것은?
① 내력적 구조체로서의 기능을 수행할 수 있다.
② 공용 부분을 집약시켜 사무소의 유효 면적이 증가한다.
③ 엘리베이터, 파이프 샤프트, 덕트 등의 설비 요소를 집약시킬 수 있다.
④ 설비 및 교통 요소들이 존(zone)을 형성함으로서 업무 공간의 융통성이 감소된다.

6-2. 사무소 건축의 코어 유형 중 코어 프레임(core frame)이 내력벽 및 내진구조의 역할을 하므로 구조적으로 가장 바람직한 것은?
① 독립형   ② 중심형
③ 편심형   ④ 분리형

6-3. 다음 설명에 알맞은 사무소 건축의 코어형식은?

- 중·대규모 사무소 건축에 적합하다.
- 2방향 피난에 이상적인 형식이다.

① 외코어형   ② 중앙코어형
③ 편심코어형   ④ 양단코어형

|해설|

6-1
설비 및 교통요소들의 존(zone)을 형성하여 업무 공간의 융통성이 증가한다.

6-2
② 중심형 : 코어와 일체로 한 내진구조가 가능한 유형으로, 중·고층의 바닥 면적이 클 경우에 적합하다.
① 독립형 : 융통성이 높은 균일한 공간이 확보되지만 대피, 피난 등의 방재계획에 불리하다.
③ 편심형 : 바닥 면적이 일정한 규모 이상으로 증가하면 코어 이외로 피난 및 설비 샤프트 시설 등이 필요한 형식이다.
④ 분리형 : 단일 용도의 대규모 전용 사무실에 적합한 유형이다.

정답 6-1 ④ 6-2 ② 6-3 ④

핵심이론 07 업무 공간계획(3) : 업무 공간의 책상 배치

(1) 십자형
팀 작업이 요구되는 전문직 업무에 적합한 형태이다.

(2) 대향형
① 공동작업의 형태로 업무가 이루어지는 사무실에 적합하다.
② 커뮤니케이션 형성에 유리하지만, 프라이버시를 침해할 우려가 있다.
③ 면적 효율이 좋으며, 각종 배선의 처리가 용이하다.

(3) 동향형
① 책상을 같은 방향으로 배치하는 형태로, 비교적 프라이버시의 침해가 적다.
② 강의식 또는 배면식이라고도 하며 대향식에 비해 면적 효율이 떨어진다.

(4) 좌우대향(대칭)형
① 대향형과 동향형의 특성을 절충한 형태이다.
② 조직관리자면에서 조직의 융합을 꾀하기 쉽고, 정보처리와 집무동작의 효율이 좋다.
③ 배치에 따른 면적 손실이 크며, 커뮤니케이션의 형성에 불리하다.

10년간 자주 출제된 문제

7-1. 다음 설명에 알맞은 사무 공간의 책상 배치 유형은?

> • 대향형과 동향형의 특성을 절충한 형태이다.
> • 조직관리자면에서 조직의 융합을 꾀하기 쉽고, 정보처리나 집무동작의 효율이 좋다.
> • 배치에 따른 면적 손실이 크며, 커뮤니케이션의 형성에 불리하다.

① 십자형　　　　② 자유형
③ 삼각형　　　　④ 좌우대향형

7-2. 다음 설명에 알맞은 사무실의 책상 배치 유형은?

> • 강의식 또는 배면식이라고도 한다.
> • 대향식에 비해 면적 효율이 떨어지나, 프라이버시의 침해가 적다.

① 동향식　　　　② 벤젠식
③ 서가식　　　　④ 좌우대향식

7-3. 사무실의 책상 배치 유형 중 대향형에 관한 설명으로 옳지 않은 것은?
① 면적 효율이 좋다.
② 각종 배선의 처리가 용이하다.
③ 커뮤니케이션 형성에 유리하다.
④ 시선에 의해 프라이버시를 침해할 우려가 없다.

[해설]

7-2
동향형 : 책상을 같은 방향으로 배치하는 형태로, 비교적 프라이버시의 침해가 적은 사무실 책상 배치의 유형이다.

7-3
대향형은 커뮤니케이션 형성에 유리하지만, 프라이버시를 침해할 우려가 있다.

정답 7-1 ④　7-2 ①　7-3 ④

핵심이론 08 업무 공간계획(4) : 아트리움, 원룸

(1) 아트리움(atrium)
① 고대 로마 건축의 실내에 설치된 넓은 마당 또는 주위에 건물이 둘러 있는 안마당을 뜻하며, 현대 건축에서는 이를 실내화한 것을 말한다.
② 사무소 건축의 거대한 공간적 인상에 자연을 도입하여 여러 환경적 이점을 갖게 하는 공간 구성이다.
③ 빛 환경의 관점에서 전력 에너지가 절약된다.
④ 실내 조경을 통해 자연요소의 도입이 가능하다.
⑤ 자연요소의 도입이 근무자의 정서를 돕는다.
⑥ 내부 공간의 긴장감을 이완하는 지각적 카타르시스가 가능하다.

(2) 원룸 시스템
① 기본적인 벽 이외에 칸막이 벽을 제거하여 주어진 공간을 최대한으로 넓게 사용하기 위해 여러 가지 기능의 실들을 한 곳에 집약된 생활 공간이다.
② 제한된 공간에서 벗어나므로 공간의 활용이 자유롭다.
③ 실내에 통행에 필요한 공간을 별도로 구획하지 않으므로 이로 인한 공간 손실이 없다.
④ 원룸 시스템화된 공간은 크게 느껴지게 되므로 좁은 공간의 활용에 적합하다.
⑤ 데드 스페이스를 만들지 않음으로써 공간 사용을 극대화할 수 있다.
⑥ 개성적이고 다양한 디자인 전개가 가능하다.
⑦ 소음조절이 어렵고 개인적 프라이버시가 결여된다.
⑧ 간편하고 이동이 용이한 조립식 가구 또는 다양한 기능을 구사하는 다목적 가구의 사용이 효과적이다.

10년간 자주 출제된 문제

8-1. 사무소 건축의 거대화는 상대적으로 공적 공간의 확대를 도모하게 되고 이로 인해 특별한 공간적 표현이 가능하게 되었다. 이러한 거대한 공간적 인상에 자연을 도입하여 여러 환경적 이점을 갖게 하는 공간 구성은?
① 포티코(portico)
② 콜로네이드(colonnade)
③ 아케이드(arcade)
④ 아트리움(atrium)

8-2. 업무 공간계획에 있어 아트리움의 이점이 아닌 것은?
① 방문객의 비즈니스 활동을 돕기 위한 정보네트워크가 갖춰진다.
② 자연요소의 도입이 근무자의 정서를 돕는다.
③ 내부 공간의 긴장감을 이완시키는 지각적 카타르시스가 가능하다.
④ 전력 에너지의 절약이 이루어진다.

8-3. 원룸 시스템(one room system)에 관한 설명으로 옳지 않은 것은?
① 제한된 공간에서 벗어나므로 공간의 활용이 자유롭다.
② 데드 스페이스를 만듦으로써 공간 사용을 극대화할 수 있다.
③ 원룸 시스템화된 공간은 크게 느껴지게 되므로 좁은 공간의 활용에 적합하다.
④ 간편하고 이동이 용이한 조립식 가구나 다양한 기능을 구사하는 다목적 가구의 사용이 효과적이다.

|해설|
8-2
아트리움은 도심 내의 오피스와 가로 사이에서 도시민을 위한 휴식과 커뮤니케이션 장소로 활용된다.
8-3
데드 스페이스를 만들지 않음으로써 공간 사용을 극대화할 수 있다.

정답 8-1 ④ 8-2 ① 8-3 ②

핵심이론 09 업무 공간계획(5) : 은행, 극장, 호텔

(1) 은행의 실내계획
① 은행 고유의 색채, 심벌마크 등을 실내에 도입하여 이미지를 부각시킨다.
② 객장은 대기 공간으로 고객에게 안전하고 편리한 서비스를 제공하는 시설을 구비하도록 한다.
③ 영업장과 객장의 효율적인 배치로 사무 동선을 단순화하여 업무를 신속하게 처리할 수 있도록 한다.
④ 사무의 흐름을 고려하여 가능한 한 서로 상관관계가 깊은 부분만 접근 배치한다.
⑤ 책임자 석은 담당계가 보이는 위치에 배치한다.
⑥ 고객 부문과 업무 부문의 시선을 차단하지 않는다.

(2) 극장의 평면형식
① 가변형
　㉠ 최소한의 비용으로 극장 표현에 대한 최대한의 선택 가능성을 부여하는 형식이다.
　㉡ 필요에 따라 무대와 관람석의 크기, 모양, 배열 등을 변경하여 적합한 공간을 만들어 낼 수 있다.
② 아레나(arena)형
　㉠ 중앙무대형이라고도 하며, 무대가 객석으로 360° 둘러싸인 형식이다.
　㉡ 무대 배경을 만들지 않으므로 경제적이지만, 부대장치 설치에 어려움이 있다.
③ 프로시니엄(proscenium)형
　㉠ 연기자가 일정한 방향으로만 관객을 보는 형식이다.
　㉡ 강연, 콘서트, 독주, 연극공연 등에 적합하다.
④ 오픈 스테이지 : 무대를 중심으로 객석이 동일 공간에 있는 형식이다.
※ 극장의 관객석에서 무대 위 연기자의 세밀한 표정이나 몸동작을 볼 수 있는 시선거리의 생리적 한도 : 15m

(3) 호텔의 실내계획
① 프런트 데스크의 조명은 프런트 직원과 고객의 표정이 서로 확실히 보이도록 밝게 하는 것이 좋다.
② 객실의 욕실조명은 거울 위나 옆쪽에 설치한다.
③ 주식당(main dining room)은 숙박객 및 외래객을 대상으로 하며, 외래객이 편리하게 이용할 수 있도록 출입구를 별도로 설치하는 것이 좋다.
④ 모든 동선체계의 시작이 되는 공간은 로비이다.

10년간 자주 출제된 문제

9-1. 은행의 실내계획에 관한 설명으로 옳지 않은 것은?
① 은행 고유의 색채, 심벌마크 등을 실내에 도입하여 이미지를 부각시킨다.
② 객장은 대기 공간으로 고객에게 안전하고 편리한 서비스를 제공하는 시설을 구비하도록 한다.
③ 영업장과 객장의 효율적 배치로 사무 동선을 단순화하여 업무가 신속히 처리되도록 한다.
④ 도난 방지를 위해 고객에게 심리적 긴장감을 주도록 영업장과 객장은 시각적으로 차단시킨다.

9-2. 다음 설명에 알맞은 극장의 평면형식은?

> • 무대와 관람석의 크기, 모양, 배열 등을 필요에 따라 변경할 수 있다.
> • 공연작품의 성격에 따라 적합한 공간을 만들어 낼 수 있다.

① 가변형　　　　② 아레나형
③ 프로시니엄형　④ 오픈 스테이지

｜해설｜

9-1
고객 부문과 업무 부문의 시선을 차단하지 않는다.

9-2
② 아레나형 : 중앙무대형이라고도 하며, 무대가 객석으로 360° 둘러싸인 형식이다.
③ 프로시니엄형 : 강연, 콘서트, 독주, 연극공연 등에 적합하며, 연기자가 일정한 방향으로만 관객을 보는 형식이다.
④ 오픈 스테이지 : 무대를 중심으로 객석이 동일 공간에 있는 형식이다.

정답 9-1 ④　9-2 ①

핵심이론 10 상업 공간계획(1) : 공간 구성, 판매방식

(1) 상점의 공간 구성

① 판매 공간 : 도입 공간, 통로 공간, 상품 전시 공간, 서비스 공간
② 부대 공간 : 상품관리 공간, 판매원의 후생 공간, 시설관리 부분, 영업관리 부분, 주차장
③ 파사드(facade) : 쇼윈도, 출입구 및 홀의 입구 부분을 포함한 평면적인 구성요소와 아케이드, 광고판, 사인, 외부 장치를 포함한 입체적인 구성요소의 총체이다.
    ※ 상점계획에서 요구되는 5가지 광고요소(AIDMA)
    - Attention(주의)
    - Interest(흥미, 관심)
    - Desire(욕망, 욕구)
    - Memory(기억)
    - Action(행동)

(2) 상점의 판매방식

① 대면 판매
   ㉠ 고객과 종업원이 진열장을 사이에 두고 판매하는 방식이다.
   ㉡ 포장대나 계산대를 별도로 둘 필요가 없다.
   ㉢ 고객과 마주 대하기 때문에 상품 설명이 용이하다.
   ㉣ 소형 고가품인 귀금속, 시계, 화장품, 의약품 판매점 등에 적합하다.
② 측면 판매
   ㉠ 고객이 직접 상품과 접촉하여 충동구매를 유도하는 방식이다.
   ㉡ 판매원이 고정된 자리 및 위치를 설정하기 어렵다.
   ㉢ 고객이 직접 접촉할 수 있어 상품의 선택이 용이하다.
   ㉣ 대면 판매에 비해 넓은 진열 면적의 확보가 가능하다.
   ㉤ 전기용품, 서적, 양복, 문구류 등의 판매에 주로 사용된다.

10년간 자주 출제된 문제

10-1. 상점의 공간은 판매 공간, 부대 공간, 파사드 공간으로 구분할 수 있다. 다음 중 판매 공간에 속하는 것은?
① 종업원의 후생복지를 목적으로 하는 부분
② 진열장, 판매대 등 상품이 전시되는 부분
③ 상품을 하역하거나 발송하며 보관하는 데 필요한 부분
④ 사무실 등 영업에 관련된 업무를 일반적으로 취급하는 부분

10-2. 상점에서 쇼윈도, 출입구 및 홀의 입구 부분을 포함한 평면적인 구성요소와 아케이드, 광고판, 사인 및 외부 장치를 포함한 입면적인 구성요소의 총체를 뜻하는 용어는?
① VMD   ② AIDMA
③ 파사드   ④ 디스플레이

10-3. 상점계획에 관한 설명 중 옳지 않은 것은?
① 매장 바닥은 요철, 소음 등이 없도록 한다.
② 대면 판매형식은 판매원의 위치가 안정된다.
③ 측면 판매형식은 진열면이 협소한 반면 친밀감을 줄 수 있다.
④ 레이아웃은 고객에게 심리적 부담감이 저하감이 생기지 않도록 한다.

|해설|

10-1
①·③·④는 부대 공간에 해당한다.

10-3
측면 판매형식은 고객이 직접 상품과 접촉하여 충동적 구매를 유도하는 방식으로 진열 면적이 커진다.

정답 10-1 ② 10-2 ③ 10-3 ③

핵심이론 11 상업 공간계획(2) : 상점의 진열, 조명, 색채계획

(1) 상점의 상품 진열계획
① 중점상품은 주통로에 접하는 부분에 배치한다.
② 전략상품은 상점 내에서 눈에 가장 잘 띄는 곳에 배치한다.
③ 고객을 위한 휴게시설은 충동구매 상품과 가까이 배치한다.
④ 진열대가 굴절 또는 곡선으로 처리된 곳에는 소형 상품을 배치한다.
⑤ 운동기구 등 중량이 무거운 물품은 바닥에 가깝게 배치하는 것이 좋다.
⑥ 골든 스페이스(golden space)는 바닥에서 높이 850~1,250mm의 범위이다.
　※ 골든 스페이스 : 유효 진열범위 내에서도 고객의 시선이 가장 편하게 머물고, 손으로 잡기에도 편안한 높이
⑦ 통로측에는 높이 1,200mm 이하에 중점상품을 소량으로 진열하고, 중간에는 1,200~1,350mm 높이로 상품을 다량으로 진열한다.
⑧ 눈높이 1,500mm을 기준으로 상향 10°에서 하향 20° 사이가 고객이 시선을 두기 가장 편한 범위이다.
⑨ 상품의 특징과 성격 등 전시효과를 극대화하고 구매욕구를 자극하여 판매를 촉진할 수 있게 계획한다.
⑩ 진열의 흐름은 사람의 시각적 특징에 따라 좌측에서 우측으로, 작은 상품에서 큰 상품으로 하는 것이 효과적이다.
※ 비주얼 머천다이징(VMD ; Visual Merchandising)
　• 상품계획, 상점계획, 관측 등을 시각화시켜 상점 이미지를 고객에게 인식시키는 판매전략을 말한다. 상품과 고객 사이에서 치밀하게 계획된 정보전달 수단으로서 디스플레이의 기법 중 하나이다.
　• VMD의 구성
　　- IP(Item Presentation) : 개개의 상품을 분류, 정리하여 보기 쉽고 고르기 쉽게 진열한다.
　　- PP(Point of sale Presentation) : 분류된 상품의 점두 표현 역할을 한다.
　　- VP(Visual Presentation) : 상점의 이미지와 패션테마의 종합적인 표현을 일컫는다.

(2) 상점의 조명계획
상점의 조명은 전체조명 이외의 악센트 조명을 하여 형태감, 촉감, 색채감 등을 강조하고, 상품을 보는 시각적인 즐거움을 가질 수 있도록 한다.
※ 상점의 조명기능 : 확산기능, 집중기능, 연출기능
① 전체조명
　판매 공간 내의 조명은 일반적으로 그림자가 없는 부드러운 빛을 사용한다.
② 악센트(강조) 조명
　㉠ 배경조명과 3배 이상의 조도차가 적당하다.
　㉡ 상품의 종류, 크기, 형태, 디스플레이 방법을 고려하여 설치한다.
　㉢ 판매대 안에 소형 전구를 매입하거나 스포트라이트를 설치한다.

(3) 상점의 색채계획
① 보색효과를 사용하면 활발하고 개성적인 실내 분위기를 연출할 수 있다.
② 바닥, 벽, 천장은 상품에 대해 배경 역할을 할 수 있도록 한다.
③ 전체 색의 배분에서 분위기를 지배하는 주조색은 약 60% 정도로 적용하는 것이 좋다.

10년간 자주 출제된 문제

11-1. 상품의 유효 진열범위에서 고객의 시선이 자연스럽게 머물고, 손으로 잡기에 편한 높이인 골든 스페이스(golden space)의 범위는?

① 450~850mm
② 850~1,250mm
③ 1,300~1,500mm
④ 1,500~1,700mm

11-2. 상점의 상품 진열에 관한 설명으로 옳지 않은 것은?

① 운동기구 등 무게가 무거운 물품은 바닥에 가깝게 배치하는 것이 좋다.
② 상품의 진열범위 중 골든 스페이스(golden space)는 600~900mm의 높이이다.
③ 눈높이 1,500mm을 기준으로 상향 10°에서 하향 20° 사이가 고객이 시선을 두기 가장 편한 범위이다.
④ 사람의 시각적 특징에 따라 좌측에서 우측으로, 작은 상품에서 큰 상품으로 진열의 흐름도를 만드는 것이 효과적이다.

11-3. 판매 공간의 상품 강조조명에 관한 설명으로 옳지 않은 것은?

① 상품의 종류, 크기, 형태, 디스플레이 방법을 고려하여 설치한다.
② 판매대 안에 소형의 전구를 매입시키거나 스포트라이트를 설치한다.
③ 상품 강조조명과 환경조명의 조도대비는 1.5배 정도로 할 때 가장 효과적이다.
④ 상품의 위치가 고정적이지 않을 경우에는 라이팅 트랙(lighting track)을 설치한다.

[해설]

11-1, 11-2
골든 스페이스(golden space)
- 유효 진열범위 내에서도 고객의 시선이 가장 편하게 머물고 손으로 잡기에도 가장 편안한 높이를 뜻한다.
- 범위 : 850~1,250mm

11-3
상품 강조조명은 기본조명(전체조명)과 3~5배의 대비가 효과적이다.

정답 11-1 ② 11-2 ② 11-3 ③

핵심이론 12 상업 공간계획(3) : 동선계획, 진열대의 배치

(1) 상점의 동선계획

① 상업 공간계획 시 우선순위는 고객의 동선을 원활히 처리하는 것이다.
② 동선의 흐름은 공간적·물리적·시각적으로 원활하게 한다.
③ 고객, 종업원, 상품의 동선은 서로 교차되지 않게 한다.
④ 동선계획 시 통행량, 이동 상태, 물건의 부피 등에 따라 적정 통로 폭을 결정한다.
⑤ 고객을 위한 통로의 폭은 최소 900mm 이상으로 한다.
⑥ 고객 동선은 가능한 한 길게 배치하여 상점 내에 오래 머물도록 한다.
⑦ 종업원 동선은 되도록 짧게 하여 일의 능률이 저하되지 않게 한다.
⑧ 고객 동선과 종업원 동선이 만나는 곳에 카운터나 쇼케이스를 배치하는 것이 좋다.

(2) 진열대의 배치

① 굴절배열형
  ㉠ 진열 케이스의 배치와 고객의 동선이 굴절 또는 곡선으로 구성된 것으로, 대면 판매와 측면 판매 방식이 조합된 형식이다.
  ㉡ 안경점, 양품점, 문구점 등에 적합하다.

② 직렬배열형
  ㉠ 진열대가 입구에서 안쪽을 향하여 직선적으로 배치된 형식이다.
  ㉡ 진열대의 설치가 간단하고 경제적이며, 상품 진열이 용이하다.
  ㉢ 침구, 식기, 가전제품, 서점 등에 적합하다.
  ㉣ 대량 판매가 가능한 형식으로 고객이 직접 취사선택할 수 있는 업종에 가장 적합하다.

③ 환상배열형
  ㉠ 평면의 중앙에 쇼케이스, 진열 스테이지 등을 직선 또는 곡선에 의한 고리 모양으로 설치하는 형식이다.
  ㉡ 수예품점, 민예품점 등에 적합하다.
④ 복합형
  ㉠ 여러 배치 형태를 평면의 크기, 형태, 상품에 따라 적절히 조합한 형식이다.
  ㉡ 패션점, 액세서리점, 피혁제품 코너, 서점 등에 적합하다.

10년간 자주 출제된 문제

12-1. 판매 공간의 동선에 관한 설명으로 적절하지 않은 것은?
① 고객 동선은 고객의 움직임이 자연스럽게 유도될 수 있도록 계획한다.
② 고객 동선은 고객이 원하는 곳으로 바로 접근할 수 있도록 가능한 한 짧게 계획한다.
③ 판매원 동선은 가능한 한 짧게 만들어 일의 능률이 저하되지 않도록 한다.
④ 판매원 동선은 고객 동선과 교차되지 않도록 계획한다.

12-2. 상업 공간의 동선계획에 대한 설명으로 옳지 않은 것은?
① 고객 동선을 가능한 한 길게 배치하는 것이 좋다.
② 판매 동선은 고객 동선과 일치해야 하며 길고 자연스러워야 한다.
③ 상업 공간계획 시 가장 우선순위는 고객의 동선을 원활히 처리하는 것이다.
④ 관리 동선은 사무실을 중심으로 매장, 창고, 작업장 등이 최단 거리로 연결되는 것이 이상적이다.

12-3. 상점의 평면 배치에서 고객의 흐름이 빠르며 대량 판매가 가능한 형식으로 고객이 직접 취사선택할 수 있도록 하는 업종에 가장 적합한 것은?
① 굴절배열형   ② 직렬배열형
③ 환상배열형   ④ 복합배열형

|해설|

12-1
고객 동선은 가능한 한 길게 배치하여 상점 내에 오래 머물도록 한다.

12-2
판매 동선은 고객의 동선과 교차되지 않도록 하며, 가능한 한 짧게 하여 종업원의 피로를 적게 한다.

12-3
① 굴절배열형 : 진열 케이스의 배치와 고객의 동선이 굴절 또는 곡선으로 구성된 것으로, 대면 판매와 측면 판매방식이 조합된 형식이다.
③ 환상배열형 : 평면의 중앙에 쇼케이스, 진열 스테이지 등을 직선 또는 곡선에 의한 고리 모양으로 설치하는 형식이다.
④ 복합배열형 : 여러 배치 형태를 평면의 크기, 형태, 상품에 따라 적절히 조합한 형식이다.

정답 12-1 ② 12-2 ② 12-3 ②

핵심이론 13 상업 공간계획(4) : 쇼윈도 계획

(1) 쇼윈도의 형식
① **평면형식** : 평형, 곡면형, 경사형, 독립형
② **단면형식**
  ㉠ 단층형 : 건물 1층의 전면에 쇼윈도를 설치한 것이다.
  ㉡ 다층형 : 여러 층의 전면에 쇼윈도를 설치한 것으로 도로 폭이 넓어야 멀리서도 다 볼 수 있다.
  ㉢ 오픈 스페이스형(투시형) : 1층 이상의 상층부 전면을 개방시켜 큰 공간감을 얻을 수 있으며, 자유로운 진열이 가능하다.
③ **쇼윈도의 배면처리** : 개방형, 차단형

(2) 쇼윈도의 크기 및 기능
① 쇼윈도는 상점 파사드의 일부분으로 통행인에게 상점의 특색이나 취급상품을 알리는 기능을 담당한다.
② 쇼윈도의 바닥면에 사용되는 재료는 상품의 색상과 재질의 특성에 따라 다르게 하는 것이 좋다.
③ 진열 바닥 높이는 일반적으로 상품의 종류에 따라 결정된다. 큰 상품일 경우 쇼윈도의 바닥면을 낮게 하여 상품이 진열되었을 때 적당한 시선 내에 놓이게 하고, 작은 상품일 경우는 쇼윈도의 면적을 작게 하여 주목성을 높인다.

(3) 쇼윈도의 조명
① 상품의 주시성(注視性)과 주목성(注目性)을 높여 상점의 인상을 강하게 하고 상품이 갖는 재질감, 입체감, 색채를 효과적으로 나타낸다.
② 상점 내 전체조명보다 2~4배 정도 높은 조도로 주시성을 준다.
③ 상품의 재질감을 강조하고 진열의 효과를 높일 수 있도록 계획한다.
④ 시계, 귀금속, 보석 등에는 1,000lx의 높은 조도가 필요하며, 스포트라이트로 국부조명한다.
⑤ 진열상품의 입체감은 밝은 하이라이트 부분과 그림자 부분이 명확히 구분되어 형상의 입체감이 강조되도록 한다.
  ※ 가시성을 결정하는 요소 : 주변과의 대비, 대상물의 밝기와 크기
⑥ **쇼윈도의 눈부심 방지**
  ㉠ 쇼윈도에 차양을 설치하여 햇빛을 차단한다.
  ㉡ 도로면을 어둡게 하고 쇼윈도 내부를 밝게 한다.
  ㉢ 가로수를 심어 건물이 비치지 않도록 한다.
  ㉣ 곡면 유리를 사용하거나 유리를 경사지게 처리한다.
  ※ 현휘(눈부심)현상은 외부 조도가 내부 조도보다 높을 때 나타난다.

10년간 자주 출제된 문제

13-1. 쇼윈도의 반사에 따른 눈부심을 방지하기 위한 방법으로 옳지 않은 것은?
① 쇼윈도에 곡면유리를 사용한다.
② 쇼윈도의 유리가 수직이 되도록 한다.
③ 쇼윈도의 내부 조도를 외부보다 높게 처리한다.
④ 차양을 설치하여 쇼윈도 외부에 그늘을 조성한다.

13-2. 다음 중 눈부심의 발생이 최대가 되는 경우는?
① 주위가 밝고 광원이 어두운 경우
② 눈높이 위로 광원이 보이는 경우
③ 시야 내에 휘도의 차이가 큰 경우
④ 휘도가 낮은 관원이 간접적으로 보일 경우

|해설|
13-1
쇼윈도의 유리면을 경사지게 한다.
13-2
시야에 들어오는 물체 간에 휘도 차이가 클수록 눈부심이 많이 발생한다.

정답 13-1 ② 13-2 ③

핵심이론 14 상업 공간계획(5) : 쇼룸, 조명계획

(1) 쇼룸의 실내계획
① 쇼룸은 기업체가 자사제품의 홍보, 판매 촉진 등을 위해 제품 및 기업에 관한 자료를 소비자들에게 직접 호소하는 전시 공간이다.
② 일반적으로 판매보다는 PR을 위주로 한다.
③ 쇼룸은 관람의 흐름에 막힘이 없어야 한다.
④ 입구에는 세심한 디스플레이를 피한다.
⑤ 관람에 있어 시각적 혼란을 초래하지 않도록 전후좌우를 한꺼번에 다 보게 해서는 안 된다.
⑥ 전시상품에 대한 정보를 알리거나 관람자를 안내하기 위한 서비스 공간이 필요하다.
⑦ 파사드는 실내에 대한 기대감과 기업 및 상품에 대한 첫인상을 좌우하는 곳이므로 강한 이미지를 줄 수 있도록 한다.
⑧ 동선계획 시 관람자가 한번 지났던 곳은 다시 지나지 않도록 한다.
⑨ 일반 매장과는 다르게 공간적으로 여유가 있다.
⑩ 쇼룸의 연출은 되도록 개념, 대상물, 효과라는 3단계가 종합적으로 디자인되어야 한다.
⑪ 상업적 쇼룸에는 필요한 경우 사용이나 작동을 위한 테스팅 룸(testing room)을 배치한다.

10년간 자주 출제된 문제

쇼룸(show room)에 관한 설명으로 옳지 않은 것은?
① 일반적으로 PR보다는 판매를 위주로 한다.
② 일반 매장과는 다르게 공간적으로 여유가 있다.
③ 쇼룸의 연출은 되도록 개념, 대상물, 효과라는 3단계가 종합적으로 디자인되어야 한다.
④ 상업적 쇼룸에는 필요한 경우 사용이나 작동을 위한 테스팅 룸(testing room)을 배치한다.

[해설]
쇼룸(show room)은 판매를 직접 목적으로는 하지 않으나 선전을 위해 넓은 공간을 조형처리하여 전시효과를 얻는다.

정답 ①

핵심이론 15 상업 공간계획(6) : 백화점의 매장계획

(1) 상품 및 매장 배치계획
① 상품 배치
  ㉠ 상품은 품목별로 위치를 선정하고, 최소 인원으로 매장을 관리할 수 있도록 배치한다.
  ㉡ 전략적 상품군과 수익성이 큰 상품은 주동선에 가깝게 배치한다.
  ㉢ 고객을 위한 휴식 공간과 편의시설은 전 층 또는 한 층씩 걸러서 고객을 유인할 수 있도록 배치한다.
  ㉣ 상품권은 판매권과 접하며 고객권과는 분리된다.
② 층별 구성
  ㉠ 지하층 : 식품부
  ㉡ 하층 : 전략상품(액세서리, 핸드백, 구두, 화장품)
  ㉢ 중층 : 생활용품(여성의류, 남성의류)
  ㉣ 상층 : 식당가, 전시장, 가전제품, 완구, 운동 용품
③ 매장의 배치 유형
  ㉠ 직각배치형 : 판매장의 유효 면적을 최대로 할 수 있으나, 단조로운 배치가 되기 쉽다.
  ㉡ 사행배치법 : 수직 동선으로 고객이 매장 공간의 코너까지 접근하기 쉬운 배치형식이다.
  ㉢ 방사배치법 : 통로를 방사형으로 배치하는 방법으로, 일반적으로 적용하기 곤란한 방식이다.
  ㉣ 자유곡선배치법 : 고객의 유동 방향에 따라 자유로운 곡선으로 배치하는 방식이다.

(2) 조명 및 색채계획
① 조명계획 : 전체조명은 업무 공간의 사무실 조명에 준하며, 판매장의 조명은 반간접조명으로 한다.
② 색채계획
  ㉠ 백화점은 다양한 상품색이 혼합되어 있는 곳이므로 전체적으로 색상을 통일시키되 중채도의 색을 위주로 배색한다.
  ㉡ 색상은 조명효과와 고객의 시각 심리를 함께 고려하여 정한다.

ⓒ 밝은 색조를 사용하면 어두운색보다 공간의 크기가 확장되어 보인다.

(3) 엘리베이터 계획
① 서비스를 균일하게 할 수 있도록 건축물의 중심부에 설치한다.
② 승객의 층별 대기시간은 평균운전간격 이하로 한다.
③ 초고층, 대규모 빌딩인 경우는 서비스 그룹을 분할(조닝)한다.
④ 교통 동선의 중심에 설치하여 보행거리가 짧도록 배치한다.
⑤ 군 관리 운전의 경우 동일 군 내의 서비스 층을 같게 한다.
⑥ 동일 군 관리의 경우 대면 배치 시 대면 거리는 3.5~4.5m로 한다.
⑦ 여러 대의 엘리베이터를 설치하는 경우, 그룹별 배치와 군 관리 운전방식으로 한다.
⑧ 일렬배치는 4대로 하고, 엘리베이터 중심 간 거리는 8m 이하가 되도록 한다.
⑨ 엘리베이터 홀은 엘리베이터 정원 합계의 50% 정도를 수용할 수 있어야 하며, 1인당 점유 면적은 0.5~0.8m²로 계산한다.

(4) 에스컬레이터 계획
① 건축적 점유 면적은 가능한 한 작게 배치한다.
② 승객의 보행거리는 가능한 한 짧게 한다.
③ 출발기준 층에서 쉽게 눈에 띄도록 하고, 보행 동선 흐름의 중심에 설치한다.
④ 각 층 승강장은 연속적인 흐름이 되게 한다.
⑤ 승강·하강 시 매장이 잘 보이는 곳에 설치한다.
⑥ 건축 측면의 구조 내력에 반영한다(지지 보, 기둥).
⑦ 교차형, 복렬병렬형 배열방법은 주로 대규모 백화점에 사용된다.
⑧ 일반적으로 서비스 대상 인원의 70~80% 정도를 에스컬레이터가 부담하도록 한다.

※ 에스컬레이터의 배열방법

구분	배열	특징
복렬형		• 중소규모의 백화점에 많으며, 일반적으로 상승 또는 하강 전용 • 순서대로 갈아타면서 이동할 수 있음
단렬 중복형		• 중소규모의 백화점에 많으며, 일반적으로 상승 또는 하강 전용 • 손님을 한 층마다 점포 내로 유도할 수 있음 • 설치 면적이 작기 때문에 소규모 건물에 적용함
병렬형		• 상승, 하강 운전을 나란히 함 • 사무실 빌딩, 은행, 호텔과 같은 넓은 빌딩에 설치하는 경우에 적당함 • 엘리베이터 출발층 통합 시 사용함
교차형		• 승강, 하강 모두 연속적으로 갈아탈 수 있으며, 승강구가 혼잡하지 않음 • 일반적으로 대형 백화점에서 채택함 • 점유 면적이 다른 유형에 비해 작음
복렬 병렬형		• 승강, 하강이 연속적이며 독립적임 • 외관이 화려하여, 대형 백화점에 적합함 • 승강구를 찾기가 용이함 • 설치 면적이 증대됨

10년간 자주 출제된 문제

15-1. 백화점의 매장계획에서 공간계획 방법으로 옳은 것은?
① 전략적 상품군과 수익성이 큰 상품은 주동선에서 떨어진 별도의 동선에 배치한다.
② 고객을 위한 휴식 공간과 편의시설은 한 층이나 한 장소에 집중 배치한다.
③ 최소의 인원으로 매장을 관리할 수 있도록 상품을 배치한다.
④ 각 층의 입구 부분에 인기품목을 배치한다.

15-2. 백화점 실내 공간의 색채계획에 대한 설명 중 옳지 않은 것은?
① 색상은 조명효과와 고객의 시각 심리를 함께 고려하여 정한다.
② 다양한 상품색이 혼합되어 있는 곳에서는 중채도의 색을 위주로 한 배색을 한다.
③ 구매 욕구를 북돋우기 위해 악센트색을 넓은 면적에 적용한다.
④ 밝은 색조를 사용하면 어두운색보다 공간의 크기가 확장되어 보인다.

15-3. 백화점의 엘리베이터 계획에 관한 설명으로 옳지 않은 것은?
① 교통 동선의 중심에 설치하여 보행거리가 짧도록 배치한다.
② 여러 대의 엘리베이터를 설치하는 경우, 그룹별 배치와 군 관리 운전방식으로 한다.
③ 일렬 배치는 6대를 한도로 하고, 엘리베이터 중심 간 거리는 8m 이하가 되도록 한다.
④ 엘리베이터 홀은 엘리베이터 정원 합계의 50% 정도를 수용할 수 있어야 하며, 1인당 점유 면적은 0.5~0.8m²로 계산한다.

[해설]

15-1
① 전략적 상품군과 수익성이 큰 상품은 주동선에 가깝게 배치한다.
② 고객을 위한 휴식 공간과 편의시설은 전 층이나 한 층씩 걸러서 고객을 유인할 수 있도록 배치한다.
④ 각 층의 매장 품목은 품목 특성에 따라 달리 배치한다.

15-2
악센트색은 좁은 면적에 적용한다.

15-3
일렬 배치는 4대를 한도로 하고, 엘리베이터 중심 간 거리는 8m 이하가 되도록 한다.

정답 15-1 ③ 15-2 ③ 15-3 ③

핵심이론 16 전시 공간계획(1) : 전시의 개념 등

(1) 전시의 개요
① 전시란 공간을 구성하는 모든 시각적 요소를 계획적으로 전시하여 공간의 메시지를 시각화하는 작업의 기술적 표현방법이다.
② 일반적으로 전시는 감상, 교육, 계몽의 역할을 한다.

(2) 전시 공간의 특징
① 전시의 성격은 영리적 전시와 비영리적 전시로 나눌 수 있다.
② 공간의 형태와 규모에 관련된 물리적 요건들이 전시 공간의 특성을 좌우한다.
③ 단위 전시 공간의 규모는 전시의 목적, 전시방법, 관람자 수와 순회 유형, 전시물의 양과 크기 등에 따라서 좌우된다.
④ 전시실 순회 유형에 따라 전시실 상호 간 결합형식이 결정되며, 전체의 전시계획에 영향을 미친다.
⑤ 전시장 내의 자료는 보존을 위하여 직사광선에 노출되지 않도록 한다.
⑥ 전시장 바닥은 관람에 집중할 수 있도록 발소리가 나지 않는 재료를 사용한다.
⑦ 천장면을 메시(mesh)나 루버식으로 처리하면 설비기기가 눈에 잘 띄지 않아 시각적으로 편안하다.

10년간 자주 출제된 문제

다음 중 전시 공간의 규모 설정에 영향을 주는 요인과 가장 거리가 먼 것은?
① 전시방법 ② 전시의 목적
③ 전시 공간의 세장비 ④ 전시자료의 크기와 수량

[해설]
단위 전시 공간의 규모는 전시의 목적, 전시방법, 관람자의 수와 순회 유형, 전시물의 양과 크기에 의해 결정된다.

정답 ③

핵심이론 17 전시 공간계획(2) : 특수전시기법

(1) 디오라마 전시
① 한정된 공간 속에서 배경 스크린과 실물의 종합 전시를 동시에 연출하여 현장감을 살리는 전시방법이다.
② 하나의 사실 또는 주제의 시간 상황을 고정시켜 연출함으로써 현장의 상황에 직접 참여하는 듯한 느낌을 주는 기법이다.
③ 어떤 상황을 배경과 실물 또는 모형으로 재현하여 현장감, 공간감을 표현하고 배경에 맞는 투시적 효과와 상황을 만든다.

(2) 파노라마 전시
① 연속적인 주제를 선적으로 연계성을 표현하기 위한 전시로, 넓은 시야의 전경을 보는 듯한 감각을 주는 전시기법이다.
② 전시 전체의 맥락이 중요하다고 판단될 때 사용된다.

(3) 하모니카 전시
① 전시 공간을 격자화하여 규칙적으로 배치하는 방식이다.
② 통일된 전시내용이 규칙적·반복적으로 나타날 때 적용이 용이하다.

(4) 아일랜드 전시
① 어떤 주제를 종합적으로 전시하기 위해 전시벽면을 이용하지 않고, 전시 공간 바닥을 섬과 같이 계획한 전시방법이다.
② 입체적인 전시물을 공간의 중심에 배치하여 실내 공간으로 관객을 유도하는 연출 수법이다.
③ 사방에서 감상해야 할 필요가 있는 조각물이나 모형을 전시하기 위해 벽면에서 띄워 전시하는 방법이다.

10년간 자주 출제된 문제

17-1. 다음 설명에 알맞은 특수전시기법은?

- 하나의 사실 또는 주제의 시간 상황을 고정시켜 연출하는 것으로 현장에 임한 느낌을 주는 기법이다.
- 어떤 상황을 배경과 실물 또는 모형으로 재현하여 현장감, 공간감을 표현하고 배경에 맞는 투시적 효과와 상황을 만든다.

① 디오라마 전시 ② 파노라마 전시
③ 아일랜드 전시 ④ 하모니카 전시

17-2. 다음 설명에 알맞은 특수전시방법은?

- 일정한 형태의 평면을 반복시켜 전시 공간을 구획하는 방식이다.
- 동일 종류의 전시물을 반복하여 전시할 경우에 유리하다.

① 디오라마 전시 ② 파노라마 전시
③ 아일랜드 전시 ④ 하모니카 전시

|해설|

17-1, 17-2
전시의 종류
- 파노라마 전시 : 연속적인 주제를 선적으로 연계성을 표현하기 위한 전시로, 넓은 시야의 전경을 보는 듯한 감각을 주는 전시기법이다.
- 디오라마 전시 : 하나의 사실 또는 주제의 시간 상황을 고정시켜 연출함으로써 현장의 상황에 직접 참여하는 듯한 느낌을 주는 기법이다.
- 아일랜드 전시 : 입체적인 전시물을 공간의 중심에 배치하여 실내 공간으로 관객을 유도하는 연출 수법이다.
- 하모니카 전시 : 일정한 형태의 평면을 반복하여 전시 공간을 구획하는 방식이다.

정답 17-1 ① 17-2 ④

핵심이론 18 전시 공간계획(3) : 순회 유형

(1) 연속순회형
① 긴 직사각형 또는 다각형 평면의 전시실이 연속적으로 연결된 형식이다.
② 1실을 폐쇄할 경우 전체 동선이 막히게 되므로 비교적 소규모의 전시실에 적합하다.
③ 전시 벽면이 최대화되고 공간 절약효과가 있다.
④ 비교적 동선이 단순하여 지루하고 피곤한 느낌을 줄 수 있다.

(2) 갤러리(gallery) 및 복도형
① 연속된 전시실의 한쪽 벽에 의해서 각 실을 배치한 형식이다.
② 관람자가 각 전시실을 자유로이 선택하여 직접 들어갈 수 있다.
③ 필요에 따라 각 실을 독립적으로 폐쇄시킬 수 있다.

(3) 중앙홀형
① 중심부에 하나의 큰 홀을 두고 그 주위에 각 전시실을 배치하여 자유로이 출입하는 형식이다.
② 중앙홀이 크면 동선의 혼란은 없으나, 장래의 확장에는 무리가 있다.
③ 뉴욕의 근대미술관, 뉴욕의 구겐하임 미술관이 대표적이다.

10년간 자주 출제된 문제

18-1. 전시실의 순회 유형 중 연속순회형식에 대한 설명으로 옳은 것은?
① 뉴욕의 근대미술관, 뉴욕의 구겐하임 미술관이 대표적이다.
② 동선이 단순하고 공간을 절약할 수 있는 장점이 있다.
③ 중심부에 하나의 큰 홀을 두고 그 주위에 각 전시실을 배치한 형식으로 장래의 확장에 유리하다.
④ 각 실에 직접 들어갈 수가 있는 점이 유리하며, 필요시에는 자유로이 독립적으로 폐쇄할 수가 있다.

18-2. 전시 공간의 순회 유형에 관한 설명으로 옳지 않은 것은?
① 연속순회형식에서 관람객은 연속적으로 이어진 동선을 따라 관람하게 된다.
② 갤러리 및 복도형은 각 실을 독립적으로 폐쇄시킬 수 있다는 장점이 있다.
③ 연속순회형식은 한 실을 폐쇄하면 다음 실로의 이동이 불가능한 단점이 있다.
④ 중앙홀형은 대지 이용률은 낮으나, 중앙홀이 작아도 동선의 혼란이 없다는 장점이 있다.

|해설|

18-1
①·③ : 중앙홀형에 대한 설명이다.
④ : 갤러리(gallery) 및 복도형에 대한 설명이다.

18-2
중앙홀형
- 중심부에 큰 홀을 두고 그 주위에 각 전시실을 배치하여 자유로이 출입하는 형식이다.
- 중앙홀이 크면 동선의 혼란은 없으나, 장래의 확장에는 무리가 있다.

정답 18-1 ② 18-2 ④

제2절 실내디자인 색채계획

2-1. 색채 구상

핵심이론 01 색채 기본 구상

(1) 색채의 이미지와 특징

색채	이미지	특징
빨강	열정, 강렬함, 위험, 환희, 사랑	• 시인성이 높고 역동적인 색 • 사용 면적에 따라 느낌의 강도가 다름
파랑	단순함, 순수함, 개방감, 엄숙함	• 색상에 대한 선호도가 높은 색 • 사고와 명상에 도움을 주는 색 • 상상력을 자극하는 색
노랑	쾌활함, 활기, 부드러움, 행복감	• 가장 밝고 가벼운 색 • 개방적이고 팽창성이 존재하는 색
주황	따뜻함, 즐거움, 명랑함	• 자유분방함을 느끼게 하는 색 • 주위를 밝히고 덥혀주는 색 • 위험성을 알려주는 색
녹색	생명, 신선함, 건강, 친환경	• 폭이 가장 넓은 중성색 • 차분하면서도 명랑한 색 • 심리적으로 마음을 가라앉히는 기능색
보라	우아함, 고풍스러움, 고귀함, 섬세함	• 모호하면서 대립적 이미지를 가진 색 • 섬세하고 감각적인 색
갈색	자연의 편안함, 흙, 나무	• 빨강, 주황, 노랑이 어둡게 되면서 만들어진 색 • 실내를 편안하고 위엄 있는 공간으로 만드는 색
하양	순수함, 순경함, 단순함, 깨끗함, 가벼움	• 배경색으로 사용되어 유채색을 더 강조시켜주는 색 • 유채색과 혼합되어 다양한 흰색으로 변형 가능 • 모더니즘과 미니멀리즘을 대표하는 색
검정	강렬함, 고상함, 엄숙함, 격식, 슬픔	• 좁고, 단단하고 무거운 느낌을 주는 색 • 흰색과 사용 시 강렬한 인상을 만들 수 있는 색 • 모더니즘을 대표하는 색

10년간 자주 출제된 문제

색채와 이미지 및 특징의 연결로 옳지 않은 것은?
① 빨강 – 강렬, 사랑, 환희
② 파랑 – 단순, 순수, 엄숙
③ 노랑 – 쾌활, 부드러움, 행복
④ 주황 – 따뜻함, 건강, 친환경

[해설]
주황 : 따뜻함, 즐거움, 행복

정답 ④

핵심이론 02 공간별 색채 구상

(1) 주거 공간

① 색채 선정 일반
  ㉠ 거주자의 취향을 반영하여 개성적인 색채계획을 하는 것이 매우 중요하다.
  ㉡ 주거 공간(통로영역, 공용역역, 개인영역)은 서로 조화를 이루는 색채 선정이 필요하다.
  ㉢ 비교적 공간이 많고 면적이 적기 때문에, 밝고 연한 톤의 색상을 사용해서 공간을 넓어 보이게 한다.
  ㉣ 난색은 편안하고 가정적인 분위기를 연출하는 데 효과적이다.
  ㉤ 바탕색으로 중성색이나 흰색을 사용하는 것이 적합하다.

② 거실/식당
  ㉠ 공용영역은 편안한 느낌을 주는 따뜻하고 부드러운 색을 사용한다.
  ㉡ 공간의 규모가 작은 경우는 단색이나 유사색을 사용하여 공간을 넓어 보이게 한다.
  ㉢ 규모가 큰 경우는 대비색을 이용하여 공간의 활기를 줄 수 있다.

③ 침실
  ㉠ 침실은 거주자의 선호를 최대한 반영한 색채계획이 필요하다.
  ㉡ 천장이나 넓은 벽 면적에는 강렬한 색의 사용을 피한다.
  ㉢ 베개, 침대커버, 쿠션 등의 소품 영역들은 계절색을 이용할 수 있다.
  ㉣ 색채 사용은 2~3가지로 제한하는 것이 좋으며, 단일색의 명도, 채도단계의 변화만으로도 큰 효과를 볼 수 있다.
  ㉤ 사용자가 밤에 머무는 시간이 많으므로 조명계획에 따른 색채의 효과도 고려해야 한다.

④ 어린이방
  ㉠ 어린이방은 보통 밝고 따뜻하며 깨끗한 색채를 사용한다.
  ㉡ 선호색을 적용할 때는 정서적 안정감을 떨어뜨리는 채도가 높은 색채의 사용을 피한다.
  ㉢ 성장과정에 적합한 색상변화를 줄 수 있게 융통성 있는 색채 구상이 필요하다.
⑤ 주방
  ㉠ 부엌가구는 사용자의 취향을 고려한 색상을 선택한다.
  ㉡ 주로 난색계열을 사용하며, 청결한 느낌을 주기 위해 밝은 톤이나 자연색을 적용하기도 한다.
  ㉢ 한정된 시간 동안 사용되며, 활동의 폭이 넓은 공간이기 때문에 강렬하고 활기 있는 색상계획도 가능하다.
⑥ 욕실
  ㉠ 욕실은 청결함과 정서적 안정감 및 편안함을 고려해 색채를 선정한다.
  ㉡ 강한 색은 피부색에 반사되고 사용자의 모습을 변화시키는 경향이 있다.

(2) 업무 공간
① 로비
  ㉠ 개인과 단체의 요구가 모두 수용 가능해야 한다.
  ㉡ 유행에 뒤떨어지지 않는 색채를 사용한다.
  ㉢ 기업의 이미지를 나타내는 아이덴티티 컬러의 색채 선정도 중요하다.
② 복도, 엘리베이터 홀
  ㉠ 복도는 다른 공간보다 비교적 면적이 좁기 때문에 밝고 유쾌한 느낌의 색채를 선정한다.
  ㉡ 복도의 길이에 따라 다양한 색채를 선택하여 변화를 줄 수 있다.
③ 사무실
  ㉠ 편안하고 부드러운 색채, 대중적이며 친화력이 강한 색채 선정이 필요하다.
  ㉡ 눈의 피로를 낮출 수 있는 색채를 선정한다.
  ㉢ 업무의 성격에 따라 정적인 색채 사용을 탈피하여 자유로운 분위기의 동적인 색채의 사용도 가능하다.
④ 임원실
  고급스럽고 무게감이 느껴지는 색채가 주로 사용된다.

10년간 자주 출제된 문제

2-1. 주거 공간의 색채계획 시 고려해야 할 사항으로 옳지 않은 것은?
① 거주자의 취향을 반영하여 개성적인 색채계획을 하는 것이 매우 중요하다.
② 비교적 공간이 많고 면적이 적기 때문에 밝고 연한 톤의 색상을 사용해서 공간을 넓어 보이게 하도록 한다.
③ 고급스럽고 무게감이 느껴지는 한색이 주로 사용된다.
④ 바탕색으로 중성색이나 흰색을 사용하는 것이 적합하다.

2-2. 업무 공간 중 사무실의 색채계획 시 고려해야 할 사항이 아닌 것은?
① 구성원들이 편안하고 부드러운 색채 선정이 필요하다.
② 눈의 피로를 낮출 수 있는 색채를 선정한다.
③ 업무의 성격에 따라 동적인 색채의 사용을 피하고, 정적인 색채를 선택한다.
④ 대중적이며 친화력이 강한 색채 선정이 필요하다.

|해설|

2-1
편안하고 가정적인 분위기를 연출하기 위하여 난색이 선호된다.

2-2
업무의 성격에 따라 정적인 색채 사용을 탈피하여 자유로운 분위기의 동적인 색채의 사용도 가능하다.

정답 2-1 ③ 2-2 ③

2-2. 색채 적용 검토

핵심이론 01 부위 및 공간별 색채 적용 검토

(1) 실내 공간의 구성요소

① 건축적 요소
- ㉠ 실내 공간의 건축적 형태를 구성하며, 주로 배경의 역할을 한다.
- ㉡ 건축적 요소는 움직이거나 변경할 수 없는 고정적 요소이다.
- ㉢ 디자인에 따라 각 해당 영역에 높이와 형태의 변화 및 분절이 발생한다.
- ㉣ 바닥, 벽, 천장, 기둥, 문, 문틀, 창호 등이 있다.

② 장식적 요소
- ㉠ 색채의 변경이 비교적 쉬운 요소로, 건축적 요소에 비해 작은 면적으로 구성된다.
- ㉡ 가구, 액세서리(커튼, 블라인드, 카펫, 조명, 액자 등), 도어 핸들, 걸레받이, 천장 몰딩 등이 있다.

(2) 색채와 시각적 이미지 요소

① 색채와 형태
- ㉠ 형태를 이루는 요소는 점, 선, 면, 입체이며 2차원과 3차원으로 구성된다.
- ㉡ 형태에 적용된 색채는 왜곡과 변형, 팽창과 수축, 강조 또는 은폐 등의 시지각적 효과를 준다.

② 색채와 재료(질감)
- ㉠ 실내 공간의 표면은 마감재(우드, 벽지, 패브릭, 타일, 석재, 에폭시 등)로 구성된다.
- ㉡ 마감재는 그 특성에 따라 고유의 색채와 질감을 갖는다.
- ㉢ 같은 색채가 적용된 경우라도 질감에 따라 다른 이미지를 갖는다.
- ㉣ 색채는 직접 만지지 않고도 시각적으로 질감을 느낄 수 있다.

③ 색채와 패턴
- ㉠ 패턴은 물체의 표면에 규칙적이고 반복적으로 나타나는 연속된 무늬이다.
- ㉡ 패턴은 착시현상으로 평면을 풍부하게 만들어 준다.
- ㉢ 색채 패턴이 적용된 면이나 물체는 진출과 후퇴, 형태의 왜곡, 다양함과 흥미유발 등의 효과를 준다.
- ㉣ 확대된 패턴은 패턴의 색과 배경의 색이 따로 보이지만, 멀리서 보면 두 색이 혼합되어 보인다.

④ 색채와 조명
- ㉠ 조명광의 색온도 설정에 따라서 실내 공간에 적용된 색채는 다르게 보인다.
- ㉡ 천연 주광(5,400k)에서 보이는 물체색에 가까울수록 연색성이 우수한 광원이라고 한다.
- ㉢ 색채계획 시 실내 공간에 적용된 색채의 느낌이 왜곡되지 않도록, 광원의 종류와 조명 램프의 색온도를 검토해야 한다.

(3) 색채개념 도출 및 적용 검토

① 색채개념
- ㉠ 색채개념은 색채계획을 위한 공간 사용의 특성에 따라 사용자에게 전달하고자 하는 전체적인 분위기, 이미지, 스타일 등의 색채연출 방향을 말한다.
- ㉡ 색채개념의 설정은 디자인 스타일, 색채 이미지 공간(형용사, 단색, 배색 이미지 스케일)을 활용하여 도출할 수 있다.

② 배색 이미지
- ㉠ 배색은 2가지 이상의 색을 사용하여 설정된 개념에 맞게 조화롭게 색을 배치하는 것이다.
- ㉡ 배색 이미지는 배색을 통해 전달되는 전반적인 색채의 이미지를 말한다.

③ 색채 이미지 좌표
  ㉠ 단색 또는 다색 배색의 색채 이미지가 지닌 특성을 XY 좌표축을 이용하여 나타낸 표이다.
  ㉡ 색채 이미지 공간의 좌표는 5가지의 영역으로 구분되며, 실내 공간의 색채 이미지 포지셔닝에 활용된다.

구분		비고
1	부드럽고 정적인 이미지	정서적으로 부드러움과 안정감을 느끼게 해 주는 배색 이미지 영역
2	딱딱하고 정적인 이미지	청색 계열과 grayish tone을 많이 사용하는 배색 이미지가 해당되며, 모던하고, 고급스럽고, 세련되면서 점잖은 분위기 연출이 가능한 영역
3	부드럽고 동적인 이미지	맑고 선명한 느낌의 배색 이미지가 해당되는 영역으로, 따뜻함과 즐거움을 강조하는 분위기 연출이 가능한 영역
4	딱딱하고 동적인 이미지	톤의 대비가 강한 배색, 다채로운 색상을 활용한 배색으로, 공간의 활력을 주는 이미지 연출이 가능한 영역
5	중앙부 영역 이미지	중명도, 저채도의 화려하지 않은 톤의 배색으로 편안하고 싫증나지 않는 이미지 연출이 가능한 영역

10년간 자주 출제된 문제

1-1. 다음 배색 중 가장 차분한 느낌을 주는 것은?
① 빨강 - 흰색 - 검정 ② 하늘색 - 흰색 - 회색
③ 주황 - 초록 - 보라 ④ 빨강 - 흰색 - 분홍

1-2. 다음 중 가장 부드러운 느낌을 주는 색은?
① 저명도, 고채도의 색 ② 저명도, 저채도의 색
③ 고명도, 저채도의 색 ④ 고명도, 고채도의 색

[해설]

1-1
한색계열의 저채도일수록 차분한 느낌을 준다.

1-2
부드럽고 딱딱한 느낌을 주는 경연감은, 색의 채도 및 명도에 따라 결정된다.
• 연감 : 난색계의 저채도, 고명도의 색
• 경감 : 한색계의 저명도, 고채도의 색

정답 1-1 ② 1-2 ③

핵심이론 02 색채 지각

(1) 색채 지각의 개념
① 색채 지각은 외부환경으로부터 인간이 다양한 정보를 받아들이는 과정 중 색채 정보를 파악하는 과정이다.
② 색채 지각을 위한 시각의 3요소는 빛(광원), 물체, 눈(관찰자)이 있다.
  ㉠ 색은 빛의 한 현상이며, 우리가 지각하는 색은 가시광선 범위의 파장이다.
  ㉡ 물체의 표면 특성(어떠한 파장을 반사, 흡수, 투과하는지)에 따라 물체의 색이 결정된다.
③ 색채의 지각과정
  ㉠ 실내 공간 속에서 사용자가 색을 눈으로 보거나 느끼는 행위는 단순한 물리적 빛의 자극이 아니다.
  ㉡ 색채의 지각과정 : 빛 → 망막(물체의 표면색) → 시세포 → 시신경 → 대뇌 → 색의 인식

(2) 빛과 색
① 빛의 정의
  ㉠ 빛이란 방사되는 수많은 전자파 중에서 인간의 눈으로 지각될 수 있는 380~780nm까지의 가시광선을 말한다.
  ㉡ 380nm보다 짧은 파장의 영역에는 자외선, 780nm보다 긴 파장의 영역에는 적외선이 있다.
  ㉢ 빛의 생성방식 : 흑체복사(백열광), 전계발광(전기 스파크), 화학발광(형광)
② 스펙트럼(spectrum) 현상
  ㉠ 뉴턴(Newton)은 프리즘(prism)을 사용하여 스펙트럼을 발견하였다.
  ㉡ 스펙트럼이란 무지개의 색과 같이 연속된 색의 띠를 말한다.
  ㉢ 빛의 굴절현상을 이용하여 백광을 분광시키면 빨, 주, 노, 초, 파, 남, 보의 연속된 띠가 생기는데, 이것은 파장의 길고 짧음에 따라 굴절률이 다르기 때문에 나타난다.

② 파장이 길면 굴절률이 작고, 파장이 짧을수록 굴절률은 크다.
⑰ 모든 발광체의 스펙트럼은 모두 같지 않으며, 그 빛의 성질에 따라 파장의 범위를 지닌다.
⑱ 스펙트럼 색깔
- 보라 : 380~450nm(보통 410nm 영역에서 보라색으로 인식)
- 파랑 : 450~495nm(보통 454nm 영역에서 파랑으로 인식)
- 녹색 : 495~570nm(보통 555nm 영역에서 녹색으로 인식)
- 노랑 : 570~590nm(보통 587nm 영역에서 노랑으로 인식)
- 주황 : 590~620nm(보통 600nm 영역에서 주황색으로 인식)
- 빨강 : 620~780nm(보통 656nm 영역에서 빨강으로 인식)
- ※ 파장이 가장 긴 색은 빨강이고, 파장이 가장 짧은 색은 보라이다.

③ 색과 색채
㉠ 색(light) : 물체 자체가 발광하여 보이는 모든 광등(光燈)을 말한다.
㉡ 색채(color) : 물체 자체가 발광하지 않고, 빛 반사에 의해 보이는 물체의 색을 말한다.

④ 물체의 색
㉠ 표면색 : 물체의 표면에서 빛을 반사하여 나타내는 색
㉡ 경영색 : 거울처럼 표면에 비추는 색
㉢ 금속색 : 금속 표면에 나타난 색
㉣ 공간색 : 유리병 속의 액체나 얼음 덩어리처럼 3차원 공간에 투명한 물질로 차 있는 부피에서 느끼는 색
㉤ 간섭색 : 비누 거품이나 수면에 뜬 기름, 전복 껍데기 등에서 무지개 같은 색이 빛의 간섭에 의하여 나타나는 색
㉥ 투과색 : 색유리와 같이 빛을 투과하여 나타내는 색
㉦ 광원색 : 광원이나 발광체가 빛나는 상태를 직접 볼 때 느껴지는 색
㉧ 조명색 : 어떤 광원에서 나와 물체에 비추어서 생긴 색
㉨ 형광색 : 형광물질을 사용하여 나타나는 색

⑤ 연색성
㉠ 물체를 조명하는 광원색의 성질(분광분포)에 따라서 같은 물체라도 색이 다르게 보이는 것을 말한다.
㉡ 태양광(주광)을 기준으로 하여 어느 정도 주광과 비슷한 색상을 연출할 수 있는지를 나타내는 지표이다.
㉢ 연색성을 수치로 나타낸 것을 연색평가수라고 하며, 평균연색평가수(Ra)가 100에 가까울수록 연색성이 좋다.

⑥ 푸르킨예 현상
㉠ 명소시(밝은 곳)에서 암소시(어두운 곳)로 이행할 때 붉은 색(장파장)은 어둡게 되고, 녹색과 청색(단파장)은 상대적으로 밝게 보이는 현상이다.
㉡ 조명이 어두워지면 파장이 긴 빨간색이 제일 먼저 보이지 않고, 파장이 짧은 보라색이 마지막까지 보이게 된다.
㉢ 밝은 곳에서 어두운 곳으로 갈수록 단파장의 감도가 높아진다.
※ 암순응 : 밝은 곳에서 어두운 곳으로 들어갔을 때, 처음에는 보이지 않던 것이 시간이 지남에 따라 차차 보이기 시작하는 현상을 말한다.

10년간 자주 출제된 문제

2-1. 사람의 눈으로 지각되는 가시광선의 범위는?
① 약 280~680nm   ② 약 380~780nm
③ 약 480~880nm   ④ 약 580~980nm

2-2. 빛이 프리즘을 통과할 때 나타나는 분광현상 중 굴절현상이 제일 큰 색은?
① 보라   ② 초록
③ 빨강   ④ 노랑

2-3. 스펙트럼은 빛의 어떠한 현상에 의한 것인가?
① 흡수   ② 굴절
③ 투과   ④ 직진

2-4. 명소시에서 암소시로 이행할 때 청색은 밝은 회색으로 보이고, 적색은 검게 보이는 현상은?
① 색순응현상   ② 푸르킨예 현상
③ 색대비현상   ④ 잔상현상

[해설]

2-1
가시광선은 보통 우리의 눈으로 지각할 수 있는 빛을 말하며, 약 380~780nm까지의 범위이다.

2-2
파장이 짧은 보라는 굴절률이 크고, 파장이 긴 빨강이 굴절률이 작다.

2-3
스펙트럼(spectrum) 현상
빛의 굴절현상을 이용하여 백광을 분광시키면 빨, 주, 노, 초, 파, 남, 보의 연속된 띠가 생기는데, 이것은 파장의 길고 짧음에 따라 굴절률이 다르기 때문에 나타난다.

2-4
푸르킨예 현상
조명이 어두워지면 파장이 긴 빨간색이 제일 먼저 보이지 않고, 파장이 짧은 보라색이 마지막까지 보이게 된다.

정답 2-1 ② 2-2 ① 2-3 ② 2-4 ②

핵심이론 03 색채 분류 및 표시(1) : 색의 3속성과 색입체

(1) 색의 분류

① 무채색
  ㉠ 채도가 없는 색으로, 밝고 어두운 명도만 있다.
  ㉡ 보색끼리의 혼합은 무채색이 된다.
  ㉢ 반사율이 약 85%인 경우는 흰색, 약 30% 정도이면 회색, 3% 정도이면 검정이다.

② 유채색
  ㉠ 채도가 있는 색으로, 순수한 무채색을 제외한 모든 색을 말한다.
  ㉡ 색의 3속성(색상, 명도, 채도)을 모두 가지고 있다.

(2) 색의 3속성

색자극 요소에 의해 일어나는 세 가지 지각성질을 말하며, 빛의 물리적 3요소인 주파장, 분광률, 포화도에 의해 결정된다.

① 색상(H ; Hue)
  ㉠ 빛의 파장에 의해 식별되는 빨강, 주황, 노랑, 초록, 파랑, 남색, 보라처럼 색을 구별하는 명칭이다.
  ㉡ 색상을 스펙트럼 순서로 동그랗게 배치한 도표를 색상환 또는 색환이라고 한다.

② 명도(V ; Value)
  ㉠ 명도는 빛이 반사하는 양에 따른 색의 밝고 어두운 정도를 말한다.
  ㉡ 인간의 눈은 색의 3속성 중 명도에 가장 민감한 반응을 나타낸다.
  ㉢ 명도가 높을수록 밝은색이며, 낮을수록 어두운색이다.
  ㉣ 가장 밝은색을 10, 가장 어두운색을 0으로 하고 그 사이를 등분하여 11단계로 나타낸다.
   • 고명도 : 10~7도(4단계)
   • 중명도 : 6~4도(3단계)
   • 저명도 : 3~0도(4단계)

ⓜ 무채색의 명도 단계도(value scale)는 명도 판단의 기준이 된다.
③ 채도(C ; Chroma)
　ⓐ 채도는 색의 선명도(색의 산뜻함이나 탁한 정도)를 말한다.
　ⓑ 채도의 구분
　　• 순색 : 색상 중 무채색이 포함되지 않은 색(채도가 가장 높다)
　　• 청색 : 순색 + 검정(= 암청색), 순색 + 흰색(= 명청색)
　　• 탁색 : 순색이나 청색에 회색을 섞은 것
　ⓒ 어떤 색상의 순색에 무채색의 포함량이 많을수록 채도가 낮아져 저채도가 되며(탁색), 적을수록 채도가 높아져 고채도(청색)가 된다.
　ⓓ 가장 낮은 단계의 채도를 1로 하고, 가장 높은 단계의 채도를 14로 하여 14단계로 분류한다.

(3) 색입체

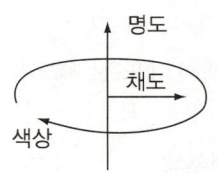

① 색의 3속성(색상, 명도, 채도)을 입체로 배열한 것이다.
② 명도는 직선으로, 채도는 방사선으로, 색상은 스펙트럼 순으로 둥글게 배열한다.
③ 백색을 위로, 흑색을 아래로 명도순으로 한다.
④ 명도는 위로 갈수록 높아진다.
⑤ 채도는 바깥쪽을 향하여 높은 채도가 되도록 배열한다.

10년간 자주 출제된 문제

3-1. 색의 분류와 관련된 내용으로 틀린 것은?
① 색은 유채색과 무채색으로 나눌 수 있다.
② 무채색인 흰색은 반사율이 약 85% 정도이다.
③ 무채색의 온도감은 중성이지만 흰색은 차갑게 느껴진다.
④ 무채색 중 흰색의 채도는 10 정도이다.

3-2. 보색 상호 간의 혼합 결과는?
① 무채색　　　　② 유채색
③ 인근색　　　　④ 유사색

3-3. 채도는 색의 강약의 정도를 말하며 3종류로 구분할 수 있다. 다음 중 알맞은 것은?
① 암색, 순색, 청색　　② 순색, 청색, 탁색
③ 순색, 보색, 탁색　　④ 암색, 청색, 보색

[해설]
3-1
무채색 중 흰색의 명도는 10 정도이다.
3-2
보색끼리의 혼합은 무채색이 된다.
3-3
채도의 구분
• 순색 : 색상 중 무채색에 포함되지 않은 색(채도가 가장 높다)
• 청색 : 순색 + 검정(= 암청색), 순색 + 흰색(= 명청색)
• 탁색 : 순색이나 청색에 회색을 섞은 것

정답 3-1 ④　3-2 ①　3-3 ②

핵심이론 04 색채 분류 및 표시(2) : 색의 혼합

(1) 가산혼합(가색혼합, 가법혼색, 색광혼합)

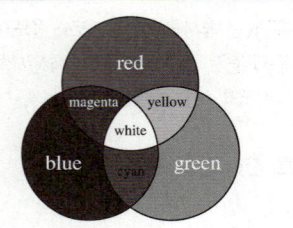

- 파랑(B) + 녹색(G) = 청록(C)
- 녹색(G) + 빨강(R) = 노랑(Y)
- 파랑(B) + 빨강(R) = 자주(M)
- 파랑(B) + 녹색(G) + 빨강(R) = 백색(W)

① 빛의 혼합으로 색광혼합이라고 한다.
② 색광혼합의 3원색은 빨강(R), 녹색(G), 파랑(B)이며, 혼합할수록 명도가 높아진다.
③ 가산혼합의 1차색은 감산혼합의 2차색이 되며, 2차색은 색료혼합의 3원색이 된다.
④ 보색끼리의 혼합은 무채색이 된다.
⑤ 가법혼색을 하면 명도 및 채도가 증가한다.
⑥ 혼합된 색의 명도는, 혼합하려는 색의 명도보다 높아진다.
⑦ 회전혼합이나 병치혼합도 일종의 가산혼합이다.
⑧ 원색 인쇄의 색분해, 스포트라이트(spotlight), 컬러 TV, 기타 조명 등에 사용된다.

(2) 감산혼합(감법혼색, 색료혼합)

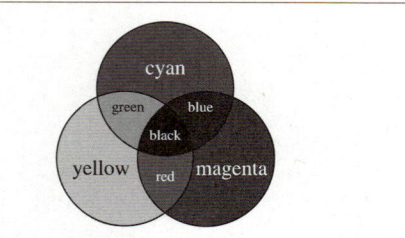

- 자주(M) + 노랑(Y) = 빨강(R)
- 노랑(Y) + 청록(C) = 녹색(G)
- 청록(C) + 자주(M) = 파랑(B)
- 자주(M) + 노랑(Y) + 청록(C) = 흑(B)

① 물감(색료)의 혼합으로 색료혼합이라고 한다.
② 색료혼합의 3원색은 자주(M), 노랑(Y), 청록(C)이며, 혼합할수록 명도가 낮아진다.
③ 색료혼합을 하면 명도와 채도가 낮아진다.
④ 색료혼합의 2차색은 색광혼합의 3원색과 같다.
⑤ 포스터 컬러, 수채화 물감 등에 사용된다.

(3) 중간혼합(중간혼색)

① 회전혼합
　㉠ 서로 다른 2가지 색을 회전판에 적당한 비례로 붙여 회전하면 혼합색이 된다(예 색팽이, 바람개비).
　㉡ 맥스웰(Maxwell)의 회전판 : 다른 2가지 색을 회전판에 적당한 비례로 붙이고 2,000~3,000회/min의 속도로 돌리면 판면이 혼색되어 보인다.
　㉢ 회전혼합의 특징
　　• 혼합된 색의 명도는, 혼합하려는 두 색의 중간 명도가 된다.
　　• 혼합된 색의 색상은 두 색의 중간이 되며 면적의 비율에 따라 다르다.
　　• 혼합된 색의 채도는, 채도가 강한 쪽보다도 약해진다.

② 병치혼합(병치혼색)
　㉠ 서로 다른 색이 조밀하게 병치되어 있어 서로 혼합되어 보이는 현상을 말한다.
　㉡ 병치혼합은 TV의 화면이나 인상파 화가의 점묘법, 직물 등에서 볼 수 있는 색의 혼색방법이다.
　㉢ 병치혼합을 하면 명도 및 채도가 낮아지지 않는다.

10년간 자주 출제된 문제

4-1. 색광혼합에 대한 설명으로 가장 적절하지 않은 것은?
① 색광혼합은 가법 혼색이라고도 한다.
② 색광혼합의 3원색은 빨강, 녹색, 노랑이다.
③ 색광혼합의 3원색을 합하면 백색이 된다.
④ 색광혼합의 2차색은 색료혼합의 원색이다.

4-2. magenta와 cyan 물감을 혼합하였을 때 나타나는 현상과 가장 관계가 먼 것은?
① 색료의 혼합이므로 더욱 어둡게 나타난다.
② 혼합색은 청색을 띤다.
③ 혼합색의 색상은 더욱 선명해진다.
④ 혼합색은 황색과 보색관계에 있다.

4-3. 다음 색료를 혼색한 결과 중 틀린 것은?
① 자주(magenta) + 청록(cyan) = 파랑(blue)
② 빨강(red) + 파랑(blue) + 녹색(green) = 검정(black)
③ 녹색(green) + 자주(magenta) = 노랑(yellow)
④ 노랑(yellow) + 자주(magenta) = 빨강(red)

[해설]

4-1
• 색광혼합의 3원색 : 빨강(red), 녹색(green), 파랑(blue)
• 색료혼합의 3원색 : 자주(magenta), 노랑(yellow), 청록(cyan)

4-2
혼합색의 색상은 명도와 채도가 낮아진다.

4-3
녹색(green) + 자주(magenta) = 회색(gray)

정답 4-1 ② 4-2 ③ 4-3 ③

핵심이론 05 색채 분류 및 표시(3) : 표색계

(1) 혼색계(color mixing system)
① 색을 표시하는 표색계로서 심리·물리적인 빛의 혼색 실험에 기초를 두었다.
② 물리적인 변색이 일어나지 않는다.
③ 색표계로 변환이 가능하며, 오차를 적용할 수 있다.
④ 측색기로 측색하여 출력된 데이터의 수치나 좌표로 표현한다.
⑤ CIE 표색계(XYZ 표색계)가 대표적이다.

(2) 현색계(color appearance system)
① 색채를 표시하는 표색계로서 특정의 착색물체, 즉 색표로서 물체표준을 정하여 여기에 적당한 번호나 기호를 붙여서 시료물체의 색채와 비교에 의하여 물체의 색채를 표시하는 체계이다.
② 인간이 인지할 수 있는 물체의 색을 분류한 체계이다.
③ 색편의 배열 및 색채 수를 용도에 맞게 조정할 수 있다.
④ 광원의 영향으로 다르게 지각될 수 있다.
⑤ 먼셀 표색계와 오스트발트 표색계가 대표적이다.

10년간 자주 출제된 문제

혼색계에 대한 설명 중 올바른 것은?
① 심리·물리적인 빛의 혼색 실험에 기초를 둠
② 오스트발트 표색계
③ 먼셀 표색계
④ 물체색을 표시하는 표색계

[해설]

혼색계(color mixing system)
• 색을 표시하는 표색계로서 심리·물리적인 빛의 혼색실험에 기초를 두었다.
• CIE 표색계(XYZ 표색계)가 대표적이다.

정답 ①

핵심이론 06 색채 분류 및 표시(4) : 먼셀의 표색계

(1) 먼셀(Munsell)의 색상환
① 먼셀은 빨강(R), 노랑(Y), 초록(G), 파랑(B), 보라(P)의 주요 다섯 가지 기본 색상을 기준으로 색상환을 구성했다.
② 기본 색상 사이에 주황(YR), 연두(GY), 청록(BG), 남색(PB), 자주(RP) 등 중간 색상을 정해 10가지 색상을 주색상으로 구성하고, 주색상을 다시 각각 10단위로 분류하여 100가지 색상을 전체 색상의 범위로 했다.
  ※ 10가지 색상의 순서 : R, YR, Y, GY, G, BG, B, PB, P, RP

(2) 먼셀의 색입체
① 색상, 명도, 채도를 3차원 공간상에 균일하게 배열한 것이다.
② 한국산업표준으로 채택된 표색계이다.
③ 색상은 명도 축을 중심으로 원주상에 구성되어 있다.
④ 중심축은 무채색으로 명도를 나타내며, 중심부로 갈수록 중명도가 되고 채도가 낮아진다.
⑤ 색입체를 수평으로 절단하면 중심축의 회색 주위에 같은 명도의 여러 색상이 나타난다.
⑥ 먼셀의 명도는 검은색을 0, 하얀색을 10으로 보고 이 사이를 9단계로 구분하여 모두 11단계로 나타낸다.
⑦ 각 색들이 가장 조화로운 배색을 이루는 평균 명도 : N5
⑧ 먼셀 색상환에서 각 색상의 반대쪽에 위치하는 색상을 보색이라 한다.
⑨ 표기방법은 H(색상) V(명도)/C(채도)이다.
  예 10B 2/2 → 색상 10B, 명도 2, 채도 2

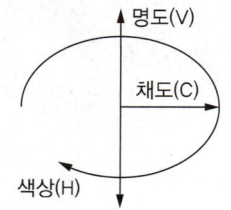

10년간 자주 출제된 문제

6-1. 먼셀기호 5B 8/4, N4에 관한 다음 설명 중 맞는 것은?
① 유채색의 명도는 5이다.
② 무채색의 명도는 8이다.
③ 유채색의 채도는 4이다.
④ 무채색의 채도는 N4이다.

6-2. 다음은 먼셀의 표색계이다. (A)에 맞는 요소는?

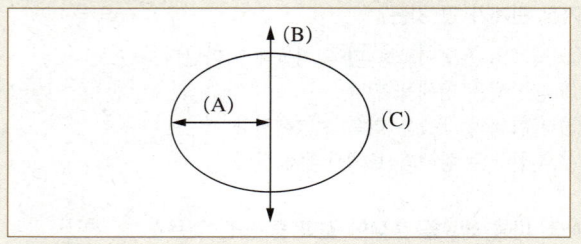

① white ② hue
③ chroma ④ value

6-3. 다음 중 먼셀의 20색상환에서 보색대비의 연결은?
① 노랑 - 남색 ② 파랑 - 초록
③ 보라 - 노랑 ④ 빨강 - 감청

|해설|

6-1
5B, 8/4, N4 : 5B, 명도 8, 채도 4, 무채색의 명도 4를 표시한다.

6-2
• (A) : 채도(chroma)
• (B) : 명도(value)
• (C) : 색상(hue)

6-3
② 파랑 - 주황
③ 보라 - 연두
④ 빨강 - 청록

정답 6-1 ③ 6-2 ③ 6-3 ①

핵심이론 07 색채 분류 및 표시(5) : 오스트발트의 표색계

(1) 오스트발트(Ostwald)의 색상환
① 주요 색상(빨강, 노랑, 초록, 파랑) 사이에 각기 중간색(주황, 보라, 청록, 연두)을 끼워 8가지 주요 색상이 되게 하고, 이것을 3분할하여 24색상환이 되게 한 것이다.
② 헤링의 4원색설을 기본으로 하여 색상 분할을 원주의 4등분이 서로 보색이 되도록 하였다.

(2) 오스트발트의 색입체
① 현실에 존재하지 않는 이상적인 3가지 요소(B, W, C)를 가정하여 물체의 색을 체계화하였다.
② 순색량을 C, 백색량을 W, 흑색량을 B로 하여, B + C + W = 100%라는 정삼각형의 원리를 만들었다.
③ 삼각형 세 꼭짓점에서 아래에는(최하단) 검정(B), 위에는(최상단) 흰색(W), 수평 방향의 끝에는 순색(C)이 위치한다.

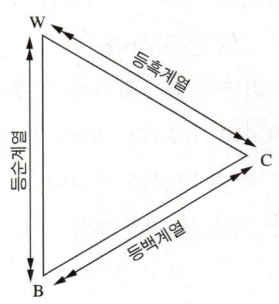

  ㉠ 등백계열 : 흰색량이 같은 계열
  ㉡ 등흑계열 : 검정량이 같은 계열
  ㉢ 등순계열 : 순색량이 같아 보이는 계열
④ 색입체는 정삼각 구도의 사선 배치로 이루어지며, 전체적으로 쌍원추체의 형태로 구성된다.
⑤ 명도를 축으로 하여 수직으로 절단했을 때의 단면 모양은 마름모형이다.

(3) 기호 표시법
① 색표는 W – B, W – C, C – B 각 변에 각각 8단계로 등색삼각형을 형성한다.
② 먼저 W에서 C방향으로 a, c, e, g, i, l, n, p로 나누어 표기한다(알파벳을 하나씩 건너뜀).
③ C에서 B방향으로 똑같이 a, c, e, g, i, l, n, p로 나누어 표기한다.
④ 이들의 교차점이 되는 색을 ca, la, pn, pl 등으로 표시한다.
⑤ 백색량과 흑색량의 함량비율을 a, c, e, g, i, l, n, p(명도 8단계)의 기호로 나타낸 것이다.
  ※ a는 가장 밝은색(백), p는 가장 어두운색(흑)이다.

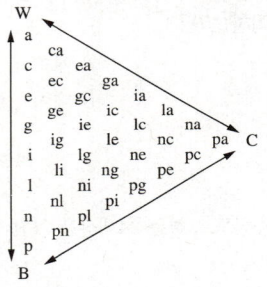

⑥ 오스트발트 색기호 표기
  예 17nc → 17 : 색상, n : 흰색량, c : 검은색량

10년간 자주 출제된 문제

7-1. 오스트발트(Ostwald) 표색계의 원리에 대한 설명 중 틀린 것은?

① 빛을 100% 완전히 반사하는 백색
② 빛을 100% 완전히 흡수하는 흑색
③ 유채색 축을 중심으로 하는 24색상을 가진 등색상 삼각형
④ 특정 영역의 파장만 완전히 반사하고 나머지는 완전히 흡수하는 순색

7-2. 오스트발트의 색채조화론에서 무채색 축의 기호가 아닌 것은?

① a ② c
③ e ④ k

7-3. 오스트발트의 기호 표시법에서 17gc로 표시되었다면 17은 무엇을 의미하는가?

① 명도 ② 채도
③ 색상 ④ 대비

[해설]

7-1
무채색 축을 중심으로 하는 24색상을 가진 등색상 삼각형이다.

7-2
백색량과 흑색량의 함량비율을 a, c, e, g, i, l, n, p(8단계)의 기호로 나타낸다(알파벳을 하나씩 건너뜀).

7-3
17gc에서 17은 색상, g는 흰색량, c는 검은색량을 의미한다.

정답 7-1 ③ 7-2 ④ 7-3 ③

핵심이론 08 색채 분류 및 표시(6) : 기타 표색계

(1) CIE 표색계

① 1931년 국제조명위원회(CIE)에서 개발한 것으로, 가법혼색의 원리를 기본으로 심리·물리적인 빛의 혼색 실험에 기초한 표색계이다.
② 스캔된 원본의 색들과 인쇄된 출력물의 색들을 맞추기 위한 색채관리시스템의 기준이 되는 색공간이다.
③ 빨강, 초록, 파랑의 3색광을 혼합하여 3자극치에 따른 표색방법이다.
④ XYZ 좌표계를 사용하며, 분광광도계를 이용하여 색편의 분광반사율을 측정했을 때 가장 정확하게 색좌표가 계산되는 색체계이다.

※ 분광반사율 : 물체 표면색은 빛이 각 파장에 어떠한 비율로 반사되는가에 따라 달라지는데 이것을 분광반사율이라 한다.

(2) Lab 색체계

① Lab 컬러는 CIE에 의하여 1976년 재정립된 컬러체계로 CIE Lab모형을 말한다.
② 모니터나 프린터에 좌우되지 않는 독립적인 방법으로 색상을 구현하며, RGB와 CMYK의 범위를 모두 포함할 수 있는 색상 범위를 가진다.
③ Lab으로 색상모드를 변환하면 L, a, b 3가지 채널이 생긴다.
  ㉠ L채널 : lightness(명도)를 뜻하며 값의 범위는 0에서 100까지이다.
  ㉡ a채널 : green에서 red 성분이다.
  ㉢ b채널 : blue에서 yellow 성분이다.
④ 각각 값의 범위는 +127~-128까지이다.

(3) PCCS 표색계

① 일본 색채연구소가 1965년 발표한 표색계로, 톤(tone) 개념을 도입하였다.
② 빨강, 노랑, 녹색, 파랑의 4색상을 중심으로 24색상으로 구분한다.
③ 명도는 백색과 흑색의 사이를 지각적으로 고른 간격이 되도록 분할하여 17단계로 구분한다.
④ 채도는 9단계가 되도록 하며, 채도의 기호는 다른 체계와 구별하기 위하여 s(saturation)를 붙인다.
⑤ 톤은 명도와 채도를 포함하는 복합개념이다. 동일한 색상에서도 명암, 강약, 농담 등 상태의 차이를 각 색상마다 12톤으로 분류한다.

톤	영어 표기	기호
해맑은	vivid	v
밝은	bright	b
강한	strong	s
짙은	deep	dp
연한	light	lt
부드러운	soft	sf
칙칙한	dull	d
어두운	dark	dk
엷은	pale	p
밝은 회색을 띤	light grayish	ltg
회색을 띤	grayish	g
어두운 회색을 띤	dark grayish	dkg

10년간 자주 출제된 문제

8-1. CIE 색체계에 대한 설명 중 옳지 않은 것은?
① 색광의 표시법과 관련 있다.
② 가장 과학적이고 국제적 기준이 되는 색표시 방법이다.
③ XYZ 좌표계를 사용한다.
④ 적, 황, 청의 원색광을 적절히 혼합하여 모든 색을 만들 수 있다는 것에 기초한다.

8-2. PCCS 표색계에 대한 설명으로 맞는 것은?
① 색상과 톤에 의한 분류이다.
② 명도는 11단계로 한다.
③ 실제 활용하기에 적합하지 않다.
④ 색상은 20색을 기본으로 한다.

8-3. 다음 PCCS의 톤 분류 기호에서 '해맑은'에 해당되는 것은?
① p
② lt
③ s
④ v

[해설]

8-1
빨강, 초록, 파랑의 3색광을 혼합하여 3자극치에 따른 표색방법이다.

8-2
② 명도는 17단계로 구분한다.
③ 1964년 일본 색채연구소가 발표한 색체계로, 일본의 일반교육 및 미술교육의 색채교육용 표준체계로서 여러 분야에 널리 사용하고 있다.
④ 색상은 24색을 기본으로 한다.

8-3
① p : 엷은
② lt : 연한
③ s : 강한

정답 8-1 ④ 8-2 ① 8-3 ④

핵심이론 09 색채 분류 및 표시(7) : 색명

(1) 색명의 특징
① 색이름에 의하여 색을 표시하는 표색의 일종이다.
② 숫자나 기호보다 색감을 잘 표현하며 부르기 쉽다.
③ 색명은 일상생활에 사용되며 감상적이고 부정확성을 가진다.

(2) 색명의 분류
① **관용색명** : 옛날부터 전해 내려오는 습관상으로 사용하는 색이다.
  ㉠ 기본색에 의한 고유색명 : 하양, 검정, 빨강, 노랑, 보라 등의 순수한 우리말과 흑, 백, 적, 황, 청, 자 등의 한자어
  ㉡ 동물과 물고기에 관련된 고유색명 : 살색, 쥐색, 베이지색(beige), 세피아, 피콕 블루(peacock blue) 등
  ㉢ 식물과 관련된 고유색명 : 밤색, 살구색, 복숭아색, 팥색, 올리브(olive) 등
  ㉣ 광물 또는 보석과 관련된 고유색명 : 금색, 은색, 호박색, 고동색, 산호색, 에메랄드 그린 등
  ㉤ 인명 또는 지명과 관련된 고유색명 : 프러시안 블루(prussian blue), 하바나 브라운(havana brown), 마젠타 보르도(magenta bordeaux) 등
  ㉥ 원료와 관련된 고유색명 : zinc white(아연으로 만든 흰색), 코발트 블루(cobalt blue), 크롬옐로(chrome yellow) 등
  ㉦ 자연현상과 관련된 고유색명 : 하늘색, 바다색, 땅색, 풀색, 무지개색 등

② **일반색명(계통색명)**
  일반색명은 색상, 명도, 채도를 나타내는 수식어를 특별히 정하여 표시하는 색이름으로, 색명의 기능적 역할을 기본으로 한다.

  ㉠ ISCC-NIST 색명법 : 전미색채협의회와 국립표준국이 공동으로 제정한 색명법으로 일본의 JIS나 한국의 KS 색명법의 모태가 된다.
  ㉡ 한국산업규격(KS A 0011) 색명법
  • 유채색의 기본색명

기본색 이름	대응영어(참고)	약호(참고)
빨강(적)	Red	R
주황	Yellow Red	YR
노랑(황)	Yellow	Y
연두	Green Yellow	GY
초록(녹)	Green	G
청록	Blue Green	BG
파랑(청)	Blue	B
남색(남)	Purple Blue	PB
보라	Purple	P
자주(자)	Red Purple	RP
분홍	Pink	Pk
갈색(갈)	Brown	Br

  • 무채색의 기본색명

기본색 이름	대응영어(참고)	약호(참고)
하양(백)	White	Wh
회색(회)	(neutral) Grey(영) (neutral) Gray(미)	Gy
검정(흑)	Black	Bk

  • 유채색의 수식형용사

수식형용사	대응영어(참고)	약호(참고)
선명한	vivid	vv
흐린	soft	sf
탁한	dull	dl
밝은	light	lt
어두운	dark	dk
진(한)	deep	dp
연(한)	pale	Pl

  • 무채색의 수식형용사

수식형용사	대응영어(참고)	약호(참고)
밝은	light	lt
어두운	dark	dk

10년간 자주 출제된 문제

9-1. 다음 색명법에 관한 설명 중 잘못된 것은?
① 색명이란 색이름에 의하여 색을 표시하는 표색의 일종이다.
② 색명은 정량적이고 정확하게 색을 나타낼 수 있다.
③ 숫자나 기호보다 색감을 잘 표현하며 부르기 쉽다.
④ 색명은 크게 관용색명과 계통색명으로 나눈다.

9-2. 다음 관용색과 계통색에 관한 내용으로 틀린 것은?
① 고동색은 관용색 이름이다.
② 풀색은 계통색의 이름이다.
③ 관용색 이름은 옛날부터 전해 내려오는 습관상으로 사용하는 색이다.
④ '어두운 녹갈색'은 계통색 이름의 표시 예이다.

9-3. 지역의 명칭에서 유래한 색 이름이 아닌 것은?
① 나일 블루   ② 코발트 블루
③ 하바나   ④ 프러시안 블루

[해설]

9-1
색명은 일상생활에 사용되며 감상적이고 부정확성을 가진다.

9-2
풀색은 자연현상과 관련된 고유색명이다.

9-3
코발트 블루(cobalt blue)는 원료에서 유래된 관용색명이다.

정답 9-1 ② 9-2 ② 9-3 ②

핵심이론 10 색채조화(1) : 원리

(1) 색채조화의 3원리
① 동일색상에 의한 조화
② 유사색상에 의한 조화
③ 대비색상에 의한 조화

(2) 색채조화의 공통 원리
① 질서의 원리 : 색채의 조화는 의식할 수 있고 효과적인 반응을 일으키는, 질서 있는 계획에 따라 선택된 색채들에서 생긴다.
② 비모호성의 원리 : 색채조화는 두 색 이상의 배색의 선택에 있어서 이상한 점이 없는 명료한 배색에서만 얻어진다.
③ 동류(同流)의 원리 : 가장 가까운 색채끼리의 배색은 보는 사람에게 친근감을 주며, 조화를 느끼게 한다.
④ 유사의 원리 : 배색된 색채들이 서로 공통되는 상태와 속성을 가질 때 그 색채군은 조화를 이룬다.
⑤ 대비의 원리 : 배색된 색채들의 상태와 속성이 서로 반대되면서도 모호한 점이 없을 때 조화를 이룬다.

(3) 저드(Judd)의 색채조화의 4원리
① 질서의 원리
　㉠ 규칙적으로 선택된 색들끼리 잘 조화된다.
　㉡ 색상, 명도, 톤 등 통일적이고 규칙적인 단계를 가지고 있어야 한다.
② 명료성(비모호성, 명백성)의 원리
　㉠ 두 색 이상의 배색에서 애매하지 않고 명료하면 조화를 이룬다.
　㉡ 색상, 명도, 채도의 차이가 확실하면 색들이 조화를 이루며, 비슷한 색이나 면적은 조화하기 어렵다.
③ 친근감(친밀성, 숙지)의 원리
　㉠ 자연계의 색으로, 사람들이 쉽게 접하는 색은 조화를 느끼게 한다.

ⓒ 가을의 붉은 단풍잎, 붉은 저녁놀, 겨울 풍경색 등과 같이 친숙한 것들을 아름답게 생각하는 것을 말한다.
④ 유사성(동류성, 공통성)의 원리
  ㉠ 공통점을 갖거나 속성이 비슷한 색은 조화된다.
  ㉡ 색상, 명도, 채도의 차이가 적으며, 색채의 속성이 공통적으로 느껴지면 조화한다.
  ㉢ 두 색이 부조화한 색이라면 서로의 색을 적당하게 섞어 어느 정도 공통의 양상과 성질을 가진 것으로 배색하면 조화한다.

10년간 자주 출제된 문제

10-1. 색채조화의 공통되는 원리가 아닌 것은?
① 질서의 원리 ② 유사의 원리
③ 대비의 원리 ④ 모호성의 원리

10-2. '가을의 붉은 단풍잎, 붉은 저녁놀, 겨울 풍경색 등과 같이 친숙한 것들을 아름답게 생각하는 것'을 저드의 색채조화 이론으로 설명한다면 어느 원리인가?
① 질서의 원리 ② 비모호성의 원리
③ 친근감의 원리 ④ 동류성의 원리

|해설|
10-1
색채조화의 공통 원리
• 질서의 원리
• 비모호성의 원리
• 동류(同流)의 원리
• 유사의 원리
• 대비의 원리

10-2
친근감의 원리
자연계의 색으로, 쉽게 접하는 색은 조화를 느끼게 한다.

정답 10-1 ④ 10-2 ③

핵심이론 11 색채조화(2) : 오스트발트의 조화론

(1) 무채색의 조화
3색 또는 2색 이상이 회색일 경우는 무채색 계열로서 등간격이 잘 조화된다.

(2) 단색상(등색상)의 조화
등색상 3각형 내의 조화를 말한다.
① 등백계열의 조화 : 동일한 백색량, 즉 기호의 앞자가 같은 색은 조화된다.
  예 pa – pc – pe – pg, pn – pi – pe
② 등흑계열의 조화 : 동일한 흑색량, 즉 기호의 끝자가 같은 색은 조화된다.
  예 pa – ia – ca, pe – le – ge
③ 등순계열의 조화 : 순도가 같은 색채로, 수직선상에 있는 색채를 일정간격으로 선택하면 조화를 이룬다.
  예 gc – ie – lg – ni, gc – lg – pl
④ 등가색환의 조화
  ㉠ 색입체를 수평으로 잘라보면 환위의 색채는 그 성질(검정량, 흰색량, 순색량)이 같은 28개의 등가색환이 있다.
  ㉡ 선택된 색채가 등가색환 위에서의 거리가 4 이하(2, 3, 4 간격대)이면 유사색 조화, 6간격대와 8간격대이면 이색조화이다.
    예 이색조화 → 8ea – 14ea, 3na – 21na
⑤ 다색조화(윤성조화) : 색입체 3각형 속에 하나의 색(예 ic)을 지나는 수직선(등순계열), 윗사변에 평행하는 선(등흑계열), 아랫사변에 평행하는 선(등백계열) 및 수평으로 자른 원(등가색상환)은 모두 잘 조화된다.

10년간 자주 출제된 문제

11-1. 오스트발트의 조화론과 관계가 없는 것은?
① 다색조화　　② 등가색환에서의 조화
③ 무채색의 조화　④ 제1부조화

11-2. 오스트발트(W. Ostwald)의 등색상 삼각형의 흰색(W)에서 순색(C) 방향과 평행한 색상의 계열은?
① 등순계열　　② 등흑계열
③ 등백계열　　④ 등가색환계열

11-3. 오스트발트 색체계에서 등순계열의 조화에 해당하는 것은?
① ca – ea – ga – ia　② pa – pc – pe – pg
③ lg – le – ne – pa　④ gc – ie – lg – ni

[해설]

11-1
문-스펜서의 색채조화론 중 부조화에 제1부조화, 제2부조화, 눈부심이 있다.

11-2
오스트발트 색체계의 조화

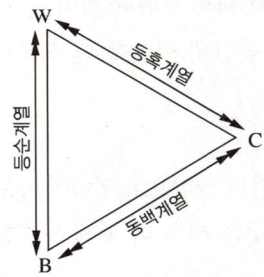 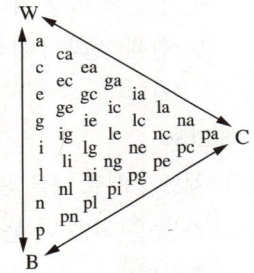

- 등백계열 : 흰색량이 같은 계열
- 등흑계열 : 검정량이 같은 계열
- 등순계열 : 순색량이 같아 보이는 계열

11-3
① 등흑계열
② 등백계열

정답 11-1 ④　11-2 ②　11-3 ④

핵심이론 12 색채조화(3) : 문-스펜서의 조화론

(1) 색채조화
① 두 색의 간격이 애매하지 않은 배색, 오메가(ω) 공간에서 간단한 기하학적 관계가 되도록 선택한 배색을 가정으로, 조화와 부조화로 분류하고 색채조화에 관한 원리들을 정량적인 색좌표에 의해 과학적으로 설명했다.
② 조화와 부조화의 분류
　㉠ 조화의 원리
　　• 동일조화 : 같은 색의 조화
　　• 유사조화 : 유사색의 조화
　　• 대비조화 : 반대색의 조화
　㉡ 부조화의 영역
　　• 제1부조화(1st ambiguity) : 아주 유사한 색의 부조화
　　• 제2부조화(2nd ambiguity) : 약간 다른 색의 부조화
　　• 눈부심(glare) : 극단적인 반대색의 부조화

(2) 면적의 효과
① 배색에 있어서 색의 면적을 조정함으로써 불쾌한 느낌의 배색도 명쾌한 느낌의 배색으로 만들 수 있다.
② 배색된 색은 면적비에 따라서 회전판 위에 놓고 회전혼색을 할 때 나타나는 색에 의하여 배색의 심리적 효과가 결정된다.
③ 작은 면적의 강한 색과, 큰 면적의 약한 색과는 잘 조화된다.

(3) 색채조화에 적용되는 미도(美度)

① Birkhoff의 미감척도 공식

$$M = O/C = (0.5 < 좋은 배색)$$

여기서, M : 미도
O : 질서의 요소
C : 복잡성의 요소

② 문-스펜서의 미도 : 배색에 있어서 질서의 요소는 색상, 명도, 채도의 동등과 유사한 대비이며, 면적의 균형도 질서의 요소에 해당한다.

10년간 자주 출제된 문제

12-1. 문-스펜서의 색채조화론에 대한 설명 중 잘못된 것은?

① 색의 3속성에 대하여 지각적으로 고른 색채 단계를 가지는 독자적인 색입체로 오메가 공간을 설정하였다.
② 일반적으로 먼셀 표색계에 의하여 설명된다.
③ 색상과 채도를 일정하게 하고 명도만을 변화시키는 경우는 많은 색상을 사용한 복잡한 디자인보다 미도가 낮다.
④ 배색된 색은 면적비에 따라서 회전판 위에 놓고 회전 혼색할 때 나타나는 색에 의하여 배색의 심리적 효과가 결정된다.

12-2. 문-스펜서의 색채조화론에 대한 설명 중 틀린 것은?

① 조화는 동등조화, 유사조화, 대비조화가 있다.
② 부조화는 제1부조화, 제2부조화, 눈부심이 있다.
③ 미도가 0.5 이상으로 높아질수록 점점 부조화가 된다.
④ 작은 면적의 강한 색과 큰 면적의 약한 색과는 잘 어울린다.

[해설]

12-1
동등색상이면서 동등채도인 단순한 디자인은 많은 색상에 의한 복잡한 디자인보다 더 아름다울 때가 있다.

12-2
미도가 0.5 이상이면 아름다운 배색, 즉 조화로운 배색이라고 한다.

$$미도 = \frac{질서의 요소}{복잡성의 요소} (0.5 < 좋은 배색)$$

정답 12-1 ③ 12-2 ③

핵심이론 13 색채 심리(1) : 색의 대비

(1) 동시대비

서로 가까이 놓인 두 개 이상의 색을 동시에 볼 때 일어나는 색의 대비를 말한다.

① 명도대비
  ㉠ 명도가 서로 다른 색들끼리의 영향으로 명도차가 더 크게 나타나는 현상이다.
  ㉡ 서로 다른 두 색이 인접했을 때 서로의 영향으로 밝은색은 더욱 밝아 보이고, 어두운색은 더욱 어두워 보인다.
    예 흰색 배경의 회색보다, 검은색 배경의 회색이 더 밝게 보인다.

② 색상대비
  ㉠ 색상이 서로 다른 색들끼리의 영향으로 인하여 색상 차이가 커보이는 현상이다.
  ㉡ 색상의 거리가 가까울 때 일어난다.
    예 빨간색 바탕 위의 주황색은 노란색 기미를, 노란색 위의 주황색은 빨간색 기미를 띤 색으로 보인다.

③ 채도대비
  ㉠ 채도가 서로 다른 색들 간의 영향으로 인하여 채도가 높은 색은 더 높게, 낮은 색은 더 낮게 느끼는 현상이다.
  ㉡ 어떤 중간색을 무채색 위에 위치시키면 원래의 색보다 채도가 높아 보인다.
    예 빨강 위에 노랑보다, 회색 위의 노랑이 더욱 선명하게 보인다.

④ 보색대비
  ㉠ 보색 관계인 두 색이 서로의 영향으로 각각의 채도가 더 높게 보이는 현상이다.
  ㉡ 청색면으로 둘러싸인 녹색면은, 청색의 보색인 황색을 띤 녹색으로 보인다.
  ※ 보색의 예 : 빨강 – 청록, 노랑 – 남색, 파랑 – 주황, 보라 – 노랑, 연두 – 보라

(2) 계시대비(계속대비, 연속대비)

① 어떤 색을 보고 난 후에 곧이어 다른 색을 보는 경우, 먼저 본 색의 영향으로 다음에 보는 색이 다르게 보이는 현상이다.
② 보색잔상의 영향으로 먼저 본 색의 보색이 나중에 보는 색에 혼합되어 보인다.
  예 흰 종이 위에 있는 빨간 사과를 한참 보다가 치우면 그 자리에 같은 모양의 청록색이 연상되어 보인다.

(3) 면적대비

① 면적이 크고 작음에 의하여 색이 다르게 보이는 현상이다.
② 면적이 커지면 명도 및 채도가 증대되어 실제 색보다 더 밝고 선명하게 보이고, 면적이 작아지면 명도와 채도가 감소되어 보인다.
  예 옷감을 고를 때 작은 견본을 보고 고른 후 완성 후에는 예상과 달리 색상이 뚜렷한 경우
※ 매스효과 : 면적대비의 일종으로 동일색상의 경우, 큰 면적의 색은 작은 면적의 색견본을 보는 것보다 화려하고 박력이 가해진 인상으로 보이는 것을 말한다.

(4) 연변대비

① 어떤 두 색이 붙어 있는 그 경계 언저리는, 그곳에서 멀리 떨어져 있는 부분보다 색의 3속성(색상, 명도, 채도)별로 대비현상이 더 강하게 일어나는 현상이다.
② 3색 이상 다른 밝기를 가진 회색을 단계적으로 배열했을 때 명도가 높은 회색과 접하고 있는 부분은 어둡게 보이고, 반대로 명도가 낮은 회색과 접하고 있는 부분은 밝게 보인다.

10년간 자주 출제된 문제

13-1. 계시대비 실험에서 청록색 종이를 보다가 흰색 종이를 보면 어떻게 느껴지는가?
① 보라 기미가 느껴진다.
② 노랑 기미가 느껴진다.
③ 연두 기미가 느껴진다.
④ 빨강 기미가 느껴진다.

13-2. 옷감을 고를 때 작은 견본을 보고 고른 후 완성 후에는 예상과 달리 색상이 뚜렷한 경우가 있다. 이것은 다음 중 어느 것과 관련이 있는가?
① 보색대비　　　② 연변대비
③ 색상대비　　　④ 면적대비

13-3. 3색 이상 다른 밝기를 가진 회색을 단계적으로 배열했을 때 명도가 높은 회색과 접하고 있는 부분은 어둡게 보이고 반대로 명도가 낮은 회색과 접하고 있는 부분은 밝게 보인다. 이들 경계에서 보이는 대비 현상은?
① 보색대비　　　② 채도대비
③ 연변대비　　　④ 계시대비

해설

13-1
흰 종이 위에 있는 빨간 사과를 한참 보다가 치우면, 그 자리에 같은 모양의 청록색이 연상되어 보이는 현상과 같다. 이것은 보색잔상의 영향으로, 먼저 본 색의 보색이 나중에 보는 색에 혼합되어 보이기 때문이다.

13-2
매스효과 : 면적대비의 일종으로 동일색상의 경우 큰 면적의 색은, 작은 면적의 색견본을 보는 것보다 화려하고 박력이 가해진 인상으로 보이는 것을 말한다.

13-3
연변대비 : 어떤 두 색이 붙어 있는 경계 언저리는, 그곳에서 멀리 떨어져 있는 부분보다 색의 3속성(색상, 명도, 채도)별로 대비현상이 더 강하게 일어나는 현상이다.

정답 13-1 ④　13-2 ④　13-3 ③

핵심이론 14 색채 심리(2) : 색의 동화, 잔상

(1) 색의 동화

① 동화현상의 개념
  ㉠ 대비와 반대되는 것으로 어떤 색이 주위의 색과 가깝게 보이는 현상이다.
  ㉡ 좁은 시야에 복잡하고 섬세하게 배치되었을 때 가장 잘 발생한다.

② 동화현상의 예
  ㉠ 검정에 싸인 흰색은 주위의 흰색보다 어둡게 보인다.
  ㉡ 회색 줄무늬라도 청색 줄무늬에 섞인 것은 청색을 띠어 보인다.
  ㉢ 녹색바탕의 셔츠 줄무늬가 노란색일 경우 노란색 줄무늬 부근은 황록색으로, 파란색 줄무늬는 청록색으로 보인다.
  ※ 베졸드 효과
    • 멀리서 보면 직조된 색채들이 시각적으로 혼색되어 새로운 중간 색채를 만들어 내는 것을 말한다.
    • 일종의 가법혼색이며, 주위의 색과 닮아 보이는 동화현상과 관련이 있다.
    • 동일한 회색 바탕의 하양 줄무늬와 검정줄무늬의 경우 바탕의 회색이 하양 줄무늬의 영향으로 더 밝아 보이고, 바탕의 회색이 검정줄무늬의 영향으로 더욱 어둡게 보인다.

(2) 색의 잔상

① 잔상의 개념
  ㉠ 일정한 에너지의 자극이 눈에 들어와 색감각의 반응이 생긴 후 자극을 제거하면, 제거한 후에도 그 흥분이 남아서 원자극과 동질 또는 이질(異質)의 감각 경험을 일으키는 현상이다.
  ㉡ 외부의 자극이 사라진 뒤에도 감각 경험이 지속되어 얼마 동안 상이 남아 있다.

② 잔상의 종류
  ㉠ 부(negative)의 잔상
    • 원래의 감각과 반대의 밝기 또는 색상을 가지는 잔상이다.
    • 어떤 색을 응시하다가 시선을 옮기면 먼저 본 색의 반대색이 잔상으로 생긴다.
      예 검은색 원을 한참 보다가 벽을 보면 흰색 원이 나타나 보이고, 흰색 원을 한참 보다가 벽을 보면 검은색 원이 나타나 보인다.
  ㉡ 정(positive)의 잔상
    • 망막의 흥분 상태의 지속성에 의한 것으로 이는 자극 이후에도 그 충동이 시신경에 계속되고 있기 때문에 앞서 지각된 이미지가 계속되는 현상이다.
      예 팽이, 횃불놀이, 비행기의 프로펠러, TV나 영화 등에서 나타나는 색의 현상
  ㉢ 보색 잔상
    • 원자극 상의 보색으로 나타나는 잔상으로 부의 잔상에 속한다.
    • 색의 자극이 없어지고 잠시 지나면 그 상이 나타나는 것이다.
    • 적색자극의 잔상은 보색인 청록색으로, 청색자극의 잔상은 보색인 주황색으로 나타난다.
      예 수술실 벽면을 청록색으로 칠하는 것은 잔상을 막기 위해서이다.

10년간 자주 출제된 문제

14-1. 색의 동화현상(同化現象)에 대한 설명 중 틀린 것은?
① 회색 줄무늬라도 청색 줄무늬에 섞인 것은 청색을 띠어 보이는 현상
② 주위 색의 영향으로 인접색과 서로 반대되는 경향에 있는 현상
③ 동화를 일으키기 위해서는 색의 영역이 하나로 종합될 것이 필요함
④ 대비현상과는 반대의 현상

14-2. 베졸드 효과(Bezold effect)의 설명으로 틀린 것은?
① 빛이 눈의 망막 위에서 해석되는 과정에서 혼색효과를 가져다주는 일종의 가법혼색이다.
② 색점을 섞어 배열한 후 거리를 두고 관찰할 때 생기는 일종의 눈의 착각현상이다.
③ 여러 색으로 직조된 직물에서 하나의 색만을 변화시키거나 더할 때 생기는 전체 색조의 변화이다.
④ 밝기와 강도에서는 혼합된 색의 면적비율에 상관없이 강한 색에 가깝게 지각된다.

14-3. 외과병원 수술실 벽면의 색을 청록색으로 처리한 것은 어떤 현상을 막기 위한 것인가?
① 푸르킨예 현상 ② 연상작용
③ 동화현상 ④ 잔상현상

[해설]

14-1
대비현상과는 달리 인접한 색들끼리 서로의 영향을 받아 인접한 색에 가깝게 느껴지는 경우를 동화현상이라 한다.

14-2
베졸드 효과는 색을 직접 섞지 않고 색점을 배열함으로써 인접색에 가까운 색으로 느끼게 하는 현상으로 주위 색과 닮아 보이는 동화현상과 관련이 있다.

14-3
붉은 핏빛의 잔상이 일어날 수 있으므로 생리적 보색인 청록색으로 수술실 벽면을 칠해준다.

정답 14-1 ② 14-2 ④ 14-3 ④

핵심이론 15 색채 심리(3) : 항상성, 명시성, 주목성

(1) 항상성
① 일종의 색순응 현상으로, 밝기나 색이 조명의 변화에도 불구하고 본래의 모습을 유지하려는 것을 밝기 또는 색의 항상성이라고 한다.
  ㉠ 밝기의 항상성은 밝은 물건 쪽이 강하고, 어두운 물건 쪽이 약하게 된다.
  ㉡ 색의 항상성은 밝기의 항상성에 비해 강하지는 않지만, 색광시야가 넓고 시야의 구조가 복잡하면 강해진다.
② 배경색과 조명이 변해도 색채는 그대로 인지된다.
  예 백지는 어두운 곳이나 밝은 곳이나 백지로 인지된다.
③ 시야가 좁거나 관찰시간이 짧으면 항상성이 약해진다.

(2) 명시도(시인성)
① 시인성에 가장 영향력을 미치는 것은 배경색과 대상 색의 명도차이다.
  예 노란색 종이 위의 검은색 글씨
② 명도차를 크게 하면 일반적으로 시인성은 높아진다.
③ 유채색끼리일 때에는 보색관계가 시인성이 높다.
④ 검은색 배경 위 고명도의 색이, 저명도의 색보다 명시도가 높다.
※ 명시도가 높은 배색 : 검정 배경일 때 명시도의 순위는 노랑→주황→연두→주황→빨강→청록→파랑→남색→보라이며, 흰색 배경이면 역순이 된다.

(3) 주목성
① 주목성은 색이 우리의 눈을 끄는 힘을 말하며, 시인성이 높은 색은 대체로 주목성이 높다.
② 일반적으로 고명도, 고채도 난색이 주목성이 높다.
③ 자극적이고 대조적인 느낌의 배색이 주목성이 높다.

10년간 자주 출제된 문제

15-1. 색의 항상성(color constancy)을 바르게 설명한 것은?
① 배경색에 따라 색채가 변하여 인지된다.
② 조명에 따라 색채가 다르게 인지된다.
③ 빛의 양과 거리에 따라 색채가 다르게 인지된다.
④ 배경색과 조명이 변해도 색채는 그대로 인지된다.

15-2. 색채의 시인성에 가장 영향력을 미치는 것은?
① 배경색과 대상색의 색상차가 중요하다.
② 배경색과 대상색의 명도차가 중요하다.
③ 노란색에 흰색을 배합하면 명도차가 커서 시인성이 높아진다.
④ 배경색과 대상색의 색상 차이는 크게 하고, 명도차는 두지 않아도 된다.

15-3. 다음 중 주목성이 가장 높은 배색은?
① 자극적이고 대조적인 느낌의 배색
② 온화하고 부드러운 느낌의 배색
③ 초록이나 자주색 계통의 배색
④ 중성색이나 고명도의 배색

해설

15-1
색의 항상성은 일종의 색순응 현상으로서, 주변의 광원이나 조명이 되는 빛의 강도와 조건이 달라져도 색을 본래의 모습 그대로 느끼는 현상을 말한다.

15-2
명도차를 크게 하면 일반적으로 명시도(시인성)는 높아진다.

15-3
주목성
- 색이 우리의 눈을 끄는 힘을 말하며, 시인성이 높은 색은 대체로 주목성이 높아진다.
- 일반적으로 고명도, 고채도 색이 주목성이 높다.
- 자극적이고 대조적인 느낌의 배색이 주목성이 높다.

정답 15-1 ④ 15-2 ② 15-3 ①

핵심이론 16 색채 심리(4) : 색의 시각적인 효과

(1) 색의 진출, 후퇴
① 배경색보다 앞으로 진출해 보이는 것처럼 느껴지는 색을 진출색, 뒤로 후퇴해 보이는 것처럼 느껴지는 색을 후퇴색이라 한다.
② 일반적으로 차가운 색보다 따뜻한 색이, 어두운색보다 밝은색이, 저채도의 색보다 고채도의 색이, 무채색보다 유채색이 진출해 보인다.

(2) 색의 팽창, 수축
① 어떤 색의 면적이 실제의 면적보다 크게 느껴질 때의 색을 팽창색, 그 반대의 경우를 수축색이라 한다.
② 일반적으로 고명도의 색은 팽창색이 되고, 저명도의 색은 수축색이 된다.
  ㉠ 진출, 팽창하는 색 : 고명도, 고채도, 난색계, 장파장 쪽의 색상
  ㉡ 후퇴, 수축하는 색 : 저명도, 저채도, 한색계, 단파장 쪽의 색상

10년간 자주 출제된 문제

16-1. 색의 진출, 후퇴에 관한 일반적인 성질 중 틀린 것은?
① 난색계는 한색계보다 진출성이 크다.
② 배경색의 채도가 낮은 것에 대하여 채도가 높은 색은 진출한다.
③ 배경색과의 명도차가 큰 밝은색은 진출한다.
④ 유채색 배경일 때 무채색은 가장 진출성이 크다.

16-2. 다음 중 가장 진출, 팽창되어 보이는 것은?
① 채도가 높은 한색계열
② 명도가 낮은 난색계열
③ 채도가 높은 난색계열
④ 명도가 높은 한색계열

16-3. 크기가 같은 물건일 경우 가장 커 보이는 물체의 색은?
① 흰색
② 빨간색
③ 초록색
④ 파란색

[해설]

16-1
유채색이 무채색보다 진출해 보인다.

16-2
- 진출, 팽창하는 색 : 고명도, 고채도, 난색계
- 후퇴, 수축하는 색 : 저명도, 저채도, 한색계

16-3
어떤 색의 면적이 실제의 면적보다 크게 느껴질 때의 색을 팽창색, 그 반대의 경우를 수축색이라 한다. 일반적으로 고명도의 색(흰색)은 팽창색이 되고 저명도의 색(검은색)은 수축색이 된다.

정답 16-1 ④ 16-2 ③ 16-3 ①

핵심이론 17 색채 심리(5) : 색의 감정(심리)적인 효과

(1) 온도감

① 난색
  ㉠ 난색은 빨강, 노랑, 주황 등의 색으로 유쾌하며 활동적인 느낌을 준다.
  ㉡ 난색계열의 고명도·고채도를 사용하면 흥분감을 준다.
  ㉢ 난색계의 빨강은 진출, 팽창되어 보인다.

② 한색
  ㉠ 한색은 청록, 파랑, 남색 등의 색으로 침착하고 안정된 느낌을 준다.
  ㉡ 한색계열의 저채도를 사용하면 심리적으로 진정된다.
  ㉢ 한색계는 일반적으로 수축, 후퇴되어 보인다.

③ 중성색
  ㉠ 중성색은 연두, 녹색, 보라, 자주 등 온도감을 느낄 수 없는 색을 말한다.
  ㉡ 때로는 차갑게 때로는 따뜻하게 느껴질 수도 있다.

(2) 중량감과 강약감

① 중량감
  ㉠ 색의 밝기와 어두움에 따라 가볍고 무겁게 보이는 시각현상이다.
  ㉡ 고명도일수록 가볍게 느껴지고, 저명도일수록 무겁게 느껴진다.

② 강약감
  ㉠ 색에 의하여 강한 느낌이나 약한 느낌을 주는 것이다.
  ㉡ 주로 채도의 높고 낮음에 의하여 결정된다.
  ㉢ 무채색의 경우 고명도는 차갑고 저명도는 따뜻한 느낌이고, 유채색의 경우 고명도는 따뜻하고 저명도는 차가운 느낌이다.

(3) 운동감
① 색에 따른 운동감에 의해 전진해 보이기도 하고, 후퇴해 보이기도 하는 현상이다.
② 전진색은 일반적으로 팽창하게 보이고, 후퇴색은 수축하여 보인다.
③ 전진색과 팽창색은 주로 난색계에 해당하고, 후퇴색과 수축색은 주로 한색계에 속한다.

(4) 경연감
색채의 부드럽고 딱딱한 느낌을 말하며, 색의 채도 및 명도에 따라 결정된다.
① 연감 : 난색계의 저채도, 고명도
② 경감 : 한색계의 저명도, 고채도

(5) 맛
일반적으로 한색계열은 쓴맛과 관계되며, 난색계열은 단맛과 관계된다.
① 신맛 : 노란색, 연두색, 녹황색
② 단맛 : 빨간색, 핑크
③ 쓴맛 : 브라운, 올리브그린
④ 짠맛 : 청록색, 회색, 흰색

10년간 자주 출제된 문제

17-1. 색채의 온도감에 대한 설명 중 옳은 것은?
① 색채의 온도감은 색상에 의한 효과가 가장 크다.
② 파장이 짧은 쪽이 따뜻하게 느껴진다.
③ 보라색, 녹색 등은 한색계의 색이다.
④ 검은색보다 백색이 따뜻하게 느껴진다.

17-2. 다음 중 색채의 감정적 효과로서 가장 흥분을 유발시키는 색은?
① 한색계의 높은 채도
② 난색계의 높은 채도
③ 난색계의 낮은 명도
④ 한색계의 높은 명도

17-3. 색채 심리에 관한 설명 중 틀린 것은?
① 색채의 중량감은 주로 채도에 의해 좌우된다.
② 난색은 흥분색, 한색은 진정색이다.
③ 대체로 난색계는 친근감을, 한색계는 소원(疏遠)감을 준다.
④ 두 가지 색이 인접하여 있을 때 서로 영향을 주어 그 차이가 강조되어 보이는 것이 색채대비 효과이다.

|해설|

17-1
② 파장이 짧은 쪽이 차갑게 느껴진다.
③ 보라색, 녹색 등은 중성색계의 색이다.
④ 검은색이 백색보다 따뜻하게 느껴진다.

17-2
난색계의 고채도 색은 흥분을 유발하고, 한색계의 저채도 색은 마음을 가라앉히는 진정의 효과를 가져온다.

17-3
중량감은 색의 밝기와 어두움에 따라 가볍고 무겁게 보이는 시각현상으로 색의 명도에 의하여 좌우된다.

정답 17-1 ① 17-2 ② 17-3 ①

핵심이론 18 색채 심리(6) : 색의 연상 및 상징

(1) 색의 연상
① 개인의 경험, 기억, 사상, 의견 등이 색의 이미지에 반영된다.
② 유채색은 구체적인 연상이 강하며, 무채색은 추상적인 연상이 나타난다.
③ 빨강, 파랑, 노랑 등 원색과 같은 해맑은 톤일수록 연상 언어가 많다.
④ 파랑, 하늘색 등은 일반적으로 청결한 이미지를 나타낸다.
⑤ 금속색(주로 은회색 등)은 첨단적, 현대적인 이미지를 나타낸다.

색채	구체적 연상	추상적 연상
빨강	태양, 불, 사과, 붉은깃발, 피, 딸기	기쁨, 강렬, 정열, 활동, 흥분, 위험, 혁명, 에너지
주황	오렌지, 감, 호박, 당근, 저녁노을	화려함, 약동, 양기, 야심, 질투, 식욕, 쾌락, 건강
노랑	바나나, 유채꽃, 해바라기, 금, 금발, 개나리, 병아리	쾌활, 환희, 발전, 활동, 도전, 희망, 질투, 광명, 명랑
초록	전원, 초목, 숲, 밀림, 수박	생명, 평화, 안전, 휴식, 건전, 평정, 희망
파랑	물, 하늘, 바다, 사파이어, 푸른색	이상, 진실, 젊음, 냉정, 경계, 영원, 침착, 추위
보라	포도, 가지, 나팔꽃, 라일락	고귀, 권력, 창조, 우아, 예술, 불안, 병약, 신비, 고독
흰색	눈, 솜, 흰종이, 신부, 눈사람, 의사, 간호사	결백, 소박, 신성, 순결, 청춘, 정직, 명쾌, 냉혹, 시작
회색	구름, 쥐, 재, 안개, 스님	중립, 중성, 평범, 우울
검정	밤, 연탄, 흑판, 까마귀, 흑장미, 눈동자, 타이어	엄숙, 시체, 반항, 죽음, 어두움, 침묵, 비애, 공포

(2) 색상의 느낌

색상		느낌
빨강	긍정	정열, 감동, 용기, 힘, 생명력, 에너지, 사랑, 따뜻함, 개방적, 사교적
	부정	색(色), 피, 악마, 뜨거움, 위험, 죽음, 금지, 비도덕적, 흥분, 공격, 공포심, 위험, 욕정, 충동적
주황	긍정	즐거움, 엔터테인먼트, 장난감, 생동감, 따뜻함, 식욕, 귀여움, 에너지, 성과, 활기, 건강, 창조성, 능력, 즐거움, 화려함, 사교적
	부정	변덕, 경계, 불안, 싼, 귀찮음, 허풍, 충동
파랑	긍정	신뢰성, 자신감, 생동감, 열정, 희망, 신성함, 평화, 고요함, 순수, 신뢰, 신중, 권위, 존경, 이성, 진실, 충성, 성실, 생명, 불멸, 행운
	부정	독선적, 우울함, 슬픔, 보수적, 권위적, 낙담, 의심, 불행, 냉정, 이기적, 고독, 우울, 불행, 고통
보라	긍정	우아함, 위엄, 신비로움, 판타지, 독창성, 지혜, 신비, 환상, 낭만, 신성, 거룩, 숭고함, 고귀함
	부정	우울함, 죽음, 외로움, 허영심, 예민함, 비애, 우울, 고독, 죽음의 고통

10년간 자주 출제된 문제

18-1. 다음 색채가 지닌 연상 감정에서 광명, 희망, 활동, 쾌활 등의 색은?
① 빨강(red) ② 주황(yellow red)
③ 노랑(yellow) ④ 자주(red purple)

18-2. 다음 중 이성적이며 날카로운 사고나 냉정함을 표현할 수 있는 색은?
① 연두 ② 파랑
③ 자주 ④ 주황

해설

18-1
① 빨강 : 열렬(熱烈), 열, 위험, 혁명, 분노, 더위
② 주황 : 희열, 활력, 만족, 풍부, 유쾌, 건강, 따뜻함
④ 자주 : 애정, 연애, 성적(性的), 술, 창조적, 심리적, 정서

18-2
파란색(blue)
• 긍정적 이미지 : 신뢰감, 성공, 희망, 하늘, 안전, 명상, 바다, 신선한, 순수, 진실, 영원, 정의, 장애, 신중, 근성, 첨단, 젊음, 청결
• 부정적 이미지 : 독선적, 우울함, 슬픔, 보수적, 권위적, 의심

정답 18-1 ③ 18-2 ②

핵심이론 19 색채관리(1) : 색채조절

(1) 색채조절의 개념
① 색채가 지닌 심리적, 생리적, 물리학적 성질을 잘 활용하는 일을 색채조절이라고 한다.
② 인류생활, 작업상의 분위기, 환경 등을 상쾌하고 능률적으로 꾸미기 위한 것이다.
③ 미국의 기업체에서 먼저 개발했고 기능배색이라고도 한다.
④ 환경색이나 안전색 등으로 나누어 활용한다.
※ 색채조절의 4가지 요건 : 능률성, 안전성, 쾌적성, 고감각성

(2) 색채조절의 3요소
① **명시성** : 색채조절을 통하여 시각의 정상 상태를 보장하며, 불필요한 긴장을 피하고 시력의 피로를 감소시키는 것이다.
② **작업의욕** : 작업에 사용되는 기구나 도구 등의 색채, 즉 환경의 색채를 조절하여 쾌적하고 활동적인 의욕이 생기도록 한다.
③ **안전** : 위험을 방지하여 안전을 기하는 색채효과이다. 즉, 색채의 명시성과 주목성으로 주의를 환기시키는 것이 목적이다.

(3) 색채조절의 효과
① 눈의 긴장과 피로가 감소된다.
② 능률이 향상되어 생산력이 높아진다.
③ 유지, 관리가 경제적이며 쉽다.
④ 사고나 재해를 감소시킨다.
⑤ 안전성, 명시성이 높아진다.

10년간 자주 출제된 문제

19-1. 색채관리에 대한 설명으로 거리가 먼 것은?
① 기업운영의 중요한 기술이라 할 수 있다.
② 디자인과 색채를 통일하여 좋은 기업상을 만들 수 있다.
③ 제품의 생산단계에서부터 도입하여 색채관리를 한다.
④ 소비자가 구매충동을 일으킬 수 있는 색채관리가 필요하다.

19-2. 색채조절(color conditioning)에 관한 설명 중 적절하지 않은 것은?
① 미국의 기업체에서 먼저 개발했고 기능배색이라고도 한다.
② 환경색이나 안전색 등으로 나누어 활용한다.
③ 색채가 지닌 기능과 효과를 최대로 살리는 것이다.
④ 기업체 이외의 공공건물이나 장소에는 부적당하다.

19-3. 색채조절을 위해 만족시켜야 할 요인이 아닌 것은?
① 유행성을 높인다.   ② 능률성을 높인다.
③ 안전성을 높인다.   ④ 감각을 높인다.

[해설]

19-1
색채관리란 제품의 색채에 관한 품질관리를 말하며, 좋은 색채의 계획부터 경제적으로 제작하는 방법까지의 여러 단계를 말한다.

19-2
색채조절이란 색 자체가 가지고 있는 심리적, 생리적, 물리적 성질을 이용하여 인간의 생활이나 작업의 분위기 또는 환경을 쾌적하고 보다 능률적으로 만들기 위한 것이므로 기업체뿐만 아니라 공공건물이나 장소에도 적용된다.

19-3
색채조절의 4가지 요건 : 능률성, 안전성, 쾌적성, 고감각성

정답 19-1 ③   19-2 ④   19-3 ①

핵심이론 20 색채관리(2) : 안전색

(1) 안전색채의 기능 및 고려사항

① 기능적 색채효과를 잘 나타낸다.
② 안전색채는 다른 물체의 색과 쉽게 식별되어야 한다.
③ 안전색채는 국제적으로 공통적인 의미를 지닌다.
④ 재료의 내광성과 경제성을 고려해야 한다.
⑤ 색채로서 직감적 연상을 일으켜야 한다.
⑥ 박명효과(푸르킨예 현상)를 고려해야 한다.
⑦ 색의 쓰이는 의미가 적절해야 한다.
⑧ 색채를 사용해 왔던 관습을 고려해야 한다.
⑨ 안전색채 사용에서 가장 고려해야 할 점은 명시도와 주목성이다.

(2) 안전·보건표지의 색도기준(산업안전보건법 시행규칙 별표 8)

색채	색도기준	용도	사용 예
빨간색	7.5R 4/14	금지	정지신호, 소화설비 및 그 장소, 유해행위의 금지
		경고	화학물질 취급장소에서의 유해·위험 경고
노란색	5Y 8.5/12	경고	화학물질 취급장소에서의 유해·위험 경고 이외의 위험경고, 주의표지 또는 기계방호물
파란색	2.5PB 4/10	지시	특정 행위의 지시 및 사실의 고지
녹색	2.5G 4/10	안내	비상구 및 피난소, 사람 또는 차량의 통행표지
흰색	N9.5		파란색 또는 녹색에 대한 보조색
검은색	N0.5		문자 및 빨간색 또는 노란색에 대한 보조색

10년간 자주 출제된 문제

20-1. 다음 중 안전색채의 조건이 아닌 것은?
① 기능적 색채효과를 잘 나타낸다.
② 색상차가 분명해야 한다.
③ 재료의 내광성과 경제성을 고려해야 한다.
④ 국제적 통일성은 중요하지 않다.

20-2. 다음 안전색채나 안전색광을 선택하는 데 고려해야 할 내용 중 가장 잘못된 것은?
① 색채로서 직감적 연상을 일으켜야 한다.
② 박명효과(푸르킨예 현상)를 고려해야 한다.
③ 색의 쓰이는 의미가 적절해야 한다.
④ 색채를 사용해 왔던 관습은 무시해야 한다.

20-3. 다음 중 명시도를 가장 중요시하는 분야는?
① 안전사고 방지표시 ② 실내장식
③ 포장디자인 ④ 마크디자인

[해설]

20-1
안전색채는 국제적으로 공통적인 의미를 지녀야 한다.

20-2
색채를 사용해왔던 관습을 고려해야 한다.

20-3
명시도는 시각적으로 멀리서도 잘 보여야 하기 때문에 교통표지판과 같은 안전표지에 많이 쓰이며, 대표적인 예로는 노랑과 검정 배색이 있다.

정답 20-1 ④ 20-2 ④ 20-3 ①

2-3. 색채계획

핵심이론 01 부위 및 공간별 색채계획(1)

(1) 기조색(base color)
① 기조색은 색채계획에서 의도적으로 설정한 주제를 상징하는 색이다.
② 기조색은 배색에서 직접 사용하기도 하고, 사용하지 않고 주변색으로 분열시켜 사용하기도 한다.
③ 배색의 결과는 기조색의 느낌을 담고 있어야 한다.

(2) 주조색(dominant color)
① 주조색은 배색에 사용된 색 중에서 출현 빈도가 높거나, 가장 넓은 면적을 차지하는 색이다.
② 공간 분위기에 지배적인 영향을 주므로 색채선정 시 공간의 용도, 목적, 대상, 재료 등을 고려해야 한다.

(3) 보조색(assort color)
① 보조색은 주조색과 강조색의 두 가지 요소에 대해 이들의 특성을 보완하거나, 색채 간의 상호관계를 증진시켜주는 역할을 한다.
② 공간의 색채균형을 맞추는 데 도움이 된다.
③ 바닥, 벽, 천장 같은 넓은 면의 일부에 적용되기도 하며 커튼, 블라인드, 가구 세트 등에도 사용된다.

(4) 강조색(accent color)
① 강조색은 가장 작은 면적으로 효과를 극대화할 때 사용하는 색이다.
② 배색의 지루함을 덜기 위해서나, 서로 어울리지 않는 주조색과 보조색을 조화롭게 만들기 위해서 사용한다.

10년간 자주 출제된 문제

배색에 관한 일반적인 설명으로 옳은 것은?
① 가장 넓은 면적의 부분에 주로 적용되는 색채를 보조색이라고 한다.
② 통일감 있는 색채계획을 위해 보조색은 전체 색채의 50% 이상을 동일한 색채로 사용해야 한다.
③ 보조색은 항상 무채색을 적용해야 한다.
④ 강조색은 주로 작은 면적에 사용되면서 시선을 집중시키는 효과를 나타낸다.

|해설|

색의 선정
- 주조색 : 가장 넓은 면적에 분포. 70% 이상 면적색(1~2개)
- 보조색 : 주조색의 유사계열로 20~25%의 면적색(1~2개)
- 강조색 : 주, 보조색과 대비되어 적은 5~10%의 적은 면으로 악센트가 됨

정답 ④

핵심이론 02 부위 및 공간별 색채계획(2)

(1) 색상(hue)에 의한 배색
색상환에서 색상의 차이를 기준으로 한 배색형식이다.
① 동일색상 배색
   ㉠ 같은 색상에서 명도 또는 채도를 달리하는 색상 간의 배색이다.
   ㉡ 통일감과 색상이 가지는 감정효과를 쉽게 표현할 수 있다.
   ㉢ 은은하고 부드러운 느낌을 연출할 수 있다.
② 유사색상 배색
   ㉠ 색상환에서 인접한 색상을 이용한 배색이다.
   ㉡ 자연스러운 색상의 연결로 시각적 조화를 쉽게 얻을 수 있다.
   ㉢ 친근하고 즐거운 느낌을 주며 협조적, 온화함, 상냥함을 느낄 수 있다.
③ 색상대조계 배색
   ㉠ 색상환에서 색상차가 큰 보색, 대조색 또는 반대색상 간의 배색이다.
   ㉡ 색상이 가지는 대립적 감정효과로 인해 화려함, 역동적, 대담한 느낌을 연출할 수 있다.

(2) 색조(tone)에 의한 배색
색조의 차이를 기준으로 한 배색형식이다.
① 동일색조 배색
   ㉠ 동일색조 내에서 색상을 달리하는 배색이다.
   ㉡ 통일감과 색조가 갖는 이미지를 쉽게 표현할 수 있다.
② 유사색조 배색
   ㉠ 색조 분류표에서 가장 가까이 있는 톤 간의 배색이다.
   ㉡ 이웃하는 색조로 자연스러운 연결로 조화감을 쉽게 얻을 수 있다.
③ 대조색조 배색
   ㉠ 색조 분류표에서 거리가 먼, 맞은편에 위치한 톤 간의 배색이다.
   ㉡ 명도나 채도차이가 크고 이미지가 대립적으로 명쾌한 효과를 얻을 수 있다.

(3) 색상(hue)과 색조(tone)에 의한 배색
실제 배색에 있어 가장 효율적으로 사용되는 배색방법이다.

구분	배색효과
동일색상 – 유사색조	통일감과 색조의 유사함으로 안정된 이미지
동일색상 – 반대색조	통일감과 색조의 차이로 선명한 이미지
유사색상 – 동일색조	조화감과 색조의 통일감으로 아기자기한 이미지
유사색상 – 유사색조	조화감과 색조의 유사함으로 자연스런 이미지
유사색상 – 반대색조	통일감과 색조의 차이로 선명한 이미지
반대색상 – 동일색조	차이와 색조의 통일감으로 색조의 선택에 따라 이미지가 달라짐
반대색상 – 유사색조	차이와 다른 색조의 조합으로 다양한 이미지
반대색상 – 반대색조	차이와 다른 색조의 차이로 화려하고 명확한 이미지

10년간 자주 출제된 문제

2-1. 다음 중 유사색상의 배색은?
① 빨강 – 노랑
② 연두 – 녹색
③ 흰색 – 흑색
④ 검정 – 파랑

2-2. 반대색상의 배색은 어떤 느낌을 주는가?
① 화합적이고 고요하다.
② 정적이고 차분하다.
③ 박력 있고 동적인 느낌을 준다.
④ 대비가 약하고 안정감을 준다.

[해설]
2-1
유사색상 배색 : 색상환에서 나란히 있는 4색 이내의 색채조화를 말하며, 가장 무난한 배색이다(예 녹색, 청록, 연두 등).

2-2
반대색상 배색 : 색상이 가지는 대립적 감정효과로 인해 화려함, 역동적, 대담한 느낌을 연출할 수 있다.

정답 2-1 ② 2-2 ③

핵심이론 03 부위 및 공간별 색채계획(3)

기본배색 이외에 특정 색을 삽입하거나, 배열의 순서를 조절하여 효과를 높이는 방법이다.

(1) 톤온톤(tone on tone)과 톤인톤(tone in tone)
① 톤온톤 배색
  ㉠ 동일 색상으로 두 가지 톤의 명도차를 강조한 배색이다.
  ㉡ 동일 색상 내에서 '톤을 겹친다.'라는 의미이며, 명도 그라데이션을 주로 활용한다.
② 톤인톤 배색 : 색상은 다르나 비슷한 톤의 조합에 따른 배색이다.

(2) 토널(tonal) 배색
① 중명도, 중채도의 덜(dull)톤을 사용하여 차분하고 안정된 이미지의 배색이다.
② 예를 들면 채도와 명도가 중간 톤인 빨간색과 노란색, 초록색을 배색한 기법이다.

(3) 비콜로(bicolore) 배색과 트리콜로(tricolore) 배색
① 비콜로 배색 : 2색 배색으로 주로 고채도를 사용하며 대립적이고 산뜻한 배색이다.
② 트리콜로 배색 : 3색 배색으로 주로 하나의 무채색과 고채도를 사용한 강렬한 배색이다. 강렬하고 대비가 강하며 안정감이 높다.

(4) 강조배색과 분리배색
① 강조배색
  ㉠ 단조로운 배색에 반대색상 또는 반대색조를 사용하여 엑센트를 준 배색이다.
  ㉡ 단조로운 배색에 대조색을 소량 덧붙임으로서 전체를 돋보이게 하는 배색이다.
② 분리배색 : 유사한 색상끼리 배색되어 색과 색의 관계가 눈에 잘 띄지 않거나, 보색끼리 대비(콘트라스트)가 지나치게 강할 경우에 명확하고 잘 보이도록 하는 배색방법이다.

(5) 그라데이션 배색과 반복배색
① 그라데이션 배색
  ㉠ 색채의 조화로운 배열에 의해 시각적으로 자연스러움을 주는 배색으로 점진적인 배색 혹은 연속배색이라고도 한다.
  ㉡ 색상, 명도, 채도, 톤이 단계적으로 변하는 배색이다.
② 반복배색
  ㉠ 2색 이상을 반복하여 리듬감, 활기찬 이미지를 준다.
  ㉡ 일정한 질서를 유도하여 조화를 이루는 배색이다.

10년간 자주 출제된 문제

3-1. 다음에 제시된 A, B 두 배색의 공통점은?

> A : 분홍, 선명한 빨강, 연한 분홍, 어두운 빨강, 탁한 빨강
> B : 명도 5 회색, 파랑, 어두운 파랑, 연한 하늘색, 회색을 띤 파랑

① 다색배색으로 색상 차이가 동일한 유사색 배색이다.
② 동일한 색상에 톤의 변화를 준 톤온톤 배색이다.
③ 빨간색의 동일 채도배색이다.
④ 파란색과 무채색을 이용한 강조배색이다.

3-2. 배색방법 중 하나로 단계적으로 명도, 채도, 색상, 톤의 배열에 따라서 시각적인 자연스러움을 주는 것으로 3색 이상의 다색배색에서 이와 같은 효과를 낼 수 있는 배색방법은?

① 반복배색　　② 강조배색
③ 연속배색　　④ 트리콜로 배색

[해설]

3-1
톤온톤 배색 : 동일 색상으로 두 가지 톤의 명도차를 강조한 배색이다.

3-2
① 반복배색 : 2색 이상을 반복 사용하여 일정한 질서를 유도하여 조화를 이루는 배색이다.
② 강조배색 : 단조로운 배색에 대조색을 소량 덧붙임으로서 전체를 돋보이게 하는 배색이다.
④ 트리콜로 배색 : 3색 배색으로 주로 하나의 무채색과 고채도를 사용한 강렬한 배색이다. 대비가 강하며 안정감이 높다.

정답 3-1 ② 3-2 ③

핵심이론 04 용도와 특성에 맞는 색채계획(1)

(1) 색채계획의 개념

① 색채계획이란 디자인의 대상이나 용도에 적합한 배색을 적용하고, 기능적·심미적으로 효과적인 배색효과를 얻을 수 있도록 미리 설계하는 것이다.
② 색채계획은 디자인 과정에서 이루어지며 색 이미지 결정에 중요한 요소이다.
③ 색채정보 분석과정에서는 시장 정보, 소비자 정보 등을 고려한다.
④ 공간에서의 색채계획은 공간의 주요 목적에 따라 크게 달라진다.
⑤ 실내의 색채계획은 건물의 외관을 위한 색채보다 훨씬 미묘하고 섬세한 색채감각을 요구한다.

(2) 색채계획 과정

① 색채환경분석
　㉠ 색채판별 능력, 색채조절 능력을 요구하며 색계획에서 가장 먼저 진행해야 할 단계이다.
　㉡ 경합업계의 사용 색을 분석, 색채 예측데이터 수집
② 색채심리분석 : 기업 이미지 측정, 색채 구성능력, 심리 조사능력
③ 색채전달계획 : 컬러 이미지 계획능력, 컬러 컨설턴트 능력
④ 디자인에 적용 : 색채규격과 컬러 매뉴얼을 작성하는 단계, 아트디렉션의 능력이 요구되는 단계이다.
　㉠ 색채계획 과정 : 색채환경분석 → 색채심리분석 → 색채전달계획 → 디자인에 적용
　㉡ 환경 색채디자인을 진행하기 위한 과정 : 입지 조건 조사 분석 → 환경 색채 조사 분석 → 색채설계 → 색채결정 및 시공
　㉢ 제품의 색채관리 : 색의 결정(디자인) → 시색(발색 및 착색) → 검사(시감측색, 계기측색) → 판매(광고 및 세일즈)

CHAPTER 01 실내디자인 계획 ■ 81

(3) 색채계획의 목적

① 제품에 흥미를 일으켜 매력을 준다.
② 경쟁 상품과 식별시킨다.
③ 제품성격 이미지를 형성한다.
④ 제품의 이미지 동일화 요소의 의미를 갖는다.

10년간 자주 출제된 문제

4-1. 색채계획에 관한 내용으로 적합한 것은?
① 사용 대상자의 유형은 고려하지 않는다.
② 색채정보 분석과정에서는 시장정보, 소비자 정보 등을 고려한다.
③ 색채계획에서는 경제적 환경 변화는 고려하지 않는다.
④ 재료나 기능보다는 심미성이 중요하다.

4-2. 색채계획 과정의 올바른 순서는?
① 색채계획 및 설계→조사 및 기획→색채관리→디자인에 적용
② 색채심리분석→색채환경분석→색채전달계획→디자인에 적용
③ 색채환경분석→색채심리분석→색채전달계획→디자인에 적용
④ 색채심리분석→색채상황분석→색채전달계획→디자인에 적용

4-3. 색채계획 과정에 대한 설명 중 잘못된 것은?
① 색채환경분석 : 경합업계의 사용색을 분석
② 색채심리분석 : 색채구성 능력과 심리조사
③ 색채전달계획 : 아트 디렉션의 능력이 요구되는 단계
④ 디자인에 적용 : 색채규격과 컬러 매뉴얼을 작성하는 단계

[해설]

4-1
색채정보 분석 단계에서는 시장정보, 소비자 정보, 유행정보 등을 고려하여 색채계획서를 작성한다.

정답 4-1 ② 4-2 ③ 4-3 ③

핵심이론 05 용도와 특성에 맞는 색채계획(2)

(1) 주거 공간의 색채계획

① 거실의 색채계획
  ㉠ 보편성 있는 무난한 색(무채색, 중간색, 밝은 계통색)을 선택한다.
  ㉡ 거실규모가 넓은 경우에는 한색계통보다는 난색계통을 사용한다.

② 부엌의 색채계획
  ㉠ 작업 시 피로감을 줄이고, 밝고 청결한 분위기를 유지할 수 있는 색채를 선택한다.
  ㉡ 벽, 바닥, 천장은 밝고 연한 동계색으로 계획하여 능률적인 작업과 공간의 확대감을 갖도록 한다.

③ 침실의 색채계획
  ㉠ 침실 사용자의 기호에 따라 좌우되므로 개인이 좋아하는 색을 주조색으로 개성있고 안락한 분위기가 연출되도록 한다.
  ㉡ 일반적으로 무난한 중성계의 색을 주조색으로 하고, 단조로움을 피하기 위해 강조할 수 있는 악센트 색을 적절히 사용한다.

(2) 사무실의 색채계획

① 능률적이고 쾌적한 업무환경을 위해 밝은 색상을 벽면에 사용한다.
② 정신적 업무 공간에서는 한색계통을 사용한다.
③ 생동감, 시각적 효과를 위해 부분적으로 강조색을 사용한다.
④ 사무실에 한색계열을 사용하여 시간의 지루함을 없앤다.
⑤ 휴식 공간의 색채는 초록색 계통의 부드러운 색조가 좋다.

(3) 교통기관의 색채계획

① 교통표지판의 색채계획 시 우선적으로 고려해야 하는 것은 시인성이다.

② 내부는 밝게 처리하여 승객에게 쾌적한 분위기를 만들어 준다.
③ 운전실 주위는 반사량이 많은 색의 사용을 피한다.
④ 차량이 클수록 쉬운 인지를 위하여 팽창색을 사용해야 한다.

(4) 백화점의 색채계획
① 색상은 조명효과와 고객의 시각 심리를 함께 고려하여 정한다.
② 다양한 상품색이 혼합되어 있는 곳에서는 중채도의 색을 위주로 배색한다.
③ 구매욕구를 북돋우기 위해 강조 부분에 악센트 색을 적용한다.
④ 밝은 색조를 사용하면 어두운색보다 공간의 크기가 확장되어 보인다.

10년간 자주 출제된 문제

5-1. 교통표지판의 색채계획에서 가장 우선적으로 고려해야 하는 것은?
① 색의 조화
② 색의 대비
③ 시인성
④ 향상성

5-2. 교통기관의 색채계획에 관한 일반적인 기준 중 가장 타당성이 낮은 것은?
① 내부는 밝게 처리하여 승객에게 쾌적한 분위기를 만들어 준다.
② 출입이 잦은 부분에는 더러움이 크게 부각되지 않도록 색을 사용한다.
③ 차량이 클수록 쉬운 인지를 위하여 수축색을 사용해야 한다.
④ 운전실 주위는 반사량이 많은 색의 사용을 피한다.

[해설]
5-1
시인성은 일정거리에서 명백하게 인식할 수 있는 정도이다.
5-2
차량이 클수록 쉬운 인지를 위하여 팽창색을 사용해야 한다.

정답 5-1 ③ 5-2 ③

제3절 실내디자인 가구계획

3-1. 가구 자료 조사

핵심이론 01 가구 디자인 역사·트렌드(1) : 서양의 고대 가구

※ 서양 건축의 발달사
① 고대 : 이집트 → 그리스 → 로마
② 중세 : 초기 기독교 → 비잔틴 → 로마네스크 → 고딕
③ 근세 : 르네상스 → 바로크 → 로코코
④ 근대 : 미술공예운동 → 아르누보 → 세제션 → 독일공작연맹 → 데 스틸 → 바우하우스 → 에스프리누보
⑤ 현대 : 포스트모더니즘 → 멤피스

(1) 이집트 가구
① 의자는 권위의 상징이며 고귀한 신분만이 사용할 수 있었다.
② 가구나 건축에서도 깊은 종교관을 나타낸다.
③ 좌석가구는 등받이가 없는 스툴(stool)과 등받이 의자가 대부분이다.
④ 가장 일반적인 의자는 장방형 등받이 의자로 대체로 그 높이가 매우 낮다.
⑤ 초기에는 갈대, 파피루스, 점토 등의 천연재료를 후기에는 석재를 채석하여 사용하였다.
⑥ 대표적인 팔걸이 의자로는 투탕카멘 왕과 헤테페레스 여왕의 금도금 의자가 있다.

(2) 그리스 가구
① 가구는 아르카이크 시대 때 이집트의 영향을 받았으나, BC 5세기부터 간결한 그리스 양식의 가구가 완성되었다.
② 시민의 가정에는 권위의 상징이 아닌(여자가 사용한 크리스모스라고 하는 의자 등) 생활을 위한 가구도 나타났다.
③ 일정한 규격의 단위 형태와, 단위 형태 상호 간의 관계를 조합된 형태로 발전되었다.

④ 모든 건축과 가구에는 기하학적인 공식과 대수학에 기초를 둔 이론적 제도가 적용되었다.
⑤ 건축과 가구의 양식은 직관적인 미를 내포하고 있다.
⑥ BC 5세기경에는 의자 다리의 전단면이 둥글거나 사각 형태인, 직선적인 다리 형태의 새로운 의자가 등장하였다.
⑦ BC 5세기 후반에는 등받이 상단부에 장미무늬나 소용돌이 무늬를 새겨 넣거나 신화적인 장면을 조작 또는 채색하였다.

(3) 로마 가구
① 로마 제정기에는 다시 지배자의 권위를 나타내는 장식성이 짙어졌다.
② 침대나 의자, 탁자, 궤 같은 가구가 발달하였다.
③ 가구의 재료로는 목재, 대리석, 청동제 등이 사용되었다.

10년간 자주 출제된 문제

1-1. 다음 중 서양의 건축양식이 시대순으로 옳게 나열된 것은?
① 초기 기독교 – 비잔틴 – 로마네스크 – 고딕
② 초기 기독교 – 로마네스크 – 비잔틴 – 고딕
③ 초기 기독교 – 고딕 – 비잔틴 – 로마네스크
④ 초기 기독교 – 비잔틴 – 고딕 – 로마네스크

1-2. 그리스 가구의 특징으로 옳지 않은 것은?
① 가구는 아르카이크 시대 때 이집트의 영향을 받았다.
② BC 5세기부터 간결한 그리스 양식의 가구가 완성되었다.
③ 가구는 권위적이고 관료적이었다.
④ 모든 건축과 가구에는 기하학적인 공식과 대수학에 기초를 둔 이론적 제도가 적용되었다.

해설

1-1
초기 기독교(기원 2~3세기 초) → 비잔틴(4~10세기) → 로마네스크(11세기 후반) → 고딕(12세기 후반)

1-2
시민의 가정에는 권위의 상징이 아닌(여자가 사용한 크리스모스라고 하는 의자 등) 생활을 위한 가구도 나타났다.

정답 1-1 ① **1-2** ③

핵심이론 02 가구 디자인 역사·트렌드(2) : 중세 시대 가구

(1) 비잔틴 양식
① 동로마시대의 예술양식과 동양의 페르시아나 아랍의 예술양식이 혼합되었다.
② 목조의자에 정교한 장식을 가미한 것이 특징이다.
③ 건축에서는 둥근 천장을 사용한 것이 특징이다.
④ 대표적인 가구
  ㉠ 쿠올(cuoule) : 사자의 머리와 발톱, 돌고래 등의 고대 이집트와 그리스의 조각 장식을 사용한 접을 수 있는 스툴이다.
  ㉡ 성피터(St. Peter) : 목조의자에 정교한 조각장식을 한 다음, 금판을 덮고 등받이 부분에 당시의 건축양식을 사용한 의자이다.
  ㉢ 다가베르트(Dagabert) : 7세기에 제작된 청동에 도금한 의자이다.
  ㉣ 상아로 된 막시미아누스(Maximianus)의 사교좌 등

(2) 로마네스크 양식
① 비잔틴 양식에 지방 특유의 요소가 융합하여 형성된 양식이다.
② 동양적이고 추상적이며 기하학적 형태를 띤다.
③ 반원의 아치, 둥근 천장을 건축에 사용한 것이 특징이다.
④ 가구류는 신분을 나타내기도 하였다.
⑤ 의자 및 책상, 궤, 호두나무 궤 등이 대표적인 가구이다.
⑥ X자형 스툴이 일반적으로 사용되었다.

(3) 고딕 양식
① 로마의 건축양식을 토대로 하고 있으며 수직선을 많이 사용한 것이 특징이다.
② 직선으로 된 장방형에 도금을 하거나 건축적인 주제를 적용한 의자가 많고 종교적 색채가 강하다.

③ 가구는 비율, 치수 등에 있어 외형상 장중한 것이 대부분으로 직선으로 한 장방형으로 되어 있다.
④ 가구의 접합 부분도 거의 직각으로 구성되어 딱딱한 느낌을 준다.
⑤ 천의 주름과 같은 부조를 가구표면에 장식하는 리넨폴드(linen fold) 장식과, 매듭형태의 부조장식인 트레서리(tracery) 등을 적용하였다.

10년간 자주 출제된 문제

2-1. 비잔틴 시대 가구의 특징에 대한 설명으로 틀린 것은?
① 목조의자에 정교한 장식을 가미한 것이 특징이다.
② 동로마시대와 동양의 인도 예술양식이 혼합화되었다.
③ 건축에서 둥근 천장을 사용한 것이 특징이다.
④ 대표적인 가구에는 쿠올, 성피터, 다가베르트 등의 의자가 있다.

2-2. 로마네스크 가구의 특징에 대한 설명으로 틀린 것은?
① 가구의 재료로는 목재, 금속, 상아 등이 사용되었다.
② 동양적이고 추상적이며 기하학적 형태를 띤다.
③ 반원의 아치, 둥근 천장을 건축에 사용한 것이 특징이다.
④ 의자 및 책상, 궤, 호두나무 궤 등이 대표적인 가구이다.

2-3. 고딕 양식의 특징이 아닌 것은?
① 로마의 건축양식을 토대로 하고 있다.
② 동방문화를 융합하여 화려한 색채와 표면장식을 애용하는 아시아적인 경향이 많이 가미되었다.
③ 건축적인 주제를 적용한 의자가 많고 종교적 색채가 강하다.
④ 건물 입면에 대한 장식수법이 창에 집중되어 트레서리(tracery)가 발생되었다.

[해설]
2-1
비잔틴 양식은 동로마시대와 동양의 페르시아나 아랍의 예술양식이 혼합화되었다.
2-2
가구의 재료로는 목재, 석재, 금속이 사용되었다.
2-3
그리스 문화에 동방문화를 융합한 것은 비잔틴 문화의 특징이다.

정답 2-1 ② 2-2 ① 2-3 ②

핵심이론 03 가구 디자인 역사·트렌드(3) : 르네상스 시대 가구

(1) 초기 르네상스 시대
① 문예부흥(르네상스)의 초기에는 가구의 발전이 거의 없었다.
② 중엽부터는 가구가 생활필수품으로 발달되었다.
③ 가구의 기본구조는 고딕의 가구를 그대로 답습하였고, 표면의 장식이 변화하였다.
④ 가구는 역사적 혹은 종교적 사실을 연속적으로 보여주는 다색채와 석고장식이 부착되어 있다.
⑤ 르네상스 시대 문양은 그로테스크 문양과 아라베스크 문양이 주로 사용되었다.

(2) 후기 르네상스 시대
① 이탈리아
  ㉠ 규모가 크고 대부분 낮은 받침대와 전면으로 돌출한 다리가 특징이다.
  ㉡ 로마시대 양식의 조각장식이 크게 유행하였다.
  ㉢ 가구 : 새 형태의 의자(단테스카와 사보나로라), 궤(카소네), 테이블, 장식장, 찬장, 침대, 옷장, 기도대 등이 있다.
  ㉣ 표면 장식 : 상아세공, 상감(象嵌), 표면에 석고를 발라 곡면을 만들고, 도금이나 착색을 하는 등의 기법이 쓰였다.
② 프랑스 루이 13세 시대 : 요란하지 않은 장식, 엄격한 조화에 의한 세련된 테이블과 의자, 갖가지 색실로 무늬를 짠 피륙으로 장식한 사주식 침대(四柱式寢臺) 등이 나타났다.
③ 영국 엘리자베스 여왕 시대 : 녹로로 만든 다리를 사용한 의자, 헤드보드(headboard)와 전주(前柱)·천개가 있는 침대, 넓게 펼 수 있는 테이블 등 특색 있는 가구가 나타났다.

10년간 자주 출제된 문제

3-1. 르네상스 양식의 가구에 관한 설명 중 틀린 것은?
① 지역에 따라 특수한 양식이 개발되었다.
② 문예부흥(르네상스)의 초기부터 가구의 발전이 왕성하였다.
③ 중엽부터는 가구가 생활필수품으로 발달되었다.
④ 문양은 그로테스크 문양과 아라베스크 문양이 주로 사용되었다.

3-2. 후기 르네상스 시대 가구의 특징으로 옳지 않은 것은?
① 고딕 양식의 조각장식이 크게 유행하였다.
② 규모가 크고 대부분 낮은 받침대와 전면으로 돌출한 다리가 특징이다.
③ 가구에는 새 형태의 의자, 궤, 테이블, 장식장, 찬장, 침대, 옷장, 기도대 등이 있다.
④ 표면의 장식에는 상아세공, 상감(象嵌), 도금이나 착색을 하는 등의 기법이 쓰였다.

3-3. 영국 엘리자베스 여왕 시대 가구가 아닌 것은?
① 갖가지 색실로 무늬를 짠 피륙으로 장식한 사주식 침대
② 녹로로 만든 다리를 사용한 의자
③ 헤드보드(headboard)와 전주(前柱)·천개가 있는 침대
④ 넓게 펼 수 있는 테이블

[해설]

3-1
문예부흥(르네상스)의 초기에는 가구의 발전이 거의 없었다.

3-2
로마시대 양식의 조각장식이 크게 유행하였다.

3-3
사주식 침대는 프랑스 루이 13세 시대의 가구이다.

정답 3-1 ② 3-2 ① 3-3 ①

핵심이론 04 가구 디자인 역사·트렌드(4) : 바로크, 로코코 시대 가구

(1) 바로크의 가구

17세기 후반 프랑스에서 유행한 호화스런 양식으로, 가구는 대형화하였고 조각장식을 많이 사용하였다.

① 이탈리아
  ㉠ 조각을 많이 쓴 옷장이나 장롱이 유행하였다.
  ㉡ 의자, 테이블, 촛대의 다리에는 인물을 조각하였다.

② 프랑스
  ㉠ 루이 14세는 베르사유 궁전의 실내장식품을 만들기 위하여 왕립 고블랭 공장을 설립하였으며, 병설된 왕립 가구공장에서 호화로운 양식의 가구를 제작하였다.
  ㉡ 가구는 흑단(黑檀)에 상감을 하고 청동도금으로 장식한 것이었다.

③ 영국
  ㉠ 1660년 왕정복고 이후, 자코뱅 및 윌리엄 앤드 메리 양식으로 알려진 호화스런 가구가 유행하였다.
  ㉡ 대표적으로 머리 부분을 장식한 의자, 침대, 화장대, 사무용 책상 등이 있다.

(2) 로코코의 가구

① 프랑스
  ㉠ 루이 15세 시대의 실내장식이나 가구의 장식 형태를 로코코 양식 또는 루이 15세 양식이라 한다.
  ㉡ 귀족들은 살롱 생활을 즐기기 위하여 경쾌한 곡선 구성을 주로 하였다.
  ㉢ 가구의 다리에는 개브리올(gabriole)이라고 하는 곡선 디자인이 쓰였다.
  ㉣ 실내에는 갖가지 색실로 무늬를 짠 피륙을 풍부히 사용하였다.
  ㉤ 가구가 최고의 아름다움에 도달한 시대이다.

② 영국
  ㉠ T. 치펀데일이 18세기 중엽부터 실용적이며 경쾌한 로코코식 가구를 제작하였다.
  ㉡ 대표적인 작품으로는 마호가니 의자가 있다.

10년간 자주 출제된 문제

4-1. 바로크 가구에 대한 설명 중 가장 거리가 먼 것은?
① 엄격한 형식미를 추구한 양식이다.
② 이탈리아에서는 조각을 많이 쓴 옷장이나 장롱이 유행하였다.
③ 17세기 후반 프랑스에서 유행한 호화스런 양식이다.
④ 가구는 대형화하였고 조각장식을 많이 사용하였다.

4-2. 로코코 시대 프랑스 가구에 관한 설명 중 옳지 않은 것은?
① 루이 15세 시대의 실내장식이나 가구의 장식 형태를 로코코 양식이라 한다.
② 귀족들은 살롱 생활을 즐기기 위하여 경쾌한 곡선 구성을 주로 하였다.
③ 가구의 다리에는 개브리올(gabriole)이라고 하는 곡선 디자인이 쓰였다.
④ 마호가니 의자가 대표적인 작품이다.

[해설]

4-1
바로크 양식은 운동감의 인상이 강하고 장식의장이 다양하고 복잡하게 표현된 것이 특징이다.

4-2
마호가니 의자는 영국 로코코 시대의 대표적인 가구이다.

정답 4-1 ① 4-2 ④

핵심이론 05 가구 디자인 역사·트렌드(5) : 19세기, 20세기 가구

(1) 19세기의 가구

① 19세기 전반
  ㉠ 프랑스 혁명 이후, 파리를 중심으로 제정양식(帝政樣式)이 일어나, 유럽을 비롯하여 미국에까지 유행하였다.
  ㉡ 나폴레옹 시대 제정로마의 장식에 고대 이집트의 장식을 가미하여 권위를 과시한 양식이다.
  ㉢ 재료는 마호가니, 표면 장식은 금색의 청동 조각, 천은 진홍빛의 벨벳이 사용되었다.
  ㉣ 독일이나 오스트리아에서는 이를 비더마이어(biedermeier) 양식이라 하였고, 이것은 중산계급의 실용적 가구로 유행하였다.
  ㉤ 영국에서는 리젠 양식이라고 하는 그리스풍의 가구 디자인이 유행하였다.

② 19세기 후반
  ㉠ 세계적으로 가구 디자인의 혼란기였다.
  ㉡ 디자이너들은 과거의 양식을 모방하여 복고적인 것이 유행하였다.
  ㉢ 공예가인 W. 모리스는 많은 사람에게 삶의 기쁨을 줄 수 있는 성실한 가구를 만들어야 한다고 주장하였다. 이것이 영국의 '미술공예운동'의 추진력이 되어 수공업에 의한 실용적인 가구가 만들어지게 되었다.
  ㉣ 벨기에와 프랑스에서도 '아르누보'라고 하는 새로운 모양의 가구가 유행하였다.
    ※ 아르누보(art nouveau)
      • 1870~1910년경 모리스의 미술공예운동에 반발한 유럽의 젊은 예술가들에 의해 전개되었다.
      • 인간과 자연과의 결합으로 진정한 아름다움을 추구하였다.

- 기계를 혐오하고 기술의 힘에 의존하지 않는 예술적 표현을 강조하였다.
- 자연을 모티브로 한 유연하고 환상적인 곡선을 사용하였다.

(2) 20세기의 가구

① 생산의 기계화와 건축에 미친 생활 공간 합리화의 영향을 받아 가구 디자인도 구조의 단순화, 규격화, 생활에 적합한 기능화를 추구하게 되었다.
② 단순화, 규격화, 기능화는 빈의 분리파운동이나 독일 공작동맹의 주요한 과제였다.
③ 1919년 바이마르에 설립된 혁신적인 공예학교 바우하우스는 이러한 디자인 사상을 계승하여 스틸가구·성형합판가구·조립가구 등의 새로운 형식과, 대량 생산을 위한 가구를 만들기 시작하였다.
④ 르 코르뷔지에는 가구를 도구로서가 아니라 실내의 생활 공간을 구성하는 불가결한 설비요소로 볼 것을 주장하였다.
⑤ 제2차 세계대전 후 미국에서 기능주의에 의거한 대량 생산 가구가 발전하였고, C. 임스와 사리넨 등의 디자이너가 나왔다.
⑥ 북유럽 여러 나라는 제1차 세계대전 이후 전통적인 기술과 목재의 아름다움을 조화시켜 개성적인 가구 양식을 발전시켰다.

10년간 자주 출제된 문제

5-1. 19세기 전반의 가구의 특징으로 옳지 않은 것은?
① 프랑스혁명 후, 파리를 중심으로 제정양식(帝政樣式)이 일어나, 유럽을 비롯하여 미국까지 유행하였다.
② 영국에서는 비더마이어(biedermeier) 양식이 유행했다.
③ 나폴레옹 시대 제정로마의 장식에 고대 이집트의 장식을 가미하여 권위를 과시한 양식이었다.
④ 재료는 마호가니, 표면 장식은 금색의 청동 조각, 천은 진홍빛의 벨벳이 사용되었다.

5-2. 19세기 후반의 가구의 특징으로 옳지 않은 것은?
① 세계적으로 가구 디자인의 혼란기였다.
② 디자이너들은 과거의 양식을 모방하여 복고적인 것이 유행하였다.
③ 르 코르뷔지에는 많은 사람에게 삶의 기쁨을 줄 수 있는 성실한 가구를 만들어야 한다고 주장하였다.
④ 벨기에와 프랑스에서도 '아르누보'라고 하는 새로운 모양의 가구가 유행하였다.

5-3. 아르누보(art nouveau)에 대한 설명으로 옳지 않은 것은?
① 절충주의의 혼란스러운 형태에 대한 반발
② 역사적 양식으로부터의 탈피
③ 기계 공예로의 지향
④ 자연재료의 아름다움 강조

|해설|

5-1
독일이나 오스트리아에서는 비더마이어(biedermeier) 양식이 유행했고, 영국에서는 리젠 양식이라고 하는 그리스풍의 가구 디자인이 유행하였다.

5-2
공예가인 W. 모리스는 많은 사람에게 삶의 기쁨을 줄 수 있는 성실한 가구를 만들어야 한다고 주장하였다. 이것이 영국의 '미술공예운동'의 추진력이 되어 수공업에 의한 실용적인 가구가 만들어지게 되었다.

5-3
아르누보(art nouveau)는 기계를 혐오하여 기술의 힘에 의존하지 않는 예술적 표현을 강조하였다.

정답 5-1 ② 5-2 ③ 5-3 ③

핵심이론 06 가구 디자인 역사·트렌드(6) : 한국의 전통가구

(1) 안방 가구

① 장
  ㉠ 단층장은 머릿장이라고도 불린다.
  ㉡ 2층장이나 3층장은 보통 여성 공간인 안방에 사용되었다.
  ㉢ 이불장은 금침과 베개를 겹겹이 쌓아두는 장으로 보통 2층으로 된 것이 많다.

② 농
  ㉠ 조선시대 가구 중 장과 더불어 가장 일반적으로 쓰이던 수납용 가구이다.
  ㉡ 외관상 장과 비슷하나 같은 모양의 상자를 2개 또는 3개의 상자를 쌓아 놓은 형태로 몸통이 따로 분리된다.

③ 반닫이
  ㉠ 반닫이는 주로 서민층에서 장이나 농 대신에 사용하던 가구이며 우리나라 전역에 걸쳐서 사용되었다.
  ㉡ 앞면의 상반부를 문짝으로 만들어 상하로 여닫게 만들었기 때문에 반닫이라 일컬어졌다.
  ㉢ 반닫이 안에는 의복, 책, 제기 등을 보관하였고, 위에는 이불을 얹거나 항아리, 소품 등을 얹어 두었다.

④ 각게수리 : 금고의 일종으로 원래 부유한 집 사랑에서 쓰이던 것이, 조선시대 후기에는 내실에서도 사용되었다.

⑤ 빗접 : 화장과 머리 단장할 때 쓰는 요즘의 화장대이다. 여성용 빗접은 주칠이나 나전으로 만든 것이 많으며 순수한 나무 제품은 드문 편이다. 거울이 보급되면서 좌경으로 대치되었다.

(2) 사랑방 가구

사랑방 가구에는 서안(書案)·경상 등의 책상류, 문갑(文匣)·사방탁자·서가(書架)·책장·연상(硯箱) 등의 문방 가구, 각종 서류를 보관하기 위한 문서함과 책을 넣어두는 크고 작은 궤(櫃), 상비약을 넣어 두는 약장, 귀중품을 보관하는 각게수리, 의대를 보관하는 의걸이장 등이 있다.

① 경상 : 경상은 좌식생활에서 책을 읽거나 글을 쓰는 일 외에 내방객과 마주 앉은 주인의 위치를 지켜주는 일상적 용도로 사용되었다.

② 연갑 : 벼루만을 담도록 한 것이다.

③ 연상 : 벼루, 종이, 먹 등을 함께 비치할 수 있도록 만든 것으로 위쪽에 설치하고, 아래쪽에 서랍이나 빈 공간을 두어 문방용품을 넣어 둔다.

④ 궤(櫃) : 나무로 된 장방형의 상자를 말하는데, 오늘날 우리가 궤라고 통칭하는 것은 상판을 반으로 절개하여 앞쪽을 문으로 만들어 여닫게 한 것으로 '윗닫이'라 한다. 궤는 돈, 책, 문서, 의복, 건어물, 그릇, 제기, 활자 등 귀중품을 보관하는 용도로 사용되었다.

⑤ 함 : 궤보다 더 중요한 재산을 보관하는 용도로 제작된 것으로 혼례함, 관복함, 문서함 등 그 쓰임새가 뚜렷했다. 귀중품을 보관하는 용도였던 만큼 이동이 쉽도록 나무 두께를 궤보다 얇게 하여 가볍게 만들고, 장식을 더 강하게 했으며 자물쇠가 달려 있는 것이 특징이다.

(3) 부엌 가구

뒤주, 찬장, 찬탁, 소반 등이 있으며, 가구는 아니지만 나무로 만들어진 각종 함지류가 있다.

① 뒤주 : 도궤, 두주, 두도 등으로 표기하는 곡물을 담아주는 가구이다.

② 찬장 : 그릇과 음식을 보관하는 2~3층으로 된 장이다.

③ 찬탁 : 반찬이나 찬거리 등을 얹어두는 2~3층의 탁자이다.

④ 소반 : 소반은 손님에게 차와 과일을 대접할 때 사용된다.

10년간 자주 출제된 문제

6-1. 한국 전통주거의 가구에서 수납용으로 분류할 수 없는 것은 어느 것인가?
① 문갑   ② 소반
③ 농   ④ 반닫이

6-2. 한국의 전통가구 중 반닫이에 관한 설명으로 옳지 않은 것은?
① 반닫이는 주로 양반층에서 장이나 농 대신에 사용하던 가구이다.
② 앞면의 상반부를 문짝으로 만들어 상하로 여닫게 만들었기 때문에 반닫이라 일컬어졌다.
③ 반닫이는 우리나라 전역에 걸쳐서 사용되었다.
④ 반닫이 안에는 의복, 책, 제기 등을 보관하였고, 위에는 이불을 얹거나 항아리, 소품 등을 얹어 두었다.

6-3. 다음 한국의 전통가구 중 주로 사랑방에서 쓰이는 것은?
① 연상   ② 장
③ 반닫이 ④ 좌경

|해설|

6-1
수납용에는 장(欌), 농(籠), 문갑, 반닫이 등이 있다.

6-2
반닫이는 주로 서민층에서 장이나 농 대신에 사용하던 가구이다.

6-3
연상
벼루, 종이, 먹 등을 함께 비치할 수 있도록 만든 것으로 위쪽에 설치하고, 아래쪽에 서랍이나 빈공간을 두어 문방용품을 넣어 두었다.

정답 6-1 ② 6-2 ① 6-3 ①

핵심이론 07 가구 구성재료

(1) 목재 가구
① 오래전부터 오늘날까지 가구에 주로 사용되는 재료이다.
② 수공예적인 수법으로 생산되어 왔으나 현재는 대부분 기계공업에 의한 대량 생산방식으로 만들어진다.
③ 목재 특유의 무늬를 가지고 있어 독특한 묘미가 있지만, 뒤틀리기 쉽다는 단점이 있다.
※ 목재의 팽창·수축에 대한 대책
- 건조재 사용 : 건조재를 사용하여 함수율을 8~12%까지 건조시킨다.
- 합판 사용 : 목재를 얇게 잘라 결의 방향을 90°로 교차시켜 붙인 것으로 뒤틀림이 적다.
- 파티클 보드 또는 하드보드 사용 : 목재의 이방성을 없애고 뒤틀림을 방지하는 데 효과가 있다.
- 럼버 코어 사용 : 목재를 가느다란 각재로 만들어 다시 접착하여 각재 또는 판자로 만든 것이다.

(2) 강철 가구
① 얇은 강판제 가구로 사무용 책상, 의자, 캐비닛 등이 여기에 속한다.
② 견고하고 내구성이 강하기 때문에 작업용으로 적합하다.
③ 최근에는 골조 부분에는 강철을 쓰고, 외관 부분에는 다른 재료를 쓰는 등 새로운 합성 형식이 나오게 되었다.

(3) 경금속 가구
① 알루미늄이나 마그네슘 등의 합금이 사용되며 가볍다는 장점이 있다.
② 견고하고 내구성이 강하여 작업용으로 많이 쓰이지만, 차고 딱딱한 감촉 때문에 가정용으로는 잘 쓰이지 않는다.

③ 교통기물의 좌석 등 일반용 가구 외에 가벼워야 하는 곳에 주로 쓰인다.

(4) 플라스틱 가구
① 일반적으로 FRP나 ABS수지 등 합성수지로 만든 가구를 말한다.
② 현대 가구에 자주 사용되며, 다양성과 경제성이 있다.
③ 가볍고 튼튼하며 곡면의 성형이 자유로워 광범위하게 쓰인다.

(5) 유리 가구
① 강화유리 또는 안전유리로 만들어지며 금속 또는 목재 프레임과 결합된다.
② 세련되며 현대적인 외관을 제공한다.
③ 공간의 개방감이 있어 적은 면적의 공간에 이상적이다.

10년간 자주 출제된 문제

다음 중 가볍고 튼튼하며 곡면의 성형이 자유로워 광범위하게 쓰이는 가구 재료는 무엇인가?
① 목재　　　② 강철
③ 유리　　　④ 플라스틱

[해설]
플라스틱 가구 : 일반적으로 FRP나 ABS수지 등 합성수지로 만든 가구를 말하며, 가볍고 튼튼하며 곡면의 성형이 자유로워 광범위하게 쓰인다.

정답 ④

3-2. 가구계획 및 적용 검토

핵심이론 01 가구의 종류 및 특성(1) : 주거 공간의 가구

(1) 거실용 가구
① 소파
　㉠ 라운지 소파 : 편히 누울 수 있도록 쿠션성이 좋으며 머리와 어깨부분을 받칠 수 있도록 한쪽 부분이 경사져 있다.
　㉡ 체스터필드(chesterfield)
　　• 팔걸이와 등판의 높이가 동일하고, 등받이와 등판의 끝부분이 안에서 밖으로 말려진 형태이다.
　　• 쿠션성이 좋도록 솜, 스펀지 등으로 속을 채워 넣고 천으로 감싼 소파이다.
　　• 구조, 형태상뿐만 아니라 사용상 안락성이 매우 좋으며 비교적 크기가 크다.
　㉢ 소파베드(sofa bed) : 침대로도 사용될 수 있도록 등받이나 팔걸이를 접었다 폈다 할 수 있는 소파이다.
　㉣ 러브 시트(love seat) : 2인이 나란히 앉을 수 있는 형태의 소파이다.

② 의자
　㉠ 스툴(stool) : 등받이와 팔걸이가 없는 형태의 보조의자로, 가벼운 작업이나 잠시 걸터앉아 휴식을 취하는 데 사용된다.
　㉡ 오토만(ottoman) : 스툴의 일종으로 좀 더 편안한 휴식을 위해 발을 올려놓는 데도 사용된다.
　㉢ 풀업체어(pull-up chair) : 필요에 따라 이동시켜 사용할 수 있는 간이의자로, 크지 않으며 가벼운 느낌의 형태이다.
　㉣ 라운지 체어(lounge chair) : 비교적 큰 크기의 의자로 편하게 휴식을 취할 수 있는 안락의자이다.
　㉤ 카우치(couch) : 고대 로마시대 음식물을 먹거나 잠을 자기 위해 사용했던 긴 의자로, 몸을 기댈 수 있도록 좌판의 한쪽 끝이 올라간 형태이다.

ⓑ 세티(settee) : 동일한 2개의 의자를 나란히 합해 2인이 앉을 수 있도록 한 의자이다.
ⓢ 이지 체어(easy chair) : 푹신하게 만든 편안한 팔걸이 안락의자이다.
※ 바르셀로나 의자 : 미스 반데어로에에 의하여 디자인된 의자로, X자로 된 강철 파이프 다리 및 가죽으로 된 등받이와 좌석으로 구성되어 있다.
※ 바실리 체어(wassily chair) : 마르셀 브로이어가 바우하우스의 칸딘스키 연구실을 위해 디자인한 것으로 스틸파이프로 된 의자이다.

(2) 주방용 가구

① 상부장(wall cabinet) : 주방의 벽면 상부에 설치되는 수납장이다.
② 하부장(floor cabinet) : 개수대나 조리대, 가열대 등이 설치되어 주방의 벽면 하부에 서랍장 등을 포함한 수납장이다.
③ 키 큰 장(tool cabinet) : 바닥에서 천장까지 이어진 수납장을 말하며, 주방과 거실 사이 복도 공간에 설치되어 장식장의 역할을 한다.
④ 빌트 인 시스템 주방가구(built in system kitchen) : 주방의 수납공간을 각각의 용도에 맞게 세부적으로 분할하는 등 수납공간을 최대한 활용한 주방가구이다.

(3) 침실용 가구

① 장롱
  ㉠ 옷장, 서랍장, 선반, 이불장 등 다양한 수납을 할 수 있다.
  ㉡ 거울과 서랍, 바지걸이, 넥타이 걸이 등의 부수적인 기능이 점점 더 늘어나고, 유닛(unit)방식으로 설계되어 수납공간의 재구성과 이동이 편리해졌다.

② 침대
  ㉠ 침대의 크기

명칭	크기
싱글(single)	1,000×2,000mm
슈퍼싱글(super single)	1,100×2,000mm
더블(double)	1,350(1,400)×2,000mm
퀸(queen)	1,500×2,000mm
킹(king)	1,600 이상×2,000mm

  ㉡ 침대의 유형
  • 하우스 베드(house bed) : 사용 후 벽체에 수납하여 공간의 활용도를 극대화한 침대로, 좁은 공간에 매우 유리하다.
  • 푸시백 소파(push back sofa) : 소파 겸용인 침대이다.
  • 하이라이저(highriser) : 침대 속에 침대를 내장할 수 있어 필요시 꺼내 사용할 수 있다.
  • 스튜디오 카우치(studio couch) : 천으로 씌운 윗부분의 매트가 젖혀지며 트윈베드로 전환되는 침대이다.
  • 데이 베드(day bed) : 낮에는 소파나 간단한 낮잠을 자는 용도로 사용하다가, 밤에는 침대로 사용할 수 있다.
  • 캐노피 침대(canopy bed) : 침대에 기둥을 부착하여 천이나 커튼 등을 길게 늘어뜨려 사용하는 형식의 침대이다.
  • 리클라이닝 침대(reclining bed) : 사용자가 원하는 자세에 맞추어 매트리스의 각도가 조절되는 형식의 침대이다.

③ 기타 : 화장대, 서랍장, 협탁 등이 있다.

10년간 자주 출제된 문제

1-1. 고대 로마시대에 음식물을 먹거나 잠을 자기 위해 사용했던 긴 의자로 몸을 기댈 수 있도록 좌판의 한쪽 끝이 올라간 형태를 갖는 것은?
① 체스터필드(chesterfield)
② 스툴(stool)
③ 세티(settee)
④ 카우치(couch)

1-2. 소파 및 의자에 관한 설명으로 옳지 않은 것은?
① 스툴은 등받이와 팔걸이가 없는 형태의 보조의자이다.
② 2인용 소파는 암체어라고 하며 3인용 이상은 미팅시트라 한다.
③ 세티는 동일한 두 개의 의자를 나란히 합해 2인이 앉을 수 있도록 한 것이다.
④ 카우치는 고대 로마시대 음식물을 먹거나 잠을 자기 위해 사용했던 긴 의자이다.

1-3. 소파나 의자 옆에 위치하며 손이 쉽게 닿는 범위 내에 전화기, 문구 등 필요한 물품을 올려놓거나 수납하며 찻잔, 컵 등을 올려놓아 차 탁자의 보조용으로도 사용되는 테이블은?
① 티 테이블(tea table)
② 앤드 테이블(end table)
③ 나이트 테이블(night table)
④ 익스텐션 테이블(extension table)

해설

1-1
① 체스터필드 : 솜, 스펀지 등으로 속을 채워 넣고 천으로 씌운 커다란 소파이다.
② 스툴 : 등받이와 팔걸이가 없는 형태의 보조의자이다.
③ 세티 : 동일한 두 개의 의자를 나란히 합해 2인이 앉을 수 있도록 한 것이다.

1-2
팔걸이가 있는 1인용 소파는 암체어, 2인용은 러브 시트라고 한다.

1-3
① 티 테이블 : 객실 내에 있는 가구로서 의자 중간에 놓는 간단한 테이블이다.
③ 나이트 테이블 : 침대 머리 양쪽 옆에 놓는 테이블이다.
④ 익스텐션 테이블 : 다기능 테이블의 일종이다.

정답 1-1 ④ 1-2 ② 1-3 ②

핵심이론 02 가구의 종류 및 특성(2) : 업무 공간의 가구

(1) 시스템 가구의 특성
① 시스템 가구는 가구와 인간과의 관계, 가구와 건축 구체와의 관계, 가구와 가구와의 관계 등 여러 요소를 종합적으로 고려하여 적절한 치수를 산출한다.
② 여러 개의 유닛으로 구성되며 각 유닛은 폭, 길이, 높이의 치수가 규격화, 모듈화되어 있다.
③ 기능에 따라 여러 가지 형으로 조립 및 해체가 가능하여 공간의 융통성을 꾀할 수 있다.
④ 규격화된 단위 구성재의 결합으로 가구의 통일과 조화를 도모할 수 있다.
⑤ 모듈계획을 근간으로 규격화된 부품을 구성하여 시공 기간 단축 등의 효과를 가져올 수 있다.
⑥ 시스템 가구는 공간분할기능, 수납기능, 작업기능을 갖고 있다.

(2) 시스템 가구의 디자인 조건
① 가구는 규격화된 디자인으로 한다.
② 인체공학에 의한 인체치수와 동작에 적합하도록 한다.
③ 재배열과 교체가 용이하고, 이동 가능하도록 한다.
④ 구성재와 결합시켜 통일과 조화를 꾀하며, 융통성을 크게 한다.

(3) 시스템 가구의 장점
① 작업자의 프라이버시를 유지할 수 있다.
② 입체적·공간적으로 사용할 수 있다.
③ 3차원적 공간으로 전환할 수 있다.
④ 합리적 수납체계를 가진다.
⑤ 능동적인 커뮤니케이션이 가능하다.

10년간 자주 출제된 문제

2-1. 다음은 무엇에 대한 설명인가?

- 여러 개의 유닛으로 구성되며 각 유닛은 폭, 길이, 높이의 치수가 규격화, 모듈화되어 있다.
- 다양한 조합이 가능하여 임의의 공간에 배치가 자유롭고 합리적이며 사용함에 융통성이 크다.

① 건축화 조명 ② 캐스캐이드
③ 시스템 가구 ④ 멀티존 유닛

2-2. 시스템 가구에 관한 설명 중 옳지 않은 것은?
① 건물, 가구, 인간과의 상호관계를 고려하여 치수를 산출한다.
② 건물의 구조부재, 공간 구성요소들과 함께 표준화되어 가변성이 적다.
③ 한 가구는 여러 유닛으로 구성되어 모든 치수가 규격화, 모듈화된다.
④ 부엌가구, 사무용 가구, 수납가구들에 적용된다.

【해설】

2-2
기능에 따라 여러 가지 형으로 조립 및 해체가 가능하여 공간의 융통성을 꾀할 수 있어 가변성이 크다.

정답 2-1 ③ 2-2 ②

핵심이론 03 가구의 종류 및 특성(3) : 가구의 분류

(1) 인체 공학적 입장에 따른 분류

① 인체 지지용 가구(인체계 가구)
  ㉠ 직접 인체를 지지하는 가구이며, 그 원점이다.
  ㉡ 소파, 의자, 스툴, 침대 등이 이에 속한다.

② 작업용 가구(준인체계 가구)
  ㉠ 간접적으로 인간에 관계하고 인간 동작에 보조가 되는 가구이며 그 원점은 위아래로 잰 치수이다.
  ㉡ 테이블, 받침대, 주방 작업대, 책상, 화장대 등이 이에 속한다.

③ 정리·수납용 가구(건축계 가구)
  ㉠ 수납의 크기, 수량, 중량 등과 관계되며 그 원점은 바닥면에 있다.
  ㉡ 정리·수납을 목적으로 하는 상자류와 진열을 목적으로 하는 선반류로 나뉜다.
  ㉢ 벽장, 선반, 서랍장, 붙박이장 등이 이에 속한다.

(2) 가구의 이동을 중심으로 한 분류

① 모듈러 가구(modular furniture)
  ㉠ 공간에 따라 사용하는 용도에 따라 자유자재로 모습을 달리하고, 다양한 형태로 확장 또는 축소할 수 있는 가구를 의미한다.
  ㉡ 하나의 덩어리로 제작되는 일반 가구와 달리, 규격화된 부품을 사용자가 마음대로 조립해 원하는 형태로 만들어서 사용할 수 있다.

② 붙박이 가구(built in furniture)
  ㉠ 건축물과 일체화하여 설치하는 가구이다.
  ㉡ 가구 배치의 혼란을 없애고 공간을 최대한 활용할 수 있다.
  ㉢ 실내 마감재와의 조화 등을 고려해야 한다.
  ㉣ 특정한 사용목적이나 많은 물품을 수납하기 위해 건축화된 가구이다.

ⓜ 인테리어 디자인의 측면에서 공간을 효율적으로 사용할 수 있는 가장 좋은 가구이다.
ⓗ 붙박이 가구를 디자인할 경우 고려해야 할 사항 : 크기와 비례의 조화, 기능의 편리성, 실내 마감재로서의 조화

③ 이동성 가구

㉠ 유닛 가구
- 필요에 따라 가구의 형태를 변화시킬 수 있어 고정적이면서 이동적인 성격을 갖는 가구이다.
- 규격화된 단일가구를 원하는 형태로 조합하여 사용할 수 있어 다목적으로 사용이 가능하다.

㉡ 시스템 가구
- 가구와 인간과의 관계, 가구화 건축구체와의 관계, 가구와 가구와의 관계들을 종합적으로 고려하여 적합한 치수를 산출한 후 이를 모듈화시킨 각 유닛이 모여 전체 가구를 형성한 것이다.
- 기능에 따라 여러 가지 형으로 조립 및 해체가 가능하여 공간의 융통성을 꾀할 수 있다.

> **10년간 자주 출제된 문제**

3-1. 다음 중 인체 지지용 가구가 아닌 것은?
① 소파
② 침대
③ 책상
④ 작업의자

3-2. 붙박이 가구에 관한 설명으로 옳지 않은 것은?
① 공간의 효율성을 높일 수 있다.
② 건축물과 일체화하여 설치하는 가구이다.
③ 실내 마감재와의 조화 등을 고려해야 한다.
④ 필요에 따라 그 설치 장소를 자유롭게 움직일 수 있다.

3-3. 유닛 가구(unit furniture)에 관한 설명으로 옳지 않은 것은?
① 고정적이면서 이동적인 성격을 갖는다.
② 필요에 따라 가구의 형태를 변화시킬 수 있다.
③ 규격화된 단일기구를 원하는 형태로 조합하여 사용할 수 있다.
④ 특정한 사용목적이나 많은 물품을 수납하기 위해 건축화된 가구이다.

[해설]

3-1
가구기능에 따른 분류
- 인체 지지용 가구 : 소파, 침대, 의자 등
- 작업용 가구 : 작업대, 싱크대, 책상 등
- 정리 · 수납용 가구 : 장롱, 캐비닛, 책장 등

3-2
붙박이 가구는 건물과 일체화해서 만든 가구로서 가구 배치의 혼란감을 없애고 공간을 최대한 활용할 수 있다.

3-3
단위(unit) 가구
디자인, 치수 등이 통일된 한 세트의 가구를 말한다. 책꽂이, 책상, 서랍장, 양복장, 선반 등이 일정한 규격으로 만들어져 있어 이것들을 필요에 따라 여러 가지 형태로 짝을 맞추어 사용할 수 있다. 방의 크기나 사용 목적에 따라 적당히 선택할 수 있으며, 쉽게 구성방법을 바꿀 수 있다.

정답 3-1 ③ 3-2 ④ 3-3 ④

핵심이론 04 가구계획(1) : 실내 공간 가구 배치

(1) 가구 배치 시 유의사항
① 가구는 사용목적 이외의 것은 배치하지 않는다.
② 가구 사용 시 불편하지 않도록 충분한 여유 공간을 두도록 한다.
③ 사용목적과 행위에 맞게 가구를 배치해야 한다.
④ 전체 공간의 스케일과 시각적, 심리적 균형을 이루도록 한다.
⑤ 문이나 창문이 있을 경우 높이를 고려한다.
⑥ 평면도에 계획되며 입면계획을 고려한다.
⑦ 가구의 크기 및 형상은 전체 공간의 스케일과 시각적, 심리적 균형을 이루도록 한다.
⑧ 실의 천장고가 높으면 수직적 형상의 가구를, 낮으면 수평적 형상의 가구를 배치한다.
⑨ 가구는 사용자의 동선에 알맞게 배치하되 타인의 동작을 방해해서는 안 된다.
⑩ 큰 가구는 가능한 한 벽체에 붙여 실에 통일감을 주도록 한다.
⑪ 가구가 너무 많으면 실내가 답답해 보이고, 너무 적으면 허전한 느낌을 주므로 심적 균형을 고려하여 배치한다.
⑫ 크고 작은 가구를 적절히 조화롭게 배치한다.
⑬ 의자나 소파 옆에는 조명기구를 배치한다.
⑭ 가구를 배치할 때 가장 먼저 고려되어야 할 사항은 기능이다.

(2) 가구 배치 유형
① 코너형
  ㉠ 가구를 두 벽면에 연결시켜 배치하는 형식이다.
  ㉡ 소파를 서로 직각이 되도록 연결 배치하여 시선이 마주치지 않아 안정감이 있다.
  ㉢ 비교적 적은 면적을 차지하기 때문에 공간 활용이 높고 동선이 자연스럽게 이루어지는 장점이 있다.

② 대면형
  ㉠ 중앙의 탁자를 중심으로 좌석이 마주 보도록 배치하는 형식이며, 가족 중심의 거실보다 응접실용으로 적합하다.
  ㉡ 시선이 마주치므로 딱딱한 분위기가 되기 쉬우나, 넓은 공간의 경우 의자 간의 거리를 두면 조금 부드러워진다.

③ U자형(ㄷ자형)
  ㉠ 중앙의 탁자를 중심으로 좌석을 정원, 벽난로, TV 등 한 방향으로 향하도록 배치한다.
  ㉡ 단란한 분위기를 주며 여러 사람과의 대화 시에 적합하다.

④ ㄱ자형
  ㉠ 단란한 분위기를 주며 비교적 면적을 적게 차지한다.
  ㉡ 시선이 마주치지 않아 안정감이 있다.
  ㉢ 공간활용이 높고 동선이 자연스럽게 이루어지는 장점이 있다.

⑤ 一자형(직선형)
  ㉠ 일렬로 의자를 배치하는 방법으로, 한쪽 측면에만 앉기 때문에 대화 시에는 부자연스러운 배치이다.
  ㉡ 거실의 폭이 좁은 경우에 많이 이용된다.

10년간 자주 출제된 문제

4-1. 가구 배치계획에 관한 설명으로 옳지 않은 것은?
① 평면도에 계획되며 입면계획을 고려하지 않는다.
② 실의 사용목적과 행위에 적합한 가구 배치를 한다.
③ 가구 사용 시 불편하지 않도록 충분한 여유 공간을 두도록 한다.
④ 가구의 크기 및 형상은 전체 공간의 스케일과 시각적, 심리적 균형을 이루도록 한다.

4-2. 다음 설명에 알맞은 거실의 가구 배치 유형은?

• 가구를 두 벽면에 연결시켜 배치하는 형식으로 시선이 마주치지 않아 안정감이 있다.
• 비교적 적은 면적을 차지하기 때문에 공간 활용이 높고 동선이 자연스럽게 이루어지는 장점이 있다.

① 대면형   ② 코너형
③ U자형   ④ 복합형

[해설]

4-1
가구 배치는 평면도에 계획되나 문, 창 등의 개구부의 위치와 크기는 가구 배치에 영향을 미치므로 입면계획을 고려해야 한다.

4-2
① 대면형 : 중앙의 탁자를 중심으로 좌석이 마주 보도록 배치하는 형식이며, 가족 중심의 거실보다 응접실 용도로 적합하다.
③ U자형(ㄷ자형) : 중앙의 탁자를 중심으로 좌석을 정원, 벽난로, TV 등 한 방향으로 향하도록 배치하는 형식이다. 단란한 분위기를 주어 여러 사람과의 대화 시에 적합하다.

정답 4-1 ① 4-2 ②

핵심이론 05 가구계획(2) : 실내 공간 가구의 치수

(1) 인체치수와 기능치수

① **인체치수**
  ㉠ 인체치수는 인간공학에서 기초가 되는 자료이다.
  ㉡ 실내 공간에서 인체치수는 최고치에 맞추는 것이 바람직하다.
  ㉢ 인체치수는 연령, 성별, 인종 등에 따라 다르며, 키, 앉은 키, 몸무게로 표시한다.
  ㉣ 인간의 키와 각 부위의 치수와는 비례적인 관계이며, 세로 방향은 키에 비례하고 가로 방향은 넓이에 비례한다.
  ㉤ 인체치수는 식습관과 생활의 변화에 의해 그 평균치수 등이 달라지므로 가장 최근에 연구된 자료를 참고로 하는 것이 좋다.
  ㉥ 실내 공간과 가구계획 시 인체치수는 반드시 착의(着衣) 상태에서 고려된 증가치수를 염두하여 계획해야 한다.

② **기능치수**
  ㉠ 실내 공간의 가구계획 시 인간의 동작과 이동에 대한 치수를 함께 고려해야 한다.
  ㉡ 수납장이나 선반의 경우 키가 작은 사람이 손을 뻗었을 때 높이를 기준으로 한다.
  ㉢ 시선차단의 기능을 하는 칸막이의 경우 키가 큰 사람의 눈높이를 기준으로 한다.

(2) 작업영역

① **수평 작업영역** : 두 팔이 책상이나 작업대에서 움직이는 영역이다.
② **수직 작업영역** : 두 팔을 위아래로 움직였을 때 범위이다.
③ **최대 작업영역** : 손과 다리를 뻗어서 닿는 물리적 한계를 나타내는 영역이다.
④ **기능적 작업영역** : 작업의 정도와 생체부하를 고려한 영역을 말한다.

(3) 실내계획 중 치수계획

① 치수계획은 인간의 심리적, 정서적 반응을 유발시킨다.
② 복도의 폭과 넓이는 통행인의 수와 보행형태 등과 관계가 있다.
③ 최적치수를 구하는 방법으로는 α를 조정치수라 할 때 최소치 +α, 최대치 -α, 목표치 ±α가 있다.
  ※ α는 적정값을 이끌어 내기 위한 여유치수를 말한다.
④ 치수계획은 생활과 물품, 공간과의 적정한 상호관계를 만족시키는 치수체계를 구하는 과정이다.
⑤ 동작영역의 크기는 인체치수를 기본으로 결정되며 동적인 인체치수가 곧 동작치수이다.
⑥ 규모 및 치수계획의 궁극적 목표는 물품, 공간 또는 세부 부분에 필요한 적정치수를 결정하기 위함이다.
⑦ 적정치수의 결정방법 중 목표치 ±방법은 설계자나 사용자의 판단으로 어느 목표치를 설정하고 그 효과를 타진하면서 치수를 조정하는 방법이다.

※ 실내 치수계획
- 주택 출입문의 폭 : 90cm
- 부엌 조리대의 높이 : 85cm
- 상점 내의 계단 단높이 : 18cm 이하(단너비 : 26cm 이상)
- 주택 침실의 반자높이 : 2.1m 이상
- 현관의 폭 : 1,200mm(복도 폭 : 1,500mm)

10년간 자주 출제된 문제

5-1. 치수계획에 있어 적정치수를 설정하는 방법은 최소치 +α, 최대치 -α 목표치 ±α이다. 이때 α는 적정치수를 끌어내기 위한 어떤 치수인가?
① 표준치수
② 절대치수
③ 여유치수
④ 기본치수

5-2. 규모 및 치수계획에 관한 설명으로 옳지 않은 것은?
① 천장고는 인체치수를 고려한 절대적인 치수로 취급되어야 한다.
② 동작영역의 크기는 인체치수를 기본으로 결정되며 동적인 인체치수가 곧 동작치수이다.
③ 규모 및 치수계획의 궁극적 목표는 물품, 공간 또는 세부 부분에 필요한 적정치수를 결정하기 위함이다.
④ 적정치수의 결정 방법 중 목표치 ±방법은 설계자나 사용자의 판단으로 어느 목표치를 설정하고 그 효과를 타진하면서 치수를 조정하는 방법이다.

5-3. 실내 치수계획으로 가장 부적절한 것은?
① 주택 출입문의 폭 : 90cm
② 부엌 조리대의 높이 : 85cm
③ 상점 내의 계단 단높이 : 30cm
④ 주택 침실의 반자높이 : 2.3m

해설

5-1
α는 적정값을 이끌어내기 위한 여유치수를 말한다.

5-2
천장고는 방의 용도나 모인 사람 수, 넓이 등에 관계하며, 감각적으로는 낮을수록 안정된다. 건축기준법에서는 거실의 천장고는 2.1m 이상으로 하고 있으며, 사무실의 경우 2.6m 이상, 넓은 사무실은 2.7m 이상, 학교교실(유치원 제외)·슈퍼마켓·백화점은 3m 이상으로 규정하고 있다.

5-3
판매시설의 단높이는 18cm 이하, 단너비는 26cm 이상이 적절하다.

정답 5-1 ③ 5-2 ① 5-3 ③

제4절 실내건축설계 시각화 작업

4-1. 2D 표현

핵심이론 01 2D 설계 도면의 종류 및 이해

(1) 설계 도면의 종류
① 기본 도면 : 평면도, 바닥 평면도, 천장도, 조명계획도, 입면도, 전개도, 투시도
② 실시 도면 : 단면도, 상세도, 창호도, 가구 상세도, 조명 상세도
③ 기타 : 목차, 재료 마감도, 집기 상세도, 전기 배선도, 출입구 상세도 등

(2) 설계 도면의 이해
① 평면도
  ㉠ 건축물의 평면상의 배치를 한눈에 알아볼 수 있도록 그린 것이다.
  ㉡ 도면의 용도에 따라 구조를 평면도, 마감평면도, 가구 배치도, 전기·설비기구 배치도 등으로 분류할 수 있다.
  ㉢ 평면도의 표현 내용
   • 출입구의 위치, 개구부의 크기 및 개폐 방법과 위치 등
   • 벽체와 벽체와의 중심거리, 기둥과 기둥 간의 중심거리, 계단 단의 높이 등
   • 재료의 표시, 각 실의 명칭 등
   • 가구의 위치 및 크기 등
② 천장도
  천장의 조명 위치와 조명의 개수, 종류를 알 수 있는 그림이다.
③ 입면도
  ㉠ 건물 또는 실내 내부도의 동서남북의 각 4개의 면을 그린 그림이다.
  ㉡ 입면도에는 입면형태, 벽면의 구성 비례, 창문의 형태와 크기 및 위치, 방과 개구부의 면 비례, 외장재료의 조합에 따른 질감, 음영에 의하여 나타나는 형상, 기타 의장과 관련된 사항을 고려한다.
④ 단면도
  ㉠ 건물과 내부를 수직으로 절단하여, 절단된 면을 평면으로 놓고 그린 그림이다.
  ㉡ 천장의 높이, 창의 높이 등을 확인할 수 있다.
⑤ 상세도
  ㉠ 세부적인 사항을 표시하기 어려울 때 그리는 그림이다.
  ㉡ 기본 도면의 축척은 1/50, 1/100, 1/200 정도를 사용하지만, 상세도에서는 1/1, 1/20 등으로 표시되어 사용한다.

10년간 자주 출제된 문제

1-1. 일반적으로 평면도에서 알 수 있는 사항이 아닌 것은?
① 공간의 배치
② 공간의 형태와 크기
③ 동선
④ 문의 디자인

1-2. 평면도의 설명으로 옳지 않은 것은?
① 건축물의 평면상의 배치를 한눈에 알아볼 수 있도록 그린 것이다.
② 출입구의 위치, 개구부의 크기 및 개폐방법과 위치 등을 표현한다.
③ 벽체와 벽체와의 중심거리, 기둥과 기둥 간의 중심거리, 계단 단의 높이 등을 표현한다.
④ 벽면의 구성 비례, 창문의 형태와 크기 및 위치 등이 표현된다.

|해설|

1-1
평면도를 통해서는 각 실의 배치와 동선, 출입구와 창호형태 등을 살펴볼 수 있다.

1-2
평면도에는 재료의 표시, 각 실의 명칭, 가구의 위치 및 크기 등을 표현한다.

정답 1-1 ④ 1-2 ④

핵심이론 02 2D 설계 도면 작성기준(1)

(1) 2D 그래픽 제작 개념
① 2D 그래픽 프로그램을 활용하여 컬러와 마감재를 넣고, 도면을 선이 아닌 채워진 도면으로 표현하는 것이다.
② 완성된 이미지 도면은 사용된 마감재와 각종 컬러 스펙을 나열해 클라이언트가 도면과 이미지, 마감재까지 한눈에 살펴볼 수 있게 보드 또는 패널로 제작한다.

(2) 2D 그래픽 제작
① 2D 컬러링 제작
  ㉠ 설계 도면을 이용하여 2D 그래픽 프로그램을 통해 비워져 있는 도면에 마감재를 넣는 것이다.
  ㉡ 반드시 마감재를 표현하지 않더라도 색이 채워지는 것으로 일반적인 평면 도면과는 차별화를 둘 수 있다.
  ㉢ 각종 동선과 특정 실을 구분할 때 주로 사용된다.
② 보드 및 패널 제작
  ㉠ 설계 도면을 비롯해서 2D 컬러링 등을 클라이언트가 쉽게 알아보고 비교해 볼 수 있도록 각종 마감재를 포함하여 출력 사이즈에 맞게 제작된 판을 말한다.
  ㉡ 패널 스토리텔링
    • 하나의 패널 안에 다양한 내용을 구성해야 하는 경우 패널에 레이아웃을 구성해서 풀어가는 것이 효과적이다.
    • 패널 방향 지정 : 패널의 방향을 풍경과 사진 중에서 정한다. 투시도, 평면도, 다이어그램 등 패널 요소들의 크기와 방향에 따라 패널을 더욱 효과적으로 나타낼 수 있도록 방향을 설정한다.
    • 함축적이면서 흥미로운 제목 선택 : 프로젝트를 전반적으로 이해시킬 수 있는 하나의 단어 또는 프로젝트 목적에 알맞은 단어를 이용하여 각인시키도록 한다.
    • 세부 투시도를 통한 흥미 유지 : 다른 공간의 투시도를 제공하여 공간의 다양한 디자인을 보여주는 것이 효과적이다.
    • 공간의 도면을 표현 : 다양한 도면을 보여주는 것이 좋다. 또한 투시도에서 디자인을 도면에 대입하여 좀더 현실적으로 공간을 이해하기 쉽다.
    • 다이어그램 활용 : 다이어그램을 이용해 간단명료하게 표현하여, 보는 사람으로 하여금 쉽게 이해할 수 있도록 디자인 작업과정 등을 설명하는 것이 좋다.
  ㉢ 투시도 패널
    • 패널은 디자이너 취향과 의도에 따라 레이아웃이 달라지지만, 투시도 패널의 경우 간단한 정보만을 입력해서 시선을 부각시킬 수 있다.
    • 프로젝트와 이름과 업체, 공간 명칭 등을 간단히 입력하여 한눈에 알아볼 수 있다.
  ㉣ 마감재 스펙보드 패널
    • 스펙보드는 시공에서 사용하는 마감재를 설명하기 위한 패널이다.
    • 실제 마감재를 접해 공간을 쉽게 예상하고 이해도를 높일 수 있다.
    • 실제 마감재를 이용한 마감재 스펙보드가 필요하지만, 일반적인 프리젠테이션의 슬라이드에 사용하려면 완성된 스펙보드를 사진으로 촬영하여 슬라이드에 제공하거나 처음부터 그래픽으로만 완성하기도 한다.

(3) 마감재별 비교 시안 제작
설계 도면은 변경되지 않더라도 클라이언트의 요구사항을 최대한 수용하기 위해 몇 가지의 비교될 수 있는 마감재 시안을 제작하는 것을 말한다.

10년간 자주 출제된 문제

2-1. 2D 그래픽 제작의 설명으로 옳지 않은 것은?
① 2D 그래픽 프로그램을 활용하여 컬러와 마감재를 넣고 도면을 선이 아닌 채워진 도면으로 표현하는 것이다.
② 클라이언트가 도면과 이미지, 마감재까지 한눈에 살펴볼 수 있는 보드 또는 패널 제작이다.
③ 컬러링 제작은 2D 그래픽 프로그램을 통해 비워져 있는 도면에 마감재를 넣는 것이다.
④ 컬러링 제작은 일반적인 평면 도면과 차별화를 두어서는 안 된다.

2-2. 2D 그래픽의 보드 및 패널 제작 설명으로 옳지 않은 것은?
① 하나의 패널 안에 다양한 내용을 구성해야 하는 경우 패널에 레이아웃을 구성해서 풀어가는 것이 효과적이다.
② 패널의 방향을 풍경과 사진 중에서 정한다. 투시도, 평면도, 다이어그램 등 패널 요소들의 크기와 방향에 따라 패널을 더욱 효과적으로 나타낼 수 있도록 방향을 설정한다.
③ 특정한 투시도를 통한 함축적이면서 흥미로운 제목을 선택한다.
④ 간단명료하게 표현하여 보는 사람으로 하여금 쉽게 이해할 수 있도록 디자인 작업과정 등을 설명하는 다이어그램을 이용하는 것이 좋다.

[해설]

2-1
반드시 마감재를 표현하지 않더라도 색이 채워지는 것으로 일반적인 평면 도면과는 차별화를 둘 수 있다.

2-2
세부 투시도를 통한 흥미 유지, 즉 다른 공간의 투시도를 제공하여 공간의 다양한 디자인을 보여주는 것이 효과적이다.

정답 2-1 ④ 2-2 ③

핵심이론 03 2D 설계 도면 작성기준(2)

(1) 투시도

① 투시도란 건축물을 사람의 눈높이에서 직접 카메라로 찍은 모습 또는 그 모습을 그대로 그린 그림이다.
② 투시도는 실내 투시도와 실외 투시도로 구분한다.
③ 원근 표현
  ㉠ 투시도는 원근 표현, 즉 가까이 있는 것은 크게 보이고 멀리 있는 것은 작게 보이게 한다는 원리를 기본으로 한다.
  ㉡ 멀리 있는 것이 작게 보인다는 것은 어떤 형태가 어떤 점으로 소멸되어 간다는 것이며, 이 소멸되어 가는 점을 소점 또는 소실점(V.P)이라고 한다.
  ㉢ 투시도는 2소점을 원칙으로 하고, 소점의 위치는 수평선이다.

1소점 (평행 투시)	• 1소점 투시에서 정면으로 보이는 면은 수평·수직으로 보이게 되고, 나머지 선들은 모두 소점(소실점)으로 향하는 기울기가 있는 선으로 보인다. • 수평(X), 수직(Y)의 2방향은 평행으로 보이며, 깊이의 방향은 E.L(눈높이)을 향해 소실점(V.P)으로 진행된다.
2소점 (유각 투시)	• 어떤 사물을 비스듬히 놓고 보았을 때 적용되는 것을 말한다. • 수직(Y)은 평행이 되며 그 외의 좌표는 두 소실점(V.P)으로 진행된다.
3소점 (사 투시)	• 어떤 사물을 위에서 올려다보거나 내려다보았을 때 적용되는 것이 3점 투시도이다. • 보통 공간원근법이라고도 하며 소실점이 3개로 양쪽과 위, 밑으로 향하게 된다. • 평행이 되는 좌표가 없이 모든 꼭짓점이 소실점(V.P)으로 진행되어 사라진다. • 조감도나 실외디자인에 많이 쓰인다.

(2) 조감도

① 높은 곳에서 내려다보거나 새의 눈높이에서 바라본 그림을 뜻한다.
② 사람의 눈높이에 맞춘 투시도와는 다르게 조감도에서는 실제 건물의 지붕이 보인다.

(3) 배치도

① 건물을 중심으로 주변의 도로, 동선, 주변 건물, 녹지 등의 주변 현황이 배치된 모습을 한눈에 볼 수 있는 그림이다.
② 얼핏 조감도와 비슷할 수 있으나 입체적인 투시도법을 가지고 있는 조감도와는 다르게, 배치도는 면으로만 표현되어 있다.

(4) 프리핸드 스케치

① 눈높이나 눈보다 조금 높은 위치에서 보이는 공간을 실제 보이는 대로 자연스럽게 표현한 그림이다.
② 나타내고자 하는 의도의 윤곽을 잡아 개략적으로 표현하고자 할 때, 즉 아이디어를 수집, 기록, 정착화하는 과정에서 필요하다.
③ 디자이너에게 순간적으로 떠오르는 불확실한 아이디어의 이미지를 고정·정착화시켜 나가는 초기 단계에 사용한다.

10년간 자주 출제된 문제

3-1. 투시도 작성에서 소점이 위치하는 곳은?
① 기선　　　　　② 화면선
③ 수평선　　　　④ 시선

3-2. 다음에서 설명하는 그림은?

- 눈높이나 눈보다 조금 높은 위치에서 보이는 공간을 실제 보이는 대로 자연스럽게 표현한 그림
- 나타내고자 하는 의도의 윤곽을 잡아 개략적으로 표현하고자 할 때, 즉 아이디어를 수집, 기록, 정착화하는 과정에서 필요함
- 디자이너에게 순간적으로 떠오르는 불확실한 아이디어의 이미지를 고정·정착화시켜 나가는 초기 단계

① 투시도　　　　② 스케치도
③ 입면도　　　　④ 조감도

3-3. 설계도의 종류 중에서 입체적인 느낌이 나지 않는 도면은 무엇인가?
① 상세도　　　　② 투시도
③ 조감도　　　　④ 스케치도

[해설]

3-1
소점
- 투시도에서 모서리의 선을 연장시키면 하나의 점에 모이게 되는데 이를 소점이라 한다.
- 눈높이는 수평선(지평선)의 높이와 같고, 소실점도 눈높이에 위치하게 된다(소실점 = 눈높이 = 수평선).
- 소점의 수에 따라 1점 투시도, 2점 투시도, 3점 투시도 등이 있다.

3-3
② 투시도 : 설계안이 완공되었을 경우를 가정하여 평면도의 설계내용을 입체적인 그림으로 나타낸 도면이다.
③ 조감도 : 하늘에서 새가 내려다본 것처럼 설계 대상지의 완성 후 모습을 공중에서 비스듬히 내려다보았을 때의 모양을 그린 그림이다.
④ 스케치도 : 눈높이나 눈보다 조금 높은 위치에서 보이는 공간을 실제 보이는 대로 자연스럽게 표현한 그림이다.

정답 3-1 ③　3-2 ②　3-3 ①

4-2. 3D 표현

핵심이론 01 3D 설계 도면의 이해 및 종류

(1) 3D 운용프로그램의 개념

① 3차원 이미지를 생성할 수 있도록 도와주는 그래픽 프로그램이다.
② 좌푯값을 가지고 있으며 top, front, right, left, bottom, back 뷰포트에서 사용자가 보는 방향을 기준으로 X, Y, Z축의 방향과 같다.
   ㉠ X축 : 언제나 오른쪽으로 향한다.
   ㉡ Y축 : 언제나 위쪽으로 향한다.
   ㉢ Z축 : 언제나 사용자가 바라보는 방향이다.
③ 1D, 2D, 3D
   ㉠ 1D : 모든 것을 구성하는 최소한의 기본 단위인 점과 선을 말한다.
   ㉡ 2D : 작은 점들을 많이 찍어 보면 그 점들이 모여서 마치 면과 같이 보이는 집합체를 말한다.
   ㉢ 3D : 2D로 보이는 모든 면들, 즉 벽 4개와 천장, 바닥에 해당되는 6개의 면이 모두 모여 공간이 이루어진 입체 공간을 의미한다.

(2) 3D 모델링의 특징

① 관측하기 유리한 임의의 시점으로부터 모델뷰를 표현할 수 있다.
② 2차원 단면 및 도면을 편리하게 작성할 수 있다.
③ 3차원 모델로부터 도면을 작성했을 때 설계변경에 신속하게 대응할 수 있다.
④ 조명을 설치하고 다양한 재료들을 모델에 부착해서 사실적인 렌더링 이미지를 생성할 수 있다.
⑤ 자동 가공작업을 위한 데이터 추출이 가능하다.

(3) 3D 모델링 종류

① 와이어 프레임 모델링(선처리 방식)
   ㉠ 꼭짓점과 모서리와 같이 특정선을 사용하여 모델을 표시하는 방식이다.
   ㉡ 3차원 모델링 구성의 가장 기초가 되는 모델링 및 표현방법이다.
   ㉢ 형상이 직선과 곡선에 의해서만 표시하게 되므로 정밀도가 떨어지고, 곡면 또는 입체 내부의 정보가 없어 분석이 불가능하다.
② 서피스 모델링(면처리 방식)
   ㉠ 모델의 표면을 와이어 프레임으로 분할한 다음, 각각의 분할 표면을 원통면이나 구면 등의 간단한 곡면으로 간주하고 이들을 연결하여 구성하는 방식이다.
   ㉡ 와이어 프레임 모델링과 솔리드 모델링의 중간적 성격을 지닌다.
   ㉢ 건축 디자인에서 가장 많이 사용하는 방식이다.
③ 솔리드 모델링(구체처리 방식)
   ㉠ 기본 도형인 구, 원주, 삼각추 등의 입체요소들을 결합하여 모델을 구성하는 방식이다.
   ㉡ 3차원 모델링방법 중 가장 진보적이며, 부피, 질량, 무게중심 등 객체의 물성을 포함하고 있다.
   ㉢ 실물과 가장 근접하게 모델을 구축이 가능한 방식이다.

10년간 자주 출제된 문제

3D 운용프로그램의 설명으로 옳지 않은 것은?
① 3차원 이미지를 생성할 수 있도록 도와주는 그래픽 프로그램이다.
② 좌푯값을 가지고 있다.
③ X축은 언제나 왼쪽으로 향한다.
④ 3D는 벽 4개와 천장, 바닥에 해당되는 6개의 면이 모두 모여 공간이 이루어진 입체 공간을 의미한다.

|해설|

좌표 X, Y, Z축의 방향
• X축 : 언제나 오른쪽으로 향한다.
• Y축 : 언제나 위쪽으로 향한다.
• Z축 : 언제나 사용자가 바라보는 방향이다.

정답 ③

4-3. 모형 제작

핵심이론 01 모형 제작계획(1) : 실내건축 모형의 종류

(1) 스터디 모델

① 개념
  ㉠ 기초모형 모델로서, 발표되지 않고 다른 사람에게 보여줄 것도 아니다.
  ㉡ 자신이 생각한 디자인을 머릿속에서만 그려내지 않고 간단하게 만들어서 디자인을 확인해보고 변경하는 것을 말한다.
  ㉢ 훌륭한 디자인이 이루어지도록 돕는 수단에 지나지 않는다.
  ㉣ 스터디 모형이 마음에 들면 이 모델을 기준으로 제시용 모델을 만든다.
  ㉤ 너무 정교하게 만들어 놓으면 바꿔 보기가 어려우므로, 아이디어를 3차원적인 형태로 바꾼다는 정도로 모델을 만드는 것을 말한다.

② 스터디 모델의 특징
  ㉠ 설계과정에서 구상을 연마하여 양부를 확인하기 위한 것으로, 계도를 고쳐가면서 디자인이나 공간의 형태를 추구할 수 있다.
  ㉡ 가장 기초적인 모형이지만 그동안의 계획내용을 확인해야 하는 부분이므로 엉성하게 만들어서는 안 된다.
  ㉢ 보통 1~2일 내에, 가능한 한 정교하게 완성시킬 수 있어야 한다.
  ㉣ 계획안을 변경해야 하므로 손질하기 쉬운 유토, 종이 등을 사용하여 완성한다.

(2) 전시용 모델

① 세부 모형, 즉 스터디 최종 모델을 의미한다.
② 정교함이나 마무리의 단정함이 어느 정도 요구되는 것으로서 건축물의 디자인적 이미지를 높여줄 뿐만 아니라 설계상의 필연성을 인식시켜 준다.
③ 기본설계가 끝난 단계에서 완성했을 때의 모습을 확인하고 클라이언트에게 보이기 위해 석고, 목재 등으로 만드는 모형을 말한다.
④ 스터디 모델 단계에서 각종 오차와 수정을 통해 변경된 디자인에 최종 콘셉트를 부합하여 디테일하게 모형을 완성한다.

10년간 자주 출제된 문제

1-1. 실내건축 모형 중 스터디 모델의 설명으로 옳지 않은 것은?
① 발표되지 않고 다른 사람에게 보여줄 것도 아니다.
② 스터디 모형이 마음에 들면 이 모델을 기준으로 제시용 모델을 만드는 것이다.
③ 자신이 생각한 디자인을 머릿속에서만 그려내는 것이다.
④ 아이디어를 3차원적인 형태로 바꾼다는 정도로 모델을 만드는 것을 말한다.

1-2. 전시용 모델(presentation model)의 설명으로 옳지 않은 것은?
① 전시용 모델은 최종 모델을 의미한다.
② 정교함이나 마무리의 단정함이 어느 정도 요구된다.
③ 클라이언트에게 보이기 위해 석고, 목재 등으로 만드는 모형을 말한다.
④ 손질하기 쉬운 유토나 종이를 사용한다.

|해설|

1-1
스터디 모델
자신이 생각한 디자인을 머릿속에서만 그려내지 않고 간편하게 만들어서 디자인을 확인해보고 변경하는 것을 말한다.

1-2
기본설계가 끝난 단계에서 완성했을 때의 모습을 확인하고 클라이언트에게 보이기 위해 석고, 목재 등으로 제작한다.

정답 1-1 ③ 1-2 ④

핵심이론 02 모형 제작계획(2) : 컴퓨터를 이용한 모형

(1) 레이저 커팅
① 프로토타이밍 도구로 다양한 평면재료를 x축, y축으로 절단하고 스코어링한다.
② 레이저 커팅 설정에 작업 도면을 입력하면 재료가 절단되어 짧은 시간 안에 곧바로 정교한 모형을 제작할 수 있도록 재료가 준비된다.
③ 재료가 두꺼울수록 오랫동안 레이저를 쏴야 하므로 화재위험 등이 있어서 알맞은 두께의 재료만을 이용하는 것이 좋다.
④ 아크릴의 경우 레이저가 반사될 수 있으므로 한쪽 면에는 색상지를 적용하는 등 안전한 작업을 위해 위험요소를 줄이는 것이 좋다.

(2) 3D 프린팅
① 3D 프린터에 3D 모델을 설정하면 입체적인 형태로 모형을 출력하는 것을 말한다.
② 재료를 한 층 한 층 쌓아 제작한다(가산적 방식).
③ 3D 프린팅 방식에 따른 분류
　㉠ FDM 3D 프린터(시제품 제작) : 프린터에 장착된 압출 노즐로 가열된 필라멘트를 분사해 형상을 적층하는 방식이며, 열가소성 소재를 사용하는 부품이나 시제품을 생산할 때 가장 많이 쓰인다.
　㉡ SLA, SLS 3D 프린터 : 재료에 열, 레이저, 물리적 도구 등을 이용해 입체적 구조물을 적층 출력한다.

(3) 산성 에칭(acid etching)
① 2차원 그래픽을 금속판에 올리는 감산적 제작방식이다.
② 필요한 부분만 남기고 불필요한 부분은 깎아내는 방식이다.
③ 설계 도면 등을 네거티브 필름으로 제작한 후 자외선에 노출시켜 감광성 사진막으로 코팅한 금속판으로 옮겨주는 방식이다.

(4) CNC 밀링(CNC milling)
① CAD 파일을 이용하여 복잡한 형태의 물리적 개체를 절단 가공하여 제작하는 감산적 방식이다.
② CNC는 알루미늄 가공, 플라스틱 가공 등 대부분의 재료를 원하는 형상대로 만들 수 있다.

※ CNC와 3D 프린터의 비교

구분	CNC 기계	3D 프린터
공정	예리한 회전 공구를 사용하여 설계된 제품의 형상이 만들어질 때까지 재료를 깎아낸다(빼는 공정).	재료의 층을 결합 또는 소결하여 형상을 만들어 낸다(더하는 공정).
재료의 효율성	큰 금속 덩어리를 깎아서 나머지 부분을 버리거나 재활용하기 때문에 원료의 낭비가 심하다.	빈 공간에 필요한 모양을 쌓아서 만들기 때문에 원료의 낭비가 없다.
모양 형성의 한계성	외부를 깎아서 만들기 때문에 내부 모양을 만드는 데 제약이 있으며, 원하는 모양을 만들기 쉽지 않다.	외부와 내부를 같이 만들기 때문에 모양을 만드는 것이 쉽고 제약이 많이 줄어든다.
정밀도	매우 우수	보통
가격	저가	고가
속도	빠름	느림

10년간 자주 출제된 문제

컴퓨터를 이용한 모형 제작의 종류 중 3D 프린팅의 특징으로 옳지 않은 것은?
① 재료를 한 층 한 층 쌓아 제작한다.
② 광범위한 열가소성 재료(다양한 필라멘트)를 사용할 수 있다.
③ 시제품을 생산할 때 가장 많이 쓰인다.
④ 정밀도와 표면 조도가 높다.

|해설|
다른 방식보다 표면 조도와 정확도가 떨어진다.

정답 ④

핵심이론 03 모형 제작계획(3) : 실내건축 모형 제작

(1) 제작 재료의 종류

① 목재류
  ㉠ 원목, 베니어판, 합판, 파티클 보드, 수지합판, 무늬목, 성냥, 이쑤시개 등
  ㉡ 종이, 판지와 더불어 모형 제작에 사용되는 가장 흔한 재료이다.
  ㉢ 기초 모형부터 미세한 디테일의 모형까지 정확성 있는 조립이 용이하다.
    • 발사 : 다양한 크기로 오랜 시간 지나면 습도에 의하여 휘거나, 비틀림이 생기며, 정사각형, 직사각형, 원형, 삼각형 등의 형태와 철골형강과 같은 형상(L, T, ㄷ, H, I)이 있다.
    • cork sheet : 재질은 약간 고르고, 질감에 의한 표현성이 크며, 주로 지반, 바닥 등의 표현에 사용된다.

② 종이류
  ㉠ 판지, 발포 스티롤판지, 골판지, 트랜스퍼 시트, 하드보드지, 라이싱지 등
  ㉡ 작업을 전개하는 모든 단계에서 사용하기에 적합하다(개념모형, 작업모형, 전시모형).
  ㉢ 손쉽게 구입할 수 있고 선택의 폭이 넓으며, 값이 저렴하고, 작업과 수정이 용이하다.

③ 플라스틱류
  ㉠ 발포 플라스틱, 페놀수지, PVC, 포맥스 등
  ㉡ 도시계획 과제를 위한 개념 모형 및 작업 모형을 위해 형태와 표면, 혹은 특수 디자인 모형에 대한 요구가 발생하는 경우에 사용한다.
  ㉢ 표면에 흠이 생기기 쉽다.

④ 아크릴
  투명, smoke, 투명착생, 불투명착생 등 색채와 종류가 풍부하며, 원봉재와 각재 삼각형, 파이프 등이 있다.

⑤ 유리
  ㉠ 표면이 깨끗하고 평탄함이나 빛의 반사 등 유리만의 표현을 할 수 있다.
  ㉡ 단단하나 깨지기 쉬워 모형 제작에는 거의 사용하지 않는다.

⑥ 석고
  물로 녹인 후 굳혀서 사용하며 형틀에 의하여 자유로운 형으로 성형이 가능하다.

(2) 모형 제작순서

도면 출력물→베이스 판에 평면도 부착 또는 베이스 판에 작도→재단→가조립→본조립→모델명과 스케일 부착→모형 제작 완성

10년간 자주 출제된 문제

실내건축 모형 제작재료 중 종이의 설명으로 옳지 않은 것은?
① 종이, 판지와 더불어 모형 제작에 사용되는 가장 흔한 재료이다.
② 기초 모형부터 미세한 디테일의 모형까지 정확성 있는 조립이 용이하다.
③ 작업을 전개하는 모든 단계에서 사용하기에 적합하다.
④ 주로 도시계획 과제를 위한 개념 모형에 사용된다.

[해설]
도시계획 과제를 위한 개념 모형 및 작업 모형을 위해 형태와 표면, 혹은 특수 디자인 모형에 대한 요구가 발생하는 경우에 사용되는 것은 플라스틱류 재료이다.

정답 ④

CHAPTER 02 실내디자인 시공 및 재료

제1절 실내디자인 마감계획

1-1. 목공사

핵심이론 01 목공사 조사·분석

(1) 목재의 분류

① 수종에 의한 분류
　㉠ 침엽수
　　• 가볍고 목질이 연하며 탄력이 있어 건축이나 토목시설의 구조재용으로 많이 쓰인다.
　　• 종류 : 소나무, 해송, 삼송나무, 전나무, 솔송나무, 낙엽송, 가문비나무, 잣나무
　㉡ 활엽수
　　• 무늬가 아름답고 단단하며 재질이 치밀하여, 가구 제작과 실내장식을 위한 건축 내장용으로 많이 쓰인다.
　　• 종류 : 너도밤나무, 느티나무, 오동나무, 단풍나무, 참나무, 박달나무, 벚나무, 은행나무

② 재질에 의한 분류
　㉠ 연재(soft wood) : 소나무, 해송, 삼나무, 전나무, 낙엽송
　㉡ 경재(hard wood) : 너도밤나무, 느티나무, 참나무, 박달나무

③ 용도에 의한 분류
　㉠ 구조용재
　　• 건물의 뼈대에 쓰이는 부재로 강도 및 내구성이 큰 것이 좋다.
　　• 종류 : 소나무, 낙엽송, 잣나무, 전나무, 해송

　㉡ 장식용재
　　• 실내치장을 위하여 쓰이는 부재로 무늬결이 좋고 뒤틀림이 적은 것이 좋다.
　　• 종류 : 적송, 홍송, 낙엽송(침엽수), 느티나무, 단풍나무, 참나무, 오동나무(활엽수)

(2) 목재의 구조

① 목재는 수심, 목질부, 수피부, 부름켜 등으로 구성되어 있다.

② 춘재와 추재
　㉠ 춘재(春材) : 봄과 여름에 자란 부분으로, 성장속도가 빠르므로 세포가 크고 세포막이 얇으며 색이 연하고 유연한 목질부이다.
　㉡ 추재(秋材) : 가을과 겨울에 자란 부분으로, 성장속도가 느리므로 세포가 작고 세포막이 두꺼우며 색이 진하고 단단한 목질부이다.

③ 심재와 변재
　㉠ 심재(心材) : 나무줄기를 잘랐을 때 한복판에 짙게 착색된 부분으로, 생식기능이 줄어든 세포로 이루어져 있다. 성장이 거의 멈춘 부분으로 목질이 단단하다.
　㉡ 변재(邊材) : 심재 바깥쪽에 비교적 옅은 색을 가진 부분으로, 수액의 통로이자 양분의 저장소이다. 성장을 계속하는 부분으로 목질이 연하다.

(3) 목재구조의 특징

① 심재는 목질부 중 수심 부근에 위치한다.
② 심재가 변재보다 내후성, 내구성, 비중, 강도가 크다.
③ 변재는 심재 외측과 수피 내측 사이에 있는 생활세포의 집합이다.

④ 변재는 심재보다 수축률 및 팽창률이 일반적으로 크다.
⑤ 목재의 방향에서 수목의 생장 방향을 섬유 방향이라 한다.

(4) 목재의 장단점

장점	• 색깔 및 무늬 등 외관이 아름답다. • 재질이 부드럽고, 촉감이 좋다. • 무게가 가벼워서 운반하거나 다루기가 쉽다. • 중량에 비하여 강도가 크며, 온도에 따른 신축이 적다. • 열, 소리, 전기 등의 전도성이 낮다. • 생산량이 많고, 가격이 비교적 저렴하며, 입수가 용이하다.
단점	• 자연소재이므로 내화성이 없고, 부패하기 쉽다. • 함수량의 증감에 따라 팽창·수축하여 변형되기 쉽다. • 부위에 따라 재질이 고르지 못하다. • 목재 자체의 부분적 조직의 결함을 갖고 있다(옹이, 썩음, 껍질박이, 송진구멍 등). • 강도가 균일하지 못하고, 크기에 제한을 받는다.

10년간 자주 출제된 문제

1-1. 침엽수에 관한 설명으로 옳은 것은?
① 대표적인 수종은 소나무와 느티나무, 박달나무 등이다.
② 재질에 따라 경재(hard wood)로 분류된다.
③ 일반적으로 활엽수에 비하여 직통대재가 많고 가공이 용이하다.
④ 수선세포는 뚜렷하게 아름다운 무늬로 나타난다.

1-2. 다음 목재 중 실내 치장용으로 사용하기에 적합하지 않은 것은?
① 느티나무　　② 단풍나무
③ 소나무　　　④ 오동나무

[해설]
1-1
① 대표적인 수종은 삼나무, 소나무, 전나무, 측백나무, 낙엽송, 잣나무 등이다.
② 재질에 따라 연재(soft wood)로 분류된다.
④ 수선세포는 침엽수에서 잘 보이지 않는다.

1-2
소나무는 주로 구조재로 쓰이며 장식용재로 사용되는 수종은 단풍나무, 느티나무, 참나무, 오동나무 등이 있다.

정답 1-1 ③　1-2 ③

핵심이론 02 목재의 비중, 함수율

(1) 목재의 비중
① 기건비중 : 목재 성분 중 수분을 공기 중에서 제외한 상태의 비중을 말한다.
② 진비중 : 목재가 공극을 포함하지 않은 실제 부분의 비중을 말한다.
　※ 목재의 진비중은 일반적으로 1.54 정도이다.
③ 절대건조비중 : 온도 100~110℃에서 목재의 수분을 완전히 제거했을 때의 비중을 말한다.
④ 비중의 계산식 : 목재의 비중은 목질부 내에 포함된 섬유질과 공극률에 의해 결정되며, 그 공극률은 다음 식으로 계산할 수 있다.

$$\nu = \left(1 - \frac{\gamma}{1.54}\right) \times 100\%$$

여기서, ν : 공극률
　　　　γ : 절대건조비중
　　　　1.54 : 진비중(공극을 포함하지 않은 실제 부분의 비중)

(2) 목재의 함수율

$$\mu = \frac{W_1 - W_2}{W_2} \times 100\%$$

여기서, μ : 함수율
　　　　W_1 : 건조 전의 중량
　　　　W_2 : 전건중량

(3) 목재 함수율의 특징
① 기건 상태는 목재가 통상 대기의 온도, 습도와 평형된 수분을 함유한 상태를 말한다.
② 기건 상태에서 목재의 함수율은 15% 정도이다.

③ 전건 상태에 이르면 강도는 섬유포화점 상태에 비해 3배로 증가한다.
  ※ 섬유포화점 : 세포막 내부가 수분으로 포화되어 있을 때의 함수율로 보통 섬유포화점 함수율은 30% 정도이다.
  ※ 섬유포화 상태 : 세포막 내부가 완전히 수분으로 포화되어 있고, 세포내공과 공극 등에는 액체수분이 존재하지 않는 상태를 말한다.
④ 섬유포화점 이상의 상태에서는 함수율의 증감에 따라 수축 및 팽창이 발생하지 않는다(강도가 일정).
⑤ 섬유포화점 이하에서는 함수율이 감소할수록 강도는 증대하며 인성은 감소한다.
⑥ 완전흡수로 공기를 전부 배제한 목재는 부패하지 않는다.
⑦ 목질부의 수축팽창에 따른 변형 정도는 널결면이 가장 크고, 곧은결면, 목재의 섬유 방향 순이다.
⑧ 목재의 함수율이 섬유포화점 이하가 되면 세포수의 증발이 시작되며 세포벽의 건조가 생기고 목재는 수축하기 시작한다.
⑨ 수축의 크기는 방향에 따라 현저히 다르나 널결 방향과 곧은결 방향 및 섬유 방향의 수축률의 비는 20 : 10 : 1~0.5이다.
⑩ 생재로부터 전건까지 수축률은 섬유 방향에 0.1~0.3%, 곧은결 방향에 3~4%, 널결 방향에서 6~8% 정도이다.
⑪ 수축과 비중 사이에는 정비례의 관계가 있다.

10년간 자주 출제된 문제

2-1. 절대건조비중(γ)이 0.75인 목재의 공극률은?
① 약 25.0%   ② 약 38.6%
③ 약 51.3%   ④ 약 75.0%

2-2. 목재가 통상 대기의 온도, 습도와 평형된 수분을 함유한 상태를 의미하는 것은?
① 전건 상태   ② 기건 상태
③ 섬유포화 상태   ④ 포수 상태

2-3. 목재의 함수율에 관한 기술 중 옳지 않은 것은?
① 함수율은 기건 상태에서 20% 정도이다.
② 함수율이 30%인 점을 섬유포화점이라 한다.
③ 섬유포화점 이상의 함수 상태에서는 함수율의 증감에도 불구하고 신축을 일으키지 않는다.
④ 섬유포화점 이하에서는 함수율이 감소할수록 강도는 증대한다.

해설

2-1
$$\nu = \left(1 - \frac{\gamma}{1.54}\right) \times 100\%$$
여기서, ν : 공극률
  γ : 절대건조비중
  1.54 : 진비중(공극을 포함하지 않은 실제 부분의 비중)
$$\nu = \left(1 - \frac{0.75}{1.54}\right) \times 100\% = 51.29\%$$

2-2
① 전건 상태 : 목재가 완전히 건조한 상태
③ 섬유포화 상태 : 세포벽 내는 결합수로 완전히 포화되어 있고, 나머지 부분에는 수분이 존재하지 않는 상태
④ 포수 상태 : 목재의 최대 함수율

2-3
기건 상태에서 목재의 함수율은 일반적으로 15% 정도이다.

정답 2-1 ③ 2-2 ② 2-3 ①

핵심이론 03 목재의 역학적 성질

(1) 인장과 압축강도
① 목재를 인장시키고 압축시킬 때 생기는 외력에 대한 내부 저항을 말한다.
② 기건비중이 클수록 압축강도는 증가한다.
③ 가력 방향이 섬유 방향과 평행일 때 압축강도는 최대가 된다.
④ 가력 방향이 섬유 방향에 평행할 경우가 직각 방향일 경우보다 목재의 인장강도가 더 크다.
⑤ 목재가 섬유 방향에 평행할 때 인장강도는 다른 여러 강도 중 가장 크다.
　※ 목재의 강도
　　　인장강도 > 휨강도 > 압축강도 > 전단강도
⑥ 옹이가 있으면 압축강도는 저하되고, 옹이 지름이 클수록 더욱 감소한다.
⑦ 동일 건조 상태인 경우 비중이 큰 것일수록 강도, 탄성계수가 크다.
⑧ 목재는 건조할수록 심재가 변재보다, 추재가 춘재보다 강도가 크다.

(2) 휨강도
① 휨강도는 압축, 인장 및 전단 등의 응력이 복합하여 작용한다.
② 휨강도는 옹이의 위치와 크기에 따라 다르며 옹이가 클수록, 보의 하단에 가까울수록 강도의 감소가 크다.
③ 목재의 휨하중에 저항하는 목재의 강도 크기는 압축강도의 약 1.75배이다.
④ 목재의 휨강도는 전단강도보다 크다.
⑤ 섬유 방향에 평행할 경우 휨강도는 전단강도의 약 10배 정도이다.

(3) 전단강도
① 목재의 전단강도는 섬유 간의 부착력, 섬유의 곧음, 수선의 유무 등에 의하여 지배되며 그 크기는 세로방향 인장강도의 1/10 정도이다.
② 목재의 전단력은 섬유의 직각 방향이 평행 방향보다 강하다.

(4) 경도
① 경도는 마멸에 대한 내부 저항이다.
② 비중이 클수록 경도가 높다.

(5) 탄성계수
① 목재의 탄성계수는 압축, 휨, 인장시험에 따라 약간씩 달라진다.
② 일반적으로 압축시험에 의해 구한 탄성계수가, 인장시험에 의해 구한 값보다 작다.

(6) 허용응력도
① 목재의 허용응력도란 그 목재의 파괴강도를 안전율로 나눈 값을 말한다.
② 강도와 탄성은 가력 방향과 섬유 방향과의 관계에 따라 현저한 차이가 있다.

(7) 열전도율
① 목재의 열전도율은 함수율과 비중이 증가할수록 커진다.
② 목재는 금속이나 콘크리트에 비해 열전도율이 작아 보온재료로 사용한다.
③ 목재의 열의 전도가 더딘 것은 조직 가운데 공간이 있기 때문이다.
④ 섬유 방향에 따라서 전기전도율은 다르며 축 방향이 최대이고, 반경 방향이 최소이다.

10년간 자주 출제된 문제

3-1. 목재의 역학적 성질 중 옳지 않은 것은?
① 섬유에 평행 방향의 휨강도와 전단강도는 거의 같다.
② 강도와 탄성은 가력 방향과 섬유 방향과의 관계에 따라 현저한 차이가 있다.
③ 섬유에 평행 방향의 인장강도는 압축강도보다 크다.
④ 목재의 강도는 일반적으로 비중에 비례한다.

3-2. 목재의 일반적인 성질에 대한 설명 중 옳지 않은 것은?
① 석재나 금속에 비하여 가공하기가 쉽다.
② 건조한 것은 타기 쉽고 건조가 불충분한 것은 썩기 쉽다.
③ 열전도율이 커서 보온재료로 사용이 곤란하다.
④ 아름다운 색채와 무늬로 장식효과가 우수하다.

3-3. 목재의 열전도율을 다른 재료와 비교 설명한 것으로 옳지 않은 것은?
① 목재의 열전도율은 콘크리트의 열전도율보다 작다.
② 동일 함수율에서 소나무는 오동나무보다 열전도율이 작다.
③ 목재의 열전도율은 철의 열전도율보다 작다.
④ 목재의 열전도율은 화강암의 열전도율보다 작다.

[해설]

3-1
섬유 방향에 평행할 경우 휨강도는 전단강도의 약 10배 정도이다.

3-2
목재는 열전도율이 적어 보온·방한·방서성이 뛰어나다.

3-3
목재의 열전도율은 함수율과 비중이 증가할수록 커진다. 주요 수종별 비중은 삼나무(0.4), 소나무·해송(0.5), 오동나무(0.3), 참나무류(0.65), 가시나무(0.9) 정도이다. 따라서 동일 함수율에서 소나무는 오동나무보다 열전도율이 크다.

정답 3-1 ① 3-2 ③ 3-3 ②

핵심이론 04 목재의 내구성

(1) 내구성을 감소시키는 원인
① 풍우, 일광, 자외선, 공기 등에 노출되었을 때의 풍화작용
② 균류 또는 박테리아에 의한 부패
③ 곤충류에 의한 식해
④ 화재

(2) 목재 방부제의 종류
① **수용성** : CCA방부제, 황산구리용액, 염화아연용액, 염화제2수은용액, 플루오린화나트륨용액, 페놀류(도장 가능, 독성 있음) 등
  ㉠ CCA방부제 : 도장 가능하며 독성이 있다(녹색). 비소, 크롬, 구리의 성분으로 중독성이 강하여 사용이 금지되어 있다.
  ㉡ 황산동 1% 용액 : 방부성은 좋으나 인체에 유해하다.
  ㉢ 염화아연 4% 용액 : 방부성은 좋으나 목질부를 약화시켜 전기전도율이 증가되고 비내구성이다.
  ㉣ 무기플루오린화물계(PF) : 도장 가능하고 독성이 있으며 처리재는 황록색이다.
  ㉤ 불화소다 2% 용액 : 인체에 무해하고, 페인트 도장이 가능하나 내구성이 부족하며, 고가이다.
② **유용성** : 펜타클로로페놀(PCP), 유기주석 화합물, 나프텐산 금속염 등
  ㉠ 펜타클로로페놀(PCP)
    • 도장 가능하나 독성이 있으며, 자극적인 냄새가 난다.
    • 처리재는 무색으로 성능은 가장 우수하나 고가이다.
    • 방부, 방충처리 목재에 적용한다.
③ **유성(상)** : 크레오소트유, 콜타르, 아스팔트, 모르타르, 유성 페인트 등

㉠ 크레오소트유
- 석탄을 235~315℃에서 고온건조하여 얻은 타르 제품이다.
- 흑갈색으로 외관이 불미하므로 눈에 보이지 않는 토대, 기둥 등에 이용된다.
- 도장이 불가능하며, 악취가 난다.
- 방부성이 우수하고 침투성이 좋아 목재에 깊게 주입된다.
- 독성이 적고 가격이 저렴하다.
- 철류의 부식이 적고 처리재의 강도가 감소하지 않는 조건을 구비하고 있다.

㉡ 콜타르(coal tar), 아스팔트 : 방부성은 좋으나 목재를 흑갈색으로 착색하고, 페인트칠도 불가능하기 때문에 보이지 않는 곳이나 가설재 등에 사용한다.

㉢ 유성 페인트 : 유성 페인트를 목재에 도포하면 피막을 형성하여 목재 표면을 피복하므로 방습·방부 효과가 있고, 착색이 자유로워 외관을 미화하는 데 효과적이다.

(3) 목재의 방부제에 요구되는 성질
① 목재에 침투가 잘되고 방부성이 큰 것
② 목재에 접촉되는 금속이나 인체에 피해가 없을 것
③ 악취가 나거나 목재를 변색시키지 않을 것
④ 방부처리 후 표면에 페인트를 칠할 수 있을 것
⑤ 목재의 인화성과 흡수성의 증가가 없을 것
⑥ 목재의 강도 저하나 중량 증가가 되지 않을 것
⑦ 목재의 가공에 불편하지 않을 것
⑧ 값이 저렴하며 방부처리가 용이할 것

10년간 자주 출제된 문제

4-1. 목재에 대한 방부력이 매우 우수하고 무색 제품으로 침투성이 양호하며 도장이 가능한 유용성 방부제는?
① 크레오소트 오일　② PCP
③ 불화소다 2% 용액　④ 황산동 1% 용액

4-2. 목재의 유성 방부제로서 방부성은 우수하나 악취가 나고 흑갈색으로 외관이 불미하여 눈에 보이지 않는 토대, 기둥, 도리 등에 사용되는 것은?
① 크레오소트유　② PF방부제
③ CCA방부제　④ PCP방부제

4-3. 목재의 방부제에 요구되는 성질과 가장 관계가 먼 것은?
① 목재에 침투가 잘될 것
② 금속을 부식시키지 않을 것
③ 방부처리 후 표면에 페인트칠을 할 수 있을 것
④ 목재의 인화성, 흡수성 증가가 있을 것

│해설│

4-1
펜타클로로페놀(PCP)의 특징
- 도장 가능하며 독성이 있다.
- 자극적인 냄새가 난다.
- 처리재는 무색이다.
- 성능은 가장 우수하나 고가이다.

4-2
② PF방부제 : 도장 가능하나 독성이 있음(황록색)
③ CCA방부제 : 도장 가능하며 독성이 있음(녹색)
④ PCP방부제 : 도장 가능하나 독성이 있고 자극적인 냄새가 남(무색)

4-3
목재의 인화성, 흡수성 증가가 없을 것

정답 4-1 ②　4-2 ①　4-3 ④

핵심이론 05 목재의 접합

(1) 이음
① 좁은 폭의 널을 옆으로 붙여 그 폭을 넓게 하는 것
② 이음의 종류
　㉠ 맞댄이음 : 부재의 끝부분을 단순히 맞대어 잇는 방법으로는 연결할 수 없기 때문에 덧판을 대고 못이나 볼트로 연결해야 한다(평보 등).
　㉡ 겹친이음 : 2개의 부재를 단순히 겹쳐대고 큰못, 볼트, 듀벨 등으로 보강한다(간단한 구조, 통나무비계 등).
　㉢ 따낸이음 : 두 개의 이음재가 서로 견고하게 맞물리도록 부재를 따내어 맞추는 방법으로 주먹장이음, 메뚜기장이음, 엇걸이이음 등이 있다.
　㉣ 엇걸이이음 : 구부림(휨)에 가장 효과적이며 휨을 받는 가로재의 내이음에 주로 사용된다.
　㉤ 주먹장이음 : 토대, 멍에, 도리 등에 사용되며 가장 손쉽고 좋은 이음이다.
　㉥ 빗이음 : 경사로 맞대어 이음을 한 것으로 띠장, 장선이음 등에 사용한다.
　㉦ 엇걸이 산지이음 : 옆에서 산지치기로 하고, 중간은 빗물리게 한다.
　㉧ 턱솔이음 : 옆으로 물러나지 않도록 하는 것으로 —자형, +자형, ㄷ자형 등 홈을 이용해 연결하는 방법이다.
　㉨ 겹친이음 : 두 개의 부재를 단순히 겹쳐대고 큰못 볼트 등으로 보강한다.

(2) 맞춤
① 부재를 서로 경사 또는 직각으로 접합하는 것이다.
② 맞춤의 종류
　㉠ 연귀맞춤 : 모서리, 구석 등에 나무 마구리가 보이지 않게 45° 각도로 빗잘라 대는 맞춤(가구나 창문의 모서리)이다.
　㉡ 걸침턱맞춤(양걸침턱맞춤)
　　• 반턱맞춤과 다르게 두 부재의 전체 두께의 일부만 걸치는 방법이다.
　　• 일반 목조층 보와 장선, 평보와 처마도리 그리고 지붕보와 지붕도리의 연결에 사용한다.
　㉢ 반턱맞춤(十자맞춤) : 두 개의 부재에 반턱으로 홈을 파고 연결하는 방법이다.
　㉣ 안장맞춤 : 경사부재의 단부에 비스듬하게 장부를 만들어 연결하는 방법이다.
　㉤ 가름장맞춤(쌍갈맞춤) : 장부 가운데를 도려내어 두 갈래로 갈라지게 한 것을 가름장이라고 하고, 이를 사용한 맞춤이다.

10년간 자주 출제된 문제

5-1. 목재의 이음에 대한 설명 중 옳지 않은 것은?
① 엇걸이 산지이음은 옆에서 산지치기로 하고, 중간은 빗물리게 한다.
② 턱솔이음은 서로 경사지게 잘라 이은 것으로 못질 또는 볼트죔으로 한다.
③ 빗이음은 띠장, 장선이음 등에 사용한다.
④ 겹친이음은 두 개의 부재를 단순히 겹쳐대고 큰못, 볼트 등으로 보강한다.

5-2. 목재의 이음방법 중 따낸이음에 속하지 않는 것은?
① 주먹장이음
② 메뚜기장이음
③ 엇걸이이음
④ 맞댄이음

|해설|
5-1
턱솔이음은 옆으로 물러나지 않도록 하는 것으로 —자형, +자형, ㄷ자형 등 홈을 이용해 연결하는 방법이다.

5-2
맞댄이음은 부재의 끝 부분을 단순히 맞대어 잇는 방법으로는 연결할 수 없기 때문에 덧판을 대고 못이나 볼트로 연결해야 한다.

정답 5-1 ② 5-2 ④

핵심이론 06 목재의 보강철물

(1) 목재의 보강철물

① 못 : 못의 지름은 널 두께의 1/6 이하, 길이는 판 두께의 2.5~3배이다.
② 꺾쇠 : 엇꺾쇠, 보통꺾쇠(평꺾쇠), 주걱꺾쇠 등이 있으며, 일반적으로 단면의 모양이 원형인 꺾쇠를 사용한다.
③ 볼트
  ㉠ 인장력을 부담한다.
  ㉡ 목재의 볼트구멍 : 볼트지름보다 2mm 이상 크면 안 된다.
④ 듀벨 : 볼트와 같이 사용(듀벨은 전단력, 볼트는 인장력 부담)
  ㉠ 2개의 목재를 접합할 때 두 부재 사이에 끼워 볼트와 병용하여 전단력에 저항하도록 한 철물이다.
  ㉡ 접합재 상호 간의 변위를 방지하는 강한 이음을 얻는 데 쓰인다.

(2) 맞춤에 사용되는 보강철물

① 꺾쇠 : 강봉 토막의 양 끝을 뾰족하게 하고 ㄷ자형으로 구부려서 두 목재를 연결하거나 엇갈리게 고정을 할 때 쓰이는 철물이다.
② 띠쇠 : 띠형의 평철에 가시못 또는 볼트구멍을 뚫어 만든 목재의 이음 및 맞춤 부분에 대는 보강철물로, 기둥과 층도리 맞춤에 사용한다.
  ㉠ 감잡이쇠 : ㄷ자형으로 띠쇠를 구부려 만든 것으로 평보와 왕대공 연결부에 사용한다.
  ㉡ 안장쇠 : 안장형으로 띠쇠를 구부려 만든 것으로 큰 보에 걸쳐 작은 보를 받게 하는 것이다.
  ㉢ ㄱ자쇠 : 띠쇠를 ㄱ자 모양으로 구부려 만든 철물로 모서리 기둥과 층도리 맞춤에 사용한다.
③ 앵커볼트 : 기초와 토대를 맞추는 데 사용한다.
④ 주걱볼트 : 깔도리와 기둥의 맞춤에 사용한다.

10년간 자주 출제된 문제

6-1. 2개의 목재를 접합할 때 두 부재 사이에 끼워 볼트와 병용하여 전단력에 저항하도록 한 철물을 의미하는 것은?
① 듀벨 ② 꺾쇠
③ 띠쇠 ④ 감잡이쇠

6-2. 목구조의 맞춤에 사용하는 보강철물로서 왕대공과 평보와의 연결부에 사용하는 것은?
① 감잡이쇠 ② 띠쇠
③ 듀벨 ④ 양면 꺾쇠

[해설]

6-1
듀벨은 전단력에, 볼트는 인장력에 작용시켜 접합재 상호 간의 변위를 방지하는 강한 이음을 얻는 데 쓰인다.

6-2
감잡이쇠는 ㄷ자형으로 띠쇠를 구부려 만든 것으로 왕대공과 평보의 연결부에 사용한다.

정답 6-1 ① 6-2 ①

핵심이론 07 목재제품

(1) 합판
① 단판을 섬유 방향이 서로 직교되도록 적층하면서 접착제로 접착하여 합친 판이다.
② 뒤틀림이나 변형이 적은 비교적 큰 면적의 평면재료를 얻을 수 있다.
③ 나뭇결이 아름답고, 균일한 크기로 제작이 가능하다.
④ 고른 강도를 유지하며, 넓은 면적을 이용할 수 있다.
⑤ 내구성과 내습성이 크다.
⑥ 목재의 장식적 가치를 증가시킬 수 있다.
⑦ 주로 내장용으로서 천장, 칸막이 벽, 내벽의 바탕으로 쓰인다.

(2) 마루판류
① 마루판은 무늬가 아름다운 참나무, 나왕, 미송 등을 인공건조하여 판재로 만든 것이다.
② 플로링 보드, 플로링 블록, 쪽매널, 파키트리 보드, 파키트리 패널, 파키트리 블록 등이 있다.

(3) 섬유판
① 식물 섬유질(볏짚·톱밥·목펄프·파지·파목 등)을 주원료로 하며 이를 섬유화·펄프화하여 합성수지와 접착제를 섞어 판상으로 만든 것이다.
② **연질 섬유판(IB)** : 식물 섬유를 주원료로 하여 주로 건물의 내장 및 흡음·단열·보온을 목적으로 성형한 비중 0.4 미만의 보드이다.
③ **경질 섬유판(HB)** : 목재펄프만을 압축하여 만든 것으로 비중이 0.8 이상이다. 가로세로의 신축이 거의 같아 비틀림이 적으며 구멍뚫기, 본뜨기, 구부림 등의 2차 가공도 용이하다.
④ **중밀도 섬유판(MDF)** : 식물 섬유를 주원료로 하여 압축 성형한 비중 0.4~0.8 정도의 보드이다. 내수성이 적고 팽창이 크며, 재질이 약할 뿐만 아니라 습도에 의한 신축이 크다.

(4) 파티클 보드(particle board)
① 목재 또는 식물질을 절삭, 파쇄 등을 거쳐 작은 조각으로 하여 건조시킨 후 합성수지 접착제를 첨가하여 열압성형 제판한 제품이다.
② 목재의 결함인 휨, 갈라짐, 옹이, 썩음 등이 제거되고 강도의 방향성이 없다.
③ 고습도의 조건에서 사용하기 위해서는 방습 및 방수처리가 필요하다.
④ 변형이 적고, 음 및 열의 차단성이 우수하다.
⑤ 경량이며 못질, 구멍뚫기 등 가공이 용이하다.
⑥ 상판, 칸막이 벽, 가구 등에 쓰인다.

(5) 집성목재
① 제재판재 또는 소각재 등의 부재를 섬유 방향이 평행하게 접착시킨 것이다.
② 충분히 건조된 건조재를 사용하므로 비틀림, 변형 등이 생기지 않는다.
③ 제재품이 가진 옹이 등의 결점을 분산시키므로 강도의 편차가 적다.
④ 소재의 강도 및 탄성을 충분히 활용한 인공목재의 제조가 가능하다.
⑤ 요구된 치수, 형태의 재료를 비교적 용이하게 제조할 수 있다.
⑥ 목구조의 보·기둥·아치·트러스 등의 구조재료뿐만 아니라, 계단·디딤판·노출된 서까래 등 장식용으로도 쓰인다.

(6) 코펜하겐 리브판
① 두께 50mm, 너비 100mm 정도의 긴 판에 표면을 리브로 가공한 것이다.
② 집회장, 강당, 영화관, 극장 등의 천장 또는 내벽에 붙여 음향조절 효과를 낸다.
③ 일반건물의 벽 수장재로도 사용된다.

(7) 코르크판

① 코르크 나무 수피의 탄력성 있는 부분을 원료로 하여 그 분말로 가열, 성형, 접착하여 판형으로 만든 것이다.
② 탄성·단열성·흡음성 등이 있어서 음악감상실, 방송실 등의 천장 또는 안벽의 흡음판으로 사용한다.

10년간 자주 출제된 문제

7-1. 목재 가공제품에 관한 설명 중 옳은 것은?
① 베니어판은 함수율 변화에 따라 신축변형이 크다.
② 집성목재란 구조재료보다 주로 장식재로 사용되는 인공목재이다.
③ 코펜하겐 리브는 내장 및 보온 목적으로 사용한다.
④ 파티클 보드는 음 및 열의 차단성이 우수하고 강도가 크다.

7-2. 다음의 파티클 보드(particle board)에 대한 설명 중 옳지 않은 것은?
① 강도는 섬유의 방향에 따라 차이가 크다.
② 경질 파티클 보드는 변형이 적다.
③ 폐재, 부산물 등 저가치재를 이용하여 넓은 면적의 판상제품을 만들 수 있다.
④ 경량 파티클 보드는 흡음성, 열차단성이 경질 파티클 보드보다 크다.

[해설]

7-1
① 베니어판은 함수율 변화에 따라 신축변형이 적다.
② 집성목재란 장식재보다 주로 구조재로 사용되는 인공목재이다.
③ 코펜하겐 리브는 음향조절 효과와 장식효과가 있다.

7-2
파티클 보드는 나뭇결 방향에 따른 강도나 변형의 차이가 거의 없다.

정답 7-1 ④ 7-2 ①

1-2. 석공사

핵심이론 01 석재공사의 조사·분석

(1) 석재의 성인에 의한 분류
① 화성암 : 화강암, 안산암, 섬록암, 현무암
② 수성암 : 사암, 점판암, 응회암, 석회석
③ 변성암 : 대리석, 트래버틴, 사문암
④ 기타 : 테라초, 질석, 펄라이트, 암면, 석면

(2) 석재의 종류
① 화강암
　㉠ 화성암의 일종으로, 마그마가 냉각되면서 굳은 것이다.
　㉡ 흡수율이 최고이며, 내산성이 우수하다.
　㉢ 내구성 및 강도가 크고, 외관이 수려하다.
　㉣ 함유 광물의 열팽창계수가 달라 내화성이 약하다.
　㉤ 비중은 응회암, 사암보다 크다.
　㉥ 내·외장재, 구조재, 도로 포장재, 콘크리트 골재 등에 사용된다.

② 안산암
　㉠ 종류가 매우 다양하여 가공이 용이하다.
　㉡ 강도, 경도, 비중이 크며 내화력이 우수하다.
　㉢ 석질이 극히 치밀하여 구조용 석재 또는 장식재로 널리 쓰인다.

③ 현무암
　㉠ 용암가스 때문에 슬래그 모양의 다공질 구조이다.
　㉡ 기둥 모양의 주상절리가 발달되어 있다.

④ 사암
　㉠ 석영질의 모래가 수중 또는 육상에서 퇴적하여 형성된 암석이다.
　㉡ 내화성 및 흡수성이 크고, 가공이 용이하다.
　㉢ 사암의 흡수율은 20%로 화강암보다 높다.
　㉣ 규산질 사암의 강도는 석회질 사암보다 높다.

⑤ 점판암
- ㉠ 점토물질이 퇴적·응고된 암석으로, 대부분 합판상 조직이다.
- ㉡ 쪼개짐이 잘 발달되어 있어 평행한 얇은 판으로 잘 쪼개지며, 천연 슬레이트라고 한다.
- ㉢ 흑색 또는 회색 등이 있으며, 흡수율이 작고 대기 중에서 변색·변질되지 않는다.
- ㉣ 치밀한 방수성이 있어 지붕, 벽 재료로 쓰인다.

⑥ 응회암
- ㉠ 주로 화산재나 사암 조각 등의 화산 분출물이 오랜 기간 동안 수중이나 육상에서 퇴적·응고되어 이루어진 암석이다.
- ㉡ 석질이 대체로 연하고, 채석 및 가공도 용이하므로 이용 범위가 넓다.
- ㉢ 다공질, 내화성, 흡수율, 외관이 좋아 내화재와 장식재로 쓰인다.
- ㉣ 강도가 약해 구조재로 사용하기에 적당하지 않다.
- ※ 내화도 크기 순서 : 응회암, 부석 > 안산암, 점판암 > 사암 > 대리석 > 화강암

⑦ 석회암
- ㉠ 화강암이나 동·식물의 잔해 중에 포함되어 있는 석회분이 침전, 퇴적, 응고하여 이루어진 암석이다.
- ㉡ 주성분은 탄산칼슘으로 석회나 시멘트의 원료이다.
- ㉢ 석질이 치밀, 견고하나 내산성, 내화성, 내후성이 부족하다.

⑧ 대리석
- ㉠ 주성분은 방해석으로 점토질, 규산질, 산화철 등 많은 불순물이 포함되어 여러 가지 아름다운 색조 또는 무늬를 볼 수 있다.
- ㉡ 석회암이 변성된 것으로 강도가 높고, 조직이 치밀하다.
- ㉢ 연마하면 아름다운 광택이 나서 조각이나 실내장식에 사용된다.
- ㉣ 내산성이 약하고 풍화하기 쉬우므로 주로 내장재로 사용한다.

⑨ 트래버틴(travertine)
- ㉠ 대리석의 일종으로 탄산석회가 함유된 물에서 침전·생성된 것이다.
- ㉡ 다공질이며 암갈색 무늬가 있으며 갈면 광택이 나서 실내장식재로 사용된다.

⑩ 사문암
- ㉠ 감람석이 변질된 것을 암녹색 바탕에 아름다운 무늬를 갖고 있다.
- ㉡ 물갈기를 하면 광택이 나므로 대리석 대용(실내장식용)으로 사용된다.
- ㉢ 강도가 약하고 풍화성이 있어 구조용으로 적합하지 않다.

10년간 자주 출제된 문제

1-1. 다음 석재 중 내화도가 가장 큰 것은?
① 사문암　　② 대리석
③ 석회석　　④ 응회암

1-2. 석회암이 변화되어 결정화한 것으로 실내장식재, 조각재로 사용되는 것은?
① 화강암　　② 대리석
③ 응회암　　④ 안산암

1-3. 감람석이 변질된 것을 암녹색 바탕에 아름다운 무늬를 갖고 있으나 풍화성이 있어 실내장식용으로서 대리석 대용으로 사용되는 것은?
① 사문암　　② 응회암
③ 안산암　　④ 점판암

해설

1-1
내화도 크기 순서
응회암, 부석 > 안산암, 점판암 > 사암 > 대리석 > 화강암

1-2
대리석은 풍화되기 쉬우므로 실외용으로 적합하지 않으나, 석질이 치밀하고 견고할 뿐만 아니라 연마하면 아름다운 광택을 내므로 실내장식용으로 사용된다.

1-3
② 응회암 : 화산 분출물이 오랜 기간 동안 수중이나 육상에서 퇴적·응고 하여 이루어진 암석이다. 다공질, 내화성, 흡수율, 외관이 좋아 내화재와 장식재로 쓰인다.
③ 안산암 : 석질이 극히 치밀하여 구조용 석재 또는 장식재로 널리 쓰이며 강도, 경도, 비중이 크고 내화력이 우수하다.
④ 점판암 : 쪼개짐이 잘 발달되어 있어 평행한 얇은 판으로 잘 쪼개지며 천연 슬레이트라 한다. 치밀한 방수성이 있어 지붕, 벽 재료로 쓰인다.

정답　1-1 ④　1-2 ②　1-3 ①

핵심이론 02 석재제품

(1) 인조대리석(테라초)
① 대리석, 석회암의 세밀한 쇄석을 골재로 하여, 시멘트로 혼합해서 평평히 발라서 굳히고 표면을 갈아서 광택을 낸 것이다.
② 색조나 성질이 천연 석재와 비슷하며, 내·외장재로 사용된다.

(2) 질석
① 질석은 운모계 광석을 1,000℃ 정도로 가열 팽창시킨 다공질 경석이다.
② 경량, 단열, 흡음, 보온, 방화, 내화성 등이 좋다.
③ 내열재료 및 방음재로 사용된다.

(3) 펄라이트
① 펄라이트는 화산석으로 된 진주암을 분쇄하여 900~1,200℃ 정도로 가열·팽창시킨 경량골재이다.
② 다공질 경석으로 주로 단열, 보온, 흡음 등의 목적으로 사용된다.

(4) 암면
① 암면은 현무암·안산암·사문암 등을 응용시켜 세공으로 분출시키면서 고압공기로 불어 날려 섬유화한 다음 냉각시켜 면상으로 만든 것이다.
② 운모계와 사문암계 광석을 800~1,000℃ 정도로 가열 팽창시켜 체적이 5~6배로 된 다공질 경석으로, 시멘트와 배합하여 콘크리트블록, 벽돌 등을 제조하는 데 사용된다.
③ 내화성, 흡음, 단열, 보온성 등이 우수하다.
④ 불연재, 단열재, 흡음재로 사용한다.

10년간 자주 출제된 문제

2-1. 인공석재에 대한 설명으로 옳지 않은 것은?
① 인조석은 점토와 슬래그 미분말을 1,450℃에서 고온소성하여 급랭하여 만든 것이다.
② 펄라이트는 진주암을 분쇄하여 1,000℃ 정도로 가열 팽창시킨 경량골재이다.
③ 질석은 운모계 광석을 1,000℃ 정도로 가열 팽창시킨 다공질 경석이다.
④ 암면은 현무암·안산암·사문암 등을 응용시켜 세공으로 분출시키면서 고압공기로 불어 날려 섬유화시킨 다음 냉각시켜 면상으로 만든 것이다.

2-2. 화산석으로 된 진주석을 900~1,200℃의 고열로 팽창시켜 만들며, 주로 단열, 보온, 흡음 등의 목적으로 사용되는 재료는?
① 트랜버틴(tranvertine)
② 펄라이트(pearlite)
③ 테라초(terrazzo)
④ 석면(asbestos)

[해설]
2-1
인조석은 천연석의 모조로서 모르타르나 콘크리트의 표면에 각종 돌가루, 돌조각을 넣은 건축재료이다.

정답 2-1 ① 2-2 ②

핵심이론 03 석재의 가공

(1) 석재의 강도
① 불연성이고 압축강도가 가장 크다.
 ※ 인장강도는 압축강도의 1/40~1/10 정도이다.
② 석재의 강도는 비중이 클수록 강도가 크고 내부 공극이 적다(비중에 비례).
 ※ 압축강도의 크기 : 화강암 > 대리석 > 안산암 > 사문암 > 점판암 > 사암 > 응회암
③ 단위 용적 중량이 클수록, 공극률과 구성입자가 작을수록, 결정도와 결합 상태가 좋을수록 강도가 크다.
④ 석재의 함수율이 높을수록 강도는 저하된다.

(2) 석재 다듬기 순서와 석공구

순서	석공구		내용
1	혹두기(메다듬)	쇠메	마름돌 돌출부를 쇠메로 쳐서 평탄하게 메다듬는 것
2	정다듬	정	혹두기면을 정으로 쪼아 평평하게 다듬는 것
3	도드락다듬	도드락망치	정다듬면을 도드락망치로 평탄하게 다듬는 것
4	잔다듬	날망치	도드락다듬면을 날망치로 평탄하게 마무리하는 것
5	물갈기	숫돌, 금강사	잔다듬면을 숫돌, 금강사로 갈아서 광택을 내는 것(거친갈기→물갈기→본갈기→정갈기)

10년간 자주 출제된 문제

3-1. 건축용으로 많이 사용되는 석재의 역학적 성질 중 압축강도에 대한 설명으로 틀린 것은?
① 중량이 클수록 강도가 크다.
② 결정도와 결합 상태가 좋을수록 강도가 크다.
③ 공극률과 구성입자가 클수록 강도가 크다.
④ 함수율이 높을수록 강도는 저하된다.

3-2. 석재의 가공 중 표면의 질감이 가장 거친 마감 상태는?
① 잔다듬 후 ② 혹따기 후
③ 도드락다듬 후 ④ 물갈기 후

3-3. 날망치로 일정 방향으로 다듬기를 하는 석재의 가공법은?
① 혹두기 ② 정다듬
③ 도드락다듬 ④ 잔다듬

[해설]

3-1
석재의 압축강도는 단위 용적 중량이 클수록, 공극률과 구성입자가 작을수록, 결합 상태가 좋을수록 크다.

3-3
잔다듬 : 도드락다듬한 위를 날망치로 곱게 쪼아 표면을 더욱 평탄하게 다듬는 것
① 혹두기(혹따기) : 마름돌 돌출부를 쇠메로 쳐서 평탄하게 메다듬는 것
② 정다듬 : 혹두기면을 정으로 쪼아 평평하게 다듬는 것
③ 도드락다듬 : 정다듬면을 도드락망치로 평탄하게 다듬는 것

정답 3-1 ③ 3-2 ② 3-3 ④

1-3. 조적공사

핵심이론 01 조적공사 조사·분석

(1) 벽돌의 크기(길이 × 너비 × 두께, 단위 : mm)

구분	길이	너비	두께
표준형 (허용차)	190 (±5.0)	90 (±3.0)	57 (±2.5)
기존형	210	100	600

(2) 벽돌의 종류

① 보통벽돌(점토벽돌, KS L 4201)
  ㉠ 보통벽돌은 진흙을 빚어 소성하여 만든 벽돌로서 불완전 연소로 구운 검정벽돌과 완전연소로 구운 붉은벽돌이 있다.
  ㉡ 겉모양이 균일하고 사용상 균열 또는 결함 등이 없어야 한다.
  ㉢ 1종 : 압축강도 24.50MPa 이상(흡수율 10% 이하)
  ㉣ 2종 : 압축강도 14.70MPa 이상(흡수율 15% 이하)
  ㉤ 제조공정 : 점토조절 → 혼합 → 원료배합 → 성형 → 건조 → 소성 → 제품
  ㉥ 소성온도는 900~1,100℃이다.

② 경량벽돌
  ㉠ 저급 점토, 목탄가루, 톱밥 등을 혼합·성형한 후 소성하여 만든 것으로서 보통벽돌보다 가벼운 벽돌을 말한다.
  ㉡ 못 치기, 절단 등 가공이 용이하며 경미한 칸막이벽, 방열·방음, 치장재 등에 사용된다.
  ㉢ 종류 : 중공벽돌(구멍벽돌, 속빈벽돌, 공동벽돌), 다공벽돌 등

③ 내화벽돌
  ㉠ 내화 점토로 만든 벽돌로서, 내화도가 1,500~2,000℃ 정도인 황백색 벽돌이다.
  ㉡ 주원료 광물 : 납석
  ㉢ 최소 SK(제게르 콘) 26 이상의 내화도를 가져야 한다.

ⓔ 표준형 내화벽돌의 크기는 230mm(길이)×114mm(너비)×65mm(두께)이다.

④ 특수벽돌
  ㉠ 이형벽돌 : 보통벽돌보다 형상, 치수가 규격에 정한 바와 다른 특이한 벽돌로서, 특수한 형태의 구조체에 쓸 목적으로 만든 벽돌이다.
  ㉡ 오지벽돌 : 벽돌의 길이나 마구리면에 오지물을 칠해 구운 치장벽돌이다.
  ㉢ 포도(바닥)벽돌 : 도로나 마루바닥에 까는 두꺼운 벽돌로서 원료로 연와토, 도토 등을 사용하여 만들며 경질이고 흡습성이 적다.
  ㉣ 광재벽돌(고로벽돌 또는 슬래그 벽돌) : 흡수율·열전도율이 낮아 단열 및 보온의 목적으로 사용하고, 무게가 가벼워서 경량재료로 사용한다.
  ㉤ 과소벽돌 : 열처리 온도가 매우 높아서 형태나 치수 등이 변형되어 부정형으로 된 벽돌이며, 흡수율이 낮고 압축강도가 매우 크다.

10년간 자주 출제된 문제

1-1. 표준형 점토벽돌의 치수로 옳은 것은?
① 210×100×57mm
② 190×90×60mm
③ 210×100×60mm
④ 190×90×57mm

1-2. 점토에 톱밥, 겨, 탄가루 등을 30~50% 정도 혼합, 소성한 것으로 비중은 1.2~1.5 정도이며 절단, 못 치기 등의 가공성이 우수한 벽돌은?
① 포도벽돌
② 과소벽돌
③ 내화벽돌
④ 다공벽돌

1-3. 내화벽돌은 최소 얼마 이상의 내화도를 가져야 하는가?
① SK 26 이상
② SK 21 이상
③ SK 15 이상
④ SK 10 이상

[해설]
1-2
다공벽돌은 방열·방음 또는 경미한 칸막이 벽 및 단순한 치장재로 쓰인다.

정답 1-1 ④ 1-2 ④ 1-3 ①

핵심이론 02 조적공사 시공(1)

(1) 벽돌쌓기의 벽돌량(m^2당)

벽돌형 \ 쌓기	0.5B	1.0B	1.5B	2.0B	할증률
기존형(재래형)	65	130	195	260	• 붉은벽돌 : 3%
표준형(기본형)	75	149	224	298	• 시멘트벽돌 : 5%

(2) 벽돌의 줄눈

벽돌과 벽돌 사이의 모르타르 부분을 말하며, 수평의 것을 가로줄눈, 수직인 것을 세로줄눈이라 한다.
① 막힌줄눈 : 세로줄눈의 상하가 막혀 있는 줄눈으로, 상부 응력을 하부에 고르게 분포시키므로 벽돌쌓기 시 막힌줄눈으로 하는 것을 원칙으로 한다.
② 통줄눈 : 세로줄눈의 상하가 통한 줄눈으로, 상부 응력을 국소 부위에 전달하므로 구조적으로 불리하여 잘 사용하지 않는다.
③ 치장줄눈 : 줄눈 부위에 의장적인 효과를 위한 줄눈으로, 벽돌쌓기가 끝난 후 벽돌면에서 10mm 정도 깊이로 줄눈파기를 한 것이다. 치장줄눈으로는 평줄눈, 민줄눈, 볼록줄눈, 오목줄눈, 엇빗줄눈, 내민줄눈, 빗줄눈, 둥근줄눈, 실줄눈 등이 있다.

(3) 조적공사 시공 시 유의사항

① 한랭공사(4℃ 이하) 시 모르타르 온도는 4~40℃ 이내를 유지한다.
② 벽돌 표면온도는 4℃ 이하가 되지 않도록 관리한다.
③ 가로, 세로의 줄눈 너비는 1cm를 표준으로 한다.
④ 모르타르용 모래는 5mm체에 100% 통과하는 입도여야 한다.
⑤ 하루 쌓기 높이는 보통 1.2m(18켜) 정도, 최대 1.5m(22켜) 이하로 한다.
⑥ 내력벽 쌓기에서는 눕혀쌓기가 주로 쓰인다.
⑦ 모르타르 강도는 벽돌과 같은 정도의 것을 사용한다.
⑧ 연속되는 벽면의 일부를 나중쌓기할 때에는 그 부분을 층단 들여쌓기로 한다.

10년간 자주 출제된 문제

2-1. 벽돌벽 두께 1.5B, 벽 면적 40m² 쌓기에 소요되는 붉은벽돌의 소요량은?

① 8,850장 ② 8,960장
③ 9,229장 ④ 9,408장

2-2. 다음 중 조적벽 치장줄눈의 종류로 옳지 않은 것은?

① 오목줄눈 ② 통줄눈
③ 빗줄눈   ④ 실줄눈

|해설|

2-1
점토벽돌의 소요량

쌓기 벽돌형	0.5B	1.0B	1.5B	2.0B	할증률
기존형(재래형)	65	130	195	260	• 붉은벽돌 : 3%
표준형(기본형)	75	149	224	298	• 시멘트벽돌 : 5%

• 표준형(적벽돌) : 190(길이)×90(너비)×57(높이)mm
• 벽돌벽 두께 1.5B일 때 1m²당 벽돌의 소요량은 224장이므로 벽 면적 40m² 쌓기에 소요되는 붉은벽돌의 소요량은
  40 × 224 = 8,960장
• 붉은벽돌일 때 3% 이내 할증률을 계산하므로,
  ∴ 8,960장 + (8,960 × 0.03) = 9,229장

2-2
통줄눈, 막힌줄눈은 구조적 줄눈이다.
치장줄눈의 종류 : 평줄눈, 민줄눈, 볼록줄눈, 오목줄눈, 엇빗줄눈, 내민줄눈, 빗줄눈, 둥근줄눈, 실줄눈 등

정답 2-1 ③ 2-2 ②

핵심이론 03 조적공사 시공(2)

(1) 벽돌쌓기 방법

① **길이쌓기(0.5B 쌓기)** : 길이 면이 보이도록 쌓는 방식으로 가장 얇은 벽쌓기이며 칸막이용으로 쓰인다.

② **마구리쌓기(1.0B 쌓기)** : 원형 굴뚝에 쓰인다.

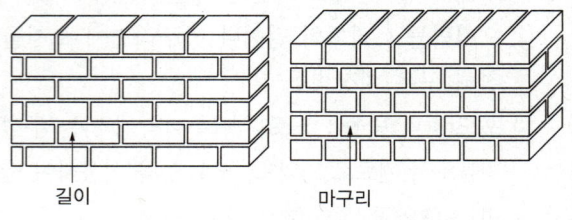

[길이쌓기]   [마구리쌓기]

③ **세워쌓기** : 길이 면이 보이도록 수직으로 쌓는 방식이다.

④ **옆세워쌓기** : 마구리면이 보이도록 수직으로 쌓는 방식이다.

⑤ **영롱쌓기** : 상부 하중을 지지하지 않는 벽으로, 장식적인 효과를 기대하기 위해 벽체에 구멍을 내어 쌓는 방식이다.

⑥ **엇모쌓기** : 담, 처마에 내쌓기를 할 때 45°로 모서리가 면에 나오게 쌓는 방식이다. 시공이 간단하며 외관장식에 좋다.

(2) 나라별 벽돌쌓기 방법

① **영국식(영식) 쌓기** : 한 켜는 마구리쌓기, 다음 켜는 길이쌓기로 하고, 모서리 벽 끝에는 이오토막을 사용하여 마무리하는 쌓기법으로 벽돌쌓기 중 가장 튼튼한 쌓기법이다.

② **네덜란드식(화란식) 쌓기** : 영국식 쌓기와 거의 같으나 길이쌓기 층의 끝에 칠오토막을 사용한다.

③ **프랑스식(불식) 쌓기** : 매 켜에 길이와 마구리쌓기가 번갈아 나오게 쌓는 방법이다.

④ **미국식(미식) 쌓기** : 5켜는 길이쌓기로 하고, 다음 한 켜는 마구리쌓기로 한다.

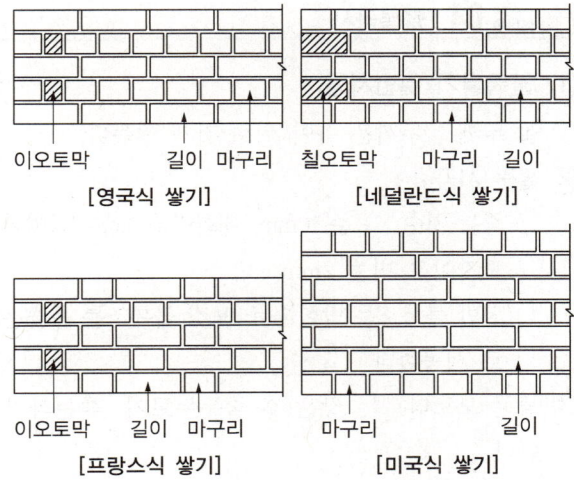

(3) 조적조 설계기준

① 조적식 구조의 설계
  ㉠ 조적재는 통줄눈이 되지 아니하도록 설계해야 한다.
  ㉡ 조적식 구조인 각 층의 벽은 편심하중이 작용하지 아니하도록 설계야 한다.

② 기초쌓기
  ㉠ 조적조 기초는 연속 기초로 한다.
  ㉡ 기초판은 철근콘크리트구조 또는 무근콘크리트구조로 한다(두께는 20~30cm).
  ㉢ 기초쌓기 시의 벌림 각도는 60° 이상이다.
  ㉣ 기초벽 두께는 250mm 이상으로 해야 한다.

③ 내력벽의 높이 및 길이
  ㉠ 조적식 구조인 건축물 중 2층 건축물에 있어서 2층 내력벽의 높이는 4m를 넘을 수 없다.
  ㉡ 조적식 구조인 내력벽의 길이는 10m를 넘을 수 없다.
  ㉢ 조적식 구조인 내력벽으로 둘러쌓인 부분의 바닥 면적은 80m²를 넘을 수 없다.

④ 내쌓기
  ㉠ 벽면에서 내밀어 쌓아 횡가재의 자릿대 역할을 한다.
  ㉡ 내쌓기는 한 켜당 1/8B 또는 두 켜당 1/4B로 하고, 내미는 정도는 2.0B를 한도로 한다.

(4) 백화(efflorescence)현상

① 벽 표면에 침투하는 빗물, 재료 및 시공불량에 의해 모르타르의 석회분이 유출되어 공기 중의 탄산가스와 결합하여 벽 표면에 백색의 미세한 물질이 생기는 현상이다.

② 백화현상 방지 대책
  ㉠ 소성이 잘된(잘 구워진) 벽돌을 사용한다.
  ㉡ 줄눈 모르타르에 방수제를 혼합하고, 밀실하게 사춤시켜서 빗물의 침투를 막는다.
  ㉢ 차양, 루버, 돌림띠 등의 비막이를 설치한다.
  ㉣ 조립률이 큰 모래, 분말도가 큰 시멘트를 사용한다.
  ㉤ 벽면에 파라핀 도료, 실리콘 뿜칠로 방수처리를 한다.
  ㉥ 우중시공을 금지하며 석회가 혼합되지 않도록 한다.
  ㉦ 내벽과 외벽 사이 조적 하단부와 상단부에 통풍구를 만들어 건조 상태를 유지한다.
  ㉧ 흡수율이 작은 벽돌이나 타일을 사용한다.

10년간 자주 출제된 문제

3-1. 다음 벽돌쌓기에서 가장 튼튼한 쌓기 방법은?
① 미국식 쌓기   ② 영국식 쌓기
③ 프랑스식 쌓기   ④ 네덜란드식 쌓기

3-2. 조적식 구조의 기초에 관한 설명으로 옳지 않은 것은?
① 내력벽의 기초는 연속 기초로 한다.
② 기초판은 철근콘크리트구조로 할 수 있다.
③ 기초판은 무근콘크리트구조로 할 수 있다.
④ 기초벽의 두께는 최하층의 벽체 두께와 같게 하되, 250mm 이하로 해야 한다.

3-3. 벽돌벽 내쌓기에서 내쌓을 수 있는 총 길이의 한도는?
① 2.0B   ② 1.0B
③ 1/2B   ④ 1/4B

3-4. 모르타르 배합수 중의 미응결수나 빗물 등에 의해 시멘트 중의 가용성 성분이 용해되어 그 용액이 조적조 표면에 백색 물질로 석출되는 현상은?
① 백화현상   ② 침하현상
③ 크리프 변형   ④ 체적 변형

[해설]

3-1
영국식(영식) 쌓기는 구조적으로 가장 튼튼한 방법으로 내력벽 쌓기에 사용된다.

3-2
기초벽의 두께는 250mm 이상으로 해야 한다.

3-3
벽돌벽 내쌓기의 벽길이 한도
- 최대 : 2.0B
- 한 켜당 : 1/2B
- 두 켜당 : 1/4B

정답 3-1 ② 3-2 ④ 3-3 ① 3-4 ①

핵심이론 04 블록공사

(1) 블록쌓기 일반사항

① 살 두께 : 두꺼운 쪽이 위로 가게 쌓는다.
② 줄눈 시공
  ㉠ 줄눈 치수 : 표준 10mm, 내화벽돌 6mm, 타일이나 모자이크 벽돌 2mm
  ㉡ 일반 블록조는 막힌줄눈, 보강 블록조는 통줄눈으로 시공한다.
③ 줄눈 모르타르는 쌓은 후 줄눈누르기, 줄눈파기를 한다.
④ 1일 쌓기 단수 : 1.2~1.5m 이내(6~7켜)
⑤ 사춤 : 3켜 이내마다 한다.
⑥ 와이어 메시 : 3단마다 보강한다.

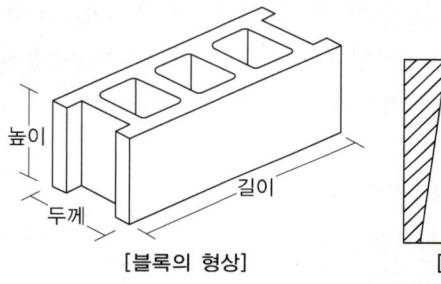
[블록의 형상]

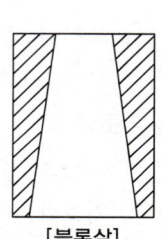
[블록살]

(2) 블록벽체 누수(습기, 빗물침투) 원인

① 사춤 모르타르가 불충분할 때
② 치장줄눈의 시공이 불완전할 때
③ 이질재의 접촉부에 틈이 생길 때
④ 물흘림, 물끊기, 빗물막이가 불완전할 때
⑤ 블록을 쌓을 때 비계장선 구멍 메우기가 불충분할 때

(3) 테두리 보(wall girder)

① 조적조의 맨 위에 설치하는 보로, 춤(높이)은 벽 두께의 1.5배로 하고 철근은 40d 이상 정착시킨다.
② 테두리 보의 역할
  ㉠ 분산된 벽체를 일체로 하여 균등한 하중 분포
  ㉡ 벽체의 수직 균열에 대한 방지

ⓒ 보강 블록조의 세로 철근을 테두리 보에 정착
ⓓ 집중하중을 받는 부분을 보강

10년간 자주 출제된 문제

4-1. 블록쌓기에 대한 설명으로 틀린 것은?
① 살 두께가 큰 편을 아래로 하여 쌓는다.
② 특별한 지정이 없으면 줄눈은 10mm가 되게 한다.
③ 하루의 쌓기 높이는 1.5m 이내를 표준으로 한다.
④ 줄눈 모르타르는 쌓은 후 줄눈누르기 및 줄눈파기를 한다.

4-2. 보강 콘크리트 블록조의 내력벽에 관한 설명으로 옳지 않은 것은?
① 사춤은 3켜 이내마다 한다.
② 통줄눈은 될 수 있는 한 피한다.
③ 사춤은 철근이 이동하지 않게 한다.
④ 벽량이 많아야 구조상 유리하다.

4-3. 보강 콘크리트 블록조에 관한 설명으로 옳지 않은 것은?
① 내력벽의 통줄눈쌓기로 한다.
② 내력벽의 두께는 그 길이, 높이에 의해 결정된다.
③ 테두리 보는 수직 방향뿐만 아니라 수평 방향의 힘도 고려한다.
④ 벽량의 계산에서는 내력벽이 두꺼우면 벽량도 증가한다.

[해설]

4-1
살 두께가 큰 편을 위쪽으로 시공한다.

4-2
보강 콘크리트 블록조는 통줄눈으로 한다.

4-3
벽량의 계산에서는 내력벽의 두께는 관계가 없다.
※ 벽량 : 조적조의 내력벽(개구부가 없는 벽체) 길이의 총 합계를 그 층의 바닥 면적으로 나눈 값을 의미하며, 벽량의 계산은 평면상에서 개구부가 있는 곳은 내력벽이 아니므로 유효한 내력 벽체의 길이를 산정하기 위한 방법이다. 내력벽의 양이 많을수록 횡력에 대항하는 힘이 커지므로 큰 건물일수록 벽량을 증가할 필요가 있다.

정답 4-1 ① 4-2 ② 4-3 ④

1-4. 타일공사

핵심이론 01 타일공사 조사·분석

(1) 타일의 개념
① 타일은 점토 등을 구워 만든 도자기질의 제품을 의미한다.
② 요즈음은 도자기질만이 아닌 표면에 붙여 사용하는 유리, 금속, 시멘트, 고무 등 일정한 크기로 붙여서 사용하는 모든 제품을 타일이라고 통칭한다.
③ 타일은 기능적인 측면보다 미적 측면이 더욱 부각되는 마감재이다.

(2) 타일의 종류 및 특징
① 도기질 타일
 ㉠ 세라믹 타일이라고도 한다.
 ㉡ 점토와 소량의 암석류 재료를 혼합해 유약을 발라 저온에서 구운 타일이다.
 ㉢ 접착성이 좋고, 색상과 광택이 화려하다.
 ㉣ 수분흡수율이 높고 강도가 약해 실내 벽체에 사용한다.
② 자기질 타일
 ㉠ 점토와 다량의 암석류 재료를 혼합해 고온에서 만든 타일이다.
 ㉡ 도기질 타일보다 강도가 강하고 무거워 내벽, 바닥 등에 사용된다.
 ㉢ 일반적으로 무광이며 색상이 다양하지 않다.
 ㉣ 바닥용으로 사용되는 모자이크 타일의 재질로서 가장 적당하다.
 ㉤ 흡수율 기준은 3.0% 이하로 점토제품 중 흡수율 기준이 가장 낮다.
③ 모자이크 타일
 ㉠ 다양한 모양의 타일 조각(가로, 세로 50mm 이하)을 모자이크 형태로 만든 타일이다.

ⓒ 주로 내장용으로 사용되는 타일로 자기, 석기, 도기로 만든다.

④ 석기질 타일
   ㉠ 자기질과 도기질 타일의 중간 정도 성질이다.
   ㉡ 자기질 타일에 비해 흡수성이 좋지만, 강도가 강하고 내후성이 뛰어나다.
   ㉢ 바닥용으로 주로 사용되고 타일 표면에 여러 가지 문양을 넣어 미끄러지지 않게 만든 타일이다.
   ※ 클링커 타일(clinker tile) : 석기질 타일의 일종으로 비교적 다른 타일에 비해 두꺼우며, 홈줄을 넣은 외장 바닥용(화장실의 내벽, 바닥 등)으로 사용한다.

(3) 타일의 장단점
① 장점
   ㉠ 여름에 시원하고 겨울에 따뜻하다.
   ㉡ 타일의 소재와 사이즈, 컬러 패턴 등이 다양해 미적인 요소로 인테리어 효과가 크다.
   ㉢ 수분에 강한 마감재라 수분으로 인한 부식이나 부패의 염려가 없고 청소가 용이해 위생적이다.
   ㉣ 불연소재로 화재로 인한 유독가스가 발생하지 않는다.

② 단점
   ㉠ 열보존율이 떨어지는 편이다.
   ㉡ 마루나 장판 등 다른 바닥마감재에 비해 시공비가 높다.
   ㉢ 줄눈에 때가 끼거나, 미세하게 틈이 생길 수 있어 세심한 관리가 필요하다.
   ㉣ 표면이 미끄러워 안전사고가 발생할 수 있다.

10년간 자주 출제된 문제

1-1. 점토제품 중 흡수율이 가장 작은 것은?
① 석기　　　② 토기
③ 자기　　　④ 도기

1-2. 점토제품에 대한 설명으로 옳지 않은 것은?
① 점토의 주요 구성 성분은 알루미나, 규산이다.
② 점토입자가 미세할수록 가소성이 좋으며 가소성이 너무 크면 샤모트 등을 혼합 사용한다.
③ 점토제품의 소성온도는 도기질의 경우 1,100~1,230℃ 정도이며, 자기질은 이보다 낮다.
④ 소성온도는 점토의 성분이나 제품에 따라 다르며, 온도측정은 제게르 콘(seger cone)으로 한다.

1-3. 다음 중 모자이크 타일의 소지질로 가장 알맞은 것은?
① 토기질　　　② 도기질
③ 석기질　　　④ 자기질

|해설|

1-1
점토제품의 흡수율 순서 : 토기 > 도기 > 석기 > 자기

1-2
자기질의 소성온도는 1,230~1,460℃으로 도기질보다 높다.

1-3
소지의 질에 의한 타일의 구분

호칭명	소지의 질
내장 타일	자기질・석기질・도기질
외장 타일	자기질・석기질
바닥 타일	자기질・석기질
모자이크 타일	자기질
클링커 타일	석기질

※ 소지 : 타일의 주체를 이루는 부분으로, 시유 타일의 경우에는 표면의 유약을 제거한 부분을 의미한다.

정답 1-1 ③　1-2 ③　1-3 ④

핵심이론 02 타일공사 시공

(1) 타일 붙이기 일반사항
① 줄눈 나누기 및 타일 마름질은 온장을 사용한다.
② 줄눈의 표준 너비

대형 벽돌형(외부)	대형(내부 일반)	소형	모자이크
9mm	5~6mm	3mm	2mm

③ 징두리벽은 온장 타일이 되도록 나누어야 한다.
④ 바닥 타일은 벽체 타일을 먼저 붙인 후 시공한다.
⑤ 벽체는 중앙에서 양쪽으로, 타일 나누기로 조절한다.
⑥ 타일을 붙이는 모르타르에 시멘트 가루를 뿌리면 시멘트의 수축으로 타일이 떨어지기 쉽고, 백화가 생기므로 뿌리지 않아야 한다.
⑦ 타일면은 일정 간격의 신축줄눈을 두어 탈락, 동결융해 등을 방지할 수 있도록 한다.

(2) 타일 시공방법
① 떠붙임 공법
  ㉠ 타일 뒷면에 모르타르를 꼼꼼하게 바르고 벽 바탕에 눌러 붙이는 방법이다.
  ㉡ 타일 모서리 부위에 모르타르가 채워지지 않으면 백화현상이 생기고 부착력이 떨어져 파손될 수 있다.
② 압착붙이기 공법
  ㉠ 평탄작업을 한 바탕 모르타르면에 붙임 모르타르를 도포하고, 타일을 붙일 때마다 나무망치 등으로 두들겨 붙이는 방법이다.
  ㉡ 줄눈 부위의 모르타르가 타일 두께의 1/3 이상 올라오도록 한다.
③ 접착붙이기 공법
  ㉠ 시공 부위에 합성수지 계통의 접착제를 바르고 타일을 눌러 붙이는 공법이다.
  ㉡ 내장공사에 한하여 적용되며, 압착공법보다 적용 가능한 바탕의 종류가 많다.
④ 동시줄눈붙이기(밀착) 공법
  ㉠ 바탕면에 붙임 모르타르를 발라 타일을 붙인 다음, 충격공구(진동공구)를 이용하여 타일에 진동을 주어 매입에 의해 타일을 붙이는 방법이다.
  ㉡ 타일의 줄눈 부위에 올라온 붙임 모르타르의 경화 정도를 보아, 줄눈흙손으로 충분히 눌러 빈틈이 생기지 않도록 한다.

(3) 타일공사 시 보양
① 타일을 붙인 후 3일간은 진동이나 보행을 금한다.
② 줄눈을 넣은 후 경화 불량의 우려가 있거나, 24시간 이내에 비가 올 우려가 있는 경우에는 폴리에틸렌 필름 등으로 차단·보양한다.
③ 외부 타일 붙임인 경우에 거적 등으로, 바닥 타일은 톱밥으로 보양한다.
④ 한중공사 시 시공면 보호를 위해 외기의 기온이 2℃ 이상이 되도록 시공 부분을 보양해야 한다.

(4) 타일검사
① 시공 중 검사 : 하루 작업이 끝난 후 비계발판 높이로 보아, 눈높이 이상과 무릎 이하 타일을 임의로 떼어 뒷면에 붙임 모르타르가 충분히 채워졌는지 확인한다.
② 두들김 검사 : 모르타르 경화 후 검사봉을 두들겨 검사하고 들뜸, 균열 등의 발견 부위는 줄눈을 잘라 다시 붙인다.

10년간 자주 출제된 문제

타일공사에 관한 설명 중 옳은 것은?
① 모자이크 타일의 줄눈 너비의 표준은 5mm이다.
② 벽체 타일이 시공되는 경우 바닥 타일은 벽체 타일을 붙이기 전에 시공한다.
③ 타일을 붙이는 모르타르에 시멘트 가루를 뿌리면 백화가 방지된다.
④ 치장줄눈은 24시간이 경과한 뒤 붙임 모르타르의 경화 정도를 보아 시공한다.

|해설|
① 모자이크 타일의 줄눈 너비의 표준은 2mm이다.
② 벽체 타일 시공 후에 바닥 타일을 시공한다.
③ 모르타르에 시멘트 가루를 뿌리면 백화가 생기기 쉽다.

|정답| ④

핵심이론 03 타일 재료(1)

(1) 점토의 종류

종류	성질	용도
자토	순백색이며 내화성이 있고, 가소성은 부족함	도자기의 원료
내화 점토	회백색·담색이며 내화도 1,580℃ 이상이고, 가소성이 있음	내화벽돌 및 도자기의 원료
석기 점토	내화도가 높고 가소성이 있으며, 견고·치밀함	유색 도기의 원료
석회질 점토	백색이며 용해되기 쉽고, 백회질의 포함량이 많음	연질 도기의 원료
사질 점토	적갈색이며 내화성이 부족하고, 세사 및 불순물이 포함	보통벽돌·기와·토관 등의 원료

(2) 점토의 성질

① 점토의 가소성
 ㉠ 점토의 주성분은 실리카와 알루미나이다.
 ㉡ 알루미나와 규산(실리카)이 많은 점토는 가소성이 좋다.
 ㉢ 양질의 점토는 습윤 상태에서 현저한 가소성을 나타낸다.
 ㉣ 점토입자가 미세할수록 가소성은 좋아진다.
② 점토의 강도
 ㉠ 점토의 압축강도는 인장강도의 5배 정도이다.
 ㉡ 인장강도는 점토의 조직과 관련 있으며 입자의 크기가 큰 영향을 준다.
③ 점토의 비중, 공극률
 ㉠ 점토의 비중은 일반적으로 2.5~2.6의 범위이나 알루미나가 많은 점토는 3.0에 이른다.
 ㉡ 점토의 비중은 불순 점토일수록 작고, 알루미나분이 많을수록 크다.
 ㉢ 공극률은 점토의 입자 간에 존재하는 모공 용적으로 입자의 형상, 크기와 관련 있다.

④ 점토의 함수율, 수축, 색상 등
  ㉠ 함수율은 기건 시 작은 것은 7~10%, 큰 것은 40~50%이다.
  ㉡ 점토의 수축은 주로 건조 및 소성 시에 발생한다.
  ㉢ 점토를 성형건조시키면 함수된 수분의 일부를 방출하여 수축이 일어난다.
  ㉣ 점토제품의 색상은 철산화물 또는 석회물질에 의해 나타나며, 산화철이 많으면 적색을 띤다.

(3) 점토제품의 소성
① 점토를 소성하면 강도가 현저히 증대된다.
② 점토제품의 소성온도 범위는 800~1,500℃ 정도이다.
  ※ 점토제품의 소성온도 : 자기＞석기＞도기＞토기
③ 소성온도가 높을수록 동해저항성이 크다.
④ 소성온도가 소성시간보다 제품에 미치는 영향이 더 크다.
⑤ 고온 소성제품이 화학저항성이 크다.
⑥ 소성온도 측정은 제게르 콘(seger cone)법 또는 열전대에 의한다.
⑦ 소성수축은 점토 중 휘발분의 양, 조직, 용융도 등이 영향을 준다.
⑧ 흡수율이 큰 제품이 백화의 가능성이 크다.
  ※ 점토제품의 흡수율 : 토기＞도기＞석기＞자기(3.0% 이하)

(4) 점토제품의 제조공정
원료조합 → 반죽 → 숙성 → 성형 → 건조 → 소성 → 시유

10년간 자주 출제된 문제

3-1. 점토의 종류별 특성과 용도에 대한 설명으로 옳지 않은 것은?
① 자토는 백색으로 가소성이 부족하여 도자기 원료로 쓰인다.
② 석기 점토는 유색의 견고 치밀한 구조로 내화도가 높으며 유색 도기의 원료로 쓰인다.
③ 석회질 점토는 용해되기가 어려우며 경질 도기의 원료로 쓰인다.
④ 내화 점토는 회백색 또는 담색이며 내화벽돌, 유약원료로 쓰인다.

3-2. 건축용 점토제품에 관한 설명으로 옳은 것은?
① 저온 소성제품이 화학저항성이 크다.
② 흡수율이 큰 제품이 백화의 가능성이 크다.
③ 제품의 소성온도는 동해저항성과 무관하다.
④ 규산이 많은 점토는 가소성이 나쁘다.

3-3. 점토의 물리적 성질에 대한 설명 중 옳지 않은 것은?
① 점토의 가소성은 점토입자가 미세할수록 좋다.
② 점토의 인장강도는 입자 크기에 큰 영향을 받는다.
③ 점토의 수축은 건조 및 소성 시 주로 발생한다.
④ 점토 색상은 석고 물질이 많으면 적색을 띤다.

[해설]

3-1
석회질 점토는 용해되기 쉬우며 연질 도기의 원료로 쓰인다.

3-2
① 고온 소성제품이 화학저항성이 크다.
③ 소성온도가 높을수록 동해저항성이 크다.
④ 규산이 많은 점토는 가소성이 좋다.

3-3
점토 색상은 산화철이 많으면 적색을 띤다.

정답 3-1 ③ 3-2 ② 3-3 ④

핵심이론 04 타일 재료(2)

(1) 점토제품의 분류

종류		토기	도기	석기	자기
소지	흡수성	크다.	약간 크다.	작다.	아주 작다.
	색	유색	백색 유색	유색	백색
	투명 정도	불투명	불투명	불투명	반투명
	강도	취약	견고	치밀, 견고	치밀, 견고
원료		보통점토	도토	양질 점토 (유기질 없음)	양질 점토 또는 장석분
소성온도		SK 0.15 (790℃)~ SK 0.5 (1,000℃)	SK 1 (1,100℃)~ SK 7 (1,230℃)	SK 4 (1,160℃)~ SK 12 (1,350℃)	SK 7 (1,230℃)~ SK 16 (1,460℃)
시유 여부		시유(무유한 것도 있음)	시유(무유한 것도 있음)	시유, 무유	시유
제품		벽돌, 기와, 토관	타일, 테라코타, 위생도기	벽돌, 타일, 토관, 테라코타	타일, 위생도기

(2) 점토제품의 특성

① 자기류
 ㉠ 자기류는 점토제품 중에서 흡수성이 가장 적다(흡수율 1% 이하).
 ㉡ 자기류는 밀도, 비중, 경도 강도가 가장 크다.
 ㉢ 소성온도는 1,250~1,430℃로 높다.
 ㉣ 고급 타일이나 위생도기를 만드는 데 사용된다.
 ㉤ 바닥용으로 사용되는 모자이크 타일의 재질로서 가장 적당하다.

② 도기
 ㉠ 색상은 회색 또는 백색이며, 무게가 가볍다.
 ㉡ 유약은 도자기의 표면에 얇게 씌워서 광택과 색채 또는 무늬를 내는 유리질의 분말로, 주성분은 규산(실리카)이다.
 ㉢ 3% 이상의 흡수율을 갖는 석기질과 도기질은 동해를 일으키기 쉬우므로 외부에는 사용하지 않는 것이 좋다.

 ㉣ 점토제품의 소성온도는 도기질의 경우 1,100~1,230℃ 정도이며, 자기질은 이보다 낮다.

③ 기타 점토의 특성
 ㉠ 석기의 흡수율은 10% 이내이다.
 ㉡ 토기는 불투명하며, 흡수성이 크다.
 ㉢ 자토는 백색으로 가소성이 부족하여 도자기 원료로 쓰인다.
 ㉣ 내화 점토는 회백색 또는 담색이며 내화벽돌, 유약 원료로 쓰인다.
 ㉤ 석기 점토는 유색의 견고 치밀한 구조로 내화도가 높으며, 유색 도기의 원료로 쓰인다.
 ㉥ 석회질 점토는 백색이며 용해되기 쉽고, 연질 도기의 원료로 쓰인다.
 ㉦ 소성온도는 점토의 성분이나 제품에 따라 다르며, 온도측정은 제게르 콘으로 한다.

(3) 테라코타(terra-cotta)

① 자토(磁土)를 반죽하여 조각의 형틀로 찍어내어 소성한, 속이 빈 대형의 점토제품이다.
② 공동(空胴)이므로 석재보다 경량이고 흡수성이 거의 없으며 색조가 다양하다.
③ 화강암보다 내화성이 강하고, 대리석보다 풍화에 강하다.
④ 구조용(바닥, 칸막이 벽 등)과 장식용(난간벽·돌림대·창대 등)으로 사용된다.

10년간 자주 출제된 문제

4-1. 다음 중 점토제품이 아닌 것은?
① 테라초　　② 테라코타
③ 타일　　　④ 내화벽돌

4-2. 테라코타의 용도로써 가장 옳은 것은?
① 방수를 위한 목적으로 사용
② 보온을 위하여 사용
③ 장식을 위한 목적으로 사용
④ 방부를 위한 목적으로 사용

4-3. 점토제품의 특성에 대한 설명으로 옳지 않은 것은?
① 도기는 유약을 사용하지 않는다.
② 석기의 흡수율은 10% 이내이다.
③ 자기는 타일, 위생도기 등에 사용된다.
④ 토기는 불투명하며, 흡수성이 크다.

[해설]

4-1
테라초(인조대리석) : 대리석, 석회암의 세밀한 쇄석을 골재로 하여, 시멘트로 혼합해서 평평히 발라서 굳히고 표면을 갈아서 광택을 낸 것이다.

4-2
테라코타는 내·외장식용으로 주문 제작하며 난간벽, 돌림대, 창대 등에 많이 사용한다.

4-3
유약이란 도자기의 표면에 얇게 씌워서 광택과 색채 또는 무늬를 내주는 유리질의 분말을 칭한다.

정답 4-1 ① 4-2 ③ 4-3 ①

1-5. 금속공사

핵심이론 01 금속공사 조사·분석

(1) 금속의 개념
① 금속재료는 철(Fe)을 함유한 철강재료와 비철금속재료로 구분한다.
② 철강재료
　㉠ 순철(탄소량 0.02% 이하) : 연질이고, 가단성(可鍛性)이 크다.
　㉡ 강(탄소강, 합금강) : 가단성, 주조성, 담금질 효과가 있다.
　㉢ 주철(보통주철, 특수주철) : 경질이며 주조성이 좋고, 취성(脆性)이 크다.
③ 비철금속재료
　구리(Cu), 알루미늄(Al), 마그네슘(Mg), 타이타늄(Ti), 니켈(Ni), 아연(Zn), 납(Pb), 주석(Sn), 수은(Hg), 금(Au), 은(Ag), 백금(Pt) 등이 있다.
④ 금속재료는 외관과 내부 구조물 구축에 활용된다.

(2) 금속재료의 특성
① 고체 상태에서는 결정이다.
② 열과 전기의 양도체이다.
③ 금속 광택을 가지고 있으며 빛에 불투명하다.
④ 소성변형을 할 수 있다.
⑤ 경도가 높고, 내마멸성이 크다.
⑥ 전성과 연성이 풍부하다.
⑦ 비중이 커서 자중이 크다.
⑧ 강도와 탄성계수가 크다.

(3) 금속재료의 장단점
① 장점
　㉠ 깨지거나 구부러지지 않으며 인장강도가 높다.
　㉡ 견고함을 가지고 있어 안정감 있는 표면과 구조를 만들 수 있다.

ⓒ 가공과 시공 형태에 따라서 다양한 질감과 표면을 만들 수 있어 조형성이 높다.
ⓔ 스테인리스 같은 경우 녹슬지 않는다.

② 단점
ⓐ 다른 재료에 비해서 가격이 비싼 편이다.
ⓑ 여러 가지 형태로 가공할 수 있지만, 가공비용이 많이 든다.
ⓒ 전도성이 강하다.

10년간 자주 출제된 문제

1-1. 금속재료의 일반적 성질에 대한 설명으로 옳지 않은 것은?
① 강도와 탄성계수가 크다.
② 경도 및 내마모성이 크다.
③ 열전도율이 작고 부식성이 크다.
④ 비중이 커서 자중이 크다.

1-2. 일반 금속재료의 공통적인 성질로 옳지 않은 것은?
① 열과 전기의 양도체이다.
② 연성이 낮아 소성변형이 어렵다.
③ 경도가 높고 내마멸성이 크다.
④ 금속 광택을 가지고 있으며 빛에 불투명하다.

[해설]
1-1
열과 전기의 양도체이며 부식성이 적다.

1-2
전성과 연성이 풍부하고, 소성변형을 할 수 있다.

정답 1-1 ③ 1-2 ②

핵심이론 02 철강

(1) 강의 일반적 성질

① 물리적 성질
 ㉠ 탄소함유량이 증가함에 따라 비중·열팽창계수·열전도율은 감소한다.
 ㉡ 탄소함유량이 증가함에 따라 비열·전기저항 등은 증가한다.
 ※ 강재의 탄소량과 강도와의 관계에서 강재의 인장강도 및 경도가 최대에 도달하게 되는 강의 탄소함유량은 약 0.85%이다.

② 기계적 성질
 ㉠ 인장강도, 경도 및 항복점 등은 탄소량에 따라 증가한다.
 ㉡ 연신율 및 단면감소율은 탄소량에 따라 감소한다.
 ㉢ 탄성계수, 탄성한계 및 항복점 등은 온도가 상승함에 따라 감소한다.
 ㉣ 인장강도는 200~300℃의 온도범위에서는 증가하여 최대가 된다.
 ㉤ 연신율과 단면감소율은 온도상승에 따라 감소하다가, 인장강도가 최대로 되는 온도에서 최소로 되고 점차 다시 증가한다.

(2) 강재의 응력-변형도 곡선

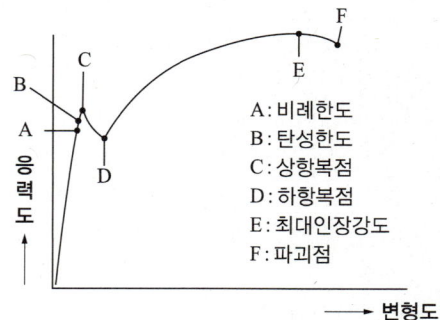

A : 비례한도
B : 탄성한도
C : 상항복점
D : 하항복점
E : 최대인장강도
F : 파괴점

① 탄성한계
 강의 역학적 성질에서 가해진 외부의 힘을 제거하였을 때 잔류변형 없이 원형으로 되돌아오는 한계를 의미한다.

② 비례한도(비례한계점)
　㉠ 탄성한도 내에서 응력과 변형률이 비례하는 최대 한도이다.
　㉡ 응력이 작으면 변형이 응력에 비례하여 커진다.
③ 항복점
　㉠ 강재의 인장시험에서 탄성에서 소성으로 변하는 경계이다.
　㉡ 응력의 큰 변화 없이 변형도가 크게 증가하기 시작하는 점이다.
　㉢ 항복비란 항복점과 인장강도점에 대한 비율을 의미한다.
④ 최대 강도(극한 강도, 인장 강도)
　응력과 변형이 비례하지 않는 상태이다.
⑤ 피로 파괴
　구조용 강재에 반복하중이 작용하면 항복점 이하의 강도에서 파괴되는 현상이다.
⑥ 파단점
　재료가 파단되어 두 조각으로 분리되는 점이다.

10년간 자주 출제된 문제

2-1. 강재의 탄소량과 강도와의 관계에서 강재의 인장강도 및 경도가 최대에 도달하게 되는 강의 탄소함유량은 약 얼마인가?
① 0.15%　　② 0.35%
③ 0.55%　　④ 0.85%

2-2. 다음 중 강재의 응력-변형도 곡선에서 가장 먼저 나타나는 점은?
① 상항복점　　② 비례한도점
③ 하항복점　　④ 파단점

2-3. 구조용 강재에 반복하중이 작용하면 항복점 이하의 강도에서 파괴될 수 있다. 이와 같은 현상을 무엇이라 하는가?
① 피로 파괴　　② 인성 파괴
③ 연성 파괴　　④ 취성 파괴

해설

2-1
0.85% C를 기준으로 최대 변태량을 보이며 그 이상과 이하에서는 정도가 떨어진다.

2-2
응력-변형도 곡선

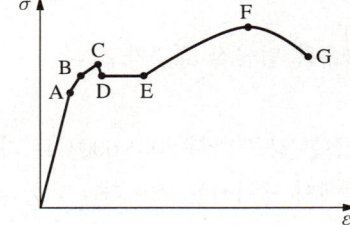

A : 비례한도
B : 탄성한도
C : 상항복점
D : 하항복점
E : 최대 인장강도
F : 파괴점

정답 2-1 ④　2-2 ②　2-3 ①

핵심이론 03 철강의 열처리 및 성형

(1) 강의 열처리
소정의 성질을 얻기 위해 가열과 냉각을 조합·반복하여 행한 조작을 열처리라고 한다.

① 풀림(내부 응력제거)
  ㉠ 강을 800~1,000℃로 가열한 후 노 안에서 천천히 냉각하는 것이다.
  ㉡ 강철의 결정입자가 미세하게 되고, 조직이 균일화된다.

② 불림(취성 저하, 조직 개선)
  ㉠ 강을 800~1,000℃로 가열하여 소정의 시간까지 유지한 후에 대기 중에서 냉각하는 것이다.
  ㉡ 조직을 개선하고 결정을 미세화한다.

③ 담금질(강도 증가, 경도 증가)
  ㉠ 가열된 강을, 물이나 기름 속에서 급히 냉각시키는 것이다.
  ㉡ 저탄소강은 담금질이 어렵고 담금질 온도가 높아진다.
  ㉢ 탄소함유량이 클수록 담금질 효과가 크다.

④ 뜨임질(인성 증대)
  ㉠ 불림하거나 담금질한 강을 다시 200~600℃로 가열한 후 공기 중에서 냉각하는 것이다.
  ㉡ 담금질한 강에 인성을 주기 위하여 변태점 이하의 적당한 온도에서 가열한 다음 냉각하는 것이다.
  ㉢ 내부응력을 제거하며 연성과 인성을 크게 하기 위해 실시하는 것이다.

(2) 강의 가공처리(성형방법)

① 압연 : 강괴를 가열한 후 회전하는 롤러 사이에 여러 번 통과시켜 압축성형하는 가공법을 말한다.
② 압출 : 재료를 금형 속에서 압축하여 금형의 구멍을 통하여 재료가 빠져나오게 하여 원래보다 단면적을 작게 하고 원하는 형태를 만드는 가공법이다.
③ 인발 : 선재(線材)나 가는 관을 만들기 위한 금속의 변형 가공법으로, 금속을 다이(die)공을 통하여 출구쪽으로 당김으로써 단면수축을 얻는 방법이다.
④ 단조 : 금속재료를 해머 또는 프레스 등으로 압축력 또는 충격력을 가하여 필요한 형태로 만드는 가공법이다.

10년간 자주 출제된 문제

3-1. 담금질을 한 강에 인성을 주기 위하여 변태점 이하의 적당한 온도에서 가열한 다음 냉각시키는 조작을 의미하는 것은?
① 풀림
② 불림
③ 뜨임질
④ 사출

3-2. 강의 기계적 가공법 중 회전하는 롤러에 가열 상태의 강을 끼워 성형해가는 방법은?
① 압출
② 압연
③ 사출
④ 단조

|해설|

3-1
뜨임질
- 불림하거나 담금질한 강을 재가열한 후 공기 중에서 냉각하는 것이다.
- 내부 응력을 제거하며 연성과 인성을 크게 하기 위해 실시한다.

3-2
① 압출 : 재료를 금형 속에서 압축하여 금형의 구멍을 통하여 재료가 빠져나오게 하여 원래보다 단면적을 작게 하고 원하는 형태를 만드는 가공법이다.
③ 사출 : 원하는 모양의 틀(몰드) 안으로 완전히 녹은 뜨거운 플라스틱을 고압으로 주사(인젝션)하여 순간적으로 식으면 몰드가 열리고 제품을 만드는 가공법이다.
④ 단조 : 금속재료를 해머 또는 프레스 등으로 압축력 또는 충격력을 가하여 필요한 형체로 만드는 가공법이다.

정답 3-1 ③ 3-2 ②

핵심이론 04 철금속

(1) 탄소강
① 철(Fe), 탄소(C) 이외에 망간(Mn), 인(P), 황(S), 규소(Si)를 반드시 함유하고 있다.
② 합금강에 비해 강도와 경도가 작다.
③ 보통 저탄소강은 철근이나 강판을 만드는 데 쓰인다.
④ 열처리를 하면 기계적 성질이 개선된다.
⑤ 강은 탄소함유량이 많을수록 강철의 강도와 경도가 높아지지만, 탄력성이 없어 충격에 쉽게 부러지게 된다.

(2) 구조용 특수강
특수한 성질을 얻기 위해 탄소강에 니켈, 망간 등을 첨가하여 강인성을 높인 것이다.

(3) 스테인리스강
① 탄소강에 크롬, 니켈 등을 함유한 합금(특수강, 비자성강)이다.
② 탄소량이 적고 내식성·내마모성이 우수하고 강도가 높다.
③ 전기저항이 크고, 열전도율은 낮다.
④ 경도에 비해 가공성이 좋으며, 납땜도 가능하다.
⑤ 벽체의 마감재, 전기기구 등에 사용된다.
⑥ 강도는 알루미늄의 3배, 내후성은 보통 강의 3~6배이다.
⑦ 스테인리스강 중 저탄소인 것일수록 녹이 잘 슬지 않지만 연질이고, 고탄소인 것은 약간 녹슬기 쉽지만 강도는 크다.

(4) 주철
① 92~96%의 철을 함유하고 나머지는 크롬, 규소, 망간, 유황, 인 등이 포함된다.
② 용융점이 낮아 복잡한 형상도 쉽게 주조할 수 있다.
③ 압연, 단조 등 기계적 가공은 안 된다.
④ 일반 강재보다 내식성이 우수하여 파이프, 라디에이터, 창호 철물 등에 사용된다.

10년간 자주 출제된 문제

4-1. 스테인리스강에 대한 설명 중 옳지 않은 것은?
① 탄소량이 많을수록 강도는 작아지고 내식성은 커진다.
② 전기저항성이 크고 열전도율은 낮다.
③ 벽체의 마감재, 전기기구 등에 사용된다.
④ 탄소강에 크롬, 니켈 등을 포함시킨 합금(특수강)이다.

4-2. 금속재료 중 주방용품, 건축용 철물, 외장 재료로 사용되는 것은?
① 펀칭메탈(punching metal)
② 무늬강판(checkered steel plate)
③ 아연도 강판(galvanized steel sheet)
④ 스테인리스 강판(stainless steel plate)

4-3. 주철관이 오수관(汚水管)으로 사용되는 가장 큰 이유는?
① 인장강도가 크기 때문이다.
② 압축강도가 크기 때문이다.
③ 내식성이 뛰어나기 때문이다.
④ 가공성이 좋기 때문이다.

해설

4-1
스테인리스강은 크롬, 니켈 등을 함유하며, 탄소량이 적고 내식성이 우수한 특수강이다.

4-2
스테인리스 강판
내식성 및 내마모성이 우수하고 강도가 높을 뿐만 아니라 장식적으로 광택이 미려하여 창호재, 외장재, 주방용 가구 등에 널리 이용된다.

4-3
주철관
• 내·외압강도 및 인장강도가 매우 크다.
• 내식성이 크며 내부 시멘트 모르타르 라이닝으로 부식에 강하다.
• 수밀성이 매우 우수하다.
• 상수도관, 공업용수관으로 사용한다.

정답 4-1 ① 4-2 ④ 4-3 ③

핵심이론 05 비철금속(1)

(1) 구리(Cu, 동)
① 열전도율 및 전기전도율이 매우 크며 내식성이 우수하다.
② 유연하고 전연성이 좋아 가공하기 쉽다.
③ 아연, 주석, 니켈 등과 합금하면 귀금속적 성질을 갖는다.
④ 아름다운 광택과 색을 지녀 장식재료로 사용된다.
⑤ 지붕재료, 전기공사용 재료 또는 냉난방용 설비 자재로도 사용된다.
⑥ 알칼리성에 약하므로 시멘트, 콘크리트 등에 접하는 곳에서는 빨리 부식된다.

(2) 황동(놋쇠)
① 구리 70%와 아연 30%로 된 합금으로 연성이 크다.
② 구리보다 단단하고 주조가 잘되며 외관이 아름답다.
③ 정첩, 창문의 레일, 코너비드, 장식철물 등에 널리 사용된다.

(3) 청동
① 구리와 주석을 주성분으로 한 합금이다.
② 황동보다 내식성이 강하고 주조성이 우수하다.
③ 표면이 아름다워 건축물의 장식철물 또는 미술공예 재료로 사용된다.

(4) 알루미늄
① 열, 전기전도성이 동 다음으로 크고 열반사율이 높다.
② 융점이 낮기 때문에 용해주조도는 좋으나 내화성이 부족하다.
③ 전연성이 좋고 내식성이 우수하다.
④ 산, 알칼리 및 해수에 약하다.
⑤ 독성이 없고 내구성이 좋다.
⑥ 압연, 인발 등의 가공성이 좋다.
⑦ 비중이 철의 1/3 정도로 경량이다.

10년간 자주 출제된 문제

5-1. 각종 금속의 특성에 관한 설명으로 옳지 않은 것은?
① 동(銅)은 알칼리의 침식에는 약하나, 산이나 암모니아에 대해서는 내식성이 강하다.
② 알루미늄은 대기 중에서 쉽게 부식되지 않으나 콘크리트와 접촉 시 쉽게 부식된다.
③ 납은 알칼리에 약하므로, 콘크리트에 매립 사용은 좋지 않다.
④ 아연은 내식성이 크므로, 철강의 피복재로 많이 사용된다.

5-2. 알루미늄의 성질이 아닌 것은?
① 알칼리에 강하다.
② 내화성이 부족하다.
③ 내식성이 우수하며 연하기 때문에 가공성이 좋다.
④ 역학적 성질이 우수하며, 열과 전기의 전도성이 크다.

5-3. 알루미늄(aluminium)의 일반적 성질에 대한 설명으로 틀린 것은?
① 광선 및 열반사율이 높다.
② 해수 및 알칼리에 강하다.
③ 독성이 없고 내구성이 좋다.
④ 압연, 인발 등의 가공성이 좋다.

해설

5-1
동(銅)은 내식성은 우수하지만, 산이나 알칼리에 약하며 암모니아에 침식된다.

5-2, 5-3
알루미늄은 그 표면에 치밀한 산화피막이 형성되기 때문에 대기 중에서는 부식이 쉽게 일어나지 않지만, 알칼리나 해수에는 약하다.

정답 5-1 ① 5-2 ① 5-3 ②

핵심이론 06 비철금속(2)

(1) 아연
① 청색을 띤 백색 금속이며, 비점이 비교적 낮다.
② 내식성이 양호하여 철강의 피복재로 많이 사용된다.
③ 건조한 공기 중에서는 거의 산화되지 않는다.
④ 알칼리와 해수에 약하다.
⑤ 도금재, 산, 약품 저장실, 함석 지붕재료 및 홈통 등에 사용된다.

(2) 납
① 융점이 낮고 가공이 쉽다.
② 비중(11.4)이 크고 연질이며, 전·연성이 크다.
③ 내식성이 우수하고 방사선의 투과도가 낮아 방사선 차폐용 재료로 사용된다.
④ 내산성은 크지만, 알칼리(콘크리트)에 침식된다.
⑤ 대기 중에서 보호막을 형성하여 부식되지 않는다.
⑥ 열전도율이 작으나 온도 변화에 따른 신축성이 크다.

(3) 니켈
① 전연성이 풍부하며 증류수, 바닷물, 알칼리성 염류수 용액에도 내식성이 좋다.
② 미려한 청백색 광택을 띤다.
③ 공기 중 또는 수중에서 색이 거의 변하지 않는다.

(4) 주석
① 은백색의 연한 금속이며 융점(232℃)이 낮고 주조성·단조성이 좋다.
② 고온에서는 강도, 경도, 연신율이 모두 저하된다.
③ 강산, 강알칼리에는 침식되지만 중성에는 내식성을 가진다.
④ 납과 청동 합금으로, 철판도금에 사용한다.
⑤ 공기 또는 수중에서 녹슬지 않는다.
⑥ 인체에는 무해하며 유기산에 침식되지 않아 식품보관용의 용기류에 이용된다.

10년간 자주 출제된 문제

6-1. 각종 금속의 성질에 관한 설명으로 옳지 않은 것은?
① 알루미늄은 콘크리트와 접촉하면 침식된다.
② 구리는 대기 중에서는 내구성이 있으나 암모니아에는 침식되기 쉽다.
③ 납은 산이나 알칼리에 강하므로 콘크리트에 매설해도 침식되지 않는다.
④ 구리는 주물로 하기 어려우나 청동이나 황동은 쉽다.

6-2. 주석에 관한 설명으로 옳지 않은 것은?
① 인체에는 무해하며 유기산에 침식되지 않아 식품보관용의 용기류에 이용된다.
② 은백색의 연한 금속이며 융점이 낮다.
③ 주조성, 단조성이 좋아 각종 금속과 합금이 유리하다.
④ 공기나 수중에서는 녹슬지 않으며 강산, 강알칼리에도 침식되지 않는다.

|해설|
6-1
납은 알칼리에 약하므로, 콘크리트에 매립 사용은 좋지 않다.
6-2
공기나 수중에서는 녹이 나지 않으나 강산, 강알칼리에 천천히 침식된다.

정답 6-1 ③ 6-2 ④

CHAPTER 02 실내디자인 시공 및 재료

핵심이론 07 금속재료의 부식과 부식 방지

(1) 부식
① 철강의 표면은 대기 중의 습기나 탄산가스와 반응하여 녹이 발생한다.
② 바닷물 속에서 더욱 쉽게 부식된다.
③ 일반적으로 알칼리에는 부식되지 않고, 산에서 부식된다.
④ 토양 속에서의 강재 부식은 전기전도도가 높고, pH값이 낮을수록 빠르다.
⑤ 물과 공기에 번갈아 접촉시키면 더욱 쉽게 부식된다.
⑥ 철근콘크리트 중의 철근 부식은 콘크리트의 성질에 크게 영향을 받는다.
※ 금속의 이온화 경향
K > Ca > Na > Mg > Al > Zn > Fe > Ni > Sn > Pb > [H] > Cu > Hg > Ag > Pt > Au

(2) 부식 방지방법
① 가능한 한 다른 종류의 금속을 인접 또는 접촉시켜 사용하지 않는다.
② 표면을 깨끗하게 하며, 물기나 습기가 없도록 한다.
③ 부분적으로 녹이 생기면 즉시 제거한다.
④ 균질한 것을 선택하고 사용할 때는 변형을 주지 않는다.
⑤ 큰 변형을 준 것은 가능한 한 풀림하여 사용한다.
⑥ 도료나 내식성이 큰 금속으로 표면을 피막한다.

10년간 자주 출제된 문제

7-1. 금속의 부식 방지를 위한 관리 대책으로 옳지 않은 것은?
① 가능한 한 이종금속을 인접 또는 접촉시켜 사용할 것
② 큰 변형을 준 것은 가능한 한 풀림하여 사용할 것
③ 표면을 평활하고 깨끗이 하며, 가능한 한 건조 상태를 유지할 것
④ 부분적으로 녹이 발생하면 즉시 제거할 것

7-2. 철강의 부식 및 방식에 대한 설명 중 틀린 것은?
① 철강의 표면은 대기 중의 습기나 탄산가스와 반응하여 녹을 발생시킨다.
② 철강은 물과 공기에 번갈아 접촉되면 부식되기 쉽다.
③ 방식법에는 철강의 표면을 Zn, Sn, Ni 등과 같은 내식성이 강한 금속으로 도금하는 방법이 있다.
④ 일반적으로 산에는 부식되지 않으나 알칼리에는 부식된다.

해설

7-1
서로 다른 금속이 가진 전기적 특성의 차이로 인해 한쪽이 다른 한쪽의 부식을 촉진할 수 있으므로, 가능한 한 이종금속을 인접 또는 접촉시켜 사용하지 않는다.

7-2
일반적으로 알칼리에는 부식되지 않고, 산에서 부식된다.

정답 7-1 ① 7-2 ④

핵심이론 08 금속제품(1)

(1) 미장용 철물
① **와이어 라스(wire lath)** : 지름이 0.9, 1.2, 2.0mm 등인 철선이다. 보통 철선 또는 아연도금 철선으로 마름모형, 갑옷형으로 만들어 시멘트 모르타르바름 바탕에 사용한다.
② **메탈 라스(metal lath)** : 얇은 강판에 마름모꼴의 구멍을 연속적으로 뚫어 그물처럼 만든 것으로 천장, 벽 등의 미장 바탕에 사용한다.

(2) 콘크리트 타설용 철물
① **와이어 메시(wire mesh)** : 연강 철선을 가로 세로로 대어 전기용접하여 정방형 또는 장방형으로 만들어, 콘크리트 도로 바탕용 등의 처짐 및 균열에 대응하도록 만든 철물이다.
② **익스팬디드 메탈(expanded metal)** : 두께 6~13mm의 연강판을 망상으로 만든 것으로, 주로 콘크리트 보강용으로 쓰인다.
③ **데크 플레이트(deck plate)** : 얇은 강판에 골모양을 내어 만든 강판 성형품으로, 콘크리트슬래브의 거푸집패널 또는 바닥판 및 지붕판으로 사용한다.

(3) 긴결 및 고정철물
① **긴결철물**
  ㉠ 리벳 : 주로 조립이나 판재, 형강재 등에 영구적으로 연결하는 데 쓰인다.
  ㉡ 볼트 : 마무리 정도에 따라 흑볼트, 중볼트, 상볼트의 등급이 있고, 사용방식에 따라 보통볼트, 앵커볼트, 주걱볼트, 양나사볼트 등이 있다.
② **고정철물**
  ㉠ 인서트 : 콘크리트 표면에 달대 등을 달아매도록 콘크리트를 타설하기 전에 미리 묻어 넣는 고정철물이다.
  ㉡ 스크루 앵커 : 삽입된 연질 금속 플러그에 나사못을 끼우는 것을 말하며, 익스팬션 볼트와 같은 형태로 사용하는 고정철물이다.
  ㉢ 익스팬션 볼트(expansion bolt, 확장볼트 또는 팽창볼트) : 콘크리트 표면에 미장, 문틀 등의 다른 부재를 고정하기 위해 묻어두는 특수형 볼트이다.

(4) 수장 및 장식용 철물
① **줄눈대** : 줄눈대는 인조석 갈기, 테라초 현상바름 바닥 또는 특수한 경우에는 미장바름벽의 신축균열 방지 및 의장효과를 위해 구획하는 줄눈에 넣는 철물로서 줄눈쇠라고도 한다.
② **조이너** : 천장, 벽 등에 보드류를 붙이고 그 이음새를 감추고 누르는 데 쓰인 것으로 아연도금 철판제, 경금속제, 황동제의 얇은 판을 프레스한 제품이다.
③ **코너비드** : 벽, 기둥 등의 모서리 부분의 미장바름을 보호하기 위하여 묻어 붙인 것으로, 모서리쇠라고 한다.
④ **계단 논슬립** : 계단의 디딤판 끝에 대어, 오를 때 미끄러지지 않게 하는 철물로서 미끄럼막이라고도 한다.
⑤ **펀칭메탈** : 1.2mm 이하의 얇은 판에 여러 가지 모양으로 도려낸 철물로서 아연도금철판, 알루미늄판, 동판, 두랄루민판 등을 사용한다.

10년간 자주 출제된 문제

8-1. 보통 철선 또는 아연도금 철선으로 마름모형, 갑옷형으로 만들며 시멘트 모르타르바름 바탕에 사용되는 금속제품은?
① 와이어 라스(wire lath)
② 와이어 메시(wire mesh)
③ 메탈 라스(metal lath)
④ 익스팬디드 메탈(expanded metal)

8-2. 연강 철선을 가로 세로로 대어 전기용접하여 정방형 또는 장방형으로 만들어 콘크리트 도료 바탕용 등에 처짐 및 균열에 대응하도록 만든 철물은?
① 와이어 라스   ② 메탈 라스
③ 와이어 메시   ④ 코너비드

8-3. 얇은 강판에 골모양을 내어 만든 강판 성형품으로 콘크리트슬래브의 거푸집 패널 또는 바닥판 및 지붕판으로 사용되는 금속성형 가공제품은?
① 데크 플레이트(deck plate)
② 스팬드럴 패널(spandrel panel)
③ 익스팬디드 메탈(expanded metal)
④ 와이어 라스(wire lath)

[해설]

8-3
② 커튼월공사에 사용되는 끼워넣기재이다.
③ 두께 6~13mm의 연강판을 망상으로 만든 것으로, 주로 콘크리트 보강용으로 쓰인다.
④ 마름모형, 갑옷형, 원형으로 만들어 시멘트 모르타르바름 바탕용으로 쓰이는 금속제품이다.

정답 8-1 ① 8-2 ③ 8-3 ①

1-6. 창호 및 유리공사

핵심이론 01 창호공사 조사·분석

(1) 알루미늄 창호

① 장점
  ㉠ 경량이다(비중이 철의 약 1/3 정도).
  ㉡ 녹슬지 않고 사용연한이 길며, 여닫음이 경쾌하다.
  ㉢ 공작이 자유롭고 기밀성이 우수하다.
  ㉣ 내식성이 강하고 착색이 가능하다.

② 단점
  ㉠ 철에 비하여 강도가 약하다.
  ㉡ 모르타르, 콘크리트, 회반죽 등 알칼리에 약하다.
  ㉢ 내화성이 약하고, 염분에 약하다.
  ㉣ 강성이 적고, 열에 의한 팽창·수축이 크다(철의 2배).

③ 용도 : 미서기창, 미닫이창, 붙박이창, 여닫이문, 미서기문, 붙박이문 등

(2) 창호 철물

① 정첩(경첩) : 문틀에 여닫이 창호를 달 때 한쪽은 문틀에, 다른 한쪽은 문짝에 고정하고 여닫는 축이 되는 철물이다.
② 플로어 힌지 : 금속제 용수철과 완충유와의 조합작용으로 열린 문이 자동으로 닫히게 하는 것으로 바닥에 설치되며, 일반적으로 무게가 큰 중량 창호에 사용한다.
③ 걸쇠 : 넓적 걸쇠, 도래 걸쇠, 갈고리 걸쇠, 크레센트(장부가 구멍에 끼어 돌게 만든 철물)가 있다.
④ 도어 체크(도어 클로저) : 문과 문틀(여닫이)에 장치하여 문을 열면 저절로 닫히는 장치가 되어 있는 창호 철물이다.

⑤ 도어 스톱 : 문을 열어 제자리에 머물러 있게 하거나 벽 하부에 대어 문짝이 벽에 부딪히지 않게 하며, 갈고리로 걸어 제자리에 머무르게 하는 철물이다.
⑥ 도어 행거 : 접문 등 문 상부에서 달아매는 철물 또는 미닫이 창호용 철물로 달아매는 문의 이동장치에 쓰이는 것으로 문짝의 크기에 따라 2개나 4개의 바퀴가 있는 것을 사용한다.

※ 창호철물과 사용되는 창호
- 레일 – 미닫이문(창)
- 크레센트 – 오르내리창
- 플로어 힌지, 피벗 힌지, 도어 클로저, 도어 스톱, 도어 체크 – 여닫이문

10년간 자주 출제된 문제

1-1. 다음 중 알루미늄 창호에 대한 설명으로 옳은 것은?
① 강성이 작고, 열에 의한 변형이 크다.
② 비중이 철의 약 3배이다.
③ 산, 알칼리 및 해수에 침식되지 않는다.
④ 강제 창호에 비하여 내화성이 크다.

1-2. 창호와 창호 철물과의 연결이 옳지 않은 것은?
① 회전창 – 스프링 캐치
② 오르내리창 – 플로어 힌지
③ 미닫이문 – 창호바퀴와 창호레일
④ 외여닫이문 – 도어 클로저

[해설]
1-1
② 철의 비중이 7.86이고, 알루미늄의 비중이 약 2.7이다(약 1/3 정도).
③ 산, 알칼리 및 해수에 약하다.
④ 융점이 낮기 때문에 내화성이 약하다.

1-2
- 오르내리창 – 크레센트
- 여닫이문 – 플로어 힌지

정답 1-1 ① 1-2 ②

핵심이론 02 유리공사 조사·분석

(1) 유리의 주성분
① 규사(SiO_2) : 71~73%
② 소다(Na_2O) : 14~16%
③ 석회(CaO) : 8~15%
④ 기타 : 붕산, 인산, 산화마그네슘, 알루미나, 산화아연 등 소량 함유

(2) 유리의 일반적 성질
① 비중 : 창유리 등의 소다석회유리의 비중은 약 2.5로 석영보다 약간 가볍다.
② 경도 : 일반적으로 상온에서는 취약(脆弱)하고 경도도 크다.
  ※ 연(鉛)유리(납유리) < 소다석회유리 < 칼륨유리의 순으로 약 4.5~5.5의 경도 범위이다.
③ 강도 : 보통유리의 강도는 풍압에 의한 휨강도(430~630kg/cm^2)를 말하며 열처리한 평판은 현저하게 성능이 증가한다.
④ 열에 약하며, 얇은 유리보다 두꺼운 유리가 열에 쉽게 파괴된다.
⑤ 열전도율(콘크리트의 1/2) 및 열팽창률이 작고, 비열이 크다.
⑥ 열전도율은 대리석, 타일보다 작은 편이다.
⑦ 깨끗한 창유리의 흡수율은 2~6% 정도이다.
⑧ 철분이 적을수록 자외선 투과율이 높아진다.
⑨ 투과율은 유리의 맑은 정도, 착색, 표면 상태에 따라 달라진다.

(3) 유리의 장단점
① 장점
  ㉠ 시각적으로 넓어 보이는 효과가 있다.
  ㉡ 반영구적이고 내구성이 크다.
  ㉢ 표면 마감처리에 따라 다양하게 표현될 수 있다.

② 단점
　㉠ 유리를 지나치게 많이 활용하면 보온이 취약하며 외부환경 변화에 민감하게 반응할 수 있다.
　㉡ 투명성으로 인해 프라이버시가 침해받을 가능성이 있으며, 실내에서 느낄 수 있는 안정감을 잃을 수 있다.

10년간 자주 출제된 문제

2-1. 다음 판유리제품 중 경도(硬度)가 가장 작은 것은?
① 플린트 유리　　② 보헤미아 유리
③ 강화유리　　　④ 연(鉛)유리

2-2. 유리의 일반적인 성질에 관한 설명으로 옳지 않은 것은?
① 철분이 많을수록 자외선 투과율이 높아진다.
② 깨끗한 창유리의 흡수율은 2~6% 정도이다.
③ 투과율은 유리의 맑은 정도, 착색, 표면 상태에 따라 달라진다.
④ 열전도율은 대리석, 타일보다 작은 편이다.

[해설]
2-1
유리 경도의 크기 순서 : 칼륨유리 > 소다석회유리 > 연유리
2-2
철분이 적을수록 자외선 투과율이 높아진다.

정답 2-1 ④　2-2 ①

핵심이론 03 유리의 종류와 특성

(1) 보통 판유리
① 두께 6mm 미만의 박판유리와, 두께 6mm 이상의 후판유리가 있다.
② 무색투명하고 평활한 유리판이며, 가장 널리 사용되고 있다.
③ 연화온도 범위는 700~750℃ 정도이다.

(2) 열선흡수유리(색유리, 단열유리)
① 보통 판유리의 조성에 산화철, 니켈, 코발트 등의 금속산화물을 미량 첨가하고, 착색이 되게 한 유리이다.
② 담청색을 띠고 태양광선 중 장파 부분(적외선)을 흡수한다.
③ 가시광선의 투과율은 보통유리보다 10~20% 낮다.
④ 열깨짐의 위험이 있으므로 유리표면에 페인트 도장을 하거나, 종이테이프 등을 부착하지 않는다.

(3) 망입유리(망유리, 철망유리, 그물유리)
① 유리 내부에 금속망(철선, 황동선, 알루미늄선 등)을 삽입하고 압착·성형한 판유리이다.
② 외부로부터의 충격에 강하고, 파손 시 유리파편이 튀지 않는다.
③ 화재 시 개구부에서의 연소를 방지하는 효과가 있다.

(4) 열선반사유리
① 유리 한 면에 열선반사막(금속, 금속산화물)을 입힌 판유리이다.
② 가시광선의 투과율이 30% 정도 낮아 외부로부터 시선을 차단할 수 있다.
③ 열선에너지를 차단하므로 단열효과가 매우 우수하다.

(5) 로이(low-emissivity) 유리
① 유리 내부에 특수금속막 코팅으로 적외선을 반사시켜 열의 이동을 극소화시킨 고기능성 유리이다.

② 창을 통해 흡수・손실되는 에너지 흐름을 제한하여 단열성을 향상시킨 유리이다.
③ 일반 건축물, 특히 고층 건축물의 창 또는 로비 등 대형 스크린창 등에 사용한다.

(6) 강화유리
① 유리를 가열한 후 공기를 분사하여 급랭・강화시킴으로써 투시성은 같으나 강도나 내열성을 높인 안전유리의 일종이다.
② 유리 표면에 강한 압축응력층을 만들어 파괴강도를 증가시킨 것이다.
③ 강도는 보통유리(판유리 등)의 3~5배, 휨강도는 6배 정도이다.
④ 파괴 시 열처리에 의한 변형 때문에 작은 파편(둥근 입상)이 되어 분쇄된다.
⑤ 주로 출입문이나 계단 난간, 안전성이 요구되는 칸막이 등에 사용된다.

(7) 복층유리(이중유리 또는 겹유리)
① 2장 이상의 판유리 등을 나란히 넣고, 그 틈새에 압력 공기를 채운 뒤 그 주변을 밀봉・봉착하여 만든 유리이다.
② 방음, 방서, 단열효과가 크고 결로 방지용으로도 우수하다.

(8) 접합유리
2장 이상의 판유리 사이에 접착성이 강한 필름막을 넣고, 고열・고압으로 접합하여 파손 시 파편이 떨어지지 않게 만든 유리이다.

(9) 스팬드럴 유리
① 플로트 판유리의 한쪽 면에 세라믹질의 도료를 코팅한 후 고온에서 융착・반강화시킨 불투명한 유리이다.

② 일반유리에 비하여 내구성 및 강도가 높고 열에 강하다.
③ 건축물의 외벽 층간이나 내・외부 장식용 유리로 사용한다.
④ 색상이 다양하고 중후한 질감을 갖고 있으며, 건축물의 모양에 따라 선택의 폭이 넓다.

(10) 자외선투과유리
① 보통유리의 성분 중 철분을 줄이거나, 철분을 산화제2철의 상태에서 산화제1철로 환원시켜 자외선투과율을 높인 유리이다.
② 자외선 50~90% 내외를 투과시키므로 병원의 선룸(일광욕 목적의 방), 온실, 결핵 요양소의 창유리, 온실 등에 사용하면 좋다.

(11) 자외선차단유리(자외선흡수유리)
① 자외선을 흡수하는 세륨, 티타늄, 바나듐을 함유시킨 담청색의 투명유리이다.
② 자외선의 화학작용을 방지할 목적으로 의류품의 진열창, 식품・약품창고 등에 쓴다.

(12) 내열유리
① 규산분이 많은 유리로서 성분은 석영유리에 가깝다.
② 열팽창률이 작고 온도의 급변화에 견디며, 연화온도(軟化溫度)가 보통유리에 비해서 높다(1,000℃ 내외).

(13) 에칭유리(조각유리)
① 유리의 표면을 초고성능 조각기로 특수가공처리하여 만든 유리로서, 5mm 이상의 후판유리에 그림이나 글 등을 새겨 넣은 유리이다.
② 완전 주문 생산되는 유리로서 실내장식, 층계의 난간 옆, 상업건축물의 주출입문 및 유리파티션 등에 주로 사용된다.

10년간 자주 출제된 문제

3-1. 보통유리에 관한 설명으로 옳지 않은 것은?
① 건조 상태에서 전도체이다.
② 급히 가열하거나 냉각시키면 파괴되기 쉽다.
③ 불연재료이지만 방화용으로서는 적당하지 않다.
④ 창유리의 강도는 보통 휨강도를 말한다.

3-2. 유리에 관한 설명으로 옳지 않은 것은?
① 강화유리는 보통유리보다 3~5배 정도 내충격 강도가 크다.
② 망입유리는 도난 및 화재 확산 방지 등에 사용된다.
③ 복층유리는 방음, 방서, 단열효과가 크고 결로 방지용으로도 우수하다.
④ 판유리 중 두께 6mm 이하의 얇은 판유리를 후판유리라고 한다.

3-3. 복층유리의 사용효과로서 옳지 않은 것은?
① 전기전도성 향상
② 결로의 방지
③ 방음성능 향상
④ 단열효과에 따른 냉·난방부하 경감

|해설|

3-1
유리는 전기의 불량도체이지만 표면의 습도가 크면 클수록 그 저항이 낮아진다.

3-2
보통 판유리는 두께는 6mm 이하가 보통이며, 두께 6mm 이하의 판유리를 얇은 판유리 또는 박판유리라 하고, 6mm 이상의 것은 후판유리라 한다.

3-3
복층유리는 방음, 방서, 단열효과가 크고 결로 방지용으로도 우수하다.

정답 3-1 ① 3-2 ④ 3-3 ①

핵심이론 04 유리제품

(1) 유리블록
① 사각형이나 원형의 상자형 2개를 각각 둘레를 잘 맞추어 합쳐서 고열(약 600℃)로 용착시켜 일체로 하고, 내부에는 0.5기압 정도의 건조공기를 봉입한 중공유리제 블록이다.
② 보통 유리창보다 균일한 확산광을 얻을 수 있으며, 열전도가 벽돌의 1/4 정도여서 실내의 냉난방에 효과가 있다.

(2) 프리즘유리
① 투시광선의 방향을 변화시키거나 집중 또는 확산시킬 목적으로 프리즘의 이론을 응용한 유리제품이다.
② 형상은 각형, 원형, 특수형 등이 있으며, 단면 모양에 따라 지향성과 확산성으로 구분한다.
③ 바닥면이나 지하실 또는 지붕의 채광용으로 사용된다.

(3) 스테인드글라스
① 각종 색유리의 작은 조각을 도안에 맞추어 절단하여 조합해서 만든 것이다.
② 색을 칠하여 무늬나 그림을 나타낸 판유리로서 교회의 창, 천장 등에 많이 쓰인다.

(4) 기타 제품
① 유리타일
  ㉠ 색유리를 작은 조각으로 잘라 타일형으로 만든 것이다.
  ㉡ 색채가 다양하고 불흡수성이며, 절단·가공이 자유롭다.
  ㉢ 벽, 기둥면에 붙이는 외부 장식용으로 쓰인다.

② 유리벽돌
　㉠ 벽돌 모양의 유리 성형품으로 패턴·형상·치수·색채의 종류가 다양하다.
　㉡ 채광용이 아니라 내·외벽의 장식용으로 쓰인다.
③ 기포유리
　㉠ 가는 분말로 한 카본에 발포제를 섞어 가열 발포시킨 후 서서히 냉각시켜 고체로 만든 것으로 거품유리 또는 폼글라스라고도 한다.
　㉡ 단열성, 흡음성이 있어 단열재, 보온재, 방음재로 쓰인다.

10년간 자주 출제된 문제

4-1. 다음 각 유리제품의 용도를 잘못 연결한 것은?
① 복층유리 : 방음, 단열, 결로 방지용
② 색유리 : 스테인드글라스, 벽, 천장 등의 판넬용
③ 프리즘유리 : 자외선 및 적외선 차단용
④ 망입유리 : 도난 및 화재 방지용

4-2. 각종 색유리의 작은 조각을 도안에 맞추어 절단하여 조합해서 만든 것으로 성당의 창 등에 사용되는 유리제품은?
① 내열유리
② 유리타일
③ 샌드블라스트유리
④ 스테인드글라스

[해설]

4-1
프리즘유리는 투시광선의 방향을 변화시키거나 집중 또는 확산시킬 목적으로 쓰이며, 주로 지하실 또는 지붕 등의 채광용으로 사용된다.

4-2
스테인드글라스는 각종 색유리의 작은 조각을 도안에 맞추어 절단하여 조합해서 만든 것으로, 성당의 창 등에 사용되는 유리제품이다.

정답 4-1 ③　4-2 ④

1-7. 도장공사

핵심이론 01 도장공사 조사·분석

(1) 도장의 목적
① 내식성·방부성·내후성·내화성·내열성·내구성·내화학성 등을 증가시킨다.
② 방수성·방습성·내마모성 등을 높인다.
③ 착색·광택·무늬 등으로 외관을 아름답게 한다.

(2) 도장재료의 구성요소
① 도막 형성 요소
　㉠ 도막 형성 주요소 : 유류, 수지 등
　　• 천연수지 : 로진(송진), 댐머(수목 분비물), 코우펄(열대 수목 분비물), 셸락(곤충 분비물)
　　• 합성수지 : 석탄산수지(페놀수지), 요소수지, 비닐수지, 멜라민수지, 실리콘수지
　㉡ 도막 형성 부요소
　　• 건조제 : 건조를 촉진시키는 것으로 아연, 망간, 코발트수지산, 지방산 염류, 연단, 초산염, 이산화망간, 수산화망간, 리사지 등이 있다.
　　• 가소제 : 도료의 영구적 탄성, 표착성, 가소성 부여하는 것으로 프탈산, 에스테르 등이 있다.
　㉢ 안료
　　• 도막에 색을 주거나, 기계적인 성질을 보강하는 역할을 하는 불용성 요소이다.
　　• 유체안류(착색제), 체질안료(피복 은폐력) 등이 있다.
② 도막 형성 조요소
　㉠ 용제 : 도막을 형성하는 데 필요한 유동성을 얻기 위하여 배합하는 것으로 건성유(아마인유, 동유, 임유, 마실유 등)와 반건성유(대두유, 채종유, 어유 등) 등이 있다.

ⓒ 희석제 : 휘발유, 테라빈유, 벤젠, 알코올, 아세톤 등을 희석하여, 솔질이 잘 되게(시공성 증대) 하는 것이 주목적이다.

10년간 자주 출제된 문제

도장재료의 주요 구성요소 중 도막에 색을 주거나, 기계적인 성질을 보강하는 역할을 하는 불용성 요소는?
① 안료
② 전색제
③ 첨가제
④ 용제

|해설|
안료(pigments)
도장의 색상을 내며 바탕면을 정리하고 햇빛으로부터 결합제의 손상을 방지하는 역할을 한다.

정답 ①

핵심이론 02 페인트의 종류와 특징

(1) 유성 페인트
① 보일유와 안료를 혼합한 것이다.
② 붓바름 작업성 및 내후성이 뛰어나다.
③ 저온다습할 경우 건조시간이 길다.
④ 내마모성이 좋지만 내알칼리성이 떨어진다.
⑤ 시너로 희석해서 사용하는 일반적인 페인트로 냄새가 강하다.
⑥ 목재, 석고판류, 철재류 도장에 사용된다.

(2) 수성 페인트
① 안료와 아교 또는 카세인과 물을 혼합한 것이다.
② 건조시간이 빠르며, 내산·내알칼리성이 우수하다.
③ 광택이 없고 마감면의 마모가 크다.
④ 독성 및 화재발생 위험이 없다.
⑤ 내수성과 내구성이 떨어진다.
⑥ 실내 콘크리트 벽, 천장 등의 종이, 시멘트 벽돌, 석고보드 등에 사용한다.

(3) 에나멜 페인트
① 안료, 유성 바니시, 건조제 등을 섞은 도료이다.
② 유성 페인트와 비교하여 건조시간, 광택, 경도, 도막의 평활 정도가 우수하다.
③ 내후성, 내수성, 내열성, 내약품성이 우수하다.
④ 내알칼리성이 약하다.

(4) 에멀션 페인트
① 수성 페인트에 합성수지와 유화제를 섞은 것이다.
② 수성과 유성 페인트의 특징을 모두 가지고 있다.
③ 수성 페인트의 일종으로 발수성이 있다.
④ 실내·외 어느 곳에서나 매우 광범위하게 사용된다.
⑤ 피막의 먼지 등으로 오염된 것을 비눗물로도 쉽게 제거할 수 있다.

10년간 자주 출제된 문제

2-1. 유성 페인트에 대한 설명 중 옳지 않은 것은?
① 건조시간이 길다.
② 내알칼리성이 좋다.
③ 붓바름 작업성이 뛰어나다.
④ 보일유와 안료를 혼합한 것을 말한다.

2-2. 안료를 수용성 고착제와 섞어 만드는 것으로 습기가 없는 곳에 주로 사용하는 것은?
① 에멀션 페인트
② 수성 페인트
③ 에나멜 페인트
④ 유성 페인트

2-3. 다음 중 수성 페인트의 원료로 사용되지 않는 것은?
① 안료
② 카세인
③ 아라비아 고무
④ 건성유

[해설]

2-1
유성 페인트는 내후성이 좋지만, 내알칼리성이 떨어진다.

2-2, 2-3
수성 페인트는 안료를 물로 용해하여 수용성 고착제와 혼합한 분말 상태의 도료로 카세인, 소석회, 아교, 덱스트린, 아라비아 고무 등이 전색제로 사용된다.

정답 2-1 ② 2-2 ② 2-3 ④

핵심이론 03 바니시(니스)

(1) 바니시 특징
① 합성수지, 아스팔트, 안료 등에 건성유나 용제를 첨가한 것이다.
② 건조가 빠르고 광택, 작업성, 점착성 등이 좋아 주로 옥내 목재부 바탕의 투명마감 도료로 사용한다.
③ 목재의 무늬를 그대로 살릴 수 있는 도료이다.

(2) 바니시의 종류
① 유성 바니시
  ㉠ 수지를 지방유와 가열·융합하고 건조제를 첨가한 다음, 용제를 사용하여 희석한 도료이다.
  ㉡ 유성 페인트보다 내후성이 작아서 옥외에는 사용하지 않고, 목재 내부용으로 사용한다.
② 휘발성 바니시
  ㉠ 휘발성 바니시에는 락(lock), 래커(lacquer) 등이 있다.
  ㉡ 휘발성 바니시는 건조가 빠르지만, 도막이 얇고 부착력이 약하다.
  ㉢ 내장, 가구용(마감용으로는 적당하지 않음)으로 사용된다.
  • 래커(lacquire)
    – 섬유소에 합성수지, 가소제와 안료를 첨가한 도료이다.
    – 내마모성, 내수성, 내후성이 우수하나 도막이 얇고 부착력이 약하다.
    – 스프레이 건을 사용하기 때문에 표면마감을 할 때 가장 유리하다.
    – 도막 형성은 주로 용제의 증발에 따른 건조에 의한다.
    – 건조가 빨라, 건조시간을 지연시킬 목적으로 시너를 첨가한다.

- 클리어 래커(clear lacquer)
  - 안료를 배합하지 않은 것이다.
  - 주로 목재면의 투명 도장에 쓰인다.
  - 오일 니스에 비하여 도막이 얇으나 견고하며, 담색으로서 우아한 광택이 있다.
  - 내후성이 좋지 않아 외부용으로는 사용하기 곤란하며, 주로 내부용으로 사용한다.
- 에나멜 래커
  - 니트로셀룰로스 등의 천연수지를 이용한 자연건조형으로 단시간에 도막이 형성된다.
  - 내후성 보강으로 외부용으로 사용된다.

10년간 자주 출제된 문제

3-1. 목재의 무늬를 그대로 살릴 수 있는 도료는?
① 유성 페인트 ② 생 옻칠
③ 바니시 ④ 에나멜 페인트

3-2. 수지를 지방유와 가열융합하고, 건조제를 첨가한 다음 용제를 사용하여 희석하여 만든 도료는?
① 유성 바니시 ② 수성 페인트
③ 유성 페인트 ④ 내열 도료

3-3. 도료의 사용 용도에 관한 설명 중 올바르지 않은 것은?
① 아스팔트 페인트 : 방수, 방청, 전기절연용으로 사용
② 유성 바니시 : 내후성이 우수하여 외부용으로 사용
③ 징크로메이트 : 알루미늄판이나 아연철판의 초벌용으로 사용
④ 합성수지 페인트 : 콘크리트나 플라스터면에 사용

[해설]
3-1
바니시 : 건조가 빠르고 광택, 작업성, 점착성 등이 좋아 주로 옥내 목재부 바탕의 투명마감 도료로 사용한다.

3-3
유성 바니시 : 유성 페인트보다 내후성이 약해 옥외에는 사용하지 않고, 목재 내부용으로 사용한다.

정답 3-1 ③ 3-2 ① 3-3 ②

핵심이론 04 합성수지 도료, 방청 도료

(1) 합성수지 도료

① 특징
  ㉠ 건조시간이 빠르고 도막이 단단하다.
  ㉡ 도막은 인화할 염려가 적어 방화성이 우수하다.
  ㉢ 내산, 내알칼리성이 있어 콘크리트나 플라스터면에 바를 수 있다.
  ㉣ 투명한 합성수지를 사용하면 매우 선명한 색을 낼 수 있다.

② 종류
  ㉠ 에폭시수지 도료
  - 도막이 충격에 비교적 강하고 내마모성도 좋다.
  - 특히 내후성, 내수성, 내산성, 내알칼리성이 우수하다.
  - 습기에 대한 변질의 염려가 적다.
  - 용제와 혼합성이 좋다.
  - 콘크리트 및 모르타르 바탕면 등에 사용된다.
  ㉡ 염화비닐수지 도료
  - 내후성, 내수성, 내유성, 내약품성이 우수하지만 부착력이 약하다.
  - 콘크리트, 모르타르, 석면, 슬레이트 등에 많이 사용된다.
  - 콘크리트 표면 도장에 가장 적합하다.

(2) 방청 도료(녹막이칠)

① 특징
  ㉠ 금속면의 보호와 금속의 부식 방지를 목적으로 사용한다.
  ㉡ 방청 도료에는 광명단 도료, 방청산화철 도료, 징크로메이트, 알루미늄 도료, 역청질 도료, 규산염 도료, 워시 프라이머(에칭 프라이머) 등이 있다.

② 종류
  ㉠ 광명단
  - 금속재료의 녹막이를 위하여 사용하는 바탕칠 도료로 적연, 연단이라고도 한다.

- 사산화납을 주성분으로 하며, 유독성 적색 안료이다.
- 비중이 크고 저장이 어렵다.

ⓒ 징크로메이트
- 크롬산아연을 안료로 하고, 알키드수지를 전색료로 한 도료이다.
- 알루미늄 또는 아연철판 초벌칠에 쓰인다.

ⓒ 알루미늄 도료
- 알루미늄 분말을 안료로 하는 것으로 방청효과 외에도 광선, 열반사 효과가 있다.

ⓔ 워시 프라이머(에칭 프라이머)
- 합성수지를 전색제로 쓰고, 소량의 안료와 인산을 첨부한 것이다.
- 금속면의 바름 바탕처리, 녹 방지 도막 형성을 위한 도료이다.

10년간 자주 출제된 문제

4-1. 합성수지 도료에 관한 설명으로 옳지 않은 것은?
① 일반적으로 유성 페인트보다 가격이 매우 저렴하여 널리 사용된다.
② 유성 페인트보다 건조시간이 빠르고 도막이 단단하다.
③ 유성 페인트보다 내산, 내알칼리성이 우수하다.
④ 유성 페인트보다 방화성이 우수하다.

4-2. 다음 중 방청 도료와 가장 거리가 먼 것은?
① 알루미늄 페인트 ② 역청질 페인트
③ 워시 프라이머   ④ 오일 서페이서

[해설]

4-1
합성수지 도료에 비해 유성 페인트가 값이 저렴하다.

4-2
오일 서페이서 : 래커 에나멜이나 프탈산수지 에나멜 등을 도장할 때에 중도하기에 적합한 액상의 불투명 산화 건조성 도료이다.

정답 4-1 ① 4-2 ④

핵심이론 05 도장 시공

(1) 뿜칠, 도장 요령

① 뿜칠 요령
  ㉠ 도료가 되면 칠오름이 거칠고, 묽으면 칠오름이 나빠진다.
  ㉡ 칠면과의 뿜칠 거리는 30cm 정도를 유지하며, 1/3 정도 겹쳐서 칠한다.
  ㉢ 각 회의 스프레이 방향은 전회의 방향에 직각으로 진행한다.
  ㉣ 스프레이 건은 연속·평행하게 운행한다.
  ㉤ 뿜칠 압력이 낮으면 거칠고, 높으면 칠의 손실이 많다.

② 도장 요령
  ㉠ 칠막은 얇게 여러 번 도포하며, 서서히 충분하게 건조시킨다.
  ㉡ 칠하는 횟수를 구분하기 위해 색을 다르게 칠한다.
  ㉢ 솔질은 위에서 밑으로, 왼편에서 오른편으로, 재의 길이 방향으로 한다.
  ㉣ 바람이 강할 때에는 먼지가 묻게 되므로 칠을 중지한다.
  ㉤ 온도 5℃ 이하, 35℃ 이상, 습도 85% 이상인 경우에는 작업을 중지한다.

③ 도료의 운반, 저장, 취급
  ㉠ 내화보드는 운반 및 시공 시 옆으로 세워서 운반해야 한다.
  ㉡ 내화피복재료는 현장 야적 시 바닥의 통풍을 고려해, 목재 깔판 등을 사용하여 습기 또는 물에 젖지 않도록 해야 한다.
  ㉢ 가연성 도료는 전용 창고에 보관하며, 적절한 보관 온도를 유지하도록 한다.
  ㉣ 보관장소는 독립된 단층 건물로 주위 건물과 1.5m 이상 격리시키고, 지붕은 불연재료로 한다.

(2) 도장의 결함 및 대책

① 도막 과다 및 부족
- ㉠ 원인 : 규정보다 도막이 두껍거나 얇은 것으로, 여러 가지 도막 결함의 2차적 원인이 된다.
- ㉡ 방지책
  - 도료 점도를 적절하게 조절한다.
  - 규정된 팁, 압력, 운행속도를 준수한다.
  - 사전 시험 도장을 해보거나, 도막 두께 측정기로 체크하여 도막을 관리한다.

② 흘러내림 현상
- ㉠ 원인
  - 일시에 두껍게 도장하였을 때
  - 지나친 희석으로 점도가 낮을 때
  - 저온으로 건조시간이 길 때
  - airless 도장 시 팁이 크거나 2차 압이 낮아 분무가 잘 안되었을 때
  - 도료가 오래되어 원래의 기능을 하지 못할 때
- ㉡ 방지책
  - 희석량을 줄이며, 규정 도막을 유지한다.
  - 팁 사이즈를 줄여 도료 토출량을 적게 하고, 2차 압을 높인다.
  - 주위 환경을 감안하여 도장한다.
  - 사전 시험 도장을 하여 확인한다.

③ 실끌림
- ㉠ 원인 : airless 도장 시 완전히 분무되지 않고 가는 실 모양으로 도장되어, 도장면이 마치 거미집을 풀로 붙인 것과 같이 된다.
- ㉡ 방지책
  - 전색제의 농도를 조절한다.
  - 용해력이 크고 증발속도가 느린 용제를 사용한다.
  - 팁의 구경과 압력을 조절한다.
  - 적당히 희석하여 도장한다.

④ 주름 발생
- ㉠ 원인
  - 두껍게 도포하였거나 겹칠을 하였을 때
  - 바탕의 도료가 적당하지 않을 때
  - 산성 가스와 접촉하였을 때
  - 직사광선 조사 및 급가열했을 때
- ㉡ 방지책
  - 적정 용제를 사용하고 적당히 도포한다.
  - 도포 후 산성 가스 접촉을 피하고, 직사광선을 쬐이지 않는다.
  - 도포 후 급격한 온도상승을 피하고, 가열을 하지 않는다.

⑤ 기포 : 도장 시 생긴 기포가 꺼지지 않고 도막표면에 그대로 남거나, 꺼지고 난 뒤 겉보기에 반구상, 부풀림, 핀홀 현상으로 나타난다.

※ 핀홀 : 도료를 도장하여 건조할 때 도막에 바늘로 찌른 듯한 조그만 구멍이 생긴 현상이다.

10년간 자주 출제된 문제

5-1. 칠공사에 관한 설명 중 옳지 않은 것은?
① 한랭 시나 습기를 가진 면은 작업을 하지 않는다.
② 초벌부터 정벌까지 같은 색으로 도장해야 한다.
③ 강한 바람이 불 때는 먼지가 묻게 되므로 외부 공사를 하지 않는다.
④ 야간에는 색을 잘못 칠할 염려가 있으므로 칠하지 않는 것이 좋다.

5-2. 수직면으로 도장하였을 경우 도장 직후 또는 접촉건조 사이에 도막이 흘러내리는 현상을 방지하기 위한 대책과 가장 관계가 먼 것은?
① 희석량을 늘여 점도를 낮게 한다.
② 규정 도막을 유지한다.
③ 사전에 시험 도장을 하여 확인 후 도장한다.
④ airless 도장 시 팁 사이즈를 줄여 도료 토출량을 적게 하고 2차 압을 높인다.

[해설]

5-1
불투명한 도장은 초벌 도장, 재벌 도장, 정벌 도장의 각 층 색깔을 다른 색으로 칠하여, 몇 번째의 도장 도막인가를 판별할 수 있도록 한다.

5-2
희석량을 줄여 점도를 낮게 한다.

정답 **5-1** ② **5-2** ①

핵심이론 06 접착제(1)

(1) 접착제의 요구 성능
① 접착면을 잘 적실 수 있으며 유동성을 가질 것
② 경화 시 체적 수축 등에 의한 내부 변형을 일으키지 않을 것
③ 장기부하에 의해 크리프가 없을 것
④ 진동, 충격 등의 반복에 잘 견딜 것
⑤ 내수성·내알칼리성·내산성·내열성·내후성이 있을 것
⑥ 취급이 용이하고 독성이 없으며 값이 저렴할 것

(2) 단백질계 및 전분질계 접착제
① 카세인(casein)
  ㉠ 카세인은 우유(주원료) 중에 있는 단백질로 산을 가하면 분리된다.
  ㉡ 카세인에 소석회·소다염 등을 가하고 물로 잘 혼합하여 사용한다.
② 콩풀
  ㉠ 콩에서 콩기름을 추출한 후 잔류액을 가열하여 만든 탈지대두를 분말화한 것이다.
  ㉡ 탈지대두분말에 소석회, 가성소다액(18%), 규산소다, 황화탄소를 가하고 물로 혼합하여 사용한다.
③ 아교(알부민, albumin)
  ㉠ 가축의 혈액 중에 있는 알부민의 접착성을 이용한 것이다.
  ㉡ 알부민을 물에 용해한 후 암모니아수 또는 석회수를 소량 가하여 잘 혼합하여 사용한다.
④ 전분
  ㉠ 쌀, 밀, 감자, 고구마, 옥수수 등의 가루를 물에 타서 가열하여 풀로 만든 것이다.
  ㉡ 가정용 풀과 직물용 풀로 많이 쓰이나, 내수성이 없어 공업용 접착제로는 쓰이지 않는다.

(3) 합성수지계 접착제

① 에폭시수지 접착제
- ㉠ 액체 상태나 용융 상태의 수지에 경화제를 넣어 사용한다.
- ㉡ 내산성·내알칼리성 등이 우수하여 콘크리트, 항공기, 기계부품 등의 접착에 사용된다.
- ㉢ 기본 점성이 크며 내수성, 내약품성, 전기절연성이 모두 우수한 만능형 접착제이다.
- ㉣ 금속, 플라스틱, 도자기, 유리 등의 접합에 사용되며 내구력도 크다.
- ㉤ 접착할 때 압력을 가할 필요가 없다.
- ㉥ 피막이 다소 단단하고 유연성이 부족하며 값이 비싸다.

② 페놀수지 접착제
- ㉠ 페놀수지의 초기 축합물을 주성분으로 하고, 이것을 메탄올 또는 변성 알코올에 녹여서 경화제와 증량재(규조토, 목분 등)를 혼합하여 만든다.
- ㉡ 접착력, 내열성·내수성·내한성이 우수하다.
- ㉢ 주로 합판·목재제품 등의 접착에 사용된다.
- ㉣ 유리나 금속의 접착에는 적당하지 못하다.

③ 비닐수지 접착제
- ㉠ 초산비닐수지 또는 초산비닐-염화비닐 공중합체가 주성분이다.
- ㉡ 알코올이나 아세톤에 용해되는 용액형과 수중에서 수지가 현탁되는 에멀션형으로 나뉜다.
- ㉢ 값이 저렴하고 작업성이 좋으며, 다양한 종류를 접착할 수 있다.
- ㉣ 목재가구 및 창호, 종이 도배, 천 도배, 논슬립 등의 접착 등에 주로 사용된다.
- ㉤ 내열성·내수성이 떨어져 옥외 사용에는 적당하지 않다.

④ 요소수지 접착제
- ㉠ 요소와 폼알데하이드 초기 축합물을 탈수하여 축합한 것이다.
- ㉡ 농축형(진공증발시켜 수지분을 60% 정도로 만든 것)과 미농축형(40~50%의 수지분을 함유한 것)이 있다.
- ㉢ 냉압하면 포르말린 냄새가 난다.
- ㉣ 다른 접착제와 비교하여 내수성이 부족하고, 값이 저렴하다.
- ㉤ 목공용(목재 접합, 합판 제조 등)에 사용된다.

⑤ 멜라민수지 접착제
- ㉠ 멜라민수지와 폼알데하이드의 반응에 의하여 얻어진 액상 접착제이다.
- ㉡ 내수성·내열성 등이 좋고, 목재에 접착성이 우수하다(내수합판 등의 접착제).

⑥ 실리콘수지 접착제
- ㉠ 실리콘수지를 알코올, 벤졸 등에 녹여서 60% 정도의 농도로 만든 접착제이다.
- ㉡ 내수성이 높고 내열성·내화학성이 매우 우수하며 유리섬유판, 텍스, 피혁류 등에 접착의 용도로 쓰인다.

10년간 자주 출제된 문제

6-1. 합성수지계 접착제가 아닌 것은?
① 비닐수지   ② 에폭시
③ 요소수지   ④ 카세인

6-2. 액체 상태나 용융 상태의 수지에 경화제를 넣어 사용하며 내산성·내알칼리성 등이 우수하여 콘크리트, 항공기, 기계부품 등의 접착에 사용되는 만능형 접착제는?
① 멜라민계 접착제
② 에폭시계 접착제
③ 페놀계 접착제
④ 실리콘계 접착제

6-3. 각종 접착제에 대한 설명 중 옳지 않은 것은?
① 요소수지 접착제는 요소와 폼알데하이드를 사용하여 만들며 목공용에 적당하다.
② 멜라민수지 접착제는 내수성이 우수하여 금속, 고무, 유리 등에 사용한다.
③ 실리콘수지 접착제는 내수성이 대단히 크고 전기 전열성도 우수하여 유리섬유판, 가죽 등의 접합에 사용된다.
④ 에폭시수지 접착제는 내수성, 내약품성, 전기절연성이 모두 우수한 만능형 접착제이다.

[해설]

6-1
카세인 : 단백질계 접착제로 카세인에 소석회, 소다염 등을 가하고 물로 잘 혼합하여 사용한다.

6-3
멜라민수지 접착제 : 멜라민수지와 폼알데하이드의 반응에 의하여 얻어지는 액상 접착제로서, 내수성·내열성 등이 좋고 목재에 접착성이 우수하므로 내수합판 등의 접착제로 쓰인다.

정답 6-1 ④ 6-2 ② 6-3 ②

핵심이론 07 접착제(2)

(1) 아스팔트 접착제
① 아스팔트에 용제(납사·메틸벤젠·벤졸 등)를 가하고 광물질 분말을 첨가한 풀모양의 접착제로서 아스팔트 시멘트라고도 한다.
② 아스팔트 타일, 비닐 타일, 비닐 시트, 루핑, 펠트, 발포단열재 등의 접착제로 쓰인다.
③ 접착성이 우수하고 접착면이 유연하며, 내수성·내알칼리성 및 작업성이 좋다.
④ 화학약품에 대하여 인정하며, 다른 접착제에 비하여 값이 저렴하다.
⑤ 기온에 의한 점도변화가 커서 계절에 따라 점도를 조절해야 한다.
⑥ 내유성·내용제성이 적으며, 열에 의하여 연화한다는 결점이 있다.

(2) 실링재
① 실(seal)재란 퍼터, 코킹, 실런트의 총칭이다.
② 접착력이 크고 수밀성·기밀성이 풍부하다.
③ 건축물의 프리패브 공법, 커튼월 공법 등의 공장 생산화가 추진되면서 주목받기 시작한 재료이다.
④ 커튼월이나 프리패브재의 접합부, 새시 부착 등의 충전재로 가장 적당하다.
⑤ 용도에 따라 금속용, 콘크리트용, 유리용 등으로 구분한다.
⑥ 시공 계절은 춘추 이외에 하기용, 동기용으로 구분하기도 한다.
⑦ 실링재의 선택에서 가용시간 및 경화시간을 고려해야 한다.
⑧ 유동성에 따라 수직 부위 사용과 수평 부위 사용으로 분류할 수 있다.

(3) 퍼티와 코킹재

① **퍼티(putty)** : 도배지를 붙이는 바탕을 조정하기 위하여 사용하는 바탕조정제 중 하나로, 석고나 탄산칼륨을 주원료로 하고 바탕의 요철, 줄눈, 균열 또는 구멍 보수 등에 사용한다.

② **코킹재** : 코킹재는 부재의 접합부에 충전하여 접합부를 기밀하게 하는 재료이다. 즉, 창호 주위의 빗물막이 또는 각종 재료의 접합부, 줄눈, 익스팬션 조인트, 균열 보수재료로도 사용된다.

10년간 자주 출제된 문제

7-1. 퍼티, 코킹, 실런트 등의 총칭으로서, 건축물의 프리패브 공법, 커튼월 공법 등의 공장 생산화가 추진되면서 주목받기 시작한 재료는?

① 아스팔트재 ② 실링재
③ 셀프 레벨링재 ④ FRP보강재

7-2. 실링재에 대한 설명으로 틀린 것은?

① 용도에 따라 금속용, 콘크리트용, 유리용 등으로 구분한다.
② 시공 계절은 춘추 이외에 하기용, 동기용으로 구분하기도 한다.
③ 실링재의 선택에서 가용시간은 고려할 필요가 없다.
④ 유동성에 따라 수직 부위 사용과 수평 부위 사용으로 분류할 수 있다.

[해설]

7-1
실링재
- 퍼터·코킹·실런트의 총칭이다.
- 사용할 때 페이스트 상태로 유동성이 있는 상태이나, 공기 중에서는 시간이 경과함에 따라 탄성이 풍부한 고무상 고상체로 된다.
- 접착력이 크고 수밀성·기밀성이 풍부하여 충전재로 가장 적당한 재료이다.

7-2
가용시간 및 경화시간을 고려해야 한다.

정답 7-1 ② **7-2** ③

1-8. 미장공사

핵심이론 01 미장공사 조사·분석

(1) 미장재료의 분류

① **기경성** : 공기 중에서 경화하지만, 수중에서는 경화하지 않는 성질이다.
  ㉠ 진흙
  ㉡ 석회질 : 회반죽, 회사벽(석회죽 + 모래), 돌로마이트 플라스터(마그네시아 석회)

② **수경성** : 물과 반응하면 경화되고, 점차 강도가 커진다.
  ㉠ 석고질 : 석고 플라스터(순석고, 혼합석고), 킨즈 시멘트(경석고 플라스터)
    • 순석고 플라스터 : 순석고 + 모래 + 물로서 경화속도가 빠르며, 중성이다.
    • 혼합석고 플라스터 : 배합석고 + 모래 + 여물 + 물로서 경화속도는 보통이며, 약알칼리성이다.
    • 경석고 플라스터 : 무수석고 + 모래 + 여물 + 물로서 강도가 크고 수축균열이 거의 없다.
  ㉡ 시멘트 모르타르, 테라초바름, 인조석바름

③ **특수재료** : 리신바름, 러프코트, 모조석, 섬유벽, 아스팔트 모르타르, 마그네시아 시멘트

(2) 재료 구성에 따른 분류

① **결합재료**
  ㉠ 경화되어 바름벽에 필요한 강도를 발휘시키기 위한 재료로서, 바름벽의 기본 소재이다.
  ㉡ 종류 : 시멘트, 소석회, 돌로마이트 플라스터, 점토, 합성수지 등

② **보강재료**
  ㉠ 시공성, 균열, 탈락 방지를 위하여 사용되는 선상 또는 메시상의 재료이다.
  ㉡ 종류 : 여물, 수염, 풀, 종려잎 등

③ 부착재료
  ㉠ 바름벽 마감과 바탕재료를 붙이는 역할을 하는 재료이다.
  ㉡ 종류 : 못, 스테이플러, 커터 침 등
④ 혼화재료
  ㉠ 결합재료에 방수, 착화, 내화, 단열, 차음 등의 기능과 응결시간 단축 및 지연 등을 위해 첨가되는 재료이다.
  ㉡ 종류 : 방수제, 촉진제, 급결제, 응결조정제, 안료, 착색제, 방수제, 방동제 등

10년간 자주 출제된 문제

1-1. 수경성 미장재료에 해당되는 것은?
① 회반죽
② 돌로마이트 플라스터
③ 석고 플라스터
④ 회사벽

1-2. 다음 중 기경성 미장재료로 묶어 놓은 것은?
① 돌로마이트 플라스터, 테라초바름
② 테라초바름, 회반죽
③ 돌로마이트 플라스터, 회반죽
④ 석고 플라스터, 돌로마이트 플라스터

|해설|

1-1, 1-2
미장재료의 분류
- 기경성 : 진흙, 회반죽, 돌로마이트 플라스터(마그네시아 석회)
- 수경성 : 시멘트 모르타르, 인조석바름, 테라초 현장바름, 석고 플라스터, 무수석고(경석고) 플라스터
- 특수 재료 : 리신바름, 러프코트, 모조석, 섬유벽, 아스팔트 모르타르, 마그네시아 시멘트

정답 1-1 ③ 1-2 ③

핵심이론 02 소석회, 시멘트 모르타르의 특성

(1) 소석회의 특성
① 석회암을 900~1,200℃로 가열 소성하면 생석회가 되고, 이것에 물을 첨가하면 소석회가 된다.
② 회반죽, 회사벽, 대진벽(소석회와 점토에 여물을 첨가한 토벽)에 사용된다.
③ 소석회는 흙손에 의한 시공성을 개선하기 위해 풀재를 혼입하여 시공한다.
④ 석회바름은 건조할 경우 수축하지만, 소석고는 경화 시 오히려 팽창한다.

(2) 시멘트 모르타르
① 시멘트를 결합재로 하고 모래를 골재로 하여 이를 물과 혼합하여 사용하는 수경성 미장재료이다.
② 미장재료보다 내구성 및 강도가 커서 가장 많이 사용된다.
③ 시멘트 모르타르는 물과 화학반응을 일으켜 경화한다.
④ 종류

보통 모르타르	• 보통 시멘트 모르타르(일반용) : 시멘트, 모래 • 백시멘트 모르타르(치장용) : 백시멘트, 색소, 돌가루, 모래
방수 모르타르	• 액체방수 모르타르(간이방수용) : 시멘트, 염화칼슘, 물유리제 • 발수제 모르타르(간이방수용) : 시멘트, 지방산비누, 아스팔트계 • 규산질 모르타르(충진용) : 시멘트, 규산질광물 분말, 모래
특수 모르타르	• barite 모르타르(방사선 차단용) : 시멘트, barite 분말, 모래 • 질석 모르타르(경량 모르타르-블록제조용) : 시멘트, 질석 • 석면 모르타르(균열 방지용-슬레이트) : 시멘트, 석면, 모래 • 합성수지혼화 모르타르(경도, 치밀성, 광택, 특수치장용) : 시멘트, 합성수지, 모래

10년간 자주 출제된 문제

2-1. 석회석을 900~1,200℃로 소성하면 생성되는 것은?
① 돌로마이트 석회 ② 생석회
③ 회반죽 ④ 소석회

2-2. 미장재료의 종류와 특성에 대한 설명 중 틀린 것은?
① 시멘트 모르타르는 시멘트를 결합재로 하고 모래를 골재로 하여 이를 물과 혼합하여 사용하는 수경성 미장재료이다.
② 테라초 현장바름은 주로 바닥에 쓰이고 벽에는 공장제품 테라초판을 붙인다.
③ 소석회는 돌로마이트 플라스터에 비해 점성이 높고, 작업성이 좋기 때문에 풀을 필요로 하지 않는다.
④ 석고 플라스터는 경화·건조 시 치수안정성이 우수하며 내화성이 높다.

[해설]

2-1
석회석을 불에 가열하면 생석회가 되고, 생석회를 물에 넣으면 열이 발생하면서 소석회가 된다.

2-2
소석회는 흙손에 의한 시공성을 개선하기 위해 풀재를 혼입하여 시공하지만, 돌로마이트 플라스터는 풀재를 사용하지 않고 바름벽을 시공할 수 있다.

정답 2-1 ② 2-2 ③

핵심이론 03 석고 플라스터의 특성

(1) 석고 플라스터

① 석고를 주원료로 하는 결합재(돌로마이트 플라스터, 점토 등), 접착제(풀 등), 응결시간조절재(아교질재 등) 등을 혼합한 플라스터로서 벽, 천장 등의 미장재료이다.
② 물에 용해되는 성질이 있어 물을 사용하는 장소에는 부적합하다.
③ 화재발생 시 결정수를 방출(결합수가 분해)하여 열을 흡수(온도상승을 억제)하기 때문에 내화성이 있다.
④ 경화수축에 의한 균열을 방지하기 위하여 섬유재를 사용하지 않는다.
⑤ 경화속도가 빠르고, 건조 시 치수 안정성을 갖는다.
⑥ 수축균열의 위험이 적고, 경화되면서 팽창한다.
⑦ 응결시간이 길고, 응결경화에 의한 수축이 거의 없다(무수축).

(2) 경석고 플라스터(킨즈 시멘트)

① 무수석고에 약품처리를 한 것이다(무수석고 + 모래 + 여물 + 물).
② 강도, 경도가 크고 응결수축에 따른 수축과 균열이 거의 없다.
③ 건조경화가 빠르므로 동기(冬氣) 시공에 적당하다.
④ 다른 소석고와 혼합을 금지한다.
⑤ 흙손질이 용이하지만 철을 부식시키는 성질이 있어 미장 시 사전 방청처리를 해야 한다.
⑥ 석고계 플라스터 중 가장 경질이며, 벽바름재료뿐만 아니라 바닥바름재료로도 사용한다.
⑦ 점도가 커서 바르기 쉽고 매끈하게 마무리가 되며 광택이 있다.

10년간 자주 출제된 문제

3-1. 미장재료 중 무수축으로 경화되며 화재발생 시 결합수가 분해되어 열을 흡수하기 때문에 내화성을 나타내는 것은?
① 시멘트 모르타르
② 석고 플라스터
③ 돌로마이트 플라스터
④ 마그네시아 시멘트 바름

3-2. 석고계 플라스터 중 가장 경질이며 벽바름재료뿐만 아니라 바닥바름재료로도 사용되는 것은?
① 킨즈 시멘트
② 혼합석고 플라스터
③ 회반죽
④ 돌로마이트 플라스터

3-3. 다음 중 건조시간이 가장 빠른 미장재료는?
① 시멘트 모르타르
② 돌로마이트 플라스터
③ 경석고 플라스터
④ 회반죽

|해설|

3-1
석고 플라스터 : 화재발생 시 결정수를 방출(결합수가 분해)하여 열을 흡수(온도상승을 억제)하기 때문에 내화성이 있다.

3-2
킨즈 시멘트 : 경석고 플라스터라고도 하며, 점도가 커서 바르기 쉽고 매끈하게 마무리되며, 광택이 있어서 벽이나 마루에 바르는 재료로 쓰인다.

3-3
경석고 플라스터 : 건조경화가 빠르고 응결수축에 따른 수축이 거의 없다.

정답 3-1 ② 3-2 ① 3-3 ③

핵심이론 04 회반죽, 돌로마이트 플라스터의 특성

(1) 회반죽

① 소석회에 모래, 해초풀, 여물 등을 혼합하여 바르는 미장재료이다.
② 회반죽에 석고를 약간 혼합하면 수축균열을 방지할 수 있다.
③ 모래는 바름 두께가 클수록 많이 넣지만, 정벌용에는 넣지 않는다.
④ 해초풀은 접착력 증대를, 여물은 균열 방지를 위해 사용된다.
⑤ 다른 미장재료보다 경화건조에 의한 수축률이 크기 때문에 여물로서 균열을 분산, 경감시킨다.
⑥ 목조 바탕, 콘크리트 블록 및 벽돌 바탕 등에 바른다.

(2) 돌로마이트 플라스터

① 돌로마이트를 석회암과 같이 900~1,200℃에서 가열 소성한 후, 소화해서 돌로마이트 플라스터를 제조한다.
② 원칙적으로 풀 또는 여물을 사용하지 않고 물로 연화하여 사용한다.
③ 여물을 혼입하여도 건조 수축이 크기 때문에 수축균열이 발생한다.
  ※ 미장재료 중 수축률이 큰 순서 : 돌로마이트 플라스터 > 소석회 > 순수석고 플라스터
④ 풀이 필요하지 않아 변색, 냄새, 곰팡이가 없다.
⑤ 소석회에 비해 점성이 높고, 작업성이 좋다.
⑥ 다른 미장재료에 비해 비중이 큰 편이다.
⑦ 보수성이 크고 응결시간이 길어 바르기 좋다.
⑧ 회반죽에 비하여 조기강도 및 최종강도가 크고, 착색이 쉽다.
⑨ 공기 중의 탄산가스와 화학반응을 일으켜 경화한다.
⑩ 분말도가 미세한 것일수록 시공이 용이하고 마감이 아름다우며 균열의 발생도 적다.
⑪ 수중에서는 경화하지 않는 기경성 재료로, 습기와 접하는 곳의 마감 미장공사에는 적당하지 않다.

(3) 셀프 레벨링재

① 자체 유동성을 가지고 있어 평탄하게 되는 성질을 활용해 바닥공사용으로 사용된다.
② 시공 후 요철부는 연마기로 다듬고, 기포는 된비빔 석고로 보수한다.
③ 종류
  ㉠ 석고계 셀프 레벨링재 : 석고, 모래, 경화지연제 및 유동화제로 구성된다.
  ㉡ 시멘트계 셀프 레벨링재 : 포틀랜드 시멘트, 모래, 분산제 및 유동화제로 구성된다.

10년간 자주 출제된 문제

4-1. 다음 중 회반죽의 주요 배합과 재료로 가장 알맞은 것은?
① 생석회, 해초풀, 여물, 수염
② 소석회, 모래, 해초풀, 여물
③ 소석회, 돌가루, 해초풀, 수염
④ 돌가루, 모래, 해초풀, 여물

4-2. 다음 중 미장재료에 여물을 사용하는 가장 주된 이유는?
① 유성 페인트로 착색하기 위해서
② 점성을 높여주기 위해서
③ 표면의 경도를 높여주기 위해서
④ 균열을 방지하기 위해서

|해설|

4-1
회반죽은 소석회에 모래, 해초풀, 여물 등을 혼합하여 바르는 미장재료로서 목조 바탕, 콘크리트 블록 및 벽돌 바탕 등에 바른다.

4-2
여물은 바름 중에는 보수성을 향상시키고, 바름 후에는 건조에 따라 생기는 균열을 방지한다.

정답 4-1 ② 4-2 ④

핵심이론 05 시멘트 모르타르바름

(1) 재료

① 보통 포클랜드 시멘트 + 모래 + 소석회
② 시멘트와 모래에 시공성을 좋게 하기 위해 소석회를 혼합한다.
③ 시멘트와 모래를 혼합하고, 물을 부어서 잘 섞도록 하며, 비빔은 기계로 하는 것을 원칙으로 한다.

(2) 특징 및 시공

① 바름층별로 배합비를 달리하는 것이 좋다.
② 시멘트와 모래의 배합비는 1 : 1~1 : 3 정도이다.
③ 바탕에 가까울수록 부배합정벌에 가까울수록 빈배합이 원칙이다.
④ 부배합일수록 균열발생이 많다.
⑤ 1회 비빔량은 2시간 이내 사용할 수 있는 양으로 한다.
⑥ 초벌바름은 바탕면에 물축이기를 한 후 한다.
⑦ 초벌바름 또는 라스먹임은 2주일 이상 방치하여 바름면 또는 라스의 겹침 부분에서 생길 수 있는 균열이나 처짐 등 흠을 충분히 발생시킨 후 고름질하고 재벌바름한다.
⑧ 바닥은 1회(바름 두께 6mm), 벽 등은 2~3회 바른 후 마감한다.
⑨ 두껍게 바르는 것보다 얇게 여러 번 바르는 것이 좋다.
⑩ 순서는 위에서 아래로 바른다(천장 → 벽 → 바닥)

10년간 자주 출제된 문제

시멘트 모르타르 미장에 대한 설명으로 옳지 않은 것은?
① 바름층별로 배합비를 달리하는 것이 좋다.
② 시멘트와 모래의 배합비는 1 : 1~1 : 3 정도이다.
③ 잔모래를 많이 사용할수록 균열발생은 줄어든다.
④ 부배합(富配合)일수록 균열발생이 많다.

|해설|

잔모래보다는 굵은 모래가 좋지만, 적당히 잔모래가 섞여야 부착력을 높일 수 있다.

정답 ③

핵심이론 06 인조석바름, 테라초바름

(1) 인조석바름

① 모르타르로 바름 바탕을 한 위에 종석(화강석, 사문암, 석회석 등의 부순 돌)과 보통 포틀랜드 시멘트 또는 백색 포틀랜드 시멘트와 안료, 돌가루(석분) 등을 배합·반죽하여 바르고 씻어 내기, 갈기 또는 잔다듬 등으로 마무리하여 천연의 석재와 유사하게 만든 것이다.
 ※ 돌가루는 부배합의 시멘트가 건조수축할 때 생기는 균열을 방지하기 위해 혼입한다.
② 인조석바름 전에 모르타르를 바르고 그 위에 인조석바름으로 마감한다.
③ 인조석바름면은 다른 미장 마감면보다 수밀하고 내구성이 우수하다.
④ 외관이 좋을 뿐만 아니라 시공이 쉬워 바닥, 계단, 벽 등에 널리 쓰인다.
⑤ 안료는 물에 녹지 않고 내알칼리성이 있는 것을 사용한다.

(2) 테라초바름

① 테라초는 알이 크고 좋은 종석을 쓰고, 갈기 횟수를 늘려 갈아낸 인조석의 하나이다.
② 테라초에 사용하는 시멘트는 백색 시멘트만을 쓰고, 안료를 충분히 사용한다.
③ 종석은 대리석, 화강석 등으로 주로 대리석(여러 가지 색)을 부순 것을 많이 쓴다.
④ 마감은 최후에 청소하고 왁스로 광내기를 한다.
⑤ 테라초 현장바름은 주로 바닥에 쓰이고 벽에는 공장제품 테라초판을 붙인다.

10년간 자주 출제된 문제

6-1. 인조석바름의 반죽에 필요한 재료를 가장 옳게 나열한 것은?
① 백색 포틀랜드 시멘트, 종석, 강모래, 해초풀, 물
② 백색 포틀랜드 시멘트, 종석, 안료, 돌가루, 물
③ 백색 포틀랜드 시멘트, 강자갈, 강모래, 안료, 물
④ 백색 포트렌드 시멘트, 강자갈, 해초풀, 안료, 물

6-2. 다음 재료 중 천연석에 해당되지 않는 것은?
① 트래버틴　　② 대리석
③ 화강석　　　④ 테라초

해설

6-1
인조석바름
모르타르로 바름 바탕을 한 위에 종석(화강석, 사문암, 석회석 등의 부순 돌)과 보통 포틀랜드 시멘트 또는 백색 포틀랜드 시멘트와 안료, 돌가루(석분) 등을 배합·반죽하여 바르고 씻어 내기, 갈기 또는 잔다듬 등으로 마무리하여 천연의 석재와 유사하게 만든 것이다.

6-2
테라초는 대리석 파편에 백색 시멘트를 혼합하여 경화 후 표면을 갈아낸 인조석이다.

정답 6-1 ②　6-2 ④

핵심이론 07 섬유벽, 특수바름

(1) 섬유벽바름
① 섬유벽바름은 목면, 펄프, 인견 등의 합성섬유, 톱밥, 코르크분, 왕겨, 수목 껍질, 암면 등의 각종 섬유상의 재료를 접착제로 접합해서 벽에 바른 것을 말한다.
② 주원료는 섬유상 또는 입상물질과 이들의 혼합재이다.
③ 균열의 염려가 적고, 방음 및 단열성이 크며 현장작업이 용이하다.
④ 목질 섬유, 합성수지 섬유, 암면 등이 쓰인다.
⑤ 시공이 용이하기 때문에 기존 벽에 덧칠하기도 한다.

(2) 특수재료 바름
① 리신바름(lithin coat) : 돌로마이트에 화강석 부스러기, 색 모래, 안료 등을 섞어 정벌바름하고 충분히 굳지 않은 때에 표면에 거친 솔, 얼레 빗 같은 것으로 긁어 거친 면으로 마무리하는 것으로 일종의 인조석바름이다.
② 러프코트(rough coat) : 시멘트, 모래, 잔자갈, 안료 등을 섞어 이긴 것을 바탕바름이 마르기 전에 뿌려 붙이거나 또는 바르는 것으로 거친바름 또는 거친면 마무리라고도 한다.
③ 모조석(imitation stone) : 백색 시멘트와 종석, 안료를 혼합하여 천연석과 유사한 외관을 가진 인조석으로 만든 것으로서 의석 또는 캐스트 스톤(cast stone)이라고도 한다.

10년간 자주 출제된 문제

7-1. 섬유벽바름에 대한 설명으로 틀린 것은?
① 주원료는 섬유상 또는 입상물질과 이들의 혼합재이다.
② 균열 발생은 크나, 내구성이 우수하다.
③ 목질 섬유, 합성수지 섬유, 암면 등이 쓰인다.
④ 시공이 용이하기 때문에 기존 벽에 덧칠하기도 한다.

7-2. 백색 시멘트와 종석, 안료를 혼합하여 천연석과 유사한 외관을 가진 인조석으로 만든 것으로서 의석 또는 캐스트 스톤(cast stone)이라고도 하는 것은?
① 모조석(imitation stone)
② 리신바름(lithin coat)
③ 러프코트(rough coat)
④ 인조석바름

7-3. 다음 중 미장공사에서 바탕청소를 하는 가장 주된 목적은?
① 바름층의 경화 및 건조 촉진
② 바탕층의 강도 증진
③ 바름층과의 접착력 향상
④ 바름층의 강도 증진

해설

7-1
균열의 염려가 적고, 방음 및 단열성이 크며 현장작업이 용이하다.

7-3
바탕면의 오염물은 도막의 접착력을 저하시키는 원인이 되므로 깨끗이 청소해야 한다.

정답 7-1 ② 7-2 ① 7-3 ③

1-9. 수장공사

핵심이론 01 수장공사 조사·분석

(1) 수장공사의 개념
① 외부 마감재를 사용하여 바닥, 벽, 천장을 아름답게 꾸미는 공정이다.
② 재료의 종류와 재질, 두께 시공방법이 다양하므로 설계도서 내용을 정확히 파악하고 수량을 산출한다.
③ 건물 준공 후에 직접 외부로 나타나는 부분이기 때문에 재료 선정 및 공법 적용을 신중하게 계획해야 한다.

(2) 수장공사의 종류
① 바탕공사 : 내·외장재료를 붙여대는 바탕의 재료에 따라 공법이 구분되며 주로 사용되는 자재는 목재, 미장, 콘크리트, 조적, 금속 바탕 등이 있다.
② 바닥공사 : 건물 바닥에 사용되는 재료 및 공법에 따라 목재 플로어링 공사, 카펫 공사, 이중바닥공사, 타일공사 등이 있다.
③ 벽공사 : 건물 내부 벽 마감을 설치하는 공사이며, 사용되는 재료 및 공법에 따라 목질계(합판 또는 섬유판 등), 무기질계(목모 보드, 섬유강화 시멘트판, 석고보드 등), 금속판계로 구분된다.
④ 천장공사 : 사용되는 재료 및 공법에 따라 목질계, 무기질계, 금속판계, 시스템 천장, 합성고분자계 등으로 분류된다.
⑤ 도배공사 : 종이, 천 및 합성수지 시트계 등을 벽, 천장, 바닥, 창호 등에 풀 또는 접착제를 사용하여 붙이는 작업을 말한다.
⑥ 커튼 및 블라인드 공사
  ㉠ 소방법에 의해 방염·방화대상물에 사용하는 경우에는 방염인증을 받은 제품을 사용해야 한다.
  ㉡ 커튼 공사, 블라인드 공사, 암막공사 등이 있다.

10년간 자주 출제된 문제

다음 중 수장공사의 종류에 해당하지 않는 것은?
① 바탕공사
② 바닥공사
③ 도배공사
④ 도장공사

정답 ④

핵심이론 02 벽공사

(1) 벽공사 개요
① 건물 내부 벽 마감을 설치하는 공사이다.
② 사용되는 재료 및 공법에 따른 분류
  ㉠ 목질계 : 합판 또는 섬유판 등 목재를 못, 나사, 스테이플러 등을 이용하여 고정하며 초산비닐수지계 또는 합성고무계 접착제 등을 사용한다.
  ㉡ 무기질계 : 목모 보드, 섬유강화 시멘트판, 석고보드 등을 사용하며 못, 나사, 스테이플러 또는 초산비닐계나 석고보드의 경우 에폭시수지계 접착제를 사용한다.
  ㉢ 금속판계 : 나사, 볼트류를 사용하여 금속판을 고정하며 부착 철물은 아연도금, 유니크롬 처리된 강제 사용을 표준으로 한다.
③ 벽체재료
  ㉠ 외벽
  - 시멘트 모르타르바름 : 회반죽바름, 금속판 붙임, 돌 붙임, 타일 붙임 등
  - 조립식 패널
  ㉡ 내벽
  - 코펜하겐 리브, 경량 칸막이
  - 석고 플라스터, 돌로마이트, 인조석, 시멘트 모르타르, 테라초바름
  - 합판, 섬유판, 목모판, 합성수지재료 판 붙임 등

10년간 자주 출제된 문제

벽공사에 사용되는 무기질계 재료에 속하지 않은 것은?
① 섬유강화 시멘트판   ② 석고보드
③ 합판   ④ 목모 보드

[해설]
합판은 목질계 재료이다.

정답 ③

핵심이론 03 반자 시공

(1) 반자의 개념
① 반자란 방이나 마루의 천장을 가리어 만든 구조물이다.
② 사용재료와 구조에 따라 구성반자, 우물반자, 널반자, 바름반자 등으로 나뉜다.

(2) 반자의 종류
① 구성반자
  ㉠ 반자에 장식 및 음향효과를 주기 위해 응접실이나 거실 등의 구석이나 중앙의 일부를 약간 높이거나 낮게 하여 층단으로 하거나, 주위 벽에서 떼어 내어 구성하는 반자이다.
  ㉡ 조명장치를 반자에 은폐하여 간접조명으로 설치한다.
② 우물반자(격자반자) : 틀을 '井'자 모양으로 짜고, 네모진 구멍에 넓은 널빤지를 덮은 반자이다.
③ 널반자(치받이 널반자) : 반자틀 밑에 널을 치켜 올려 못 박아 붙여 댄 반자이다.
④ 건축판반자 : 합판이나 석고보드 등의 건축판을 사용한 반자로, 표면이 치장된 건축판을 사용했을 경우 그대로 마감면이 된다.
⑤ 바름반자 : 반자틀에 졸대를 7.5mm 간격으로 못을 받아 대고 그 위에 수염을 설치한 후 회반죽, 플라스터, 모르타르 등을 발라 마감한 것이다.
⑥ 층단반자 : 일부의 천장을 층이 지게 가장 자리를 낮추거나 높이 꾸민 반자이다.

(3) 목재반자의 구성
① 달대받이 : 반자의 달대를 받는 수평 부재로 평보 또는 층보에 통나무를 90cm 간격으로 걸쳐 댄다.

② 달대 : 달대받이와 반자틀을 연결하는 것으로, 각재 (4.5cm)를 120cm 간격으로 상부는 달대받이에 하부는 반자틀에 주먹턱 맞춤을 한다.
③ 반자틀받이 : 4.5cm 각재를 90cm 간격으로 배치하여 달대에 고정한다.
④ 반자틀(반자대) : 천장을 막아 반자널이나 판을 붙이는 틀로, 4.5cm 각재를 45cm 간격으로 반자틀받이에 못 박아 댄다.
⑤ 반자돌림대(반자돌림띠) : 벽과 반자가 맞닿는 곳에 마무리와 장식을 겸한다.
※ 반자틀의 구성 순서 : 달대받이 → 달대 → 반자틀받이 → 반자틀 → 반자돌림대

10년간 자주 출제된 문제

3-1. 목조반자름에서 달대의 윗부분은 다음 중 어느 부재에 달아매어야 하는가?
① 인서트 ② 바닥틀
③ 달대받이 ④ 장선

3-2. 다음 중 목조반자틀의 구성 부재가 아닌 것은?
① 달대 ② 달대받이
③ 졸대 ④ 반자틀받이

[해설]
3-1
달대를 만들기 위해 보 등에 걸치는 재를 달대받이라 한다.
3-2
졸대는 벽, 천장 등의 미장 바탕으로 쓰이는 얇고 가는 나무오리를 말한다.

정답 3-1 ③ 3-2 ③

1-10. 합성수지공사

핵심이론 01 합성수지 조사·분석

(1) 합성수지의 특징

① 장점
㉠ 비중이 0.9~2.0으로 철이나 콘크리트보다 가볍다.
㉡ 강도(압축강도 > 인장강도)가 크고 구조물의 경량화가 가능하다.
㉢ 가소성·가공성이 좋아 복잡한 모양으로 성형이 가능하다.
㉣ 전성, 연성이 크고 피막이 강하며 광택이 우수하다.
㉤ 흡수성과 투수성이 없어 방수 피막제로 사용된다.
㉥ 내산, 내알칼리 등의 내화학성이 우수하다.
㉦ 탄력성이 크고 마모가 적어 바닥 타일, 바닥 시트 등의 마감재로 사용된다.
㉧ 다른 재료와의 부착성이 좋아 접착제, 실링재로 널리 사용된다.
㉨ 착색이 자유롭고 높은 투명도를 갖는다.

② 단점
㉠ 열에 의한 팽창 및 수축이 크다.
㉡ 탄성계수가 강재보다 작고(철의 1/20 이하), 변형이 크다.
㉢ 내열성·내화성이 적고, 비교적 저온에서 연화·연질된다.
㉣ 자외선에 의하여 열화현상 및 햇빛 또는 빗물에 변색되는 등 내후성이 약하다.
㉤ 연소 시 유독가스가 발생한다.

(2) 합성수지의 분류

① 열가소성 수지
㉠ 성형 후 열이나 용제를 가하면 소성변형하고, 냉각하면 고결하는 고체상의 고분자 물질로 구성된 수지(중합반응)이다.

ⓒ 유기용제로 녹일 수 있다.
ⓒ 1차원적인 선상구조를 갖는다.
ⓔ 가열하면 분자결합이 감소하여 부드러워지고, 냉각하면 단단해진다.
ⓜ 종류 : 폴리에틸렌수지, 폴리프로필렌수지, 폴리스티렌수지, 폴리염화비닐수지, 아크릴수지, 불소수지, 폴리아미드수지(나일론, 아라미드), 아세탈수지 등

② 열경화성 수지
  ㉠ 성형 후 열이나 용제를 가해도 형태가 변하지 않는, 비교적 저분자 물질로 구성된 수지(축합반응)이다.
  ㉡ 종류 : 페놀수지, 멜라민수지, 불포화폴리에스테르수지, 에폭시수지, 우레아(요소)수지, 실리콘수지, 푸란수지, 폴리에스테르수지 등

③ 유리섬유 강화플라스틱(FRP ; Fiberglass Reinforced Plastic)
  ㉠ 최근 가장 많이 쓰이는 플라스틱재료로, 강도가 약한 플라스틱에 강화제인 유리섬유를 넣어 성질을 개량한 플라스틱이다.
  ㉡ 벤치, 미끄럼대의 미끄럼판, 인공 폭포, 인공암, 화분대, 수목보호판 등에 사용된다.

10년간 자주 출제된 문제

1-1. 건축재료로서 사용되는 합성수지의 일반적인 특성으로 옳은 것은?
① 흡수성과 투수성이 적다.
② 내열성, 내화성이 크다.
③ 강성이 크고 탄성계수가 강재보다 크다.
④ 마모가 크고 탄력성이 작다.

1-2. 열가소성 수지에 대한 설명으로 옳지 않은 것은?
① 축합반응으로부터 얻어진다.
② 유기용제로 녹일 수 있다.
③ 1차원적인 선상구조를 갖는다.
④ 가열하면 분자결합이 감소하여 부드러워지고 냉각하면 단단해진다.

1-3. 유리섬유로 보강하여 FRP(Fiber Reinforced Plastics)를 만드는 데 이용되는 수지는?
① 폴리염화비닐수지
② 폴리카보네이트
③ 폴리에틸렌수지
④ 불포화 폴리에스테르수지

[해설]
1-1
② 내열성·내화성이 적고, 비교적 저온에서 연화·연질된다.
③ 강성 및 탄성계수가 작아 구조재로는 사용하기 곤란하다.
④ 마모가 적고 탄력성이 크다.

1-2
중합반응은 대체적으로 열가소성 수지를 만들고, 축합반응은 열경화성 수지를 만든다.

1-3
섬유강화 플라스틱(FRP) : 불포화 폴리에스테르수지와 유리 섬유를 혼합하여 만든 복합재료이다.

정답 1-1 ① 1-2 ① 1-3 ④

핵심이론 02 열가소성 수지의 종류와 특징

(1) 폴리에틸렌수지
① 내열성, 내약품성, 전기절연성이 우수하다.
② 건축용 방수재료로 이용되어 내화학성의 파이프로도 쓰이지만, 도료로서의 사용은 곤란하다.
③ 상온에서 유백색의 탄성이 있는 열가소성 수지로서, 얇은 시트로 이용된다.

(2) 염화비닐수지
① 강도, 내약품성, 전기절연성이 우수하다.
② 내수성이 부족하며, 유기용제에 잘 녹지 않는다.
③ 가소제에 의하여 유연한 고무형태가 가능하다.
④ 타일, 시트, 파이프, 튜브, 물받이통, 접착제, 도료 등에 사용된다.

(3) 초산비닐수지
① 무색투명하고 접착성, 유연성, 내후성이 양호하나 내열성이 약하다.
② 유기용제에 의해 용해될 수 있고, 내수성은 약하다.
③ 목재, 도기, 플라스틱 등의 접착제와 도료로 사용된다.

(4) 폴리스티렌수지
① 무색투명하고 내수성, 내약품성, 전기절연성이 양호하다.
② 발포제로서 보드상으로 성형하여 단열재로 사용된다.
③ 건축벽 타일, 천장재, 전기용품, 냉장고 내부 상자 등에 사용된다.

(5) 아크릴수지
① 투명성, 착색성이 우수하며 표면의 손상이 쉽고 열에 약하다.
② 무색투명판은 광선이나 자외선의 투과성이 크고 내후성, 내약품성이 우수하다.
③ 착색이 자유롭고, 내충격 강도가 무기유리의 10배 정도이다.
④ 평판, 골판 등의 각종 형태의 성형품으로 만들어 채광판, 도어판, 칸막이 벽 등에 쓰인다.

(6) 불소수지
① 250℃ 고온에서도 연속 사용이 가능하며, -100℃에서도 성질변화가 없다.
② 부식 약품이나 유기용제, 각종 파이프, 튜브, 패킹에 사용된다.

(7) 비닐아세탈수지
① 무색투명하고 밀착성이 양호하다.
② 안전유리, 접착제, 도료에 사용된다.

(8) 메타크릴수지
① 무색투명하며 내약품성이 크다.
② 투명도가 극히 높으며 항공기의 방풍유리나 조명기구, 도료, 접착제로 사용된다.

(9) 폴리아미드수지
① 엔지니어링 플라스틱 중의 하나로 나일론수지라고도 한다.
② 강인하고 내마모성이 크다.
③ 알루미늄 새시나 도어 체크, 또는 커튼 롤러 등에 사용된다.

10년간 자주 출제된 문제

2-1. 열가소성 수지로서 두께가 얇은 시트를 만들어 건축용 방수재료로 이용되어 내화학성의 파이프로도 활용되는 것은?
① 폴리스티렌수지 ② 폴리에틸렌수지
③ 폴리우레탄수지 ④ 요소수지

2-2. 플라스틱재료와 그 용도와의 관계로 옳은 것은?
① 염화비닐수지 – 조명기구, 천창
② 폴리에틸렌수지 – 실내 바닥재, 천창
③ 아크릴수지 – 파이프, 수도관
④ 폴리스티렌수지 – 단열재, 방진포장재

2-3. 투명성, 착색성, 내후성이 우수하며 표면의 손상이 쉽고 열에 약한 합성수지는?
① 아크릴수지 ② 폴리스티렌수지
③ 초산비닐수지 ④ 폴리에틸렌수지

[해설]

2-2
① 염화비닐수지 – 도료 및 접착제
② 폴리에틸렌수지 – 건축용 방수재료
③ 아크릴수지 – 도어판, 칸막이 벽

2-3
아크릴수지
투명도가 높아 유기유리라고도 불리며, 착색이 자유롭고 내충격 강도가 크며 채광판, 도어판, 칸막이 벽 제조에 적합한 열가소성 수지이다.

정답 2-1 ② 2-2 ④ 2-3 ①

핵심이론 03 열경화성 수지의 종류와 특징

(1) 페놀수지
① 석탄산과 포르말린의 축합반응에 의하여 얻어지는 합성수지이다.
② 내알칼리성은 약하나 전기절연성, 내열성, 내수성이 우수하다.
③ 덕트, 파이프, 도료, 접착제, 배전판 등에 사용된다.

(2) 요소(우레아)수지
① 무색으로 착색이 자유롭다.
② 내수합판의 접착제로 널리 사용되며 도료, 마감재, 장식재로 쓰인다.

(3) 멜라민수지
① 표면 경도가 크고 아름다운 광택을 지녔으며, 외관이 미려하다.
② 내열성, 전기절연성이 우수하다.
③ 무색투명하며 착색이 자유롭다.
④ 마감재, 전기부품, 판재류, 식기류, 전화기 등에 쓰인다.

(4) 불포화 폴리에스테르수지
① 강화플라스틱(FRP)의 재료로서 전기절연성, 내열성, 내약품성이 뛰어나다.
② 내열성은 염화비닐보다 높아, 충분히 가열된 열탕에도 견딘다.
③ 유리섬유로 보강하면 강철과 유사한 강도를 나타낸다.
④ 유리섬유로 강화된 평판 또는 판상제품, 욕조 물탱크, 레진 콘크리트용 수지, 도료, 접착제 등에 사용된다.

(5) 알키드수지

① 프탈산과 글리세린수지를 변성시킨 포화폴리에스테르수지이다.
② 내구성, 내후성, 접착성, 광택 및 색조 유지성이 우수하다.
③ 페인트, 바니시, 래커 등의 도료나 접착제 등으로 사용된다.

(6) 에폭시수지

① 금속과의 접착성, 내수성, 내약품성과 내열성, 전기절연성, 내알칼리성이 우수하다.
② 열을 가하면 경화하며, 경화 시 휘발성이 없으므로 용적 감소가 적다.
③ 금속 도료 및 접착제, 콘크리트 균열 보수제 등으로 사용된다.

(7) 폴리우레탄수지

① 탄력성, 내마모성, 전기절연성이 우수하다.
② 도막 방수재와 실링재, 보온재나 쿠션재로 사용된다.

(8) 실리콘수지

① 탄력성, 내수성 등이 우수하기 때문에 주로 접착제, 도료로 사용된다.
② 내열성, 내한성이 우수하여 -60~260℃의 범위에서 안정하다.
③ 발수성, 내약품성, 내후성이 좋으며 전기절연성이 우수하다.
④ 방수재료, 개스킷, 패킹, 전기절연재, 기타 성형품의 원료로 이용된다.

10년간 자주 출제된 문제

3-1. FRP, 욕조, 물탱크 등에 사용되는 내후성과 내약품성이 뛰어난 열경화성 수지는?

① 불소수지
② 불포화 폴리에스테르수지
③ 초산비닐수지
④ 폴리우레탄수지

3-2. 주용도가 도료로 사용되는 합성수지를 옳게 고른 것은?

① 셀룰로스수지, 요소수지
② 알키드수지, 요소수지
③ 알키드수지, 셀룰로스수지
④ 셀룰로스수지, 에틸섬유소수지

3-3. 금속과의 접착성이 크고 내약품성과 내열성이 우수하여 금속 도료 및 접착제, 콘크리트 균열 보수제 등으로 사용되는 열경화성 수지는?

① 에폭시수지
② 아크릴수지
③ 염화비닐수지
④ 폴리에틸렌수지

[해설]

3-1
불포화 폴리에스테르수지 : 강화플라스틱(FRP)의 재료로서 전기절연성, 내열성, 내약품성이 뛰어나며 레진 콘크리트용 수지, 도료, 접착제 등에 사용되는 수지이다.

3-2
도료로 사용되는 합성수지로는 열경화성 수지로 페놀수지, 요소수지, 멜라민수지, 알키드수지, 셀룰로스수지, 에폭시수지규소수지 등이 있으나 알키드수지, 셀룰로스수지가 주로 사용된다.

3-3
에폭시수지 : 내약품성이 크고 접착력과 내열성이 커서 고가이며, 구조용 경금속 접착제 및 도료로 사용된다.

정답 3-1 ② 3-2 ③ 3-3 ①

제2절 실내디자인 시공관리

2-1. 공정계획 관리

핵심이론 01 설계도 해석·분석

(1) 설계, 시공 프로세스

① 설계 프로세스
  ㉠ 계획설계 : 프로젝트 기획 및 분석과정에서 검토된 내용을 근거로 프로젝트 취지, 목적, 용도, 기능과 사용자의 요구사항에 적합한 디자인 주제를 추출하고 공간 환경의 기본계획을 진행하는 단계이다.
  ㉡ 기본설계 : 선정된 아이디어를 토대로 필요한 요소들의 크기와 형태를 지정하고 종합하여 기능, 동선, 공간, 규모, 형태, 구조, 재료, 색채 등 종합적인 계획 방침을 수립하고 구체적인 기본 도면(배치, 평면, 입면, 단면)을 작성하는 단계이다.
  ㉢ 실시설계 : 기본설계 내용의 기준과 다양한 관련 분야의 계획을 종합하여 도면을 작성하고 재료의 종류와 특성, 시공방법을 함께 표현하며, 도면으로 표현하기 어려운 내용과 필요한 내용을 구체적으로 제시한 시방서와 이에 관련한 공사비 내역을 산출하는 단계이다.

② 시공 프로세스 : 공사 준비, 가설공사, 구조체 공사, 방수·방습공사, 창호공사, 타일·도장·도배·바닥 공사, 청소의 순으로 진행한다.

(2) 설계도서의 이해

① 설계도서란 건축물의 건축 등에 관한 공사용의 도면, 구조 계산서, 시방서, 그 밖에 국토교통부령으로 정하는 공사에 필요한 서류를 말한다(건축법 제2조 제1항).
② 국토교통부령으로 정하는 공사에 필요한 서류
  ㉠ 건축설비계산 관계 서류
  ㉡ 토질 및 지질 관계 서류
  ㉢ 기타 공사에 필요한 서류

(3) 건축허가 신청 서류

① 허가 신청서
② 건축할 대지의 범위, 대지 소유 또는 사용에 관한 권리 증명 서류
③ 기본설계도서
  ㉠ 제출도서 : 건축계획서, 배치도, 평·입·단면도, 구조도, 구조계산서, 소방설비도
  ㉡ 표준설계도서는 건축계획서·배치도에 한하여 제출
④ 사전결정서(사전결정서를 받은 경우만 해당)
⑤ 결합건축협정서(해당 사항이 있는 경우로 한정)

10년간 자주 출제된 문제

1-1. 건축허가 신청에 필요한 설계도서에 속하지 않는 것은?
① 조감도
② 배치도
③ 건축계획서
④ 소방설비도

1-2. 건축허가 신청에 필요한 설계도서 중 건축계획서에 표시해야 할 사항에 속하지 않는 것은?
① 주차장 규모
② 건축물의 층수
③ 건축물의 용도별 면적
④ 공개공지 및 조경계획

[해설]

1-1
조감도는 포함되지 않는다.

1-2
공개공지 및 조경계획은 배치도에 표시해야 할 사항이다.

정답 1-1 ① 1-2 ④

핵심이론 02 소요예산 계획

(1) 실행예산 계획 수립
① 실행예산의 개념
  ㉠ 공사 실행에 필요한 공사 수량을 정밀히 예상하고 재료 및 인건비의 실시원가를 기입하여 공사원가를 산출하는 예산서이다.
  ㉡ 정확하게 검토하여 공사항목별로 편성하고 적절한 회사의 이윤을 고려하여 도급금액 내에서 양질의 실내 공간이 완성될 수 있도록 계획을 수립한다.
② 실행예산의 목적
  ㉠ 원가 절감을 목적으로 시공현장의 환경 및 여건을 고려하여 최적의 공사비로 재구성한다.
  ㉡ 유사한 사례의 공사 경험과 비교하여 다음에 실행하게 될 공사에 활용한다.

(2) 실행예산의 종류
① 가실행예산
  ㉠ 수급공사의 입찰 또는 자체 공사의 계획수립을 위하여 실행예산을 수립하는 근거가 된다.
  ㉡ 초기공사, 도면, 내역서 미확정 등 기타 타당하다고 인정되는 사유로 인하여 실행예산 편성 이전에 사전공사 집행이 불가피한 경우, 가실행예산 범위 내에서 예산을 편성하여 실행한다.
② 실행예산 : 공사계약 후 해당 공사의 현장 여건 및 사전조사 등을 분석한 후, 공사 수행을 위하여 세부적으로 작성한다.
③ 변경예산 : 공사 수행 중 설계 변경이나 기타 사유로 인하여 금액, 물량, 시공방법 및 기간 등이 변경되는 경우에 작성한다.

(3) 공시원가 구성요소
① 직접공사비
  ㉠ 실내 공사 시공을 위해 공사에 직접 투입되는 비용이다.
  ㉡ 자재비, 노무비(임금, 급료, 잡급, 상여 수당), 외주비, 경비(건설공사 시 자재, 노무, 외주비를 제외한 비용) 등
② 간접공사비
  ㉠ 실내 공사 시공을 위한 간접 투입되는 비용으로 현장운영경비라고도 한다.
  ㉡ 각종 보험료 및 퇴직공제부금, 안전관리비, 환경보전비, 하도급 보증 수수료, 공사이행 보증 수수료 등
③ 일반관리비
  ㉠ 일반관리비는 기업의 유지・관리 활동에 소요되는 제비용으로 공사원가에는 포함하지 않는다.
  ㉡ 본사관리비, 영업비 등

10년간 자주 출제된 문제

2-1. 다음 중 건설공사 경비에 포함되지 않는 것은?
① 외주 제작비   ② 현장관리비
③ 교통비   ④ 업무 추진비

2-2. 다음 공종 중 건설현장의 공사비 절감을 위해 집중분석해야 하는 공종이 아닌 것은?

A. 공사비 금액이 큰 공종
B. 단가가 높은 공종
C. 시행 실적이 많은 공종
D. 지하공사 등의 어려움이 많은 공종

① A   ② B
③ C   ④ D

|해설|

2-1
외주 제작비는 직접공사비에 포함된다.

2-2
시행 실적이 많은 공종은 많은 자료로 인해 공사비 절감에는 한계가 있다.

정답 2-1 ① 2-2 ③

핵심이론 03 공정계획서(1) : 실내건축 시공방식

(1) 직영공사
① 시공계획을 세워 직접 재료를 구입하고, 인력과 장비를 동원해 모든 공사를 건축주의 책임으로 진행하는 공사 방식이다.
② 도급공사에서의 입찰 또는 계약의 번잡한 절차가 필요 없다.
③ 공사관리가 잘 이루어질 경우 공사비를 절감할 수 있다.
④ 시공관리 능력이 부족한 경우 장비 투입의 비경제성, 공사비 증대와 공사기간이 늘어날 수 있다.

(2) 도급공사
도급계약은 도급자가 도면, 구조계산서, 시방서, 계약서 및 공사도급 규정에 따라 공사를 완성할 것을 약정하고 건축주가 공사 결과에 대하여 공사비를 지급할 것을 약속함으로서 계약이 성립된다.

① **공사 실시방식에 따른 분류**
  ㉠ 일식도급(총괄도급)
    - 건축공사 전체를 하나의 도급자에게 도급시키는 방식이다.
    - 계약과 감독이 간편하고, 시행자의 업무 부담이 비교적 적다.
    - 가설재의 중복이 없어 공사비가 절감된다.
    - 책임한계가 확실하며, 공사관리가 용이하다.
  ㉡ 분할도급 : 공사를 공종별, 공정별, 직종별로 구분하여, 각자 도급을 선정하고 전문업자에게 도급계약을 맺는 방식이다.
  ㉢ 공동도급
    - 대규모 공사에서 2개 이상의 도급자가 임시로 결합하여 공사를 완성하고 해산하는 방법이다.
    - 공사 도급 경쟁이 완화된다.
    - 위험성의 분산 및 시공이 확실하다.
    - 공사비, 기술 확충, 융자력과 신용도가 증대된다.
    - 구성원 간의 이해 충돌이 발생한다.

② **공사비 지불방식에 따른 분류**
  ㉠ 정액도급
    - 공사비 총액을 확정하여 계약하는 방식이다.
    - 공사관리가 간편하며, 자금·공사계획 등의 수립이 명확하다.
    - 공사가 조악해질 우려가 있으며, 장기 공사나 전례가 없는 공사에는 적당하지 않다.
  ㉡ 단가도급
    - 단가만을 확정하고 공사가 완료되면 실시 수량의 확정에 따라 정산하는 방식이다.
    - 공사의 신속한 착공, 설계 변경에 의한 수량 증감의 계산이 용이하다.
    - 자재, 노무비를 절감하려는 의욕이 저하될 수 있다.
  ㉢ 실비정산 보수가산도급
    - 공사의 실비를 확인·정산하고 미리 정한 보수율에 따라 그 보수액을 지불하는 방법이다.
    - 가장 정확하고 양심적인 공사를 할 수 있다.
    - 공사비를 절감하려는 노력이 없고, 공사 기일이 연장된다.

③ **턴키도급**
  ㉠ 건설업자가 대상 계획의 기업, 금융, 토지조달, 설계, 시공, 기계기구 설치, 시운전까지 주문자가 필요로 하는 모든 것을 조달하여 주문자에게 인도하는 도급계약 방식이다.
  ㉡ 동일 설계자 및 시공자로서 의사소통이 원활하다.
  ㉢ 책임 시공과 공사기간 단축 및 공사비 절감이 가능하다.
  ㉣ 건축주의 건설 의도 반영이 어려울 수 있다.
  ㉤ 공사비에 대한 사전 파악이 어렵다.
  ㉥ 대규모 건설사에 유리하다.

> **10년간 자주 출제된 문제**
>
> 도급공사는 공사 실시방식에 따른 분류와 공사비 지불방식에 따른 분류로 구분할 수 있다. 다음 중 공사 실시방식에 따른 분류에 해당하는 것은?
> ① 분할도급
> ② 정액도급
> ③ 단가도급
> ④ 실비청산 보수가산도급
>
> **[해설]**
> **도급공사**
> - 공사 실시방식에 따른 분류 : 일식도급, 분할도급, 공동도급
> - 공사비 지불방식에 따른 분류 : 정액도급, 단가도급, 실비청산(정산) 보수가산도급
>
> **정답** ①

핵심이론 04 공정계획서(2) : 시공자의 선정방법

(1) 시공자 선정방법의 개요
① 공사의 실시방법이 도급방법인 경우에는 일반적으로 공개경쟁입찰을 실시하여 시공자를 선정한다.
② 특별한 경우에는 경쟁입찰이 아닌 수의계약으로 처리할 수 있다.

(2) 시공자의 선정방법
① **수의계약** : 예정가격을 비공개로 하고 견적서를 제출하여 입찰에 단독으로 참가하는 방식이다.
② **경쟁입찰방식**
　㉠ 일반경쟁입찰(공개경쟁입찰)
　　• 다수의 희망자가 경쟁에 참가하여 가장 유리한 조건을 제시한 자를 선정하는 방식이다.
　　• 담합의 우려가 적고, 입찰자 선정이 공정하다.
　　• 공사비가 절감된다.
　　• 과다경쟁으로 업계의 건전한 발전을 저해할 수 있다.
　㉡ 지명경쟁입찰
　　• 건축주가 공사에 적합한 3~7개 회사를 선정 후 입찰시키는 방법이다.
　　• 시공상의 신뢰성이 높아진다.
　　• 불합리한 요소가 줄어들고, 부당한 업자를 제거할 수 있다.
　　• 담합의 우려가 크다.
　㉢ 제한경쟁입찰 : 계약의 목적이나 성질 등에 따라 참가자의 자격을 제한하는 방식이다.
　㉣ 일괄입찰 : 공사설계서와 시공에 필요한 도면 및 서류를 작성하여 입찰서와 함께 제출하여 입찰하는 방식이다.
　※ 입찰의 순서 : 입찰공고→현장 설명→입찰→개찰→낙찰→계약

10년간 자주 출제된 문제

4-1. 실내 공사의 시공자 선정방법 중 일반공개경쟁입찰방식에 관한 설명으로 옳은 것은?

① 예정가격을 비공개로 하고 견적서를 제출하여 경쟁입찰에 단독으로 참가하는 방식
② 계약의 목적, 성질 등에 따라 참가자의 자격을 제한하는 방식
③ 신문, 게시 등의 방법을 통하여 다수의 희망자가 경쟁에 참가하여 가장 유리한 조건을 제시한 자를 선정하는 방식
④ 공사설계서와 시공도서를 작성하여 입찰서와 함께 제출하는 입찰방식

4-2. 지명경쟁입찰을 택하는 이유 중 가장 중요한 것은?

① 양질의 시공결과 기대
② 공사비의 절감
③ 준공기일의 단축
④ 공사 감리의 편리

4-3. 다음 중 건설공사의 입찰 순서로 옳은 것은?

ⓐ 입찰 공고	ⓑ 계약
ⓒ 입찰	ⓓ 현장 설명
ⓔ 낙찰	ⓕ 개찰

① ⓐ – ⓓ – ⓒ – ⓑ – ⓔ – ⓕ
② ⓐ – ⓑ – ⓔ – ⓕ – ⓒ – ⓓ
③ ⓐ – ⓓ – ⓔ – ⓒ – ⓕ – ⓑ
④ ⓐ – ⓓ – ⓒ – ⓕ – ⓔ – ⓑ

[해설]

4-1
① 수의계약에 대한 설명이다.
② 제한경쟁입찰에 대한 설명이다.
④ 일괄입찰에 대한 설명이다.

4-2
지명경쟁입찰은 부적격 업자를 제거하고, 시공상 기술적 성과에 대한 신뢰성을 향상시킬 수 있다.

4-3
입찰 순서 : 입찰공고 → 현장 설명 → 입찰 → 개찰 → 낙찰 → 계약

정답 4-1 ③ 4-2 ① 4-3 ④

핵심이론 05 공사 진도관리

(1) 공정표

① 공정표의 정의
  ㉠ 공사기간 중 단위 작업 내용을 미리 지정하는 것이다.
  ㉡ 착공에서 준공까지 공사의 진도, 평가의 척도이다.
  ㉢ 누구나 이해하기 쉽게 작성된 도표를 의미한다.

② 공정표 작성의 목적
  ㉠ 지정된 공사기간 내에 공사예산에 맞추어 양질의 시공을 실시하기 위한 계획이다.
  ㉡ 일정한 형식에 따라 시간과 자재, 인력 등을 관리하여 공사 진척 상황을 파악할 수 있도록 함을 목적으로 한다.

(2) 공정표의 종류

① 횡선식 막대 공정표
  ㉠ 공사 종목(가로축)과 공사기간(세로축)을 기입하고, 각 공종별 공사일정을 막대 그래프로 표시하는 방법이다.
  ㉡ 작성하기 쉽고, 이해하기 용이하기 때문에 가장 많이 사용된다.
  ㉢ 공정별 순서와 시간의 상호 관련성이 없다.

② 사선식(곡선식) 공정표
  ㉠ 공사량을 세로축, 날짜를 가로축에 기입하여 공사 진척사항을 사선 그래프로 표시한 것이다(그래프식, 바나나 곡선).
  ㉡ 작업의 관련성을 나타낼 수 없으나, 공사의 진척상황을 전체적으로 파악하는 데 용이하다.

③ 열기식 공정표
  ㉠ 각 공정별 공사의 시작일과 완료일을 문자로 나열한 가장 간단한 형식의 공정표이다.
  ㉡ 공사의 착수일과 완료일이 표기되어 있어 비전문가도 쉽게 이해할 수 있다.
  ㉢ 공사의 상호관계를 이해할 수 없다는 단점이 있다.

④ 네트워크 공정표
  ㉠ 공정별 작업 단위를 망형도로 표시하고 각 공사의 순서관계, 일정관계를 도해식으로 표시한 것이다.
  ㉡ 공정관리가 편리하며, 작업원의 중점 배치가 가능하다.
  ㉢ 다른 공정표에 비해 작성하는 데 시간이 많이 걸리며, 작성 및 검사에 특별한 기능이 필요하다.

10년간 자주 출제된 문제

5-1. 다음 공정표 중 공사의 전체적인 진척상황을 파악하는 데 가장 유리한 공정표는 무엇인가?
① 횡선식 공정표
② 네트워크 공정표
③ 곡선식 공정표
④ CPM 공정표

5-2. 네트워크 공정표의 특성에 관한 설명으로 틀린 것은?
① 개개의 작업이 도시되어 있어 프로젝트 전체 및 부분 파악이 용이하다.
② 작업순서 관계가 명확하여 공사 담당자 간의 정보교환이 원활하다.
③ 네트워크 기법의 표시상의 제약으로 작업의 세분화 정도에는 한계가 있다.
④ 공정표가 단순하여 경험이 적은 사람도 이용하기 쉽다.

[해설]

5-1
바나나 곡선이라고도 하며, 계획과 실적을 한눈에 비교할 수 있어 공사의 진척상황을 전체적으로 파악하는 데 가장 유리하다.

5-2
네트워크(network) 공정표는 작성 및 검사에 특별한 기능을 요하며, 경험이 있는 사람이 작성할 수 있다.

정답 5-1 ③ 5-2 ④

2-2. 안전관리

핵심이론 01 안전관리계획 수립

(1) 안전관리계획 수립의 개요

① 안전관리계획서의 작성지침을 마련하여 공사착수 전에 구체적인 안전관리계획을 수립하고 계획서를 작성함으로서, 안전관리업무를 원활하게 수행하도록 하는 것을 목적으로 한다.

② 공사 현장에서 발생하는 재해와 안전사고의 종류를 확인하고, 산업안전보건법을 통하여 안전관리기준과 안전관리방법을 확인한다.

③ 안전관리를 위한 조직, 인력, 시설, 장비 등을 점검하고, 안전관리비의 사용 범위 및 기준, 관리, 기록방법을 확인한 후 안전관리계획을 수립한다.

(2) 안전관리조직의 구성 및 직무(건설기술 진흥법 시행령 제102조)

① 안전관리총괄책임자 직무 범위
  ㉠ 안전관리계획서의 작성 및 제출
  ㉡ 안전관리 관계자의 업무 분담 및 직무 감독
  ㉢ 안전사고가 발생할 우려가 있거나 안전사고가 발생한 경우의 비상동원 및 응급조치
  ㉣ 안전관리비의 집행 및 확인
  ㉤ 협의체의 운영
  ㉥ 안전관리에 필요한 시설 및 장비 등의 지원

② 분야별 안전관리책임자 직무의 범위
  ㉠ 공사 분야별 안전관리 및 안전관리계획서의 검토·이행
  ㉡ 각종 자재 등의 적격품 사용 여부 확인
  ㉢ 자체안전점검 실시의 확인 및 점검 결과에 따른 조치
  ㉣ 건설공사현장에서 발생한 안전사고의 보고

ⓜ 건설기술 진흥법 시행령 제103조에 따른 안전교육의 실시
ⓗ 작업 진행상황의 관찰 및 지도
③ 안전관리담당자 직무의 범위
㉠ 분야별 안전관리책임자의 직무 보조
㉡ 자체안전점검의 실시
㉢ 건설기술 진흥법 시행령 제103조에 따른 안전교육의 실시

(3) 안전점검의 시기·방법 등(건설기술 진흥법 시행령 제100조)
① 건설공사의 공사기간 동안 매일 자체안전점검을 실시한다.
② 안전관리계획에서 정한 시기와 횟수에 따라 정기안전점검을 실시한다.
③ 정기안전점검 결과 건설공사의 물리적, 기능적 결함 등이 발견되어 보수, 보강 등의 조치를 취하기 위하여 필요한 경우에는 정밀안전점검을 실시한다.

10년간 자주 출제된 문제

안전관리총괄책임자의 직무에 해당하지 않는 것은?
① 작업 진행상황을 관찰하고 세부 기술에 관한 지도 및 조언을 한다.
② 안전관리계획서의 작성 제출 및 안전관리를 총괄한다.
③ 안전관리관계자의 직무를 감독한다.
④ 안전관리비의 편성과 집행 내용을 확인한다.

[해설]
①은 현장관리자의 직무이다.

정답 ①

핵심이론 02 안전교육

(1) 안전교육 정의
① 안전교육이란 담당하는 작업에 대해서 구체적으로 안전한 작업방법에 대한 지식과 기능을 인지할 수 있도록 교육하고 훈련하는 것을 말한다.
② 안전교육을 위해서는 공사현장의 재해 방지 및 안전기준에 대한 사항을 확인하고, 산업안전보건법의 주요 내용을 확인해야 한다.
③ 안전교육을 함으로써 현장근로자에게 안전의 중요성을 인식시킬 수 있다.

(2) 안전교육 및 안전훈련 내용
① 비디오 등 시각자료에 의한 안전교육 및 안전훈련
② 공사내용의 철저한 교육
③ 공사현장에서 예상되는 사고 대책
④ 기타 안전훈련 등에 필요한 사항

(3) 안전교육·훈련계획의 작성 및 기록
① 시공계획서의 공사내용에 따라 안전교육·훈련의 구체적인 계획을 작성하고 감독자에게 제출한다.
② 안전교육·훈련 등의 실시상황을 공사월보 및 공사사진에 기록하여 보고한다.

(4) 사고보고 및 응급조치
① 공사 중 안전사고가 예상되거나 발생하였을 때에는 안전관리자 또는 현장 대리인에게 즉시 보고하고 적절한 조치를 취한다.
② 긴급하고 중대한 안전사고가 발생하였을 경우에는 안전관리계획에 수립된 절차와 방법으로 응급조치를 하고, 육하원칙에 따라 긴급 보고와 추후 서면보고를 한다.
③ 공사현장에는 구급용품을 상시 비치한다.
④ 사고발생 시 조치순서 : 운전정지 → 피해자 구조 → 응급처치 → 2차 재해 방지

⑤ 응급처치 실시자의 준수사항
  ㉠ 의식 확인이 불가능하여도 임의로 생사를 판정하지 않는다.
  ㉡ 원칙적으로 의약품의 사용은 피한다.
  ㉢ 정확한 방법으로 응급처치를 한 후에 반드시 의사의 치료를 받도록 한다.
  ㉣ 환자 관찰순서 : 의식 상태 → 호흡 상태 → 출혈 상태 → 구토 여부 → 기타 골절 및 통증 여부

10년간 자주 출제된 문제

2-1. 안전교육의 교육지도 원칙에 해당되지 않는 것은?
① 피교육자 중심의 교육을 실시한다.
② 동기부여를 한다.
③ 오감을 활용한다.
④ 어려운 것부터 쉬운 것으로 시작한다.

2-2. 산업현장에서 재해 발생 시 조치 순서로 옳은 것은?
① 긴급처리 → 재해 조사 → 원인 분석 → 대책 수립 → 실시계획 → 실시 → 평가
② 긴급처리 → 원인 분석 → 재해 조사 → 대책 수립 → 실시 → 평가
③ 긴급처리 → 재해 조사 → 원인 분석 → 실시계획 → 실시 → 대책 수립 → 평가
④ 긴급처리 → 실시계획 → 재해 조사 → 대책 수립 → 평가 → 실시

[해설]

2-1
쉬운 것에서 어려운 것으로 시작한다.

2-2
산업현장에서 재해 발생 시 조치순서
긴급처리 → 재해 조사 → 원인 분석 → 대책 수립 → 실시계획 → 실시 → 평가

정답 2-1 ④ 2-2 ①

2-3. 실내디자인 협력 공사

핵심이론 01 가설공사

(1) 가설공사의 개념
① 공사를 실시하기 위해 임시로 설치하는 제반시설 및 수단의 총칭이다.
② 공사가 완료되면 해체, 철거, 정리되는 임시 공사이다.

(2) 가설공사 분류
① 공통 가설공사 : 공사 전반에 걸쳐 공통 운영 및 관리에 필요한 시설이다.
  ㉠ 가설건물(현장사무소 및 숙소, 기자재 창고)
  ㉡ 가설울타리, 가설운반로(가설도로)
  ㉢ 공사용 동력 및 전기설비
  ㉣ 급배수설비 등의 용수설비
  ㉤ 안전 및 재해 방지설비(경비소, 위험물저장설비)
② 직접 가설공사 : 건축공사의 직접적인 수행을 위해 필요한 시설이다.
  ㉠ 비계, 규준틀, 줄쳐보기, 먹매김
  ㉡ 건축물 각종 공사 및 보양설비
  ㉢ 양중, 운반 및 타설시설
  ㉣ 안전설비 : 낙하물 방지망, 방호선반 및 시트, 방호철망

10년간 자주 출제된 문제

다음 중 직접 가설공사에 해당하지 않는 것은?
① 안전시설   ② 공사용수설비
③ 건축물 보양시설   ④ 비계

[해설]
• 직접 가설공사 : 규준틀, 비계, 안전설비, 건축물 보양설비, 낙하물 방지설비, 양중 및 운반시설, 타설시설 등 건축공사의 직접적인 수행을 위해 필요한 시설이다.
• 공통 가설공사 : 가설운반로, 가설울타리, 가설창고, 현장사무소, 임시 화장실, 공사용수설비, 공사용 동력설비 등 공사 전반에 걸쳐 공통 운영 및 관리에 필요한 시설이다.

정답 ②

핵심이론 02 공통 가설공사

(1) 가설울타리
① 대지의 경계, 교통의 차단, 위험 및 도난 방지, 미관 확보를 위해 가설울타리를 설치한다.
② 원칙적으로는 공사장 주위에 높이 1.8m 이상으로 설치한다.
③ 공사장 부지 경계선으로부터 50m 이내에 주거, 상가 건물이 있는 경우에는 높이 3m 이상으로 설치한다.
④ 출입구의 폭은 4m 이상으로 하고, 통용문, 접이식 문을 설치한다.

(2) 현장사무소
① 1인당 3.3m² 기준이나, 보통은 5~8m²가 적당하다.
② 대지의 여유가 없을 때는 보도를 이용한 over bridge (육교)를 가설하여 2층 부분을 사무소로 사용한다.

(3) 시멘트 창고
① 창고의 바닥 높이는 지면에서 30cm 이상으로 한다.
② 출입구, 채광창 이외의 환기창은 두지 않는다.
③ 시멘트 창고 주위에 배수로를 설치하여 우수의 침입을 방지하도록 한다.
④ 반입 및 반출구를 따로 두고, 먼저 반입한 것부터 사용한다.
⑤ 3개월 이상 저장한 시멘트는 사용 전에 재시험을 실시하여 품질을 확인한다.
⑥ 시멘트 쌓기의 높이는 13포(1.5m) 이내로 하며, 장기간 쌓아두는 것은 7포 이내로 한다.
⑦ 시멘트 창고 면적 산출

　㉠ 시멘트 창고 면적 $= 0.4 \times \dfrac{N}{n}$

　　여기서, N : 시멘트 포대 수
　　　　　　n : 쌓기 단수(최대 13단)

　㉡ 수량별 면적
　　• 600포 미만 : N = 쌓기 포대 수 전량
　　• 600포 이상~1,800포 이하 : N = 600포
　　• 1,800포 초과 : N = 1/3만 적용

10년간 자주 출제된 문제

2-1. 어느 공사 현장에 필요한 시멘트량이 2,397포이다. 이 현장에 필요한 시멘트 창고의 면적으로 적당한 것은?
① 24.6m²　　② 54.2m²
③ 73.8m²　　④ 98.5m²

2-2. 시멘트 저장 시 주의사항으로 옳지 않은 것은?
① 시멘트는 방습적인 구조로 된 사일로 또는 창고에 종류별로 구분하여 저장한다.
② 지상 30cm 이상 되는 통풍이 잘되는 마루 위에 보관한다.
③ 포대의 올려쌓기는 13포대 이하로 한다.
④ 조금이라도 굳은 시멘트는 사용하지 않는다.

해설

2-1
1,800포 초과 시에는 N = 1/3만 적용하므로

시멘트 창고 면적 $= 0.4 \times \dfrac{2{,}397 \times \frac{1}{3}}{13} = 24.58\text{m}^2$

2-2
시멘트는 통풍에 유의해야 하므로 지상 30cm 이상 되는 방습처리한 마룻바닥에 적재한다.

정답 2-1 ①　2-2 ②

핵심이론 03 직접 가설공사

(1) 규준틀

① 수평규준틀
㉠ 건물 각 부의 위치, 높이, 기초너비, 길이 등을 정확히 결정하기 위해 설치한다.
㉡ 이동과 변형이 없도록 견고하게 설치해야 한다.
㉢ 나무말뚝의 머리는 충격을 받았을 때 발견하기 쉽도록 엇빗자르기를 한다.

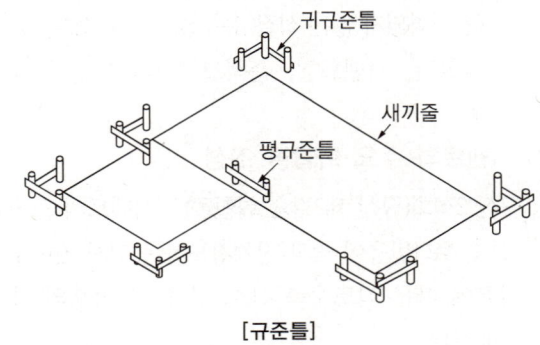

[규준틀]

② 세로규준틀
㉠ 조적공사에서 고저 및 수직면의 기준을 두기 위해 설치한다.
㉡ 기입사항 : 줄눈 위치, 창문틀 위치, 볼트 위치, 나무벽돌 위치, 쌓기 단수 등

(2) 비계

높은 곳에서 공사를 할 수 있도록 임시로 설치한 가설물이다. 구조물 축조 시 작업도구와 건축재료를 운반하는 통로이자, 작업자의 발판 역할을 한다.

① 공법상 종류
㉠ 외줄비계 : 한쪽 면을 벽체에 걸치고 기둥에 띠장, 장선 발판을 매어 달은 비계로서 경미한 공사에 사용한다.
㉡ 쌍줄비계 : 본비계라고도 하며 고층 건물에 사용한다. 일반비계는 강관비계로 쌍줄비계가 원칙이고, 쌍줄겹비계는 중량물공사에 사용한다.

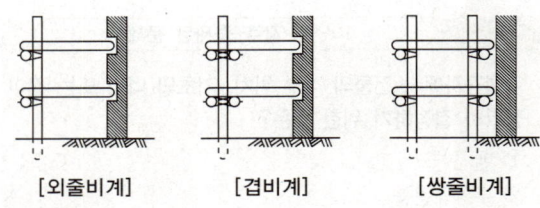

[외줄비계] [겹비계] [쌍줄비계]

② 용도상 종류
㉠ 시스템비계 : 규격화된 부재들을 강력한 쐐기방식으로 연결하여 흔들림이나 이탈이 없고, 작업발판 및 안전난간을 함께 설치하므로 작업이 쉽고 빠르며 안전하다.
㉡ 강관틀비계 : 공사용 통로나 작업용 발판을 위해서 구조물의 이부에 조립, 설치되는 비계이다.
㉢ 달비계 : 건축공사에서 외벽작업 시 이동설치가 가능하도록 달아매는 비계시스템으로, 건물에 고정된 돌출보 등에 와이어로 매달고 고정시킨다. 고층 건물공사 또는 외부 마감이나 청소 등에 활용한다.

[시스템비계] [강관틀비계] [달비계]

(3) 안전설비

① 방호철망
② 방호시트
③ 방호선반 : 재료, 공구 등의 낙하로 인한 피해 방지를 위해 강판 등의 재료로 비계 내외측, 위험장소에 설치
④ 낙하물 방지망 : 높이 10m 이내, 3개 층마다 설치
⑤ 안전난간 및 로프 : 높이 90cm 이상

10년간 자주 출제된 문제

가설공사에서 건물의 각부 위치, 기초의 너비 또는 길이 등을 정확히 결정하기 위한 것은?

① 벤치마크
② 수평규준틀
③ 세로규준틀
④ 비계

해설

① 벤치마크 : 건물 위치, 높이 기준이 되는 표식으로 기준면으로부터 표고를 측정하여 표시해 둔 점이다.
③ 세로규준틀 : 조적공사에서 고저 및 수직면의 기준을 두기 위해 설치하는 것이다.
④ 비계 : 높은 곳에서 공사를 할 수 있도록 임시로 설치한 가설물이다. 구조물 축조 시 작업도구와 건축재료를 운반하는 통로이자, 작업자의 발판 역할을 한다.

정답 ②

핵심이론 04 콘크리트공사(1) : 시멘트 일반

(1) 시멘트의 분류

① 수경성 시멘트
  ㉠ 물과 섞이면서 상호작용하여 경화되고, 점차 강도가 커지는 성질(팽창성)을 갖는다.
  ㉡ 석회질, 진흙질, 회반죽, 돌로마이트 플라스터 등

② 기경성 시멘트
  ㉠ 공기 중에서 경화하는 것으로, 공기가 없는 수중에서는 경화되지 않는 성질(수축성, 알칼리성)을 갖는다.
  ㉡ 석고질, 시멘트질, 순석고, 경석고 플라스터 등

(2) 시멘트의 주요 화합물 조성

① 규산 2석회(규산 제2칼슘 화합물) : 시멘트의 조성화합물 중 수화반응이 늦고 장기강도를 증진시키며 수화열 저감에 따른 건조수축 감소 및 28일 이후의 강도를 지배한다.

② 규산 3석회(규산 제3칼슘 화합물) : 수화가 빠르고 잘 굳어져서, 빨리 굳어지는 데 기여한다.

③ 알루민산 3석회(알루민산 제3칼슘 화합물) : 수화작용이 가장 빠르며 수화열이 가장 높고 경화과정에서 수축률도 높다.

④ 알루민산철 4석회(알루민산철 제4칼슘 화합물) : 알루민산 3석회 다음으로 수화속도가 빠르며, 석고가루가 있으면 알루민산 3석회도 철화합물과 수화속도가 비슷한 반응을 한다.

10년간 자주 출제된 문제

4-1. 시멘트의 주요 조성 화합물 중에서 재령 28일 이후 시멘트 수화물의 강도를 지배하는 것은?

① 규산 제3칼슘
② 규산 제2칼슘
③ 알루민산 제3칼슘
④ 알루민산철 제4칼슘

4-2. 시멘트의 조성 화합물 중 수화작용이 가장 빠르며 수화열이 가장 높고 경화과정에서 수축률도 높은 것은?

① 규산 3석회
② 규산 2석회
③ 알루민산 3석회
④ 알루민산철 4석회

정답 4-1 ② 4-2 ③

핵심이론 05 콘크리트공사(2) : 시멘트의 일반적 성질

(1) 비중
① 보통 포틀랜드 시멘트의 비중은 3.05~3.15 정도이다.
② 혼합 시멘트의 비중은 보통 포틀랜드 시멘트의 비중보다 작다.
③ 비중은 혼합재의 혼입량이 많아질수록 작아진다.
④ 시멘트의 비중은 소성온도나 성분에 따라 다르며, 풍화할수록 작아진다.

(2) 분말도
① 분말도는 단위 중량에 대한 표면적, 즉 비표면적에 의하여 표시한다.
② 비표면적이 큰 시멘트일수록 수화반응이 촉진되어 응결 및 강도의 증진이 크다.
③ 과도하게 미세한 것은 풍화되기 쉽고, 사용 후 균열이 발생한다.
④ 분말도는 시멘트의 성능 중 블리딩, 초기강도 등에 크게 영향을 준다.
※ 시멘트의 분말도가 클수록(미세) : 수화작용 촉진, 초기강도 증진, 발열량 증대, 응결속도 증진, 시공연도 양호

(3) 수화열
① 시멘트의 수화반응 또는 발열반응에서의 발생 열을 말한다.
② 수화열의 발열량은 시멘트의 종류, 화학조성, 물-시멘트비, 분말도 등에 의해서 달라진다.
③ 물-시멘트비가 높을수록 수화열은 높아진다.
④ 시멘트가 풍화하면 수화열은 감소한다.
⑤ 시멘트의 분말도가 클수록 수화작용이 빠르다.

(4) 응결과 경화
① 응결 : 시멘트풀이 시간이 경과함에 따라 수화에 의하여 유동성과 점성을 상실하고 고체화하는 현상을 말한다.
  ㉠ 응결속도가 빨라지는 경우
    • 분말도가 크고 알칼리가 많을수록
    • 조강성의 시멘트를 사용할수록
    • 동일 시멘트상에서 슬럼프가 낮을수록
    • 물-시멘트비가 작을수록
    • 골재나 물에 염분이 포함될수록
    • 온도가 높을수록, 습도가 낮을수록
    • 알루민산 3석회가 많을수록
  ㉡ 응결속도가 늦어지는 경우
    • 첨가된 석고량이 많거나, 물-시멘트비가 많을수록
    • 수(水)량이 많을수록
② 경화 : 응결된 시멘트가 시간의 경과에 따라 조직이 굳어져 강도가 커지는 상태를 말한다.

10년간 자주 출제된 문제

5-1. 시멘트의 분말도에 대한 설명으로 옳지 않은 것은?
① 시멘트의 분말도는 단위 중량에 대한 표면적이다.
② 분말도가 큰 시멘트일수록 물과 접촉하는 표면적이 증대되어 수화반응이 촉진된다.
③ 분말도가 큰 시멘트일수록 응결 및 강도 증진이 작다.
④ 분말도가 지나치게 클 경우에는 풍화하기 쉽다.

5-2. 다음 중 콘크리트의 응결속도가 빨라지는 경우가 아닌 것은?
① 조강성의 시멘트를 사용할수록
② 동일 시멘트상에서 슬럼프가 클수록
③ 물-시멘트비가 작을수록
④ 골재나 물에 염분이 포함될수록

해설

5-1
분말도가 큰 시멘트일수록 수화반응이 촉진되어 응결 및 강도의 증진이 크다.

5-2
슬럼프는 콘크리트 반죽의 정도를 측정하는 치수로 슬럼프가 낮을수록 응결속도가 빨라진다.

정답 5-1 ③ 5-2 ②

핵심이론 06 콘크리트공사(3) : 시멘트의 일반적 성질

(1) 안정성
① 시멘트가 경화 중에 체적이 팽창하여 팽창균열이나 휨 등이 생기는 정도를 안정성이라 한다.
② 안정성이 나쁘면 구조물이 팽창성 균열을 일으키는 원인이 된다.
③ 시멘트의 안정성 시험은 오토클레이브 팽창도 시험과 르샤틀리에 시험 중 택일하여 실시한다.

(2) 강도
① 강도는 시멘트가 경화하는 힘의 대소를 나타낸다.
② 시멘트의 강도는 시멘트의 조성, 물-시멘트비, 재령 및 양생 조건 등에 따라 변한다.
③ 콘크리트의 강도에 영향을 미치는 요인
  ㉠ 일반적으로 강자갈보다 쇄석을 사용한 콘크리트의 강도가 크다.
  ㉡ 굵은 골재의 최대 치수가 클수록 콘크리트의 강도는 작아진다.
  ㉢ 물-시멘트비가 낮으면 콘크리트 강도는 높게 된다.
  ㉣ 공기량이 증가할수록 콘크리트의 강도는 낮아진다.
  ㉤ 빈배합 콘크리트가 부배합의 경우보다 높은 강도를 낼 수 있다.
  ㉥ 손비빔으로 하는 것보다 기계비빔으로 하는 것이 강도가 커진다.
  ㉦ 아황산, 규산 3석회가 많을수록 조기강도는 높아진다.
  ㉧ 규산 2석회 함량이 많을수록 장기강도는 높아진다.

(3) 풍화
① 시멘트가 저장 중 공기 중에 노출되면 수분 및 이산화탄소를 흡수하면서 수화반응을 일으켜 탄산화·고체화되는 현상이다.
② 풍화된 시멘트의 입자표면은 반응에 의해 생긴 수화물의 피막으로 덮여 수화반응이 저해되고, 경화체의 강도가 저하하는 원인이 된다.
③ 시멘트가 풍화되면 수화열과 강도가 감소되고 응결이 늦어지며, 비중이 작아지고, 밀도가 떨어진다.
④ 풍화는 고온다습한 경우에 급속도로 진행된다.

(4) 콘크리트의 중성화
① pH가 12~13 정도의 알칼리성인 콘크리트가, pH 8.5~10 정도의 중성을 띠게 되는 현상을 말한다.
② 콘크리트의 중성화는 주로 공기 중의 이산화탄소 침투에 기인하는 것이다.
③ 중성화가 진행되어도 콘크리트의 강도는 거의 변화가 없으나, 중성화되면 철근이 쉽게 부식된다.
④ 콘크리트의 중성화에 미치는 요인으로 물-시멘트비, 시멘트와 골재의 종류, 혼화재료의 유무 등이 있다.

10년간 자주 출제된 문제

6-1. 콘크리트의 강도에 영향을 미치는 요인들에 대한 설명으로 옳지 않은 것은?
① 일반적으로 강자갈보다 쇄석을 사용한 콘크리트의 강도가 크다.
② 굵은 골재의 최대 치수가 클수록 콘크리트의 강도가 크다.
③ 물-시멘트비는 콘크리트 강도에 영향을 주는 주요한 인자이다.
④ 공기량이 증가할수록 콘크리트의 강도는 낮아진다.

6-2. 풍화된 시멘트를 사용했을 경우에 대한 설명 중 옳지 않은 것은?
① 응결이 늦어진다.   ② 수화열이 증가한다.
③ 비중이 작아진다.   ④ 강도가 감소된다.

해설
6-1
굵은 골재의 최대 치수가 클수록 콘크리트의 강도가 작아진다.
6-2
수화열은 시멘트가 풍화되면 감소하고, 물-시멘트비가 높을수록 높아진다.

정답 6-1 ② 6-2 ②

핵심이론 07 콘크리트공사(4) : 포틀랜드 시멘트

(1) 보통 포틀랜드 시멘트(1종)
① 혼합 시멘트 등의 베이스 시멘트로 사용된다.
② 시멘트의 분말도가 높으면 응결, 경화속도가 빠르다.
③ 혼합 용수가 많으면 응결, 경화속도가 느리다.
④ 온도가 높거나 습도가 낮으면 응결속도가 빨라진다.
⑤ 보통 포틀랜드 시멘트 제조 시 응결속도를 조절하기 위하여 클링커(clinker)에 석고를 넣는다.

(2) 중용열 포틀랜드 시멘트(2종)
① 시멘트의 발열량을 저감시킬 목적으로 제조한 시멘트이다.
② 건조수축이 작고 화학저항성이 커서 방사선 차단용 콘크리트에 적합하다.
③ 수화속도가 느리고 수화열이 적다.
④ 초기강도와 내구성이 우수하다.
⑤ 주로 댐공사, 매스 콘크리트용으로 사용된다.

(3) 조강 포틀랜드 시멘트(3종)
① 보통 포틀랜드 시멘트보다 규산 3석회 또는 석고가 많다.
② 분말도를 크게 하여 초기에 고강도를 발생하게 한다.
③ 수밀성이 높고 경화에 따른 수화열과 강도 발현성이 크다.
④ 공사기간 단축을 필요로 하는 긴급공사나 시멘트 제품, 한중공사에 사용된다.
⑤ 프리스트레스트 콘크리트용으로 주로 사용된다.

(4) 저열 포틀랜드 시멘트(4종)
① 수화열이 적게 되도록 보통 포틀랜드 시멘트보다 규산 3석회와 알루민산 3석회의 양을 아주 적게 한 것이다.
② 중용열 시멘트보다 수화열이 적게 발생하며, 대형 구조물 공사에 적합하다.

(5) 내황산염 포틀랜드 시멘트(5종)
① 황산염의 침식작용에 대한 화학적 저항성을 크게 한 시멘트로서, 알루민산 3석회의 양을 적게 한 것이다.
② 황산염에 대한 저항성이 우수하여 해양공사에 유리하다.

10년간 자주 출제된 문제

7-1. 시멘트 제조 시 클링커(clinker)에 석고를 첨가하는 주된 이유는?
① 조기강도의 증진
② 응결속도의 조절
③ 시멘트 색깔의 조절
④ 내약품성의 증대

7-2. 중용열 포틀랜드 시멘트에 관한 설명으로 옳지 않은 것은?
① 수화열량이 적어 한중공사에 적합하다.
② 단기강도는 조강 포틀랜드 시멘트보다 작다.
③ 내구성이 크며 장기강도가 크다.
④ 방사선 차단용 콘크리트에 적합하다.

해설

7-1
클링커에 응결지연제인 석고를 첨가하여 분쇄하면 포틀랜드 시멘트가 된다.

7-2
- 중용열 포틀랜드 시멘트 : 댐공사
- 조강 포틀랜드 시멘트 : 한중공사

정답 7-1 ② 7-2 ①

핵심이론 08 콘크리트공사(5) : 혼합 시멘트

(1) 혼합 시멘트 정의
① 포틀랜드 시멘트의 클링커에 혼합재를 넣고 미분쇄하여 만든 것이다.
② 시멘트의 내구성, 장기강도의 발현, 화학저항성·수밀성·내수성 등의 성질을 향상시키거나 경량화하고 작업하기 쉽게 하는 등 특수효과를 얻기 위해 만든 것이다.

(2) 혼합 시멘트의 종류
① 고로 시멘트
  ㉠ 포틀랜드 시멘트 클링커에 급랭한 고로 슬래그를 적당히 혼합하고 다시 석고를 가하여 미분쇄한 시멘트이다.
  ㉡ 조기강도는 적으나 장기강도가 우수하다.
  ㉢ 수밀성, 알칼리골재반응 억제효과, 내해수성, 화학저항성이 크다.
  ㉣ 수화열이 낮고 수축률이 적어 도로, 댐이나 항만공사 등에 적합하다.
  ㉤ 해수에 접하는 구조물에 적합한 시멘트이다.
② 포틀랜드 포졸란(실리카) 시멘트
  ㉠ 포틀랜드 시멘트 클링커에 포졸란을 혼합하여 적당량의 석고를 가해 만든 시멘트이다.
  ㉡ 초기강도는 보통 포틀랜드 시멘트보다 약간 낮으나 장기강도는 약간 크다.
  ㉢ 수밀성이 좋고 내구성이 있으며 해수 등에 대한 화학저항성이 크다.
  ㉣ 구조용 또는 미장 모르타르용으로 적합하다.
③ 플라이애시 시멘트
  ㉠ 포틀랜드 시멘트에 플라이애시(fly ash)를 혼합한 것이다.
  ㉡ 콘크리트의 워커빌리티가 커지게 되고 수밀성이 좋으며, 수화열과 건조수축이 적다.
  ㉢ 화학저항성이 크며, 초기강도는 작고 장기강도는 크다.
  ㉣ 일반 건축 및 토목공사에 널리 사용되고, 특히 댐 공사에 사용된다.

10년간 자주 출제된 문제

8-1. 고로 시멘트의 특징에 관한 설명 중 옳지 않은 것은?
① 도로, 철도, 교량 등 토목공사에 이용된다.
② 장기강도가 크다.
③ 매스 콘크리트에 적용된다.
④ 초기 수화열이 크다.

8-2. 다음의 각종 시멘트의 대한 설명 중 옳지 않은 것은?
① 고로 시멘트 – 포틀랜드 시멘트 클링커에 슬래그를 혼합하여 만든 시멘트
② 플라이애시 시멘트 – 규산 3석회나 석고량을 많게 하고 분말도를 크게 하여 초기에 고강도를 발현시키게 한 시멘트
③ 폴리머 시멘트 – 콘크리트의 방수성, 내약품성, 변형성능의 향상을 목적으로 다량의 고분자재료 혼입시킨 시멘트의 총칭
④ 백색 포틀랜드 시멘트 – 포틀랜드 시멘트의 알루민산철 3석회를 극히 적게 하여 백색을 띤 시멘트

|해설|

8-1
보통의 포틀랜드 시멘트에 비하여 경화과정에서 발생되는 열인 수화열이 낮고, 내구성이 높다.

8-2
플라이애시 시멘트 : 포틀랜드 시멘트와 플라이애시를 혼합한 것으로, 초기강도는 작고 장기강도는 크다.

정답 8-1 ④ 8-2 ②

핵심이론 09 콘크리트공사(6) : 기타 시멘트

(1) 백색 포틀랜드 시멘트
① 포틀랜드 시멘트의 알루민산철 3석회를 극히 적게 하여 백색을 띤 시멘트이다.
② 건축물 내・외장면의 마감, 각종 인조석, 현장타설 착색 콘크리트로 사용된다.
③ 인조석 등 2차 제품의 제작 또는 타일의 줄눈 등에 사용된다.

(2) 알루미나 시멘트
① 수화열과 조기강도가 크고 내화성이 우수하며 비중이 매우 작다.
② 산, 염류, 해수 등에 대한 화학적 침식에 대한 저항성이 크다.
③ 응결이 빠르고 발열량이 크기 때문에 해수공사, 동기공사, 긴급공사에 쓰인다.
④ 24시간에 보통 포틀랜드 시멘트의 28일 강도를 발휘한다.

(3) 마그네시아 시멘트
① 단시간에 응결하고, 경화 후에는 견고해지며 반투명의 광택이 난다.
② 물에 약하고 습기가 찬다.
③ 고온에 약하고 철재를 녹슬게 한다.
④ 착색이 용이하고 경화가 빠르므로 특히 외장용의 미장재료로 사용한다.

(4) 폴리머 시멘트 콘크리트
① 콘크리트의 방수성, 내약품성, 변형성능의 향상을 목적으로 다량의 고분자재료를 혼입한 시멘트이다.
② 방수성 및 수밀성이 우수하고 동결융해에 대한 저항성이 양호하다.
③ 압축, 휨, 인장강도 및 신장능력이 우수하다.
④ 모르타르, 강재, 목재 등의 각종 재료와 잘 접착한다.

10년간 자주 출제된 문제

9-1. 보크사이트와 석회석을 원료로 하는 시멘트로 화학저항성 및 내수성이 우수하며 조기에 극히 치밀한 경화체를 형성할 수 있어 긴급공사 등에 이용되는 시멘트는?
① 고로 시멘트
② 실리카 시멘트
③ 중용열 포틀랜드 시멘트
④ 알루미나 시멘트

9-2. 인조석 등 2차 제품의 제작이나 타일의 줄눈 등에 사용되는 시멘트는?
① 초조강 포틀랜드 시멘트
② 백색 포틀랜드 시멘트
③ 중용열 포틀랜드 시멘트
④ 알루미나 시멘트

|해설|

9-1
알루미나 시멘트 : 비중이 매우 작고 알칼리에 강하나 산에는 약하다. 수화 발열량이 커서 동기공사에 쓰이며, 강도 발휘속도가 매우 빠르다.

9-2
백색 포틀랜드 시멘트에 소량의 안료를 첨가하면 좋아하는 색을 얻을 수 있기 때문에 건축물 내・외면의 마감, 각종 인조석 제조, 타일의 줄눈 등에 사용된다.

정답 9-1 ④ 9-2 ②

핵심이론 10 콘크리트공사(7) : 굳지 않은 콘크리트의 성질

(1) 워커빌리티(workability, 시공성)
① 부어 넣기의 난이도 정도 및 재료분리에 저항하는 정도를 나타낸다.
② 일반적으로 부배합의 경우가 빈배합의 경우보다 워커빌리티가 좋다.
③ 비빔시간이 과도하게 길면 시멘트의 수화를 촉진시켜 워커빌리티가 나빠진다.
④ AE제나 AE 감수제에 의한 연행공기는 콘크리트의 워커빌리티를 개선한다.
⑤ 골재의 표면이 매끄러울 수록 워커빌리티가 나빠진다.
※ 워커빌리티 측정방법
- 보통 콘크리트 : 슬럼프 시험
- 묽은 콘크리트 : 플로 시험
- 된 콘크리트 : 다짐계수시험, 비비시험(진동대식 반죽질기 시험), 콘관입시험

(2) 컨시스턴시(consistency, 반죽질기)
① 굳지 않은 콘크리트의 유동성 정도, 반죽질기를 나타낸다.
② 주로 수량에 의해서 변화되는 유동성으로, 물의 양이 많고 적음에 따라 반죽이 되거나 진 정도이다.
③ 유동성은 콘크리트의 워커빌리티에 크게 영향을 주지만, 유동성이 큰 것이 반드시 시공하기에 적당한 것이라고는 할 수 없다.
④ 콘크리트의 반죽질기는 단위 수량이 많을수록 커지지만, 재료분리가 생기기 쉽다.

(3) 플라스티시티(plasticity, 가소성·성형성)
① 거푸집 등의 형상에 순응하여 채우기 쉽고, 분리가 일어나지 않는 성질이다.
② 거푸집에 용이하게 충전할 수 있는 정도이다.

(4) 피니셔빌리티(finishability, 마감성)
굵은 골재의 최대 치수, 잔골재율, 잔골재의 입도, 반죽질기 등에 따른 마무리하기 쉬운 정도를 나타낸다.

10년간 자주 출제된 문제

10-1. 굳지 않은 콘크리트의 성질이 아닌 것은?
① 스태빌리티(stability)
② 워커빌리티(workability)
③ 컨시스턴시(consistency)
④ 피니셔빌리티(finishability)

10-2. 굳지 않은 콘크리트의 성질 중 플라스티시티(plasticity)에 대한 설명으로 옳은 것은?
① 수량에 의해 변화하는 유동성의 정도
② 콘크리트의 작업성 난이 정도
③ 마감성의 난이를 표시하는 성질
④ 거푸집에 용이하게 충전할 수 있는 정도

해설

10-1
① 스태빌리티 : 구조체에 외력이 작용했을 때, 구조체의 위치 또는 형태에 변화가 없는 상태를 말한다.
② 워커빌리티 : 부어 넣기의 난이도 정도 및 재료분리에 저항하는 정도를 나타낸다.
③ 컨시스턴시 : 주로 수량에 의해서 변화되는 유동성의 정도를 말한다.
④ 피니셔빌리티 : 굵은 골재의 최대 치수, 잔골재율, 잔골재의 입도, 반죽질기 등에 따른 마무리하기 쉬운 정도를 나타낸다.

10-2
① 컨시스턴시, ② 워커빌리티, ③ 피니셔빌리티에 대한 설명이다.

정답 10-1 ① 10-2 ④

핵심이론 11 콘크리트공사(8) : 경화된 콘크리트의 성질

(1) 압축강도
① 일반 구조물에서 콘크리트의 강도는 표준양생을 한 재령 28일의 압축강도를 기준으로 한다.
② 콘크리트의 압축강도에 영향을 주는 요인
　㉠ 사용재료의 품질 : 시멘트, 골재, 혼합수, 혼화재료
　㉡ 배합 : 물-시멘트비, 공기량, 단위 시멘트량
　㉢ 시공방법 : 콘크리트의 비빔·다짐
　㉣ 시험방법 : 공시체의 형상 및 치수, 재하속도

(2) 인장강도
① 콘크리트의 인장강도는 압축강도의 1/13~1/10 정도이다.
② 콘크리트의 건조수축 및 온도변화 등에 의한 균열 발생을 경감시키기 위해서는 인장강도가 큰 것이 좋다.

(3) 부착강도
① 부착강도는 최초 시멘트풀의 점착력에 따라 일어난다.
② 콘크리트의 경화수축에 의한 철근 표면의 압력 및 철근 표면의 상태 등에 따른 마찰력에 의해서 발생한다.
③ 압축강도가 증가함에 따라 부착강도는 증가하지만, 부착강도의 증가율은 낮아진다.
④ 이형철근의 부착강도가 원형 철근보다 크다.

(4) 크리프
① 지속적으로 작용하는 하중에 의해서 시간에 따라 콘크리트의 변형이 증가하는 현상을 말한다.
② 하중이 클수록, 시멘트량 또는 단위 수량이 많을수록 크다.

(5) 내화성
① 콘크리트가 고온을 받으면 강도 및 탄성계수가 저하되고, 철근콘크리트에서는 철근과 콘크리트와의 부착력이 저하된다.
② 내화성은 배합에 의한 영향은 비교적 적고, 사용 골재의 암질에 크게 지배된다.

(6) 내구성
① 콘크리트는 동결융해 이외의 기상작용, 해수의 작용, 하수의 작용, 화학 약품의 작용 및 기타의 작용으로 인해 열화된다.
② 일반적으로 물-시멘트비를 적게 함으로써 향상시킬 수 있다.
③ 콘크리트가 열을 받으면 팽창균열이 생겨 수화열 저감이 요구될 경우에는, 플라이애시 시멘트나 고로 시멘트를 사용한다.
④ 콘크리트 동해에 의한 피해를 최소화하기 위해서는 흡수성이 적은 골재를 사용해야 한다.

10년간 자주 출제된 문제

11-1. 철근콘크리트구조의 부착강도에 대한 설명으로 옳지 않은 것은?
① 최초 시멘트 페이스트의 점착력에 따라 발생한다.
② 콘크리트 압축강도가 증가함에 따라 일반적으로 증가한다.
③ 압축강도가 클수록 부착강도의 증가율은 높아진다.
④ 이형철근의 부착강도가 원형 철근보다 크다.

11-2. 콘크리트에 일정한 하중이 지속적으로 작용하면 하중의 증가가 없어도 콘크리트의 변형이 시간에 따라 증가하는 현상은?
① 크리프(creep)
② 소성(plasticity)
③ 탄성(elasticity)
④ 체적변화(cubic volume change)

|해설|
11-1
압축강도가 증가함에 따라 부착강도는 증가하지만, 부착강도의 증가율은 낮아진다.

정답 11-1 ③　11-2 ①

핵심이론 12 콘크리트공사(9) : 콘크리트의 배합

(1) 콘크리트의 배합설계 개념
소요의 강도, 내구성, 수밀성 등을 가진 콘크리트를 경제적으로 얻기 위해 시멘트, 물, 골재, 혼화재료를 적정한 배율로 배합하는 것을 말한다.

(2) 콘크리트 배합설계의 특징
① 콘크리트의 배합강도는 설계기준 강도, 양생온도, 강도 편차를 고려해야 한다.
② 배합강도는 표준양생, 재령 28일 공시체의 압축강도로 표시하는 것을 원칙으로 한다.
③ 콘크리트에 요구되는 성능은 주로 시공성, 강도 및 내구성이다.
④ 용적배합의 표시방법으로는 절대 용적배합, 표준계량 용적배합, 현장계량 용적배합 등이 있다.
⑤ 콘크리트의 배합은 $1m^3$에 대한 재료량으로 한다.
⑥ 골재의 함수 상태는 표면건조포화 상태(골재입자의 표면에 물은 없으나 내부의 공극에는 물이 꽉 차 있는 상태)를 기준으로 한다.
⑦ 물-시멘트비 : 시멘트 중량에 대한 물의 중량비

$$물-시멘트비 = \frac{단위 수량(W)}{단위 시멘트량(C)} \times 100$$

(3) 골재의 함수 상태
① **표면건조포화 상태** : 골재입자의 표면에 물은 없으나 내부의 공극에는 물이 꽉 차 있는 상태이다.
② **습윤 상태** : 골재입자의 내부에 물이 채워져 있고, 표면에도 물이 부착되어 있는 상태이다.
③ **기건 상태** : 골재 내부에 약간의 수분이 있으나 포화되지 않은 상태이다.
④ **절대건조 상태** : 로 건조 상태라고도 하며, 건조 로(oven)에서 100~110℃의 온도로 일정한 중량이 될 때까지 완전히 건조시킨 상태를 말한다.

⑤ 골재의 함수 상태에 관한 식
㉠ 흡수량 = 표면건조 상태의 중량 - 절대건조 상태의 중량
㉡ 유효흡수량 = 표면건조 상태의 중량 - 기건 상태의 중량
㉢ 표면수량 = 습윤 상태의 중량 - 표면건조 상태의 중량
㉣ 함수량 = 습윤 상태의 골재중량 - 절건 상태의 골재중량

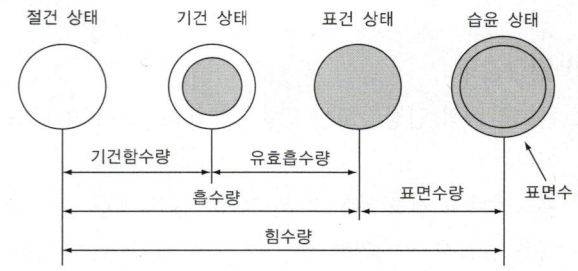

10년간 자주 출제된 문제

12-1. 콘크리트 배합설계 시 고려할 사항으로 가장 거리가 먼 것은?
① 잔골재율
② 양생
③ 혼화제량
④ 물-시멘트비

12-2. 물-시멘트비가 50%일 때 시멘트 10포를 쓴 콘크리트에 필요한 물의 양으로 적당한 것은?(단, 시멘트 1포의 중량은 40kg으로 한다)
① 150L
② 200L
③ 250L
④ 300L

|해설|

12-1
콘크리트의 배합설계는 소요의 강도, 내구성, 수밀성을 가진 콘크리트를 경제적으로 얻기 위해 시멘트, 물, 골재, 혼화재료를 적정한 배율로 배합하는 것을 말한다.

12-2
물의 중량 = 시멘트의 중량 × 물-시멘트비
$x = (10 \times 40) \times 50\%$
$= 200kg = 200L$

정답 12-1 ② 12-2 ②

핵심이론 13 콘크리트공사(10) : 워커빌리티에 영향을 주는 인자

(1) 단위 수량
단위 수량이 많을수록 콘크리트의 컨시스턴시는 크게 되지만, 워커빌리티(작업성)가 떨어진다.

(2) 단위 시멘트량
단위 시멘트량이 많아질수록 콘크리트의 플라스티시티가 증가하므로 워커빌리티가 좋아진다.

(3) 시멘트의 성질
시멘트의 종류, 분말도, 풍화의 정도 등이 영향을 준다.

(4) 골재의 입도 및 입형
골재 중의 세립분, 특히 0.3mm 이하의 세립분은 콘크리트에 점성을 주고 플라스티시티를 좋게 한다. 둥글둥글한 강자갈의 경우는 워커빌리티가 가장 좋고, 편평하고 세장한 입형의 골재는 분리되기 쉬우며 모진 것이나 굴곡이 큰 골재는 유동성이 나빠져 워커빌리티가 불량하게 된다.

(5) 공기량
AE제나 감수제에 의하여 콘크리트 중에 연행된 미세한 공기포는 볼베어링 작용에 의하여 콘크리트의 워커빌리티를 개선한다.

(6) 혼화재료
양질의 포졸란을 사용하면 워커빌리티가 개선된다. 특히 플라이애시는 구상의 미립분이기 때문에 볼베어링 작용에 의해 콘크리트 워커빌리티를 개선한다.

(7) 비빔시간
비빔이 불충분하고 불균질한 상태의 콘크리트는 워커빌리티가 나쁘다.

(8) 온도
콘크리트의 온도가 높을수록 컨시스턴시가 저하된다.

10년간 자주 출제된 문제

굳지 않은 콘크리트의 워커빌리티에 영향을 주는 요소와 가장 거리가 먼 것은?
① 시멘트의 강도
② 단위 수량
③ 골재의 입도 및 입형
④ 혼화재료

[해설]
워커빌리티에 영향을 주는 요소 : 단위 수량, 단위 시멘트량, 시멘트의 성질, 골재의 입도 및 입형, 공기량, 혼화재료, 비빔시간, 온도 등

정답 ①

핵심이론 14 콘크리트공사(11) : 혼화재료의 종류

(1) 혼화제
약품의 성질로 콘크리트를 개량하는 혼화재료이다.
① 워커빌리티(작업성)와 동결융해에 대한 내구성을 향상시키는 것 : AE제, 감수제, AE 감수제, 고성능 감수제, 유동화제
② 응결, 경화시간을 조절하는 것 : 촉진제, 지연제, 급결제, 초지연제
③ 방수효과를 부여하는 것 : 방수제
④ 기포의 작용으로 충전성을 개선하거나 중량을 조절하는 것 : 기포제, 발포제
⑤ 응집작용 등을 향상시켜 재료분리를 억제 : 증점제
⑥ 기타 : 시멘트풀(grout)용 혼화제, 소포제, 응집제, 수중 콘크리트용 혼화제 등
⑦ 염화물에 의한 철근의 부식을 억제시키는 것 : 방청제

(2) 혼화재
시멘트와 반응하여 콘크리트를 개량하는 혼화재료이다.
① 포졸란 작용이 있는 것 : 플라이애시, 고로 슬래그, 규산백토 미분말, 실리카 품
② 경화과정에서 팽창을 일으키는 것 : 콘크리트용 팽창재
③ 오토클레이브 양생에 의해 고강도를 갖게 하는 것 : 규산질 미분말
④ 착색시키는 것 : 착색제
⑤ 기타 : 폴리머 중량재, 광물질 미분말 등

10년간 자주 출제된 문제

14-1. 콘크리트 혼화제 중 재료의 응집작용을 향상시켜 재료분리를 억제하기 위한 것은?
① AE 감수제　　② 증점제
③ 유동화제　　　④ 기포제

14-2. 다음 중 사용용도에 따른 콘크리트용 혼화재료의 종류로 옳지 않은 것은?
① 작업성능이나 동결융해 저항성능의 향상 : AE제
② 강력한 감수효과를 이용한 유동성의 대폭적인 개선 : 유동화제
③ 점성, 응집작용 등을 향상시켜 재료분리를 억제 : 증점제
④ 염화물에 의한 강재의 부식을 억제 : 기포제

[해설]

14-1
① AE 감수제 : 워커빌리티 및 내구성, 동결융해성을 향상시키기 위해 사용한다.
③ 유동화제 : 시멘트 입자를 분산시켜 일시적으로 시멘트풀의 유동성을 개선시키기 위해 사용하는 혼화제이다.
④ 기포제 : 거품의 작용으로 충전성을 개선하거나 중량을 조절하는 혼화제이다.

정답 14-1 ②　14-2 ④

핵심이론 15 콘크리트공사(12) : 혼화제

(1) AE제(공기 연행제)
① 콘크리트 내부에 미세한 독립된 기포를 발생시켜 콘크리트의 워커빌리티를 개선한다.
② 블리딩과 단위 수량이 감소된다.
③ 콘크리트의 동결융해에 대한 내구성을 크게 증가시킨다.
④ 경화 시 수축 감소 및 균열을 방지한다.
⑤ 알칼리골재반응의 영향이 적어진다.

(2) 감수제(분산제), AE 감수제
① 콘크리트의 소요 워커빌리티를 얻는 데 필요한 단위 수량을 감소시킬 목적으로 사용되는 혼화제이다.
② 워커빌리티가 개선되고 수밀성 및 내구성이 증대된다.
③ 단위 시멘트량의 감소로 시멘트 수화열에 의한 콘크리트 온도상승이 저감된다.
④ 강도가 증가하고, 응결지연을 조절할 수 있다.

(3) 고성능 감수제, 유동화제
① 저기포성, 저응결지연성이므로 대량 사용할 수 있어 단위 수량을 대폭적으로 감소시킬 수 있다.
② 건조수축이 적고 밀실한 콘크리트를 얻을 수 있어 내구성이 증대된다.
③ 유동화 콘크리트 제조에 사용된다.
④ 기존 감수제에 비해 콘크리트 운반거리 및 시간에 상대적으로 유리하다.

(4) 촉진제
① 한랭 시에 온난 시와 같은 경화속도를 갖게 할 목적으로 사용되는 혼화제이다.
② 콘크리트제품 제조에서 거푸집 회전을 빨리하고 싶을 때, 콘크리트의 초기강도 발현을 촉진해 콘크리트 구조물을 빨리 사용하고 싶을 때 사용한다.

(5) 지연제, 급결제
① 지연제 : 콘크리트의 응결, 초기 경화를 지연시킬 목적으로 사용하는 혼화제이다.
② 급결제 : 콘크리트의 응결시간을 매우 빠르게 하기 위하여 사용하는 혼화제이다.

(6) 방수제
콘크리트에 방수성을 갖게 하거나 균열 및 누수를 방지할 목적으로 사용된다.

(7) 발포제, 기포제
① 발포제 : 시멘트와의 화학반응에 의해 특수한 가스를 발생시켜 기포를 도입하는 것이다.
② 기포제 : 계면활성 작용에 의해 콘크리트에 공기거품을 도입하는 것이다.

(8) 방청제
① 염분에 의해 철근이 쉽게 녹스는 것을 방지할 목적으로 사용되는 혼화제이다.
② 콘크리트의 내부를 치밀하게 하여 부식성 물질의 침투를 막는다.

10년간 자주 출제된 문제

15-1. 표면활성제의 일종으로 기포작용은 하지 않고 분산 및 습윤작용에 의해 시멘트 입자를 분산시켜 시멘트 페이스트의 유동성을 증가시킴으로써 콘크리트의 워커빌리티를 개선하여 단위 수량을 감소시키는 혼화제는?

① 경화 촉진제 ② 방수제
③ 감수제   ④ 방청제

15-2. 콘크리트용 혼화제에 관한 설명 중 옳지 않은 것은?

① AE제는 시멘트 입자를 분산시켜 소요 워커빌리티를 얻기 위한 단위 수량을 감소시킨다.
② 급결제는 초미립자로 구성되며 이를 사용한 콘크리트의 초기강도는 작으나, 장기강도는 일반적으로 높다.
③ 감수제는 계면활성제의 일종으로 콘크리트 속에 독립된 미세한 기포를 골고루 분산시키는 작용을 한다.
④ 지연제는 굳지 않은 콘크리트의 운송시간에 따른 콜드 조인트 발생을 억제하기 위하여 사용된다.

[해설]

15-1
감수제(분산제), AE 감수제 등은 시멘트 입자를 분산시켜서 콘크리트의 소요 워커빌리티를 얻는 데 필요한 단위 수량을 감소(10~16%)시킬 목적으로 사용되는 혼화제이다.

15-2
지연제는 콘크리트의 응결, 초기 경화를 지연시킬 목적으로 사용하는 혼화제이다.

정답 15-1 ③ 15-2 ④

핵심이론 16 콘크리트공사(13) : 혼화재

(1) 플라이애시(fly ash)
① 콘크리트의 워커빌리티를 좋게 하고, 사용 수량을 감소시킨다.
② 초기 재령의 강도는 작지만, 장기 재령의 강도는 매우 크다.
③ 콘크리트의 수밀성을 향상시킨다.
④ 시멘트 수화열에 의한 콘크리트의 발열이 감소된다.

(2) 포졸란(pozzolan)
① 주성분은 실리카질 물질이며, 시멘트의 수화에 의해 생기는 수산화칼슘과 상온에서 서서히 반응하여 불용성의 화합물을 만드는 재료이다.
② 양질의 포졸란을 사용하면 워커빌리티가 좋아진다.
③ 블리딩(bleeding)이 감소한다.
④ 초기강도는 작지만 장기강도, 수밀성, 화학저항성이 크다.
⑤ 발열량이 적어지므로 단면이 큰 콘크리트에 적합하다.

(3) 고로 슬래그
① 고로 슬래그의 미분말은 고로 시멘트의 혼화재로서 대량으로 사용되며 광재벽돌, 광재면 등의 원료로 사용한다.
② 초기강도는 낮지만 슬래그의 잠재 수경성 때문에 장기강도는 크다.
③ 해수, 하수 등의 화학적 침식에 대한 저항성이 크다.
④ 포졸란 반응으로 공극 충전효과 및 알칼리골재반응 억제효과가 크다.

(4) 팽창재
콘크리트의 수축과 균열을 개선하기 위해 콘크리트 속에 다량의 거품을 넣거나 기포를 발생시키는 팽창재를 첨가한다.

(5) 착색제
① 모르타르나 콘크리트에 착색하고 싶을 때 시멘트와 혼합해서 사용하는 미분말의 안료이다.
② 물이나 알칼리 및 일광에 의해 변색하지 않고 시멘트 경화에 끼치는 영향이 적어야 한다.

10년간 자주 출제된 문제

16-1. 플라이애시(fly ash)를 시멘트에 혼합하였을 때의 효과로 옳지 않은 것은?
① 수밀성이 증대된다.
② 수화열과 건조수축이 작아진다.
③ 워커빌리티가 좋아진다.
④ 초기강도는 증가하지만 장기강도는 감소된다.

16-2. 다음 중 굳지 않는 콘크리트의 재료분리 원인이 아닌 것은?
① 굵은 골재의 최대 치수가 지나치게 큰 경우
② 배합이 적절하지 않은 경우
③ 단위 수량이 너무 많은 경우
④ AE제나 플라이애시를 첨가한 경우

|해설|

16-1
초기강도는 작지만, 장기강도는 크다.

16-2
AE제나 플라이애시를 첨가하면 수밀성이 향상된다.

정답 16-1 ④ 16-2 ④

핵심이론 17 콘크리트공사(14) : 시멘트 및 콘크리트 제품

(1) 시멘트 제품
① 시멘트벽돌
시멘트와 모래를 배합하여 가압성형한 후 양생한 벽돌로서 주택, 창고, 공장 등과 같이 벽체가 많은 건축에 내·외벽의 조적재로 널리 쓰인다.

② 블록(block)
시멘트와 골재를 배합하여 가압성형한 후 양생한 것으로서 시멘트블록, 콘크리트블록 또는 속빈 시멘트블록이라고 한다.

③ 인조석판
쇄석을 종석으로 하여 시멘트에 안료를 섞어 진동기로 다진 후 판상으로 성형한 것으로서 자연석과 유사하게 만든 수장재료이다.

④ 테라초판
대리석, 사문암, 석회암, 화강암의 쇄석을 종석으로 하여 포틀랜드 시멘트 또는 백색 포틀랜드 시멘트에 안료를 섞어 형틀에 넣고 진동기 또는 롤러 등을 사용하여 충분히 다지고 양생한 후 가공연마하여 대리석 등과 같이 미려한 광택을 갖도록 만든 평판이다.

(2) 콘크리트 제품
① 콘크리트 말뚝
㉠ 말뚝박기 기초공사용 철근콘크리트제품으로서 기성 콘크리트 말뚝과 제자리 콘크리트 말뚝으로 대별한다.
㉡ 기성 콘크리트 말뚝은 대규모의 중량건물 또는 굳은 지층이 깊어서 말뚝을 깊이 박아야 할 경우에 사용하고, 제자리 콘크리트 말뚝은 굳은 지층이 대단히 깊어서 기성 콘크리트 말뚝으로는 지지층까지 도달시킬 수 없을 때 사용한다.

CHAPTER 02 실내디자인 시공 및 재료 ■ 191

② 프리캐스트 콘크리트 부재
　㉠ 공장에서 고정시설을 가지고 필요한 부재를 철제 거푸집에 의하여 제작하고, 고온다습한 증기 보양실에서 단기 보양하여 기성제품화한 것이다.
　㉡ 골조를 구성하는 대개의 부재가 공장에서 제작되기 때문에 품질의 향상, 공기단축 등의 이점이 있다.
　㉢ 사전에 창호, 설비용의 파이프 등을 설치해 둘 수가 있다.
　㉣ 중층의 공동주택에 많이 쓰인다.
　㉤ 부재의 접합(이음)부가 크면 취약할 수 있다.

③ ALC(Autoclaved Lightweight Concrete) 제품
　㉠ 오토클레브에 포화증기 양생한 경량 기포 콘크리트이다.
　㉡ 주로 판넬류이며, 용도는 지붕, 바닥, 벽재이다.
　㉢ 흡수율, 흡음성 및 차음성이 크다.
　㉣ 보통 콘크리트에 비해 강도가 높고, 중성화의 우려가 높다.
　㉤ 압축강도에 비해서 휨인장강도는 상당히 약하다.
　㉥ 건조수축률, 동결융해저항, 열전도율 및 열팽창률이 작다.
　㉦ 단열성, 내화성, 경량성, 시공성, 친환경성 등의 특성이 있다.
　㉧ 통기성 및 흡수성이 크고, 알칼리성에 약하다.
　㉨ 습기가 많은 곳에서 사용하기 곤란하다.

10년간 자주 출제된 문제

17-1. 시멘트콘크리트 제품 중 대리석의 쇄석을 종석으로 하여 대리석과 같이 미려한 광택을 갖도록 마감한 것은?
① 석면　　　　　② 고압벽돌
③ 질석　　　　　④ 테라초

17-2. 다음 중 ALC에 대한 설명으로 옳은 것은?
① 인장강도에 비해서 압축강도는 상당히 약하다.
② 단열성과 내수성은 우수하지만, 시공성이 나쁘다.
③ 보통 콘크리트에 비하여 중성화의 우려가 높다.
④ 내부 공극이 적기 때문에 흡수성이 작다.

17-3. ALC 제품의 특성으로 옳지 않은 것은?
① 흡수성이 크다.
② 단열 및 차음성이 크다.
③ 경량으로서 시공이 용이하다.
④ 강알칼리성이며 변형과 균열의 위험이 크다.

[해설]

17-1
테라초는 대리석 파편에 백색 시멘트를 가하여 혼합하여 경화 후 표면을 갈아낸 인조석이다.

17-2
① 인장강도는 압축강도에 비해 1/10 정도이다.
② 부재의 단위 면적이 크므로, 시공성이 좋다.
④ 다공질이므로 흡수성이 크다.

17-3
ALC 제품은 알칼리성이며 변형 또는 균열이 적다.

정답 17-1 ④　17-2 ③　17-3 ④

핵심이론 18   콘크리트공사(15) : 골재

(1) 콘크리트 골재에 요구되는 성질
① 골재에는 먼지, 흙, 유기 불순물 등을 포함하지 않을 것
② 입도는 조립에서 세립까지 연속적으로 균등하게 혼합되어 있을 것
③ 골재의 모양은 둥글고 구형에 가까울 것
④ 골재의 강도는 콘크리트 중의 경화 시멘트 페이스트의 강도 이상일 것(양질 골재 $2,000kg/cm^2$, 일반 골재 $800kg/cm^2$)
⑤ 굳고 단단해서 내구성과 내화성이 있을 것
⑥ 콘크리트 강도를 확보하는 강성을 지닐 것
⑦ 잔골재는 씻기시험 손실량이 3.0% 이하일 것
⑧ 잔골재의 염분(NaCl) 허용한도는 0.04% 이하일 것
⑨ 공극률이 작아 시멘트를 절약할 수 있는 것
⑩ 대량 공급이 가능하며, 흡수율이 높을 것

(2) 골재의 성질
① 흡수율
  ㉠ 골재 품질판정의 지표이다.
  ㉡ 석질이 치밀할수록 흡수율은 작다.
  ㉢ 다공질일수록 흡수율이 크다.
② 비중
  ㉠ 진비중 : 골재 입자의 실질적인 비중(절건 상태의 골재중량을, 골재 입자 내의 공극을 뺀 체적으로 나눈 값)이다.
  ㉡ 겉보기 비중
    • 절건비중 : 절건 상태의 골재중량을 보통골재에서는 표면건조포수 상태, 경량골재에서는 표면건조 상태의 용적으로 나눈 값이다.
    • 표건비중 : 표면건조포수 상태의 보통골재 또는 표면건조 상태의 경량골재의 중량을, 그 용적으로 나눈 값이다.

③ 실적률
  ㉠ 실적률(%) = $\dfrac{단위용적중량}{절건비중} \times 100$
  ㉡ 일정 용기 내에 골재 입자가 차지하는 실용적의 백분율이다.
  ㉢ 실적률은 골재 입형의 양부를 평가하는 지표이다.
  ㉣ 부순 자갈의 실적률은 그 입형 때문에 강자갈의 실적률보다 적다.
  ㉤ 실적률 산정 시 골재의 밀도는 절대건조 상태의 밀도를 말한다.
  ㉥ 실적률이 큰 골재를 사용하면 시멘트 페이스트량이 적게 든다.
④ 공극률
  ㉠ 공극률(%) = $\left(1 - \dfrac{단위용적중량}{골재비중}\right) \times 100$
  　　　　　　 = 100 − 실적률
  ㉡ 실적률 + 공극률 = 100

10년간 자주 출제된 문제

18-1. KS F 2527에 규정된 콘크리트용 부순 굵은 골재의 물리적 성질을 알기 위한 시험항목 중 흡수율의 기준으로 옳은 것은?
① 1% 이하　　② 3% 이하
③ 5% 이하　　④ 10% 이하

18-2. 골재의 성질에 관한 설명 중 옳은 것은?
① 골재의 강도는 콘크리트 중의 경화시멘트 페이스트의 강도보다 작아야 한다.
② 잔골재의 염분허용한도는 0.4%(NaCl) 이상이어야 한다.
③ 실적률이 큰 골재를 사용하면 콘크리트의 마모저항과 내구성이 감소된다.
④ 입도란 골재의 대소립이 혼합하여 있는 정도를 말하며 입도시험은 체분석시험이 사용된다.

|해설|

18-1
콘크리트용 부순 굵은 골재의 흡수율은 3.0% 이하로 한다.

18-2
① 골재의 강도는 콘크리트 중의 경화시멘트 페이스트의 강도보다 커야 한다.
② 잔골재의 염분허용한도는 0.04%(NaCl) 이하이어야 한다.
③ 실적률이 큰 골재를 사용하면 콘크리트의 건조수축을 줄여서 내구성이 증가한다.

정답 18-1 ②　18-2 ④

핵심이론 19 방수 및 방습공사(1) : 아스팔트 방수

(1) 아스팔트 방수
① 가열 용융한 아스팔트로, 아스팔트 펠트나 아스팔트 루핑을 연속적으로 겹쳐서 방수층을 만드는 공법이다.
② 아스팔트는 점성이 있기 때문에 콘크리트 등의 바탕 또는 아스팔트 펠트, 아스팔트 루핑 등을 접착시키며 그 피막은 점탄성·방수성·내구성이 있으므로 거의 완전한 방수층을 형성한다.

(2) 아스팔트 종류
① 천연 아스팔트
  록 아스팔트, 레이크 아스팔트, 샌드 아스팔트, 아스팔타이트(길소나이트, 그라하마이트, 글랜스 피치)
② 석유 아스팔트
  스트레이트 아스팔트, 블론 아스팔트, 아스팔트 콤파운드

(3) 주요 아스팔트
① 스트레이트 아스팔트
  ㉠ 원유를 증류하여 피치가 되기 전에 유출량을 제한하여 잔류분을 반고체형으로 만든 것이다.
  ㉡ 점착성·방수성은 우수하지만, 연화점이 비교적 낮고 내후성 및 온도에 의한 변화 정도가 커 지하실 방수공사용으로만 사용된다.
  ㉢ 아스팔트 펠트, 아스팔트 루핑의 원료로 사용된다.
② 블론 아스팔트
  ㉠ 온도에 대한 감수성 및 신도가 적어 지붕의 방수공사에 가장 적합하다.
  ㉡ 아스팔트 루핑의 생산에 사용된다.
③ 아스팔트 콤파운드 : 블론 아스팔트의 성능을 개량하기 위해 동·식물성 유지와 광물질분말을 혼입한 것으로, 일반 지붕의 방수공사에 사용된다.

④ 아스팔트 루핑 : 아스팔트 펠트의 양면에 블론 아스팔트를 가열·용융시켜 피복한 것이다.
⑤ 아스팔트 싱글 : 두꺼운 아스팔트 루핑을 4각형 또는 6각형 등으로 절단하여 경사 지붕재로 사용하는 역청 제품이다.
⑥ 아스팔트 프라이머 : 블론 아스팔트를 휘발성 용제로 녹인 저점도의 액체로서, 방수시공의 첫 번째 공정에 사용되는 바탕처리재이다.
⑦ 아스팔트 펠트 : 양모, 마사, 폐지 등을 원료로 하여 만든 원지에, 연질의 스트레이트 아스팔트를 가열·용융시켜 충분히 흡수시킨 후 회전로에서 건조와 함께 두께를 조정하여 롤형으로 만든 것이다.

10년간 자주 출제된 문제

19-1. 블론 아스팔트(blown asphalt)를 휘발성 용제로 녹인 저점도의 액체로서 아스팔트 방수의 바탕처리재는?
① 아스팔트 콤파운드
② 아스팔트 프라이머
③ 아스팔트 유제
④ 스트레이트 아스팔트

19-2. 양모, 마사, 폐지 등을 원료로 하여 만든 원지에 연질의 스트레이트 아스팔트를 가열·용융시켜 충분히 흡수시킨 후 회전로에서 건조와 함께 두께를 조정하여 롤형으로 만든 것은?
① 아스팔트 루핑
② 알루미늄 루핑
③ 아스팔트 펠트
④ 개량 아스팔트 루핑

|해설|
19-1
아스팔트 프라이머
블론 아스팔트에 휘발성 용제를 섞어 만든 것으로, 바탕과의 접착력을 강화하기 위해 사용하는 방수·방습용 제품이다.

정답 19-1 ② 19-2 ③

핵심이론 20 방수 및 방습공사(2) : 기타 방수공법

(1) 도막 방수
① 도료 상태의 방수재를 바탕면에 여러 번 칠하여 얇은 수지 피막을 만들어 방수효과를 얻는 방수공법이다.
② 복잡한 부위의 시공성이 좋다.
③ 밀착공법으로 결함부 발견이 용이하고, 국부 보수가 가능하다.
④ 신속한 작업이 가능하며, 접착성이 좋다.

(2) 멤브레인 방수
아스팔트, 시트 등을 방수바탕의 전면 또는 부분적으로 접착하거나 기계적으로 고정시키고, 루핑류가 서로 만나는 부분을 접착시켜 연속된 얇은 막상의 방수층을 형성하는 공법이다.

(3) 스테인리스 시트 방수
스테인리스 박판시트의 양면을 현장에서 적절하게 구부려 특수한 고정철물로 바탕에 고정시키면서 박판시트의 접합부를 용접하여 방수층을 형성하는 공법이다.

(4) 시멘트 모르타르 방수
방수제를 모르타르에 혼입한 뒤, 콘크리트에 도포하거나 침투시켜서 수밀층을 만들어 방수 피막을 만드는 공법이다.

10년간 자주 출제된 문제

용제 또는 유제 상태의 방수제를 바탕면에 여러 번 칠하여 방수막을 형성하는 방수법은?
① 아스팔트 루핑 방수
② 도막 방수
③ 시멘트 방수
④ 시트 방수

정답 ②

핵심이론 21 단열공사

(1) 단열재의 선정 조건
① 열전도율, 흡수율, 투기성이 낮을 것
② 비중이 작으며, 기계적 강도가 우수할 것
③ 내구성, 내열성, 내식성이 우수하여 냄새가 없을 것
④ 경제적이고 시공이 용이할 것
⑤ 품질의 편차가 적을 것
⑥ 사용연한에 따른 변질이 없을 것
⑦ 유독성 가스가 발생되지 않을 것

(2) 단열재의 종류
① 무기질 단열재
　㉠ 유리면 : 유리섬유를 이용하여 만든 제품으로서 유리솜 또는 글라스 울이라고 한다.
　㉡ 암면 : 암석으로부터 인공적으로 만들어진 내열성이 높은 광물섬유로 만든 제품이다. 불에 타지 않으며, 가볍고, 단열성과 흡음성이 뛰어나다.
　㉢ 세라믹파이버 : 1,000℃ 이상의 고온에도 견디는 섬유로, 가장 높은 온도에서 사용할 수 있다.
　㉣ 펄라이트판 : 경량이며 수분침투에 대한 저항성이 있어 배관용의 단열재로 사용된다.
　㉤ 규산칼슘판 : 무기질 단열재료 중 규산질 분말과 석회분말을 오토클레이브 중에서 반응시켜 얻은 겔에 보강섬유를 첨가해 프레스 성형하여 만든다. 외장재이며 불연성, 내화성, 단열성이 좋다.
　㉥ 경량 기포 콘크리트 : 경량 블록 또는 판넬로 건축물의 각 부위에서 사용되고 있으나, 단열재 단독으로 사용되는 경우는 거의 없다.

② 유기질 단열재
　㉠ 셀룰로스 섬유판 : 천연의 목질 섬유 등을 원료로 하고 내구성, 발수성, 방수성 등을 부여하기 위해 약품처리하여 만든다.
　㉡ 연질 섬유판 : 원료는 식물섬유이나, A급(목재편)과 B급(면 조각, 볏짚, 펄프 등)으로 나뉜다. 원료에 높은 열을 가한 후, 내수제를 첨가하여 성형한다.
　㉢ 폴리스틸렌 폼 : 발포 플라스틱 중에서 가장 대표적이다. 내열성은 높지 않지만 단열성이 우수하여 냉동기기에 많이 사용된다.
　㉣ 경질 우레탄 폼 : 발포제에 프레온 가스를 사용하기 때문에 열전도율이 낮다. 방수성, 내투습성이 뛰어나므로 방습층을 겸한 단열재로 사용된다.

10년간 자주 출제된 문제

단열재에 대한 설명 중 옳지 않은 것은?
① 유리면 - 유리섬유를 이용하여 만든 제품으로서 유리솜 또는 글라스 울이라고 한다.
② 암면 - 상온에서 열전도율이 낮은 장점을 가지고 있으며 철골 내화피복재로서 많이 이용되고 있다.
③ 석면 - 불연성, 보온성이 우수하고 습기에도 강하여 사용이 적극 권장되고 있다.
④ 펄라이트 보온재 - 경량이며 수분침투에 대한 저항성이 있어 배관용의 단열재로 사용된다.

|해설|
WHO(세계보건기구)에서 석면을 1급 발암물질로 규정한 이후 세계 각국은 석면 사용을 금지하고 있으며, 우리나라 역시 2009년부터 그 사용을 전면 금지하고 있다.

정답 ③

핵심이론 22 음향공사

(1) 흡음재료

① 다공질 흡음재
  ㉠ 다공질 흡음재는 표면 내부에 소기포 또는 세관상의 공극이 많이 분포되어 있는 조직을 갖는 것으로 그 재질은 광물질, 식물질, 고분자 화합물질 등 여러 종류가 있다.
  ㉡ 흡음재료로 사용하는 유공재료에는 암면, 유리면, 텍스(tex), 유공석고보드, 유공석면 시멘트판, 유공 알루미늄 패널 등이 있다.

② 판상 흡음재
  ㉠ 판상 또는 박막상의 재료를 견고한 바탕벽 위에 설치한 띠모양에 고정시키면 그 표면에 입사된 음파에 의하여 재료는 진동을 일으켜서 판상재에 생기는 내부 마찰에 의하여 음에너지가 흡수된다.
  ㉡ 판상흡음재로 사용하는 재료에는 베니어판, 목모시멘트판, 목편판, 석고판, 석면판, 섬유판 등이 있다.

(2) 차음재료

① 차음재료의 특징
  ㉠ 투과음이 적은 재료를 말한다.
  ㉡ 흡음재료에 비해 재질이 단단하고 무거우며 정밀하다.
  ㉢ 차음계획상 개구 면적을 되도록 작게 하고, 벽이나 반자 등에 차음재료를 사용한다.
  ㉣ 무겁고 두꺼운 한 가지 재료만을 사용하는 것보다, 벽체 등에 공기층을 둔 이중벽이 더욱 유리하다.

② 차음재료의 요구 성능
  ㉠ 비중이 커야 한다.
  ㉡ 음향투과손실이 높아야 한다.
  ㉢ 밀도(무게)가 높아야 한다.

10년간 자주 출제된 문제

22-1. 차음재료 및 계획에 관한 설명으로 옳지 않은 것은?
① 차음재료란 투과음이 적은 재료를 말한다.
② 차음재료는 흡음재료에 비해 재질이 단단하고 무거우며 정밀하다.
③ 차음계획상 개구면적을 되도록 작게 하고 벽이나 반자 등에 차음재료를 사용한다.
④ 벽체 등에 공기층을 둔 이중벽 대신 무겁고 두꺼운 한 가지 재료만을 사용하는 것이 더욱 유리하다.

22-2. 차음재료의 요구 성능에 관한 설명으로 옳은 것은?
① 비중이 작을 것
② 음의 투과손실이 클 것
③ 밀도가 작을 것
④ 다공질 또는 섬유질이어야 할 것

|해설|

22-1
무겁고 두꺼운 한 가지 재료만을 사용하는 것보다, 벽체 등에 공기층을 둔 이중벽이 차음에 더욱 유리하다.

22-2
음향투과손실이 높을수록 좋은 차음재이다.

정답 22-1 ④ 22-2 ②

핵심이론 23 기타 공사

(1) 커튼월의 특성
① 건물 하중에 부담을 주지 않는 금속재, 유리, 석재, 패널 등을 사용하여 막벽 또는 달아매는 벽으로 구성한 비내력벽 구조이다.
② 외부에 달비계를 사용하며, 특히 고층 건물인 경우에는 타워크레인 등을 설치하여 조립한다.
③ 콘크리트나 벽돌 등의 외장재에 비하여 경량이어서 건물의 전체 무게를 줄이는 역할을 한다.
④ 비, 바람, 소음, 열을 차단하는 벽체 기능 외에도 공기단축, 경량화, 가설공사 간소화, 고성능 등의 특성이 있다.

(2) 커튼월의 성능 시험방법
① **예비시험** : 설계풍압력의 50%를 일정시간(30초) 동안 가압하여, 시험 장치에 설치된 시료의 상태를 점검하는 방법이다.
② **기밀시험** : 지정 압력차에서 유속을 측정한 뒤 시험체에서 발생하는 공기누출량을 측정하는 방법이다.
③ **정압수밀시험** : 설계풍압력의 20%를 $3.4L/min \cdot m^2$의 유량에서 15분 동안 살수하는 방법이다.
④ **동압수밀시험** : 규정된 압력의 상한값까지 1분 동안 정압으로 예비로 가압한 뒤에 시료의 이상 여부를 확인한 후, $4L/min \cdot m^2$의 유량을 균등히 살수하고 규정된 맥동압을 10분간 가해 누수를 관찰하는 방법이다.
⑤ **구조시험** : 설계풍압력의 100%를 단계별로 증감하여 구조재의 변위에 따라 측정 유리의 파손 여부를 확인하는 방법이다.

10년간 자주 출제된 문제

23-1. 건축물 외부에 설치하는 커튼월에 대한 설명으로 틀린 것은?
① 커튼월이란 외벽을 구성하는 비내력벽 구조이다.
② 공장에서 생산하여 반입하는 프리패브 제품이다.
③ 콘크리트나 벽돌 등의 외장재에 비하여 경량이어서 건물의 전체 무게를 줄이는 역할을 한다.
④ 커튼월의 조립은 대부분 외부에 대형 발판이 필요하므로 비계공사를 반드시 해야 한다.

23-2. 건축물 외벽공사 중 커튼월 공사의 특징으로 옳지 않은 것은?
① 외벽의 경량화
② 공업화 제품에 따른 품질 제고
③ 가설비계의 증가
④ 공기단축

23-3. 금속 커튼월의 mock-up test에 있어 기본성능 시험의 항목에 해당되지 않는 것은?
① 정압수밀시험　　② 방재시험
③ 구조시험　　　　④ 기밀시험

해설

23-1, 23-2
커튼월 조립은 외부에 달비계를 사용하며, 특히 고층 건물인 경우에는 타워크레인 등을 설치하여 조립하기 때문에 가설비계가 감소된다.

23-3
방재시험은 커튼월 성능 시험과 관계없다.

정답 23-1 ④ 23-2 ③ 23-3 ②

2-4. 시공 감리

핵심이론 01 품질관리(QC ; Quality Control)

(1) 품질관리의 목적
① 시공 능률의 향상
② 품질 신뢰성 향상
③ 설계의 합리화
④ 작업의 표준화

(2) 품질관리를 위한 7가지 도구
① 히스토그램 : 데이터가 어떤 분포를 하고 있는지 알기 위해 막대 그래프와 같은 형태로 만든 도표이다.
② 파레토도표 : 결함부 또는 기타 시공불량 등의 항목을 구분하여 크기순으로 나열한 도표이다.

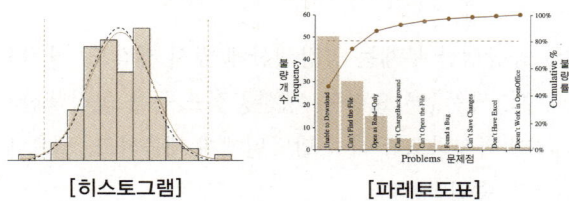
[히스토그램]   [파레토도표]

③ 특성요인도 : 결과에 대해 원인이 어떻게 관계하는지를 알기 쉽게 작성한 그림으로, 생선뼈 그림이라고도 한다.
④ 체크시트 : 계수치의 데이터가 분류 항목의 어디에 집중되어 있는지 알아보기 쉽게 나타낸 표 또는 그림을 말한다.

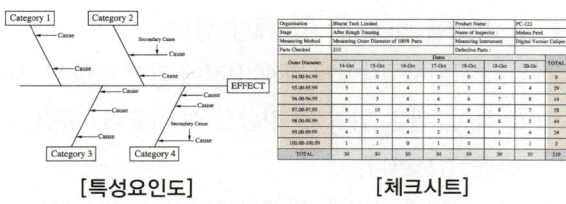
[특성요인도]   [체크시트]

⑤ 산점도 : 서로 대응하는 데이터를 그래프 용지 위에 점으로 나타낸 것이다.

⑥ 각종 그래프 및 관리도 : 데이터를 요약하여 쉽게 의미를 알 수 있도록 나타낸 그림이다.

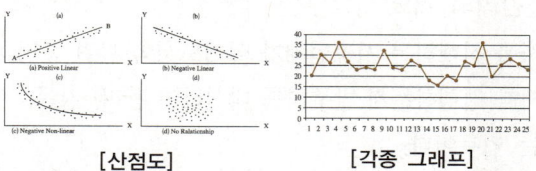
[산점도]   [각종 그래프]

⑦ 층별(stratification) : 집단을 구성하는 데이터를 특징에 따라 몇 개의 부분 집단으로 나누는 것이다.

10년간 자주 출제된 문제

1-1. 다음 중 QC 활동의 도구가 아닌 것은?
① 특성요인도 ② 파레토그램
③ 층별   ④ 기능계통도

1-2. 통합품질관리 TQC(Total Quality Control)를 위한 도구에 관한 설명으로 옳지 않은 것은?
① 파레토도란 층별 요인이나 특성에 대한 불량점유율을 나타낸 그림으로서 가로축에는 층별 요인이나 특성을, 세로축에는 불량건수나 불량손실금액 등을 표시하여 그 점유율을 나타낸 불량해석도이다.
② 특성요인도란 문제로 하고 있는 특성요인 간의 관계, 요인 간의 상호관계를 쉽게 이해할 수 있도록 화살표를 이용하여 나타낸 그림이다.
③ 히스토그램이란 모집단에 대한 품질특성을 알기 위하여 모집단의 분포 상태, 분포의 중심위치, 분포의 산포 등을 쉽게 파악할 수 있도록 막대 그래프 형식으로 작성한 도수분포도를 말한다.
④ 관리도란 통계적 요인이나 특성에 대한 두 변량 간의 상관관계를 파악하기 위한 그림으로서 두 변량을 각각 가로축과 세로축에 취하여 측정값을 타점하여 작성한다.

해설

1-1
기능계통도(function analysis system technique)는 VE의 수행 시 기능을 분석하는 대표적인 분석방법이다.

1-2
④는 산점도에 대한 설명이다.

정답 1-1 ④ 1-2 ④

핵심이론 02 시공 감리

(1) 감리의 개요
공사를 진행하는 시공업체가 설계도서와 관련 규정대로 공사를 진행하는지 발주처를 대신하여 관리, 감독, 지도하는 업무이다.

(2) 감리의 종류
① **설계 감리** : 건설공사의 계획, 조사 또는 설계가 관계 법령과 건설공사설계기준 및 건설공사시공기준 등에 따라 품질과 안전을 확보하여 시행될 수 있도록 관리하는 것을 말한다.
② **검측 감리** : 건설공사가 설계도서 및 그 밖의 관계 서류와 관계 법령의 내용대로 시공되고 있는지의 여부를 확인하는 것을 말한다.
③ **시공 감리** : 품질관리, 시공관리, 안전관리 등에 대한 기술 지도와 검측 감리를 하는 것을 말한다.
④ **책임 감리** : 시공 감리와 관계 법령에 따라 발주청이 감독 권한을 대행하는 것을 말하며, 책임 감리는 공사 감리의 내용별로 대통령령으로 정하는 바에 따라 전면 책임 감리 및 부분 책임 감리로 구분한다.

10년간 자주 출제된 문제

건설공사가 설계도서 및 그 밖의 관계 서류와 관계 법령의 내용대로 시공되고 있는지의 여부를 확인하는 감리는?
① 설계 감리 ② 검측 감리
③ 시공 감리 ④ 책임 감리

정답 ②

핵심이론 03 자재 품질 적정성 판단

(1) 자재 품질관리
① 재료는 성능이 인정된 제품을 사용해야 한다.
② 재료는 한국산업표준(KS)에 적합한 제품으로서 그 표시가 있는 것 또는 각각의 규격 증명서가 첨부된 것을 사용한다. 다만, 한국산업표준에 적합한 제품이 없는 경우에는 담당원의 승인에 따른다.
③ 환경부하가 적은 환경표지인증, 환경성적표지, 탄소성적표지, GR마크, 저탄소상품 인증 등 정부가 정한 기준에 의하여 인증받은 친환경 자재 및 제품을 우선적으로 적용한다.
④ 재료의 품질이 명시되지 않은 경우에는 성능 인정품 또는 동등 이상의 것으로 하고, 담당원과 협의하여 정한다.
⑤ 공장생산 부재는 공장생산에 앞서 제작도, 제작요령서, 제품검사요령서, 생산공정표 등을 공장생산자에게 작성하도록 하여 담당원에게 제출하고, 필요에 따라 승인받는다.
⑥ 공장생산 부재는 공사명, 생산자명, 제조년월일, 제품부호, 제조번호 등이 표시되어야 한다.

(2) 재료의 승인과 자료 제출
① 감리자는 시공 전에 설계도서상의 각종 재료를 확인한 후 변경이 필요한 경우에는 사업 주체로 하여금 적절한 조치를 하도록 지도해야 한다.
② 감리자는 시공자에게 자재 선정에 관한 사항을 제출하게 하여, 관련 법령 및 적합성 여부(규격, 품질, 색상 등)를 검토한다.
③ 반입 자재가 샘플과 일치하는지의 여부를 확인(시험 성적서 및 품질관리 시험 포함)한 후 사용해야 하며, 선정된 샘플을 감리 사무실에 비치하여 반입 자재의 검수기준으로 활용한다.

(3) 재료의 반입

① 재료를 반입할 때마다 그 재료가 설계도서상의 조건에 적합함을 확인하고, 증명자료를 첨부하여 문서로 보고한다.
② 공장생산 부재는 생산공장 출하 시 검사필 표시, 제품 부호, 제조번호, 수량 및 제품의 파손 유무 등을 확인한다.
③ 시공자는 착공 전 자재의 검사 및 시험계획표를 작성하여 제출해야 한다.
④ 자재 중 KS 표시 품목은 정기시험성적에 의거한 시험을 생략할 수도 있다.
⑤ 시험기준은 KS를 기준으로 하되, 규격이 제정되지 아니한 사항은 건설기술진흥법 시행규칙에 따르며, 공인된 기관의 시험성적표를 감독관과의 협의를 통하여 대신할 수 있다.
⑥ 검사 또는 시험에 불합격된 반입자재는 즉시 공사장 밖으로 반출해야 하며, 시공자는 즉시 불합격품 수량 이상을 재시험 의뢰하여 공사 진행에 지장이 없도록 한다.
⑦ 국토부 제정 품질시험 시행규칙의 관리시험 해당 공사일 경우 시공자는 관계 규정에 의한 시험실, 시험장비 및 시험요원을 현장에 배치, 설치·운영해야 한다.

(4) 제작 마감 승인

① 제작 승인은 시공상세도면을 바탕으로 제작을 해도 좋은지에 대해 감리자가 승인하는 것을 말한다.
② 발주를 통해 제작되는 마감 샘플에 대해 승인하는 것을 말한다.

(5) 시공상세도면 검토사항

감리자는 시공상세도면 검토 시 설계도서의 의도를 올바로 반영하였는지, 기능적으로 합당한지, 미관상 수려한지, 재료의 특성, 현장에서의 시공 순서에 적합한지, 내구성 및 유지보수에 적합한지, 안전상 문제점 등을 확인해야 한다.

10년간 자주 출제된 문제

3-1. 자재 품질 적정성 판단에 대한 설명으로 옳지 않은 것은?
① 재료는 한국산업표준(KS)에 적합한 제품으로서 그 표시가 있는 것 또는 각각의 규격 증명서가 첨부된 것을 사용한다.
② 환경부하가 적은 저탄소상품 인증 등 정부가 인증한 친환경 자재 및 제품을 우선적으로 적용한다.
③ 한국산업표준에 적합한 제품이 없는 경우에는 담당원의 승인에 따른다.
④ 검사 또는 시험에 불합격된 반입자재는 즉시 공사장 안 창고에 보관한 후 반출해야 한다.

3-2. 정부가 정한 기준에 의하여 인증받은 친환경 자재 및 제품으로 옳지 않은 것은?
① 환경표지인증 ② 환경성적표지
③ 탄소성적표지 ④ KS마크

|해설|

3-1
검사 또는 시험에 불합격된 반입자재는 즉시 공사장 밖으로 반출해야 하며, 시공자는 즉시 불합격품 수량 이상을 재시험 의뢰하여 공사 진행에 지장이 없도록 해야 한다.

3-2
KS마크는 안전인증대상 제품에 표기하는 인증 마크이다.

정답 3-1 ④ 3-2 ④

핵심이론 04 공사현장검측

(1) 현장검측의 개념
현장검측이란 설계 및 시방 규격의 준수 여부 및 후속 공정과의 적정성, 제반 사항 등을 사전에 확인하고 시공상 문제점 및 개선 사항을 도출하여 정비함으로써 부실시공 및 재시공을 방지하는 것을 목적으로 한다.

(2) 검측 첨부서류 종류
① 검측 의뢰서
② 검측 대상 시공 도면
③ 검측 체크리스트
④ 관련 사진
⑤ 공사 참여자 실명부

10년간 자주 출제된 문제

공사현장검측 시 첨부해야 할 서류로 옳지 않은 것은?
① 검측 대상 시공 도면
② 검측 체크리스트
③ 관련 사진
④ 공사 감독자 자격증

[해설]
검측 첨부서류 종류
- 검측 의뢰서
- 검측 대상 시공 도면
- 검측 체크리스트
- 관련 사진
- 공사 참여자 실명부

정답 ④

제3절 실내디자인 사후관리

핵심이론 01 유지관리 지침

(1) 유지관리
완공된 시설물의 기능을 보전하고 시설물 이용자의 편의와 안전을 높이기 위하여 시설물을 일상적으로 점검·정비하고 손상된 부분을 원상복구하며 경과시간에 따라 요구되는 시설물의 개량·보수·보강에 필요한 활동을 하는 것을 말한다.

(2) 보수관리
설비되어 있는 기계, 장치의 마모, 부식, 균열 등의 결함을 시정하여 항상 올바른 능력과 상태를 유지할 수 있도록 감시하고, 또 이것을 정비·관리하도록 하는 것을 말한다.

(3) 하자관리
① 하자점검
  ㉠ 점검은 제작물이 완료되는 과정이 설계와 시방서대로 제작되었는지를 감독하는 것이다.
  ㉡ 현장에서 제작·설치되는 제품의 규격과 제작과정뿐만 아니라 각종 제작물의 작동 상태, 설치 상태, 조명기구의 점등, 설비시설의 운행 상태, 창호의 작동, 마감 상태 등을 점검하고 하자의 유무를 판단한다.
  ㉢ 실내건축 공사 완료 시 점검해야 할 사항에 대해 체크리스트를 통하여 공사와 관련된 법규(건축, 설비, 소방, 간판 등)를 준수하였는지, 설계 도면대로 시공을 하였는지 등에 대한 내용을 기입한다.
  ㉣ 소방 완비 대상에 포함될 경우 스프링클러, 방화문, 비상탈출구, 방염 제품 사용, 소화기 비치, 유도등 등 소방법에 따른 적합한 소방시설을 설치하여 관할 관청에 점검을 받게 한다.

② 하자보수
  ㉠ 실내건축 공사의 과실로 인해 발생한 각종 하자를 보수하는 것을 말한다.
  ㉡ 발생한 하자에 대해서는 관련 법규에 따른 하자의 범위 및 하자 담보책임기간을 확인하여 이에 대한 계획을 수립 조치한 후 결과를 확인하고 문서로 기록 보관한다.
③ 공사별 하자담보 책임기간
  ㉠ 2년 : 도장공사, 도배공사, 미장공사, 수장공사, 타일공사, 석공사, 옥내가구공사, 주방가구공사
  ㉡ 3년 : 옥외급수・위생 관련 공사, 가스설비공사, 목공사, 창호공사, 조경공사, 소방설비공사, 정보통신공사
  ㉢ 5년 : 조적공사, 지붕공사, 방수공사, 대지조성공사, 철근콘크리트공사, 철골공사

10년간 자주 출제된 문제

하자담보 책임기간이 2년인 공사에 해당하지 않은 것은?
① 방수공사   ② 도장공사
③ 도배공사   ④ 미장공사

[해설]
방수공사는 하자담보 책임기간이 5년이다.

정답 ①

핵심이론 02 하자 대처방안(1)

(1) 조적공사(균열 발생)
① 원인
  ㉠ 조적 개체의 신축균열계수 불일치
  ㉡ 모르타르의 불균질
  ㉢ 창호 인방의 불량
  ㉣ 온도 변화에 의한 수축과 팽창
  ㉤ 문틀, 창틀 주위 등의 사춤 불량 또는 세로줄눈의 충전 불량
  ㉥ 기초의 부동침하 등
② 방지 대책
  ㉠ 적절한 위치에 신축줄눈을 설치한다.
  ㉡ 콘크리트 등 이질재와 접합부에는 적절한 보강재를 사용한다.
  ㉢ 창호 인방의 강도를 확보하고, 정확한 위치에 시공한다.
  ㉣ 시멘트 벽돌의 품질 검수를 철저히 한다.

(2) 보온공사(결로)
① 원인
  ㉠ 표면결로 : 실내외의 온도차에 의해 벽 표면의 온도가 실내온도보다 낮게 되어 이슬점 온도에 도달하면 수증기가 물방울이 되어 표면결로가 발생한다.
  ㉡ 내부결로 : 실내외 습압차에 의해 벽체 내 어느 부분의 건구온도가 그 부분의 노점온도보다 낮을 때 내부결로가 발생한다.
② 발생 피해 : 표면이 얼룩짐, 변색, 곰팡이 발생, 페인트 칠 탈락, 습윤으로 인한 벽체의 단열 성능 저하 등
③ 방지 대책
  ㉠ 벽체의 단열성 증대로 벽체 표면의 온도를 상승시킨다.
  ㉡ 실내의 습기를 제거하고, 수증기 발생을 억제한다.
  ㉢ 벽 표면에 건조하고 따뜻한 공기를 보내어 벽체 표면의 이슬점을 내린다.

ⓒ 표면의 응결수를 비교적 빨리 흡수시킬 수 있는 마감재를 사용한다.
ⓓ 냉교현상이 발생하지 않게 설계와 시공에 유의한다.

10년간 자주 출제된 문제

2-1. 결로의 발생원인과 가장 거리가 먼 것은?
① 실내 습기의 과다 발생
② 잦은 환기
③ 시공불량
④ 시공 직후 콘크리트, 모르타르 등의 미건조 상태

2-2. 결로에 관한 설명으로 옳지 않은 것은?
① 실내공기의 노점온도보다 벽체표면온도가 높을 경우 외부결로가 발생할 수 있다.
② 여름철의 결로는 단열성이 높은 건물에서 고온다습한 공기가 유입될 경우 많이 발생한다.
③ 일반적으로 외단열 시공이 내단열 시공에 비하여 결로 방지 기능이 우수하다.
④ 결로 방지를 위하여 환기를 통하여 실내의 절대습도를 낮게 한다.

[해설]
2-1
결로의 원인
• 실내외 온도차(실내외 온도차가 클수록 많이 생긴다)
• 실내 습기의 과다 발생
• 건물의 사용패턴 변화에 의한 환기 부족
• 구조체의 열적 특성
• 시공불량
• 시공 직후 콘크리트, 모르타르 등의 미건조 상태

2-2
벽체 내의 어느 부분의 건구온도가 그 부분의 노점온도보다 낮을 때 내부결로가 발생한다.

정답 2-1 ② 2-2 ①

핵심이론 03 하자 대처방안(2)

(1) 미장공사

① 미장면 균열 및 탈락
   ㉠ 원인 : 불량 자재 사용, 시공 및 양생 불량 등
   ㉡ 방지 대책
   • 불순물이 없고 입도가 알맞은 모래를 사용한다.
   • 장기간 보관했거나 변화된 시멘트는 사용하지 않는다.
   • 정벌 미장이 초벌 미장 이상으로 부배합되지 않도록 배합한다.
   • 바탕면이 균일하게 되도록 조치한다.
   • 흙손 누르기를 충분히 하고 바름 두께를 준수한다.
   • 초벌 미장은 가능한 한 조기에 하고, 2주 이상 양생한다.
   • 정벌바름 면이 급격하게 건조되지 않도록 조치한다.
   • 2℃ 이하에서는 작업을 중단하고, 야간 동해가 우려되면 충분히 보양조치를 한다.

② 미장면 요철
   ㉠ 원인 : 기능공의 기능 부족, 물 빠짐 후의 쇠흙손 마감 미흡, 규준대 사용 미이행 등
   ㉡ 방지 대책
   • 하도자를 신중히 선정한다.
   • 지정된 배합으로 물-시멘트비가 적은 된비빔 모르타르를 사용한다.
   • 규준대를 사용한다.

③ 창틀 주위 및 미장 균열
   ㉠ 원인 : 시공법 미준수, 설계도서의 이해 부족, 기능공 자질 부족 등
   ㉡ 방지 대책 : 시공 순서를 준수하고, 문틀 주위 모르타르사춤을 철저하게 한다.

(2) 타일공사

① 원인 : 바탕 처리 미흡, 붙임 모르타르 배합비 불량, 보양관리 미흡으로, 타일 탈락 개소가 발생한다.

② 방지 대책
　㉠ 타일 붙이기 전, 불순물 제거 및 면 처리 후 바탕 모르타르를 요철이 생기지 않게 평활하게 바름 한다.
　㉡ 타일 압착붙임 모르타르는 적당량의 혼합재를 배합하여 사용한다.
　㉢ 타일 부착 시 붙임 모르타르 위에 마른 시멘트 가루의 사용을 금지한다.
　㉣ 타일붙임 후 최저 1일 이상 충격을 주거나 보행을 금지한다.

10년간 자주 출제된 문제

미장공사에서 바름면의 박락(剝落) 및 균열원인이 아닌 것은?
① 구조체의 수축 및 변형
② 재료의 불량 및 수축
③ 바름 모르타르에 감수제의 혼입 사용
④ 바탕면 처리 불량

【해설】
③은 원인이 아닌 해결 대책이다.

정답 ③

핵심이론 04 하자 대처방안(3)

(1) 방수공사

① 굴뚝 슬리브, 통기관, 옥상 배수구 주위에 마감 불량으로 인한 누수
　㉠ 통기관 주위에 구배시공 및 코킹시공을 철저히 한다.
　㉡ 옥상 우수 드레인 주위는 구조체와의 일체로 시공한다.
　㉢ 방수층보다 낮은 위치에 드레인을 설치한다.
　㉣ 정확한 드레인 위치 시공으로 파손 및 재시공을 방지한다.

② 배관 슬리브 후 시공으로 인한 방수층 훼손
　시공 전에 슬리브 매립 위치를 재확인하고, 콘크리트 부실 부위에 바탕면 시공을 철저히 한다.

③ 바닥 방수 불량으로 인한 누수
　㉠ 드레인 및 슬리브 일체 시공 및 모체 콘크리트 구배 시공을 한다.
　㉡ 드레인 및 슬리브위치 수정으로 구조체가 파손되지 않도록 매립 위치를 확인한다.
　㉢ 방수턱 일체 시공 및 방수턱 파손 부위를 보완한다.
　㉣ 액체 방수 공정을 준수하고, 방수 후 방수층에 대한을 철저히 한다.
　㉤ 마감공사 시 구배를 철저히 확인한다.

④ 우수 드레인, 굴뚝 슬리브 코킹 마감 불량으로 인한 누수
　방수 및 구배 시공 시 마감 높이를 준수하고 슬리브 주위 코킹 충전 및 상부 패킹 시공을 철저하게 한다.

⑤ 화장실 및 다용도실 문틀 주위 누수
　문틀 주위 사춤 시 이물질 혼합을 금지하고 밀실 사춤 후 방수홈 설치를 확인한다. 또한 방수시공법 숙지, 방수 두께를 준하여 철저하게 시공한다.

(2) 창호공사

① 창, 문틀 설치 불량
  ㉠ 수직, 수평, 직각이 맞게 설치하고 수준기 및 다림추를 이용하여 수평을 확인한다.
  ㉡ 문틀 옆 및 틈새 모르타르 충전 시 보강목을 대고 실시한다.
  ㉢ 미장완료 시까지 문틀 보양을 철저하게 한다.

② 접합 부위 틈 발생
  문틀 접합부는 접착제로 보완하고, 틈은 미장재로 충전한다.

③ 창호 설치 불량
  문짝 맞춤 시 물림 길이를 확보하고, 창문 표면 연마 상태를 점검한다. 여닫이 문짝과 문틀 사이의 틈을 허용치 이내로 유지한다.

10년간 자주 출제된 문제

건축물의 방수공법에 관한 설명으로 옳지 않은 것은?
① 시멘트 모르타르 방수는 가격이 저렴하고 습윤바탕에 시공이 가능하다.
② 아스팔트 방수는 여러 층의 방수재를 적층시공하여 하자를 감소시킬 수 있다.
③ 시트 방수는 바탕의 균열에 대한 저항성이 약하다.
④ 도막 방수는 복잡한 형상에서 시공이 용이하다.

|해설|
시트 방수는 방수시트가 균열을 확실하게 잡아주기 때문에 하자의 재발률이 매우 낮다.

정답 ③

핵심이론 05 하자 대처방안(4)

(1) 도장공사

① 들뜸
  ㉠ 원인 : 바탕에 유지분이 남았거나, 초벌칠 단계에서 연마가 불충분할 때 생긴다.
  ㉡ 방지 대책 : 유류 등 유해물을 제거한 뒤 휘발유, 벤졸 등으로 닦아 내고, 목부일 경우 면을 평활하게 연마한다.

② 흘림, 굄, 얼룩
  ㉠ 원인 : 균등하지 않게 칠하거나, 바탕 처리가 잘 안되었을 경우 생긴다.
  ㉡ 방지 대책 : 얇게 여러 번 칠하고 바탕면의 녹, 흠집 등은 사전에 제거한 뒤 퍼티를 채운 후 연마한다.

③ 오그라듦
  ㉠ 원인 : 지나치게 두껍게 칠하거나, 초벌칠 건조가 불충분한 경우에 생긴다.
  ㉡ 방지 대책 : 얇게 여러 번 칠하고, 건조시간 내에 겹쳐 바르기를 금한다.

④ 기포, 핀홀
  ㉠ 원인 : 용제의 증발속도가 지나치게 빠르거나, 솔질을 지나치게 빨리 했을 경우에 생긴다.
  ㉡ 방지 대책 : 도료를 신중하게 선택하고 뭉치거나 거품이 일지 않도록 솔질을 천천히 한다.

⑤ 백화
  ㉠ 원인 : 도장 시 온도가 낮은 경우, 공기 중의 수증기가 칠면에 응축·흡착되어 생긴다.
  ㉡ 방지 대책 : 도장 시 기온이 7℃ 이하 또는 습도 85% 이상이거나, 환기가 충분하지 못한 곳에서는 작업을 중지한다.

⑥ 변색, 바램
  ㉠ 원인 : 바탕이 충분히 건조하지 않은 때 발생하며, 온도, 습도가 높거나 백색 페인트일수록 심하다.

ⓛ 방지 대책 : 바탕면의 건조를 충분히 하고 도료의 현장 배합을 금지한다.
⑦ 부풀어 오름
  ㉠ 원인 : 도막 중 용제가 급격하게 가열되거나 물과 접촉하여 가열성 물질이 용해됨으로 인해 도막이 부품. 초벌, 정벌 칠의 도료질이 다를 경우 생긴다.
  ㉡ 방지 대책 : 도료의 질이 같은 동일 회사의 제품을 사용하고, 도장 후 일광이 직접 닿지 않게 보양한다.
⑧ 잔금, 균열
  ㉠ 원인 : 초벌 칠 건조가 불충분하거나, 초벌 칠과 재벌 칠의 재질이 다른 경우, 기온차가 심한 경우에 생긴다.
  ㉡ 방지 대책
    • 초벌 칠 후 건조시간을 준수하고, 도료 질이 같은 도료를 사용한다.
    • 기온이 7℃ 이하, 습도 85% 이상이거나, 환기가 충분하지 못한 곳은 피한다.

(2) 도배공사

① 도배지 들뜸
  ㉠ 원인 : 밀착 시공 소홀, 도배용 풀 접착력 불량, 판상 단열재 부위의 부착력 부족으로 발생한다.
  ㉡ 방지 대책 : 접착력이 강한 풀을 사용하고, 판상 단열재 부착강도를 확인한다.
② 도배지 변색 및 곰팡이 발생
  ㉠ 원인 : 바탕면 미건조 상태에서 도배를 시행(시멘트풀 흡수로 얼룩 및 검은색 반점 발생)하거나 배관 부위 누수로 인해 발생한다.
  ㉡ 방지 대책 : 바탕면이 완전 건조된 후 시공하고, 도배 후 완전 건조 여부를 확인한다. 또한 배관 수압시험을 실시하여 누수 부위가 발견되면 완전하게 조치한 후 도배를 시공한다.
③ 도배지 갓둘레 들뜸 및 마감면 조잡
  ㉠ 원인
    • 갓둘레의 접착풀 부족 및 밀착 시공 부실
    • 갓둘레 도련질 불량으로 마감 면 조잡 및 수직, 수평 불량
    • 기능공의 무성의한 시공
    • 석고보드 연결 부위 본드 마감면 처리 불량
    • 미장면 배관 부위 수정 후 모르타르사춤면 마감 불량
  ㉡ 방지 대책
    • 도배지 갓둘레 풀칠을 철저하게 하고 헝겊 등으로 문질러 밀착 시공한다.
    • 모서리 및 구석 부위 모르타르 찌꺼기, 먼지 등 청소를 철저하게 한다.
    • 도배지의 갓둘레 도련질을 직선이 되도록 정교하게 시공한다.
    • 기능공의 시범교육을 실시한다.
    • 석고보드 부위 이음면에는 석고본드로 평탄하게 면처리 후, 폭 10cm 초배지로 2회 바른 뒤 도배를 시행한다.
④ 장판지 들뜸 및 갈라짐 발생
  ㉠ 원인 : 초배지의 봉투바름 시공, 급격한 건조로 인해 발생한다.
  ㉡ 방지 대책 : 초배지 2회는 풀을 전면에 도포하여 밀착 시공하고, 창호지 1회는 봉투바름으로 시공한다.

10년간 자주 출제된 문제

도장공사의 하자가 아닌 것은?
① 은폐 불량   ② 백화
③ 기포   ④ 피트

[해설]
피트는 용접결함에 해당한다.

정답 ④

CHAPTER 03 실내디자인 환경

제1절 실내디자인 자료조사 분석

1-1. 주변 환경 조사

핵심이론 01 열환경 요소

(1) 인체의 열쾌적에 영향을 주는 물리적 온열 4요소

① 기온(온도)
  ㉠ 기온은 지상 1.5m에서의 건구온도를 말한다.
  ㉡ 열쾌적감에 가장 크게 영향을 미치는 요소이다.
  ㉢ 실내의 쾌감온도 : 18±2℃

② 기습(습도)
  ㉠ 습도는 공기 중에 포함된 수증기량의 비율을 나타내는 지수이다.
  ㉡ 습하면 피부질환, 건조하면 호흡기질환에 걸리기 쉽고 온도와 습도가 높으면 불쾌감을 느낀다.
  ㉢ 쾌적한 습도 : 40~70%

③ 기류(공기의 흐름)
  ㉠ 기류는 대류에 의한 인체의 열손실 및 열획득을 증가시킨다.
  ㉡ 쾌적 기류 : 일반적으로 1m/s 전후의 기류가 있는 것이 좋으며, 무풍(0.1m/s)인 상태에서 고온·고습하면 체열 발산이 이루어지지 않아 견디기 힘든 불쾌감을 느낀다.
  ㉢ 불감 기류 : 주로 0.2~0.5m/s 정도의 피부로 느낄 수 없는 기류이다.

④ 복사열
  ㉠ 발열체로부터 직접적으로 발산되는 열이다.
  ㉡ 기온 다음으로 온열감에 영향을 미친다.
  ㉢ 평균복사온도는 일반적으로 주변 공간 표면온도의 면적 가중 평균값을 이용한다.

(2) 개인적(주관적) 온열요소

① 주관적이고 정량화할 수 없는 요소이다.
② 착의 상태, 활동량, 환경에 대한 적응도, 건강 상태, 음식과 음료, 연령과 성별, 재실시간 등이 있다.
③ 인체의 열손실이 이루어지는 요인
  ㉠ 피부 표면의 열복사
  ㉡ 호흡, 땀 등의 수분 증발에 의한 열손실
  ㉢ 주변 공기의 복사, 대류, 증발에 의한 열손실

10년간 자주 출제된 문제

1-1. 인체의 열쾌적에 영향을 미치는 물리적 온열 4요소에 해당하지 않는 것은?

① 기온 ② 습도
③ 청정도 ④ 기류속도

1-2. 물리적 온열요소 중 열쾌적감에 가장 크게 영향을 미치는 요소는?

① 기온 ② 기류
③ 습도 ④ 복사열

|해설|

1-1
인체의 열쾌적에 영향을 미치는 물리적 온열 4요소 : 기온, 기류, 습도, 복사열

정답 1-1 ③ 1-2 ①

핵심이론 02 온열지수

(1) 유효온도(실효온도, effective temperature)

① 유효온도의 개념
  ㉠ 기온·습도·기류의 3요소 조합에 의한 실내 온열 감각을 기온의 척도로 나타낸 온열지표이다.
  ㉡ 실제로 감각되는 온도이다(실감온도).
  ㉢ 상대습도 100%일 때의 건구온도에서 느끼는 것과 동일한 온감(溫感)이다.
  ㉣ 다수의 피험자의 실제 체감으로 구한 것이며, 계측기에 의한 것이 아니다.

② 유효(실효)온도의 종류
  ㉠ Oxford 지수(WD, 습건지수) : 습구온도와 건구온도의 단순가중치(가중평균값)
    $WD = 0.85W + 0.15D$
    여기서, W : 습구온도, D : 건구온도
  ㉡ WBGT 지수(Wet Bulb Globe Temperature) : 실내에서 사용하는 습구흑구온도 지수
    $WBGT = 0.7NWB + 0.3GT$
    여기서, NWB : 자연습구, GT : 흑구온도
  ㉢ Botsball 지수

(2) 불쾌지수(DI ; Discomfort Index)

① 습도와 온도의 영향에 의해서 인체가 느끼는 불쾌감을 지수화한 것으로, 기류 및 복사열 등은 고려되지 않는다.
② 불쾌지수 계산식
  ㉠ 온도 단위 ℃일 때의 계산식
    $0.72 \times (D+W) + 40.6$
    여기서, D : 건구온도(℃), W : 습구온도(℃)
  ㉡ 온도 단위 °F일 때의 계산식
    $0.4 \times (D+W) + 15$
    여기서, D : 건구온도(°F), W : 습구온도(°F)
③ 불쾌지수의 범위(쾌적함의 척도)
  ㉠ 68 미만 : 전원이 쾌적함을 느낀다.
  ㉡ 68~75 : 불쾌감을 나타내기 시작한다.
  ㉢ 75~80 : 일반인의 절반 정도가 불쾌감을 느낀다.
  ㉣ 80 이상 : 대부분의 사람이 불쾌감을 느낀다.

(3) 온도의 영향

① 저온에서의 생리적 반응
  ㉠ 몸이 떨리고 소름이 돋는다.
  ㉡ 피부의 온도가 내려간다.
  ㉢ 직장온도가 약간 올라간다.
  ㉣ 많은 양의 혈액이 몸의 중심부로 순환한다.
  ㉤ 피부를 경유하는 혈액순환량이 감소한다.

② 고온에서의 생리적 반응
  ㉠ 근육이 이완된다.
  ㉡ 체표면적이 증가한다.
  ㉢ 피부혈관이 확장된다.
  ㉣ 수분 및 염분이 감소한다.
  ㉤ 고온 스트레스에 의한 Q10효과가 발생한다.
    ※ Q10효과 : 고온 스트레스에 의하여 호흡량과 체내 에너지 소모량이 증가하여 견디는 힘이 약해지는 현상이다.

10년간 자주 출제된 문제

2-1. 온도와 습도 및 공기 유동이 인체에 미치는 열효과를 하나의 수치로 통합한 경험적 감각지수로, 상대습도 100%일 때의 건구온도에서 느끼는 것과 동일한 온감을 의미하는 온열조건의 용어는?

① Oxford 지수   ② 발한율
③ 실효온도   ④ 열압박지수

2-2. 다음 중 고온 환경에 대한 신체의 영향이 아닌 것은?

① 근육의 이완   ② 체표면의 증가
③ 수분 및 염분의 감소 ④ 화학적 대사작용의 증가

|해설|
2-2
고온하에서는 기초대사에 의한 체열 발생이 감소한다(화학적 조절).

정답 2-1 ③ 2-2 ④

핵심이론 03 전열이론

(1) 열전도의 개념
① 건물 외벽의 한쪽 표면에서 다른 쪽 표면으로 열이 이동되는 현상, 즉 벽체 내부에서 열이 이동하는 현상이다.
② 열은 전도, 대류, 복사에 의해 전달된다.
③ 열은 온도가 높은 곳에서 낮은 곳으로 이동한다.
④ 건물 내 전달과정은 전달, 전도, 관류로 나타낸다.

(2) 열전도율
① 열전도율이란 두께 1m판의 양면에 1℃의 온도차가 있을 때 단위시간 동안에 흐르는 열량이다.
② 열전도율은 물체의 고유 성질로서 전도에 의한 열의 이동 정도를 표시한다.
③ 열전도율의 단위는 W/m · K이다.
④ 기체나 액체는 고체보다 열전도율이 작다.
⑤ 철근콘크리트의 열전도율은 강재보다 작다.
⑥ 열전도율이 크면 클수록 열전도저항은 작아진다.

(3) 열관류율
① 벽과 같은 고체를 통하여 유체(공기)에서 유체로 열이 전해지는 현상이다.
② 열관류율이 큰 벽일수록 단열성이 낮다.
③ 일반적으로 벽체에서의 열관류현상은 '열전달 → 열전도 → 열전달'의 과정을 거친다.
④ 건물 외벽의 열관류 저항값을 높이는 방법
  ㉠ 벽체 내에 공기층을 둔다.
  ㉡ 벽체의 두께를 두껍게 하거나 단열재를 사용한다.
  ㉢ 열전도율이 낮은 재료를 사용한다.
  ㉣ 열관류저항이 큰 재료를 사용한다.
  ㉤ 열전도율이 같으면 흡수성이 작은 재료를 사용한다.

10년간 자주 출제된 문제

3-1. 전열의 유형에 해당하지 않는 것은?
① 전도　　② 대류
③ 복사　　④ 현열

3-2. 건물 외벽의 한쪽 표면에서 다른 쪽 표면으로 열이 이동되는 현상, 즉 벽체 내부에서 열이 이동하는 현상은?
① 열전도　　② 열복사
③ 열관류　　④ 열전환

3-3. 열전도율에 관한 설명으로 옳지 않은 것은?
① 기체는 고체보다 열전도율이 작다.
② 액체는 고체보다 열전도율이 작다.
③ 철근콘크리트의 열전도율은 강재보다 작다.
④ 열전도율이 크면 클수록 열전도저항도 커진다.

해설

3-1
열은 전도, 대류, 복사에 의해 전달된다.

3-3
열전도율이 크면 클수록 열전도저항은 작아진다.

정답 3-1 ④　3-2 ①　3-3 ④

핵심이론 04 단열재 등

(1) 단열재의 특징
① 일반적으로 단열재의 열전도율은 밀도가 낮을수록 작다.
② 충전형 단열재 중 무기질 재료는 열에 강한 반면 흡수성이 크다.
③ 단열재에 수분이 침투하면 열전도율이 크게 증가하기 때문에 흡습성이 없어야 한다.

(2) 단열재가 갖추어야 할 요건
① 경제적이고 시공이 용이할 것
② 가볍고, 기계적 강도가 우수할 것
③ 열전도율, 흡수율, 수증기 투과율이 낮을 것
④ 내구성, 내열성, 내식성이 우수하고 냄새가 없을 것

(3) 단열공법
① 외단열
　㉠ 내부측의 열용량이 커서 연속난방에 유리하다.
　㉡ 실온변동의 폭은 작으며, 타임 랙(time-lag)이 길다.
　㉢ 전체 구조물의 보온에 유리하며, 내부결로의 위험도 감소시킬 수 있다.
② 내단열
　㉠ 열용량이 작아 빠른 시간에 더워지므로 간헐난방을 적용해야 하는 강당, 집회장에 유리하다.
　㉡ 실온변동의 폭은 외단열에 비해 크며, 타임 랙이 짧다.
　㉢ 표면결로는 발생하지 않으나 내부결로가 쉽게 발생한다.

(4) 열용량
① 중량 건축물일수록 시간지체현상이 커지는데, 이를 평가하기 위한 척도이다.
② 열용량이 큰 물체의 온도를 올리기 위해서는 많은 열량을 필요로 한다.
③ 열용량이 큰 물체는 가열된 후 식는 데에도 상대적으로 시간이 많이 소요된다.
④ 건물의 열용량이 클수록 외기의 영향이 작다.
⑤ 건물의 열용량이 클수록 실온의 상승 및 하강 폭이 작다.
⑥ 일반적으로 창면적비가 증가하면 열손실은 증가한다.

10년간 자주 출제된 문제

4-1. 단열재가 갖추어야 할 요건으로 옳지 않은 것은?
① 경제적이고 시공이 용이할 것
② 가벼우며 기계적 강도가 우수할 것
③ 열전도율, 흡수율, 수증기 투과율이 높을 것
④ 내구성, 내열성, 내식성이 우수하고 냄새가 없을 것

4-2. 열용량에 관한 설명으로 옳지 않은 것은?
① 열용량이 큰 물체는 일반적으로 비열이 적다.
② 열용량이 큰 물체로 둘러싸인 실은 시간지역 효과가 상대적으로 크다.
③ 열용량이 큰 물체는 온도를 올리기 위해 보다 많은 열량을 필요로 한다.
④ 열용량이 큰 물체는 가열된 후 식는 데에도 상대적으로 시간이 많이 소요된다.

|해설|
4-1
열전도율, 흡수율, 수증기 투과율이 낮아야 한다.
4-2
열용량이 큰 물체는 일반적으로 비열이 크다.

정답 4-1 ③　4-2 ①

핵심이론 05 단열계획

(1) 건축물의 에너지 절약을 위한 단열계획

① 외벽 부위는 외단열로 시공한다.
② 외피의 모서리 부분은 열교현상이 발생하지 않도록 단열재를 연속적으로 설치한다.
　※ 열교현상 : 벽이나 바닥, 지붕 등 건축물의 특정 부위에 단열이 연속되지 않은 부분이 있어 이 부위를 통한 열의 이동이 많아지는 현상이다. 열교현상이 발생하면 구조체 전체의 단열성이 저하되고 표면결로가 발생한다.
③ 건물의 창 및 문은 가능한 한 작게 설계하고, 특히 열손실이 많은 북측 거실의 창 및 문의 면적은 최소화한다.
④ 발코니 확장을 하는 공동주택이나 창 및 문의 면적이 큰 건물에는 단열성이 우수한 로이(Low-E) 복층창이나 삼중창을 설치한다.
⑤ 외벽은 가능한 한 굴곡을 피하고 단순한 형태로 한다.
⑥ 단열재는 투습성이 적은 것을 사용한다.
⑦ 실의 용도 및 기능에 따라 수평, 수직으로 조닝계획을 한다.
⑧ 공동주택은 인동 간격을 넓게 하여 저층부의 일사수열량을 증대시킨다.
⑨ 거실의 층고 및 반자 높이는 실의 용도와 기능에 지장을 주지 않는 범위 내에서 가능한 한 낮게 한다.
⑩ 건축물은 남향 또는 남동향 배치를 한다.

(2) 벽체의 단열효과를 높이기 위한 방법

① 벽체 내부에 공기층을 설치한다.
② 반사형 단열재는 중공벽 중간에 설치한다.
③ 단열재는 되도록 건조한 상태로 유지하는 것이 좋다.
④ 저항형 단열재는 재료 내 기포가 많이 포함된 것을 사용한다.

10년간 자주 출제된 문제

5-1. 건축물의 단열계획에 관한 설명으로 옳지 않은 것은?
① 외피의 모서리 부분은 열교가 발생하지 않도록 단열재를 연속적으로 설치한다.
② 외벽 부위는 내단열로 시공하는 것이 외단열로 시공하는 것보다 단열에 효과적이다.
③ 건물의 창 및 문은 가능한 한 작게 설계하고, 특히 열손실이 많은 북측 거실의 창 및 문의 면적은 최소화한다.
④ 발코니 확장을 하는 공동주택이나 창 및 문의 면적이 큰 건물에는 단열성이 우수한 로이(Low-E) 복층창이나 삼중창 이상의 단열성능을 갖는 창을 설치한다.

5-2. 벽이나 바닥, 지붕 등 건축물의 특정부위에 단열이 연속되지 않은 부분이 있어 이 부위를 통한 열의 이동이 많아지는 현상을 무엇이라 하는가?
① 결로현상　　　　② 열교현상
③ 대류현상　　　　④ 열획득현상

해설

5-1
외벽 부위는 외단열로 시공하는 것이 내단열로 시공하는 것보다 단열에 효과적이다.

5-2
열교현상(熱橋現象)
실내의 따뜻한 공기나 열기가 건물 구조체를 타고 빠져나가는 현상이다.

정답 5-1 ②　5-2 ②

핵심이론 06 일조, 일사

(1) 일조
① 일조의 직접적 효과
  ㉠ 광효과 : 가시광선, 채광효과, 밝음을 유지시켜 주는 효과
  ㉡ 열효과 : 적외선, 열환경효과
  ㉢ 보건·위생적 효과 : 자외선, 광합성 효과
② 일조율 : 가조시간에 대한 일조시간의 백분율이다.
  ㉠ 일조시간 : 실제 직사광선이 지표를 조사한 시간
  ㉡ 가조시간 : 장애물이 없는 곳에서 청천 시 일출부터 일몰까지의 시간
  ※ 일조의 확보와 관련하여 공동주택의 인동 간격 결정기준 : 동지
③ 균시차 : 진태양시와 평균태양시의 차를 말한다.
  ㉠ 진태양시 : 어느 지방에서 남중시에서 다음 남중시까지 1일
  ㉡ 평균태양시 : 평균 태양의 시각에 12시를 더한 시

(2) 일사
① 차폐계수가 낮은 유리일수록 차폐효과가 크다.
② 일사에 의한 벽면의 수열량은 방위에 따라 차이가 있다.
③ 창면에서의 일사 조절방법으로 추녀와 차양 등이 있다.
④ 벽면의 흡수율이 크면 벽체 내부로 전달되는 일사량은 많아진다.

(3) 차양장치
① 수평 차양장치는 남향창에 설치하는 것이 유리하다.
② 내부 차양장치가 외부 차양장치보다 직사광선 차단에 더 효과적이다.
③ 외부 차양장치는 주기능 외에도 에너지 절약적인 면에서도 효율적인 역할을 한다.
④ 외부 차양장치로는 선스크린, 블라인드, 지붕의 돌출차양 등이 있다.
※ 일사 차단을 위한 차양 설계와 관련 있는 요소 : 태양고도, 수직 음영각, 수평 음영각

10년간 자주 출제된 문제

6-1. 일조의 직접적 효과에 속하지 않는 것은?
① 광효과 ② 열효과
③ 환기효과 ④ 보건·위생적 효과

6-2. 균시차에 대한 설명으로 옳은 것은?
① 균시차는 항상 일정하다.
② 진태양시와 평균태양시의 차를 말한다.
③ 중앙표준시와 평균태양시의 차를 말한다.
④ 진태양시의 1년간 평균값에서 중앙표준시를 뺀 값이다.

6-3. 일조의 확보와 관련하여 공동주택의 인동 간격 결정과 가장 관계가 깊은 것은?
① 춘분 ② 하지
③ 추분 ④ 동지

[해설]
6-3
공동주택의 경우 동지를 기준으로 9시에서 15시 사이에 2시간 이상을 계속하여 일조(日照)를 확보할 수 있는 거리 이상으로 할 수 있다(건축법 시행령 제86조).

정답 6-1 ③ 6-2 ② 6-3 ④

핵심이론 07 환기

(1) 환기의 개념
① 실내공기의 정화나 열의 제거, 신선한 산소 공급을 위하여 실내공기를 실외공기와 교환하는 것을 환기라고 한다.
② 환기의 목적
　㉠ 실내공기의 정화
　㉡ 실내에서 발생된 열의 제거
　㉢ 실내에서 발생된 수증기의 제거
③ 필요환기량
　㉠ 실내 환경의 쾌적성을 유지하기 위한 외기량을 필요환기량이라 한다.
　㉡ 1인당 차지하는 공간체적이 클수록 필요환기량은 감소한다.
　㉢ 1인당 점유하는 면적에서 필요환기량을 구하는 방법
　　필요환기량(m^3/h)
　　$= \dfrac{20(CMH) \times 실의\ 면적(m^2)}{1인당\ 점유하는\ 면적(m^2/h \cdot 인)}$
　　여기서, 20(CMH) : 성인 남자가 조용히 앉아 있을 때 CO_2 배출량을 기준으로 한 필요환기량

(2) 환기방식
① 자연환기
　㉠ 자연환기는 실내의 공기 압력차 또는 온도차에 의한 공기 밀도차를 이용하여 환기하는 것이다.
　㉡ 환기량은 일반적으로 공기 유입구와 유출구의 높이 차이가 클수록 증가한다.
　㉢ 개구부 면적이 클수록 환기량은 많아진다.
　㉣ 개구부의 전후에 압력차가 있으면 고압측에서 저압측으로 공기가 흐른다.
　㉤ 실내외의 압력차가 클수록 많아진다.
　㉥ 중력환기는 실내외의 온도차에 의한 공기의 밀도차가 원동력이 된다.
　㉦ 실내온도가 실외온도보다 낮으면 상부에서는 실외공기가 유입되고, 하부에서는 실내공기가 유출된다.
　㉧ 풍력환기는 건물의 외벽면에 가해지는 풍압이 원동력이 된다.
　㉨ 바람이 있을 때에는 중력환기와 풍력환기가 경합하므로, 양자가 서로 다른 것을 상쇄하지 않도록 개구부의 위치에 주의한다.

② 기계환기
기계환기는 송풍기와 배풍기를 이용하여 환기하는 것으로 제1종 환기법, 제2종 환기법, 제3종 환기법으로 나뉜다.

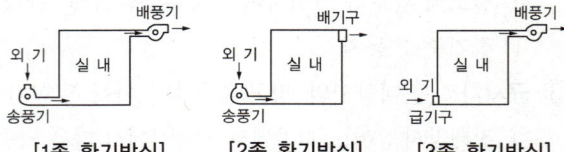

[1종 환기방식]　[2종 환기방식]　[3종 환기방식]

　㉠ 제1종 환기법(급기팬 + 배기팬, 압입·흡출 병용방식)
　　• 급기측과 배기측에 송풍기와 배풍기를 설치하여 환기하는 방식이다.
　　• 필요에 따라 실내 압력을 인위적으로 조절할 수 있다.
　㉡ 제2종 환기법(급기팬 + 자연배기, 압입식)
　　• 송풍기로 실내에 급기를 실시하고, 배기구를 통하여 자연적으로 유출시키는 방식이다.
　　• 실내의 압력이 외부보다 높아진다.
　　• 공기가 실외에서 유입되는 경우가 적다.
　　• 무균실이나 수술실 등 클린룸에 가장 바람직한 환기방식이다.
　㉢ 제3종 환기법(자연급기 + 배기팬, 흡출식)
　　• 급기는 자연급기가 되도록 하고, 배기는 배풍기로 한다.
　　• 실내는 항상 부압이 걸려 문을 열었을 때 공기가 다른 실로부터 밀려들어 온다.

• 화장실, 욕실, 주방 등에 설치하여 냄새가 다른 실로 전달되는 것을 방지한다.

10년간 자주 출제된 문제

7-1. 환기에 관한 설명으로 옳지 않은 것은?
① 실내환경의 쾌적성을 유지하기 위한 외기량을 필요환기량이라 한다.
② 1인당 차지하는 공간체적이 클수록 필요환기량은 증가한다.
③ 실내가 실외에 비해 온도가 높을 경우 실내의 공기밀도는 실외보다 낮다.
④ 중력환기는 실내외 온도차에 의한 공기의 밀도차에 의하여 발생한다.

7-2. 자연환기에 관한 설명으로 옳지 않은 것은?
① 풍력환기는 건물의 외벽면에 가해지는 풍압이 원동력이 된다.
② 일반적으로 공기 유입구와 유출구 높이의 차가 클수록 중력환기량은 많아진다.
③ 자연환기량은 개구부의 위치와 관련이 있으며, 개구부의 면적에는 영향을 받지 않는다.
④ 바람이 있을 때에는 중력환기와 풍력환기가 경합하므로 양자가 서로 다른 것을 상쇄하지 않도록 개구부의 위치에 주의한다.

7-3. 실내·외의 온도차에 의한 공기밀도의 차이가 원동력이 되는 환기방식은?
① 중력환기   ② 풍력환기
③ 기계환기   ④ 국소환기

|해설|

7-1
1인당 차지하는 공간체적이 클수록 필요환기량은 감소한다.

7-2
환기량은 개구부 면적에 비례하여 증가한다.

정답 7-1 ② 7-2 ③ 7-3 ①

핵심이론 08 빛의 측정

(1) 광속(luminous flux, F)
① 광원으로부터 방출되는 빛의 총량을 말한다.
② 단위 : 루멘(lumen, lm)

(2) 광도(luminous intensity, I)
① 단위 면적당 표면에서 반사 또는 방출되는 광량(빛의 양)을 말한다.
② 단위 : 칸델라(candela, cd)
③ 광도$(I) = \dfrac{\text{한 방향으로 방출되는 광속}}{\text{방향 각도}}$ [lm/sr = cd]

(3) 조도(illuminance, E)
① 물체나 표면에 도달하는 빛의 단위 면적당 밀도(광의 밀도)를 나타낸다.
② 조도는 광속이 표면에 도달하는 방향으로부터 독립적이며 광원의 밝기에 비례하고 거리의 제곱에 반비례한다.
③ 단위 : 럭스(lx), foot-candle[fc]
④ 조도$(E) = \dfrac{\text{광속}}{\text{조사 면적}^2}$[lm/m^2] = $\dfrac{\text{광도}}{\text{거리}^2}$[cd/m^2]

※ 산업안전보건법의 최소 조도기준(조명수준)
• 초정밀작업 : 750lx 이상
• 정밀작업 : 300lx 이상
• 보통작업 : 150lx 이상
• 그 밖의 작업 : 75lx 이상

(4) 휘도(luminance, L)
① 빛을 내는 물체의 단위 면적당 표면 밝기의 정도이다.
② 시각 환경 밝기의 분포를 나타낸다.
③ 단위 : 니트(nit[cd/m^2])
④ 휘도$(L) = \dfrac{\text{광도}}{\text{조사 면적}^2}$[cd/m^2]

(5) 반사율(reflectance)

① 반사율 = $\dfrac{\text{표면에서 반사되는 빛의 양}}{\text{표면에 비치는 빛의 양}}$ = $\dfrac{\text{휘도}}{\text{조도}}$

② 반사율이 100%라면, 빛을 완전히 반사하는 것이다.

③ 실내면에서 빛의 추천 반사율
- ㉠ 바닥 : 20~40%
- ㉡ 가구 : 30~40%
- ㉢ 창 또는 벽면 : 40~60%
- ㉣ 천장 : 80~90%

(6) 광속발산도(luminance ratio)

① 대상의 표면에서 발산되는 단위 면적당 빛의 양이다.

② 광속발산도 = $\dfrac{\text{광속}}{\text{발산 면적}}$

③ 단위 : lm/m^2

10년간 자주 출제된 문제

8-1. 다음 중 점광원에서 어떤 물체나 표면에 도달하는 빛의 단위 면적당 밀도로 빛을 받는 면의 밝기를 나타내는 것은?

① 휘도   ② 광도
③ 명도   ④ 조도

8-2. 다음 중 실내 면에 대한 추천 반사율이 적절하지 않은 것은?

① 천장 : 80~90%
② 바닥 : 20~40%
③ 가구 : 30~40%
④ 창 또는 벽면 : 20~30%

8-3. 반사형 없이 모든 방향으로 빛을 발하는 점광원에서 5m 떨어진 곳의 조도가 120lx라면 2m 떨어진 곳의 조도는?

① 150lx   ② 192.2lx
③ 750lx   ④ 3,000lx

해설

8-1
① 휘도 : 단위 면적당 표면 밝기의 정도를 말한다.
② 광도 : 발광체의 표면 밝기를 나타낸다.
③ 명도 : 밝기의 정도를 나타낸다.

8-2
창 또는 벽면 : 40~60%

8-3
조도 = $\dfrac{\text{광도}}{\text{거리}^2}$, 광도 = 조도 × 거리^{2}이다.

5m 떨어진 곳의 조도가 120lx이므로,
이 점광원의 광도는 120 × 5^2 = 3,000cd이다.

따라서 2m 떨어진 곳의 조도는 $\dfrac{3,000}{2^2}$ = 750lx

정답 8-1 ④ 8-2 ④ 8-3 ③

핵심이론 09 채광방식

(1) 측창 채광의 특징
① 조도분포가 균일하며, 통풍 및 차열에 유리하다.
② 시공이 용이하며 비막이에 유리하다.
③ 천창 채광에 비해 구조와 시공이 불리하다.
④ 동일한 면적의 천장에 비해 채광량이 적다.
⑤ 근린의 상황에 의해 채광 방해가 발생할 수 있다.
⑥ 편측 채광은 조도분포가 불균일하며 실 안쪽의 조도가 부족한 경향이 많다.
⑦ 정측창 채광은 실내 벽면에 높은 조도가 바람직한 미술관이나 넓은 작업면에 주광률 분포의 균일성이 요구되는 공장 등에 사용된다.

(2) 천창 채광의 특징
① 측창 채광에 비해 채광량이 많다.
② 측창 채광에 비해 통풍, 비막이에 불리하다.
③ 측창 채광에 비해 조도분포의 균일화에 유리하다.
④ 측창 채광에 비해 근린의 상황에 따라 채광을 방해받는 경우가 적다.

10년간 자주 출제된 문제

자연 채광방식에 관한 설명으로 옳지 않은 것은?
① 편측 채광은 조도분포가 불균일하며 실 안쪽의 조도가 부족한 경향이 많다.
② 측창 채광은 통풍에 유리하나 근린의 상황에 의해 채광 방해가 발생할 수 있다.
③ 천창 채광은 비막이에 유리하며 좁은 실에서 개방된 분위기의 조성이 용이하다.
④ 정측창 채광은 실내 벽면에 높은 조도가 바람직한 미술관이나 넓은 작업면에 주광률 분포의 균일성이 요구되는 공장 등에 사용된다.

|해설|
천창 채광은 비막이에 불리하고, 좁은 실에서 해방감 확보가 쉽지 않다.

정답 ③

핵심이론 10 조명

(1) 조명의 종류
① **배광방식에 의한 분류**
 ㉠ 직접조명 : 빛의 90~100%가 아래로 향하고, 빛의 0~10%가 위로 향하게 투사시키는 방식이다. 일반적으로 조명률은 좋으나 조도분포가 균일하지 않고 눈부심 현상과 강한 그림자가 생겨 근로자의 눈 피로도가 큰 조명방법이다.
 ㉡ 반직접조명 : 빛의 60~90%가 아래로 향하여 직접 표면을 비추고, 나머지 10~40%의 빛이 위로 향하여 1차적으로 천장면을 향하여 반사된다.
 ㉢ 간접조명 : 빛의 90~100%가 위로 향하고, 빛의 0~10%가 아래로 향하여 광원의 빛을 1차적으로 천장이나 벽에 비추어 그 반사광으로 원하는 조도를 구하는 조명방식이다. 반사광에 의한 조명방식이므로 조도분포가 균일하여 부드러운 분위기가 되므로 눈부심현상이 없다.
 ㉣ 반간접조명 : 빛의 60~90%가 위로 향하고, 빛의 10~40%가 아래로 향하여 투사되는 가장 효과적인 조명방식이다.
 ㉤ 직간접(전반확산)조명 : 직접조명과 간접조명방식을 병용하여 위아래로 향하는 빛의 양이 40~60%로 균등하게 확산·배분되는 조명방식이다.

② **조명분포에 의한 분류**
 ㉠ 전체조명(전반조명) : 천장이나 바닥에 전반적인 조명을 설치하는 것으로 실 전체를 평균적으로 밝고 온화한 분위기로 만든다. 눈의 피로가 적어져서 사고나 재해가 적어지는 조명방식이다.
 ㉡ 국부조명(부분조명) : 작업면상의 필요한 개소만 고조도를 취하는 방식으로, 일부분만 밝게 하므로 명암의 차이가 많아 눈부심을 일으켜 눈을 피로하게 하는 결점이 있다.

ⓒ 장식조명(분위기 조명) : 조명기구 자체가 하나의 예술품과 같이 강조되거나 분위기를 살려주는 조명을 말한다. 펜던트, 샹들리에, 브래킷 등이 대표적이다.

(2) 조명의 눈부심 방지방법
① 광원의 휘도를 줄이고 광원의 수를 늘린다.
② 광원을 시선에서 멀리 위치시킨다.
③ 휘광원 주위를 밝게 하여 광속발산비(휘도비, 광도비)를 줄인다.
④ 가리개, 차양, 발(blind) 등을 사용한다.
⑤ 옥외 창 위에 드리우개(overhang)를 설치한다.
⑥ 간접조명방식을 채택한다.
⑦ 휘도가 낮은 형광 램프를 사용한다.

10년간 자주 출제된 문제

10-1. 집단 작업 공간의 조명방법으로 조도분포를 일정하게 하고, 시야의 밝기를 일정하게 만들어 작업의 환경여건을 개선할 수 있는 것은?
① 방향조명　　② 전반조명
③ 투과조명　　④ 근자외선조명

10-2. 다음 중 광원으로부터의 직사광에 의한 눈부심(glare)을 줄일 수 있는 방법으로 적절하지 않은 것은?
① 광원의 휘도를 줄이고 광원의 수를 늘린다.
② 광원을 시선에서 멀리 위치시킨다.
③ 휘광원 주위를 어둡게 하여 광도비를 늘린다.
④ 가리개(shield), 갓(hood) 혹은 차양(visor)을 사용한다.

|해설|
10-1
전반조명은 실내를 일률적으로 밝히는 조명방법으로 눈의 피로가 적어져서 사고나 재해가 적어지는 조명방식이다.

10-2
휘광원 주위를 밝게 하여 휘도비를 줄인다.

정답 10-1 ②　10-2 ③

핵심이론 11 음의 특징

(1) 음 관련 이론
① 도플러(doppler) 효과 : 음원과 관측자가 서로 상대 속도를 가질 때, 음원의 소리보다 더 높거나 낮은 소리를 듣게 되는 현상이다.
② 마스킹 효과(은폐효과)
　㉠ 어느 음을 듣고자 할 때, 다른 음에 의하여 듣고자 하는 음이 작게 들리거나 아예 들리지 않는 현상이다.
　㉡ 크고 작은 두 소리를 동시에 들을 때 큰소리만 듣고, 작은 소리는 듣지 못하는 현상이다.
　　예 배경음악에 실내 소음이 묻히는 경우, 사무실의 자판 소리 때문에 말소리가 묻히는 경우
③ 임피던스(impedance) 효과 : 밀폐된 공간에서 발생되는 공기의 압력 차이로 인하여 소리 전달이 방해되는 현상이다.

(2) 주파수(진동수, frequency)
① 주파수의 특성
　㉠ 음이 1초 동안에 진동하는 횟수를 주파수라고 한다.
　㉡ 사람의 귀는 모든 주파수의 음마다 다르게 반응한다.
　㉢ 일반적으로 낮은 주파수(100Hz 이하)에 덜 민감하고, 높은 주파수에 더 민감하다.
　㉣ 음의 고저는 음파의 기본음이 가지는 기본 주파수에 의해서 결정된다.
　㉤ 음의 크기 레벨(phon) 산정에 기준이 되는 순음주파수는 1,000Hz이다.
　㉥ 인간의 귀로 들을 수 있는 주파수 범위를 가청 주파수라고 한다.

Ⓢ 기온이 높아지면 공기 중에 전파되는 음의 속도도 증가한다.
ⓞ 진동수가 많으면 음이 높고 적으면 음이 낮다.
ⓩ 굴절현상 시 진동수는 변함없다.
ⓩ 저주파일수록 회절이 많이 발생한다.
② 단위 : Hz(1초 동안의 진동수)
③ 주파수 범위

저주파	가청 주파수	고주파	초음파
20Hz 이하	20~20,000Hz	4,000~20,000Hz	20,000Hz 이상

(3) 음의 성질
① 진음 : 세기와 높이가 일정한 음으로, 확성기나 마이크로폰 성능실험 등의 음원으로 사용된다.
② 정상(소)음 : 소음의 종류 중 음압 레벨의 변동 폭이 좁고, 측정자가 귀로 들었을 때 음의 크기가 변동하고 있다고 생각되지 않는 음이다.
③ 간섭 : 서로 다른 음원에서 음이 중첩되면 합성되어 음은 쌍방의 상황에 따라 강해지거나 약해진다.
  예 2개의 스피커에서 같은 음을 발생하면 음이 크게 들리는 것과 작게 들리는 것이 있다.
④ 굴절 : 음파가 한 매질에서 타 매질로 통과할 때 전파속도가 달라져 진행 방향이 변화된다.
  예 주간에 들리지 않던 소리가 야간에 잘 들린다.
⑤ 회절 : 음파는 파동의 하나이기 때문에 물체가 진행 방향을 가로막아도 그 물체의 후면에도 전달되는 현상이다.
⑥ 공명(공진) : 강제로 진동시킨 어떤 물체의 진동수(주파수)가, 그 물체의 고유 진동수와 같을 때, 진폭이 엄청 커지는 현상이다.

10년간 자주 출제된 문제

11-1. 음원과 관측자가 서로 상대속도를 가질 때 음원의 소리보다 더 높거나 낮은 소리를 듣게 되는 현상을 무엇이라 하는가?
① 도플러 효과　　② 가현 운동
③ 은폐 작용　　　④ 여파 작용

11-2. 청각의 마스킹(masking) 효과에 관한 설명으로 맞는 것은?
① 저음은 고음을 마스크하기 쉽다.
② 목적음(目的音)이 다른 음의 청취력을 감소시킨다.
③ 마스크 음의 음압수준이 커지면 주파수의 범위는 좁아진다.
④ 마스크 음의 음압수준이 커지면 마스킹 효과가 저하된다.

11-3. 군인들이 다리를 건널 때는 다리의 붕괴를 방지하기 위하여 발을 맞추지 않는다. 이는 다음 중 어떠한 현상과 관련이 있는가?
① 감쇠(attenuation)　　② 공명(resonance)
③ 관성(inertia)　　　　④ 댐핑(damping)

[해설]

11-1
② 가현 운동 : 객관적으로는 움직이지 않는 데도 움직이는 것처럼 느껴지는 심리적 현상이다.
③ 은폐 작용 : 강도 또는 진동수가 다른 2개의 순음이 동시에 존재할 때, 강음 또는 저음이 약음 또는 고음을 억눌러 은폐하는 작용을 한다.

11-2
청각 마스킹(auditory masking) : 소리가 다른 소음, 잡음 등으로 인해 묻혀 들리지 않는 현상으로 음향 마스킹 또는 마스킹 효과라고도 한다. 음악 소리를 크게 틀어두면 주변 사람의 목소리가 잘 들리지 않는 것이 대표적인 예시이며, 이때 음악 소리는 방해음, 사람의 목소리는 목적음이다.

11-3
공명 또는 공진 : 강제로 진동시킨 어떤 물체의 진동수(주파수)가 그 물체의 고유 진동수와 같을 때, 진폭이 엄청 커지는 현상이다.

정답 11-1 ① 11-2 ① 11-3 ②

핵심이론 12 음량수준 평가척도

(1) phon
① 폰(phon)은 사람 귀에 들리는 음 크기(강도)의 레벨을 나타내는 단위이다.
② 한 음의 phon 값으로 표시한 음량수준은, 이 음과 같은 크기로 들리는 1,000Hz 순음의 음압수준(dB)이다.
　예 50phon은 1,000Hz에서 50dB이며, 이것은 100Hz에서는 60dB이다.

(2) sone
① 어떤 음의 기준 음과 비교한 배수(음의 크기)를 말한다.
② 40dB의 1,000Hz 순음의 크기를 1sone이라 한다.
　예 1sone은 40phone에 해당하며 sone값을 2배로 하면 10phon씩 증가한다.

(3) 실내 음향 상태를 표현하는 표준(요소)
실내 음향의 상태를 표현하는 표준(요소)에는 명료도, 잔향시간, 음압분포, 소음 레벨이 있다.
① 명료도
　㉠ 통화 이해도를 측정하는 지표이다.
　㉡ 사람이 말을 할 때 어느 정도 정확하게 청취할 수 있는가를 표시하는 기준이 된다.
　※ 명료도에 직접적인 영향을 주는 요인 : 소음, 잔향시간, 음의 세기
② 잔향시간
　㉠ 잔향시간은 실내가 확산음장이라는 가정하에 구해진 개념으로, 음이 발생하여 60dB 낮아지는 데 소요되는 시간을 말한다.
　㉡ 실내의 잔향음의 대소를 평가하는 지표이다.
　㉢ 실용적이 클수록 잔향시간은 커진다.
　㉣ 잔향시간은 실의 흡음력에 반비례한다.
　㉤ 잔향시간은 실의 용적에 비례한다.
　㉥ 음악감상실은 잔향시간을 길게 하는 것이 좋다.
　㉦ 강연이나 연극 등 언어를 주사용 목적으로 할 경우 잔향시간은 비교적 짧게 처리한다.
③ 음압 레벨
　㉠ 음압 레벨(SPL ; Sound Pressure Level)은 소리의 크고 작음을 판단하는 사람의 주관적인 느낌을 공학적인 지표로 객관화하기 위해 사용한다.
　㉡ 음압 레벨과 음의 세기 레벨은 데시벨(dB) 단위를 사용한다.
　㉢ 음압 레벨에서 기준치는 $10~12w/m^2$이다.
　㉣ 국내 규정상 1일 노출 횟수가 100일 때, 최대 음압수준이 140dB(A)을 초과하는 충격소음에 노출되어서는 안 된다.
　㉤ 동일한 소음원에서 거리가 2배 증가하면, 음압수준은 6dB 정도 감소한다.
　㉥ SPL(dB수준) $= 20\log \dfrac{P_1}{P_0}$
　㉦ 음압이 10배 증가하면 20dB 증가하고, 음압이 100배 증가하면 40dB 증가한다.

10년간 자주 출제된 문제

12-1. 다음 중 폰(phon)과 손(sone)에 관한 설명으로 틀린 것은?
① 40dB의 1,000Hz 순음의 크기를 1sone이라 한다.
② 음량수준이 10phon 증가하면 음량(sone)은 4배가 된다.
③ 한 음의 phon 값으로 표시한 음량 수준은 이 음과 같은 크기로 들리는 1,000Hz 순음의 음압 수준(dB)이다.
④ 음량균형기법을 사용하여 정량적 평가를 하기 위한 음량수준 척도를 작성하였고, 그 단위를 phon이라 한다.

12-2. 실내 음향의 상태를 표현하는 요소와 가장 거리가 먼 것은?
① 명료도 ② 잔향시간
③ 음압분포 ④ 투과손실

12-3. 음압수준(sound pressure level)을 산출하는 식으로 맞는 것은?(단, P_0는 기준 음압, P_1은 주어진 음압을 의미한다)
① dB수준 $= 10\log\left(\dfrac{P_1}{P_0}\right)$
② dB수준 $= 20\log\left(\dfrac{P_1}{P_0}\right)$
③ dB수준 $= 10\log\left(\dfrac{P_1}{P_0}\right)^3$
④ dB수준 $= 20\log\left(\dfrac{P_1}{P_0}\right)^3$

[해설]

12-1
1손(sone)은 40폰(phone)에 해당되며 손(sone)값을 2배로 하면 10phon씩 증가한다. 따라서 음량 수준이 10phon 증가하면 음량(sone)은 2배가 된다.

12-2
실내 음향 상태를 표현하는 표준(요소) : 명료도, 잔향시간, 음압분포, 음압 레벨

정답 12-1 ② 12-2 ④ 12-3 ②

핵심이론 13 소음과 대책

(1) 소음의 특징
① 소음이란 귀에 불쾌한 음이나 생활을 방해하는 음을 통틀어 말한다.
② 불규칙음, 비주기적이고 고주파 음역의 특성을 나타내는 음이다.
③ 소음에는 익숙해지기 쉽다.
④ 소음의 피해는 정신적, 심리적인 것이 주가 된다.
⑤ 강한 소음에 대해서는 노출기간에 따라 청력 손실이 증가하지만, 약한 소음의 경우에는 관계가 없다.
⑥ 쉬지 않고 계속 실행하는 과업에 있어 소음은 부정적인 영향을 미친다.
⑦ 산업안전보건법에서는 소음성 난청을 유발할 수 있는 85dB 이상의 시끄러운 소리를 소음으로 규정하고 있다.

(2) 소음의 분류
① 정상소음 : 음압 레벨의 변동 폭이 좁고, 측정자가 귀로 들었을 때 음의 크기가 변동하고 있다고는 생각되지 않는 종류의 음이다.
② 변동소음 : 소음 레벨이 불규칙하며 연속적으로 넓은 범위에 걸쳐 변화하는 소음이다.
③ 간헐소음 : 간헐적으로 발생하고 연속시간이 수초 이상인 소음이다.
④ 충격소음 : 다이너마이트 폭발, 단조해머작업 등 일시적으로 나타나는 충격음이다.

(3) 음압과 허용노출시간

소음 강도 dB(A)	90	95	100	105	110	115
1일 노출시간(hr)	8	4	2	1	1/2	1/4

※ 115dB(A)를 초과하는 소음 수준에 노출되어서는 안 된다.

(4) 소음 방지대책

① 소음 발생원을 밀폐, 제거, 격리하거나 전달 경로를 차단한다.
② 차폐장치 및 흡음장치를 설치한다.
③ 진동 부분의 표면적을 줄인다.
④ 방음 보호구(귀마개 및 귀덮개 사용 등)를 착용한다.
⑤ 제한된 실내 공간의 경우에는 벽, 천장, 바닥에 흡음재를 부착한다.

10년간 자주 출제된 문제

13-1. 다음 중 음향과 능률에 관한 설명으로 옳은 것은?
① 소음은 장시간 노출되어도 순응되지 않는다.
② 낮은 진동수의 소음이 높은 진동수의 소음보다 더 시끄럽다.
③ 최소한의 소음이라도 근육의 긴장이 증진되어 에너지를 허비하게 된다.
④ 시각의 원근조정, 원근감, 암순응, 거리판정 등에서 소음의 영향은 크게 미치지 않는다.

13-2. 다음 중 연속 소음 노출로 인하여 발생하는 청력 손실에 관한 설명으로 틀린 것은?
① 청력 손실은 4,000Hz 부근에서 크게 나타난다.
② 청력 손실의 정도는 노출 소음수준에 따라 증가한다.
③ 강한 소음에 대해서 노출기간에 따른 청력 손실은 증가와 감소를 반복한다.
④ 개인에 따라 발생하는 청력 손실은 노출이 계속됨에 따라 회복량은 점점 줄어들어 영구 손실로 남게 된다.

|해설|

13-1
① 소음은 장시간 노출되면 순음이 동반된다.
② 높은 진동수의 소음이 낮은 진동수의 소음보다 더 시끄럽다.
③ 일정 한도 이상으로 소음이 강하면 근육의 긴장이 증진되어 에너지를 허비하게 된다.

13-2
청력 손실은 강한 소음에 대해서는 노출기간에 따라 증가하지만, 약한 소음의 경우에는 관계가 없다.

정답 13-1 ④ 13-2 ③

핵심이론 14 소음 방지계획

(1) 차음계획

① 차음성이 높은 재료는 재질이 단단하고, 무거우며, 치밀해야 한다.
② 쿠션성이 있는 바닥마감재를 사용한다.
③ 천장 속에 흡음재를 사용하여 시공한다.
④ 천장반자 시공에 의한 이중천장으로 설치한다.

(2) 흡음재

① 판진동 흡음재
  ㉠ 저음역의 흡음재로 유용하다.
  ㉡ 판상 흡음재는 재료의 부착방법과 배후조건에 의해 특성이 달라진다.
  ㉢ 강성벽의 앞에 공기층을 설치하여 부착시킨다.
  ㉣ 판진동 흡음재의 흡음판은 막진동하기 쉬운 얇은 것일수록 흡음률이 크다.
  ㉤ 판진동 흡음재의 흡음판은 기밀하게 접착하는 것보다 못으로 고정하여 진동하기 쉽게 하는 것이 흡음 성능이 우수하다.

② 다공성 흡음재
  ㉠ 다공성 흡음재는 특히 중·고음역에서 흡음성이 좋다.
  ㉡ 다공성 흡음재는 재료의 두께가 두꺼울수록 저주파수의 흡음률이 증가한다.
  ㉢ 표면 마감 처리방법에 의해 흡음 특성이 변한다.
  ㉣ 강성벽 앞면의 공기층 두께를 증가시키면 저주파수의 흡음률이 높아진다.
  ㉤ 다른 재료로 피복하여 통기성을 낮출 경우 중·고주파수에서의 흡음률이 저하된다.

③ 연속기포 다공질 재료
- ㉠ 중·고음역에서 높은 흡음률을 나타낸다.
- ㉡ 일반적으로 두께를 늘리면 흡음률이 커진다.
- ㉢ 표면을 도장하면 흡음효과가 낮아진다.
- ㉣ 배후 공기층은 중·저음역의 흡음성능에 유효하다.
- ㉤ 유리면, 암면, 펠트, 연질 섬유판, 목모 시멘트판 등이 있다.

10년간 자주 출제된 문제

차음재료의 요구성능에 관한 설명으로 옳은 것은?
① 비중이 작을 것
② 음의 투과손실이 클 것
③ 밀도가 작을 것
④ 다공질 또는 섬유질이어야 할 것

[해설]
음의 투과손실이 클수록 좋은 차음재이며, 밀도(무게)가 높을수록, 두께가 클수록 차음효과가 높다.

정답 ②

1-2. 건축법 및 건축 관계 법령 분석

핵심이론 01 건축설비, 주요 구조부 등

(1) 건축법의 목적(건축법 제1조)
건축물의 대지·구조·설비기준 및 용도 등을 정하여 건축물의 안전·기능·환경 및 미관을 향상시킴으로써 공공복리의 증진에 이바지하는 것을 목적으로 한다.

(2) 건축물(건축법 시행령 제2조)
① 정의
- ㉠ 토지에 정착하는 공작물 중 지붕과 기둥 또는 벽이 있는 것
- ㉡ 건축물에 부수되는 대문, 담장 등의 시설물
- ㉢ 지하나 고가(高架)의 공작물에 설치하는 사무소·공연장·점포·차고·창고 등

② 일정 규모가 넘는 신고대상 공작물
- ㉠ 높이 6m를 넘는 굴뚝
- ㉡ 높이 4m를 넘는 장식탑, 기념탑, 광고탑, 광고판, 철탑, 그 밖에 이와 비슷한 것
- ㉢ 높이 8m를 넘는 고가수조나 그 밖에 이와 비슷한 것
- ㉣ 높이 2m를 넘는 옹벽 또는 담장
- ㉤ 바닥 면적 30m²를 넘는 지하 대피호
- ㉥ 높이 6m를 넘는 골프연습장 등의 운동시설을 위한 철탑, 주거지역·상업지역에 설치하는 통신용 철탑, 그 밖에 이와 비슷한 것
- ㉦ 높이 8m 이하의 기계식 주차장 및 철골 조립식 주차장으로서 외벽이 없는 것

(3) 건축설비
① 건축물에 설치하는 다음의 설비를 말한다.
- ㉠ 전기·전화설비, 초고속 정보통신설비, 지능형 홈 네트워크 설비

ⓛ 가스·급수·배수(配水)·배수(排水)·환기·난방·냉방·소화(消火)·배연(排煙) 및 오물처리의 설비
ⓒ 굴뚝, 승강기, 피뢰침, 국기 게양대, 공동시청 안테나, 유선방송 수신시설, 우편함, 저수조(貯水槽), 방범시설
② 셔터, 차양 등은 건축설비에 해당되지 않는다.

(4) 지하층, 거실, 주요 구조부

① 지하층
  ⓛ 정의 : 해당 층 바닥으로부터 지표면까지의 평균 높이가 해당 층 높이의 1/2 이상인 층을 말한다.
  ⓒ 지표면의 산정 : 건축물 주위에 접하는 각 지표면 부분의 높이를 당해 지표면 부분의 수평거리에 따라 가중 평균한 높이의 수평면을 지표면으로 산정한다.

$$가중\ 평균면 = \frac{흙에\ 접한\ 건축물\ 벽\ 면적}{건축물\ 둘레\ 길이}$$

② 거실
  ⓛ 거주, 집무, 작업, 집회, 오락, 이와 유사한 목적을 위하여 사용되는 거주 및 생활 공간이다.
  ⓒ 장시간 사용하지 않는 현관, 복도, 계단실, 변소, 욕실, 창고, 기계실 등은 거실이 아니다.

③ 주요 구조부
  ⓛ 내력벽(耐力壁), 기둥, 바닥, 보, 지붕틀, 주계단 등을 말한다.
  ⓒ 사잇기둥, 최하층 바닥, 작은 보, 차양, 옥외계단 그 밖에 이와 유사한 것으로 건축물의 구조상 중요하지 않은 부분은 제외한다.

10년간 자주 출제된 문제

1-1. 공작물을 축조할 때 특별자치시장·특별자치도지사 또는 시장·군수·구청장에게 신고를 해야 하는 대상 공작물 기준으로 옳지 않은 것은?
① 높이 2m를 넘는 옹벽 또는 담장
② 높이 6m를 넘는 굴뚝
③ 높이 4m를 넘는 광고탑
④ 바닥 면적 20m²를 넘는 지하 대피호

1-2. 다음은 건축법령상 지하층의 정의 내용이다. ( ) 안에 알맞은 것은?

> '지하층'이란 건축물의 바닥이 지표면 아래에 있는 층으로서 바닥에서 지표면까지 평균 높이가 해당 층 높이의 (   ) 이상인 것을 말한다.

① 2분의 1   ② 3분의 1
③ 3분의 2   ④ 4분의 1

1-3. 건축법상의 '주요 구조부'에 해당하지 않는 것은?
① 내력벽   ② 기둥
③ 지붕틀   ④ 최하층 바닥

|해설|
1-1
바닥 면적 30m²를 넘는 지하 대피호가 신고대상에 해당된다.
1-2
해당 층 높이의 1/2 이상이어야 한다.
1-3
주요 구조부 : 내력벽(耐力壁), 기둥, 바닥, 보, 지붕틀 및 주계단을 말한다. 다만, 사잇기둥, 최하층 바닥, 작은 보, 차양, 옥외계단 그 밖에 이와 유사한 것으로 건축물의 구조상 중요하지 아니한 부분은 제외한다.

정답 1-1 ④ 1-2 ① 1-3 ④

핵심이론 02 건축 행위, 대수선

(1) 건축 행위(건축법 시행령 제2조)

① 신축
   ㉠ 건축물이 없는 대지에 새로 건축물 축조하는 것을 말한다.
   ㉡ 기존 건축물이 해체되거나 멸실된 후 종전 규모보다 크게 건축물 축조하는 것이다.
   ㉢ 부속 건축물만 있는 대지에 새로이 주된 건축물 축조하는 것을 포함한다.

② 증축
   기존 건축물이 있는 대지에서 건축물의 건축 면적, 연면적, 층수 또는 높이를 늘리는 것을 말한다.

③ 개축
   ㉠ 기존 건축물의 전부 또는 일부를 해체하고 그 대지에 종전과 같은 규모의 범위에서 건축물을 다시 축조하는 것을 말한다.
   ㉡ 일부 해체
     • 내력벽·기둥·보·지붕틀 중 셋 이상이 포함되는 경우를 말한다.
     • 한옥의 경우에는 지붕틀의 범위에서 서까래는 제외한다.

④ 재축
   ㉠ 천재지변, 그 밖의 재해로 멸실된 경우 그 대지에 다음의 요건을 모두 갖추어 다시 축조하는 것을 말한다.
   ㉡ 재축 요건
     • 연면적 합계는 종전 규모 이하로 할 것
     • 동(棟)수, 층수, 높이는 다음의 어느 하나에 해당할 것
       - 동수, 층수 및 높이가 모두 종전 규모 이하일 것
       - 동수, 층수, 높이의 어느 하나가 종전 규모를 초과하는 경우 건축법, 시행령 또는 건축조례에 모두 적합할 것

⑤ 이전
   건축물의 주요 구조부를 해체하지 아니하고 같은 대지의 다른 위치로 옮기는 것을 말한다.

(2) 대수선 행위(건축법 시행령 제3조의2)

① 대수선 정의 : 건축물의 기둥, 보, 내력벽, 주계단 등의 구조나 외부 형태를 수선·변경하거나 증설하는 것으로서, 증축·개축·재축에 해당하지 아니하는 것을 말한다.

② 대수선에 해당하는 행위
   ㉠ 내력벽 증설 또는 해체하거나 그 벽 면적을 $30m^2$ 이상 수선 또는 변경하는 것
   ㉡ 기둥을 증설, 해체하거나 세 개 이상 수선 또는 변경하는 것
   ㉢ 보를 증설, 해체하거나 세 개 이상 수선 또는 변경하는 것
   ㉣ 지붕틀(한옥은 지붕틀 범위에서 서까래는 제외)을 증설, 해체하거나 세 개 이상 수선 또는 변경하는 것
   ㉤ 방화벽 또는 방화구획을 위한 바닥 또는 벽을 증설 또는 해체하거나 수선 또는 변경하는 것
   ㉥ 주계단·피난계단 또는 특별피난계단을 증설 또는 해체하거나 수선 또는 변경하는 것
   ㉦ 다가구주택의 가구 간 경계벽 또는 다세대주택의 세대 간 경계벽을 증설, 해체하거나 수선 또는 변경하는 것
   ㉧ 건축물의 외벽에 사용하는 마감재료를 증설 또는 해체하거나 벽 면적 $30m^2$ 이상 수선 또는 변경하는 것

10년간 자주 출제된 문제

2-1. 다음 중 건축에 속하지 않는 것은?
① 이전　　② 증축
③ 개축　　④ 대수선

2-2. 건축 행위에 관한 설명으로 옳지 않은 것은?
① 기존 건축물이 해체되거나 멸실된 후 종전 규모보다 크게 건축물 축조하는 행위는 신축에 해당된다.
② 주된 건축물이 있는 대지에 새로이 부속건축물 축조하는 행위는 증축에 해당된다.
③ 기존 건축물의 전부 또는 일부를 해체하고 그 대지에 종전과 같은 규모의 범위에서 건축물을 다시 축조하는 행위는 재축에 해당된다.
④ 이전은 건축물의 주요 구조부를 해체하지 아니하고 같은 대지의 다른 위치로 옮기는 것을 말한다.

2-3. 다음 중 증축에 속하지 않는 것은?
① 기존 건축물이 있는 대지에서 건축물의 높이를 늘리는 것
② 기존 건축물이 있는 대지에서 건축물의 연면적을 늘리는 것
③ 기존 건축물이 있는 대지에서 건축물의 건축 면적을 늘리는 것
④ 기존 건축물이 있는 대지에서 건축물의 개구부 숫자를 늘리는 것

|해설|

2-1
건축 : 건축물을 신축·증축·개축·재축(再築)하거나 건축물을 이전하는 것을 말한다.

2-2
③은 개축에 해당된다.

2-3
건축물의 개구부 숫자를 늘리는 것은 증축에 해당되지 않는다.

정답 2-1 ④　2-2 ③　2-3 ④

핵심이론 03 방화구조, 불연재료 등

(1) 내화구조, 방화구조

① 내화구조(건축물방화구조규칙 제3조)
　㉠ 정의 : 화재에 견딜 수 있는 성능을 가진 구조로서 국토교통부령으로 정하는 기준에 적합한 구조를 말한다.
　㉡ 벽의 내화구조 기준(건축물방화구조규칙 제3조)
　　• 철근콘크리트조 또는 철골철근콘크리트조로서 두께가 10cm 이상인 것
　　• 골구를 철골조로 하고 그 양면을 두께 4cm 이상의 철망 모르타르(그 바름바탕을 불연재료로 한 것으로 한정한다.) 또는 두께 5cm 이상의 콘크리트블록·벽돌 또는 석재로 덮은 것
　　• 철재로 보강된 콘크리트블록조·벽돌조 또는 석조로서 철재에 덮은 콘크리트블록 등의 두께가 5cm 이상인 것
　　• 벽돌조로서 두께가 19cm 이상인 것
　　• 고온·고압의 증기로 양생된 경량기포 콘크리트 패널 또는 경량기포 콘크리트블록조로서 두께가 10cm 이상인 것

② 방화구조(건축물방화구조규칙 제4조)
　㉠ 정의 : 화염의 확산을 막을 수 있는 성능을 가진 구조로서 국토교통부령으로 정하는 기준에 적합한 구조를 말한다.
　㉡ 방화구조 기준

구조 부분	방화구조의 기준
철망 모르타르 바르기	바름 두께 : 2cm 이상
석고판 위에 시멘트 모르타르 또는 회반죽을 바른 것	두께 합계 : 2.5cm 이상
시멘트 모르타르 위에 타일을 붙인 것	
심벽에 흙으로 맞벽치기를 한 것	두께에 관계없이 인정
산업표준화법에 따른 한국산업표준이 정하는 바에 따라 시험한 결과	방화 2급 이상인 것

(2) 불연재료(건축물방화구조규칙 제5조~제7조)

① 난연재료(難燃材料) : 불에 잘 타지 아니하는 성능을 가진 재료로서 국토교통부령으로 정하는 기준에 적합한 재료를 말한다.
② 불연재료(不燃材料) : 불에 타지 아니하는 성질을 가진 재료로서 국토교통부령으로 정하는 기준에 적합한 재료를 말한다.
③ 준불연재료 : 불연재료에 준하는 성질을 가진 재료로서 국토교통부령으로 정하는 기준에 적합한 재료를 말한다.
※ 건축물의 피난·방화구조 등의 기준에 관한 규칙에서 정의하고 있는 재료 : 내수재료, 내화구조, 방화구조, 난연재료, 불연재료, 준불연재료

10년간 자주 출제된 문제

3-1. 철근콘크리트구조로서 내화구조가 아닌 것은?
① 두께가 10cm인 벽   ② 두께가 8cm인 바닥
③ 보   ④ 지붕

3-2. 건축물의 피난·방화구조 등의 기준에 관한 규칙에서 정의하고 있는 재료에 해당되지 않는 것은?
① 난연재료   ② 불연재료
③ 준불연재료   ④ 내화재료

|해설|

3-1
두께가 10cm인 바닥(건축물의 피난·방화구조 등의 기준에 관한 규칙 제3조)

3-2
건축물의 피난·방화구조 등의 기준에 관한 규칙에서 정의하고 있는 재료 : 내수재료, 내화구조, 방화구조, 난연재료, 불연재료, 준불연재료

정답 3-1 ② 3-2 ④

핵심이론 04 특별건축, 리모델링 등

(1) 특별건축구역(건축법 제69조)

① 정의 : 조화롭고 창의적인 건축물의 건축을 통하여 도시 경관의 창출, 건설기술의 수준 향상 및 건축 관련 제도 개선을 도모하기 위하여 일부 규정을 적용하지 아니하거나 완화 또는 통합 적용할 수 있도록 특별히 지정하는 구역을 말한다.
② 특별건축구역 지정 불가 구역
  ㉠ 개발제한구역의 지정 및 관리에 관한 특별조치법에 따른 개발제한구역
  ㉡ 자연공원법에 따른 자연공원
  ㉢ 도로법에 따른 접도구역
  ㉣ 산지관리법에 따른 보전산지

(2) 실내건축

건축물의 실내를 안전하고 쾌적하며 효율적으로 사용하기 위하여 내부 공간을 칸막이로 구획하거나 벽지, 천장재, 바닥재, 유리 등 대통령령으로 정하는 재료 또는 장식물을 설치하는 것을 말한다.

(3) 리모델링(건축법 시행령 제6조의5)

① 정의 : 건축물의 노후화 억제 또는 기능 향상 등을 위하여 대수선 또는 일부 증축 또는 개축하는 행위를 말한다.
② 리모델링에 대비한 특례 : 리모델링이 쉬운 구조의 공동주택은 용적률, 건축물의 높이 제한, 일조 등의 확보를 위한 건축물의 높이 제한기준을 120/100의 범위에서 대통령령으로 정하는 비율로 완화해 적용할 수 있다.
③ 리모델링이 쉬운 구조
  ㉠ 각 세대는 인접한 세대와 수직 또는 수평 방향으로 통합하거나 분할할 수 있을 것
  ㉡ 구조체에서 건축설비, 내부 마감재료 및 외부 마감재료를 분리할 수 있을 것

ⓒ 개별 세대 안에서 구획된 실(室)의 크기, 개수 또는 위치 등을 변경할 수 있을 것

10년간 자주 출제된 문제

4-1. 다음 중 특별건축구역으로 지정할 수 없는 구역은?

① 도로법에 따른 접도구역
② 택지개발촉진법에 따른 택지개발사업구역 지역의 사업구역
③ 국가가 국제행사 등을 개최하는 도시 또는 지역의 사업구역
④ 지방자치단체가 국제행사 등을 개최하는 도시 또는 지역의 사업구역

4-2. 리모델링이 쉬운 구조의 공동주택은 용적률, 건축물의 높이제한, 일조 등의 확보를 위한 건축물의 높이제한에 대해 일정 범위에서 기준을 완화받을 수 있다. 그 완화의 범위는?

① 100분의 110
② 100분의 120
③ 100분의 130
④ 100분의 140

4-3. 건축법령에 따른 리모델링이 쉬운 구조에 속하지 않는 것은?

① 구조체가 철골구조로 구성되어 있을 것
② 구조체에서 건축설비, 내부 마감재료 및 외부 마감재료를 분리할 수 있을 것
③ 개별 세대 안에서 구획된 실의 크기, 개수 또는 위치 등을 변경할 수 있을 것
④ 각 세대는 인접한 세대와 수직 또는 수평 방향으로 통합하거나 분할할 수 있을 것

[해설]

4-1
특별건축구역 지정 불가 구역
- 개발제한구역의 지정 및 관리에 관한 특별조치법에 따른 개발제한구역
- 자연공원법에 따른 자연공원
- 도로법에 따른 접도구역
- 산지관리법에 따른 보전산지

4-2
120/100의 범위에서 완화하여 적용할 수 있다.

4-3
철골구조의 구조방식은 리모델링이 쉬운 구조에 해당되지 않는다.

정답 4-1 ① 4-2 ② 4-3 ①

핵심이론 05 직통계단의 설치(건축법 시행령 제34조)

(1) 피난층 외의 층에서의 보행거리

구분	보행거리
원칙	30m 이하
주요 구조부가 내화구조 또는 불연재료 건축물	• 50m 이하(지하층 바닥 면적 300m^2 이상 공연장·집회장·관람장, 전시장 제외) • 16층 이상 공동주택의 경우 16층 이상인 층에 대해서는 40m 이하
자동화생산시설에 스프링클러 등 자동식소화설비를 설치한 공장	반도체 및 디스플레이 패널 제조공장 : 75m 이하(무인화 공장 : 100m 이하)

(2) 피난층에서 건축물의 바깥쪽으로의 출구에 이르는 보행거리

구분	원칙	주요 구조부가 내화구조, 불연재료일 경우
계단으로부터 옥외로의 출구까지	30m 이하	50m 이하(16층 이상 공동주택의 16층 이상인 층 : 40m)
거실로부터 옥외로의 출구까지	60m 이하	100m 이하(16층 이상 공동주택의 16층 이상인 층 : 80m)

(3) 직통계단을 2개소 이상 설치해야 하는 건축물

건축물의 용도	해당 부분	면적
제2종 근린생활시설 중 • 공연장, 종교집회장 • 문화 및 집회시설(전시장 및 동식물원 제외) • 종교시설 • 위락시설 중 주점영업 • 장례시설	그 층에서 해당 용도로 쓰는 바닥 면적 합계(제2종 근린생활시설 중 공연장, 종교집회장은 각각 300m^2)	200m^2 이상
단독주택 중 • 다중·다가구주택 • 정신과의원(입원실 있음) • 의료시설(입원실이 없는 치과병원은 제외) • 판매시설 • 운수시설(여객용에 해당) • 교육연구시설 중 학원·독서실 • 아동·노인복지·장애인 거주 및 의료재활 시설 • 수련시설 중 유스호스텔 • 숙박시설	• 3층 이상의 층으로서 그 층의 해당 용도로 쓰이는 거실의 바닥 면적 합계 • 제2종 근린생활시설 중 인터넷컴퓨터게임시설제공업소(해당 용도로 쓰는 바닥 면적 합계가 300m^2 이상인 경우만 해당)	200m^2 이상
• 공동주택(층당 4세대 이하는 제외) • 업무시설 중 오피스텔	그 층의 해당 용도에 쓰이는 거실 바닥 면적	300m^2 이상

건축물의 용도	해당 부분	면적
위에 규정된 용도에 해당하지 않는 용도	3층 이상의 층으로 그 층 거실 바닥 면적	400m² 이상
지하층	그 층의 거실 바닥 면적 합계	200m² 이상

10년간 자주 출제된 문제

5-1. 건축물의 피난층 외의 층에서 피난층 또는 지상으로 통하는 직통계단을 설치할 때 거실의 각 부분으로부터 직통계단에 이르는 최대 보행거리 기준은?(단, 주요 구조부가 내화구조 또는 불연재료로 구성, 16층 이상의 공동주택은 제외)

① 30m 이하 ② 40m 이하
③ 50m 이하 ④ 60m 이하

5-2. 건축물의 피난층 외의 층에서 피난층 또는 지상으로 통하는 직통계단을 설치할 때 거실의 각 부분으로부터 계단에 이르는 보행거리는 최대 몇 m 이하가 되도록 해야 하는가?(단, 주요 구조부가 내화구조와 불연재료로 되어 있으며, 건축물은 16층 이상인 공동주택이다)

① 30m ② 40m
③ 50m ④ 60m

5-3. 피난층 또는 지상으로 통하는 직통계단을 2개소 이상 설치해야 하는 용도가 아닌 것은?(단, 피난층 외의 층으로써 해당 용도로 쓰는 바닥 면적의 합계가 500m²일 경우)

① 단독주택 중 다가구주택
② 문화 및 집회시설 중 전시장
③ 제2종 근린생활시설 중 공연장
④ 교육연구시설 중 학원

[해설]

5-1
건축물의 주요 구조부가 내화구조 또는 불연재료로 된 건축물은 그 보행거리가 50m 이하가 되도록 설치할 수 있다.

5-2
층수가 16층 이상인 공동주택의 경우 16층 이상인 층에 대해서는 40m 이하가 되도록 설치할 수 있다.

5-3
문화 및 집회시설 중 전시장 및 동·식물원은 제외된다.

정답 5-1 ③ 5-2 ② 5-3 ②

핵심이론 06 피난계단의 설치

(1) 피난계단 또는 특별피난계단의 설치(건축법 시행령 제35조)

① 5층 이상 또는 지하 2층 이하인 층에 설치하는 직통계단은 국토교통부령으로 정하는 기준에 따라 피난계단 또는 특별피난계단으로 설치해야 한다. 다만, 건축물의 주요 구조부가 내화구조 또는 불연재료로 되어 있고 다음의 경우에는 해당하지 않는다.
  ㉠ 5층 이상인 층의 바닥 면적의 합계가 200m² 이하인 경우
  ㉡ 5층 이상인 층의 바닥 면적 200m² 이내마다 방화구획이 되어 있는 경우

② 건축물(갓복도식 공동주택은 제외)의 11층(공동주택의 경우에는 16층) 이상인 층(바닥 면적이 400m² 미만인 층은 제외) 또는 지하 3층 이하인 층(바닥 면적이 400m² 미만인 층은 제외)으로부터 피난층 또는 지상으로 통하는 직통계단은 ①에도 불구하고 특별피난계단으로 설치해야 한다.

③ 판매시설의 용도로 쓰는 층으로부터의 직통계단은 그 중 1개소 이상을 특별피난계단으로 설치해야 한다.

④ 건축물의 5층 이상인 층으로서 문화 및 집회시설 중 전시장 또는 동·식물원, 판매시설, 운수시설(여객용 시설만 해당), 운동시설, 위락시설, 관광휴게시설(다중이 이용하는 시설만 해당) 또는 수련시설 중 생활권 수련시설의 용도로 쓰는 층에는 직통계단 외에 그 층의 해당 용도로 쓰는 바닥 면적의 합계가 2,000m²를 넘는 경우에는 그 넘는 2,000m² 이내마다 1개소의 피난계단 또는 특별피난계단(4층 이하의 층에는 쓰지 아니하는 피난계단 또는 특별피난계단만 해당)을 설치해야 한다.

(2) 옥외피난계단의 설치(건축법 시행령 제36조)

건축물의 3층 이상인 층(피난층은 제외)으로서 다음 각 호의 어느 하나에 해당하는 용도로 쓰는 층에는 직통계단 외에 그 층으로부터 지상으로 통하는 옥외피난계단을 따로 설치해야 한다.

① 제2종 근린생활시설 중 공연장(해당 용도로 쓰는 바닥 면적의 합계가 300m² 이상인 경우만 해당), 문화 및 집회시설 중 공연장이나 위락시설 중 주점영업의 용도로 쓰는 층으로서 그 층 거실의 바닥 면적의 합계가 300m² 이상인 것

② 문화 및 집회시설 중 집회장의 용도로 쓰는 층으로서 그 층 거실의 바닥 면적의 합계가 1,000m² 이상인 것

(3) 피난계단 및 특별피난계단의 구조(건축물방화구조 규칙 제9조)

① 건축물 내부에 설치하는 피난계단(옥내피난계단)
  ㉠ 계단실 : 내화구조의 벽으로 구획
  ㉡ 내부 마감 : 불연재료
  ㉢ 옥외개구부 : 외벽 개구부와 2m 이상의 거리를 두고 설치
  ㉣ 옥내개구부 : 철재 망입유리 붙박이창으로서 그 면적이 각각 1m² 이하인 것은 제외
  ㉤ 출입구 유효폭 : 0.9m 이상
  ㉥ 출입문 : 60분+ 방화문 또는 60분 방화문 설치
  ㉦ 계단구조 : 피난층, 지상까지 직접 연결(돌음계단 불가)

② 건축물 외부에 설치하는 피난계단(옥외피난계단)
  ㉠ 옥외개구부 : 계단으로 통하는 출입구 외의 개구부 등으로부터 2m 이상의 거리를 두고 설치
  ㉡ 출입구 : 60분+ 방화문 또는 60분 방화문 설치
  ㉢ 계단 유효폭 : 0.9m 이상
  ㉣ 계단구조 : 내화구조로 피난층 또는 지상까지 직접 연결할 것(돌음계단 불가)

③ 특별피난계단 설치기준
  ㉠ 옥내와 계단실 연결 : 건축물의 내부와 계단실은 노대를 통하여 연결하거나 외부를 향하여 열 수 있는 면적 1m² 이상인 창문 또는 배연설비가 있는 면적 3m² 이상인 부속실을 통하여 연결할 것
  ㉡ 계단실, 노대 및 부속실의 경계 : 내화구조의 벽으로 구획
  ㉢ 내부마감 : 불연재료
  ㉣ 계단실 조명 : 예비전원에 의한 조명설비
  ㉤ 계단실, 노대, 부속실의 옥외개구부 : 다른 외벽 개구부와 2m 이상 이격할 것
  ㉥ 계단의 구조 : 내화구조로 하고, 피난층 또는 지상까지 직접 연결할 것(돌음계단 불가)
  ㉦ 출입구 유효폭 : 0.9m 이상

10년간 자주 출제된 문제

6-1. 직통계단을 피난계단으로 설치해야 하는 건축물의 해당 층 기준은?

① 3층 이상 또는 지하 1층 이하인 층
② 5층 이상 또는 지하 2층 이하인 층
③ 11층 이상 또는 지하 3층 이하인 층
④ 16층 이상 또는 지하 3층 이하인 층

6-2. 건축물의 내부에 설치하는 피난계단의 구조에 대한 기준으로 옳지 않은 것은?

① 계단실은 창문 출입구 기타 개구부를 제외한 당해 건축물의 다른 부분과 내화구조의 벽으로 구획할 것
② 계단실에는 예비전원에 의한 조명설비를 할 것
③ 계단실의 바깥쪽과 접하는 창문 등은 당해 건축물의 다른 부분에 설치하는 창문 등으로부터 2m 이상의 거리를 두고 설치할 것
④ 계단실의 실내에 접하는 부분의 마감은 난연재료로 할 것

10년간 자주 출제된 문제

6-3. 건축물의 3층 이상인 층(피난층은 제외)으로서 직통계단 외에 그 층으로부터 지상으로 통하는 옥외피난계단을 따로 설치해야 하는 것은?

① 문화 및 집회시설 중 공연장의 용도로 쓰인 층으로서 그 층 거실의 바닥 면적의 합계가 400㎡인 것
② 위락시설 중 주점영업의 용도로 쓰는 층으로서 그 층 거실의 바닥 면적의 합계가 200㎡인 것
③ 문화 및 집회시설 중 집회장의 용도로 쓰는 층으로서 그 층 거실의 바닥 면적의 합계가 500㎡인 것
④ 문화 및 집회시설 중 집회장의 용도로 쓰는 층으로서 그 층 거실의 바닥 면적의 합계가 800㎡인 것

해설

6-1
피난계단 및 특별피난계단의 구조(건축물방화구조규칙 제9조 제1항)
건축물의 5층 이상 또는 지하 2층 이하의 층으로부터 피난층 또는 지상으로 통하는 직통계단(지하 1층인 건축물의 경우에는 5층 이상의 층으로부터 피난층 또는 지상으로 통하는 직통계단과 직접 연결된 지하 1층의 계단을 포함한다)은 피난계단 또는 특별피난계단으로 설치해야 한다.

6-2
계단실의 실내에 접하는 부분(바닥 및 반자 등 실내에 면한 모든 부분을 말한다)의 마감(마감을 위한 바탕을 포함한다)은 불연재료로 한다.

6-3
옥외피난계단의 설치(건축법 시행령 제36조)
- 문화 및 집회시설 중 공연장이나 위락시설 중 주점영업의 용도로 쓰는 층으로서 그 층 거실의 바닥 면적의 합계가 300㎡ 이상인 것
- 문화 및 집회시설 중 집회장의 용도로 쓰는 층으로서 그 층 거실의 바닥 면적의 합계가 1,000㎡ 이상인 것

정답 6-1 ② 6-2 ④ 6-3 ①

핵심이론 07 개방 공간, 출구 설치

(1) 지하층과 피난층 사이의 개방 공간 설치(건축법 시행령 제37조)

바닥 면적의 합계가 3,000㎡ 이상인 공연장·집회장·관람장 또는 전시장을 지하층에 설치하는 경우에는 각 실에 있는 자가 지하층 각 층에서 건축물 밖으로 피난하여 옥외 계단 또는 경사로 등을 이용하여 피난층으로 대피할 수 있도록 천장이 개방된 외부 공간을 설치해야 한다.

(2) 관람실 등으로부터의 출구 설치(건축법 시행령 제38조)

① 다음에 해당하는 건축물에는 국토교통부령으로 정하는 기준에 따라 관람실 또는 집회실로부터의 출구를 설치해야 한다.
  ㉠ 제2종 근린생활시설 중 공연장·종교집회장(해당 용도로 쓰는 바닥 면적의 합계가 각각 300㎡ 이상인 경우만 해당)
  ㉡ 문화 및 집회시설(전시장 및 동·식물원은 제외)
  ㉢ 종교시설, 위락시설, 장례시설

② 관람실 등으로부터의 출구의 설치기준(건축물방화구조규칙 제10조)
  ㉠ 건축물의 관람실 또는 집회실로부터 바깥쪽으로의 출구로 쓰이는 문은 안여닫이로 해서는 안 된다.
  ㉡ 문화 및 집회시설 중 공연장의 개별 관람실(바닥 면적이 300㎡ 이상인 것만 해당)의 출구는 다음의 기준에 적합하게 설치해야 한다.
    - 관람실별로 2개소 이상 설치할 것
    - 각 출구의 유효 너비는 1.5m 이상일 것
    - 개별 관람실 출구의 유효 너비의 합계는 개별 관람실의 바닥 면적 100㎡마다 0.6m의 비율로 산정한 너비 이상으로 할 것

(3) 건축물 바깥쪽으로의 출구 설치(건축법 시행령 제39조)

① 다음에 해당하는 건축물에는 국토교통부령으로 정하는 기준에 따라 그 건축물로부터 바깥쪽으로 나가는 출구를 설치해야 한다.
  ㉠ 제2종 근린생활시설 중 공연장·종교집회장·인터넷컴퓨터게임시설제공업소(해당 용도로 쓰는 바닥 면적의 합계가 각각 300㎡ 이상인 경우만 해당)
  ㉡ 문화 및 집회시설(전시장 및 동·식물원은 제외)
  ㉢ 종교시설, 판매시설, 위락시설, 장례시설,
  ㉣ 업무시설 중 국가 또는 지방자치단체의 청사
  ㉤ 연면적이 5,000㎡ 이상인 창고시설
  ㉥ 교육연구시설 중 학교
  ㉦ 승강기를 설치해야 하는 건축물

② 건축물의 바깥쪽으로의 출구의 설치기준(건축물방화구조규칙 제11조)
  ㉠ 건축물의 바깥쪽으로 나가는 출구를 설치하는 건축물 중 문화 및 집회시설(전시장 및 동·식물원을 제외), 종교시설, 장례식장 또는 위락시설의 용도에 쓰이는 건축물의 바깥쪽으로의 출구로 쓰이는 문은 안여닫이로 하여서는 아니 된다.
  ㉡ 건축물의 바깥쪽으로 나가는 출구를 설치하는 경우 관람실의 바닥 면적의 합계가 300㎡ 이상인 집회장 또는 공연장은 주된 출구 외에 보조출구 또는 비상구를 2개소 이상 설치해야 한다.
  ㉢ 판매시설의 용도에 쓰이는 피난층에 설치하는 건축물의 바깥쪽으로의 출구의 유효 너비의 합계는 해당 용도에 쓰이는 바닥 면적이 최대인 층에 있어서의 해당 용도의 바닥 면적 100㎡마다 0.6m의 비율로 산정한 너비 이상으로 해야 한다.
  ㉣ 다음의 어느 하나에 해당하는 건축물의 피난층 또는 피난층의 승강장으로부터 건축물의 바깥쪽에 이르는 통로에는 경사로를 설치해야 한다.
  • 제1종 근린생활시설 중 지역자치센터·파출소·지구대·소방서·우체국·방송국·보건소·공공도서관·지역건강보험조합, 기타 이와 유사한 것으로서 동일한 건축물 안에서 해당 용도에 쓰이는 바닥 면적의 합계가 1,000㎡ 미만인 것
  • 제1종 근린생활시설 중 마을회관·마을공동작업소·마을공동구판장·변전소·양수장·정수장·대피소·공중화장실 기타 이와 유사한 것
  • 연면적이 5,000㎡ 이상인 판매시설, 운수시설
  • 교육연구시설 중 학교
  • 업무시설 중 국가 또는 지방자치단체의 청사와 외국공관의 건축물로서 제1종 근린생활시설에 해당하지 아니하는 것
  • 승강기를 설치해야 하는 건축물
  ㉤ 건축물의 바깥쪽으로 나가는 출입문에 유리를 사용하는 경우에는 안전유리를 사용해야 한다.

10년간 자주 출제된 문제

7-1. 다음 중 국토교통부령으로 정하는 기준에 따라 건축물로부터 바깥쪽으로 나가는 출구를 설치해야 하는 대상 건축물에 속하지 않는 것은?
① 전시장 및 동·식물원
② 종교시설
③ 장례식장
④ 국가 또는 지방자치단체의 청사

7-2. 판매시설의 용도에 쓰이는 피난층에 설치하는 건축물의 바깥쪽으로의 출구의 유효 너비의 합계는 최소 얼마 이상으로 해야 하는가?(단, 해당 용도에 쓰이는 바닥 면적이 최대인 층에 있어서의 바닥 면적이 600m²인 경우)
① 3.0m ② 3.6m
③ 4.2m ④ 5.0m

7-3. 다음 중 피난층 또는 피난층의 승강장으로부터 건축물의 바깥쪽에 이르는 통로에 경사로를 설치해야 하는 건축물이 아닌 것은?
① 교육연구시설 중 학교
② 연면적이 1,000m²인 판매시설
③ 제1종 근린생활시설 중 양수장
④ 제1종 근린생활시설 중 대피소

[해설]

7-1
문화 및 집회시설 중 전시장 및 동·식물원은 제외된다.

7-2
건축물의 피난·방화구조 등의 기준에 관한 규칙 제11조
판매시설의 용도에 쓰이는 피난층에 설치하는 건축물의 바깥쪽으로의 출구의 유효 너비의 합계는 해당 용도에 쓰이는 바닥 면적이 최대인 층에 있어서의 해당 용도의 바닥 면적 100m²마다 0.6m의 비율로 산정한 너비 이상으로 해야 한다.

$$\therefore \frac{600}{100} \times 0.6 = 3.6\text{m}$$

7-3
연면적이 5,000m² 이상인 판매시설이어야 한다.

정답 7-1 ① 7-2 ② 7-3 ②

핵심이론 08 회전문의 설치

(1) 회전문의 설치기준(건축물방화구조규칙 제12조)
① 계단, 에스컬레이터로부터 2m 이상의 거리를 두어야 한다.
② 회전문과 문틀 및 바닥 사이는 다음의 간격을 확보하고, 틈 사이를 고무와 고무펠트의 조합체 등을 사용하여 신체나 물건 등에 손상이 없도록 한다.
  ㉠ 회전문과 문틀 사이 : 5cm 이상
  ㉡ 회전문과 바닥 사이 : 3cm 이하
③ 출입에 지장이 없도록 일정 방향으로 회전하는 구조이어야 한다.
④ 회전문의 중심축에서 회전문과 문틀 사이의 간격을 포함한 회전문 날개 끝부분까지의 길이는 140cm 이상이 되도록 한다.
⑤ 회전문의 회전속도는 분당 회전수가 8회를 넘지 않도록 한다.
⑥ 자동회전문은 충격이 가하여지거나 사용자가 위험한 위치에 있는 경우에는 전자감지장치 등을 사용하여 정지하는 구조로 한다.

10년간 자주 출제된 문제

건축물의 출입구에 설치하는 회전문은 계단이나 에스컬레이터로부터 최소 얼마 이상의 거리를 두어야 하는가?
① 2m 이상
② 3m 이상
③ 4m 이상
④ 5m 이상

[해설]
회전문의 설치기준(건축물의 피난·방화구조 등의 기준에 관한 규칙 제12조)
계단이나 에스컬레이터로부터 2m 이상의 거리를 둘 것

정답 ①

핵심이론 09 옥상 난간 및 대피 공간의 설치

(1) 옥상 광장 설치(건축법 시행령 제40조)

① **옥상 난간 설치** : 옥상 광장, 2층 이상 층에 있는 노대 등의 주위에는 높이 1.2m 이상 난간을 설치해야 한다(단, 해당 노대 등에 출입할 수 없는 구조 제외).

② **옥상 광장 설치** : 5층 이상 층이 다음의 용도일 경우 피난의 용도에 쓸 수 있는 옥상 광장을 설치한다.
  ㉠ 제2종 근린생활시설 중 공연장, 종교집회장, 인터넷컴퓨터게임시설 제공업소(바닥 면적 합계가 각각 300m² 이상인 경우 해당)
  ㉡ 문화 및 집회시설(전시장, 동·식물원은 제외)
  ㉢ 종교시설, 판매시설, 장례시설, 주점영업

③ 다음의 어느 하나에 해당하는 건축물은 옥상으로 통하는 출입문에 성능인증 및 제품검사를 받은 비상문자동개폐장치(화재 등 비상시에 소방시스템과 연동되어 잠김 상태가 자동으로 풀리는 장치를 말한다)를 설치해야 한다.
  ㉠ ②에 따라 피난 용도로 쓸 수 있는 광장을 옥상에 설치해야 하는 건축물
  ㉡ 피난 용도로 쓸 수 있는 광장을 옥상에 설치하는 다중이용건축물, 연면적 1,000m² 이상인 공동주택

④ 층수가 11층 이상인 건축물로서 11층 이상인 층의 바닥 면적의 합계가 10,000m² 이상인 건축물의 옥상에는 다음의 구분에 따른 공간을 확보해야 한다.
  ㉠ 건축물의 지붕을 평지붕으로 하는 경우 : 헬리포트를 설치하거나 헬리콥터를 통하여 인명 등을 구조할 수 있는 공간
  ㉡ 건축물의 지붕을 경사지붕으로 하는 경우 : 경사지붕 아래에 설치하는 대피 공간

⑤ 헬리포트를 설치하거나 헬리콥터를 통하여 인명 등을 구조할 수 있는 공간 및 경사지붕 아래에 설치하는 대피 공간의 설치기준은 국토교통부령으로 정한다.

(2) 대지 안의 피난 및 소화에 필요한 통로 설치(건축법 시행령 제41조)

① **설치기준** : 건축물 바깥쪽으로 통하는 주된 출구와 지상으로 통하는 피난계단 및 특별피난계단으로부터 도로 또는 공지로 통하는 통로를 설치해야 한다.

② **통로의 너비**
  ㉠ 유효 너비 0.9m 이상 : 단독주택
  ㉡ 유효 너비 3m 이상 : 바닥 면적 합계가 500m² 이상인 문화 및 집회시설, 종교시설, 의료시설, 위락시설 또는 장례시설
  ㉢ 유효 너비 1.5m 이상 : 그 밖의 용도로 쓰는 건축물

③ 필로티 내 통로 길이가 2m 이상인 경우에는 피난 및 소화활동에 장애가 발생하지 아니하도록 자동차 진입 억제용 말뚝 등 통로 보호시설을 설치하거나 통로에 단차(段差)를 두어야 한다.

10년간 자주 출제된 문제

옥상광장 또는 2층 이상인 층에 있는 노대(露臺)나 그 밖에 이와 비슷한 것의 주위에는 최소 얼마 높이 이상의 난간을 설치해야 하는가?

① 0.7m
② 0.9m
③ 1.0m
④ 1.2m

[해설]

옥상 난간 설치(건축법 시행령 제40조 제1항)
옥상광장 또는 2층 이상인 층에 있는 노대(露臺)나 그 밖에 이와 비슷한 것의 주위에는 높이 1.2m 이상의 난간을 설치해야 한다. 다만, 그 노대 등에 출입할 수 없는 구조인 경우에는 그러하지 아니하다.

정답 ④

핵심이론 10 방화구획 등의 설치(건축법 시행령 제46조)

(1) 방화구획

① 방화구획 설치 대상 : 주요 구조부가 내화구조 또는 불연재료로 된 연면적이 1,000m²를 넘는 건축물

② 방화구획의 구조
  ㉠ 내화구조로 된 바닥 및 벽
  ㉡ 60분+ 방화문, 60분 방화문 또는 자동방화셔터

③ 방화구획의 기준(건축물방화구조규칙 제14조)

구획의 종류		기준
매 층마다 구획할 것(지하 1층에서 지상으로 직접 연결하는 경사로 부위는 제외)		
10층 이하의 층		바닥 면적 1,000m²(*3,000m²) 이내마다 구획
11층 이상의 층	실내 마감재가 불연재료인 경우	바닥 면적 500m²(*1,500m²) 이내마다 구획
	실내 마감재가 불연재료가 아닌 경우	200m²(*600m²) 이내마다 구획
필로티 등의 구조 부분을 주차장으로 사용하는 경우 그 부분은 건축물의 다른 부분과 구획할 것		

(*)의 면적은 스프링클러 기타 이와 유사한 자동식 소화설비를 설치한 경우

④ 방화구획의 설치기준(건축물방화구조규칙 제14조)
  ㉠ 60분+ 방화문 또는 60분 방화문은 언제나 닫힌 상태를 유지하거나 화재로 인한 연기 또는 불꽃을 감지하여 자동적으로 닫히는 구조로 한다. 다만, 연기 또는 불꽃을 감지하여 자동적으로 닫히는 구조로 할 수 없는 경우에는 온도를 감지하여 자동적으로 닫히는 구조로 할 수 있다.
  ㉡ 다음에 해당하는 경우 그 부분을 내화시간(내화채움성능이 인정된 구조로 메워지는 구성 부재에 적용되는 내화시간을 말한다) 이상 견딜 수 있는 내화채움성능이 인정된 구조로 메워야 한다.
    • 급수관·배전관 또는 그 밖의 관이나 전선 등이 방화구획을 관통하여 관통부가 생기는 경우
    • 방화구획의 벽과 벽, 벽과 바닥, 바닥과 바닥 사이에 접합부가 생기는 경우
    • 방화구획과 외벽 사이에 접합부가 생기는 경우
    • 방화구획에 그 밖의 틈이 생기는 경우
  ㉢ 환기, 난방, 냉방시설 풍도가 방화구획을 관통하는 경우, 관통 또는 근접 부분에는 다음의 기준에 맞는 댐퍼를 설치해야 한다(다만, 반도체공장건축물로서 방화구획을 관통하는 풍도의 주위에 스프링클러헤드를 설치하는 경우에는 그렇지 않다).
    • 화재로 인한 연기 또는 불꽃을 감지하여 자동적으로 닫히는 구조로 할 것. 다만, 주방 등 연기가 항상 발생하는 부분에는 온도를 감지하여 자동적으로 닫히는 구조로 할 수 있다.
    • 국토교통부장관이 정하여 고시하는 비차열(非遮熱) 성능 및 방연성능 등의 기준에 적합한 것이어야 한다.
  ㉣ 자동방화셔터는 다음의 요건을 모두 갖추어야 한다.
    • 피난이 가능한 60분+ 방화문 또는 60분 방화문으로부터 3m 이내에 별도로 설치할 것
    • 전동방식이나 수동방식으로 개폐할 수 있을 것
    • 불꽃감지기 또는 연기감지기 중 하나와 열감지기를 설치할 것
    • 불꽃이나 연기를 감지한 경우 일부 폐쇄되는 구조일 것
    • 열을 감지한 경우 완전 폐쇄되는 구조일 것

⑤ 아파트 대피 공간의 설치(건축법 시행령 제46조)
  ㉠ 4층 이상인 층의 각 세대가 2개 이상 직통계단을 사용할 수 없는 경우, 발코니(발코니의 외부에 접하는 경우를 포함)에 설치기준 요건을 모두 갖춘 대피 공간을 하나 이상 설치해야 한다.
  ㉡ 발코니 대피 공간의 설치기준
    • 대피 공간은 바깥의 공기와 접할 것
    • 대피 공간은 실내 다른 부분과 방화구획으로 할 것
    • 대피 공간의 바닥 면적은 인접 세대와 공동으로 설치하는 경우에는 3m² 이상, 각 세대별로 설치하는 경우에는 2m² 이상일 것
    • 대피 공간으로 통하는 출입문은 60분+ 방화문으로 설치할 것
    • 국토교통부장관이 정하는 기준에 적합할 것

(2) 방화에 장애가 되는 용도의 제한

① 제한 원칙 : 같은 건축물 안에는 다음 "1"란의 용도와 "2"란의 용도를 함께 설치할 수 없다.

"1" 공동주택 등	"2" 위락시설 등
• 의료시설 • 노유자시설(아동 관련 시설 및 노인복지시설만 해당) • 공동주택 • 장례시설 • 제1종 근린생활시설(산후조리원만 해당)	• 위락시설 • 위험물 저장 및 처리시설 • 공장 • 자동차 관련 시설(정비공장에 한함)

 ㉠ 노유자시설 중 아동 관련 시설 또는 노인복지시설과 판매시설 중 도매시장 또는 소매시장
 ㉡ 단독주택(다중주택, 다가구주택에 한정한다), 공동주택, 제1종 근린생활시설 중 조산원 또는 산후조리원과 제2종 근린생활시설 중 다중생활시설

② 복합용도 제한 예외 : 다음의 경우에는 같은 건축물에 함께 설치할 수 있다.
 ㉠ 공동주택(기숙사만 해당)과 공장이 같은 건축물에 있는 경우
 ㉡ 중심상업지역·일반상업지역 또는 근린상업지역에서 재개발사업을 시행하는 경우
 ㉢ 공동주택과 위락시설이 같은 초고층 건축물에 있는 경우
 ㉣ 지식산업센터와 직장 어린이집이 같은 건축물에 있는 경우

③ 복합건축물의 피난시설 : 복합용도 제한의 예외를 위한 조건으로서 같은 건축물 안에 하나 이상을 함께 설치하고자 하는 경우에는 다음의 기준에 적합해야 한다.

대상	"공동주택 등"과 "위락시설 등" 간의 설치기준
출입구	서로 그 보행거리가 30m 이상이 되도록 할 것
벽, 바닥, 통로	내화구조로 된 바닥 및 벽으로 구획하여 서로 차단할 것
배치	서로 이웃하지 아니하도록 배치할 것
주요 구조부	내화구조로 할 것
실내 마감재료	• 거실의 벽, 반자가 실내에 면하는 부분의 마감은 불연재료·준불연재료, 난연재료로 할 것 • 거실로부터 지상으로 통하는 주된 복도·계단, 통로의 벽 및 반자가 실내에 면하는 부분의 마감은 불연 또는 준불연재료로 할 것

> **10년간 자주 출제된 문제**

10-1. 주요 구조부가 내화구조인 건축물로서 내화구조로 된 바닥·벽 및 60분+ 방화문으로 방화구획해야 하는 건축물의 연면적 기준은?

① 연면적이 300m²를 넘는 것
② 연면적이 500m²를 넘는 것
③ 연면적이 800m²를 넘는 것
④ 연면적이 1,000m²를 넘는 것

10-2. 방화에 장애가 되어 같은 건축물 안에 함께 설치할 수 없는 용도로 묶인 것은?

① 아동 관련 시설 - 의료시설
② 아동 관련 시설 - 노인복지시설
③ 기숙사 - 공장
④ 노인복지시설 - 소매시장

|해설|

10-1

방화구획 등의 설치(건축법 시행령 제46조)
주요 구조부가 내화구조 또는 불연재료로 된 건축물로서 연면적이 1,000m²를 넘는 것은 국토교통부령으로 정하는 기준에 따라 다음의 구조물로 구획해야 한다.
• 내화구조로 된 바닥 및 벽
• 60분+ 방화문, 60분 방화문 또는 자동방화셔터

10-2

방화에 장애가 되는 용도의 제한(건축법 시행령 제47조)
다음에 해당하는 용도의 시설은 같은 건축물에 함께 설치할 수 없다.
• 노유자시설 중 아동 관련 시설 또는 노인복지시설과 판매시설 중 도매시장 또는 소매시장
• 단독주택(다중주택, 다가구주택에 한정한다), 공동주택, 제1종 근린생활시설 중 조산원 또는 산후조리원과 제2종 근린생활시설 중 다중생활시설

정답 10-1 ④ **10-2** ④

핵심이론 11 계단·복도 및 출입구의 설치기준(건축물 방화구조규칙 제15조)

(1) 계단의 설치기준

연면적 200m²를 초과하는 건축물에 설치하는 계단 및 복도는 다음 기준에 적합해야 한다.

설치	설치기준
계단참	높이 3m를 넘는 경우, 3m 이내마다 너비 1.2m 이상
난간	높이 1m를 넘는 경우, 계단 및 계단참의 양옆에 난간 설치
중간난간	너비 3m를 넘는 경우, 중간에 너비 3m 이내마다 설치 (예외 : 단높이 15cm 이하, 단너비 30cm 이상은 제외)
유효 높이	2.1m 이상(계단의 바닥 마감면부터 상부 구조체의 하부 마감면까지의 연직 방향 높이)

(2) 계단 및 계단참, 단높이, 단너비 설치기준

계단의 용도	계단 및 계단참의 유효너비	단높이	단너비
초등학교 계단	150cm 이상	16cm 이하	26cm 이상
중·고등학교 계단	150cm 이상	18cm 이하	26cm 이상
문화 및 집회시설(공연장, 집회장, 관람장) 및 판매시설	120cm 이상	–	–
해당 층의 위층부터 최상층까지의 거실 바닥 면적 합계가 200m² 이상 또는 지하층 거실 바닥 면적 합계가 100m² 이상인 경우	120cm 이상	–	–
기타의 계단	60cm 이상	–	–

(3) 난간·벽 등의 손잡이와 바닥마감 기준

구분	설치기준
구조	최대 지름 3.2~3.8cm 이하(원형 또는 타원형 단면)
벽과의 거리	벽 등과 5cm 이상
설치 높이	계단으로부터 85cm
계단 끝 연장	계단이 끝나는 수평 부분에서의 손잡이는 30cm 이상 밖으로 나오도록 설치할 것

(4) 기타

① 계단에 대체하여 설치하는 경사로의 경사도는 1 : 8을 넘지 아니할 것

② 피난층 또는 지상으로 통하는 직통계단을 설치하는 경우 계단 및 계단참의 유효 너비
  ㉠ 공동주택 : 1.2m 이상
  ㉡ 공동주택이 아닌 건축물 : 1.5m 이상

(5) 복도의 너비 및 설치기준

구분	양옆에 거실이 있는 복도	기타의 복도
유치원, 초·중·고등학교	2.4m 이상	1.8m 이상
공동주택, 오피스텔	1.8m 이상	1.2m 이상
해당 층 거실 바닥 면적 합계가 200m² 이상	1.5m 이상(의료시설의 복도 1.8m 이상)	1.2m 이상

10년간 자주 출제된 문제

11-1. 다음 중 건축물에 있어 계단의 설치기준으로 옳은 것은?

① 높이가 3m를 넘는 계단에는 높이 3m 이내마다 너비 1.2m 이상의 계단참을 설치 할 것
② 초등학교 계단인 경우에는 계단 및 계단참의 너비는 1.5m 이상, 단높이는 18cm 이하 단너비는 25cm 이상으로 할 것
③ 문화 및 집회시설 등의 특별피난계단에 설치하는 손잡이는 벽 등으로부터 3cm 이상 떨어지도록 할 것
④ 계단을 대체하여 설치하는 경사로의 경사도는 1 : 6을 넘지 아니할 것

11-2. 건축법에 따라 계단에 대체하여 설치되는 경사로의 경사도는 최대 얼마를 넘지 않아야 하는가?

① 1 : 6
② 1 : 8
③ 1 : 10
④ 1 : 12

|해설|

11-1
② 초등학교의 계단인 경우에는 계단 및 계단참의 너비는 150cm 이상, 단높이는 16cm 이하, 단 너비는 26cm 이상으로 할 것
③ 계단이 끝나는 수평 부분에서의 손잡이는 바깥쪽으로 30cm 이상 나오도록 설치할 것
④ 경사도는 1 : 8을 넘지 아니할 것

정답 11-1 ① 11-2 ②

핵심이론 12 건축물의 거실

(1) 거실의 반자 설치 높이(건축물방화구조규칙 제16조)

거실의 용도		반자 높이
모든 건축물(예외 : 공장, 창고시설, 위험물저장 및 처리시설, 동물 및 식물 관련 시설, 자원순환시설, 묘지 관련 시설)		2.1m 이상
• 문화 및 집회시설(전시장, 동·식물원 제외) • 종교시설 • 장례식장 • 위락시설 중 유흥주점	관람실 또는 집회실 바닥 면적이 200m² 이상 (예외 : 기계환기장치를 설치한 경우)	4.0m 이상 노대 아랫 부분 2.7m 이상

(2) 채광 및 환기를 위한 창문 등(건축물방화구조규칙 제17조)

① 채광을 위하여 거실에 설치하는 창문 등의 면적은 그 거실의 바닥 면적의 1/10 이상이어야 한다. 다만, 거실의 용도에 따라 조도 이상의 조명장치를 설치하는 경우에는 그러하지 아니하다.

거실의 용도 구분	조도 구분	바닥에서 85cm의 높이에 있는 수평면의 조도(럭스)
1. 거주	독서·식사·조리	150
	기타	70
2. 집무	설계·제도·계산	700
	일반사무	300
	기타	150
3. 작업	검사·시험·정밀검사·수술	700
	일반작업·제조·판매	300
	포장·세척	150
	기타	70
4. 집회	회의	300
	집회	150
	공연·관람	70
5. 오락	오락 일반	150
	기타	30
6. 기타		1.란 내지 5.란 중 가장 유사한 용도에 관한 기준을 적용한다.

② 환기를 위하여 거실에 설치하는 창문 등의 면적은 그 거실의 바닥 면적 1/20 이상이어야 한다.

③ 환기를 위하여 거실에 설치하는 창문 등의 최소 면적 기준은 기계환기장치 및 중앙관리방식의 공기조화설비를 설치하는 경우에는 적용받지 않는다.

④ 채광 및 환기 관련 기준을 적용함에 있어 수시로 개방할 수 있는 미닫이로 구획된 2개의 거실은 1개의 거실로 본다.

(3) 거실의 채광(건축법 시행령 제51조)

단독주택 및 공동주택의 거실, 교육연구시설 중 학교의 교실, 의료시설의 병실 및 숙박시설의 객실에는 국토교통부령으로 정하는 기준에 따라 채광 및 환기를 위한 창문 등이나 설비를 설치하여야 한다.

(4) 창문 등의 차면시설(건축법 시행령 제55조)

인접 대지 경계선으로부터 직선거리 2m 이내에 이웃 주택의 내부가 보이는 창문 등을 설치하는 경우에는 차면시설을 설치해야 한다.

(5) 경계벽 등의 구조(건축물방화구조규칙 제19조)

① 건축물에 설치하는 경계벽은 내화구조로 하고, 지붕 밑 또는 바로 위층의 바닥판까지 닿게 해야 한다.

② 경계벽은 소리를 차단하는 데 장애가 되는 부분이 없도록 다음의 어느 하나에 해당하는 구조로 해야 한다.

㉠ 철근콘크리트조·철골철근콘크리트조로서 두께가 10cm 이상인 것

㉡ 무근콘크리트조 또는 석조로서 두께가 10cm(시멘트 모르타르·회반죽 또는 석고플라스터의 바름 두께를 포함한다) 이상인 것

㉢ 콘크리트블록조 또는 벽돌조로서 두께가 19cm 이상인 것

10년간 자주 출제된 문제

12-1. 거실의 채광기준 적용대상이 아닌 것은?
① 공동주택의 거실
② 업무시설의 사무실
③ 숙박시설의 객실
④ 학교의 교실

12-2. 단독주택에서 거실의 바닥 면적이 200m²인 거실에 창문을 설치하여 채광을 하고자 할 때 그 채광 창문의 최소 면적은?
① 40m²
② 30m²
③ 20m²
④ 10m²

12-3. 다음은 건축법령에 따른 차면시설 설치에 관한 조항이다. ( ) 안에 들어갈 내용으로 옳은 것은?

> 인접 대지경계선으로부터 직선거리 ( ) 이내에 이웃 주택의 내부가 보이는 창문 등을 설치하는 경우에는 차면시설(遮面施設)을 설치해야 한다.

① 0.5m
② 1m
③ 1.5m
④ 2m

[해설]

12-1
거실의 채광 등(건축법 시행령 제51조 제1항)
단독주택 및 공동주택의 거실, 교육연구시설 중 학교의 교실, 의료시설의 병실 및 숙박시설의 객실에는 국토교통부령으로 정하는 기준에 따라 채광 및 환기를 위한 창문 등이나 설비를 설치해야 한다.

12-2
채광 및 환기를 위한 창문 등(건축물의 피난·방화구조 등의 기준에 관한 규칙 제17조)
채광을 위하여 거실에 설치하는 창문 등의 면적은 그 거실의 바닥 면적의 1/10 이상이어야 한다.

$$\therefore 200 \times \frac{1}{10} = 20m^2$$

정답 12-1 ② 12-2 ③ 12-3 ④

핵심이론 13 건축물의 내화구조(건축법 시행령 제56조)

다음 건축물의 주요 구조부와 지붕은 내화구조로 해야 한다. 다만, 연면적이 50m² 이하인 단층 부속건축물로서 외벽, 처마 밑면을 방화구조로 한 것과 무대의 바닥은 그렇지 않다.

바닥 면적 합계	건축물의 용도
200m² 이상 (옥외관람석 1,000m²)	• 제2종 근린생활시설 중 공연장·종교집회장(바닥 면적 합계 각각 300m² 이상 해당) • 문화 및 집회시설(전시장, 동·식물원 제외) • 종교시설 • 위락시설 중 주점영업 및 장례시설
500m² 이상	• 문화 및 집회시설 중 전시장, 동·식물원 • 판매시설, 운수시설 • 교육연구시설에 설치하는 체육관·강당 • 수련시설, 운동시설 중 체육관·운동장 • 위락시설(주점영업 용도 제외) • 창고시설, 위험물 저장 및 처리시설 • 자동차 관련 시설 • 방송통신시설 중 방송국·전신전화국·촬영소 • 묘지 관련 시설 중 화장시설·동물 화장시설 • 관광휴게시설
2,000m² 이상	공장(화재의 위험이 적은 공장으로서 국토교통부령으로 정하는 공장은 제외)
400m² 이상	• 2층이 단독주택 중 다중주택 및 다가구주택 • 공동주택 • 제1종 근린생활시설(의료의 용도만 해당) • 제2종 근린생활시설 중 다중생활시설 • 의료시설, 노유자시설 중 아동 관련 시설 및 노인복지시설 • 숙박시설, 수련시설 중 유스호스텔 • 업무시설 중 오피스텔 • 장례시설
모든 건축물 (면적기준 없음)	• 3층 이상 건축물 및 지하층이 있는 건축물 • 2층 이하인 건축물은 지하층 부분만 해당 다만, 다음의 용도는 제외한다. • 단독주택(다중주택, 다가구주택 제외) • 동물 및 식물 관련 시설 • 발전시설(발전소 부속용도 시설은 제외) • 교도소·소년원 • 묘지 관련 시설(화장시설, 동물 화장시설 제외) • 철강 관련 업종 공장 중 제어실 사용을 위한 연면적 50m² 이하 증축 부분

10년간 자주 출제된 문제

13-1. 주요 구조부를 내화구조로 해야 하는 건축물에 해당되지 않는 것은?
① 당해 용도의 바닥 면적 합계가 500m²인 판매시설
② 당해 용도의 바닥 면적 합계가 600m²인 문화 및 집회시설 중 전시장
③ 당해 용도의 바닥 면적 합계가 2,000m²인 공장
④ 당해 용도의 바닥 면적 합계가 300m²인 창고시설

13-2. 건축물의 바닥 면적 합계가 450m²인 경우 주요 구조부를 내화구조로 해야 하는 건축물이 아닌 것은?
① 의료시설
② 노유자시설 중 노인복지시설
③ 업무시설 중 오피스텔
④ 창고시설

13-3. 어느 건축물에서 해당 용도의 바닥 면적의 합계가 500m²라고 할 때 주요 구조부를 내화구조로 할 필요가 없는 것은?
① 문화 및 집회시설 중 전시장
② 운수시설
③ 운동시설 중 체육관
④ 공장의 용도로 쓰이는 건축물

[해설]

13-1, 13-2
건축물의 내화구조(건축법 시행령 제56조 제1항)
창고시설은 그 용도로 쓰는 바닥 면적의 합계가 500m² 이상일 때 주요 구조부를 내화구조로 하여야 한다.

13-3
공장의 용도로 쓰는 건축물로서 그 용도로 쓰는 바닥 면적의 합계가 2,000m² 이상인 건축물. 다만, 화재의 위험이 적은 공장으로서 국토교통부령으로 정하는 공장은 제외한다.

정답 13-1 ④ 13-2 ④ 13-3 ④

핵심이론 14 방화벽, 지하층

(1) 방화벽의 구조(건축물방화구조규칙 제21조)

연면적 1,000m² 이상의 대규모 건축물의 경우 바닥 면적의 합계 1,000m² 미만마다 방화벽으로 구획해야 하며, 다음의 기준에 적합해야 한다.
① 내화구조로서 홀로 설 수 있는 구조일 것(자립구조)
② 방화벽의 양쪽 끝과 위쪽 끝을 건축물의 외벽면 및 지붕면으로부터 0.5m 이상 튀어나오게 할 것
③ 출입문의 너비 및 높이는 각각 2.5m 이하, 60분+ 방화문 또는 60분 방화문을 설치할 것
④ 목조의 건축물은 그 외벽 및 처마 밑의 연소할 우려가 있는 부분을 방화구조로 하되, 그 지붕은 불연재료로 해야 한다.

(2) 지하층의 구조(건축물방화구조규칙 제25조)

① 지하층의 설치기준

지하층 규모	설치기준
(거실의 바닥 면적이) 50m² 이상인 층	직통계단 외에 비상탈출구 및 환기통 설치(직통계단이 2개소 이상인 경우는 제외)
(바닥 면적이) 1,000m² 이상인 층	방화구획으로 구획하는 각 부분마다 1개소 이상의 피난 또는 특별피난계단 설치
(거실의 바닥 면적의 합계가) 1,000m² 이상인 층	환기설비 설치
(지하층의 바닥 면적이) 300m² 이상인 층	식수 공급을 위한 급수전 1개소 이상 설치

② 비상탈출구의 구조(주택 제외)
㉠ 크기 : 유효폭 0.75m 이상, 유효 높이 1.5m 이상
㉡ 구조 : 피난 방향으로 열리도록 하고(항상 열 수 있는 구조), 내외부에 비상탈출구 표시를 할 것
㉢ 출구 위치 : 출입구로부터 3m 이상 떨어진 곳에 설치
㉣ 사다리의 설치 : 바닥과 비상탈출구의 높이 차이가 1.2m 이상인 경우 발판의 너비가 20cm 이상인 사다리를 설치
㉤ 피난통로 유효 너비 : 0.75m 이상(마감은 불연재료)

10년간 자주 출제된 문제

14-1. 연면적 1,000m² 이상인 건축물에 설치하는 방화벽의 구조기준으로 옳지 않은 것은?

① 내화구조로서 홀로 설 수 있는 구조일 것
② 방화벽의 양쪽 끝과 위쪽 끝을 건축물의 외벽면 및 지붕면으로부터 0.5m 이상 튀어나오게 할 것
③ 방화벽에 설치하는 출입문의 너비 및 높이는 각각 1.8m 이하로 할 것
④ 방화벽에 설치하는 출입문에는 60분 방화문을 설치할 것

14-2. 연면적 1,000m² 이상인 목조 건축물에서 외벽의 구조 및 지붕의 재료로 옳은 것은?

① 내화구조의 외벽, 불연재료의 지붕
② 방화구조의 외벽, 불연재료의 지붕
③ 방화구조의 외벽, 난연재료의 지붕
④ 내화구조의 외벽, 난연재료의 지붕

14-3. 지하층의 비상탈출구에 관한 기준으로 옳지 않은 것은?

① 비상탈출구의 유효 너비는 0.75m 이상으로 하고, 유효 높이는 1.5m 이상으로 할 것
② 비상탈출구의 진입 부분 및 피난통로에는 통행에 지장이 있는 물건을 방치하거나 시설물을 설치하지 아니할 것
③ 비상탈출구의 문은 피난 방향으로 열리도록 하고, 실내에서 항상 열릴 수 있는 해야 하며, 내부 및 외부에는 비상탈출구의 표시를 할 것
④ 비상탈출구는 출입구로부터 3m 이내에 설치할 것

[해설]

14-1
방화벽의 구조(건축물의 피난·방화구조 등의 기준에 관한 규칙 제21조)
방화벽에 설치하는 출입문의 너비 및 높이는 각각 2.5m 이하로 하고, 해당 출입문에는 60분+ 방화문 또는 60분 방화문을 설치할 것

14-2
대규모 목조건축물의 외벽 등(건축물의 피난·방화구조 등의 기준에 관한 규칙 제22조)
연면적이 1,000m² 이상인 목조의 건축물은 그 외벽 및 처마 밑의 연소할 우려가 있는 부분을 방화구조로 하되, 그 지붕은 불연재료로 해야 한다.

14-3
비상탈출구는 출입구로부터 3m 이상 떨어진 곳에서 설치할 것

정답 14-1 ③ 14-2 ② 14-3 ④

핵심이론 15 승강기 설비

(1) 승용 승강기(건축법 제64조)

① 원칙 : 건축주는 6층 이상으로서 연면적이 2,000m² 이상인 건축물을 건축하려면 승강기를 설치해야 한다.

② 설치 제외 대상 : 층수가 6층인 건축물로서 각 층 거실의 바닥 면적 300m² 이내마다 1개소 이상의 직통계단을 설치한 건축물은 제외한다.

③ 승강기의 설치 대수(건축물설비기준규칙 별표 1의2)

건축물의 용도	6층 이상의 거실 면적의 합계 3,000m² 이하	3,000m² 초과
• 문화 및 집회시설 중 - 공연장 - 집회장 - 관람장 • 판매시설 • 의료시설	2대	2대에 3,000m²를 초과하는 2,000m² 이내마다 1대를 더한 대수
		〈계산식〉 2대 + $\dfrac{\text{초과 면적} - 3,000m^2}{2,000m^2}$(대)
• 문화 및 집회시설 중 - 전시장 - 동·식물원 • 업무시설 • 숙박시설 • 위락시설	1대	1대에 3,000m²를 초과하는 2,000m² 이내마다 1대를 더한 대수
		〈계산식〉 1대 + $\dfrac{\text{초과 면적} - 3,000m^2}{2,000m^2}$(대)
• 공동주택 • 교육연구시설 • 노유자시설 • 그 밖의 시설	1대	1대에 3,000m²를 초과하는 3,000m² 이내마다 1대를 더한 대수
		〈계산식〉 1대 + $\dfrac{\text{초과 면적} - 3,000m^2}{3,000m^2}$(대)

④ 승강기의 대수 계산 인정
  ㉠ 8인승 이상 15인승 이하 : 1대
  ㉡ 16인승 이상 : 2대

⑤ 승강기의 구조 : 건축물에 설치하는 승강기, 에스컬레이터 및 비상용 승강기의 구조는 승강기시설 안전관리법에 따른다.

(2) 비상용 승강기

① 원칙 : 높이 31m를 초과하는 건축물에는 승강기뿐만 아니라 비상용 승강기를 추가로 설치해야 한다.

② 2대 이상의 비상용 승강기를 설치하는 경우에는 화재가 났을 때 소화에 지장이 없도록 일정한 간격을 두고 설치해야 한다.

③ 비상용 승강기 설치 제외대상 건축물(건축물설비기준규칙 제9조)
  ㉠ 높이 31m를 넘는 각 층을 거실 외의 용도로 쓰는 경우
  ㉡ 높이 31m를 넘는 각 층의 바닥 면적의 합계가 500m² 이하인 건축물
  ㉢ 높이 31m를 넘는 층수가 4개 층 이하로서 당해 각 층의 바닥 면적의 합계 200m²(벽 및 반자가 실내에 접하는 부분의 마감을 불연재료로 한 경우에는 500m²) 이내마다 방화구획으로 구획된 건축물

④ 비상용 승강기의 설치 대수(건축법 시행령 제90조)

높이 31m를 넘는 각 층의 바닥 면적 중 최대 바닥 면적(m²)	설치 대수
1,500m² 이하	1대 이상
1,500m² 초과	1대에 1,500m²를 넘는 매 3,000m² 이내마다 1대씩 더한 대수 이상

〈계산식〉

$$1대 + \frac{31m를\ 넘는\ 층의\ 최대\ 바닥\ 면적 - 1,500m^2}{3,000m^2}\ (대)$$

⑤ 비상용 승강기의 승강장의 구조(건축물설비기준규칙 제10조)
  ㉠ 승강장은 건축물의 다른 부분과 내화구조의 바닥·벽으로 구획할 것(창문·출입구·개구부 제외)
  ㉡ 승강장 출입구 : 60분+ 방화문 또는 60분 방화문을 설치할 것
  ㉢ 노대, 외부를 향해 열 수 있는 창문 및 배연설비를 설치할 것
  ㉣ 벽 및 반자가 실내에 접하는 부분의 마감재료는 불연재료로 할 것
  ㉤ 채광이 되는 창문이 있거나 예비전원에 의한 조명설비를 할 것
  ㉥ 승강장 바닥 면적은 비상용 승강기 1대에 대하여 6m² 이상으로 할 것(옥외에 승강장을 설치 시 예외)
  ㉦ 피난층이 있는 승강장의 출입구(승강장이 없는 경우에는 승강로의 출입구)로부터 도로 또는 공지에 이르는 거리가 30m 이하일 것

10년간 자주 출제된 문제

15-1. 각 층의 바닥 면적이 1,000m²로 동일한 업무시설인 14층 오피스텔을 건축하는 경우 승용 승강기는 몇 대를 설치해야 하는가?(단, 8인승 이상 15인승 이하의 승강기로 설치)

① 2대 ② 3대
③ 4대 ④ 5대

15-2. 비상용 승강기 승강장의 구조에 대한 기준으로 옳지 않은 것은?

① 승강장의 바닥 면적은 비상용 승강기 1대에 대하여 10m² 이상으로 할 것
② 벽 및 반자가 실내에 접하는 부분의 마감재료는 불연재료로 할 것
③ 채광이 되는 창문이 있거나 예비전원에 의한 조명설비를 할 것
④ 피난층이 있는 승강장의 출입구로부터 도로 또는 공지에 이르는 거리가 30m 이하일 것

[해설]

15-1
- 공동주택은 1대에 3,000m²를 초과하는 3,000m² 이내마다 1대를 더한 대수로 산정한다.
- 6층 이상인 층의 면적만 고려하면 6~14층의 거실 면적은 9,000m²이다.

$$\therefore 2 + \frac{(9,000-3,000)}{3,000} = 2 + 2 = 4대$$

15-2
비상용 승강기의 구조(건축물의 설비기준 등에 관한 규칙 제10조)
승강장의 바닥 면적은 비상용 승강기 1대에 대하여 6m² 이상으로 할 것. 다만, 옥외에 승강장을 설치하는 경우에는 그러하지 아니한다.

정답 15-1 ③ 15-2 ①

핵심이론 16 관계 전문기술자와의 협력(건축법 시행령 제91조의3)

(1) 구조 분야
설계자가 건축물에 대한 구조의 안전을 확인하는 경우 건축구조기술사의 협력을 받아야 하는 대상 건축물은 다음과 같다.
① 6층 이상인 건축물
② 특수 구조 건축물
③ 다중이용 건축물
④ 준다중이용 건축물
⑤ 3층 이상의 필로티 형식 건축물
⑥ 지진구역 Ⅰ의 지역에 건축하는 건축물로서 건축물의 구조기준 등에 관한 규칙 별표 11에 따른 중요도가 특에 해당하는 건축물

(2) 설비 분야(건축물설비기준규칙 제2조)
연면적 10,000㎡ 이상인 건축물(창고시설 제외) 또는 에너지를 대량으로 소비하는 건축물로서 국토교통부령으로 정하는 다음 표에 해당되는 건축물에 건축설비를 설치하는 경우에는 해당 설비 관계 전문기술자(건축기계설비기술사 또는 공조냉동기계기술사, 건축전기설비기술사 또는 발송배전기술사, 가스기술사)의 협력을 받아야 한다.

바닥 면적 합계	건축물의 용도
500㎡ 이상	냉동냉장시설, 항온항습시설 또는 특수청정시설
모든 규모	아파트 및 연립주택
500㎡ 이상	• 목욕장(제1종 근린생활시설) • 실내물놀이형 시설 • 실내수영장
2,000㎡ 이상	• 숙박시설 • 기숙사 • 의료시설 • 유스호스텔
3,000㎡ 이상	• 업무시설 • 연구소 • 판매시설
10,000㎡ 이상	• 문화 및 집회시설(공연장, 집회장, 관람장 및 전시장) • 교육연구시설(연구소 제외) • 종교시설 • 장례식장

(3) 토목 분야
깊이 10m 이상 토지 굴착공사 또는 높이 5m 이상 옹벽 등의 공사를 수반하는 건축물의 설계자 및 공사감리자는 토지 굴착 등에 관하여 국토교통부령으로 정하는 바에 따라 등록한 토목구조기술사, 토질 및 기초 기술사, 지질 및 지반 기술사 또는 토목시공기술사의 협력을 받아야 한다.

10년간 자주 출제된 문제

16-1. 설계자가 건축물에 대한 구조의 안전을 확인하는 경우 건축구조기술사의 협력을 받아야 하는 대상 건축물이 아닌 것은?
① 3층 이상인 건축물
② 특수 구조 건축물
③ 다중이용 건축물
④ 준다중이용 건축물

16-2. 건축물에 가스, 급수, 배수, 환기설비를 설치해야 하는 경우 건축기계설비기술사 또는 공조냉동기계기술사의 협력을 받아야 하는 대상 건축물에 속하지 않는 것은?
① 기숙사로서 해당 용도에 사용되는 바닥 면적의 합계가 2,000㎡인 경우
② 판매시설로서 해당 용도에 사용되는 바닥 면적의 합계가 2,000㎡인 경우
③ 의료시설로서 해당 용도에 사용되는 바닥 면적의 합계가 2,000㎡인 경우
④ 숙박시설로서 해당 용도에 사용되는 바닥 면적의 합계가 2,000㎡인 경우

|해설|

16-1
6층 이상인 건축물이다.

16-2
바닥 면적의 합계가 2,000㎡인 건축물에 가스, 급수, 배수, 환기설비를 설치해야 하는 경우 건축기계설비기술사 또는 공조냉동기계기술사의 협력을 받아야 하는 대상 건축물은 기숙사, 의료시설(병원), 유스호스텔, 숙박시설 등이 있다.

정답 16-1 ① 16-2 ②

핵심이론 17 환기설비, 난방설비, 냉방설비

(1) 공동주택 및 다중이용시설의 환기설비 기준(건축물설비기준규칙 제11조)

① 신축 또는 리모델링하는 다음의 어느 하나에 해당하는 주택 또는 건축물은 시간당 0.5회 이상의 환기가 이루어질 수 있도록 자연환기설비 또는 기계환기설비를 설치해야 한다.
  ㉠ 30세대 이상의 공동주택
  ㉡ 주택을 주택 외의 시설과 동일 건축물로 건축하는 경우로서 주택이 30세대 이상인 건축물

② 신축 공동주택 등의 자연환기설비 설치기준(일부 내용) : 자연환기설비는 설치되는 실의 바닥부터 수직으로 1.2m 이상의 높이에 설치해야 하며, 2개 이상의 자연환기설비를 상하로 설치하는 경우 1m 이상의 수직 간격을 확보해야 한다.

③ 다중이용시설의 기계환기설비 용량기준은 시설이용 인원당 환기량을 원칙으로 산정한다.

④ 환기구의 안전기준 : 환기구는 보행자 및 건축물 이용자의 안전이 확보되도록 바닥으로부터 2m 이상의 높이에 설치해야 한다.

(2) 공동주택과 오피스텔의 개별 난방설비(건축물설비기준규칙 제13조)

① 공동주택과 오피스텔의 난방설비를 개별 난방방식으로 하는 경우 다음 기준에 적합해야 한다.

구분	설치기준
보일러의 설치	• 거실 외의 곳에 설치 • 보일러실과 거실 사이 경계벽은 내화구조(출입구는 제외)
보일러실의 환기	• 윗부분에 면적 0.5m² 이상의 환기창 설치 • 윗부분, 아랫부분에 지름 10cm 이상 공기흡입구, 배기구를 항상 개방된 상태로 외기와 접하도록 설치(전기보일러 제외)
보일러실과 거실 사이의 출입구	출입구가 닫힌 경우에는 보일러 가스가 거실에 들어갈 수 없는 구조
기름저장소	보일러실 외의 다른 곳에 설치할 것(기름보일러를 설치하는 경우)
오피스텔 난방구획	난방구획을 방화구획으로 할 것
보일러실 연도	내화구조로서 공동연도로 설치

② 허가권자는 개별 보일러를 설치하는 건축물의 경우 소방청장이 정하여 고시하는 기준에 따라 일산화탄소 경보기를 설치하도록 권장할 수 있다.

(3) 냉방설비(건축물설비기준규칙 제23조)

① 상업지역 및 주거지역에서 적용된다.

② 냉방시설 및 환기시설의 배기구는 도로면으로부터 2m 이상의 높이에 설치해야 한다.

③ 배기장치에서 나오는 열기가 인근 건축물의 거주자나 보행자에게 직접 닿지 않도록 설치해야 한다.

④ 건축물의 외벽에 배기구 또는 배기장치를 설치할 때에는 외벽 또는 다음의 기준에 적합한 지지대 등 보호장치와 분리되지 아니하도록 견고하게 연결하여 배기구 또는 배기장치가 떨어지는 것을 방지할 수 있도록 해야 한다.
  ㉠ 배기구 또는 배기장치를 지탱할 수 있는 구조일 것
  ㉡ 부식을 방지할 수 있는 자재를 사용하거나 도장(塗裝)할 것

10년간 자주 출제된 문제

17-1. 신축 또는 리모델링하는 100세대 이상의 공동주택은 자연환기설비 또는 기계환기설비를 설치하여 최소 시간당 몇 회 이상의 환기가 이루어지도록 해야 하는가?

① 0.5회 ② 0.6회
③ 0.8회 ④ 1.0회

17-2. 오피스텔과 공동주택의 난방설비를 개별 난방방식으로 하는 경우의 기준으로 옳지 않은 것은?

① 보일러는 거실 외의 곳에 설치하고 보일러를 설치하는 곳과 거실 사이의 경계벽은 출입구를 포함하여 불연재료로 마감한다.
② 보일러실의 윗부분에는 0.5m² 이상의 환기창을 설치한다.
③ 오피스텔의 경우에는 난방구획을 방화구획으로 구획한다.
④ 기름보일러를 설치하는 경우에는 기름저장소를 보일러실 외의 다른 곳에 설치한다.

〔해설〕

17-1
공동주택 및 다중이용시설의 환기설비기준 등(건축물설비기준규칙 제11조)
신축 또는 리모델링하는 다음의 어느 하나에 해당하는 주택 또는 건축물은 시간당 0.5회 이상의 환기가 이루어질 수 있도록 자연환기설비 또는 기계환기설비를 설치해야 한다.
- 30세대 이상의 공동주택
- 주택을 주택 외의 시설과 동일 건축물로 건축하는 경우로서 주택이 30세대 이상인 건축물

17-2
보일러는 거실 외의 곳에 설치하되, 보일러를 설치하는 곳과 거실 사이의 경계벽은 출입구를 제외하고는 내화구조의 벽으로 구획한다.

정답 17-1 ① 17-2 ①

핵심이론 18 배연설비

(1) 배연설비 설치 대상(건축법 시행령 제51조)

다음의 용도에 따른 건축물의 거실에는 배열설비를 설치한다(피난층의 거실은 제외).

규모	건축물 용도
6층 이상 건축물	• 제2종 근린생활시설 중 공연장, 종교집회장, 인터넷컴퓨터게임시설 제공업소(각각 300m² 이상만 해당) 및 다중생활시설 • 문화 및 집회시설, 판매시설, 종교시설 • 교육연구시설 중 연구소 • 노유자시설 중 아동 관련 시설 및 노인복지시설(노인요양시설 제외) • 수련시설 중 유스호스텔 • 운동시설, 업무시설, 숙박시설, 장례시설 • 의료시설, 위락시설, 관광휴게시설, 운수시설
해당 용도로 쓰는 건축물	• 의료시설 중 요양병원 및 정신병원 • 노유자시설 중 노인요양시설, 장애인 거주시설 및 장애인 의료재활시설 • 제1종 근린생활시설 중 산후조리원

(2) 배연설비 설치기준(건축물설비기준규칙 제14조)

① 방화구획마다 1개소 이상의 배연창을 설치한다.
② 배연창 상변과 천장 또는 반자로부터 수직거리가 0.9m 이내이어야 한다(단, 반자 높이가 3m 이상인 경우 배연창 하변이 바닥부터 2.1m 이상 위치에 놓이도록 설치해야 한다).
③ 배연창 유효 면적은 기준에 의해 산정된 면적이 1m² 이상으로서 해당 건축물 바닥 면적의 1/100 이상이어야 한다(이 경우 거실 바닥 면적의 1/20 이상 환기창을 설치한 거실 면적 제외).
④ 배연구는 연기감지기 또는 열감지기에 의해 자동으로 열 수 있는 구조로 하되 손으로도 열고 닫을 수 있도록 한다.
⑤ 배연구는 예비전원에 의하여 열 수 있도록 해야 한다.

10년간 자주 출제된 문제

18-1. 6층 이상의 건축물로서 거실에 배연설비를 해야 하는 건축물의 용도가 아닌 것은?
① 문화 및 집회시설 ② 의료시설
③ 숙박시설 ④ 일반음식점

18-2. 배연설비의 설치기준으로 옳지 않은 것은?
① 건축물이 방화구획으로 구획된 경우에는 그 구획마다 1개소 이상의 배연창을 설치하되, 배연창의 상변과 천장 또는 반자로부터 수직거리가 1.2m 이내일 것
② 배연구는 예비전원에 의하여 열 수 있도록 할 것
③ 배연창 설치에 있어 반자높이가 바닥으로부터 3m인 경우에는 배연창의 하변이 바닥으로부터 2.1m 이상의 위치에 놓이도록 설치할 것
④ 배연구는 연기감지기 또는 열감지기에 의하여 자동으로 열 수 있는 구조로 하되, 손으로도 열고 닫을 수 있도록 할 것

18-3. 배연설비에서의 배연창의 최소 유효 면적과 그 유효 면적의 합계 기준으로 옳게 짝지어진 것은?
① 1m² 이상, 당해 건축물 바닥 면적의 1/50 이상
② 1m² 이상, 당해 건축물 바닥 면적의 1/100 이상
③ 2m² 이상, 당해 건축물 바닥 면적의 1/50 이상
④ 2m² 이상, 당해 건축물 바닥 면적의 1/100 이상

[해설]

18-2
건축물이 방화구획으로 구획된 경우에는 그 구획마다 1개소 이상의 배연창을 설치하되, 배연창의 상변과 천장 또는 반자로부터 수직거리가 0.9m 이내일 것

18-3
배연설비(건축물설비기준규칙 제14조)
배연창의 유효 면적은 산정기준에 의하여 산정된 면적이 1m² 이상으로서 그 면적의 합계가 당해 건축물의 바닥 면적의 1/100 이상이어야 한다. 이 경우 바닥 면적의 산정에 있어서 거실 바닥 면적의 1/20 이상으로 환기창을 설치한 거실의 면적은 이에 산입하지 아니한다.

정답 18-1 ④ 18-2 ① 18-3 ②

핵심이론 19 건축물의 면적 산정(건축법 시행령 119조)

(1) 대지 면적

① 원칙 : 대지의 수평투영면적으로 한다.
② 대지 면적 제외 부분
  ㉠ 대지에 건축선이 정해진 경우 : 그 건축선과 도로 사이의 대지 면적
  ㉡ 대지에 도시·군계획시설인 도로·공원 등이 있는 경우 : 그 도시·군계획시설에 포함되는 대지 면적

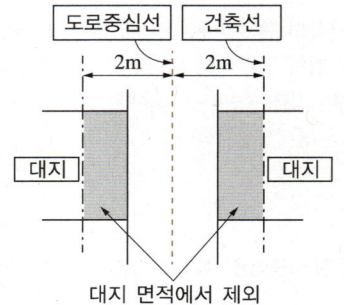

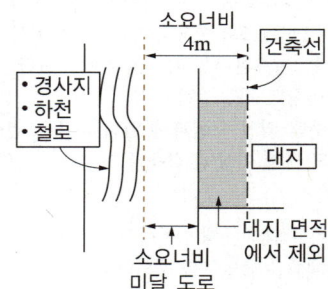

  ㉢ 너비 8m 미만인 도로 모퉁이에 위치한 대지의 가각전제(街角剪除) 부분

도로의 교차각	해당 도로의 너비(m)		교차되는 도로의 너비(m)
	6m 이상 8m 미만	4m 이상 6m 미만	
90° 미만	4	3	6 이상 8 미만
	3	2	4 이상 6 미만
90° 이상 120° 미만	3	2	6 이상 8 미만
	2	2	4 이상 6 미만

(2) 건축 면적

① 원칙
  ㉠ 건축물의 외벽(외벽이 없는 경우에는 외곽 부분의 기둥)의 중심선으로 둘러싸인 부분의 수평투영면적으로 한다.
  ㉡ 단, 태양열을 주된 에너지원으로 이용하는 주택의 건축 면적은 건축물의 외벽 중 내측 내력벽의 중심선을 기준으로 한다.

② 예외 : 건축 면적에 포함되지 않는 경우
  ㉠ 지표면으로부터 1m 이하에 있는 부분(창고 중 물품 입출고를 위한 차량 접안 부분의 경우 지표면으로부터 1.5m 이하에 있는 부분)
  ㉡ 건축물 지상층에 일반인이나 차량이 통행할 수 있도록 설치한 보행통로나 차량통로
  ㉢ 지하 주차장의 경사로, 건축물 지하층의 출입구 상부
  ㉣ 처마·차양·부연 등의 해당 외벽의 중심선으로부터 수평거리 1m 이상 돌출된 부분이 있는 경우에는 그 끝부분으로부터 1m(축사 3m, 공동주택·한옥 2m, 전통 사찰 4m 이하의 범위에서 외벽 중심선까지의 거리)를 후퇴한 선의 옥외쪽 부분

10년간 자주 출제된 문제

너비 8m 미만인 도로의 모퉁이에 위치한 대지의 도로 모퉁이 부분의 건축선은 그 대지에 접한 도로경계선의 교차점으로부터 도로경계선에 따라 다음의 표에 따른 거리를 각각 후퇴한 두 점을 연결한 선으로 한다. (   ) 안의 숫자로 옳은 것은?(단, 도로의 교차각 90° 미만인 경우)

해당 도로의 너비	교차되는 도로의 너비
6m 이상~8m 미만	
(㉠)m	6m 이상~8m 미만
(㉡)m	4m 이상~6m 미만

① ㉠ 2, ㉡ 2
② ㉠ 3, ㉡ 2
③ ㉠ 3, ㉡ 3
④ ㉠ 4, ㉡ 3

정답 ④

핵심이론 20 건축물의 면적 산정(건축법 시행령 제119조)

(1) 연면적

① 원칙
  ㉠ 하나의 건축물의 각 층 바닥 면적의 합계로 한다.
  ㉡ 동일 대지 안에 2동 이상의 건축물이 있는 경우에는 그 연면적의 합계로 한다.

② 예외(용적률 산정 시 제외되는 부분)
  ㉠ 지하층 면적
  ㉡ 지상층의 주차장으로 사용되는 면적(단, 해당 건축물의 부속 용도에 한함)
  ㉢ 초고층 건축물과 준초고층 건축물에 설치하는 피난안전구역 면적
  ㉣ 건축물의 경사지붕 아래에 설치하는 대피 공간의 면적

(2) 바닥 면적

① 원칙 : 건축물의 각 층 또는 그 일부로서 벽, 기둥, 그 밖에 이와 비슷한 구획의 중심선으로 둘러싸인 부분의 수평투영면적으로 한다.

② 바닥 면적 산정 별도기준
  ㉠ 벽·기둥의 구획이 없는 건축물에 있어서, 그 지붕 끝부분으로부터 수평거리 1m를 후퇴한 선으로 둘러싸인 수평투영면적으로 한다.
  ㉡ 건축물의 노대 등의 바닥은 난간 등의 설치 여부에 관계없이 노대 등의 면적에서 노대 등이 접한 가장 긴 외벽에 접한 길이에 1.5m를 곱한 값을 뺀 면적을 바닥 면적에 산입한다.
  ㉢ 단열공법 건축물은 단열재가 설치된 외벽 중 내측 내력벽의 중심선을 기준으로 산정한 면적을 바닥 면적으로 한다.

③ 예외(바닥 면적에 포함되지 않는 경우)
  ㉠ 필로티 등의 구조 부분이 다음과 같이 사용될 경우
    • 공중의 통행에 전용되는 경우
    • 차량의 통행·주차에 전용되는 경우
    • 공동주택의 경우

ⓒ 승강기탑(옥상출입용 승강장 포함), 계단탑, 장식탑, 층고가 1.5m 이하인 다락(경사진 형태의 지붕인 경우에는 1.8m)
ⓒ 건축물의 내부에 설치하는 냉방설비 배기장치 전용 설치 공간
ⓒ 건축물 외부 또는 내부에 설치하는 굴뚝, 더스트 슈트, 설비 덕트 등
ⓒ 옥상·옥외·지하 물탱크, 기름 탱크, 냉각탑, 정화조
ⓒ 공동주택 지상층에 설치한 기계실, 전기실, 어린이 놀이터, 조경시설, 생활폐기물 보관함

10년간 자주 출제된 문제

20-1. 건축물 면적, 높이 및 층수 산정 원칙으로 옳지 않은 것은?
① 대지 면적은 대지의 수평투영면적으로 한다.
② 연면적은 하나의 건축물 각 층의 거실 면적의 합계로 한다.
③ 건축 면적은 건축물의 외벽(외벽이 없는 경우 외곽 부분 기둥)의 중심선으로 둘러싸인 부분의 수평투영면적으로 한다.
④ 바닥 면적은 건축물의 각 층 또는 그 일부로서 벽, 기둥 기타 이와 유사한 구획의 중심선으로 둘러싸인 부분의 수평투영면적으로 한다.

20-2. 건축물의 필로티 부분을 건축법령상의 바닥 면적에 산입하는 경우에 속하는 것은?
① 공중의 통행에 전용되는 경우
② 차량의 주차에 전용되는 경우
③ 업무시설의 휴식 공간으로 전용되는 경우
④ 공동주택의 놀이 공간으로 전용되는 경우

|해설|
20-1
연면적 : 하나의 건축물의 각 층 바닥 면적의 합계로 한다.
20-2
업무시설의 휴식 공간으로 전용되는 경우는 산입된다.

정답 20-1 ② 20-2 ③

핵심이론 21 건폐율, 용적률(건축법 제55조)

(1) 건폐율

① 대지 면적에 대한 건축 면적(대지에 2 이상의 건축물이 있는 경우에는 이들 건축 면적의 합계)의 비율을 말한다.

$$건폐율 = \frac{건축\ 면적}{대지\ 면적} \times 100(\%)$$

② 건폐율 한도(국토계획법 시행령 제84조)

구분	지역	최대한도	지역 세분	건폐율 한도
도시지역	주거지역	70%	제1종, 2종 전용주거지역	50% 이하
			제1종, 2종 일반주거지역	60% 이하
			제3종 일반주거지역	50% 이하
			준주거지역	70% 이하
	상업지역	90%	근린상업지역	70% 이하
			일반상업지역	80% 이하
			유통상업지역	80% 이하
			중심상업지역	90% 이하
	공업지역	70%	전용공업지역	70% 이하
			일반공업지역	
			준공업지역	
	녹지지역	20%	보전녹지지역	20% 이하
			생산녹지지역	
			자연녹지지역	
관리지역			보전관리지역	20% 이하
			생산관리지역	
			계획관리지역	40% 이하
농림지역			–	20% 이하
자연환경보전지역			–	20% 이하

(2) 용적률

① 대지 면적에 대한 지상층 연면적(대지에 2 이상의 건축물이 있는 경우 지상층 연면적의 합계)의 비율을 말한다.

$$용적률 = \frac{연면적}{대지\ 면적} \times 100(\%)$$

② 용적률 한도(국토계획법 시행령 제85조)

구분	지역	지역의 세분	용적률 기준
도시지역	주거지역 (500% 이하)	제1종 전용주거지역	50~100% 이하
		제2종 전용주거지역	50~150% 이하
		제1종 일반주거지역	100~200% 이하
		제2종 일반주거지역	100~250% 이하
		제3종 일반주거지역	100~300% 이하
		준주거지역	200~500% 이하
	상업지역 (1,500% 이하)	근린상업지역	200~900% 이하
		일반상업지역	200~1,300% 이하
		유통상업지역	200~1,100% 이하
		중심상업지역	200~1,500% 이하
	공업지역 (400% 이하)	전용공업지역	150~300% 이하
		일반공업지역	150~350% 이하
		준공업지역	150~400% 이하
	녹지지역 (100% 이하)	보전녹지지역	50~80% 이하
		생산녹지지역	50~100% 이하
		자연녹지지역	
관리지역		보전관리지역 (80% 이하)	50~80% 이하
		생산관리지역 (80% 이하)	
		계획관리지역 (100% 이하)	50~100% 이하
농림지역 (80% 이하)		–	50~80% 이하
자연환경보전지역 (80% 이하)		–	50~80% 이하

※ ( )는 최대 한도 기준

> **10년간 자주 출제된 문제**

21-1. 건축법령상 대지 면적에 대한 건축 면적의 비율은 무엇인가?
① 용적률 ② 건폐율
③ 수용률 ④ 대지율

21-2. 용도지역에 따른 건폐율의 최대 한도가 옳지 않은 것은?(단, 도시지역의 경우)
① 녹지지역 - 30% 이하
② 주거지역 - 70% 이하
③ 공업지역 - 70% 이하
④ 상업지역 - 90% 이하

21-3. 건축법령상 용적률의 정의로 가장 알맞은 것은?
① 대지 면적에 대한 연면적의 비율
② 연면적에 대한 건축 면적의 비율
③ 대지 면적에 대한 건축 면적의 비율
④ 연면적에 대한 지상층 바닥 면적의 비율

21-4. 국토의 계획 및 이용에 관한 법률에 따른 용도지역에서의 용적률 최대 한도 기준이 옳지 않은 것은?(단, 도시지역의 경우)
① 주거지역 : 500% 이하
② 녹지지역 : 100% 이하
③ 공업지역 : 400% 이하
④ 상업지역 : 1,000% 이하

[해설]
21-2
녹지지역 건폐율의 최대 한도 : 20% 이하
21-4
상업지역 : 최대 1,500% 이하

정답 21-1 ② 21-2 ① 21-3 ① 21-4 ④

핵심이론 22 건축물의 높이 산정, 지표면의 기준

(1) 건축물의 높이 산정

① 일반적인 높이 산정기준
  ㉠ 원칙 : 지표면으로부터 건축물 상단까지의 높이로 한다.
  ㉡ 건축물 1층 전체가 필로티인 경우(경비실, 계단실, 승강기실 등 포함) 건축물의 높이 제한 및 공동주택의 높이 제한의 규정을 적용함에 있어서 필로티의 층고를 제외한 높이로 한다.

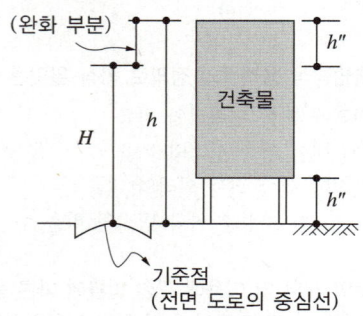

H : 최고 높이 h'' : 필로티 높이
h : 실제 허용높이($H+h''$)

[일반적인 높이 산정 기준]

② 지표면에 고저차가 있는 경우 높이 산정기준
  ㉠ 경사지의 지표면에서 높이 산정 : 그 지표면의 평균 수평면을 지표면으로 본다.
  ㉡ 단차이가 있는 지표면에서 높이 산정 : 그 고저차의 1/2의 높이만큼 올라온 위치를 가상 지표면으로 한다.

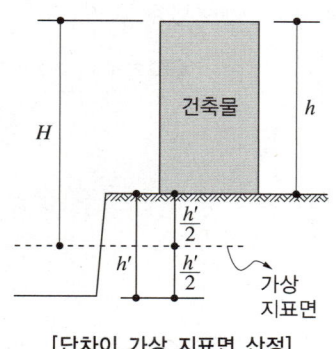

[단차이 가상 지표면 산정]

③ 건축물의 대지에 접하는 전면도로 노면에 고저차가 있는 경우 높게 산정기준
  ㉠ 전면도로가 경사도로일 경우 높이 산정기준 : 건축물이 접하는 범위의 전면도로 부분의 수평거리에 따라 가중 평균한 높이의 수평면을 전면도로면으로 한다.
  ㉡ 대지가 도로면보다 낮은 경우 : 해당 전면도로 중심선의 수평면으로부터 건축물 상단까지의 높이로 한다.
  ㉢ 대지가 도로면보다 높은 경우 : 전면도로의 중심면과 지표면의 고저차 1/2의 높이만큼 올라온 위치를 도로의 중심면으로 하여 건축물 상단까지의 높이로 한다.

(2) 일조 확보를 위한 건축물의 높이 제한이 있는 경우의 높이 산정을 위한 지표면 기준

① 건축물 대지의 지표면과 인접 대지의 지표면 간에 고저차가 있는 경우
  그 지표면의 평균 수평면을 지표면으로 본다.
② 공동주택을 다른 용도와 복합하여 건축하는 경우
  ㉠ 일반상업지역과 중심상업지역이 아닌 지역에서 공동주택을 다른 용도와 복합하는 경우 공동주택의 가장 낮은 부분을 그 건축물의 지표면으로 본다.
  ㉡ 공동주택으로서 복합 건축물인 경우에는 공동주택 부분에 대하여 일조 확보를 위한 높이를 산정한다.

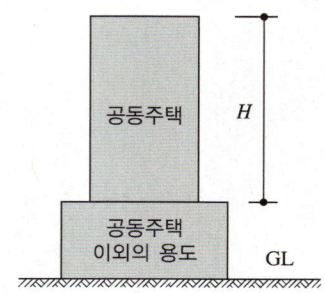

※ H : 공동주택 부분의 높이를 기준

10년간 자주 출제된 문제

22-1. 건축법령상 다음과 같은 건축물의 높이는?(단, 가로구역에서의 건축물의 높이 제한과 관련된 건축물의 높이)

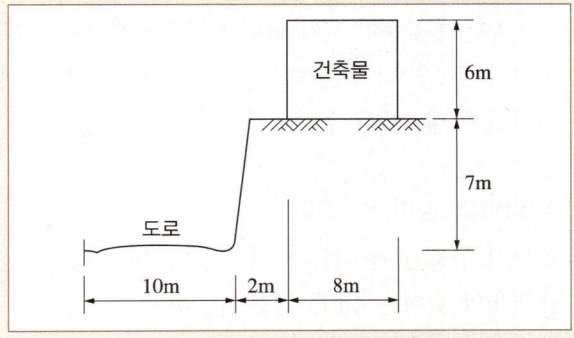

① 6m　　　　　　② 9m
③ 9.5m　　　　　 ④ 13.5m

22-2. 건축법 제61조 제2항에 따른 높이를 산정할 때, 공동주택을 다른 용도와 복합하여 건축하는 경우 건축물의 높이 산정을 위한 지표면 기준은?

> 건축법 제61조(일조 등의 확보를 위한 건축물의 높이 제한)
> ② 다음 각 호의 어느 하나에 해당하는 공동주택(일반상업지역과 중심상업지역에 건축하는 것은 제외)은 채광(採光) 등의 확보를 위하여 대통령령으로 정하는 높이 이하로 해야 한다.
>   1. 인접 대지경계선 등의 방향으로 채광을 위한 창문 등을 두는 경우
>   2. 하나의 대지에 두 동(棟) 이상을 건축하는 경우

① 전면도로의 중심선
② 인접 대지의 지표면
③ 공동주택의 가장 낮은 부분
④ 다른 용도의 가장 낮은 부분

[해설]

22-1
- 전면도로의 중심면과 지표면의 고저차 1/2의 높이만큼 올라온 위치를 도로의 중심면으로 하여 건축물 상단까지의 높이로 한다.
- 6m + (7m × 1/2) = 9.5m

22-2
공동주택의 가장 낮은 부분을 지표면으로 본다.

정답 22-1 ③　22-2 ③

핵심이론 23 옥상 부분의 높이 산정, 층수의 산정 등

(1) 건축물의 옥상 부분의 높이 산정

① 원칙 : 옥상에 설치되는 승강기탑(옥상출입용 승강장 포함), 계단탑, 망루, 장식탑, 옥탑 등으로서 그 수평투영면적의 합계가 해당 건축물 건축 면적의 1/8 이하인 경우로서 그 부분의 높이가 12m를 넘는 경우에는 그 넘는 부분만 해당 건축물의 높이에 산입한다.

② 예외 : 지붕마루 장식, 굴뚝, 방화벽의 옥상 돌출부나 그 밖에 옥상 돌출물과 난간벽(그 벽면적의 1/2 이상이 공간으로 되어 있는 것에 한함)은 그 건축물의 높이에 산입하지 아니한다.

(2) 건축물의 부위별 높이 산정, 층수의 산정

① 처마 높이 : 지표면으로부터 건축물의 지붕틀 또는 이와 유사한 수평재를 지지하는 벽・깔도리 또는 기둥의 상단까지 높이로 한다.

② 반자 높이
  ㉠ 방의 바닥면으로부터 반자까지의 높이로 한다.
  ㉡ 높이가 다른 경우에는 그 각 부분의 반자 면적에 따라 가중 평균한 높이로 한다.

③ 층고
  ㉠ 방 바닥구조체 윗면으로부터 위층 바닥구조체의 윗면까지의 높이로 한다.
  ㉡ 동일한 방에서 층의 높이가 다른 부분이 있는 경우에는 그 각 부분의 높이에 따른 면적에 따라 가중 평균한 높이로 한다.

④ 층수
  ㉠ 승강기탑(옥상출입용 승강장을 포함)・계단탑・망루・장식탑・옥탑 등 건축물의 옥상 부분으로서 그 수평투영면적의 합계가 해당 건축물 건축 면적의 1/8 이하인 것과 지하층은 건축물의 층수에 산입하지 않는다.
  ㉡ 층의 구분이 명확하지 않은 건축물에 있어서는 해당 건축물의 높이 4m마다 하나의 층으로 산정한다.

ⓒ 건축물의 부분에 따라 그 층수가 다른 경우에는 그 중 가장 많은 층수를 그 건축물의 층수로 본다.

(3) 일조 등의 확보를 위한 건축물의 높이 제한(건축법 시행령 제86조)

① 대상 지역 : 전용주거지역과 일반주거지역 안에서 건축하는 건축물에 해당한다.

② 높이 제한기준 : 정북방향으로의 인접 대지경계선으로부터 다음의 범위에서 건축조례로 정하는 거리 이상을 띄어 건축하여야 한다.

높이	이격거리
10m 이하인 부분	1.5m 이상
10m 초과인 부분	해당 건축물 각 부분의 높이의 1/2 이상

10년간 자주 출제된 문제

23-1. 건축물의 층수 산정에 관한 기준 내용으로 옳지 않은 것은?

① 지하층은 건축물의 층수에 산입하지 아니한다.
② 층의 구분이 명확하지 아니한 건축물은 그 건축물의 높이 4m마다 하나의 층으로 보고 그 층수를 산정한다.
③ 건축물이 부분에 따라 그 층수가 다른 경우에는 바닥 면적에 따라 가중 평균한 층수를 그 건축물의 층수로 본다.
④ 계단탑으로서 그 수평투영면적의 합계가 해당 건축물 건축 면적의 1/8 이하인 것은 건축물의 층수에 산입하지 아니한다.

23-2. 전용주거지역이나 일반주거지역에서 건축물을 건축하는 경우, 건축물의 높이 10m 이하의 부분은 정북(正北) 방향으로의 인접 대지경계선으로부터 원칙적으로 최소 얼마 이상의 거리를 띄어야 하는가?

① 1m
② 1.5m
③ 2m
④ 3m

|해설|

23-1
건축물의 부분에 따라 그 층수를 달리한 경우에는 그 중 가장 많은 층수를 그 건축물의 층수로 본다.

23-2
일조 등의 확보를 위한 건축물의 높이 제한(건축법 시행령 제86조)
• 높이 10m 이하 부분 : 인접 대지경계선으로부터 1.5m 이상
• 높이 10m 초과하는 부분 : 인접 대지경계선으로부터 해당 건축물 각 부분 높이의 1/2 이상

정답 23-1 ③ 23-2 ②

핵심이론 24 조적식 구조(건축물구조기준규칙 제3장 제3절)

(1) 조적식 구조의 설계
① 조적재는 통줄눈이 되지 아니하도록 설계해야 한다.
② 조적식 구조인 각 층의 벽은 편심하중이 작용하지 아니하도록 설계해야 한다.

(2) 내력벽의 높이 및 길이
① 조적식 구조인 건축물 중 2층 건축물에 있어서 2층 내력벽의 높이는 4m를 넘을 수 없다.
② 조적식 구조인 내력벽의 길이는 10m를 넘을 수 없다.
③ 조적식 구조인 내력벽으로 둘러쌓인 부분의 바닥 면적은 $80m^2$를 넘을 수 없다.

(3) 내력벽의 두께
① 조적식 구조인 내력벽의 두께는 바로 위층의 내력벽의 두께 이상이어야 한다.
② 조적식 구조인 내력벽의 두께는 조적재가 벽돌인 경우에는 당해 벽높이의 1/20 이상, 블록인 경우에는 당해 벽높이의 1/16 이상으로 해야 한다.
③ 조적식 구조인 경계벽(내력벽이 아닌 그 밖의 벽을 포함)의 두께는 9cm 이상으로 해야 한다.
④ 조적식 구조인 내력벽 위에는 그 춤이 벽 두께의 1.5배 이상인 철골구조 또는 철근콘크리트조의 테두리 보를 설치해야 한다.

(4) 조적식 구조의 개구부 설치기준
① 각 층의 대린벽으로 구획된 각 벽에서 개구부 폭의 합계는 그 벽길이의 1/2 이하로 해야 한다.
② 하나의 층에 있어서의 개구부와 그 바로 위층에 있는 개구부와의 수직거리는 600mm 이상이어야 한다.
③ 벽에 설치하는 개구부에 있어서는 각 층마다 그 개구부 상호 간 또는 개구부와 대린벽 중심과의 수평거리는 그 벽두께의 2배 이상으로 해야 한다.

④ 폭이 1.8m를 넘는 개구부의 상부에는 철근콘크리트 구조의 윗인방을 설치해야 한다.
⑤ 조적식 구조인 내어민창 또는 내어쌓기창은 철골 또는 철근콘크리트로 보강해야 한다.

10년간 자주 출제된 문제

24-1. 건축물의 구조기준 등에 관한 규칙에 따른 조적식 구조 칸막이 벽의 두께는 최소 얼마 이상으로 해야 하는가?(단, 경계벽이란 내력벽이 아닌 그 밖의 벽을 포함한다)

① 9cm ② 12cm
③ 15cm ④ 20cm

24-2. 조적식 구조의 벽에 설치하는 창, 출입구 등의 개구부 설치기준으로 틀린 것은?

① 각 층의 대린벽으로 구획된 각 벽에 있어서 개구부의 폭의 합계는 그 벽의 길이 1/2 이하로 해야 한다.
② 하나의 층에 있어서의 개구부와 그 바로 위층에 있는 개구부와의 수직거리는 최소 90cm 이상으로 해야 한다.
③ 폭이 1.8m를 넘는 개구부의 상부에는 철근콘크리트구조의 윗 인방을 설치해야 한다.
④ 조적식 구조인 내어민창 또는 내어쌓기창은 철골 또는 철근콘크리트로 보강해야 한다.

해설

24-1
조적식 구조인 경계벽(내력벽이 아닌 그 밖의 벽을 포함)의 두께는 9cm 이상으로 해야 한다.

24-2
개구부와 바로 위에 있는 개구부와의 수직 거리는 최소 600mm 이상으로 한다.

정답 24-1 ① **24-2** ②

1-3. 장애인·노인·임산부 등의 편의증진보장에 관한 법률

핵심이론 01 목적 및 정의

(1) 목적(법 제1조)

이 법은 장애인·노인·임산부 등이 일상생활에서 안전하고 편리하게 시설과 설비를 이용하고 정보에 접근할 수 있도록 보장함으로써 이들의 사회활동 참여와 복지 증진에 이바지함을 목적으로 한다.

(2) 용어의 정의(법 제2조)

① 장애인 등 : 장애인·노인·임산부 등 일상생활에서 이동, 시설 이용 및 정보 접근 등에 불편을 느끼는 사람을 말한다.
② 편의시설 : 장애인 등이 일상생활에서 이동하거나 시설을 이용할 때 편리하게 하고, 정보에 쉽게 접근할 수 있도록 하기 위한 시설과 설비를 말한다.
③ 시설주(施設主) : 대상시설의 소유자 또는 관리자(해당 대상시설에 대한 관리 의무자가 따로 있는 경우만 해당)를 말한다.
④ 시설주관기관 : 편의시설의 설치와 운영에 관하여 지도하고 감독하는 중앙행정기관의 장과 특별시장·광역시장·특별자치시장·도지사·특별자치도지사(이하 시·도지사), 시장·군수·구청장(자치구의 구청장) 및 교육감을 말한다.
⑤ 공원 : 다음의 어느 하나에 해당하는 시설을 말한다.
  ⑦ 자연공원법에 따른 자연공원, 공원시설
  ⓒ 도시공원 및 녹지 등에 관한 법률에 따른 도시공원, 공원시설
⑥ 공공건물 및 공중이용시설 : 불특정 다수가 이용하는 건축물, 시설 및 그 부대시설로서 다음의 건물과 시설을 말한다.
  ⑦ 제1종 근린생활시설 및 제2종 근린생활시설
  ⓒ 문화 및 집회시설, 종교시설, 판매시설, 의료시설

ⓒ 교육연구시설, 노유자시설, 수련시설, 운동시설
ⓔ 업무시설, 숙박시설, 공장, 자동차 관련 시설, 교정시설
ⓓ 방송통신시설, 묘지 관련 시설, 관광 휴게시설 및 장례식장

⑦ **공동주택** : 건축물 설비 등의 전부 또는 일부를 공동으로 사용하는 각 세대가 하나의 건축물 안에서 각각 독립된 주거생활을 할 수 있는 구조로 된 주택(아파트, 연립주택, 다세대주택)을 말한다.

⑧ **통신시설** : 전기통신설비(공중전화)와 우편물 등 통신을 이용하는 데에 필요한 시설(우체통)을 말한다.

10년간 자주 출제된 문제

1-1. 장애인등편의법상 용어 정의로 옳지 않은 것은?
① 장애인 등이란 장애인·노인·임산부 등 일상생활에서 이동, 시설 이용 및 정보 접근 등에 불편을 느끼는 사람을 말한다.
② 편의시설이란 장애인 등이 일상생활에서 이동하거나 시설을 이용할 때 편리하게 하고, 정보에 쉽게 접근할 수 있도록 하기 위한 시설과 설비를 말한다.
③ 시설주(施設主)란 대상시설의 소유자 또는 관리자를 말한다.
④ 공동주택이란 아파트, 연립주택, 다가구주택, 오피스텔을 말한다.

1-2. 장애인등편의법상 시설주관기관에 해당되지 않은 기관은?
① 시·도지사
② 보건복지부장관
③ 시장·군수·동장
④ 교육감

|해설|

1-1
공동주택 : 건축물 설비 등의 전부 또는 일부를 공동으로 사용하는 각 세대가 하나의 건축물 안에서 각각 독립된 주거생활을 할 수 있는 구조로 된 아파트, 연립주택, 다세대주택을 말한다.

1-2
시설주관기관이란 편의시설의 설치와 운영에 관하여 지도하고 감독하는 중앙행정기관의 장과 특별시장·광역시장·특별자치시장·도지사·특별자치도지사(이하 시·도지사), 시장·군수·구청장(자치구의 구청장) 및 교육감을 말한다.

정답 1-1 ④ 1-2 ③

핵심이론 02 편의시설의 설치대상

(1) 편의시설 설치의 기본 원칙(법 제3조)
시설주 및 대상시설의 설치를 위하여 관계 법령에 따른 허가나 처분을 신청하는 등 절차를 진행 중인 자는 장애인 등이 공공건물 및 공중이용시설을 이용할 때 가능하면 최대한 편리한 방법으로 최단 거리로 이동할 수 있도록 편의시설을 설치해야 한다.

(2) 편의시설 설치 대상(시행령 별표 1)
① 공원
② 공공건물 및 공중이용시설(바닥 면적의 합계)
　ⓐ 제1종 근린생활시설
　　• 슈퍼마켓·일용품 등의 소매점 : $50m^2$ 이상 $1,000m^2$ 미만인 시설
　　• 휴게음식점·제과점 등 : $50m^2$ 이상 $300m^2$ 미만인 시설
　　• 이용원·미용원 : $50m^2$ 이상인 시설
　　• 목욕장 : $300m^2$ 이상인 시설
　　• 지역자치센터, 파출소, 지구대, 소방서, 우체국, 방송국, 보건소, 공공도서관, 국민건강보험공단·국민연금공단·한국장애인고용공단·근로복지공단의 지사 등 : $1,000m^2$ 미만인 시설
　　• 대피소, 공중화장실
　　• 의원·치과의원·한의원·침술원·접골원·조산원 및 산후조리원
　　• 지역아동센터
　ⓑ 제2종 근린생활시설
　　• 일반음식점 : $50m^2$ 이상인 시설
　　• 휴게음식점·제과점 등 : $300m^2$ 이상인 시설
　　• 공연장(극장·영화관·연예장·음악당·서커스장) : $300m^2$ 이상 $500m^2$ 미만인 시설
　　• 안마시술소
　　• 장의사, 동물병원, 동물미용실, 동물위탁관리업을 위한 시설, 그 밖에 이와 유사한 것(제1종 근린생활시설 제외)

- 학원(자동차학원·무도학원 제외), 교습소(자동차교습·무도교습 제외), 직업훈련소(운전·정비 관련 직업훈련소 제외) : 500m² 미만인 것
- 독서실, 기원

ⓒ 문화 및 집회시설
- 공연장 : 제2종 근린생활시설에 해당하지 않는 것
- 집회장(예식장·공회당·회의장), 전시장(박물관·미술관·과학관·기념관·산업전시장·박람회장), 종교집회장(교회·성당·사찰·기도원) : 500m² 이상인 시설
- 관람장(경마장·자동차 경기장)
- 동·식물원(동물원·식물원·수족관) : 300m² 이상인 시설

ⓔ 판매시설(도매시장·소매시장·상점) : 1,000m² 이상인 시설

ⓜ 의료시설
- 병원(종합병원·병원·치과병원·한방병원·정신병원 및 요양병원)
- 격리병원(전염병원·마약진료소 등)

ⓑ 교육연구시설(제2종 근린생활시설에 해당하는 것을 제외)
- 학교(유치원·초등학교·중학교·고등학교·전문대학·대학교 등)
- 교육원(연수원 등)·직업훈련소·학원(자동차학원과 무도학원을 제외) : 500m² 이상인 시설
- 도서관 : 1,000m² 이상인 시설

ⓢ 노유자시설
- 아동 관련 시설(어린이집·아동복지시설)
- 노인복지시설 및 장애인복지시설
- 그 밖에 다른 용도로 분류되지 아니한 사회복지시설

ⓞ 수련시설
- 생활권수련시설(청소년수련관·청소년문화의집·유스호스텔)
- 자연권수련시설(청소년수련원·청소년 야영장)

ⓩ 운동시설 : 500m² 이상인 시설에 한한다.
- 체육관
- 운동장(육상·구기·볼링·수영·스케이트·롤러스케이트·승마·사격·궁도·골프 등)과 운동장에 부수되는 건축물

ⓒ 업무시설
- 공공업무시설 중 국가 또는 지방자치단체의 청사로서 제1종 근린생활시설에 해당하지 아니하는 것
- 일반업무시설로서 금융업소·사무소·신문사·오피스텔 : 500m² 이상인 시설
- 일반업무시설로서 국민건강보험공단·국민연금공단·한국장애인고용공단·근로복지공단 및 그 지사 : 1,000m² 이상인 시설

ⓚ 숙박시설
- 일반숙박시설 및 생활숙박시설(객실 수가 30실 이상인 시설)
- 관광숙박시설(관광호텔·수상관광호텔·한국전통호텔·가족호텔·호스텔·소형 호텔·의료관광호텔 및 휴양콘도미니엄)

ⓣ 공장 : 물품의 제조·가공(염색·도장·표백·재봉·건조·인쇄 등) 또는 수리에 계속적으로 이용되는 건축물로서, 장애인고용의무가 있는 사업주가 운영하는 시설

ⓟ 관광휴게시설
- 야외음악당·야외극장·어린이회관 등 : 1,000m² 이상인 시설
- 휴게소 : 300m² 이상인 시설

ⓗ 기타
- 자동차 관련 시설 : 주차장, 운전학원
- 교정시설 : 교도소 및 구치소
- 방송통신시설(방송국·전신전화국 등) : 1,000m² 이상인 시설
- 묘지 관련 시설 : 화장시설, 봉안당(종교시설에 해당하는 것을 제외)
- 장례식장 : 500m² 이상인 시설

③ 공동주택
　㉠ 아파트
　㉡ 연립주택(세대수가 10세대 이상인 주택에 한한다)
　㉢ 다세대주택(세대수가 10세대 이상인 주택에 한한다)
　㉣ 기숙사 : 학교 또는 공장 등의 학생 또는 종업원 등을 위하여 사용되는 것으로서 공동취사 등을 할 수 있는 구조이되, 독립된 주거의 형태를 갖추지 아니한 것으로 30인 이상이 기숙하는 시설에 한한다.
④ 통신시설 : 공중전화, 우체통

10년간 자주 출제된 문제

2-1. 장애인등편의법상 편의시설의 설치대상으로 옳지 않은 것은?
① 공공건물 및 공중이용시설
② 공동주택
③ 통신시설
④ 교통시설

2-2. 장애인등편의법상 제1종 근린생활시설 중 편의시설의 설치대상으로 옳지 않은 것은?
① 슈퍼마켓·일용품 등의 소매점 : 50m² 이상 1,000m² 미만인 시설
② 휴게음식점·제과점 등 : 50m² 이상 300m² 미만인 시설
③ 의원·치과의원·한의원·침술원·접골원·조산원 및 산후조리원 : 100m² 이상인 시설
④ 이용원·미용원 : 50m² 이상인 시설

[해설]
2-1
교통시설은 편의시설 설치대상이 아니다.

2-2
③의 시설은 설치 면적 제한이 없다.

정답 2-1 ④　2-2 ①

핵심이론 03 편의시설의 세부기준(1)

(1) 장애인 등의 통행이 가능한 접근로

① 유효폭 및 활동 공간
　㉠ 휠체어 사용자가 통행할 수 있도록 접근로의 유효폭은 1.2m 이상으로 해야 한다.
　㉡ 휠체어 사용자가 다른 휠체어 또는 유모차 등과 교행할 수 있도록 50m마다 1.5m×1.5m 이상의 교행구역을 설치할 수 있다.
　㉢ 경사진 접근로가 연속될 경우에는 휠체어 사용자가 휴식할 수 있도록 30m마다 1.5m×1.5m 이상의 수평면으로 된 참을 설치할 수 있다.

② 기울기 등
　㉠ 접근로의 기울기는 1/18 이하로 해야 한다. 다만, 지형상 곤란한 경우에는 1/12까지 완화할 수 있다.
　㉡ 대지 내를 연결하는 주접근로에 단차가 있을 경우 그 높이 차이는 2cm 이하로 해야 한다.

③ 경계 : 연석의 높이는 6cm 이상 15cm 이하로 할 수 있으며, 색상과 질감은 접근로의 바닥재와 다르게 설치할 수 있다.

(2) 장애인 등의 출입이 가능한 출입구(문)

① 유효폭 및 활동 공간
　㉠ 출입구(문)은 통과유효폭을 0.9m 이상으로 하고, 출입구(문)의 전면 유효 거리는 1.2m 이상으로 하며, 연속된 출입문의 경우 문의 개폐에 소요되는 공간은 유효 거리에 포함하지 아니한다.

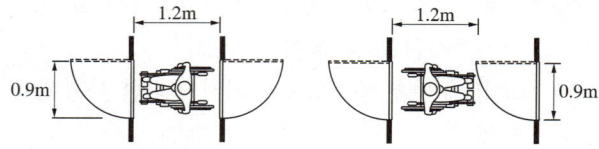

　㉡ 전문체육시설 및 생활체육시설의 출입구(문) 중 경기용 휠체어 사용자를 위한 출입구(문)의 통과 유효폭은 1.2m 이상으로 해야 한다.

ⓒ 자동문이 아닌 경우에는 다음과 같이 출입문 옆에 0.6m 이상의 활동 공간을 확보해야 한다.

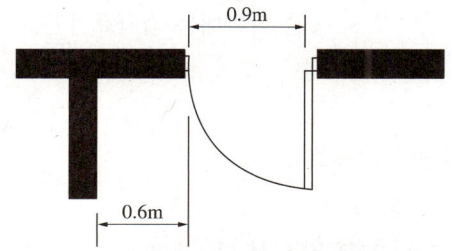

출입구의 바닥면에는 문턱이나 높이 차이를 두어서는 안 된다. 다만, 방화문 등의 설치로 문턱이나 높이 차이를 두는 것이 부득이한 경우에는 그 차이가 2cm 이하가 되도록 해야 한다.

② 문의 형태
ⓐ 출입문은 회전문을 제외한 다른 형태의 문을 설치해야 한다.
ⓑ 미닫이문은 가벼운 재질로 하며, 턱이 있는 문지방이나 홈을 설치하여서는 아니 된다.
ⓒ 여닫이문에 도어 체크를 설치하는 경우에는 문이 닫히는 시간이 3초 이상 충분하게 확보되도록 해야 한다.

(3) 장애인 등의 통행이 가능한 복도 및 통로
① 복도의 유효폭은 1.2m 이상으로 하되, 복도의 양옆에 거실이 있는 경우에는 1.5m 이상으로 할 수 있다.
② 복도의 바닥면에는 높이 차이를 두어서는 아니 된다. 다만, 부득이한 사정으로 높이 차이를 두는 경우에는 경사로를 설치해야 한다.

(4) 장애인 등의 통행이 가능한 계단
① 계단의 형태
ⓐ 계단은 직선 또는 꺾임형태로 설치할 수 있다.
ⓑ 바닥면으로부터 높이 1.8m 이내마다 휴식을 할 수 있도록 수평면으로 된 참을 설치할 수 있다.
② 유효폭 : 계단 및 참의 유효폭은 1.2m 이상으로 해야 한다. 다만, 건축물의 옥외피난계단은 0.9m 이상으로 할 수 있다.

③ 디딤판과 챌면
ⓐ 계단에는 챌면을 반드시 설치해야 한다.
ⓑ 디딤판의 너비는 0.28m 이상, 챌면의 높이는 0.18m 이하로 하되, 동일한 계단(참을 설치하는 경우에는 참까지의 계단을 말한다)에서 디딤판의 너비와 챌면의 높이는 균일하게 해야 한다.
ⓒ 디딤판의 끝부분에 아래의 그림과 같이 발끝이나 목발의 끝이 걸리지 아니하도록 챌면의 기울기는 디딤판의 수평면으로부터 60° 이상으로 해야 하며, 계단코는 3cm 이상 돌출하여서는 아니 된다.

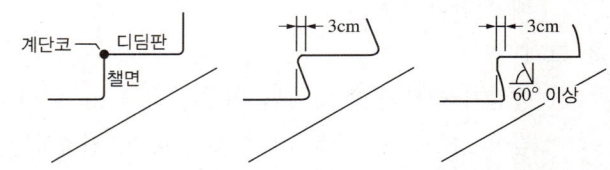

> **10년간 자주 출제된 문제**

3-1. 장애인등편의법상 장애인 등의 출입구에 대한 설명으로 옳지 않은 것은?
① 출입구(문)은 통과 유효폭을 0.9m 이상으로 한다.
② 출입문은 회전문을 제외한 다른 형태의 문을 설치해야 한다.
③ 출입구(문)의 전면 유효 거리는 1.2m 이상으로 한다.
④ 여닫이문에 도어체크를 설치 시 문이 닫히는 시간이 10초 이상 확보되도록 해야 한다.

3-2. 장애인등편의법상 장애인 등의 통행이 가능한 계단의 설명으로 옳지 않은 것은?
① 계단은 직선 또는 꺾임형태로 설치할 수 있다.
② 계단 및 참의 유효폭은 1.5m 이상으로 해야 한다.
③ 계단에는 챌면을 반드시 설치해야 한다.
④ 디딤판의 너비는 0.28m 이상, 챌면의 높이는 0.18m 이하로 해야 한다.

해설

3-1
여닫이문에 도어체크를 설치하는 경우에는 문이 닫히는 시간이 3초 이상 충분하게 확보되도록 해야 한다.

3-2
계단 및 참의 유효폭은 1.2m 이상으로 해야 한다.

정답 3-1 ④ 3-2 ②

핵심이론 04 편의시설의 세부기준(2)

(1) 장애인용 승강기
① 설치장소 및 활동 공간
  ㉠ 장애인용 승강기는 장애인 등의 접근이 가능한 통로에 연결하여 설치하되, 가급적 건축물 출입구와 가까운 위치에 설치해야 한다.
  ㉡ 승강기의 전면에는 1.4m×1.4m 이상의 활동 공간을 확보해야 한다.
  ㉢ 승강장 바닥과 승강기 바닥의 틈은 3cm 이하로 해야 한다.
② 크기
  ㉠ 승강기 내부의 유효 바닥 면적은 폭 1.1m 이상, 깊이 1.35m 이상으로 해야 한다. 다만, 신축하는 건물의 경우에는 폭을 1.6m 이상으로 해야 한다.
  ㉡ 출입문의 통과유효폭은 0.8m 이상으로 하되, 신축한 건물의 경우에는 출입문의 통과유효폭을 0.9m 이상으로 할 수 있다.

(2) 장애인용 에스컬레이터
① 유효폭 및 속도
  ㉠ 장애인용 에스컬레이터의 유효폭은 0.8m 이상으로 해야 한다.
  ㉡ 속도는 분당 30m 이내로 해야 한다.
② 디딤판
  ㉠ 휠체어 사용자가 승·하강할 수 있도록 에스컬레이터의 디딤판은 3매 이상 수평 상태로 이용할 수 있게 해야 한다.
  ㉡ 디딤판 시작과 끝부분의 바닥판은 얇게 할 수 있다.
③ 손잡이
  ㉠ 에스컬레이터의 양측면에는 디딤판과 같은 속도로 움직이는 이동손잡이를 설치해야 한다.
  ㉡ 에스컬레이터의 양 끝부분에는 수평이동손잡이를 1.2m 이상 설치해야 한다.
  ㉢ 수평이동손잡이 전면에는 1m 이상의 수평고정손잡이를 설치할 수 있으며, 수평고정손잡이에는 층수·위치 등을 나타내는 점자표지판을 부착해야 한다.

(3) 휠체어 리프트
① 일반사항
  ㉠ 계단 상부 및 하부 각 1개소에 탑승자 스스로 휠체어 리프트를 사용할 수 있는 설비를 갖춘 1.4m×1.4m 이상의 승강장을 갖추어야 한다.
  ㉡ 승강장에는 휠체어 리프트 사용자의 이용편의를 위하여 시설관리자 등을 호출할 수 있는 벨을 설치하고, 작동설명서를 부착해야 한다.
② 경사형 휠체어 리프트
  ㉠ 경사형 휠체어 리프트는 휠체어 받침판의 유효 면적을 폭 0.76m 이상, 길이 1.05m 이상으로 해야 하며, 휠체어 사용자가 탑승 가능한 구조로 해야 한다.
  ㉡ 운행 중 휠체어가 구르거나 장애물과 접촉하는 경우 자동정지가 가능하도록 감지장치를 설치해야 하며, 안전판이 열린 상태로 운행되지 아니하도록 내부 잠금장치를 갖추어야 한다.
③ 수직형 휠체어 리프트
  수직형 휠체어 리프트는 내부의 유효 바닥 면적을 폭 0.9m 이상, 깊이 1.2m 이상으로 해야 한다.

10년간 자주 출제된 문제

4-1. 장애인등편의법상 장애인용 승강기의 설명으로 옳지 않은 것은?

① 승강기는 장애인 등의 접근이 가능한 통로에 연결하여 설치해야 한다.
② 승강장 바닥과 승강기 바닥의 틈은 1cm 이하로 해야 한다.
③ 승강기 내부의 유효 바닥 면적은 폭 1.1m 이상, 깊이 1.35m 이상으로 해야 한다.
④ 신축 건물 출입문의 통과유효폭을 0.9m 이상으로 할 수 있다.

4-2. 장애인등편의법상 장애인용 에스컬레이터의 설명으로 옳지 않은 것은?

① 유효폭은 1.2m 이상으로 해야 한다.
② 속도는 분당 30m 이내로 해야 한다.
③ 에스컬레이터의 양 끝부분에는 수평이동손잡이를 1.2m 이상 설치해야 한다.
④ 디딤판은 3매 이상 수평 상태로 이용할 수 있게 해야 한다.

[해설]
4-1
승강장 바닥과 승강기 바닥의 틈은 3cm 이하로 해야 한다.
4-2
유효폭은 0.8m 이상으로 해야 한다.

정답 4-1 ② 4-2 ①

핵심이론 05 편의시설의 세부기준(3)

(1) 경사로

① 유효폭 및 활동 공간
  ㉠ 유효폭은 1.2m 이상으로 해야 한다. 단, 건축물을 증축·개축·재축·이전·대수선 또는 용도변경을 하는 경우로서 1.2m 이상의 유효폭을 확보하기 곤란한 때에는 0.9m까지 완화할 수 있다.
  ㉡ 바닥면으로부터 높이 0.75m 이내마다 휴식을 할 수 있도록 수평면으로 된 참을 설치해야 한다.
  ㉢ 경사로의 시작과 끝, 굴절 부분 및 참에는 1.5m×1.5m 이상의 활동 공간을 확보해야 한다.

② 기울기
  ㉠ 경사로의 기울기는 1/12 이하로 해야 한다.
  ㉡ 신축이 아닌 기존시설에 설치되는 경사로로서 시설관리자 등으로부터 상시 보조서비스가 제공되는 경우에는 높이가 1m 이하인 경사로의 기울기를 1/8까지 완화할 수 있다.

③ 손잡이
  ㉠ 경사로의 길이가 1.8m 이상이거나 높이가 0.15m 이상인 경우에는 양측면에 손잡이를 연속하여 설치해야 한다.
  ㉡ 손잡이를 설치하는 경우에는 경사로의 시작과 끝 부분에 수평손잡이를 0.3m 이상 연장하여 설치해야 한다. 다만, 통행상 안전을 위하여 필요한 경우에는 수평손잡이를 0.3m 이내로 설치할 수 있다.

(2) 장애인 등의 이용이 가능한 화장실

① 대변기
  ㉠ 건물을 신축하는 경우에는 대변기의 유효 바닥 면적이 폭 1.6m 이상, 깊이 2.0m 이상이 되도록 설치해야 하며, 대변기의 좌측 또는 우측에는 휠체어의 측면 접근을 위하여 유효폭 0.75m 이상의 활동 공간을 확보해야 한다. 이 경우 대변기의 전면에는 휠체어가 회전할 수 있도록 1.4m×1.4m 이상의 활동 공간을 확보해야 한다.

ⓛ 신축이 아닌 기존시설에 설치하는 경우로서 시설의 구조 등의 이유로 ㉠의 기준에 따라 설치하기가 어려운 경우에 한하여 유효 바닥 면적이 폭 1.0m 이상, 깊이 1.8m 이상이 되도록 설치해야 한다.
ⓒ 출입문의 통과유효폭은 0.9m 이상으로 해야 한다.
ⓔ 출입문의 형태는 자동문, 미닫이문 또는 접이문 등으로 할 수 있으며, 여닫이문을 설치하는 경우에는 바깥쪽으로 개폐되도록 해야 한다. 다만, 휠체어 사용자를 위하여 충분한 활동 공간을 확보한 경우에는 안쪽으로 개폐되도록 할 수 있다.

② 소변기
㉠ 소변기는 바닥 부착형으로 할 수 있다.
㉡ 소변기의 양옆에는 수평 및 수직손잡이를 설치해야 한다.
㉢ 수평손잡이의 높이는 바닥면으로부터 0.8m 이상 0.9m 이하, 길이는 벽면으로부터 0.55m 내외, 좌우 손잡이의 간격은 0.6m 내외로 해야 한다.
㉣ 수직손잡이의 높이는 바닥면으로부터 1.1m 이상 1.2m 이하, 돌출폭은 벽면으로부터 0.25m 내외로 해야 하며, 하단부가 휠체어의 이동에 방해가 되지 아니하도록 해야 한다.

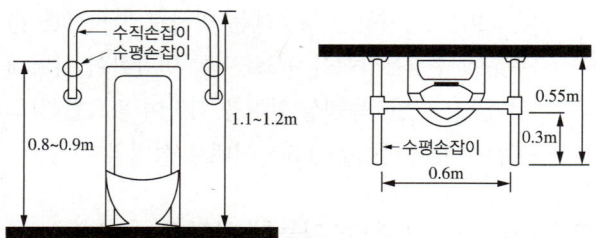

(3) 장애인 등의 이용이 가능한 관람석 또는 열람석
① 설치장소 : 휠체어 사용자를 위한 관람석 또는 열람석은 출입구 및 피난통로에서 접근하기 쉬운 위치에 설치해야 한다.

② 관람석의 구조
㉠ 휠체어 사용자를 위한 관람석은 이동식 좌석 또는 접이식 좌석을 사용하여 마련해야 한다. 이동식 좌석의 경우 한 개씩 이동이 가능하도록 하여 휠체어 사용자가 아닌 동행인이 함께 앉을 수 있도록 해야 한다.
㉡ 휠체어 사용자를 위한 관람석의 유효 바닥 면적은 1석당 폭 0.9m 이상, 깊이 1.3m 이상으로 해야 한다.

10년간 자주 출제된 문제

5-1. 장애인등편의법상 장애인용 경사로 기준으로 옳지 않은 것은?
① 경사로의 유효폭은 1.2m 이상으로 해야 한다.
② 바닥면으로부터 높이 0.75m 이내마다 휴식을 위한 수평면으로 된 참을 설치해야 한다.
③ 경사로의 기울기는 1/20 이하로 해야 한다.
④ 경사로의 길이가 1.8m 이상이거나 높이가 0.15m 이상인 경우에는 양측면에 손잡이를 연속하여 설치해야 한다.

5-2. 장애인등편의법상 장애인용 화장실의 기준으로 옳지 않은 것은?
① 대변기는 유효 바닥 면적이 폭 1.6m 이상, 깊이 2.0m 이상이 되어야 한다.
② 출입문의 통과유효폭은 0.9m 이상으로 해야 한다.
③ 여닫이문을 설치하는 경우에는 안쪽으로 개폐되도록 해야 한다.
④ 소변기 수평손잡이의 높이는 바닥면으로부터 0.8m 이상 0.9m 이하이어야 한다.

[해설]
5-1
경사로의 기울기는 1/12 이하로 해야 한다.
5-2
여닫이문을 설치하는 경우에는 바깥쪽으로 개폐되도록 해야 한다.

정답 5-1 ③ 5-2 ③

1-4. 소방시설 설치 및 관리에 관한 법령 분석

핵심이론 01 목적 및 정의

(1) 목적(법 제1조)

특정소방대상물 등에 설치하여야 하는 소방시설 등의 설치·관리와 소방용품 성능관리에 필요한 사항을 규정함으로써 국민의 생명·신체 및 재산을 보호하고 공공의 안전과 복리 증진에 이바지함을 목적으로 한다.

(2) 용어 정의(법 제2조, 영 제2조)

① **소방시설** : 소화설비, 경보설비, 피난구조설비, 소화용수설비, 그 밖에 소화활동설비로서 대통령령으로 정하는 것을 말한다.

   ㉠ 소화설비 : 소화기구, 자동소화장치, 옥내소화전설비, 스프링클러설비 등, 물분무 등 소화설비, 옥외소화전설비

   ㉡ 경보설비 : 단독경보형 감지기, 비상경보설비(비상벨설비, 자동식 사이렌설비), 자동화재탐지설비, 시각경보기, 화재알림설비, 비상방송설비, 자동화재속보설비, 통합감시시설, 누전경보기, 가스누설경보기

   ㉢ 피난구조설비 : 피난기구, 인명구조기구, 유도등, 비상조명등 및 휴대용 비상조명등

   ㉣ 소화용수설비 : 상수도소화용수설비, 소화수조·저수조, 그 밖의 소화용수설비

   ㉤ 소화활동설비 : 제연설비, 연결송수관설비, 연결살수설비, 비상콘센트설비, 무선통신보조설비, 연소방지설비

② **소방시설 등** : 소방시설과 비상구, 그 밖에 소방 관련 시설로서 대통령령(방화문 및 방화셔터)으로 정하는 것을 말한다(영 제4조).

③ **특정소방대상물** : 건축물 등의 규모·용도 및 수용인원 등을 고려하여 소방시설을 설치해야 하는 소방대상물로서 대통령령으로 정하는 것을 말한다.

④ **화재안전성능** : 화재를 예방하고 화재발생 시 피해를 최소화하기 위하여 소방대상물의 재료, 공간 및 설비 등에 요구되는 안전성능을 말한다.

⑤ **성능위주 설계** : 건축물 등의 재료, 공간, 이용자, 화재특성 등을 종합적으로 고려하여 공학적 방법으로 화재위험성을 평가하고 그 결과에 따라 화재안전성능이 확보될 수 있도록 특정소방대상물을 설계하는 것을 말한다.

⑥ **화재안전기준** : 소방시설 설치 및 관리를 위한 다음의 기준을 말한다.

   ㉠ 성능기준 : 화재안전 확보를 위하여 재료, 공간 및 설비 등에 요구되는 안전성능으로서 소방청장이 고시로 정하는 기준

   ㉡ 기술기준 : ㉠에 따른 성능기준을 충족하는 상세한 규격, 특정한 수치 및 시험방법 등에 관한 기준으로서 행정안전부령으로 정하는 절차에 따라 소방청장의 승인을 받은 기준

⑦ **소방용품** : 소방시설 등을 구성하거나 소방용으로 사용되는 제품 또는 기기로서 대통령령으로 정하는 것을 말한다.

⑧ **무창층(無窓層)** : 지상층 중 다음의 요건을 모두 갖춘 개구부의 면적의 합계가 해당 층의 바닥 면적의 1/30 이하가 되는 층을 말한다(영 제2조).

   ㉠ 크기는 지름 50cm 이상의 원이 통과할 수 있을 것

   ㉡ 해당 층의 바닥면으로부터 개구부 밑부분까지의 높이가 1.2m 이내일 것

   ㉢ 도로 또는 차량이 진입할 수 있는 빈터를 향할 것

   ㉣ 화재 시 건축물로부터 쉽게 피난할 수 있도록 창살이나 그 밖의 장애물이 설치되지 않을 것

   ㉤ 내부 또는 외부에서 쉽게 부수거나 열 수 있을 것

⑨ **피난층** : 곧바로 지상으로 갈 수 있는 출입구가 있는 층을 말한다(영 제2조).

10년간 자주 출제된 문제

1-1. 다음 소방시설 중 피난설비에 해당되지 않는 것은?
① 유도등 ② 비상방송설비
③ 비상조명등 ④ 완강기

1-2. 소화활동설비에 해당되는 것은?
① 스프링클러설비 ② 자동화재탐지설비
③ 상수도소화용수설비 ④ 연결송수관설비

1-3. 소방시설법령에서 정의하는 무창층이 되기 위한 개구부 면적의 합계 기준은?(단, 개구부란 아래 요건을 충족)

> 가. 크기는 지름 50cm 이상의 원이 통과할 수 있을 것
> 나. 해당 층의 바닥면으로부터 개구부 밑부분까지의 높이가 1.2m 이내일 것
> 다. 도로 또는 차량이 진입할 수 있는 빈터를 향할 것
> 라. 화재 시 건축물로부터 쉽게 피난할 수 있도록 창살이나 그 밖의 장애물이 설치되지 않을 것
> 마. 내부 또는 외부에서 쉽게 부수거나 열 수 있을 것

① 해당 층의 바닥 면적의 1/20 이하
② 해당 층의 바닥 면적의 1/25 이하
③ 해당 층의 바닥 면적의 1/30 이하
④ 해당 층의 바닥 면적의 1/35 이하

[해설]

1-1
비상방송설비는 경보설비에 해당된다.

1-2
① : 소화설비
② : 경보설비
③ : 소화용수설비

1-3
무창층(無窓層) : 지상층 중 개구부(건축물에서 채광·환기·통풍 또는 출입 등을 위하여 만든 창·출입구, 그 밖에 이와 비슷한 것을 말한다) 면적의 합계가 해당 층의 바닥 면적의 1/30 이하가 되는 층을 말한다.

정답 1-1 ② 1-2 ④ 1-3 ③

핵심이론 02 건축허가 등의 동의 등

(1) 건축허가 등의 동의 등(소방시설법 제6조)

건축물 등의 신축·증축·개축·재축·이전·용도변경 또는 대수선(大修繕)의 허가·협의 및 사용승인의 권한이 있는 행정기관은 건축허가 등을 할 때 미리 그 건축물 등의 시공지(施工地) 또는 소재지를 관할하는 소방본부장이나 소방서장의 동의를 받아야 한다.

(2) 건축허가 등의 동의대상물의 범위 등(소방시설법 시행령 제7조)

① 연면적이 400m² 이상인 건축물이나 시설. 다만, 다음의 어느 하나에 해당하는 경우, 정한 기준 이상인 건축물이나 시설로 한다.
　㉠ 건축 등을 하려는 학교시설 : 100m² 이상
　㉡ 노유자시설 및 수련시설 : 200m² 이상
　㉢ 정신의료기관(입원실이 없는 정신건강의학과 의원은 제외) : 300m² 이상
　㉣ 장애인의료재활시설(이하 의료재활시설) : 300m² 이상
② 지하층 또는 무창층이 있는 건축물로서 바닥 면적이 150m²(공연장의 경우에는 100m²) 이상인 층이 있는 것
③ 차고·주차장 또는 주차 용도로 사용되는 시설로서 다음의 어느 하나에 해당하는 것
　㉠ 차고·주차장으로 사용되는 바닥 면적이 200m² 이상인 층이 있는 건축물이나 주차시설
　㉡ 승강기 등 기계장치에 의한 주차시설로서 자동차 20대 이상을 주차할 수 있는 시설
④ 층수가 6층 이상인 건축물
⑤ 항공기격납고, 관망탑, 항공관제탑, 방송용 송수신탑
⑥ 공동주택, 의원(입원실 또는 인공신장실이 있는 것으로 한정한다)·조산원·산후조리원, 숙박시설, 위험물 저장 및 처리시설, 발전시설 중 풍력발전소·전기저장시설, 지하구

⑦ ①에 해당하지 않는 노유자시설 중 다음의 어느 하나에 해당하는 시설(다만, ⑦의 ㉯ 및 ㉡부터 ㉤까지의 시설 중 건축법 시행령 별표 1의 단독주택 또는 공동주택에 설치되는 시설은 제외한다)
  ㉠ 소방시설법 시행령 별표 2 제9호 가목에 따른 노인관련 시설 중 다음의 어느 하나에 해당하는 시설
    ㉮ 노인주거복지시설·노인의료복지시설 및 재가노인복지시설
    ㉯ 학대피해노인 전용쉼터
  ㉡ 아동복지시설(아동상담소, 아동전용시설 및 지역아동센터는 제외한다)
  ㉢ 장애인 거주시설
  ㉣ 정신질환자 관련 시설(공동생활가정을 제외한 재활훈련시설과 종합시설 중 24시간 주거를 제공하지 않는 시설은 제외)
  ㉤ 노숙인 관련 시설 중 노숙인자활시설, 노숙인재활시설 및 노숙인요양시설
  ㉥ 결핵환자나 한센인이 24시간 생활하는 노유자시설
⑧ 요양병원(다만, 의료재활시설은 제외한다)
⑨ 공장 또는 창고시설로서 750배 이상의 특수가연물을 저장·취급하는 것
⑩ 가스시설로서 지상에 노출된 탱크의 저장용량의 합계가 100톤 이상인 것

(3) 건축허가에 등의 동의 요구 시 제출서류(소방시설법 시행규칙 제3조)

① 건축허가신청서 및 건축허가서 또는 건축·대수선·용도변경신고서 등 건축허가 등을 확인할 수 있는 서류의 사본
② 다음의 설계도서
  ㉠ 건축물 설계도서 : 건축물 개요 및 배치도, 주단면도 및 입면도, 층별 평면도, 방화구획도(창호도를 포함), 실내·외 마감재료표, 소방자동차 진입 동선도, 부서 공간 위치도(조경계획을 포함)
  ㉡ 소방시설 설계도서 : 소방시설의 계통도, 소방시설별 층별 평면도, 실내장식물 방염대상물품 설치계획, 소방시설의 내진설계 계통도 및 기준층 평면도
③ 소방시설 설치계획표
④ 임시소방시설 설치계획서
⑤ 소방시설설계업등록증과 소방시설을 설계한 기술인력자의 기술자격증 사본
⑥ 소방시설설계 계약서 사본

(4) 건축허가 등의 동의여부 회신기간(소방시설법 시행규칙 제3조)

① 일반대상물 : 건축허가 등의 동의 요구서류를 접수한 날부터 5일 이내
② 특급소방안전관리대상물 : 건축허가 등의 동의 요구서류를 접수한 날부터 10일 이내
③ 동의요구서 및 첨부서류 보완기간 : 4일 이내
④ 건축허가 등의 동의를 요구한 기관이 그 건축허가 등을 취소하였을 때에는 취소한 날부터 7일 이내에 건축물의 시공지 또는 소재지를 관할하는 소방본부장 또는 소방서장에게 그 사실을 통보해야 한다.

10년간 자주 출제된 문제

2-1. 건축물 증축 시 건축허가 권한이 있는 행정기관이 건축허가 등을 할 때 미리 동의를 받아야 하는 대상으로 옳은 것은?
① 국무총리
② 소방안전관리자
③ 행정안전부장관
④ 소방본부장이나 소방서장

2-2. 건축허가 시 미리 소방본부장 또는 소방서장의 동의를 받아야 하는 일반적인 대상건축물의 연면적은 최소 얼마 이상인가?
① 400m²
② 500m²
③ 600m²
④ 1,000m²

2-3. 행정기관이 미리 소방본부장 등에게 건축허가에 대한 동의를 요구할 때 제출하는 서류가 아닌 것은?
① 건축허가신청서
② 창호도
③ 소방시설 설치계획표
④ 영업 허가서

[해설]

2-1
건축물 등의 신축·증축·개축·재축(再築)·이전·용도변경 또는 대수선(大修繕)의 허가·협의 및 사용승인의 권한이 있는 행정기관은 건축허가 등을 할 때 미리 그 건축물 등의 시공지(施工地) 또는 소재지를 관할하는 소방본부장이나 소방서장의 동의를 받아야 한다(소방시설법 제6조).

2-2
일반적인 대상 건축물 : 연면적이 400m² 이상인 건축물

2-3
건축허가에 등의 동의 요구 시 제출서류(소방시설법 시행규칙 제3조)
㉠ 건축허가신청서 및 건축허가서 또는 건축·대수선·용도변경신고서 등 건축허가 등을 확인할 수 있는 서류의 사본
㉡ 다음의 설계도서
 • 건축물 설계도서 : 건축물 개요 및 배치도, 주단면도 및 입면도, 층별 평면도, 방화구획도(창호도를 포함), 실내·외 마감재료표, 소방자동차 진입 동선도, 부서 공간 위치도(조경계획을 포함)
 • 소방시설 설계도서 : 소방시설의 계통도, 소방시설별 층별 평면도, 실내장식물 방염대상물품 설치계획, 소방시설의 내진설계 계통도 및 기준층 평면도
㉢ 소방시설 설치계획표
㉣ 임시소방시설 설치계획서
㉤ 소방시설설계업등록증과 소방시설을 설계한 기술인력자의 기술자격증 사본
㉥ 소방시설설계 계약서 사본

정답 2-1 ④ 2-2 ① 2-3 ④

핵심이론 03 소화설비 설치대상(1)

특정소방대상물의 관계인이 특정소방대상물의 규모·용도 및 수용 인원 등을 고려하여 갖추어야 하는 소방시설의 종류는 다음과 같다(소방시설법 시행령 제11조, 별표 4).

(1) 소화기구

① 연면적 33m² 이상인 것. 다만, 노유자시설의 경우에는 투척용 소화용구 등을 화재안전기준에 따라 산정된 소화기 수량의 1/2 이상으로 설치할 수 있다.
② ①에 해당하지 않는 시설로서 가스시설, 발전시설 중 전기저장시설 및 국가유산
③ 터널
④ 지하구

(2) 자동소화장치

① 주거용 주방자동소화장치를 설치해야 하는 것 : 아파트 등 및 오피스텔의 모든 층
② 상업용 주방자동소화장치를 설치해야 하는 것
 ㉠ 대규모 점포에 입점해 있는 일반음식점
 ㉡ 집단 급식소
③ 캐비닛형 자동소화장치, 가스자동소화장치, 분말자동소화장치 또는 고체에어로졸자동소화장치를 설치해야 하는 것 : 화재안전기준에서 정하는 장소

(3) 옥내소화전설비

위험물 저장 및 처리시설 중 가스시설, 지하구 및 업무시설 중 무인변전소(방재실 등에서 스프링클러설비 또는 물분무 등 소화설비를 원격으로 조정할 수 있는 무인변전소는 한정한다)는 제외한다.
① 다음의 어느 하나에 해당하는 경우에는 모든 층
 ㉠ 연면적 3,000m² 이상인 것(터널은 제외)
 ㉡ 지하층·무창층(축사는 제외)으로서 바닥 면적이 600m² 이상인 층이 있는 것

ⓒ 층수가 4층 이상인 층 중에서 바닥 면적이 600m² 이상인 층이 있는 것
② ①에 해당하지 않는 근린생활시설, 판매시설, 운수시설, 의료시설, 노유자시설, 업무시설, 숙박시설, 위락시설, 공장, 창고시설, 항공기 및 자동차 관련 시설, 교정 및 군사시설 중 국방·군사시설, 방송통신시설, 발전시설, 장례시설 또는 복합건축물로서 다음의 어느 하나에 해당하는 경우에는 모든 층
 ㉠ 연면적 1,500m² 이상인 것
 ㉡ 지하층·무창층으로서 바닥 면적이 300m² 이상인 층이 있는 것
 ㉢ 층수가 4층 이상인 층 중에서 바닥 면적이 300m² 이상인 층이 있는 것
③ 건축물의 옥상에 설치된 차고·주차장으로서 사용되는 면적이 200m² 이상인 경우 해당 부분
④ 다음의 어느 하나에 해당하는 터널
 ㉠ 길이가 1,000m 이상인 터널
 ㉡ 예상교통량, 경사도 등 터널의 특성을 고려하여 행정안전부령으로 정하는 터널
⑤ ① 및 ②에 해당하지 않는 공장 또는 창고시설로서 정하는 수량의 750배 이상의 특수가연물을 저장·취급하는 것

10년간 자주 출제된 문제

3-1. 화재안전기준에 따라 소화기구를 설치해야 하는 특정소방대상물의 최소 연면적 기준은?

① 20m² 이상 ② 33m² 이상
③ 42m² 이상 ④ 50m² 이상

3-2. 옥내소화전 설비를 설치해야 하는 소방대상물의 연면적 기준은?

① 1,000m² 이상 ② 2,000m² 이상
③ 3,000m² 이상 ④ 5,000m² 이상

3-3. 옥내소화전 설비를 설치해야 하는 특정소방대상물의 종류 기준과 관련하여, 터널의 길이가 최소 얼마 이상인 것을 기준 대상으로 하는가?

① 1,000m 이상 ② 2,000m 이상
③ 3,000m 이상 ④ 5,000m 이상

해설

3-1
연면적 33m² 이상인 것. 다만, 노유자시설의 경우에는 투척용 소화용구 등을 화재안전기준에 따라 산정된 소화기 수량의 1/2 이상으로 설치할 수 있다.

3-2
연면적 3,000m² 이상인 것(터널은 제외)

3-3
다음의 어느 하나에 해당하는 터널
- 길이가 1,000m 이상인 터널
- 예상교통량, 경사도 등 터널의 특성을 고려하여 행정안전부령으로 정하는 터널

정답 3-1 ② 3-2 ③ 3-3 ①

핵심이론 04 소화설비 설치대상(2)

(1) 스프링클러설비
위험물 저장 및 처리시설 중 가스시설 또는 지하구는 제외한다.
① 층수가 6층 이상인 특정소방대상물의 경우에는 모든 층

> [제외하는 경우]
> ㉠ 주택 관련 법령에 따라 기존의 아파트 등을 리모델링하는 경우로서 건축물의 연면적 및 층의 높이가 변경되지 않는 경우. 이 경우 해당 아파트 등의 사용 검사 당시의 소방시설의 설치에 관한 대통령령 또는 화재안전기준을 적용한다.
> ㉡ 스프링클러설비가 없는 기존의 특정소방대상물을 용도변경하는 경우. 다만, ②부터 ⑥까지 및 ⑨부터 ⑫까지의 규정에 해당하는 특정소방대상물로 용도변경하는 경우에는 해당 규정에 따라 스프링클러설비를 설치한다.

② 기숙사(교육연구시설・수련시설 내에 있는 학생 수용을 위한 것) 또는 복합건축물로서 연면적 5,000m² 이상인 경우에는 모든 층
③ 문화 및 집회시설(동・식물원은 제외), 종교시설(주요구조부가 목조인 것은 제외), 운동시설(물놀이형 시설 및 바닥이 불연재료이고 관람석이 없는 운동시설은 제외)로서 다음의 어느 하나에 해당하는 경우에는 모든 층
  ㉠ 수용인원이 100명 이상인 것
  ㉡ 영화상영관의 용도로 쓰이는 층의 바닥 면적이 지하층 또는 무창층인 경우에는 500m² 이상, 그 밖의 층의 경우에는 1,000m² 이상인 것
  ㉢ 무대부가 지하층・무창층 또는 4층 이상의 층에 있는 경우에는 무대부의 면적이 300m² 이상인 것
  ㉣ 무대부가 ㉢ 외의 층에 있는 경우에는 무대부의 면적이 500m² 이상인 것
④ 판매시설, 운수시설 및 창고시설(물류터미널에 한정한다)로서 바닥 면적의 합계가 5,000m² 이상이거나 수용인원이 500명 이상인 경우에는 모든 층
⑤ 다음의 어느 하나에 해당하는 용도로 사용되는 시설의 바닥 면적의 합계가 600m² 이상인 것은 모든 층
  ㉠ 근린생활시설 중 조산원 및 산후조리원
  ㉡ 의료시설 중 정신의료기관
  ㉢ 의료시설 중 종합병원, 병원, 치과병원, 한방병원 및 요양병원
  ㉣ 노유자시설
  ㉤ 숙박이 가능한 수련시설
  ㉥ 숙박시설
⑥ 창고시설(물류터미널은 제외)로서 바닥 면적의 합계가 5,000m² 이상인 경우에는 모든 층
⑦ 특정소방대상물의 지하층・무창층(축사는 제외) 또는 층수가 4층 이상인 층으로서 바닥 면적이 1,000m² 이상인 층이 있는 경우에는 해당 층
⑧ 랙식 창고(rack warehouse) : 랙(물건을 수납할 수 있는 선반이나 이와 비슷한 것)을 갖춘 것으로서 천장 또는 반자(반자가 없는 경우에는 지붕의 옥내에 면하는 부분)의 높이가 10m를 초과하고, 랙이 설치된 층의 바닥 면적의 합계가 1,500m² 이상인 경우에는 모든 층
⑨ 공장 또는 창고시설로서 다음의 어느 하나에 해당하는 시설
  ㉠ 수량의 1,000배 이상의 특수가연물을 저장・취급하는 시설
  ㉡ 중・저준위방사성폐기물의 저장시설 중 소화수를 수집・처리하는 설비가 있는 저장시설
⑩ 지붕 또는 외벽이 불연재료가 아니거나 내화구조가 아닌 공장 또는 창고시설로서 다음의 어느 하나에 해당하는 것
  ㉠ 창고시설(물류터미널로 한정한다) 중 ④에 해당하지 않는 것으로서 바닥 면적의 합계가 2,500m² 이상이거나 수용인원이 250명 이상인 경우에는 모든 층
  ㉡ 창고시설(물류터미널은 제외한다) 중 ⑥에 해당하지 않는 것으로서 바닥 면적의 합계가 2,500m² 이상인 경우에는 모든 층

ⓒ 공장 또는 창고시설 중 ⑦에 해당하지 않는 것으로서 지하층·무창층 또는 층수가 4층 이상인 것 중 바닥 면적이 500m² 이상인 경우에는 모든 층
ⓓ 랙식 창고 중 ⑧에 해당하지 않는 것으로서 바닥 면적의 합계가 750m² 이상인 경우에는 모든 층
ⓔ 공장 또는 창고시설 중 ⑨ ⑦에 해당하지 않는 것으로서 수량의 500배 이상의 특수가연물을 저장·취급하는 시설
⑪ 교정 및 군사시설 중 다음의 어느 하나에 해당하는 경우에는 해당 장소
　ⓐ 보호감호소, 교도소, 구치소 및 그 지소, 보호관찰소, 갱생보호시설, 치료감호시설, 소년원 및 소년분류 심사원의 수용거실
　ⓑ 보호시설(외국인 보호소의 경우에는 보호대상자의 생활공간으로 한정한다)로 사용하는 부분. 다만, 보호시설이 임차건물에 있는 경우는 제외한다.
　ⓒ 유치장
⑫ 지하상가로서 연면적 1,000m² 이상인 것
⑬ 발전시설 중 전기저장시설
⑭ 특정소방대상물에 부속된 보일러실 또는 연결통로 등

(2) 간이스프링클러설비
① 공동주택 중 연립주택 및 다세대주택(주택 전용 간이스프링클러설비를 설치한다)
② 근린생활시설 중 다음의 어느 하나에 해당하는 것
　ⓐ 근린생활시설로 사용하는 부분의 바닥 면적 합계가 1,000m² 이상인 것은 모든 층
　ⓑ 의원, 치과의원 및 한의원으로서 입원실 또는 인공신장실이 있는 시설
　ⓒ 조산원 및 산후조리원으로서 연면적 600m² 미만인 시설
③ 의료시설 중 다음의 어느 하나에 해당하는 시설
　ⓐ 종합병원, 병원, 치과병원, 한방병원 및 요양병원(의료재활시설은 제외)으로 사용되는 바닥 면적 합계가 600m² 미만인 시설
　ⓑ 정신의료기관 또는 의료재활시설로 사용되는 바닥 면적의 합계가 300m² 이상 600m² 미만인 시설
　ⓒ 정신의료기관 또는 의료재활시설로 사용되는 바닥 면적의 합계가 300m² 미만이고, 창살(철재·플라스틱 또는 목재 등으로 사람의 탈출 등을 막기 위하여 설치한 것을 말하며, 화재 시 자동으로 열리는 구조로 되어 있는 창살은 제외)이 설치된 시설
④ 교육연구시설 내에 합숙소로서 연면적 100m² 이상인 경우에는 모든 층
⑤ 노유자시설로서 다음의 어느 하나에 해당하는 시설
　ⓐ 제7조 제1항 제7호 각 목에 따른 시설(같은 호 가목 2) 및 같은 호 나목부터 바목까지의 시설 중 단독주택 또는 공동주택에 설치되는 시설은 제외하며, 이하 "노유자 생활시설"이라 한다.

> [영 제7조 제1항 제7호의 가목 2), 나목부터 바목]
> 가. 2) 학대피해노인 전용쉼터
> 나. 아동복지시설(아동상담소, 아동전용시설 및 지역아동센터는 제외한다)
> 다. 장애인 거주시설
> 라. 정신질환자 관련 시설(공동생활가정을 제외한 재활훈련시설과 종합시설 중 24시간 주거를 제공하지 않는 시설은 제외)
> 마. 노숙인 관련 시설 중 노숙인자활시설, 노숙인재활시설 및 노숙인요양시설
> 바. 결핵환자나 한센인이 24시간 생활하는 노유자시설

　ⓑ ⓐ 해당하지 않는 노유자시설로 해당 시설로 사용하는 바닥 면적의 합계가 300m² 이상 600m² 미만인 시설
　ⓒ ⓐ에 해당하지 않는 노유자시설로 해당 시설로 사용하는 바닥 면적의 합계가 300m² 미만이고, 창살(철재·플라스틱 또는 목재 등으로 사람의 탈출 등을 막기 위하여 설치한 것을 말하며, 화재 시 자동으로 열리는 구조로 되어 있는 창살은 제외한다)이 설치된 시설
⑥ 숙박시설로 사용되는 바닥 면적의 합계가 300m² 이상 600m² 미만인 시설

⑦ 건물을 임차하여 출입국관리법에 따른 보호시설로 사용하는 부분
⑧ 복합건축물(하나의 건축물이 근린생활시설, 판매시설, 업무시설, 숙박시설 또는 위락시설의 용도와 주택의 용도로 함께 사용되는 것)로서 연면적 1,000m² 이상인 것은 모든 층

10년간 자주 출제된 문제

4-1. 문화 및 집회시설(동·식물원 제외)로서 지하층 무대부의 면적이 최소 몇 m² 이상일 때 모든 층에 스프링클러설비를 설치해야 하는가?

① 10m²   ② 200m²
③ 300m²   ④ 500m²

4-2. 스프링클러설비를 설치해야 하는 특정소방대상물 중 문화 및 집회시설(동·식물원 제외)에서 모든 층에 스프링클러설비를 설치해야 하는 경우에 해당하는 수용인원의 최소 기준으로 옳은 것은?

① 50명 이상   ② 100명 이상
③ 200명 이상   ④ 300명 이상

|해설|

4-1, 4-2
문화 및 집회시설(동·식물원은 제외)로서 다음의 어느 하나에 해당하는 경우에는 모든 층에 스프링클러설비를 해야 한다.
㉠ 수용인원이 100명 이상인 것
㉡ 영화상영관의 용도로 쓰이는 층의 바닥 면적이 지하층 또는 무창층인 경우에는 500m² 이상, 그 밖의 층의 경우에는 1,000m² 이상인 것
㉢ 무대부가 지하층·무창층 또는 4층 이상의 층에 있는 경우에는 무대부의 면적이 300m² 이상인 것
㉣ 무대부가 ㉢ 외의 층에 있는 경우에는 무대부의 면적이 500m² 이상인 것

정답 **4-1** ③   **4-2** ②

핵심이론 05 소화설비 설치대상(3)

(1) 물분무 등 소화설비

① 항공기 및 자동차 관련 시설 중 항공기 격납고
② 차고, 주차용 건축물 또는 철골 조립식 주차시설(이 경우 연면적 800m² 이상인 것만 해당한다)
③ 건축물의 내부에 설치된 차고·주차장으로서 차고 또는 주차의 용도로 사용되는 면적의 합계가 200m² 이상인 경우 해당 부분(50세대 미만인 연립주택 및 다세대주택은 제외)
④ 기계장치에 의한 주차시설을 이용하여 20대 이상의 차량을 주차할 수 있는 시설
⑤ 특정소방대상물에 설치된 전기실·발전실·변전실(가연성 절연유를 사용하지 않는 변압기·전류차단기 등의 전기기기와 가연성 피복을 사용하지 않는 전선 및 케이블만을 설치한 전기실·발전실 및 변전실은 제외)·축전지실·통신기기실 또는 전산실, 그 밖에 이와 비슷한 것으로서 바닥 면적이 300m² 이상인 것
⑥ 소화수를 수집·처리하는 설비가 설치되어 있지 않은 중·저준위방사성폐기물의 저장시설. 다만, 이 시설에는 이산화탄소소화설비, 할론소화설비 또는 할로겐화합물 및 불활성기체 소화설비를 설치해야 한다.
⑦ 예상 교통량, 경사도 등 터널의 특성을 고려하여 행정안전부령으로 정하는 터널. 다만, 이 경우에는 물분무소화설비를 설치해야 한다.
⑧ 국가유산 중 문화유산법에 따른 지정문화유산(문화유산자료를 제외) 또는 자연유산법률에 따른 천연기념물 등(자연유산자료를 제외)으로서 소방청장이 국가유산청장과 협의하여 정하는 것

(2) 옥외소화전설비

① 지상 1층 및 2층의 바닥 면적의 합계가 9,000m² 이상인 것. 이 경우 같은 구(區) 내의 둘 이상의 특정소방대상물이 행정안전부령으로 정하는 연소 우려가 있는 구조인 경우에는 이를 하나의 특정소방대상물로 본다.

[행정안전부령으로 정하는 연소 우려가 있는 구조(규칙 제7조)]
㉠ 건축물대장의 건축물 현황도에 표시된 대지경계선 안에 둘 이상의 건축물이 있는 경우
㉡ 각각의 건축물이 다른 건축물의 외벽으로부터 수평거리가 1층의 경우에는 6m 이하, 2층 이상의 층의 경우에는 10m 이하인 경우
㉢ 개구부가 다른 건축물로 향하여 설치되어 있는 경우

② 문화유산 중 문화유산법에 따라 보물 또는 국보로 지정된 목조 건축물
③ 공장 또는 창고시설로서 정하는 수량의 750배 이상의 특수가연물을 저장·취급하는 것

10년간 자주 출제된 문제

특정소방대상물에 설치된 축전지실·통신기기실·전산실 등에 설치해야 하는 소화설비는?(단, 바닥 면적이 300m² 이상인 것)
① 물분무 등 소화설비
② 스프링클러설비
③ 수동식 소화기
④ 옥내소화전설비

정답 ①

핵심이론 06 경보설비 설치대상(1)

(1) 비상경보설비

모래·석재 등 불연재료 공장 및 창고시설, 위험물 저장 및 처리시설 중 가스시설, 사람이 거주하지 않거나 벽이 없는 축사 등 동물 및 식물 관련 시설 및 지하구는 제외한다.
① 연면적 400m² 이상인 것은 모든 층
② 지하층 또는 무창층의 바닥 면적이 150m²(공연장의 경우 100m²) 이상인 것은 모든 층
③ 터널로서 길이가 500m 이상인 것
④ 50명 이상의 근로자가 작업하는 옥내 작업장

(2) 비상방송설비

위험물 저장 및 처리시설 중 가스시설, 사람이 거주하지 않거나 벽이 없는 축사 등 동물 및 식물 관련 시설, 터널 및 지하구는 제외한다.
① 연면적 3,500m² 이상인 것은 모든 층
② 층수가 11층 이상인 것은 모든 층
③ 지하층의 층수가 3층 이상인 것은 모든 층

(3) 누전경보기

계약전류용량(같은 건축물에 계약 종류가 다른 전기가 공급되는 경우에는 그 중 최대 계약전류용량을 말한다)이 100A를 초과하는 특정소방대상물(내화구조가 아닌 건축물로서 벽·바닥 또는 반자의 전부나 일부를 불연재료 또는 준불연재료가 아닌 재료에 철망을 넣어 만든 것만 해당)에 설치해야 한다. 다만, 위험물 저장 및 처리시설 중 가스시설, 터널 및 지하구의 경우에는 그렇지 않다.

10년간 자주 출제된 문제

6-1. 비상경보설비를 설치해야 하는 특정소방대상물의 기준으로 옳지 않은 것은?

① 연면적 400m² 이상인 것
② 지하층 바닥 면적이 150m² 이상인 것
③ 터널로서 길이가 500m 이상인 것
④ 30명 이상의 근로자가 작업하는 옥내 작업장

6-2. 다음 중 비상방송설비를 설치해야 하는 특정소방대상물이 아닌 것은?(단, 위험물 저장 및 처리시설 중 가스시설, 사람이 거주하지 않는 동물 및 식물 관련 시설, 터널, 축사 및 지하구는 제외)

① 50인 이상의 근로자가 작업하는 옥내 작업장
② 연면적 3,500m² 이상인 것
③ 지하층의 층수가 3층 이상인 것
④ 지하층을 제외한 층수가 11층 이상인 것

[해설]

6-1
50명 이상의 근로자가 작업하는 옥내작업장

6-2
①은 비상경보설비를 설치해야 하는 특정소방대상물에 속한다.

정답 6-1 ④　6-2 ①

핵심이론 07 경보설비 설치대상(2)

(1) 자동화재탐지설비

① 공동주택 및 아파트 등·기숙사 및 숙박시설의 경우에는 모든 층
② 층수가 6층 이상인 건축물의 경우에는 모든 층
③ 근린생활시설(목욕장은 제외), 의료시설(정신의료기관 및 요양병원은 제외), 위락시설, 장례시설 및 복합건축물로서 연면적 600m² 이상인 경우에는 모든 층
④ 근린생활시설 중 목욕장, 문화 및 집회시설, 종교시설, 판매시설, 운수시설, 운동시설, 업무시설, 공장, 창고시설, 위험물 저장 및 처리시설, 항공기 및 자동차 관련 시설, 교정 및 군사시설 중 국방·군사시설, 방송통신시설, 발전시설, 관광 휴게시설, 지하상가로서 연면적 1,000m² 이상인 경우에는 모든 층
⑤ 교육연구시설(교육시설 내에 있는 기숙사 및 합숙소를 포함), 수련시설(수련시설 내에 있는 기숙사 및 합숙소를 포함하며, 숙박시설이 있는 수련시설은 제외), 동물 및 식물 관련 시설(기둥과 지붕만으로 구성되어 외부와 기류가 통하는 장소는 제외), 자원순환 관련 시설, 교정 및 군사시설(국방·군사시설은 제외) 또는 묘지 관련 시설로서 연면적 2,000m² 이상인 경우에는 모든 층
⑥ 노유자 생활시설의 경우에는 모든 층
⑦ ⑥에 해당하지 않는 노유자시설로서 연면적 400m² 이상인 노유자시설 및 숙박시설이 있는 수련시설로서 수용인원 100명 이상인 경우에는 모든 층
⑧ 의료시설 중 정신의료기관 또는 요양병원으로서 다음의 어느 하나에 해당하는 시설
　㉠ 요양병원(의료재활시설은 제외)
　㉡ 정신의료기관 또는 의료재활시설로 사용되는 바닥 면적의 합계가 300m² 이상인 시설

ⓒ 정신의료기관 또는 의료재활시설로 사용되는 바닥 면적의 합계가 300m² 미만이고, 창살(철재·플라스틱 또는 목재 등으로 사람의 탈출 등을 막기 위하여 설치한 것을 말하며, 화재 시 자동으로 열리는 구조로 되어 있는 창살은 제외)이 설치된 시설
⑨ 판매시설 중 전통시장
⑩ 터널로서 길이가 1,000m 이상인 것
⑪ 지하구
⑫ ③에 해당하지 않는 근린생활시설 중 조산원 및 산후조리원
⑬ ④에 해당하지 않는 공장 및 창고시설로서 500배 이상의 특수가연물을 저장·취급하는 것
⑭ ④에 해당하지 않는 발전시설 중 전기저장시설

(2) 자동화재속보설비

방재실 등 화재 수신기가 설치된 장소에 24시간 화재를 감시할 수 있는 사람이 근무하고 있는 경우에는 자동화재속보설비를 설치하지 않을 수 있다.
① 노유자 생활시설
② 노유자시설로서 바닥 면적이 500m² 이상인 층이 있는 것
③ 수련시설(숙박시설이 있는 것만 해당한다)로서 바닥 면적이 500m² 이상인 층이 있는 것
④ 문화유산 중 문화유산법에 따라 보물 또는 국보로 지정된 목조건축물
⑤ 근린생활시설 중 다음의 어느 하나에 해당하는 시설
  ㉠ 의원, 치과의원 및 한의원으로서 입원실이 있는 시설
  ㉡ 조산원 및 산후조리원
⑥ 의료시설 중 다음의 어느 하나에 해당하는 것
  ㉠ 종합병원, 병원, 치과병원, 한방병원 및 요양병원(의료재활시설은 제외)
  ㉡ 정신병원 및 의료재활시설로 사용되는 바닥 면적의 합계가 500m² 이상인 층이 있는 것
⑦ 판매시설 중 전통시장

10년간 자주 출제된 문제

7-1. 자동화재탐지설비를 설치해야 특정소방대상물이 되기 위한 근린생활시설(목욕장은 제외)의 연면적 기준으로 옳은 것은?
① 600m² 이상인 것
② 800m² 이상인 것
③ 1,000m² 이상인 것
④ 1,200m² 이상인 것

7-2. 문화 및 집회시설, 운동시설, 관광 휴게시설로서 자동화재탐지설비를 설치해야 할 특정소방대상물은 연면적 얼마 이상부터인가?
① 1,000m² 이상
② 1,500m² 이상
③ 2,000m² 이상
④ 2,300m² 이상

|해설|

7-1
근린생활시설(목욕장은 제외한다), 의료시설(정신의료기관 및 요양병원은 제외), 위락시설, 장례시설 및 복합건축물로서 연면적 600m² 이상인 경우에는 모든 층에 자동화재탐지설비를 설치해야 한다.

7-2
근린생활시설 중 목욕장, 문화 및 집회시설, 종교시설, 판매시설, 운수시설, 운동시설, 업무시설, 공장, 창고시설, 위험물 저장 및 처리시설, 항공기 및 자동차 관련 시설, 교정 및 군사시설 중 국방·군사시설, 방송통신시설, 발전시설, 관광 휴게시설, 지하가(터널은 제외한다)로서 연면적 1,000m² 이상인 경우에는 모든 층에 자동화재탐지설비를 설치해야 한다.

정답 7-1 ① **7-2** ①

핵심이론 08 경보설비 설치대상(3)

(1) 단독경보형 감지기
① 교육연구시설 내에 있는 기숙사 또는 합숙소로서 연면적 2,000m² 미만인 것
② 수련시설 내에 있는 기숙사 또는 합숙소로서 연면적 2,000m² 미만인 것
③ 자동화재탐지설비 설치대상에 해당하지 않는 수련시설(숙박시설이 있는 것만 해당)
④ 연면적 400m² 미만의 유치원
⑤ 공동주택 중 연립주택 및 다세대주택(연동형으로 설치할 것)

(2) 시각경보기
자동화재탐지설비를 설치해야 하는 특정소방대상물 중 다음의 어느 하나에 해당하는 것으로 한다.
① 근린생활시설, 문화 및 집회시설, 종교시설, 판매시설, 운수시설, 의료시설, 노유자시설
② 운동시설, 업무시설, 숙박시설, 위락시설, 창고시설 중 물류터미널, 발전시설 및 장례시설
③ 교육연구시설 중 도서관, 방송통신시설 중 방송국
④ 지하상가

(3) 가스누설경보기
① 문화 및 집회시설, 종교시설, 판매시설, 운수시설, 의료시설, 노유자시설
② 수련시설, 운동시설, 숙박시설, 창고시설 중 물류터미널, 장례시설

(4) 통합감시시설
통합감시시설을 설치해야 하는 특정소방대상물은 지하구로 한다.

10년간 자주 출제된 문제

단독경보형 감지기를 설치해야 하는 특정소방대상물에 해당하는 것은?
① 공동주택 중 연립주택
② 연면적 600m²인 유치원
③ 수련시설 내에 있는 합숙소로서 연면적이 2,500m²인 것
④ 교육연구시설 내에 있는 기숙사로서 연면적 2,500m²인 것

[해설]

단독경보형 감지기를 설치해야 하는 특정소방대상물(소방시설법 시행령 별표 4)
- 교육연구시설 내에 있는 기숙사 또는 합숙소로서 연면적 2,000m² 미만인 것
- 수련시설 내에 있는 기숙사 또는 합숙소로서 연면적 2,000m² 미만인 것
- 자동화재탐지설비 설치대상에 해당하지 않는 수련시설(숙박시설이 있는 것만 해당)
- 연면적 400m² 미만의 유치원
- 공동주택 중 연립주택 및 다세대주택(연동형으로 설치할 것)

정답 ①

핵심이론 09 피난구조설비 설치대상

(1) 피난기구
특정소방대상물의 모든 층에 화재안전기준에 적합한 것으로 설치해야 한다.
※ 제외대상 : 피난층, 지상 1층, 지상 2층(노유자시설 중 피난층이 아닌 지상 1층과 피난층이 아닌 지상 2층은 제외) 및 층수가 11층 이상인 층과 위험물 저장 및 처리시설 중 가스시설, 터널 또는 지하구

(2) 인명구조기구 설치

특정소방대상물	종류
지하층을 포함하는 층수가 7층 이상인 것 중 관광호텔로 사용하는 층	방열복 또는 방화복(안전모, 보호장갑 및 안전화를 포함), 인공소생기 및 공기호흡기
지하층을 포함하는 층수가 5층 이상인 것 중 병원 용도로 사용하는 층	방열복 또는 방화복(안전모, 보호장갑 및 안전화를 포함한다) 및 공기호흡기
• 수용인원 100명 이상인 문화 및 집회시설 중 영화상영관 • 판매시설 중 대규모 점포 • 운수시설 중 지하역사 • 지하상가 • 이산화탄소소화설비(호스릴이산화탄소 소화설비는 제외)를 설치해야 하는 특정소방대상물	공기호흡기

(3) 유도등
① 피난구유도등, 통로유도등, 유도표지 : 소방시설법 시행령 별표 2의 특정소방대상물에 설치한다.
※ 제외대상 : 동물 및 식물 관련 시설 중 축사로서 가축을 직접 가두어 사육하는 부분, 터널
② 객석유도등
  ㉠ 유흥주점영업시설(손님이 춤을 출 수 있는 무대가 설치된 카바레, 나이트클럽)
  ㉡ 문화 및 집회시설
  ㉢ 종교시설
  ㉣ 운동시설
③ 피난유도선 : 화재안전기준에서 정하는 장소에 설치한다.

(4) 비상조명등
창고시설 중 창고 및 하역장, 위험물 저장 및 처리시설 중 가스시설 및 사람이 거주하지 않거나 벽이 없는 축사 등 동물 및 식물 관련 시설은 제외한다.
① 지하층을 포함하는 층수가 5층 이상인 건축물로서 연면적 3,000m² 이상인 경우에는 모든 층
② ①에 해당하지 않는 특정소방대상물로서 그 지하층 또는 무창층의 바닥 면적이 450m² 이상인 경우에는 해당 층
③ 터널로서 그 길이가 500m 이상인 것

(5) 휴대용 비상조명등
① 숙박시설
② 수용인원 100명 이상의 영화상영관, 판매시설 중 대규모 점포, 철도 및 도시철도 시설 중 지하역사, 지하상가

10년간 자주 출제된 문제

9-1. 특정소방대상물에서 피난기구를 설치해야 하는 층에 해당하는 것은?
① 피난층
② 층수가 11층 이상인 층
③ 지상 2층
④ 지상 3층

9-2. 특정소방대상물의 11층 이상의 층에 설치하지 않아도 되는 소방시설은?
① 피난기구 설치
② 스프링클러설비 설치
③ 비상콘센트설비 설치
④ 비상방송설비 설치

|해설|

9-1, 9-2
피난기구 설치 제외대상 : 피난층, 지상 1층, 지상 2층(노유자시설 중 피난층이 아닌 지상 1층과 피난층이 아닌 지상 2층은 제외) 및 층수가 11층 이상인 층과 위험물 저장 및 처리시설 중 가스시설, 터널 또는 지하구

정답 9-1 ④ 9-2 ①

핵심이론 10 소화활동설비 설치대상

(1) 제연설비
① 문화 및 집회시설, 종교시설, 운동시설로서 무대부의 바닥 면적이 200m² 이상인 경우에는 해당 무대부
② 문화 및 집회시설 중 영화상영관으로서 수용인원 100명 이상인 경우에는 해당 영화상영관
③ 지하층이나 무창층에 설치된 근린생활시설, 판매시설, 운수시설, 숙박시설, 위락시설, 의료시설, 노유자시설 또는 창고시설(물류터미널로 한정한다)로서 해당 용도로 사용되는 바닥 면적의 합계가 1,000m² 이상인 경우 해당 부분
④ 운수시설 중 시외버스정류장, 철도 및 도시철도 시설, 공항시설 및 항만시설의 대기실 또는 휴게시설로서 지하층 또는 무창층의 바닥 면적이 1,000m² 이상인 경우에는 모든 층
⑤ 지하상가로서 연면적 1,000m² 이상인 것
⑥ 예상 교통량, 경사도 등 터널의 특성을 고려하여 행정안전부령으로 정하는 터널
⑦ 특정소방대상물(갓복도형 아파트 등은 제외)에 부설된 특별피난계단, 비상용 승강기의 승강장 또는 피난용 승강기의 승강장

(2) 연결송수관설비
위험물 저장 및 처리시설 중 가스시설 및 지하구는 제외한다.
① 층수가 5층 이상으로서 연면적 6,000m² 이상인 경우에는 모든 층
② ①에 해당하지 않는 특정소방대상물로서 지하층을 포함하는 층수가 7층 이상인 경우에는 모든 층
③ ①, ②에 해당하지 않는 특정소방대상물로서 지하층의 층수가 3층 이상이고 지하층의 바닥 면적의 합계가 1,000m² 이상인 경우에는 모든 층
④ 터널로서 길이가 1,000m 이상인 것

(3) 연결살수설비
지하구는 제외한다.
① 판매시설, 운수시설, 창고시설 중 물류터미널로서 해당 용도로 사용되는 부분의 바닥 면적의 합계가 1,000m² 이상인 경우에는 해당 시설
② 지하층(피난층으로 주된 출입구가 도로와 접한 경우는 제외)으로서 바닥 면적의 합계가 150m² 이상인 경우에는 지하층의 모든 층. 다만, 국민주택규모 이하인 아파트 등의 지하층(대피시설로 사용하는 것만 해당)과 교육연구시설 중 학교의 지하층의 경우에는 700m² 이상인 것으로 한다.
③ 가스시설 중 지상에 노출된 탱크의 용량이 30톤 이상인 탱크시설
④ ① 및 ②의 특정소방대상물에 부속된 연결통로

(4) 비상콘센트설비
위험물 저장 및 처리시설 중 가스시설 및 지하구는 제외한다.
① 층수가 11층 이상인 특정소방대상물의 경우에는 11층 이상의 층
② 지하층의 층수가 3층 이상이고 지하층의 바닥 면적의 합계가 1,000m² 이상인 것은 지하층의 모든 층
③ 터널로서 길이가 500m 이상인 것

(5) 무선통신보조설비
위험물 저장 및 처리시설 중 가스시설 및 지하구는 제외한다.
① 지하상가로서 연면적 1,000m² 이상인 것
② 지하층의 바닥 면적의 합계가 3,000m² 이상인 것 또는 지하층의 층수가 3층 이상이고 지하층의 바닥 면적의 합계가 1,000m² 이상인 것은 지하층의 모든 층
③ 터널로서 길이가 500m 이상인 것
④ 지하구 중 공동구
⑤ 층수가 30층 이상인 것으로서 16층 이상 부분의 모든 층

(6) 연소방지설비

지하구(전력 또는 통신사업용인 것만 해당한다)에 설치한다.

> **10년간 자주 출제된 문제**

10-1. 제연설비를 설치해야 할 특정소방대상물이 아닌 것은?
① 특정소방대상물(갓복도형 아파트 등은 제외)에 부설된 특별피난계단 또는 비상용 승강기의 승강장
② 지하상가로서 연면적이 500m²인 것
③ 문화 및 집회시설로서 무대부의 바닥 면적이 300m²인 것
④ 예상 교통량, 경사도 등 터널의 특성을 고려하여 행정안전부령으로 정하는 터널

10-2. 연결송수관설비를 설치해야 하는 특정소방 대상물의 기준 내용으로 옳지 않은 것은?(단, 가스시설 또는 지하구는 제외)
① 층수가 5층 이상으로서 연면적 6,000m² 이상인 것
② 지하층을 포함하는 층수가 7층 이상인 것
③ 지하층의 층수가 3층 이상이고 지하층의 바닥 면적의 합계가 1,000m² 이상인 것
④ 터널로서 길이가 500m 이상인 것

10-3. 비상콘센트설비를 설치해야 하는 특정소방대상물의 기준에 해당되지 않는 것은?
① 가스시설 중 지상에 노출된 탱크의 용량이 30톤 이상인 탱크시설
② 층수가 11층 이상인 특정소방대상물의 경우에는 11층 이상의 층
③ 지하층의 층수가 3층 이상이고 지하층의 바닥 면적의 합계가 1,000m² 이상인 것은 지하층의 모든 층
④ 터널로서 길이가 500m 이상인 것

|해설|

10-1
지하상가로서 연면적 1,000m² 이상인 것

10-2
터널로서 길이가 1,000m 이상인 것

10-3
비상콘센트설비를 설치해야 하는 특정소방대상물에서 위험물 저장 및 처리 시설 중 가스시설 또는 지하구는 제외한다.

정답 10-1 ② 10-2 ④ 10-3 ①

핵심이론 11 내진 설계

(1) 소방시설의 내진 설계기준(소방시설법 제7조)

지진·화산재해대책법 제14조 제1항 각 호의 시설 중 대통령령으로 정하는 특정소방대상물에 대통령령으로 정하는 소방시설(옥내소화전설비, 스프링클러설비, 물분무 등 소화설비)을 설치하려는 자는 지진이 발생할 경우 소방시설이 정상적으로 작동될 수 있도록 소방청장이 정하는 내진설계기준에 맞게 소방시설을 설치하여야 한다.

(2) 성능위주설계(소방시설법 제8조 시행령, 제9조)

연면적·높이·층수 등이 일정 규모 이상인 대통령령으로 정하는 특정소방대상물(신축하는 것만 해당한다)에 소방시설을 설치하려는 자는 성능위주설계를 하여야 한다.
① 연면적 20만m² 이상인 특정소방대상물. 다만, 아파트 등은 제외한다.
② 50층 이상(지하층은 제외)이거나 지상으로부터 높이가 200m 이상인 아파트 등
③ 30층 이상(지하층을 포함)이거나 지상으로부터 높이가 120m 이상인 특정소방대상물(아파트 등은 제외)
④ 연면적 3만m² 이상인 특정소방대상물로서 다음의 어느 하나에 해당하는 특정소방대상물
  ㉠ 철도 및 도시철도 시설
  ㉡ 공항시설
⑤ 창고시설 중 연면적 10만m² 이상인 것 또는 지하층의 층수가 2개 층 이상이고 지하층의 바닥 면적의 합계가 3만m² 이상인 것
⑥ 하나의 건축물에 영화상영관이 10개 이상인 특정소방대상물
⑦ 지하연계 복합건축물에 해당하는 특정소방대상물
⑧ 터널 중 수저(水底)터널 또는 길이가 5,000m 이상인 것

10년간 자주 출제된 문제

11-1. 다음 ( ) 안에 적합한 것은?

> 지진·화산재해대책법 제14조 제1항 각 호의 시설 중 대통령령으로 정하는 특정소방대상물에 대통령령으로 정하는 소방시설을 설치하려는 자는 지진이 발생할 경우 소방시설이 정상적으로 작동될 수 있도록 ( )이 정하는 내진 설계 기준에 맞게 소방시설을 설치하여야 한다.

① 국토교통부장관　　② 소방서장
③ 소방청장　　　　　④ 행정안전부장관

11-2. 지진이 발생할 경우 소방시설이 정상적으로 작동될 수 있도록 소방청장이 정하는 내진 설계기준에 맞게 설치해야 하는 소방시설이 아닌 것은?(단, 내진 설계기준의 설정 대상 시설에 소방시설을 설치하는 경우)

① 옥내소화전설비　　② 스프링클러설비
③ 물분무 등 소화설비　④ 무선통신보조설비

11-3. 소방시설 설치 및 관리에 관한 법령상 대통령령으로 정하는 특정소방대상물(신축하는 것만 해당)에 소방시설을 설치하려는 자가 고려해야 할 설계는 무엇인가?

① 소방시설 특수 설계　② 최적화 설계
③ 성능위주 설계　　　④ 소방시설 정밀 설계

[해설]

11-2
대통령령으로 정하는 소방시설(소방시설법 시행령 제8조)
옥내소화전설비, 스프링클러설비, 물분무 등 소화설비

정답 11-1 ③　11-2 ④　11-3 ③

핵심이론 12 소방시설을 설치하지 않을 수 있는 특정소방대상물

소방시설을 설치하지 않을 수 있는 특정소방대상물 및 소방시설의 범위는 다음과 같다(소방시설법 시행령 별표 6).

(1) 화재 위험도가 낮은 특정소방대상물

① 특정소방대상물 : 석재, 불연성 금속, 불연성 건축재료 등의 가공공장·기계조립공장 또는 불연성 물품을 저장하는 창고

② 소방시설 : 옥외소화전 및 연결살수설비

(2) 화재안전기준을 적용하기 어려운 특정소방대상물

특정소방대상물	펄프공장의 작업장, 음료수 공장의 세정 또는 충전을 하는 작업장, 그 밖에 이와 비슷한 용도로 사용하는 것	정수장, 수영장, 목욕장, 농예·축산·어류양식용 시설, 그 밖에 이와 비슷한 용도로 사용되는 것
소방시설	스프링클러설비, 상수도소화용수설비 및 연결살수설비	자동화재탐지설비, 상수도소화용수설비 및 연결살수설비

(3) 화재안전기준을 달리 적용해야 하는 특수한 용도 또는 구조를 가진 특정소방대상물

① 특정소방대상물 : 원자력발전소, 중·저준위방사성폐기물저장시설

② 소방시설 : 연결송수관설비 및 연결살수설비

(4) 위험물 안전관리법에 따른 자체소방대가 설치된 특정소방대상물

① 특정소방대상물 : 자체소방대가 설치된 제조소 등에 부속된 사무실

② 소방시설 : 옥내소화전설비, 소화용수설비, 연결살수설비 및 연결송수관설비

10년간 자주 출제된 문제

다음은 소방시설 설치 및 관리에 관한 법률 시행령에서 규정하고 있는 소방시설을 설치하지 아니할 수 있는 특정소방대상물 및 소방시설의 범위이다. 빈칸에 들어갈 소방시설로 옳은 것은?

구분	특정소방대상물	소방시설
화재 위험도가 낮은 특정소방대상물	석재, 불연성금속, 불연성 건축재료 등의 가공공장·기계조립공장·주물공장 또는 불연성물품을 저장하는 창고	

① 스프링클러설비
② 옥외소화전 및 연결살수설비
③ 비상방송설비
④ 자동화재탐지설비

정답 ②

핵심이론 13 소방대상물의 방염 등

(1) 방염성능기준 이상의 실내장식물 등을 설치해야 하는 특정소방대상물(소방시설법 시행령 제30조)

① 근린생활시설 중 의원, 치과의원, 한의원, 조산원, 산후조리원, 체력단련장, 공연장 및 종교집회장
② 건축물의 옥내에 있는 다음의 시설
  ㉠ 문화 및 집회시설
  ㉡ 종교시설
  ㉢ 운동시설(수영장은 제외)
③ 의료시설
④ 교육연구시설 중 합숙소
⑤ 노유자시설
⑥ 숙박이 가능한 수련시설
⑦ 숙박시설
⑧ 방송통신시설 중 방송국 및 촬영소
⑨ 다중이용업소
⑩ ①부터 ⑨까지의 시설에 해당하지 않는 것으로서 층수가 11층 이상인 것(아파트 등은 제외)

(2) 방염대상물품(소방시설법 시행령 제31조)

① 제조 또는 가공 공정에서 방염처리를 한 물품
  ㉠ 창문에 설치하는 커튼류(블라인드를 포함)
  ㉡ 카펫
  ㉢ 벽지류(두께가 2mm 미만인 종이벽지는 제외)
  ㉣ 전시용 합판·목재 또는 섬유판, 무대용 합판·목재 또는 섬유판(합판·목재류의 경우 불가피하게 설치현장에서 방염처리한 것을 포함)
  ㉤ 암막·무대막(영화상영관에 설치하는 스크린과 가상체험체육시설업에 설치하는 스크린 포함)
  ㉥ 섬유류 또는 합성수지류 등을 원료로 하여 제작된 소파·의자(단란주점영업, 유흥주점영업 및 노래연습장업의 영업장에 설치하는 것으로 한정한다)

② 건축물 내부의 천장이나 벽에 부착하거나 설치하는 다음의 것

다만, 가구류(옷장, 찬장, 식탁, 식탁용 의자, 사무용 책상, 사무용 의자, 계산대)와 너비 10cm 이하인 반자돌림대 등과 내부 마감재료는 제외한다.

㉠ 종이류(두께가 2mm 이상인 것)·합성수지류 또는 섬유류를 주원료로 한 물품
㉡ 합판이나 목재
㉢ 공간을 구획하기 위하여 설치하는 간이 칸막이(접이식 등 이동 가능한 벽체나 천장 또는 실내에 접하는 부분까지 구획하지 않는 벽체)
㉣ 흡음을 위하여 설치하는 흡음재(흡음용 커튼을 포함)
㉤ 방음을 위하여 설치하는 방음재(방음용 커튼을 포함)

(3) 방염성능기준(소방시설법 시행령 제31조)

방염대상물품의 종류에 따른 구체적인 방염성능기준은 다음의 기준의 범위에서 소방청장이 정하여 고시하는 바에 따른다.

① 버너의 불꽃을 제거한 때부터 불꽃을 올리며 연소하는 상태가 그칠 때까지 시간은 20초 이내일 것
② 버너의 불꽃을 제거한 때부터 불꽃을 올리지 않고 연소하는 상태가 그칠 때까지 시간은 30초 이내일 것
③ 탄화 면적 : 50cm^2 이내, 탄화길이 : 20cm 이내
④ 불꽃에 완전히 녹을 때까지 불꽃의 접촉횟수 : 3회 이상
⑤ 발연량을 측정하는 경우 최대 연기밀도 : 400 이하

(4) 방염성능의 검사(소방시설법 제21조)

특정소방대상물에 사용하는 방염대상물품은 소방청장이 실시하는 방염성능검사를 받은 것이어야 한다. 다만, 대통령령으로 정하는 방염대상물품의 경우에는 특별시장·광역시장·특별자치시장·도지사 또는 특별자치도지사가 실시하는 방염성능검사를 받은 것이어야 한다.

10년간 자주 출제된 문제

13-1. 방염성능기준 이상의 실내장식물 등을 설치해야 하는 특정소방대상물에 해당하는 것은?

① 12층인 아파트
② 건축물의 옥내에 있는 운동시설 중 수영장
③ 옥외 운동시설
④ 방송통신시설 중 방송국

13-2. 방염성능기준 이상의 실내장식물 등을 설치해야 하는 특정소방대상물에 해당되지 않는 것은?

① 층수가 11층 이상인 아파트
② 교육연구시설 중 합숙소
③ 숙박이 가능한 수련시설
④ 방송통신시설 중 방송국

13-3. 특정소방대상물에 사용하는 실내장식물 중 방염대상물품에 속하지 않는 것은?

① 창문에 설치하는 커튼류
② 두께가 2mm 미만인 종이벽지
③ 전시용 섬유판
④ 전시용 합판

13-4. 방염대상물품의 방염성능기준으로 옳지 않은 것은?

① 버너의 불꽃을 제거한 때부터 불꽃을 올리며 연소하는 상태가 그칠 때까지 시간은 20초 이내일 것
② 버너의 불꽃을 제거한 때부터 불꽃을 올리지 아니하고 연소하는 상태가 그칠 때까지 시간은 20초 이내일 것
③ 탄화한 면적은 50cm^2 이내, 탄화한 길이는 20cm 이내일 것
④ 불꽃에 의하여 완전히 녹을 때까지 불꽃의 접촉횟수는 3회 이상일 것

[해설]

13-1
수영장, 아파트, 옥외 시설(문화 및 집회시설, 종교시설, 운동시설)은 제외된다.

13-3
카펫, 두께가 2mm 미만인 벽지류(종이벽지는 제외)

13-4
버너의 불꽃을 제거한 때부터 불꽃을 올리지 아니하고 연소하는 상태가 그칠 때까지 시간은 30초 이내일 것

정답 13-1 ④ 13-2 ① 13-3 ② 13-4 ②

핵심이론 14 소방시설 등의 자체점검 등

(1) 자체점검(소방시설법 제22조)
특정소방대상물의 관계인은 그 대상물에 설치되어 있는 소방시설 등이 이 법이나 이 법에 따른 명령 등에 적합하게 설치·관리되고 있는지에 대하여 다음의 구분에 따른 기간 내에 스스로 점검하거나 점검능력 평가를 받은 관리업자 또는 행정안전부령으로 정하는 기술자격자(관리업자 등)로 하여금 정기적으로 점검(자체점검)하게 해야 한다. 이 경우 관리업자 등이 점검한 경우에는 그 점검 결과를 행정안전부령으로 정하는 바에 따라 관계인에게 제출해야 한다.

(2) 자체점검의 종류(소방시설법 시행규칙 별표 3)
① **작동점검** : 소방시설 등을 인위적으로 조작하여 소방시설이 정상적으로 작동하는지를 소방청장이 정하여 고시하는 소방시설 등 작동점검표에 따라 점검하는 것
② **종합점검** : 소방시설 등의 작동점검을 포함하여 소방시설 등의 설비별 주요 구성 부품의 구조기준이 화재안전기준과 건축법 등 관련 법령에서 정하는 기준에 적합한지 여부를 소방청장이 정하여 고시하는 소방시설 등 종합점검표에 따라 점검하는 것
  ㉠ 최초점검 : 법 제22조 제1항 제1호에 따라 소방시설이 신설된 경우 건축법 제22조에 따라 건축물을 사용할 수 있게 된 날부터 60일 이내에 점검하는 것
  ㉡ 그 밖의 종합점검 : 최초점검을 제외한 종합점검을 말한다.

(3) 자체점검 대상
① **최초점검** : 소방시설이 신설된 경우
② **작동점검** : 영 제5조에 따른 특정소방대상물을 대상으로 한다.

작동점검이 제외되는 특정소방대상물
㉠ 특정소방대상물 중 화재의 예방 및 안전관리에 관한 법률 제24조 제1항에 해당하지 않는 특정소방대상물(소방안전관리자를 선임하지 않는 대상을 말한다)
㉡ 위험물안전관리법에 따른 제조소 등
㉢ 화재의 예방 및 안전관리에 관한 법률 시행령 별표 4 제1호 가목의 특급소방안전관리대상물

③ **종합점검**
  ㉠ 해당 특정소방대상물의 소방시설 등이 신설된 경우(건축물을 사용할 수 있게 된 날부터 60일)
  ㉡ 스프링클러설비가 설치된 특정소방대상물
  ㉢ 물분무 등 소화설비[호스릴(hose reel) 방식의 물분무 등 소화설비만을 설치한 경우는 제외]가 설치된 연면적 5,000m² 이상인 특정소방대상물(제조소 등은 제외)
  ㉣ 다중이용업소의 안전관리에 관한 특별법 시행령에 따른 단란주점영업, 유흥주점영업, 영화상영관, 비디오물 감상실업, 복합영상물 제공업, 노래연습장업, 산후조리업, 고시원업, 안마시술소로서 연면적이 2,000m² 이상인 것
  ㉤ 제연설비가 설치된 터널
  ㉥ 공공기관 중 연면적(터널·지하구의 경우 그 길이와 평균폭을 곱하여 계산된 값)이 1,000m² 이상인 것으로서 옥내소화전설비 또는 자동화재탐지설비가 설치된 것. 다만, 소방기본법 제2조 제5호에 따른 소방대가 근무하는 공공기관은 제외한다.

10년간 자주 출제된 문제

14-1. 특정소방대상물의 관계인은 그 대상물에 설치되어 있는 소방시설 등에 대하여 정기적으로 자체점검을 하거나 관리업자 또는 행정안전부령으로 정하는 기술자격자로 하여금 정기적으로 점검하게 해야 하는데 이 기술자격자에 해당되는 자는?

① 소방안전관리자로 선임된 건축설비기사
② 소방안전관리자로 선임된 소방기술사
③ 소방안전관리자로 선임된 소방설비기사(기계 분야)
④ 소방안전관리자로 선임된 소방설비기사(전기 분야)

14-2. 소방시설 등의 자체점검 중 종합점검 대상에 해당하지 않는 것은?

① 스프링클러설비가 설치된 특정소방대상물
② 물분무 등 소화설비가 설치된 연면적 5,000m²의 제조소
③ 제연설비가 설치된 터널
④ 옥내소화전설비가 설치된 연면적 1,000m²의 국공립학교

[해설]

14-1
기술자격의 범위(소방시설 설치 및 관리에 관한 법률 시행규칙 제19조) : 행정안전부령으로 정하는 기술자격자란 소방안전관리자로 선임된 소방시설관리사 및 소방기술사를 말한다.

14-2
물분무 등 소화설비[호스릴(hose reel) 방식의 물분무 등 소화설비만을 설치한 경우는 제외]가 설치된 연면적 5,000m² 이상인 특정소방대상물(제조소 등은 제외)

정답 14-1 ② 14-2 ②

1-5. 화재의 예방 및 안전관리에 관한 법령 분석

핵심이론 01 화재의 예방 및 안전관리 기본계획, 실태조사

(1) 화재의 예방 및 안전관리 기본계획 등의 수립·시행(화재예방법 제4조)

① 소방청장은 화재예방정책을 체계적·효율적으로 추진하고 이에 필요한 기반 확충을 위하여 화재의 예방 및 안전관리에 관한 기본계획을 5년마다 수립·시행하여야 한다.

② 소방청장은 기본계획을 계획 시행 전년도 8월 31일까지 관계 중앙행정기관의 장과 협의한 후 계획 시행 전년도 9월 30일까지 수립해야 한다(화재예방법 시행령 제2조).

(2) 화재안전조사(화재예방법 제7조)

① 소방관서장은 다음의 어느 하나에 해당하는 경우 화재안전조사를 실시할 수 있다. 다만, 개인의 주거(실제 주거용도로 사용되는 경우에 한정한다)에 대한 화재안전조사는 관계인의 승낙이 있거나 화재발생의 우려가 뚜렷하여 긴급한 필요가 있는 때에 한정한다.

② 화재안전조사를 실시하는 경우
  ㉠ 자체점검이 불성실하거나 불완전하다고 인정되는 경우
  ㉡ 화재예방강화지구 등 법령에서 화재안전조사를 하도록 규정되어 있는 경우
  ㉢ 화재예방안전진단이 불성실하거나 불완전하다고 인정되는 경우
  ㉣ 국가적 행사 등 주요 행사가 개최되는 장소 및 그 주변의 관계 지역에 대하여 소방안전관리 실태를 조사할 필요가 있는 경우
  ㉤ 화재가 자주 발생하였거나 발생할 우려가 뚜렷한 곳에 대한 조사가 필요한 경우
  ㉥ 재난예측정보, 기상예보 등을 분석한 결과 소방대상물에 화재의 발생 위험이 크다고 판단되는 경우

ⓢ ㉠부터 ㉥까지에서 규정한 경우 외에 화재, 그 밖의 긴급한 상황이 발생할 경우 인명 또는 재산 피해의 우려가 현저하다고 판단되는 경우
③ 화재안전조사의 항목(화재예방법 시행령 제7조)
  ㉠ 화재의 예방조치 등에 관한 사항
  ㉡ 소방안전관리 업무 수행에 관한 사항
  ㉢ 피난계획의 수립 및 시행에 관한 사항
  ㉣ 소화·통보·피난 등의 훈련 및 소방안전관리에 필요한 교육(소방훈련·교육)에 관한 사항
  ㉤ 소방자동차 전용구역의 설치에 관한 사항
  ㉥ 시공, 감리 및 감리원의 배치에 관한 사항
  ㉦ 소방시설의 설치 및 관리에 관한 사항
  ㉧ 건설현장 임시소방시설의 설치 및 관리에 관한 사항
  ㉨ 피난시설, 방화구획 및 방화시설의 관리에 관한 사항
  ㉩ 방염에 관한 사항
  ㉪ 소방시설 등의 자체점검에 관한 사항
  ㉫ 다중이용업소의 안전관리에 관한 특별법에 따른 안전관리에 관한 사항
  ㉬ 위험물안전관리법에 따른 위험물 안전관리에 관한 사항
  ㉭ 초고층 및 지하연계 복합건축물 재난관리에 관한 특별법에 따른 초고층 및 지하연계 복합건축물의 안전관리에 관한 사항
④ 화재안전조사의 방법·절차 등(화재예방법 시행령 제8조)
소방관서장은 화재안전조사를 실시하려는 경우 사전에 '화재가 발생할 우려가 뚜렷하여 긴급하게 조사할 필요가 있는 경우' 또는 '화재안전조사의 실시를 사전에 통지하거나 공개하면 조사목적을 달성할 수 없다고 인정되는 경우' 외의 부분 본문에 따라 조사대상, 조사기간 및 조사사유 등 조사계획을 소방청, 소방본부 또는 소방서의 인터넷 홈페이지나 전산시스템을 통해 7일 이상 공개해야 한다.

⑤ 화재안전조사의 연기(화재예방법 시행령 제9조)
  ㉠ 자연재난, 사회재난에 해당하는 재난이 발생한 경우
  ㉡ 관계인의 질병, 사고, 장기출장의 경우
  ㉢ 권한 있는 기관에 자체점검기록부, 교육·훈련일지 등 화재안전조사에 필요한 장부·서류 등이 압수되거나 영치(領置)되어 있는 경우
  ㉣ 소방대상물의 증축·용도변경 또는 대수선 등의 공사로 화재안전조사를 실시하기 어려운 경우

> **10년간 자주 출제된 문제**

1-1. 화재안전조사를 실시하는 경우에 해당되지 않는 것은?
① 소방시설 등의 자체점검이 불성실하거나 불완전하다고 인정되는 경우
② 국가적 행사 등 주요 행사가 개최되는 장소 및 그 주변의 관계 지역에 대하여 소방안전관리 실태를 조사할 필요가 있는 경우
③ 화재가 발생되지 않아 일상적인 조사를 요하는 경우
④ 재난예측정보, 기상예보 등을 분석한 결과 소방대상물에 화재의 발생 위험이 크다고 판단되는 경우

1-2. '화재안전조사의 연기사유'가 될 수 없는 것은?
① 자연재난, 사회재난에 해당하는 재난이 발생한 경우
② 관계인의 질병, 사고, 장기출장의 경우
③ 권한 있는 기관에 자체점검기록부, 교육·훈련일지 등 화재안전조사에 필요한 장부·서류 등이 압수되거나 영치(領置)되어 있는 경우
④ 소방대상물의 개축·리모델링 등의 공사로 화재안전조사를 실시하기 어려운 경우

|해설|
1-1
화재가 자주 발생하였거나 발생할 우려가 뚜렷한 곳에 대한 조사가 필요한 경우에 화재안전조사를 실시한다.

1-2
소방대상물의 증축·용도변경 또는 대수선 등의 공사로 화재안전조사를 실시하기 어려운 경우에 화재안전조사를 연기할 수 있다.

정답 1-1 ③ 1-2 ④

핵심이론 02 소방안전관리 선임대상물

(1) 소방안전관리자를 두어야 하는 특정소방대상물(화재예방법 시행령 별표 4)

① 특급 소방안전관리대상물
  ㉠ 50층 이상(지하층은 제외)이거나 지상으로부터 높이가 200m 이상인 아파트
  ㉡ 30층 이상(지하층을 포함)이거나 지상으로부터 높이가 120m 이상인 특정소방대상물(아파트는 제외)
  ㉢ ㉡에 해당하지 아니하는 특정소방대상물로서 연면적이 10만m^2 이상인 특정소방대상물(아파트는 제외)

② 1급 소방안전관리대상물
  ㉠ 30층 이상(지하층은 제외)이거나 지상으로부터 높이가 120m 이상인 아파트
  ㉡ 연면적 15,000m^2 이상인 특정소방대상물(아파트 및 연립주택은 제외)
  ㉢ ㉡에 해당하지 아니하는 특정소방대상물로서 층수가 11층 이상인 특정소방대상물(아파트는 제외)
  ㉣ 가연성 가스를 1천톤 이상 저장·취급하는 시설

③ 2급 소방안전관리대상물
  ㉠ 옥내소화전설비, 스프링클러설비, 물분무 등 소화설비(호스릴방식의 물분무 등 소화설비만을 설치한 경우는 제외)를 설치해야 하는 특정소방대상물
  ㉡ 가스 제조설비를 갖추고 도시가스사업의 허가를 받아야 하는 시설 또는 가연성 가스를 100톤 이상 1천톤 미만 저장·취급하는 시설
  ㉢ 지하구
  ㉣ 공동주택관리법 제2조 제1항 제2호의 어느 하나에 해당하는 공동주택(옥내소화전설비 또는 스프링클러설비가 설치된 공동주택으로 한정)
  ㉤ 문화유산법에 따라 보물 또는 국보로 지정된 목조건축물

④ 3급 소방안전관리대상물
  ㉠ 간이스프링클러설비(주택전용 간이스프링클러설비는 제외한다)를 설치해야 하는 특정소방대상물
  ㉡ 자동화재탐지설비를 설치해야 하는 특정소방대상물

(2) 소방안전관리보조자를 선임해야 하는 소방안전관리대상물의 범위(화재예방법 시행령 별표 5)

① 건축법 시행령에 따른 아파트 중 300세대 이상인 아파트
② 연면적이 15,000m^2 이상인 특정소방대상물(아파트 및 연립주택은 제외)
③ ① 및 ②에 따른 특정소방대상물을 제외한 특정소방대상물 중 다음의 어느 하나에 해당하는 특정소방대상물
  ㉠ 공동주택 중 기숙사
  ㉡ 의료시설
  ㉢ 노유자시설
  ㉣ 수련시설
  ㉤ 숙박시설(숙박시설로 사용되는 바닥 면적의 합계가 1,500m^2 미만이고 관계인이 24시간 상시 근무하고 있는 숙박시설은 제외)

10년간 자주 출제된 문제

2-1. 소방시설법령상 1급 소방안전관리선임대상물에 해당되지 않는 것은?
① 30층 이하이거나 지상으로부터 높이가 120m 미만인 아파트
② 연면적 15,000m^2 이상인 특정소방대상물(아파트는 제외)
③ 연면적 15,000m^2 미만인 특정소방대상물로서 층수가 11층 이상인 것(아파트는 제외)
④ 가연성가스를 1,000톤 이상 저장·취급하는 시설

2-2. 소방안전관리보조자를 두어야 하는 특정소방대상물에 포함되는 아파트는 최소 몇 세대 이상의 조건을 갖추어야 하는가?
① 200세대 이상
② 300세대 이상
③ 400세대 이상
④ 500세대 이상

|해설|

2-1
30층 이상(지하층은 제외)이거나 지상으로부터 높이가 120m 이상인 아파트

정답 2-1 ① 2-2 ②

핵심이론 03 소방안전관리자 및 소방안전관리보조자의 선임 자격기준

(1) 특급 소방안전관리대상물
다음의 어느 하나에 해당하는 사람으로서 특급 소방안전관리자 자격증을 받은 사람
① 소방기술사 또는 소방시설관리사의 자격이 있는 사람
② 소방설비기사의 자격을 취득한 후 5년 이상 1급 소방안전관리대상물의 소방안전관리자로 근무한 실무경력(업무대행 시 소방안전관리자로 선임되어 근무한 경력은 제외)이 있는 사람
③ 소방설비산업기사의 자격을 취득한 후 7년 이상 1급 소방안전관리대상물의 소방안전관리자로 근무한 실무경력이 있는 사람
④ 소방공무원으로 20년 이상 근무한 경력이 있는 사람
⑤ 소방청장이 실시하는 특급 소방안전관리대상물의 소방안전관리에 관한 시험에 합격한 사람

(2) 1급 소방안전관리대상물
다음의 어느 하나에 해당하는 사람으로서 1급 소방안전관리자 자격증을 발급받은 사람 또는 특급 소방안전관리대상물의 소방안전관리자 자격증을 발급받은 사람
① 소방설비기사 또는 소방설비산업기사의 자격이 있는 사람
② 소방공무원으로 7년 이상 근무한 경력이 있는 사람
③ 소방청장이 실시하는 1급 소방안전관리대상물의 소방안전관리에 관한 시험에 합격한 사람

(3) 2급 소방안전관리대상물
다음의 어느 하나에 해당하는 사람으로서 2급 소방안전관리자 자격증을 발급받은 사람, 특급 소방안전관리대상물 또는 1급 소방안전관리대상물의 소방안전관리자 자격증을 발급받은 사람
① 위험물기능장・위험물산업기사 또는 위험물기능사 자격이 있는 사람
② 소방공무원으로 3년 이상 근무한 경력이 있는 사람
③ 소방청장이 실시하는 2급 소방안전관리대상물의 소방안전관리에 관한 시험에 합격한 사람
④ 기업활동 규제완화에 관한 특별조치법 제29조, 제30조 및 제32조에 따라 소방안전관리자로 선임된 사람(소방안전관리자로 선임된 기간으로 한정)

(4) 3급 소방안전관리대상물
다음의 어느 하나에 해당하는 사람으로서 3급 소방안전관리자 자격증을 발급받은 사람 또는 특급 소방안전관리대상물, 1급 소방안전관리대상물 또는 2급 소방안전관리대상물의 소방안전관리자 자격증을 발급받은 사람
① 소방공무원으로 1년 이상 근무한 경력이 있는 사람
② 소방청장이 실시하는 3급 소방안전관리대상물의 소방안전관리에 관한 시험에 합격한 사람
③ 기업활동 규제완화에 관한 특별조치법 제29조, 제30조 및 제32조에 따라 소방안전관리자로 선임된 사람(소방안전관리자로 선임된 기간으로 한정)

(5) 소방안전관리보조자
① 특급, 1급, 2급, 3급 소방안전관리대상물의 소방안전관리자 자격이 있는 사람
② 국가기술자격법 제2조 제3호에 따른 국가기술자격의 직무분야 중 건축, 기계제작, 기계장비설비・설치, 화공, 위험물, 전기, 전자 및 안전관리에 해당하는 국가기술자격이 있는 사람
③ 공공기관의 소방안전관리에 관한 규정에 따른 강습교육을 수료한 사람 또는 특급, 1급, 2급, 3급 소방안전관리대상물의 소방안전관리에 대한 강습교육을 수료한 사람
④ 소방안전관리대상물에서 소방안전 관련 업무에 2년 이상 근무한 경력이 있는 사람

10년간 자주 출제된 문제

특급 소방안전관리대상물의 관계인이 소방안전관리자를 선임하는 기준으로 틀린 것은?

① 소방기술사의 자격이 있는 사람
② 소방청장이 실시하는 특급 소방안전관리 대상물의 소방안전관리에 관한 시험에 합격한 사람
③ 소방공무원으로 15년 이상 근무한 경력이 있는 사람
④ 소방설비기사의 자격을 취득한 후 5년 이상 1급 소방안전관리대상물의 소방안전관리자로 근무한 실무경력이 있는 사람

[해설]
소방공무원으로 20년 이상 근무한 경력이 있는 사람

정답 ③

핵심이론 04 소방안전관리자의 업무 등

(1) 소방안전관리자의 업무(화재예방법 제24조)

특정소방대상물(소방안전관리대상물은 제외)의 관계인과 소방안전관리대상물의 소방안전관리자는 다음의 업무를 수행한다. 다만, 제1호·제2호·제5호 및 제7호의 업무는 소방안전관리대상물의 경우에만 해당한다.

① 피난계획에 관한 사항과 대통령령으로 정하는 사항이 포함된 소방계획서의 작성 및 시행
② 자위소방대(自衛消防隊) 및 초기대응체계의 구성, 운영 및 교육
③ 소방시설 설치 및 관리에 관한 법률에 따른 피난시설, 방화구획 및 방화시설의 관리
④ 소방시설이나 그 밖의 소방 관련 시설의 관리
⑤ 소방훈련 및 교육
⑥ 화기(火氣) 취급의 감독
⑦ 행정안전부령으로 정하는 바에 따른 소방안전관리에 관한 업무수행에 관한 기록·유지(③·④ 및 ⑥의 업무를 말한다)
⑧ 화재발생 시 초기대응
⑨ 그 밖에 소방안전관리에 필요한 업무

(2) 소방안전관리대상물의 소방계획서 작성 시 포함사항(화재예방법 시행령 제27조)

① 소방안전관리대상물의 위치·구조·연면적·용도 및 수용인원 등 일반 현황
② 소방안전관리대상물에 설치한 소방시설·방화시설, 전기시설·가스시설 및 위험물시설의 현황
③ 화재예방을 위한 자체점검계획 및 대응대책
④ 소방시설·피난시설 및 방화시설의 점검·정비계획
⑤ 피난층 및 피난시설의 위치와 피난경로의 설정, 화재안전취약자의 피난계획 등을 포함한 피난계획

⑥ 방화구획, 제연구획, 건축물의 내부 마감재료 및 방염대상물품의 사용현황과 그 밖의 방화구조 및 설비의 유지·관리계획
⑦ 관리의 권원이 분리된 특정소방대상물의 소방안전관리에 관한 사항
⑧ 소방훈련·교육에 관한 계획
⑨ 소방안전관리대상물의 근무자 및 거주자의 자위소방대 조직과 대원의 임무(화재안전취약자 피난 보조 임무를 포함)에 관한 사항
⑩ 화기 취급 작업에 대한 사전 안전조치 및 감독 등 공사 중 소방안전관리에 관한 사항
⑪ 소화에 관한 사항과 연소 방지에 관한 사항
⑫ 위험물의 저장·취급에 관한 사항(예방규정을 정하는 제조소 등은 제외)
⑬ 소방안전관리에 대한 업무수행에 관한 기록 및 유지에 관한 사항
⑭ 화재발생 시 화재경보, 초기소화 및 피난유도 등 초기대응에 관한 사항

10년간 자주 출제된 문제

소방안전관리대상물의 소방계획서에 포함되어야 하는 사항이 아닌 것은?
① 화재예방을 위한 자체점검계획 및 진압대책
② 증축·개축·재축·이전·대수선 중인 단독주택의 공사장 소방안전관리에 관한 사항
③ 소방시설·피난시설 및 방화시설의 점검·정비계획
④ 피난층 및 피난시설의 위치와 피난경로의 설정, 장애인 및 노약자의 피난계획 등을 포함한 피난계획

|해설|
증축·개축·재축·이전·대수선 중인 특정소방대상물의 공사장 소방안전관리에 관한 사항이다.

정답 ②

핵심이론 05 관리의 권원이 분리된 특정소방대상물

(1) 소방안전관리 선임(화재예방법 제35조)

다음의 어느 하나에 해당하는 특정소방대상물로서 그 관리의 권원(權原)이 분리되어 있는 특정소방대상물의 경우 그 관리의 권원별 관계인은 대통령령으로 정하는 바에 따라 소방안전관리자를 선임하여야 한다. 다만, 소방본부장 또는 소방서장은 관리의 권원이 많아 효율적인 소방안전관리가 이루어지지 아니한다고 판단되는 경우 대통령령으로 정하는 바에 따라 관리의 권원을 조정하여 소방안전관리자를 선임하도록 할 수 있다.

※ 소방안전관리대상물의 관계인은 관계법령에 따라 소방안전관리자 선임 사유가 발생한 날로부터 30일 이내에 선임하여야 한다.

(2) 관리의 권원이 분리된 특정소방대상물

① 복합건축물(지하층을 제외한 층수가 11층 이상 또는 연면적 30,000m² 이상인 건축물)
② 지하가(지하의 인공 구조물 안에 설치된 상점 및 사무실, 그 밖에 이와 비슷한 시설이 연속하여 지하도에 접하여 설치된 것과 그 지하도를 합한 것을 말한다)
③ 그 밖에 대통령령으로 정하는 특정소방대상물(판매시설 중 도매시장, 소매시장 및 전통시장)

10년간 자주 출제된 문제

5-1. 특정소방대상물의 관계인은 관계법령에 따라 소방안전관리자 선임 사유가 발생한 날로부터 며칠 이내에 선임해야 하는가?

① 7일　　　　② 15일
③ 30일　　　　④ 45일

5-2. 관리 권원이 분리된 특정소방대상물의 층수 기준은?(단, 복합건축물의 경우)

① 3층 이상　　② 5층 이상
③ 8층 이상　　④ 11층 이상

정답 5-1 ③ 5-2 ④

제2절 실내디자인 조명계획

2-1. 실내 조명 자료 조사

핵심이론 01 조명

(1) 배광방식에 의한 분류

① 직접조명
  ㉠ 빛의 90~100%가 아래로 향하고, 0~10%가 위로 향하여 투사되는 방식이다.
  ㉡ 방식이 간단하고 조명률이 좋으며 경제적이다.
  ㉢ 조도분포가 균일하지 않고, 강한 음영과 현휘(눈부심)로 인해 눈에 피로가 발생한다.

② 반직접조명
  ㉠ 반투명 유리나 플라스틱을 사용하여 상향 광속이 10~40%, 하향 광속이 60~90%가 직접 조명되는 방식이다.
  ㉡ 그림자가 생기며 눈부심이 발생한다.

③ 간접조명
  ㉠ 빛의 90~100%가 위로 향하고, 0~10%가 아래로 향하여 투사되는 방식이다.
  ㉡ 조명기구의 빛을 다른 면에 반사시켜서 간접적으로 조명하는 방식이다.
  ㉢ 반사광에 의한 조명방식이므로 현휘(눈부심)현상은 생기지 않는다.
  ㉣ 조명 능률은 떨어지지만 균일한 조도와 안정된 분위기를 만들 수 있다.

④ 반간접조명
  ㉠ 빛의 60~90%가 위로 향하고, 10~40%가 아래로 향하여 투사되는 가장 효과적인 조명방식이다.
  ㉡ 간접조명에다 직접조명의 장점을 채택한 방식이다.
  ㉢ 마감재의 반사율에 의해 밝기의 정도가 영향을 받게 되므로 마감재의 질감과 색채 등을 고려한다.

⑤ 직간접조명(전반확산조명)
직접조명과 간접조명방식을 병용하여, 위아래로 향하는 빛의 양이 40~60%로 균등하게 확산·배분되는 조명방식이다.

[배광방식에 따른 광속 분포(%)]

구분	설치 방식	상향 광속	하향 광속
직접조명		0~10	90~100
반직접조명		10~40	60~90
간접조명		90~100	0~10
반간접조명		60~90	10~40
전반확산조명		40~60	40~60

(2) 조명분포에 의한 분류

① 전체조명(전반조명)
  ㉠ 천장이나 바닥에 균등하게 조명을 설치하는 방식이다.
  ㉡ 실 전체를 전반적으로 밝고 온화한 분위기로 만든다.
  ㉢ 눈의 피로는 적으나, 정밀작업을 하는 장소에는 사용이 곤란하다.

② 국부조명(부분조명)
  ㉠ 정해진 공간에서 필요한 곳만을 집중적으로 강하게 조명하는 방식이다.
  ㉡ 면적이 작고 정해진 부분에 높은 조도로 집중적인 조명효과가 필요한 곳에 이용된다.
  ㉢ 사무실의 조명방식 중 부분적으로 높은 조도를 얻고자 할 때 극히 제한적으로 사용된다.

③ 장식조명(분위기 조명)
　㉠ 조명기구 자체가 하나의 예술품과 같이 강조되거나 분위기를 살려주는 조명이다.
　㉡ 대표적인 장식조명으로 펜던트, 샹들리에, 브래킷 등이 있다.

(3) 설치방법에 의한 분류

① 매입형 : 조명기구를 천장면 속으로 내장시키는 방법으로 직접조명과 간접조명방식이 있다.
② 직부형 : 조명기구를 천장면에 직접 부착시키는 가장 일반적인 방법이다.
③ 벽부형(브래킷, bracket) : 조명기구를 벽체에 설치하는 것으로 브래킷으로 통칭한다. 부착되는 위치가 시선 내에 있으므로 휘도조절이 가능한 조명기구나 휘도가 낮은 광원을 사용한다.
④ 펜던트(pendant) : 천장에 매달려 조명하는 조명방식으로, 조명기구 자체가 빛을 발하는 액세서리 역할을 한다. 시야 내에 조명이 위치하면 눈부심이 일어나므로 조명기구에 의해 휘도를 조절하는 것이 좋다.
　※ 캐스케이드(cascade) : 계단에 부딪치며 떨어지는 계단식 폭포
⑤ 이동형 조명 : 실내에서 필요한 장소에 언제든지 옮겨 융통성 있는 설치가 가능한 조명으로서, 플로어 스탠드(floor stand)와 테이블 스탠드(table stand)가 있다.
⑥ 건축화 조명 : 건축물 속에 광원을 삽입 설치하거나 노출로 하되 반사용 설치물을 부착하여 조명하는 방법이다.
⑦ TAL(Task & Ambient) 조명방식 : 작업구역에는 국부조명방식으로 조명하고, 기타 주변 환경에 대하여는 간접조명과 같은 낮은 조도로 조명하는 방식이다.

10년간 자주 출제된 문제

1-1. 반간접조명방식에 대한 설명으로 옳은 것은?
① 광원으로부터 모든 방향으로 빛이 투사되는 방식
② 빛의 60~90%를 반사면에 투사시킨 반사광과 함께 나머지를 직접 조명분으로 조명하는 방식
③ 천장, 벽 등에 반사되는 빛만을 사용하는 방식
④ 특정장소와 위치에 빛을 투사하는 방식

1-2. 조명이 모든 방향으로 균등하게 배분되는 조명방식은?
① 직접조명
② 국부조명
③ 건축화 조명
④ 전반확산조명

1-3. 천장에 매달려 조명하는 방식으로 조명기구 자체가 빛을 발하는 액세서리 역할을 하는 조명방식은?
① 다운 라이트(down light)
② 스포트라이트(spotlight)
③ 펜던트(pendant)
④ 브래킷(bracket)

해설

1-1
반간접조명방식은 상방 60~90%, 하방 40~10%의 배광, 반투명 반사접시 등의 조명기구를 사용한다.

1-2
① 직접조명 : 광원에서 투과한 광이 직접 작업면에 비치게 하는 조명
② 국부조명 : 작업면상의 필요한 개소만 고조도를 취하는 방식으로, 일부분만 밝게 하므로 명암의 차이가 많아 눈부심을 일으켜 눈을 피로하게 하는 결점이 있다.
③ 건축화 조명 : 건축물 속에 광원을 삽입 설치하거나 노출로 하되 반사용 설치물을 부착하여 조명하는 방법이다.

1-3
펜던트(pendent)는 천장에 매달려 조명하는 방식으로 장식조명으로 우수하다.

정답 1-1 ② 1-2 ④ 1-3 ③

핵심이론 02 건축화 조명

(1) 건축화 조명의 특징
① 건축 구조체(천장, 벽, 기둥 등)의 일부분이나 구조적인 요소를 이용하여 조명하는 방식이다.
② 건축물의 천장이나 벽을 조명기구 겸용으로 마무리하는 것이다.
③ 조명기구의 배치방식에 의하면 대부분 전반조명방식에 해당된다.
④ 발광면이 넓고 눈부심이 적다.
⑤ 명랑한 느낌을 주어 현대적인 감각을 느끼게 한다.
⑥ 비용이 많이 들고, 조명효율이 떨어진다.
⑦ 조명기구가 보이지 않도록 할 수 있다.

(2) 건축화 조명의 종류

① 천장면 조명
  ㉠ 광천장조명
    - 천장면에 확산투과재(아크릴, 플라스틱, 유리, 스테인드글라스, 루버 등)를 붙이고, 천장 내부에 광원을 배치하여 조명하는 가장 일반적인 건축화 조명방식이다.
    - 천장면이 낮은 휘도의 광천장이 되므로 부드럽고 깨끗한 조명이 된다.
  ㉡ 루버 조명
    - 천장면에 루버판을 설치하고 루버 내부에 조명을 설치하는 방식이다.
    - 현휘(눈부심)가 없고 낮은 휘도, 밝은 직사광을 얻고 싶은 경우에 효과적인 조명이다.
  ㉢ 코브(cove) 조명
    - 주로 천장의 높낮이 차를 이용하여 설치하는 간접조명방식이다.
    - 천장, 벽의 구조체에 의해 광원의 빛이 천장 또는 벽면으로 가려지게 하여 반사광으로 간접조명하는 방식이다.

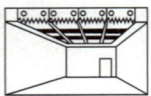 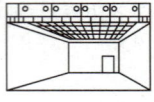 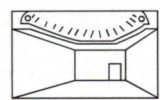
[광천장조명]   [루버 조명]   [코브 조명]

② 천장 매입형 조명
  ㉠ 다운 라이트 조명
    - 천장면에 작은 구멍을 많이 뚫어 그 속에 여러 형태의 광원(등기구)을 매입하는 조명방식이다.
    - 색온도에 따라 분위기를 연출할 수 있으며 엑센트 조명으로 사용한다.
  ㉡ 라인 라이트 조명
    - 천장면에 광원을 선형으로 배치하는 방식이며, 형광등 조명으로 가장 높은 조도를 얻을 수 있다.
  ㉢ 코퍼 조명
    - 천장면을 사각형이나 원형으로 파내고 그 내부에 조명기구를 매립하여 천장의 단조로움을 피한 조명방식이다.
    - 천장면의 단조로움을 깨면서 차분한 분위기를 연출할 수 있다.

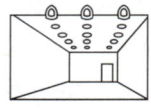 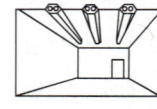 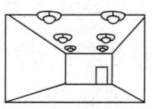
[다운 라이트]   [라인 라이트]   [코퍼 라이트]

③ 벽면 조명
  ㉠ 코니스 조명
    - 벽의 상부에 길게 설치된 반사 상자 안에 광원을 설치하고, 모든 빛이 하부로 향하도록 하는 방식이다.
    - 수직한 면을 위에서 아래로 조명하기 때문에 실내 공간의 안길이를 강조하고 넓은 느낌을 준다.
  ㉡ 밸런스 조명
    - 창이나 벽의 커튼 상부에 부설된 조명이다.

- 하향 조명일 경우 벽이나 커튼을 강조하는 역할을 한다.
- 상향 조명일 경우 천장에 반사하는 간접조명으로 전체 조명 역할을 한다.

ⓒ 광창조명(라이트 윈도)
- 벽면의 전체 또는 일부분을 광원화하는 조명방식이다.
- 광원을 넓은 벽면에 매입함으로써 비스타(vista)적인 효과를 낼 수 있으며, 시선에 안락한 배경으로 작용한다.

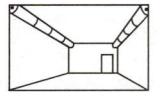  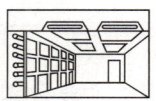
[코니스(코너) 조명]   [밸런스 조명]   [광창조명]

④ 기타 조명
ⓐ 캐노피 조명
- 사용자의 얼굴에 적당한 조도를 분배하기 위해 벽면이나 천장면의 일부를 돌출시켜 조명을 설치한다.
- 주로 카운터 상부, 욕실의 세면대 상부, 드레스룸 등에 설치한다.

ⓑ 코너 조명
- 천장과 벽면의 모서리에 광원을 배치하고 천장과 벽면을 동시에 조명하는 방식이다.
- 지하도 조명에 주로 이용한다.

10년간 자주 출제된 문제

2-1. 다음 중 건축화 조명에 해당하지 않는 것은?
① 코퍼 조명   ② 광천장조명
③ 팬던트 조명   ④ 코니스 조명

2-2. 건축화 조명방식에 대한 설명 중 옳지 않은 것은?
① 코니스 조명 : 벽면의 상부에 위치하여 모든 빛이 아래로 직사하도록 하는 조명방식이다.
② 밸런스 조명 : 창이나 벽의 커튼 상부에 부설된 조명이다.
③ 코브 조명 : 반사광을 사용하지 않고 광원의 빛을 직접 조명하는 방법이다.
④ 캐노피 조명 : 사용자의 얼굴에 적당한 조도를 분배하기 위해 벽면이나 천장면의 일부를 돌출시켜 조명을 설치한다.

2-3. 다음 설명에 알맞은 건축화 조명의 종류는?

- 사용자의 얼굴에 적당한 조도를 분배하기 위해 벽면이나 천장면의 일부를 돌출시켜 조명을 설치하고 아래로 비춘다.
- 주로 카운터 상부, 욕실의 세면대 상부, 드레스룸에 설치된다.

① 광창조명   ② 코브 조명
③ 광천장조명   ④ 캐노피 조명

2-4. 광원을 넓은 면적의 벽면에 매입하여 비스타(vista)적인 효과를 낼 수 있으며 시선에 안락한 배경으로 작용하는 건축화 조명방식은?
① 광창조명   ② 광천장조명
③ 코니스 조명   ④ 캐노피 조명

|해설|

2-1
건축화 조명은 건축물의 일부에 조명기구와 광원을 매입시켜 조명을 하는 것으로, 조명과 건물을 일체화하는 조명방식을 말한다. 종류로는 다운 라이트, 코퍼 라이트, 코브 라이트, 루버 조명, 광천장조명, 코니스 조명 등이 있다.

2-2
코브(cove) 조명 : 주로 천장의 높낮이 차를 이용하여 설치하는 간접조명방식이다.

정답 2-1 ③ 2-2 ③ 2-3 ④ 2-4 ①

핵심이론 03 광원

(1) 백열등
① 일반적으로 휘도가 높고, 열방사가 많다.
② 작고 가벼우며 점광원에 가깝기 때문에 배광의 억제가 용이하다.
③ 눈부심이 발생하며, 좁은 장소의 전반조명, 악센트 조명에 이용한다.

(2) 형광등
① 광질이 좋고 경제적이며 취급도 쉬워 일반 조명광원의 주류를 이룬다.
② 효율이 높고 휘도가 낮으며, 형광체에 따라 여러 광색을 얻을 수 있다.
③ 옥내·외의 전반조명 및 국부조명에 이용된다.
④ 점등장치가 필요하며, 점등까지 시간이 걸린다.
⑤ 주위 온도 영향을 받는다(-10℃ 이하는 점등 불가).

(3) 수은등
① 관 내에 봉입한 고압의 수은증기의 방전에 의해 일어나는 발광을 이용한 광원이다.
② 수은등은 전구보다는 크나 어느 정도 집광시킬 수 있으며, 수명이 길다.

(4) 메탈할라이드
① 고압수은등의 효율 및 연색성을 개선하기 위하여 수은 외에 메탈퍼라이드를 첨가한 수은등의 일종이다.
② 메탈할라이드 램프는 고압수은 램프보다 효율과 연색성이 우수하다.

(5) LED
① 긴 수명, 낮은 소비전력, 높은 신뢰성 등의 장점이 있다.
② 서로 다른 광색의 특성을 지닌 LED를 조합하여 다양한 광색과 모양을 표현할 수 있다.

③ 높은 휘도에 의해 눈부심이 발생하고, 자체적으로 발생하는 열에 취약하며, 좁은 빛의 분포가 단점이다.

(6) 할로겐 전구
① 초소형 경량의 전구를 제작할 수 있다.
② 연색성이 좋으며, 설치 및 광원의 교체가 간편하다.
③ 백열전구에 비해 수명이 길다.
④ 흑화가 거의 일어나지 않고 광속이나 색온도의 저하가 극히 적다.
⑤ 휘도가 높아 현휘(눈부심)가 발생한다.

10년간 자주 출제된 문제

3-1. 각종 광원에 관한 설명으로 옳지 않은 것은?
① 형광 램프는 점등장치를 필요로 한다.
② 고압수은 램프는 광속이 큰 것과 수명이 긴 것이 특징이다.
③ 할로겐 전구는 소형화가 가능하나 연색성이 나쁘다는 단점이 있다.
④ LED램프는 긴 수명, 낮은 소비전력, 높은 신뢰성 등의 장점이 있다.

3-2. 조명설비의 광원에 관한 설명으로 옳지 않은 것은?
① 형광 램프는 점등장치를 필요로 한다.
② 고압나트륨 램프는 할로겐 전구에 비해 연색성이 좋다.
③ 고압수은 램프는 광속이 큰 것과 수명이 긴 것이 특징이다.
④ LED램프는 수명이 길고 소비전력이 작다는 장점이 있다.

|해설|

3-1
할로겐 전구는 연색성이 좋다.

3-2
고압나트륨 램프는 할로겐 전구에 비해 연색성이 떨어지며, 할로겐 전구의 연색성이 가장 우수하다.

정답 3-1 ③ 3-2 ②

2-2. 실내 조명 적용 검토

핵심이론 01 조명의 연출기법

(1) 강조(high lighting) 기법

특정 물체에 보통 배경 밝기의 5배 이상을 비춰 배경과 강한 대조를 이루게 함으로써 사람의 주의를 끄는 기법이다.

(2) 빔 플레이(beam play) 기법

강조하고자 하는 물체에 의도적으로 광선을 조사시킴으로써 광선 그 자체가 시각적인 특성을 지니게 하는 기법이다.

(3) 월 워싱(wall washing) 기법

수직 벽면을 빛으로 쓸어내리는 듯한 효과를 주기 위해 비대칭 배광방식의 조명기구를 사용하여 수직 벽면에 균일한 조도의 빛을 비추는 기법이다.

(4) 그림자 연출기법

빛에 의해 생기는 그림자를 강조하여 시각적인 의미를 전달하는 고도의 연출기법이다.

(5) 실루엣(silhouette) 기법

① 물체의 형상만을 강조하는 기법으로 시각적인 눈부심이 없다.
② 물체의 형상은 강조되나 물체면의 세밀한 묘사는 할 수 없다.
③ 거주자와 광원 사이에 피조물을 두어 빛의 강한 대비로 물체의 윤곽만을 강조한다.

(6) 후광조명(back lighting) 기법

빛을 아크릴, 스테인드글라스와 같은 반투명 재료를 통과하게 하여 배면의 빛을 확산시키는 방법이다.

(7) 글레이징(glazing) 기법

빛의 각도를 이용하는 방법으로 수직면과 평행한 조명을 벽에 조사시킴으로써 마감재의 질감을 효과적으로 강조하는 기법이다.

(8) 상향등(uplighting) 기법

상향등을 이용하여 윗부분을 강조하고자 할 때 사용하는 기법으로 공간의 벽면, 천장면을 간접적으로 비춘다.

(9) 스파클(sparkle) 기법

광원의 순간적인 on-off를 통하여 반짝거림을 이용하는 기법이다.

10년간 자주 출제된 문제

1-1. 다음의 설명에 알맞은 조명 연출기법은?

> 강조하고자 하는 물체에 의도적인 광선으로 조사시킴으로써 광선 그 자체가 시각적인 특성을 지니게 하는 기법이다.

① 강조기법　　　　② 빔 플레이 기법
③ 월 워싱 기법　　④ 글레이징 기법

1-2. 조명의 연출기법 중 수직벽면을 빛으로 쓸어내리는 듯한 효과를 주기 위해 비대칭 배광방식의 조명기구를 사용하여 수직벽면에 균일한 조도의 빛을 비추는 기법은?

① 스파클 기법　　② 월 워싱 기법
③ 실루엣 기법　　④ 글레이징 기법

1-3. 다음 설명에 알맞은 조명의 연출기법은?

> 빛의 각도를 이용하는 방법으로 수직면과 평행한 조명을 벽에 조사시킴으로써 마감재의 질감을 효과적으로 강조하는 기법

① 실루엣 기법　　② 스파클 기법
③ 글레이징 기법　④ 빔 플레이 기법

정답 1-1 ②　1-2 ②　1-3 ③

2-3. 실내 조명계획

핵심이론 01 공간별 조명

(1) 주거 공간의 조명계획

① 현관
  ㉠ 주택의 출입구로서 방문자의 신원을 확인할 수 있도록 조명을 밝게 한다.
  ㉡ 자동 점멸하는 방식을 사용한다.

② 거실
  ㉠ 거실은 가족 또는 손님들이 이용하는 공간이므로 온화한 분위기로 연출한다.
  ㉡ 거실의 전체조명은 벽을 향한 간접조명으로 한다.
  ㉢ 거실은 자연조명과 적절한 조화가 필요하다.

③ 식당
  ㉠ 식당은 식탁이 중심이 되며, 식탁 위는 밝고 음식이 맛있게 보이도록 조명을 설계해야 한다.
  ㉡ 천장면에 부착한 직부등과 천장에 매달아 늘어뜨린 팬던트형이 일반적이다.
  ㉢ 형광등보다는 백열전구의 색상이 바람직하며 간접조명과 국부조명의 보조시설을 사용할 수 있다.

④ 욕실
  ㉠ 욕실은 전체조명을 기본으로 하고 거울 면에 국부조명을 설치하여 사람의 얼굴에 그림자가 생기지 않게 한다.
  ㉡ 수납 공간에는 내부에 조명을 설치하여 개폐 시 내부가 잘 보이도록 한다.

⑤ 부엌
  ㉠ 부엌에는 조명기구를 천장에 고정 또는 매립함으로 전체적으로 조명이 충분하게 분산되도록 설치해야 한다.
  ㉡ 부엌에는 전체조명(백열등)과 작업대 위를 비추는 국부조명(형광등)이 필요하다.

⑥ 침실
  ㉠ 침실은 편안하고 분위기 있는 조명으로 계획한다.
  ㉡ 일반 활동을 위한 전체조명과 가구와 집기의 배치에 따라 조명계획을 한다.
  ㉢ 지나치게 밝은 조명을 피하고 분위기를 위한 커튼조명, 밸런스 조명 등 간접조명방식을 취한다.

(2) 업무 공간의 조명계획

① 업무공간의 조명은 충분한 조도와 함께 눈부심이 없어야 하며 실내의 휘도 분포가 균일해야 한다.
② 눈부심 방지를 위하여 수평에 가까운 방향에 광도가 작은 배광 기구를 쓰거나, 발광면을 넓게 해서 휘도를 낮춘다.
③ 회의실에는 여러 종류의 조명을 준비해서 회의 내용에 따라 조명기구의 점멸을 조정하거나 조광(調光)할 수 있도록 한다.
④ 일반적으로 그림자가 생기지 않으며 사용 수명이 길고 효용성이 높은 형광등이 주로 사용된다.

(3) 상업 공간의 조명계획

① 고객의 주의를 끌고 상품을 매력적으로 보이게 하며 근무자에게 쾌적한 시각조건을 제공할 수 있도록 계획한다.
② 상점 내부 조명은 중점 상품을 강조하고 시선을 유도할 수 있도록 형태와 색상보다는 밝기를 다르게 하는 것이 효과적이다.
③ 쇼윈도는 국부적으로 높은 조도를 제공하여 빛의 광고 효과를 연출한다.
④ 색채가 표현되어야 하는 의류, 화장품, 식품 코너 등의 경우에는 연색성이 좋은 밝은 조명으로 해야 한다.

(4) 전시 공간의 조명계획
① 미술관이나 갤러리의 조명계획에 있어 중요한 조건은 회화나 작품 등의 올바른 색의 연출이다.
② 작품은 장시간의 노출로 인한 색 변화가 발생할 수 있으므로 주의해야 한다.
③ 시야 내에는 고휘도의 광원이나 주광창을 설치하지 않는다.

(5) 극장의 조명계획
① 극장의 조명은 공공 서비스 공간의 조명과 공연 공간의 조명으로 구분된다.
② 공공 서비스 공간(현관, 홀)은 첫 인상이 화려하고, 따뜻한 분위기를 주는 조명을 사용한다.
③ 공연장의 조명설비는 공연법에 의하여 관람석, 휴게실, 복도, 기타 관람자가 출입하는 장소에는 20lx 이상, 관람석은 공연 중에도 0.2lx 이상의 조도를 제공해야 한다.

(6) 호텔의 조명계획
① 프런트 데스크의 조명은 프런트 직원과 고객의 표정이 서로 확실히 보이도록 밝게 하는 것이 좋다.
② 복도는 50~100lx 정도로 균일한 조명을 한다.
③ 객실 천장의 전체조명은 간접조명방식으로 하고, 탁상스탠드, 플로어스탠드, 벽부등과 같은 국부조명을 사용한다.
④ 취침용 탁상 스탠드는 독서를 위해 100lx 정도가 좋으며, 측면에서의 광도가 높은 것이 좋다.

10년간 자주 출제된 문제

1-1. 주거 공간 조명계획의 설명으로 옳지 않은 것은?
① 현관은 방문자의 신원을 확인할 수 있도록 밝게 조명계획이 이루어져야 한다.
② 거실은 가족이나 손님들이 이용하는 공간으로 온화한 분위기로 연출한다.
③ 욕실에는 국부조명을 기본으로 한다.
④ 복도는 천장이나 벽에 전체조명을 사용한다.

1-2. 업무 공간 조명계획의 설명으로 옳지 않은 것은?
① 책상이나 집기가 어떤 위치에도 배치가 가능한 국부조명을 사용한다.
② 사무 공간은 적절한 작업조도를 균등하게 제공할 수 있어야 한다.
③ 대회의실은 조명의 밝기를 조절할 수 있도록 하며 음영이 지지 않게 하는 것이 좋다.
④ 소규모 회의실은 다운라이트가 전반조명으로 사용된다.

1-3. 상업 공간 조명계획의 설명으로 옳지 않은 것은?
① 상업 공간 조명계획은 고객의 주의를 끌 수 있도록 한다.
② 쇼윈도는 국부적으로 높은 조도를 제공하여 빛의 광고 효과를 연출한다.
③ 상점 내부 조명은 중점 상품을 강조한다.
④ 시선을 유도할 수 있도록 밝기보다는 형태와 색상을 다르게 하는 것이 좋다.

[해설]

1-1
욕실에는 전체조명을 기본으로 거울 면에 국부조명을 설치하여 사람의 얼굴에 그림자가 생기지 않게 한다.

1-2
책상이나 집기가 어떤 위치에도 배치가 가능할 수 있도록 전반조명을 사용한다.

1-3
시선을 유도할 수 있도록 형태와 색상보다는 밝기를 다르게 하는 것이 효과적이다.

정답 1-1 ③ 1-2 ① 1-3 ④

핵심이론 02 조명 설계순서

(1) 소요 조도의 결정
① 소요 조도는 항상 유지해야 하는 조도값을 말하며, 사용목적과 용도에 맞게 조도를 확보해야 한다.
② 바닥으로부터 85cm 높이에서 측정한다.

(2) 광원(전등)의 선택
연색성, 눈부심, 광색, 광질과 밝음, 수명과 효율 등을 고려하여 광원을 선택한다.

(3) 조명방식 및 조명기구 선택
조도, 그림자, 실내 벽체마감(반사율), 경제성, 유지관리 등을 고려하여 선택한다.

(4) 광속의 계산
실내 조명을 설계할 경우 소요의 총 광속을 구하고 램프의 수나 기구의 수를 계산하는 방법이다.

$$F(\text{lm}) = \frac{A \cdot E \cdot D}{N \cdot U} = \frac{A \cdot E}{N \cdot U \cdot M}$$

여기서, F : 사용광원 1개의 광속(lm)
  A : 방의 면적(m²)
  E : 작업면의 평균조도(lx)
  N : 전등 수
  D : 감광보상률(직접조명 1.3~2.0, 간접조명 1.5~2.0)
  U : 조명률(발광 빛의 작업면에 도달 비율, 0~1의 값)
  M : 보수율(유지율, 감광보상률의 역수)

① 방 지수(실 지수) : 방 크기에 따른 빛의 이용률 정도를 표시한 것으로, 방 지수가 적어짐에 따라 조명률이 감소한다.

$$K = \frac{(\text{천장 면적} + \text{바닥 면적})}{\text{작업면에서 광원까지 벽면적}}$$

  ㉠ 실의 천장이 낮을수록 흡수율 감소→실 지수 증가
  ㉡ 실의 형태가 정사각형에 가까울수록 흡수율 감소 →실 지수 증가
② **감광보상률** : 광원을 갈아 끼우거나 기구를 청소할 때까지 필요한 조도를 유지할 수 있도록 여유를 두는 비율을 말한다.
③ **조명률** : 광원에서 작업면에 도달하는 비율을 말한다. 실내 반사율이 높고, 실 지수가 높을수록 조명률은 크다.
④ **보수율** : 조명시설을 어느 기간 사용한 후의 작업면상의 평균 조도와 초기 조도와의 비를 말한다.

(5) 조명기구의 배치
① $S \leq 1.5H$
② $S_W \leq H/2$ (벽 가까이 작업하지 않을 경우)
③ $S_W \leq H/3$ (벽 가까이 작업할 경우)
  여기서, S : 광원 간의 간격
    S_W : 벽과 광원 사이의 간격
    H : 광원의 높이

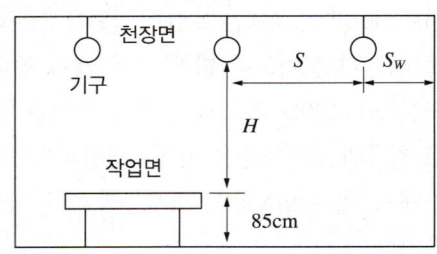

10년간 자주 출제된 문제

2-1. 조명 설계의 순서 중 가장 우선인 것은?
① 조명기구의 배치 ② 조명방식의 결정
③ 광원의 선택 ④ 소요 조도의 결정

2-2. 다음과 같은 조건에서 사무실의 평균 조도를 800lx로 설계하고자 할 경우, 광원의 필요수량은?

- 광원 1개 광속 : 2,000lm
- 실의 면적 : 10m²
- 감광보상률 : 1.5
- 조명률 : 0.6

① 3개 ② 5개
③ 8개 ④ 10개

2-3. 조명기구를 사용하는 도중에 광원의 능률 저하나 기구의 오염, 손상 등으로 조도가 점차 저하되는데, 인공조명 설계 시 이를 고려하여 반영하는 계수는?
① 광도 ② 조명률
③ 실 지수 ④ 감광보상률

[해설]

2-1
조명 설계 순서
소요 조도의 결정 → 광원의 선택 → 조명기구 선택 → 기구의 배치 → 검토

2-2
$N = \dfrac{A \cdot E \cdot D}{F \cdot U} = \dfrac{10 \times 800 \times 1.5}{2,000 \times 0.6} = 10$

2-3
감광보상률
광원을 갈아 끼우거나 기구를 청소할 때까지 필요한 조도를 유지할 수 있도록 여유를 두는 비율을 말한다.

정답 2-1 ④ 2-2 ④ 2-3 ④

제3절 실내디자인 설비계획

3-1. 기계설비계획

핵심이론 01 급수설비

(1) 급수설비의 개념

① 급수원
급수원으로는 수돗물, 지하수, 중수 등이 있다.

② 급수량 산정
급수량은 건물의 종류별 1인당 1일 사용수량으로 산정하는 방법과 위생기구별 수전의 유량을 기준으로 1일 사용수량을 산정하는 방식이 있다.

(2) 급수방식 종류

① 수도직결방식
㉠ 위생성 및 유지·관리 측면에서 가장 바람직한 방식이다.
㉡ 설비비가 저렴하고, 소규모 건물에 적합하다.
㉢ 정전으로 인한 단수의 염려가 없다.
㉣ 급수오염의 가능성이 가장 적다.
㉤ 단수 시에는 급수가 불가능하다.
㉥ 규모가 크면 수압이 떨어진다.
㉦ 사용개소에서 수압의 변화가 크다.
㉧ 고층으로의 급수가 어렵다.

② 고가수조(탱크)방식
㉠ 일반적으로 하향 급수 배관방식이 사용된다.
㉡ 대규모의 급수 수요에 쉽게 대응할 수 있다.
㉢ 단수 시에도 일정량의 급수를 계속할 수 있다.
㉣ 급수압력이 일정하다.
㉤ 저수시간이 길어지면 수질이 나빠지기 쉽다(수질 오염의 가능성이 가장 크다).
㉥ 배관 부속 중에 파손이 생길 수 있다.
㉦ 설비비가 증가한다.

③ 압력수조(탱크)방식
  ㉠ 국부적 고압이 필요할 때 적합하다.
  ㉡ 탱크가 없어 구조 강화의 필요성이 없다.
  ㉢ 급수압력의 변화가 심하고 취급이 까다롭다.
  ㉣ 공기압축기가 필요하며, 사용개소에서의 수압차가 크다.
  ㉤ 저수량이 적으며 정전, 펌프 고장 시 급수가 불가능하다.
  ㉥ 탱크는 압력용기이므로 제작비가 비싸다.
  ㉦ 펌프의 양정이 길어야 하므로 전력소비가 커진다.

④ 펌프직송방식
  ㉠ 급수펌프로 저수조 내의 상수를 필요한 곳에 직접 급수하는 방식이다.
  ㉡ 펌프운전방식에 따라 정속방식과 변속방식으로 분류할 수 있다.
  ㉢ 사용개소의 수압이 일정하다.
  ㉣ 단수 시에도 일정량으로 급수가 가능하다.
  ㉤ 정전, 펌프 고장 시 급수가 불가능하다.
  ㉥ 저수량이 적고, 설비비가 고가이다.
  ㉦ 자동제어시스템이므로 고장 시 수리가 어렵다.
  ㉧ 펌프가 계속 가동되므로 전력소비가 커진다.
  ㉨ 고가수조를 설치할 필요가 없다.

10년간 자주 출제된 문제

1-1. 다음 설명에 가장 알맞은 급수방식은?

- 위생성 및 유지·관리 측면에서 가장 바람직한 방식이다.
- 정전으로 인한 단수의 염려가 없다.
- 고층으로의 급수가 어렵다.

① 고가탱크방식 ② 압력탱크방식
③ 플래시밸브방식 ④ 수도직결방식

1-2. 급수방식에 관한 설명으로 옳지 않은 것은?
① 고가수조방식은 일반적으로 하향 급수 배관방식이 사용된다.
② 압력수조방식은 급수압력의 변화가 심하고 취급이 까다롭다.
③ 수도직결방식은 급수압력의 변동이 없어 일정한 수압으로 급수가 가능하다.
④ 펌프직송방식은 펌프운전방식에 따라 정속방식과 변속방식으로 분류할 수 있다.

1-3. 급수방식 중 고가탱크방식에 관한 설명으로 옳지 않은 것은?
① 급수압력이 일정하다.
② 단수 시에도 일정량의 급수가 가능하다.
③ 대규모의 급수 수요에 쉽게 대응할 수 있다.
④ 위생성 및 유지·관리 측면에서 가장 바람직한 방식이다.

[해설]

1-2
수도직결방식은 규모가 크면 수압이 떨어진다.

1-3
위생성 및 유지·관리 측면에서 가장 바람직한 방식은 수도직결방식이다.

정답 1-1 ④ 1-2 ③ 1-3 ④

핵심이론 02 급탕설비

(1) 급탕설비의 개념
① 급탕설비는 끓인 물을 공급하는 설비이다.
② 급탕온도는 사용 용도에 따라 다르나 통상 60℃로 환산하여 양을 표기한다.
③ 식수, 요리, 세탁, 세척, 샤워, 청소 등의 용도로 사용된다.

(2) 급탕방식의 분류
① 개별식(국소식) 급탕법
   ㉠ 배관거리가 짧고, 배관 중 열손실이 적다.
   ㉡ 고온의 물을 수시로 얻을 수 있다.
   ㉢ 시설비가 비교적 저렴하다.
   ㉣ 급탕개소마다 가열기의 설치 스페이스가 필요하다.
   ㉤ 급탕개소가 적은 소규모의 건물에 채용된다.

② 중앙식 급탕법
   ㉠ 대규모 건물에 적합하며 일정한 장소에 급탕설비를 설치하여 배관에 의하여 배송하는 방식이다.
   ㉡ 저렴한 연료를 사용하여 대량으로 온수를 생산할 수 있어 경제적이고 열효율도 좋은 편이다.
   ㉢ 설비가 집중되어 있어 관리가 용이하다.
   ㉣ 기구의 동시이용률을 고려하여 가열장치의 총용량을 적게 할 수 있다.
   ㉤ 초기 설치비용이 많이 들고, 시공 후 기구 증설에 따른 배관 변경공사를 하기 어렵다.
   ㉥ 배관이 길기 때문에 배송 중 열손실이 발생한다.

[중앙식 급탕법에서 직접 가열식과 간접 가열식 설비 비교]

구분	직접 가열식	간접 가열식
가열장소	온수보일러	저탕조
보일러	급탕용 보일러 난방용 보일러	난방용 보일러로 급탕까지 가능
저탕조 내 가열코일	불필요	필요
보일러 내의 스케일	많다.	적다.
보일러 내의 압력	고압	저압
열효율	유리	불리
규모	중소규모 건물	대규모 건물

③ 태양열이용 급탕법
   ㉠ 기상 상태에 따라 영향을 받으며, 초기 설치비용이 비싸다.
   ㉡ 환경보호와 청정에너지 활용 차원에서 권장되는 방식이다.
   ㉢ 기상조건 악화에 대비하여 반드시 보조가열장치를 두어야 한다.

10년간 자주 출제된 문제

2-1. 국소식 급탕방식에 대한 설명 중 옳지 않은 것은?
① 급탕개소마다 가열기의 설치 스페이스가 필요하다.
② 급탕개소가 적은 비교적 소규모의 건물에 채용된다.
③ 급탕배관의 길이가 길어 배관으로부터의 열손실이 크다.
④ 용도에 따라 필요한 개소에서 필요한 온도의 탕을 비교적 간단하게 얻을 수 있다.

2-2. 간접 가열식 급탕방법에 관한 설명으로 옳지 않은 것은?
① 열효율은 직접 가열식에 비해 낮다.
② 가열 보일러로 저압 보일러의 사용이 가능하다.
③ 가열 보일러는 난방용 보일러와 겸용할 수 없다.
④ 저탕조는 가열코일을 내장하는 등 구조가 약간 복잡하다.

해설
2-1
배관거리가 짧고 열손실이 적다.
2-2
가열 보일러는 난방용 보일러와 겸용할 수 있다.

정답 2-1 ③ 2-2 ③

핵심이론 03 위생기구 설비

(1) 위생기구의 개념
① 급수, 급탕, 배수를 필요로 하는 곳의 배관 끝부분에 설치하는 기구를 위생기구라 한다.
② 세면기, 음수기, 싱크대, 욕조, 샤워기, 대변기, 소변기, 세정 물탱크 등이 있다.
③ 위생기구 분류
  ㉠ 급수기구 : 급수전, 세정밸브, 볼탭
  ㉡ 위생기구 : 변기류, 세면기류, 싱크류, 욕조류
  ㉢ 배수기구 : 배수금구류, 각종 트랩, 바닥 배수구

(2) 위생기구의 조건
① 흡수성이 적어야 한다.
② 위생적이고 항상 청결을 유지할 수 있어야 한다.
③ 내식성과 내마모성이 있어야 한다.
④ 기타 미관이 수려하고 제작과 설치 및 관리가 용이해야 한다.

(3) 위생기구의 종류 및 급수방식
① 대변기
  ㉠ 하이 탱크(high tank)식 : 바닥으로부터 1.6m 높은 곳에 물 저장 탱크를 설치하고 볼탭을 사용하여, 공급된 일정량의 물을 저장하고 있다가 핸들 또는 레버의 조작에 의한 낙차를 이용하여 세정하는 방식이다. 큰 낙차로 인한 소음이 크다.
  ㉡ 로 탱크(low tank)식 : 일반 주택에서 주로 사용되는 급수방식이다. 공급 수량과 압력이 일정하며 소음이 적고 세정 효과가 양호하다.
  ㉢ 세정밸브(flush valve)식 : 대변기의 연속 사용이 가능한 방식으로 학교, 극장, 백화점 등 사용 빈도가 많은 곳에 적합하며 가정용으로는 거의 사용하지 않는다.

② 소변기
  ㉠ 벽걸이형과 바닥 설치형이 있다.
  ㉡ 세정방식에 따라 자동 사이펀식, 전동(전자)밸브식, 세정밸브식, 세정수전식, 자동세정방식 등이 있다.
③ 기타 : 세면기, 싱크류, 세발기, 음수대, 비데 등이 있다.

10년간 자주 출제된 문제

3-1. 플러시 밸브식 대변기에 관한 설명으로 옳지 않은 것은?
① 대변기의 연속 사용이 가능하다.
② 일반 가정용으로 주로 사용된다.
③ 세정음은 유수음도 포함되기 때문에 소음이 크다.
④ 로 탱크식에 비해 화장실을 넓게 사용할 수 있다는 장점이 있다.

3-2. 다음 설명에 알맞은 대변기의 세정방식은?

> 바닥으로부터 1.6m 이상 높은 위치에 탱크를 설치하고, 볼탭을 통하여 공급된 일정량의 물을 저장하고 있다가 핸들 또는 레버의 조작에 의해 낙차에 의한 수압으로 대변기를 세정하는 방식

① 세출식   ② 세락식
③ 로 탱크식   ④ 하이 탱크식

해설

3-1
소음이 크고 단시간에 다량의 물이 필요하므로, 일반적으로 가정용으로는 사용하지 않는다.

정답 3-1 ② 3-2 ④

핵심이론 04 배수설비

(1) 배수설비
건물에 급수된 물은 사용 후 위생오수, 생활오수, 우수, 특수배수로 배출되며 이러한 배출 시스템에 해당하는 배수관, 통기관, 배수펌프, 트랩 등의 시설을 배수설비라 한다.

(2) 배수방식
① 배수방식에 따른 분류
  ㉠ 직접 배수 : 위생기구와 배수관이 연결된 일반적인 배수방식이며 세면기, 소변기 등에 사용된다.
  ㉡ 간접 배수 : 일반 배수계통에 연결하기 전에 물받이 기구에 배수한 후 일반 배수계통에 연결하는 배수방식이며 냉장고, 주방용 기기, 세탁기, 의료용 기기, 수영장 등에 사용된다.
② 처리방법에 따른 분류
  ㉠ 분류배수 : 오수와 잡배수 및 빗물배수를 분리하여 배수하는 방식으로, 오수는 정화조에서 처리한 후 하천으로 방류한다.
  ㉡ 합류배수 : 오수와 잡배수를 한데 모아서 처리 후 하천에 방류하는 방식이다.

(3) 트랩
① 트랩과 봉수
  ㉠ 트랩은 배수관에서 발생하는 악취 및 벌레의 침입을 방지하기 위한 기구이다.
  ㉡ 트랩에 채워진 물을 봉수라 한다.
  ㉢ 트랩 내의 봉수 깊이 : 50~100mm
② 배수 트랩의 분류
  ㉠ 관형 트랩
   • 소형으로 자체 세정하지만, 봉수가 파괴되기 쉽다.
   • 사이펀식 트랩 : S트랩, P트랩, U트랩
   • 비사이펀식 트랩 : 드럼 트랩, 벨(bell) 트랩, 격벽 트랩, 보틀 트랩
  ㉡ BOX형 트랩(저집기형 트랩)
   • 트랩이 수조로 되어 있어 봉수 파괴의 염려가 없다.
   • 자체 세정작용이 없어 침전물이 정체되기 쉽다.
   • 종류 : 그리스 트랩, 가솔린 트랩, 샌드 트랩, 헤어 트랩, 플라스터 트랩, 론드리 트랩
   ※ 트랩은 가능한 한 기구에 근접하여 설치하는 것이 좋다. 또한 트랩의 유효 봉수깊이가 너무 낮으면 봉수가 손실되기 쉽다.
③ 저집기(intercepter)
배수 중에 혼입된 유해물질이나 불순물, 침전물 등을 분리해 내기 위한 장치이다. 트랩의 기능을 갖춘 것들도 있으므로 2중 트랩이 되지 않도록 유의한다.
  ㉠ 그리스 저집기(그리스 트랩) : 호텔의 주방이나 레스토랑의 주방에서 배출되는 배수 중의 유지분을 포집하기 위하여 사용한다.
  ㉡ 가솔린 저집기 : 세차장이나 차고 등 기름을 취급하는 곳에서 사용한다.
  ㉢ 헤어(hair) 저집기 : 이·미용실 등에서 배수구관 내에 머리카락이 유입되는 것을 방지하기 위하여 사용한다.
  ㉣ 석고 저집기 : 정형외과에서 깁스할 때나 치과 기공실 등에서 발생하는 석고를 걸러내기 위하여 사용한다.
④ 트랩의 봉수파괴 원인
  ㉠ 트랩의 봉수는 자기사이펀 작용, 흡인작용, 분출작용, 모세관현상, 증발, 운동량에 의한 관성에 의해 파괴가 발생한다.
  ㉡ 모세관현상이나 증발의 경우를 제외하고는 대부분의 경우 통기관을 설치하는 것으로 방지할 수 있다.

10년간 자주 출제된 문제

4-1. 간접 배수를 해야 하는 기기 및 장치에 속하지 않는 것은?
① 제빙기　　② 세탁기
③ 세면기　　④ 식기 세정기

4-2. 배수트랩에 관한 설명으로 옳지 않은 것은?
① 트랩은 배수능력을 촉진시킨다.
② 관트랩에는 P트랩, S트랩, U트랩 등이 있다.
③ 트랩은 기구에 가능한 한 근접하여 설치하는 것이 좋다.
④ 트랩의 유효 봉수깊이가 너무 낮으면 봉수가 손실되기 쉽다.

4-3. 트랩 봉수의 파괴원인에 속하지 않는 것은?
① 공동현상　　② 모세관현상
③ 자기사이펀 작용　　④ 운동량에 의한 관성

[해설]

4-1
세면기는 직접 배수방식에 해당한다.

4-2
트랩은 배수관에서 발생하는 악취 및 벌레의 침입을 방지하기 위한 기구이다.

4-3
트랩의 봉수는 자기사이펀 작용, 흡인작용, 분출작용, 모세관현상, 증발, 운동량에 의한 관성에 의해 파괴가 발생한다. 모세관현상이나 증발의 경우를 제외하고는 대부분의 경우 통기관을 설치하는 것으로 방지할 수 있다.

정답 4-1 ③　4-2 ①　4-3 ①

핵심이론 05 통기관 설비

(1) 통기관 설비의 개념
트랩 속의 봉수는 배수 시 발생하는 기압변동에 의해 소실되는데, 이를 방지하기 위해 배수관 내의 기압을 자연대기압에 가깝도록 공기를 유입, 유출하는 역할을 하는 관이다.

(2) 통기관의 역할
① 배수관 내의 배수 및 공기의 흐름을 원활히 한다.
② 배수관 계통의 환기를 도모하여 관 내를 청결하게 유지한다.
③ 사이펀 작용 및 배압으로부터 트랩의 봉수를 보호한다.
④ 배수관 내의 기압을 일정하게 유지시킨다.

(3) 통기관의 종류

① 각개 통기관
　㉠ 위생기구 1개에 1개의 통기관을 설치하는 것이다.
　㉡ 봉수가 자기사이펀 작용에 의해 파괴되는 것을 방지하기 위한 방법으로 가장 적절하다.
　㉢ 가장 이상적인 방법이지만 설치비가 비싸다.

② 루프 통기관(회로 통기관, 환상 통기관)
　㉠ 2개 이상의 트랩 봉수를 보호하기 위하여 사용한다.
　㉡ 1개 통기관이 최고 8개까지 감당하며, 통상 4개 정도의 기구를 담당한다.

③ 신정 통기관
　㉠ 신정 통기관은 배수 수직관을 상부로 연장하여 옥상 등에 개구한 것이다.
　㉡ 신정 통기관의 관경은 배수 수직관의 관경보다 작게 해서는 안 된다.
　㉢ 통기 효과가 배수 수직관에 한정되므로 기수와 배수 수직관의 거리가 짧은 공동주택 등에 많이 사용되며 가장 경제적인 통기방식이다.

④ 도피 통기관
　㉠ 루프 통기관의 능률 촉진을 위해 기구 수가 8개 이상일 경우 추가로 설치하는 통기관이다.
　㉡ 여러 개의 변기 등이 접속되는 배수 가로관의 하류에 설치된다.
⑤ 결합 통기관
　㉠ 고층 건물에서 5개 층마다 통기 수직관과 배수 수직관을 연결하는 통기관이다.
　㉡ 배수 수직관 내의 압력변화를 방지 또는 완화하기 위해 설치한다.
　㉢ 관경은 통기 수직관과 배수 수직관 중 작은 쪽 관경 이상으로 한다.
⑥ 습식 통기관
　배수 수평지관 최상류 기구에 설치하여 통기와 배수의 역할을 동시에 하는 통기관을 말한다.

(4) 통기관 배관 시 주의사항
① 통기 수직관 상부는 통기 관경을 줄이지 않고 연장하여 대기 중에 개방한다.
② 통기관을 실내 환기용 덕트나 안테나, 빨래걸이 등 다른 용도로 사용하지 않는다.
③ 각 층 기구에 각개 통기관 및 기타 통기관이 설치된 경우 통기 수직관을 설치해야 한다.
④ 통기관은 수평 배수관의 중심선 상부에 45° 이상의 각도로 연결한다.
⑤ 통기관은 제일 높은 곳에 위치한 위생기구의 수면보다 150mm 이상의 높이에서 수평으로 진행시키거나 통기관의 분기관에 접속한다.
⑥ 통기관 끝은 철망 등을 씌워 벌레나 기타 이물질이 들어가지 않게 한다.
⑦ 통기관의 설치 위치는 트랩의 하류에 연결하며, 통기관이 바닥 아래에서 배관되어서는 안 된다.
⑧ 오수정화조와 일반 배수의 통기관과는 분리한다.
⑨ 통기 수직관은 우수 수직관에 연결하지 않는다.

10년간 자주 출제된 문제

5-1. 통기관의 설치목적으로 옳지 않은 것은?
① 배수관 내의 물의 흐름을 원활히 한다.
② 은폐된 배수관의 수리를 용이하게 한다.
③ 사이펀 작용 및 배압으로부터 트랩의 봉수를 보호한다.
④ 배수관 내에 신선한 공기를 유통시켜 관 내의 청결을 유지한다.

5-2. 배수설비에서 봉수가 자기사이펀 작용에 의해 파괴되는 것을 방지하기 위한 방법으로 가장 적절한 것은?
① S트랩을 사용한다.
② 각개 통기관을 설치한다.
③ 트랩 출구의 모발 등을 제거한다.
④ 봉수의 깊이를 15cm 이상으로 깊게 유지한다.

5-3. 통기관 배관 시의 주의사항으로 옳지 않은 것은?
① 배수 수직관의 상단을 위생기구의 넘침관 이상까지 세운 후 신정 통기관으로 하여 대기 중에 개방한다.
② 통기관의 설치 위치는 트랩의 하류에 연결하며, 통기관이 바닥 아래에서 배관되어서는 아니 된다.
③ 실내 환기용 덕트에 연결하지 않는다.
④ 통기 수직관은 우수 수직관에 연결하여 통기 성능을 확보한다.

|해설|

5-1
통기관의 역할 : 트랩의 보호, 악취 유입의 방지, 원활한 배수 흐름, 배수관 내의 청결 유지 등 다목적 역할을 한다.

5-3
통기 수직관은 우수 수직관에 연결하지 않는다.

정답 5-1 ② 5-2 ② 5-3 ④

핵심이론 06 난방설비

(1) 증기난방
① 보일러에서 물을 가열하여 발생된 증기를 각 실에 설치된 방열기로 보내는 난방방식이다.
② 설비비와 유지비가 저렴하다.
③ 온수난방에 비하여 예열시간이 짧고, 증기순환이 빠르다.
④ 온수난방에 비하여 방열기의 방열 면적이 작다.
⑤ 한랭지에서 동결의 우려가 적다.
⑥ 난방 부하변동에 대응이 늦고, 소음(스팀 해머)이 발생한다.

(2) 온수난방
① 보일러에서 가열된 물을 온수 배관을 통하여 방열기에 공급하는 난방방식이다.
② 보일러 정지 후에도 여열이 남아 있어 실내 난방이 어느 정도 지속된다.
③ 증기난방에 비해 쾌감도가 좋다.
④ 증기난방에 비하여 난방 부하변동에 따른 온도조절이 비교적 용이하다.
⑤ 보일러 취급이 용이하여 주택 등 소규모 건축물에 적용된다.
⑥ 한랭지에서는 운전정지 중에 동결의 우려가 있다.
⑦ 증기난방에 비하여 열용량이 커서 예열시간이 길며 설비비가 비싸다.

(3) 복사난방
① 건물의 구조체에 열원을 매설하여 그 열원으로 구조체의 일부를 가열하여 방식이다.
② 실내 온도분포가 균일하여 쾌감도가 높다.
③ 바닥 이용도가 높고, 높은 천장의 실도 난방효과가 좋다.
④ 외기침입이 있는 공간에서도 난방감을 얻을 수 있다.
⑤ 실온이 낮기 때문에 열손실이 적다.
⑥ 예열시간이 길고 일시적 난방에는 적합하지 않다.
⑦ 열용량이 크기 때문에 방열량 조절에 시간이 걸린다.
⑧ 시공이 어렵고 수리비, 설비비가 고가이다.

(4) 온풍난방
① 온풍로로 가열한 공기를 직접 실내로 공급하는 방식이다.
② 예열시간이 짧아 간헐 난방이 가능하고, 동결 우려가 없어 유지관리가 용이하다.
③ 시스템이 간단하고 습도 제어가 가능하다.
④ 냉난방이 모두 가능하며 초기 설치비가 저렴하다.
⑤ 온풍로를 이용하여 가열된 공기를 실내로 직접 공급하므로 쾌감도가 나쁘며, 소음이 발생한다.

(5) 지역난방
① 열병합발전소(전기와 열을 함께 생산하는 시설)에서 생산된 열을 이용하여 지역 내의 건물에 공급하여 급탕, 난방하는 방식이다.
② 중앙공급식으로 개별 난방방식보다 저렴하고 쾌적한 환경 조성이 가능하다.
③ 에너지 절약, 환경공해 방지, 도시 매연을 경감한다.
④ 열효율이 좋고 연료비가 적게 들며, 인건비가 싸다.
⑤ 초기 시설비가 비싸며, 배관 도중 열손실이 크다.

10년간 자주 출제된 문제

6-1. 증기난방방식에 관한 설명으로 옳지 않은 것은?
① 한랭지에서 동결의 우려가 적다.
② 온수난방에 비하여 예열시간이 짧다.
③ 부하변동에 따른 실내 방열량의 제어가 용이하다.
④ 열매온도가 높으므로 온수난방에 비하여 방열기의 방열 면적이 작아진다.

6-2. 온수난방방식에 관한 설명으로 옳지 않은 것은?
① 증기난방에 비해 예열시간이 짧다.
② 온수의 현열을 이용하여 난방하는 방식이다.
③ 한랭지에서는 운전정지 중에 동결의 위험이 있다.
④ 보일러 정지 후에도 여열이 남아 있어 실내 난방이 어느 정도 지속된다.

6-3. 복사난방에 관한 설명으로 옳지 않은 것은?
① 실내 바닥 면적의 이용도가 높다.
② 열용량이 작아 방열량 조절이 용이하다.
③ 천장고가 높은 공간에서도 난방감을 얻을 수 있다.
④ 외기침입이 있는 공간에서도 난방감을 얻을 수 있다.

|해설|

6-1
부하변동에 따른 실내 방열량의 제어가 곤란하다.

6-2
증기난방에 비하여 열용량이 커서 예열시간이 길다.

6-3
열용량이 크기 때문에 방열량 조절에 시간이 걸린다.

정답 6-1 ③ 6-2 ① 6-3 ②

핵심이론 07 공기조화설비

(1) 공기조화설비의 개념
① 사람 또는 특정 물품을 대상으로 실내 공간의 온도, 습도, 환기, 공기청정 및 기류 등을 그 실내 공간의 용도와 목적에 적합하게 조정하는 설비를 말한다.
② 공기조화설비는 열원기(보일러, 냉동기 등)와 생산된 열원의 온도와 습도를 조절하는 공기조화기, 냉각탑, 열교환기, 송풍기, 에어덕트, 유닛, 기타 방열기, 펌프 배관 및 자동제어 설비 등으로 구성된다.
③ 공기조화설비 조닝(zoning)계획 : 방위, 부하, 구역, 용도, 시간 등 여러 조건에 따라 실내 공간의 요구조건이 상이하므로 이들 조건에 적합한 공조계통을 구분하여 구역별로 공기조화방식을 결정하는 것을 조닝이라 한다.

(2) 공기조화방식의 열매에 따른 분류
① 전공기방식(all air system)
   ㉠ 운전 보수, 관리가 용이하다(중앙집중식).
   ㉡ 겨울철 가습이 용이하다.
   ㉢ 실내에 배관으로 인한 누수의 염려가 없다.
   ㉣ 덕트가 크므로 설치 공간이 커진다.
   ㉤ 송풍 동력이 크므로 반송 동력이 커진다.
   ㉥ 외기 냉방이 가능하고, 실내 공기오염이 적다.
   ㉦ 실내 유효 스페이스(면적)를 넓힐 수 있다.
   ㉧ 전공기방식에는 단일덕트방식, 2중덕트방식, 멀티존유닛방식 등이 있다.
② 공기-수방식(air-water system, 수공기방식)
   ㉠ 필터 보수, 기기 점검 등으로 관리비가 증대된다.
   ㉡ 송풍량이 적어 고성능 필터 사용이 불가능하다.
   ㉢ 덕트 스페이스(면적)가 적다.
   ㉣ 반송 동력이 적다(전공기식에 비해 동력비 절감).
   ㉤ 유닛별로 제어하면 개별 제어가 가능하다(온도제어와 존 구성이 쉽다).

ⓑ 외기 냉방이 가능하다.
ⓢ 누수의 우려가 있으며, 배관과 덕트가 복잡하다.
ⓞ 유닛이 실내 공간을 차지하고, 소음이 발생한다.
③ 전수방식(all water system)
㉠ 덕트가 불필요하고, 개별 제어가 용이하다.
㉡ 외기를 도입하기 어렵고, 공기오염이 크다.
④ 냉매방식(refrigerant system, 개별식 공조)
㉠ 냉매를 사용하는 경우가 대부분이고, 부분운전도 가능하다.
㉡ 온도 조절기 내장으로 개별 제어가 용이하다.
㉢ 장래의 부하변동에 대응하기 쉽다.

(3) 공기조화방식의 세부 분류
① 단일덕트방식 : 온풍의 혼합손실이 없어 이중덕트방식에 비해 에너지 절약적이므로 극장, 백화점, 강당 등 대공간의 공조에 적합하다.
㉠ 단일덕트 정풍량방식
- 송풍량은 항상 일정하며, 송풍 온·습도만을 변화시켜 실내의 온·습도를 조절하는 방식이다.
- 송풍량이 가장 많아 외기의 취입이나 중간기의 외기 환기에 적합하다.
- 부하특성이 다른 여러 개의 실이나 존이 있는 건물에는 적용이 곤란하다.
- 중·소 건물, 극장, 공장 등 바닥 면적이 크고 천장이 높은 곳에 적합하다.

㉡ 가변풍량방식
- 관 끝에 VAV 유닛을 설치하여 송풍 온도를 일정하게 하고, 송풍량을 실내 부하변동에 따라 변화시키는 방식이다.
- 부하변동을 정확히 파악하여 실온을 유지하기 때문에 에너지 손실이 적다.
- 환기량 확보 문제로 실내공기가 오염될 수 있다.
- 가변풍량 유닛의 설비비가 고가이다.
- OA 사무소 건물에 적합하다.

② 이중덕트방식
㉠ 냉풍과 온풍의 2개 덕트를 사용하여 송풍하고, 각 실의 혼합상자에서 적절한 공기를 만들어서 실내로 송풍하는 방식이다.
㉡ 부하변동에 따른 온도 조절이 우수하다.
㉢ 개별 제어가 용이하다.
㉣ 계절마다 냉난방의 전환이 불필요하다.
㉤ 전공기방식의 특징이 있다.
㉥ 부하특성이 다른 다수의 실이나 존에 적용할 수 있다.
㉦ 온풍의 혼합으로 인한 혼합손실이 있어서 에너지 소비량이 많다.
㉧ 혼합상자에서 소음과 진동이 생긴다.

③ 멀티존유닛방식
㉠ 공조기 1대로 냉풍과 온풍을 적정비로 혼합(댐퍼 모터)하여, 각 존마다 공급하는 방식(이중덕트 변형방식)이다.
㉡ 이중덕트방식보다 덕트 공간을 적게 차지하며, 개별 제어가 가능하다.
㉢ 초기 설비비가 저렴하다.
㉣ 혼합손실이 있어 에너지 소비가 많다.

④ 각층유닛방식
㉠ 외기용 공조기에서 1차 처리된 공기를 각 층의 유닛에서 공기를 냉각하거나 가열하여 실내로 송풍하는 방식이다.
㉡ 각 층마다 시간차 운전이 용이하고, 화재 발생 시에 유리하다.
㉢ 덕트를 사용하지 않거나 덕트가 작다.
㉣ 각 층, 각 실을 구획하여 온도 조절이 용이하다.

⑤ 유인유닛방식
㉠ 외기의 1차 공기를 실내 유닛에 공급하고, 1차 공기에 의해 유인된 2차 공기가 혼합되어 실내로 송풍되는 방식이다.

ⓒ 각 유닛마다 개별 제어가 가능하여, 부하변동에 대응하기가 쉽다.
ⓒ 유닛에 동력장치가 불필요하다.
⑥ 팬코일유닛방식
㉠ 기계실에서 보낸 냉·온수를 냉각, 가열코일, 송풍팬이 내장된 유닛을 이용해 공조하는 방식이다.
㉡ 실내 각 유닛마다 개별 조절이 용이하다.
㉢ 장래 부하변동에 대응하기 쉽고, 동력비가 적게 든다.
㉣ 송풍량이 적어 고성능 필터(HEPA)의 사용이 어렵다.
㉤ 유닛은 개구부 아래에 설치하므로 실 이용률이 작다.
㉥ 설비비와 보수 관리비가 고가이다.
㉦ 각 실에 수배관으로 인한 누수의 우려가 있다.

10년간 자주 출제된 문제

7-1. 공기조화방식에 관한 설명으로 옳지 않은 것은?
① 멀티존유닛방식은 전공기방식에 속한다.
② 단일덕트방식은 각 실이나 존의 부하변동에 대응이 용이하다.
③ 팬코일유닛방식은 각 실에 수배관으로 인한 누수의 우려가 있다.
④ 이중덕트방식은 냉·온풍의 혼합으로 인한 혼합손실이 있어서 에너지 소비량이 많다.

7-2. 다음의 공기조화방식 중 전공기방식(all air system)에 속하지 않는 것은?
① 단일덕트방식   ② 이중덕트방식
③ 팬코일유닛방식 ④ 멀티존유닛방식

[해설]

7-1
단일덕트방식은 부하특성이 다른 여러 개의 실이나 존이 있는 건물에 적용이 곤란하다.

정답 7-1 ② 7-2 ③

핵심이론 08 실내 친환경설비

(1) 실내 친환경설비의 개념
① 실내 환경에 영향을 미치는 요소로는 시공방법 및 디테일, 사용되는 설비와 그 부속품, 건축물의 유지·관리방법 등이 있다.
② 친환경 실내 환경을 위한 전제조건으로는 단열 등을 통한 에너지 사용의 절감, 고효율의 조명기기 및 전기기기 사용, 대기전력 채택, 절수 시스템을 채용한 위생기기 사용, 자재의 재사용을 고려한 계획 등과 더불어 실내 공기오염을 제어하는 자재와 시스템을 채택해야 한다.

(2) 실내 공기오염물질
① 미생물 오염
㉠ 사람, 식물, 음식, 유기체의 부스러기 등에서 발생되는 유해 미생물에 의한 오염을 말한다.
㉡ 냉난방환기 시스템의 오염, 부적절한 환기, 높은 습도, 마감재의 부적합한 사용 등이 이러한 오염물질이 번식할 수 있는 환경을 제공한다.
② 휘발성 유기화합물(VOCs)
㉠ 강렬한 냄새로 감지되는 것도 있으나 무색무취의 가스나 증기의 형태의 것도 있다.
㉡ 주로 페인트나 왁스, 솔벤트 등에서 나오며, 상온에서 쉽게 가스로 변하여 눈이나 호흡기와 관련된 기관에 영향을 끼친다.
㉢ 폼알데하이드 : 병든집증후군(SBS)이나 새집증후군의 주된 원인이며, 주로 내장용 합판, MDF, 가구에 사용된 접착제, 페인트 등에서 방출된다.
③ 화학물질 : 흡연에 의한 산화질소, 일산화탄소, 인간의 호흡과 취사기구 연소 시 발생하는 이산화탄소 등이 있다.
④ 전자파 : 세계보건기구 산하 국제암연구소에서는 휴대전화의 전자파(RF)로 인한 암 발생 등급을 2B로 분류하고 있다.

⑤ 라돈
  ㉠ 라돈은 방사성 우라늄의 붕괴로 생산되는 무색무취의 비활성 방사성 기체이다.
  ㉡ 반감기가 3.82일 밖에 되지 않아 체내에서 붕괴과정 시 세포를 손상시켜 암을 유발한다.

⑥ 석면
  ㉠ 천연 미네랄 규산염 섬유로 만들어지며, 고밀도 석면에 노출될 경우 호흡기 질병에 걸릴 위험성이 높아 현재는 마감재로 생산되지 않는다.
  ㉡ 석면 사용규제 이전에 설치된 석면 마감재의 철거는 관청에 신고하고 전문업체에 의뢰하여 제거해야 한다.

⑦ 오존
  ㉠ 엷은 청색의 자극성 기체이다.
  ㉡ 낮은 농도에서도 폭발하며 독성이 있는 물질이나 지구의 성층권에 자연적으로 발생하여 태양으로부터 오는 자외선을 흡수하는 기능을 한다.
  ㉢ 실외에서는 자동차 배기가스 등의 오염물질이 자외선과 반응하여 생성되고, 실내에서는 레이저 프린터나 복사기를 사용할 때 전자기파와 반응하여 생성된다.

(3) 실내공기질 유지 및 권고기준(실내공기질 관리법 시행규칙 별표 2, 별표 4의2)

① 다중이용시설 중 대규모 점포, 실내 주차장의 경우, 이산화탄소의 실내공기질 유지기준 : 1,000ppm 이하
② 실내 공기오염의 종합적 지표로 사용되는 오염물질 : CO_2
③ 신축 공동주택의 실내공기질 권고기준
  ㉠ 폼알데하이드 : $210\mu g/m^3$ 이하
  ㉡ 벤젠 : $30\mu g/m^3$ 이하
  ㉢ 톨루엔 : $1,000\mu g/m^3$ 이하
  ㉣ 에틸벤젠 : $360\mu g/m^3$ 이하
  ㉤ 자일렌 : $700\mu g/m^3$ 이하
  ㉥ 스티렌 : $300\mu g/m^3$ 이하
  ㉦ 라돈 : $148Bq/m^3$ 이하

10년간 자주 출제된 문제

8-1. 다음 중 건물증후군(sick building syndrome)과 가장 밀접한 관계가 있는 것은?
① VOCs   ② 기온
③ 습도   ④ 일사량

8-2. 실내공기질 관리법령에 따른 신축 공동주택의 실내공기질 측정항목에 속하지 않는 것은?
① 오존   ② 벤젠
③ 라돈   ④ 폼알데하이드

8-3. 실내 공기오염의 종합적 지표로 사용되는 오염물질은?
① CO   ② CO_2
③ SO_2 ④ 부유 분진

8-4. 다중이용시설 중 대규모 점포의 실내공기질 유지기준에 따른 이산화탄소의 기준 농도는?
① 1,000ppm 이하
② 1,500ppm 이하
③ 2,000ppm 이하
④ 3,000ppm 이하

[해설]

8-1
폼알데하이드는 가장 널리 알려진 휘발성 유기화합물(VOCs) 중 하나이며, 병든집증후군(SBS)이나 새집증후군의 주된 원인이 된다. 주로 내장용 합판이나 MDF, 가구에 사용된 패널에 사용된 접착제, 페인트 등에서 방출된다.

8-2
실내공기질 측정항목 : 폼알데하이드, 벤젠, 톨루엔, 에틸벤젠, 자일렌, 스티렌, 라돈

8-3
이산화탄소는 일반적인 건축물의 실내공기 환경오염의 척도로 가장 많이 사용된다.

정답 8-1 ① 8-2 ① 8-3 ② 8-4 ①

3-2. 전기설비 계획

핵심이론 01 전기설비 조사·분석

(1) 전기설비의 분류
① 강전설비 : 조명, 동력, 전원 등에 이용되는 전기설비
② 약전설비 : 전화, 인터폰, 전기시계, 안테나, 방송설비 등에 이용되는 전기설비
③ 방재설비 : 피뢰침 설비, 항공장애등 설비, 비상콘센트 설비, 소방·전기설비 등에 이용되는 전기설비

(2) 전압(V)
전기량이 이동하여 일을 할 수 있는 전위 에너지 차를 말한다.

구분 \ 종류	교류	직류
저압	1,000V 이하	1,500V 이하
고압(2종)	1,000V 초과~7,000V 이하	1,500V 초과~7,000V 이하
특고압(3종)	7,000V 초과	

(3) 직류, 교류
① 직류 전류(DC ; Direct Current)
  ㉠ 직류 전류는 항상 일정한 방향과 일정량으로 흐른다.
  ㉡ 전화, 전기시계 등 통신설비나 고급 엘리베이터의 전원에 사용된다.
② 교류 전류(AC ; Alternating Current)
  ㉠ 교류 전류는 전류의 방향과 전류량이 순간적으로 변한다.
  ㉡ 전등, 전열, 동력 등 대부분의 전기설비에 사용된다.
③ 교류 주파수(frequency)
  ㉠ 상용주파수 : 전력회사로부터 공급되는 교류 주파수이며, 우리나라는 60Hz를 상용주파수로 사용한다.
  ㉡ 교류는 끊임없이 극성과 전압이 변화하며, 전압이 '0'이 되거나 에너지가 '0'이 되는 순간도 있다.

(4) 배선기구
배선기구는 개폐기, 과전류 보호기, 스위치 콘센트류, 누전차단기 등이 있다.
① 개폐기
  ㉠ 나이프 스위치 : 분전반의 주개폐기용으로 사용하며, 충전부가 노출되어 감전의 우려가 있다.
  ㉡ 커버 나이프 스위치 : 충전부를 덮은 것으로 감전의 우려가 없다.
  ㉢ 컷아웃 스위치 : 스위치와 보안장치를 겸비한 것으로 옥내배선 인입구에 설치하며 감전의 우려가 없다.
② 과전류 보호기(차단기) : 과전류(정격전류의 120% 이상)가 흐르면 전로를 차단하는 장치이다.
  ㉠ 퓨즈 : 과부하와 단락 시에 가용체를 이용하여 회로를 차단하는 것으로 회복이 불가능하다.
  ㉡ 서킷 브레이커(circuit breaker) : 과전류가 흐를 때 자동적으로 회로를 차단하고 원인 제거 시 다시 원상태로 복귀하여 재사용하는 것으로 자동차단기, 노퓨즈 브레이커(nofuse breaker) 등이 있다.
③ 누전차단기
충전되지 않은 금속 부분의 전압이나 누설된 전류에 의한 전원의 불평형 전류가 일정값을 초과했을 때 전원을 차단하도록 되어 있는 장치이다.

10년간 자주 출제된 문제

1-1. 전기사업법령에 따른 저압의 범위로 옳은 것은?
① 직류 1,500V 이하, 교류 1,000V 이하
② 직류 1,000V 이하, 교류 500V 이하
③ 직류 600V 이하, 교류 750V 이하
④ 직류 750V 이하, 교류 600V 이하

1-2. 전기설비에서 다음과 같이 정의되는 것은?

> 정상적인 회로조건에서 전류를 보내면서 차단할 수 있고, 또한 일정한 시간 동안만 전류를 보낼 수도 있으며, 단락 회로와 같은 비정상적인 특별 회로조건에서 전류를 차단시키기 위한 장치

① 단로 스위치 ② 절환 스위치
③ 누전 차단기 ④ 과전류 차단기

[해설]

1-1
저압 : 교류 1,000V 이하, 직류 1,500V 이하

1-2
① 단로 스위치 : 회로의 접속을 절환하고, 전원으로부터 회로나 장치를 분리하는 데 사용하는 스위치이다.
② 절환 스위치 : 하나 또는 몇 개의 부하도체의 접속을 하나의 전원으로부터 다른 전원으로 절체하는 장치이다.
③ 누전 차단기 : 충전되지 않은 금속 부분의 전압이나 누설된 전류에 의한 전원의 불평형 전류가 일정값을 초과했을 때 전원을 차단하도록 되어 있는 장치이다.

정답 1-1 ① 1-2 ④

핵심이론 02 수·변전설비

(1) 수·변전설비의 개념
① 수전설비 : 발전소에서 보낸 전기를 여러 단계의 변전소를 거쳐 고압으로 건축물에 인입하는 장치이다.
② 변전설비 : 인입된 전기(수전 전압)을 수전반에서 수전하여 건축물에 사용하기 적당한 전압으로 낮추는 장치이다.

(2) 변전실 설치
① 건물 전체의 부하 중심에 설치한다.
② 통풍 및 채광이 양호하며 습기가 적은 곳에 설치한다.
③ 기기의 반출입과 전원 인입이 용이한 곳이어야 한다.
④ 변전실은 내화구조로 하고 출입문은 방화문으로 한다.

(3) 수·변전설비용 기기
① 변압기
  ㉠ 전자유도작용을 이용하여 전압을 변환한다.
  ㉡ 교류 전기에서 사용되며 높은 전압을 낮은 전압으로 또는 낮은 전압을 높은 전압으로 바꾸어 주는 기기이다.
② 차단기 : 회로 이상 시 자동으로 전로를 차단하여 기기를 보호한다.
③ 콘덴서(축전기) : 전압 저장장치(동력 역률 개선에 사용)
④ 단로기(DS ; Disconnecting Switch)
  ㉠ 차단기로 차단된 무부하 상태의 전로를 확실히 개방(off)하기 위하여 사용되는 개폐기(부하전류 제거 후 회로를 격리하는 장치)이다.
  ㉡ 양측에서 회로가 기계적으로 구분되므로 점검·수리 등에 편리하고, 차단기와는 달리 극히 적은 전류만 통제하므로 구조가 간단하다.

⑤ 보호장치
　㉠ 보호계전기 : 전기회로에 이상이 발생했을 경우에 이를 측정하여 차단기를 작동시키거나, 경보를 발생시키고 이상을 억제하는 장치이다.
　㉡ 검루기 : 송·배전용 전선 누전을 측정(회로 지락 검출)하는 장치이다.
　㉢ 피뢰기 : 낙뢰로부터 전기기기를 보호하는 장치이다.

(4) 전기 샤프트(ES ; Electric Shaft)

① 용도별로 전력용(EPS ; Electric Power Shaft)과 정보통신용(TPS ; Telecommunication Power Shaft)으로 구분하여 설치함이 원칙이다. 다만, 각 용도의 설치 장비 및 배선이 적은 경우는 공용으로 사용 가능하다.
② 각 층마다 같은 위치에 설치한다.
③ 각 층에서 가능한 한 공급대상의 중심에 위치하도록 한다.
④ 간선의 배선과 점검·유지보수가 용이한 장소로 한다.
⑤ 점검구 문의 폭은 90cm 이상으로 한다.
⑥ 전기 샤프트는 연면적 3,000m² 이상 건축물의 경우, 1개 층을 기준하여 800m²마다 설치하며, 용도에 따라 면적을 달리할 수 있다.
⑦ 전기 샤프트의 면적은 보, 기둥 부분을 제외하고 산정하며, 기기의 배치와 유지보수에 충분한 공간으로 하고, 건축적인 마감을 시행한다.

(5) 분전반

① 말단 부하에 배전하는 배전반의 일종이며, 1개 층에 분전반 1개 이상씩 설치한다.
② 가능한 한 부하의 중심에 두어야 한다.
③ 분전반 1개의 분기회로는 20회선, 예비회로 포함 시 40회선으로 한다.
④ 분전반은 분기회로의 길이가 30m 이하가 되도록 설계한다.

10년간 자주 출제된 문제

2-1. 변전실의 위치 결정 시 고려할 사항으로 옳지 않은 것은?
① 발전기실, 축전기실과 인접한 장소일 것
② 외부로부터 전원의 인입이 편리할 것
③ 기기를 반입, 반출하는 데 지장이 없을 것
④ 부하의 중심위치에서 멀 것

2-2. 전기 샤프트(ES)에 관한 설명으로 옳지 않은 것은?
① 각 층마다 같은 위치에 설치한다.
② 전기 샤프트의 점검구 문의 폭은 90cm 이상으로 한다.
③ 전력용과 정보통신용과 같이 용도별로 구분하여 설치하는 것이 원칙이다.
④ 전기 샤프트의 면적은 보, 기둥을 포함하여 산정하고, 건축적인 마감은 하지 않는다.

[해설]
2-1
변전설비를 설치할 때 부하의 중심(동력설비 용량 분포, 조명설비 용량 분포를 감안)에 설치하는 것이 바람직하다.

2-2
전기 샤프트의 면적은 보, 기둥 부분을 제외하고 산정하며, 기기의 배치와 유지보수에 충분한 공간으로 하고, 건축적인 마감을 시행한다.

정답 2-1 ④　2-2 ④

교육이란 사람이 학교에서 배운 것을 잊어버린 후에 남은 것을 말한다.

– 알버트 아인슈타인 –

PART 02

과년도 + 최근 기출복원문제

2015~2020년	과년도 기출문제
2021~2024년	과년도 기출복원문제
2025년	최근 기출복원문제

2015년 제1회 과년도 기출문제

제1과목 실내디자인론

01 상점의 동선계획에 관한 설명으로 옳지 않은 것은?

① 종업원 동선은 작업의 효율성을 고려하여 계획한다.
② 고객 동선은 가능한 한 짧고 간단하게 하는 것이 이상적이다.
③ 상품 동선은 상품의 반·출입, 보관, 포장, 발송 등과 같은 상점 내에서 상품이 이동하는 동선이다.
④ 동선계획은 평면계획의 기본요소로 기능적으로 역할이 서로 다른 동선은 교차되거나 혼용되지 않도록 한다.

[해설]
고객 동선은 가능한 한 길게 하여 상점 내에 오래 머물도록 한다.

02 커튼(curtain)에 관한 설명으로 옳지 않은 것은?

① 드레퍼리 커튼은 일반적으로 투명하고 막과 같은 직물을 사용한다.
② 새시 커튼은 창문 전체를 커튼으로 처리하지 않고 반 정도만 친 형태이다.
③ 글래스 커튼은 실내로 들어오는 빛을 부드럽게 하며 약간의 프라이버시를 제공한다.
④ 드로 커튼은 창문 위의 수평 가로대에 설치하는 커튼으로 글래스 커튼보다 무거운 재질의 직물로 처리한다.

[해설]
드레퍼리 커튼은 레이온, 스판레이온, 견사, 면사 등을 교직한 두꺼운 커튼으로 단열, 방음 효과도 있다.

03 공간에 관한 설명으로 옳지 않은 것은?

① 내부 공간의 형태는 바닥, 벽, 천장의 수직, 수평적 요소에 의해 이루어진다.
② 평면, 입면, 단면의 비례에 의해 내부 공간의 특성이 달라지며 사람은 심리적으로 다르게 영향을 받는다.
③ 내부 공간의 형태에 따라 가구 유형과 형태, 가구 배치 등 실내의 제요소들이 달라진다.
④ 불규칙적 형태의 공간은 일반적으로 한 개 이상의 축을 가지며 자연스럽고 대칭적이어서 안정되어 있다.

[해설]
불규칙적인 형태 공간은 일반적으로 한쪽 방향으로 긴 축이 형성되어 강한 방향성을 갖게 되는 것이 특징이다.

04 다음 중 평범하고 단순한 실내를 흥미롭게 만드는 데 가장 효과적인 디자인 원리는?

① 조화 ② 강조
③ 통일 ④ 균형

[해설]
강조는 시각적인 힘의 강약에 단계를 주어 디자인의 일부분에 주어지는 초점이나 흥미를 중심으로 변화, 변칙, 불규칙성을 의도적으로 조성하는 것이다.

05 촉각 또는 시각으로 지각할 수 있는 어떤 물체 표면상의 특징을 의미하는 것은?

① 모듈 ② 패턴
③ 스케일 ④ 질감

[해설]
질감은 촉각뿐만 아니라 시각을 통해서도 감지할 수 있으므로 적절하게 사용하면 기타의 장식 없이도 공간에 매우 아름다운 시각적 효과를 줄 수 있다.

06 다음 설명에 맞는 사무소 코어의 유형은?

- 단일용도의 대규모 전용사무실에 적합하다.
- 2방향 피난에 이상적이다.

① 편심코어형 ② 중심코어형
③ 독립코어형 ④ 양단코어형

[해설]
① 편심코어형(편단코어형) : 코어가 한쪽으로 치우친 형으로 일반적으로 사무실 기준층 면적이 작은 경우에 많이 적용된다.
② 중심코어형(중앙코어형) : 바닥 면적이 클 경우 적합하며 특히 고층, 초고층에 적합하다.
③ 독립코어형(외코어형) : 자유로운 사무실 공간을 코어와 관계없이 제공할 수 있다.

07 다음 설명에 알맞은 조화의 종류는?

- 다양한 주제와 이미지들이 요구될 때 주로 사용하는 방식이다.
- 각각의 요소가 하나의 객체로 존재하는 동시에 공존의 상태에서는 조화를 이루는 경우를 말한다.

① 단순조화 ② 유사조화
③ 동등조화 ④ 복합조화

[해설]
④ 복합조화 : 서로 다른 요소가 각기 개체이면서 동시에 공존하는 구성으로 풍부한 감성과 다양한 경험을 준다.
① 단순조화 : 대체적으로 온화하며 부드럽고 안정감이 있다.
② 유사조화 : 유사한 색상끼리의 조화(예 따뜻한 색, 차가운 색처럼 같은 계통색끼리의 조화)
③ 동등조화 : 같은 색끼리의 조화(예 분홍과 빨강)

08 다음 그림이 나타내는 특수전시기법은?

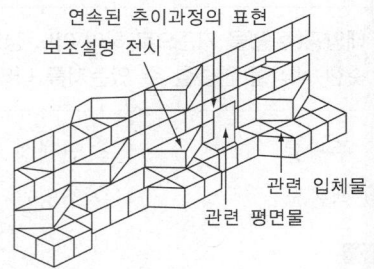

① 디오라마 전시
② 아일랜드 전시
③ 파노라마 전시
④ 하모니카 전시

[해설]
③ 파노라마 전시 : 주제를 연속적으로 연관성 깊게 표현하기 위해 선형으로 연출하는 전시 기법이다.
① 디오라마 전시 : 하나의 사실 또는 주제의 시간 상황을 고정시켜 연출하는 것으로 현장에 임한 느낌을 주는 기법이다.
② 아일랜드 전시 : 사방에서 감상해야 할 필요가 있는 조각물이나 모형을 전시하기 위해 벽면에서 띄어 놓아 전시하는 방법이다.
④ 하모니카 전시 : 전시 공간을 격자화하여 규칙적으로 배치하는 것으로 전시 내용에 통일된 형식이 규칙적으로 나타난다.

09 다음 중 황금비율로 가장 알맞은 것은?

① 1 : 0.632 ② 1 : 1.414
③ 1 : 1.618 ④ 1 : 3.141

[해설]
황금비율(황금분할)
- 황금비율은 1 : 1.618이다.
- 고대 그리스인들이 창안하였으며, 건축물과 조각 등에 이용된 기하학적 분할방식이다.

10 다음 설명에 알맞은 조명과 관련된 용어는?

> 태양광(주광)을 기준으로 하여 어느 정도 주광과 비슷한 색상을 연출할 수 있는지를 나타내는 지표

① 주광률   ② 연색성
③ 색온도   ④ 조명률

해설
② 연색성 : 광원에 따라 물체의 색이 달라지는 효과로, 조명 빛과 태양열이 얼마나 흡사한가를 숫자로 나타낸 지표이다.
① 주광률 : 채광에 의한 실내의 조도로 전천공조도(천공광의 입사를 방해하는 것이 전혀 존재하지 않을 때 천장에서 지평면까지 전천공으로부터의 수평면 조도를 전천공조도라 함)에 대한 실내 한 지점의 작업면 조도의 백분율이다.
③ 색온도 : 광원의 색을 절대온도를 이용해 숫자로 표시한 것이다.
④ 조명률 : 램프 광속 중 조명범위에 유효하게 이용되는 광속의 비율이다.

11 상점의 출입구 및 홀의 입구 부분을 포함한 평면적인 구성과 광고판, 사인(sign)의 외부 장치를 포함한 입체적인 구성요소의 총체를 의미하는 것은?

① 파사드   ② 아케이드
③ 쇼윈도   ④ 디스플레이

해설
파사드(facade) : 전체 외부요소들은 상점의 특성과 상점의 내용을 표현하도록 디자인되어야 하며, 무엇보다도 주변 환경과 조화를 이루도록 하여야 한다.

12 전시실의 순회형식 중 연속순회형식에 관한 설명으로 옳은 것은?

① 연속된 전시실의 한쪽 복도에 의해서 각 실을 배치한 형식이다.
② 각 실에 직접 들어갈 수 있으며 필요시에는 자유로이 독립적으로 폐쇄할 수 있다.
③ 1실을 폐쇄할 경우 전체 동선이 막히게 되므로 비교적 소규모의 전시실에 적합하다.
④ 중심부에 하나의 큰 홀을 두고 그 주위에 각 전시실을 배치하여 자유로이 출입하는 형식이다.

해설
①, ② : 갤러리 및 복도형에 대한 설명이다.
④ : 중앙홀에 대한 설명이다.
연속순회형식 : 긴 직사각형 또는 다각형의 각 전시실이 연속적으로 동선을 형성하고 있는 형식이다.

13 필요에 따라 이동시켜 사용할 수 있는 간이의자로 크지 않으며 가벼운 느낌의 형태를 갖는 것은?

① 세티   ② 카우치
③ 풀업체어   ④ 라운지 체어

해설
① 세티 : 두 사람 이상이 앉는 등받이가 있는 긴 안락의자이다.
② 카우치 : 기대기 쉽게 한쪽 끝이 올라간 형태의 의자이다.
④ 라운지 체어 : 비교적 큰 크기의 의자로 편하게 휴식을 취할 수 있는 의자이다.

14 실내디자인의 프로그래밍 진행단계로 알맞은 것은?

① 분석 → 목표설정 → 종합 → 조사 → 결정
② 종합 → 조사 → 분석 → 목표설정 → 결정
③ 목표설정 → 조사 → 분석 → 종합 → 결정
④ 조사 → 분석 → 목표설정 → 종합 → 결정

해설
실내디자인 프로그래밍 진행단계 : 목표설정 → 조사 → 분석 → 종합 → 결정 → 실행

정답 10 ② 11 ① 12 ③ 13 ③ 14 ③

15 다음 설명에 알맞은 형태의 지각심리는?

> 비슷한 형태, 규모, 색채, 질감, 명암, 패턴의 그룹을 하나의 그룹으로 지각하려는 경향

① 근접성 ② 연속성
③ 유사성 ④ 폐쇄성

해설
게슈탈트(Gestalt)의 법칙
- 유사성 : 형태, 규모, 색채, 질감 등에 있어서 유사한 시각적 요소들이 서로 연관되어 자연스럽게 그룹핑(grouping)하여 하나의 패턴으로 보인다는 법칙이다.
- 근접성(접근성) : 보다 더 가까이 있는 두 개 또는 그 이상의 시각요소들은 패턴이나 그룹으로 지각될 가능성이 크다는 법칙이다.
- 연속성 : 유사한 배열이 하나의 묶음으로 지각되는 것으로 공동운명의 법칙이라고 한다.
- 폐쇄성 : 시각요소들이 어떤 형성을 지각하게 하는 데 있어서 폐쇄된 느낌을 주는 법칙이다.

16 할로겐 전구에 관한 설명으로 옳은 것은?

① 백열전구보다 수명이 짧다.
② 흑화가 거의 일어나지 않는다.
③ 휘도가 낮아 현휘가 발생하지 않는다.
④ 소형, 경량화가 불가능하여 사용 개소에 제한을 받는다.

해설
할로겐 전구의 장단점

장점	• 초소형 경량의 전구를 제작할 수 있다. • 효율이 높다(할로겐 사이클에 의함). • 수명이 길다(일반전구에 비해). • 수명의 말기까지 밝기 및 온도가 일정하다. • 설치 및 광원의 교체가 간편하다. • 열 충격에 강하다. • 정확한 빔을 가지고 있다. • 조광이 원활하다. • 연색성이 우수하다. • 건축화 조명에 유리하다. • 매우 경제적이다.
단점	• 온도가 높다. • 방사열이 많아 냉방공조부하의 증가를 초래한다. • 휘도가 높다(눈부심에 주의). • 유리 부분의 오염으로 수명이 짧아진다.

17 실내디자인에 관한 설명으로 옳지 않은 것은?

① 실내디자인은 미술에 속하므로 미적인 관점에서만 그 성공 여부를 판단할 수 있다.
② 실내디자인의 영역은 주거 공간, 상업 공간, 업무 공간, 특수 공간 등으로 나눌 수 있다.
③ 실내디자인은 목적을 위한 행위나 그 자체가 목적이 아니고 특정한 효과를 얻기 위한 수단이다.
④ 실내디자인이란 인간이 거주하는 실내 공간을 보다 능률적이고 쾌적하며 아름답게 계획, 설계하는 작업이다.

해설
실내디자인은 순수예술과 과학예술의 혼합된 하나의 응용예술로 우선적으로 기능적인 면에 대한 고려가 있어야 한다.

18 다음 중 부엌의 작업 순서에 따른 작업대의 배열 순서로 알맞은 것은?

① 준비대 – 개수대 – 가열대 – 조리대 – 배선대
② 준비대 – 조리대 – 가열대 – 개수대 – 배선대
③ 준비대 – 개수대 – 조리대 – 가열대 – 배선대
④ 준비대 – 조리대 – 개수대 – 가열대 – 배선대

해설
작업대는 부엌에서 취사가 이루어지는 곳으로 준비대 → 개수대 → 조리대 → 가열대 → 배선대 순서로 배치한다.

정답 15 ③ 16 ② 17 ① 18 ③

19 실내 공간 구성요소에 관한 설명으로 옳지 않은 것은?

① 천장의 높이는 실내 공간의 사용목적과 깊은 관계가 있다.
② 바닥을 높이거나 낮게 함으로써 공간영역을 구분, 분리할 수 있다.
③ 여닫이문은 밖으로 여닫는 것이 원칙이나 비상문의 경우 안여닫이로 한다.
④ 벽의 높이가 가슴 정도이면 주변 공간에 시각적 연속성을 주면서도 특정 공간을 감싸주는 느낌을 준다.

해설
여닫이문은 안여닫이가 원칙이지만, 비상문의 경우 밖여닫이로 한다.

20 주택의 실구성 형식에 관한 설명으로 옳지 않은 것은?

① DK형은 이상적인 식사 공간 분위기 조성이 비교적 어렵다.
② LD형은 식사 도중 거실의 고유 기능과의 분리가 어렵다.
③ LDK형은 거실, 식당, 부엌 각 실의 독립적인 안정성 확보에 유리하다.
④ LDK형은 공간을 효율적으로 활용할 수 있어서 소규모 주택에 주로 이용된다.

해설
리빙 다이닝 키친형(LDK형)은 거실과 식사실, 부엌을 한 공간에 집중시켜 배치한 형태로, 공간을 최대한 절약할 수 있으므로 소규모 주택에 적합하다.

제2과목 색채 및 인간공학

21 다음 중 경계 및 경고신호의 선택이나 설계에 관한 일반적인 권장사항으로 가장 올바른 것은?

① 멀리 보내는 신호는 1,000Hz 이하의 낮은 주파수를 사용한다.
② 큰 장애물이나 칸막이를 넘어서 휘어가는 신호는 3,000Hz 이상의 높은 주파수를 사용한다.
③ 상황에 따라 다른 경계신호를 사용하며, 이에 따라 상이한 반응이 요구될 때는 서로 식별되지 않는 것이어야 한다.
④ 귀가 가장 민감하지 않은 200Hz 이하를 사용한다.

해설
청각을 이용한 경계 및 경보 신호의 선택 및 설계
• 귀는 중음역에 가장 민감하므로 500~3,000Hz의 진동수를 사용한다.
• 중음은 멀리 가지 못하므로 장거리(>300m)용으로는 1,000Hz 이하의 진동수를 사용한다.
• 신호가 장애물을 돌아가거나 칸막이를 통과해야 할 때는 500Hz 이하의 진동수를 사용한다.
• 주의를 끌기 위해서는 초당 1~8번 나는 소리 또는 초당 1~3번 오르내리는 변조된 신호를 사용한다.
• 배경 소음의 진동수와 다른 신호를 사용한다.
• 경보 효과를 높이기 위해서 개시시간이 짧은 고강도 신호를 사용하고, 소화기를 사용하는 경우에는 좌우로 교번하는 신호를 사용한다.
• 가능하면 다른 용도에 쓰이지 않는 확성기, 경적과 같은 별도의 통신계통을 사용한다.

22 인간과 기계의 특성 중 기계가 인간보다 우수한 기능으로 옳은 것은?

① 완전히 새로운 해결책을 찾아낸다.
② 오랜 기간에 걸쳐 작업을 수행한다.
③ 원칙을 적용하여 다양한 문제를 해결한다.
④ 다양한 운용상의 요건에 맞추어 신체적인 반응을 적응시킨다.

해설
인간과 기계의 상대적 기능

인간이 우수한 기능	• 저에너지 자극(시각, 청각, 후각 등) 감지 • 복잡 다양한 자극 형태 식별 • 예기치 못한 사건 감지(예감, 느낌) • 다량의 정보를 오래 보관 • 귀납적 추리 • 과부하 상황에서는 중요한 일에만 전념 • 임기응변, 융통성, 원칙적용, 주관적 추산, 독창력의 발휘
기계가 우수한 기능	• 인간 감지 범위 밖의 자극(X선, 초음파 등)도 감지 • 인간 및 기계에 대한 모니터 기능 • 드물게 발생하는 사상 감지 • 암호화된 정보를 신속하게 대량 보관 • 연역적 추리 • 과부하 시 효율적 작동 • 정량적 정보처리, 장시간 중량작업, 반복작업, 동시에 여러 가지 작업수행 • 입력신호에 대한 일관성 있는 반응

23 머리와 안구를 고정하여 한 점을 주시했을 때 동시에 보이는 외계의 범위를 시야라 하는데 다음 중 시야가 가장 넓어지는 색은?

① 백색   ② 녹색
③ 적색   ④ 청색

해설
시야(視野, visual field)는 백색, 청색, 황색, 적색, 녹색 순으로 넓어진다.

24 인간의 정보처리 중 정보의 보관과 관련되지 않은 것은?

① 장기 기억(long-term memory)
② 감각 보관(sensory storage)
③ 단기 기억(short-term memory)
④ 인지 및 회상(recognition and recall)

해설
인지 및 회상은 정보처리 및 의사결정 단계에서 이루어진다.

25 다음 중 인체측정치를 고려한 설계 시 주의사항으로 가장 부적절한 것은?

① 사람은 항상 움직이므로 여유 있는 치수를 잡아둔다.
② 가능한 한 장비나 설비의 치수를 조절할 수 있도록 한다.
③ 구조적 인체치수를 그대로 사용하기 보다는 기능적 인체치수를 측정하여 활용한다.
④ 대부분의 경우 평균치를 사용하는 것이 적합하다.

해설
평균치를 사용하면 대다수의 사람들에게 부적합하다.

26 흰색 종이의 반사율이 80%, 인쇄된 검은색 글자의 반사율이 15%라 할 때 대비는 약 얼마인가?

① 61%   ② 70%
③ 81%   ④ 88%

해설
$$대비 = \frac{배경의\ 반사율 - 표적의\ 반사율}{배경의\ 반사율} \times 100$$
$$= \frac{80-15}{80} \times 100$$
$$= 81\%$$

정답 22 ② 23 ② 24 ④ 25 ④ 26 ③

27 다음 중 위험표지판의 해골이나 뼈와 같이 사물이나 행동을 단순하고 정확하게 표현하는 부호를 무엇이라 하는가?

① 묘사적 부호 ② 추상적 부호
③ 임의적 부호 ④ 은유적 부호

해설
시각적 부호
- 묘사적 부호 : 사물이나 행동을 단순하고 정확하게 표현한 부호 (보행금지, 독극물 경고)
- 추상적 부호 : 전언의 기본요소를 도시적으로 압축한 부호
- 임의적 부호 : 부호가 이미 고안되어 있으므로 이를 배워야 하는 부분

28 다음 중 푸르킨예 현상(Purkinje effect)이 적용되는 것은?

① 명도대비 ② 착시현상
③ 암순응   ④ 시선의 이동

해설
푸르킨예 현상
명소시(밝은 곳)에서 암소시(어두운 곳)로 이행할 때 붉은 색(장파장)은 어둡게 되고 녹색과 청색(단파장)은 상대적으로 밝게 보이는 현상이다. 조명이 어두워지면 파장이 긴 빨간색이 제일 먼저 보이지 않고, 파장이 짧은 보라색이 마지막까지 보이게 된다.
※ 암순응 : 밝은 곳에서 어두운 곳으로 들어갔을 때, 처음에는 보이지 않던 것이 시간이 지남에 따라 차차 보이기 시작하는 현상을 말한다.

29 다음 중 인체계측자료를 이용하여 설계하고자 할 때 대상자료를 선택하는 원칙에 해당하지 않는 것은?

① 극단치를 이용한 설계
② 조절범위를 이용한 설계
③ 평균치를 기준으로 한 설계
④ 상대적 유의 치수를 이용한 설계

해설
인체계측자료의 응용 원칙
- 극단치를 이용한 설계 : 최대 치수 또는 최소 치수를 기준으로 하여 설계한다.
- 조절범위를 이용한 설계 : 체격이 다른 여러 사람에 맞도록 만드는 것이다.
- 평균치를 기준으로 한 설계 : 최대 치수나 최소 치수, 조절식으로 곤란할 때는 평균치를 기준으로 하여 설계한다.

30 다음 중 동작경제의 원칙과 가장 거리가 먼 것은?

① 두 팔의 동작은 항상 같은 방향으로 움직인다.
② 모든 공구나 재료는 자기 위치에 있도록 한다.
③ 가능한 한 관성과 중력을 이용하여 작업을 한다.
④ 손의 동작은 완만하게 연속적인 동작이 되도록 한다.

해설
두 팔의 동작은 서로 반대 방향으로 대칭적으로 움직인다.

31 베졸드 효과(Bezold effect)의 설명으로 틀린 것은?

① 빛이 눈의 망막 위에서 해석되는 과정에서 혼색효과를 가져다주는 일종의 가법혼색이다.
② 색점을 섞어 배열한 후 거리를 두고 관찰할 때 생기는 일종의 눈의 착각현상이다.
③ 여러 색으로 직조된 직물에서 하나의 색만을 변화시키거나 더할 때 생기는 전체 색조의 변화이다.
④ 밝기와 강도에서는 혼합된 색의 면적비율에 상관없이 강한 색에 가깝게 지각된다.

해설
베졸드 효과는 색을 직접 섞지 않고 색점을 배열함으로써 인접색에 가까운 색으로 느끼게 하는 현상으로, 주위색과 닮아 보이는 동화현상과 관련이 있다.

32 어두운 영화관에 들어갔을 때 한참 후에야 주위 환경을 지각하게 되는 시지각 현상은?

① 명순응 ② 색순응
③ 암순응 ④ 시순응

해설
어두운 장소에 급히 들어가면 로돕신의 합성이 완료되기까지 일시 시력이 없어지나 다음 순간에 기능이 회복된다. 이것을 암순응(暗順應)이라고 한다.

33 방화, 금지, 정지, 고도위험 등의 의미를 전달하기 위해 주로 사용되는 색은?

① 노랑 ② 녹색
③ 파랑 ④ 빨강

해설
안전 색채
• 빨강 : 방화, 금지, 정지, 고도위험
• 주황 : 위험, 항해 · 항공의 보안시설
• 노랑 : 경고, 주의, 장애물
• 녹색 : 안전, 피난소, 진행, 위생, 구호, 보호
• 파랑 : 특정행위의 지시 및 사실의 고지, 의무적 행동, 수리 중
• 보라 : 방사능 위험물 경고

34 색각에 대한 학설 중 3원색설을 주장한 사람은?

① 헤링 ② 영-헬름홀츠
③ 맥니콜 ④ 먼셀

해설
3원색설(영-헬름홀츠설) : 망막에 파장별로 분해특성이 다른 3종류의 물질이 있다고 상정한다. 각각의 최대 감도는 장파장, 중파장, 단파장이며, 각각 일으키는 감각이 적색, 녹색, 청색에 대응한다.

35 색채관리에 대한 설명으로 거리가 먼 것은?

① 기업운영의 중요한 기술이라 할 수 있다.
② 디자인과 색채를 통일하여 좋은 기업상을 만들 수 있다.
③ 제품의 생산단계에서부터 도입하여 색채관리를 한다.
④ 소비자가 구매충동을 일으킬 수 있는 색채관리가 필요하다.

해설
색채관리란 제품의 색채에 관한 품질관리를 말하며, 좋은 색채의 계획부터 경제적으로 제작하는 방법까지의 여러 단계를 말한다.

36 보기의 ( )에 들어갈 적합한 색으로 옳은 것은?

> **보기**
> 색채와 인간은 서로 영향을 주고받는다. 색채는 마음을 흥분시키기도 하고 진정시키기도 한다. 이러한 색채효과는 심리치료에 응용되는데, 주로 흥분하기 쉬운 환자는 (A) 공간에서, 우울증 환자는 (B) 공간에서 색채치료요법을 쓴다.

① A : 빨간색, B : 파란색
② A : 파란색, B : 빨간색
③ A : 노란색, B : 연두색
④ A : 연두색, B : 노란색

해설
색채치료는 색깔이 지닌 각각의 고유한 파장과 에너지를 활용해서 신체와 마음을 치료하는 것이다.
• 파란색 : 정신의 긴장완화를 돕는 색이며, 지나친 사용은 우울과 슬픈 감정을 유발한다.
• 빨간색 : 에너지, 활기, 힘의 색으로 우울증의 치료를 도와준다. 활동을 향상시키고 피곤을 완화시키고, 너무 많은 양의 빨강은 공격적으로 만든다.

37 다음 색체계 중 혼색계를 나타내는 것은?

① 먼셀 체계 ② NCS 체계
③ CIE 체계 ④ DIN 체계

해설
표색계
• 혼색계(빛) : CIE 표색계(XYZ 표색계)
• 현색계(색) : 먼셀 표색계, 오스트발트 표색계, NCS 표색계, DIN 표색계 등

38 우리 눈의 시각세포에 대한 설명 중 옳은 것은?

① 간상세포는 밝은 곳에서만 반응한다.
② 추상세포가 비정상이면 색맹 또는 색약이 된다.
③ 간상세포는 색상을 느끼는 기능이 있다.
④ 추상세포는 어두운 곳에서의 시각을 주로 담당한다.

해설
간상세포
• 망막의 주변부에서 많이 분포되어 있으며 빛을 감지한다.
• 명암과 물체의 형태는 감각하지만 색깔은 구별하지 못한다.
추상세포(원추세포 = 원뿔세포)
• 망막의 중앙부에 많이 분포하고, 색상을 감지한다.
• 밝은 빛에 민감하며 물체의 형태, 명암, 색깔을 모두 감각할 수 있다.

39 빨강, 파랑, 노랑과 같이 색지각 또는 색감각의 성질을 갖는 색의 속성은?

① 색상 ② 명도
③ 채도 ④ 색조

해설
색상은 물체의 표면에서 선택적으로 반사되는 색파장의 종류에 의해 결정되며 빨강, 주황, 노랑, 녹색, 파랑, 보라 등으로 구분된다.

40 서로 다른 색을 구분할 수 있는 것은 빛의 무슨 성질 때문인가?

① 파장 ② 자외선
③ 적외선 ④ 전파

해설
빛은 파장에 따라 굴절하는 각도가 다른데, 파장이 길면 굴절률이 낮고 붉은색으로 보이며, 파장이 짧으면 굴절률이 높고 푸른색으로 보인다.

제3과목 건축재료

41 석재의 재료적 특징에 대한 설명으로 틀린 것은?

① 외관이 장중하고 석질이 치밀한 것을 갈면 미려한 광택이 난다.
② 압축강도는 인장강도에 비해 매우 작아 장대재(長大材)를 얻기 어렵다.
③ 화열에 닿으면 화강암은 균열이 발생하여 파괴된다.
④ 비중이 크고 가공이 불편하다.

[해설]
인장강도는 압축강도의 1/40~1/10 정도이고, 장대재를 얻기 어렵다.

42 다음 중 점토제품이 아닌 것은?

① 테라초   ② 테라코타
③ 타일   ④ 내화벽돌

[해설]
테라초는 대리석에 백색 시멘트를 혼합한 인조석이다.

43 주철관이 오수관(汚水管)으로 사용되는 가장 큰 이유는?

① 인장강도가 크기 때문이다.
② 압축강도가 크기 때문이다.
③ 내식성이 뛰어나기 때문이다.
④ 가공성이 좋기 때문이다.

[해설]
주철관
• 내·외압강도 및 인장강도가 매우 크다.
• 내식성이 크며 내부 시멘트 모르타르라이닝으로 부식에 강하다.
• 수밀성이 매우 우수하다.
• 상수도관, 공업용수관으로 사용된다.

44 한 번에 두꺼운 도막을 얻을 수 있으며 넓은 면적의 평판도장에 최적인 도장방법은?

① 브러시칠
② 롤러칠
③ 에어 스프레이
④ 에어리스 스프레이

[해설]
에어리스 스프레이 도장은 더스트의 날림이 적고 도료의 소실 및 도장실의 오염이 적으며 도료의 비산이 적고 1회 도장으로 두꺼운 도막을 얻을 수 있다.

45 건축용으로 많이 사용되는 석재의 역학적 성질 중 압축강도에 대한 설명으로 틀린 것은?

① 중량이 클수록 강도가 크다.
② 결정도와 결합 상태가 좋을수록 강도가 크다.
③ 공극률과 구성입자가 클수록 강도가 크다.
④ 함수율이 높을수록 강도는 저하된다.

[해설]
석재의 압축강도는 공극률과 구성입자가 작을수록 크다.

[정답] 41 ② 42 ① 43 ③ 44 ④ 45 ③

46 다음 흡음재료 중 고음역 흡음재료로 가장 적당한 것은?

① 파티클 보드
② 구멍 뚫린 석고 보드
③ 구멍 뚫린 알루미늄 판
④ 목모 시멘트 판

해설
목모 시멘트 판은 다공질재로 주파수가 높을수록(중고음역) 흡음률은 높아지다가 일정주파수 이상에서는 거의 일정하다.

47 목재의 유성 방부제로서 방부성은 우수하나 악취가 나고 흑갈색으로 외관이 불미하여 눈에 보이지 않는 토대, 기둥, 도리 등에 사용되는 것은?

① 크레오소트유 ② PF방부제
③ CCA방부제   ④ PCP방부제

해설
②·③ : 도장이 가능하고 독성이 있으며, 토대의 부패 방지에 사용된다.
④ : 도장이 가능하고 독성이 있으며, 방부·방충처리에 사용된다.

48 기건 상태에서 목재의 평균 함수율로 옳은 것은?

① 15% 내외   ② 20% 내외
③ 25% 내외   ④ 30% 내외

해설
기건 상태는 목재가 대기의 조건과 균형을 유지하도록 수분을 함유한 상태를 말하며, 이때의 함수율은 때와 장소 및 기타 여러 인자에 따라서 다르게 나타나지만 국내의 경우 대체로 평균 15%로 하고 있다.

49 시멘트에 대한 일반적인 내용으로 옳지 않은 것은?

① 시멘트의 수화반응에서 경화 이후의 과정을 응결이라 한다.
② 시멘트의 분말도가 클수록 수화작용이 빠르다.
③ 시멘트가 풍화되면 수화열이 감소된다.
④ 시멘트가 풍화되면 비중이 작아진다.

해설
시멘트가 물과 접촉하여 수화반응에 따라, 점점 굳어져 유동성을 잃기 시작하는 시점부터 형상을 그대로 유지할 정도로 굳어질 때까지의 과정을 응결이라 한다.

50 접착제로서 알루미늄 접착에 가장 적합한 것은?

① 요소수지
② 에폭시수지
③ 알키드수지
④ 푸란수지

해설
에폭시수지
• 내약품성이 크고 접착력과 내열성이 크며 고가이다.
• 구조용 경금속 접착제 및 도료로 사용된다.

정답 46 ④ 47 ① 48 ① 49 ① 50 ②

51 파티클 보드에 관한 설명 중 틀린 것은?
① 강도에 방향성이 없다.
② 두께는 비교적 자유로이 선택할 수 있다.
③ 방충, 방부성이 크다.
④ 못이나 나사못의 지지력이 일반목재에 비해 매우 작다.

해설
못이나 나사못의 지지력은 목재와 거의 같다.
파티클 보드 : 목재 및 기타 식물의 섬유질소편에 합성수지 접착제를 도포하여 가열·압착성형한 판상제품이다.

52 섬유벽바름에 대한 설명으로 틀린 것은?
① 주원료는 섬유상 또는 입상물질과 이들의 혼합재이다.
② 균열발생은 크나, 내구성이 우수하다.
③ 목질 섬유, 합성수지 섬유, 암면 등이 쓰인다.
④ 시공이 용이하기 때문에 기존 벽에 덧칠하기도 한다.

해설
섬유벽바름
• 각종 섬유상의 재료를 접착제로 접합해서 벽에 바른 것이다.
• 균열의 염려가 적고, 방음, 단열성이 크고 현장작업이 용이하다.

53 다음 합성수지 중 방수성이 가장 강한 수지는?
① 푸란수지   ② 멜라민수지
③ 실리콘수지 ④ 알키드수지

해설
실리콘수지는 내열성이 매우 우수하며 물을 튀기는 발수성을 가지고 있어서 방수재료는 물론 개스킷, 패킹, 전기절연재, 기타 성형품의 원료로 이용되는 합성수지이다.

54 철강의 부식 및 방식에 대한 설명 중 틀린 것은?
① 철강의 표면은 대기 중의 습기나 탄산가스와 반응하여 녹을 발생시킨다.
② 철강은 물과 공기에 번갈아 접촉되면 부식되기 쉽다.
③ 방식법에는 철강의 표면을 Zn, Sn, Ni 등과 같은 내식성이 강한 금속으로 도금하는 방법이 있다.
④ 일반적으로 산에는 부식되지 않으나 알칼리에는 부식된다.

해설
일반적으로 알칼리에는 부식되지 않고 산에서는 부식된다.

55 목재의 단판(veneer)제법 중 원목을 회전시키면서 연속적으로 얇게 벗기는 것으로 넓은 단판을 얻을 수 있고 원목의 낭비가 적은 것은?
① 로터리 베니어
② 슬라이스드 베니어
③ 소드 베니어
④ 반 소드 베니어

해설
합판 제조법
• 로터리 베니어 : 원목(통나무)을 회전하면서 박판을 벗겨 내어 만든 것
• 슬라이스드 베니어 : 상하 또는 수평으로 이동하는 너비가 넓은 대팻날로 얇게 절단한 것
• 소드 베니어 : 얇게 톱으로 자르는 것

정답 51 ④ 52 ② 53 ③ 54 ④ 55 ①

56 실리카 시멘트의 특징이 아닌 것은?

① 블리딩 감소 및 워커빌리티를 증가시킬 수 있다.
② 건조수축은 감소하나, 화학저항성 및 내수성이 약하다.
③ 초기강도는 약간 적으나 장기강도는 크다.
④ 알칼리골재반응에 의한 팽창의 저지에 유효하다.

해설
실리카 시멘트 : 수밀성, 내화학성이 우수하여 구조용, 미장 모르타르용으로 쓰인다.

57 콘크리트 배합설계 시 고려할 사항으로 가장 거리가 먼 것은?

① 잔골재율   ② 양생
③ 혼화제량   ④ 물-시멘트비

해설
콘크리트의 배합설계는 소요의 강도, 내구성, 수밀성을 가진 콘크리트를 경제적으로 얻기 위해 시멘트, 물, 골재, 혼화재료를 적정한 배율로 배합하는 것을 말한다.

58 석회암($CaCO_3$)을 900~1,200℃ 정도로 가열 소성하여 얻어지는 것은?

① 소석회
② 생석회
③ 무수석고
④ 마그네시아석회

해설
석회석을 불에 가열하면 생석회가 되고, 생석회를 물에 넣으면 열이 발생하면서 소석회가 된다.

59 구조용 강재에 반복하중이 작용하면 항복점 이하의 강도에서 파괴될 수 있다. 이와 같은 현상을 무엇이라 하는가?

① 피로 파괴   ② 인성 파괴
③ 연성 파괴   ④ 취성 파괴

해설
피로 파괴
구조물에 주기적인 하중이 작용하면 작은 균열이 점진적으로 발달하여 상대적으로 작은 하중에서도 파괴되는 현상이다.

60 알루미늄(aluminium)의 일반적 성질에 대한 설명으로 틀린 것은?

① 광선 및 열반사율이 높다.
② 해수 및 알칼리에 강하다.
③ 독성이 없고 내구성이 좋다.
④ 압연, 인발 등의 가공성이 좋다.

해설
알루미늄은 산, 알칼리 및 해수에 약하다.

제4과목 건축일반

61 한 켜에서 마구리와 길이를 번갈아 놓아 쌓고 다음 켜는 마구리가 길이의 중심부에 놓이게 쌓는 것으로, 통줄눈이 생겨서 덜 튼튼하지만 외관이 좋아 강도보다는 미관을 위주로 하는 벽체 또는 벽돌담 등에 사용되는 벽돌쌓기법은?

① 불식 쌓기
② 화란식 쌓기
③ 영식 쌓기
④ 미식 쌓기

해설
벽돌쌓기 방법
- 영국식(영식) 쌓기 : 한 켜는 마구리쌓기, 다음 켜는 길이쌓기로 하고, 모서리 벽 끝에는 이오토막을 사용하여 마무리하는 쌓기법으로 가장 튼튼한 쌓기법이다.
- 네덜란드식(화란식) 쌓기 : 영식 쌓기와 거의 같으나 길이쌓기 층의 끝에 칠오토막을 사용한다.
- 프랑스식(불식) 쌓기 : 매 켜에 길이와 마구리쌓기가 번갈아 나오게 쌓는 방법이다.
- 미국식(미식) 쌓기 : 5켜는 길이쌓기로 하고, 다음 한 켜는 마구리쌓기로 한다.

62 건축법상의 '주요 구조부'에 해당하지 않는 것은?

① 내력벽
② 기둥
③ 지붕틀
④ 최하층 바닥

해설
정의(건축법 제2조)
'주요 구조부'란 내력벽(耐力壁), 기둥, 바닥, 보, 지붕틀 및 주계단(主階段)을 말한다. 다만, 사이 기둥, 최하층 바닥, 작은 보, 차양, 옥외 계단, 그 밖에 이와 유사한 것으로 건축물의 구조상 중요하지 아니한 부분은 제외한다.

63 문화 및 집회시설에 쓰이는 건축물의 거실에 배연설비를 설치하여야 할 경우에 해당하는 최소 층수 기준은?

① 6층
② 10층
③ 16층
④ 20층

해설
거실(피난층의 거실 제외)에 배연설비를 해야 하는 건축물(건축법 시행령 제51조 제2항)
- 6층 이상인 건축물로서 다음에 해당하는 용도로 쓰는 건축물
  - 제2종 근린생활시설 중 공연장, 종교집회장, 인터넷컴퓨터게임시설제공업소 및 다중생활시설(공연장, 종교집회장 및 인터넷컴퓨터게임시설제공업소는 해당 용도로 쓰는 바닥 면적의 합계가 각각 300m² 이상인 경우만 해당한다)
  - 문화 및 집회시설, 종교시설, 판매시설, 운수시설
  - 의료시설(요양병원 및 정신병원 제외)
  - 교육연구시설 중 연구소
  - 노유자시설 중 아동 관련 시설, 노인복지시설(노인요양시설 제외)
  - 수련시설 중 유스호스텔
  - 운동시설, 업무시설, 숙박시설, 위락시설, 관광휴게시설, 장례시설
- 다음에 해당하는 용도로 쓰는 건축물
  - 의료시설 중 요양병원 및 정신병원
  - 노유자시설 중 노인요양시설·장애인 거주시설 및 장애인 의료재활시설
  - 제1종 근린생활시설 중 산후조리원

정답 61 ① 62 ④ 63 ①

64 건물의 피난층 외의 층에서는 거실의 각 부분으로부터 피난층 또는 지상으로 통하는 직통계단까지 보행거리를 최대 얼마 이하로 해야 하는가? (단, 예외사항은 제외)

① 10m
② 20m
③ 30m
④ 40m

해설
직통계단의 설치(건축법 시행령 제34조 제1항)
건축물의 피난층(직접 지상으로 통하는 출입구가 있는 층 및 피난안전구역을 말한다) 외의 층에서는 피난층 또는 지상으로 통하는 직통계단(경사로를 포함한다)을 거실의 각 부분으로부터 계단(거실로부터 가장 가까운 거리에 있는 1개소의 계단을 말한다)에 이르는 보행거리가 30m 이하가 되도록 설치하여야 한다. 다만, 건축물(지하층에 설치하는 것으로서 바닥 면적의 합계가 300m² 이상인 공연장·집회장·관람장 및 전시장은 제외한다)의 주요 구조부가 내화구조 또는 불연재료로 된 건축물은 그 보행거리가 50m(층수가 16층 이상인 공동주택의 경우 16층 이상인 층에 대해서는 40m) 이하가 되도록 설치할 수 있으며, 자동화 생산시설에 스프링클러 등 자동식 소화설비를 설치한 공장으로서 국토교통부령으로 정하는 공장인 경우에는 그 보행거리가 75m(무인화 공장인 경우에는 100m) 이하가 되도록 설치할 수 있다.

65 단독경보형 감지기를 설치하여야 하는 특정소방대상물에 해당하지 않는 것은?

① 연면적 800m²인 아파트
② 연면적 1,200m²인 기숙사
③ 수련시설 내에 있는 합숙소로서 연면적이 1,500m²인 것
④ 연면적 500m²인 숙박시설

해설
※ 출제 시 정답은 ②였으나, 법령 개정으로 정답 ①, ②, ④
단독경보형 감지기를 설치해야 하는 특정소방대상물(소방시설 설치 및 관리에 관한 법률 시행령 별표 4)
• 교육연구시설 내에 있는 기숙사 또는 합숙소로서 연면적 2,000m² 미만인 것
• 수련시설 내에 있는 기숙사 또는 합숙소로서 연면적 2,000m² 미만인 것
• 자동화재탐지설비 설치대상에 해당하지 않는 수련시설(숙박시설이 있는 것만 해당)
• 연면적 400m² 미만의 유치원
• 공동주택 중 연립주택 및 다세대주택(연동형으로 설치할 것)

66 소화활동설비에 해당되는 것은?

① 스프링클러설비
② 자동화재탐지설비
③ 상수도소화용수설비
④ 연결송수관설비

해설
① : 소화설비에 해당한다.
② : 경보설비에 해당한다.
③ : 소화용수설비에 해당한다.
소방시설(소방시설 설치 및 관리에 관한 법률 시행령 별표 1)
• 소화활동설비 : 화재를 진압하거나 인명구조활동을 위하여 사용하는 설비로서 다음의 것을 말한다.
 – 제연설비
 – 연결송수관설비
 – 연결살수설비
 – 비상콘센트설비
 – 무선통신보조설비
 – 연소방지설비

67 건축물의 설계자가 건축구조기술사의 협력을 받아 구조의 안전을 확인하여야 하는 건축물의 최소 층수 기준은?

① 3층 이상
② 4층 이상
③ 5층 이상
④ 6층 이상

해설
관계전문기술자와의 협력(건축법 시행령 제91조의3)
다음에 해당하는 건축물의 설계자는 해당 건축물에 대한 구조의 안전을 확인하는 경우에는 건축구조기술사의 협력을 받아야 한다.
• 6층 이상인 건축물
• 특수구조 건축물
• 다중이용 건축물
• 준다중이용 건축물
• 3층 이상의 필로티형식 건축물
• 건축물의 용도 및 규모를 고려한 중요도가 높은 건축물로서 국토교통부령으로 정하는 건축물

68 주요 구조부가 내화구조인 건축물로서 내화구조로 된 바닥·벽 및 갑종방화문으로 방화구획하여야 하는 건축물의 연면적 기준은?

① 연면적이 300m² 를 넘는 것
② 연면적이 500m² 를 넘는 것
③ 연면적이 800m² 를 넘는 것
④ 연면적이 1,000m² 를 넘는 것

해설

※ 관련 법령 개정으로 용어가 다음과 같이 변경되었습니다.
　갑종방화문 → 60분+ 방화문 또는 60분 방화문
방화구획 등의 설치(건축법 시행령 제46조)
주요 구조부가 내화구조 또는 불연재료로 된 건축물로서 연면적이 1,000m² 를 넘는 것은 국토교통부령으로 정하는 기준에 따라 다음의 구조로로 구획을 해야 한다. 다만, 원자력안전법에 따른 원자로 및 관계시설은 원자력안전법에서 정하는 바에 따른다.
• 내화구조로 된 바닥 및 벽
• 건축법 시행령 제64조에 따른 60분+ 방화문, 60분 방화문 또는 30분 방화문 또는 자동방화셔터

69 화재안전기준에 따라 소화기구를 설치하여야 하는 특정소방대상물의 최소 연면적 기준은?

① 20m² 이상　　② 33m² 이상
③ 42m² 이상　　④ 50m² 이상

해설

소화기구를 설치해야 하는 특정소방대상물(소방시설 설치 및 관리에 관한 법률 시행령 별표 4)
• 연면적 33m² 이상인 것. 다만, 노유자시설의 경우에는 투척용 소화용구 등을 화재안전기준에 따라 산정된 소화기 수량의 1/2 이상으로 설치할 수 있다.
• 위에 해당하지 않는 시설로서 가스시설, 발전시설 중 전기저장시설 및 국가유산
• 터널
• 지하구

70 소방관계법규에서 정의하는 무창층이 되기 위한 개구부 면적의 합계 기준은?(단, 개구부란 아래 요건을 충족)

> 가. 크기는 지름 50cm 이상의 원이 내접할 수 있는 크기일 것
> 나. 해당 층의 바닥면으로부터 개구부 밑부분까지의 높이가 1.2m 이내일 것
> 다. 도로 또는 차량이 진입할 수 있는 빈터를 향할 것
> 라. 화재 시 건축물로부터 쉽게 피난할 수 있도록 창살이나 그 밖의 장애물이 설치되지 아니할 것
> 마. 내부 또는 외부에서 쉽게 부수거나 열 수 있을 것

① 해당 층의 바닥 면적의 1/20 이하
② 해당 층의 바닥 면적의 1/25 이하
③ 해당 층의 바닥 면적의 1/30 이하
④ 해당 층의 바닥 면적의 1/35 이하

해설

정의(소방시설 설치 및 관리에 관한 법률 시행령 제2조)
'무창층(無窓層)'이란 지상층 중 다음의 요건을 모두 갖춘 개구부(건축물에서 채광·환기·통풍 또는 출입 등을 위하여 만든 창·출입구, 그 밖에 이와 비슷한 것을 말한다)의 면적의 합계가 해당 층의 바닥 면적의 1/30 이하가 되는 층을 말한다.
• 크기는 지름 50cm 이상의 원이 통과할 수 있는 크기일 것
• 해당 층의 바닥면으로부터 개구부 밑부분까지의 높이가 1.2m 이내일 것
• 도로 또는 차량이 진입할 수 있는 빈터를 향할 것
• 화재 시 건축물로부터 쉽게 피난할 수 있도록 창살이나 그 밖의 장애물이 설치되지 아니할 것
• 내부 또는 외부에서 쉽게 부수거나 열 수 있을 것

정답　68 ④　69 ②　70 ③

71 그림과 같은 평면을 가진 지붕의 명칭은?

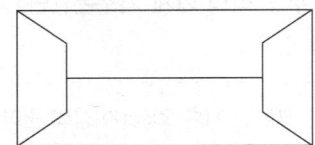

① 박공지붕　　② 합각지붕
③ 모임지붕　　④ 반박공지붕

해설
합각지붕(팔작지붕)은 우진각지붕 위에 맞배지붕을 올려놓은 것과 같은 형태의 지붕이다. 가장 많은 형태의 지붕으로 용마루와 내림마루 추녀마루가 모두 갖추어진 가장 화려하고 장식적인 지붕이다(예 창덕궁 인정전, 부석사 무량수전, 통도사 불이문).

박공지붕	
모임지붕	
반박공지붕	

72 건축구조에서 일체식 구조에 속하는 것은?

① 철골구조
② 돌구조
③ 벽돌구조
④ 철골·철근콘크리트구조

해설
① : 가구식 구조이다.
②, ③ : 조적식 구조이다.
일체식 구조 : 현장에서 거푸집을 짜서 전 구조체가 일체가 되게 콘크리트를 부어 만든 구조이다.

73 피난층 또는 지상으로 통하는 직통계단을 특별피난계단으로 설치하여야 하는 층에 해당하는 것은?(단, 당해 층의 바닥 면적은 400m² 이상임)

① 건축물의 10층
② 지하 2층
③ 계단실형 공동주택의 16층
④ 갓복도식 공동주택의 11층

해설
피난계단의 설치(건축법 시행령 제35조)
1. 5층 이상 또는 지하 2층 이하인 층에 설치하는 직통계단은 국토교통부령으로 정하는 기준에 따라 피난계단 또는 특별피난계단으로 설치하여야 한다. 다만, 건축물의 주요 구조부가 내화구조 또는 불연재료로 되어 있는 경우로서 다음의 어느 하나에 해당하는 경우에는 그러하지 아니하다.
 • 5층 이상인 층의 바닥 면적의 합계가 200m² 이하인 경우
 • 5층 이상인 층의 바닥 면적 200m² 이내마다 방화구획이 되어 있는 경우
2. 건축물(갓복도식 공동주택은 제외한다)의 11층(공동주택의 경우에는 16층) 이상인 층(바닥 면적이 400m² 미만인 층은 제외한다) 또는 지하 3층 이하인 층(바닥 면적이 400m² 미만인 층은 제외한다)으로부터 피난층 또는 지상으로 통하는 직통계단은 1.에도 불구하고 특별피난계단으로 설치하여야 한다.

74 르네상스 건축양식에 해당하는 건축물은?

① 영국 솔즈베리 대성당
② 이탈리아 피렌체 대성당
③ 프랑스 노틀담 대성당
④ 독일 울름 대성당

해설
①·③·④는 고딕 양식이다.

71 ② 72 ④ 73 ③ 74 ②

75 건축물 내부에 설치하는 피난계단의 구조 기준으로 틀린 것은?

① 계단은 내화구조로 하고 피난층 또는 지상까지 직접 연결되도록 한다.
② 계단실에는 예비전원에 의한 조명설비를 한다.
③ 계단실의 실내에 접하는 부분의 마감은 난연재료로 한다.
④ 건축물 내부에서 계단실로 통하는 출입구의 유효너비는 0.9m 이상으로 한다.

해설
피난계단 및 특별피난계단의 구조(건축물의 피난·방화구조 등의 기준에 관한 규칙 제9조)
계단실의 실내에 접하는 부분(바닥 및 반자 등 실내에 면한 모든 부분을 말한다)의 마감(마감을 위한 바탕을 포함한다)은 불연재료로 할 것

76 한국건축 의장계획의 특징과 가장 거리가 먼 것은?

① 인위적 기교
② 풍수지리 사상
③ 친근함을 주는 인간적 척도
④ 시각적 착각교정

해설
한국건축의 특징(의장적 측면)

척도의 친근감	• 인간적 크기와 척도를 가늠하는 크기, 내용 가짐 • 소박한 맛 • 부드럽고 아름다운 요소
자연조건과의 조화 및 융화	풍수지리사상 : 지형, 지세 및 환경의 분석
재료의 가공과 사용	덤벙주초, 그랭이질, 자연적인 휨 부재의 사용, 자귀를 이용한 목재 가공
조형상의 특징	• 치목과 가구법의 전통 : 미적 감각이 매우 예리하게 표현, 조형의장의 기본원리를 잘 표현 • 기둥 : 배흘림, 안쏠림(오금), 귀솟음(우주 : 모서리기둥) • 처마 : 후림, 조로 • 선적 요소의 강조 • 전체적인 미적 구성
공간구성상의 특징	• 배치, 평면, 조형에서 조영계획적인 정연성, 계획적 비례관계 사용(사찰, 석탑, 궁궐 등) • 비대칭적 균형 • 공간의 연속성 : 외부 공간의 발달 • 공간의 위계성 : 단을 이용한 마당과 마당의 위계처리 • 공간의 폐쇄성 : 프라이버시적 분리, 공간의 보장성 • 상호 침투성 : 공간의 융합 • 공간 정서 변화의 통일 : 동일 재료, 동일 구조 양식
장식과 색채상의 특징	• 장식을 다양하고 변화 있게 사용 • 문양 : 기하, 식물, 자연물, 문자문, 전설문, 기구문 등 • 색채 : 단청, 화문장, 청초한 색, 소박하고 온화한 표현, 음양오행사상 인용
건축미의 특징	적조미를 갖는 단아한 아름다움, 순박한 맛, 전체적인 미

77 왕대공 지붕틀에서 압축력과 휨모멘트를 동시에 받는 부재는?

① 왕대공
② ㅅ자보
③ 빗대공
④ 중도리

해설
왕대공 지붕틀의 구성
- 인장재 : 왕대공, 평보, 달대공(수평 혹은 수직재)
- 압축재 : ㅅ자보, 빗대공(경사부재)
※ 중도리 : 서까래를 받아 지붕의 하중을 지붕틀에 전하는 수평재로 중도리를 받쳐주는 것은 ㅅ자보이다.

78 계단의 구성에서 보행에 피로가 생길 우려가 있어 도중에 3~4단을 하나의 넓은 단으로 하거나 꺾여 돌아가는 곳에 넓게 만든 것을 무엇이라 하는가?

① 계단실
② 디딤단
③ 계단중정
④ 계단참

해설
① 계단실 : 건물에서 계단이 따로 구별되어 설치된 곳이다.
② 디딤단 : 계단의 한 단

79 철골구조의 특징이 아닌 것은?

① 재료의 균질도가 높으며 내력이 크기 때문에 건물의 중량을 가볍게 할 수 있다.
② 장스팬의 구조물이나 고층 건물에 적합하다.
③ 고열에 강하며 다른 구조체에 비하여 고가이다.
④ 내진적이며, 수평력에 강하다.

해설
고열에 약하고, 단면적에 비하여 고가이다.

80 방염성능기준 이상의 실내장식물 등을 설치하여야 하는 특정소방대상물에 해당하지 않는 것은?

① 건축물의 옥내에 있는 수영장
② 근린생활시설 중 체력단련장
③ 방송통신시설 중 방송국
④ 건축물의 옥내에 있는 종교시설

해설
방염성능기준 이상의 실내장식물 등을 설치하여야 하는 특정소방대상물(소방시설 설치 및 관리에 관한 법률 시행령 제30조)
1. 근린생활시설 중 의원, 치과의원, 한의원, 조산원, 산후조리원, 체력단련장, 공연장 및 종교집회장
2. 건축물의 옥내에 있는 다음의 시설
   - 문화 및 집회시설
   - 종교시설
   - 운동시설(수영장은 제외)
3. 의료시설
4. 교육연구시설 중 합숙소
5. 노유자시설
6. 숙박이 가능한 수련시설
7. 숙박시설
8. 방송통신시설 중 방송국 및 촬영소
9. 다중이용업소
10. 1.부터 9.까지의 시설에 해당하지 않는 것으로서 층수가 11층 이상인 것(아파트 등은 제외)

정답 77 ② 78 ④ 79 ③ 80 ①

2015년 제2회 과년도 기출문제

제1과목 실내디자인론

01 실내 공간의 용도를 달리하여 보수(renovation)할 경우 실내디자이너가 직접 분석해야 하는 사항과 가장 거리가 먼 것은?

① 기존건물의 기초 상태
② 천장고와 내부의 상태
③ 기존건물의 법적 용도
④ 구조형식과 재료마감 상태

해설
실내 공간의 용도를 달리하여 보수할 경우는 실내 공간의 용도와 직접적 또는 간접적인 조사인가에 따라 우선순위가 결정된다. 기초의 상태는 구조물의 상태이므로 가장 거리가 멀다.

02 실내디자인의 대상 영역에 속하지 않는 것은?

① 주택의 거실디자인
② 호텔의 객실디자인
③ 아파트의 외벽디자인
④ 항공기의 객석디자인

해설
실내디자인의 작업 대상이 되는 영역은 크게 주거 공간, 상업 및 업무 공간, 공공 및 기념 공간으로 나눌 수 있다. 아파트 외벽디자인은 그래픽디자인의 대상에 속한다.

03 노인 침실 계획에 관한 설명으로 옳지 않은 것은?

① 일조량이 충분하도록 남향에 배치한다.
② 식당이나 화장실, 욕실 등에 가깝게 배치한다.
③ 바닥에 단 차이를 두어 공간에 변화를 주는 것이 바람직하다.
④ 소외감을 갖지 않도록 가족 공동 공간과의 연결성에 주의한다.

해설
바닥에는 단 차이를 두지 않아야 하며 미끄럽지 않은 재료를 선택한다.

04 실내디자인에서 장식물(accessories)에 관한 설명으로 옳지 않은 것은?

① 장식물에는 화분, 용기, 직물류, 예술품 등이 있다.
② 모든 장식물은 기능성이 부가되면 장식성이 반감된다.
③ 장식물은 실내 공간의 분위기를 생기 있게 하는 역할을 한다.
④ 미적이나 기능적인 면에서는 필수적이지는 않지만 강조하고 싶은 요소를 보완해 주는 물건이다.

해설
장식물도 기능성을 가질 수 있다.

정답 1 ① 2 ③ 3 ③ 4 ②

05 형태의 크기, 방향 및 색상의 점차적인 변화로 생기는 리듬감을 무엇이라 하는가?

① 점이(gradation)
② 변이(transition)
③ 반복(repetition)
④ 대립(opposition)

해설
리듬의 원리
- 반복 : 색채, 문양, 질감, 선이나 형태가 되풀이됨으로서 이루어지는 리듬이다.
- 점층(점이, 점진) : 형태의 크기, 방향 및 색의 점차적인 변화로 생기는 리듬이다.
- 대립(교체) : 사각 창문틀의 모서리처럼 직각 부위에서 연속적이면서 규칙적인 상이(相異)한 선에서 볼 수 있는 리듬이다.
- 변이(대조) : 삼각형에서 사각형으로, 검은색이 빨간색 등으로 변화하는 현상으로 상반된 분위기를 배치하는 것이다.
- 방사 : 중심점에서 중심 주변으로 퍼져 나가는 양상을 보이며 리듬을 이루는 것이다.

06 오피스 랜드스케이프(office landscape)의 구성요소와 가장 관계가 먼 것은?

① 식물   ② 가구
③ 낮은 파티션 ④ 고정 칸막이

해설
오피스 랜드스케이프
오픈 오피스에 있어 작업환경의 능률 향상을 위한 배려와 개방 공간에서의 작업자의 심리적인 상태를 고려한 사무 공간계획방식으로 전통적인 계획의 기하학적인 양상과 모듈에 대한 개념을 없앤 것이다. 칸막이 벽과 복도가 없고 코어와 사무실이 직접 연결되어 공간이 절약된다.

07 실내디자인의 요소에 관한 설명으로 옳지 않은 것은?

① 디자인에서의 형태는 점, 선, 면, 입체로 구성되어 있다.
② 벽면, 바닥면, 문, 창 등은 모두 실내의 면적 요소이다.
③ 수직선이 강조된 실내에서는 아늑하고 안정감이 있으며 평온한 분위기를 느낄 수 있다.
④ 실내 공간에서의 선은 상대적으로 가느다란 형태를 나타내므로 폭을 갖는 창틀이나 부피를 갖는 기둥도 선적 요소이다.

해설
③은 수평선에 대한 설명이다.
수직선 : 공간을 실제보다 더 높이 보이게 하며, 공식적이고 위엄 있는 분위기를 만드는 데 효과적인 선이다.

08 조명기구를 선택할 때 고려하여야 할 조명의 4요소가 올바르게 나열된 것은?

① 명도, 대비, 조도, 광도
② 명도, 대비, 눈부심, 광도
③ 명도, 대비, 크기, 움직임
④ 명도, 광도, 조도, 연색성

해설
조명의 4요소
- 명도(명암 내지 휘도)
- 대비
- 크기(물체의 크기와 시거리로 정하는 시각의 대소)
- 움직임 또는 노출시간

09 실내 공간을 구성하는 기본요소에 관한 설명으로 옳은 것은?

① 공간의 분할요소로는 수직적 요소만이 사용된다.
② 바닥은 인체와 항상 접촉하므로 안전성이 고려되어야 한다.
③ 천장은 시각적 효과보다 촉각적 효과를 더 크게 고려하여야 한다.
④ 공간의 영역을 상징적으로 분할하는 벽체의 최대 높이는 180cm이다.

해설
① 공간의 분할요소로는 수직적 요소와 수평적 요소가 사용된다.
③ 천장은 시각적 흐름이 최종적으로 멈추는 곳이며 지각의 느낌에 영향을 미친다.
④ 공간의 영역을 상징적으로 분할하는 벽체의 최대 높이는 60cm이다(시각적 차단 높이 180cm).

10 다음 중 가장 최소의 공간을 차지하는 계단 형식은?

① 나선계단
② 직선계단
③ U형 꺾인계단
④ L형 꺾인계단

해설
나선계단은 좁은 공간을 효율적으로 이용하여 위층으로 올라가기 위한 계단으로 탑식 건축에서 많이 볼 수 있다.

11 일반적으로 주거 공간계획에서 동선처리의 분기점이 되는 곳은?

① 침실
② 거실
③ 식당
④ 다용도실

해설
거실은 각 실을 연결하는 동선의 분기점이지만 복합적인 기능을 갖는 독립된 생활 공간이므로 동선이 복잡하게 교차되거나 통로로 사용되지 않도록 해야 하며, 가급적 현관에서 가까운 곳으로 하되 직접 노출되지 않도록 해야 한다.

12 피보나치수열에 관한 설명으로 옳지 않은 것은?

① 디자인 조형의 비례에 이용된다.
② 1, 2, 3, 5, 8, 13, 21…의 수열을 말한다.
③ 황금비와는 전혀 다른 비례를 나타낸다.
④ 13세기 초 이탈리아의 수학자인 피보나치가 발견한 수열이다.

해설
황금비(1 : 1.618)의 수학적 원리는 피보나치수열에서 찾을 수 있다.

13 게슈탈트 심리학에서 인간의 지각원리와 관련하여 설명한 그룹핑의 법칙에 속하지 않는 것은?

① 유사성
② 폐쇄성
③ 단순성
④ 연속성

해설
게슈탈트(Gestalt)의 법칙
- 유사성 : 형태, 규모, 색채, 질감 등에 있어서 유사한 시각적 요소들이 서로 연관되어 자연스럽게 그룹핑(grouping)하여 하나의 패턴으로 보인다는 법칙이다.
- 폐쇄성 : 시각요소들이 어떤 형성을 지각하게 하는 데 있어서 폐쇄된 느낌을 주는 법칙이다.
- 접근성(근접성) : 보다 더 가까이 있는 두 개 또는 그 이상의 시각요소들은 패턴이나 그룹으로 지각될 가능성이 크다는 법칙이다.
- 연속성 : 유사한 배열이 하나의 묶음으로 지각되는 것으로 공동운명의 법칙이라고 한다.

정답 9 ② 10 ① 11 ② 12 ③ 13 ③

14 아일랜드형 부엌에 관한 설명으로 옳지 않은 것은?

① 부엌의 크기에 관계없이 적용 가능하다.
② 개방성이 큰 만큼 부엌의 청결과 유지관리가 중요하다.
③ 가족 구성원 모두가 부엌일에 참여하는 것을 유도할 수 있다.
④ 부엌의 작업대가 식당이나 거실 등으로 개방된 형태의 부엌이다.

> **해설**
> 아일랜드형의 부엌은 주로 개방된 공간의 오픈 시스템에서 사용되며, 공간이 큰 경우에 적합하다.

15 디자인 원리 중 대칭에 관한 설명으로 옳지 않은 것은?

① 이동대칭은 형태가 하나의 축을 겹쳐지는 대칭이다.
② 방사대칭은 정점으로부터 확산되거나 집중된 양상을 보인다.
③ 확대대칭은 형태가 일정한 비율로 확대되어 이루어진 대칭이다.
④ 역대칭은 형태를 180°로 회전하여 상호의 형태가 반대로 되는 대칭이다.

> **해설**
> ①은 선대칭에 대한 설명이다.
> 이동대칭 : 도형이 일정한 규칙에 따라 평행으로 이동해서 생기는 형태이다.

16 실내디자인 프로세스를 기획, 설계, 시공, 사용 후 평가단계의 4단계로 구분할 때, 디자인 의도와 고객이 추구하는 방향에 맞추어 대상 공간에 대한 디자인을 도면으로 제시하는 단계는?

① 기획단계 ② 설계단계
③ 시공단계 ④ 사용 후 평가단계

17 다음 중 대형 업무용 빌딩에서 공적인 문화 공간의 역할을 담당하기에 가장 적절한 공간은?

① 로비 공간 ② 회의실 공간
③ 직원 라운지 ④ 비즈니스 센터

> **해설**
> 대형 업무용 빌딩에서 로비는 공적 성격이 강하므로 내·외부 접근이 유리한 1층에 위치한다.

18 전시 공간에서 천장의 처리에 관한 설명으로 옳지 않은 것은?

① 천장 마감재는 흡음 성능이 높은 것이 요구된다.
② 시선을 집중시키기 위해 강한 색채를 사용한다.
③ 조명기구, 공조설비, 화재경보기 등 제반설비를 설치한다.
④ 이동스크린이나 전시물을 매달 수 있는 시설을 설치한다.

> **해설**
> 과거에는 천장의 색채를 어둡게 처리하였으나 관람객에게 안정감을 주고 천장이 시야를 압박해서는 안 되므로 벽면과 같은 중성색 정도로 처리한다.

19 일반적으로 목재와 같은 자연적인 재료의 질감이 주는 느낌은?

① 친근감 ② 차가움
③ 세련됨 ④ 현대적임

해설
목재와 같은 자연 재료의 질감은 따뜻함과 친근감을 부여한다.

20 소파 및 의자에 관한 설명으로 옳지 않은 것은?

① 스툴은 등받이와 팔걸이가 없는 형태의 보조의자이다.
② 2인용 소파는 암체어라고 하며 3인용 이상은 미팅시트라 한다.
③ 세티는 동일한 두 개의 의자를 나란히 합해 2인이 앉을 수 있도록 한 것이다.
④ 카우치는 고대 로마시대 음식물을 먹거나 잠을 자기 위해 사용했던 긴 의자이다.

해설
팔걸이가 있는 1인용 소파는 암체어, 2인용은 러브시트라고 한다.

제2과목 색채 및 인간공학

21 다음 중 동작경제의 원칙과 가장 거리가 먼 것은?

① 두 팔은 서로 같은 방향의 비대칭적으로 움직인다.
② 두 손의 동작은 동시에 시작하고, 동시에 끝나도록 한다.
③ 손의 동작은 완만하게 연속적인 동작이 되도록 한다.
④ 휴식시간을 제외하고는 양손이 같이 쉬지 않도록 한다.

해설
두 팔의 동작은 서로 반대 방향으로 대칭적으로 움직인다.

22 다음 그림과 같이 가운데 위치한 두 원의 크기는 동일할 때 나타나는 착시현상을 무엇이라 하는가?

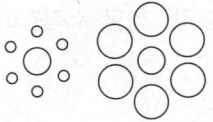

① 분할의 착시 ② 만곡의 착시
③ 대소의 착시 ④ 각도의 착시

해설
착시의 종류

분할의 착시	┠┼┼┼┼┼┼┼┨	분할된 선은 분할되지 않은 선보다 길게 보인다.
만곡의 착시		분트 도형에서 2개의 평행선이 만곡하여 오목렌즈 모양으로 보인다.
각도의 착시		각도 방향 착시는 포겐도르프 도형에서 빗금이 어긋나 보이고, 쵤너 도형에서 세로 평행선이 서로 기울어져 보인다.

23 다음 중 인간공학에 관한 설명으로 가장 적절하지 않은 것은?

① 단일 학문으로서 깊이 있는 분야이므로 관련된 다른 학문과는 관련지을 수 없는 독립된 분야이다.
② 체계적으로 인간의 특성에 관한 정보를 연구하고 이들의 정보를 제품 및 환경 설계에 이용하고자 노력하는 학문이다.
③ 인간이 사용하는 제품이나 환경을 설계하는데 인간의 생리적, 심리적인 면에서의 특성이나 한계점을 체계적으로 응용한다.
④ 인간이 사용하는 제품이나 환경을 설계하는데 인간의 특성에 관한 정보를 응용함으로써 안전성, 효율성을 제고하고자 하는 학문이다.

[해설]
인간공학은 다학문적 성격을 갖는다.

24 다음 중 한국인 인체치수조사 사업에 있어 인체치수의 기준 중 "얼굴 수직길이"를 올바르게 나타낸 것은?

① 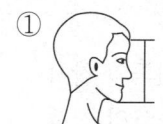 ②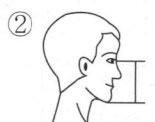

③ 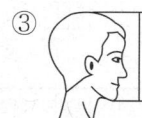 ④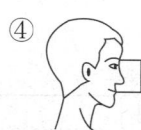

[해설]
인체치수의 기준
- 머리 수직길이 : 정수리~턱 일직선거리
- 머리 너비 : 광대 양 끝 간 수평거리
- 머리 두께 : 미간 콧대~뒤통수 너비
- 머리둘레 : 눈을 기준으로 뒤통수까지의 둘레
- 얼굴 수직길이 : 눈~턱 일직선거리

25 다음 중 기계장치의 동작, 변화과정이나 결과, 환경조건 등의 변동에 관한 정보를 인간이 정확하고 신속하게 지각할 수 있게 하기 위한 연구로 가장 적합한 것은?

① 표시방식의 연구
② 제어방식의 연구
③ 공구의 조건에 관한 연구
④ 인간의 자질능력의 변이에 관한 연구

26 다음 중 수치를 정확히 읽어야 할 경우에 가장 적합한 표시장치의 형태는?

① 동침형 표시장치
② 동목형 표시장치
③ 계수형 표시장치
④ 수직-수평형 표시장치

[해설]
정량적 표시장치
- 정목 동침형(지침 이동형) : 눈금이 고정되고 지침이 움직이는 형
- 정침 동목형(지침 고정형) : 지침이 고정되고 눈금이 움직이는 형
- 계수(digital)형 : 전력계나 택시요금 미터계와 같이 기계, 전자적으로 숫자가 표시되는 형

27 다음 중 통화이해도를 나타내는 방법으로 적절하지 않은 것은?

① 명료도 지수
② 통화 간섭 수준
③ 이해도 점수
④ 주파수 분포 지수

해설
통화이해도
- 여러 통신 상황에서 음성 통신의 기준은 수화자의 이해도이다.
- 통화이해도 척도로서 명료도 지수, 통화 간섭 수준, 이해도 점수 등이 있다.

28 군인들이 다리를 건널 때는 다리의 붕괴를 방지하기 위하여 발을 맞추지 않는다. 이는 다음 중 어떠한 현상과 관련이 있는가?

① 감쇠(attenuation)
② 공명(resonance)
③ 관성(inertia)
④ 댐핑(damping)

해설
공명(또는 공진)
- 강제로 진동시킨 어떤 물체의 진동수(주파수)가 그 물체의 고유 진동수와 같을 때, 진폭이 매우 커지는 현상이다.
- 주변에서 쉽게 볼 수 있는 공명현상으로는 그네 밀어주기, 라디오 주파수를 맞추거나 TV 채널을 바꾸는 것 등이 있다.

29 다음 중 신체 부위의 동작 유형과 그 사례가 올바르게 연결된 것은?

① 굴곡(flexion) : 굽혀 있는 팔꿈치를 펴는 동작
② 신전(extension) : 완전히 펴져 있는 팔꿈치를 굽히는 동작
③ 내전(adduction) : 아래로 내린 팔을 옆으로 수평이 되도록 드는 동작
④ 회의(supination) : 팔을 아래로 내린 상태에서 손바닥을 전방으로 한 후 외측으로 돌리는 동작

해설
① 굴곡(flexion) : 앞으로 팔 들어 올리기
② 신전(extension) : 뒤로 팔 들어 올리기
③ 내전(adduction) : 팔을 몸의 중심 방향으로 움직이기

30 다음 중 점광원에서 어떤 물체나 표면에 도달하는 빛의 단위 면적당 밀도로 빛을 받는 면의 밝기를 나타내는 것은?

① 휘도
② 광도
③ 조도
④ 명도

해설
① 휘도 : 빛을 내는 물체의 단위 면적당 표면 밝기의 정도를 말한다.
② 광도 : 단위 면적당 표면에서 반사 또는 방출되는 광량(빛의 양)을 말한다.
④ 명도 : 밝기의 정도를 나타낸다.

[정답] 27 ④　28 ②　29 ④　30 ③

31 빨간 사과를 태양광선 아래에서 보았을 때와 백열등 아래에서 보았을 때 빨간색은 동일하게 지각되는데 이 현상을 무엇이라고 하는가?

① 명순응
② 대비현상
③ 항상성
④ 연색성

해설
색의 항상성은 일종의 색순응 현상으로서 주변의 광원이나 조명이 되는 빛의 강도와 조건이 달라져도 색을 본래의 모습 그대로 느끼는 현상을 말한다.

32 헤링(E. Hering)의 색각이론 중 이화작용(dissimilation)과 관계가 있는 색은?

① 백색(white)
② 녹색(green)
③ 청색(blue)
④ 흑색(black)

해설
이화작용(분해)에 의해 백, 적, 황의 감각이 생기고, 동화작용(합성)에 의해 흑, 청, 녹의 감각이 생긴다. 헤링이론은 보색과 대비의 설명에는 적합하지만 혼색과 색맹을 설명하는 데 부합되지 않는다.

33 우리 눈으로 지각할 수 있는 빛을 호칭하는 가장 적당한 말은?

① 가시광선
② 적외선
③ X선
④ 자외선

해설
빛의 정의
빛이란 방사되는 수많은 전자파 중에서 인간의 눈으로 지각될 수 있는 300~780nm까지의 가시광선을 말한다. 380nm보다 짧은 파장의 영역에는 자외선, 780nm보다 긴 파장의 영역에는 적외선이 있다.

34 다음 중 가장 큰 팽창색은?

① 고명도, 저채도, 한색계의 색
② 저명도, 고채도, 난색계의 색
③ 고명도, 고채도, 난색계의 색
④ 저명도, 고채도, 한색계의 색

해설
색의 운동감
• 진출, 팽창하는 색 : 고명도, 고채도, 난색계
• 후퇴, 수축하는 색 : 저명도, 저채도, 한색계

35 먼셀 표색계의 특징에 관한 설명 중 틀린 것은?

① 명도 5를 중간 명도로 한다.
② 실제 색입체에서 N9.5는 흰색이다.
③ R과 Y의 중간색상은 O로 표시한다.
④ 노랑의 순색은 5Y 8/14이다.

해설
R과 Y의 중간색상은 YR로 표시한다.

31 ③ 32 ① 33 ① 34 ③ 35 ③

36 먼셀의 색상환에서 PB는 무슨 색인가?

① 주황 ② 청록
③ 자주 ④ 남색

해설
먼셀(Munsell)의 색상환
적(R), 황(Y), 녹(G), 청(B), 자(P)의 5주요 색상과 주황(YR), 황록(GY), 청록(BG), 청자(PB, 남색), 자주(RP)의 5중간에 색상을 더해서 10색상으로 하고 이러한 색을 각기 10단위로 분류하여 100색상이 되게 하였다.

37 검정바탕 위의 회색이 흰 바탕 위의 같은 회색보다 밝게 보이는 현상은?

① 명도대비
② 채도대비
③ 색상대비
④ 보색대비

해설
① 명도대비 : 명도가 서로 다른 색들끼리의 영향으로 인하여 밝은 색은 더 밝게, 어두운색은 더 어둡게 보이는 색의 대비로서 명도차이가 클수록 대비가 강해지는 현상이다.
② 채도대비 : 채도가 서로 다른 색들 간의 영향으로 인하여 채도가 높은 색은 더 높게, 낮은 색은 더 낮게 느끼는 색의 대비이다.
③ 색상대비 : 색상이 서로 다른 색들끼리의 영향으로 인하여 색상차이가 커 보이는 색의 대비로서 색상대비는 색상의 거리가 가까울 때 일어나는 현상이다.
④ 보색대비 : 보색관계인 두 색을 옆에 놓으면 서로의 영향으로 인하여 각각의 채도가 더 높게 보이는 현상이다.

38 빛의 성질에 대한 설명 중 틀린 것은?

① 빛은 전자파의 일종이다.
② 빛은 파장에 따라 서로 다른 색감을 일으킨다.
③ 장파장은 굴절률이 크며 산란하기 쉽다.
④ 빛은 간섭, 회절 현상 등을 보인다.

해설
장파장역은 빨강, 주황색으로 780~600nm의 파장을 말하며, 굴절률이 작고 회절되기 쉬우며 산란하기 어렵다.

39 교통기관의 색채계획에 관한 일반적인 기준 중 가장 타당성이 낮은 것은?

① 내부는 밝게 처리하여 승객에게 쾌적한 분위기를 만들어 준다.
② 출입이 잦은 부분에는 더러움이 크게 부각되지 않도록 색을 사용한다.
③ 차량이 클수록 쉬운 인지를 위하여 수축색을 사용하여야 한다.
④ 운전실 주위는 반사량이 많은 색의 사용을 피한다.

해설
차량이 클수록 쉬운 인지를 위하여 팽창색을 사용하여야 한다.

40 가산혼합에 대한 설명으로 틀린 것은?

① 가산혼합의 1차색은 감산혼합의 2차색이다.
② 보색을 섞으면 어두운 회색이 된다.
③ 색은 섞을수록 맑아진다.
④ 기본색은 빨강, 녹색, 파랑이다.

해설
보색을 섞으면 백색이 된다.

제3과목 건축재료

41 합판에 대한 설명으로 옳은 것은?

① 얇은 판을 섬유 방향이 서로 평행하도록 짝수로 적층하면서 접착시킨 판을 말한다.
② 함수율 변화에 의한 신축변형이 크며 방향성이 있다.
③ 곡면가공을 하면 균열이 쉽게 발생한다.
④ 표면가공법으로 흡음효과를 낼 수가 있고 의장적 효과도 높일 수 있다.

해설
① 합판은 단판(veneer)으로 만들어 이들을 섬유 방향이 서로 직교되도록 홀수로 적층하면서 접착제로 접착시켜 합친 판을 말한다.
② 합판은 함수율 변화에 의한 신축변형이 적고 방향성이 없다.
③ 합판은 곡면을 만들기 쉽기 때문에 유용하게 쓰이고 있다.

42 한수석(寒水石, 백회석)의 주용도는?

① 테라코타 제조용
② 콘크리트 골재용
③ 인조석바름의 종석용
④ 내화벽돌 제조용

해설
한수석은 인조석 테라초에 사용되는 잘게 부순 돌, 즉 종석이라 하고 화강석, 백회석, 대리석, 기타 자연석을 부수어 잔돌을 만든 것이다.

43 창호 철물로서 도어 체크를 달 수 있는 문은?

① 미닫이문
② 여닫이문
③ 접이문
④ 미서기문

해설
도어 체크는 문과 문틀(여닫이)에 장치하여 문을 열면 저절로 닫히는 장치이다.

44 다음 석재 중 압축강도가 일반적으로 가장 큰 것은?

① 화강암
② 사문암
③ 사암
④ 응회암

해설
압축강도가 큰 석재의 순서
화강암 > 대리석 > 안산암 > 사문암 > 점판암 > 사암 > 응회암

45 화재 시 개구부에서의 연소(延燒)를 방지하는 효과가 있는 유리는?

① 망입판유리
② 자외선투과유리
③ 열선흡수유리
④ 열선반사유리

해설
망입판유리
화재 시 개구부에서의 연소를 방지하는 효과가 있으며, 유리파편이 거의 튀지 않아 주로 방화·방범용으로 사용한다.

정답: 41 ④ 42 ③ 43 ② 44 ① 45 ①

46 블론 아스팔트의 성능을 개량하기 위해 동식물성 유지와 광물질 분말을 혼입하여 제작한 것은?

① 아스팔트 프라이머
② 아스팔트 콤파운드
③ 아스팔트 코팅
④ 아스팔트 에멀션

[해설]
② 아스팔트 콤파운드 : 블론 아스팔트에 유지나 분말을 섞어 만든 것으로 신축이 크며 매우 우수한 방수재료이다.
① 아스팔트 프라이머 : 블론 아스팔트(blown asphalt)를 휘발성 용제로 녹인 저점도의 액체로서 아스팔트 방수의 바탕처리재이다.

47 불림하거나 담금질한 강을 다시 200~600℃로 가열한 후 공기 중에서 냉각하는 처리를 말하며, 내부 응력을 제거하며 연성과 인성을 크게 하기 위해 실시하는 것은?

① 뜨임질   ② 압출
③ 중합   ④ 단조

[해설]
② 압출 : 재료를 금형 속에서 압축한 뒤, 구멍을 통하여 재료가 빠져나오게 하여 원래보다 단면적을 작게 하고 원하는 형태를 만드는 것
③ 중합 : 간단한 분자들이 서로 결합하여 거대한 고분자물질을 만드는 것
④ 단조 : 금속을 두들기거나 눌러서 필요한 형체로 만드는 것

48 시멘트 제조 시 클링커(clinker)에 석고를 첨가하는 주된 이유는?

① 조기강도의 증진
② 응결속도의 조절
③ 시멘트 색의 조절
④ 내약품성의 증대

[해설]
클링커에 응결지연제인 석고를 첨가하여 분쇄하면 포틀랜드 시멘트가 된다.

49 건축용 각종 금속재료 및 제품에 관한 설명 중 틀린 것은?

① 구리는 화장실 주위와 같이 암모니아가 있는 장소나, 시멘트, 콘크리트 등 알칼리에 접하는 경우에는 빨리 부식하기 때문에 주의해야 한다.
② 납은 방사선의 투과도가 낮아 건축에서 방사선 차폐 재료로 사용된다.
③ 알루미늄은 대기 중에서는 부식이 쉽게 일어나지만 알칼리나 해수에는 강하다.
④ 니켈은 전연성이 풍부하고 내식성이 크며 아름다운 청백색 광택이 있어 공기 중 또는 수중에서 색이 거의 변하지 않는다.

[해설]
알루미늄의 내식성은 그 표면에 치밀한 산화피막이 형성되기 때문에 대기 중에서는 부식이 쉽게 일어나지 않지만 알칼리나 해수에는 약하다.

[정답] 46 ② 47 ① 48 ② 49 ③

50 실링재가 갖추어야 할 조건에 대한 설명으로 틀린 것은?

① 기밀성이 우수해야 한다.
② 부재와의 밀착성이 양호해야 한다.
③ 줄눈의 여러 가지 움직임에 추종하지 않고 저항하는 고정성이 우수해야 한다.
④ 내구성이 우수해야 한다.

해설
주입 실링재료로서 요구되는 성능 조건
- 온도변화에 견딜 것
- 이음 밖으로 표출하지 않을 것
- 내후성 및 내구성이 우수할 것
- 주입시공이 용이할 것
- 콘크리트에 잘 부착할 것
- 수밀성 및 기밀성이 우수할 것

51 목재의 강도에 관한 설명 중 틀린 것은?

① 함수율이 높을수록 강도가 크다.
② 심재가 변재보다 강도가 크다.
③ 옹이가 많은 것은 강도가 작다.
④ 추재는 일반적으로 춘재보다 강도가 크다.

해설
섬유포화점 이상에서는 강도가 일정하나, 섬유포화점 이하에서는 함수율의 감소에 따라 강도가 증대하고 인성이 감소한다.

52 다음 방수공법 중 멤브레인 방수공법이 아닌 것은?

① 아스팔트 방수
② 시트 방수
③ 도막 방수
④ 무기질계 침투 방수

해설
멤브레인 방수 : 아스팔트 방수, 시트 방수, 도막 방수, 개량질 아스팔트 방수, 침투성 방수, 시멘트 모르타르계 방수

53 건축재료로서 사용되는 합성수지의 일반적인 특성으로 옳은 것은?

① 흡수성과 투수성이 적다.
② 내열성, 내화성이 크다.
③ 강성이 크고 탄성계수가 강재보다 크다.
④ 마모가 크고 탄력성이 작다.

해설
② 내열성, 내화성이 적고 비교적 저온에서 연화, 연질된다.
③ 강성 및 탄성계수가 작아 구조재로는 사용하기 곤란하다.
④ 마모가 적고 탄력성이 크다.

54 단열재가 갖추어야 할 조건으로 틀린 것은?

① 열전도율이 낮을 것
② 비중이 클 것
③ 흡수율이 낮을 것
④ 내화성이 좋을 것

해설
단열재의 선정 조건
- 열전도율, 흡수율, 투기성이 낮을 것
- 비중이 작으며, 기계적 강도가 우수할 것
- 내구성, 내열성, 내식성이 우수하여 냄새가 없을 것
- 경제적이고 시공이 용이할 것
- 품질의 편차가 적을 것

55 목재에 관한 설명 중 틀린 것은?

① 구조재로서 비강도가 크고 가공성이 좋다는 장점이 있다.
② 목재의 함유수분은 그 존재 상태에 따라 자유수와 결합수로 대별된다.
③ 섬유포화점 이상의 함수 상태에서는 함수율의 증감에도 불구하고 신축을 일으키지 않는다.
④ 응력의 방향이 섬유에 평행할 경우 목재의 압축강도가 인장강도보다 크다.

해설
응력 방향이 섬유 방향에 평행할 경우 인장강도는 압축강도보다 크다.

56 탄소강의 성질에 대한 설명으로 옳은 것은?

① 합금강에 비해 강도와 경도가 크다.
② 보통 저탄소강은 철근이나 강판을 만드는 데 쓰인다.
③ 열처리를 해도 성질의 변화가 없다.
④ 탄소함유량이 많을수록 강도는 지속적으로 커진다.

해설
① 합금강에 비해 강도와 경도가 작다.
③ 열처리를 하면 기계적 성질이 개선된다.
④ 강은 탄소함유량이 많을수록 강철의 강도(剛度)와 경도(硬度)는 높아지지만 탄력성이 없어 충격에 쉽게 부러지게 된다. 탄소 함량이 낮으면 강도가 약해 쉽게 구부러지고 예리한 날을 만들 수 없고 날이 쉽게 무뎌진다.

57 콘크리트의 골재시험과 관계없는 것은?

① 단위용적질량시험
② 안정성시험
③ 체가름시험
④ 크리프시험

해설
콘크리트의 골재시험
• 골재의 체가름시험
• 골재의 안정성시험
• 골재의 잔입자(No. 200 통과량)시험
• 골재의 단위용적질량시험
• 굵은 골재의 마모시험
• 굵은 골재의 연석량시험
• 굵은 골재의 밀도 및 흡수율시험
• 잔골재의 밀도 및 흡수율시험
• 모래의 유기불순물시험

58 보통 철선 또는 아연도금철선으로 마름모형, 갑옷형으로 만들며 시멘트 모르타르바름 바탕에 사용되는 금속제품은?

① 와이어 라스(wire lath)
② 와이어 메시(wire mesh)
③ 메탈 라스(metal lath)
④ 익스팬디드 메탈(expanded metal)

해설
① 와이어 라스(wire lath) : 지름이 0.9, 1.2, 2.0mm 등인 철선이다. 보통 철선 또는 아연도금 철선으로 마름모형, 갑옷형으로 만들어 시멘트 모르타르바름 바탕에 사용한다.
② 와이어 메시(wire mesh) : 연강 철선을 가로 세로로 대어 전기용접하여 정방형 또는 장방형으로 만들어, 콘크리트 도로 바탕용 등의 처짐 및 균열에 대응하도록 만든 철물이다.
③ 메탈 라스(metal lath) : 얇은 강판에 마름모꼴의 구멍을 연속적으로 뚫어 그물처럼 만든 것으로 천장, 벽 등의 미장 바탕에 사용한다.
④ 익스팬디드 메탈(expanded metal) : 두께 6~13mm의 연강판을 망상으로 만든 것으로, 주로 콘크리트 보강용으로 쓰인다.

정답 55 ④ 56 ② 57 ④ 58 ①

59 목재 및 기타 식물의 섬유질 소편에 합성수지 접착제를 도포하여 가열·압착 성형한 판상제품의 명칭은?

① 플로어링 블록
② 코르크판
③ 파티클 보드
④ 연질 섬유판

해설
① 플로어링 블록 : 두께 1.5~2cm인 판 3~4매를 철물로 뒷면과 마구리를 쪽매한 장식용 판재로, 뒷면은 방부 또는 방수처리를 하고, 아스팔트 시멘트 또는 모르타르 등으로 바닥에 붙인다.
② 코르크판 : 코르크 나무 수피의 탄력성 있는 부분을 원료로 하여 그 분말로 가열, 성형, 접착하여 판형으로 만든 것이다.
④ 연질 섬유판 : 원료는 식물섬유이나 A급(목재 편)과 B급(면조각, 볏짚, 펄프 등)으로 이것들에 높은 열을 가한 다음, 내수제를 첨가하여 성형한다.

60 투명도가 높아 유기유리라고도 불리며 착색이 자유롭고 내충격강도가 크며 채광판, 도어판, 칸막이벽 제조에 적합한 합성수지는?

① 불소수지
② 아크릴수지
③ 페놀수지
④ 실리콘수지

해설
① 불소수지 : 기계부품의 파킹, 개스킷, 화학 장치의 내식용 라이닝 등에 사용된다.
③ 페놀수지 : 덕트, 파이프, 도료, 접착제, 배전판 등에 사용된다.
④ 실리콘수지 : 접착제, 도료 등에 사용된다.

제4과목 건축일반

61 다음은 건축물의 3층 이상인 층으로서 직통계단 외에 그 층으로부터 지상으로 통하는 옥외피난계단을 설치하여야 하는 대상에 관한 내용이다. 빈칸에 알맞은 것은?

> 문화 및 집회시설 중 집회장의 용도로 쓰는 층으로서 그 층 거실의 바닥 면적의 합계가 (　　) 이상인 것

① 500m²
② 1,000m²
③ 1,500m²
④ 2,000m²

해설
옥외피난계단의 설치(건축법 시행령 제36조)
건축물의 3층 이상인 층(피난층은 제외한다)으로서 다음의 어느 하나에 해당하는 용도로 쓰는 층에는 직통계단 외에 그 층으로부터 지상으로 통하는 옥외피난계단을 따로 설치하여야 한다.
• 제2종 근린생활시설 중 공연장(해당 용도로 쓰는 바닥 면적의 합계가 300m² 이상인 경우만 해당한다), 문화 및 집회시설 중 공연장이나 위락시설 중 주점영업의 용도로 쓰는 층으로서 그 층 거실의 바닥 면적의 합계가 300m² 이상인 것
• 문화 및 집회시설 중 집회장의 용도로 쓰는 층으로서 그 층 거실의 바닥 면적의 합계가 1,000m² 이상인 것

62 건축물에 설치하는 지하층의 비상탈출구 설치기준으로 옳은 것은?

① 비상탈출구의 유효 너비는 0.5m 이상으로 할 것
② 출입구로부터 3m 이상 떨어진 곳에 설치할 것
③ 비상탈출구의 문은 피난 방향의 반대 방향으로 열리도록 할 것
④ 지하층의 바닥으로부터 비상탈출구의 아랫부분까지의 높이가 1.2m 이상이 되는 경우에는 벽체에 발판의 너비가 18cm 이상인 사다리를 설치할 것

해설
지하층의 구조(건축물의 피난·방화구조 등의 기준에 관한 규칙 제25조 제2항)
지하층의 비상탈출구는 다음의 기준에 적합해야 한다. 다만, 주택의 경우에는 그러하지 아니하다.
- 비상탈출구의 유효 너비는 0.75m 이상으로 하고, 유효 높이는 1.5m 이상으로 할 것
- 비상탈출구의 문은 피난 방향으로 열리도록 하고, 실내에서 항상 열 수 있는 구조로 하여야 하며, 내부 및 외부에는 비상탈출구의 표시를 할 것
- 비상탈출구는 출입구로부터 3m 이상 떨어진 곳에 설치할 것
- 지하층의 바닥으로부터 비상탈출구의 아랫부분까지의 높이가 1.2m 이상이 되는 경우에는 벽체에 발판의 너비가 20cm 이상인 사다리를 설치할 것
- 비상탈출구는 피난층 또는 지상으로 통하는 복도나 직통계단에 직접 접하거나 통로 등으로 연결될 수 있도록 설치하여야 하며, 피난층 또는 지상으로 통하는 복도나 직통계단까지 이르는 피난통로의 유효 너비는 0.75m 이상으로 하고, 피난통로의 실내에 접하는 부분의 마감과 그 바탕은 불연재료로 할 것
- 비상탈출구의 진입 부분 및 피난통로에는 통행에 지장이 있는 물건을 방치하거나 시설물을 설치하지 아니할 것
- 비상탈출구의 유도등과 피난통로의 비상조명등의 설치는 소방법령이 정하는 바에 의할 것

63 12층의 바닥 면적이 1,500m² 건축물로서 자동식 소화설비를 설치한 경우 방화구획으로 나누어지는 바닥은 몇 개소인가?(단, 디자인과 평면계획은 고려하지 않음)

① 1개소 이상
② 2개소 이상
③ 3개소 이상
④ 4개소 이상

해설
600m² 이내마다 구획해야 하므로
1,500 ÷ 600 = 2.5 → 3개소 이상
방화구획의 설치기준(건축물의 피난·방화구조 등의 기준에 관한 규칙 제14조)
11층 이상의 층은 바닥 면적 200m²(스프링클러 기타 이와 유사한 자동식 소화설비를 설치한 경우에는 600m²) 이내마다 구획할 것

64 철골조 기둥(작은 지름 25cm 이상)이 내화구조기준에 부합하기 위해서 두께를 최소 7cm 이상을 보강해야 하는 재료에 해당되지 않는 것은?

① 콘크리트 블록
② 철망 모르타르
③ 벽돌
④ 석재

해설
내화구조(건축물의 피난·방화구조 등의 기준에 관한 규칙 제3조)
철골을 두께 6cm(경량골재를 사용하는 경우에는 5cm) 이상의 철망 모르타르 또는 두께 7cm 이상의 콘크리트 블록·벽돌 또는 석재로 덮은 것이어야 한다.

65 목구조에서 각 부재의 접합부 및 벽체를 튼튼하게 하기 위하여 사용되는 부재와 관련 없는 것은?

① 귀잡이
② 버팀대
③ 가새
④ 장선

해설
장선은 상부의 수직하중을 받으면서 벽체에 전달하는 중요한 구조재이다.

66 조적식 구조의 벽에 설치하는 창, 출입구 등의 개구부 설치기준으로 틀린 것은?

① 각 층의 대린벽으로 구획된 각 벽에 있어서 개구부의 폭의 합계는 그 벽의 길이 1/2 이하로 하여야 한다.
② 하나의 층에 있어서의 개구부와 그 바로 위층에 있는 개구부와의 수직거리는 최소 900mm 이상으로 하여야 한다.
③ 폭이 1.8m를 넘는 개구부의 상부에는 철근콘크리트 구조의 윗인방을 설치하여야 한다.
④ 조적식 구조인 내어민창 또는 내어쌓기창은 철골 또는 철근콘크리트로 보강하여야 한다.

해설
개구부(건축물의 구조기준 등에 관한 규칙 제35조)
- 조적식 구조인 벽에 있는 창·출입구 그 밖의 개구부(開口部)의 구조는 다음의 기준에 의한다.
  - 각 층의 대린벽으로 구획된 각 벽에 있어서 개구부의 폭의 합계는 그 벽의 길이의 1/2 이하로 하여야 한다.
  - 하나의 층에 있어서의 개구부와 그 바로 위층에 있는 개구부와의 수직거리는 600mm 이상으로 하여야 한다. 같은 층의 벽에 상하의 개구부가 분리되어 있는 경우 그 개구부 사이의 거리도 또한 같다.
- 조적식 구조인 벽에 설치하는 개구부에 있어서는 각 층마다 그 개구부 상호 간 또는 개구부와 대린벽의 중심과의 수평거리는 그 벽의 두께의 2배 이상으로 하여야 한다. 다만, 개구부의 상부가 아치구조인 경우에는 그러하지 아니하다.
- 폭이 1.8m를 넘는 개구부의 상부에는 철근콘크리트구조의 윗인방(引枋 : 문이나 창의 아래나 위로 가로질러 설치하여, 상부 무게를 받도록 하는 구조물을 말한다)을 설치해야 한다.
- 조적식 구조인 내어민창 또는 내어쌓기창은 철골 또는 철근콘크리트로 보강하여야 한다.

67 고딕(gothic) 건축의 특징적 내용과 거리가 먼 것은?

① 그리스 십자형(greek cross) 평면
② 리브 볼트(rib vault)
③ 장미창(rose window)
④ 첨두형 아치(pointed arch)

해설
그리스 십자형(greek cross) 평면은 비잔틴 건축의 특징이다.

68 건축물에 설치하는 승용 승강기 설치대수 산정에 직접적으로 관련 있는 것끼리 묶여진 것은?

① 용도 – 층수 – 각 층의 거실 면적
② 용도 – 층수 – 높이
③ 용도 – 높이 – 각 층의 거실 면적
④ 층수 – 높이 – 각 층의 거실 면적

해설
승용 승강기의 설치기준 조건(건축물의 설비기준 등에 관한 규칙 별표 1의2)
- 건축물의 용도
- 6층 이상의 거실 면적의 합계

69 건축물을 건축하거나 대수선하는 경우 해당 건축물의 건축주는 착공신고를 하는 때에 해당 건축물의 설계자로부터 구조 안전의 확인서류를 받아 허가권자에게 제출하여야 하는데 이에 해당하는 대상 건축물 기준으로 옳은 것은?

① 연면적이 300m² 이상인 건축물
② 처마 높이가 6m 이상인 건축물
③ 기둥과 기둥 사이의 거리가 10m 이상인 건축물
④ 높이가 10m 이상인 건축물

해설
구조 안전의 확인(건축법 시행령 제32조)
구조 안전을 확인한 건축물 중 다음의 어느 하나에 해당하는 건축물의 건축주는 해당 건축물의 설계자로부터 구조 안전의 확인 서류를 받아 착공신고를 하는 때에 그 확인 서류를 허가권자에게 제출하여야 한다. 다만, 표준설계도서에 따라 건축하는 건축물은 제외한다.
- 층수가 2층(주요 구조부인 기둥과 보를 설치하는 건축물로서 그 기둥과 보가 목재인 목구조 건축물의 경우에는 3층) 이상인 건축물
- 연면적이 200m²(목구조 건축물의 경우 500m²) 이상인 건축물. 다만, 창고, 축사, 작물 재배사는 제외한다.
- 높이가 13m 이상인 건축물
- 처마 높이가 9m 이상인 건축물
- 기둥과 기둥 사이의 거리가 10m 이상인 건축물
- 건축물의 용도 및 규모를 고려한 중요도가 높은 건축물로서 국토교통부령으로 정하는 건축물
- 국가적 문화유산으로 보존할 가치가 있는 건축물로서 국토교통부령으로 정하는 것
- 한쪽 끝은 고정되고 다른 끝은 지지(支持)되지 아니한 구조로 된 보·차양 등이 외벽(외벽이 없는 경우에는 외곽 기둥을 말한다)의 중심선으로부터 3m 이상 돌출된 건축물 또는 특수한 설계·시공·공법 등이 필요한 건축물로서 국토교통부장관이 정하여 고시하는 구조로 된 건축물
- 건축법 시행령 별표 1 제1호의 단독주택 및 같은 표 제2호의 공동주택

70 다음 용어 중 철골구조와 가장 관계가 먼 것은?

① 인서트(insert)
② 사이드 앵글(side angle)
③ 웨브 플레이트(web plate)
④ 윙 플레이트(wing plate)

해설
인서트(insert) : 콘크리트 표면에 달대 등을 달아매도록 콘크리트를 타설하기 전에 미리 묻어 넣는 고정철물이다.

71 한국의 궁궐 건축을 최초 창건 순서대로 옳게 나열한 것은?

① 경복궁 – 창덕궁 – 창경궁 – 경희궁
② 창덕궁 – 경복궁 – 경희궁 – 창경궁
③ 창경궁 – 경희궁 – 창덕궁 – 경복궁
④ 경희궁 – 창경궁 – 창덕궁 – 경복궁

해설
경복궁(1394년, 태조) → 창덕궁(1405년, 태종) → 창경궁(1484년, 성종) → 경희궁(1623년, 광해군)

72 건축물의 바깥쪽으로 나가는 주된 출구 외에 보조 출구 또는 비상구를 2개소 이상 설치하여야 하는 것은?

① 관람실의 바닥 면적의 합계가 200m² 이상인 문화 및 집회시설 중 집회장
② 관람실의 바닥 면적의 합계가 300m² 이상인 문화 및 집회시설 중 공연장
③ 거실의 바닥 면적의 합계가 400m² 이상인 장례시설
④ 거실의 바닥 면적의 합계가 500m² 이상인 위락시설

해설
건축물의 바깥쪽으로의 출구의 설치기준(건축물의 피난·방화구조 등의 기준에 관한 규칙 제11조 제3항)
건축물의 바깥쪽으로 나가는 출구를 설치하는 경우 관람실의 바닥 면적의 합계가 300m² 이상인 집회장 또는 공연장에 있어서는 주된 출구 외에 보조출구 또는 비상구를 2개소 이상 설치해야 한다.

73 다음 소방시설 중 소화설비에 속하지 않는 것은?

① 상수도소화용수설비
② 소화기
③ 옥내소화전설비
④ 스프링클러설비

해설
상수도소화용수설비는 소화용수설비에 속한다.
소방시설(소방시설 설치 및 관리에 관한 법률 시행령 별표 1)
• 소화설비 : 물 또는 그 밖의 소화약제를 사용하여 소화하는 기계·기구 또는 설비로서 다음의 것을 말한다.
 – 소화기구
 – 자동소화장치
 – 옥내소화전설비
 – 스프링클러설비 등
 – 물분무 등 소화설비
 – 옥외소화전설비

74 화재예방, 소방시설 설치·유지 및 안전관리에 관한 법령상 곧바로 지상으로 갈 수 있는 출입구가 있는 층으로 정의되는 것은?

① 무창층 ② 피난층
③ 지상층 ④ 피난안전구역

해설
※ 문제에 해당하는 법이 분법되어 다음과 같이 변경되었습니다.
화재예방, 소방시설 설치·유지 및 안전관리에 관한 법 → 소방시설 설치 및 관리에 관한 법률
정의(소방시설 설치 및 관리에 관한 법률 시행령 제2조)
• '무창층(無窓層)'이란 지상층 중 개구부(건축물에서 채광·환기·통풍 또는 출입 등을 위하여 만든 창·출입구, 그 밖에 이와 비슷한 것을 말한다)의 면적의 합계가 해당 층의 바닥 면적의 1/30 이하가 되는 층을 말한다.
• '피난층'이란 곧바로 지상으로 갈 수 있는 출입구가 있는 층을 말한다.

75 주요 구조부를 내화구조로 하여야 하는 건축물의 기준으로 틀린 것은?

① 문화 및 집회시설 중 전시장으로서 그 용도로 쓰이는 바닥 면적 합계가 500m² 이상인 건축물
② 판매시설로서 그 용도로 쓰이는 바닥 면적 합계가 500m² 이상인 건축물
③ 창고시설로서 그 용도로 쓰이는 바닥 면적 합계가 500m² 이상인 건축물
④ 공장의 용도로 쓰는 건축물로서 그 용도로 쓰이는 바닥 면적 합계가 500m² 이상인 건축물

해설
건축물의 내화구조(건축법 시행령 제56조)
공장의 용도로 쓰는 건축물로서 그 용도로 쓰는 바닥 면적의 합계가 2,000m² 이상인 건축물의 주요 구조부와 지붕은 내화구조로 해야 한다. 다만, 화재의 위험이 적은 공장으로서 국토교통부령으로 정하는 공장은 제외한다.

76 다음 중 비상방송설비를 설치하여야 하는 특정소방대상물이 아닌 것은?(단, 위험물 저장 및 처리시설 중 가스시설, 사람이 거주하지 않는 동물 및 식물 관련 시설, 지하가 중 터널, 축사 및 지하구는 제외)

① 50인 이상의 근로자가 작업하는 옥내작업장
② 연면적 3,500m² 이상인 것
③ 지하층의 층수가 3층 이상인 것
④ 지하층을 제외한 층수가 11층 이상인 것

해설
※ 관련 법령 개정으로 문제의 지문이 다음과 같이 변경되었습니다.
(단, 위험물 저장 및 처리 시설 중 가스시설, 사람이 거주하지 않거나 벽이 없는 축사 등 동물 및 식물 관련 시설, 터널 및 지하구는 제외)
※ 출제 시 정답은 ①이었으나, 법령 개정으로 정답 ①, ④
소방시설(소방시설 설치 및 관리에 관한 법률 시행령 별표 1)
• 비상방송설비 : 위험물 저장 및 처리시설 중 가스시설, 사람이 거주하지 않거나 벽이 없는 축사 등 동물 및 식물 관련 시설, 터널 및 지하구는 제외한다.
 – 연면적 3,500m² 이상인 것은 모든 층
 – 층수가 11층 이상인 것은 모든 층
 – 지하층의 층수가 3층 이상인 것은 모든 층

77 조적조에서 내력벽으로 둘러싸인 부분의 바닥 면적은 최대 몇 m² 이하로 하는가?

① 50m²　　② 60m²
③ 70m²　　④ 80m²

해설
내력벽의 높이 및 길이(건축물의 구조기준 등에 관한 규칙 제31조)
• 조적식 구조인 건축물중 2층 건축물에 있어서 2층 내력벽의 높이는 4m를 넘을 수 없다.
• 조적식 구조인 내력벽의 길이[대린벽(對隣壁) : 서로 직각으로 교차되는 벽을 말한다)의 경우에는 그 접합된 부분의 각 중심을 이은 선의 길이를 말한다. 이하 이 절에서 같다]는 10m를 넘을 수 없다.
• 조적식 구조인 내력벽으로 둘러쌓인 부분의 바닥 면적은 80m²를 넘을 수 없다.

78 다음 그림과 같은 목재의 이음의 종류는?

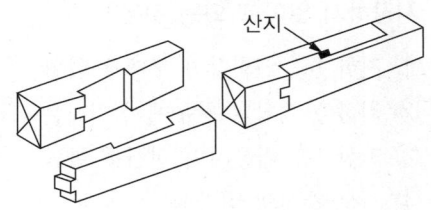

① 엇빗이음
② 겹침이음
③ 엇걸이이음
④ 긴촉이음

해설
엇걸이이음
나무재료 끝에서 큰 턱을 만들어 비녀(=산지) 같은 형태의 (나무)촉을 보조로 촉이 팽창하는 것을 이용하여 잇는 것으로 엇걸이산지이음, 엇걸이홈이음, 엇걸이촉이음이라고도 한다.

엇빗이음	
겹침이음	
엇걸이이음	
긴촉이음	

79 호텔 각 실의 재료 중 방염성능기준 이상의 것으로 시공하지 않아도 되는 것은?

① 지하 1층 연회장의 무대용 합판
② 최상층 식당의 창문에 설치하는 커튼류
③ 지상 1층 라운지의 전시용 합판
④ 지상 객실의 화장대

해설

방염대상물품 및 방염성능기준(소방시설 설치 및 관리에 관한 법률 시행령 31조)
- 제조 또는 가공 공정에서 방염처리를 한 물품
- 창문에 설치하는 커튼류(블라인드를 포함)
- 카펫
- 벽지류(두께가 2mm 미만인 종이벽지는 제외)
- 전시용 합판·목재 또는 섬유판, 무대용 합판·목재 또는 섬유판(합판·목재류의 경우 불가피하게 설치현장에서 방염처리한 것을 포함)
- 암막·무대막(영화상영관에 설치하는 스크린과 가상체험체육시설업에 설치하는 스크린 포함)
- 섬유류 또는 합성수지류 등을 원료로 하여 제작된 소파·의자(단란주점영업, 유흥주점영업 및 노래연습장업의 영업장에 설치하는 것으로 한정)

80 관계공무원에 의한 소방안전관리에 관한 특별조사의 항목에 해당하지 않는 것은?

① 특정소방대상물의 소방안전관리 업무 수행에 관한 사항
② 특정소방대상물의 소방계획서 이행에 관한 사항
③ 특정소방대상물의 자체점검 및 정기점검 등에 관한 사항
④ 특정소방대상물의 소방안전관리자의 선임에 관한 사항

해설

※ 법령 개정으로 용어가 다음과 같이 변경되었습니다.
　소방특별조사 → 화재안전조사
※ 출제 시 정답은 ④였으나, 법령 개정으로 정답없음

화재안전조사의 항목(화재의 예방 및 안전관리에 관한 법률 시행령 제7조)
- 화재의 예방조치 등에 관한 사항
- 소방안전관리 업무 수행에 관한 사항
- 피난계획의 수립 및 시행에 관한 사항
- 소화·통보·피난 등의 훈련 및 소방안전관리에 필요한 교육(소방훈련·교육)에 관한 사항
- 소방자동차 전용구역의 설치에 관한 사항
- 시공, 감리 및 감리원의 배치에 관한 사항
- 소방시설의 설치 및 관리에 관한 사항
- 건설현장 임시소방시설의 설치 및 관리에 관한 사항
- 피난시설, 방화구획 및 방화시설의 관리에 관한 사항
- 방염에 관한 사항
- 소방시설 등의 자체점검에 관한 사항
- 다중이용업소의 안전관리에 관한 특별법에 따른 안전관리에 관한 사항
- 위험물안전관리법에 따른 위험물 안전관리에 관한 사항
- 초고층 및 지하연계 복합건축물 재난관리에 관한 특별법에 따른 초고층 및 지하연계 복합건축물의 안전관리에 관한 사항

2015년 제3회 과년도 기출문제

제1과목 실내디자인론

01 상점 진열창(show window)에 눈부심을 방지하기 위한 방법으로 옳지 않은 것은?

① 유리면을 경사지게 한다.
② 외부에 차양을 설치한다.
③ 특수한 곡면유리를 사용한다.
④ 진열창의 내부 조도를 외부보다 낮게 한다.

해설
진열장 내의 밝기를 인공적으로 외부보다 밝게 한다.

02 다음 중 오픈 오피스 플랜의 가장 큰 단점은?

① 고가의 공사비
② 청각적 프라이버시
③ 시각적 프라이버시
④ 부서 간의 친밀감 감소

해설
트인 형태의 사무실에서는 적정한 소음 수준을 찾기 어렵다.

03 규모가 큰 주택에서 부엌과 식당 사이에 식품, 식기 등을 저장하기 위해 설치한 실을 무엇이라 하는가?

① 배선실(pantry)
② 가사실(utility)
③ 서비스 야드(service yard)
④ 다용도실(multipurpose room)

해설
② · ④ : 다용도실(가사실, utility) : 제2의 주방으로 부엌 이외의 세탁, 수납 등 전반적인 가사작업 공간의 하나로, 여러 작업을 목적으로 사용되는 주부의 생활 공간이다.
③ 서비스 야드(service yard) : 부엌 주위의 옥외 스페이스, 즉 세탁물 건조장, 가사, 공작, 어린이 놀이 등에 사용되는 장소로 출입구에 이어지는 옥외의 가사작업장을 말한다.

04 미스 반데어로에에 의하여 디자인된 의자로, X자로 된 강철 파이프 다리 및 가죽으로 된 등받이와 좌석으로 구성되어 있는 것은?

① 바실리 의자   ② 체스카 의자
③ 파이미오 의자 ④ 바르셀로나 의자

해설
① · ② : 마르셀 브로이어가 디자인한 의자이다.
③ : 알바 알토가 디자인한 의자이다.

[정답] 1 ④ 2 ② 3 ① 4 ④

05 단차에 의한 공간의 효과에 관한 설명으로 옳지 않은 것은?

① 단수가 적은 오르는 계단은 기대감을 줄 수 있다.
② 약간 내려가는 계단은 아늑한 곳으로 인도하는 느낌을 준다.
③ 계단 위를 볼 수 없을 정도가 되면 불안감을 줄 가능성이 있다.
④ 작은 방에서 큰 방으로의 연결은 내려오는 계단으로 되어야만 안정된 느낌을 준다.

해설
작은 방에 큰 방이 연결되면 공간의 효과는 증대된다. 이때 위에서 아래로 내려오는 계단은 불안정한 느낌을 줄 수 있다.
계단이 주는 심리적 효과
- 많이 내려가는 계단은 불안정한 느낌을 줄 수 있다.
- 약간 내려가는 계단은 아늑한 곳으로 인도하는 느낌을 준다.
- 계단 위를 볼 수 있는 범위 내에서 계단이 많을수록 기대감은 상승한다.
- 수평면과 같은 경우에는 어떤 기대나 느낌을 주지 않는다.
- 단수가 적은 경우에는 특별한 공간으로 진입하는 듯한 기대감을 준다.
- 계단 위를 볼 수 없을 정도가 되면 불안감을 줄 가능성이 있다.

06 상품의 유효 진열범위에서 고객의 시선이 자연스럽게 머물고, 손으로 잡기에도 편한 높이인 골든 스페이스(golden space)의 범위는?

① 500~850mm
② 850~1,250mm
③ 1,250~1,400mm
④ 1,450~1,600mm

해설
고객의 시선이 가장 편하게 머물고 상품을 꺼낼 수 있는 편안한 높이는 850~1,250mm 높이로 이 범위를 골든 스페이스(golden space)라 하며 주력 상품을 진열한다.

07 균형의 원리에 관한 설명으로 옳지 않은 것은?

① 어두운색이 밝은색보다 무겁게 느껴진다.
② 차가운 색이 따뜻한 색보다 무겁게 느껴진다.
③ 기하학적인 형태가 불규칙적인 형태보다 무겁게 느껴진다.
④ 복잡하고 거친 질감이 단순하고 부드러운 것보다 무겁게 느껴진다.

해설
불규칙한 형태가 기하학적 형태보다 무겁게 느껴진다.

08 다음과 같은 단면을 갖는 천장의 유형은?

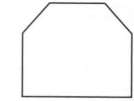

① 나비형 ② 단저형
③ 경사형 ④ 꺾임형

해설
천장의 유형(단면)

나비형	단저형	경사형	꺾임형

09 다음 중 유니버설 공간의 개념적 설명으로 가장 알맞은 것은?

① 상업 공간을 말한다.
② 모듈이 적용된 공간을 말한다.
③ 독립성이 극대화된 공간을 말한다.
④ 공간의 융통성이 극대화된 공간을 말한다.

해설
유니버설 공간(universal space) : 다목적 이용을 가능하게 계획한 무한정 공간으로 가동 기구의 자유로운 사용을 시도하지만 가족 간의 프라이버시 유지는 어렵다.

10 다음 중 모듈(module)과 가장 관계가 깊은 디자인 원리는?

① 비례   ② 균형
③ 리듬   ④ 통일

해설
모듈은 르 코르뷔지에가 처음으로 디자인의 개념에 도입하였는데, 기본 개념은 비례로서 인체의 비례를 황금비로 분석하여 이용하는 것이 타당하다고 주장하였다.

11 다음 중 다의 도형 착시의 사례로 가장 알맞은 것은?

① 루빈의 항아리   ② 펜로즈의 삼각형
③ 쾨니히의 목걸이   ④ 포겐도르프의 도형

해설
도형과 배경의 법칙
루빈의 항아리는 항아리와 얼굴의 옆모습이 반전되어 보이는 현상이다.

12 3차원 형상에 관한 설명으로 옳은 것은?

① 면과 선의 교차에서 나타난다.
② 2차원적 형상에 깊이나 볼륨을 더하여 창조된다.
③ 어떤 형상을 규정하거나 한정하고, 면적을 분할한다.
④ 삼각형, 사각형, 다각형, 원, 기타 기하학적 형태로 존재한다.

해설
② 3차원은 1차원의 선이 모여서 2차원인 면이 되고, 2차원인 면이 모여서 3차원의 입체가 된다.
① 점은 선의 양 끝, 선의 교차, 선의 굴절, 면과 선의 교차에서 나타난다.
③ 선은 어떤 형상을 규정하거나 한정하고, 면적을 분할한다.

13 주택의 거실에서 스크린(화면)을 중심으로 텔레비전을 시청하기에 적합한 최대 범위는?

① 45° 이내
② 50° 이내
③ 60° 이내
④ 70° 이내

해설
텔레비전 시청을 위한 장소 좌석은 스크린을 중심으로 60°의 각도 내에서 텔레비전 화면을 볼 수 있도록 하는 것이 적합하다. 스크린의 높이는 눈높이에 맞추는 것이 가장 좋다. 편안하게 볼 수 있는 사람의 안계(眼界)는 눈높이 상하 15°의 범위이다.

정답 9 ④ 10 ① 11 ① 12 ② 13 ③

14 다음 설명과 가장 관련이 깊은 그림은?

> 2차원적 형상의 절단을 통해 새로운 2차원적 형상을 예감할 수 있다.

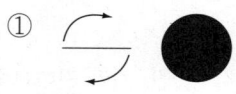

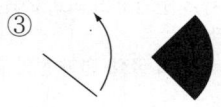

해설
①·③·④는 선의 이동에 의해 생긴 면이다.

15 일반적인 부엌의 작업 순서에 따른 작업대 배치 순서대로 가장 알맞은 것은?

> ㉠ 개수대   ㉡ 조리대
> ㉢ 준비대   ㉣ 배선대
> ㉤ 가열대

① ㉠ → ㉡ → ㉢ → ㉣ → ㉤
② ㉡ → ㉣ → ㉢ → ㉤ → ㉠
③ ㉢ → ㉠ → ㉡ → ㉤ → ㉣
④ ㉣ → ㉤ → ㉡ → ㉠ → ㉢

해설
작업대는 부엌에서 취사가 이루어지는 곳으로 준비대 → 개수대 → 조리대 → 가열대 → 배선대 순으로 배치한다.

16 주택 계획에서 LDK(Living Dining Kitchen)형에 관한 설명으로 옳지 않은 것은?

① 주부의 동선이 단축된다.
② 이상적인 식사 공간 분위기 조성이 어렵다.
③ 소요 면적이 많아 소규모 주택에서는 도입이 어렵다.
④ 거실, 식당, 부엌을 개방된 하나의 공간에 배치한 것이다.

해설
LDK(Living Dining Kitchen)형은 주방 내에 거실, 식당이 한 공간에 배치된 형태로, 조리와 식사뿐만이 아니라 휴식과 오락을 함께 즐길 수 있어 소규모 주택에 적합하다.

17 실내디자인의 원리 중 휴먼스케일에 관한 설명으로 옳지 않은 것은?

① 인간의 신체기준으로 파악되고 측정되는 척도기준이다.
② 공간의 규모가 웅대한 기념비적인 공간은 휴먼스케일을 적용하는 데 용이하다.
③ 휴먼스케일이 잘 적용된 실내 공간은 심리적, 시각적으로 안정된 느낌을 준다.
④ 휴먼스케일의 적용은 추상적, 상징적이 아닌 기능적인 척도를 추구하는 것이다.

해설
공간의 규모가 웅대한 기념비적인 공간은 기념비적 스케일을 적용하는 데 용이하다.
스케일
- 휴먼스케일 : 인체를 기준으로 파악, 측정되는 척도기준으로 인체의 크기에 비해 너무 작거나 크지 않은 사람들이 생활하고 활동하기에 알맞은 공간개념을 말한다.
- 기념비적 스케일 : 초인간적 스케일로 주로 기념비적 공원이나 상징적인 공간 등에 사용한다.

18 다음 중 실내디자인의 개념과 가장 거리가 먼 것은?

① 순수예술　② 공간예술
③ 디자인 행위　④ 계획, 실행과정, 결과

해설
실내디자인은 인간이 거주하는 실내 공간을 아름답고 능률적이며 쾌적한 환경으로 창조해 내는 계획이고 실행과정이며 그 결과라고 볼 수 있다.

19 다음 중 상징적 경계에 관한 설명으로 가장 알맞은 것은?

① 슈퍼그래픽을 말한다.
② 경계를 만들지 않는 것이다.
③ 담을 쌓은 후 상징물을 설치하는 것이다.
④ 물리적 성격이 약화된 시각적 영역표시를 말한다.

해설
상징적 경계는 개방된 공간과 밀폐된 공간을 동시에 수용할 필요가 있는 편안하고 안락한 분위기를 요하는 공간에 많이 사용된다.

20 판매 공간의 상품강조조명에 관한 설명으로 옳지 않은 것은?

① 상품의 종류, 크기, 형태, 디스플레이 방법을 고려하여 설치한다.
② 판매대 안에 소형의 전구를 매입시키거나 스포트라이트를 설치한다.
③ 상품강조조명과 환경조명의 조도대비는 1.5배 정도로 할 때 가장 효과적이다.
④ 상품의 위치가 고정적이지 않을 경우에는 라이팅 트랙(lighting track)을 설치한다.

해설
상품강조조명은 기본조명(전체조명)과 3~5배의 대비가 효과적이다.
※ 장식조명(환경조명)은 개성 있는 표현의 수단으로 그 자체로 특별한 장식효과를 내기 위해 사용하는 조명이다.

제2과목　색채 및 인간공학

21 다음 중 일반적으로 경계 및 경보 신호를 설계할 경우의 참고 되는 지침으로 틀린 것은?

① 귀는 중음역에 가장 민감하므로 500~3,000Hz의 진동수를 사용한다.
② 고음은 장거리에 유용하므로 장거리용으로는 1,000Hz 이상의 진동수를 사용한다.
③ 신호가 장애물을 돌아가거나 칸막이를 사용할 때에는 500Hz 이하의 진동수를 사용한다.
④ 배경 소음의 진동수와 다른 신호를 사용한다.

해설
중음은 멀리 가지 못하므로 장거리(>300m)용으로는 1,000Hz 이하의 진동수를 사용한다.

22 신체 부위의 운동 중 '몸의 중심선으로의 이동'을 무엇이라 하는가?

① 내전(adduction)　② 외전(abduction)
③ 굴곡(flexion)　④ 신전(extension)

해설
① 내전(adduction) : 신체의 중심으로 가까이 오는 운동
② 외전(abduction) : 신체의 중심으로부터 멀어지는 운동
③ 굴곡(flexion) : 각을 이루며 굽히는 것
④ 신전(extension) : 관절을 곧게 펴는 것

정답 18 ① 19 ④ 20 ③ 21 ② 22 ①

23 다음 중 문자-숫자 표시에 있어서 암순응이 필요한 경우 가장 적절한 배색은?

① 흰 바탕에 검은 글씨
② 흰 바탕에 파랑 글씨
③ 검은 바탕에 흰 글씨
④ 검은 바탕에 빨강 글씨

해설
암순응 : 밝은 곳에서 어두운 곳으로 이동할 때의 순응을 말한다.

24 다음 중 인간공학에 대한 설명으로 틀린 것은?

① 인간공학은 인간-기계 체계에 있어서 인간을 최우선적으로 고려한다.
② 장치의 설계에 있어서 인간공학은 효율성에 중점을 두고 있다.
③ 인간공학이 설계 기술자와 연관을 갖게 된 것은 2차 세계대전 이후부터이다.
④ 인간공학은 인간이 기계나 작업환경에 어떠한 방법으로 적응할 것인가에 대해 연구한다.

해설
인간공학은 사람이 만들어 사람이 사용하는 도구(기계, 체계, 환경 등을 포함하여)들의 설계요소 중에서도 주로 '인간요소'에 관해서 다루고 있으며, 그런 기구들을 만드는 과정에서 사람이 사용하기에 편리하게 한다는 것을 대전제로 하고 있다.

25 다음 중 인체 측정치의 1, 5, 10%tile과 같은 하위 백분위수를 기준으로 디자인하는 것은?

① 문의 넓이
② 사다리의 강도
③ 선반의 높이
④ 탈출구의 높이

해설
최소 집단치
• 인체계측변수 분포의 1, 5, 10%tile과 같은 하위 백분위수를 기준으로 한다.
• 선반의 높이, 조종장치까지의 거리, 엘리베이터 조작 버튼의 높이 등이 있다.

26 다음 중 정보이론에 있어 정보량의 단위로 옳은 것은?

① code
② bit
③ byte
④ character

해설
비트는 정보 이론 분야에서는 '섀넌(shannon)'과 동의어로서 1개의 2진 숫자가 보유할 수 있는 최대 정보량을 나타낸다.

27 다음 중 폰(phon)과 손(sone)에 관한 설명으로 틀린 것은?

① 40dB의 1,000Hz 순음의 크기를 1sone이라 한다.
② 음량수준이 10phon 증가하면 음량(sone)은 4배가 된다.
③ 한 음의 phon 값으로 표시한 음량수준은 이 음과 같은 크기로 들리는 1,000Hz 순음의 음압수준(dB)이다.
④ 음량균형기법을 사용하여 정량적 평가를 하기 위한 음량수준척도를 작성하였고, 그 단위를 phon이라 한다.

해설
음량수준이 10phon 증가하면 음량(sone)은 2배가 된다.

28 다음 중 작업효율에 관한 설명으로 가장 적절한 것은?

① 어떤 조건 하에서 일정한 일을 함에 있어 신속, 확실, 효과적으로 해낼 수 있는 능력을 말한다.
② 신체적으로 보다 큰 에너지 소모가 있을 때 "작업효율이 있다"라고 한다.
③ 신경적으로는 보다 큰 긴장, 심리적으로는 보다 큰 노력감이 있을 때 "작업효율이 좋다"라고 한다.
④ 에너지 소비량을 S, 실현하여 얻은 작업을 P라고 하면 작업효율(E)은 $\frac{S}{P}$로 정의할 수 있다.

해설
작업효율
에너지 소비의 관점에서 사람의 작업 수행도를 나타내는 척도로 쓰이며 식은 다음과 같다.
$$\text{작업효율(\%)} = \frac{\text{작업량}}{\text{에너지 소비량}} \times 100$$

29 다음 중 시야(視野)에 대한 설명으로 가장 옳은 것은?

① 인간이 얼마만큼 멀리 볼 수 있는가를 말한다.
② 인간이 얼마만큼 가까이 볼 수 있는가를 말한다.
③ 어느 한 점에 눈을 돌렸을 때 보이는 범위를 시각으로 나타낸 것이다.
④ 어느 한 점에 눈을 돌렸을 때 보이는 범위를 거리로 나타낸 것이다.

해설
시야(visual field) : 어느 한 점에 눈을 돌렸을 때 보이는 범위를 시각으로 나타낸 것이다. 백색, 청색, 황색, 적색, 녹색 순으로 넓어진다.

30 다음 중 생체리듬에 관한 설명으로 옳은 것은?

① 육체적 리듬(P)은 33일을 주기로 반복한다.
② 지성적 리듬(I)은 28일을 주기로 반복한다.
③ 감성적 리듬(S)은 23일을 주기로 반복한다.
④ 생체리듬은 (+)와 (−)를 반복하며 (+)와 (−)의 변화하는 점을 위험일이라 한다.

해설
① 육체적 리듬(P)은 23일을 주기로 반복한다.
② 지성적 리듬(I)은 33일을 주기로 반복한다.
③ 감성적 리듬(S)은 28일을 주기로 반복한다.

31 다음 중 한색과 난색에 대한 설명이 잘못된 것은?

① 노랑 계통은 난색이고 진출색, 팽창색이다.
② 파랑 계통은 한색이고 후퇴색, 수축색이다.
③ 보라 계통은 한색이고 후퇴색, 수축색이다.
④ 빨강 계통은 난색이고 진출색, 팽창색이다.

해설
보라 계통은 중성색이다.
색의 진출과 후퇴
• 진출색(팽창색) : 명도, 채도가 높고 따뜻한 색이다.
• 후퇴색(수축색) : 명도, 채도가 낮고 차가운 색이다.
색의 온도감
• 따뜻한 색(난색) : 빨강, 노랑, 주황 등의 색으로 자극적이고 활동적인 느낌을 준다.
• 차가운 색(한색) : 청록, 파랑, 남색 등의 색으로 침착하고 안정된 느낌을 준다.
• 중성색 : 연두, 보라, 자주, 녹색으로 수수한 느낌을 준다.

정답 28 ① 29 ③ 30 ④ 31 ③

32 다음 중 보색 관계가 아닌 것은?

① 빨강 – 청록
② 노랑 – 남색
③ 파랑 – 주황
④ 보라 – 초록

해설
④ 보라 – 노랑

33 컬러 TV의 화면이나 인상파 화가의 점묘법, 직물 등에서 발견되는 색의 혼색 방법은?

① 동시감법혼색
② 계시가법혼색
③ 병치가법혼색
④ 감법혼색

해설
병치가법혼색(중간혼합, 병치혼합)
서로 다른 색이 조밀하게 병치되어 있어 서로 혼합되어 보이는 현상을 말한다. 점묘법, 모자이크, 직물의 색, 원색 인쇄, TV의 화면에서 발견되는 색의 혼합방법이다.

34 색채 측정 및 색채관리에 가장 널리 활용되고 있는 것은 어느 것인가?

① Lab 형식
② RGB 형식
③ HSB 형식
④ CMY 형식

해설
Lab 형식 : Lab 컬러는 국제조명위원회(CIE)에 의하여 1976년 재정립된 컬러체계이다.

35 디지털 색채 시스템에서 RGB형식으로 검정을 표현하기에 적절한 수치는?

① R = 255, G = 255, B = 255
② R = 0, G = 0, B = 255
③ R = 0, G = 0, B = 0
④ R = 255, G = 255, B = 0

해설
① 백색, ② 파랑, ④ 노랑

36 문-스펜서의 조화론 중 유사조화에 해당되는 색상은?(단, 기본색이 R인 경우)

① YR   ② PV
③ B   ④ G

해설
유사조화 : 색상이 같은 성격이나 비슷한 성격으로 서로 잘 어울리는 것을 말한다.

37 먼셀의 색채조화 원리에 대한 설명으로 틀린 것은?

① 평균 명도가 N5가 되는 색들은 조화된다.
② 중간 정도 채도의 보색은 동일 면적으로 배색할 때 조화를 이룬다.
③ 명도는 같으나 채도가 다른 색들은 조화를 이룬다.
④ 색상이 다른 여러 색을 배색할 경우 동일한 명도와 채도를 적용하면 조화를 이루지 못한다.

[해설]
색상이 다른 색채를 배색할 경우에는 명도와 채도를 같게 하면 조화롭다.

38 노란색의 무늬를 어떤 바탕색 위에 놓으면 가장 채도가 높아 보이는가?

① 황토색 ② 흰색
③ 회색   ④ 검은색

[해설]
검은색 바탕에서는 노란색 > 백색 > 주황색 > 적색 순으로 명시도가 높다.

39 혼색계에 대한 설명 중 올바른 것은?

① 심리, 물리적인 빛의 혼색 실험에 기초를 둠
② 오스트발트 표색계
③ 먼셀 표색계
④ 물체색을 표시하는 표색계

[해설]
혼색계(color mixing system)
• 색을 표시하는 표색계로서 심리·물리적인 빛의 혼색 실험에 기초를 두었다.
• 오늘날 사용하고 있는 CIE 표색계(XYZ 표색계)가 가장 대표적이다.

40 색의 3속성에 관한 설명으로 옳은 것은?

① 명도는 빨강, 노랑, 파랑 등과 같은 색감을 말한다.
② 채도는 색의 강도를 나타내는 것으로 순색의 정도를 의미한다.
③ 채도는 빨강, 노랑, 파랑 등과 같은 색상의 밝기를 말한다.
④ 명도는 빨강, 노랑, 파랑 등과 같은 색상의 선명함을 말한다.

[해설]
명도는 밝기의 정도, 색상은 색의 이름, 채도는 색의 선명도를 말한다.

[정답] 37 ④ 38 ④ 39 ① 40 ②

제3과목 건축재료

41 점토제품의 흡수성과 관계된 현상으로 가장 거리가 먼 것은?

① 녹물 오염 ② 백화(白華)
③ 균열   ④ 동해(凍害)

해설
바나듐이나 몰리브덴을 혼합한 벽돌의 경우 녹색의 침전물이 벽돌 표면에 발생하며, 망간을 혼합한 벽돌에서는 갈색의 침전물이 발생하게 된다.
② 백화(白華) : 표면에 물에 의해 용해된 염이 침전된 것이다.
③ 균열 : 점토벽돌은 다공질이며 흡수성이 크기 때문에 균열이 발생할 수 있다.
④ 동해(凍害) : 제품 뒷면에 물이 스며들어 그것이 얼어서 제품을 박리시키는 현상이다.

42 목재의 역학적 성질에 대한 설명 중 옳지 않은 것은?

① 섬유포화점 이상에서는 함수율 변화에 따른 강도가 일정하나 섬유포화점 이하에서는 함수율이 감소할수록 강도는 증대한다.
② 비중이 증가할수록 외력에 대한 저항이 증가한다.
③ 목재의 강도나 탄성은 가력 방향과 섬유 방향과의 관계에 따라 현저한 차이가 있다.
④ 압축강도는 옹이가 있으면 감소하나 인장강도는 영향을 받지 않는다.

해설
옹이의 숫자와 면적에 따라서 압축강도, 인장강도, 휨강도 등이 감소한다.

43 단열재의 선정 조건 중 옳지 않은 것은?

① 비중이 작을 것
② 투기성이 클 것
③ 흡수율이 낮을 것
④ 열전도율이 낮을 것

해설
단열재의 선정 조건
• 열전도율, 흡수율, 투기성이 낮을 것
• 비중이 작으며, 기계적 강도가 우수할 것
• 내구성, 내열성, 내식성이 우수하여 냄새가 없을 것
• 경제적이고 시공이 용이할 것
• 품질의 편차가 적을 것

44 구조용 목재의 종류와 각각의 특성에 대한 설명으로 옳은 것은?

① 낙엽송 – 활엽수로서 강도가 크고 곧은 목재를 얻기 쉽다.
② 느티나무 – 활엽수로서 강도가 크고 내부식성이 크므로 기둥, 벽판, 계단판 등의 구조체에 국부적으로 쓰인다.
③ 흑송 – 재질이 무르고 가공이 용이하며 수축이 적어 주택의 내장재로 주로 사용된다.
④ 떡갈나무 – 곧은 대재(大材)이며, 미려하여 수장 겸용 구조재로 쓰인다.

해설
목재의 수종
• 침엽수(주로 구조재) : 낙엽송, 삼송, 잣나무, 전나무, 미송, 소나무, 흑송 등
• 활엽수(주로 장식재, 치장재) : 느티나무, 단풍나무, 참나무, 나왕, 마호가니, 떡갈나무 등

45 ALC(Autoclaved Lightweight Concrete)의 특성에 관한 설명 중 옳지 않은 것은?

① 열전도율이 우수한 단열성을 갖고 있지만 단열성으로 인해 발생되는 결로에 유의해야 한다.
② 무기질의 불연성 재료로서 내화구조로 사용할 정도의 내화성을 갖고 있다.
③ 흡음률 및 차음성이 우수하여 높은 흡음성이 요구되는 곳에 특별한 마감 없이 사용할 수 있다.
④ 비중에 비하여 높은 압축강도를 갖고 있지만 구조재로서는 부적합하여 주로 비내력벽으로 사용된다.

해설
ALC은 습기에 취약하다. 제조과정에서부터 함수율이 높아 적정 함수율(20%)을 감안한 시공과 마감이 절대적이다.

46 골재의 함수 상태에 관한 설명 중 옳지 않은 것은?

① 절대건조 상태란 대기 중에서 완전히 건조한 상태이다.
② 기건 상태란 골재 내부에 약간의 수분이 있으나 포화되지 않은 상태이다.
③ 표면건조 상태란 골재 내부와 표면의 패인 곳이 물로 채워져 표면에 여분의 물을 갖고 있지 않을 때의 상태를 말한다.
④ 습윤 상태란 골재의 내부가 포수 상태이고 외부는 표면수에 의해 젖어 있는 상태이다.

해설
절대건조 상태는 노 건조 상태라고도 하며, 건조 로(oven)에서 100~110℃의 온도로 일정한 중량이 될 때까지 완전히 건조시킨 상태를 말한다.

47 벽지에 관한 설명 중 옳지 않은 것은?

① 비닐벽지 – 플라스틱으로 코팅한 벽지와 순수한 비닐로만 이루어진 벽지로 구분되며 불에 강하지만 오염이 되었을 시 제거가 어렵다.
② 종이벽지 – 가격이 상대적으로 저렴하며 색상, 무늬 등이 다양하고 질감도 부드럽다.
③ 직물벽지 – 질감이 부드럽고 자연미가 있어 온화하고 고급스러운 분위기를 자아내므로 벽지 중 가장 고급품에 속한다.
④ 무기질 벽지 – 질석벽지, 금속박 벽지 등이 있다.

해설
비닐벽지 : 색, 무늬가 다양하고 내약품성, 물씻기, 양호한 시공성 등의 이점이 있으나, 차가운 감촉, 저온에서 시공의 어려움, 통기성이 없는 문제 등이 있다.

48 시멘트의 조성 화합물 중에서 수화작용을 빠르게 하여 1주 이내의 강도 발생에 결정적인 역할을 하는 것은?

① 규산 3석회
② 규산 2석회
③ 알루민산 3석회
④ 알루민산철 4석회

해설
시멘트의 수화작용에 영향을 미치는 화합물
• 규산 3석회(C_3S) : C_3A보다 수화는 늦지만 수화시간이 길며 강도는 빨리 나타나고, 수화열도 C_3A 다음으로 상당히 높다.
• 규산 2석회(C_2S) : C_3S보다 수화가 늦고, 장기에 걸쳐서 강도가 커진다.
• 알루민산 3석회(C_3A) : 수화작용이 아주 빨라서 천천히 굳히려는 콘크리트 시공에서는 곤란하기 때문에 이를 방지하기 위해서 소량의 석고를 가해서 응결시간을 늦춘다.
• 알루민산철 4석회(C_4AF) : 수화가 늦고, 수화열도 낮다.

[정답] 45 ③ 46 ① 47 ① 48 ③

49 콘크리트의 시공연도 시험방법과 거리가 먼 것은?

① 슬럼프시험　② 플로시험
③ 체가름시험　④ 리몰딩시험

해설
체가름시험은 콘크리트의 골재시험에 쓰인다.
시공연도를 측정하는 방법
슬럼프시험, 낙하시험, 리몰딩시험, 다짐계수시험, 구관입시험, 플로시험, 비비시험 등

50 황동의 주성분으로 옳은 것은?

① 구리와 아연　② 구리와 니켈
③ 구리와 알루미늄　④ 구리와 철

해설
구리합금
• 양은 = 구리 + 아연 + 니켈
• 청동 = 구리 + 주석
• 황동 = 구리 + 아연
• 백동 = 구리 + 니켈

51 물-시멘트비가 50%일 때 시멘트 10포를 쓴 콘크리트에 필요한 물의 양을 계산하면?(단, 시멘트 1포 중량은 40kg으로 한다)

① 150L　② 200L
③ 250L　④ 300L

해설
물의 중량 = 시멘트의 중량 × 물-시멘트비
$x = (10 \times 40) \times 50\%$
　 = 200kg = 200L

52 각종 석재에 관한 설명 중 옳지 않은 것은?

① 화강암은 내구성 및 강도는 크지만, 내화성이 약하다.
② 대리석은 석회석이 변질되어 결정화한 것으로 내화성이 크고 연질이다.
③ 석회석은 석질이 치밀하고 강도가 크나 화학적으로 산에 약하다.
④ 안산암은 강도, 경도, 비중이 크고 내화성도 우수하다.

해설
대리석은 석회암이 변성된 것으로 강도가 높고 색채와 결이 아름답지만, 풍화하기 쉬우므로 주로 내장재로 사용된다.

53 비철금속에 관한 설명으로 옳은 것은?

① 이온화 경향이 높을수록 부식되기 어렵다.
② 동의 전기전도율, 열전도율은 은 다음으로 높다.
③ 알루미늄은 산에는 침식되지만 내해수성은 우수하다.
④ 아연은 내산, 내알칼리성이 우수하여 도금제로 사용된다.

해설
① 이온화 경향이 높을수록 부식되기 쉽다.
③ 알루미늄은 그 표면에 치밀한 산화피막이 형성되기 때문에 대기 중에서는 부식이 쉽게 일어나지 않지만 알칼리나 해수에는 약하다.
④ 아연은 묽은 산류에 쉽게 용해되며 그 용해도는 불순할수록 심해진다.
전기전도율이 높은 금속 순서
은(Ag) > 구리(Cu) > 금(Au) > 알루미늄(Al) > 니켈(Ni) > 크롬(Cr)

54 방청 도료에 해당되지 않는 것은?

① 광명단 ② 에칭 프라이머
③ 래커 ④ 크롬산 아연 도료

해설
래커는 일반적으로 용제 휘발만으로 도막을 형성하는 도료이다.
방청 도료 : 광명단 도료, 규산염 도료, 징크로메이트, 방청산화철 도료, 알루미늄 도료, 역청질 도료, 워시 프라이머 등

55 개구부 재료에 요구되는 성능과 가장 거리가 먼 것은?

① 기밀성 ② 내풍압성
③ 개폐성 ④ 내동결융해성

해설
개구부 재료에 요구되는 성능으로는 강도, 기밀성, 내충격성, 내풍압성, 수밀성, 차음성, 단열성, 방로성, 방화성, 개폐성, 내진성, 내후성, 모양 안정성, 부품부착성, 방도성 등이 있다.

56 건축용 유리 중 데크유리라고도 하며, 지하실 또는 지붕의 채광용으로 이용되는 것은?

① 강화유리 ② 열반사유리
③ 기포유리 ④ 프리즘유리

해설
④ 프리즘유리 : 투사광선의 방향을 변화시키거나 집중 또는 확산시킬 목적으로 프리즘의 이론을 응용하여 만든 유리제품이다.
① 강화유리 : 강도가 보통 유리의 3~5배 정도이며, 파괴될 때도 안전하다.
② 열반사유리 : 유리표면에 반사막으로 태양에너지의 입사를 40~50%로 감소시킨다.
③ 기포유리 : 단열성, 흡음성이 있어 단열재, 보온재, 방음재로 쓰인다.

57 콘크리트의 강도를 결정하는 변수에 관한 설명으로 옳지 않은 것은?

① 물-시멘트비가 일정한 콘크리트에서 공기량 증가에 따른 콘크리트 강도는 감소한다.
② 물-시멘트비가 일정할 때 빈배합 콘크리트가 부배합의 경우보다 높은 강도를 낼 수 있다.
③ 콘크리트 비빔방법 중 손비빔으로 하는 것보다 기계비빔으로 하는 것이 강도가 커진다.
④ 물-시멘트비가 일정할 때 굵은 골재의 최대 치수가 클수록 콘크리트의 강도는 커진다.

해설
물-시멘트비가 일정하더라도 굵은 골재의 최대 치수가 클수록 콘크리트의 강도는 작아진다.

58 유리섬유로 보강하여 FRP(Fiber Reinforced Plastics)를 만드는 데 이용되는 수지는?

① 폴리염화비닐수지
② 폴리카보네이트
③ 폴리에틸렌수지
④ 불포화 폴리에스테르수지

해설
섬유강화 플라스틱(FRP)
불포화 폴리에스테르수지와 유리 섬유를 혼합하여 만든 복합 재료이다.

[정답] 54 ③ 55 ④ 56 ④ 57 ④ 58 ④

59 열가소성 수지에 해당되지 않는 것은?

① 염화비닐수지
② 아크릴수지
③ 실리콘수지
④ 폴리에틸렌수지

해설
합성수지의 종류
- 열경화성 수지 : 페놀, 에폭시, 요소, 멜라민, 프란, 실리콘, 알키드, 폴리에스테르
- 열가소성 수지 : 폴리스티렌, 폴리에틸렌, 폴리아미드, 폴리프로필렌, 염화비닐, 초산비닐, 메타크릴, 아크릴

60 목재의 건조 목적과 거리가 먼 것은?

① 목재의 강도 증진
② 도료, 주입제 및 접착제의 효과 증대
③ 균류 발생의 방지
④ 수지낭(resin pocket)과 연륜의 제거

해설
목재의 건조 목적
- 균류에 의한 부식과 벌레의 피해를 예방
- 사용 후의 수축 및 균열을 방지
- 강도 및 내구성의 증진
- 중량경감과 그로 인한 취급 및 운반비의 절약
- 방부제 등의 약제 주입을 용이하게 함

제4과목 건축일반

61 방염대상물품의 방염성능기준에서 버너의 불꽃을 제거한 때부터 불꽃을 올리지 아니하고 연소하는 상태가 그칠 때까지의 시간은 몇 초 이내인가?

① 5초 이내
② 10초 이내
③ 20초 이내
④ 30초 이내

해설
방염대상물품 및 방염성능기준(소방시설 설치 및 관리에 관한 법률 시행령 제31조)
- 버너의 불꽃을 제거한 때부터 불꽃을 올리며 연소하는 상태가 그칠 때까지 시간은 20초 이내일 것
- 버너의 불꽃을 제거한 때부터 불꽃을 올리지 않고 연소하는 상태가 그칠 때까지 시간은 30초 이내일 것

62 예술 및 수공예운동(arts & crafts movement)의 디자이너가 아닌 사람은?

① 에밀 자크 룰만(Emile Jacques Ruhlmann)
② 어니스트 김슨(Ernest Gimson)
③ 필립 웨브(Philip Webb)
④ 찰스 로버트 애시비(Charles Robert Ashbee)

해설
에밀 자크 룰만(Emile Jacques Ruhlmann)은 아르데코를 대표하는 디자이너이다.
※ 아르데코는 1920~1930년대 파리 중심의 장식미술의 한 형태이다.

63 건축물의 피난·방화구조 등의 기준에 관한 규칙에서 규정한 방화구조에 해당하지 않는 것은?

① 철망 모르타르로서 그 바름 두께가 2.5cm인 것
② 석고판 위에 시멘트 모르타르를 바른 것으로서 그 두께의 합계가 3cm인 것
③ 시멘트 모르타르 위에 타일을 붙인 것으로서 그 두께의 합이 2cm인 것
④ 심벽에 흙으로 맞벽치기한 것

해설
방화구조(건축물의 피난·방화구조 등의 기준에 관한 규칙 제4조)
• 철망 모르타르로서 그 바름 두께가 2cm 이상인 것
• 석고판 위에 시멘트 모르타르 또는 회반죽을 바른 것으로서 그 두께의 합계가 2.5cm 이상인 것
• 시멘트 모르타르 위에 타일을 붙인 것으로서 그 두께의 합계가 2.5cm 이상인 것
• 심벽에 흙으로 맞벽치기한 것
• 산업표준화법에 따른 한국산업표준에 따라 시험한 결과 방화 2급 이상에 해당하는 것

64 다음 중 일체식 구조에 해당하는 것은?

① 목구조
② 블록구조
③ 철골구조
④ 철근콘크리트구조

해설
①·③ : 가구식 구조에 해당한다.
② : 조적식 구조에 해당한다.
일체식 구조 : 철근콘크리트구조 또는 철골철근콘크리트구조와 같이 현장에서 거푸집을 짜서 전 구조체가 일체가 되게 콘크리트를 부어 만든 구조이다.

65 옥내소화전설비를 설치하여야 하는 소방대상물의 연면적 기준은?

① 1,000m² 이상
② 2,000m² 이상
③ 3,000m² 이상
④ 5,000m² 이상

해설
옥내소화전설비(소방시설 설치 및 관리에 관한 법률 시행령 별표 4)
위험물 저장 및 처리시설 중 가스시설, 지하구 및 업무시설 중 무인변전소(방재실 등에서 스프링클러설비 또는 물분무 등 소화설비를 원격으로 조정할 수 있는 무인변전소는 한정한다)는 제외한다.
1. 다음의 어느 하나에 해당하는 경우에는 모든 층
  ㉠ 연면적 3,000m² 이상인 것(터널은 제외)
  ㉡ 지하층·무창층(축사는 제외)으로서 바닥 면적이 600m² 이상인 층이 있는 것
  ㉢ 층수가 4층 이상인 층 중에서 바닥 면적이 600m² 이상인 층이 있는 것
2. 1.에 해당하지 않는 근린생활시설, 판매시설, 운수시설, 의료시설, 노유자시설, 업무시설, 숙박시설, 위락시설, 공장, 창고시설, 항공기 및 자동차 관련 시설, 교정 및 군사시설 중 국방·군사시설, 방송통신시설, 발전시설, 장례시설 또는 복합건축물로서 다음의 어느 하나에 해당하는 경우에는 모든 층
  ㉠ 연면적 1,500m² 이상인 것
  ㉡ 지하층·무창층으로서 바닥 면적이 300m² 이상인 층이 있는 것
  ㉢ 층수가 4층 이상인 층 중에서 바닥 면적이 300m² 이상인 층이 있는 것
3. 건축물의 옥상에 설치된 차고·주차장으로서 사용되는 면적이 200m² 이상인 경우 해당 부분
4. 다음의 어느 하나에 해당하는 터널
  ㉠ 길이가 1,000m 이상인 터널
  ㉡ 예상교통량, 경사도 등 터널의 특성을 고려하여 행정안전부령으로 정하는 터널
5. 1. 및 2.에 해당하지 않는 공장 또는 창고시설로서 정하는 수량의 750배 이상의 특수가연물을 저장·취급하는 것

66 철골 접합방법 중 용접 접합에 대한 설명으로 옳지 않은 것은?

① 강재의 양을 절약할 수 있다.
② 단면처리 및 이음이 쉽다.
③ 품질검사가 쉽다.
④ 응력전달이 확실하다.

[해설]
용접부의 결함검사가 어렵다.

67 건축물의 내부에 설치하는 피난계단의 구조에 대한 기준으로 옳지 않은 것은?

① 계단실은 창문·출입구 기타 개구부를 제외한 당해 건축물의 다른 부분과 내화구조의 벽으로 구획할 것
② 계단실에는 예비전원에 의한 조명설비를 할 것
③ 계단실의 바깥쪽과 접하는 창문 등은 당해 건축물의 다른 부분에 설치하는 창문 등으로부터 2m 이상의 거리를 두고 설치할 것
④ 계단실의 실내에 접하는 부분의 마감은 난연재료로 할 것

[해설]
피난계단 및 특별피난계단의 구조(건축물의 피난·방화구조 등의 기준에 관한 규칙 제9조)
계단실의 실내에 접하는 부분(바닥 및 반자 등 실내에 면한 모든 부분을 말한다)의 마감(마감을 위한 바탕을 포함한다)은 불연재료로 할 것

68 한국의 목조건축 입면에서 벽면 구성을 위한 의장의 성격을 결정지어 주는 기본적인 요소는?

① 기둥 - 주두 - 창방
② 기둥 - 창방 - 평방
③ 기단 - 기둥 - 주두
④ 기단 - 기둥 - 창방

[해설]
기둥은 입면 구성에 있어서 중요한 의장적 요소이다. 입면상 기둥은 수직적 요소로서 수평적 요소인 기단, 인방재, 창방, 평방, 처마선과 용마루 등의 선 및 창호의 살들이 이루는 선과 더불어 한국 목조건축이 입면상 선적인 구성을 이루도록 한다.

69 연면적 1,000m² 이상인 목조 건축물에서 외벽의 구조 및 지붕의 재료로 옳은 것은?

① 방화구조의 외벽, 불연재료의 지붕
② 내화구조의 외벽, 불연재료의 지붕
③ 방화구조의 외벽, 난연재료의 지붕
④ 내화구조의 외벽, 난연재료의 지붕

[해설]
대규모 목조건축물의 외벽 등(건축물의 피난·방화구조 등의 기준에 관한 규칙 제22조 제1항)
연면적이 1,000m² 이상인 목조의 건축물은 그 외벽 및 처마 밑의 연소할 우려가 있는 부분을 방화구조로 하되, 그 지붕은 불연재료로 하여야 한다.

70 다음 중 경보설비에 포함되지 않는 것은?

① 자동화재속보설비
② 비상조명등
③ 비상방송설비
④ 누전경보기

해설
비상조명등은 피난구조설비에 해당한다.
소방시설(소방시설 설치 및 관리에 관한 법률 시행령 별표 1)
- 경보설비 : 화재 발생 사실을 통보하는 기계·기구 또는 설비로서 다음의 것을 말한다.
  - 단독경보형 감지기
  - 비상경보설비(비상벨설비, 자동식 사이렌설비)
  - 자동화재탐지설비
  - 시각경보기
  - 화재알림설비
  - 비상방송설비
  - 자동화재속보설비
  - 통합감시시설
  - 누전경보기

71 조적조에서 내력벽을 막힌줄눈으로 하는 주된 이유는?

① 상부 하중을 벽면 전체에 골고루 분산시키기 위해서
② 부착강도를 높이기 위해서
③ 인장력에 대한 강도를 증가시키기 위해서
④ 벽돌 벽면의 의장효과를 내기 위해서

해설
막힌줄눈쌓기는 상부의 응력을 하부로 분산시켜주므로 내력벽쌓기에 주로 이용된다.

72 목재 강도에 관한 설명으로 옳지 않은 것은?

① 목재의 뒤틀림은 목재의 형태가 변형될지라도 강도는 바뀌지 않는다.
② 섬유에 평행한 방향측에서 일반적으로 강도는 인장>압축>전단 순이다.
③ 섬유포화점의 함수율은 30% 정도이며, 이 이하에서는 함수율이 저하됨에 따라 강도는 커진다.
④ 심재는 변재보다 단단하여 강도가 크고 신축 등의 변형이 적다.

해설
목재의 강도는 수분이 적을수록, 비중이 클수록, 흠이 적을수록, 심재의 비율이 높을수록 강도가 더 크다. 또한 나뭇결에 직각 방향으로 누르는 힘에는 강하고, 잡아당기는 힘에는 약하다.

73 기본벽돌(190×90×57)을 사용하여 1.5B로 벽을 쌓을 때 벽 두께는?(단, 공간쌓기 아님)

① 260mm ② 290mm
③ 310mm ④ 320mm

해설
벽돌벽의 두께(벽돌 1장의 단위 : B)

벽돌벽의 두께	표준형 벽돌 (190×90×57mm)
0.5B	90mm
1.0B	190mm
1.5B	290mm
2.0B	390mm
2.5B	490mm

정답 70 ② 71 ① 72 ① 73 ②

74 단독주택에서 거실의 바닥 면적이 200m²인 거실에 창문을 설치하여 채광을 하고자 할 때 그 채광 창문의 최소 면적은?

① 40m²   ② 30m²
③ 20m²   ④ 10m²

해설
채광 및 환기를 위한 창문 등(건축물의 피난·방화구조 등의 기준에 관한 규칙 제17조)
채광을 위하여 거실에 설치하는 창문 등의 면적은 그 거실의 바닥 면적의 1/10 이상이어야 한다.

$$\therefore 200 \times \frac{1}{10} = 20m^2$$

75 건축관계법령상 복도의 최소 유효 너비 기준이 가장 작은 것은?(단, 양옆에 거실이 있는 복도)

① 오피스텔   ② 초등학교
③ 유치원   ④ 고등학교

해설
복도의 너비 및 설치기준(건축물의 피난·방화구조 등의 기준에 관한 규칙 제15조의2)

구분	양옆에 거실이 있는 복도	기타의 복도
유치원·초등학교·중학교·고등학교	2.4m 이상	1.8m 이상
공동주택·오피스텔	1.8m 이상	1.2m 이상
당해 층 거실의 바닥 면적 합계가 200m² 이상인 경우	1.5m 이상 (의료시설의 복도 1.8m 이상)	1.2m 이상

76 건축허가 등을 할 때 미리 소방본부장 또는 소방서장의 동의를 받아야 하는 대상 건축물이 아닌 것은?

① 연면적 400m² 이상인 건축물
② 항공기 격납고
③ 위험물 저장 및 처리시설
④ 차고·주차장으로 사용되는 바닥 면적이 150m² 이상인 층이 있는 건축물이나 주차시설

해설
건축허가 등의 동의대상물의 범위 등(소방시설 설치 및 관리에 관한 법률 시행령 제7조)
1. 연면적이 400m² 이상인 건축물이나 시설. 다만, 다음의 어느 하나에 해당하는 경우, 정한 기준 이상인 건축물이나 시설로 한다.
   ㉠ 건축 등을 하려는 학교시설 : 100m² 이상
   ㉡ 노유자시설 및 수련시설 : 200m² 이상
   ㉢ 정신의료기관(입원실이 없는 정신건강의학과 의원은 제외) : 300m² 이상
   ㉣ 장애인의료재활시설 : 300m² 이상
2. 지하층 또는 무창층이 있는 건축물로서 바닥 면적이 150m²(공연장의 경우에는 100m²) 이상인 층이 있는 것
3. 차고·주차장 또는 주차 용도로 사용되는 시설로서 다음의 어느 하나에 해당하는 것
   ㉠ 차고·주차장으로 사용되는 바닥 면적이 200m² 이상인 층이 있는 건축물이나 주차시설
   ㉡ 승강기 등 기계장치에 의한 주차시설로서 자동차 20대 이상을 주차할 수 있는 시설
4. 층수가 6층 이상인 건축물
5. 항공기 격납고, 관망탑, 항공관제탑, 방송용 송수신탑
6. 공동주택, 의원(입원실 또는 인공신장실이 있는 것으로 한정한다)·조산원·산후조리원, 숙박시설, 위험물 저장 및 처리시설, 발전시설 중 풍력발전소·전기저장시설, 지하구

74 ③ 75 ① 76 ④

77 건축물에 설치하는 방화벽의 구조에 대한 기준으로 옳지 않은 것은?

① 내화구조로서 홀로 설 수 있는 구조라야 한다.
② 방화벽에 설치하는 출입문의 너비 및 높이는 각각 2.5m 이하로 한다.
③ 방화벽의 양쪽 끝과 위쪽 끝을 건축물의 외벽면 및 지붕면으로부터 0.5m 이상 튀어나오게 한다.
④ 방화벽에 설치하는 출입문에는 을종방화문을 설치하여야 한다.

해설
※ 관련 법령 개정으로 용어가 다음과 같이 변경되었습니다.
갑종방화문 → 60분+ 방화문 또는 60분 방화문
을종방화문 → 30분 방화문
방화벽의 구조(건축물의 피난·방화구조 등의 기준에 관한 규칙 제21조)
- 내화구조로서 홀로 설 수 있는 구조일 것
- 방화벽의 양쪽 끝과 위쪽 끝을 건축물의 외벽면 및 지붕면으로부터 0.5m 이상 튀어나오게 할 것
- 방화벽에 설치하는 출입문의 너비 및 높이는 각각 2.5m 이하로 하고, 해당 출입문에는 60분+ 방화문 또는 60분 방화문을 설치할 것

78 한국의 전통사찰 본당에서 내부 공간 구성의 1차 인지요소로서 공간의 심리적이고 극적인 효과를 유도시키는 구성요소라고 할 수 있는 것은?

① 마루 ② 개구부
③ 공포대 ④ 기단

해설
공포대
- 기둥과 대들보 사이에 공포가 하나의 띠를 이루고 있는 부분이다.
- 대들보, 도리, 서까래, 지붕, 기와 등 상부의 무게를 모두 기둥에 전달하는 역할을 한다.

79 상하플랜지에 ㄱ형강을 쓰고 웨브재로 대철을 45°, 60° 또는 90° 등의 일정한 각도로 접합한 강구조의 조립보는?

① 격자보
② 래티스보
③ 형강보
④ 판보

해설
① 격자보 : 웨브를 플랜지에 90°로 댄 것으로 휨이 크므로 보를 노출시키지 않고 철골 철근콘크리트구조에 사용
③ 형강보 : ㄷ자 형강을 단독으로 또는 工자 형강에 플레이트를 대어서 쓰거나 ㄷ자 형강을 두 개 합쳐서 쓰는 보
④ 판보 : 웨브 강판과 플랜지 강판을 용접하거나 ㄱ형강을 대어 리벳 접합한 보

80 소방시설의 구분에 속하지 않는 것은?

① 소화설비
② 급수설비
③ 소화활동설비
④ 소화용수설비

해설
소방시설(소방시설 설치 및 관리에 관한 법률 시행령 별표 1)
- 소화설비 : 물 또는 그 밖의 소화 약제를 사용하여 소화하는 기계·기구 또는 설비
- 경보설비 : 화재발생 사실을 통보하는 기계·기구 또는 설비
- 피난구조설비 : 화재가 발생할 경우 피난하기 위하여 사용하는 기구 또는 설비
- 소화용수설비 : 화재를 진압하는 데 필요한 물을 공급하거나 저장하는 설비
- 소화활동설비 : 화재를 진압하거나 인명구조활동을 위하여 사용하는 설비

정답 77 ④ 78 ③ 79 ② 80 ②

2016년 제1회 과년도 기출문제

제1과목 실내디자인론

01 다음 설명에 알맞은 조명의 연출기법은?

> 빛의 각도를 이용하는 방법으로 수직면과 평행한 조명을 벽에 조사시킴으로써 마감재의 질감을 효과적으로 강조하는 기법

① 실루엣 기법
② 스파클 기법
③ 글레이징 기법
④ 빔 플레이 기법

해설
① 실루엣 기법 : 물체의 형상만을 강조하는 기법으로 시각적인 눈부심은 없으나 물체면의 세밀한 묘사는 할 수 없다.
② 스파클 기법 : 광원의 순간적인 on-off를 통하여 반짝거림을 이용하는 기법이다.
④ 빔 플레이 기법 : 강조하고자 하는 물체에 의도적인 광선을 조사시킴으로써 광선 그 자체가 시각적인 특성을 지니게 하는 기법이다.

02 조명기구 자체가 하나의 예술품과 같이 강조되거나 분위기를 살려주는 역할을 하는 장식조명에 속하지 않는 것은?

① 펜던트
② 브래킷
③ 샹들리에
④ 캐스케이드

해설
캐스케이드 : 계단에 부딪히며 떨어지는 계단식 폭포이다.

03 디자인 원리에 관한 설명으로 옳지 않은 것은?

① 대비조화는 부드럽고 차분한 여성적인 이미지를 준다.
② 유사조화는 시각적으로 동일한 요소들에 의해 이루어진다.
③ 조화란 전체적인 조립방법이 모순 없이 질서를 잡는 것이다.
④ 통일은 변화와 함께 모든 조형에 대한 미의 근원이 되는 원리이다.

해설
대비조화는 강력함, 화려함, 남성적 느낌을 준다.

04 실내디자인의 전개과정에서 실내디자인을 착수하기 전, 프로젝트의 전모를 분석하고 개념화하며 목표를 명확하게 하는 초기단계는?

① 조닝(zoning)
② 레이아웃(layout)
③ 프로그래밍(programing)
④ 개요 설계(schematic design)

해설
실내디자인 전개과정은 기획(프로그래밍) → 설계(디자인) → 시공 → 사용 후 평가 단계로 진행된다. 프로그래밍 단계는 조건설정 단계에 해당하며, 프로젝트의 전반적인 방향이 정해지는 단계이다.

1 ③ 2 ④ 3 ① 4 ③ **정답**

05 부엌의 효율적인 작업 진행에 따른 작업대의 배치 순서로 가장 알맞은 것은?

① 준비대 → 개수대 → 조리대 → 가열대 → 배선대
② 준비대 → 조리대 → 개수대 → 가열대 → 배선대
③ 준비대 → 가열대 → 개수대 → 조리대 → 배선대
④ 준비대 → 개수대 → 가열대 → 조리대 → 배선대

해설
시스템 키친에서는 준비대 → 개수대 → 조리대 → 가열대 → 배선대 가 짧은 동선으로 연결되기 때문에 실용적이라 할 수 있다.

06 출입구에 통풍기류를 방지하고 출입 인원을 조절할 목적으로 설치하는 문은?

① 접이문　② 회전문
③ 여닫이문　④ 미닫이문

해설
회전문
방풍 및 열손실을 최소로 줄여주면서 통행의 흐름을 완만히 해 준다.

07 주거 공간을 행동 반사에 따라 정적 공간과 동적 공간으로 구분할 수 있다. 다음 중 정적 공간에 속하는 것은?

① 서재　② 식당
③ 거실　④ 부엌

해설
주거 공간(행동 반사에 의한 분류)
• 정적 공간 : 서재, 침실, 휴식 공간
• 동적 공간 : 거실, 식당, 현관, 부엌, 세탁실, 응접실, 다용도실

08 다음과 같은 방향의 착시현상과 가장 관계가 깊은 것은?

> 사선이 2개 이상의 평행선으로 중단되면 서로 어긋나 보인다.

① 분트 도형
② 폰초 도형
③ 쾨니히의 목걸이
④ 포겐도르프 도형

해설
포겐도르프 착시는 1860년 발견된 것으로 왼쪽의 사선을 연장하면 두 사선이 만나는 점은 오른쪽 위쪽에 있어 보인다(그림 (a)). 그러나 오른쪽 사선의 아래쪽 끝에서 만난다(그림 (b)).

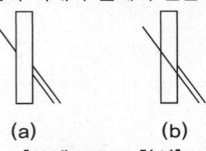

[포겐도르프 착시]

09 다음 중 리듬을 이루는 원리와 가장 거리가 먼 것은?

① 균형　② 반복
③ 점이　④ 방사

해설
리듬의 효과는 반복, 점이, 교대, 변이, 방사로 이루어진다.

10 다음 중 실내디자인을 준비하는 과정에서 기본적으로 파악되어야 할 내부적 조건에 해당되는 것은?

① 입지적 조건 ② 건축적 조건
③ 설비적 조건 ④ 경제적 조건

해설
내부적 조건은 설계 대상에 대한 계획의 목적, 분위기, 실의 개수와 규모 등에 대한 사용자, 의뢰인 또는 경영자의 요구사항과 공간 사용자의 행위, 성격, 개성에 대한 사항과 필수적인 설치, 시설물 및 부속기물 등에 대한 사항 그리고 의뢰인의 공사예산 등의 경제적 사항 등이다.

11 실내디자이너의 역할과 조건에 관한 설명으로 옳지 않은 것은?

① 실내의 가구 디자인 및 배치를 계획하고 감독한다.
② 공사의 전(全)공정을 충분히 이해하고 있어야 한다.
③ 공간 구성에 필요한 모든 기술과 도구를 사용할 수 있어야 한다.
④ 인간의 요구를 지각하고 분석하며 이해하는 능력을 갖추어야 한다.

해설
공간 구성에 필요한 모든 기술과 도구를 '사용'하는 것보다는 '익숙'해 있어야 한다.

12 전시실의 순회 유형 중 연속순회형식에 관한 설명으로 옳은 것은?

① 동선이 단순하고 공간을 절약할 수 있는 장점이 있다.
② 뉴욕의 근대 미술관, 구겐하임 미술관이 대표적이다.
③ 중심부에 하나의 큰 홀을 두고 그 주위에 각 전시실을 배치한 형식으로 장래의 확장에 유리하다.
④ 각 실에 직접 들어갈 수 있는 점이 유리하며, 필요 시에는 자유로이 독립적으로 폐쇄할 수 있다.

해설
②·③ : 중앙홀형에 대한 설명이다.
④ : 갤러리(gallery) 및 복도형에 대한 설명이다.
연속순회형식 : 긴 직사각형 또는 다각형 평면의 전시실이 연속적으로 연결된 형식으로 관람자는 연속적으로 이어지는 동선을 따라 관람하게 된다.

13 상점의 상품 진열계획에 관한 설명으로 옳지 않은 것은?

① 골든 스페이스는 바닥에서 높이 850~1,250mm의 범위이다.
② 운동기구 등 중량의 물품은 바닥에 가깝게 배치하는 것이 좋다.
③ 통로측에 상품을 진열하는 경우, 높이 2m 이하로 중점 상품을 대량으로 진열한다.
④ 상품의 특징과 성격 등 전시효과를 극대화하여 구매 욕구를 자극하여 판매를 촉진시키는 계획이 되도록 한다.

해설
상품 진열 위치
통로측에는 높이 1,200mm 이하의 중점 상품을 소량으로 진열하고, 중간의 진열은 1,200~1,350mm 높이로 상품을 다량으로 풍부하게 진열한다.

14 점과 선에 관한 설명으로 옳지 않은 것은?

① 점은 선과 선이 교차될 때 발생한다.
② 선은 기하학적 관점에서 폭은 있으나 방향성이 없다.
③ 하나의 점은 관찰자의 시선을 화면 안의 특정한 위치로 이끈다.
④ 점이 이동한 궤적에 의해 생성된 선을 포지티브 선이라고도 한다.

[해설]
점은 기하학적으로 크기는 없고 위치만 존재한다. 선은 점과 달리 방향성을 가지고 있다.

15 다음 중 실내 공간에 침착함과 평형감을 부여하는 데 가장 효과적인 디자인 원리는?

① 리듬 ② 균형
③ 변화 ④ 대비

[해설]
균형을 이루면 편안함과 안정감을 느끼게 된다.

16 세포형 오피스(cellular type office)에 관한 설명으로 옳지 않은 것은?

① 연구원, 변호사 등 지식집약형 업종에 적합하다.
② 조직 구성원 간의 커뮤니케이션에 문제점이 있을 수 있다.
③ 개인별 공간을 확보하여 스스로 작업 공간의 연출과 구성이 가능하다.
④ 하나의 평면에서 직제가 명확한 배치로 상·하급의 상호감시가 용이하다.

[해설]
개실 시스템(세포형 오피스)
• 복도에 의해서 각 층의 여러 부분으로 들어가는 방법이다.
• 독립성과 쾌적감의 이점이 있는 데 반해 공사비가 비교적 고가이다.
• 방 길이에는 변화를 줄 수 있으나, 연속된 긴 복도 때문에 방 깊이에 변화를 줄 수는 없다.
• 1~2인 정도의 사무 공간에 어울린다.

17 사무소 건물의 엘리베이터 계획에 관한 설명으로 옳지 않은 것은?

① 조닝 영역별 관리운전의 경우 동일 조닝 내의 서비스층은 같게 한다.
② 서비스를 균일하게 할 수 있도록 건축물의 중심부에 설치한다.
③ 교통수요량이 많은 경우는 출발기준층이 2개 층 이상이 되도록 계획한다.
④ 초고층, 대규모 빌딩인 경우는 서비스 그룹을 분할(조닝)하는 것을 검토한다.

[해설]
출발기준층은 입주 인원의 변화를 고려하여 2개 층(예 지하층 및 1층)으로 하고, 명확한 안내가 되도록 한다.

18 실내 공간을 구성하는 기본요소에 관한 설명으로 옳지 않은 것은?

① 바닥은 고저차로 공간의 영역을 조정할 수 있다.
② 천장을 높이면 영역의 구분이 가능하며 친근하고 아늑한 공간이 된다.
③ 다른 요소들이 시대와 양식에 의한 변화가 현저한 데 비해 바닥은 매우 고정적이다.
④ 벽은 공간을 에워싸는 수직적 요소로 수평 방향을 차단하여 공간을 형성하는 기능을 한다.

[해설]
천장을 낮추면 친근하고 포근하며 아늑한 공간이 되고, 높이면 시원함과 확대감을 줄 수 있다.

[정답] 14 ② 15 ② 16 ④ 17 ③ 18 ②

19 고딕 건축에서 엄숙함, 위엄 등의 느낌을 주기 위해 사용한 디자인 요소는?

① 곡선
② 사선
③ 수평선
④ 수직선

해설
① 곡선 : 경직된 분위기를 부드럽고, 유연하고, 경쾌하고, 여성적으로 느끼게 한다.
② 사선 : 역동적이고 이미지를 갖고 있으며 약동감, 생동감 넘치는 에너지와 운동감, 속도감을 준다.
③ 수평선 : 영원, 무한, 안정, 평화감 등 정적인 느낌을 준다.

20 다음의 가구에 관한 설명 중 ( ) 안에 알맞은 용어는?

(㉠)은 등받이와 팔걸이가 없는 형태의 보조의자로 가벼운 작업이나 잠시 걸터앉아 휴식을 취할 때 사용된다. 더 편안한 휴식을 위해 발을 올려놓는 데도 사용되는 (㉠)을 (㉡)이라 한다.

① ㉠ 스툴, ㉡ 오토만
② ㉠ 스툴, ㉡ 카우치
③ ㉠ 오토만, ㉡ 스툴
④ ㉠ 오토만, ㉡ 카우치

해설
㉠ 스툴은 등받이와 팔걸이가 없는 형태의 보조의자이다.
㉡ 오토만은 스툴의 일종으로 편안한 휴식을 위해 발을 올려놓는 데도 사용된다.
※ 카우치는 음식물을 먹거나 잠을 자기 위해 사용했던 로마시대의 긴 의자이다.

제2과목 색채 및 인간공학

21 동작경제의 법칙에서 벗어나는 것은?

① 동작의 범위는 최소화한다.
② 중심의 이동을 가급적 많이 한다.
③ 두 손의 동작은 같이 시작하고 같이 끝나도록 한다.
④ 급격한 방향 전환을 없애고 연속 곡선운동으로 바꾼다.

해설
동작경제의 원칙(인체)
• 두 손의 동작은 같이 시작하고 같이 끝나도록 한다.
• 휴식 시간을 제외하고는 양손이 동시에 쉬지 않도록 한다.
• 두 팔의 동작은 동시에 서로 반대 방향으로 대칭적으로 움직이도록 한다.
• 손과 신체의 동작은 작업을 원만하게 처리할 수 있는 범위 내에서 가장 낮은 동작등급을 사용하도록 한다.
• 가능한 한 관성(momentum)을 이용하여 작업을 하도록 하되, 작업자가 관성을 억제하여야 하는 경우에는 발생되는 관성을 최소 한도로 줄인다.
• 손의 동작은 자연스럽고 연속적인 동작이 되도록 하며, 방향이 갑작스럽게 크게 바뀌는 모양의 직선동작은 피하도록 한다.
• 탄도동작은 제한되거나 통제된 동작보다 더 신속하고, 용이하며 정확하다.
• 가능하면 쉽고, 자연스러운 리듬이 작업동작에 생기도록 작업을 배치한다.
• 눈의 초점을 모아야 작업을 할 수 있는 경우는 가능하면 없애고, 이것이 불가피할 경우에는 눈의 초점이 모아지는 서로 다른 두 작업지점 간의 거리를 짧게 한다.

22 동작범위(range of motion) 중 머리가 좌우로 회전되는 정상적(normal) 동작범위는?

① 좌우 60°
② 좌우 120°
③ 좌우 180°
④ 좌우 360°

23 다음은 시각표시장치의 그림이다. 판독 시 오독률이 가장 높은 것은?

표시 방식	수직식	반원식	수평식	원형식
모델	10 5 ← 0	5 0 10	↓ 0 5 10	0 9 3 6

① 수직식 ② 수평식
③ 반원식 ④ 원형식

24 밝은 곳에서 어두운 곳으로 이동할 때 눈의 적응과정을 암순응이라 한다. 암순응을 촉진하기 위하여 사용하는 색으로 가장 적절한 것은?

① 적색
② 백색
③ 초록색
④ 노란색

[해설]
적색광
적색광은 안구의 중심과 근처를 자극하는 외에 눈을 자극하는 일은 없기 때문에 암순응 시 눈에는 큰 영향을 미치지 못하며, 가장 뛰어난 예민성이 나타난다.
㉠ 항공기 계기판, 선박이나 잠수함의 조작실, 자동차 계기판 등의 적색계 조명 사용 등

25 인간공학에 있어 시스템 설계과정의 주요 단계가 다음과 같은 경우 단계별 순서를 맞게 나열한 것은?

㉠ 촉진물 설계
㉡ 목표 및 성능 명세 결정
㉢ 계면 설계
㉣ 기본 설계
㉤ 시험 및 평가
㉥ 체계의 정의

① ㉡ → ㉥ → ㉣ → ㉢ → ㉠ → ㉤
② ㉡ → ㉣ → ㉢ → ㉥ → ㉠ → ㉤
③ ㉥ → ㉢ → ㉣ → ㉡ → ㉠ → ㉤
④ ㉥ → ㉣ → ㉡ → ㉢ → ㉠ → ㉤

[해설]
인간공학적 시스템 설계 단계
시스템의 목적과 성능 명세 결정 → 시스템의 정의 → 기본 설계 → 계면(인터페이스) 설계 → 보조물 설계 또는 편의수단 설계 → 시험 및 평가

26 인체의 구조에 있어 근육의 부착점인 동시에 체격을 결정지으며 수동적 운동을 하는 기관은?

① 소화계   ② 신경계
③ 골격계   ④ 감각기계

[해설]
골격계는 다양한 움직임을 수행하는 동안 자세를 유지시켜 주는 역할을 한다. 또한 움직임을 만들어 주는 근육, 힘줄, 인대의 부착점을 제공하며, 인체의 움직임을 만들어 지렛대 역할을 한다.

[정답] 23 ① 24 ① 25 ① 26 ③

27 인간이 기계보다 우수한 내용으로 맞는 것은?

① 큰 힘과 에너지를 낸다.
② 상당한 기간 일할 수 있다.
③ 새로운 해결책을 찾아낸다.
④ 반복적인 작업에 대해 신뢰성이 높다.

해설
인간과 기계의 상대적 기능

인간이 우수한 기능	• 저에너지 자극(시각, 청각, 후각 등) 감지 • 복잡·다양한 자극 형태 식별 • 예기치 못한 사건 감지(예감, 느낌) • 다량의 정보를 오래 보관 • 귀납적 추리 • 과부하 상황에서는 중요한 일에만 전념 • 임기응변, 융통성, 원칙적용, 주관적 추산, 독창력의 발휘
기계가 우수한 기능	• 인간이 감지할 수 있는 범위 밖의 자극(X선, 초음파 등)도 감지 • 인간 및 기계에 대한 모니터 기능 • 드물게 발생하는 사상 감지 • 암호화된 정보를 신속하게 대량 보관 • 연역적 추리 • 과부하 시 효율적 작동 • 정량적 정보처리, 장시간 중량 작업, 반복 작업, 동시에 여러 가지 작업 수행 • 입력신호에 대한 일관성 있는 반응

28 폰(phon)에 관한 설명으로 틀린 것은?

① 100Hz, 40dB 음은 40폰에 해당된다.
② 폰값은 음의 상대적인 크기를 나타낸다.
③ 음량(loudness)을 나타내기 위하여 사용하는 척도의 하나이다.
④ 특정 음과 같은 크기로 들리는 1,000Hz 순음의 음압수준(dB)값으로 정의된다.

해설
음량균형기법을 사용하여 정량적 평가를 하기 위한 음량수준 척도를 작성하였고, 그 단위를 phon이라 한다.

29 반사율이 가장 높아야 하는 곳은?

① 벽   ② 바닥
③ 가구   ④ 천장

해설
추천 반사율
천장(80~90%) > 벽(40~60%) > 가구(25~45%) > 바닥(20~40%)

30 일반적인 조명 설계방식으로 틀린 것은?

① 광원과 기물에 눈부신 반사가 없도록 할 것
② 작업 중 손 가까이를 적당한 밝기로 비출 것
③ 각 좌석은 왼쪽에서 빛이 들어오도록 할 것
④ 작업 부분과 배경 사이에 콘트라스트(contrast) 차이를 없앨 것

해설
작업 부분과 배경 사이에는 적절한 콘트라스트가 있어야 한다.

31 다음 색 중 관용색명과 계통색명의 연결이 틀린 것은?(단, 한국산업표준 KS 기준)

① 커피색 – 탁한 갈색
② 개나리색 – 선명한 연두
③ 딸기색 – 선명한 빨강
④ 밤색 – 진한 갈색

해설
개나리색 – 선명한 노랑

32 다음 기업색채 계획의 순서 중 ( ) 안에 알맞은 내용은?

> 색채환경분석 → ( ) → 색채전달계획 → 디자인에 적용

① 소비계층 선택 ② 색채심리분석
③ 생산심리분석 ④ 디자인 활동 개시

해설
색채계획 과정
색채환경분석 → 색채심리분석 → 색채전달계획 → 디자인에 적용

33 색을 일반적으로 크게 구분하면 다음 중 어느 것인가?

① 무채색과 톤 ② 유채색과 명도
③ 무채색과 유채색 ④ 색상과 채도

해설
색은 유채색과 무채색으로 나눌 수 있다.

34 한국산업표준(KS)의 색이름에 대한 수식어 사용방법을 따르지 않은 색이름은?

① 어두운 보라
② 연두 느낌의 노랑
③ 어두운 적회색
④ 밝은 보랏빛 회색

해설
노란색은 선명한 노랑, 진한 노랑, 연(한)노랑, 흐린 노랑, 흰 노랑 등으로 쓴다.
※ 연두색은 선명한 연두, 밝은 연두, 진한 연두, 연한 연두, 흐린 연두, 탁한 연두, 노란 연두, 선명한 노란 연두, 연한 노란 연두, 흐린 노란 연두, 녹연두, 밝은 녹연두, 선명한 녹연두 등으로 쓴다.

35 저드(D.B. Judd)의 색채 조화의 4원리가 아닌 것은?

① 대비의 원리
② 질서의 원리
③ 친근감의 원리
④ 명료성의 원리

해설
저드의 조화론
• 공통성의 원리
• 질서의 원리
• 친근성의 원리
• 명료성의 원리

36 간상체는 전혀 없고 색상을 감지하는 세포인 추상체만이 분포하여 망막과 뇌로 연결된 시신경이 접하는 곳으로 안구로 들어온 빛이 상으로 맺히는 지점은?

① 맹점
② 중심와
③ 수정체
④ 각막

해설
망막의 중심와 부분에는 추상체가 밀집하여 분포되어 있다.

37 다음 중 이성적이며 날카로운 사고나 냉정함을 표현할 수 있는 색은?

① 연두 ② 파랑
③ 자주 ④ 주황

해설
파란색의 느낌

긍정	신뢰성, 자신감, 생동감, 열정, 희망, 신성함, 평화, 고요함, 순수, 신뢰, 신중, 권위, 존경, 이성, 진실, 충성, 성실, 생명, 불멸, 행운
부정	독선적, 우울함, 슬픔, 보수적, 권위적, 낙담, 의심, 불행, 냉정, 이기적, 고독, 우울, 불행, 고통

38 문(P. Moon)-스펜서(D.E. Spencer)의 색채조화론에 있어서 조화의 종류가 아닌 것은?

① 배색의 조화 ② 동등의 조화
③ 유사의 조화 ④ 대비의 조화

해설
문(Moon)-스펜서(Spencer)의 색채조화론

조화의 종류	부조화의 종류
• 동등 : 같은 색의 조화 • 유사 : 유사한 색의 조화 • 대비 : 반대색의 조화	• 제1불명료 : 아주 유사한 색의 부조화 • 제2불명료 : 약간 다른 색의 부조화 • 눈부심(glare) : 극단적인 반대색의 부조화

39 색채조절을 실시할 때 나타나는 효과와 가장 관계가 먼 것은?

① 눈의 긴장과 피로가 감소된다.
② 보다 빨리 판단할 수 있다.
③ 색채에 대한 지식이 높아진다.
④ 사고나 재해를 감소시킨다.

해설
색채조절을 통하여 마음의 안정을 찾고 눈이나 마음의 피로를 회복시키며 일의 능률을 향상시킴을 목적으로 한다.

40 색의 경연감과 흥분 진정에 관한 설명으로 틀린 것은?

① 고명도, 저채도 색이 부드러운 느낌을 준다.
② 난색계, 고채도 색은 흥분색이다.
③ 라이트(light) 색조는 부드러운 느낌을 준다.
④ 한색보다 난색이 딱딱한 느낌을 준다.

해설
색의 온도감
• 따뜻한 색(난색) : 빨강, 노랑, 주황 등의 색으로 자극적이고 활동적인 느낌을 준다.
• 차가운 색(한색) : 청록, 파랑, 남색 등의 색으로 침착하고 안정된 느낌을 준다.
• 중성색 : 연두, 보라, 자주, 녹색으로 수수한 느낌을 준다.

제3과목 건축재료

41 콘크리트의 수밀성에 관한 설명으로 옳지 않은 것은?

① 물-시멘트비가 작을수록 수밀성은 커진다.
② 다짐이 불충분할수록 수밀성은 작아진다.
③ 습윤양생이 충분할수록 수밀성은 작아진다.
④ 혼화재 중 플라이애시는 콘크리트의 수밀성을 향상시킨다.

해설
습윤양생이 충분할수록 수밀성이 크다.

42 금속과의 접착성이 크고 내약품성과 내열성이 우수하여 금속 도료 및 접착제, 콘크리트 균열 보수제 등으로 사용되는 열경화성 수지는?

① 에폭시수지
② 아크릴수지
③ 염화비닐수지
④ 폴리에틸렌수지

해설
에폭시수지 : 내약품성이 크고 접착력과 내열성이 커서 고가이다. 구조용 경금속 접착제 및 도료로 사용된다.

43 잔골재를 각 상태에서 계량한 결과 그 무게가 다음과 같을 때 이 골재의 유효 흡수율은?

- 절건 상태 : 2,000g
- 기건 상태 : 2,066g
- 표면건조내부포화 상태 : 2,124g
- 습윤 상태 : 2,152g

① 1.32%
② 2.81%
③ 6.20%
④ 7.60%

해설
$$\text{유효 흡수율} = \frac{(\text{표건 상태 중량} - \text{기건 상태 중량})}{\text{기건 상태 중량}} \times 100(\%)$$
$$= \frac{2,124 - 2,066}{2,066} \times 100 = 2.81\%$$

44 강의 기계적 가공법 중 회전하는 롤러에 가열 상태의 강을 끼워 성형해 가는 방법은?

① 압출
② 압연
③ 사출
④ 단조

해설
① 압출 : 재료를 금형 속에서 압축하여 금형의 구멍을 통하여 재료가 빠져나오게 하여 원래보다 단면적을 작게 하고 원하는 형태를 만드는 것이다.
③ 사출 : 녹인 소재를 금형(거푸집)에 넣고 열을 가해 원하는 모양으로 제품을 만드는 가공법이다.
④ 단조 : 금속재료를 해머 또는 프레스 등으로 압축력 또는 충격력을 가하는 가공법을 말한다.

45 다음 석재 중 내화도가 가장 큰 것은?

① 사문암
② 대리석
③ 석회석
④ 응회암

해설
내화도 크기 순서
응회암, 부석 > 안산암, 점판암 > 사암 > 대리석 > 화강암

정답 41 ③ 42 ① 43 ② 44 ② 45 ④

46 콘크리트용 골재에 관한 설명으로 옳지 않은 것은?

① 바닷모래를 콘크리트에 사용하기 위해서는 세척을 하고 난 후 사용하여야 한다.
② 골재가 콘크리트에서 차지하는 체적은 약 70~80% 정도이다.
③ 쇄석골재는 보통 안산암을 파쇄하여 쓴다.
④ 강자갈과 쇄석을 쓴 콘크리트 중 물-시멘트비 등의 제반 조건이 같으면 강자갈을 쓴 콘크리트의 강도가 크다.

해설
일반적으로 강자갈보다 쇄석을 사용한 콘크리트의 강도가 크다.

47 내화벽돌은 최소 얼마 이상의 내화도를 가져야 하는가?

① SK 10 이상   ② SK 15 이상
③ SK 21 이상   ④ SK 26 이상

해설
내화벽돌 내화도
• 저급품 : SK 26 – SK 30 : 건축용 굴뚝, 페치카
• 중급품 : SK 30 – SK 33 : 보통품, 일반로
• 고급품 : SK 34 – SK 42 : 고열로, 기타 요업용

48 목재의 부패조건에 관한 설명으로 옳은 것은?

① 목재에 부패균이 번식하기에 가장 최적의 온도 조건은 35~45℃로서 부패균은 70℃까지 대다수 생존한다.
② 부패균류가 발육 가능한 최저 습도는 45% 정도이다.
③ 하등생물인 부패균은 산소가 없으면 생육이 불가능하므로, 지하수면 아래에 박힌 나무말뚝은 부식되지 않는다.
④ 변재는 심재에 비해 고무, 수지, 휘발성 유지 등의 성분을 포함하고 있어 내식성이 크고, 부패되기 어렵다.

해설
① 부패균이 번식하기 위한 적당한 온도는 20~35℃ 정도이다.
② 부패균류가 발육 가능한 최저 습도는 85%이다.
④ 변재가 함수율이 높으므로 심재보다 썩기 쉽다.

49 흡음재료의 특성에 대한 설명으로 옳은 것은?

① 유공판재료는 연질 섬유판, 흡음 텍스가 있다.
② 판상재료는 뒷면의 공기층에 강제 진동으로 흡음효과를 발휘한다.
③ 유공판재료는 재료 내부의 공기진동으로 고음역의 흡음효과를 발휘한다.
④ 다공질재료는 적당한 크기나 모양의 관통구멍을 일정 간격으로 설치하여 흡음효과를 발휘한다.

해설
①·③ : 다공질재료에 대한 설명이다.
④ : 유공판재료에 대한 설명이다.

50 콘크리트의 방수성, 내약품성, 변형성능의 향상을 목적으로 다량의 고분자재료를 혼입한 시멘트는?

① 내황산염 포틀랜드 시멘트
② 저열 포틀랜드 시멘트
③ 메이슨리 시멘트
④ 폴리머 시멘트

해설
각종 시멘트의 특성

종류	특성	용도
보통 포틀랜드 시멘트	일반적인 시멘트	일반의 콘크리트 공사
조강 포틀랜드 시멘트	• 보통 시멘트의 7일 강도를 3일에 발현 • 저온에서도 강도를 발현	긴급공사, 동기공사, 콘크리트 2차 제품
중용열 포틀랜드 시멘트 · 저열 포틀랜드 시멘트	• 수화열이 낮음 • 건조수축이 작음	매스 콘크리트, 수밀 콘크리트, 차폐용 콘크리트
초조강 포틀랜드 시멘트	• 조강 시멘트의 3일 강도를 1일에 발현 • 저온에서도 강도를 발현	긴급공사, 그라우트, 동기공사, 콘크리트 2차 제품
내황산염 포틀랜드 시멘트	유산염이 함유된 해수, 토양, 지하수, 하수에 저항성이 큼	유산염의 침식을 받는 콘크리트
메이슨리 시멘트	성형성, 접착력, 보수성이 큼	벽돌이나 블록을 쌓는 데 적당함

51 단열재에 관한 설명으로 옳지 않은 것은?

① 열전도율이 낮은 것일수록 단열효과가 좋다.
② 열관류율이 높은 재료는 단열성이 낮다.
③ 같은 두께인 경우 경량재료인 편이 단열효과가 나쁘다.
④ 단열재는 보통 다공질의 재료가 많다.

해설
같은 두께인 경우 경량재료인 편이 단열효과가 좋다.

52 열가소성 수지가 아닌 것은?

① 염화비닐수지
② 초산비닐수지
③ 요소수지
④ 폴리스티렌수지

해설
열경화성 수지와 열가소성 수지

열경화성 수지	열가소성 수지
페놀수지, 요소수지, 멜라민수지, 알키드수지, 우레탄수지, 폴리에스테르수지, 에폭시수지, 실리콘수지, 프란수지	염화비닐수지, 초산비닐수지, 폴리비닐수지, 메타아크릴수지, 폴리아미드수지, 폴리카보네이트수지, 불소수지, 폴리스티렌수지, 폴리에틸렌수지

53 유성 페인트에 대한 설명 중 옳지 않은 것은?

① 내알칼리성이 우수하다.
② 건조시간이 길다.
③ 붓바름 작업성이 뛰어나다.
④ 보일유와 안료를 혼합한 것을 말한다.

해설
내알칼리성이 떨어진다.

정답 50 ④ 51 ③ 52 ③ 53 ①

54 목재는 화재가 발생하면 순간적으로 불이 확산하여 큰 피해를 주는 데 이를 억제하는 방법으로 옳지 않은 것은?

① 목재의 표면에 플라스터로 피복한다.
② 염화비닐수지로 도포한다.
③ 방화 페인트로 도포한다.
④ 인산암모늄 약제로 도포한다.

해설
염화비닐수지는 열에 약하다.

55 목재의 화재위험온도(인화점)는 평균 얼마 정도인가?

① 160℃   ② 240℃
③ 330℃   ④ 450℃

해설
목재의 평균 인화점은 약 240℃이다.

56 담금질을 한 강에 인성을 주기 위하여 변태점 이하의 적당한 온도에서 가열한 다음 냉각시키는 조작을 의미하는 것은?

① 풀림   ② 불림
③ 뜨임질   ④ 사출

해설
뜨임질
불림하거나 담금질한 강을 다시 200~600℃로 가열한 후 공기 중에서 냉각하는 처리를 말하며, 내부 응력을 제거하며 연성과 인성을 크게 하기 위해 실시한다.

57 콘크리트에 일정한 하중이 지속적으로 작용하면 하중의 증가가 없어도 콘크리트의 변형이 시간에 따라 증가하는 현상은?

① 크리프(creep)
② 폭렬(explosive fracture)
③ 좌굴(buckling)
④ 체적변화(cubic volume change)

해설
② 폭렬 : 콘크리트가 화재 등으로 급격하게 온도가 상승하여 내부에 갇혀 있던 수분이 외부로 빠져나가지 못한 채 폭발하거나, 부재 표면의 콘크리트가 탈락, 박리되는 현상을 말한다.
③ 좌굴 : 부재의 축 방향으로 힘이 가해졌을 때 부재에 변형이 일어나는 현상을 말한다.
④ 체적변화 : 일반적으로 건습 또는 온도의 변화, 콘크리트에 부적당한 조건 기온변화 등으로 일어나는 굳은 콘크리트의 팽창과 수축을 말한다.

58 ALC 제품에 관한 설명으로 옳지 않은 것은?

① 압축강도에 비해서 휨·인장강도는 상당히 약한 편이다.
② 열전도율이 보통 콘크리트의 1/10 정도로서 단열성이 유리하다.
③ 내화성능을 보유하고 있다.
④ 흡수율이 낮아 물에 노출된 곳에서도 사용이 가능하다.

해설
경량 기포 콘크리트(ALC)는 보통 콘크리트에 비해 절건비중이 약 1/4로 경량이고 열전도율은 약 1/10로 단열성이 우수하다. 또한 불연성이기 때문에 내화재료로 이용하고 흡음성·차음성이 크며 기공구조이기 때문에 흡수율이 높고, 동결융해저항이 낮다.

59 목재의 일반적인 성질에 대한 설명으로 옳지 않은 것은?

① 석재나 금속에 비하여 가공하기가 쉽다.
② 건조한 것은 타기 쉽고 건조가 불충분한 것은 썩기 쉽다.
③ 열전도율이 커서 보온재료로 사용이 곤란하다.
④ 아름다운 색채와 무늬로 장식효과가 우수하다.

해설
목재는 열전도율이 적어 보온, 방서, 방한의 효과가 있고 흡습조절 능력이 우수하다.

60 방화(防火) 도료의 원료와 가장 거리가 먼 것은?

① 아연화
② 물유리
③ 제2인산암모늄
④ 염소화합물

해설
방화 도료
• 물유리의 수용액에 내화성 안료를 넣은 것
• 카세인이나 아교에 석면, 석회 등을 섞은 수성 도료
• 실리콘수지 도료, 염소화합물을 포함하는 것
• 아민계 합성수지에 거품제(인산암모늄, 인산아닐린 등)나 소염제를 넣은 기포성 방화 도료

제4과목 건축일반

61 그리스의 오더 중 기단부는 단 사이에 수평홈이 있으며, 주두는 소용돌이 형태의 나선형인 벌류트로 구성된 것은?

① 이오닉 오더
② 도릭 오더
③ 코린티안 오더
④ 터스칸 오더

해설
그리스 건축양식(주두 모양으로 구분)
• 도리아 오더 : 가장 오래된 양식으로 직선적이고 장중하며 남성적인 느낌을 준다.
• 이오닉 오더 : 소용돌이 주두가 있으며, 우아, 경쾌, 유연감을 주며 여성적인 느낌을 준다.
• 코린티안 오더 : 이오닉 오더의 변형으로 가장 장식적이고 화려한 느낌을 준다.

62 문화 및 집회시설로서 스프링클러설비를 모든 층에 설치하여야 할 경우에 대한 기준으로 옳지 않은 것은?

① 수용인원이 100인 이상인 것
② 무대부가 4층 이상의 층에 있는 경우에는 무대부의 면적이 200m² 이상인 것
③ 무대부가 지하층·무창층에 있는 경우 무대부의 면적이 300m² 이상인 것
④ 영화상영관의 용도로 쓰이는 층의 바닥 면적이 지하층 또는 무창층인 경우 500m² 이상인 것

해설
스프링클러설비를 설치해야 하는 특정소방대상물(소방시설 설치 및 관리에 관한 법률 시행령 별표 4)
문화 및 집회시설(동·식물원은 제외), 종교시설(주요 구조부가 목조인 것은 제외), 운동시설(물놀이형 시설 및 바닥이 불연재료이고 관람석이 없는 운동시설은 제외)로서 다음의 어느 하나에 해당하는 경우에는 모든 층
1. 수용인원이 100명 이상인 것
2. 영화상영관의 용도로 쓰이는 층의 바닥 면적이 지하층 또는 무창층인 경우에는 500m² 이상, 그 밖의 층의 경우에는 1,000m² 이상인 것
3. 무대부가 지하층·무창층 또는 4층 이상의 층에 있는 경우에는 무대부의 면적이 300m² 이상인 것
4. 무대부가 3. 외의 층에 있는 경우에는 무대부의 면적이 500m² 이상인 것

정답 59 ③ 60 ① 61 ① 62 ②

63 한국의 목조건축에서 입면 구성요소에 의해 이루어지는 특성과 가장 거리가 먼 것은?

① 실용성
② 장식성
③ 의장성
④ 구조성

해설
한국의 목조건축에서 입면은 대지 위에 쌓아올린 기단, 벽체, 공포대, 지붕면으로 구성되며, 장식성, 의장성, 구조성이 우수하다.

64 목재의 이음 중 따낸이음에 속하지 않는 것은?

① 주먹장이음
② 엇걸이이음
③ 덧판이음
④ 메뚜기장이음

해설
이음에는 여러 가지 형식이 있으나 맞댄이음과 따낸이음으로 대별된다.
- 따낸이음 : 두 개의 이음재가 서로 견고하게 맞물리도록 부재를 따내어 맞추는 방법(①, ②, ④)이다.
- 맞댄이음 : 부재의 끝 부분을 단순히 맞대어 잇는 방법으로는 할 수 없기 때문에 덧판을 대고 못이나 볼트로 연결해야 한다.

65 건축관계법규에 따라 단독주택 및 공동주택의 거실 등에 적용하는 채광 및 환기에 관한 기준으로 옳지 않은 것은?

① 환기를 위하여 거실에 설치하는 창문 등의 최소 면적 기준은 기계환기장치 및 중앙관리방식의 공기조화설비를 설치하는 경우에는 적용받지 않는다.
② 채광을 위한 창문 등의 면적은 그 거실 바닥 면적의 1/10 이상이어야 한다.
③ 환기를 위하여 거실에 설치하는 창문 등의 면적은 그 거실 바닥 면적의 1/10 이상이어야 한다.
④ 채광 및 환기 관련 기준을 적용함에 있어 수시로 개방할 수 있는 미닫이로 구획된 2개의 거실은 1개의 거실로 본다.

해설
채광 및 환기를 위한 창문 등(건축물의 피난·방화구조 등의 기준에 관한 규칙 제17조)
환기를 위하여 거실에 설치하는 창문 등의 면적은 그 거실의 바닥 면적 1/20 이상이어야 한다.

66 철골에 내화피복을 하는 이유로 옳은 것은?

① 내구성 확보
② 마감재 부착성 향상
③ 화재에 대한 부재의 내력 확보
④ 단열성 확보

해설
화재가 발생하면 철이 힘없이(엿가락처럼) 무너지기 때문에, 건축물이 붕괴되어 주위로의 화재 확산을 방지하기 위해 철골에 내화피복을 한다.

정답 63 ① 64 ③ 65 ③ 66 ③

67 비상방송설비를 설치하여야 하는 특정소방대상물의 기준으로 옳지 않은 것은?

① 지하층을 제외한 층수가 11층 이상인 건축물
② 상시 50인 이상의 근로자가 작업하는 옥내 작업장
③ 지하층의 층수가 3층 이상인 건축물
④ 연면적 3,500m² 이상인 건축물

해설
※ 출제 시 정답은 ②이었으나, 법령 개정으로 정답 ①, ②
소방시설(소방시설 설치 및 관리에 관한 법률 시행령 별표 1)
• 비상방송설비 : 위험물 저장 및 처리시설 중 가스시설, 사람이 거주하지 않거나 벽이 없는 축사 등 동물 및 식물 관련 시설, 터널 및 지하구는 제외한다.
 – 연면적 3,500m² 이상인 것은 모든 층
 – 층수가 11층 이상인 것은 모든 층
 – 지하층의 층수가 3층 이상인 것은 모든 층

68 철근콘크리트 기둥에 사용하는 띠철근에 관한 설명으로 옳지 않은 것은?

① 기둥의 양단부보다 중앙부에 많이 배근한다.
② 콘크리트가 수평으로 터져나가는 것을 구속한다.
③ 주근의 좌굴을 방지한다.
④ 수평력에 의해 발생하는 전단력에 저항한다.

해설
기둥의 중앙부보다 양단부에 많이 배근한다.
기둥에서 띠철근의 역할
• 주철근의 좌굴 방지
• 주철근의 위치 확보
• 전단보강
• 피복 두께 유지

69 비상용 승강기를 설치하지 아니할 수 있는 건축물의 기준으로 옳지 않은 것은?

① 높이 31m를 넘는 각 층을 거실 외의 용도로 쓰는 건축물
② 높이 31m를 넘는 층수가 4개 층 이하로서 당해 각 층의 바닥 면적의 합계가 200m² 이내마다 방화구획(영 제46조 제1항 본문에 따른 방화구획)으로 구획한 건축물
③ 높이 31m를 넘는 각 층의 바닥 면적의 합계가 500m² 이하인 건축물
④ 높이 31m를 넘는 층수가 4개 층 이하로서 당해 각 층의 바닥 면적의 합계가 600m² 이내마다 방화구획으로 구획한 건축물(단, 벽 및 반자가 실내에 접하는 부분의 마감을 불연재료로 한 경우)

해설
비상용 승강기를 설치하지 아니할 수 있는 건축물(건축물의 설비기준 등에 관한 규칙 제9조)
• 높이 31m를 넘는 각 층을 거실 외의 용도로 쓰는 건축물
• 높이 31m를 넘는 각 층의 바닥 면적의 합계가 500m² 이하인 건축물
• 높이 31m를 넘는 층수가 4개 층 이하로서 당해 각 층의 바닥 면적의 합계 200m²(벽 및 반자가 실내에 접하는 부분의 마감을 불연재료로 한 경우에는 500m²) 이내마다 방화구획(영 제46조 제1항 본문에 따른 방화구획)으로 구획한 건축물

정답 67 ①, ② 68 ① 69 ④

70 특정소방대상물의 관계인은 그 대상물에 설치되어 있는 소방시설 등에 대하여 정기적으로 자체점검을 하거나 관리업자 또는 행정안전부령으로 정하는 기술자격자로 하여금 정기적으로 점검하게 하여야 하는데 이 기술자격자에 해당되는 자는?

① 소방안전관리자로 선임된 건축설비기사
② 소방안전관리자로 선임된 소방기술사
③ 소방안전관리자로 선임된 소방설비기사(기계분야)
④ 소방안전관리자로 선임된 소방설비기사(전기분야)

해설
기술자격의 범위(소방시설 설치 및 관리에 관한 법률 시행규칙 제19조)
행정안전부령으로 정하는 기술자격자란 소방안전관리자로 선임된 소방시설관리사 및 소방기술사를 말한다.

71 내부 슬래브 거푸집으로 적당하지 않은 것은?

① 합판 거푸집(plywood form)
② 데크 플레이트(deck plate)
③ 테이블 거푸집(table form)
④ 슬라이딩 거푸집(sliding form)

해설
슬라이딩 거푸집
수평적 또는 수직적으로 반복된 구조물을 시공 이음이 없이 균일한 형상으로 시공하기 위하여 거푸집을 연속적으로 이동시키면서 콘크리트를 타설하여 구조물을 시공하는 거푸집 공법으로 외부 거푸집에 속한다.

72 신축 또는 리모델링하는 30세대 이상의 공동주택은 자연환기설비 또는 기계환기설비를 설치하여 최소 시간당 몇 회 이상의 환기가 이루어지도록 해야 하는가?

① 0.5회 ② 0.6회
③ 0.8회 ④ 1.0회

해설
공동주택 및 다중이용시설의 환기설비기준 등(건축물의 설비기준 등에 관한 규칙 제11조)
신축 또는 리모델링하는 다음의 어느 하나에 해당하는 주택 또는 건축물은 시간당 0.5회 이상의 환기가 이루어질 수 있도록 자연환기설비 또는 기계환기설비를 설치해야 한다.
• 30세대 이상의 공동주택
• 주택을 주택 외의 시설과 동일건축물로 건축하는 경우로서 주택이 30세대 이상인 건축물

73 종교시설의 집회실 바닥 면적이 200m² 이상인 경우의 최소 반자 높이는?

① 2.1m ② 2.5m
③ 3.0m ④ 4.0m

해설
거실의 반자 높이(건축물의 피난·방화구조 등의 기준에 관한 규칙 제16조)
1. 거실의 반자(반자가 없는 경우에는 보 또는 바로 위층의 바닥판의 밑면 기타 이와 유사한 것을 말한다)는 그 높이를 2.1m 이상으로 하여야 한다.
2. 문화 및 집회시설(전시장 및 동·식물원은 제외한다), 종교시설, 장례식장 또는 위락시설 중 유흥주점의 용도에 쓰이는 건축물의 관람실 또는 집회실로서 그 바닥 면적이 200m² 이상인 것의 반자의 높이는 1.에도 불구하고 4m(노대의 아랫부분의 높이는 2.7m) 이상이어야 한다. 다만, 기계환기장치를 설치하는 경우에는 그렇지 않다.

74 다음 ( ) 안에 적합한 것은?

> 특정소방대상물에 대통령령으로 정하는 소방시설을 설치하려는 자는 지진이 발생할 경우 소방시설이 정상적으로 작동될 수 있도록 (   )이 정하는 내진설계기준에 맞게 소방시설을 설치하여야 한다.

① 소방본부장　② 소방서장
③ 소방청장　④ 행정안전부장관

해설
소방시설의 내진 설계기준(소방시설 설치 및 관리에 관한 법률 제7조)
지진·화산재해대책법 제14조 제1항의 시설 중 대통령령으로 정하는 특정소방대상물에 대통령령으로 정하는 소방시설을 설치하려는 자는 지진이 발생할 경우 소방시설이 정상적으로 작동될 수 있도록 소방청장이 정하는 내진설계기준에 맞게 소방시설을 설치하여야 한다.

75 방염성능기준 이상의 실내장식물 등을 설치하여야 하는 특정소방대상물에 해당되지 않는 것은?

① 근린생활시설 중 체력단련장
② 방송통신시설 중 방송국
③ 의료시설 중 종합병원
④ 층수가 11층인 아파트

해설
방염성능기준 이상의 실내장식물 등을 설치하여야 하는 특정소방대상물(소방시설 설치 및 관리에 관한 법률 시행령 제30조)
1. 근린생활시설 중 의원, 치과의원, 한의원, 조산원, 산후조리원, 체력단련장, 공연장 및 종교집회장
2. 건축물의 옥내에 있는 다음의 시설
   - 문화 및 집회시설
   - 종교시설
   - 운동시설(수영장은 제외)
3. 의료시설
4. 교육연구시설 중 합숙소
5. 노유자시설
6. 숙박이 가능한 수련시설
7. 숙박시설
8. 방송통신시설 중 방송국 및 촬영소
9. 다중이용업소
10. 1.부터 9.까지의 시설에 해당하지 않는 것으로서 층수가 11층 이상인 것(아파트 등은 제외)

76 경보설비의 종류에 속하지 않는 것은?

① 누전경보기
② 자동화재탐지설비
③ 비상방송설비
④ 무선통신보조설비

해설
무선통신보조설비는 소화활동설비에 속한다.
소방시설(소방시설 설치 및 관리에 관한 법률 시행령 별표 1)
경보설비 : 화재 발생 사실을 통보하는 기계·기구 또는 설비로서 다음의 것을 말한다.
- 단독경보형 감지기
- 비상경보설비(비상벨설비, 자동식 사이렌설비)
- 자동화재탐지설비
- 시각경보기
- 화재알림설비
- 비상방송설비
- 자동화재속보설비
- 통합감시시설
- 누전경보기

정답 74 ③　75 ④　76 ④

77 각 층 바닥 면적이 1,000m²인 10층의 공연장에 설치해야 할 승용 승강기의 최소 대수는?(단, 문화 및 집회시설 중 공연장, 8인승 이상 15인승 이하의 승강기임)

① 1대 ② 2대
③ 3대 ④ 4대

해설
승용 승강기의 설치기준(건축물의 설비기준 등에 관한 규칙 별표 1의2)

6층 이상의 거실 면적의 합계 건축물의 용도	3,000m² 이하	3,000m² 초과
• 문화 및 집회시설(공연장·집회장 및 관람장만 해당한다) • 판매시설 • 의료시설	2대	2대에 3,000m²를 초과하는 2,000m² 이내마다 1대를 더한 대수
• 문화 및 집회시설(전시장 및 동·식물원만 해당한다) • 업무시설 • 숙박시설 • 위락시설	1대	1대에 3,000m²를 초과하는 2,000m² 이내마다 1대를 더한 대수
• 공동주택 • 교육연구시설 • 노유자시설 • 그 밖의 시설	1대	1대에 3,000m²를 초과하는 3,000m² 이내마다 1대를 더한 대수

※ 위 표에 따라 승강기의 대수를 계산할 때 8인승 이상 15인승 이하의 승강기는 1대의 승강기로 보고, 16인승 이상의 승강기는 2대의 승강기로 본다.
6층 이상 거실 면적의 합계가 5,000m²이므로, 2대에 3,000m²를 초과하는 2,000m² 이내마다 1대를 더한 대수이므로
∴ 2대 + 1대 = 3대

78 건축물의 지하층에 설치하는 비상탈출구의 유효 너비 및 유효 높이는 각각 최소 얼마 이상으로 하여야 하는가?

① 0.5m, 0.5m ② 0.5m, 0.75m
③ 0.75m, 0.75m ④ 0.75m, 1.5m

해설
지하층의 구조(건축물의 피난·방화구조 등의 기준에 관한 규칙 제25조 제2항)
지하층의 비상탈출구의 유효 너비는 0.75m 이상으로 하고, 유효 높이는 1.5m 이상으로 할 것

79 복합건축물의 피난시설에 대한 기준에 대한 설명으로 옳지 않은 것은?

① 공동주택 등과 위락시설 등은 서로 이웃하지 아니하도록 배치할 것
② 거실의 벽 및 반자가 실내에 면하는 부분의 마감은 불연재료로만 설치할 것
③ 공동주택 등과 위락시설 등은 내화구조로 된 바닥 및 벽으로 구획하여 서로 차단할 것
④ 공동주택 등의 출입구와 위락시설 등의 출입구는 서로 그 보행거리가 30m 이상이 되도록 설치할 것

해설
복합건축물의 피난시설 등(건축물의 피난·방화구조 등의 기준에 관한 규칙 제14조의2)
거실의 벽 및 반자가 실내에 면하는 부분(반자돌림대·창대 그밖에 이와 유사한 것을 제외)의 마감은 불연재료·준불연재료 또는 난연재료로 하고, 그 거실로부터 지상으로 통하는 주된 복도·계단 그밖에 통로의 벽 및 반자가 실내에 면하는 부분의 마감은 불연재료 또는 준불연재료로 할 것

80 마름돌이 두드러진 부분을 쇠메로 쳐서 대강 다듬는 정도의 돌 표면 마무리 기법을 무엇이라 하는가?

① 혹두기
② 도드락다듬
③ 잔다듬
④ 버너구이 마감

해설
② 도드락다듬 : 정다듬한 면을 도드락망치로 평탄하게 다듬는 것
③ 잔다듬 : 도드락다듬면을 날망치로 평탄하게 마무리하는 것
④ 버너구이 마감(제트버너, 화염분사법) : 고열의 불꽃을 분사하는 방식으로 독특한 마감면 형성

2016년 제2회 과년도 기출문제

제1과목 실내디자인론

01 실내기본요소 중 바닥에 관한 설명으로 옳지 않은 것은?

① 공간을 구성하는 수평적 요소이다.
② 촉각적으로 만족할 수 있는 조건을 요구한다.
③ 고저차를 통해 공간의 영역을 조정할 수 있다.
④ 다른 요소들에 비해 시대와 양식에 의한 변화가 현저하다.

해설
바닥은 신체와 직접 접촉되는 부분으로서 다른 요소의 시대와 양식에 의한 변화가 현저한 데 비해 바닥은 고정적이며 변화가 적다.

02 가구 배치계획에 관한 설명으로 옳지 않은 것은?

① 평면도에 계획되며 입면계획을 고려하지 않는다.
② 실의 사용목적과 행위에 적합한 가구 배치를 한다.
③ 가구 사용 시 불편하지 않도록 충분한 여유 공간을 두도록 한다.
④ 가구의 크기 및 형상은 전체 공간의 스케일과 시각적, 심리적 균형을 이루도록 한다.

해설
가구 배치는 평면도에 계획되나 문, 창 등의 개구부의 위치와 크기는 가구 배치에 영향을 미치므로 입면계획을 고려해야 한다.

03 실내디자이너의 역할과 작업에 관한 설명으로 옳지 않은 것은?

① 건축 및 환경과의 상호성을 고려하여 계획하여야 한다.
② 인간의 활동을 도와주며 동시에 미적인 만족을 주는 환경을 창조한다.
③ 효율적인 공간창출을 위하여 제반요소에 대한 분석 작업이 우선되어야 한다.
④ 실내디자이너의 작업은 이용자 특성에 대한 제약을 벗어나 공간예술 창조의 자유가 보장되어야 한다.

해설
실내디자인은 실내 공간의 사용자인 인간에 대한 이해와 함께 공간의 특성에 따른 기능적인 이해를 기반으로 이루어져야 한다.

04 디자인의 원리 중 대비에 관한 설명으로 옳지 않은 것은?

① 극적인 분위기를 연출하는 데 효과적이다.
② 상반 요소가 밀접하게 접근하면 할수록 대비의 효과는 감소된다.
③ 강력하고 화려하며 남성적인 이미지를 주지만 지나치게 크거나 많은 대비의 사용은 통일성을 방해할 우려가 있다.
④ 질적, 양적으로 전혀 다른 둘 이상의 요소가 동시에 혹은 계속적으로 배열될 때 상호의 특질이 한층 강하게 느껴지는 통일적 현상이다.

해설
상반 요소가 밀접하게 접근하면 할수록 대비의 효과는 극대화된다.

정답 1 ④ 2 ① 3 ④ 4 ②

05 알바 알토가 디자인한 의자로 자작나무 합판을 성형하여 만들었으며, 목재가 지닌 재료의 단순성을 최대한 살린 것은?

① 바실리 의자
② 파이미오 의자
③ 레드 블루 의자
④ 바르셀로나 의자

해설
- 알바 알토가 디자인한 의자 : 파이미오 의자
- 마르셀 브로이어가 디자인한 의자 : 바실리 의자, 체스카 의자

06 다음 중 전시 공간의 규모 설정에 영향을 주는 요인과 가장 거리가 먼 것은?

① 전시방법
② 전시의 목적
③ 전시 공간의 평면 형태
④ 전시자료의 크기와 수량

해설
전시 공간의 규모 설정에 영향을 미치는 요인은 전시방법, 전시의 성격 및 목적, 전시자료의 크기와 수량 등이 있다.

07 비주얼 머천다이징(VMD)에 관할 설명으로 옳지 않은 것은?

① VMD의 구성은 IP, PP, VP 등이 포함된다.
② VMD의 구성 중 IP는 상점의 이미지와 패션테마의 종합적인 표현을 일컫는다.
③ 상품계획, 상점계획, 판촉 등을 시각화시켜 상점 이미지를 고객에게 인식시키는 판매전략을 말한다.
④ VMD란 상품과 고객 사이에서 치밀하게 계획된 정보전달 수단으로서 디스플레이의 기법 중 하나이다.

해설
VMD의 구성
- IP(Item Presentation) : 개개의 상품을 분류, 정리하여 보기 쉽고 고르기 쉽게 진열한다.
- PP(Point of sale Presentation) : 분류된 상품의 점두 표현 역할을 한다.
- VP(Visual Presentation) : 매장의 이미지와 패션테마의 종합적인 표현을 일컫는다.

08 수평 블라인드로 날개의 각도, 승강으로 일광, 조망, 시각의 차단 정도를 조절할 수 있는 것은?

① 롤 블라인드
② 로만 블라인드
③ 베니션 블라인드
④ 버티컬 블라인드

해설
베니션 블라인드
- 다른 블라인드에 비해서 통풍성이 뛰어나고, 가로 폭이 좁은 슬릿들이 연결되어 자연채광과 빛의 각도를 더욱 세밀하게 조절할 수 있다.
- 슬릿 각도에 따라 외부로부터 시선을 차단할 수 있어 사생활을 보호해준다.

09 어떤 공간에 규칙성의 흐름을 주어 경쾌하고 활기 있는 표정을 주고자 한다. 다음의 디자인 원리 중 가장 관계가 깊은 것은?

① 조화
② 리듬
③ 강조
④ 통일

해설
리듬 : 반복, 점층, 대립, 변이, 방사 등 규칙적인 요소들의 반복으로 나타나는 통제된 운동감이다. 리듬은 실내에 있어서 공간이나 형태의 구성을 조직하고 반영하여 시각적으로 디자인에 질서를 부여한다.

10 다음과 같은 특징을 갖는 조명의 연출기법은?

> 물체의 형상만을 강조하는 기법으로 시각적인 눈부심은 없으나 물체면의 세밀한 묘사는 할 수 없다.

① 스파클 기법
② 실루엣 기법
③ 월 워싱 기법
④ 글레이징 기법

해설
② 실루엣 기법 : 거주자와 광원 사이에 피조물을 두어 빛의 강한 대비로 물체의 윤곽만을 강조하는 기법이다.
① 스파클 기법 : 광원의 순간적인 on-off를 통하여 반짝거림을 이용하는 기법이다.
③ 월 워싱 기법 : 수직 벽면을 빛으로 쓸어내리는 듯한 효과를 주기 위해 비대칭 배광방식의 조명기구를 사용하여 수직 벽면에 균일한 조도의 빛을 비추는 기법이다.
④ 글레이징 기법 : 빛의 각도를 이용하는 방법으로 수직면과 평행한 조명을 벽에 조사시킴으로써 마감재의 질감을 효과적으로 강조하는 기법이다.

11 사무소 건축의 오피스 랜드스케이핑(office landscaping)에 관한 설명으로 옳지 않은 것은?

① 공간을 절약할 수 있다.
② 개방식 배치의 한 형식이다.
③ 조경 면적 확대를 목적으로 하는 친환경 디자인 기법이다.
④ 커뮤니케이션의 융통성이 있고, 장애요인이 거의 없다.

해설
오피스 랜드스케이프(office landscape)
개방식 배치의 한 형식으로 칸막이 벽을 사용하지 않고 프라이버시의 확보와 커뮤니케이션의 용이성을 조화시킨 사무실 레이아웃의 기법이다.

12 역리 도형 착시의 사례로 가장 알맞은 것은?

① 헤링 도형
② 자스트로의 도형
③ 펜로즈의 삼각형
④ 쾨니히의 목걸이

해설
역리 도형 착시
• 모순 도형, 불가능 도형을 이용한 착시현상이다.
• 펜로즈의 삼각형이 대표적이다. 부분적으로는 삼각형으로 보이지만, 전체적으로는 삼각형이 되는 것은 불가능하다. 즉, 3차원의 세계를 2차원 평면에 그린 것이지만 실제로 존재할 수 없는 도형이다.

13 더블베드(double bed)의 크기로 알맞은 것은?

① 1,000mm×2,000mm
② 1,350mm×2,000mm
③ 1,500mm×2,000mm
④ 2,000mm×2,000mm

해설
침대의 크기
• 싱글 : 1,000×2,000mm
• 슈퍼싱글 : 1,100×2,000mm
• 더블 : 1,350(1,400)×2,000mm
• 퀸 : 1,500×2,000mm

14 상점의 판매형식 중 대면 판매에 관한 설명으로 옳지 않은 것은?

① 종업원의 정위치를 정하기 어렵다.
② 포장대나 캐시대를 별도로 둘 필요가 없다.
③ 고객과 마주 대하기 때문에 상품 설명이 용이하다.
④ 소형 고가품인 귀금속, 카메라 등의 판매에 적합하다.

해설
대면 판매는 고객과 종업원이 쇼케이스를 가운데 두고 상담 판매하는 방식으로, 고객과 바로 대면하여 상품 설명에 편리하고 판매원의 위치가 용이하다.

15 가장 완전한 균형의 상태로 공간에 질서를 주기 용이한 디자인 원리는?

① 대칭적 균형
② 능동의 균형
③ 비정형 균형
④ 비대칭 균형

해설
균형
• 대칭적 균형 : 가장 완전한 균형의 상태이다.
• 비대칭 균형 : 능동의 균형, 비정형 균형이라고도 한다.
• 방사형 균형 : 한 점에서 분산되거나 중심점에서부터 원형으로 분산되어 표현된다.

16 다음 중 집중효과가 가장 큰 것은?

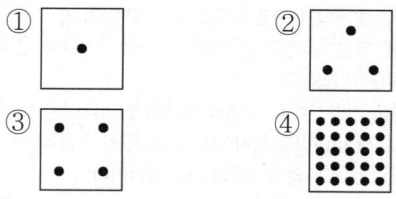

해설
공간에 한 점이 있을 경우 집중효과가 크다.

17 주거 공간을 주행동에 의해 구분할 경우, 다음 중 사회 공간에 속하지 않는 것은?

① 거실   ② 식당
③ 서재   ④ 응접실

해설
서재는 사생활을 위해 계획된 개인 공간이다.
공간에 따른 분류

공간분류	종류
사회적 공간	거실, 식당, 응접실, 회의실 등
개인적 공간	침실, 서재, 작업실, 욕실 등
작업 공간	세탁실, 다용도실, 부엌
부수 공간	계단, 현관, 복도, 통로 등

18 다음 설명에 알맞은 특수전시기법은?

- 하나의 사실 또는 주제의 시간 상황을 고정시켜 연출하는 것으로 현장에 임한 느낌을 주는 기법이다.
- 어떤 상황을 배경과 실물 또는 모형으로 재현하여 현장감, 공간감을 표현하고 배경에 맞는 투시적 효과와 상황을 만든다.

① 디오라마 전시   ② 파노라마 전시
③ 아일랜드 전시   ④ 하모니카 전시

해설
② 파노라마 전시 : 주제를 연속적으로 연관성 깊게 표현하기 위해 선형으로 연출하는 전시 기법이다.
③ 아일랜드 전시 : 사방에서 감상해야 할 필요가 있는 조각물이나 모형을 전시하기 위해 벽면에서 띄어 놓아 전시하는 방법이다.
④ 하모니카 전시 : 전시 공간을 격자화하여 규칙적으로 배치하는 것으로 전시 내용에 통일된 형식이 규칙적으로 나타난다.

19 부엌 작업대의 배치 유형 중 일렬형에 관한 설명으로 옳지 않은 것은?

① 작업대를 벽면에 한 줄로 붙여 배치하는 유형이다.
② 작업대 전체의 길이는 4,000~5,000mm 정도가 가장 적당하다.
③ 부엌의 폭이 좁거나 공간의 여유가 없는 소규모 주택에 적합하다.
④ 작업대가 길어지면, 작업 동선이 길게 되어 비효율적이 된다.

해설
작업대는 길이가 길면 작업 동선이 길어지므로 총 길이는 3,000 mm를 넘지 않도록 한다.

20 형태의 분류 중 인간의 지각, 즉 시각과 촉각으로는 직접 느낄 수 없고 개념적으로만 제시될 수 있는 형태로서 순수 형태라고도 하는 것은?

① 인위적 형태   ② 현실적 형태
③ 이념적 형태   ④ 직설적 형태

해설
이념적 형태 : 인간의 지각, 즉 시각과 촉각으로 직접 느낄 수 없는 인간의 머릿속에서만 생각되는 순수한 형태로서 순수 형태, 추상 형태라고 한다.
※ 형태의 분류

형태 ─┬─ 이념적 형태(순수 형태, 추상 형태)
　　　└─ 현실적 형태 ─┬─ 자연 형태
　　　　　　　　　　　└─ 인공(인위) 형태

정답   17 ③   18 ①   19 ②   20 ③

제2과목 색채 및 인간공학

21 대비효과를 크게 하기 위해 색광을 이용하는 조명 방법은?

① 색채조명
② 투과조명
③ 방향조명
④ 근자외선조명

[해설]
색채조명
조명용의 빛으로 백색 이외에 색광을 사용하는 것으로 장식, 광고 등의 목적에 사용된다.

22 음량에 관한 척도 중 어떤 음을 phon값으로 표시한 음량수준은 이 음과 같은 크기로 들리는 몇 Hz 순음의 음압수준(dB)인가?

① 10
② 100
③ 500
④ 1,000

[해설]
한 음의 phon값으로 표시한 음량수준은 이 음과 같은 크기로 들리는 1,000Hz 순음의 음압수준(dB)이다.

23 다음은 부품 배치의 원리에 관한 내용이다. 각각의 번호와 해당하는 원리가 맞게 짝지어진 것은?

> ㉠ 가장 자주 사용되는 다이얼을 제어판 중심부에 위치시킨다.
> ㉡ 온도계와 온도제어장치는 한 곳에 모아야 한다.

① ㉠ 사용 빈도의 원리, ㉡ 기능성의 원리
② ㉠ 사용 빈도의 원리, ㉡ 중요도의 원리
③ ㉠ 중요도의 원리, ㉡ 사용 순서의 원리
④ ㉠ 기능성의 원리, ㉡ 사용 순서의 원리

[해설]
부품 배치의 원리
- 사용 빈도의 원리 : 사용 빈도가 많은 요소들을 가장 사용하기 편리한 곳에 배치되어야 한다.
- 기능적 집단화 원리 : 기능이 밀접하게 관련된 요소들은 상호 가까운 곳에 위치해야 한다.
- 중요도 원리 : 시스템의 목적을 달성하는 데 상대적으로 더 중요한 요소들은 사용하기 편리한 지점에 위치해야 한다.
- 사용 순서의 원리 : 부품의 위치와 조립공정의 순서에 적절하게 배치되어야 한다.
- 일관성 원리 : 동일한 요소들은 기억이나 탐색 요구를 최소화하기 위해서 같은 지점에 위치해야 한다.
- 동일 위치를 통한 control-display 부합성 원리 : control-display의 구분이 명확하고 조작의 편리성과 실수를 최소화하는 시스템 일체의 형태로 배치되어야 한다.

24 공장에서 작업자가 팔을 계속적으로 뻗어 기계의 부속품을 조립할 경우, 근육의 고정된 긴장 때문에 피로해지고 기술도 감소되므로 작업자가 자기 팔꿈치를 되도록 몸에 끌어당겨서 일할 수 있도록 기계가 설계되어야 한다. 이때 상완과 하완 사이의 각도가 몇 °가 되도록 끌어당기는 것이 적합한가?

① 45°
② 60°
③ 90°
④ 120°

정답 21 ① 22 ④ 23 ① 24 ③

25 on-off 스위치 혹은 증, 감에 대한 기본적 원리 중 적절치 않은 것은?

① on이나 증은 위 방향으로, off나 감은 아래 방향으로
② on이나 증은 전방으로, off나 감은 후방으로
③ on이나 증은 좌측으로, off나 감은 우측으로
④ 경사패널에 장치된 조작구에는 상하, 전후 조작의 명확한 구별이 없음

해설
모건(Morgan)의 on-off 조작구 기본적 원리
- 수직 패널에 장착된 조작구는 on이나 증은 위 방향, off나 감은 아래 방향으로 작동
- 수평 패널에 장착된 조작구는 on이나 증은 전방, off나 감은 후방으로 조작
- 경사패널에 장착된 조작구는 상하, 전후 조작에 명확한 구별이 없다.
- 회전식 조작구나 직선형 표시가 같은 선상에 있을 때는 같은 방향으로 움직이게 하는 것이 바람직하다.

26 소음성 난청이 가장 잘 발생할 수 있는 주파수의 범위로 맞는 것은?

① 1,000~2,000Hz
② 10,000~12,000Hz
③ 3,000~5,000Hz
④ 13,000~15,000Hz

해설
소음성 난청은 처음에는 보통 4kHz(4,000Hertz = Hz) 고음역 주위에서 시작되어 점차 진행되어 주변 주파수로 파급되므로 처음에는 자각적인 증상을 가지지 않으나 3kHz 또는 2kHz로 청력손실이 파급되면 대화에 불편을 호소하기 시작한다.

27 인간-기계의 통합 체계 중 반자동 체계를 무엇이라 하는가?

① 수동 체계
② 기계화 체계
③ 정보 체계
④ 인력이용 체계

해설
인간-기계의 통합 체계
- 수동 체계(manual system) : 자신의 신체적인 힘을 동력원으로 사용하여 작업을 통제하는 인간 사용자와 연결된다.
- 기계화 체계(mechanical system) : 반자동 체계라고도 하며, 여러 종류의 공작 기계와 같이 고도로 통합된 부품들로 구성되어 있다.
- 자동 체계(automatic system) : 기계 자체가 감지, 정보처리 및 결정, 행동을 포함한 모든 임무를 수행한다.

28 피로의 측정분류와 측정대상 항목이 맞게 연결된 것은?

① 순환기능검사 : 뇌파
② 감각기능검사 : 안구운동
③ 자율신경기능 : 반응시간
④ 생화학적 측정 : 에너지대사

해설
감각기능검사는 촉각, 통증, 진동, 위치, 식별에 대한 검사이다.

29 인간의 오류를 줄이는 가장 적극적인 방법은?

① 오류경로제어(path control)
② 오류근원제어(source control)
③ 수용기제어(receiver control)
④ 작업조건의 법제화(legislative system)

해설
인간의 오류의 근본적인 원인(source)을 제어하는 것이 가장 효과적이다.

30 다음 손의 그림과 같이 손바닥 방향으로 꺾이는 관절 운동은?

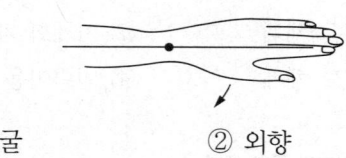

① 배굴　　② 외향
③ 내향　　④ 굴곡

해설
굴곡(flexion) : 신체 부분을 좁게 구부리거나 각도를 좁히는 동작이다.

31 상품의 색채기획단계에서 고려해야 할 사항으로 옳은 것은?

① 가공, 재료 특성보다는 시장성과 심미성을 고려해야 한다.
② 재현성에 얽매이지 말고 색상관리를 해야 한다.
③ 유사제품과 연계제품의 색채와의 관계성은 기획단계에서 고려되지 않는다.
④ 색료를 선택할 때 내광, 내후성을 고려해야 한다.

해설
색료를 선택할 때 내광성(빛에 의한 산화, 가수분해, 화학반응 등의 자극에 견디는 성질), 내후성(기후 조건에 대한 변화의 정도)을 고려해야 한다.

32 색의 온도감을 좌우하는 가장 큰 요소는?

① 색상　　② 명도
③ 채도　　④ 면적

해설
색의 온도감은 색의 3속성 중 명도의 영향을 많이 받는다.

33 다음 중 (　　)의 내용으로 옳은 것은?

> 우리가 백열전구에서 느끼는 색감과 형광등에서 느끼는 색감이 차이가 나는 이유는 색의 (　　) 때문이다.

① 순응성　　② 연색성
③ 항상성　　④ 고유성

해설
연색성은 같은 물체색이라도 조명에 따라 다르게 보이는 현상이다.

34 두 가지 이상의 색을 목적에 알맞게 조화되도록 만드는 것은?

① 배색　　② 대비조화
③ 유사조화　　④ 대응색

해설
① 배색 : 두 색 이상의 색을 배열하여 질서와 조화로운 느낌을 준다.
② 대비조화 : 다이내믹한 느낌을 준다.
③ 유사(동일)조화 : 부드럽고 단조로운 느낌을 준다.
④ 대응색 : 보색 관계의 두 색이 대칭을 이루어 선명하고 컬러풀한 느낌을 준다.

35 다음 중 나팔꽃, 신비, 우아함을 연상시키는 색은?

① 청록　　② 노랑
③ 보라　　④ 회색

해설
보라
- 구체적 연상 : 포도, 가지, 나팔꽃, 라일락
- 추상적 연상 : 고귀, 권력, 창조, 우아, 예술, 불안, 병약, 신비, 고독

36 비렌의 색채조화원리에서 가장 단순한 조화이면서 일반적인 깨끗하고 신선해 보이는 조화는?

① color – shade – black
② tint – tone – shade
③ color – tint – white
④ white – gray – black

해설
③ color – tint – white : 밝은 분위기를 표현하여 깨끗하고 신선한 느낌을 주는 배색조합이다.
① color – shade – black : 색채의 깊이와 풍부함이 느껴지는 배색조합이다.
② tint – tone – shade : 중채도의 명암법 색조를 구현하여 세련되고, 안정적인 느낌을 주는 배색조합이다.
④ white – gray – black : 무채색 및 저채도 위주의 색으로 시크하고 절제된 느낌을 주는 배색조합이다.

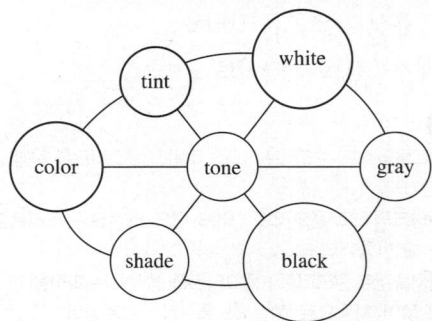

37 한국의 전통색의 상징에 대한 설명으로 옳은 것은?

① 적색 – 남쪽　　② 백색 – 중앙
③ 황색 – 동쪽　　④ 청색 – 북쪽

해설
오방색과 음양오행

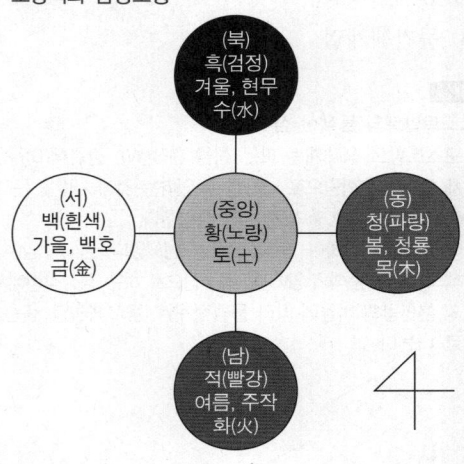

38 다음 색상 중 무채색이 아닌 것은?

① 연두색　　② 흰색
③ 회색　　④ 검은색

해설
유채색은 무채색(검정, 백색, 회색) 이외의 모든 색을 말한다.

39 오스트발트의 등색상 삼각형에서 흰색(W)에서 순색(C) 방향과 평행한 색상의 계열은?

① 등순색계열
② 등흑색계열
③ 등백색계열
④ 등가색계열

해설
오스트발트의 등색상 삼각형
- 오스트발트 색체계는 모든 색을 흰색(W), 검은색(B), 순색(C) 세 요소의 혼합량으로 나타낼 수 있다는 것에 기반을 둔다. 이때 B + W + C = 100%의 관계가 성립한다.
- 이 원리를 이용하여 등색상면이 구성되었다. 흰색의 양(W), 검은색의 양(B), 순색의 양(C)을 꼭짓점으로 하는 정삼각형에서 내부의 혼합량의 비율에 따라 등백색계열, 등흑색계열, 등순색계열로 나뉜다.

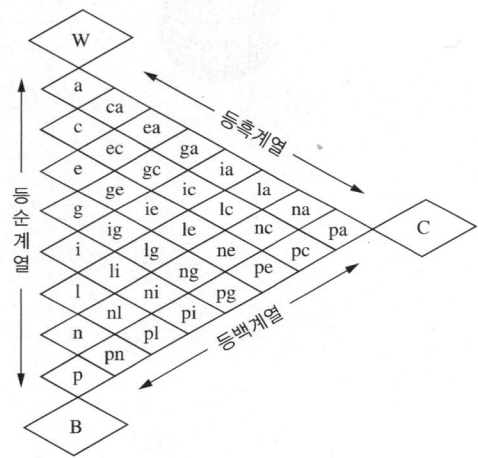

40 먼셀(Munsell) 색상환에서 GY는 어느 색인가?

① 자주 ② 연두
③ 노랑 ④ 하늘색

해설
먼셀 색상환
- 기본 5색상 : 빨강(R), 노랑(Y), 녹색(G), 파랑(B), 보라(P)
- 10색상 : 빨강(R), 주황(YR), 노랑(Y), 연두(GY), 녹색(G), 청록(BG), 파랑(B), 남색(PB), 보라(P), 자주(RP)

제3과목 건축재료

41 다음 재료 중 비강도(比强度)가 가장 큰 것은?

① 소나무
② 탄소강
③ 콘크리트
④ 화강암

해설
비강도(비중에 대한 강도) 크기
소나무(1,180) > 탄소강(512) > 화강암(508) > 콘크리트(80)

42 합판(plywood)의 특성이 아닌 것은?

① 순수 목재에 비하여 수축팽창률이 크다.
② 비교적 좋은 무늬를 얻을 수 있다.
③ 필요한 소정의 두께를 얻을 수 있다.
④ 목재의 결점을 배제한 양질의 재료를 얻을 수 있다.

해설
합판은 함수율 변화에 의한 신축변형이 적고 방향성이 없다.

43 트럭믹서에 재료만 공급받아서 현장으로 가는 도중에 혼합하여 사용하는 콘크리트는?

① 센트럴믹스트 콘크리트
② 슈링크믹스트 콘크리트
③ 트랜싯믹스트 콘크리트
④ 배처플랜트 콘크리트

해설
① 센트럴믹스트 콘크리트 : 완전 비벼진 콘크리트를 운반 중 교반(단거리)
② 슈링크믹스트 콘크리트 : 어느 정도 비벼진 콘크리트를 운반 중 교반(중거리)
④ 배처플랜트 콘크리트 : 콘크리트를 생산하는 과정을 한 덩어리로 묶어 자동으로 생산되도록 하는 기계설비

44 KS F 2503(굵은 골재의 밀도 및 흡수율 시험방법)에 따른 흡수율 산정식은 다음과 같다. 여기서 A가 의미하는 것은?

$$Q = \frac{B-A}{A} \times 100(\%)$$

① 절대건조 상태 시료의 질량(g)
② 표면건조포화 상태 시료의 질량(g)
③ 시료의 수중 질량(g)
④ 기건 상태 시료의 질량(g)

해설
흡수율 = $\frac{(표건\ 상태\ 중량 - 절건\ 상태\ 중량)}{절건\ 상태\ 중량} \times 100(\%)$

45 각 시멘트의 성질에 관한 설명으로 옳지 않은 것은?

① 조강 포틀랜드 시멘트는 발열량이 높아 저온에서도 강도 발현이 가능하다.
② 플라이애시 시멘트는 매스 콘크리트공사, 항만공사 등에 적용된다.
③ 실리카 퓸 시멘트를 사용한 콘크리트는 강도 및 내구성이 뛰어나다.
④ 고로 시멘트를 사용한 콘크리트는 해수에 대한 내식성이 좋지 않다.

해설
고로 시멘트는 동결작용에 대한 저항이 크므로 해양구조물이나 지하공사에 쓰인다.

46 목재의 함수율에 관한 설명으로 옳지 않은 것은?

① 함수율 30% 이상에서는 함수율의 증감에 따른 강도의 변화가 거의 없다.
② 기건 상태인 목재의 함수율은 15% 정도이다.
③ 목재의 진비중은 일반적으로 2.54 정도이다.
④ 목재의 함수율 30% 정도를 섬유포화점이라 한다.

해설
목재의 진비중은 수종에 관계없이 일정한 값을 가지는데, 일반적으로 1.54가 통용되고 있다.

47 다음 중 방청 도료에 해당되지 않는 것은?

① 광명단
② 알루미늄 도료
③ 징크로메이트
④ 오일스테인

해설
오일스테인은 목재 바탕의 착색제로 사용된다.

정답 44 ① 45 ④ 46 ③ 47 ④

48 철근콘크리트 바닥판 밑에 반자틀이 계획되어 있음에도 불구하고 실수로 인하여 인서트(insert)를 설치하지 않았다고 할 때 인서트의 효과를 낼 수 있는 철물의 설치방법으로 옳지 않은 것은?

① 익스팬션 볼트(expansion bolt) 설치
② 스크루 앵커(screw anchor) 설치
③ 드라이브 핀(drive pin) 설치
④ 개스킷(gasket) 설치

해설
긴결 및 고정철물
- 긴결철물 : 철사못, 리벳, 볼트 등
- 고정철물 : 인서트, 익스팬션 볼트, 스크루 앵커, 드라이브 핀 등
- 나무구조용 철물 : 꺾쇠, 띠쇠, 감잡이쇠, ㄱ자쇠, 안장쇠, 듀벨
- 장식 철물 : 줄눈대, 조이너, 코너비드, 계단 논슬립, 펀칭메탈, 그릴
- 금속제 창호 : 강제창호, 알루미늄창호, 스테인리스창호, 강제셔터 등
- 창호 철물 : 창호를 여닫거나 장식으로 쓰이는 철물의 총칭(경첩, 돌쩌귀, 플로어 힌지, 지도리, 자물쇠, 열쇠, 걸쇠, 꽃이쇠, 도어 클로저, 도어 스톱, 문버팀쇠, 도어 홀더, 창개폐조정기, 손잡이, 손걸이, 문바퀴, 도르래, 레일)

49 원목을 일정한 길이로 절단하여 이것을 회전시키면서 연속적으로 얇게 벗긴 것으로 원목의 낭비를 막을 수 있는 합판 제조법은?

① 슬라이스드 베니어
② 소드 베니어
③ 로터리 베니어
④ 반원 슬라이스드 베니어

해설
합판 제조법
- 로터리 베니어 : 원목(통나무)을 회전하면서 박판을 벗겨 내어 만든 것
- 슬라이스드 베니어 : 상하 또는 수평으로 이동하는 너비가 넓은 대패날로 얇게 절단한 것
- 소드 베니어 : 얇게 톱으로 자르는 것

50 바람벽이 바탕에서 떨어지는 것을 방지하는 역할을 하는 것으로서 충분히 건조되고 질긴 삼, 어저귀, 종려털 또는 마닐라삼을 사용하는 재료는?

① 러프코트(rough coat)
② 수염
③ 리신바름(lithin coat)
④ 테라초바름

해설
수염(awn) : 미장바름벽이 바탕에서 떨어지는 것을 방지하기 위해 사용하는 것으로서 충분히 건조되고 질긴 삼, 어저귀, 종려털 또는 마닐라삼을 사용한다.

51 화산석으로 된 진주석을 900~1,200℃의 고열로 팽창시켜 만들며, 주로 단열, 보온, 흡음 등의 목적으로 사용되는 재료는?

① 트래버틴(travertine)
② 펄라이트(pearlite)
③ 테라초(terrazzo)
④ 석면(asbestos)

해설
펄라이트(pearlite)
진주암(pearlite)을 분쇄하여 고온에서 가열·발포처리한 백색의 다공질체이다. 큰 입자는 건축자재, 작은 입자는 토양개량제로 사용한다.

52 다음 중 외장용으로 가장 부적합한 석재는?

① 화강암 ② 안산암
③ 대리석 ④ 점판암

해설
대리석은 풍화되기 쉬우므로 실외용으로 적합하지 않으나, 석질이 치밀하고 견고할 뿐만 아니라 연마하면 아름다운 광택을 내므로 실내장식용으로 적합한 석재이다.

정답 : 48 ④ 49 ③ 50 ② 51 ② 52 ③

53 각 벽돌에 관한 설명 중 옳은 것은?

① 과소벽돌은 질이 견고하고 흡수율이 낮아 구조용으로 적당하다.
② 건축용 내화벽돌의 내화도는 500~600℃의 범위이다.
③ 중공벽돌은 방음벽, 단열벽 등에 사용된다.
④ 포도벽돌은 주로 건물 외벽의 치장용으로 사용된다.

[해설]
① 과속벽돌은 흑갈색의 반점과 혹이 있어 구조용으로는 부적당하고 특수 장소의 장식용 혹은 기초 쌓기 등으로 쓰인다.
② 건축용 내화벽돌의 내화도는 1,580~1,650℃(저급품)의 범위이다.
④ 포도벽돌은 도로나 바닥에 깔기 위해 만든 두꺼운 벽돌로서 원료로 연화토, 도토 등을 사용하여 만들며 경질이고 흡습성이 적다.

54 프탈산과 글리세린수지를 변성시킨 포화폴리에스테르수지로 내후성, 접착성이 우수하며 도료나 접착제 등으로 사용되는 합성수지는?

① 알키드수지   ② ABS수지
③ 스티롤수지   ④ 에폭시수지

[해설]
알키드수지
열경화성 수지로 포화폴리에스테르수지라 일컫는다. 내후성, 밀착성, 가요성이 우수하지만 내수성, 내알칼리성이 부족하며 거의 도료용으로 쓰인다(래커, 바니시, 페인트 등).

55 강의 일반적 성질에 관한 설명으로 옳지 않은 것은?

① 탄소함유량이 증가할수록 강도는 증가한다.
② 탄소함유량이 증가할수록 비열·전기저항이 커진다.
③ 탄소함유량이 증가할수록 비중·열전도율이 올라간다.
④ 탄소함유량이 증가할수록 연신율·열팽창계수가 떨어진다.

[해설]
탄소함유량이 증가할수록 비중·열전도율·열팽창계수는 낮아진다.

56 다음 중 수경성 미장재료가 아닌 것은?

① 시멘트 모르타르
② 돌로마이트 플라스터
③ 인조석바름
④ 석고 플라스터

[해설]
돌로마이트 플라스터(dolomite plaster)는 수중에서는 경화하지 않는 기경성 재료이다.
기경성 : 진흙, 회반죽, 돌로마이트 플라스터
수경성 : 시멘트 모르타르, 인조석바름, 테라초바름, 석고 플라스터

57 목재의 자연건조 시 유의할 점으로 옳지 않은 것은?

① 지면에서 20cm 이상 높이의 굄목을 놓고 쌓는다.
② 잔적(piling) 내 공기순환 통로를 확보해야 한다.
③ 외기의 온·습도의 영향을 많이 받을 수 있으므로 세심한 주의가 필요하다.
④ 건조기간의 단축을 위하여 마구리 부분을 일광에 노출시킨다.

[해설]
나무 마구리의 급속한 건조를 막기 위하여 햇빛을 차단하거나 페인트칠을 하여서 건조한다.

정답 53 ③ 54 ① 55 ③ 56 ② 57 ④

58 미장재료에 여물을 사용하는 가장 주된 이유는?

① 유성 페인트로 착색하기 위해서
② 균열을 방지하기 위해서
③ 점성을 높여주기 위해서
④ 표면의 경도를 높여주기 위해서

해설
여물을 사용하여 균열을 분산, 경감시킨다.

59 시멘트와 그 용도와의 관계를 나타낸 것으로 옳지 않은 것은?

① 조강 포틀랜드 시멘트 – 한중공사
② 중용열 포틀랜드 시멘트 – 댐공사
③ 백색 포틀랜드 시멘트 – 타일 줄눈공사
④ 고로 슬래그 시멘트 – 마감용 착색공사

해설
고로 슬래그 시멘트는 하천, 댐, 항만, 도로공사, 일반 토목건축공사 등에 사용된다.

60 콘크리트 타설 중 발생되는 재료분리에 대한 대책으로 가장 알맞은 것은?

① 굵은 골재의 최대 치수를 크게 한다.
② 바이브레이터로 최대한 진동을 가한다.
③ 단위 수량을 크게 한다.
④ AE제나 플라이애시 등을 사용한다.

해설
AE제나 플라이애시를 첨가하면 수밀성이 현저하게 향상된다.

제4과목 건축일반

61 화재예방, 소방시설 설치·유지 및 안전관리에 관한 법률 제7조(건축허가 등의 동의)에 근거하여 건축물의 사용승인 시 소방본부장 또는 소방서장이 사용승인에 동의를 갈음할 수 있는 방식으로 옳은 것은?

① 건축물 관리대장 확인
② 건축물의 사용승인확인서에 날인
③ 소방시설공사의 사용승인신청서 교부
④ 소방시설공사의 완공검사증명서 교부

해설
※ 문제에 해당하는 법이 분법되어 다음과 같이 변경되었습니다.
 화재예방, 소방시설 설치·유지 및 안전관리에 관한 법률 제7조
 → 소방시설 설치 및 관리에 관한 법률 제6조
건축허가 등의 동의 등(소방시설 설치 및 관리에 관한 법률 시행령 제6조 제6항)
사용승인에 대한 동의를 할 때에는 소방시설공사의 완공검사증명서를 발급하는 것으로 동의를 갈음할 수 있다. 이 경우 건축허가 등의 권한이 있는 행정기관은 소방시설공사의 완공검사증명서를 확인하여야 한다.

62 철골구조의 접합에서 두 부재의 두께가 다를 때 같은 두께가 되도록 끼워 넣는 부재는?

① 거싯 플레이트(gusset plate)
② 필러 플레이트(filler plate)
③ 커버 플레이트(cover plate)
④ 베이스 플레이트(base plate)

해설
① 거싯 플레이트 : 철골 구조의 절점에 있어 부재의 이음에 덧대는 판이다.
③ 커버 플레이트 : 철골구조에서 보의 휨응력에 대한 저항성을 크게 하기 위해 플랜지 부분에 사용한다.
④ 베이스 플레이트 : 기둥 아랫부분에 붙이는 두꺼운 강판으로 일반적으로 앵커 볼트에 의해 기초와 연결된다.

정답 58 ② 59 ④ 60 ④ 61 ④ 62 ②

63 거실 용도에 따른 조도기준은 바닥에서 몇 cm의 수평면 조도를 말하는가?

① 50cm　　② 65cm
③ 75cm　　④ 85cm

해설
거실의 용도에 따른 조도기준(건축물의 피난·방화구조 등의 기준에 관한 규칙 별표 1의3)

거실의 용도 구분	조도 구분	바닥에서 85cm의 높이에 있는 수평면의 조도(럭스)
1. 거주	독서·식사·조리	150
	기타	70
2. 집무	설계·제도·계산	700
	일반사무	300
	기타	150
3. 작업	검사·시험·정밀검사·수술	700
	일반작업·제조·판매	300
	포장·세척	150
	기타	70
4. 집회	회의	300
	집회	150
	공연·관람	70
5. 오락	오락일반	150
	기타	30
6. 기타		1. 내지 5. 중 가장 유사한 용도에 관한 기준을 적용한다.

64 기초의 부동침하 원인과 가장 관계가 먼 것은?

① 한 건물에 기능상 다른 기초를 병용하였을 때
② 건물의 길이가 길지 않을 때
③ 하부층의 지반에 연약지반이 존재할 때
④ 지하수위가 변경되었을 때

해설
기초의 부동침하 원인
• 건축물이 이중 지반에 걸쳐 있을 경우
• 하부 지반이 연약지반일 경우
• 지하수위가 변동되었을 경우
• 기초 파기가 얕을 경우
• 다른 기초를 병용하여 사용했을 경우
• 경사에 근접하여 시공하였을 때
• 지반구조상 연약층의 두께가 상이한 경우

65 소방시설 중 피난구조설비에 해당되지 않는 것은?

① 유도등　　② 비상방송설비
③ 비상조명등　　④ 인명구조기구

해설
비상방송설비는 경보설비에 해당한다.
피난구조설비(소방시설 설치 및 관리에 관한 법률 시행령 별표 1)
화재가 발생할 경우 피난하기 위하여 사용하는 기구 또는 설비
• 피난기구
　- 피난사다리
　- 구조대
　- 완강기
　- 간이완강기
　- 그 밖에 화재안전기준으로 정하는 것(미끄럼대, 피난교, 피난용트랩, 다수인피난장비, 승강식 피난기)
• 인명구조기구
　- 방열복, 방화복(안전모, 보호장갑 및 안전화를 포함)
　- 공기호흡기
　- 인공소생기
• 유도등
　- 피난유도선
　- 피난구유도등
　- 통로유도등
　- 객석유도등
　- 유도표지
• 비상조명등 및 휴대용 비상조명등

정답　63 ④　64 ②　65 ②

66 소방시설 등의 자체점검 중 종합정밀점검 대상에 해당하지 않는 것은?

① 스프링클러설비가 설치된 연면적 5,000m²인 특정소방대상물
② 물분무 등 소화설비가 설치된 연면적 3,000m²인 특정소방대상물
③ 제연설비가 설치된 터널
④ 연면적 5,000m²이고 층수가 16층인 아파트

해설
※ 관련 법령 개정으로 용어가 다음과 같이 변경되었습니다.
　종합정밀점검 → 종합점검
※ 출제 시 정답은 ②였으나, 법령 개정으로 정답 ①, ②, ④
종합점검(소방시설 설치 및 관리에 관한 법률 시행규칙 별표 3)
• 해당 특정소방대상물의 소방시설 등이 신설된 경우
• 스프링클러설비가 설치된 특정소방대상물
• 물분무 등 소화설비[호스릴(hose reel) 방식의 물분무 등 소화설비만을 설치한 경우는 제외]가 설치된 연면적 5,000m² 이상인 특정소방대상물(제조소 등은 제외)
• 다중이용업소의 안전관리에 관한 특별법 시행령에 따른 단란주점영업, 유흥주점영업, 영화상영관, 비디오물감상실업, 복합영상물제공업, 노래연습장업, 산후조리업, 고시원업, 안마시술소로서 연면적이 2,000m² 이상인 것
• 제연설비가 설치된 터널
• 공공기관 중 연면적(터널·지하구의 경우 그 길이와 평균폭을 곱하여 계산된 값)이 1,000m² 이상인 것으로서 옥내소화전설비 또는 자동화재탐지설비가 설치된 것. 다만, 소방기본법 제2조 제5호에 따른 소방대가 근무하는 공공기관은 제외한다.

67 개별 관람실의 바닥 면적이 600m²인 공연장의 관람실 출구의 유효 너비 합계는 최소 얼마 이상인가?

① 3m
② 3.6m
③ 4m
④ 4.6m

해설
관람실 등으로부터의 출구의 설치기준(건축물의 피난·방화구조 등의 기준에 관한 규칙 제10조)
개별 관람실 출구의 유효 너비의 합계는 개별 관람실의 바닥 면적 100m²마다 0.6m의 비율로 산정한 너비 이상으로 할 것
$$\therefore \frac{600}{100} \times 0.6 = 3.6\text{m}$$

68 다음 중 평보에 가장 적합한 이음은?

① 맞댄이음
② 겹친이음
③ 홈이음
④ 빗걸이이음

해설
평보와 같이 큰 인장력을 받는 곳은 맞댄이음을 한다.

69 건축물의 피난층 외의 층에서 피난층 또는 지상으로 통하는 직통계단을 설치할 때 거실의 각 부분으로부터 직통계단에 이르는 최대 보행거리 기준은?(단, 주요 구조부가 내화구조 또는 불연재료로 구성, 16층 이상의 공동주택은 제외)

① 30m 이하
② 40m 이하
③ 50m 이하
④ 60m 이하

해설
직통계단의 설치(건축법 시행령 제34조 제1항)
건축물의 피난층(직접 지상으로 통하는 출입구가 있는 층 및 피난안전구역을 말한다) 외의 층에서는 피난층 또는 지상으로 통하는 직통계단(경사로를 포함한다)을 거실의 각 부분으로부터 계단(거실로부터 가장 가까운 거리에 있는 1개소의 계단을 말한다)에 이르는 보행거리가 30m 이하가 되도록 설치하여야 한다. 다만, 건축물(지하층에 설치하는 것으로서 바닥 면적의 합계가 300m² 이상인 공연장·집회장·관람장 및 전시장은 제외한다)의 주요 구조부가 내화구조 또는 불연재료로 된 건축물은 그 보행거리가 50m(층수가 16층 이상인 공동주택의 경우 16층 이상인 층에 대해서는 40m) 이하가 되도록 설치할 수 있으며, 자동화 생산시설에 스프링클러 등 자동식 소화설비를 설치한 공장으로서 국토교통부령으로 정하는 공장인 경우에는 그 보행거리가 75m(무인화 공장인 경우에는 100m) 이하가 되도록 설치할 수 있다.

70 벽돌쌓기법 중 프랑스식 쌓기에 대한 설명으로 옳은 것은?

① 한 켜에서 길이쌓기와 마구리쌓기가 번갈아 나타난다.
② 한 켜는 길이쌓기, 다음 켜는 마구리쌓기가 반복된다.
③ 5켜는 길이쌓기, 다음 1켜는 마구리쌓기로 반복된다.
④ 반장 두께로 장식적으로 구멍을 내어가며 쌓는다.

[해설]
벽돌쌓기법
- 프랑스식 : 켜마다 길이와 마구리가 번갈아 나오는 방법으로 아름다우나 견고성은 떨어진다.
- 영국식 : 길이쌓기와 마구리쌓기를 반복하여 쌓는 방법으로 가장 튼튼한 조적방법이다.
- 네덜란드식 : 영식쌓기와 동일하지만 길이켜에서 벽이나 모서리 부분에 칠오토막을 사용하여 영국식쌓기에 비해 간편하다(가장 많이 쓰는 쌓기법).
- 미국식 : 5켜까지는 길이쌓기로 하고, 그 위 1켜는 마구리쌓기로 하는 쌓는 방법이다.

71 건축물의 방화구획 설치기준으로 옳지 않은 것은?

① 5층 이하의 층은 층마다 구획할 것
② 10층 이하의 층은 바닥 면적 1,000m² 이내마다 구획할 것(단, 자동식 소화설비 미설치의 경우)
③ 지하층은 층마다 구획할 것
④ 11층 이상의 층은 바닥 면적 200m² 이내마다 구획할 것(단, 자동식 소화설비 미설치의 경우)

[해설]
※ 출제 시 정답은 ①이었으나, 법령 개정으로 정답 ①, ③
방화구획의 설치기준(건축물의 피난·방화구조 등의 기준에 관한 규칙 제14조)
- 10층 이하의 층은 바닥 면적 1,000m²(스프링클러 기타 이와 유사한 자동식 소화설비를 설치한 경우에는 바닥 면적 3,000m²) 이내마다 구획할 것
- 매 층마다 구획할 것. 다만, 지하 1층에서 지상으로 직접 연결하는 경사로 부위는 제외한다.
- 11층 이상의 층은 바닥 면적 200m²(스프링클러 기타 이와 유사한 자동식 소화설비를 설치한 경우에는 600m²) 이내마다 구획할 것. 다만, 벽 및 반자의 실내에 접하는 부분의 마감을 불연재료로 한 경우에는 바닥 면적 500m²(스프링클러 기타 이와 유사한 자동식 소화설비를 설치한 경우에는 1,500m²) 이내마다 구획하여야 한다.
- 필로티나 그 밖에 이와 비슷한 구조(벽면적의 1/2 이상이 그 층의 바닥면에서 위층 바닥 아래면까지 공간으로 된 것만 해당한다)의 부분을 주차장으로 사용하는 경우 그 부분은 건축물의 다른 부분과 구획할 것

72 특정소방대상물에서 사용하는 방염대상물품에 해당되지 않는 것은?

① 창문에 설치하는 커튼류
② 종이벽지
③ 전시용 섬유판
④ 섬유류 또는 합성수지류 등을 원료로 하여 제작된 소파

해설
※ 관련 법령 개정으로 문제의 지문이 다음과 같이 변경되었습니다.
종이벽지 → 두께가 2mm 미만인 종이벽지
방염대상물품 및 방염성능기준(소방시설 설치 및 관리에 관한 법률 시행령 31조)
- 제조 또는 가공 공정에서 방염처리를 한 물품
- 창문에 설치하는 커튼류(블라인드를 포함)
- 카펫
- 벽지류(두께가 2mm 미만인 종이벽지는 제외)
- 전시용 합판·목재 또는 섬유판, 무대용 합판·목재 또는 섬유판(합판·목재류의 경우 불가피하게 설치현장에서 방염처리한 것을 포함)
- 암막·무대막(영화상영관에 설치하는 스크린과 가상체험체육시설업에 설치하는 스크린 포함)
- 섬유류 또는 합성수지류 등을 원료로 하여 제작된 소파·의자(단란주점영업, 유흥주점영업 및 노래연습장업의 영업장에 설치하는 것으로 한정)

73 벽돌구조에서 벽면이 고르지 않을 때 사용하고 평줄눈, 빗줄눈에 대해 대조적인 형태로 비슷한 질감을 연출하는 효과를 주는 줄눈의 형태는?

① 오목줄눈
② 볼록줄눈
③ 내민줄눈
④ 민줄눈

해설
줄눈형태

줄눈형태	사용용도	특성
평줄눈, 빗줄눈	벽돌형태가 고르지 않을 때	• 벽면 음영차 • 거친 질감의 강조
볼록줄눈, 민줄눈	벽돌형태가 반듯할 때	• 부드러운 느낌 • 일반적
내민줄눈	벽면이 고르지 않을 때	줄눈효과 증대
오목줄눈	벽면이 깨끗할 때	약한 음영 효과

74 문화 및 집회시설, 운동시설, 관광 휴게시설로서 자동화재탐지설비를 설치하여야 할 특정소방대상물의 연면적 기준은?

① 1,000m² 이상
② 1,500m² 이상
③ 2,000m² 이상
④ 2,300m² 이상

해설
자동화재탐지설비를 설치해야 하는 특정소방대상물(소방시설 설치 및 관리에 관한 법률 시행령 별표 4)
근린생활시설 중 목욕장, 문화 및 집회시설, 종교시설, 판매시설, 운수시설, 운동시설, 업무시설, 공장, 창고시설, 위험물 저장 및 처리시설, 항공기 및 자동차 관련 시설, 국방·군사시설, 방송통신시설, 발전시설, 관광 휴게시설, 지하상가로서 연면적 1,000m² 이상인 경우에는 모든 층

75 다음 중 르 코르뷔지에와 가장 관계가 먼 것은?

① 도미노 시스템
② 자유로운 파사드
③ 옥상 정원
④ 유기적 건축

해설
르 코르뷔지에 현대 건축 5원칙
- 도미노 시스템(domino)
- 모듈러(modular)
- 4개의 주거형태
- 근대건축의 5원칙(필로티, 옥상 정원, 자유로운 평면, 자유로운 파사드, 가로로 긴 창)
- 건축의 3가지 기본요소(매스, 표면, 평면)

76 고대의 한국건축에서 가장 중요하게 영향을 준 요소는?

① 자연조건
② 사회조직
③ 경제제도
④ 정치제도

해설
한국 전통건축은 음양오행설에 입각한 건축관의 영향으로 자연경관을 고려하여 건축물은 그 주변 환경을 파괴하지 않으며, 자연을 억압하지 않는 규모로 건축되었다.

77 철근콘크리트구조에 관한 설명 중 옳지 않은 것은?

① 형태를 자유롭게 구성할 수 있다.
② 지하 및 수중 구축을 할 수 있다.
③ 자체 중량이 크고 시공의 정밀도를 높이기 위한 노력이 필요하다.
④ 내진, 내풍적이나 내화성이 부족하다.

해설
철근콘크리트구조의 장단점

장점	단점
• 알칼리성 콘크리트가 철근의 부식을 방지한다. • 두 재료 간 부착강도가 우수하다. • 내구, 내진, 내화성 구조이다. • 거푸집을 이용하여 자유로운 형태를 얻는다. • 재료가 풍부하며 구입이 쉽다. • 유지, 관리비가 적게 든다.	• 자체 중량이 무겁다. • 습식 구조로 공기(工期)가 길며 겨울공사가 어렵다. • 파괴, 철거가 어렵다. • 거푸집 등 가설물 설치비용이 많이 든다. • 시공상 정밀도가 요구되며 기후의 영향이 크다. • 재료의 재사용이 곤란하다.

78 건축물의 출입구에 설치하는 회전문은 계단이나 에스컬레이터로부터 최소 얼마 이상의 거리를 두어야 하는가?

① 2m 이상   ② 3m 이상
③ 4m 이상   ④ 5m 이상

해설
회전문의 설치기준(건축물의 피난·방화구조 등의 기준에 관한 규칙 제12조)
건축물의 출입구에 설치하는 회전문은 계단이나 에스컬레이터로부터 2m 이상의 거리를 둘 것

79 다음 중 두께에 관계없이 방화구조에 해당하는 것은?

① 시멘트 모르타르 위에 타일 붙임
② 철망 모르타르
③ 심벽에 흙으로 맞벽치기한 것
④ 석고판 위에 회반죽을 바른 것

해설
방화구조(건축물의 피난·방화구조 등의 기준에 관한 규칙 제4조)
• 철망 모르타르로서 그 바름 두께가 2cm 이상인 것
• 석고판 위에 시멘트 모르타르 또는 회반죽을 바른 것으로서 그 두께의 합계가 2.5cm 이상인 것
• 시멘트 모르타르 위에 타일을 붙인 것으로서 그 두께의 합계가 2.5cm 이상인 것
• 심벽에 흙으로 맞벽치기한 것
• 산업표준화법에 따른 한국산업표준에 따라 시험한 결과 방화 2급 이상에 해당하는 것

80 주택의 거실에 채광을 위하여 설치하는 창문 등의 면적은 거실 바닥 면적의 얼마 이상이어야 하는가?

① 1/2   ② 1/5
③ 1/10   ④ 1/20

해설
채광 및 환기를 위한 창문 등(건축물의 피난·방화구조 등의 기준에 관한 규칙 제17조)
채광을 위하여 거실에 설치하는 창문 등의 면적은 그 거실의 바닥 면적의 1/10 이상이어야 한다. 다만, 거실의 용도에 따라 조도 이상의 조명장치를 설치하는 경우에는 그러하지 아니하다.

정답 77 ④ 78 ① 79 ③ 80 ③

2016년 제3회 과년도 기출문제

제1과목 실내디자인론

01 백화점의 엘리베이터 계획에 관한 설명으로 옳지 않은 것은?

① 교통 동선의 중심에 설치하여 보행거리가 짧도록 배치한다.
② 여러 대의 엘리베이터를 설치하는 경우, 그룹별 배치와 군 관리 운전방식으로 한다.
③ 일렬 배치는 6대를 한도로 하고, 엘리베이터 중심 간 거리는 8m 이하가 되도록 한다.
④ 엘리베이터 홀은 엘리베이터 정원 합계의 50% 정도를 수용할 수 있어야 하며, 1인당 점유 면적은 $0.5~0.8m^2$로 계산한다.

해설
일렬 배치는 4대를 한도로 하고, 엘리베이터 간 거리는 8m 이하가 되도록 한다.

02 시티 호텔(city hotel) 계획에서 크게 고려하지 않아도 되는 것은?

① 주차장
② 발코니
③ 연회장
④ 레스토랑

해설
시티 호텔은 도심지의 호텔로 그 기능이나 부대시설면에서 휴양지에 입지한 호텔과는 다르며, 비즈니스와 쇼핑 등이 원활히 이루어지는 도시의 중심가에 위치한 호텔이다. 주로 사업가나 도시를 방문하는 관광객들에게 많이 이용되고, 도시민의 사교의 장이며 공공장소로 사용된다.

03 다음 설명이 의미하는 것은?

- 르 코르뷔지에가 창안
- 인체를 황금비로 분석
- 공업 생산에 적용

① 패턴
② 조닝
③ 모듈러
④ 그리드

해설
르 코르뷔지에(Le Corbusier, 1877~1965)는 공간의 크기를 계량하는 기본으로서 인간의 신체를 분석하였다. 이러한 인간의 신체를 척도로 하여 수학적 원리와 기하학적 원리에 근거하여 건축을 위한 인간척도체계인 모듈러(modular)를 창안하였다.

04 다음 그림과 같은 주택 부엌가구의 배치 유형은?

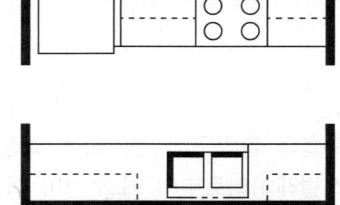

① 일렬형
② ㄷ자형
③ 병렬형
④ 아일랜드형

해설
병렬형 작업대는 동선이 짧아 효과적이며, 작업대 간의 거리는 80~120cm가 적합하다.

05 한국 전통가구 중 수납계 가구에 속하지 않는 것은?

① 농 ② 궤
③ 소반 ④ 반닫이

[해설]
작업형 가구 : 경상(經床), 서안(書案), 소반(小盤)

06 붙박이 가구에 관한 설명으로 옳지 않은 것은?

① 공간의 효율성을 높일 수 있다.
② 건축물과 일체화하여 설치하는 기구이다.
③ 실내 마감재와의 조화 등을 고려해야 한다.
④ 필요에 따라 그 설치 장소를 자유롭게 움직일 수 있다.

[해설]
붙박이 가구는 건물과 일체화하여 만든 가구로서 가구 배치의 혼란감을 없애고 공간을 최대한 활용할 수 있다.

07 상점의 매장계획에 관한 설명으로 옳지 않은 것은?

① 매장의 개성 표현을 위해 바닥에 고저차를 두는 것이 바람직하다.
② 진열대의 배치형식 중 굴절배열형은 대면 판매와 측면 판매방식이 조합된 형식이다.
③ 바닥, 벽, 천장은 상품에 대해 배경적 역할을 해야 하며 상품과 적절한 균형을 이루도록 한다.
④ 상품군의 배치에 있어 중점상품은 주 통로에 접하는 부분에 상호연관성을 고려한 상품을 연속시켜 배치한다.

[해설]
판매시설인 상점의 매장 바닥은 고저차를 두어서는 안 된다.

08 다음 설명에 알맞은 특수전시방법은?

• 일정한 형태의 평면을 반복시켜 전시 공간을 구획하는 방식이다.
• 동일 종류의 전시물을 반복하여 전시할 경우에 유리하다.

① 디오라마 전시 ② 파노라마 전시
③ 아일랜드 전시 ④ 하모니카 전시

[해설]
① 디오라마 전시 : 하나의 사실 또는 주제의 시간 상황을 고정시켜 연출하는 것으로 현장에 임한 느낌을 주는 기법이다.
② 파노라마 전시 : 주제를 연속적으로 연관성 깊게 표현하기 위해 선형으로 연출하는 전시 기법이다.
③ 아일랜드 전시 : 사방에서 감상해야 할 필요가 있는 조각물이나 모형을 전시하기 위해 벽면에서 띄어 놓아 전시하는 방법이다.

09 다음 설명에 가장 알맞은 실내디자인의 조건은?

최소의 자원을 투입하여 공간의 사용자가 최대로 만족할 수 있는 효과가 이루어져야 한다.

① 기능적 조건
② 심미적 조건
③ 경제적 조건
④ 물리 · 환경적 조건

[해설]
실내디자인의 조건
• 기능적 조건 : 인간이 생활하는 데 필요한 공간의 활용도를 제공하는 것으로서 규모, 배치구조, 동선의 설계 등 제반사항을 충분히 고려하여 디자인하여야 한다.
• 정서 · 심미적 조건 : 인간의 심리적, 미적, 정서적 측면을 고려한 것으로 성격, 습관, 취미 등 구매자의 욕구를 충족시켜야 한다.
• 경제적 조건 : 최소의 자원을 투입하여 공간의 사용자가 최대로 만족할 수 있는 효과가 이루어져야 한다.
• 물리 · 환경적 조건 : 쾌적한 환경을 이룰 수 있는 요소 중에서 외형적이며, 장식적인 측면이 아닌 공기, 열, 소음, 일광 등의 자연적 요소를 고려하여 설계되어야 한다.

10 다음 중 인체 지지용 가구가 아닌 것은?

① 소파　　② 침대
③ 책상　　④ 작업의자

해설
인체 지지용 가구 : 직접 인체를 지지하는 가구이며 소파, 의자, 침대 등이 이에 속한다.
※ 작업용 가구 : 테이블, 책상, 조리대, 카운터, 판매대 등

11 설계를 착수하기 전에 과제의 전모를 분석하고, 개념화하며, 목표를 명확히 하는 초기 단계의 작업인 프로그래밍에서 "공간 간의 기능적 구조 해석"과 가장 관계가 깊은 것은?

① 개념의 도출
② 환경적 분석
③ 사용주의 요구
④ 스페이스 프로그램

해설
스페이스 프로그램(space program) : 조닝(zoning : 유사한 기능과 연속될 동선(動線)의 실(室)들을 묶어 표현한 것), 소요실 판단(세부 단위로서 필요한 실을 설정한 것), 공간별 규모(면적이나 체적(體積)으로 최적크기를 나타낸 것)로 표현한다.

12 사무실의 책상 배치 유형 중 대향형에 관한 설명으로 옳지 않은 것은?

① 면적 효율이 좋다.
② 각종 배선의 처리가 용이하다.
③ 커뮤니케이션 형성에 유리하다.
④ 시선에 의해 프라이버시를 침해할 우려가 없다.

해설
대향형은 커뮤니케이션 형성에 유리하나, 프라이버시를 침해할 우려가 있다.

13 펜로즈의 삼각형과 가장 관계가 깊은 착시의 유형은?

① 길이의 착시
② 방향의 착시
③ 역리 도형 착시
④ 다의 도형 착시

해설
역리 도형 착시
• 모순 도형, 불가능 도형을 이용한 착시현상이다.
• 펜로즈의 삼각형이 대표적이다. 부분적으로는 삼각형으로 보이지만, 전체적으로는 삼각형이 되는 것은 불가능하다. 즉, 3차원의 세계를 2차원 평면에 그린 것이지만 실제로 존재할 수 없는 도형이다.

14 다음 설명에 알맞은 블라인드의 종류는?

- 셰이드(shade)라고도 한다.
- 단순하고 깔끔한 느낌을 준다.
- 창 이외에 칸막이 스크린으로도 효과적으로 사용할 수 있다.

① 롤 블라인드
② 로만 블라인드
③ 베니션 블라인드
④ 버티컬 블라인드

해설
롤 블라인드 : 단순하고 깔끔한 느낌을 주는 창처리방법으로 창의 알맞은 높이에서 멈추게 할 수 있어 일광, 조망 및 시각 조절이 용이하고 창 이외에 칸막이나 스크린의 효과를 얻을 수 있다. 셰이드(shade), 롤 스크린, 롤 커튼으로도 불린다.

15 실내 공간을 심리적으로 구획하는 데 사용하는 일반적인 방법이 아닌 것은?

① 화분　　② 기둥
③ 조각　　④ 커튼

해설
커튼은 물리적 구획방법이다.

16 벽의 기능에 관한 설명으로 옳지 않은 것은?

① 인간의 시선이나 동선을 차단
② 외부로부터의 안전 및 프라이버시 확보
③ 공기와 빛을 통과시켜 통풍과 채광을 결정
④ 수직적 요소로서 수평 방향을 차단하여 공간 형성

해설
공기의 움직임, 소리의 전파, 열의 이동을 제어한다.

17 다음 그림과 같이 많은 점이 근접되었을 때 효과로 가장 알맞은 것은?

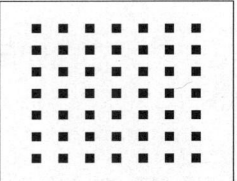

① 면으로 지각
② 부피로 지각
③ 물체로 지각
④ 공간으로 지각

해설
많은 점의 근접은 면으로 지각된다.

18 실내건축의 요소들이 한 공간에서 표현되어질 때 상호관계에 대한 미적 판단이 되는 원리는?

① 리듬　　② 균형
③ 강조　　④ 조화

해설
조화 : 두 가지 이상의 요소나 부분의 상호관계에 대한 미적 판단으로서, 서로 분리하거나 배척하지 않고 통일된 전체 요소로서 융합하여 새로운 미적 아름다움을 만드는 것을 말한다.

정답　14 ①　15 ④　16 ③　17 ①　18 ④

19 디자인 원리 중 일반적으로 규칙적인 요소들의 반복에 의해 나타나는 통제된 운동감으로 정의되는 것은?

① 강조
② 균형
③ 비례
④ 리듬

해설
리듬 : 반복, 점층, 대립, 변이, 방사 등 규칙적인 요소들의 반복으로 나타나는 통제된 운동감이다. 리듬은 실내에 있어서 공간이나 형태의 구성을 조직하고 반영하여 시각적으로 디자인에 질서를 부여한다.

20 사무소 건축의 실단위 계획 중 개방식 배치에 관한 설명으로 옳지 않은 것은?

① 소음의 우려가 있다.
② 프라이버시의 확보가 용이하다.
③ 모든 면적을 유용하게 이용할 수 있다.
④ 방의 길이나 깊이에 변화를 줄 수 있다.

해설
개방식 배치
• 전 면적을 유용하게 이용할 수 있다.
• 방의 길이나 깊이 변화를 줄 수 있다.
• 소음이 들리고 프라이버시가 침해된다.
• 칸막이가 없어서 공사비가 적게 든다.

제2과목　색채 및 인간공학

21 다음 그림과 같이 (a)와 (b) 각각의 중앙부 각도는 같으나 (b)의 각도가 (a)의 각도보다 작게 보이는 착시현상을 무엇이라 하는가?

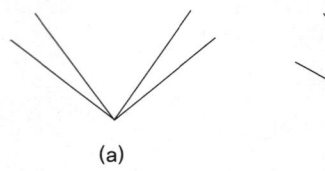
　　(a)　　　　　　(b)

① 분할의 착시
② 방향의 착시
③ 대비의 착시
④ 동화의 착시

해설
대비의 착시
각도, 원 등이 그 주변에 큰 것이 있으면 주변에 작은 것이 있을 경우보다 작게 보인다.

22 인간-기계 체계(man-machine system)에서 "정보의 보관"과 관련한 것이 아닌 것은?

① CRT 모니터
② 하드디스크
③ 콤팩트디스크
④ USB 저장장치

해설
CRT 모니터는 출력장치이다.

23 다음 그림은 게슈탈트(Gestalt)의 법칙 중 무엇에 해당하는가?

① 접근성　　② 단순성
③ 연속성　　④ 폐쇄성

[해설]
게슈탈트(Gestalt)의 법칙
- 유사성 : 형태, 규모, 색채, 질감 등에 있어서 유사한 시각적 요소들이 서로 연관되어 자연스럽게 그룹핑(grouping)하여 하나의 패턴으로 보인다는 법칙이다.
- 폐쇄성 : 시각요소들이 어떤 형성을 지각하게 하는 데 있어서 폐쇄된 느낌을 주는 법칙이다.
- 접근성(근접성) : 보다 더 가까이 있는 두 개 또는 그 이상의 시각요소들은 패턴이나 그룹으로 지각될 가능성이 크다는 법칙이다.
- 연속성 : 유사한 배열이 하나의 묶음으로 지각되는 것으로 공동운명의 법칙이라고 한다.

24 신체 치수의 대략 비율 중 신장의 길이를 H로 했을 때 앉은 높이로 가장 적당한 것은?

① $\frac{1}{4}H$　　② $\frac{3}{8}H$
③ $\frac{4}{5}H$　　④ $\frac{5}{9}H$

[해설]
- 신장(손끝 너비) = H
- 눈높이 : 11/12H(91%)
- 어깨높이 : 4/5H(80%)
- 앉은키 : 5/9H(55%)
- 손끝 높이 : 3/8H(38%)
- 어깨 너비 = 하퇴 높이 : 1/4H(25%)
- 손을 뻗은 높이 : 7/6H(117%)

25 인간공학에 있어 체계 설계과정의 주요 단계가 보기와 같을 때 가장 먼저 진행하는 단계는?

┤보기├
- 기본설계
- 계면설계
- 시험 및 평가
- 체계의 정의
- 촉진물 설계
- 목표 및 성능명세 결정

① 기본설계　　② 계면설계
③ 체계의 정의　　④ 목표 및 성능명세 결정

[해설]
인간공학적 시스템 설계 단계
시스템의 목적과 성능명세 결정 → 시스템(체계)의 정의 → 기본설계 → 계면(인터페이스)설계 → 보조물 설계 또는 편의수단 설계 → 시험 및 평가

26 감각수용기의 종류와 반응시간과의 관계에서 반응시간이 가장 빠른 감각은?

① 시각　　② 청각
③ 촉각　　④ 후각

27 미국 NIOSH에서 제시한 들기 작업 지침에서 최적의 환경에서 들기 작업을 할 때의 최대 허용무게는 얼마인가?

① 15kg　　② 23kg
③ 28kg　　④ 30kg

[해설]
23kg이라는 숫자는 최적의 환경에서 들기 작업을 할 때의 최대 허용무게이다.

[정답] 23 ① 24 ④ 25 ④ 26 ② 27 ②

28 단위 입체각당 광원에서 방출되는 광속으로 측정하는 광도의 단위는?

① lm ② W
③ cd ④ lx

해설
광도(빛의 세기 정도, 즉 빛나는 정도) : 단위 cd(칸델라)

29 청각의 마스킹(masking) 효과에 관한 설명으로 맞는 것은?

① 저음은 고음을 마스크하기 쉽다.
② 목적음(目的音)이 다른 음의 청취력을 감소시킨다.
③ 마스크 음의 음압수준이 커지면 주파수의 범위는 좁아진다.
④ 마스크 음의 음압수준이 커지면 마스킹 효과가 저하된다.

해설
청각 마스킹(auditory masking)
소리가 다른 소음, 잡음 등으로 인해 묻혀 들리지 않는 현상을 일컬으며, 음향 마스킹 또는 마스킹 효과라고도 한다. 음악 소리를 크게 틀어두면 주변 사람의 목소리가 잘 들리지 않는 것이 대표적인 예시이며, 이때 음악 소리는 방해음(masker), 사람의 목소리는 목적음(maskee)이다. 마스킹 현상은 두 소리의 주파수 영역이 가까우면 가까울수록 더 커진다. 방해음의 주파수가 목적음보다 높을 때 보다는 낮을 때 마스킹 양이 더 커진다.

30 다음 그림과 같이 검지를 움직일 때 가동역을 표현한 것으로 맞는 것은?

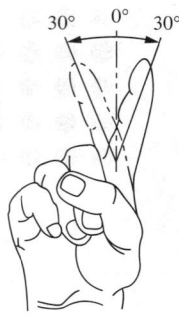

① 굴곡과 신전   ② 내선과 외선
③ 상향과 하향   ④ 내전과 외전

해설
관절운동의 구분
• 외전(abduction) : 신체의 중심으로부터 멀어지는 운동
• 내전(adduction) : 신체의 중심으로 가까이 오는 운동
• 굴곡(flexion) : 각을 이루며 굽히는 것
• 신전(extension) : 관절을 곧게 펴는 것
• 내선 : 몸의 중심선으로의 회전
• 외선 : 몸의 중심선으로부터의 회전

31 우리 눈으로 지각하는 가시광선의 파장 범위는?

① 약 280~680nm
② 약 380~780nm
③ 약 480~880nm
④ 약 580~980nm

해설
가시광선은 보통 우리의 눈으로 지각할 수 있는 빛을 말하며, 파장 범위는 약 380~780nm이다.

32 다음 중 감법혼색을 사용하지 않는 것은?

① 컬러 슬라이드
② 컬러 영화필름
③ 컬러 인화사진
④ 컬러 텔레비전

해설
감법혼색의 3원색은 마젠타, 노랑, 사이안이다. 이들 3원색을 모두 혼합하면 검정이나 검정에 가까운 회색이 된다. 현재 우리가 접하는 컬러 슬라이드, 컬러 영화필름, 색채사진 등은 모두 감법혼색을 이용하여 재현시키고 있다.

33 문-스펜서의 색채조화 이론에서 조화의 내용이 아닌 것은?

① 입체 조화   ② 동일 조화
③ 유사 조화   ④ 대비 조화

해설
문(Moon)-스펜서(Spencer)의 색채조화론

조화의 종류	부조화의 종류
• 동일 : 같은 색의 조화 • 유사 : 유사한 색의 조화 • 대비 : 반대색의 조화	• 제1불명료 : 아주 유사한 색의 부조화 • 제2불명료 : 약간 다른 색의 부조화 • 눈부심(glare) : 극단적인 반대색의 부조화

34 색채계획에 관한 내용으로 적합한 것은?

① 사용 대상자의 유형은 고려하지 않는다.
② 색채 정보 분석과정에서는 시장 정보, 소비자 정보 등을 고려한다.
③ 색채계획에서는 경제적 환경 변화는 고려하지 않는다.
④ 재료나 기능보다는 심미성이 중요하다.

해설
색채 정보 분석 단계에서는 시장 정보, 소비자 정보, 유행정보 등을 고려하여 색채계획서를 작성한다.

35 CIE Lab 모형에서 L이 의미하는 것은?

① 명도   ② 채도
③ 색상   ④ 순도

해설
Lab 컬러 : CIE(Commission Internationale de l'Eclairage)라는 국제표준컬러측정기구에 의하여 1976년 재정립된 컬러체계로 CIE Lab 모형을 말한다. Lab으로 색상모드를 변환하면 lightness, a, b 이렇게 3가지의 채널이 생긴다.
• L(Luminosity)은 lightness(밝기 = 명도)를 뜻하며 값의 범위는 0에서 100까지이다.
• a채널은 green에서 red 성분, b채널은 blue에서 yellow 성분이 된다.
• 각각 값의 범위는 +127에서 -128까지이다.

36 중량감에 관한 색의 심리적인 효과에 가장 영향이 큰 것은?

① 명도   ② 순도
③ 색상   ④ 채도

해설
중량감은 색의 밝기와 어두움에 따라 가볍고 무겁게 보이는 시각현상으로 색의 명도에 의하여 좌우된다.

정답 32 ④ 33 ① 34 ② 35 ① 36 ①

37 일반적으로 사무실의 색채설계에서 가장 높은 명도가 요구되는 것은?

① 바닥
② 가구
③ 벽
④ 천장

해설
실내 공간에 대한 색채조화론의 적용
- 천장 : 9 이상
- 벽면 : 8 전후
- 바닥 : 6

38 3색 이상 다른 밝기를 가진 회색을 단계적으로 배열했을 때 명도가 높은 회색과 접하고 있는 부분은 어둡게 보이고 반대로 명도가 낮은 회색과 접하고 있는 부분은 밝게 보인다. 이들 경계에서 보이는 대비현상은?

① 보색대비
② 채도대비
③ 연변대비
④ 계시대비

해설
연변대비 : 색상이 인접할수록 대비현상이 강하게 일어난다. 두 색이 보색인 경우 경계 부분에 '눈부심 효과'가 나타난다.

39 오스트발트 색체계에서 등순계열의 조화에 해당하는 것은?

① ca - ea - ga - ia
② pa - pc - pe - pg
③ ig - le - ne - pa
④ gc - ie - lg - ni

해설
① 등흑계열, ② 등백계열
오스트발트 색체계의 조화

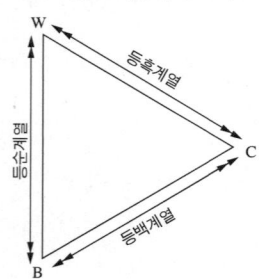
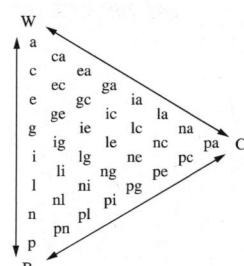

- 등백계열 : 흰색량이 같은 계열
- 등흑계열 : 검정량이 같은 계열
- 등순계열 : 순색량이 같아 보이는 계열

40 배색방법 중 하나로 단계적으로 명도, 채도, 색상, 톤의 배열에 따라서 시각적인 자연스러움을 주는 것으로 3색 이상의 다색배색에서 이와 같은 효과를 낼 수 있는 배색방법은?

① 반복배색
② 강조배색
③ 연속배색
④ 트리콜로 배색

해설
① 반복배색 : 2색 이상을 반복 사용하여 일정한 질서를 유도하여 조화를 이루는 배색이다.
② 강조배색 : 단조로운 배색에 대조색을 소량 덧붙임으로서 전체를 돋보이게 하는 배색이다.
④ 트리콜로 배색 : 하나의 면을 세 가지로 나누는 배색으로 강렬하고 대비가 강하며 안정감이 높은 배색이다.

제3과목 건축재료

41 스테인리스강(stainless steel)은 탄소강에 어떤 주요 금속을 첨가한 합금강인가?

① 알루미늄(Al) ② 구리(Cu)
③ 망간(Mn) ④ 크롬(Cr)

해설
스테인리스강은 최소 10.5~11%의 크롬이 들어간 강철 합금이다.

42 목재의 외관을 손상시키며 강도와 내구성을 저하시키는 목재의 흠에 해당하지 않는 것은?

① 갈라짐(crack)
② 옹이(knot)
③ 지선(脂線)
④ 수피(樹皮)

해설
수피(樹皮)는 수목의 줄기, 가지 등의 형성층 바깥쪽에 있는 조직이며, 형성층의 안쪽 부분을 목재라고 한다.

43 콘크리트의 배합설계에 관한 설명으로 옳지 않은 것은?

① 콘크리트의 배합강도는 설계기준강도와 양생온도나 강도편차를 고려하여 정한다.
② 용적배합의 표시방법으로는 절대 용적배합, 표준계량 용적배합, 현장계량 용적배합 등이 있다.
③ 콘크리트의 배합은 각 구성재료의 단위 용적의 합이 $1.8m^3$가 되는 것을 기준으로 한다.
④ 콘크리트의 배합은 시멘트, 물, 잔골재, 굵은 골재의 혼합비율을 결정하는 것이다.

해설
보통 콘크리트 배합은 $1m^3$에 대한 재료량으로 한다.

44 멜라민수지에 관한 설명 중 옳지 않은 것은?

① 무색투명하며 착색이 자유롭다.
② 내열성이 600℃ 정도로 높다.
③ 전기절연성이 우수하다.
④ 판재류, 식기류, 전화기 등에 쓰인다.

해설
멜라민수지의 내열성은 110~130℃ 정도이다.

45 감람석이 변질된 것으로 암녹색 바탕에 흑백색의 무늬가 있고, 경질이나 풍화성으로 인하여 실내장식용으로서 대리석 대용으로 사용되는 암석은?

① 사문암 ② 응회암
③ 안산암 ④ 점판암

해설
② 응회암 : 화산재가 퇴적·고결하여 형성된 화성쇄설암의 일종이다.
③ 안산암 : 사장석을 주로 포함하고, 각섬석, 흑운모, 휘석 등을 섞은 반정이 유리질, 음미정질, 미정질 등의 석기(石基) 속에 들어 있는 화산암의 일종이다.
④ 점판암 : 박판으로 채취할 수 있어 지붕기와, 슬레이트, 비석, 숫돌, 벼루 등에 이용된다.

정답 41 ④ 42 ④ 43 ③ 44 ② 45 ①

46 절대건조비중(γ)이 0.75인 목재의 공극률은?

① 약 25.0% ② 약 38.6%
③ 약 51.3% ④ 약 75.0%

해설
공극률
$$\nu = \left(1 - \frac{\gamma}{1.54}\right) \times 100\% = \left(1 - \frac{0.75}{1.54}\right) \times 100\% = 51.298\%$$
여기서, ν : 공극률
γ : 절대건조비중
1.54 : 진비중(공극을 포함하지 않은 실제부분의 비중)

47 특수 모르타르의 일종으로서 주용도가 광택 및 특수치장용으로 사용되는 것은?

① 규산질 모르타르
② 질석 모르타르
③ 석면 모르타르
④ 합성수지혼화 모르타르

해설
시멘트 모르타르의 종류

보통 모르타르	• 보통 시멘트 모르타르(일반용) : 시멘트, 모래 • 백시멘트 모르타르(치장용) : 백시멘트, 색소, 돌가루, 모래
방수 모르타르	• 액체방수 모르타르(간이방수용) : 시멘트, 염화칼슘, 물유리계 • 발수제 모르타르(간이방수용) : 시멘트, 지방산비누, 아스팔트계 • 규산질 모르타르(충진용) : 시멘트, 규산질광물분말, 모래
특수 모르타르	• barite 모르타르(방사선차단용) : 시멘트, barite 분말, 모래 • 질석 모르타르(경량 모르타르 – 블록제조용) : 시멘트, 질석 • 석면 모르타르(균열 방지용 – 슬레이트) : 시멘트, 석면, 모래 • 합성수지혼화 모르타르(경도, 치밀성, 광택, 특수치장용) : 시멘트, 합성수지, 모래

48 KS F 4052에 따라 방수공사용 아스팔트는 사용용도에 따라 4종류로 분류된다. 이 중, 감온성이 낮은 것으로서 주로 일반지역의 노출지붕 또는 기온이 비교적 높은 지역의 지붕에 사용하는 것은?

① 1종(침입도 지수 3 이상)
② 2종(침입도 지수 4 이상)
③ 3종(침입도 지수 5 이상)
④ 4종(침입도 지수 6 이상)

해설
방수공사용 아스팔트의 품질
• 1종 : 보통의 감온성을 갖고 있으며, 비교적 연질로서 실내 및 지하구조 부분에 사용되며, 공사기간 중이나 그 후에도 알맞는 온도를 가져야 한다.
• 2종 : 비교적 적은 감온성을 갖고 있으며, 일반지역의 물매가 느린 옥내구조부에 사용한다.
• 3종 : 감온성이 적은 것으로서 일반지역의 노출지붕 또는 기온이 비교적 높은 지역의 지붕에 사용한다.
• 4종 : 감온성이 아주 적으며, 비교적 연질의 것으로 일반지역 외에 주로 한랭지역의 지붕, 기타 부분에 사용한다.

49 시멘트의 주요 조성화합물 중에서 재령 28일 이후 시멘트 수화물의 강도를 지배하는 것은?

① 규산 제3칼슘
② 규산 제2칼슘
③ 알루민산 제3칼슘
④ 알루민산철 제4칼슘

해설
시멘트 주요 화합물
• 규산 3석회(규산 제3칼슘 화합물) : 수화(水和)가 빠르고 잘 굳어져서 빨리 굳어지는 데 기여한다.
• 규산 2석회(규산 제2칼슘 화합물) : 수화속도가 상대적으로 늦지만 장기간에 걸쳐서 시멘트가 단단해지게 한다.
• 알루민산 3석회(알루민산 제3칼슘 화합물) : 수화속도가 가장 빨라 물과 급격히 반응하여 굳어지는 데 이때 석고가 굳어지는 속도를 조절하는 응결조절제 역할을 한다.
• 알루민산철 4석회(알루민산철 제4칼슘 화합물) : 알루민산 3석회 다음으로 수화속도가 빠르며, 석고가루가 있으면 알루민산 3석회도 철화합물과 수화속도가 비슷한 반응을 한다.

50 점토소성제품에 대한 설명으로 옳은 것은?

① 내부용 타일은 흡수성이 적고 외기에 대한 저항력이 큰 것을 사용한다.
② 오지벽돌은 도로나 마룻바닥에 까는 두꺼운 벽돌을 지칭한다.
③ 장식용 테라코타는 난간벽, 주두, 창대 등에 많이 사용된다.
④ 경량벽돌은 굴뚝, 난로 등의 내부 쌓기용으로 주로 사용된다.

해설
① 내부용 타일은 흡수성이 다소 있고 외기에 저항력이 적은 것이 쓰이지만 미려하고 위생적이며 청소가 용이한 것으로, 모양은 정사각형이 쓰인다.
② 오지벽돌(유약벽돌)은 치장벽돌의 일종이다.
④ 내화벽돌은 굴뚝, 난로 등의 내부 쌓기용으로 주로 사용된다.

51 미장바름에 쓰이는 착색제에 요구되는 성질로 옳지 않은 것은?

① 물에 녹지 않아야 한다.
② 입자가 굵어야 한다.
③ 내알칼리성이어야 한다.
④ 미장재료에 나쁜 영향을 주지 않는 것이어야 한다.

해설
착색제는 순수한 광물질이나 합성분말 착색제로서 내알칼리성이고, 입자가 가늘어야 하며, 퇴색하지 않는 것으로 한다.

52 보크사이트와 석회석을 원료로 하는 시멘트로 화학저항성 및 내수성이 우수하며 조기에 극히 치밀한 경화체를 형성할 수 있어 긴급공사 등에 이용되는 시멘트는?

① 고로 시멘트
② 실리카 시멘트
③ 중용열 포틀랜드 시멘트
④ 알루미나 시멘트

해설
④ 알루미나 시멘트 : 비중이 매우 작고 알칼리에 강하나 산에는 약하다. 수화 발열량이 매우 커서 동기공사에 쓰이며, 강도발휘속도가 매우 빠르다.
① 고로 시멘트 : 동결작용에 대한 저항이 크므로 해양구조물이나 지하공사에 쓰인다.
② 실리카 시멘트 : 수밀성, 내화학성이 우수하여 구조용, 미장 모르타르용으로 쓰인다.
③ 중용열 포틀랜드 시멘트 : 도로포장, 댐공사 등 대형 공사에 쓰인다.

53 열가소성 수지로서 평판성형되어 유리와 같이 이용되는 경우가 많고 유기유리라고도 불리는 것은?

① 아크릴수지   ② 멜라민수지
③ 폴리에틸렌수지   ④ 폴리스티렌수지

해설
아크릴수지 : 투명도가 높아 유기유리라고도 불리며 착색이 자유롭고 내충격강도가 크며 채광판, 도어판, 칸막이 벽 제조에 적합한 합성수지이다.

54 목재 및 기타 식물의 섬유질소편에 합성수지 접착제를 도포하여 가열·압착 성형한 판상제품은?

① 파티클 보드　　② 시멘트 목질판
③ 집성목재　　　④ 합판

해설
파티클 보드
- 목재 및 기타 식물의 섬유질소편(particle)에 합성수지 접착제를 도포하여 가열·압착 성형한 판상제품이다.
- 합판에 비해 휨강도는 떨어지지만 면내 강성이 우수하다.
- 목재의 결함인 휨, 갈라짐, 옹이, 썩음 등이 제거되고 이방성이 없다.

55 다음 금속재료에 대한 설명 중 옳지 않은 것은?

① 청동은 황동과 비교하여 주조성이 우수하다.
② 아연함유량 50% 이상의 황동은 구조용으로 적합하다.
③ 알루미늄은 상온에서 판, 선으로 압연가공하면 경도와 인장강도가 증가하고 연신율이 감소한다.
④ 아연은 청색을 띤 백색 금속이며, 비점이 비교적 낮다.

해설
황동 인장강도는 Zn 45% 최대가 되며 그 이상에서는 급감한다. 따라서 아연 50% 이상의 황동은 취약해진다.

56 다음 재료 중 단열재료에 해당하는 것은?

① 우레아폼　　　② 아코스틱텍스
③ 유공석고보드　④ 테라초판

해설
단열재의 종류
- 무기질 단열재 : 암면, 석면, 유리섬유, 펄라이트
- 유기질 단열재 : 발포폴리스티렌(스티로폼), 발포폴리우레탄, 발포염화비닐, 우레아폼, 기타 플라스틱 단열재 등

57 건축용 구조재로 사용하기에 가장 부적당한 것은?

① 경질사암　　　② 응회암
③ 휘석안산암　　④ 화강암

해설
응회암은 강도가 약하여 구조재로 사용하기에 적당하지 않지만 외관이 좋아 특수장식재, 내화재 등으로 사용된다.

58 시멘트의 분말도가 클수록 나타나는 콘크리트의 성질에 해당되지 않는 것은?

① 수화작용이 촉진된다.
② 초기강도가 증진된다.
③ 풍화작용이 억제된다.
④ 응결속도가 빨라진다.

해설
시멘트의 분말도가 클수록 균열발생이 크고 풍화되기 쉽다.

59 면의 날실에 천연 칡잎을 씨실로 하여 짠 것으로 우아하지만 충격에 약한 벽지는?

① 실크벽지   ② 비닐벽지
③ 무기질 벽지   ④ 갈포벽지

해설
① 실크벽지 : 표면질감이 부드러우며 탄력성, 흡음성, 보온성이 좋다.
② 비닐벽지 : 종이, 마직, 실크, 메탈 등 모든 질감의 표현이 가능하며, 습기에 강해 주방, 욕실 및 세면장 벽면에도 사용된다.
③ 무기질 벽지 : 펄라이트, 황토, 질석 등을 원지에 부착하여 제작한 것으로 방염에 유리하다.

제4과목 건축일반

61 잔향시간에 관한 설명으로 옳지 않은 것은?

① 잔향시간은 실용적에 영향을 받는다.
② 잔향시간이 실의 흡음력에 반비례한다.
③ 잔향시간이 길수록 명료도는 좋아진다.
④ 잔향시간이 짧을수록 음의 명료도는 좋아진다.

해설
잔향시간은 실내 음향 상태를 평가하는 지표이다. 음악연주에는 풍부한 음의 표현을 위한 적정 잔향시간이 필요하고, 강연과 회화의 경우에는 잔향시간이 짧을수록 명료도가 좋아진다.

60 유리 내부에 특수금속막 코팅으로 적외선을 반사시켜 열의 이동을 극소화시킨 고기능성 유리로 창을 통해 흡수 손실되는 에너지 흐름을 제한하여 단열성을 향상시킨 유리는?

① 로이유리
② 접합유리
③ 열선반사유리
④ 스팬드럴 유리

해설
② 접합유리 : 2장 이상의 판유리 사이에 접착성이 강한 필름막을 넣고 고열·고압으로 접합하여 파손 시 파편이 떨어지지 않게 만든 유리이다.
③ 열선반사유리 : 유리 한 면에 열선반사막(금속, 금속산화물)을 입힌 판유리이다.
④ 스팬드럴 유리 : 플로트판유리의 한쪽 면에 세라믹질의 도료를 코팅한 후 고온에서 융착·반강화시킨 불투명한 유리이다.

62 문화 및 집회시설 중 공연장의 개별 관람실(바닥면적이 300m² 이상) 각 출구의 유효 너비는 최소 얼마 이상인가?

① 1.0m   ② 1.5m
③ 2.0m   ④ 2.5m

해설
관람실 등으로부터의 출구의 설치기준(건축물의 피난·방화구조 등의 기준에 관한 규칙 제10조)
• 건축물의 관람실 또는 집회실로부터 바깥쪽으로의 출구로 쓰이는 문은 안여닫이로 하여서는 안 된다.
• 문화 및 집회시설 중 공연장의 개별 관람실(바닥 면적이 300m² 이상인 것만 해당한다)의 출구는 다음의 기준에 적합하게 설치해야 한다.
 – 관람실별로 2개소 이상 설치할 것
 – 각 출구의 유효 너비는 1.5m 이상일 것
 – 개별 관람실 출구의 유효 너비의 합계는 개별 관람실의 바닥 면적 100m²마다 0.6m의 비율로 산정한 너비 이상으로 할 것

63 다음 중 방염대상 물품에 해당하지 않는 것은?

① 두께 2mm의 종이벽지
② 카펫
③ 암막
④ 블라인드

해설
방염대상물품 및 방염성능기준(소방시설 설치 및 관리에 관한 법률 시행령 31조)
- 제조 또는 가공 공정에서 방염처리를 한 물품
- 창문에 설치하는 커튼류(블라인드를 포함)
- 카펫
- 벽지류(두께가 2mm 미만인 종이벽지는 제외)
- 전시용 합판·목재 또는 섬유판, 무대용 합판·목재 또는 섬유판(합판·목재류의 경우 불가피하게 설치현장에서 방염처리한 것을 포함)
- 암막·무대막(영화상영관에 설치하는 스크린과 가상체험체육시설업에 설치하는 스크린 포함)
- 섬유류 또는 합성수지류 등을 원료로 하여 제작된 소파·의자(단란주점영업, 유흥주점영업 및 노래연습장업의 영업장에 설치하는 것으로 한정)

64 인체의 열쾌적에 영향을 미치는 물리적 온열 4요소에 해당하지 않는 것은?

① 기온   ② 습도
③ 청정도   ④ 기류속도

해설
인체의 열쾌적에 영향을 미치는 물리적 온열 4요소 : 온도, 습도, 복사열, 기류

65 건축허가 등을 할 때 미리 소방본부장 또는 소방서장의 동의를 받아야 하는 건축물 등의 연면적 기준으로 옳은 것은?(단, 노유자시설 및 수련시설의 경우)

① 100m² 이상   ② 200m² 이상
③ 300m² 이상   ④ 400m² 이상

해설
건축허가 등의 동의대상물의 범위 등(소방시설 설치 및 관리에 관한 법률 시행령 제7조)
연면적이 400m² 이상인 건축물이나 시설. 다만, 다음의 어느 하나에 해당하는 경우, 정한 기준 이상인 건축물이나 시설로 한다.
- 건축 등을 하려는 학교시설 : 100m² 이상
- 노유자시설 및 수련시설 : 200m² 이상
- 정신의료기관(입원실이 없는 정신건강의학과 의원은 제외) : 300m² 이상
- 장애인의료재활시설 : 300m² 이상

66 그림과 같이 마름질된 벽돌의 명칭은?

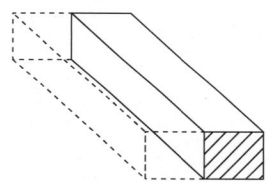

① 이오토막   ② 칠오토막
③ 반토막   ④ 반절

67 특이한 조형과 규칙이 없는 평면으로 대표되는 롱샹 성당을 건축한 사람은?

① 존 포프(John R. Pope)
② 미스 반데어로에(Mies van der Rohe)
③ 프랭크 로이드 라이트(F. L. Wright)
④ 르 코르뷔지에(Le Corbusier)

해설
롱샹 성당은 1955년 르 코르뷔지에(Le Corbusier)가 건축하였으며 건축의 조형적 아름다움이라는 측면에서 20세기 최고의 작품으로 평가되고 있다.

68 건축관계법규에서 규정하는 방화구조가 되기 위한 철망 모르타르의 최소 바름 두께는?

① 1.0cm ② 2.0cm
③ 2.7cm ④ 3.0cm

해설
방화구조(건축물의 피난·방화구조 등의 기준에 관한 규칙 제4조)
철망 모르타르로서 그 바름 두께가 2cm 이상인 것

69 현존하는 한국 목조건축 중 가장 오래된 것은?

① 송광사 국사전 ② 봉정사 극락전
③ 창경궁 명정전 ④ 경복궁 근정전

해설
봉정사 극락전
경상북도 안동시 봉정사에 있는 목조 전각(殿閣)이다. 현존하는 최고(最古)의 목조건물로, 고려 시대에 건립되었으나 통일 신라 시대의 건축양식을 따랐다.

70 다음 소방시설 중 소화설비에 속하지 않는 것은?

① 소화기구 ② 옥외소화전설비
③ 물분무소화설비 ④ 제연설비

해설
제연설비는 소화활동설비에 속한다.
소방시설(소방시설 설치 및 관리에 관한 법률 시행령 별표 1)
• 소화설비 : 물 또는 그 밖의 소화약제를 사용하여 소화하는 기계·기구 또는 설비로서 다음의 것을 말한다.
  – 소화기구
  – 자동소화장치
  – 옥내소화전설비
  – 스프링클러설비 등
  – 물분무 등 소화설비
  – 옥외소화전설비

71 로코코 양식의 가장 대표적인 디자이너로 볼 수 있는 사람은?

① 페테르 플뢰트너(Peter Flotner)
② 우그 샹벵(Hugues Sambin)
③ 프랑수아 쿠빌리에(Francois Cuvillies)
④ 윌리암 모리스(William Morris)

해설
프랑수아 쿠빌리에(Francois de Cuvillies)는 로베르 드 코트의 고전주의와는 구별되는 경향을 드러냈다. 1724년부터 뮌헨의 궁정 건축가였던 쿠빌리에는 무엇보다도 대칭과 발명의 체계에 기반을 둔 장식을 중시했는데, 이는 메소니에(meissonier)를 모방한 것이었다. 섭정 시대의 로코코 양식으로 강화된 쿠빌리에의 바로크적 경향은 독일 제국에서 꽃을 활짝 피웠다.

72 보강블록조에 테두리 보(wall girder)를 설치하는 이유와 가장 관계가 먼 것은?

① 가로철근의 정착을 위해서
② 분산된 벽체를 일체화시키기 위해서
③ 횡력에 의한 벽체의 수직균열을 막기 위해서
④ 집중하중을 직접 받는 블록을 보강하기 위해서

해설
세로철근의 끝을 정착시키기 위해 사용한다.

정답 68 ② 69 ② 70 ④ 71 ③ 72 ①

73 5층 이상 또는 지하 2층 이하인 층에 설치하는 직통계단은 국토교통부령으로 정하는 기준에 따라 피난계단 또는 특별피난계단으로 설치하여야 하는데, 이에 해당하는 경우가 아닌 것은?(단, 건축물의 주요 구조부가 내화구조 또는 불연재료로 되어 있는 경우)

① 5층 이상인 층의 바닥 면적의 합계가 250m^2인 경우
② 5층 이상인 층의 바닥 면적의 합계가 300m^2인 경우
③ 5층 이상인 층의 바닥 면적 150m^2마다 방화구획이 되어 있는 경우
④ 5층 이상인 층의 바닥 면적 300m^2마다 방화구획이 되어 있는 경우

해설
피난계단의 설치(건축법 시행령 제35조)
5층 이상 또는 지하 2층 이하인 층에 설치하는 직통계단은 국토교통부령으로 정하는 기준에 따라 피난계단 또는 특별피난계단으로 설치하여야 한다. 다만, 건축물의 주요 구조부가 내화구조 또는 불연재료로 되어 있는 경우로서 다음의 어느 하나에 해당하는 경우에는 그러하지 아니하다.
• 5층 이상인 층의 바닥 면적의 합계가 200m^2 이하인 경우
• 5층 이상인 층의 바닥 면적 200m^2 이내마다 방화구획이 되어 있는 경우

74 기본벽돌(190 × 90 × 57) 2.0B 벽 두께 치수로 옳은 것은?(단, 공간쌓기 아님)

① 390mm ② 420mm
③ 430mm ④ 450mm

해설
벽돌벽의 두께(벽돌 1장의 단위 : B)

벽돌벽의 두께	표준형 벽돌 (190 × 90 × 57mm)
0.5B	90mm
1.0B	190mm
1.5B	290mm
2.0B	390mm
2.5B	490mm

75 보강블록조에서의 벽량은 내력벽 길이의 총 합계를 그 층의 무엇으로 나눈 값인가?

① 적재하중 ② 벽 면적
③ 개구부 면적 ④ 바닥 면적

해설
내력벽 길이의 총합계를 그 층(層)의 바닥 면적으로 나눈 값을 벽량이라 한다.

76 옥상 광장 또는 2층 이상인 층에 있는 노대의 주위에 설치하여야 하는 난간의 최소 높이 기준은?

① 1.0m 이상 ② 1.1m 이상
③ 1.2m 이상 ④ 1.5m 이상

해설
옥상 광장 등의 설치(건축법 시행령 제40조 제1항)
옥상 광장 또는 2층 이상인 층에 있는 노대 등[노대(露臺)나 그 밖에 이와 비슷한 것]의 주위에는 높이 1.2m 이상의 난간을 설치하여야 한다. 다만, 그 노대 등에 출입할 수 없는 구조인 경우에는 그러하지 아니하다.

77 공동소방안전관리자 선임대상 특정소방대상물의 층수 기준은?(단, 복합건축물의 경우)

① 3층 이상
② 5층 이상
③ 8층 이상
④ 10층 이상

해설
※ 출제 시 정답은 ②였으나, 법령 개정으로 정답없음
관리의 권원이 분리된 특정소방대상물의 소방안전관리자 선임대상물(화재의 예방 및 안전관리에 관한 법률 제35조)
• 복합건축물(지하층을 제외한 층수가 11층 이상 또는 연면적 30,000m^2 이상인 건축물)
• 지하가(지하의 인공구조물 안에 설치된 상점 및 사무실, 그 밖에 이와 비슷한 시설이 연속하여 지하도에 접하여 설치된 것과 그 지하도를 합한 것을 말한다)
• 그 밖에 대통령령으로 정하는 특정소방대상물(판매시설 중 도매시장, 소매시장 및 전통시장)

78 그림과 같은 벽 A의 대린벽으로 옳은 것은?

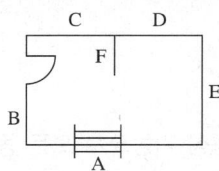

① B와 E
② C와 D
③ E와 D
④ B와 C

해설
대린벽은 한 벽에 직교하여 붙은 2개의 이웃하고 있는 내력벽을 말한다.

79 철근콘크리트의 특성에 관한 설명으로 옳지 않은 것은?

① 콘크리트는 철근이 녹스는 것을 방지한다.
② 철근은 인장력에는 효과적이지만 압축력에는 저항하지 못한다.
③ 철근과 콘크리트는 선팽창계수가 거의 같다.
④ 철근콘크리트 구조체는 내화적이다.

해설
철근은 인장력이 강한 특성을 가지고 있고 압축력에는 좌굴현상을 보이는 단점이 있으나 압축력이 강한 콘크리트의 부착에 의해 이런 단점을 보완할 수 있다. 즉, 철근콘크리트구조에서 철근은 인장력을 부담하고, 콘크리트는 압축력을 부담한다.

80 건축물을 건축하거나 대수선하는 경우 건축물의 건축주는 건축물의 설계자로부터 구조안전의 확인 서류를 허가권자에게 제출하여야 하는데 이러한 규정에 해당되는 건축물의 기준으로 옳지 않은 것은?

① 처마 높이가 7m 이상인 건축물
② 층수가 3층 이상인 건축물
③ 건축물의 용도 및 규모를 고려할 중요도가 높은 건축물로서 국토교통부령으로 정하는 건축물
④ 높이가 13m 이상인 건축물

해설
※ 출제 시 정답은 ①이었으나, 법령 개정으로 정답 ①, ②
구조 안전의 확인(건축법 시행령 제32조)
구조 안전을 확인한 건축물 중 다음의 어느 하나에 해당하는 건축물의 건축주는 해당 건축물의 설계자로부터 구조 안전의 확인 서류를 받아 착공신고를 하는 때에 그 확인 서류를 허가권자에게 제출하여야 한다. 다만, 표준설계도서에 따라 건축하는 건축물은 제외한다.
• 층수가 2층(주요 구조부인 기둥과 보를 설치하는 건축물로서 그 기둥과 보가 목재인 목구조 건축물의 경우에는 3층) 이상인 건축물
• 연면적이 200m²(목구조 건축물의 경우 500m²) 이상인 건축물. 다만, 창고, 축사, 작물 재배사는 제외한다.
• 높이가 13m 이상인 건축물
• 처마 높이가 9m 이상인 건축물
• 기둥과 기둥 사이의 거리가 10m 이상인 건축물
• 건축물의 용도 및 규모를 고려한 중요도가 높은 건축물로서 국토교통부령으로 정하는 건축물
• 국가적 문화유산으로 보존할 가치가 있는 건축물로서 국토교통부령으로 정하는 것
• 한쪽 끝은 고정되고 다른 끝은 지지(支持)되지 아니한 구조로 된 보·차양 등이 외벽(외벽이 없는 경우에는 외곽 기둥을 말한다)의 중심선으로부터 3m 이상 돌출된 건축물 또는 특수한 설계·시공·공법 등이 필요한 건축물로서 국토교통부장관이 정하여 고시하는 구조로 된 건축물
• 건축법 시행령 별표 1 제1호의 단독주택 및 같은 표 제2호의 공동주택

2017년 제1회 과년도 기출문제

제1과목 실내디자인론

01 침대 옆에 위치하는 소형 테이블로 베드 사이드 테이블이라고도 하는 것은?

① 티 테이블 ② 엔드 테이블
③ 나이트 테이블 ④ 다이닝 테이블

해설
① 티 테이블 : 객실 내에 있는 가구로서 의자 중간에 놓는 간단한 테이블이다.
② 엔드 테이블 : 소파나 의자 옆에 위치하며 손이 쉽게 닿는 범위 내에 전화기, 문구 등 필요한 물품을 올려놓거나 수납하거나 차탁자의 보조용으로도 사용되는 테이블이다.

02 사무소 건축의 실단위 계획 중 개방식 배치에 관한 설명으로 옳지 않은 것은?

① 독립성 확보가 용이하다.
② 방의 길이나 깊이에 변화를 줄 수 있다.
③ 오피스 랜드스케이핑은 일종의 개방식 배치이다.
④ 전 면적을 유효하게 이용할 수 있어 공간절약상 유리하다.

해설
소음이 들리고 프라이버시가 결핍된다.

03 호텔의 중심 기능으로 모든 동선체계의 시작이 되는 공간은?

① 객실 ② 로비
③ 클로크 ④ 린넨실

해설
호텔 로비는 고객, 즉 투숙객과 부대시설 이용객들의 왕래가 가장 잦고 입구에 도착한 고객이 가장 먼저 접하는 곳으로 모든 기능이 퍼져나가는 중심이 되는 공간이다. 또한 공용 공간의 중심으로서 휴식, 면회, 담화, 독서 등 고객들이 매우 다목적으로 이용하는 공간으로 호텔 계획에 있어 중심부에 위치하며 그 호텔의 이미지를 결정하는 중요한 요소가 된다.

04 다음과 같은 거실의 가구 배치의 유형은?

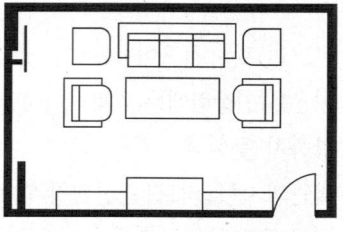

① ㄱ자형 ② ㄷ자형
③ 대면형 ④ 직선형

해설
U자형(ㄷ자형) : 중앙의 탁자를 중심으로 좌석을 정원, 벽난로, TV 등 한 방향으로 향하도록 배치한다.

05 다음 중 다의 도형 착시와 가장 관계가 깊은 것은?

① 루빈의 항아리
② 포겐도르프 도형
③ 쾨니히의 목걸이
④ 펜로즈의 삼각형

해설
다의 도형
하나의 도형이 두 가지 이상의 것으로 보일 때 이것을 '다의 도형'이라고 한다.
예) 루빈의 항아리

06 치수계획에 있어 적정치수를 설정하는 방법으로 최소치 +α, 최대치 -α, 목표치 ±α 가 있는데, 이때 α는 적정치수를 끌어내기 위한 어떤 치수인가?

① 조정치수
② 기본치수
③ 유동치수
④ 가능치수

07 균형(balance)에 관한 설명으로 옳지 않은 것은?

① 대칭적 균형은 가장 완전한 균형의 상태이다.
② 대칭적 균형은 공간에 질서를 주기가 용이하다.
③ 비대칭적 균형은 시각적 안정성을 가져올 수 없다.
④ 비대칭적 균형은 대칭적 균형보다 자연스러우며 풍부한 개성을 표현할 수 있다.

해설
비대칭적 균형은 물리적으로는 불균형이지만 시각적으로는 균형을 이루는 것으로 자유분방하고 긴장감, 율동감 등의 생명감을 느끼는 효과가 크다.

08 백화점의 에스컬레이터에 관한 설명으로 옳지 않은 것은?

① 수송능력이 엘리베이터에 비해 크다.
② 대기시간이 없고 연속적인 수송설비이다.
③ 승강 중 주위가 오픈되므로 주변 광고효과가 크다.
④ 서비스 대상 인원의 10~20% 정도를 에스컬레이터가 부담하도록 한다.

해설
일반적으로 서비스 대상 인원의 70~80% 정도를 에스컬레이터가 부담하도록 한다.

09 다음 중 마르셀 브로이어(Marcel Breuer)가 디자인한 의자는?

① 바실리 의자
② 파이미오 의자
③ 레드블루 의자
④ 바르셀로나 의자

해설
마르셀 브로이어가 디자인한 의자 : 바실리 의자, 체스카 의자

정답 5 ① 6 ① 7 ③ 8 ④ 9 ①

10 전통 한옥의 구조에서 중채 또는 바깥채에 있어 주로 남자가 기거하고 손님을 맞이하는 데 쓰이던 곳은?

① 안방
② 대청
③ 사랑방
④ 건넌방

해설
사랑채
사랑채는 외부로부터 온 손님들에게 숙식을 대접하는 장소로 쓰이거나 이웃이나 친지들이 모여서 친목을 도모하고 집안 어른이 어린 자녀들에게 학문과 교양을 교육하는 장소이기도 하였다. 사랑방은 사랑채의 주요 공간으로 남자 주인과 귀한 손님이 기거하는 공간이다.

11 상점의 판매형식 중 측면 판매에 관한 설명으로 옳지 않은 것은?

① 직원 동선의 이동성이 많다.
② 고객이 직접 진열된 상품을 접촉할 수 있다.
③ 대면 판매에 비해 넓은 진열 면적의 확보가 가능하다.
④ 시계, 귀금속점, 카메라점 등 전문성이 있는 판매에 주로 사용된다.

해설
보석류와 같은 소형 고가품은 대면 판매형식이 바람직하다.

12 실내 공간을 형성하는 주요 기본요소로서, 다른 요소들이 시대와 양식에 의한 변화가 현저한 데 비해 매우 고정적인 것은?

① 벽
② 천장
③ 바닥
④ 기둥

해설
바닥은 천장과 함께 공간을 구성하는 수평적 요소로서 생활을 지탱하는 가장 기본적인 요소이다. 따라서 다른 요소와는 달리 시대와 양식, 디자인에 의한 변화가 많지 않다.

13 다음 설명에 알맞은 전통가구는?

- 책이나 완상품을 진열할 수 있도록 여러 층의 층널이 있다.
- 사랑방에서 쓰인 문방가구로 선반이 정방형에 가깝다.

① 서안
② 경축장
③ 반닫이
④ 사방탁자

해설
사방탁자는 형태가 개방적이고 투시적인 공간성을 지니면서 찬탁이나 서탁과는 별도로 애용되었으며, 구성·비례·결구법 등에서 조선시대 가구를 대표할 뿐만 아니라 가장 현대적인 감각을 지닌 가구로 꼽힌다.

14 실내디자이너의 역할에 관한 설명으로 가장 알맞은 것은?

① 내부 공간의 설계만을 담당한다.
② 건축공정을 제외한 실내구조에 대한 이해가 있어야 한다.
③ 모든 실내디자인은 디자이너의 입장에서 고려되고 계획되어져야 한다.
④ 기초원리와 재료들에 대한 지식과 함께 대인관계의 기술도 알아야 한다.

해설
① 내부 공간뿐만 아니라 주변 환경에 대한 기본적인 제반사항을 이해하여야 한다.
② 건축공정뿐만 아니라 실내구조에 대한 이해가 있어야 한다.
③ 모든 실내디자인은 사용자의 입장에서 고려되고 계획되어야 한다.

15 작업대의 길이가 2m 정도인 간이부엌으로 사무실이나 독신자 아파트에 주로 설치되는 부엌의 유형은?

① 키친네트(kitchenett)
② 오픈 키친(open kitchen)
③ 다용도 부엌(utility kitchen)
④ 아일랜드 키친(island kitchen)

해설
② 오픈 키친(open kitchen) : 구획하는 시설물 없이 완전히 개방된 형태이다.
④ 아일랜드 키친(island kitchen) : 취사용 작업대가 섬처럼 부엌 중앙에 설치된 형태이다.

16 형태를 의미구조에 의해 분류하였을 때, 다음 설명에 해당하는 것은?

> 인간의 지각, 즉 시각과 촉각 등으로 직접 느낄 수 없고 개념적으로만 제시될 수 있는 형태로서 순수 형태 혹은 상징적 형태라고도 한다.

① 현실적 형태   ② 인위적 형태
③ 이념적 형태   ④ 추상적 형태

해설
형태의 분류
• 이념적 형태 : 순수 형태, 추상 형태, 상징적 형태
• 현실적 형태 : 자연적 형태, 인위적 형태

17 사무소 건축의 코어 유형 중 코어 프레임(core frame)이 내력벽 및 내진구조의 역할을 하므로 구조적으로 가장 바람직한 것은?

① 독립형   ② 중심형
③ 편심형   ④ 분리형

해설
① 독립형 : 융통성이 높은 균일한 공간이 확보되나 양쪽에 코너가 배치되지 않으면 대피, 피난의 방재계획에 불리하다.
③ 편심형 : 바닥 면적이 일정한 규모 이상으로 증가하면 코어 이외로 피난 및 설비 샤프트 시설 등이 필요한 형식이다.
④ 분리형 : 단일용도의 대규모 전용 사무실에 적합한 유형이다.

18 천장에 관한 설명으로 옳지 않은 것은?

① 바닥면과 함께 공간을 형성하는 수평적 요소이다.
② 천장은 마감방식에 따라 마감천장과 노출천장으로 구분할 수 있다.
③ 시각적 흐름이 최종적으로 멈추는 곳이기에 지각의 느낌에 영향을 미친다.
④ 공간의 개방감과 확장성을 도모하기 위하여 입구는 높게 하고 내부 공간은 낮게 처리한다.

해설
공간의 개방감과 확장성을 도모하기 위하여 입구는 낮게 하고 내부 공간은 높게 처리한다.

19 할로겐 전구에 관한 설명으로 옳지 않은 것은?

① 소형화가 가능하다.
② 안정기와 같은 점등장치를 필요로 한다.
③ 효율, 수명 모두 백열전구보다 약간 우수하다.
④ 일반적으로 점포용, 투광용, 스튜디오용 등에 사용된다.

해설
할로겐 전구의 장단점

장점	• 초소형 경량의 전구를 제작할 수 있다. • 효율이 높다(할로겐 사이클에 의함). • 수명이 길다(일반전구에 비해). • 수명의 말기까지 밝기 및 온도가 일정하다. • 설치 및 광원의 교체가 간편하다. • 열 충격에 강하고, 매우 경제적이다. • 정확한 빔을 가지고 있다. • 조광이 원활하고, 연색성이 우수하다. • 건축화 조명에 유리하다.
단점	• 온도가 높다. • 방사열이 많아 냉방공조부하의 증가를 초래한다. • 휘도가 높다(눈부심에 주의). • 유리 부분의 오염으로 수명이 짧아진다.

정답 15 ① 16 ③ 17 ② 18 ④ 19 ②

20 그리스의 파르테논 신전에서 사용된 착시교정 수법에 관한 설명으로 옳지 않은 것은?

① 기둥의 중앙부를 약간 부풀어 오르게 만들었다.
② 모서리 쪽의 기둥 간격을 보다 좁혀지게 만들었다.
③ 기둥과 같은 수직 부재를 위쪽으로 갈수록 바깥쪽으로 약간 기울어지게 만들었다.
④ 아키트레이브, 코니스 등에 의해 형성되는 긴 수평선을 위쪽으로 약간 볼록하게 만들었다.

해설
그리스 신전건축 착시교정 기법
- 배흘림(entasis) : 수직의 평행선인 경우 중앙부가 오목해 보이는 착시현상을 교정하기 위해 기둥중앙부를 약간 부풀어 오르게 하는 기법이다.
- 라이즈(rise) : 긴 수평선의 경우 중앙부가 처져 보이는 착시현상을 교정하기 위해 건물 외관의 수평적 요소인 기단과 엔태블러처의 중앙부를 약간씩 솟아오르게 하는 기법이다.
- 안쏠림 : 건물 모서리 기둥의 상단이 약간씩 바깥쪽으로 벌어져 보여 건물이 불안정해 보이는 착시현상을 건물에 안정감을 주기 위해 양측 모서리 기둥을 약간씩 안쪽으로 기울이는 기법이다.
- 기둥직경의 변화 : 건물을 정면에서 볼 때 건물 자체를 배경으로 하는 중앙부의 기둥들에 비해 허공을 배경으로 하는 양측 모서리의 기둥들이 가늘어 보이는 착시현상을 교정하기 위해 모서리 기둥의 직경을 3~5cm 정도 크게 한다.
- 기둥간격 : 건물 정면에서 볼 때 기둥의 간격이 양측 모서리로 갈수록 넓어 보이는 착시현상을 교정하기 위해 모서리로 갈수록 기둥간격을 좁게 한다.

제2과목 색채 및 인간공학

21 인간이 기계보다 우수한 기능에 해당하는 것은?

① 예기치 못한 사건의 감지
② 반복적인 작업의 신뢰성 있는 수행
③ 입력신호에 대한 일관성 있는 반응
④ 암호화된 정보를 신속하게 대량 보관

해설
인간과 기계의 상대적 기능

인간이 우수한 기능	• 저에너지 자극(시각, 청각, 후각 등) 감지 • 복잡 다양한 자극 형태 식별 • 예기치 못한 사건 감지(예감, 느낌) • 다량의 정보를 오래 보관 • 귀납적 추리 • 과부하 상황에서는 중요한 일에만 전념 • 임기응변, 융통성, 원칙적용, 주관적 추산, 독창력의 발휘
기계가 우수한 기능	• 인간 감지 범위 밖의 자극(X선, 초음파 등)도 감지 • 인간 및 기계에 대한 모니터 기능 • 드물게 발생하는 사상 감지 • 암호화된 정보를 신속하게 대량 보관 • 연역적 추리 • 과부하 시 효율적 작동 • 정량적 정보처리, 장시간 중량작업, 반복작업, 동시에 여러 가지 작업수행 • 입력신호에 대한 일관성 있는 반응

22 인간공학적 사고방식과 관련이 가장 먼 것은?

① 인간과 기계와의 합리성 유지
② 작업설계 시 인간 중심의 수작업화 설계
③ 인간의 특성에 알맞은 기계나 도구의 설계
④ 인간의 건강상 문제 예방과 효율성 증대

해설
인간공학은 인간을 중심에 두고 더욱 효과적이고 안전한 시스템을 설계하기 위한 수단을 연구하는 학문이다. 즉, 인간의 능력과 필요에 적합한 작업이 될 수 있도록 작업을 조직화하기 위한 사고방식 및 작업설계이다.

23 인체측정 자료의 응용원칙으로 볼 수 없는 것은?

① 조절식 설계원칙
② 맞춤식 설계원칙
③ 최대치를 이용한 설계원칙
④ 평균치를 이용한 설계원칙

해설
인체측정 자료의 응용원칙
- 최대 치수와 최소 치수 : 최대 치수 또는 최소 치수를 기준으로 하여 설계한다.
- 조절 범위(조절식) : 체격이 다른 여러 사람에게 맞도록 하는 것이다.
- 평균치 : 최대 치수나 최소 치수, 조절식으로 곤란할 때는 평균치를 기준으로 하여 설계한다.

24 산업안전보건법상 근로자가 상시 작업하는 작업면의 조도기준으로 맞는 것은?(단, 갱내 작업장과 감광재료를 취급하는 작업장은 제외한다)

① 기타 작업 : 100lx 이상
② 보통 작업 : 200lx 이상
③ 정밀 작업 : 300lx 이상
④ 초정밀 작업 : 800lx 이상

해설
조도(산업안전보건기준에 관한 규칙 제8조)
사업주는 근로자가 상시 작업하는 장소의 작업면 조도를 다음의 기준에 맞도록 하여야 한다. 단, 갱내 작업장과 감광재료를 취급하는 작업장은 제외한다.
- 초정밀작업 : 750lx 이상
- 정밀작업 : 300lx 이상
- 보통작업 : 150lx 이상
- 그 밖의 작업 : 75lx 이상

25 어떤 물체나 표면에 도달하는 광(光)의 밀도(密度)를 무엇이라 하는가?

① 휘도(brightness)
② 조도(illuminance)
③ 촉광(candle-power)
④ 광도(luminous intensity)

해설
① 휘도 : 빛을 내는 물체의 단위 면적당 표면 밝기의 정도이다.
③ 촉광 : 광도의 단위이다.
④ 광도 : 단위 면적당 표면에서 반사 또는 방출되는 광량(빛의 양)을 말한다.

26 작업 공간의 디스플레이 설계에 대한 설명으로 맞는 것은?

① 조절장치는 키가 큰 사람의 도달영역 안에 있어야 한다.
② 디스플레이와 눈과의 거리는 연령이 증가할수록 가까워진다.
③ 작업자의 시선은 수평선상으로부터 아래로 30° 이하로 하는 것이 좋다.
④ 디스플레이 화면과 근로자의 눈과의 거리는 40cm 이상으로 확보하는 것이 좋다.

해설
영상표시단말기 취급근로자의 시선은 화면 상단과 눈높이가 일치할 정도로 하고, 작업 화면상의 시야범위는 수평선상으로부터 10~15° 밑에 오도록 하며, 화면과 근로자의 눈과의 거리는 적어도 40cm 이상이 확보될 수 있도록 한다.

정답 23 ② 24 ③ 25 ② 26 ④

27 인간의 운동기능에서 진전(振顫, 떨림)이 증가되는 경우는?

① 힘을 주고 있을 때
② 작업 대상물에 기계적인 마찰이 있을 때
③ 손 떨림의 경우 손이 심장 높이에 있을 때
④ 몸과 작업에 관계되는 부위가 잘 지지되어 있을 때

해설
진전(tremor)은 신체의 일부분이 자신의 의지와는 상관없이 규칙적으로 움직여지는 증상이다. 근육을 움직이지 않고 힘을 줄 때, 즉 수축시킬 때 떨림이 나타난다.

28 눈의 구조에 있어 광선의 초점이 망막 위에 상이 맺히도록 조절하는 부위는?

① 황반   ② 각막
③ 홍채   ④ 수정체

해설
① 황반 : 망막의 한 가운데에 있으며, 시각세포가 많이 분포하여 상이 가장 뚜렷하게 맺힌다.
② 각막 : 안구 앞부분에 있는 투명한 부분으로 빛을 굴절시켜 주는 역할을 한다.
③ 홍채 : 카메라의 조리개처럼 빛의 양을 조절한다.

29 착시에 관한 설명으로 틀린 것은?

① 눈이 받는 자극에 대한 지각의 착각 현상을 말한다.
② "루빈의 항아리"의 예에서 보듯이 보는 관점에 따라 형태가 다르게 지각된다.
③ 동일한 길이의 선이라도 조건을 어떻게 부여하는가에 따라 길이가 다르게 지각된다.
④ "랜돌트(Landholt)의 C형 고리"는 착시현상을 설명하는 데 가장 널리 사용되고 있다.

해설
랜돌트(Landholt)의 C형 고리는 시력검사를 할 때 사용하는 한쪽이 뚫린 고리를 말한다.

30 인간공학적 의자설계를 위한 일반적인 고려사항과 가장 거리가 먼 것은?

① 좌면의 무게 부하 분포
② 좌면의 높이와 폭 및 깊이
③ 앉은키의 크기 및 의자의 강도
④ 동체(胴體)의 안정성과 위치 변동의 편리성

해설
의자설계 원칙
• 체중분포 : 체중이 좌골 결절에 실려야 편안하다.
• 좌판의 높이 : 좌판 앞부분이 오금 높이보다 높지 않아야 한다.
• 좌판의 폭과 깊이 : 폭은 큰 사람에게, 깊이는 작은 사람에게 맞도록 해야 한다.
• 팔꿈치 걸이의 높이 : 조절식으로 적용하는 것이 좋다.
• 몸통의 안정 : 의자의 좌판 각도는 3°, 좌판과 등판 간의 각도는 100°가 몸통 안정에 효과적이다.

31 먼셀의 색입체 수직 단면도에서 중심축 양쪽에 있는 두 색상의 관계는?

① 인접색   ② 보색
③ 유사색   ④ 약보색

해설
먼셀의 색입체를 수직으로 잘라보면 같은 색상이 나타나므로 등색상면이라고도 한다. 가운데 무채색 축을 중심으로 보색대의 동일 색상면이 나타난다.

32 시내버스, 지하철, 기차 등의 색채계획 시 고려할 사항으로 거리가 먼 것은?

① 도장공정이 간단해야 한다.
② 조색이 용이해야 한다.
③ 쉽게 변색, 퇴색되지 않아야 한다.
④ 프로세스 잉크를 사용한다.

해설
시내버스, 지하철, 기차 등의 차량 색채 설계

기술적 조건	• 도장공정이 간단할수록 좋다. • 조색이 용이할수록 좋다. • 변색, 퇴색하지 않는 색료가 좋다. • 손쉽게 구입할 수 있는 색료가 좋다. • 광택이 너무 강하지 않은 것이 좋다.
기능적 조건	• 시인성과 주목성 : 빨리 식별되는 색과 배색이 좋다. • 팽창성과 진출성 : 크게 보이고 가깝게 보이는 방법이 좋다. • 최소한의 색을 사용하는 것이 좋다.

33 우리나라의 한국산업표준(KS)으로 채택된 표색계는?

① 오스트발트 ② 먼셀
③ 헬름홀츠 ④ 헤링

해설
먼셀 색체계는 한국산업규격(KS), 미국표준협회(ASA), 일본공업규격(JIS) 등 가장 많은 나라의 국가 표준 현색계 체계로 사용되고 있다. 우리나라도 1965년에 한국공업규격(KSA 0062)으로 채택하여 색채 교육용으로 사용하고 있다.

34 감법혼색에서 모든 파장이 제거될 경우 나타날 수 있는 색은?

① 흰색 ② 검정
③ 마젠타 ④ 노랑

해설
가법혼색과 감법혼색

빛의 3원색(가법혼색)	색의 3원색(감법혼색)

35 색의 동화작용에 관한 설명 중 옳은 것은?

① 잔상 효과로서 나중에 본 색이 먼저 본 색과 섞여 보이는 현상
② 난색 계열의 색이 더 커 보이는 현상
③ 색들끼리 영향을 주어서 옆의 색과 닮은 색으로 보이는 현상
④ 색점을 섬세하게 나열 배치해 두고 어느 정도 떨어진 거리에서 보면 쉽게 혼색되어 보이는 현상

해설
① : 계속대비(연속대비)에 대한 설명이다.
② : 팽창색에 대한 설명이다.
④ : 가산혼합(가법혼색)에 대한 설명이다.

정답 32 ④ 33 ② 34 ② 35 ③

36 먼셀의 색채조화이론 핵심인 균형원리에서 각 색들이 가장 조화로운 배색을 이루는 평균 명도는?

① N4
② N3
③ N5
④ N2

해설
먼셀의 색조화이론의 핵심은 균형의 원리이다. 중간 명도의 회색 N5를 균형의 중심점으로 해서, 배색을 이루는 각 색의 평균 명도가 N5가 될 때 그 배색은 조화를 이룬다고 했다.

37 컴퓨터 화면상의 이미지와 출력된 인쇄물의 색채가 다르게 나타나는 원인으로 거리가 먼 것은?

① 컴퓨터상에서 RGB로 작업했을 경우 CMYK방식의 잉크로는 표현될 수 없는 색채범위가 발생한다.
② RGB의 색역이 CMYK의 색역보다 좁기 때문이다.
③ 모니터의 캘리브레이션 상태와 인쇄기, 출력용지에 따라서도 변수가 발생한다.
④ RGB 데이터를 CMYK 데이터로 변환하면 색상 손상현상이 나타난다.

해설
CMYK의 색역이 RGB의 색역보다 좁기 때문이다.

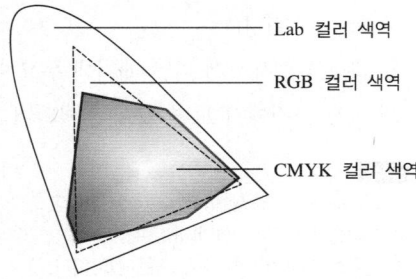

— Lab 컬러 색역
— RGB 컬러 색역
— CMYK 컬러 색역

38 유채색의 경우 보색잔상의 영향으로 먼저 본 색의 보색이 나중에 보는 색에 혼합되어 보이는 현상은?

① 계시대비
② 명도대비
③ 색상대비
④ 면적대비

해설
② 명도대비 : 명도가 다른 두 색이 서로의 영향으로 명도차가 더 크게 나타나는 현상이다.
③ 색상대비 : 색상이 서로 다른 색들끼리의 영향으로 인하여 색상 차이가 커 보이는 현상이다.
④ 면적대비 : 면적이 크고 작음에 의하여 색이 다르게 보이는 현상이다.

39 색을 지각적으로 고른 감도의 오메가 공간을 만들어 조화시킨 색채 학자는?

① 오스트발트
② 먼셀
③ 문-스펜서
④ 비렌

해설
문-스펜서의 색채조화
색의 3속성에 대하여 지각적으로 고른 감도의 오메가 공간을 설정, 과학적으로 설명할 수 있는 정량적인 색채조화론을 만들었다.

40 빛이 프리즘을 통과할 때 나타나는 분광현상 중 굴절현상이 제일 큰 색은?

① 보라
② 초록
③ 빨강
④ 노랑

해설
빛의 굴절현상을 이용하여 백광을 분광시키면 빨, 주, 노, 초, 파, 남, 보의 연속된 띠가 생기는데, 이것은 파장의 길고 짧음에 따라 굴절률이 다르기 때문에 나타난다. 파장이 긴 빨강이 굴절률이 작고, 파장이 짧은 보라는 굴절률이 크다.

제3과목 건축재료

41 다음 건축재료 중 열전도율이 가장 작은 것은?

① 시멘트 모르타르
② 알루미늄
③ ALC
④ 유리섬유

해설
열전도율(kcal/m·h·℃)

시멘트 모르타르	알루미늄	ALC	유리섬유
0.456	181	0.129	0.029

42 수경성 미장재료에 해당되는 것은?

① 회반죽
② 돌로마이트 플라스터
③ 석고 플라스터
④ 회사벽

해설
미장재료의 분류
• 기경성 : 진흙, 회반죽, 돌로마이트 플라스터
• 수경성 : 시멘트 모르타르, 인조석바름, 테라초 현장바름, 석고 플라스터
• 특수 재료 : 리신바름, 러프코트, 모조석, 섬유벽, 아스팔트 모르타르, 마그네시아 시멘트

43 복층유리의 사용효과로서 옳지 않은 것은?

① 전기전도성 향상
② 결로의 방지
③ 방음성능 향상
④ 단열효과에 따른 냉·난방부하 경감

해설
복층유리는 단열성, 차음성이 좋고 결로가 생기지 않는다.

44 벽돌벽 두께 1.5B, 벽 면적 40m² 쌓기에 소요되는 점토벽돌(190×90×57mm)의 소요량은?(단, 할증률은 3%로 계산)

① 8,850장
② 8,960장
③ 9,229장
④ 9,408장

해설
점토벽돌의 소요량
• 표준형(적벽돌) : 190(길이)×90(너비)×57(높이)mm
• 벽돌벽 두께 1.5B일 때 1m²당 벽돌의 소요량은 224장이므로 벽 면적 40m² 쌓기에 소요되는 점토벽돌의 소요량은
  40×224=8,960장
  3% 이내 할증률을 계산하여 8,960장+(8,960×0.03)=9,229장

45 목재 건조방법 중 자연건조법에 해당되는 것은?

① 훈연건조
② 수침법
③ 진공건조
④ 증기건조

해설
①·③·④는 인공건조법에 해당된다.

정답 41 ④ 42 ③ 43 ① 44 ③ 45 ②

46 콘크리트의 재료적 특성에 관한 설명으로 옳지 않은 것은?

① 압축 및 인장강도가 높다.
② 내화, 내구적이다.
③ 철근 및 철골 등의 철재에 대한 방청력이 뛰어나다.
④ 수축 및 균열 발생의 우려가 크다.

해설
콘크리트는 타 소재에 비하여 압축강도가 우수하지만, 인장강도는 상대적으로 낮다.

47 각종 금속의 성질에 관한 설명으로 옳지 않은 것은?

① 알루미늄은 콘크리트와 접촉하면 침식된다.
② 동은 대기 중에서는 내구성이 있으나 암모니아에는 침식되기 쉽다.
③ 동은 주물로 하기 어려우나 청동이나 황동은 쉽다.
④ 납은 산이나 알칼리에 강하므로 콘크리트에 매설해도 침식되지 않는다.

해설
납은 알칼리에 약하므로, 콘크리트에 매립 사용은 좋지 않다.

48 리녹신에 수지, 고무물질, 코르크 분말, 안료 등을 섞어 마포(hemp cloth) 등에 발라 두꺼운 종이 모양으로 압연·성형한 제품은?

① 염화비닐판   ② 비닐타일
③ 리놀륨   ④ 무석면타일

해설
리놀륨
주원료는 아마인유이며 내구력이 비교적 크고 탄력성, 내수성이 좋아 우수한 마루 마감재료 중 하나이다. 시공이 용이하며 가격도 비교적 저렴하다.

49 건물의 바닥 충격음을 저감시키는 방법에 관한 설명으로 옳지 않은 것은?

① 완충재를 바닥 공간 사이에 넣는다.
② 부드러운 표면마감재를 사용하여 충격력을 작게 한다.
③ 바닥을 띄우는 이중바닥으로 한다.
④ 바닥 슬래브의 중량을 작게 한다.

해설
바닥 슬래브의 중량을 증가시키면 발생된 충격에 대해 바닥이 진동하기 어렵게 되어 바닥 충격음도 낮아진다.

50 석고나 탄산칼슘을 주원료로 하고 도배지를 붙이는 바탕의 요철이나 줄눈, 균열이나 구멍 보수에 사용하는 것은?

① 수용성 실러(sealer)
② 용제형 실러(sealer)
③ 퍼티(putty)
④ 코킹(cocking)

해설
퍼티(putty)
탄산칼슘분말·돌가루·산화아연 등을 보일유·유성 니스·래커와 같은 전색제로 개서 만든 페이스트상의 접합제이다. 주로 유성 니스나 래커 등으로 갠 퍼티는 페인트를 칠하기 전에 목질부의 결막이나 바탕면을 평활하게 하기 위해 사용되고, 기름으로 갠 것은 판유리를 창틀에 장착할 때, 페인트칠을 할 때에 바탕면의 구멍이나 틈새를 메우는 데 사용한다.

51 유리의 표면을 초고성능 조각기로 특수가공 처리하여 만든 유리로서 5mm 이상의 후판유리에 그림이나 글 등을 새겨 넣은 유리는?

① 에칭유리 ② 강화유리
③ 망입유리 ④ 로이유리

해설
② 강화유리 : 유리를 가열한 후 공기를 분사하여 급랭·강화시킴으로써 투시성은 같으나 강도나 내열성을 높인 안전유리의 일종이다.
③ 망입유리 : 유리 내부에 금속망(철선, 황동선, 알루미늄선 등)을 삽입하고 압착 성형한 판유리이다.
④ 로이유리 : 유리 내부에 특수금속막 코팅으로 적외선을 반사시켜 열의 이동을 극소화시킨 고기능성 유리이다.

52 아스팔트를 천연 아스팔트와 석유 아스팔트로 구분할 때 천연 아스팔트에 해당되지 않는 것은?

① 레이크 아스팔트 ② 록 아스팔트
③ 블론 아스팔트 ④ 아스팔타이트

해설
아스팔트 종류
• 천연 아스팔트 : 록 아스팔트, 레이크 아스팔트, 아스팔타이트
• 석유 아스팔트 : 스트레이트 아스팔트, 블론 아스팔트, 아스팔트 콤파운드

53 점토에 톱밥, 겨, 탄가루 등을 30~50% 정도 혼합, 소성한 것으로 비중은 1.2~1.5 정도이며 절단, 못 치기 등의 가공성이 우수한 벽돌은?

① 포도벽돌 ② 과소벽돌
③ 내화벽돌 ④ 다공벽돌

해설
① 포도벽돌 : 도로나 바닥에 깔기 위해 만든 두꺼운 벽돌로서 원료로 연화토, 도토 등을 사용하여 만들며 경질이고 흡습성이 적다.
② 과소벽돌 : 흑갈색의 반점과 혹이 있어 구조용으로는 적당하지 않으며 특수 장소의 장식용 혹은 기초쌓기 등으로 쓰인다.
③ 내화벽돌 : 내화성이 높은 원료인 내화 점토로 만든 황백색 벽돌이다.

54 합성수지별 주용도를 표기한 것으로 옳지 않은 것은?

① 실리콘수지 – 방수피막
② 에폭시수지 – 접착제
③ 멜라민수지 – 가구판재
④ 알키드수지 – 바닥판재

해설
알키드수지
프탈산과 글리세린수지를 변성시킨 포화폴리에스테르수지로 내후성, 접착성이 우수하며 페인트, 바니시, 래커 등의 도료로 사용되는 합성수지이다.

55 굳지 않은 콘크리트의 성질로서 주로 물의 양이 많고 적음에 따른 반죽의 되고 진 정도를 나타내는 용어는?

① 컨시스턴시
② 플라스티시티
③ 피니셔빌리티
④ 펌퍼빌리티

해설
① 컨시스턴시 : 콘크리트 반죽의 질기를 뜻하며 컨시스턴시가 크면 유동성이 큰 콘크리트를 의미한다.
② 플라스티시티 : 거푸집에 용이하게 충전할 수 있는 정도를 의미한다.
③ 피니셔빌리티 : 굵은 골재의 최대 치수, 잔골재율, 잔골재입도, 컨시스턴시 등에 의한 마감성의 난이를 표시하는 성질이다.
④ 펌퍼빌리티 : 펌프에 의한 운반을 실시하는 경우 콘크리트의 압송성을 의미한다.

[정답] 51 ① 52 ③ 53 ④ 54 ④ 55 ①

56 목재 및 기타 식물의 섬유질 소편에 합성수지 접착제를 도포하여 가열·압착 성형한 판상제품은?

① 합판
② 파티클 보드
③ 집성목재
④ 파키트리 보드

해설
파티클 보드
- 목재 및 기타 식물의 섬유질소편(particle)에 합성수지 접착제를 도포하여 가열·압착 성형한 판상제품이다.
- 합판에 비해 휨강도는 떨어지지만 면내 강성이 우수하다.
- 목재의 결함인 휨, 갈라짐, 옹이, 썩음 등이 제거되고 이방성이 없다.

57 다음 암석 중 화성암에 속하지 않는 것은?

① 화강암   ② 안산암
③ 섬록암   ④ 석회암

해설
석재의 분류
- 화성암 : 화강암, 현무암, 안산암, 섬록암
- 수성암(퇴적암) : 점판암, 사암, 응회암, 석회암
- 변성암 : 사문암, 대리석, 석면

58 강의 기계적 성질 중 항복비를 옳게 나타낸 것은?

① $\dfrac{인장강도}{항복강도}$ ② $\dfrac{항복강도}{인장강도}$

③ $\dfrac{변형률}{인장강도}$ ④ $\dfrac{인장강도}{변형률}$

59 용제 또는 유제 상태의 방수제를 바탕면에 여러 번 칠하여 방수막을 형성하는 방수법은?

① 아스팔트 루핑 방수
② 도막 방수
③ 시멘트 방수
④ 시트 방수

해설
도막 방수
수성 또는 유성의 액상 형태의 방수제를 표면에 도포하여 수분 또는 용제가 증발되고 남은 피막을 이용하는 방수공법이다. 도막 방수재료는 내후, 내수, 내알칼리, 내유, 내마모, 난연 등의 여러 성능을 갖추어야 한다.

60 중용열 포틀랜드 시멘트의 특징이나 용도에 해당되지 않는 것은?

① 수화속도가 비교적 빠르다.
② 수화열이 적다.
③ 건조수축이 적다.
④ 댐공사 등에 사용된다.

해설
중용열 포틀랜드 시멘트
C_3S분과 C_3A분을 작게 하고 C_2S분을 많이 포함하여 수화속도를 늦춘다.

제4과목 건축일반

61 25층 업무시설로서 6층 이상의 거실 면적 합계가 36,000m²인 경우 승강기 최소 설치 대수는?(단, 16인승 이상의 승강기로 설치한다)

① 7대
② 8대
③ 9대
④ 10대

해설

승용 승강기의 설치기준(건축물의 설비기준 등에 관한 규칙 별표 1의2)

건축물의 용도 \ 6층 이상의 거실 면적의 합계	3,000m² 이하	3,000m² 초과
• 문화 및 집회시설(공연장·집회장 및 관람장만 해당한다) • 판매시설 • 의료시설	2대	2대에 3,000m²를 초과하는 2,000m² 이내마다 1대를 더한 대수
• 문화 및 집회시설(전시장 및 동·식물원만 해당한다) • 업무시설 • 숙박시설 • 위락시설	1대	1대에 3,000m²를 초과하는 2,000m² 이내마다 1대를 더한 대수
• 공동주택 • 교육연구시설 • 노유자시설 • 그 밖의 시설	1대	1대에 3,000m²를 초과하는 3,000m² 이내마다 1대를 더한 대수

※ 위 표에 따라 승강기의 대수를 계산할 때 8인승 이상 15인승 이하의 승강기는 1대의 승강기로 보고, 16인승 이상의 승강기는 2대의 승강기로 본다.

$$\frac{(36,000-3,000)}{2,000} + 1대 = 17.5대$$

18대의 승강기가 필요하지만, 16인승 이상의 승강기로 설치했으므로,
∴ 18 ÷ 2 = 9대

62 방화에 장애가 되어 같은 건축물 안에 함께 설치할 수 없는 용도로 묶인 것은?

① 아동 관련 시설 - 의료시설
② 아동 관련 시설 - 노인복지시설
③ 기숙사 - 공장
④ 노인복지시설 - 소매시장

해설

방화에 장애가 되는 용도의 제한(건축법 시행령 제47조)

- 법 제49조 제2항 본문에 따라 의료시설, 노유자시설(아동 관련 시설 및 노인복지시설만 해당), 공동주택, 장례시설 또는 제1종 근린생활시설(산후조리원만 해당)과 위락시설, 위험물저장 및 처리시설, 공장 또는 자동차 관련 시설(정비공장만 해당)은 같은 건축물에 함께 설치할 수 없다. 다만, 다음의 어느 하나에 해당하는 경우로서 국토교통부령으로 정하는 경우에는 같은 건축물에 함께 설치할 수 있다.
  - 공동주택(기숙사만 해당한다)과 공장이 같은 건축물에 있는 경우
  - 중심상업지역·일반상업지역 또는 근린상업지역에서 도시 및 주거환경정비법에 따른 재개발사업을 시행하는 경우
  - 공동주택과 위락시설이 같은 초고층 건축물에 있는 경우. 다만, 사생활을 보호하고 방범·방화 등 주거 안전을 보장하며 소음·악취 등으로부터 주거환경을 보호할 수 있도록 주택의 출입구·계단 및 승강기 등을 주택 외의 시설과 분리된 구조로 하여야 한다.
  - 산업집적활성화 및 공장설립에 관한 법률에 따른 지식산업센터와 영유아보육법에 따른 직장어린이집이 같은 건축물에 있는 경우
- 법 제49조 제2항에 따라 다음의 어느 하나에 해당하는 용도의 시설은 같은 건축물에 함께 설치할 수 없다.
  - 노유자시설 중 아동 관련 시설 또는 노인복지시설과 판매시설 중 도매시장 또는 소매시장
  - 단독주택(다중주택, 다가구주택에 한정한다), 공동주택, 제1종 근린생활시설 중 조산원 또는 산후조리원과 제2종 근린생활시설 중 다중생활시설

63 조적식 구조 벽체의 길이가 12m일 때 이 벽체에 설치할 수 있는 최대 개구부 폭의 합계는?(단, 각 층의 대린벽으로 구획된 벽체의 경우)

① 2m　　　　② 3m
③ 4m　　　　④ 6m

해설
12 ÷ 2 = 6m
개구부(건축물의 구조기준 등에 관한 규칙 제35조)
각 층의 대린벽으로 구획된 각 벽에 있어서 개구부의 폭의 합계는 그 벽의 길이 1/2 이하로 하여야 한다.

64 스프링클러설비를 설치하여야 하는 특정소방대상물 중 문화 및 집회시설(동·식물원 제외)에서 모든 층에 스프링클러설비를 설치하여야 하는 경우에 해당하는 수용인원의 최소 기준으로 옳은 것은?

① 50명 이상　　　　② 100명 이상
③ 200명 이상　　　　④ 300명 이상

해설
스프링클러설비(위험물 저장 및 처리 시설 중 가스시설 또는 지하구는 제외한다)를 설치해야 하는 특정소방대상물(소방시설 설치 및 관리에 관한 법률 시행령 별표 4)
• 문화 및 집회시설(동·식물원 제외), 종교시설(주요 구조부가 목조인 것은 제외), 운동시설(물놀이형 시설 및 바닥이 불연재료이고 관람석이 없는 운동시설은 제외)로서 다음의 어느 하나에 해당하는 경우에는 모든 층
㉠ 수용인원이 100명 이상인 것
㉡ 영화상영관의 용도로 쓰이는 층의 바닥 면적이 지하층 또는 무창층인 경우에는 500㎡ 이상, 그 밖의 층의 경우에는 1,000㎡ 이상인 것
㉢ 무대부가 지하층·무창층 또는 4층 이상의 층에 있는 경우에는 무대부의 면적이 300㎡ 이상인 것
㉣ 무대부가 ㉢ 외의 층에 있는 경우에는 무대부의 면적이 500㎡ 이상인 것

65 건축화 조명방식과 거리가 먼 것은?

① 정측광채광　　　　② 다운 라이트
③ 광천장조명　　　　④ 코브 라이트

해설
정측광채광 : 천창의 채광효과를 얻기 위하여 천창의 위치에 수직으로 부착한 수직창을 정측창이라 하며 천창의 결점을 보완하는 채광방식이다.

66 조적식 구조에서 철근콘크리트구조로 된 윗인방을 설치하여야 하는 개구부 상부의 최소폭 기준은?

① 0.5m　　　　② 1.0m
③ 1.8m　　　　④ 2.5m

해설
개구부(건축물의 구조기준 등에 관한 규칙 제35조)
폭이 1.8m를 넘는 개구부의 상부에는 철근콘크리트구조의 윗인방(引枋 : 문이나 창의 아래나 위로 가로질러 설치하여, 상부 무게를 받치도록 하는 구조물을 말한다)을 설치해야 한다.

67 예술 수공예(art and crafts)운동에 관한 설명으로 옳은 것은?

① 새로운 산업사회의 도래로 한정된 과거양식의 재현에서 벗어나 과거양식 전체를 취사 선택하여 새로운 형태를 창출하였다.
② 산업화가 초래한 도덕적, 예술적 타락상에서 수공예술의 중요성을 강조하여 생활의 미를 향상시키고자 하였다.
③ 수직 수평의 엄격한 기하학적 질서와 색채를 조형의 기본으로 삼았다.
④ 리듬있는 조형적 구성과, 부분과 전체의 원활한 융합에 의한 동적 표현을 목표로 하였다.

해설
예술 수공예(art and crafts)운동
19세기 후반 영국에서 윌리엄 모리스를 중심으로 일어났던 수공예 부흥 운동이다.

정답　63 ④　64 ②　65 ①　66 ③　67 ②

68 소방특별조사를 실시하는 경우에 해당되지 않는 것은?

① 관계인이 소방시설법 또는 다른 법령에 따라 실시하는 소방시설 등, 방화시설, 피난시설 등에 대한 자체점검 등이 불성실하거나 불완전하다고 인정되는 경우
② 국가적 행사 등 주요 행사가 개최되는 장소 및 그 주변의 관계 지역에 대하여 소방안전관리 실태를 점검할 필요가 있는 경우
③ 화재가 발생되지 않아 일상적인 점검을 요하는 경우
④ 재난예측정보, 기상예보 등을 분석한 결과 소방대상물에 화재, 재난·재해의 발생 위험이 높다고 판단되는 경우

[해설]
※ 법령 개정으로 용어가 다음과 같이 변경되었습니다.
 소방특별조사 → 화재안전조사
※ 출제 시 정답은 ③이었으나, 법령 개정으로 정답 ①, ③
화재안전조사(화재의 예방 및 안전관리에 관한 법률 제7조)
소방관서장은 다음의 어느 하나에 해당하는 경우 화재안전조사를 실시할 수 있다. 다만, 개인의 주거(실제 주거용도로 사용되는 경우에 한정한다)에 대한 화재안전조사는 관계인의 승낙이 있거나 화재발생의 우려가 뚜렷하여 긴급한 필요가 있는 때에 한정한다.
1. 자체점검이 불성실하거나 불완전하다고 인정되는 경우
2. 화재예방강화지구 등 법령에서 화재안전조사를 하도록 규정되어 있는 경우
3. 화재예방안전진단이 불성실하거나 불완전하다고 인정되는 경우
4. 국가적 행사 등 주요 행사가 개최되는 장소 및 그 주변의 관계 지역에 대하여 소방안전관리실태를 조사할 필요가 있는 경우
5. 화재가 자주 발생하였거나 발생할 우려가 뚜렷한 곳에 대한 조사가 필요한 경우
6. 재난예측정보, 기상예보 등을 분석한 결과 소방대상물에 화재의 발생 위험이 크다고 판단되는 경우
7. 1.부터 6.까지에서 규정한 경우 외에 화재, 그 밖의 긴급한 상황이 발생할 경우 인명 또는 재산피해의 우려가 현저하다고 판단되는 경우

69 특정소방대상물에 사용하는 실내장식물 중 방염대상물품에 속하지 않는 것은?

① 창문에 설치하는 커튼류
② 두께가 2mm 미만인 종이벽지
③ 전시용 섬유판
④ 전시용 합판

[해설]
방염대상물품 및 방염성능기준(소방시설 설치 및 관리에 관한 법률 시행령 31조)
• 제조 또는 가공 공정에서 방염처리를 한 물품
• 창문에 설치하는 커튼류(블라인드를 포함)
• 카펫
• 벽지류(두께가 2mm 미만인 종이벽지는 제외)
• 전시용 합판·목재 또는 섬유판, 무대용 합판·목재 또는 섬유판(합판·목재류의 경우 불가피하게 설치현장에서 방염처리한 것을 포함)
• 암막·무대막(영화상영관에 설치하는 스크린과 가상체험체육시설업에 설치하는 스크린 포함)
• 섬유류 또는 합성수지류 등을 원료로 하여 제작된 소파·의자(단란주점영업, 유흥주점영업 및 노래연습장업의 영업장에 설치하는 것으로 한정)

70 미스 반데어로에가 디자인한 바르셀로나 의자에 관한 설명 중 옳지 않은 것은?

① 크롬으로 도금된 철재의 완전한 곡선으로 인하여 이 의자는 모던운동 전체를 대표하는 상징물이 되었다.
② 현대에도 계속 생산되며 공공건물의 로비 등에 많이 쓰인다.
③ 의자의 덮개는 폴리에스테르 화이버 위에 가죽을 씌워 만들었다.
④ 값이 저렴하며 대량 생산에 적합하다.

[해설]
바르셀로나 의자는 처음부터 전시장의 인테리어 요소로 디자인되었으며 대량 생산을 목적으로 디자인된 의자가 아니었다. 그러나 바르셀로나 박람회 독일관과 거장 디자이너의 명성은 이 의자를 대량 생산하도록 만들었다.

71 비상용 승강기 승강장의 구조에 대한 기준으로 옳지 않은 것은?

① 승강장의 바닥 면적은 비상용 승강기 1대에 대하여 10m² 이상으로 할 것
② 벽 및 반자가 실내에 접하는 부분의 마감재료는 불연재료로 할 것
③ 채광이 되는 창문이 있거나 예비전원에 의한 조명설비를 할 것
④ 피난층이 있는 승강장의 출입구로부터 도로 또는 공지에 이르는 거리가 30m 이하일 것

해설
비상용 승강기의 승강장 및 승강로의 구조(건축물의 설비기준 등에 관한 규칙 제10조)
승강장의 바닥 면적은 비상용 승강기 1대에 대하여 6m² 이상으로 할 것. 다만, 옥외에 승강장을 설치하는 경우에는 그러하지 아니하다.

72 방염성능기준 이상의 실내장식물 등을 설치하여야 하는 특정소방대상물에 해당되지 않는 것은?

① 근린생활시설 중 체력단련장
② 건축물의 옥내에 있는 종교시설
③ 의료시설 중 종합병원
④ 건축물의 옥내에 있는 수영장

해설
방염성능기준 이상의 실내장식물 등을 설치하여야 하는 특정소방대상물(소방시설 설치 및 관리에 관한 법률 시행령 제30조)
1. 근린생활시설 중 의원, 치과의원, 한의원, 조산원, 산후조리원, 체력단련장, 공연장 및 종교집회장
2. 건축물의 옥내에 있는 다음의 시설
   • 문화 및 집회시설
   • 종교시설
   • 운동시설(수영장은 제외)
3. 의료시설
4. 교육연구시설 중 합숙소
5. 노유자시설
6. 숙박이 가능한 수련시설
7. 숙박시설
8. 방송통신시설 중 방송국 및 촬영소
9. 다중이용업소
10. 1.부터 9.까지의 시설에 해당하지 않는 것으로서 층수가 11층 이상인 것(아파트 등은 제외)

73 화재예방, 소방시설 설치·유지 및 안전관리에 관한 법률 시행령에 따른 피난층의 정의로 옳은 것은?

① 피난기구가 설치된 층
② 곧바로 지상으로 갈 수 있는 출입구가 있는 층
③ 비상구가 연결된 층
④ 무창층 외의 층

해설
※ 문제에 해당하는 법이 분법되어 다음과 같이 변경되었습니다.
화재예방, 소방시설 설치·유지 및 안전관리에 관한 법 → 소방시설 설치 및 관리에 관한 법률
정의(소방시설 설치 및 관리에 관한 법률 시행령 제2조)
'피난층'이란 곧바로 지상으로 갈 수 있는 출입구가 있는 층을 말한다.

74 차음성이 높은 재료로 볼 수 없는 것은?

① 재질이 단단한 것
② 재질이 무거운 것
③ 재질이 치밀한 것
④ 재질이 다공질인 것

해설
흡음재는 다공질이나 섬유질 재료를 말한다.

75 그림과 같은 트러스의 명칭은?

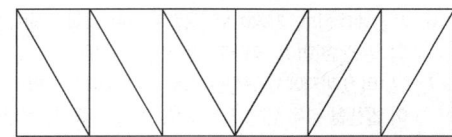

① 평하우트러스
② 평프랫트러스
③ 와렌트러스
④ 핑크트러스

정답 71 ① 72 ④ 73 ② 74 ④ 75 ②

76 주요 구조부를 내화구조로 처리하지 않아도 되는 시설은?

① 공장으로서 해당 용도 바닥 면적의 합계가 500㎡인 건축물
② 문화 및 집회시설 중 전시장으로서 해당 용도 바닥 면적의 합계가 500㎡인 건축물
③ 운동시설 중 체육관으로서 해당 용도 바닥 면적의 합계가 600㎡인 건축물
④ 수련시설 중 유스호스텔로서 해당 용도 바닥 면적의 합계가 500㎡인 건축물

해설
건축물의 내화구조(건축법 시행령 제56조)
1. 법 제50조 제1항에 따라 다음의 어느 하나에 해당하는 건축물(ⓜ에 해당하는 건축물로서 2층 이하인 건축물은 지하층 부분만 해당한다)의 주요 구조부와 지붕을 내화구조로 해야 한다. 다만, 연면적이 50㎡ 이하인 단층의 부속건축물로서 외벽 및 처마 밑면을 방화구조로 한 것과 무대의 바닥은 그렇지 않다.
   ㉠ 제2종 근린생활시설 중 공연장·종교집회장(해당 용도로 쓰는 바닥 면적의 합계가 각각 300㎡ 이상인 경우만 해당한다), 문화 및 집회시설(전시장 및 동·식물원은 제외한다), 종교시설, 위락시설 중 주점영업 및 장례시설의 용도로 쓰는 건축물로서 관람실 또는 집회실의 바닥 면적의 합계가 200㎡(옥외관람석의 경우에는 1,000㎡) 이상인 건축물
   ㉡ 문화 및 집회시설 중 전시장 또는 동·식물원, 판매시설, 운수시설, 교육연구시설에 설치하는 체육관·강당, 수련시설, 운동시설 중 체육관·운동장, 위락시설(주점영업의 용도로 쓰는 것은 제외한다), 창고시설, 위험물저장 및 처리시설, 자동차 관련 시설, 방송통신시설 중 방송국·전신전화국·촬영소, 묘지 관련 시설 중 화장시설·동물화장시설 또는 관광휴게시설의 용도로 쓰는 건축물로서 그 용도로 쓰는 바닥 면적의 합계가 500㎡ 이상인 건축물
   ㉢ 공장의 용도로 쓰는 건축물로서 그 용도로 쓰는 바닥 면적의 합계가 2,000㎡ 이상인 건축물. 다만, 화재의 위험이 적은 공장으로서 국토교통부령으로 정하는 공장은 제외한다.
   ㉣ 건축물의 2층이 단독주택 중 다중주택 및 다가구주택, 공동주택, 제1종 근린생활시설(의료의 용도로 쓰는 시설만 해당한다), 제2종 근린생활시설 중 다중생활시설, 의료시설, 노유자시설 중 아동 관련 시설 및 노인복지시설, 수련시설 중 유스호스텔, 업무시설 중 오피스텔, 숙박시설 또는 장례시설의 용도로 쓰는 건축물로서 그 용도로 쓰는 바닥 면적의 합계가 400㎡ 이상인 건축물
   ㉤ 3층 이상인 건축물 및 지하층이 있는 건축물. 다만, 단독주택(다중주택 및 다가구주택은 제외한다), 동물 및 식물 관련 시설, 발전시설(발전소의 부속용도로 쓰는 시설은 제외한다), 교도소·소년원 또는 묘지 관련 시설(화장시설 및 동물화장시설은 제외한다)의 용도로 쓰는 건축물과 철강 관련 업종의 공장 중 제어실로 사용하기 위하여 연면적 50㎡ 이하로 증축하는 부분은 제외한다.
2. 1.의 ㉠ 및 ㉡에 해당하는 용도로 쓰지 아니하는 건축물로서 그 지붕틀을 불연재료로 한 경우에는 그 지붕틀을 내화구조로 아니할 수 있다.

77 특정소방대상물의 관계인은 관계 법령에 따라 소방안전관리자 선임 사유가 발생한 날로부터 며칠 이내에 선임하여야 하는가?

① 7일　　② 15일
③ 30일　　④ 45일

해설
소방안전관리자의 선임신고 등(화재의 예방 및 안전관리에 관한 법률 시행규칙 제14조)
소방안전관리대상물의 관계인은 법 제24조(특정소방대상물의 소방안전관리) 및 제35조(관리의 권원이 분리된 특정소방대상물의 소방안전관리)에 따라 소방안전관리자를 다음의 구분에 따라 해당 부분에서 정하는 날부터 30일 이내에 선임해야 한다.
- 신축·증축·개축·재축·대수선 또는 용도변경으로 해당 특정소방대상물의 소방안전관리자를 신규로 선임해야 하는 경우 : 해당 특정소방대상물의 사용승인일(건축물의 경우에는 건축물을 사용할 수 있게 된 날)
- 증축 또는 용도변경으로 인하여 특정소방대상물이 소방안전관리대상물로 된 경우 또는 특정소방대상물의 소방안전관리등급이 변경된 경우 : 증축공사의 사용승인일 또는 용도변경 사실을 건축물관리대장에 기재한 날
- 특정소방대상물을 양수하거나 경매, 환가, 압류재산의 매각 그 밖에 이에 준하는 절차에 의하여 관계인의 권리를 취득한 경우 : 해당 권리를 취득한 날 또는 관할 소방서장으로부터 소방안전관리자 선임 안내를 받은 날(새로 권리를 취득한 관계인이 종전의 특정소방대상물의 관계인이 선임신고한 소방안전관리자를 해임하지 않는 경우를 제외한다)
- 관리의 권원이 분리된 특정소방대상물의 경우 : 관리의 권원이 분리되거나 소방본부장 또는 소방서장이 관리의 권원을 조정한 날
- 소방안전관리자의 해임, 퇴직 등으로 해당 소방안전관리자의 업무가 종료된 경우 : 소방안전관리자가 해임된 날, 퇴직한 날 등 근무를 종료한 날
- 소방안전관리업무를 대행하는 자를 감독할 수 있는 사람을 소방안전관리자로 선임한 경우로서 그 업무대행 계약이 해지 또는 종료된 경우 : 소방안전관리업무 대행이 끝난 날

78 건축물 종류에 따른 복도의 유효 너비 기준으로 옳지 않은 것은?(단, 양옆에 거실이 있는 복도)

① 공동주택 : 1.5m 이상
② 유치원 : 2.4m 이상
③ 초등학교 : 2.4m 이상
④ 오피스텔 : 1.8m 이상

해설
건축물에 설치하는 복도의 유효 너비(건축물의 피난·방화구조 등의 기준에 관한 규칙 제15조의2)

구분	양옆에 거실이 있는 복도	기타의 복도
유치원·초등학교·중학교·고등학교	2.4m 이상	1.8m 이상
공동주택·오피스텔	1.8m 이상	1.2m 이상
당해 층 거실의 바닥 면적 합계가 200m² 이상인 경우	1.5m 이상 (의료시설의 복도 1.8m 이상)	1.2m 이상

79 건축물의 거실(피난층의 거실은 제외)에 국토교통부령으로 정하는 기준에 따라 배연설비를 하여야 하는 건축물이 아닌 것은?(단, 6층 이상인 건축물)

① 문화 및 집회시설 ② 종교시설
③ 요양병원 ④ 숙박시설

해설
거실(피난층의 거실 제외)에 배연설비를 해야 하는 건축물(건축법 시행령 제51조 제2항)
• 6층 이상인 건축물로서 다음에 해당하는 용도로 쓰는 건축물
 - 제2종 근린생활시설 중 공연장, 종교집회장, 인터넷컴퓨터게임시설제공업소 및 다중생활시설(공연장, 종교집회장 및 인터넷컴퓨터게임시설제공업소는 해당 용도로 쓰는 바닥 면적의 합계가 각각 300m² 이상인 경우만 해당한다)
 - 문화 및 집회시설, 종교시설, 판매시설, 운수시설
 - 의료시설(요양병원 및 정신병원 제외)
 - 교육연구시설 중 연구소
 - 노유자시설 중 아동 관련 시설, 노인복지시설(노인요양시설 제외)
 - 수련시설 중 유스호스텔
 - 운동시설, 업무시설, 숙박시설, 위락시설, 관광휴게시설, 장례시설

80 소방시설 중 소화설비에 해당되지 않는 것은?

① 옥내소화전설비
② 스프링클러설비
③ 옥외소화전설비
④ 연결송수관설비

해설
연결송수관설비는 소화활동설비에 해당된다.
소방시설(소방시설 설치 및 관리에 관한 법률 시행령 별표 1)
• 소화설비 : 물 또는 그 밖의 소화약제를 사용하여 소화하는 기계·기구 또는 설비로서 다음의 것을 말한다.
 - 소화기구
 - 자동소화장치
 - 옥내소화전설비
 - 스프링클러설비 등
 - 물분무 등 소화설비
 - 옥외소화전설비

제1과목 　실내디자인론

01 장식물의 선정과 배치상의 주의사항으로 옳지 않은 것은?

① 좋고 귀한 것은 돋보일 수 있도록 많이 진열한다.
② 여러 장식품들이 서로 조화를 이루도록 배치한다.
③ 계절에 따른 변화를 시도할 수 있는 여지를 남긴다.
④ 형태, 스타일, 색상 등이 실내 공간과 어울리도록 한다.

해설
좋고 귀한 것은 돋보일 수 있도록 적게 진열한다.

02 다음 중 조닝(zoning)계획 시 고려해야 할 사항과 가장 거리가 먼 것은?

① 행동반사　　② 사용목적
③ 사용 빈도　　④ 지각심리

해설
단위 공간 사용자의 특성, 사용목적, 사용시간, 사용 빈도, 행위의 연결 등을 고려하여 전체 공간을 몇 개의 생활권으로 구분하는 것을 조닝(zoning)이라 하며 그 구분된 공간을 구역 또는 존(zone)이라 한다.

03 문과 창에 관한 설명으로 옳지 않은 것은?

① 문은 공간과 인접 공간을 연결시켜 준다.
② 문의 위치는 가구 배치와 동선에 영향을 준다.
③ 이동창은 크기와 형태에 제약 없이 자유로이 디자인할 수 있다.
④ 창은 시야, 조망을 위해서는 크게 하는 것이 좋으나 보온과 개폐의 문제를 고려하여야 한다.

해설
고정창은 크기와 형태에 제약 없이 자유로이 디자인할 수 있다.

04 조명기구의 설치방법에 따른 분류에서 천장에 매달려 조명하는 방식으로 조명기구 자체가 빛을 발하는 액세서리 역할을 하는 것은?

① 브래킷
② 펜던트
③ 스탠드
④ 캐스케이드

해설
펜던트(pendent)는 천장에 매달려 조명하는 방식으로 우수한 장식조명이다.

정답　1 ①　2 ④　3 ③　4 ②

05 착시현상에 관한 설명으로 옳지 않은 것은?

① 같은 길이의 수직선이 수평선보다 길어 보인다.
② 사선이 2개 이상의 평행선으로 중단되면 서로 어긋나 보인다.
③ 같은 크기의 2개의 부채꼴에서 아래쪽의 것이 위의 것보다 커 보인다.
④ 달 또는 태양이 지평선에 가까이 있을 때가 중천에 떠 있을 때보다 작아 보인다.

해설
달 또는 태양이 지평선에 가까이 있을 때가 중천에 떠 있을 때보다 크게 보인다.

06 의자 및 소파에 관한 설명으로 옳지 않은 것은?

① 소파가 침대를 겸용할 수 있는 것을 소파베드라 한다.
② 세티는 동일한 두 개의 의자를 나란히 합해 2인이 앉을 수 있도록 한 것이다.
③ 라운지 소파는 편히 누울 수 있도록 쿠션이 좋으며 머리와 어깨 부분을 받칠 수 있도록 한쪽 부분이 경사져 있다.
④ 체스터필드는 고대 로마시대 음식물을 먹거나 잠을 자기 위해 사용했던 긴 의자로 좌판의 한쪽 끝이 올라간 형태이다.

해설
④는 카우치에 대한 설명이다.
체스터필드(chesterfield)
팔걸이와 등판의 높이가 동일하고, 등받이와 등판의 끝부분이 안에서 밖으로 말려진 형태이며, 쿠션성이 좋도록 솜, 스펀지 등으로 속을 채워 넣고 천으로 감싼 소파이다.

07 다음 중 엄숙, 의지, 신앙, 상승 등을 연상하게 하는 선은?

① 수직선　　② 수평선
③ 사선　　　④ 곡선

해설
② 수평선 : 영원, 무한, 안정, 평화감을 느끼게 한다.
③ 사선 : 역동적이고 방향적이며 시각적으로 위험, 변화, 활동적인 느낌을 준다.
④ 곡선 : 유연하고, 경쾌하고, 여성적으로 느끼게 한다.

08 베니션 블라인드에 관한 설명으로 옳지 않은 것은?

① 수평형 블라인드이다.
② 날개 사이에 먼지가 쌓이기 쉽다는 단점이 있다.
③ 셰이드라고도 하며 단순하고 깔끔한 느낌을 준다.
④ 날개의 각도를 조절하여 일광, 조망 및 시각의 차단 정도를 조정하는 장치이다.

해설
③은 롤 블라인드에 대한 설명이다.
베니션 블라인드(venetian blind)
• 다른 블라인드에 비해서 통풍성이 뛰어나고, 가로 폭이 좁은 슬릿들이 연결되어 자연채광과 빛의 각도를 더욱 세밀하게 조절할 수 있다.
• 슬릿 각도에 따라 외부로부터 시선을 차단할 수 있어 사생활을 보호해준다.

정답 5④ 6④ 7① 8③

09 개방형 사무실(open office)에 관한 설명으로 옳지 않은 것은?

① 소음이 적고, 독립성이 있다.
② 전체 면적을 유용하게 사용할 수 있다.
③ 실의 길이나 깊이에 변화를 줄 수 있다.
④ 주변 공간과 관련하여 깊은 구역의 활용이 용이하다.

해설
소음과 프라이버시의 확보가 문제되며 산만한 분위기로 작업능률이 저하될 수 있다.

10 실내디자인의 프로세스를 조사분석 단계와 디자인 단계로 나눌 경우, 다음 중 조사분석 단계에 속하지 않는 것은?

① 종합분석
② 정보의 수집
③ 문제점의 인식
④ 아이디어 스케치

해설
아이디어 스케치는 디자인 단계에 속한다.

11 사무소 건축의 엘리베이터 계획에 관한 설명으로 옳지 않은 것은?

① 출발기준층은 2개 층 이상으로 한다.
② 승객의 층별 대기시간은 평균 운전간격 이하가 되게 한다.
③ 군 관리 운전의 경우 동일 군내의 서비스 층은 같게 한다.
④ 초고층, 대규모 빌딩인 경우는 서비스 그룹을 분할(조닝)하는 것을 검토한다.

해설
출발기준층은 입주 인원의 변화를 고려하여 2개 층(예 지하층 및 1층)으로 하고, 명확한 안내가 되도록 한다.

12 다음 중 상점 내에 진열케이스를 배치할 때 가장 우선적으로 고려해야 할 사항은?

① 고객의 동선
② 마감재의 종류
③ 실내의 색채계획
④ 진열케이스의 수량

해설
상점의 매장계획 시 고객의 동선은 판매고와 직접적으로 관계되므로 우선적으로 고려한다.

13 바닥에 관한 설명으로 옳지 않은 것은?

① 공간을 구성하는 수평적 요소이다.
② 고저차로 공간의 영역을 조정할 수 있다.
③ 촉각적으로 만족할 수 있는 조건을 요구한다.
④ 벽, 천장에 비해 시대와 양식에 의한 변화가 현저하다.

해설
다른 요소들이 시대와 양식에 의한 변화가 현저한 데 비해, 바닥은 매우 고정적이다.

정답 9 ① 10 ④ 11 ① 12 ① 13 ④

14 디자인 원리 중 대비에 관한 설명으로 옳지 않은 것은?

① 상반된 성격의 결합에서 이루어진다.
② 극적인 분위기를 연출하는 데 효과적이다.
③ 많은 대비의 사용은 화려하고 우아한 여성적인 이미지를 준다.
④ 모든 시각적 요소에 대하여 상반된 성격의 결합에서 이루어진다.

해설
대비는 강력함, 화려함, 남성적 이미지를 준다.

15 다음과 같은 특징을 갖는 부엌 작업대의 배치 유형은?

- 부엌의 폭이 좁은 경우나 규모가 작아 공간의 여유가 없을 경우에 적용한다.
- 작업대는 길이가 길면 작업 동선이 길어지므로 총 길이는 3,000mm를 넘지 않도록 한다.

① 일렬형 ② 병렬형
③ ㄱ자형 ④ ㄷ자형

해설
일렬형
동선의 혼란이 없는 반면에 좌우로 움직임이 많아져 동선이 길어지는 경향이 있다.

16 다음 중 황금비례를 나타낸 것은?

① 1 : 1.414   ② 1 : 1.618
③ 1 : 1.681   ④ 1 : 1.861

해설
황금분할은 1 : 1.618 비율로 가장 안정적이고 아름다운 느낌을 준다.

17 다음 설명에 알맞은 전시 공간의 특수전시방법은?

사방에서 감상해야 할 필요가 있는 조각물이나 모형을 전시하기 위해 벽면에서 띄어 놓아 전시하는 방법

① 디오라마 전시
② 파노라마 전시
③ 아일랜드 전시
④ 하모니카 전시

해설
아일랜드 전시
벽이나 천장을 직접 이용하지 않고 전시물의 입체물을 중심으로 공간에 배치하여 실내 공간으로 관객을 유도하는 연출수법으로 사방에서 감상해야 할 필요가 있는 전시물을 전시하기에 적합하다.

18 다음 중 2인용 침대인 더블베드(double bed)의 크기로 가장 적당한 것은?

① 1,000×2,100mm
② 1,150×1,800mm
③ 1,350×2,000mm
④ 1,600×2,400mm

해설
침대의 크기
- 싱글 : 1,000×2,000mm
- 슈퍼싱글 : 1,100×2,000mm
- 더블 : 1,350(1,400)×2,000mm
- 퀸 : 1,500×2,000mm

19 VMD(Visual Merchandising)의 구성에 속하지 않는 것은?

① VP ② PP
③ IP ④ POP

해설
VMD(Visual Merchandising)
상품과 고객 사이에서 치밀하게 계획된 정보 전달수단으로 장식된 시각과 통신을 꾀하고자 하는 디스플레이 기법이다. VMD의 구성에는 IP, PP, VP 등이 포함된다.

20 다음 중 단독주택의 현관 위치결정에 가장 주된 영향을 끼치는 것은?

① 건폐율
② 도로의 위치
③ 주택의 규모
④ 거실의 크기

제2과목 색채 및 인간공학

21 다음 그림 중 같은 무게의 짐을 운반할 때 가장 에너지가 적게 소모되는 방법은?

   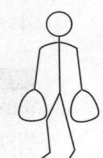

double pack rice bag yoke hands

① double pack ② rice bag
③ yoke ④ hands

해설
에너지 사용 크기
hands > yoke > rice bag > double pack

22 귀의 구조에 있어 내부에는 임파액(림프액)으로 차 있으며, 이 자극을 팽창시켜 청신경으로 보내는 기관은?

① 난원창 ② 중이골
③ 정원창 ④ 달팽이관

해설
① 난원창 : 평형감각에서 직선운동 및 중력을 느끼는 감수기관이다.
② 중이골 : 고막의 진동을 내이에 전달한다.
③ 정원창 : 제2의 고막이다.

정답 19 ④ 20 ② 21 ① 22 ④

23 수공구 설계의 기본 원리로 볼 수 없는 것은?

① 손잡이의 단면은 원형을 피할 것
② 손잡이의 재질은 미끄럽지 않을 것
③ 양손잡이를 모두 고려한 설계일 것
④ 공구의 무게를 줄이고 무게의 균형이 유지될 것

해설
손바닥 부위에 압박을 주는 형태를 피하기 위해 손잡이의 단면이 원형을 이루어야 한다.

24 인체의 구조를 체계적으로 나열한 것으로 맞는 것은?

① 세포(cells) → 기관(organs) → 조직(tissues) → 계(system)
② 세포(cells) → 조직(tissues) → 기관(organs) → 계(system)
③ 세포(cells) → 조직(tissues) → 계(system) → 기관(organs)
④ 세포(cells) → 계(system) → 기관(organs) → 조직(tissues)

25 시스템의 설계과정에서 가장 먼저 수행되어야 할 단계는?

① 기본설계 단계
② 시험 및 평가 단계
③ 시스템의 정의 단계
④ 목표 및 성능 명세 결정 단계

해설
시스템 설계과정의 주요 단계
목표 및 성능 명세 결정 → 체계의 정의 → 기본설계 → 계면설계 → 촉진물 설계 → 시험 및 평가

26 인간-기계시스템의 기본기능이 아닌 것은?

① 행동기능
② 감지(sensing)
③ 가치기준 유지
④ 정보처리 및 의사결정

해설
인간-기계시스템의 기본적인 기능
• 감지·감각기능인 정보수용과 정보저장기능
• 정보처리 및 의사결정기능
• 행동기능

27 소음이 전달되지 못하도록 하기 위해서는 그 음원을 음폐하고, 그 한계 내에 있는 벽을 어떤 구조로 하는 것이 가장 바람직한가?

① 공명 ② 분산
③ 이동 ④ 흡음

정답 23 ① 24 ② 25 ④ 26 ③ 27 ④

28 조명의 위치로 가장 적절한 것은?

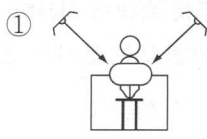 

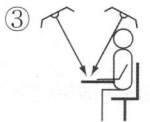 

29 정수기에서 청색은 냉수, 적색은 온수를 나타내는 것은 양립성(compatibility)의 종류 중 무엇에 해당 하는가?

① 운동 양립성   ② 개념적 양립성
③ 공간적 양립성 ④ 묘사적 양립성

해설
양립성의 종류
- 운동 양립성 : 조작장치 방향과 기계의 움직이는 방향이 일치 (조작장치를 시계 방향으로 회전 → 기계가 오른쪽 이동)
- 공간적 양립성 : 공간적 배치가 인간의 기대와 일치 (오른쪽 버튼 누르면 → 오른쪽 기계 작동)
- 개념적 양립성 : 인간이 가지고 있는 개념적 연상과 일치 (붉은색-따뜻함(온수), 청색-차가움(냉수))

30 가까운 물체의 상이 망막 뒤에서 맺히는 상태를 무엇이라 하는가?

① 근시   ② 난시
③ 원시   ④ 정상시

해설
① 근시 : 물체의 상이 망막 앞쪽에 맺히는 상태이다.
② 난시 : 눈 안에 입사하는 평행 광선이 초점을 만들지 못하는 상태이다.

31 만화영화는 시간의 차이를 두고 여러 가지 그림이 전개되면서 사람들이 색채를 인식하게 되는데, 이와 같은 원리로 나타내는 혼색은?

① 팽이를 돌렸을 때 나타나는 혼색
② 컬러 슬라이드 필름의 혼색
③ 물감을 섞었을 때 나타나는 혼색
④ 6가지 빛의 원색이 혼합되어 흰빛으로 보여지는 혼색

해설
회전혼합 : 서로 다른 2가지 색을 회전판에 적당한 비례로 붙여 회전하면 혼합색이 된다(예 팽이 또는 바람개비).

32 "M = O/C"는 문-스펜서의 미도를 나타내는 공식이다. "O"는 무엇을 나타내는가?

① 환경의 요소
② 복잡성의 요소
③ 구성의 요소
④ 질서성의 요소

해설
미도(M) = 질서의 요소(O)/복잡성의 요소(C) = 0.5(좋은 배색)

[정답] 28 ① 29 ② 30 ③ 31 ① 32 ④

33 희망, 명랑함, 유쾌함과 같이 색에서 느껴지는 심리적, 정서적 반응은?

① 구체적 연상 ② 추상적 연상
③ 의미적 연상 ④ 감성적 연상

해설
색의 연상

색채	구체적 연상	추상적 연상
빨강	태양, 불, 사과, 붉은 깃발, 피, 딸기	기쁨, 강렬, 정열, 활동, 흥분, 위험, 혁명, 에너지
주황	오렌지, 감, 호박, 당근, 저녁노을	화려함, 약동, 양기, 야심, 질투, 식욕, 쾌락, 건강
노랑	바나나, 유채꽃, 해바라기, 금, 금발, 개나리, 병아리	황제, 환희, 발전, 경박, 도전, 희망, 질투, 광명, 명랑
초록	전원, 초목, 숲, 밀림, 수박	생명, 평화, 안전, 휴식, 건전, 평정, 희망
파랑	물, 하늘, 바다, 사파이어, 푸른색	이상, 진리, 젊음, 냉정, 경계, 영원, 침착, 추위
보라	포도, 가지, 나팔꽃, 라일락	고귀, 권력, 창조, 우아, 예술, 불안, 병약, 신비, 고독
흰색	눈, 솜, 흰종이, 신부, 눈사람, 의사, 간호사	결백, 소박, 신성, 순결, 청춘, 정직, 명쾌, 냉혹, 시작
회색	구름, 쥐, 재, 안개, 스님	중립, 중성, 평범, 우울
검정	밤, 연탄, 흑판, 까마귀, 흑장미, 눈동자, 타이어	엄숙, 시체, 반항, 죽음, 어두움, 침묵, 비애, 공포

34 다음 중 가장 짠맛을 느끼게 하는 색은?

① 회색 ② 올리브그린
③ 빨간색 ④ 갈색

해설
- 짠맛 : 청록색, 회색, 흰색
- 단맛 : 빨간색, 핑크
- 쓴맛 : 올리브그린, 밤색
- 신맛 : 노란색, 연두색, 녹황색

35 밝은 곳에서 어두운 곳으로 이동하면 주위의 물체가 잘 보이지 않다가 어두움 속에서 시간이 지나면 식별할 수 있는 현상과 관련 있는 인체의 반응은?

① 항상성 ② 색순응
③ 암순응 ④ 고유성

해설
암순응은 밝은 곳에 있는 동안 간상세포에서 분해되었던 로돕신이 어두운 곳에서 다시 합성되는 데 시간이 걸리기 때문에 나타난다.

36 방화, 금지, 정지, 고도위험 등의 의미를 전달하기 위해 주로 사용되는 색은?

① 노랑 ② 녹색
③ 파랑 ④ 빨강

해설
안전·보건표지의 색도기준 및 용도(산업안전보건법 시행규칙 별표 3)

색채	색도기준	용도	사용례
빨간색	7.5R 4/14	금지	정지신호, 소화설비 및 그 장소, 유해행위의 금지
		경고	화학물질 취급장소에서의 유해·위험 경고
노란색	5Y 8.5/12	경고	화학물질 취급장소에서의 유해·위험경고 이외의 위험경고, 주의표지 또는 기계방호물
파란색	2.5PB 4/10	지시	특정 행위의 지시 및 사실의 고지
녹색	2.5G 4/10	안내	비상구 및 피난소, 사람 또는 차량의 통행표지
흰색	N9.5		파란색 또는 녹색에 대한 보조색
검은색	N0.5		문자 및 빨간색 또는 노란색에 대한 보조색

정답 33 ② 34 ① 35 ③ 36 ④

37 식물의 이름에서 유래된 관용색명은?

① 피콕 블루(peacock blue)
② 세피아(sepia)
③ 에메랄드 그린(emerald green)
④ 올리브(olive)

해설
① 피콕 블루 : 동물(공작의 수컷)에서 유래
② 세피아 : 동물(오징어의 먹물)에서 유래
③ 에메랄드 그린 : 광물에서 유래

38 디지털 이미지에서 색채 단위 수가 몇 이상이면 풀 컬러(full color)를 구현한다고 할 수 있을까?

① 4비트 컬러
② 8비트 컬러
③ 16비트 컬러
④ 24비트 컬러

해설
풀 컬러(full color)
- 사람이 볼 수 있는 색이라는 뜻에서 트루(true)라는 명칭을 붙였으며 풀 컬러(full color)라고도 한다.
- 하이컬러가 16비트를 사용하는 데 반해, 풀 컬러는 32비트를 사용한다. 각 색깔에 8비트씩 총 24비트가 할당되어 224개(1,677만 7,216색)를 표현할 수 있다.

39 '가을의 붉은 단풍잎, 붉은 저녁놀, 겨울 풍경색 등과 같이 친숙한 것들을 아름답게 생각하는 것'을 저드의 색채 조화이론으로 설명한다면 어느 원리인가?

① 질서의 원리
② 비모호성의 원리
③ 친근감의 원리
④ 동류성의 원리

해설
저드(Judd)의 조화론
- 질서의 원리 : 규칙적으로 선택된 색들은 질서 있는 조화가 이루어져서 효과적인 반응을 얻을 수 있다. 색상, 명도, 톤 등 통일적이고 규칙적인 단계를 가지고 있어야 한다.
- 명료성(비모호성, 명백성)의 원리 : 색을 배합하는 방법이나 면적의 배분이 애매하지 않고 명료하게 선택된 배색이 조화가 잘 이루어진다. 색상, 명도, 채도의 차이가 확실하면 색들이 조화를 이루며 비슷한 색이나 면적은 조화하기 어렵다.
- 친근감(친밀성, 숙지)의 원리 : 사람들이 쉽게 접하는 색은 친근감을 주며, 조화를 느끼게 한다.
- 동류성(유사성, 공통성)의 원리 : 가장 가까운 색끼리의 배색은 친근감과 조화를 느끼게 하고 공통된 상태와 성질을 가지고 있는 색채군은 조화한다. 색상, 명도, 채도의 차이가 적으며, 색채의 속성이 공통적으로 느껴지면 조화한다.

40 기본색명(basic color names)에 대한 설명 중 틀린 것은?

① 기본적인 색의 구별을 나타내기 위한 전문 용어이다.
② 국가와 문화에 따라 약간씩 차이가 있다.
③ 한국산업표준(KS) A0011에서는 무채색 기본색명으로 하양, 회색, 검정의 3개를 규정하고 있다.
④ 기본색명에는 스카렛, 보랏빛 빨강, 금색 등이 있다.

해설
한국산업규격(KS) A0011에서는 유채색 기본색명으로 빨강, 주황, 노랑, 연두, 초록, 청록, 파랑, 남색, 보라, 자주, 분홍, 갈색의 12개와 무채색 기본색명으로 하양, 회색, 검정의 3개를 규정하고 있다.

정답 37 ④ 38 ④ 39 ③ 40 ④

제3과목 건축재료

41 단열재의 선정조건으로 옳지 않은 것은?

① 흡수율이 낮을 것
② 비중이 클 것
③ 열전도율이 낮을 것
④ 내화성이 좋을 것

해설
단열재의 선정조건
- 열전도율, 흡수율, 투기성이 낮을 것
- 비중이 작으며, 기계적 강도가 우수할 것
- 내구성, 내열·내화성, 내식성이 우수하며, 냄새가 없을 것
- 경제적이고 시공이 용이할 것
- 품질의 편차가 적을 것

42 가공이 용이하고 내식성이 커 논슬립, 난간, 코너비드 등의 부속철물로 이용되는 금속은?

① 니켈
② 아연
③ 황동
④ 주석

해설
① 니켈 : 전성과 연성이 크고 내식성이 좋다.
② 아연 : 함석판, 지붕재료, 못, 피복재 등으로 사용된다.
④ 주석 : 식품용 금속재, 청동, 철재 방식 도금재로 사용된다.

43 열린 여닫이문이 저절로 닫히게 하는 철물로서 여닫이 문의 윗막이대와 문틀 상부에 설치하는 창호 철물은?

① 크레센트
② 도어 클로저
③ 도어 스톱
④ 도어 홀더

해설
① 크레센트 : 오르내리창 또는 미서기창용의 잠금 철물이다.
③ 도어 스톱 : 여닫이문이나 장지를 고정하는 철물이다.
④ 도어 홀더 : 문이 떨어지지 않도록 위아래에서 고정시킨 장치이다.

44 상온에서 건조되지 않기 때문에 도포 후 도막 형성을 위해 가열공정을 거치는 도장재료는?

① 소부 도료
② 에나멜 페인트
③ 아연 분말 도료
④ 래커 샌딩 실러

해설
소부 도료 : 일정 온도로 일정 시간 가열함으로써 칠한 도막 중의 합성수지를 반응 경화시켜 튼튼한 도막을 이루게 하는 도료이다.

45 중용열 포틀랜드 시멘트에 관한 설명으로 옳지 않은 것은?

① 수화열량이 적어 한중공사에 적합하다.
② 단기강도는 조강 포틀랜드 시멘트보다 작다.
③ 내구성이 크며 장기강도가 크다.
④ 방사선 차단용 콘크리트에 적합하다.

해설
- 중용열 포틀랜드 시멘트 : 댐공사
- 조강 포틀랜드 시멘트 : 한중공사

정답 41 ② 42 ③ 43 ② 44 ① 45 ①

46 급경성으로 내알칼리성 등의 내화학성이나 접착력이 크고 내수성이 우수하며 금속, 석재, 도자기, 유리, 콘크리트, 플라스틱재 등의 접착에 모두 사용되는 접착제는?

① 페놀수지 접착제
② 요소수지 접착제
③ 멜라민수지 접착제
④ 에폭시수지 접착제

해설
① 페놀수지 접착제 : 페놀수지의 초기축합물을 주성분으로 하며 주로 합판・목재제품 등에 사용된다.
② 요소수지 접착제 : 요소와 폼알데하이드 초기축합물을 탈수하여 축합한 것으로 목공용(목재접합, 합판제조 등)에 사용된다.
③ 멜라민수지 접착제 : 내수성・내열성 등이 좋으며 내수합판 등의 접착제로 사용된다.

47 석회암이 변화되어 결정화한 것으로 실내장식재, 조각재로 사용되는 것은?

① 화강암
② 대리석
③ 응회암
④ 안산암

해설
대리석
석회암이 변성된 것으로 강도가 높고, 조직이 치밀하다. 연마하면 아름다운 광택이 나기 때문에 조각이나 실내장식에 사용된다.

48 내충격성, 내열성, 내후성, 투명성 등의 특징이 있고, 유연성 및 가공성이 우수하며 강화유리의 150배 이상의 충격도를 가진 재료는?

① 아크릴 시트
② 고무타일
③ 폴리카보네이트
④ 블라인드

49 모르타르 배합수 중의 미응결수나 빗물 등에 의해 시멘트 중의 가용성 성분이 용해되어 그 용액이 조적조 표면에 백색 물질로 석출되는 현상은?

① 백화현상
② 침하현상
③ 크리프 변형
④ 체적 변형

해설
③ 크리프 변형 : 콘크리트에 일정한 하중이 지속적으로 작용하면 하중의 증가가 없어도 시간에 따라 콘크리트의 변형이 증가하는 현상을 말한다.
④ 체적 변형 : 일반적으로 건습 또는 온도의 변화 콘크리트에 부적당한 조건 기온변화 등으로 일어나는 굳은 콘크리트의 팽창과 수축을 말한다.

50 1종 점토벽돌의 압축강도는 최소 얼마 이상이어야 하는가?

① 10.78
② 18.6
③ 20.59
④ 24.5

해설
벽돌의 품질(KS L 4201)

품질	종류	
	1종	2종
흡수율(%)	10 이하	15 이하
압축강도(MPa)	24.50 이상	14.70 이상

51 목재를 소편(小片, chip)으로 만들어 유기질의 접착제를 첨가하여 가열·압착성형한 판재 제품은?

① 섬유판　　② 파티클 보드
③ 목모보드　④ 코펜하겐 리브

해설
파티클 보드
- 목재 및 기타 식물의 섬유질소편(particle)에 합성수지 접착제를 도포하여 가열·압착 성형한 판상제품이다.
- 합판에 비해 휨강도는 떨어지지만 면내 강성이 우수하다.
- 목재의 결함인 휨, 갈라짐, 옹이, 썩음 등이 제거되고 이방성이 없다.

52 수지를 지방유와 가열융합하고, 건조 제를 첨가한 다음 용제를 사용하여 희석하여 만든 도료는?

① 래커　　② 유성 바니시
③ 유성 페인트　④ 내열 도료

해설
① 래커 : 셀룰로스 유도체에 수지·가소제·안료·용제 등을 첨가한 도료이다.
③ 유성 페인트 : 보일유와 안료를 혼합한 것이다.
④ 내열 도료 : 실리콘알키드수지와 내열성 안료를 사용하여 배합한 도료이다.

53 다음 중 도막 방수재를 사용한 방수공사 시공순서에 있어 가장 먼저 해야 할 공정은?

① 바탕정리　　② 프라이머 도포
③ 담수시험　　④ 보호재 시공

해설
도막 방수재를 사용한 아스팔트 방수공사 시공순서
바탕처리, 보수, 건조 → 각 층별 1회 공정 시공(프라이머/블론 아스팔트/펠트) → 보호층 시공 → 담수시험

54 목재의 유용성 방부제로 사용되는 것은?

① 크레오소트유
② 콜타르
③ 플루오린화나트륨 2% 용액
④ PCP

해설
펜타클로로페놀(PCP)은 유용성으로 도장 가능하며 독성이 있다. 성능은 가장 우수하지만 고가이다.

55 다음 도료 중 내마모성, 내수성, 내후성이 우수하나 도막이 얇고 부착력이 약한 도료는?

① 수성 페인트　② 유성 페인트
③ 유성 바니시　④ 래커

해설
래커는 나이트로셀룰로스와 같은 용제에 용해시킨 섬유계 유도체를 주성분으로 하여 여기에 합성수지, 가소제와 안료를 첨가한 도료이다.

정답 51 ②　52 ②　53 ①　54 ④　55 ④

56 보통 판유리의 연화온도의 범위로 가장 적당한 것은?

① 1,400~1,500℃
② 1,000~1,200℃
③ 700~750℃
④ 500~550℃

57 KS L 4201에 따른 점토벽돌의 치수로 옳은 것은? (단, 단위는 mm)

① 190×90×57
② 190×90×60
③ 210×90×57
④ 210×90×60

해설
벽돌의 크기(표준형)
190(길이)×90(너비)×57(두께)mm

58 각종 단열재에 관한 설명으로 옳지 않은 것은?

① 암면은 암석으로부터 인공적으로 만들어진 내열성이 높은 광물섬유를 이용하여 만드는 제품으로 단열성, 흡음성이 뛰어나다.
② 세라믹 파이버의 원료는 실리카와 알루미나이며, 알루미나의 함유량을 늘리면 내열성이 상승한다.
③ 경질 우레탄폼은 방수성, 내투습성이 뛰어나기 때문에 방습층을 겸한 단열재로 사용된다.
④ 펄라이트판은 천연의 목질섬유를 원료로 하며, 단열성이 우수하여 주로 건축물의 외벽 단열재바름에 사용된다.

해설
펄라이트판
천연 암석을 원료로 한 일종의 천연 유리질의 펄라이트 입자를 무기 바인더로 하여 프레스 성형하여 만들어진다. 내열성은 650℃로 높아 주로 배관용 단열재로 많이 사용된다.

59 보통유리에 관한 설명으로 옳지 않은 것은?

① 건조 상태에서 전도체이다.
② 급히 가열하거나 냉각시키면 파괴되기 쉽다.
③ 불연재료지만 방화용으로서는 적당하지 않다.
④ 창유리의 강도는 보통 휨강도를 말한다.

해설
유리는 전기의 불량도체이지만 표면의 습도가 크면 클수록 그 저항이 낮아진다.

60 다음 시멘트 중 조기강도가 가장 큰 것은?

① 중용열 포틀랜드 시멘트
② 고로 시멘트
③ 알루미나 시멘트
④ 실리카 시멘트

해설
알루미나 시멘트
• 수화열이 크다.
• 조기강도가 크다.
• 24시간에 보통 포틀랜드 시멘트의 28일 강도를 발휘한다.
• 비중이 매우 작다.
• 해수공사, 동기공사, 긴급공사에 쓰인다.

정답 56 ③ 57 ① 58 ④ 59 ① 60 ③

제4과목 건축일반

61 건축물 증축 시 건축허가 권한이 있는 행정기관이 건축허가 등을 할 때 미리 동의를 받아야 하는 대상으로 옳은 것은?

① 국무총리
② 소방안전관리자
③ 행정안전부장관
④ 소방본부장이나 소방서장

해설
건축허가 등의 동의대상물의 범위 등(소방시설 설치 및 관리에 관한 법률 시행령 제7조)
건축물 등의 신축·증축·개축·재축·이전·용도변경 또는 대수선의 허가·협의 및 사용승인의 권한이 있는 행정기관은 건축허가 등을 할 때 미리 그 건축물 등의 시공지(施工地) 또는 소재지를 관할하는 소방본부장이나 소방서장의 동의를 받아야 한다.

62 결로의 발생원인과 가장 거리가 먼 것은?

① 실내 습기의 과다 발생
② 잦은 환기
③ 시공불량
④ 시공직후 콘크리트, 모르타르 등의 미건조 상태

해설
결로의 발생원인
• 실내외 온도차(실내외 온도차가 클수록 많이 생긴다)
• 실내 습기의 과다 발생
• 건물의 사용패턴 변화에 의한 환기 부족
• 구조체의 열적 특성
• 시공불량
• 시공직후 미건조 상태

63 방염성능기준 이상의 실내장식물 등을 설치하여야 하는 특정소방대상물에 해당되지 않는 것은?

① 층수가 11층 이상인 아파트
② 교육연구시설 중 합숙소
③ 숙박이 가능한 수련시설
④ 방송통신시설 중 방송국

해설
방염성능기준 이상의 실내장식물 등을 설치하여야 하는 특정소방대상물(소방시설 설치 및 관리에 관한 법률 시행령 제30조)
1. 근린생활시설 중 의원, 치과의원, 한의원, 조산원, 산후조리원, 체력단련장, 공연장 및 종교집회장
2. 건축물의 옥내에 있는 다음의 시설
   • 문화 및 집회시설
   • 종교시설
   • 운동시설(수영장은 제외)
3. 의료시설
4. 교육연구시설 중 합숙소
5. 노유자시설
6. 숙박이 가능한 수련시설
7. 숙박시설
8. 방송통신시설 중 방송국 및 촬영소
9. 다중이용업소
10. 1.부터 9.까지의 시설에 해당하지 않는 것으로서 층수가 11층 이상인 것(아파트 등은 제외)

64 무창층이 되기 위한 기준은 피난 소화 활동상 유효한 개구부 면적의 합계가 해당 층 바닥 면적의 얼마 이하일 때인가?

① 1/10   ② 1/20
③ 1/30   ④ 1/50

해설
정의(소방시설 설치 및 관리에 관한 법률 시행령 제2조)
'무창층(無窓層)'이란 지상층 중 다음의 요건을 모두 갖춘 개구부(건축물에서 채광·환기·통풍 또는 출입 등을 위하여 만든 창·출입구, 그 밖에 이와 비슷한 것을 말한다)의 면적의 합계가 해당 층의 바닥 면적의 1/30 이하가 되는 층을 말한다.
• 크기는 지름 50cm 이상의 원이 통과할 수 있는 크기일 것
• 해당 층의 바닥면으로부터 개구부 밑부분까지의 높이가 1.2m 이내일 것
• 도로 또는 차량이 진입할 수 있는 빈터를 향할 것
• 화재 시 건축물로부터 쉽게 피난할 수 있도록 창살이나 그 밖의 장애물이 설치되지 아니할 것
• 내부 또는 외부에서 쉽게 부수거나 열 수 있을 것

정답 61 ④ 62 ② 63 ① 64 ③

65 조명설계의 순서 중 가장 우선인 것은?

① 조명기구의 배치
② 조명방식의 결정
③ 광원의 선택
④ 소요 조도의 결정

해설
조명설계 순서
소요 조도의 결정 → 광원(전등)의 선택 → 조명방식 및 조명기구 선택 → 광속의 계산 → 기구의 배치

66 학교의 바깥쪽에 이르는 출입구에 계단을 대체하여 경사로를 설치하고자 한다. 필요한 경사로의 최소 수평길이는?(단, 경사로는 직선으로 되어 있으며 1층의 바닥 높이는 지상보다 50cm 높다)

① 2m   ② 3m
③ 4m   ④ 5m

해설
경사도는 1:8을 넘지 않아야 하므로 0.5m×8 = 4m이다.
계단의 설치기준(건축물의 피난·방화구조 등의 기준에 관한 규칙 제15조)
• 계단을 대체하여 설치하는 경사로는 다음의 기준에 적합하게 설치하여야 한다.
 - 경사도는 1:8을 넘지 아니할 것
 - 표면을 거친 면으로 하거나 미끄러지지 아니하는 재료로 마감할 것
 - 경사로의 직선 및 굴절 부분의 유효 너비는 장애인·노인·임산부 등의 편의증진보장에 관한 법률이 정하는 기준에 적합할 것

67 소방시설 중 소화설비가 아닌 것은?

① 자동화재탐지설비
② 스프링클러설비
③ 옥외소화전설비
④ 소화기구

해설
자동화재탐지설비는 경보설비에 속한다.
소방시설(소방시설 설치 및 관리에 관한 법률 시행령 별표 1)
• 소화설비 : 물 또는 그 밖의 소화약제를 사용하여 소화하는 기계·기구 또는 설비로서 다음의 것을 말한다.
 - 소화기구
 - 자동소화장치
 - 옥내소화전설비
 - 스프링클러설비 등
 - 물분무 등 소화설비
 - 옥외소화전설비

68 연결송수관설비를 설치하여야 하는 특정소방대상물의 기준 내용으로 옳지 않은 것은?(단, 가스시설 또는 지하구는 제외)

① 층수가 5층 이상으로서 연면적 6,000m² 이상인 것
② 지하층을 포함하는 층수가 7층 이상인 것
③ 지하층의 층수가 3층 이상이고 지하층의 바닥 면적의 합계가 1,000m² 이상인 것
④ 지하가 중 터널로서 길이가 500m 이상인 것

해설
※ 관련 법령 개정으로 용어가 다음과 같이 변경되었습니다.
 지하가 중 터널 → 터널
소화활동설비 설치대상 중 연결송수관설비(소방시설 설치 및 관리에 관한 법률 시행령 별표 4)
위험물 저장 및 처리시설 중 가스시설 및 지하구는 제외한다.
1. 층수가 5층 이상으로서 연면적 6,000m² 이상인 경우에는 모든 층
2. 1.에 해당하지 않는 특정소방대상물로서 지하층을 포함하는 층수가 7층 이상인 경우에는 모든 층
3. 1., 2.에 해당하지 않는 특정소방대상물로서 지하층의 층수가 3층 이상이고 지하층의 바닥 면적의 합계가 1,000m² 이상인 경우에는 모든 층
4. 터널로서 길이가 1,000m 이상인 것

정답 65 ④ 66 ③ 67 ① 68 ④

69 소방시설법령에 따른 방염대상물품의 방염성능기준으로 옳지 않은 것은?

① 불꽃에 의하여 완전히 녹을 때까지 불꽃의 접촉 횟수는 5회 이상일 것
② 탄화한 면적은 50cm² 이내, 탄화한 길이는 20cm 이내일 것
③ 버너의 불꽃을 제거한 때부터 불꽃을 올리지 아니하고 연소하는 상태가 그칠 때까지 시간은 30초 이내일 것
④ 소방청장이 정하여 고시한 방법으로 발연량(發煙量)을 측정하는 경우 최대 연기밀도는 400 이하일 것

해설
불꽃에 의하여 완전히 녹을 때까지 불꽃의 접촉 횟수는 3회 이상일 것

방염대상물품 및 방염성능기준(소방시설 설치 및 관리에 관한 법률 시행령 제31조)
- 버너의 불꽃을 제거한 때부터 불꽃을 올리며 연소하는 상태가 그칠 때까지 시간은 20초 이내일 것
- 버너의 불꽃을 제거한 때부터 불꽃을 올리지 않고 연소하는 상태가 그칠 때까지 시간은 30초 이내일 것
- 탄화(炭化)한 면적은 50cm² 이내, 탄화한 길이는 20cm 이내일 것
- 불꽃에 의하여 완전히 녹을 때까지 불꽃의 접촉 횟수는 3회 이상일 것
- 소방청장이 정하여 고시한 방법으로 발연량(發煙量)을 측정하는 경우 최대 연기밀도는 400 이하일 것

70 주요 구조부를 내화구조로 하여야 하는 건축물에 해당되지 않는 것은?

① 당해 용도의 바닥 면적 합계가 500m²인 판매시설
② 당해 용도의 바닥 면적 합계가 600m²인 문화 및 집회시설 중 전시장
③ 당해 용도의 바닥 면적 합계가 2,000m²인 공장
④ 당해 용도의 바닥 면적 합계가 300m²인 창고시설

해설
건축물의 내화구조(건축법 시행령 제56조)
다음의 어느 하나에 해당하는 건축물(2층 이하인 건축물은 지하층 부분만 해당한다)의 주요 구조부와 지붕은 내화구조로 해야 한다. 다만, 연면적이 50m² 이하인 단층의 부속건축물로서 외벽 및 처마 밑면을 방화구조로 한 것과 무대의 바닥은 그렇지 않다.
- 제2종 근린생활시설 중 공연장·종교집회장(해당 용도로 쓰는 바닥 면적의 합계가 각각 300m² 이상인 경우만 해당한다), 문화 및 집회시설(전시장 및 동·식물원은 제외한다), 종교시설, 위락시설 중 주점영업 및 장례시설의 용도로 쓰는 건축물로서 관람실 또는 집회실의 바닥 면적의 합계가 200m²(옥외관람석의 경우에는 1,000m²) 이상인 건축물
- 문화 및 집회시설 중 전시장 또는 동·식물원, 판매시설, 운수시설, 교육연구시설에 설치하는 체육관·강당, 수련시설, 운동시설 중 체육관·운동장, 위락시설(주점영업의 용도로 쓰는 것은 제외한다), 창고시설, 위험물저장 및 처리시설, 자동차 관련 시설, 방송통신시설 중 방송국·전신전화국·촬영소, 묘지 관련 시설 중 화장시설·동물화장시설 또는 관광휴게시설의 용도로 쓰는 건축물로서 그 용도로 쓰는 바닥 면적의 합계가 500m² 이상인 건축물
- 공장의 용도로 쓰는 건축물로서 그 용도로 쓰는 바닥 면적의 합계가 2,000m² 이상인 건축물. 다만, 화재의 위험이 적은 공장으로서 국토교통부령으로 정하는 공장은 제외한다.
- 건축물의 2층이 단독주택 중 다중주택 및 다가구주택, 공동주택, 제1종 근린생활시설(의료의 용도로 쓰는 시설만 해당한다), 제2종 근린생활시설 중 다중생활시설, 의료시설, 노유자시설 중 아동 관련 시설 및 노인복지시설, 수련시설 중 유스호스텔, 업무시설 중 오피스텔, 숙박시설 또는 장례시설의 용도로 쓰는 건축물로서 그 용도로 쓰는 바닥 면적의 합계가 400m² 이상인 건축물
- 3층 이상인 건축물 및 지하층이 있는 건축물. 다만, 단독주택(다중주택 및 다가구주택은 제외한다), 동물 및 식물 관련 시설, 발전시설(발전소의 부속용도로 쓰는 시설은 제외한다), 교도소·소년원 또는 묘지 관련 시설(화장시설 및 동물화장시설은 제외한다)의 용도로 쓰는 건축물과 철강 관련 업종의 공장 중 제어실로 사용하기 위하여 연면적 50m² 이하로 증축하는 부분은 제외한다.

71 철골보에서 스티프너를 사용하는 주목적은?

① 보 전체의 비틀림 방지
② 웨브 플레이트의 좌굴 방지
③ 플랜지 앵글의 단면 보강
④ 용접작업의 편의성 향상

해설
스티프너 : 철골구조에서 판보에 작용하는 전단응력도가 클 경우 좌굴 방지를 위해 웨브판에 덧대는 보강재이다.

72 숙박시설의 객실 간 경계벽이 소리를 차단하는 데 장애가 되는 부분이 없도록 하기 위해 갖춰야 할 구조기준에 미달된 것은?

① 철근콘크리트조로서 두께가 15cm인 것
② 철골철근콘크리트조로서 두께가 15cm인 것
③ 콘크리트블록조로서 두께가 15cm인 것
④ 무근콘크리트조로서 두께가 15cm인 것

해설
경계벽 등의 구조(건축물의 피난·방화구조 등의 기준에 관한 규칙 제19조)
- 건축물에 설치하는 경계벽은 내화구조로 하고, 지붕밑 또는 바로 위층의 바닥판까지 닿게 하여야 한다.
- 위에 따른 경계벽은 소리를 차단하는 데 장애가 되는 부분이 없도록 다음의 어느 하나에 해당하는 구조로 하여야 한다. 다만, 다가구주택 및 공동주택의 세대 간의 경계벽인 경우에는 주택건설기준 등에 관한 규정 제14조에 따른다.
  - 철근콘크리트조·철골철근콘크리트조로서 두께가 10cm 이상인 것
  - 무근콘크리트조 또는 석조로서 두께가 10cm(시멘트 모르타르·회반죽 또는 석고플라스터의 바름 두께를 포함) 이상인 것
  - 콘크리트블록조 또는 벽돌조로서 두께가 19cm 이상인 것

73 비상용 승강기를 설치하지 아니할 수 있는 건축물의 기준으로 옳지 않은 것은?

① 높이 31m를 넘는 각 층을 거실 외의 용도로 쓰는 건축물
② 높이 31m를 넘는 각 층의 바닥 면적의 합계가 500m² 이하인 건축물
③ 높이 31m를 넘는 층수가 4개 층 이하로서 당해 각 층의 바닥 면적의 합계 300m² 이내마다 방화구획(영 제46조 제1항 본문에 따른 방화구획)으로 구획한 건축물
④ 높이 31m를 넘는 층수가 4개 층 이하로서 당해 각 층의 바닥 면적의 합계 500m²(벽 및 반자가 실내에 접하는 부분의 마감을 불연재료로 한 경우) 이내마다 방화구획으로 구획한 건축물

해설
비상용 승강기를 설치하지 아니할 수 있는 건축물(건축물의 설비기준 등에 관한 규칙 제9조)
- 높이 31m를 넘는 각 층을 거실 외의 용도로 쓰는 건축물
- 높이 31m를 넘는 각 층의 바닥 면적의 합계가 500m² 이하인 건축물
- 높이 31m를 넘는 층수가 4개 층 이하로서 당해 각 층의 바닥 면적의 합계 200m²(벽 및 반자가 실내에 접하는 부분의 마감을 불연재료로 한 경우에는 500m²) 이내마다 방화구획(영 제46조 제1항 본문에 따른 방화구획)으로 구획한 건축물

74 로마네스크 건축의 실내디자인에 관한 설명으로 옳지 않은 것은?

① 주택에서 홀(hall) 공간을 매우 중요시하였다.
② X자형 스툴이 일반적으로 사용되었다.
③ 가구류는 신분을 나타내기도 하였다.
④ 반원아치형 볼트가 많이 사용되었으나 창에는 사용되지 않았다.

해설
로마네스크 건축 양식의 특징으로 아치형의 천장을 들 수 있는데 창문, 교회 입구 기둥 사이 또는 처마 밑 부분에도 반원아치를 발견할 수 있다. 이러한 특징 때문에 어떤 이들은 로마네스크 건축을 '반원아치의 집합체'라고도 한다.

75 철근콘크리트구조에서 압축부재가 원형 띠철근으로 둘러싸인 경우 축 방향 주철근의 최소 개수는 얼마인가?

① 3개　　② 4개
③ 5개　　④ 6개

해설
압축부재의 축 방향 주철근의 최소 개수는 사각형이나 원형 띠철근으로 둘러싸인 경우 4개, 삼각형 띠철근으로 둘러싸인 경우 3개, 나선철근으로 둘러싸인 철근의 경우 6개로 하여야 한다.

76 비상콘센트설비를 설치하여야 하는 특정소방대상물의 기준에 해당되지 않는 것은?

① 가스시설 중 지상에 노출된 탱크의 용량이 30톤 이상인 탱크시설
② 층수가 11층 이상인 특정소방대상물의 경우에는 11층 이상의 층
③ 지하층의 층수가 3층 이상이고 지하층의 바닥면적의 합계가 1,000m² 이상인 것은 지하층의 모든 층
④ 지하가 중 터널로서 길이가 500m 이상인 것

해설
※ 관련 법령 개정으로 용어가 다음과 같이 변경되었습니다.
　지하가 중 터널 → 터널
비상콘센트설비를 설치해야 하는 특정소방대상물(소방시설 설치 및 관리에 관한 법률 시행령 별표 4)
비상콘센트설비를 설치해야 하는 특정소방대상물(위험물 저장 및 처리시설 중 가스시설 및 지하구는 제외한다)은 다음의 어느 하나에 해당하는 것으로 한다.
• 층수가 11층 이상인 특정소방대상물의 경우에는 11층 이상의 층
• 지하층의 층수가 3층 이상이고 지하층의 바닥 면적의 합계가 1,000m² 이상인 것은 지하층의 모든 층
• 터널로서 길이가 500m 이상인 것

77 건축물의 건축주가 해당 건축물의 설계자로부터 구조 안전의 확인 서류를 받아 착공신고를 하는 때에 그 확인 서류를 허가권자에게 제출하여야 하는 대상의 기준으로 옳지 않은 것은?

① 층수가 2층(주요 구조부인 기둥과 보를 설치하는 건축물로서 그 기둥과 보가 목재인 목구조 건축물의 경우에는 3층) 이상인 건축물
② 높이가 13m 이상인 건축물
③ 처마 높이가 9m 이상인 건축물
④ 기둥과 기둥 사이의 거리가 9m 이상인 건축물

해설
구조 안전의 확인(건축법 시행령 제32조)
구조 안전을 확인한 건축물 중 다음의 어느 하나에 해당하는 건축물의 건축주는 해당 건축물의 설계자로부터 구조 안전의 확인 서류를 받아 착공신고를 하는 때에 그 확인 서류를 허가권자에게 제출하여야 한다. 다만, 표준설계도서에 따라 건축하는 건축물은 제외한다.
• 층수가 2층(주요 구조부인 기둥과 보를 설치하는 건축물로서 그 기둥과 보가 목재인 목구조 건축물의 경우에는 3층) 이상인 건축물
• 연면적이 200m²(목구조 건축물의 경우 500m²) 이상인 건축물. 다만, 창고, 축사, 작물 재배사는 제외한다.
• 높이가 13m 이상인 건축물
• 처마 높이가 9m 이상인 건축물
• 기둥과 기둥 사이의 거리가 10m 이상인 건축물
• 건축물의 용도 및 규모를 고려한 중요도가 높은 건축물로서 국토교통부령으로 정하는 건축물
• 국가적 문화유산으로 보존할 가치가 있는 건축물로서 국토교통부령으로 정하는 것
• 한쪽 끝은 고정되고 다른 끝은 지지(支持)되지 아니한 구조로 된 보·차양 등이 외벽(외벽이 없는 경우에는 외곽 기둥을 말한다)의 중심선으로부터 3m 이상 돌출된 건축물 또는 특수한 설계·시공·공법 등이 필요한 건축물로서 국토교통부장관이 정하여 고시하는 구조로 된 건축물
• 건축법 시행령 별표 1 제1호의 단독주택 및 같은 표 제2호의 공동주택

78 건축허가 등을 할 때 미리 소방본부장 또는 소방서장의 동의를 받아야 하는 건축물 등의 범위에 대한 기준으로 옳지 않은 것은?

① 연면적이 100m² 이상인 노유자시설
② 차고·주차장으로 사용되는 바닥 면적이 200m² 이상인 층이 있는 주차시설
③ 승강기 등 기계장치에 의한 주차시설로서 자동차 20대 이상을 주차할 수 있는 시설
④ 지하층 또는 무창층이 있는 건축물로서 바닥 면적이 150m² 이상인 층이 있는 것

해설
건축허가 등의 동의대상물의 범위 등(소방시설 설치 및 관리에 관한 법률 시행령 제7조)
1. 연면적이 400m² 이상인 건축물이나 시설. 다만, 다음의 어느 하나에 해당하는 경우, 정한 기준 이상인 건축물이나 시설로 한다.
   ㉠ 건축 등을 하려는 학교시설 : 100m² 이상
   ㉡ 노유자시설 및 수련시설 : 200m² 이상
   ㉢ 정신의료기관(입원실이 없는 정신건강의학과 의원은 제외) : 300m² 이상
   ㉣ 장애인의료재활시설 : 300m² 이상
2. 지하층 또는 무창층이 있는 건축물로서 바닥 면적이 150m²(공연장의 경우에는 100m²) 이상인 층이 있는 것
3. 차고·주차장 또는 주차 용도로 사용되는 시설로서 다음의 어느 하나에 해당하는 것
   ㉠ 차고·주차장으로 사용되는 바닥 면적이 200m² 이상인 층이 있는 건축물이나 주차시설
   ㉡ 승강기 등 기계장치에 의한 주차시설로서 자동차 20대 이상을 주차할 수 있는 시설
4. 층수가 6층 이상인 건축물
5. 항공기 격납고, 관망탑, 항공관제탑, 방송용 송수신탑
6. 공동주택, 의원(입원실 또는 인공신장실이 있는 것으로 한정한다)·조산원·산후조리원, 숙박시설, 위험물 저장 및 처리시설, 발전시설 중 풍력발전소·전기저장시설, 지하구

79 벽돌벽을 여러 모양으로 구멍을 내어 장식적으로 쌓는 방법은?

① 공간쌓기
② 엇모쌓기
③ 무늬쌓기
④ 영롱쌓기

해설
① 공간쌓기 : 벽돌을 쌓을 때 벽돌과 벽돌 중간에 공간을 두고 쌓는 방법이다.
② 엇모쌓기 : 벽면에 변화감을 내기 위해 45° 각도로 모서리 면이 나오도록 쌓는 방법이다.
③ 무늬쌓기 : 벽돌 벽면에 1/4B 또는 1/8B 정도 두드러지게 무늬를 놓아 쌓기도 하고 줄눈에 변화를 주어 쌓는 방법이다.

80 르 코르뷔지에(Le Corbusier)가 제시한 근대건축의 5원칙에 속하지 않는 것은?

① 유기적 공간
② 필로티
③ 옥상 정원
④ 자유로운 평면

해설
르 코르뷔지에(Le Corbusier)가 제시한 근대건축의 5원칙
• 필로티
• 옥상 정원
• 자유로운 평면
• 수평창
• 자유로운 파사드

2017년 제3회 과년도 기출문제

제1과목 실내디자인론

01 광원의 연색성에 관한 설명으로 옳지 않은 것은?

① 연색성을 수치로 나타낸 것을 연색평가수라고 한다.
② 평균연색평가수(Ra)가 100에 가까울수록 연색성이 나쁘다.
③ 연색성은 기준광원 밑에서 본 것보다 색의 보임이 나빠질수록 떨어진다.
④ 물체가 광원에 의하여 조명될 때, 그 물체의 색의 보임을 정하는 광원의 성질을 말한다.

[해설]
평균연색평가수(Ra)가 100에 가까울수록 연색성이 좋다.

02 르 코르뷔지에의 모듈러에 따른 인체의 기본 치수로 옳지 않은 것은?

① 기본 신장 : 183cm
② 배꼽까지의 높이 : 113cm
③ 어깨까지의 높이 : 162cm
④ 손을 들었을 때 손끝까지 높이 : 226cm

[해설]
르 코르뷔지에는 공간의 크기를 계량하는 기준으로서 자연스러운 모습으로 손을 올린 인간을 선택하였다. 사람의 올린 손끝에서 머리끝까지, 머리끝에서 배꼽까지, 배꼽에서 발꿈치까지의 세 부분으로 구분하였다.
• 기본 신장 : 183cm
• 배꼽까지의 높이 : 113cm
• 손을 들었을 때 손끝까지 높이 : 226cm

03 형태의 지각심리 중 루빈의 항아리와 가장 관계가 깊은 것은?

① 유사성
② 폐쇄성
③ 형과 배경의 법칙
④ 프래그난츠의 법칙

[해설]
도형과 배경의 법칙
루빈의 항아리는 항아리와 얼굴의 옆모습이 반전되어 보이는 현상이다.

04 점과 선에 관한 설명으로 옳지 않은 것은?

① 선은 면의 한계, 면들의 교차에서 나타난다.
② 크기가 같은 두 개의 점에는 주의력이 균등하게 작용한다.
③ 곡선은 약동감, 생동감 넘치는 에너지와 속도감을 준다.
④ 배경의 중심에 있는 하나의 점은 시선을 집중시키는 효과가 있다.

[해설]
곡선은 유연함, 경쾌함, 여성적임을 느끼게 한다.

정답 1 ② 2 ③ 3 ③ 4 ③

05 황금분할(golden section)에 관한 설명으로 옳지 않은 것은?

① 1 : 1.618의 비율이다.
② 기하학적 분할방식이다.
③ 루트 직사각형비와 동일하다.
④ 고대 그리스인들이 창안하였다.

해설
사각형 한 변을 1로 할 때 긴 변의 길이가 $\sqrt{2}$ (1.414), $\sqrt{3}$ (1.732) 등의 무리수가 되는 것을 루트직사각형비례라 한다.

06 다음 중 상점에서 대면 판매의 적용이 가장 곤란한 상품은?

① 화장품   ② 운동복
③ 귀금속   ④ 의약품

해설
운동복은 측면 판매방식에 해당한다.
대면 판매 : 고객과 종업원이 쇼케이스를 가운데 두고 상담 판매하는 방식으로, 고객과 바로 대면하여 상품 설명에 편리하고 판매원의 위치가 용이하다.

07 2인용 침대인 더블베드(double bed)의 크기로 가장 적당한 것은?

① 1,000×2,000mm
② 1,150×2,000mm
③ 1,350×2,000mm
④ 1,600×2,200mm

해설
침대의 크기
• 싱글 : 1,000×2,000mm
• 슈퍼싱글 : 1,100×2,000mm
• 더블 : 1,350(1,400)×2,000mm
• 퀸 : 1,500×2,000mm

08 주택의 부엌을 리노베이션하고자 할 경우 가장 우선적으로 고려해야 할 사항은?

① 각 부위별 조명
② 조리용구의 수납공간
③ 위생적인 급배수 방법
④ 조리순서에 따른 작업대 배열

해설
조리 작업의 흐름에 따른 작업대의 배치와 작업자의 작업 동작에 따른 합리적인 치수 및 수납계획을 세워야 한다.

09 사무소 건축의 실단위 계획 중 개방식 배치에 관한 설명으로 옳지 않은 것은?

① 모든 면적을 유용하게 이용할 수 있다.
② 업무성격의 변화에 따른 적응성이 낮다.
③ 공간의 길이나 깊이에 변화를 줄 수 있다.
④ 소음이 많으며, 프라이버시의 확보가 어렵다.

해설
개방식 배치
• 전 면적을 유용하게 이용할 수 있다.
• 칸막이가 없어서 공사비가 적게 든다.
• 방의 길이나 깊이 변화를 줄 수 있다.
• 소음이 들리고 프라이버시가 결핍된다.

10 주택의 평면계획 시 공간의 조닝방법에 속하지 않는 것은?

① 사용 빈도에 의한 조닝
② 사용시간에 의한 조닝
③ 실의 크기에 의한 조닝
④ 사용자 특성에 의한 조닝

해설
조닝(zoning)이란 단위 공간 사용자의 특성, 사용목적, 사용시간, 사용 빈도, 행위의 연결 등을 고려하여 공간의 성격이나 기능이 유사한 것끼리 묶어 배치하여 전체 공간을 몇 개의 기능적인 공간으로 구분하는 것을 말한다.

11 실내 공간을 구성하는 기본요소 중 벽에 관한 설명으로 옳지 않은 것은?

① 외부로부터의 방어와 프라이버시의 확보 역할을 한다.
② 수직적 요소로서 수평 방향을 차단하여 공간을 형성한다.
③ 다른 요소들이 시대와 양식에 의한 변화가 현저한 데 비해 벽은 매우 고정적이다.
④ 인간의 시선이나 동선을 차단하고 공기의 움직임, 소리의 전파, 열의 이동을 제어한다.

해설
다른 요소들이 시대와 양식에 의한 변화가 현저한 데 비해, 바닥은 매우 고정적이다.

12 다음 설명에 알맞은 디자인 원리는?

- 규칙적인 요소들의 반복에 의해 나타나는 통제된 운동감으로 정의된다.
- 청각의 원리가 시각적으로 표현된 것이라 할 수 있다.

① 리듬　　　② 균형
③ 강조　　　④ 대비

해설
리듬 : 반복, 점층, 대립, 변이, 방사 등 규칙적인 요소들의 반복으로 나타나는 통제된 운동감이다. 리듬은 실내에 있어서 공간이나 형태의 구성을 조직하고 반영하여 시각적으로 디자인에 질서를 부여한다.

13 다음 중 평면계획 시 고려해야 할 사항과 가장 거리가 먼 것은?

① 동선처리
② 조명분포
③ 가구 배치
④ 출입구의 위치

해설
조명분포는 조명계획 시 설계된다.

14 상점에서 쇼윈도, 출입구 및 홀의 입구 부분을 포함한 평면적인 구성요소와 아케이드, 광고판, 사인 및 외부 장치를 포함한 입면적인 구성요소의 총체를 뜻하는 용어는?

① VMD　　　② 파사드
③ AIDMA　　④ 디스플레이

해설
파사드(facade)의 전체 외부요소들은 상점의 특성과 상점의 내용을 표현하도록 디자인되어야 하며, 무엇보다도 주변 환경과 조화를 이루도록 하여야 한다.

정답 10 ③　11 ③　12 ①　13 ②　14 ②

15 공간의 차단적 분할에 사용되는 요소에 속하지 않는 것은?

① 커튼 ② 열주
③ 조명 ④ 스크린벽

해설
공간의 분할구획 요소
- 차단적(물리적) 구획 : 고정벽, 이동벽, 커튼, 블라인드, 유리창, 열주 등
- 상징적(암시적) 구획 : 이동 가구, 기둥, 벽난로, 식물, 물, 조각, 바닥의 변화 등
- 지각적(심리적) 분할 : 조명, 색채, 패턴, 마감재의 변화 등

16 다음 설명에 알맞은 거실의 가구 배치 유형은?

- 가구를 두 벽면에 연결시켜 배치하는 형식으로 시선이 마주치지 않아 안정감이 있다.
- 비교적 적은 면적을 차지하기 때문에 공간 활용이 높고 동선이 자연스럽게 이루어지는 장점이 있다.

① 대면형 ② 코너형
③ U자형 ④ 복합형

해설
① 대면형 : 중앙의 탁자를 중심으로 좌석이 마주 보도록 배치를 하는 유형이다.
③ U자형(ㄷ자형) : 중앙의 탁자를 중심으로 좌석을 정원, 벽난로, TV 등 한 방향으로 향하도록 배치하는 유형이다.

17 광원을 천장의 높낮이 차 또는 벽면의 요철 등을 이용하여 가린 후 벽이나 천장의 반사광으로 간접 조명하는 건축화 조명방식은?

① 코퍼 조명
② 코브 조명
③ 광창조명
④ 광천장조명

해설
① 코퍼 조명 : 천장면을 여러 형태의 사각, 동그라미 등으로 오려 내고 다양한 형태의 매입기구를 취부하는 조명방식이다.
③ 광창조명 : 벽면의 전체 또는 일부분을 광원화하는 조명방식이다. 비스타(vista)적인 효과를 낼 수 있으며, 시선에 안락한 배경으로 작용한다.
④ 광천장조명 : 천장면에 확산투과재(아크릴, 플라스틱, 유리, 스테인드글라스, 루버 등)를 붙이고, 천장 내부에 광원을 배치하여 조명하는 가장 일반적인 건축화 조명방식이다.

18 다음 설명에 알맞은 한국 전통 가구는?

책이나 완성품을 진열할 수 있도록 여러 층의 층널이 있고 네 면이 모두 트여 있으며 선반이 정방형에 가까운 사랑방에서 쓰인 문방가구

① 문갑 ② 고비
③ 사방탁자 ④ 반닫이장

해설
사방탁자는 형태가 개방적이고 투시적인 공간성을 지니면서 찬탁이나 서탁과는 별도로 애용되었다. 구성, 비례, 결구법 등에서 조선시대 가구를 대표할 뿐만 아니라 가장 현대적인 감각을 지닌 가구로 꼽힌다.

정답 15 ③ 16 ② 17 ② 18 ③

19 다음과 같은 특징을 갖는 사무소 건축의 코어 형식은?

> • 유효율이 높은 계획이 가능하다.
> • 코어 프레임이 내력벽 및 내진구조가 가능하므로 구조적으로 바람직한 유형이다.

① 중심코어
② 편심코어
③ 양단코어
④ 독립코어

해설
중앙코어형
• 바닥 면적이 클 경우 적합하며 특히 고층, 초고층에 적합하다.
• 외주 프레임을 내력벽으로 하며 코어와 일체로 한 내진구조를 만들 수 있다.
• 유효율이 높고 대여 빌딩으로서 가장 경제적인 계획을 할 수 있다.

20 사방에서 감상해야 할 필요가 있는 조각물이나 모형을 전시하기 위해 벽면에서 띄워 놓아 전시하는 방법은?

① 아일랜드 전시
② 하모니카 전시
③ 파노라마 전시
④ 디오라마 전시

해설
② 하모니카 전시 : 전시 공간을 격자화하여 규칙적으로 배치하는 것으로 전시 내용이 통일된 형식이 규칙적으로 나타난다.
③ 파노라마 전시 : 주제를 연속적으로 연관성 깊게 표현하기 위해 선형으로 연출하는 전시 기법이다.
④ 디오라마 전시 : 하나의 사실 또는 주제의 시간 상황을 고정시켜 연출하는 것으로 현장에 임한 느낌을 주는 기법이다.

제2과목 색채 및 인간공학

21 밝은 곳에서 어두운 곳으로 들어갔을 때 빛을 느끼는 정도가 상승해가는 현상을 무엇이라 하는가?

① 난시
② 근시
③ 암순응
④ 명순응

해설
암순응은 밝은 곳에 있는 동안 간상세포에서 분해되었던 로돕신이 어두운 곳에서 다시 합성되는 데 시간이 걸리기 때문에 일어나는 현상이다.

22 근육의 대사(metabolism)에 관한 설명으로 가장 거리가 먼 것은?

① 산소를 소비하여 에너지를 발생시키는 과정이다.
② 음식물을 기계적 에너지와 열로 전환하는 과정이다.
③ 신체활동 수준이 아주 낮은 경우에는 젖산이 축적된다.
④ 산소 소비량을 측정하면 에너지 소비량을 측정할 수 있다.

해설
신체활동 수준이 아주 높은 경우에는 젖산이 축적된다.

정답 19 ① 20 ① 21 ③ 22 ③

23 인체치수의 개략비율에서 키를 H로 했을 때 앉은키는?

① $\frac{3}{8}H$ ② $\frac{5}{9}H$

③ $\frac{3}{7}H$ ④ $\frac{1}{4}H$

해설
신장(손끝 너비) = H
- 눈높이 : 11/12H(91%)
- 어깨높이 : 4/5H(80%)
- 앉은키 : 5/9H(55%)
- 손끝 높이 : 3/8H(38%)
- 어깨 너비(하퇴 높이) : 1/4H(25%)
- 손을 뻗은 높이 : 7/6H(117%)

24 인간공학이라는 뜻으로 사용된 "에르고노믹스(ergonomics)"의 어원에 관한 내용 중 가장 거리가 먼 것은?

① 작업의 관리   ② 물체의 법칙
③ 학문의 의미   ④ 일의 자연적 법칙

해설
에르고노믹스(ergonomics)
그리스어로 '작업'을 뜻하는 에르고(ergo)와 '법칙'을 뜻하는 노모스(nomos)의 합성어이다. 인간의 해부학적, 심리학적, 기계적 특성에 맞춰 기계설비나 환경조건의 설계·정비가 이루어져야 한다는 주장에 입각한 여러 연구정책 전체를 말한다.

25 수평 작업영역면에서 편하게 작업을 할 수 있도록 하면서 상완을 자연스럽게 몸에 붙인 채로 전완을 움직였을 때에 생기는 영역을 무엇이라 하는가?

① 정상 작업영역   ② 최대 작업영역
③ 최소 작업영역   ④ 입체 작업영역

해설
작업영역
- 최대 작업영역 : 어깨로부터 팔을 펴서 어깨를 축으로 해서 수평 면상에서 원을 그릴 때 부채꼴 모양의 원호의 내부 지역이 작업영역이다.
- 기능적 작업영역
  - 정상 작업영역 : 측면에서 자연스러운 자세로 상완을 몸통에 붙인 채 손으로 수평면상에 원을 그릴 때 부채꼴 원호의 내부 지역이 작업영역이다.
  - 최적 작업영역 : 구체적인 작업을 주어서 그 작업 효율을 검토해서 얻을 수 있다.

26 계기반의 복합표시법 원칙으로 틀린 것은?

① 각 요소의 표시 양식을 통일시킬 것
② 관련성 있는 표시 형식만을 모아서 놓을 것
③ 불필요한 표시로 작업원을 혼란시키지 말 것
④ 한 개의 계기 내에는 3개 이상의 지침을 사용할 것

27 소리의 강도를 나타내는 단위로 맞는 것은?

① fL   ② dB
③ lx   ④ nit

해설
dB(desibel) : 소리의 강도

28 다음의 내용은 게슈탈트의 법칙 중 어떤 요소를 설명하는 것인가?

> 더 가까이 있는 두 개 또는 그 이상의 시각요소들은 패턴이나 그룹으로 보여질 가능성이 크다.

① 배타성　② 접근성
③ 연속성　④ 폐쇄성

해설
게슈탈트(Gestalt)의 법칙
- 접근성(근접성) : 보다 더 가까이 있는 2개 또는 그 이상의 시각요소들은 패턴이나 그룹으로 지각될 가능성이 크다는 법칙이다.
- 유사성 : 형태, 규모, 색채, 질감 등에 있어서 유사한 시각적 요소들이 서로 연관되어 자연스럽게 그룹핑(grouping)하여 하나의 패턴으로 보인다는 법칙이다.
- 연속성 : 유사한 배열이 하나의 묶음으로 지각되는 것으로 공동운명의 법칙이라고 한다.
- 폐쇄성 : 시각요소들이 어떤 형성을 지각하게 하는 데 있어서 폐쇄된 느낌을 주는 법칙이다.

29 4개의 대안이 존재하는 경우 정보량은 몇 비트인가?

① 0.5비트　② 1비트
③ 2비트　④ 4비트

해설
1비트는 2가지의 똑같은 확률을 가진 메시지 가운데 하나의 선택('예' 또는 '아니오')이므로 4개의 대안이 존재하는 경우 정보량은 2비트가 된다.

30 신체는 근육을 움직이지 않고 누워 있을 때에도 생명을 유지하기 위하여 일정량의 에너지를 필요로 한다. 이처럼 생명 유지에 필요한 단위 시간당 에너지양을 무엇이라 하는가?

① 최소 대사율
② 최소 에너지량
③ 신진대사율
④ 기초대사율

31 식품에 대한 기호를 조사한 결과 단맛과 관계가 깊은 색은?

① 빨강　② 노랑
③ 파랑　④ 자주

해설
색채와 공감각 중 미각
- 단맛 : 빨간색, 핑크
- 쓴맛 : 올리브그린, 밤색
- 신맛 : 노란색, 연두색, 녹황색
- 짠맛 : 청록색, 회색, 흰색

32 오스트발트 색체계에 관한 설명 중 틀린 것은?

① 색상은 yellow, ultramarine blue, red, sea green을 기본으로 하였다.
② 색상환은 4원색의 중간색 4색을 합한 8색을 각각 3등분하여 24색상으로 한다.
③ 무채색은 백색량 + 흑색량 = 100%가 되게 하였다.
④ 색표시는 색상기호, 흑색량, 백색량의 순으로 한다.

해설
색표시는 색상기호, 백색량, 흑색량의 순으로 한다.

33 오스트발트의 조화론과 관계가 없는 것은?

① 다색조화
② 등가색환에서의 조화
③ 무채색의 조화
④ 제1부조화

해설
문-스펜서의 색채조화론 중 부조화에 제1부조화, 제2부조화, 눈부심이 있다.

34 인류생활, 작업상의 분위기, 환경 등을 상쾌하고 능률적으로 꾸미기 위한 것과 관련된 용어는?

① 색의 조화 및 배색(color harmony and combination)
② 색채조절(color conditioning)
③ 색의 대비(color contrast)
④ 컬러 하모니 매뉴얼(color harmony manual)

해설
색채조절
색 자체가 가지고 있는 심리적, 생리적, 또는 물리적 성질을 이용하여 인간의 생활이나 작업의 분위기 또는 환경을 쾌적하고 보다 능률적으로 만들기 위한 것이므로 기업체뿐만 아니라 공공건물이나 장소에도 적용된다.

35 색료혼합에 대한 설명으로 틀린 것은?

① magenta와 yellow를 혼합하면 red가 된다.
② red와 cyan을 혼합하면 blue가 된다.
③ cyan과 yellow를 혼합하면 green이 된다.
④ 색료혼합의 2차색은 red, green, blue이다.

해설
색료혼합과 색광혼합

색료혼합(감법혼색)	색광혼합(가법혼색)
cyan, green, blue, black, yellow, red, magenta	red, magenta, yellow, white, blue, cyan, green

36 동일한 색상이라도 주변색의 영향으로 실제와 다르게 느껴지는 현상은?

① 보색   ② 대비
③ 혼합   ④ 잔상

37 해상도에 대한 설명으로 틀린 것은?

① 한 화면을 구성하고 있는 화소의 수를 해상도라고 한다.
② 화면에 디스플레이 된 색채 영상의 선명도는 해상도와 모니터의 크기에 좌우된다.
③ 해상도의 표현방법은 가로 화소 수와 세로 화소 수로 나타낸다.
④ 동일한 해상도에서 모니터가 커질수록 해상도는 높아져 더 선명해진다.

해설
동일한 해상도에서는 크기가 작은 모니터에서 더 선명하고, 큰 모니터로 갈수록 선명도가 떨어진다. 그 이유는 면적이 더 크면서도 같은 개수의 픽셀이 분포되어 있기 때문이다.

정답 33 ④ 34 ② 35 ② 36 ② 37 ④

38 색채 표준화의 기본요건으로 거리가 먼 것은?

① 국제적으로 호환되는 기록방법
② 체계적이고 일관된 질서
③ 특수집단을 위한 범용적이고 실용적인 목적
④ 모호성을 배제한 정량적 표기

해설
색채 표준화의 조건
- 국제적으로 호환되는 기록방법
- 체계적이고 일관된 질서
- 특수집단을 위한 것이 아닌 범용적이고 실용적인 목적
- 모호성을 배제한 정량적 표기
- 관련된 규격과의 관계 명기로 호환성 극대화
- 이론이 아닌 산업품질, 생산 효율, 기술 발전을 위한 것
- 공정의 단순화, 공정화, 수비의 합리화를 위한 것

39 문-스펜서의 색채조화론 중 조화의 영역이 아닌 것은?

① 동일 조화
② 유사 조화
③ 대비 조화
④ 눈부심

해설
문-스펜서의 조화론
- 조화의 원리 : 동일, 유사, 대비
- 부조화의 원리 : 제1부조화(아주 유사한 색), 제2부조화(약간 다른 색), 눈부심

40 명도와 채도에 관한 설명으로 틀린 것은?

① 순색에 검정을 혼합하면 명도와 채도가 낮아진다.
② 순색에 흰색을 혼합하면 명도와 채도가 높아진다.
③ 모든 순색의 명도는 같지 않다.
④ 무채색의 명도 단계(value scale)는 명도 판단의 기준이 된다.

해설
순색 + 흰색 = 명청색(명도가 높고 채도가 낮은 색)

제3과목 건축재료

41 여닫이 창호용 철물이 아닌 것은?

① 경첩
② 도어 체크
③ 도어 스톱
④ 레일

해설
레일은 미닫이문 창호 철물이다.

42 KS F 2527에 규정된 콘크리트용 부순 굵은 골재의 물리적 성질을 알기 위한 시험항목 중 흡수율의 기준으로 옳은 것은?

① 1% 이하
② 3% 이하
③ 5% 이하
④ 10% 이하

해설
콘크리트용 부순 굵은 골재의 흡수율은 3.0% 이하로 한다.

43 시멘트의 응결과 경화에 영향을 주는 요인에 관한 설명으로 옳지 않은 것은?

① 온, 습도가 높으면 응결, 경화가 빠르다.
② 혼합 용수가 많으면 응결, 경화가 늦다.
③ 풍화된 시멘트는 응결, 경화가 늦다.
④ 분말도가 낮으면 응결, 경화가 빠르다.

해설
① 온도가 높고 습도가 낮을수록 응결이 빠르다.
④ 분말도가 크면 응결, 경화가 빨라진다.
※ 일반적으로 시멘트는 습도가 낮을수록 응결이 빨라지는 경향을 보이므로 주어진 보기 중 ①항도 옳지 않다.

정답 38 ③ 39 ④ 40 ② 41 ④ 42 ② 43 ①, ④

44 기본 점성이 크며 내수성, 내약품성, 전기절연성이 모두 우수한 만능형 접착제로 금속, 플라스틱, 도자기, 유리, 콘크리트 등의 접합에 사용되며 내구력도 큰 합성수지계 접착제는?

① 에폭시수지 접착제
② 네오프렌 접착제
③ 요소수지 접착제
④ 페놀수지 접착제

해설
② 네오프렌 접착제 : 내수성, 내화학성이 우수한 고무계 접착제로 고무, 금속, 가죽, 유리 등의 접착에 사용되며 석유계 용제에도 녹지 않는다.
③ 요소수지 접착제 : 요소와 폼알데하이드 초기축합물을 탈수하여 축합한 것으로 목공용(목재접합, 합판제조 등)에 사용된다.
④ 페놀수지 접착제 : 페놀수지의 초기축합물을 주성분으로 하며 주로 합판·목재제품 등에 사용된다.

45 구리와 주석의 합금으로 내식성이 크며 주조하기 쉽고 표면에 특유의 아름다운 청록색을 가지고 있어 건축장식철물 또는 미술공예 재료에 사용되는 것은?

① 황동
② 청동
③ 양은
④ 적동

해설
구리합금
• 양은 = 구리 + 아연 + 니켈
• 청동 = 구리 + 주석
• 황동 = 구리 + 아연
• 백동 = 구리 + 니켈

46 목재 또는 기타 식물질을 절삭 또는 파쇄하여 소편으로 하여 충분히 건조시킨 후 합성수지 접착제와 같은 유기질의 접착제를 첨가하여 열압제판한 것은?

① 연질 섬유판
② 단판 적층재
③ 플로어링 보드
④ 파티클 보드

해설
① 연질 섬유판 : 원료는 식물섬유이나 A급(목재편)과 B급(면조각, 볏짚, 펄프 등)으로 이것들에 높은 열을 가한 다음, 내수제를 첨가하여 성형한다.
② 단판 적층재 : 합판용 단판과 같은 얇은 단판을 섬유 방향이 서로 평행하게 두께 및 길이 방향으로 접착한 일반 용도의 목재 제품이다.
③ 플로어링 블록(보드) : 두께 1.5~2cm인 판 3~4매를 철물로 뒷면과 마구리를 쪽매한 장식용 판재로, 뒷면은 방부 또는 방수 처리를 하고, 아스팔트 시멘트 또는 모르타르 등으로 바닥에 붙인다.

47 각 점토제품에 관한 설명으로 옳은 것은?

① 자기질 타일은 흡수율이 매우 낮다.
② 테라코타는 주로 구조재로 사용된다.
③ 내화벽돌은 돌을 분쇄하여 소성한 것으로 점토제품에 속하지 않는다.
④ 소성벽돌이 붉은색을 띠는 것은 안료를 넣었기 때문이다.

해설
② 테라코타는 속이 빈 대형 점토 소성제품으로 난간벽, 주두 등에 사용된다.
③ 내화벽돌은 내화점토를 원료로 하여 소성한 점토제품으로 점토제품 중 소성온도가 가장 높다.
④ 보통벽돌이 적색 또는 적갈색을 띠고 있는 것은 원료점토 중에 포함되어 있는 산화철이 포함되어 있기 때문이다.

48 콘크리트 표면에 도포하면, 방수재료 성분이 침투하여 콘크리트 내부 공극의 물이나 습기 등과 화학작용이 일어나 공극 내에 규산칼슘 수화물 등과 같은 불용성의 결정체를 만들어 조직을 치밀하게 하는 방수재는?

① 규산질계 도포 방수재
② 시멘트 액체 방수재
③ 실리콘계 유기질 용액 방수재
④ 비실리콘계 고분자 용액 방수재

49 석고계 플라스터 중 가장 경질이며 벽바름 재료뿐만 아니라 바닥바름 재료로도 사용되는 것은?

① 킨스 시멘트
② 혼합석고 플라스터
③ 회반죽
④ 돌로마이트 플라스터

> **해설**
> 킨스 시멘트 : 고온소성의 무수석고를 특별한 화학처리를 한 것으로 경석고 플라스터이다.

50 물-시멘트비가 60%, 단위 시멘트량이 300kg/m³일 경우 필요한 단위 수량은?

① 150kg/m³
② 180kg/m³
③ 210kg/m³
④ 340kg/m³

> **해설**
> 물의 중량 = 시멘트의 중량 × 물-시멘트비
> = 300 × 60%
> = 180m³
> ※ 단위 수량은 콘크리트 단위 체적당 물의 양을 나타낸 것

51 각 석재에 관한 설명으로 옳지 않은 것은?

① 대리석은 강도는 높지만 내화성이 낮고 풍화되기 쉽다.
② 현무암은 내화성은 좋으나 가공이 어려우므로 부순 돌로 많이 사용된다.
③ 트래버틴은 화성암의 일종으로 실내장식에 쓰인다.
④ 점판암은 얇은 판 채취가 용이하여 지붕재료로 사용된다.

> **해설**
> 트래버틴
> • 대리석의 일종으로 탄산석회를 포함한 물에서 침전, 생성된 것이다.
> • 다공질이며 황갈색의 반문이 있고 갈면 광택이 나서 우아한 실내장식에 쓰인다.

52 목재의 난연성을 높이는 방화제의 종류가 아닌 것은?

① 제2인산암모늄
② 황산암모늄
③ 붕산
④ 황산동 1% 용액

> **해설**
> 목재의 방화제 : 제2인산암모늄, 인산암모늄, 붕사, 붕산, 황산암모늄, 취화암모늄, 술파민산암모늄, guanidine계 화합물, minalith, pyresote 등

53 건축공사의 일반창유리로 사용되는 것은?

① 석영유리 ② 붕규산유리
③ 칼라석회유리 ④ 소다석회유리

해설
소다석회유리
값이 저렴하고, 화학적으로 안정하며, 적당히 단단하면서도, 작품을 마무리할 때 필요하면 언제든지 다시 녹일 수 있기 때문에 세공이 쉽다. 이와 같은 성질 때문에 백열전구, 창유리, 병, 공예품 제조에 널리 사용된다.

54 주로 열경화성 수지로 분류되며, 유리섬유로 강화된 평판 또는 판상제품, 욕조 등에 사용되는 것은?

① 아크릴수지
② 폴리에스테르수지
③ 폴리에틸렌수지
④ 초산비닐수지

해설
① 아크릴수지 : 투명성, 착색성이 우수하며 평판, 골판 등 각종 형태의 성형품으로 만들어 채광판, 도어판, 칸막이 벽 등에 쓰인다.
③ 폴리에틸렌수지 : 내열성, 내약품성, 전기절연성이 우수하며 건축용 방수재료로 쓰인다.
④ 초산비닐수지 : 무색투명하고 접착성이 좋아 목재, 도기, 플라스틱 등의 접착제와 도료로서 사용된다.

55 커튼월이나 프리패브재의 접합부, 새시 부착 등의 충전재로 가장 적당한 것은?

① 아교 ② 알부민
③ 실링재 ④ 아스팔트

해설
실링재 : 사용할 때 페이스트 상태로 유동성이 있는 상태이나, 공기 중에서는 시간이 경과함에 따라 탄성이 풍부한 고무상 고상체로 된다. 접착력이 크고 수밀·기밀성이 풍부하여 충전재로 가장 적당한 재료이다.

56 기존 건축마감재의 재료 성능 한계를 극복하기 위하여 바이오기술, 환경기술 및 나노기술을 융합한 친환경 건축마감자재 개발이 활발하게 진행되고 있다. 이 중 기능성 마감소재인 광촉매의 기능과 가장 거리가 먼 것은?

① 원적외선 방출 기능
② 항균·살균 기능
③ 자정(self-cleaning) 기능
④ 유기오염물질 분해 기능

해설
광촉매는 대기정화, 방오 기능, 친수 기능, 수질정화, 탈취 기능 등에서 탁월한 능력을 가지고 있고, 일반 기능으로서 오염물질 분해, 탈취, 살균, 항균, 오염 방지 성능을 가지고 있는 친환경·친건강 신소재이다.

57 목재의 강도에 영향을 주는 요소와 가장 거리가 먼 것은?

① 수종 ② 색깔
③ 비중 ④ 함수율

해설
목재의 강도는 수분이 적을수록, 비중이 클수록, 흠이 적을수록, 심재의 비율이 많을수록 강도가 더 크다.

정답 53 ④ 54 ② 55 ③ 56 ① 57 ②

58 목재의 결점에 해당되지 않는 것은?

① 옹이 ② 지선
③ 입피 ④ 수선

해설
④ 수선 : 일반적으로 수액이 지나간 자국, 즉 심재와 변재의 경계 부분을 말하며 자연적 생장 특성이지 결점으로 보지 않는다.
① 옹이 : 나뭇가지가 자란 부분이 줄기에 포함되어 생긴 부분으로, 목재의 강도를 약화시킨다.
② 지선 : 목재의 섬유 방향이 곧지 않고 비스듬하거나 비틀려 있는 상태로, 강도를 저하시킨다.
③ 입피 : 목재 내부에 수피(껍질)가 포함된 결점으로, 조직 불연속이 생기며 가공이나 구조적 강도에 악영향을 준다.

59 각종 시멘트에 관한 설명으로 옳지 않은 것은?

① 보통 포틀랜드 시멘트 – 석회석이 주원료이다.
② 알루미나 시멘트 – 보크사이트와 석회석을 원료로 한다.
③ 실리카 시멘트 – 수화열이 크고 내해수성이 작다.
④ 고로 시멘트 – 초기강도는 약간 낮지만 장기강도는 높다.

해설
실리카 시멘트는 화학적 저항성이 크며 해안공사에 사용된다.

60 보통 페인트용 안료를 바니시로 용해한 것은?

① 클리어 래커 ② 에멀션 페인트
③ 에나멜 페인트 ④ 생옻칠

해설
에나멜 페인트
• 안료, 유성 바니시, 건조제 등을 섞은 도료이다.
• 유성 페인트와 비교하여 건조시간, 광택, 경도, 도막의 평활 정도가 우수하다.
• 내후성, 내수성, 내열성, 내약품성이 우수하다.

제4과목 건축일반

61 다음 중 주심포 양식의 건물은?

① 창덕궁 인정전 ② 수덕사 대웅전
③ 봉정사 대웅전 ④ 창경궁 명정전

해설
주심포 양식은 대개 맞배지붕에 미학적으로 균형감을 주기 위해 기둥에 배흘림을 주는 것으로 고려시대에 성행하였다. 봉정사 극락전, 부석사 무량수전, 수덕사 대웅전 등이 대표적이다.

62 방염대상물품에 대한 방염성능기준으로 옳지 않은 것은?

① 탄화한 면적 – $50cm^2$ 이내
② 탄화한 길이 – 20cm 이내
③ 불꽃에 의해 완전히 녹을 때까지 불꽃의 접촉횟수 – 3회 이상
④ 소방청장이 정하여 고시한 방법으로 발연량을 측정하는 경우 최대 연기밀도 – 300 이하

해설
방염대상물품 및 방염성능기준(소방시설 설치 및 관리에 관한 법률 시행령 제31조)
• 버너의 불꽃을 제거한 때부터 불꽃을 올리며 연소하는 상태가 그칠 때까지 시간은 20초 이내일 것
• 버너의 불꽃을 제거한 때부터 불꽃을 올리지 않고 연소하는 상태가 그칠 때까지 시간은 30초 이내일 것
• 탄화(炭化)한 면적은 $50cm^2$ 이내, 탄화한 길이는 20cm 이내일 것
• 불꽃에 의하여 완전히 녹을 때까지 불꽃의 접촉 횟수는 3회 이상일 것
• 소방청장이 정하여 고시한 방법으로 발연량(發煙量)을 측정하는 경우 최대 연기밀도는 400 이하일 것

63 벽돌 벽체쌓기에서 입면으로 볼 경우 같은 켜에 벽돌의 길이와 마구리가 번갈아 보이도록 하는 쌓기법은?

① 불식 쌓기
② 영식 쌓기
③ 화란식 쌓기
④ 미식 쌓기

해설
벽돌쌓기 방법
- 영국식(영식) 쌓기 : 한 켜는 마구리쌓기, 다음 켜는 길이쌓기로 하고, 모서리 벽 끝에는 이오토막을 사용하여 마무리하는 쌓기법으로 가장 튼튼한 쌓기법이다.
- 네덜란드식(화란식) 쌓기 : 영식 쌓기와 거의 같으나 길이쌓기 층의 끝에 칠오토막을 사용한다.
- 프랑스식(불식) 쌓기 : 매 켜에 길이와 마구리쌓기가 번갈아 나오게 쌓는 방법이다.
- 미국식(미식) 쌓기 : 5켜는 길이쌓기로 하고, 다음 한 켜는 마구리 쌓기로 한다.

64 건물의 피난층 외의 층에서는 거실의 각 부분으로부터 피난층 또는 지상으로 통하는 직통계단까지의 보행거리를 최대 얼마 이하가 되도록 하여야 하는가?(단, 건축물의 주요 구조부가 내화구조 또는 불연재료로 되어 있지 않은 경우)

① 10m
② 20m
③ 30m
④ 40m

해설
직통계단의 설치(건축법 시행령 제34조 제1항)
건축물의 피난층(직접 지상으로 통하는 출입구가 있는 층 및 피난안전구역을 말한다) 외의 층에서는 피난층 또는 지상으로 통하는 직통계단(경사로를 포함한다)을 거실의 각 부분으로부터 계단(거실로부터 가장 가까운 거리에 있는 1개소의 계단을 말한다)에 이르는 보행거리가 30m 이하가 되도록 설치하여야 한다. 다만, 건축물(지하층에 설치하는 것으로서 바닥 면적의 합계가 300m² 이상인 공연장·집회장·관람장 및 전시장은 제외한다)의 주요 구조부가 내화구조 또는 불연재료로 된 건축물은 그 보행거리가 50m(층수가 16층 이상인 공동주택의 경우 16층 이상인 층에 대해서는 40m) 이하가 되도록 설치할 수 있으며, 자동화 생산시설에 스프링클러 등 자동식 소화설비를 설치한 공장으로서 국토교통부령으로 정하는 공장인 경우에는 그 보행거리가 75m(무인화 공장인 경우에는 100m) 이하가 되도록 설치할 수 있다.

65 인체의 열쾌적에 직접적인 영향을 미치는 요소와 가장 거리가 먼 것은?

① 기류
② 습도
③ 일조
④ 기온

해설
인체의 열쾌적에 영향을 미치는 물리적 온열 4요소
온도, 습도, 복사열, 기류

66 교육연구시설 중 학교의 교실 바닥 면적이 300m²인 경우 환기를 위하여 설치하여야 하는 창문 등의 최소 면적은?

① 5m²
② 10m²
③ 15m²
④ 30m²

해설
채광 및 환기를 위한 창문 등(건축물의 피난·방화구조 등의 기준에 관한 규칙 제17조)
환기를 위하여 거실에 설치하는 창문 등의 면적은 그 거실의 바닥 면적의 1/20 이상이어야 한다.
∴ $300m^2 \times \frac{1}{20} = 15m^2$

정답 63 ① 64 ③ 65 ③ 66 ③

67 방염성능기준 이상의 실내장식물 등을 설치하여야 하는 특정소방대상물에 해당되지 않는 것은?

① 아파트를 제외한 건축물로서 층수가 11층 이상인 것
② 방송통신시설 중 방송국
③ 건축물의 옥내에 있는 종교시설
④ 건축물의 옥내에 있는 수영장

해설
방염성능기준 이상의 실내장식물 등을 설치하여야 하는 특정소방대상물(소방시설 설치 및 관리에 관한 법률 시행령 제30조)
1. 근린생활시설 중 의원, 치과의원, 한의원, 조산원, 산후조리원, 체력단련장, 공연장 및 종교집회장
2. 건축물의 옥내에 있는 다음의 시설
   - 문화 및 집회시설
   - 종교시설
   - 운동시설(수영장은 제외)
3. 의료시설
4. 교육연구시설 중 합숙소
5. 노유자시설
6. 숙박이 가능한 수련시설
7. 숙박시설
8. 방송통신시설 중 방송국 및 촬영소
9. 다중이용업소
10. 1.부터 9.까지의 시설에 해당하지 않는 것으로서 층수가 11층 이상인 것(아파트 등은 제외)

68 소방안전관리대상물의 소방계획서에 포함되어야 하는 사항이 아닌 것은?

① 화재 예방을 위한 자체점검계획 및 진압대책
② 증축·개축·재축·이전·대수선 중인 단독주택의 공사장 소방안전관리에 관한 사항
③ 소방시설·피난시설 및 방화시설의 점검·정비계획
④ 피난층 및 피난시설의 위치와 피난경로의 설정, 장애인 및 노약자의 피난계획 등을 포함한 피난계획

해설
※ 출제 시 정답은 ②였으나, 법령 개정으로 정답 ①, ②
소방안전관리대상물의 소방계획서 작성 등(화재의 예방 및 안전관리에 관한 법률 시행령 제27조)
- 소방안전관리대상물의 위치·구조·연면적·용도 및 수용인원 등 일반 현황
- 소방안전관리대상물에 설치한 소방시설·방화시설(防火施設), 전기시설·가스시설 및 위험물시설의 현황
- 화재 예방을 위한 자체점검계획 및 대응대책
- 소방시설·피난시설 및 방화시설의 점검·정비계획
- 피난층 및 피난시설의 위치와 피난경로의 설정, 화재안전취약자의 피난계획 등을 포함한 피난계획
- 방화구획, 제연구획, 건축물의 내부 마감재료 및 방염대상물품의 사용현황과 그 밖의 방화구조 및 설비의 유지·관리계획
- 소방훈련·교육에 관한 계획
- 소방안전관리대상물의 근무자 및 거주자의 자위소방대 조직과 대원의 임무(화재안전취약자의 피난 보조 임무를 포함한다)에 관한 사항
- 화기 취급 작업에 대한 사전 안전조치 및 감독 등 공사 중 소방안전관리에 관한 사항
- 소화에 관한 사항과 연소 방지에 관한 사항
- 위험물의 저장·취급에 관한 사항(위험물안전관리법 제17조에 따라 예방규정을 정하는 제조소 등은 제외한다)
- 소방안전관리에 대한 업무수행에 관한 기록 및 유지에 관한 사항
- 화재발생 시 화재경보, 초기소화 및 피난유도 등 초기대응에 관한 사항

69 건축물에 설치하는 계단의 높이가 최소 얼마를 넘을 경우에 계단의 양옆에 난간을 설치해야 하는가?

① 1m
② 2m
③ 3m
④ 3.5m

해설

계단의 설치기준(건축물의 피난·방화구조 등의 기준에 관한 규칙 제15조 제1항)
- 높이가 3m를 넘는 계단에는 높이 3m 이내마다 유효 너비 120cm 이상의 계단참을 설치할 것
- 높이가 1m를 넘는 계단 및 계단참의 양옆에는 난간(벽 또는 이에 대치되는 것을 포함한다)을 설치할 것
- 너비가 3m를 넘는 계단에는 계단의 중간에 너비 3m 이내마다 난간을 설치할 것. 다만, 계단의 단높이가 15cm 이하이고, 계단의 단너비가 30cm 이상인 경우에는 그러하지 아니하다.
- 계단의 유효 높이(계단의 바닥마감면부터 상부 구조체의 하부 마감면까지의 연직 방향의 높이를 말한다)는 2.1m 이상으로 할 것

70 건축물을 건축하거나 대수선하고자 할 때 건축물의 건축주가 해당 건축물의 설계자로부터 구조 안전의 확인 서류를 받아 착공신고를 하는 때에 그 확인 서류를 허가권자에게 제출하여야 하는 경우에 해당되는 것은?

① 높이가 8m인 건축물
② 연면적이 300m^{2}인 건축물
③ 처마 높이가 9m인 건축물
④ 기둥과 기둥 사이의 거리가 7m인 건축물

해설

※ 출제 시 정답은 ③이었으나, 법령 개정으로 정답 ②, ③
※ 개정 전 : 연면적 1,000m^2 이상인 건축물
구조 안전의 확인(건축법 시행령 제32조 제2항)
구조 안전을 확인한 건축물 중 다음의 어느 하나에 해당하는 건축물의 건축주는 해당 건축물의 설계자로부터 구조 안전의 확인 서류를 받아 착공신고를 하는 때에 그 확인 서류를 허가권자에게 제출하여야 한다. 다만, 표준설계도서에 따라 건축하는 건축물은 제외한다.
- 층수가 2층(주요 구조부인 기둥과 보를 설치하는 건축물로서 그 기둥과 보가 목재인 목구조 건축물의 경우에는 3층) 이상인 건축물
- 연면적이 200m^2(목구조 건축물의 경우에는 500m^2) 이상인 건축물. 다만, 창고, 축사, 작물 재배사는 제외한다.
- 높이가 13m 이상인 건축물
- 처마 높이가 9m 이상인 건축물
- 기둥과 기둥 사이의 거리가 10m 이상인 건축물
- 건축물의 용도 및 규모를 고려한 중요도가 높은 건축물로서 국토교통부령으로 정하는 건축물
- 국가적 문화유산으로 보존할 가치가 있는 건축물로서 국토교통부령으로 정하는 것
- 한쪽 끝은 고정되고 다른 끝은 지지(支持)되지 아니한 구조로 된 보·차양 등이 외벽의 중심선으로부터 3m 이상 돌출된 건축물 또는 특수한 설계·시공·공법 등이 필요한 건축물로서 국토교통부장관이 정하여 고시하는 구조로 된 건축물
- 별표 1 제1호의 단독주택 및 같은 표 제2호의 공동주택

71 공동 소방안전관리자의 선임이 필요한 소방대상물 중 하나인 고층 건축물은 지하층을 제외한 층수가 몇 층 이상인 건축물만을 대상으로 하는가?

① 6층　　　　② 11층
③ 16층　　　 ④ 18층

해설
관리의 권원이 분리된 특정소방대상물의 소방안전관리자 선임 대상물(화재의 예방 및 안전관리에 관한 법률 제35조)
- 복합건축물(지하층을 제외한 층수가 11층 이상 또는 연면적 30,000m² 이상인 건축물)
- 지하가(지하의 인공구조물 안에 설치된 상점 및 사무실, 그 밖에 이와 비슷한 시설이 연속하여 지하도에 접하여 설치된 것과 그 지하도를 합한 것을 말한다)
- 그 밖에 대통령령으로 정하는 특정소방대상물(판매시설 중 도매시장, 소매시장 및 전통시장)

72 서양의 건축양식이 시대 순으로 옳게 나열된 것은?

① 초기 기독교 – 비잔틴 – 로마네스크 – 고딕
② 로마네스크 – 초기 기독교 – 비잔틴 – 고딕
③ 초기 기독교 – 비잔틴 – 고딕 – 로마네스크
④ 고딕 – 초기 기독교 – 비잔틴 – 로마네스크

해설
서양 건축사
- 고대 : 이집트 → 그리스 → 로마
- 중세 : 초기 기독교 → 비잔틴 → 로마네스크 → 고딕
- 근세 : 르네상스 → 바로크 → 로코코
- 근대 : 미술공예운동 → 아르누보 → 세제션 → 독일공작연맹 → 데스틸 → 바우하우스 → 에스프리누보

73 다음 소방시설 중 소화설비에 속하지 않는 것은?

① 연결송수관설비
② 스프링클러설비 등
③ 옥내소화전설비
④ 물분무 등 소화설비

해설
연결송수관설비는 소화활동설비이다.
소방시설(소방시설 설치 및 관리에 관한 법률 시행령 별표 1)
- 소화설비 : 물 또는 그 밖의 소화약제를 사용하여 소화하는 기계·기구 또는 설비로서 다음의 것을 말한다.
  - 소화기구
  - 자동소화장치
  - 옥내소화전설비
  - 스프링클러설비 등
  - 물분무 등 소화설비
  - 옥외소화전설비

74 6층 이상의 거실 면적의 합계가 18,000m² 이상인 문화 및 집회시설 중 전시장의 승용 승강기 설치 대수로 옳은 것은?(단, 8인승 이상 15인승 이하의 승강기)

① 6대　　　　② 7대
③ 8대　　　　④ 9대

해설
승용 승강기의 설치기준(건축물의 설비기준 등에 관한 규칙 별표 1의2)

건축물의 용도	6층 이상의 거실 면적의 합계 3,000m² 이하	3,000m² 초과
• 문화 및 집회시설(공연장·집회장 및 관람장만 해당한다) • 판매시설 • 의료시설	2대	2대에 3,000m²를 초과하는 2,000m² 이내마다 1대를 더한 대수

6층 이상의 층의 면적 = 18,000m²

$$\therefore \frac{18,000 - 3,000}{2,000} + 1 = 8.5 \rightarrow 9대$$

71 ②　72 ①　73 ①　74 ④

75 천장, 벽, 기둥 등의 건축 부분에 광원을 만들어 계획한 건축화 조명의 장점으로 거리가 먼 것은?

① 명랑한 느낌을 준다.
② 구조상으로 비용이 저렴한 편이다.
③ 발광면이 넓고 눈부심이 적은편이다.
④ 조명기구가 보이지 않도록 할 수 있다.

해설
설치비용이 비교적 많이 든다.

76 철근콘크리트조의 벽판을 현장 수평지면에서 제작하여 굳은 다음 제자리에 옮겨 놓고, 일으켜 세워서 조립하는 공법은?

① 리프트 슬래브 공법
② 커튼월 공법
③ 포스트텐션 공법
④ 틸트업 공법

해설
① 리프트 슬래브 공법 : 각 층 슬래브를 여러 겹으로 지상에 제작해 놓고, 슬래브를 꿰뚫어서 미리 설치된 각각의 기둥 위에 잭(jack)을 설치하고 각 층 바닥을 끌어올려 건축하는 공법이다.
② 커튼월 공법 : 창이 붙은 외벽 기성 벽판을 조립식으로 붙여서 건축하는 공법이다.
③ 포스트텐션 공법 : 콘크리트가 굳은 후 긴장재에 인장력을 주고 그 끝부분을 콘크리트에 정착시켜서 프리스트레스를 주는 공법이다.

77 건축허가 등을 함에 있어서 미리 소방본부장 또는 소방서장의 동의를 받아야 하는 건축물의 연면적 기준은?

① 150m² 이상
② 330m² 이상
③ 400m² 이상
④ 500m² 이상

해설
건축허가 등의 동의대상물의 범위 등(소방시설 설치 및 관리에 관한 법률 시행령 제7조)
연면적이 400m² 이상인 건축물이나 시설. 다만, 다음의 어느 하나에 해당하는 경우, 정한 기준 이상인 건축물이나 시설로 한다.
• 건축 등을 하려는 학교시설 : 100m² 이상
• 노유자시설 및 수련시설 : 200m² 이상
• 정신의료기관(입원실이 없는 정신건강의학과 의원은 제외) : 300m² 이상
• 장애인의료재활시설 : 300m² 이상

78 절충식 목조지붕틀에 관한 설명으로 옳지 않은 것은?

① 지붕보의 배치 간격은 1.8m 정도로 한다.
② 대공이 매우 높을 때는 종보를 사용하기도 한다.
③ 모임지붕일 경우 지붕귀의 부분에는 대공을 받치도록 우미량을 사용한다.
④ 중도리는 대공 위에, 마룻대는 동자기둥 위에 수평으로 걸쳐 대고 서까래를 받게 한다.

해설
마루대는 대공 위에, 중도리는 동자기둥 또는 (ㅅ)자보 위에 처마도리와 평행으로 배치하여 서까래를 받게 한다.

79 갑종방화문의 경우 일정시간 이상의 비차열 성능이 확보되어야 하는데 그 기준으로 옳은 것은?

① 30분 이상 ② 1시간 이상
③ 2시간 이상 ④ 3시간 이상

해설

※ 관련 법령 개정으로 용어가 다음과 같이 변경되었습니다.
  갑종방화문 → 60분+ 방화문 또는 60분 방화문

방화문의 구분(건축법 시행령 제64조)
- 60분+ 방화문 : 연기 및 불꽃을 차단할 수 있는 시간이 60분 이상이고, 열을 차단할 수 있는 시간이 30분 이상인 방화문
- 60분 방화문 : 연기 및 불꽃을 차단할 수 있는 시간이 60분 이상인 방화문
- 30분 방화문 : 연기 및 불꽃을 차단할 수 있는 시간이 30분 이상 60분 미만인 방화문

80 화재안전기준에 따라 소화기구를 설치하여야 하는 특정소방대상물의 최소 연면적 기준은?

① 20m² 이상 ② 33m² 이상
③ 42m² 이상 ④ 50m² 이상

해설

소화기구를 설치해야 하는 특정소방대상물(소방시설 설치 및 관리에 관한 법률 시행령 별표 4)
- 연면적 33m² 이상인 것. 다만, 노유자시설의 경우에는 투척용 소화용구 등을 화재안전기준에 따라 산정된 소화기 수량의 1/2 이상으로 설치할 수 있다.
- 위에 해당하지 않는 시설로서 가스시설, 발전시설 중 전기저장시설 및 국가유산
- 터널
- 지하구

2018년 제1회 과년도 기출문제

제1과목 실내디자인론

01 다음 설명에 알맞은 사무소 건축의 구성요소는?

> 고대 로마 건축의 실내에 설치된 넓은 마당 또는 주위에 건물이 둘러 있는 안마당을 뜻하며 현대 건축에서는 이를 실내화시킨 것을 말한다.

① 몰(mall)
② 코어(core)
③ 아트리움(atrium)
④ 랜드스케이프(landscape)

해설
아트리움
고대 로마건축에 있어서 중정이나 오픈 스페이스 주위에 집이 세워지면서 마련된 중앙정원이다. 근래에는 호텔, 오피스빌딩이나 기타 대형 건물에서 볼 수 있는 것처럼 실내 공간을 유리지붕으로 씌우는 것을 일컫는 용어로 쓰이고 있다.

02 주거 공간의 주행동에 따른 분류에 속하지 않는 것은?

① 개인 공간
② 정적 공간
③ 작업 공간
④ 사회 공간

해설
주거 공간의 주행동에 따라 개인 공간, 작업 공간, 사회적 공간으로 구분한다.

03 점에 관한 설명으로 옳지 않은 것은?

① 많은 점이 같은 조건으로 집결되면 평면감을 준다.
② 두 점의 크기가 같을 때 주의력은 균등하게 작용한다.
③ 하나의 점은 관찰자의 시선을 화면 안에 특정한 위치로 이끈다.
④ 모든 방향으로 펼쳐진 무한히 넓은 영역이며 면들의 교차에서 나타난다.

해설
④는 선에 대한 설명이다.

04 천장고와 층고에 관한 설명으로 옳은 것은?

① 천장고는 한 층의 높이를 말한다.
② 일반적으로 천장고는 층고보다 작다.
③ 한 층의 천장고는 어디서나 동일하다.
④ 천장고와 층고는 항상 동일한 의미로 사용된다.

해설
천장고와 층고
• 천장고 : 해당 층의 마감된 바닥에서 마감된 천장까지의 순수한 실내부 높이를 말한다.
• 층고 : 기준 층 콘크리트 바닥에서 기준 층 바로 위층의 콘크리트 바닥까지의 거리로, 천장고에 층간 두께를 더한 값이다.

정답 1 ③ 2 ② 3 ④ 4 ②

05 비정형 균형에 관한 설명으로 옳지 않은 것은?

① 능동의 균형, 비대칭 균형이라고도 한다.
② 대칭 균형보다 자연스러우며 풍부한 개성을 표현할 수 있다.
③ 가장 완전한 균형의 상태로 공간에 질서를 주기가 용이하다.
④ 물리적으로는 불균형이지만 시각상 힘의 정도에 의해 균형을 이루는 것을 말한다.

해설
③은 대칭적 균형에 대한 설명이다.

06 다음 설명에 알맞은 블라인드의 종류는?

- 셰이드(shade) 블라인드라고도 한다.
- 천을 감아 올려 높이 조절이 가능하며 칸막이나 스크린의 효과도 얻을 수 있다.

① 롤 블라인드
② 로만 블라인드
③ 베니션 블라인드
④ 버티컬 블라인드

해설
롤 블라인드
단순하고 깔끔한 느낌을 주는 창처리방법으로, 창의 알맞은 높이에서 멈추게 할 수 있어 일광, 조망 및 시각 조절이 용이하고 창 이외에 칸막이나 스크린의 효과를 얻을 수 있다. 셰이드(shade), 롤 스크린, 롤 커튼으로도 불린다.

07 '루빈의 항아리'와 가장 관련이 깊은 형태의 지각심리는?

① 그룹핑 법칙
② 역리 도형 착시
③ 형과 배경의 법칙
④ 프레그난츠의 법칙

해설
루빈의 항아리는 항아리와 얼굴의 옆모습이 반전되어 보이는 현상이다.

08 실내디자인의 계획조건 중 외부적 조건에 속하지 않는 것은?

① 개구부의 위치와 치수
② 계획 대상에 대한 교통수단
③ 소화설비의 위치와 방화구획
④ 실의 규모에 대한 사용자의 요구사항

해설
사용자의 요구상황은 내부적 조건에 속한다.
실내디자인의 계획조건 중 외부적 조건
계획 대상에 대한 입지적 조건, 건축적 조건, 설비적 조건 등으로 기존 공간에 대한 구체적인 조건이며 계획에 있어 그 범위를 한정한다.

09 문(門)에 관한 설명으로 옳지 않은 것은?

① 문의 위치는 가구 배치에 영향을 준다.
② 문의 위치는 공간에서의 동선을 결정한다.
③ 회전문은 출입하는 사람이 충돌할 위험이 없다는 장점이 있다.
④ 미닫이문은 문틀에 경첩을 부착한 것으로 개폐를 위한 면적이 필요하다.

해설
미닫이문은 경첩을 사용하지 않고, 개폐를 위한 면적이 필요 없다.

5 ③ 6 ① 7 ③ 8 ④ 9 ④ **정답**

10 다음 설명에 알맞은 조명의 연출기법은?

> 물체의 형상만을 강조하는 기법으로 시각적인 눈부심이 없고 물체의 형상은 강조되나 물체면의 세밀한 묘사는 할 수 없다.

① 스파클 기법　② 실루엣 기법
③ 월 워싱 기법　④ 글레이징 기법

[해설]
① 스파클 기법 : 광원의 순간적인 on-off를 통하여 반짝거림을 이용하는 기법이다.
③ 월 워싱 기법 : 수직 벽면을 빛으로 쓸어내리는 듯한 효과를 주기 위해 비대칭 배광방식의 조명기구를 사용하여 수직 벽면에 균일한 조도의 빛을 비추는 기법이다.
④ 글레이징 기법 : 빛의 각도를 이용하는 방법으로, 수직면과 평행한 조명을 벽에 조사시킴으로써 마감재의 질감을 효과적으로 강조하는 기법이다.

11 스툴(stool)의 종류 중 편안한 휴식을 위해 발을 올려놓는 데도 사용되는 것은?

① 세티　② 오토만
③ 카우치　④ 이지 체어

[해설]
① 세티 : 두 사람 이상이 앉는 등받이가 있는 긴 안락의자이다.
③ 카우치 : 기대기 쉽게 한쪽 끝이 올라간 형태의 의자이다.
④ 이지 체어 : 푹신하게 만든 편안한 의자이다.

12 아일랜드형 부엌에 관한 설명으로 옳지 않은 것은?

① 부엌의 크기에 관계없이 적용이 용이하다.
② 개방성이 큰 만큼 부엌의 청결과 유지관리가 중요하다.
③ 가족 구성원 모두가 부엌일에 참여하는 것을 유도할 수 있다.
④ 부엌의 작업대가 식당이나 거실 등으로 개방된 형태의 부엌이다.

[해설]
아일랜드형의 부엌은 주로 개방된 공간의 오픈 시스템에서 사용되며, 공간이 큰 경우에 적합하다.

13 다음 중 단독주택에서 거실의 규모 결정요소와 가장 거리가 먼 것은?

① 가족 수　② 가족 구성
③ 가구 배치형식　④ 전체 주택의 규모

[해설]
거실의 규모는 가족 수, 가족 구성, 전체 주택의 규모, 접객 빈도 등에 따라 결정된다.

14 상업 공간의 동선계획에 관한 설명으로 옳지 않은 것은?

① 고객 동선은 가능한 한 길게 배치하는 것이 좋다.
② 판매 동선은 고객 동선과 일치하도록 하며 길고 자연스럽게 구성한다.
③ 상업 공간계획 시 가장 우선순위는 고객의 동선을 원활히 처리하는 것이다.
④ 관리 동선은 사무실을 중심으로 매장, 창고, 작업장 등이 최단 거리로 연결되는 것이 이상적이다.

[해설]
판매 동선은 고객의 동선과 교차되지 않도록 하며, 가능한 한 짧게 하여 피로를 적게 한다.

[정답] 10 ② 11 ② 12 ① 13 ③ 14 ②

15 오피스 랜드스케이프에 관한 설명으로 옳지 않은 것은?

① 독립성과 쾌적감의 이점이 있다.
② 밀접한 팀워크가 필요할 때 유리하다.
③ 유효 면적이 크므로 그만큼 경제적이다.
④ 작업패턴의 변화에 따른 조절이 가능하다.

해설
오피스 랜드스케이프

장점	• 개방식 배치의 일종으로 공간이 절약된다. • 적은 비용으로 변화가 가능하므로 경제적이다. • 칸막이 벽과 복도가 없고 사무실이 직접 연결되어 공간이 절약된다. • 작업능률의 향상을 꾀할 수 있다. • 작업패턴의 변화에 따른 융통성과 신속한 변경이 가능하다.
단점	• 독립성이 결여될 수 있다. • 소음이 발생하기 쉽다.

16 주택의 실 구성형식 중 LD형에 관한 설명으로 옳은 것은?

① 식사 공간이 부엌과 다소 떨어져 있다.
② 이상적인 식사 공간 분위기 조성이 용이하다.
③ 식당기능만으로 할애된 독립된 공간을 구비한 형식이다.
④ 거실, 식당, 부엌의 기능을 한곳에서 수행할 수 있도록 계획된 형식이다.

해설
LD형(리빙, 다이닝) : 거실 코너에 식사 공간을 두는 형식이다.

장점	작은 공간을 잘 활용할 수 있으며 식사실을 중심으로 가족의 단란한 공동생활을 영위할 수 있다.
단점	기능적인 식사 공간이 이루기지 힘들며, 안정적인 거실 확립이 어렵다.

17 다음 설명에 알맞은 건축화 조명의 종류는?

> 창이나 벽의 상부에 설치하는 방식으로 상향일 경우 천장에 반사하는 간접조명의 효과가 있으며, 하향일 경우 벽이나 커튼을 강조하는 역할을 한다.

① 광창조명　　② 코퍼 조명
③ 코니스 조명　④ 밸런스 조명

해설
① 광창조명 : 광원을 넓은 면적의 벽면에 매입하여 비스타(vista)적인 효과를 낼 수 있으며 시선에 안락한 배경으로 작용하는 건축화 조명방식이다.
② 코퍼 조명 : 천장면을 사각형이나 원형으로 파내고 그 내부에 조명기구를 매립하는 방식으로 설비하여, 천장의 단조로움을 피한 조명방식이다.
③ 코니스 조명 : 벽면의 상부에 위치하여 모든 빛이 아래로 직사하도록 하는 조명방식이다.

18 다음 중 실내디자인의 조건과 가장 거리가 먼 것은?

① 기능적 조건　② 경험적 조건
③ 정서적 조건　④ 환경적 조건

해설
실내디자인의 조건
• 기능적 조건 : 인간이 생활하는 데 필요한 공간의 활용도를 제공하는 것으로서 규모, 배치구조, 동선의 설계 등 제반사항을 충분히 고려하여 디자인하여야 한다.
• 정서・심미적 조건 : 인간의 심리적・미적・정서적 측면을 고려한 것으로 구매자의 성격, 습관, 취미 등 욕구를 충족시켜야 한다.
• 경제적 조건 : 최소의 자원을 투입하여 공간의 사용자가 최대로 만족할 수 있는 효과가 이루어져야 한다.
• 물리・환경적 조건 : 쾌적한 환경을 이룰 수 있는 요소 중에서 외형적이며, 장식적인 측면이 아닌 공기, 열, 소음, 일광 등의 자연적 요소를 고려하여 설계되어야 한다.

19 상점의 파사드(facade) 구성요소에 속하지 않는 것은?

① 광고판 ② 출입구
③ 쇼케이스 ④ 쇼윈도

[해설]
파사드(facade) : 상점에서 쇼윈도, 출입구 및 홀의 입구 부분을 포함한 평면적인 구성요소와 아케이드, 광고판, 사인 및 외부 장치를 포함한 입체적인 구성요소의 총체를 뜻한다.

20 좁은 공간을 시각적으로 넓게 보이게 하는 방법에 관한 설명으로 옳지 않은 것은?

① 한쪽 벽면 전체에 거울을 부착시키면 공간이 넓게 보인다.
② 가구의 높이를 일정 높이 이하로 낮추면 공간이 넓게 보인다.
③ 어둡고 따뜻한 색으로 공간을 구성하면 공간이 넓게 보인다.
④ 한정되고 좁은 공간에 소규모의 가구를 놓으면 시각적으로 넓게 보인다.

[해설]
밝고 따뜻한 색은 공간을 넓어 보이게 하고, 어둡고 차가운 색은 공간을 좁아 보이게 한다.

제2과목 색채 및 인간공학

21 인간의 청각을 고려한 신호 표현을 구상할 때의 내용으로 틀린 것은?

① 청각으로 과부하되지 않게 한다.
② 지나치게 고강도의 신호를 피한다.
③ 지속적인 신호로 인지할 수 있게 된다.
④ 주변 소음 수준에 상대적인 세기로 설정한다.

[해설]
쉽게 인지할 수 있는 신호여야 하고, 주위의 소음보다 10dB 정도 높아야 하지만, 과도하거나 고통을 주어서는 안 된다.

22 일반적으로 관찰되는 인체측정자료의 분포곡선으로 맞는 것은?

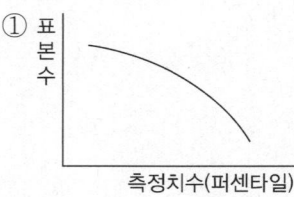
①

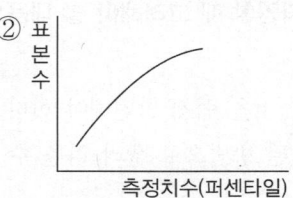
②

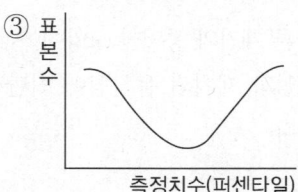
③

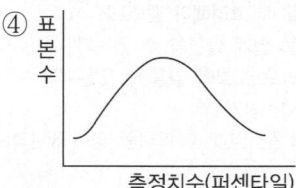
④

[해설]
종형(bell shaped)은 평균을 중심으로 좌우대칭이다.

23 음압수준(sound pressure level)을 산출하는 식으로 맞는 것은?(단, P_0는 기준음압, P_1은 주어진 음압을 의미한다)

① dB 수준 = $10\log\left(\dfrac{P_1}{P_0}\right)$

② dB 수준 = $20\log\left(\dfrac{P_1}{P_0}\right)$

③ dB 수준 = $10\log\left(\dfrac{P_1}{P_0}\right)^3$

④ dB 수준 = $20\log\left(\dfrac{P_1}{P_0}\right)^3$

해설
음압수준(SPL ; Sound Pressure Level)
소리의 크고 작음을 판단하는 사람의 주관적인 느낌을 공학적인 지표로 객관화하기 위해 사용한다.
SPL(dB 수준) = $20\log\left(\dfrac{P_1}{P_0}\right)$

24 표시장치를 디자인할 때 고려해야 할 내용으로 틀린 것은?

① 지시가 변한 것을 쉽게 발견해야 한다.
② 계기는 요구된 방법으로 빨리 읽을 수 있어야 한다.
③ 그 계기는 다른 계기와 동일한 모양이어야 한다.
④ 제어의 움직임과 계기의 움직임이 직관적으로 일치해야 한다.

해설
표시장치를 디자인할 때 고려해야 할 요소
• 지시가 변하는 것을 쉽게 발견할 수 있는가?
• 계기는 요구된 방법으로 빨리 읽을 수 있는가?
• 다른 계기와 구별되는가?
• 필요로 하는 제어의 움직임과 계기의 움직임이 직관적으로 일치하는가?
• 가장 직접적인 표시방법을 사용하고 있는가?
• 최신의 데이터를 제공하고 있는가?
• 조명이 충분히 고려되어 있는가?

25 인간이 수행하는 작업의 노동 강도를 나타내는 것은?

① 인간 생산성
② 에너지 소비량
③ 기초대사율
④ 노동능력 대사율

해설
에너지 소비량 : 주로 산소 소비량을 기준으로 예측하는데, 이는 특정작업 시와 의자에 앉아 있는 안정 시의 호흡량을 측정하는 방법으로 산출한다.

26 그림과 같은 인간 – 기계 시스템의 정보 흐름에 있어 빈칸의 (a)와 (b)에 들어갈 용어로 맞는 것은?

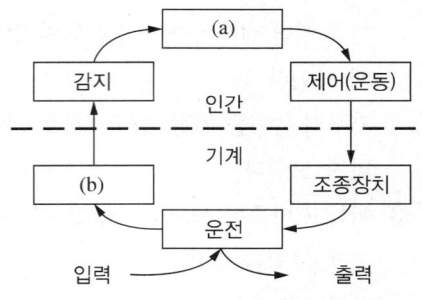

① (a) 표시장치, (b) 정보처리
② (a) 의사결정, (b) 정보저장
③ (a) 표시장치, (b) 의사결정
④ (a) 정보처리, (b) 표시장치

27 인간공학에 관한 설명으로 가장 거리가 먼 것은?

① 단일 학문으로서 깊이 있는 분야이므로 다른 학문과는 관련지을 수 없는 독립된 분야이다.
② 체계적으로 인간의 특성에 관한 정보를 연구하고 이들의 정보를 제품 및 환경 설계에 이용하고자 노력하는 학문이다.
③ 인간이 사용하는 제품이나 환경을 설계하는 데 인간의 생리적·심리적인 면에서 특성이나 한계점을 체계적으로 응용한다.
④ 인간이 사용하는 제품이나 환경을 설계하는 데 인간의 특성에 관한 정보를 응용함으로써 안전성, 효율성을 제고하고자 하는 학문이다.

해설
인간공학은 다학문적 성격을 갖는다.

28 단위 시간에 어떤 방향으로 발산되고 있는 빛의 양은?

① 광도   ② 광량
③ 광속   ④ 휘도

해설
① 광도 : 단위 시간에 광원에서 나오는 빛의 양을 말하며, 단위는 칸델라(cd)이다.
② 광량 : 광원으로부터 나오는 빛에너지의 양이다.
③ 광속 : 빛에너지가 단위 입체각을 통과하는 비율을 말하며 단위는 lm이다.
④ 휘도 : 어떤 물체의 표면 밝기의 정도. 광원이 빛나는 정도를 나타내며 단위는 stilb이다.

29 원래의 감각과 반대의 밝기 또는 색상을 가지는 잔상은?

① 정의 잔상   ② 양성적 잔상
③ 음성적 잔상 ④ 명도적 잔상

해설
잔상현상
- 부(negative, 소극적·음성적)의 잔상 : 자극으로 생긴 상의 밝기나 색상 등이 정반대로 느껴지는 현상이다.
- 정(positive, 적극적·양성적)의 잔상 : 매우 짧은 시간 동안 강한 자극이 작용할 때 많이 생긴다.

30 피로조사의 목적과 가장 거리가 먼 것은?

① 작업자의 건강관리
② 작업자 능력의 우열 평가
③ 작업조건, 근무제의 개선
④ 노동 부담의 평가와 적정화

해설
피로조사의 목적은 근로자의 인구사회학적 특성, 근무 관련 특성, 작업 관련 특성에 따른 피로 정도를 확인하고, 피로도에 영향을 미치는 요인과의 관계를 규명함으로써 근로자의 피로도 수준을 고려한 작업환경 조성을 위한 기초자료를 제공하기 위함이다.

31 다음 이미지 중에서 주로 명도와 가장 상관관계가 높은 것은?

① 온도감   ② 중량감
③ 강약감   ④ 경연감

해설
중량감은 색의 밝기와 어두움에 따라 가볍고 무겁게 보이는 시각현상으로 색의 명도에 의하여 좌우된다.

32 문–스펜서의 색채조화론에 대한 설명 중 틀린 것은?

① 먼셀표색계로 설명이 가능하다.
② 정량적으로 표현 가능하다.
③ 오메가 공간으로 설정되어 있다.
④ 색채의 면적 관계를 고려하지 않았다.

해설
문–스펜서의 조화론(정량적 색채조화론)
복잡한 가운데 통일을 미의 기준으로 보고, 색의 3속성을 고려한 독자적인 색공간을 가정하였다. 색입체에 있어서 기하학적 관계, 면적 관계, 배색의 아름다움의 척도 등으로 색채조화이론을 정립하였다.

33 먼셀표색계에서 정의한 5개의 기본 색상 중에 해당되지 않는 것은?

① 빨강　　　　② 보라
③ 파랑　　　　④ 주황

해설
먼셀표색계의 기준 5색
빨강(R), 노랑(Y), 초록(G), 파랑(B), 보라(P)

34 KS(한국산업표준)의 색명에 대한 설명이 틀린 것은?

① KS A 0011에 명시되어 있다.
② 색명은 계통색명만 사용한다.
③ 유채색의 기본색 이름은 빨강, 주황, 노랑, 연두, 초록, 청록, 파랑, 남색, 보라, 자주, 분홍, 갈색이다.
④ 계통색명은 무채색과 유채색 이름으로 구분한다.

해설
계통색 이름에 따르기 어려울 경우에는 관용색 이름을 사용해도 된다.

35 색의 요소 중 시각적인 감각이 가장 예민한 것은?

① 색상　　　　② 명도
③ 채도　　　　④ 순도

해설
명도는 밝고 어두운 정도로, 시각적인 감각이 가장 예민하다.

36 색채조화이론에서 보색조화와 유사색조화이론과 관계있는 사람은?

① 슈브륄(M.E.Chevreul)
② 베졸드(Bezold)
③ 브뤼케(Brucke)
④ 럼퍼드(Rumford)

해설
19세기 말엽 슈브륄(M.E. Chevreul)의 업적은 오늘날 색채조화론의 기초가 되었다.

37 다음 중 유사색상의 배색은?

① 빨강 – 노랑
② 연두 – 녹색
③ 흰색 – 흑색
④ 검정 – 파랑

해설
유사색상의 배색
• 색상환에서 나란히 있는 4색 이내의 색채조화를 말하며, 가장 무난한 배색이다(예 녹색, 청록, 연두 등).
• 친근하고 즐거운 느낌을 주며, 협조적, 온화함, 상냥함을 느낄 수 있다.

38 색의 온도감에 대한 설명 중 틀린 것은?

① 색의 온도감은 대상에 대한 연상작용과 관계가 있다.
② 난색은 일반적으로 포근, 유쾌, 만족감을 느끼게 하는 색채이다.
③ 녹색, 자색, 적자색, 청자색 등은 중성색이다.
④ 한색은 일반적으로 수축, 후퇴의 성질을 가지고 있다.

해설
색의 온도감을 느낄 수 없는 중성색 : 연두, 녹색, 보라, 자주

39 제품 색채 설계 시 고려해야 할 사항으로 옳은 것은?

① 내용물의 특성을 고려하여 정확하고 효과적인 제품 색채 설계를 해야 한다.
② 전달되는 표면 색채의 질감 및 마감처리에 의한 색채 정보는 고려하지 않아도 된다.
③ 상징적 심벌은 동양이나 서양이나 반드시 유사하므로 단일 색채를 설계해도 무방하다.
④ 스포츠 팀의 색채는 지역과 기업을 상징하기에 보다 배타적으로 설계를 고려해야 한다.

해설
제품의 색채 설계에서 검토해야 할 조건
• 제품의 용도에 맞는 색
• 소비자 기호에 맞는 색
• 제품 환경에 맞는 색

40 1905년에 색상, 명도, 채도의 3속성에 기반한 색채 분류척도를 고안한 미국의 화가이자 미술교사였던 사람은?

① 오스트발트   ② 헤링
③ 먼셀   ④ 저드

해설
먼셀(A.H. Munsell, 1858~1918년)은 1905년 색의 3속성을 척도로 체계화시킨 '먼셀 표색계'를 발표했으며, 이것은 합리적인 물체색의 표시방법으로 국제적으로 널리 사용되고 있다.

정답 37 ② 38 ③ 39 ① 40 ③

제3과목 건축재료

41 석재의 일반적인 특징에 관한 설명으로 옳지 않은 것은?

① 내구성, 내화학성, 내마모성이 우수하다.
② 외관이 장중하고 석질이 치밀한 것을 갈면 미려한 광택이 난다.
③ 압축강도에 비해 인장강도가 작다.
④ 가공성이 좋으며 장대재를 얻기 용이하다.

해설
석재는 비중이 크고 가공이 불편하며 장대재를 얻기 어렵다.

42 스트레이트 아스팔트(A)와 블론 아스팔트(B)의 성질을 비교한 것으로 옳지 않은 것은?

① 신도는 A가 B보다 크다.
② 연화점은 B가 A보다 크다.
③ 감온성은 A가 B보다 크다.
④ 접착성은 B가 A보다 크다.

해설
- 스트레이트 아스팔트 : 접착성, 신장성, 흡투수가 우수하므로 지하 방수공사에 사용된다.
- 블론 아스팔트 : 온도에 둔감하여 내후성이 크므로 온도 변화와 내후성, 노화에 중점을 두는 지붕공사에 사용된다.

43 목재 섬유포화점에서의 함수율은 약 몇 %인가?

① 20%   ② 30%
③ 40%   ④ 50%

해설
섬유포화점의 함수율은 30% 정도이다.

44 금속면의 화학적 표면처리재용 도장재로 가장 적합한 것은?

① 셸락니스   ② 에칭 프라이머
③ 크레오소트유   ④ 캐슈

해설
에칭 프라이머는 워시 프라이머 또는 금속 전처리 도료라고 불리며 피도면인 금속면의 전처리 하도(下塗)로 사용된다.

45 실외 조적공사 시 조적조의 백화현상 방지법으로 옳지 않은 것은?

① 우천 시에는 조적을 금지한다.
② 가용성 염류가 포함되어 있는 해사를 사용한다.
③ 줄눈용 모르타르에 방수제를 섞어서 사용하거나, 흡수율이 작은 벽돌을 선택한다.
④ 내벽과 외벽 사이 조적 하단부와 상단부에 통풍구를 만들어 통풍을 통한 건조 상태를 유지한다.

해설
가용성 염류(바다모래)가 포함되면 백화현상이 발생한다.

정답 41 ④ 42 ④ 43 ② 44 ② 45 ②

46 석탄산과 포르말린의 축합반응에 의하여 얻어지는 합성수지로서 전기절연성, 내수성이 우수하며 덕트, 파이프, 접착제, 배전판 등에 사용되는 열경화성 합성수지는?

① 페놀수지 ② 염화비닐수지
③ 아크릴수지 ④ 불소수지

해설
페놀수지 : 열경화성 수지로서 전기절연성, 내산성, 내열성, 내수성이 양호하지만 내알칼리성이 약하다. 전기 관계 재료로 가장 많이 사용되며 보드류, 도료, 접착제 등으로 쓰인다.

47 콘크리트 슬럼프용 시험기구에 해당되지 않는 것은?

① 수밀평판
② 압력계
③ 슬럼프 콘
④ 다짐봉

해설
콘크리트 슬럼프용 시험기구 : 슬럼프 콘, 다짐봉, 슬럼프 측정기, 수밀성 평판, 소형 삽

48 시멘트의 수화열을 저감시킬 목적으로 제조한 시멘트로 매스 콘크리트용으로 사용되며, 건조수축이 작고 화학저항성이 일반적으로 큰 것은?

① 조강 포틀랜드 시멘트
② 중용열 포틀랜드 시멘트
③ 실리카 시멘트
④ 알루미나 시멘트

해설
중용열 포틀랜드 시멘트 : 수화열이 보통 시멘트보다 작고 조기강도는 보통 포틀랜드 시멘트보다 낮으나 장기강도는 같거나 약간 높다. 주로 댐이나 원자로의 차폐용으로 쓰인다.

49 속빈 콘크리트 블록(KS F 4002)의 성능을 평가하는 시험항목과 거리가 먼 것은?

① 기건비중시험
② 전 단면적에 대한 압축강도시험
③ 내충격성 시험
④ 흡수율 시험

해설
속빈 콘크리트 성능을 평가하는 시험항목(KS F 4002) : 기건비중시험, 전 단면적에 대한 압축강도시험, 흡수율 시험

50 점토의 물리적 성질에 관한 설명으로 옳지 않은 것은?

① 비중은 불순한 점토일수록 낮다.
② 점토입자가 미세할수록 가소성은 좋아진다.
③ 인장강도는 압축강도의 약 10배이다.
④ 비중은 약 2.5~2.6 정도이다.

해설
압축강도는 인장강도의 5배 정도이다.

정답 46 ① 47 ② 48 ② 49 ③ 50 ③

51 단열재에 관한 설명으로 옳지 않은 것은?

① 유리면 – 유리섬유를 이용하여 만든 제품으로서 유리솜 또는 글라스 울이라고 한다.
② 암면 – 상온에서 열전도율이 낮은 장점을 가지고 있으며 철골 내화 피복재로서 많이 이용된다.
③ 석면 – 불연성, 보온성이 우수하고 습기에도 강하여 사용이 적극 권장되고 있다.
④ 펄라이트 보온재 – 경량이며 수분 침투에 대한 저항성이 있어 배관용의 단열재로 사용된다.

해설
WHO(세계보건기구)에서 석면을 1급 발암물질로 규정한 이후 세계 각국은 석면 사용을 금지하고 있다. 우리나라 역시 2009년부터 그 사용을 전면 금지하고 있다.

52 다음 철물 중 창호용이 아닌 것은?

① 안장쇠
② 크레센트
③ 도어 체인
④ 플로어 힌지

해설
안장쇠 : 목구조에 사용하는 이음, 맞춤의 보강철물로서 큰 보에 걸쳐 작은 보를 받게 하는 데 사용한다.

53 전건(全乾)목재의 비중이 0.4일 때, 이 전건(全乾)목재의 공극률은?

① 26% ② 36%
③ 64% ④ 74%

해설
목재의 공극률 산출공식
$V = \left(1 - \dfrac{\gamma}{1.54}\right) \times 100 = \left(1 - \dfrac{0.4}{1.54}\right) \times 100 = 74\%$
여기서, γ : 전건 비중(수분이 0%일 때 비중)

54 인조석 등 2차 제품의 제작이나 타일의 줄눈 등에 사용되는 시멘트는?

① 백색 포틀랜드 시멘트
② 초조강 포틀랜드 시멘트
③ 중용열 포틀랜드 시멘트
④ 알루미나 시멘트

해설
백색 포틀랜드 시멘트 : 포틀랜드 시멘트의 알루민산철 3석회를 극히 적게 하여 백색을 띤 시멘트이다. 소량의 안료를 첨가하면 좋아하는 색을 얻을 수 있기 때문에 건축물 내·외면의 마감, 각종 인조석 제조에 사용된다.

55 미장재료의 종류와 특성에 관한 설명으로 옳지 않은 것은?

① 시멘트 모르타르는 시멘트를 결합재로 하고 모래를 골재로 하여 이를 물과 혼합하여 사용하는 수경성 미장재료이다.
② 테라초 현장바름은 주로 바닥에 쓰이고 벽에는 공장제품 테라초판을 붙인다.
③ 소석회는 돌로마이트 플라스터에 비해 점성이 높고, 작업성이 좋기 때문에 풀을 필요로 하지 않는다.
④ 석고 플라스터는 경화·건조 시 치수 안전성이 우수하며 내화성이 높다.

해설
소석회는 흙손에 의한 시공성을 개선하기 위해 풀재를 혼입하여 시공하지만, 돌로마이트 플라스터는 풀재를 사용하지 않고 바름벽을 시공할 수 있다.

정답: 51 ③ 52 ① 53 ④ 54 ① 55 ③

56 유리에 관한 설명으로 옳지 않은 것은?

① 강화유리는 보통유리보다 3~5배 정도 내충격 강도가 크다.
② 망입유리는 도난 및 화재 확산 방지 등에 사용된다.
③ 복층유리는 방음, 방서, 단열효과가 크고 결로 방지용으로도 우수하다.
④ 판유리 중 두께 6mm 이하의 얇은 판유리를 후판유리라고 한다.

해설
보통 판유리는 무색투명하고 평활한 유리판이며, 가장 널리 사용되고 있다. 두께는 6mm 이하가 보통이며, 6mm 이상의 것은 후판유리라고 한다.

57 2장 이상의 판유리 사이에 접착성이 강한 플라스틱 필름을 삽입하고 고열·고압으로 처리한 유리는?

① 강화유리 ② 복층유리
③ 망입유리 ④ 접합유리

해설
① 강화유리 : 강도가 보통유리의 3~5배 정도이며, 파괴될 때도 안전하다.
② 복층유리 : 2장 이상의 판유리 틈새에 압력공기를 채운 것이다.
③ 망입유리 : 화재 시 개구부에서의 연소(燃燒)를 방지하는 효과가 있다.

58 각 합성수지와 이를 활용한 제품의 조합으로 옳지 않은 것은?

① 멜라민수지 – 천장판
② 아크릴수지 – 채광판
③ 폴리에스테르수지 – 유리
④ 폴리스티렌수지 – 발포 보온판

해설
폴리에스테르수지는 유리섬유로 강화된 평판 또는 판상제품, 욕조 등에 사용된다.

59 카세인의 주원료에 해당하는 것은?

① 소, 돼지 등의 혈액
② 녹말
③ 우유
④ 소, 말 등의 가죽이나 뼈

해설
우유에서 추출하여 건조된 카세인은 물이나 알코올에는 녹지 않지만 탄산염이나 알칼리성 용액에는 용해된다.

60 석고보드에 관한 설명으로 옳지 않은 것은?

① 방수, 방화 등 용도별 성능을 갖도록 제작할 수 있다.
② 벽, 천장, 칸막이 등에 합판 대용으로 주로 사용된다.
③ 내수성, 내충격성은 매우 강하나 단열성, 차음성이 부족하다.
④ 주원료인 소석고에 혼화제를 넣고 물로 반죽한 후 2장의 강인한 보드용 원지 사이에 채워 넣어 만든다.

해설
석고보드는 단열성, 방화성, 차음성, 방수성, 방균성, 내진성 등이 우수한 마감재이다.

정답 56 ④ 57 ④ 58 ③ 59 ③ 60 ③

제4과목 건축일반

61 배연설비의 설치기준으로 옳지 않은 것은?

① 건축물이 방화구획으로 구획된 경우에는 그 구획마다 1개소 이상의 배연창을 설치하되, 배연창의 상변과 천장 또는 반자로부터 수직거리가 1.2m 이내일 것
② 배연구는 예비 전원에 의하여 열 수 있도록 할 것
③ 배연창 설치에 있어 반자 높이가 바닥으로부터 3m인 경우에는 배연창의 하변이 바닥으로부터 2.1m 이상의 위치에 놓이도록 설치할 것
④ 배연구는 연기감지기 또는 열감지기에 의하여 자동으로 열 수 있는 구조로 하되, 손으로도 열고 닫을 수 있도록 할 것

해설
배연설비(건축물의 설비기준 등에 관한 규칙 제14조)
건축물이 방화구획으로 구획된 경우에는 그 구획마다 1개소 이상의 배연창을 설치하되, 배연창의 상변과 천장 또는 반자로부터 수직거리가 0.9m 이내일 것. 다만, 반자 높이가 바닥으로부터 3m 이상인 경우에는 배연창의 하변이 바닥으로부터 2.1m 이상의 위치에 놓이도록 설치하여야 한다.

62 다음과 같은 조건에서 겨울철 벽체 내부에 발생하는 결로현상에 관한 설명으로 옳은 것은?

> (콘크리트 + 단열재)로 구성된 벽체로서 콘크리트 전체 두께와 단열재 종류, 두께는 같고 단열재 위치만 다른 외벽체의 경우로 내단열, 외단열, 중단열구조를 가정한다.

① 내단열구조의 경우가 내부결로의 발생 우려가 가장 적다.
② 외단열구조의 경우가 내부결로의 발생 우려가 가장 적다.
③ 중단열구조의 경우가 내부결로의 발생 우려가 가장 적다.
④ 두께가 같으면 내부결로의 발생 정도는 동일하다.

해설
건축물 외부에 단열재를 설치하는 외단열이 가장 좋고, 그 다음으로 건축물 내부에 설치하는 내단열이 좋다. 벽돌공간쌓기에 사용하는 중단열은 시공방법상 단열 상태가 매우 불량하다.

63 단독주택의 거실에 있어 거실 바닥 면적에 대한 채광 면적(채광을 위하여 거실에 설치하는 창문 등의 면적)의 비율로서 옳은 것은?

① 1/7 이상   ② 1/10 이상
③ 1/15 이상   ④ 1/20 이상

해설
채광 및 환기를 위한 창문 등(건축물의 피난·방화구조 등의 기준에 관한 규칙 제17조)
채광을 위하여 거실에 설치하는 창문 등의 면적은 그 거실의 바닥 면적의 1/10 이상이어야 한다.

64 건축구조물을 건식 구조와 습식 구조로 구분할 때 건식 구조에 속하는 것은?

① 철골철근콘크리트구조
② 블록구조
③ 철근콘크리트구조
④ 철골구조

해설
구조의 시공방식에 의한 분류
- 건식 구조(dry construction) : 목구조, 철골구조처럼 규격화된 부재를 조립시공하는 것으로 물과 부재의 건조를 위한 시간이 필요 없어 공기 단축이 가능하다.
- 습식 구조 : 건축재료에 물을 사용하여 축조하는 방법으로 물을 건조시켜야 하기 때문에 공사기간이 길다. 바름벽, 콘크리트 등을 쓰는 구조이다(예 벽돌구조, 돌구조, 블록구조, 철근콘크리트구조, 철골철근콘크리트구조).

65 호텔 각 실의 재료 중 방염성능기준 이상의 물품으로 시공하지 않아도 되는 것은?

① 지하 1층 연회장의 무대용 합판
② 최상층 식당의 창문에 설치하는 커튼류
③ 지상 1층 라운지의 전시용 합판
④ 지상 3층 객실의 화장대

해설
방염대상물품 및 방염성능기준(소방시설 설치 및 관리에 관한 법률 시행령 31조)
- 제조 또는 가공 공정에서 방염처리를 한 물품
- 창문에 설치하는 커튼류(블라인드를 포함)
- 카펫
- 벽지류(두께가 2mm 미만인 종이벽지는 제외)
- 전시용 합판·목재 또는 섬유판, 무대용 합판·목재 또는 섬유판(합판·목재류의 경우 불가피하게 설치현장에서 방염처리한 것을 포함)
- 암막·무대막(영화상영관에 설치하는 스크린과 가상체험체육시설업에 설치하는 스크린 포함)
- 섬유류 또는 합성수지류 등을 원료로 하여 제작된 소파·의자(단란주점영업, 유흥주점영업 및 노래연습장업의 영업장에 설치하는 것으로 한정)

66 다음 중 경보설비에 포함되지 않는 것은?

① 자동화재속보설비
② 비상조명등
③ 비상방송설비
④ 누전경보기

해설
비상조명등은 피난구조설비에 속한다.
소방시설(소방시설 설치 및 관리에 관한 법률 시행령 별표 1)
- 경보설비 : 화재 발생 사실을 통보하는 기계·기구 또는 설비로서 다음의 것을 말한다.
  - 단독경보형 감지기
  - 비상경보설비(비상벨설비, 자동식 사이렌설비)
  - 자동화재탐지설비
  - 시각경보기
  - 화재알림설비
  - 비상방송설비
  - 자동화재속보설비
  - 통합감시시설
  - 누전경보기

67 소방안전관리보조자를 두어야 하는 특정소방대상물에 포함되는 아파트는 최소 몇 세대 이상의 조건을 갖추어야 하는가?

① 200세대 이상
② 300세대 이상
③ 400세대 이상
④ 500세대 이상

해설
소방안전관리보조자를 선임해야 하는 소방안전관리대상물의 범위(화재의 예방 및 안전관리에 관한 법률 시행령 별표 5)
1. 건축법 시행령에 따른 아파트 중 300세대 이상인 아파트
2. 연면적이 15,000m² 이상인 특정소방대상물(아파트 및 연립주택은 제외)
3. 1. 및 2.에 따른 특정소방대상물을 제외한 특정소방대상물 중 다음의 어느 하나에 해당하는 특정소방대상물
   ㉠ 공동주택 중 기숙사
   ㉡ 의료시설
   ㉢ 노유자시설
   ㉣ 수련시설
   ㉤ 숙박시설(숙박시설로 사용되는 바닥 면적의 합계가 1,500m² 미만이고 관계인이 24시간 상시 근무하고 있는 숙박시설은 제외)

정답 64 ④ 65 ④ 66 ② 67 ②

68 다음은 건축물의 최하층에 있는 거실(바닥이 목조인 경우)의 방습 조치에 관한 규정이다. (   ) 안에 들어갈 내용으로 옳은 것은?

> 건축물의 최하층에 있는 거실 바닥의 높이는 지표면으로부터 (   ) 이상으로 하여야 한다. 다만, 지표면을 콘크리트 바닥으로 설치하는 등 방습을 위한 조치를 하는 경우에는 그러하지 아니하다.

① 30cm ② 45cm
③ 60cm ④ 75cm

해설
거실 등의 방습(건축물의 피난·방화구조 등의 기준에 관한 규칙 제18조 제1항)
건축물의 최하층에 있는 거실(바닥이 목조인 경우만 해당한다) 바닥의 높이는 지표면으로부터 45 cm 이상으로 하여야 한다. 다만, 지표면을 콘크리트 바닥으로 설치하는 등 방습을 위한 조치를 하는 경우에는 그러하지 아니하다.

69 건축허가 등을 할 때 미리 소방본부장 또는 소방서장의 동의를 받아야 하는 건축물의 연면적 기준으로 옳은 것은?

① 200m² 이상 ② 300m² 이상
③ 400m² 이상 ④ 500m² 이상

해설
건축허가 등의 동의대상물의 범위 등(소방시설 설치 및 관리에 관한 법률 시행령 제7조)
연면적이 400m² 이상인 건축물이나 시설. 다만, 다음의 어느 하나에 해당하는 건축물이나 시설은 해당 기준 이상인 건축물이나 시설로 한다.
- 건축 등을 하려는 학교시설 : 100m² 이상
- 노유자시설 및 수련시설 : 200m² 이상
- 정신의료기관(입원실이 없는 정신건강의학과 의원은 제외) : 300m² 이상
- 장애인의료재활시설 : 300m² 이상

70 방염성능기준 이상의 실내장식물 등을 설치하여야 하는 특정소방대상물에 해당하는 것은?

① 12층인 아파트
② 건축물의 옥내에 있는 운동시설 중 수영장
③ 옥외 운동시설
④ 방송통신시설 중 방송국

해설
방염성능기준 이상의 실내장식물 등을 설치하여야 하는 특정소방대상물(소방시설 설치 및 관리에 관한 법률 시행령 제30조)
1. 근린생활시설 중 의원, 치과의원, 한의원, 조산원, 산후조리원, 체력단련장, 공연장 및 종교집회장
2. 건축물의 옥내에 있는 다음의 시설
   - 문화 및 집회시설
   - 종교시설
   - 운동시설(수영장은 제외)
3. 의료시설
4. 교육연구시설 중 합숙소
5. 노유자시설
6. 숙박이 가능한 수련시설
7. 숙박시설
8. 방송통신시설 중 방송국 및 촬영소
9. 다중이용업소
10. 1.부터 9.까지의 시설에 해당하지 않는 것으로서 층수가 11층 이상인 것(아파트 등은 제외)

71 익공계 양식에 관한 설명으로 옳지 않은 것은?

① 조선시대 초 우리나라에서 독자적으로 발전된 공포양식이다.
② 향교, 서원, 사당 등 유교 건축물에서 주로 사용되었다.
③ 봉정사 극락전이 대표적인 건축물이다.
④ 주심포 양식이 단순화되고 간략화된 형태이다.

해설
봉정사 극락전은 주심포계의 공포 양식의 대표적인 건축물이다.
익공계(翼工系) 건축 : 고려시대 주심포계 공포 양식이 간략화되면서 장식적인 미가 더해지는, 즉 주심포계의 공포 양식과 다포계의 공포 양식이 혼합된 양식이다.

72 철골구조에 관한 설명으로 옳지 않은 것은?

① 장스팬을 요하는 구조물에 적합하다.
② 칼럼쇼트닝현상이 발생할 수 있다.
③ 사용성에 있어 진동의 영향을 받지 않는다.
④ 철근콘크리트구조에 비하여 경량이다.

해설
철골구조가 철근콘크리트구조보다 진동에 약하다.

73 공동주택과 오피스텔의 난방설비를 개별난방방식으로 할 경우의 설치기준으로 옳지 않은 것은?

① 보일러실과 거실 사이의 출입구는 그 출입구가 닫힌 경우에는 보일러가스가 거실에 들어갈 수 없는 구조로 할 것
② 보일러실 윗부분에는 그 면적이 $0.5m^2$ 이상인 환기창을 설치하고 보일러실의 윗부분과 아랫부분에는 각각 지름 10cm 이상의 공기흡입구 및 배기구를 항상 열려 있는 상태로 바깥공기에 접하도록 설치할 것(단, 전기보일러실의 경우는 제외)
③ 보일러는 거실 외의 곳에 설치하며 보일러를 설치하는 곳과 거실 사이의 경계벽은 출입구를 포함하여 내화구조로 구획할 것
④ 기름보일러를 설치하는 경우에는 기름저장소를 보일러실 외의 다른 곳에 설치할 것

해설
개별난방설비(건축물의 설비기준 등에 관한 규칙 제13조 제1항)
공동주택과 오피스텔의 난방설비를 개별 난방방식으로 하는 경우에는 다음의 기준에 적합해야 한다.
• 보일러는 거실 외의 곳에 설치하되, 보일러를 설치하는 곳과 거실 사이의 경계벽은 출입구를 제외하고는 내화구조의 벽으로 구획할 것
• 보일러실의 윗부분에는 그 면적이 $0.5m^2$ 이상인 환기창을 설치하고, 보일러실의 윗부분과 아랫부분에는 각각 지름 10cm 이상의 공기흡입구 및 배기구를 항상 열려 있는 상태로 바깥공기에 접하도록 설치할 것. 다만, 전기보일러의 경우에는 그러하지 아니하다.
• 보일러실과 거실 사이의 출입구는 그 출입구가 닫힌 경우에는 보일러가스가 거실에 들어갈 수 없는 구조로 할 것
• 기름보일러를 설치하는 경우에는 기름저장소를 보일러실 외의 다른 곳에 설치할 것
• 오피스텔의 경우에는 난방구획을 방화구획으로 구획할 것
• 보일러의 연도는 내화구조로서 공동연도로 설치할 것

74 41층의 업무시설을 건축하는 경우에 6층 이상의 거실 면적 합계가 30,000m²이다. 15인승 승용 승강기를 설치하는 경우에 최소 몇 대가 필요한가?

① 11대　　② 12대
③ 14대　　④ 15대

해설
승용 승강기의 설치기준(건축물의 설비기준 등에 관한 규칙 별표 1의2)
업무시설은 1대에 3,000m²를 초과하는 2,000m² 이내마다 1대를 더한 대수를 설치해야 한다.
6층 이상의 층의 면적만 고려하여 6~41층의 거실 면적 합계가 30,000m²이므로

$$1 + \frac{(30,000 - 3,000)}{2,000} = 1 + 13.5 = 14.5$$

∴ 15대

75 실내음향의 상태를 표현하는 요소와 가장 거리가 먼 것은?

① 명료도
② 잔향시간
③ 음압분포
④ 투과손실

해설
실내음향 상태를 표현하는 표준 : 명료도, 잔향시간, 음압분포, 소음레벨

76 로마네스크 건축양식에 해당하는 것은?

① 피사 대성당
② 솔즈베리 대성당
③ 파르테논 신전
④ 노트르담 사원

해설
② 솔즈베리 대성당 : 고딕 양식
③ 파르테논 신전 : 도리아 양식
④ 노트르담 사원 : 고딕 양식

77 지하층의 비상탈출구에 관한 기준으로 옳지 않은 것은?

① 비상탈출구의 유효 너비는 0.75m 이상으로 하고, 유효 높이는 1.5m 이상으로 할 것
② 비상탈출구의 진입 부분 및 피난통로에는 통행에 지장이 있는 물건을 방치하거나 시설물을 설치하지 아니할 것
③ 비상탈출구의 문은 피난 방향으로 열리도록 하고, 실내에서 항상 열 수 있는 구조로 하여야 하며, 내부 및 외부에는 비상탈출구의 표시를 할 것
④ 비상탈출구는 출입구로부터 3m 이내에 설치할 것

해설
지하층의 비상탈출구(건축물의 피난·방화구조 등의 기준에 관한 규칙 제25조 제2항)
지하층의 비상탈출구는 다음의 기준에 적합해야 한다. 다만, 주택의 경우에는 그러하지 아니하다.
- 비상탈출구의 유효 너비는 0.75m 이상으로 하고, 유효 높이는 1.5m 이상으로 할 것
- 비상탈출구의 문은 피난 방향으로 열리도록 하고, 실내에서 항상 열 수 있는 구조로 하여야 하며, 내부 및 외부에는 비상탈출구의 표시를 할 것
- 비상탈출구는 출입구로부터 3m 이상 떨어진 곳에 설치할 것
- 지하층의 바닥으로부터 비상탈출구의 아랫부분까지의 높이가 1.2m 이상이 되는 경우에는 벽체에 발판의 너비가 20cm 이상인 사다리를 설치할 것
- 비상탈출구는 피난층 또는 지상으로 통하는 복도나 직통계단에 직접 접하거나 통로 등으로 연결될 수 있도록 설치하여야 하며, 피난층 또는 지상으로 통하는 복도나 직통계단까지 이르는 피난통로의 유효 너비는 0.75m 이상으로 하고, 피난통로의 실내에 접하는 부분의 마감과 그 바탕은 불연재료로 할 것
- 비상탈출구의 진입 부분 및 피난통로에는 통행에 지장이 있는 물건을 방치하거나 시설물을 설치하지 아니할 것
- 비상탈출구의 유도등과 피난통로의 비상조명등의 설치는 소방법령이 정하는 바에 의할 것

78 자동화재탐지설비를 설치하여야 특정소방대상물이 되기 위한 근린생활시설(목욕장은 제외)의 연면적 기준으로 옳은 것은?

① 600m² 이상인 것
② 800m² 이상인 것
③ 1,000m² 이상인 것
④ 1,200m² 이상인 것

해설
자동화재탐지설비를 설치해야 하는 특정소방대상물(소방시설 설치 및 관리에 관한 법률 시행령 별표 4)
근린생활시설(목욕장은 제외), 의료시설(정신의료기관 또는 요양병원은 제외), 위락시설, 장례시설 및 복합건축물로서 연면적 600m² 이상인 경우에는 모든 층

79 다음 소방시설 중 소화설비에 속하지 않는 것은?

① 상수도소화용수설비
② 소화기구
③ 옥내소화전설비
④ 스프링클러설비 등

해설
상수도소화용수설비는 소화용수설비이다.
소방시설(소방시설 설치 및 관리에 관한 법률 시행령 별표 1)
소화설비 : 물 또는 그 밖의 소화약제를 사용하여 소화하는 기계·기구 또는 설비로서 다음의 것을 말한다.
• 소화기구
• 자동소화장치
• 옥내소화전설비
• 스프링클러설비 등
• 물분무 등 소화설비
• 옥외소화전설비

80 벽돌벽에 장식적으로 여러 모양의 구멍을 내어 쌓는 방식을 무엇이라 하는가?

① 영식 쌓기
② 영롱쌓기
③ 프랑스식 쌓기
④ 공간쌓기

해설
① 영국식(영식) 쌓기 : 한 켜는 마구리쌓기, 다음 켜는 길이쌓기로 하고, 모서리 벽 끝에는 이오토막을 사용하여 마무리하는 쌓기법으로 가장 튼튼한 쌓기법이다.
③ 프랑스식(불식) 쌓기 : 매 켜에 길이와 마구리쌓기가 번갈아 나오게 쌓는 방법이다.
④ 공간쌓기 : 벽돌을 쌓을 때 벽돌과 벽돌 중간에 공간을 두고 쌓는 방법이다.

정답 78 ① 79 ① 80 ②

2018년 제2회 과년도 기출문제

제1과목 실내디자인론

01 창과 문에 관한 설명으로 옳지 않은 것은?
① 문은 인접된 공간을 연결시킨다.
② 창과 문의 위치는 동선에 영향을 주지 않는다.
③ 창은 공기와 빛을 통과시켜 통풍과 채광을 가능하게 한다.
④ 창의 크기와 위치, 형태는 창에서 보이는 시야의 특성을 결정한다.

[해설]
창과 문의 위치는 가구 배치와 동선에 영향을 준다.

02 벽부형 조명기구에 관한 설명으로 옳지 않은 것은?
① 선벽부형은 거울이나 수납장에 설치하여 보조조명으로 사용된다.
② 조명기구를 벽체에 설치하는 것으로 브래킷(bracket)으로 통칭된다.
③ 휘도 조절이 가능한 조명기구나 휘도가 높은 광원을 사용하는 것이 좋다.
④ 직사벽부형은 빛이 강하게 아래로 투사되어 물체가 강조되므로 디스플레이용으로 사용된다.

[해설]
벽부형 조명기구는 부착되는 위치가 시선 내에 있으므로 휘도 조절이 가능한 조명기구나 휘도가 낮은 광원을 사용한다.

03 질감에 관한 설명으로 옳지 않은 것은?
① 매끄러운 재료가 반사율이 높다.
② 효과적인 질감 표현을 위해서는 색채와 조명을 동시에 고려해야 한다.
③ 좁은 실내 공간을 넓게 느껴지도록 하기 위해서는 표면이 거칠고 어두운 재료를 사용하는 것이 좋다.
④ 질감은 시각적 환경에서 여러 종류의 물체들을 구분하는 데 도움을 줄 수 있는 중요한 특성 가운데 하나이다.

[해설]
좁은 실내 공간을 넓게 느껴지도록 하기 위해서는 표면이 매끄럽고 밝은 재료를 사용하는 것이 좋다.

04 다음 설명에 알맞은 조명의 연출기법은?

> 수직 벽면을 빛으로 쓸어내리는 듯한 효과를 주기 위해 비대칭 배광방식의 조명기구를 사용하여 수직 벽면에 균일한 조도의 빛을 비추는 기법

① 빔 플레이   ② 월 워싱 기법
③ 실루엣 기법   ④ 스파클 기법

[해설]
① 빔 플레이 : 강조하고자 하는 물체에 의도적인 광선을 조사시킴으로써 광선 그 자체가 시각적인 특성을 지니게 하는 기법이다.
③ 실루엣 기법 : 거주자와 광원 사이에 피조물을 두어 빛의 강한 대비로 물체의 윤곽만을 강조하는 기법이다.
④ 스파클 기법 : 광원의 순간적인 on-off를 통하여 반짝거림을 이용하는 기법이다.

정답 1 ② 2 ③ 3 ③ 4 ②

05 다음 중 도시의 랜드마크에 가장 중요시되는 디자인의 원리는?

① 점이 ② 대립
③ 강조 ④ 반복

[해설]
강조 : 시각적인 힘의 강약에 단계를 주어 디자인의 일부분에 주어지는 초점이나 흥미를 중심으로 변화, 변칙, 불규칙성을 의도적으로 조성하는 것이다.

06 다음 설명에 알맞은 사무소 코어의 유형은?

- 단일용도의 대규모 전용 사무실에 적합하다.
- 2방향 피난에 이상적이다.

① 편심코어형 ② 중심코어형
③ 독립코어형 ④ 양단코어형

[해설]
코어의 종류

편심 코어형	• 기준층 바닥 면적이 작은 경우에 적합하며 너무 고층인 경우는 구조상 좋지 않다. • 바닥 면적이 커지면 코어 이외에 피난시설, 설비 샤프트 등이 필요해진다.
중앙 코어형	• 바닥 면적이 클 경우에 적합하며, 특히 고층, 초고층에 적합하다. • 외주 프레임을 내력벽으로 하며 코어와 일체로 한 내진구조를 만들 수 있다. • 유효율이 높고 대여 빌딩으로서 가장 경제적인 계획을 할 수 있다.
독립 코어형	• 자유로운 사무실 공간을 코어와 관계없이 제공할 수 있다. • 각종 덕트, 배관 등의 길이가 길어지며 제약이 많다. • 방재상 불리하고 바닥 면적이 커지면 피난시설을 포함한 서브코어가 필요하다. • 내진구조에는 불리하다.
양단 코어형	• 한 개의 대공간을 필요로 하는 전용 사무실에 적합하다. • 2방향 피난에는 이상적이며 방재상 유리하다.
기타형	중심코어형의 변형으로 구조 간격이 높다.

07 실내 공간을 형성하는 기본요소 중 바닥에 관한 설명으로 옳지 않은 것은?

① 바닥은 모든 공간의 기초가 되므로 항상 수평면이어야 한다.
② 하강된 바닥면은 내향적이며 주변의 공간에 대해 아늑한 은신처로 인식된다.
③ 다른 요소들이 시대와 양식에 의한 변화가 현저한 데 비해 바닥은 매우 고정적이다.
④ 상승된 바닥면은 공간의 흐름이나 동선을 차단하지만 주변의 공간과는 다른 중요한 공간으로 인식된다.

[해설]
바닥의 고저차로 바닥 패턴을 두어 영역의 분리처리가 가능하고 스케일감의 변화를 줄 수 있다.

08 디자인 요소 중 선에 관한 다음 그림이 의미하는 것은?

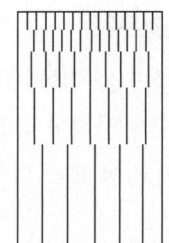

① 선을 끊음으로써 점을 느낀다.
② 조밀성의 변화로 깊이를 느낀다.
③ 선을 포개면 패턴을 얻을 수 있다.
④ 지그재그선의 반복으로 양감의 효과를 얻는다.

09 사무소 건축의 실단위 계획 중 개실 시스템에 관한 설명으로 옳지 않은 것은?

① 독립성이 우수하다는 장점이 있다.
② 일반적으로 복도를 통해 각 실로 진입한다.
③ 실의 길이와 깊이에 변화를 주기 용이하다.
④ 프라이버시의 확보와 응접이 요구되는 최고 경영자나 전문직 개실에 사용된다.

해설
개실 시스템
- 독립성과 쾌적감의 이점이 있는 데 반해 공사비가 비교적 고가이다.
- 방 길이에는 변화를 줄 수 있으나, 연속된 긴 복도 때문에 방 깊이에 변화를 줄 수 없다.

10 부엌 가구의 배치 유형 중 L자형에 관한 설명으로 옳지 않은 것은?

① 부엌과 식당을 겸할 경우 많이 활용된다.
② 두 벽면을 이용하여 작업대를 배치한 형식이다.
③ 작업면이 가장 넓은 형식으로 작업효율도 가장 좋다.
④ 한쪽 면에 싱크대를, 다른 면에 가열대를 설치하면 능률적이다.

해설
L자형은 인접한 두 벽면에 작업대를 붙여 배치한 형태로 동선의 흐름이 자유롭다.

11 실내 공간의 용도를 달리하여 보수(renovation)할 경우 실내디자이너가 직접 분석해야 하는 사항과 가장 거리가 먼 것은?

① 기존 건물의 기초 상태
② 천장고와 내부의 상태
③ 기존 건물의 법적용도
④ 구조형식과 재료마감 상태

해설
실내 공간의 용도를 달리하여 보수할 경우는 실내 공간의 용도와 직접적인 조사인지, 간접적인 조사인지에 따라 우선순위가 결정된다. 기초 상태는 구조물의 상태이므로 가장 거리가 멀다. 건축법에서 건축물의 용도를 변경할 때는 신고를 하고 준공검사를 받아야 하기 때문에 기존 건축물의 법적 용도는 매우 중요하다.

12 디자인 요소 중 2차원적 형태가 가지는 물리적 특성이 아닌 것은?

① 질감
② 명도
③ 패턴
④ 부피

해설
부피는 3차원적 형태를 가지는 물리적 특성이다.

13 상점의 동선계획에 관한 설명으로 옳지 않은 것은?

① 종업원 동선은 가능한 한 짧고 간단하게 하는 것이 좋다.
② 고객 동선은 가능한 한 짧게 하여 고객이 상점 내에 오래 머무르지 않도록 한다.
③ 고객 동선과 종업원 동선이 만나는 위치에 카운터나 쇼케이스를 배치하는 것이 좋다.
④ 상품 동선은 상품의 운반·통행 등의 이동에 불편하지 않도록 충분한 공간 확보가 필요하다.

해설
고객 동선은 가능한 한 길게 하여 고객이 상점 내에 오래 머무르도록 하는 것이 좋다.

정답 9 ③ 10 ③ 11 ① 12 ④ 13 ②

14 상점 디스플레이에서 주력상품의 진열과 관련된 골든 스페이스의 범위로 알맞은 것은?

① 300~600mm
② 650~900mm
③ 850~1,250mm
④ 1,200~1,500mm

해설
고객에게 가장 편한 진열 높이를 의미하는 골든 스페이스의 범위는 850~1,250mm이다.

15 공간의 레이아웃(layout)과 가장 밀접한 관계를 가지고 있는 것은?

① 단면계획
② 동선계획
③ 입면계획
④ 색채계획

해설
동선계획은 평면 레이아웃과 동시에 이루어져야 한다.

16 상점 구성의 기본이 되는 상품 계획을 시각적으로 구체화시켜 상점 이미지를 경영전략적 차원에서 고객에게 인식시키는 표현전략은?

① VMD
② 슈퍼그래픽
③ 토큰 디스플레이
④ 스테이지 디스플레이

해설
VMD(Visual Merchandising, 비주얼 머천다이징)
VMD는 상품과 고객 사이에서 치밀하게 계획된 정보 전달 수단으로써 디스플레이 기법 중 하나이다.

17 유닛 가구(unit furniture)에 관한 설명으로 옳지 않은 것은?

① 고정적이면서 이동적인 성격을 갖는다.
② 필요에 따라 가구의 형태를 변화시킬 수 있다.
③ 규격화된 단일 가구를 원하는 형태로 조합하여 사용할 수 있다.
④ 특정한 사용목적이나 많은 물품을 수납하기 위해 건축화된 가구이다.

해설
단위(unit) 가구 : 디자인, 치수 등이 통일된 한 세트의 가구를 말하며 책꽂이, 책상, 서랍장, 양복장, 선반 등이 일정한 규격으로 만들어져 있어 이것들을 필요에 따라 여러 가지 형태로 짝을 맞추어 사용할 수 있다. 방의 크기나 사용목적에 따라 적당히 선택할 수 있으며, 구성방법을 쉽게 바꿀 수 있는 것이 특징이다.

18 다음의 아파트 평면형식 중 프라이버시가 가장 양호한 것은?

① 홀형
② 집중형
③ 편복도형
④ 중복도형

해설
② 집중형 : 프라이버시가 극히 나쁘며 통풍 채광상 극히 불리하다.
③ 편복도형 : 프라이버시는 좋지 않으나 고층 아파트에 적합하다.
④ 중복도형 : 프라이버시가 나쁘고 시끄러우며 복도의 면적이 넓어진다.

정답 14 ③ 15 ② 16 ① 17 ④ 18 ①

19 주택의 현관에 관한 설명으로 옳지 않은 것은?

① 거실의 일부를 현관으로 만들지 않는 것이 좋다.
② 현관에서 정면으로 화장실 문이 보이지 않도록 하는 것이 좋다.
③ 현관홀의 내부에는 외기, 바람 등의 차단을 위해 방풍문을 설치할 필요가 있다.
④ 연면적 50m² 이하의 소규모 주택에서는 연면적의 10% 정도를 현관 면적으로 계획하는 것이 일반적이다.

해설
주택의 평면요소 구성비
• 부엌 : 주택 연면적의 8~12%
• 거실 : 주택 연면적의 30%
• 복도 : 주택 연면적의 10%
• 현관(홀) : 주택 연면적의 7%

20 등받이와 팔걸이 부분은 없지만 기댈 수 있을 정도로 큰 소파의 명칭은?

① 세티   ② 다이밴
③ 체스터필드 ④ 턱시도 소파

해설
① 세티 : 동일한 두 개의 의자를 나란히 합해 2인이 앉을 수 있도록 한 것이다.
③ 체스터필드 : 속을 두툼하게 넣고, 무겁고 단단한 직물로 씌워 완성한 소파로, 팔걸이와 등받이 높이가 같으며, 등받이 윤곽이 소용돌이선으로 말린 형태로 되어 있다.
④ 턱시도 소파 : 전체적으로 단순한 윤곽에 팔걸이가 바깥쪽으로 가볍게 경사져 있고, 등받이와 같은 높이로 연결되어 있는 소파이다.

제2과목 색채 및 인간공학

21 인체계측 데이터의 적용 시 최소치 설계기준이 필요한 항목은?

① 의자의 폭
② 비상구의 높이
③ 선반의 높이
④ 그네의 지지하중

해설
최소치 설계기준은 선반의 높이, 조정장치까지의 거리 등 뻗치는 동작이 있는 작업에 적용한다.
※ 최대치 설계기준은 작업대와 의자 사이의 간격, 통로나 비상구 높이, 받침대의 안전한계 중량 등에 적용한다.

22 인간공학이 추구하는 목적을 가장 잘 설명한 것은?

① 인간요소를 연구하여 환경요소에 통합하려는 것이다.
② 작업, 직무, 기계설비, 방법, 기구, 환경 등을 개선하여 인간을 환경에 적응시키기 위한 것이다.
③ 인간이 좀 더 편리하고 쉽게 살아갈 수 있도록 환경요소에 대한 특징을 찾아내고자 하는 것이다.
④ 인간과 그 대상이 되는 환경요소에 관련된 학문을 연구하여 인간과의 적합성을 연구해 나가는 것이다.

해설
인간공학(차파니스(chapanis))
• 정의 : 인간공학은 기계와 그 조작, 작업환경을 인간의 특성 및 능력과 한계에 잘 조화하도록 설계하기 위한 수단을 연구하는 학문, 즉 인간과 기계의 조화 있는 체계를 작성하는 것이다.
• 목적
 – 안전성의 향상과 사고 방지
 – 기계 조작의 능률성과 생산성의 향상
 – 쾌적성, 즉 안전과 능률

23 인간의 가청 주파수 범위로 가장 적절한 것은?

① 10~10,000Hz
② 20~20,000Hz
③ 30~30,000Hz
④ 40~40,000Hz

해설
가청 주파수의 범위는 20~20,000Hz이다.

24 제어장치(control)의 인간공학적 설계 고려사항 중 틀린 것은?

① 사용할 때 심리적·역학적 능률을 고려할 것
② 제어장치 움직임과 위치, 제어대상이 서로 맞을 것
③ 제어장치의 운동과 표시장치의 표시가 같은 방향일 것
④ 가장 자주 사용하는 제어장치는 어깨 전방의 상단에 설치할 것

해설
조작하는 제어장치는 작업원의 어깨로부터 70cm 이내의 거리에 있는 것이 좋다.

25 시간적 변화를 필요로 하는 경우와 연속과정의 제어에 적합한 시각표시장치의 설계형태는?

① 지침 이동형   ② 계수형
③ 지침 고정형   ④ 계산기형

해설
정량적 동적 표시장치
• 정목 동침형(지침 이동형) : 눈금이 고정되고 지침이 움직이는 형
• 정침 동목형(지침 고정형) : 지침이 고정되고 눈금이 움직이는 형
• 계수형(digital) : 전력계나 택시요금 계기와 같이 기계, 전자적으로 숫자가 표시되는 형

26 수작업을 위한 인공조명 중 가장 효율이 높은 방법은?

① 간접조명   ② 확산조명
③ 직접조명   ④ 투과조명

해설
직접조명은 빛의 90% 이상을 밝히고 싶은 면과 물건에 직접 비추는 방식으로 효율이 높고 경제적이다. 이 방식은 공장이나 가정의 일반적인 조명방식으로 널리 사용되고 있다.

27 호흡계에 관한 설명으로 틀린 것은?

① 인두(pharynx)는 호흡기계와 소화기계에 공통으로 관여하는 근육성 관이다.
② 호흡계의 기관(trachea)은 기능에 따라 전도영역과 호흡영역으로 구분된다.
③ 비강(nasal cavity)은 콧속의 원통 공간으로 공기를 여과하고 따뜻하게 하는 기능을 가진다.
④ 호흡기는 상기도와 하기도로 구성되어 있으며 이 중 상기도는 코, 비강, 후두로, 하기도는 인두, 기관, 기관지, 폐로 구성되어 있다.

해설
호흡계
• 상기도 : 코, 비강, 인두, 후두
• 하기도 : 기관, 기관지, 폐

정답 23 ② 24 ④ 25 ① 26 ③ 27 ④

28 신체 진동의 영향을 가장 많이 받는 것은?

① 시력(視力) ② 미각(味覺)
③ 청력(聽力) ④ 근력(筋力)

[해설]
진동이 신체에 미치는 영향은 진동주파수에 따라 달라진다. 진동은 진폭에 비례하고 시력을 손상시키며, 특히 10~25Hz의 경우에 가장 심하다.

29 시지각과정에서의 게슈탈트 법칙을 설명한 것으로 틀린 것은?

① 최대 질서의 법칙으로서 분절된 게슈탈트마다 어떤 질서를 가지는 것을 의미한다.
② 다양한 내용에서 각자 다른 원리를 표현하고자 하는 것의 이론화 작업이다.
③ 지각에 있어서의 분리를 규정하는 요인으로 공통분모가 되는 것을 끄집어내는 일의 법칙이다.
④ 구조를 가지고 있기 때문에 에너지가 있고, 운동과 적절한 긴장이 내포되어 역동적·역학적이다.

[해설]
게슈탈트 법칙은 지각에 있어서의 분리를 규정하는 요인으로, 공통분모가 되는 것을 끄집어내는 일의 법칙이다.

30 한 감각을 대상으로 두 가지 이상의 신호가 동시에 제시되었을 때 같고 다름을 비교·판단하는 것과 관련이 깊은 용어는?

① 시배분 ② 상대 식별
③ 경로용량 ④ 절대 식별

[해설]
① 시배분(time-sharing) : 두 가지 일을 함께 수행할 때 매우 빠르게 주위를 번갈아 가면서 일을 수행하는 것을 말한다.
③ 경로용량 : 절대 식별에 근거하여 정보를 신뢰성 있게 전달할 수 있는 최대 용량이다.
④ 절대 식별 : 여러 그룹으로 규정된 신호 중에서 특정 부류에 속하는 신호가 단독으로 제시되었을 때 이를 식별할 수 있는 능력을 말한다.

31 다음 중 ( )에 들어갈 말로 옳은 것은?

> 빨강 물감에 흰색 물감을 섞으면 두 개의 물감의 비율에 따라 진분홍, 분홍, 연분홍 등으로 변화한다. 이런 경우에 혼합으로 만든 색채들의 ( )는 혼합할수록 낮아진다.

① 명도 ② 채도
③ 밀도 ④ 명시도

[해설]
채도는 색을 혼합하면 무조건 낮아진다. 즉, 어떤 색이든지 섞을수록 탁해진다.

정답 28 ① 29 ② 30 ② 31 ②

32 먼셀 색체계의 설명으로 옳은 것은?

① 먼셀 색상환의 중심색은 빨강(R), 노랑(Y), 녹색(G), 파랑(B), 자주(P)이다.
② 먼셀의 명도는 1~10까지 모두 10단계로 되어 있다.
③ 먼셀의 채도는 처음의 회색을 1로 하고 점차 높아지도록 하였다.
④ 각각의 색상은 채도단계가 다르게 만들어지는데 빨강은 14개, 녹색과 청록은 8개이다.

해설
① 먼셀 색체계는 빨강(R), 노랑(Y), 녹색(G), 파랑(B), 보라(P)의 5가지의 기본색과 주 5색의 간색인 YR(주황), GY(연두), BG(청록), PB(군청), RP(자주)를 추가하여 10가지 색상을 기본색으로 정하였다.
② 먼셀의 명도는 검은색을 0, 하얀색을 10으로 보고 이 사이를 9단계로 구분하여 모두 11단계로 나타낸다.
③ 먼셀의 채도는 중심축인 무채색이 0이고, 색의 순도에 따라 채도값을 1~14단계로 표기하며, 그 색상에서 가장 순수한 색의 채도값이 최대가 된다.

33 나뭇잎이 녹색으로 보이는 이유를 색채지각적 원리로 옳게 설명한 것은?

① 녹색의 빛은 투과하고 그 밖의 빛은 흡수하기 때문이다.
② 녹색의 빛은 산란하고 그 밖의 빛은 반사하기 때문이다.
③ 녹색의 빛은 반사하고 그 밖의 빛은 흡수하기 때문이다.
④ 녹색의 빛은 흡수하고 그 밖의 빛은 반사하기 때문이다.

해설
녹색은 엽록소 때문에 생기는 빛깔이다. 엽록소가 녹색이 아닌 다른 색깔의 빛을 흡수하고 녹색의 빛을 반사하기 때문에 나뭇잎이 녹색으로 보이는 것이다.

34 먼셀 색체계의 기본 5색상이 아닌 것은?

① 빨강
② 보라
③ 녹색
④ 자주

해설
먼셀 색체계
• 기본 5색 : 빨강(R), 노랑(Y), 녹색(G), 파랑(B), 보라(P)
• 간색 : YR(주황), GY(연두), BG(청록), PB(군청), RP(자주)

35 다음 중 색채의 감정적 효과로서 가장 흥분을 유발시키는 색은?

① 한색계의 높은 채도
② 난색계의 높은 채도
③ 난색계의 낮은 명도
④ 한색계의 높은 명도

해설
난색계의 채도가 높은 색은 흥분을 유발시킨다.

36 조명이나 색을 보는 객관적 조건이 달라져도 주관적으로는 물체색이 달라져 보이지 않는 특성을 가리키는 것은?

① 동화현상
② 푸르킨예 현상
③ 색채 항상성
④ 연색성

해설
색의 항상성
일종의 색순응현상으로서 주변의 광원이나 조명이 되는 빛의 강도와 조건이 달라져도 색을 본래의 모습 그대로 느끼는 현상을 말한다.

정답 32 ④ 33 ③ 34 ④ 35 ② 36 ③

37 다음 중 유사색상 배색의 특징은?

① 동적이다.
② 자극적인 효과를 준다.
③ 부드럽고 온화하다.
④ 대비가 강하다.

해설
유사색상의 배색
- 색상환에서 나란히 있는 4색 이내의 색채조화를 말하며, 가장 무난한 배색이다(예 녹색, 청록, 연두 등).
- 친근하고 즐거운 느낌을 주며 협조적, 온화함, 상냥함을 느낄 수 있다.

38 문–스펜서(P. Moon and D.E. Spencer)의 색채 조화론 중 거리가 먼 것은?

① 동일의 조화(identity)
② 유사의 조화(similarity)
③ 대비의 조화(contrast)
④ 통일의 조화(unity)

해설
문 – 스펜서(Moon & Spencer)의 색채조화론
- 동등(identity) : 같은 색의 조화
- 유사(similarity) : 유사한 색의 조화
- 대비(contrast) : 반대색의 조화·부조화
- 제1불명료(1st ambiguity) : 아주 유사한 색의 부조화
- 제2불명료(2nd ambiguity) : 약간 다른 색의 부조화
- 눈부심(glare) : 극단적인 반대색의 부조화

39 다음 중 부엌을 칠할 때 요리대 앞면의 벽색으로 가장 적합한 것은?

① 명도 2 정도, 채도 9
② 명도 4 정도, 채도 7
③ 명도 6 정도, 채도 5
④ 명도 8 정도, 채도 2 이하

해설
부엌
- 조리대는 무채색 혹은 채도가 아주 낮은 색상을 선택하는 것이 좋다(조리대 앞면의 벽 : 명도 8, 채도 2 정도).
- 주방의 벽면 : 비교적 밝은색
- 천장 : 명도 9 이상의 흰색에 가까운 밝은색
- 바닥 : 안정감을 위해 저명도로 하는 것이 좋다(좁은 부엌일수록 각 면의 채도를 낮추는 것이 좋다).
※ 명도는 밝고 어두운 정도를 나타내고, 채도는 색의 강약을 나타낸다.

40 디지털색채시스템에서 CMYK형식에 대한 설명으로 옳은 것은?

① CMYK 4가지 컬러를 혼합하면 검정이 된다.
② 가법혼합방식에 기초한 원리를 사용한다.
③ RGB형식에서 CMYK형식으로 변환되었을 경우 컬러가 더욱 선명해 보인다.
④ 표현할 수 있는 컬러의 범위가 RGB형식보다 넓다.

해설
② 감법혼합방식에 기초한 원리를 사용한다.
③ CMYK형식은 명도와 채도가 낮아지기 때문에 컬러가 탁해진다.
④ 표현할 수 있는 컬러의 범위가 RGB형식이나 HSB형식보다 작다.

제3과목 건축재료

41 페어글라스라고도 불리우며 단열성, 차음성이 좋고 결로 방지에 효과적인 유리는?

① 복층유리 ② 강화유리
③ 자외선차단유리 ④ 망입유리

[해설]
복층유리 : 2장 이상의 판유리 틈새에 압력공기를 채운 것으로 단열성, 차음성이 좋고 결로가 생기지 않는다.

42 목재의 구성요소 중 세포 내의 세포내강이나 세포간극과 같은 빈 공간에 목재조직과 결합되지 않은 상태로 존재하는 수분을 무엇이라 하는가?

① 세포수 ② 혼합수
③ 결합수 ④ 자유수

[해설]
목재의 함유 수분은 그 존재 상태에 따라 자유수와 결합수(목재 물질과 화학적으로 결합되어 있는 물분자)로 대별된다.

43 목재의 방부제가 갖추어야 할 성질로 옳지 않은 것은?

① 균류에 대한 저항성이 클 것
② 화학적으로 안정할 것
③ 휘발성이 있을 것
④ 침투성이 클 것

[해설]
목재 방부제에 요구되는 성질
• 목재에 침투가 잘되고 방부성이 큰 것
• 목재에 접촉되는 금속이나 인체에 피해가 없을 것
• 악취가 나거나 목재를 변색시키지 않을 것
• 방부처리 후 표면에 페인트를 칠할 수 있을 것
• 목재의 인화성과 흡수성의 증가가 없을 것
• 목재의 강도 저하나 중량 증가가 되지 않을 것
• 목재의 가공에 불편하지 않을 것
• 값이 저렴하고 방부처리가 용이할 것

44 아스팔트 방수재료로서 천연 아스팔트가 아닌 것은?

① 아스팔타이트(asphaltite)
② 록 아스팔트(rock asphalt)
③ 레이크 아스팔트(lake asphalt)
④ 블론 아스팔트(blown asphalt)

[해설]
아스팔트의 종류

천연 아스팔트	레이크(lake) 아스팔트	
	록(rock) 아스팔트	
	샌드(sand) 아스팔트	
	아스팔타이트 (aspaltite)	길소나이트(gilsonite)
		그라하마이트(grahamite)
		글랜스 피치(glance pitch)
석유 아스팔트	스트레이트(straight) 아스팔트	
	컷백(cutback) 아스팔트	급속경화형(rapid curing)
		중속경화형(medium curing)
		완속경화형(slow curing)
	유화(emulsified) 아스팔트	양이온계(RSC, MSC)
		음이온계(RSA, MSA)
	블론(blown) 아스팔트	
	개질(modified) 아스팔트	

[정답] 41 ① 42 ④ 43 ③ 44 ④

45 타일에 관한 설명을 옳지 않은 것은?

① 일반적으로 모자이크 타일 및 내장 타일은 건식법, 외장 타일은 습식법에 의해 제조된다.
② 바닥 타일, 외부 타일로는 주로 도기질 타일이 사용된다.
③ 내부 벽용 타일은 흡수성과 마모저항성이 조금 떨어지더라도 미려하고 위생적인 것을 선택한다.
④ 타일은 일반적으로 내화적이며, 형상과 색조의 표현이 자유로운 특성이 있다.

해설
호칭 및 소지의 질에 의한 구분

호칭	소지의 질
내장 타일	자기질, 석기질, 도기질
외장 타일	자기질, 석기질
바닥 타일	자기질, 석기질
모자이크 타일	자기질
클링커 타일	석기질

46 멜라민수지에 관한 설명으로 옳지 않은 것은?

① 열가소성 수지이다.
② 내수성, 내약품성, 내용제성이 좋다.
③ 무색투명하며 착색이 자유롭다.
④ 내열성과 전기적 성질이 요소수지보다 우수하다.

해설
합성수지의 종류

열경화성 수지	페놀, 에폭시, 요소, 멜라민, 프란, 실리콘, 알키드, 폴리에스테르
열가소성 수지	폴리스티렌, 폴리에틸렌, 폴리아미드, 폴리프로필렌, 염화비닐, 초산비닐, 메타크릴, 아크릴

47 인조석바름 재료에 관한 설명으로 옳지 않은 것은?

① 주재료는 시멘트, 종석, 돌가루, 안료 등이다.
② 돌가루는 부배합의 시멘트가 건조수축할 때 생기는 균열을 방지하기 위해 혼입한다.
③ 안료는 물에 녹지 않고 내알칼리성이 있는 것을 사용한다.
④ 종석의 알의 크기는 2.5mm체에 100% 통과하는 것으로 한다.

해설
종석알의 크기

인조석바름		테라초바름	
5mm체 통과분	100%	15mm체 통과분	100%
2.5mm체 통과분	50%	5mm체 통과분	50%
1.7mm체 통과분	0	2.5mm체 통과분	0

48 침엽수에 관한 설명으로 옳지 않은 것은?

① 수고가 높으며 통직형이 많다.
② 비교적 경량이며 가공이 용이하다.
③ 건조가 어려우며 결함 발생확률이 높다.
④ 병충해에 약한 편이다.

해설
침엽수와 활엽수의 장단점

구분	장점	단점
침엽수	• 수고가 높으며 통직함 • 비교적 경량이며 가공이 용이함 • 압축 및 인장, 휨강도가 강함 • 선부재를 대량으로 생산이 가능함 • 건조가 용이함	병충해에 약하여 외부에 사용되는 침엽수는 반드시 방부 및 방충처리를 하여야 하며 방부처리로 인한 2차 피해가 우려됨
활엽수	• 가공 후 외관 및 연륜의 화려함 • 외적으로 다양한 특징을 지님 • 내장용 및 가구재로서 사용 시 시간이 지날수록 가치가 상승함	• 수고가 낮으며 통직하지 못함 • 비중이 높아 무거우며 가공이 어려움 • 건조가 어려우며 결함 발생확률이 높음

49 용융하기 쉽고, 산에는 강하나 알칼리에 약한 특성이 있으며 건축 일반용 창호유리, 병유리에 자주 사용되는 유리는?

① 소다석회유리 ② 칼륨석회유리
③ 보헤미아유리 ④ 납유리

해설
소다석회유리 : 값이 저렴하고, 화학적으로 안정되며, 적당히 단단하면서도 작품을 마무리할 때 필요하면 언제든지 다시 녹일 수 있기 때문에 세공이 쉽다. 이와 같은 성질 때문에 백열전구, 창유리, 병, 공예품 제조에 널리 사용된다.

50 강도, 경도, 비중이 크며 내화적이고 석질이 극히 치밀하여 구조용 석재 또는 장식재로 널리 쓰이는 것은?

① 화강암 ② 응회암
③ 캐스트 스톤 ④ 안산암

해설
④ 안산암 : 화성암의 일종으로 조직 및 색조가 일정치 않은 결점이 있고, 석괴 중에는 절리가 있어 채석, 가공이 용이하나 큰 재료를 얻기 힘들다.
① 화강암 : 질이 단단하고 내구성 및 강도가 크고 외관이 수려하며, 절리의 거리가 비교적 커서 대재를 얻을 수 있다.
② 응회암 : 화성암의 일종으로 내구성 및 강도가 크고 외관이 수려하며, 절리의 거리가 비교적 커서 대재를 얻을 수 있으나 함유 광물의 열팽창계수가 달라 내화성이 약한 석재이다.
③ 캐스트 스톤 : 건물의 외부를 마감하는 데 쓰는 인조석 블록으로, 표면을 숫돌로 연마하거나 잔다듬을 하여 자연석에 가깝게 만든 것이다.

51 철골 부재 간 접합방식 중 마찰접합 또는 인장접합 등을 이용한 것은?

① 메탈터치 ② 칼럼쇼트닝
③ 필릿용접 접합 ④ 고력볼트 접합

해설
고력볼트의 접합방법의 종류는 마찰접합과 인장접합으로 분류되며, 일반적으로 고력볼트 접합이라고 하면 마찰접합을 의미한다.

52 재료의 일반적 성질 중 재료의 외력을 제거하여도 재료가 원상으로 돌아가지 않고 변형된 그대로의 상태로 남아 있는 성질을 무엇이라고 하는가?

① 탄성 ② 소성
③ 점성 ④ 인성

해설
② 소성 : 외력이 작용하면 변형이 생기고 외력을 제거하면 원상태로 되지 않고 변형된 그대로 있는 성질
① 탄성 : 외력을 받아 변형되어도 다시 복원되는 성질
③ 점성 : 소성과 함께 비탄성으로 외력에 의한 유동 시 재료 각부에 서로 저항이 생기는 성질
④ 인성 : 외력을 받아 변형을 나타내면서도 파괴되지 않고 견딜 수 있는 성질

53 시멘트의 조성 화합물 중 수화작용이 가장 빠르며 수화열이 가장 높고 경화과정에서 수축률도 높은 것은?

① 규산 3석회
② 규산 2석회
③ 알루민산 3석회
④ 알루민산철 4석회

해설
알루민산 3석회(알루민산 제3칼슘 화합물) : 수화작용이 가장 빠르며 수화열이 가장 높고 경화과정에서 수축률도 높다.

[정답] 49 ① 50 ④ 51 ④ 52 ② 53 ③

54 도료의 전색제 중 천연수지로 볼 수 없는 것은?

① 로진(rosin)
② 대머(dammer)
③ 멜라민(melamine)
④ 셸락(shellac)

해설
수지의 종류
- 천연수지 : 로진(송진), 대머(수목 분비물), 코우펄(열대수목 분비물), 셸락(곤충 분비물)
- 합성수지 : 석탄산수지(페놀수지), 요소수지, 비닐수지, 멜라민수지, 실리콘수지

55 경질섬유판의 성질에 관한 설명으로 옳지 않은 것은?

① 가로·세로의 신축이 거의 같으므로 비틀림이 작다.
② 표면이 평활하고 비중에 0.5 이하이며 경도가 작다.
③ 구멍 뚫기, 본뜨기, 구부림 등의 2차 가공이 가능하다.
④ 펄프를 접착제로 제판하여 양면을 열압건조시킨 것이다.

해설
표면이 평활하고 비중이 0.9 이상이며 경도가 크다.

56 점토제품 중에서 흡수성이 가장 큰 것은?

① 토기   ② 도기
③ 석기   ④ 자기

해설
점토제품의 흡수성
토기 > 도기 > 석기 > 자기

57 알루미늄의 성질에 관한 설명으로 옳지 않은 것은?

① 융점이 낮기 때문에 용해주조도는 좋으나 내화성이 부족하다.
② 열·전기전도성이 크고 반사율이 높다.
③ 알칼리나 해수에는 부식이 쉽게 일어나지 않지만 대기 중에서는 쉽게 침식된다.
④ 비중이 철의 1/3 정도로 경량이다.

해설
알루미늄은 그 표면에 치밀한 산화피막이 형성되기 때문에 대기 중에서는 부식이 쉽게 일어나지 않지만 알칼리나 해수에는 약하다.

58 시멘트를 저장할 때의 주의사항으로 옳지 않은 것은?

① 장기간 저장 시에는 7포 이상 쌓지 않는다.
② 통풍이 원활하도록 한다.
③ 저장소는 방습처리에 유의한다.
④ 3개월 이상된 것은 재시험하여 사용한다.

해설
시멘트 보관 시 주의사항
- 창고의 바닥 높이는 지면에서 30cm 이상으로 한다.
- 지붕은 비가 새지 않는 구조로 하고, 벽이나 천장은 기밀하게 한다.
- 창고 주위는 배수도랑을 두고 우수의 침입을 방지한다.
- 출입구 채광창 이외의 환기창은 두지 않는다.
- 반입구와 반출구를 따로 두어 먼저 쌓는 것부터 사용하도록 한다.
- 시멘트 쌓기의 높이는 13포(1.5m) 이하로 한다. 장기간 쌓아 두는 것은 7포 이상 쌓아 올리지 않아야 한다.
- 시멘트의 보관은 1m²당 30~35포대 정도로 하고, 통로를 고려하지 않는 경우에는 1m²당 50포대 정도로 한다. 시멘트 사용량이 600포대 이하인 경우에는 전량을 저장할 수 있는 창고를 가설하고, 600포대 이상인 경우에는 공사기간에 따라서 전량을 1/3을 저장할 수 있는 창고로 한다.

59 다음 중 시멘트의 안정성 측정시험법은?

① 오토클레이브 팽창도 시험
② 브레인법
③ 표준체법
④ 슬럼프 시험

해설
시멘트의 안정도 시험(오토클레이브 팽창도)
시멘트가 굳어 가는 도중에 부피가 팽창하는 정도를 안정성이라고 하며, 시멘트는 경화 도중에 팽창성 균열 혹은 뒤틀림 변형이 생긴다. 시멘트 오토클레이브 팽창도 시험방법은 KS L 5107에 규정되어 있으며, 포틀랜드 시멘트의 안정도는 KS에서 0.8% 이하로 규정하고 있다.

60 목재 건조의 목적이 아닌 것은?

① 부재 중량의 경감
② 강도 및 내구성 증진
③ 부패 방지 및 충해 예방
④ 가공성 증진

해설
목재 건조의 목적
- 균류에 의한 부식과 벌레의 피해를 예방
- 사용 후의 수축 및 균열을 방지
- 강도 및 내구성의 증진
- 중량경감과 그로 인한 취급 및 운반비의 절약
- 방부제 등의 약제 주입을 용이하게 함

제4과목 건축일반

61 내력벽 벽돌쌓기에 있어서 영국식 쌓기가 활용되는 가장 큰 이유는?

① 토막 벽돌을 이용할 수 있어 경제적이기 때문에
② 시공의 용이함으로 공사 진행이 빠르기 때문에
③ 통줄눈이 생기지 않아 구조적으로 유리하기 때문에
④ 일반적으로 외관이 뛰어나기 때문에

해설
영국식 쌓기
- 한 켜는 마구리쌓기, 다음 켜는 길이쌓기로 하고 모서리 벽 끝에는 이오토막을 사용하여 마무리하는 쌓기법으로 통줄눈이 생기지 않는다.
- 가장 튼튼한 쌓기법으로 내력벽(bearing wall)쌓기에 많이 이용된다.

62 다음은 건축법령에 따른 차면시설 설치에 관한 조항이다. ( ) 안에 들어갈 내용으로 옳은 것은?

> 인접 대지경계선으로부터 직선거리 ( ) 이내에 이웃 주택의 내부가 보이는 창문 등을 설치하는 경우에는 차면시설(遮面施設)을 설치하여야 한다.

① 1.5m ② 2m
③ 3m ④ 4m

해설
창문 등의 차면시설(건축법 시행령 제55조)
인접 대지경계선으로부터 직선거리 2m 이내에 이웃 주택의 내부가 보이는 창문 등을 설치하는 경우에는 차면시설(遮面施設)을 설치하여야 한다.

정답 59 ① 60 ④ 61 ③ 62 ②

63 철골조에서 스티프너를 사용하는 이유로 가장 적당한 것은?

① 콘크리트와의 일체성 확보
② 웨브 플레이트의 좌굴 방지
③ 하부 플랜지의 단면계수 보강
④ 상부 플랜지의 단면계수 보강

해설
스티프너 : 철골구조에서 판보에 작용하는 전단응력도가 클 경우 좌굴 방지를 위해 웨브판에 덧대는 보강재이다.

64 다음 소방시설 중 소화설비에 해당되지 않는 것은?

① 연결살수설비
② 스프링클러설비
③ 옥외소화전설비
④ 소화기구

해설
연결살수설비는 소화활동설비에 속한다.
소방시설(소방시설 설치 및 관리에 관한 법률 시행령 별표 1)
소화설비 : 물 또는 그 밖의 소화약제를 사용하여 소화하는 기계·기구 또는 설비로서 다음의 것을 말한다.
- 소화기구
- 자동소화장치
- 옥내소화전설비
- 스프링클러설비 등
- 물분무 등 소화설비
- 옥외소화전설비

65 비상경보설비를 설치하여야 하는 특정소방대상물의 기준으로 옳지 않은 것은?

① 연면적 400m²(지하가 중 터널 또는 사람이 거주하지 않거나 벽이 없는 축사 등 동식물 관련 시설은 제외한다) 이상인 것
② 지하가 중 터널로서 길이가 500m 이상인 것
③ 50명 이상의 근로자가 작업하는 옥내 작업장
④ 지하층 또는 무창층의 바닥 면적이 400m²(공연장의 경우 200m²) 이상인 것

해설
※ 관련 법령 개정으로 용어가 다음과 같이 변경되었습니다.
  지하가 중 터널 → 터널
※ 출제 시 정답은 ④였으나, 법령 개정으로 정답 ①, ④
비상경보설비를 설치해야 하는 특정소방대상물(소방시설 설치 및 관리에 관한 법률 시행령 별표 4)
모래·석재 등 불연재료 공장 및 창고시설, 위험물 저장 및 처리시설 중 가스시설, 사람이 거주하지 않거나 벽이 없는 축사 등 동물 및 식물 관련 시설 및 지하구는 제외한다.
- 연면적 400m² 이상인 것은 모든 층
- 지하층 또는 무창층의 바닥 면적이 150m²(공연장의 경우 100m²) 이상인 경우에는 모든 층
- 터널로서 길이가 500m 이상인 것
- 50명 이상의 근로자가 작업하는 옥내 작업장

66 특별피난계단 및 비상용 승강기의 승강장에 설치하는 배연설비의 구조에 관한 기준으로 옳지 않은 것은?

① 배연구 및 배연풍도는 불연재료로 하고, 화재가 발생한 경우 원활하게 배연시킬 수 있는 규모로서 외기 또는 평상시에 사용하지 아니하는 굴뚝에 연결할 것
② 배연구에 설치하는 수동개방장치 또는 자동개방장치(열감지기 또는 연기감지기에 의한 것을 말한다)는 손으로도 열고 닫을 수 없도록 할 것
③ 배연구는 평상시에는 닫힌 상태를 유지하고, 연 경우에는 배연에 의한 기류로 인하여 닫히지 아니하도록 할 것
④ 배연구가 외기에 접하지 아니하는 경우에는 배연기를 설치할 것

해설
특별피난계단 및 비상용 승강기의 승강장에 설치하는 배연설비의 구조(건축물의 설비기준 등에 관한 규칙 제14조 제2항)
1. 배연구 및 배연풍도는 불연재료로 하고, 화재가 발생한 경우 원활하게 배연시킬 수 있는 규모로서 외기 또는 평상시에 사용하지 아니하는 굴뚝에 연결할 것
2. 배연구에 설치하는 수동개방장치 또는 자동개방장치(열감지기 또는 연기감지기에 의한 것을 말한다)는 손으로도 열고 닫을 수 있도록 할 것
3. 배연구는 평상시에는 닫힌 상태를 유지하고, 연 경우에는 배연에 의한 기류로 인하여 닫히지 아니하도록 할 것
4. 배연구가 외기에 접하지 아니하는 경우에는 배연기를 설치할 것
5. 배연기는 배연구의 열림에 따라 자동적으로 작동하고, 충분한 공기배출 또는 가압능력이 있을 것
6. 배연기에는 예비전원을 설치할 것
7. 공기유입방식을 급기가압방식 또는 급·배기방식으로 하는 경우에는 1. 내지 6.의 규정에 불구하고 소방관계법령의 규정에 적합하게 할 것

67 다음은 건축물의 피난·방화구조 등의 기준에 관한 규칙에 따른 계단의 설치기준이다. (   ) 안에 들어갈 내용으로 옳은 것은?

> 높이가 (   )를 넘는 계단 및 계단참의 양옆에는 난간(벽 또는 이에 대치되는 것을 포함한다)을 설치할 것

① 1m
② 1.2m
③ 1.5m
④ 2m

해설
계단의 설치기준(건축물의 피난·방화구조 등의 기준에 관한 규칙 제15조 제1항)
건축물에 설치하는 계단은 다음의 기준에 적합해야 한다.
• 높이가 3m를 넘는 계단에는 높이 3m 이내마다 유효 너비 120cm 이상의 계단참을 설치할 것
• 높이가 1m를 넘는 계단 및 계단참의 양옆에는 난간(벽 또는 이에 대치되는 것을 포함한다)을 설치할 것
• 너비가 3m를 넘는 계단에는 계단의 중간에 너비 3m 이내마다 난간을 설치할 것. 다만, 계단의 단 높이가 15cm 이하이고, 계단의 단 너비가 30cm 이상인 경우에는 그러하지 아니하다.
• 계단의 유효 높이(계단의 바닥 마감면부터 상부 구조체의 하부 마감면까지의 연직 방향의 높이를 말한다)는 2.1m 이상으로 할 것

68 오피스텔과 공동주택의 난방설비를 개별난방방식으로 하는 경우의 기준으로 옳지 않은 것은?

① 보일러는 거실 외의 곳에 설치하고 보일러를 설치하는 곳과 거실 사이의 경계벽은 출입구를 포함하여 불연재료로 마감한다.
② 보일러실의 윗부분에는 0.5m² 이상의 환기창을 설치한다.
③ 오피스텔의 경우에는 난방구획을 방화구획으로 구획한다.
④ 기름보일러를 설치하는 경우에는 기름저장소를 보일러실 외의 다른 곳에 설치한다.

해설
개별난방설비(건축물의 설비기준 등에 관한 규칙 제13조 제1항)
공동주택과 오피스텔의 난방설비를 개별난방방식으로 하는 경우에는 다음의 기준에 적합해야 한다.
- 보일러는 거실 외의 곳에 설치하되, 보일러를 설치하는 곳과 거실 사이의 경계벽은 출입구를 제외하고는 내화구조의 벽으로 구획할 것
- 보일러실의 윗부분에는 그 면적이 0.5m² 이상인 환기창을 설치하고, 보일러실의 윗부분과 아랫부분에는 각각 지름 10cm 이상의 공기흡입구 및 배기구를 항상 열려 있는 상태로 바깥공기에 접하도록 설치할 것. 다만, 전기보일러의 경우에는 그러하지 아니하다.
- 보일러실과 거실 사이의 출입구는 그 출입구가 닫힌 경우에는 보일러가스가 거실에 들어갈 수 없는 구조로 할 것
- 기름보일러를 설치하는 경우에는 기름저장소를 보일러실 외의 다른 곳에 설치할 것
- 오피스텔의 경우에는 난방구획을 방화구획으로 구획할 것
- 보일러의 연도는 내화구조로서 공동연도로 설치할 것

69 서양 건축양식을 시대 순에 따라 옳게 나열한 것은?

① 비잔틴 - 로코코 - 로마 - 르네상스
② 바로크 - 로마 - 이집트 - 비잔틴
③ 이집트 - 바로크 - 로마 - 르네상스
④ 이집트 - 로마 - 비잔틴 - 바로크

해설
서양 건축의 시대 순서
원시 → 서아시아 → 이집트 → 로마양식(B.C. 8C~A.D. 4C) → 비잔틴(527~1453) → 로마네스크(751~13C) → 고딕(1120~1550) → 르네상스 건축(1420~1650) → 바로크 건축(1540~1750)

70 다음 중 방염대상물품에 해당되지 않는 것은?

① 암막
② 무대용 합판
③ 종이벽지
④ 창문에 설치하는 커튼류

해설
※ 관련 법령 개정으로 문제의 지문이 다음과 같이 변경되었습니다.
　종이벽지 → 두께가 2mm 미만인 종이벽지
방염대상물품 및 방염성능기준(소방시설 설치 및 관리에 관한 법률 시행령 31조)
- 제조 또는 가공 공정에서 방염처리를 한 물품
- 창문에 설치하는 커튼류(블라인드를 포함)
- 카펫
- 벽지류(두께가 2mm 미만인 종이벽지는 제외)
- 전시용 합판·목재 또는 섬유판, 무대용 합판·목재 또는 섬유판(합판·목재류의 경우 불가피하게 설치현장에서 방염처리한 것을 포함)
- 암막·무대막(영화상영관에 설치하는 스크린과 가상체험체육시설업에 설치하는 스크린 포함)
- 섬유류 또는 합성수지류 등을 원료로 하여 제작된 소파·의자(단란주점영업, 유흥주점영업 및 노래연습장업의 영업장에 설치하는 것으로 한정)

71 제연설비를 설치해야 할 특정소방대상물이 아닌 것은?

① 특정소방대상물(갓복도형 아파트 등은 제외한다)에 부설된 특별피난계단 또는 비상용 승강기의 승강장
② 지하가(터널은 제외한다)로서 연면적이 500m²인 것
③ 문화 및 집회시설로서 무대부의 바닥 면적이 300m²인 것
④ 지하가 중 예상 교통량, 경사도 등 터널의 특성을 고려하여 행정안전부령으로 정하는 터널

해설

※ 관련 법령 개정으로 용어가 다음과 같이 변경되었습니다.
　지하가(터널은 제외한다) → 지하상가
　지하가 중 예상 교통량 → 예상 교통량

제연설비를 설치해야 하는 특정소방대상물(소방시설 설치 및 관리에 관한 법률 시행령 별표 4)
- 문화 및 집회시설, 종교시설, 운동시설로서 무대부의 바닥 면적이 200m² 이상인 경우에는 해당 무대부
- 문화 및 집회시설 중 영화상영관으로서 수용인원 100명 이상인 경우에는 해당 영화상영관
- 지하층이나 무창층에 설치된 근린생활시설, 판매시설, 운수시설, 숙박시설, 위락시설, 의료시설, 노유자시설 또는 창고시설(물류터미널로 한정한다)로서 해당 용도로 사용되는 바닥 면적의 합계가 1,000m² 이상인 경우 해당 부분
- 운수시설 중 시외버스정류장, 철도 및 도시철도 시설, 공항시설 및 항만시설의 대기실 또는 휴게시설로서 지하층 또는 무창층의 바닥 면적이 1,000m² 이상인 경우에는 모든 층
- 지하상가로서 연면적 1,000m² 이상인 것
- 예상 교통량, 경사도 등 터널의 특성을 고려하여 행정안전부령으로 정하는 터널
- 특정소방대상물(갓복도형 아파트 등은 제외)에 부설된 특별피난계단 또는 비상용 승강기의 승강장 또는 피난용 승강기의 승강장

72 소방시설법령에서 정의한 무창층에 해당하는 기준으로 옳은 것은?

A : 무창층과 관련된 일정요건을 갖춘 개구부 면적의 합계
B : 해당 층 바닥 면적

① A/B ≤ 1/10　② A/B ≤ 1/20
③ A/B ≤ 1/30　④ A/B ≤ 1/40

해설

정의(소방시설 설치 및 관리에 관한 법률 시행령 제2조)
'무창층(無窓層)'이란 지상층 중 다음의 요건을 모두 갖춘 개구부(건축물에서 채광·환기·통풍 또는 출입 등을 위하여 만든 창·출입구, 그 밖에 이와 비슷한 것을 말한다)의 면적의 합계가 해당 층의 바닥 면적의 1/30 이하가 되는 층을 말한다.
- 크기는 지름 50cm 이상의 원이 통과할 수 있는 크기일 것
- 해당 층의 바닥면으로부터 개구부 밑부분까지의 높이가 1.2m 이내일 것
- 도로 또는 차량이 진입할 수 있는 빈터를 향할 것
- 화재 시 건축물로부터 쉽게 피난할 수 있도록 창살이나 그 밖의 장애물이 설치되지 아니할 것
- 내부 또는 외부에서 쉽게 부수거나 열 수 있을 것

73 굴뚝 또는 사일로 등 평면형상이 일정하고 높은 구조물에 가장 적합한 거푸집은?

① 유로 폼　② 와플 폼
③ 터널 폼　④ 슬라이딩 폼

해설

슬라이딩 폼(활동 거푸집)
- 콘크리트를 부어 넣으면서 거푸집을 수직 방향으로 이동시켜 연속작업을 할 수 있게 한 거푸집이다.
- 공사기간이 단축되고 소요경비가 절감된다.
- 연속적으로 부어 넣으므로 일체성을 확보할 수 있다.
- 사일로, 굴뚝, 아파트 벽 공사 등에 적당하다.

74 벽이나 바닥, 지붕 등 건축물의 특정 부위에 단열이 연속되지 않은 부분이 있어 이 부위를 통한 열의 이동이 많아지는 현상을 무엇이라 하는가?

① 결로현상　② 열획득현상
③ 대류현상　④ 열교현상

해설
열교현상(熱橋現象)
- 실내의 따뜻한 공기나 열기가 건물구조체를 타고 빠져나가는 현상이다.
- 열교현상이 발생하면 구조체 전체의 단열성이 저하되고 표면결로가 발생한다.

75 다음 중 광속의 단위로 옳은 것은?

① cd　② lx
③ lm　④ cd/m²

해설
① cd : 광도의 단위
② lx : 조도의 단위
④ cd/m² : 휘도의 단위

76 스프링클러설비를 설치하여야 하는 특정소방대상물에 대한 기준으로 옳은 것은?

① 창고시설(물류터미널은 제외한다)로서 바닥 면적 합계가 3,000m² 이상인 경우에는 모든 층
② 판매시설, 운수시설 및 창고시설(물류터미널에 한정한다)로서 바닥 면적의 합계가 3,000m² 이상이거나 수용인원이 300명 이상인 경우에는 모든 층
③ 숙박이 가능한 수련시설로서 해당 용도로 사용되는 바닥 면적의 합계가 600m² 이상인 경우 모든 층
④ 종교시설(주요 구조부가 목조인 것은 제외)의 경우 수용인원이 50명 이상인 경우 모든 층

해설
스프링클러설비(위험물 저장 및 처리 시설 중 가스시설 또는 지하구는 제외한다)를 설치해야 하는 특정소방대상물(소방시설 설치 및 관리에 관한 법률 시행령 별표 4)
- 문화 및 집회시설(동·식물원은 제외), 종교시설(주요 구조부가 목조인 것은 제외), 운동시설(물놀이형 시설 및 바닥이 불연재료이고 관람석이 없는 운동시설은 제외)로서 다음의 어느 하나에 해당하는 경우에는 모든 층
  - 수용인원이 100명 이상인 것
  - 영화상영관의 용도로 쓰이는 층의 바닥 면적이 지하층 또는 무창층인 경우에는 500m² 이상, 그 밖의 층의 경우에는 1,000m² 이상인 것
- 판매시설, 운수시설 및 창고시설(물류터미널에 한정한다)로서 바닥 면적의 합계가 5,000m² 이상이거나 수용인원이 500명 이상인 경우에는 모든 층
- 숙박이 가능한 수련시설로서 해당 용도로 사용되는 바닥 면적의 합계가 600m² 이상인 것은 모든 층

74 ④　75 ③　76 ③

77 한국 전통건축 관련 용어에 관한 설명으로 옳지 않은 것은?

① 평방 – 기둥 상부의 창방 위에 놓아 다포계 건물의 주간포작을 설치하기 용이하도록 하기 위한 직사각형 단면의 부재이다.
② 연등천장 – 따로 반자를 설치하지 않고 서까래를 그대로 노출시킨 천장이며, 구조미를 나타낸다.
③ 귀솟음 – 기둥머리를 건물 안쪽으로 약간씩 기울여주는 것을 말하며 오금법이라고도 한다.
④ 활주 – 추녀 밑을 받치고 있는 기둥을 말한다.

해설
③은 안쏠림에 대한 설명이다.
귀솟음(솟음기법) : 건물을 입면상에 바라볼 때 기둥의 높이가 가운데 기둥이 제일 낮고 양쪽 추녀쪽으로 갈수록 약간씩 높여주는 것을 말한다.

78 건축물에 설치하는 방화벽의 구조에 관한 기준으로 옳지 않은 것은?

① 방화벽에 설치하는 출입문의 너비 및 높이는 각각 2.5m 이하로 한다.
② 방화벽에 설치하는 출입문은 갑종방화문 또는 을종방화문으로 한다.
③ 내화구조로서 홀로 설 수 있는 구조로 한다.
④ 방화벽의 양쪽 끝과 위쪽 끝을 건축물의 외벽면 및 지붕면으로부터 0.5m 이상 튀어나오게 한다.

해설
※ 관련 법령 개정으로 용어가 다음과 같이 변경되었습니다.
갑종방화문 → 60분+ 방화문 또는 60분 방화문
을종방화문 → 30분 방화문
방화벽의 구조(건축물의 피난・방화구조 등의 기준에 관한 규칙 제21조)
• 내화구조로서 홀로 설 수 있는 구조일 것
• 방화벽의 양쪽 끝과 위쪽 끝을 건축물의 외벽면 및 지붕면으로부터 0.5m 이상 튀어나오게 할 것
• 방화벽에 설치하는 출입문의 너비 및 높이는 각각 2.5m 이하로 하고, 해당 출입문에는 60분+ 방화문 또는 60분 방화문을 설치할 것

79 상업지역 및 주거지역에서 건축물에 설치하는 냉방시설 및 환기시설의 배기구는 도로면으로부터 최소 얼마 이상의 높이에 설치하여야 하는가?

① 1m   ② 2m
③ 3m   ④ 4m

해설
건축물의 냉방설비 등(건축물의 설비기준 등에 관한 규칙 제23조)
상업지역 및 주거지역에서 건축물에 설치하는 냉방시설 및 환기시설의 배기구와 배기장치의 설치는 다음의 기준에 모두 적합해야 한다.
• 배기구는 도로면으로부터 2m 이상의 높이에 설치할 것
• 배기장치에서 나오는 열기가 인근 건축물의 거주자나 보행자에게 직접 닿지 아니하도록 할 것
• 건축물의 외벽에 배기구 또는 배기장치를 설치할 때에는 외벽 또는 다음의 기준에 적합한 지지대 등 보호장치와 분리되지 아니하도록 견고하게 연결하여 배기구 또는 배기장치가 떨어지는 것을 방지할 수 있도록 할 것
 – 배기구 또는 배기장치를 지탱할 수 있는 구조일 것
 – 부식을 방지할 수 있는 자재를 사용하거나 도장(塗裝)할 것

80 건축허가 등을 함에 있어서 미리 소방본부장 또는 소방서장의 동의를 받아야 하는 다음 대상 건축물의 최소 연면적 기준은?

대상 건축물 : 노유자시설 및 수련시설

① 200m² 이상   ② 300m² 이상
③ 400m² 이상   ④ 500m² 이상

해설
건축허가 등의 동의대상물의 범위 등(소방시설 설치 및 관리에 관한 법률 시행령 제7조)
연면적이 400m² 이상인 건축물이나 시설. 다만, 다음의 어느 하나에 해당하는 건축물이나 시설은 해당 기준 이상인 건축물이나 시설로 한다.
• 건축 등을 하려는 학교시설 : 100m² 이상
• 노유자시설 및 수련시설 : 200m² 이상
• 정신의료기관(입원실이 없는 정신건강의학과 의원은 제외) : 300m² 이상
• 장애인의료재활시설 : 300m² 이상

정답 77 ③ 78 ② 79 ② 80 ①

2018년 제3회 과년도 기출문제

제1과목 실내디자인론

01 상품의 유효 진열범위에서 고객의 시선이 자연스럽게 머물고, 손으로 잡기에도 편한 높이인 골든 스페이스(golden space)의 범위는?

① 500~850mm
② 850~1,250mm
③ 1,250~1,400mm
④ 1,400~1,600mm

해설
고객의 시선이 가장 편하게 머물고 손으로 잡기에도 가장 편안한 높이는 850~1,250mm로, 이 범위를 골든 스페이스(golden space)라고 한다.

02 실내 공간의 형태에 관한 설명으로 옳지 않은 것은?

① 원형의 공간은 중심성을 갖는다.
② 정방형의 공간은 방향성을 갖는다.
③ 직사각형의 공간에서는 깊이를 느낄 수 있다.
④ 천장이 모인 삼각형 공간은 높이에 관심이 집중된다.

해설
직사각형의 평면형을 갖는 공간형태는 강한 방향성을 갖는다.

03 실내디자인 요소 중 선에 관한 설명으로 옳지 않은 것은?

① 많은 선을 근접시키면 면으로 인식된다.
② 수직선은 공간을 실제보다 더 높아 보이게 한다.
③ 수평선은 무한, 확대, 안정 등 주로 정적인 느낌을 준다.
④ 곡선은 약동감, 생동감 넘치는 에너지와 운동감, 속도감을 준다.

해설
곡선은 유연하고, 경쾌하고, 여성적으로 느끼게 한다.

04 다음 설명에 알맞은 전시 공간의 특수전시기법은?

- 연속적인 주제를 시간적인 연속성을 가지고 선형으로 연출하는 전시기법이다.
- 벽면 전시와 입체물이 병행되는 것이 일반적인 유형으로 넓은 시야의 실경을 보는 듯한 감각을 준다.

① 디오라마 전시
② 파노라마 전시
③ 아일랜드 전시
④ 하모니카 전시

해설
① 디오라마 전시 : 하나의 사실 또는 주제의 시간 상황을 고정시켜 연출하는 것으로 현장에 임한 느낌을 주는 기법이다.
③ 아일랜드 전시 : 사방에서 감상해야 할 필요가 있는 조각물이나 모형을 전시하기 위해 벽면에서 띄어 놓아 전시하는 방법이다.
④ 하모니카 전시 : 전시 공간을 격자화하여 규칙적으로 배치하는 것으로 전시 내용에 통일된 형식이 규칙적으로 나타난다.

1 ② 2 ② 3 ④ 4 ②

05 개방형(open plan) 사무 공간에 있어서 평면계획의 기준이 되는 것은?

① 책상 배치
② 설비시스템
③ 조명의 분포
④ 출입구의 위치

해설
오픈 플랜은 단지 여러 책상이 있는 넓게 개방된 공간을 의미하는 것이 아니라, 식별 가능한 팀 구역을 조성하며 구역 내의 책상은 기밀 공간, 휴식 공간, 팀 테이블과 같은 다른 유연한 근무환경과 배치되는 것을 의미한다.

06 부엌에서의 작업 순서를 고려한 효율적인 작업대의 배치순서로 알맞은 것은?

① 준비대 → 조리대 → 가열대 → 개수대 → 배선대
② 개수대 → 준비대 → 가열대 → 조리대 → 배선대
③ 준비대 → 개수대 → 조리대 → 가열대 → 배선대
④ 개수대 → 조리대 → 준비대 → 가열대 → 배선대

해설
작업대는 부엌에서 취사가 이루어지는 곳으로, 준비대 → 개수대 → 조리대 → 가열대 → 배선대 순으로 배치한다.

07 단독주택의 현관에 관한 설명으로 옳은 것은?

① 거실의 일부를 현관으로 만드는 것이 좋다.
② 바닥은 저명도, 저채도의 색으로 계획하는 것이 좋다.
③ 전실을 두지 않으며 현관문은 미닫이문을 사용하는 것이 좋다.
④ 현관문은 외기와의 환기를 위해 거실과 직접 연결되도록 하는 것이 좋다.

해설
바닥은 더러워지기 쉬운 곳이므로 저명도, 저채도의 색으로 계획하는 것이 좋다.

08 바탕과 도형의 관계에서 도형이 되기 쉬운 조건에 관한 설명으로 옳지 않은 것은?

① 규칙적인 것은 도형으로 되기 쉽다.
② 바탕 위에 무리로 된 것은 도형으로 되기 쉽다.
③ 명도가 높은 것보다 낮은 것이 도형으로 되기 쉽다.
④ 이미 도형으로서 체험한 것은 도형으로 되기 쉽다.

해설
바탕에서 도형이 되기 쉬운 조건
• 단순한 것, 규칙적인 것, 대칭형이 도형이 되기 쉽다.
• 바탕(배경) 위에서 무리(군집)로 된 것은 도형이 되기 쉽다.
• 색의 경우, 명도차가 클수록 도형이 되기 쉽다.
• 과거에 도형으로 체험했던 것이 도형이 되기 쉽다.
• 시야의 중앙을 차지하는 것이 도형이 되기 쉽다.
• 수직·수평 위치에 있는 것이 사선 방향(기울어진 방향)에 있는 것보다 도형이 되기 쉽다.
• 면적 및 각도가 작은 것이 큰 것보다 도형이 되기 쉽다.
• 볼록형(돌출)과 오목형(후퇴)에서는 볼록형이 도형이 되기 쉽다.
• 둘러싸인 영역(폐쇄된 영역)이 둘러싸는 영역(개방된 영역)보다 도형이 되기 쉽다.
• 연속적인 것, 닫힌 모양은 도형이 되기 쉽다.
• 밑부분이 윗부분보다 도형이 되기 쉽다.
• 일정영역 안에서는 같은 모양의 것보다는 다른 모양이 도형이 되기 쉽다.
• 위로부터 내려오는 형보다, 아래로부터 올라가는 형의 영역이 도형이 되기 쉽다.

09 일광조절장치에 속하지 않는 것은?

① 커튼
② 루버
③ 코니스
④ 블라인드

해설
코니스 조명 : 벽면의 상부에 위치하여 모든 빛이 아래로 직사하도록 하는 방식의 조명이다.

10 건축화 조명방식에 관한 설명으로 옳지 않은 것은?

① 밸런스 조명은 창이나 벽의 커튼 상부에 부설된 조명이다.
② 코브 조명은 반사광을 사용하지 않고 광원의 빛을 직접 조명하는 방식이다.
③ 광창조명은 넓은 면적의 벽면에 매입하여 비스타(vista)적인 효과를 낼 수 있다.
④ 코니스 조명은 벽면의 상부에 위치하여 모든 빛이 아래로 직사하도록 하는 조명방식이다.

[해설]
코브(cove) 조명
천장, 벽, 보의 표면에 광원을 감추고 천장 등에서 반사한 간접광으로 조명하는 것으로, 실 전체에 부드러운 빛을 줄 수 있으나 효율이 나쁘고, 조도가 낮은 건축화 조명방식이다.

11 착시현상의 내용으로 옳지 않은 것은?

① 같은 길이의 수평선이 수직선보다 길어 보인다.
② 사선이 2개 이상의 평행선으로 중단되면 서로 어긋나 보인다.
③ 같은 크기의 도형이 상하로 겹쳐져 있을 때 위의 것이 커 보인다.
④ 검정 바탕에 흰 원이 동일한 크기의 흰 바탕에 검정 원보다 넓게 보인다.

[해설]
같은 길이의 수직선이 수평선보다 길어 보인다.

12 소파나 의자 옆에 위치하며 손이 쉽게 닿는 범위 내에 전화기, 문구 등 필요한 물품을 올려놓거나 수납하며 찻잔, 컵 등을 올려놓기도 하여 차 탁자의 보조용으로도 사용되는 테이블은?

① 티 테이블(tea table)
② 엔드 테이블(end table)
③ 나이트 테이블(night table)
④ 익스텐션 테이블(extension table)

[해설]
① 티 테이블(tea table) : 객실 내에 있는 가구로서 의자 중간에 놓는 간단한 테이블이다.
③ 나이트 테이블(night table) : 침대 머리 양옆에 놓는 테이블이다.
④ 익스텐션 테이블(extension table) : 다기능 테이블의 일종이다.

13 창에 관한 설명으로 옳지 않은 것은?

① 고정창은 비교적 크기와 형태에 제약 없이 자유로이 디자인할 수 있다.
② 창의 높낮이는 가구의 높이와 사람의 시선 높이에 영향을 받는다.
③ 충분한 보온과 개폐의 용이를 위해 창은 가능한 한 크게 하는 것이 좋다.
④ 창은 채광, 조망, 환기, 통풍의 역할을 하며 벽과 천장에 위치할 수 있다.

[해설]
충분한 보온과 개폐의 용이를 위해서 창은 가능한 한 작게 내는 것이 바람직하다.

14 상점 내 동선계획에 관한 설명으로 옳지 않은 것은?

① 고객 동선은 짧고 간단하게 하는 것이 좋다.
② 직원 동선은 되도록 짧게 하여 보행 및 서비스 거리를 최대한 줄이는 것이 좋다.
③ 고객 동선과 직원 동선이 만나는 곳에는 카운터 및 쇼케이스를 배치하는 것이 좋다.
④ 고객 동선은 흐름의 연속성이 상징적·지각적으로 분할되지 않는 수평적 바닥이 되도록 하는 것이 좋다.

해설
고객 동선은 가능한 한 길게 하여 상점 내에 오래 머물도록 하는 것이 좋다.

15 공동주택의 평면형식 중 계단실형(홀형)에 관한 설명으로 옳은 것은?

① 통행부의 면적이 작아 건물의 이용도가 높다.
② 1대의 엘리베이터에 대한 이용 가능한 세대수가 가장 많다.
③ 각 층에 있는 공용 복도를 통해 각 세대로 출입하는 형식이다.
④ 대지의 이용률이 높아 도심지 내의 독신자용 공동주택에 주로 이용된다.

해설
계단실형(hall system)
승강기가 설치된 계단실에서 각 주호로 직접 연결되는 형식으로 비교적 프라이버시 침해를 받지 않으며 양면에 개구부가 설치되어 있어 채광, 통풍이 좋다. 그러나 공용통로 부분이 작아서 전용면적이 많이 나오나 건축비가 많이 들고, 승강기의 이용효율이 나쁜 단점이 있다. 보통 계단식 아파트라 부르며 분양 평수에 비해 전용 면적이 많이 나오므로 발코니 시스템에 비해 매매가격이 높은 것이 특징이다. 주로 국민주택 규모 이상의 아파트에 많이 적용시키는 구조이다.

16 실내계획에 있어서 그리드 플래닝(grid planning)을 적용하는 전형적인 프로젝트는?

① 사무소　　② 미술관
③ 단독주택　④ 레스토랑

해설
사무소 평면 배치는 격자치수(그리드 플래닝), 즉 계획모듈이나 기본적 치수 단위로 기준을 정한다.

17 스툴(stool)의 종류 중 편안한 휴식을 위해 발을 올려놓는 데도 사용되는 것은?

① 세티　　　② 오토만
③ 카우치　　④ 체스터필드

해설
스툴은 등받이와 팔걸이가 없는 형태의 보조의자로 가벼운 작업이나 잠시 걸터앉아 휴식을 취할 때 사용된다. 더 편안한 휴식을 위해 발을 올려놓는 데도 사용되는 스툴을 오토만이라 한다.

18 디자인의 원리 중 균형에 관한 설명으로 옳지 않은 것은?

① 대칭적 균형은 가장 완전한 균형의 상태이다.
② 비대칭 균형은 능동의 균형, 비정형 균형이라고도 한다.
③ 방사형 균형은 한 점에서 분산되거나 중심점에서부터 원형으로 분산되어 표현된다.
④ 명도에 의해서 균형을 이끌어 낼 수 있으나 색채에 의해서는 균형을 표현할 수 없다.

해설
시각적인 균형을 느끼게 할 수 있는 요소로서 형태, 명도, 질감, 색채 등의 균형으로 구분할 수 있다.
- 명도의 균형 : 밝음과 어두움 사이의 균형을 의미한다.
- 색채의 균형 : 빨강, 노랑, 주황 등 따뜻한 색은 파랑, 초록, 보라색 등 차가운 색보다 시각적으로 무겁게 느껴진다.

19 공간을 에워싸는 수직적 요소로 수평 방향을 차단하여 공간을 형성하는 기능을 하는 것은?

① 벽　　② 보
③ 바닥　④ 천장

해설
벽은 인간의 시선과 동작을 차단하며 공기의 움직임을 제어할 수 있는 실내 공간을 형성하는 수직적 구성요소로서 공간요소 중 가장 많은 면적을 차지한다.

20 디자인을 위한 조건 중 최소의 재료와 노력으로 최대의 효과를 얻고자 하는 것은?

① 독창성　② 경제성
③ 심미성　④ 합목적성

해설
① 독창성 : 창의적인 발상에 의해 새롭게 탄생한다는 원칙
③ 심미성 : 어떤 사물을 볼 때 아름답다고 느끼는 감정
④ 합목적성 : 디자인을 하게 된 목적에 부합되는 성질(적합성)

제2과목　색채 및 인간공학

21 인간의 동작 중 굴곡에 관한 설명이 맞는 것은?

① 손바닥을 아래로
② 부위 간의 각도 감소
③ 몸의 중심선으로의 이동
④ 몸의 중심선으로의 회전

해설
굴곡 : 신체 부분을 좁게 구부리거나 각도를 좁히는 동작

22 란돌트의 링(landolt ring)과 관계가 깊은 것은?

① 시력측정　② 청력측정
③ 근력측정　④ 심전도측정

해설
란돌트의 c형 고리는 시력검사를 할 때 사용하는 한쪽이 뚫린 고리를 말한다.

23 패널 레이아웃(panel layout) 설계 시 표시장치의 그룹핑에 가장 많이 고려하여야 할 설계원칙은?

① 접근성　② 연속성
③ 유사성　④ 폐쇄성

해설
유사성 : 기능적으로 관련된 표시장치들을 모아서 배치한다.

24 동작경제의 원리에 관한 내용으로 틀린 것은?

① 가능하다면 낙하식 운반방법을 사용한다.
② 자연스러운 리듬이 생기도록 동작을 배치한다.
③ 두 손의 동작은 동시에 시작하고, 각각 끝나도록 한다.
④ 두 팔의 동작은 서로 반대 방향으로 대칭되도록 움직인다.

[해설]
두 손의 동작은 같이 시작하고 같이 끝나도록 한다.

25 조명의 적절성을 결정하는 요소가 아닌 것은?

① 작업의 형태
② 작업자 성별
③ 작업에 나타나는 위험 정도
④ 작업이 수행되는 속도와 정확성

[해설]
조도는 작업내용, 작업대상물(형태, 크기 반사율, 정밀도 등), 연령구성 등을 고려해야 한다.
조명관리계획 기본조건
• 작업목적 : 정밀작업, 단순작업, 실험작업 등
• 작업대상 : 기계 조작, 용접, 계측기 조정, 작업대, 취급하는 공구 등
• 작업특성 : 고열, 고온, 저온, 분진 발생, 위험물질 발생 등
• 작업범위 : 작업 면적, 동작범위
• 작업 공간 : 천장, 바닥, 벽, 넓이, 창문 등

26 동일한 작업 시 에너지 소비량에 영향을 끼치는 인자가 아닌 것은?

① 심박수   ② 작업방법
③ 작업자세   ④ 작업속도

[해설]
에너지 소비량에 영향을 미치는 인자 : 작업방법, 작업자세, 작업속도, 도구설계

27 일반적으로 인간공학연구에서 사용되는 기준의 요건이 아닌 것은?

① 적절성
② 고용률
③ 무오염성
④ 기준척도의 신뢰성

[해설]
인간공학연구 기준의 조건
• 적절성
• 무오염성
• 신뢰성

28 정신적 피로의 징후가 아닌 것은?

① 긴장감 감퇴
② 의지력 저하
③ 기억력 감퇴
④ 주의범위가 넓어짐

[해설]
주의력이 감소 또는 경감된다.

[정답] 24 ③ 25 ② 26 ① 27 ② 28 ④

29 소리에 관한 설명으로 틀린 것은?

① 굴절현상 시 진동수는 변함없다.
② 저주파일수록 회절이 많이 발생한다.
③ 반사 시 입사각과 반사각은 동일하다.
④ 은폐(masking)효과는 은폐음과 피은폐음의 종류와 무관하다.

해설
마스킹 효과(masking effect)
방해음이 함께 들어올 때 듣고자 하는 소리가 잘 들리지 않게 되거나 전혀 들리지 않게 되는 현상을 마스킹(masking)이라고 한다. 들으려고 하는 소리에 비해서 방해음이 커지게 되면 마스킹 효과는 더 커진다. 또한, 듣고자 하는 소리의 주파수가 방해음의 주파수보다 낮을 때에는 크게 마스킹되지 않고 희망음을 청취할 수 있지만, 방해음의 주파수가 더 낮을 때에는 마스킹 효과가 커진다. 특히, 두 소리의 주파수가 비슷하면 마스킹 효과는 최대가 된다.

30 기계가 인간을 능가하는 기능으로 볼 수 있는 것은?(단, 인공지능은 제외한다)

① 귀납적으로 추리, 분석한다.
② 새로운 개념을 창의적으로 유도한다.
③ 다양한 경험을 토대로 의사결정을 한다.
④ 구체적 요청이 있을 때 정보를 신속, 정확하게 상기한다.

해설
기계가 인간을 능가하는 기능
- X선, 레이더파나 초음파 같이 인간의 정상적인 감지범위 밖에 있는 자극을 감지한다.
- 자극이 일반적으로 분류한 어떤 급에 속하는가를 판별하는 것 같이(급의 특성은 명시되어야 하지만) 연역적으로 추리한다.
- 사전에 명시된 사상(event), 특히 드물게 발생하는 사상을 감시한다.
- 암호화된 정보를 신속하고 정확하게 회수한다.
- 구체적인 요청이 있을 때 암호화된 정보를 신속하고 정확하게 회수한다.
- 명시된 프로그램에 따라 정량적인 정보처리를 한다.
- 입력신호에 대해 신속하고 일관성 있는 반응을 한다.
- 반복적인 작업을 신뢰성 있게 수행한다.
- 상당히 큰 물리적인 힘을 규율 있게 발휘한다.
- 오랜 기간에 걸쳐 작업수행을 한다.
- 물리적인 양을 계수하거나 측정한다.
- 여러 개의 프로그램 활동을 동시에 수행한다.
- 큰 부하가 걸린 상황에서도 효율적으로 작동한다.
- 주위가 소란하여도 효율적으로 작동한다.

31 색채의 상징에서 빨강과 관련이 없는 것은?

① 정열
② 희망
③ 위험
④ 흥분

해설
색의 연상

색채	구체적 연상	추상적 연상
빨강	태양, 불, 사과, 붉은 깃발, 피, 딸기	기쁨, 강렬, 정열, 활동, 흥분, 위험, 혁명, 에너지
노랑	바나나, 유채꽃, 해바라기, 금, 금발, 개나리, 병아리	황제, 환희, 발전, 경박, 도전, 희망, 질투, 광명, 명랑, 유쾌함

32 다음 ( )의 내용으로 옳은 것은?

서로 다른 두 색이 인접했을 때 서로의 영향으로 밝은 색은 더욱 밝아 보이고, 어두운색은 더욱 어두워 보이는 현상을 ( )대비라고 한다.

① 색상
② 채도
③ 명도
④ 동시

해설
명도대비
명도가 서로 다른 색들끼리의 영향으로 인하여 밝은색은 더 밝게, 어두운색은 더 어둡게 보이는 색의 대비로서 명도 차이가 클수록 대비가 강해지는 현상이다.

정답 29 ④ 30 ④ 31 ② 32 ③

33 L*a*b* 색체계에 대한 설명으로 틀린 것은?

① a*와 b*는 모두 +값과 -값을 가질 수 있다.
② a*가 -값이면 빨간색 계열이다.
③ b*가 +값이면 노란색 계열이다.
④ L이 100이면 흰색이다.

해설
Lab 컬러의 3 채널(channel)
Lab으로 색상모드를 변환하면 L, a, b와 같이 3가지의 채널이 생긴다.
- L채널(lightness component) : white에서 black 성분이며, 값의 범위는 0에서 100까지이다. 즉, "-L"이면 "black(L=0)"이고, "+L"이면 "white(L=100)"이다.
- a채널(green-red axis) : green에서 red 성분이며, 값의 범위는 +127에서 -128이다. 즉, "-a"이면 "green(-128)"이고, "+a"이면 "red(+127)"이다.
- b채널(blue-yellow axis) : blue에서 yellow 성분이며, 값의 범위는 +127에서 -128이다. 즉, "-b"이면 "blue(-128)"이고, "+b"이면 "yellow(+127)"이다.

34 문-스펜서의 색채조화론에 대한 설명이 아닌 것은?

① 먼셀표색계에 의해 설명된다.
② 색채조화론을 보다 과학적으로 설명하도록 정량적으로 취급한다.
③ 색의 3속성에 대하여 지각적으로 고른 색채단계를 가지는 독자적인 색입체로 오메가 공간을 설정하였다.
④ 상호 간에 어떤 공통된 속성을 가진 배색으로 등가색 조화가 좋은 예이다.

해설
④는 오스트발트의 조화론에 대한 설명이다.

35 음(音)과 색에 대한 공감각의 설명 중 틀린 것은?

① 저명도의 색은 낮은 음을 느낀다.
② 순색에 가까운 색은 예리한 음을 느끼게 된다.
③ 회색을 띤 둔한 색은 불협화음을 느낀다.
④ 밝고 채도가 낮은 색은 높은 음을 느끼게 된다.

해설
청각
- 낮은 음 : 저명도, 저채도의 색
- 높은 음 : 고명도, 고채도의 색
- 탁음 : 채도가 낮은 무채색
- 예리한 음 : 순색에 가까운 맑고 선명한 색

36 색명을 분류하는 방법으로 톤(tone)에 대한 설명 중 옳은 것은?

① 명도만을 포함하는 개념이다.
② 채도만을 포함하는 개념이다.
③ 명도와 채도를 포함하는 복합 개념이다.
④ 명도와 색상을 포함하는 복합 개념이다.

해설
톤(tone)이란 명도와 채도를 함께 포함하는 복합적인 개념으로 단순한 색명을 의미하는 것에 그치지 않고 감각적이고 감성적인 색의 이미지를 전달하기 위해 언어를 사용하여 분류한 것이다.

37 벡터방식(vector)에 대한 설명으로 옳지 않은 것은?

① 일러스트레이터, 플래시와 같은 프로그램 사용 방식이다.
② 사진 이미지 변형, 합성 등에 적절하다.
③ 비트맵방식보다 이미지의 용량이 작다.
④ 확대, 축소 등에도 이미지 손상이 없다.

해설
비트맵(bitmap)방식과 벡터(vector)방식

비트맵 (bitmap) 방식	• pixel의 조합, 사진 등 섬세한 이미지 표현에 적합하다. • gif, jpg(jpeg), png, tif, bmp 등이 있다. • Photoshop, Paintshop, Fireworks • 해상도에 따라 파일 크기가 커진다. 이미지 확대 시 깨져 보인다.
벡터 (vector) 방식	• 좌표, 수치 등의 정보로 만들어지는 방식으로, 일러스트 이미지에 적합하다. • 이미지가 확대되어도 깨지거나 파일 용량이 늘지 않는다. • Illustrator, Freehand, CorelDRAW • flash는 vector방식의 애니메이션 도구

38 먼셀기호 5B 8/4, N4에 관한 다음 설명 중 맞는 것은?

① 유채색의 명도는 5이다.
② 무채색의 명도는 8이다.
③ 유채색의 채도는 4이다.
④ 무채색의 채도는 N4이다.

해설
먼셀기호
• 색상, 명도/채도로 표시한다.
• 5B, 8/4, N4 : 5B, 명도 8, 채도 4, 무채색의 명도 4를 표시한다.
※ 명도단계의 축은 검은색과 흰색 사이에 무채색인 회색이 포함되어 있어 그레이 스케일(gray scale)이라고 하며 중성색(Neutral)의 머리글자를 붙여서 N1, N2, N3, N4...로 표시한다.

39 다음 중 색채에 대한 설명이 틀린 것은?

① 난색계의 빨강은 진출, 팽창되어 보인다.
② 노란색은 확대되어 보이는 색이다.
③ 일정한 거리에서 보면 노란색이 파란색보다 가깝게 느껴진다.
④ 같은 크기일 때 파랑, 청록계통이 노랑, 빨강계열보다 크게 보인다.

해설
• 노랑, 빨강계열은 난색이고 진출색, 팽창색이다.
• 파랑, 청록계열은 한색이고 후퇴색, 수축색이다.

40 색각에 대한 학설 중 3원색설을 주장한 사람은?

① 헤링   ② 영-헬름홀츠
③ 맥니콜   ④ 먼셀

해설
영-헬름홀츠의 3원색설 : 스펙트럼에서 적, 녹, 청자색의 3색광의 추상체 반응과정을 가정하였다.

제3과목 건축재료

41 중밀도 섬유판을 의미하는 것으로 목섬유(wood fiber)에 액상의 합성수지 접착제, 방부제 등을 첨가·결합시켜 성형·열압하여 만든 것은?

① 파티클 보드
② MDF
③ 플로어링 보드
④ 집성목재

해설
중밀도 섬유판(MDF)은 나무를 고온에서 분쇄 추출한 섬유 또는 섬유 다발을 합성수지 접착제를 도포하여 열압성형한 판상으로 내수성이 약하다.

42 합성수지 도료에 관한 설명으로 옳지 않은 것은?

① 일반적으로 유성 페인트보다 가격이 매우 저렴하여 널리 사용된다.
② 유성 페인트보다 건조시간이 빠르고 도막이 단단하다.
③ 유성 페인트보다 내산·내알칼리성이 우수하다.
④ 유성 페인트보다 방화성이 우수하다.

해설
합성수지 도료에 비해 유성 페인트가 가격이 저렴하다.
합성수지 도료의 장점(유성 페인트와 비교)
- 도막이 단단하다.
- 방화성 도료이다.
- 건조가 빠르다.
- 내마모성이 있다.
- 내산·내알칼리성이 있다.

43 금속면의 보호와 금속의 부식 방지를 목적으로 사용되는 도료는?

① 방화 도료
② 발광 도료
③ 방청 도료
④ 내화 도료

해설
① 방화 도료 : 기재(기본적으로 유기계 재료)에 도포하는 것에 의해서 불연재료, 준불연재료 혹은 난연재료로 하는 도료이다.
② 발광 도료(야광 도료) : 인광체를 사용해서 어두운 곳에서 발광하도록 한 도료이다.
④ 내화 도료 : 기재(기본적으로 철골)에 도포하는 것에 의해서 내화구조로 하는 도료이다.

44 금속가공제품에 관한 설명으로 옳은 것은?

① 조이너는 얇은 판에 여러 가지 모양으로 도려낸 철물로서 환기구·라디에이터 커버 등에 이용된다.
② 펀칭메탈은 계단의 디딤판 끝에 대어 오르내릴 때 미끄러지지 않게 하는 철물이다.
③ 코너비드는 벽·기둥 등의 모서리 부분의 미장바름을 보호하기 위하여 사용한다.
④ 논슬립은 천장·벽 등에 보드류를 붙이고 그 이음새를 감추고 누르는 데 쓰이는 것이다.

해설
① : 펀칭메탈에 대한 설명이다.
② : 논슬립에 대한 설명이다.
④ : 조이너에 대한 설명이다.

정답 41 ② 42 ① 43 ③ 44 ③

45 회반죽의 주요 배합재료로 옳은 것은?

① 생석회, 해초풀, 여물, 수염
② 소석회, 모래, 해초풀, 여물
③ 소석회, 돌가루, 해초풀, 생석회
④ 돌가루, 모래, 해초풀, 여물

해설
회반죽은 소석회에 모래, 해초풀, 여물 등을 혼합하여 바르는 미장재료로서 목조 바탕, 콘크리트블록 및 벽돌 바탕 등에 쓰인다.

46 목재의 성질에 관한 설명으로 옳은 것은?

① 목재의 진비중은 수종, 수령에 따라 현저하게 다르다.
② 목재의 강도는 함수율이 증가하면 할수록 증대된다.
③ 일반적으로 인장강도는 응력의 방향이 섬유 방향에 평행한 경우가 수직인 경우보다 크다.
④ 목재의 인화점은 400~490℃ 정도이다.

해설
① 목재의 진비중은 수종에 무관하게 일정한 값을 가지는데 일반적으로 1.54가 통용된다.
② 목재의 강도는 수분이 적을수록, 비중이 클수록, 흠이 적을수록, 심재의 비율이 많을수록 강도가 더 크다.
④ 목재의 인화점은 240℃, 착화점은 260℃, 발화점은 450℃이다.

47 아스팔트 방수공사에서 솔, 롤러 등으로 용이하게 도포할 수 있도록 아스팔트를 휘발성 용제에 용해한 비교적 저점도의 액체로서 방수시공의 첫 번째 공정에 사용되는 바탕처리재는?

① 아스팔트 콤파운드
② 아스팔트 루핑
③ 아스팔트 펠트
④ 아스팔트 프라이머

해설
아스팔트 프라이머 : 블론 아스팔트에 휘발성 용제를 섞어 만든 것으로 바탕과의 접착력을 강화시키기 위해 사용하는 방수, 방습용 제품이다.
① 아스팔트 콤파운드 : 블론 아스팔트에 유지나 분말을 섞어 만든 것으로 신축이 크며 매우 우수한 방수재료이다.
② 아스팔트 루핑 : 아스팔트 펠트의 양면에 블론 아스팔트를 가열·용융시켜 피복한 것이다.
③ 아스팔트 펠트 : 양모, 마사, 폐지 등을 원료로 하여 만든 원지에 연질의 스트레이트 아스팔트를 가열·용융시켜 롤형으로 만든 것이다.

48 플라스틱 재료의 특징으로 옳지 않은 것은?

① 가소성과 가공성이 크다.
② 전성과 연성이 크다.
③ 내열성과 내화성이 작다.
④ 마모가 작으며 탄력성도 작다.

해설
내마모성과 탄력성이 크다.

45 ② 46 ③ 47 ④ 48 ④

49 다음 판유리제품 중 경도(硬度)가 가장 작은 것은?

① 플린트유리
② 보헤미아유리
③ 강화유리
④ 연(鉛)유리

해설
유리경도의 크기 순서 : 칼륨유리 > 소다석회유리 > 연유리

50 회반죽바름 시 사용하는 해초풀은 채취 후 1~2년 경과된 것이 좋은데 그 이유는 무엇인가?

① 염분 제거가 쉽기 때문이다.
② 점도가 높기 때문이다.
③ 알칼리도가 높기 때문이다.
④ 색상이 우수하기 때문이다.

해설
해초풀
부착력을 증대시키고 균열 및 바탕재의 흡수를 방지하며, 건조 후의 강도를 높일 목적으로 사용한다. 봄에 채취한 연질로 건조 후 1~2년 창고에 보관했다가 사용할 때는 염분을 제거해야 한다.

51 수경성 미장재료로 경화·건조 시 치수 안정성이 우수한 것은?

① 회사벽
② 회반죽
③ 돌로마이트 플라스터
④ 석고 플라스터

해설
석고 플라스터 : 석고를 주원료로 하는 결합재(돌로마이트 플라스터, 점토 등), 접착제(풀 등), 응결시간조절재(아교질재 등) 등을 혼합한 플라스터로 경화속도가 빠르며, 벽, 천장 등의 미장재료로 사용된다.

52 콘크리트용 혼화제에 관한 설명으로 옳은 것은?

① 지연제는 굳지 않은 콘크리트의 운송시간에 따른 콜드 조인트 발생을 억제하기 위하여 사용된다.
② AE제는 콘크리트의 워커빌리티를 개선하지만 동결융해에 대한 저항성을 저하시키는 단점이 있다.
③ 급결제는 초미립자로 구성되며 이를 사용한 콘크리트의 초기 강도는 작으나, 장기 강도는 일반적으로 높다.
④ 감수제는 계면활성제의 일종으로 굳지 않은 콘크리트의 단위 수량을 감소시키는 효과가 있으나 골재분리 및 블리딩현상을 유발하는 단점이 있다.

해설
① 지연제를 사용하면 운반시간 지연에 의한 반죽질기 저하를 억제하여 시공성과 작업성을 확보할 수 있으며 콜드 조인트의 발생도 막을 수 있다.
② AE제는 콘크리트의 동결융해작용에 대한 저항을 증가시킬 목적으로 사용된다.
③ 급결제의 양이 많으면 초기 강도는 커지나 장기 강도는 떨어진다.
④ 감수제는 시멘트 매트릭스의 미세구조의 개선, 단위 수량의 감소, 미세연행공기포의 작용 등에 의해 재료 분리에 대한 저항성을 증가시키고 블리딩은 감소한다.

정답 49 ④ 50 ② 51 ④ 52 ①

53 콘크리트 내구성에 관한 설명으로 옳지 않은 것은?

① 콘크리트 동해에 의한 피해를 최소화하기 위해서는 흡수성이 큰 골재를 사용해야 한다.
② 콘크리트 중성화는 표면에서 내부로 진행하며 페놀프탈레인 용액을 분무하여 판단한다.
③ 콘크리트가 열을 받으면 골재는 팽창하므로 팽창 균열이 생긴다.
④ 콘크리트에 포함되는 기준치 이상의 염화물은 철근 부식을 촉진시킨다.

[해설]
콘크리트 제조 시 동결용해저항성을 고려하여 다음과 같은 대책을 마련해야 한다.
- AE제 또는 AE 감수제를 사용하여 적정량의 공기를 연행시킬 것
- 가능한 한 물-시멘트비를 작게 하여 밀실한 콘크리트로 제조할 것
- 흡수성이 적은 골재를 사용할 것

54 침엽수에 관한 설명으로 옳은 것은?

① 대표적인 수종은 소나무와 느티나무, 박달나무 등이다.
② 재질에 따라 경재(hard wood)로 분류된다.
③ 일반적으로 활엽수에 비하여 직통대재가 많고 가공이 용이하다.
④ 수선세포는 뚜렷하게 아름다운 무늬로 나타난다.

[해설]
① 대표적인 수종은 삼나무, 소나무, 전나무, 측백나무, 낙엽송, 잣나무 등이다.
② 재질에 따라 연재(soft wood)로 분류된다.
④ 수선세포는 침엽수에서 잘 보이지 않는다.

55 석재의 성질에 관한 설명으로 옳지 않은 것은?

① 화강암은 온도 상승에 의한 강도 저하가 심하다.
② 대리석은 산성비에 약해 광택이 쉽게 없어진다.
③ 부석은 비중이 커서 물에 쉽게 가라앉는다.
④ 사암은 함유 광물의 성분에 따라 암석의 질, 내구성, 강도에 현저한 차이가 있다.

[해설]
부석은 유리질 암석으로 기공이 많아서 다공상 구조를 보이며 물에 뜰 정도로 가벼운 암석이다.

56 골재의 함수 상태에 관한 식으로 옳지 않은 것은?

① 흡수량 = (표면건조 상태의 중량) − (절대건조 상태의 중량)
② 유효 흡수량 = (표면건조 상태의 중량) − (기건 상태의 중량)
③ 표면 수량 = (습윤 상태의 중량) − (표면건조 상태의 중량)
④ 전체 함수량 = (습윤 상태의 중량) − (기건 상태의 중량)

[해설]
함수량 = 습윤 상태의 골재 중량 − 절건 상태의 골재 중량
골재의 함수 상태

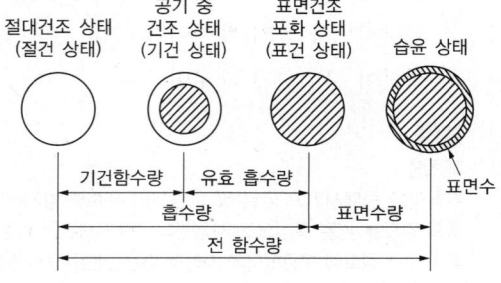

정답 53 ① 54 ③ 55 ③ 56 ④

57 알루미늄과 철재의 접촉면 사이에 수분이 있을 때 알루미늄이 부식되는 현상은 어떠한 작용에 기인한 것인가?

① 열분해작용
② 전기분해작용
③ 산화작용
④ 기상작용

58 건축용 점토제품에 관한 설명으로 옳은 것은?

① 저온 소성제품이 화학저항성이 크다.
② 흡수율이 큰 제품이 백화의 가능성이 크다.
③ 제품의 소성온도는 동해저항성과 무관하다.
④ 규산이 많은 점토는 가소성이 나쁘다.

[해설]
① 고온 소성제품이 화학저항성이 크다.
③ 소성온도가 높을수록 동해저항성이 크다.
④ 규산은 점토의 주성분으로 규산이 많은 점토는 가소성이 좋다.

59 강화유리에 관한 설명으로 옳지 않은 것은?

① 판유리를 600℃ 이상의 연화점까지 가열한 후 급랭시켜 만든다.
② 파괴 시 파편이 예리하여 위험하다.
③ 강도는 보통유리의 3~5배 정도이다.
④ 제조 후 현장가공이 불가하다.

[해설]
강화유리는 파손 시 파편이 작기 때문에 파편에 의한 손상사고를 줄일 수 있다.

60 점토제품 중 소성온도가 가장 높고 흡수성이 작으며 타일이나 위생도기 등에 쓰이는 것은?

① 토기
② 도기
③ 석기
④ 자기

[해설]
자기
• 소지는 백색이며, 유리질로서 두드리면 금속성을 낸다.
• 흡수성이 거의 없다.
• 1,300~1,500℃의 높은 온도로 소성된다.
• 위생도기 및 모자이크 타일 등으로 사용된다.

[정답] 57 ② 58 ② 59 ② 60 ④

제4과목 건축일반

61 비상경보설비를 설치하여야 할 특정소방대상물의 기준으로 옳지 않은 것은?(단, 지하고, 모래·석재 등 불연재료 창고 및 위험물 저장·처리시설 중 가스시설은 제외)

① 연면적 400m²(지하가 중 터널 또는 사람이 거주하지 않거나 벽이 없는 축사 등 동식물 관련 시설은 제외한다) 이상인 것
② 지하층 또는 무창층의 바닥 면적이 150m²(공연장의 경우 100m²) 이상인 것
③ 지하가 중 터널로서 길이가 500m 이상인 것
④ 30명 이상의 근로자가 작업하는 옥내 작업장

해설
※ 관련 법령 개정으로 용어가 다음과 같이 변경되었습니다.
  지하가 중 터널 → 터널
※ 출제 시 정답은 ④였으나, 법령 개정으로 정답 ①, ④
비상경보설비를 설치해야 하는 특정소방대상물(소방시설 설치 및 관리에 관한 법률 시행령 별표 4)
모래·석재 등 불연재료 공장 및 창고시설, 위험물 저장 및 처리시설 중 가스시설, 사람이 거주하지 않거나 벽이 없는 축사 등 동물 및 식물 관련 시설 및 지하구는 제외한다.
• 연면적 400m² 이상인 것은 모든 층
• 지하층 또는 무창층의 바닥 면적이 150m²(공연장의 경우 100m²) 이상인 경우에는 모든 층
• 터널로서 길이가 500m 이상인 것
• 50명 이상의 근로자가 작업하는 옥내 작업장

62 철근콘크리트구조에 관한 설명으로 옳지 않은 것은?

① 철근과 콘크리트의 선팽창계수는 거의 동일하므로 일체화가 가능하다.
② 철근콘크리트구조에서 인장력은 철근이 부담하는 것으로 한다.
③ 습식 구조이므로 동절기 공사에 유의하여야 한다.
④ 타 구조에 비해 경량구조이므로 형태의 자유도가 높다.

해설
철골구조에 비해 건물의 중량이 크나 형태의 자유도가 높다.
철근콘크리트구조의 장단점

장점	단점
• 알칼리성 콘크리트가 철근의 부식을 방지한다. • 두 재료 간 부착강도가 우수하다. • 내구, 내화성 구조이다. • 거푸집을 이용하여 자유로운 형태를 얻는다. • 재료가 풍부하며 구입이 쉽다. • 유지, 관리비가 적게 든다.	• 자체 중량이 무겁다. • 습식 구조로 공기(工期)가 길며 겨울공사가 어렵다. • 파괴, 철거가 어렵다. • 거푸집 등 가설물 설치비용이 많이 든다. • 시공상 정밀도가 요구되며 기후의 영향이 크다. • 재료의 재사용이 곤란하다.

63 목구조의 왕대공 지붕틀에서 휨과 인장력이 동시에 발생 가능한 부재는?

① 평보   ② 빗대공
③ ㅅ자보 ④ 왕대공

해설
평보는 지붕에 실리는 무게를 받는, 옆으로 놓은 부재(部材)이다.

64 다음은 화재예방, 소방시설설치 유지 및 안전관리에 관한 법률 시행령에서 규정하고 있는 소방시설을 설치하지 아니할 수 있는 특정소방대상물 및 소방시설의 범위이다. 빈칸에 들어갈 소방시설로 옳은 것은?

구분	특정소방대상물	소방시설
화재 위험도가 낮은 특정소방대상물	석재, 불연성 금속, 불연성 건축재료 등의 가공공장·기계조립공장 또는 불연성 물품을 저장하는 창고	

① 스프링클러설비
② 옥외소화전 및 연결살수설비
③ 비상방송설비
④ 자동화재탐지설비

해설

※ 문제에 해당하는 법이 분법되어 다음과 같이 변경되었습니다.
화재예방, 소방시설 설치·유지 및 안전관리에 관한 법 → 소방시설 설치 및 관리에 관한 법률
소방시설을 설치하지 않을 수 있는 특정소방대상물 및 소방시설의 범위(화재의 예방 및 안전관리에 관한 법률 시행령 별표 6)

구분	특정소방대상물	소방시설
화재 위험도가 낮은 특정소방대상물	석재, 불연성 금속, 불연성 건축재료 등의 가공공장·기계조립공장 또는 불연성 물품을 저장하는 창고	옥외소화전 및 연결살수설비
화재안전기준을 적용하기 어려운 특정소방대상물	펄프공장의 작업장, 음료수 공장의 세정 또는 충전을 하는 작업장, 그 밖에 이와 비슷한 용도로 사용하는 것	스프링클러설비, 상수도소화용수설비 및 연결살수설비
	정수장, 수영장, 목욕장, 농예·축산·어류양식용 시설, 그 밖에 이와 비슷한 용도로 사용되는 것	자동화재탐지설비, 상수도소화용수설비 및 연결살수설비
화재안전기준을 달리 적용해야 하는 특수한 용도 또는 구조를 가진 특정소방대상물	원자력발전소, 중·저준위방사성폐기물의 저장시설	연결송수관설비 및 연결살수설비
위험물 안전관리법 제19조에 따른 자체소방대가 설치된 특정소방대상물	자체소방대가 설치된 제조소 등에 부속된 사무실	옥내소화전설비, 소화용수설비, 연결살수설비 및 연결송수관설비

65 피난설비 중 객석유도등을 설치하여야 할 특정소방대상물은?

① 숙박시설
② 종교시설
③ 창고시설
④ 방송통신시설

해설

객석유도등을 설치해야 하는 특정소방대상물(소방시설 설치 및 관리에 관한 법률 시행령 별표 4)
객석유도등은 다음의 어느 하나에 해당하는 특정소방대상물에 설치한다.
• 유흥주점영업시설(유흥주점영업 중 손님이 춤을 출 수 있는 무대가 설치된 카바레, 나이트클럽 또는 그 밖에 이와 비슷한 영업시설만 해당한다)
• 문화 및 집회시설
• 종교시설
• 운동시설

66 다음은 사생활 보호차원에서 설치하는 차면시설에 대한 설치기준이다. ( ) 안에 들어갈 내용으로 옳은 것은?

> 인접 대지경계선으로부터 직선거리 ( ) 이내에 이웃 주택의 내부가 보이는 창문 등을 설치하는 경우에는 차면시설(遮面施設)을 설치하여야 한다.

① 0.5m
② 1m
③ 1.5m
④ 2m

해설

창문 등의 차면시설(건축법 시행령 제55조)
인접 대지경계선으로부터 직선거리 2m 이내에 이웃 주택의 내부가 보이는 창문 등을 설치하는 경우에는 차면시설(遮面施設)을 설치하여야 한다.

67 무창층이란 지상층 중 다음에서 정의하는 개구부 면적의 합계가 해당 층 바닥 면적의 얼마 이하가 되는 층으로 규정하는가?

> 개구부란 건축물에서 채광·환기·통풍 또는 출입 등을 위하여 만든 창·출입구이며, 크기 및 위치 등 법령에서 정의하는 세부 요건을 만족

① 1/10
② 1/20
③ 1/30
④ 1/40

해설
정의(소방시설 설치 및 관리에 관한 법률 시행령 제2조)
'무창층(無窓層)'이란 지상층 중 다음의 요건을 모두 갖춘 개구부(건축물에서 채광·환기·통풍 또는 출입 등을 위하여 만든 창·출입구, 그 밖에 이와 비슷한 것을 말한다)의 면적의 합계가 해당 층의 바닥 면적의 1/30 이하가 되는 층을 말한다.
• 크기는 지름 50cm 이상의 원이 통과할 수 있는 크기일 것
• 해당 층의 바닥면으로부터 개구부 밑부분까지의 높이가 1.2m 이내일 것
• 도로 또는 차량이 진입할 수 있는 빈터를 향할 것
• 화재 시 건축물로부터 쉽게 피난할 수 있도록 창살이나 그 밖의 장애물이 설치되지 아니할 것
• 내부 또는 외부에서 쉽게 부수거나 열 수 있을 것

68 우리나라에 현존하는 목조 건축물 가운데 가장 오래된 것은?

① 수덕사 대웅전
② 부석사 무량수전
③ 불국사 대웅전
④ 봉정사 극락전

해설
봉정사 극락전은 경상북도 안동시 봉정사에 있는 목조 전각(殿閣)으로, 현존하는 최고(最古)의 목조 건물로 고려시대에 건립되었으나 통일신라시대의 건축양식을 따랐다.

69 20층의 아파트를 건축하는 경우 6층 이상 거실 바닥 면적의 합계가 12,000m²일 경우에 승용 승강기 최소 설치 대수는?(단, 15인승 이하 승용 승강기임)

① 2대
② 3대
③ 4대
④ 5대

해설
승용 승강기의 설치기준(건축물의 설비기준 등에 관한 규칙 별표 1의2)
공동주택의 경우 바닥 면적이 3,000m²를 초과하는 경우 1대에 초과하는 매 3,000m² 이내마다 1대의 비율로 가산한 대수이므로 1대 + 3대 = 4대

70 일반적인 방염대상물품의 방염성능기준에서 버너의 불꽃을 제거한 때부터 불꽃을 올리며 연소하는 상태가 그칠 때까지의 시간은 얼마 이내이어야 하는가?

① 10초
② 15초
③ 20초
④ 30초

해설
방염대상물품 및 방염성능기준(소방시설 설치 및 관리에 관한 법률 시행령 제31조)
• 버너의 불꽃을 제거한 때부터 불꽃을 올리며 연소하는 상태가 그칠 때까지 시간은 20초 이내일 것
• 버너의 불꽃을 제거한 때부터 불꽃을 올리지 않고 연소하는 상태가 그칠 때까지 시간은 30초 이내일 것

71 구조체의 열용량에 관한 설명으로 옳지 않은 것은?

① 건물의 창 면적비가 클수록 구조체의 열용량은 크다.
② 건물의 열용량이 클수록 외기의 영향이 작다.
③ 건물의 열용량이 클수록 실온의 상승 및 하강폭이 작다.
④ 건물의 열용량이 클수록 외기온도에 대한 실내온도 변화의 시간 지연이 있다.

해설
일반적으로 창 면적비가 증가하면 열손실은 증가한다.

72 채광을 위하여 거실에 설치하는 창문 등의 면적 확보와 관련하여 이를 대체할 수 있는 조명장치를 설치하고자 할 때 거실의 용도가 집회용도의 회의기능일 경우 조도기준으로 옳은 것은?(단, 조도는 바닥에서 85cm의 높이에 있는 수평면의 조도임)

① 100lx 이상
② 200lx 이상
③ 300lx 이상
④ 400lx 이상

해설
거실의 용도에 따른 조도기준(건축물의 피난·방화구조 등의 기준에 관한 규칙 별표 1의3)

거실의 용도 구분	조도 구분	바닥에서 85cm의 높이에 있는 수평면의 조도(럭스)
1. 거주	독서·식사·조리	150
	기타	70
2. 집무	설계·제도·계산	700
	일반사무	300
	기타	150
3. 작업	검사·시험·정밀검사·수술	700
	일반작업·제조·판매	300
	포장·세척	150
	기타	70
4. 집회	회의	300
	집회	150
	공연·관람	70
5. 오락	오락 일반	150
	기타	30
기타		1. 내지 5. 중 가장 유사한 용도에 관한 기준을 적용한다.

73 다음은 피난층 또는 지상으로 통하는 직통계단을 특별피난계단으로 설치하여야 하는 층에 관한 법령사항이다. ( ) 안에 들어갈 내용으로 옳은 것은?

건축물(갓복도식 공동주택은 제외한다)의 (A)(공동주택의 경우에는 (B)) 이상인 층(바닥 면적이 400m² 미만인 층은 제외한다) 또는 지하 3층 이하인 층(바닥면적이 400m² 미만인 층은 제외한다)으로부터 피난층 또는 지상으로 통하는 직통계단은 제1항에도 불구하고 특별피난계단으로 설치하여야 한다.

① A : 8층, B : 11층
② A : 8층, B : 16층
③ A : 11층, B : 12층
④ A : 11층, B : 16층

해설
피난계단의 설치(건축법 시행령 제35조)
1. 5층 이상 또는 지하 2층 이하인 층에 설치하는 직통계단은 국토교통부령으로 정하는 기준에 따라 피난계단 또는 특별피난계단으로 설치하여야 한다. 다만, 건축물의 주요 구조부가 내화구조 또는 불연재료로 되어 있는 경우로서 다음의 어느 하나에 해당하는 경우에는 그러하지 아니하다.
   • 5층 이상인 층의 바닥 면적의 합계가 200m² 이하인 경우
   • 5층 이상인 층의 바닥 면적 200m² 이내마다 방화구획이 되어 있는 경우
2. 건축물(갓복도식 공동주택은 제외한다)의 11층(공동주택의 경우에는 16층) 이상인 층(바닥 면적이 400m² 미만인 층은 제외한다) 또는 지하 3층 이하인 층(바닥 면적이 400m² 미만인 층은 제외한다)으로부터 피난층 또는 지상으로 통하는 직통계단은 1.에도 불구하고 특별피난계단으로 설치하여야 한다.

74 소화활동설비에 해당되는 것은?

① 스프링클러설비 ② 자동화재탐지설비
③ 상수도소화용수설비 ④ 연결송수관설비

해설
① : 소화설비에 해당한다.
② : 경보설비에 해당한다.
③ : 소화용수설비에 해당한다.
소방시설(소방시설 설치 및 관리에 관한 법률 시행령 별표 1)
• 소화활동설비 : 화재를 진압하거나 인명구조활동을 위하여 사용하는 설비로서 다음의 것을 말한다.
  – 제연설비
  – 연결송수관설비
  – 연결살수설비
  – 비상콘센트설비
  – 무선통신보조설비
  – 연소방지설비

75 건축물에 설치하는 계단 및 계단참의 유효 너비 최소 기준을 120cm 이상으로 적용하여야 하는 용도의 건축물이 아닌 것은?

① 문화 및 집회시설 중 공연장
② 고등학교
③ 판매시설
④ 문화 및 집회시설 중 집회장

해설
계단의 설치기준(건축물의 피난·방화구조 등의 기준에 관한 규칙 제15조 제2항)
계단을 설치하는 경우 계단 및 계단참의 너비(옥내계단에 한한다), 계단의 단 높이 및 단 너비의 치수는 다음의 기준에 적합해야 한다. 이 경우 돌음계단의 단 너비는 그 좁은 너비의 끝부분으로부터 30cm의 위치에서 측정한다.
1. 초등학교의 계단인 경우에는 계단 및 계단참의 유효 너비는 150cm 이상, 단 높이는 16cm 이하, 단 너비는 26cm 이상으로 할 것
2. 중·고등학교의 계단인 경우에는 계단 및 계단참의 유효 너비는 150cm 이상, 단 높이는 18cm 이하, 단 너비는 26cm 이상으로 할 것
3. 문화 및 집회시설(공연장·집회장 및 관람장에 한한다)·판매시설 기타 이와 유사한 용도에 쓰이는 건축물의 계단인 경우에는 계단 및 계단참의 유효 너비를 120cm 이상으로 할 것

76 건축허가 등을 할 때 미리 소방본부장 또는 소방서장의 동의를 받아야 하는 대상 건축물의 범위에 관한 기준으로 옳지 않은 것은?

① 연면적 400m² 이상인 건축물
② 항공기 격납고
③ 방송용 송수신탑
④ 승강기 등 기계장치에 의한 주차시설로서 자동차 10대 이상을 주차할 수 있는 시설

해설
건축허가 등의 동의대상물의 범위 등(소방시설 설치 및 관리에 관한 법률 시행령 제7조)
• 연면적이 400m² 이상인 건축물이나 시설. 다만, 다음의 어느 하나에 해당하는 건축물이나 시설은 해당 기준 이상인 건축물이나 시설로 한다.
  – 건축 등을 하려는 학교시설 : 100m² 이상
  – 노유자시설 및 수련시설 : 200m² 이상
  – 정신의료기관(입원실이 없는 정신건강의학과 의원은 제외) : 300m² 이상
  – 장애인의료재활시설 : 300m² 이상
• 지하층 또는 무창층이 있는 건축물로서 바닥 면적이 150m²(공연장의 경우에는 100m²) 이상인 층이 있는 것
• 차고·주차장 또는 주차용도로 사용되는 시설로서 다음의 어느 하나에 해당하는 것
  – 차고·주차장으로 사용되는 바닥 면적이 200m² 이상인 층이 있는 건축물이나 주차시설
  – 승강기 등 기계장치에 의한 주차시설로서 자동차 20대 이상을 주차할 수 있는 시설
• 층수가 6층 이상인 건축물
• 항공기 격납고, 관망탑, 항공관제탑, 방송용 송수신탑
• 공동주택, 의원(입원실 또는 인공신장실이 있는 것으로 한정한다)·조산원·산후조리원, 숙박시설, 위험물 저장 및 처리시설, 발전시설 중 풍력발전소·전기저장시설, 지하구

77 르네상스 건축양식의 실내장식에 관한 설명으로 옳지 않은 것은?

① 실내장식 수법은 외관의 구성 수법을 그대로 적용하였다.
② 실내디자인 요소로서 계단이 차지하는 비중은 작았다.
③ 바닥 마감은 목재와 석재가 주로 사용되었다.
④ 문양은 그로테스크 문양과 아라베스크 문양이 주로 사용되었다.

> 해설
> 르네상스 때에는 작가주의가 등장했다. 최초로 개별 건축가의 작품 개념으로 계단이 정의되었으며, 이에 따라 계단에 담긴 근대적 의미의 초기 씨앗이 뿌려졌다.

78 높이 31m를 넘는 각 층의 바닥 면적 중 최대 바닥 면적이 6,000m²인 건축물에 설치해야 하는 비상용 승강기의 최소 설치 대수는?(단, 8인승 승강기임)

① 2대 ② 3대
③ 4대 ④ 5대

> 해설
> 비상용 승강기의 설치(건축법 시행령 제90조 제1항)
> 높이 31m를 넘는 건축물에는 다음의 기준에 따른 대수 이상의 비상용 승강기(비상용 승강기의 승강장 및 승강로를 포함)를 설치하여야 한다. 다만, 승강기를 비상용 승강기의 구조로 하는 경우에는 그러하지 아니하다.
> • 높이 31m를 넘는 각 층의 바닥 면적 중 최대 바닥 면적이 1,500m² 이하인 건축물 : 1대 이상
> • 높이 31m를 넘는 각 층의 바닥 면적 중 최대 바닥 면적이 1,500m²를 넘는 건축물 : 1대에 1,500m²를 넘는 3,000m² 이내마다 1대씩 더한 대수 이상
> ∴ $1 + \frac{(6,000 - 1,500)}{3,000} = 2.5 \rightarrow 3$대

79 목구조의 장점에 해당되지 않는 것은?

① 재료의 강도, 강성에 대한 편차가 작고 균일하기 때문에 안전율을 매우 작게 설정할 수 있다.
② 경량이며, 중량에 비해 강도가 일반적으로 큰 편이다.
③ 외관이 미려하고 감촉이 좋다.
④ 증·개축이 용이하다.

> 해설
> 목구조는 재료의 강도, 강성에 대한 편차가 크고, 그 균일성이 다른 재료에 비하여 낮기 때문에 안전율을 크게 해야 한다.

80 건축물의 피난·방화구조 등의 기준에 관한 규칙에서 규정한 방화구조에 해당하지 않는 것은?

① 시멘트 모르타르 위에 타일을 붙인 것으로서 그 두께의 합계가 2cm인 것
② 철망 모르타르로서 그 바름 두께가 2.5cm인 것
③ 석고판 위에 시멘트 모르타르를 바른 것으로서 그 두께의 합계가 3cm인 것
④ 심벽에 흙으로 맞벽치기한 것

> 해설
> 방화구조(건축물의 피난·방화구조 등의 기준에 관한 규칙 제4조)
> • 철망 모르타르로서 그 바름 두께가 2cm 이상인 것
> • 석고판 위에 시멘트 모르타르 또는 회반죽을 바른 것으로서 그 두께의 합계가 2.5cm 이상인 것
> • 시멘트 모르타르 위에 타일을 붙인 것으로서 그 두께의 합계가 2.5cm 이상인 것
> • 심벽에 흙으로 맞벽치기한 것
> • 산업표준화법에 따른 한국산업표준에 따라 시험한 결과 방화 2급 이상에 해당하는 것

정답 77 ② 78 ② 79 ① 80 ①

2019년 제1회 과년도 기출문제

제1과목 실내디자인론

01 다음 중 상징적 경계에 관한 설명으로 가장 알맞은 것은?

① 슈퍼그래픽을 말한다.
② 경계를 만들지 않는 것이다.
③ 담을 쌓은 후 상징물을 설치하는 것이다.
④ 물리적 성격이 약화된 시각적 영역표시를 말한다.

해설
상징적(암시적) 분할 : 공간을 완전히 차단하지 않고 가구, 식물, 벽난로, 바닥면의 레벨차, 천장의 높이차 등을 이용하여 공간의 영역을 상징적으로 분할하는 방법이다.

02 주택의 실구성 형식 중 LDK형에 관한 설명으로 옳은 것은?

① 식사실이 거실, 주방과 완전히 독립된 형식이다.
② 주부의 동선이 짧은 관계로 가사노동이 절감된다.
③ 대규모 주택에 적합하며 식사실 위치 선정이 자유롭다.
④ 식사 공간에서 주방의 지저분한 싱크대, 조리 중인 그릇, 음식들이 보이지 않는다.

해설
리빙 다이닝 키친형(LDK형)은 거실과 식사실, 부엌을 한 공간에 집중시켜 배치한 형태로, 공간을 최대한 절약할 수 있으므로 소규모 주택에 적합하다.

03 비정형 균형에 관한 설명으로 옳은 것은?

① 좌우대칭, 방사대칭으로 주로 표현된다.
② 대칭의 구성 형식이며, 가장 완전한 균형의 상태이다.
③ 단순하고 엄숙하며 완고하고 변화가 없는 정적인 것이다.
④ 물리적으로는 불균형이지만 시각상으로 힘의 정도에 의해 균형을 이룬 것이다.

해설
비정형(비대칭적) 균형은 물리적으로는 불균형이지만 시각적으로는 균형을 이루는 것으로 자유분방하고 긴장감, 율동감 등의 생명감을 느끼는 효과가 크다.

04 다음 중 유니버설 공간의 개념적 설명으로 가장 알맞은 것은?

① 상업 공간을 말한다.
② 모듈이 적용된 공간을 말한다.
③ 독립성이 극대화된 공간을 말한다.
④ 공간의 융통성이 극대화된 공간을 말한다.

해설
유니버설 공간(universal space, 보편적 공간, 다목적 공간) : 내부 공간 구획을 파티션으로 자유롭게 구획하여 사용한다.

정답 1 ④ 2 ② 3 ④ 4 ④

05 쇼윈도의 반사에 따른 눈부심을 방지하기 위한 방법으로 옳지 않은 것은?

① 쇼윈도에 곡면유리를 사용한다.
② 쇼윈도의 유리가 수직이 되도록 한다.
③ 쇼윈도의 내부 조도를 외부보다 높게 처리한다.
④ 차양을 설치하여 쇼윈도 외부에 그늘을 조성한다.

[해설]
쇼윈도의 유리면을 경사지게 한다.

06 날개의 각도를 조절하여 일광, 조망, 시각의 차단 정도를 조정하는 것은?

① 드레이퍼리
② 롤 블라인드
③ 로만 블라인드
④ 베니션 블라인드

[해설]
① 드레이퍼리 : 창문에 느슨하게 걸어두는 무거운 커튼으로, 장식적인 목적으로 이용된다.
② 롤 블라인드 : 단순하고 깔끔한 느낌을 주며 창 이외에 칸막이나 스크린의 효과를 얻을 수 있다.
③ 로만 블라인드 : 블라인드 중간 부분에 가로봉 등을 삽입해 넓은 주름을 형성한 것이다.
베니션 블라인드(venetian blind)
• 다른 블라인드에 비해서 통풍성이 뛰어나고, 가로 폭이 좁은 슬릿들이 연결되어 자연채광과 빛의 각도를 더욱 세밀하게 조절할 수 있다.
• 슬릿 각도에 따라 외부로부터 시선을 차단할 수 있어 사생활을 보호해준다.

07 다음 중 실내디자인의 개념과 가장 거리가 먼 것은?

① 순수예술
② 공간예술
③ 디자인 행위
④ 계획, 실행과정, 결과

[해설]
실내디자인은 순수예술과는 달리 건축과 더불어 인간이 생활하는 공간을 아름답고 기능적으로 구성하는 예술 분야이다.

08 백화점의 에스컬레이터에 관한 설명으로 옳지 않은 것은?

① 건축적 점유 면적이 가능한 한 작게 배치한다.
② 승객의 보행거리가 가능한 한 길게 되도록 한다.
③ 출발기준층에서 쉽게 눈에 띄도록 하고 보행 동선 흐름의 중심에 설치한다.
④ 일반적으로 수직 이동 서비스 대상 인원의 70~80% 정도를 부담하도록 계획한다.

[해설]
백화점의 에스컬레이터 배치계획
• 건축적 점유 면적이 가능한 한 작게 배치한다.
• 승객의 보행거리가 가능한 한 짧게 되도록 한다.
• 출발기준층에서 쉽게 눈에 띄도록 하고 보행 동선 흐름의 중심에 설치한다.
• 각 층 승강장은 자연스러운 연속적 흐름이 되도록 한다.
• 백화점의 경우 승강·하강 시 매장에서 잘 보이는 곳에 설치한다.
• 건축 측면의 구조 내력에 반영한다(지지 보, 기둥).

[정답] 5 ② 6 ④ 7 ① 8 ②

09 각종 의자에 관한 설명으로 옳지 않은 것은?

① 스툴은 등받이와 팔걸이가 없는 형태의 보조 의자이다.
② 풀업체어는 필요에 따라 이동시켜 사용할 수 있는 간이 의자이다.
③ 이지 체어는 편안한 휴식을 위해 발을 올려놓는 데 사용되는 스툴의 종류이다.
④ 라운지 체어는 비교적 큰 크기의 의자로 편하게 휴식을 취할 수 있도록 구성되어 있다.

[해설]
이지 체어는 푹신하게 만든 편안한 팔걸이 안락의자이고, 오토만은 스툴의 일종으로 편안한 휴식을 위해 발을 올려놓는 데도 사용된다.

10 디자인 요소 중 점에 관한 설명으로 옳지 않은 것은?

① 공간에 한 점을 두면 집중효과가 생긴다.
② 다수의 점을 근접시키면 면으로 지각된다.
③ 같은 점이라도 밝은 점은 작고 좁게, 어두운 점은 크고 넓게 보인다.
④ 점은 선과 마찬가지로 형태의 외곽을 시각적으로 설명하는 데 사용될 수 있다.

[해설]
같은 점이라도 밝은 점은 크고 넓게 보이며, 어두운 점은 작고 좁게 보인다.

11 실내 공간을 형성하는 기본요소 중 천장에 관한 설명으로 옳지 않은 것은?

① 공간을 형성하는 수평적 요소이다.
② 다른 요소에 비해 조형적으로 가장 자유롭다.
③ 천장을 낮추면 친근하고 아늑한 공간이 되고 높이면 확대감을 줄 수 있다.
④ 인간의 동선을 차단하고 공기의 움직임, 소리의 전파, 열의 이동을 제어한다.

[해설]
④는 벽체에 대한 설명이다.

12 전시 공간의 순회 유형에 관한 설명으로 옳지 않은 것은?

① 연속순회형식에서 관람객은 연속적으로 이어진 동선을 따라 관람하게 된다.
② 갤러리 및 복도형은 각 실을 독립적으로 폐쇄시킬 수 있다는 장점이 있다.
③ 연속순회형식은 한 실을 폐쇄하면 다음 실로의 이동이 불가능한 단점이 있다.
④ 중앙홀형은 대지 이용률은 낮으나, 중앙홀이 작아도 동선의 혼란이 없다는 장점이 있다.

[해설]
중앙홀형
• 중심부에 큰 홀을 두고 그 주위에 각 전시실을 배치하여 자유로이 출입하는 형식이다.
• 중앙홀이 크면 동선의 혼란은 없으나 장래의 확장에 많은 무리가 따른다.

13 실내디자인의 원리 중 휴먼 스케일에 관한 설명으로 옳지 않은 것은?

① 인간의 신체를 기준으로 파악되고 측정되는 척도 기준이다.
② 공간의 규모가 웅대한 기념비적인 공간은 휴먼 스케일의 적용이 용이하다.
③ 휴먼 스케일이 잘 적용된 실내 공간은 심리적, 시각적으로 안정된 느낌을 준다.
④ 휴먼 스케일의 적용은 추상적, 상징적이 아닌 기능적인 척도를 추구하는 것이다.

해설
공간의 규모가 웅대한 기념비적인 공간은 기념비적 스케일의 적용이 용이하다.

14 주택의 거실에 관한 설명으로 옳지 않은 것은?

① 현관에서 가까운 곳에 위치하되 직접 면하는 것은 피하는 것이 좋다.
② 주택의 중심에 두어 공간과 공간을 연결하는 통로 기능을 갖도록 한다.
③ 거실의 규모는 가족 수, 가족 구성, 전체 주택의 규모, 접객 빈도 등에 따라 결정된다.
④ 평면의 동쪽 끝이나 서쪽 끝에 배치하면 정적인 공간과 동적인 공간의 분리가 비교적 정확히 이루어져 독립적 안정감 조성에 유리하다.

해설
거실은 실내의 다른 공간과 유기적으로 연결될 수 있도록 하되, 거실이 통로화되지 않도록 주의해야 한다.

15 사무 공간의 소음 방지 대책으로 옳지 않은 것은?

① 개인 공간이나 회의실의 구역을 한정한다.
② 낮은 칸막이, 식물 등의 흡음체를 적당히 배치한다.
③ 바닥, 벽에는 흡음재를, 천장에는 음의 반사재를 사용한다.
④ 소음원을 일반 사무 공간으로부터 가능한 한 멀리 떼어 놓는다.

해설
천장, 바닥, 벽에 흡음재를 사용한다.

16 다음 중 곡선이 주는 느낌과 가장 거리가 먼 것은?

① 우아함
② 안정감
③ 유연함
④ 불명료함

해설
안정감은 수평선이 주는 느낌이다.

정답 13 ② 14 ② 15 ③ 16 ②

17 펜던트조명에 관한 설명으로 옳지 않은 것은?

① 천장에 매달려 조명하는 조명방식이다.
② 조명기구 자체가 빛을 발하는 액세서리 역할을 한다.
③ 노출 팬던트형을 전체조명이나 작업조명으로 주로 사용된다.
④ 시야 내에 조명이 위치하면 눈부심이 일어나므로 조명기구에 의해 휘도를 조절하는 것이 좋다.

해설
팬던트형 : 특정한 부분을 집중적으로 비춰 흥미를 유도한다.

18 다음 설명에 알맞은 건축화 조명의 종류는?

- 사용자의 얼굴에 적당한 조도를 분배하기 위해 벽면이나 천장면의 일부를 돌출시켜 조명을 설치하고 아래로 비춘다.
- 주로 카운터 상부, 욕실의 세면대 상부 등에 설치된다.

① 광창조명
② 코브 조명
③ 광천장조명
④ 캐노피 조명

해설
① 광창조명 : 광원을 넓은 면적의 벽면에 매입하여 비스타적인 효과를 낼 수 있으며 시선에 안락한 배경으로 작용하는 건축화 조명방식이다.
② 코브 조명 : 주로 천장의 높낮이 차를 이용하여 설치하는 간접조명방식이다.
③ 광천장조명 : 천장의 전체 또는 일부에 조명기구를 설치하고 그 밑에 아크릴, 플라스틱, 유리, 창호지, 스테인드글라스, 루버 등과 같은 확산용 스크린판을 대고 마감하는 가장 일반적인 건축화 조명방식이다.

19 다음 중 주거 공간의 부엌을 계획할 경우 계획 초기에 가장 중점적으로 고려해야 할 사항은?

① 위생적인 급배수방법
② 실내 분위기를 위한 마감재료와 색채
③ 실내 조도 확보를 위한 조명기구의 위치
④ 조리순서에 따른 작업대의 배치 및 배열

해설
조리 작업의 흐름에 따른 작업대의 배치와 작업자의 작업 동작에 따르는 합리적인 치수 및 수납계획을 세워야 한다.

20 사무실의 조명방식 중 부분적으로 높은 조도를 얻고자 할 때 극히 제한적으로 사용하는 것은?

① 전반조명방식
② 간접조명방식
③ 국부조명방식
④ 건축화 조명방식

해설
국부조명방식 : 작업면상의 필요한 개소만 고조도를 취하는 방식으로, 일부분만 밝게 하므로 명암의 차이가 많아 눈부심을 일으켜 눈을 피로하게 하는 결점이 있다.

제2과목 색채 및 인간공학

21 집단 작업 공간의 조명방법으로 조도분포를 일정하게 하고, 시야의 밝기를 일정하게 만들어 작업의 환경여건을 개선할 수 있는 것은?

① 방향조명
② 전반조명
③ 투과조명
④ 근자외선조명

해설
전반조명 : 실내를 일률적으로 밝히는 조명방법으로, 눈의 피로가 적어져서 사고나 재해가 적어지는 조명법이다.

22 인간공학에서 고려하여야 될 인간의 특성 요인 중 비교적 거리가 먼 것은?

① 성격차이
② 지각, 감각능력
③ 신체의 크기
④ 민족적, 성별차이

해설
우드(Charles. C. Wood)의 인간공학에서 고려해야 할 인간특성
• 감각, 지각의 능력(시각, 청각, 피부감각 등)
• 운동 및 근력
• 지능
• 기능
• 신기술을 익히는 능력
• 조직 또는 조직활동에 대한 적응능력
• 인체의 크기
• 작업환경의 인간능력에 미치는 영향
• 인간의 장기적, 단기적 능력의 한계와 쾌적도와의 관계
• 인간의 반사적 반응형태
• 인간의 관습
• 민족적 차이, 성차(性差) 등 능력에 영향을 미치는 여러 인자
• 인간관계
• 인간의 착오에 대한 특성 등

23 뼈의 구성요소가 아닌 것은?

① 골질
② 골수
③ 골지체
④ 연골막

해설
골지체는 진핵세포에서 단백질의 수송을 담당하는 세포소기관이다.

24 작업용 의자의 설계 시 고려사항으로 가장 적당한 것은?

① 팔받침대가 있는 의자
② 등받침의 경사 103°인 의자
③ 등받침이 어깨높이까지 높은 의자
④ 흉추 이하의 높이에 요추지지대가 있고 이동이 편리한 의자

해설
최상의 의자 제작을 위한 설계원칙
• 착석면
  - 높이는 오금 높이보다 3~5cm 낮아야 한다.
  - 착석면이 등쪽으로 3~5° 기울어져야 한다.
  - 착석면 길이는 앞쪽 끝면이 오금과 5~10cm 여유가 있어야 한다.
  - 착석면은 엉덩이 폭의 최대치를 고려해야 한다.
  - 재질은 우레탄과 같은 복원력이 좋은 소재, 마감재는 땀 흡수와 통기성이 좋은 소재이어야 한다.
• 등받이
  - 등길이의 최소 2/3 이상을 지지할 수 있는 높이여야 한다.
  - 요추받침대가 있어야 한다.
  - 전후상하 조절이 가능한 것이 바람직하다.
• 발받침
  - 의자 높이가 높은 경우에 사용한다.
  - 경사각을 가져야 하고 높이 조절이 가능해야 한다.
• 의자다리
  - 의자의 안정적 구조를 위해서 의자의 다리 면적은 착석면과 동일한 면적을 가져야 한다.

[정답] 21 ② 22 ① 23 ③ 24 ④

25 온도, 압력, 속도와 같이 연속적으로 변하는 변수의 대략적인 값이나 변화 추세를 알고자 할 때 주로 사용되는 시각적 표시장치는?

① 계수 표시기
② 묘사적 표시장치
③ 정성적 표시장치
④ 정량적 표시장치

해설
정성적 표시장치 : 온도, 압력, 속도와 같이 연속적으로 변하는 대략적인 값, 변화 추세, 비율 등을 나타낸다.

26 인간-기계 체계의 기본 유형이 아닌 것은?

① 수동 체계
② 인간화 체계
③ 자동 체계
④ 기계화 체계

해설
인간-기계의 통합체계
• 수동 체계(manual system) : 자신의 신체적인 힘을 동력원으로 사용하여 작업을 통제하는 인간 사용자와 연결된다.
• 기계화 체계(mechanical system) : 반자동 체계라고도 하며, 여러 종류의 공작 기계와 같이 고도로 통합된 부품들로 구성된다.
• 자동 체계(automatic system) : 기계 자체가 감지, 정보처리 및 결정, 행동을 포함한 모든 임무를 수행한다.

27 사람의 청각으로 소리를 지각하는 범위는?

① 20~20,000Hz
② 30~30,000Hz
③ 50~50,000Hz
④ 60~60,000Hz

해설
가청 주파수의 범위는 20~20,000Hz이다.

28 인간의 눈의 구조에서 색을 구별하는 기능을 가진 것은?

① 각막
② 간상세포
③ 수정체
④ 원추세포

해설
망막의 시세포
• 간상세포
 - 망막의 주변부에서 많이 분포되어 있으며 빛을 감지한다.
 - 명암과 물체의 형태는 감각하지만 색깔은 구별하지 못한다.
• 추상세포(원추세포 = 원뿔세포)
 - 망막의 중앙부에 많이 분포하고, 색상을 감지한다.
 - 밝은 빛에 민감하며 물체의 형태, 명암, 색깔을 모두 감각할 수 있다.

29 다음 그림은 어느 부위의 관절운동을 보여 주는가?

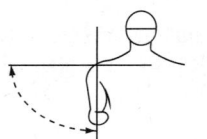 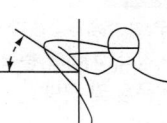

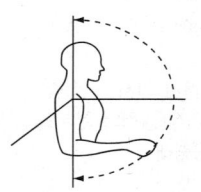 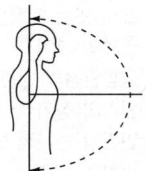

① 팔
② 어깨
③ 가슴
④ 몸통

30 소음이 발생하는 작업환경에서 소음 방지대책으로 가장 소극적인 형태의 방법은?

① 차단벽 설치
② 소음원의 격리
③ 저소음기계의 사용
④ 작업자의 보호구 착용

해설
보호구는 상해를 방지하는 것이 아니라 상해의 정도를 최소화시키기 위해 인간 측에 조치하는 소극적인 안전대책이다.
작업장의 "소음"이라는 유해요인의 안전관리 기본 원칙
- 제거(기계장치의 소음발생원의 근본적 제거)
- 차단(덮개, 완충장치 등을 통한 소음원의 차단)
- 격리(소음원을 작업자에게서 최대한 격리)
- 개인보호구의 착용(위의 모든 조치에도 불구하고 기술적으로 소음발생원의 완전한 제거가 불가능한 경우)

31 색채조절 시 고려할 사항으로 관계가 적은 것은?

① 개인의 기호
② 색의 심리적 성질
③ 사용 공간의 기능
④ 색의 물리적 성질

해설
색채조절(color conditioning)
색채의 심리적·생리적·물리적인 효과를 응용해서 쾌적하고 능률적인 공간과 가장 좋은 생활환경 등을 만들어내도록 색채의 기능을 활용하는 것을 말한다.

32 일반적으로 떠오르는 빨간색의 추상적 연상과 관계 있는 내용으로 맞는 것은?

① 피, 정열, 흥분
② 시원함, 냉정함, 청순
③ 팽창, 희망, 광명
④ 죽음, 공포, 악마

해설
색의 추상적 연상
- 시원함, 냉정함 : 파랑
- 청순 : 연두
- 팽창, 희망, 광명 : 노랑
- 죽음, 공포, 악마 : 검정

33 오스트발트의 색채조화론에 관한 내용으로 틀린 것은?

① 무채색 조화
② 등색상 삼각형에서의 조화
③ 등가색환에서의 조화
④ 대비 조화

해설
오스트발트의 색채조화론
- 무채색에 의한 조화 : 3색 이상의 회색은 명도가 등간격으로 조화
- 동일 색상의 조화(등색상 삼각형의 조화) : 동일 색상에서 등백계열과 등흑계열로 조화
- 등가색환에서의 조화 : 오스트발트 색입체를 수평으로 자르면 백색량, 흑색량, 순색량이 같은 24개의 등가색환이 생기는데, 이 색환에 포함되어 있는 색의 배색은 조화한다.
※ 문-스펜서의 조화론
  - 조화의 원리 : 동등, 유사, 대비
  - 부조화의 원리 : 제1부조화(아주 유사한 색), 제2부조화(약간 다른 색), 눈부심

[정답] 30 ④ 31 ① 32 ① 33 ④

34 오스트발트의 색상환을 구성하는 4가지 기본색은 무엇을 근거로 한 것인가?

① 헤링(Hering)의 반대색설
② 뉴턴(Newton)의 광학이론
③ 영-헬름홀츠(Young-Helmholtz)의 색각이론
④ 맥스웰(Maxwell)의 회전색 원판 혼합이론

해설
오스트발트(Ostwald)의 색상환
헤링(Hering)의 4원색 이론을 기본으로 한색량의 비율에 의하여 만들어진다. 적색, 황색, 녹색, 청색의 4가지 색상 사이에 각기 중간색을 끼워 황(yellow), 주황(orange), 적(red), 자(purple), 청(blue), 청록(blue green), 녹(green), 황록(yellow green)의 8가지 주요 색상이 되게 하고 이것을 3분할하여 24색상환이 되게 하였다.

35 색채계획 과정의 올바른 순서는?

① 색채계획 및 설계 → 조사 및 기획 → 색채관리 → 디자인에 적용
② 색채심리분석 → 색채환경분석 → 색채전달계획 → 디자인에 적용
③ 색채환경분석 → 색채심리분석 → 색채전달계획 → 디자인에 적용
④ 색채심리분석 → 색채상황분석 → 색채전달계획 → 디자인에 적용

해설
색채계획(color policy) 과정
• 색채환경분석 : 색채판별 능력, 색채조절 능력을 요구하며 색채계획에서 가장 먼저 진행해야 할 단계이다.
• 색채심리분석 : 기업 이미지 측정, 색채 구성능력, 심리 조사능력
• 색채전달계획 : 컬러 이미지 계획능력, 컬러 컨설턴트 능력
• 디자인에 적용 : 색채규격과 컬러 매뉴얼을 작성하는 단계, 아트 디렉션의 능력이 요구되는 단계이다.

36 작은 점들이 무수히 많이 있는 그림을 멀리서 보면 색이 혼색되어 보이는 현상은?

① 마이너스혼색   ② 감법혼색
③ 병치혼색   ④ 계시혼색

해설
병치가법혼색(중간혼합, 병치혼합)
서로 다른 색이 조밀하게 병치되어 있어 서로 혼합되어 보이는 현상을 말한다. 점묘법, 모자이크, 직물의 색, 원색인쇄, TV의 화면에서 발견되는 색의 혼색방법이다.

37 인간의 색채지각 현상에 관한 설명으로 맞는 것은?

① 빨간색에 흰색이 섞이는 비율에 따라 진분홍, 분홍, 연분홍이 되는 것은 명도가 떨어지는 것이다.
② 인간은 약 채도는 200단계, 명도는 500단계, 색상은 200단계를 구분할 수 있다.
③ 빨간색에 흰색이 섞이는 비율에 따라 진분홍, 분홍, 연분홍이 되는 것은 채도가 떨어지는 것이다.
④ 인간은 색의 강도 변화에 따라 200단계, 색상은 500단계, 채도는 100단계를 구분할 수 있다.

해설
빨간색에 흰색이 섞이는 비율에 따라 진분홍, 분홍, 연분홍이 되는 것은 명도가 높아지고 채도가 떨어지는 것이다.

38 외과병원 수술실 벽면의 색을 밝은 청록색으로 처리한 것은 어떤 현상을 막기 위한 것인가?

① 푸르킨예 현상
② 연상작용
③ 동화현상
④ 잔상현상

해설
잔상현상
- 부(negative, 소극적, 음성적)의 잔상 : 자극으로 생긴 상의 밝기나 색상 등이 정반대로 느껴지는 현상이다.
- 정(positive, 적극적, 양성적)의 잔상 : 매우 짧은 시간 동안 강한 자극이 작용할 때 많이 생기는 것이다.

39 오스트발트 색상환은 무채색 축을 중심으로 몇 색상이 배열되어 있는가?

① 9
② 10
③ 24
④ 35

해설
오스트발트는 헤링의 4원색 이론을 기본으로 24색상을 기본색으로 구성하였으며 백색량과 흑색량의 함량비율을 a, c, e, g, i, l, n, p(8단계)의 기호로 나타내었다.

40 현재 우리나라 KS규격 색표집이며 색채 교육용으로 채택된 표색계는?

① 먼셀 표색계
② 오스트발트 표색계
③ 문-스펜서 표색계
④ 저드 표색계

해설
먼셀 표색계는 한국산업규격(KS), 미국표준협회(ASA), 일본공업규격(JIS) 등 가장 많은 나라의 국가표준 현색계 체계로 사용되고 있다. 우리나라도 1965년에 한국공업규격(KSA 0062)으로 채택하여 색채 교육용으로 사용하고 있다.

제3과목 건축재료

41 인조석이나 테라초바름에 쓰이는 종석이 아닌 것은?

① 화강석
② 사문암
③ 대리석
④ 샤모트

해설
샤모트는 구운 점토 분말이다.
종석
- 인조석바름 시공 : 화강석, 사문암, 석회석 등의 부순 돌
- 테라초바름 시공 : 대리석, 화강석 등

42 FRP, 욕조, 물탱크 등에 사용되는 내후성과 내약품성이 뛰어난 열경화성 수지는?

① 불소수지
② 불포화 폴리에스테르수지
③ 초산비닐수지
④ 폴리우레탄수지

해설
② 불포화 폴리에스테르수지 : 강화플라스틱(FRP)의 재료로서 전기절연성, 내열성, 내약품성이 뛰어나며 레진 콘크리트용 수지, 도료, 접착제 등에 사용되는 수지이다.
① 불소수지 : 대개의 화학약품에 대해 불활성이며 밀랍과 같은 촉감과 낮은 마찰계수를 갖고 있다.
③ 초산비닐수지 : 무색투명, 접착성이 양호, 각종 용제에 가용, 내열성이 부족하다.
④ 폴리우레탄수지 : 전기절연성, 내연성, 내마모성은 좋으나 알칼리에는 약하다.

43 다음과 같은 목재 3종의 강도에 대하여 크기의 순서를 옳게 나타낸 것은?

> A : 섬유 평행 방향의 압축강도
> B : 섬유 평행 방향의 인장강도
> C : 섬유 평행 방향의 전단강도

① A > C > B
② B > C > A
③ A > B > C
④ B > A > C

해설
목재의 강도

응력의 종류 \ 가력 방향	섬유의 평행	섬유에 직각
압축강도	100	10~20
인장강도	190~260	7~20
휨강도	150~230	10~20
전단강도	침엽수 16 활엽수 19	

44 ALC(Autoclaved Lightweight Concrete)제품에 관한 설명으로 옳지 않은 것은?

① 주원료는 백색 포틀랜드 시멘트이다.
② 보통 콘크리트에 비해 다공질이고 열전도율이 낮다.
③ 물에 노출되지 않는 곳에서 사용하도록 한다.
④ 경량재이므로 인력에 의한 취급이 가능하고 현장가공 등 시공성이 우수하다.

해설
ALC(Autoclaved Lightweight Concrete) 제품은 오석회질이나 규산질 원료에 발포제를 가하여 다공질화한 경량기포 콘크리트판이다.

45 콘크리트용 골재에 요구되는 품질 또는 성질로 옳지 않은 것은?

① 골재의 입형은 가능한 한 편평하거나 세장하지 않을 것
② 골재의 강도는 콘크리트 중의 경화 시멘트 페이스트의 강도보다 작을 것
③ 공극률이 작아 시멘트를 절약할 수 있는 것
④ 입도는 조립에서 세립까지 연속적으로 균등히 혼합되어 있을 것

해설
골재의 강도는 시멘트 페이스트의 강도보다 커야 한다.

46 단열재가 갖추어야 할 조건으로 옳지 않은 것은?

① 열전도율이 낮을 것
② 비중이 클 것
③ 흡수율이 낮을 것
④ 내화성이 작을 것

해설
단열재의 선정 조건
• 열전도율, 흡수율, 투기성이 낮을 것
• 비중이 작으며, 기계적 강도가 우수할 것
• 내구성, 내열성, 내식성이 우수하여 냄새가 없을 것
• 경제적이고 시공이 용이할 것
• 품질의 편차가 작을 것

정답 43 ④ 44 ① 45 ② 46 ②

47 주로 합판, 목재 제품 등에 사용되며, 접착력, 내열·내수성이 우수하나 유리나 금속의 접착에는 적당하지 않은 합성수지계 접착제는?

① 페놀수지 접착제 ② 에폭시수지 접착제
③ 티오콜 ④ 카세인

해설
페놀수지 접착제 : 페놀수지의 초기축합체에 메탄올 용액 50%를 혼합한 접착제로 접착력, 내수성, 내열성 및 내한성이 우수하다. 주로 목재나 내수합판의 접착에 사용하며 상온에서 경화하는 것도 있으나, 20℃ 이하에서는 접착력을 충분히 발휘하지 못하므로 60~110℃ 정도로 열압처리를 한다.

48 건축용 각종 금속재료 및 제품에 관한 설명으로 옳지 않은 것은?

① 구리는 화장실 주위와 같이 암모니아가 있는 장소나 시멘트, 콘크리트 등 알칼리에 접하는 경우에는 빨리 부식하기 때문에 주의해야 한다.
② 납은 방사선의 투과도가 낮아 건축에서 방사선 차폐재료로 사용된다.
③ 알루미늄은 대기 중에서는 부식이 쉽게 일어나지만 알칼리나 해수에는 강하다.
④ 니켈은 전연성이 풍부하고 내식성이 크며 아름다운 청백색 광택이 있어 공기 중 또는 수중에서 색이 거의 변하지 않는다.

해설
알루미늄은 표면에 치밀한 산화피막이 형성되기 때문에 대기 중에서는 부식이 쉽게 일어나지 않지만, 알칼리나 해수에는 약하다.

49 합성수지의 일반적인 특성에 관한 설명으로 옳지 않은 것은?

① 경량이면서 강도가 큰 편이다.
② 연성이 크고 광택이 있다.
③ 내열성이 우수하고, 화재 시 유독가스의 발생이 없다.
④ 탄력성이 크고 마모가 적다.

해설
내화성이 적고 연소 시 유독가스가 발생한다.

50 각종 유리의 성질에 관한 설명으로 옳지 않은 것은?

① 유리블록은 실내의 냉·난방에 효과가 있으며 보통 유리창보다 균일한 확산광을 얻을 수 있다.
② 열선반사유리는 단열유리라고도 불리며 태양광선 중 장파 부분을 흡수한다.
③ 자외선차단유리는 자외선의 화학작용을 방지할 목적으로 의류품의 진열창, 식품이나 약품의 창고 등에 쓴다.
④ 내열유리는 규산분이 많은 유리로서 성분은 석영유리에 가깝다.

해설
열선반사유리는 태양의 복사선을 반사하여 건물 내부의 냉방효과를 높이는 역할을 한다.

51 강재의 인장시험 시 탄성에서 소성으로 변하는 경계는?

① 비례한계점　② 변형경화점
③ 항복점　　　④ 인장강도점

해설
항복점(yield point)
금속재료의 인장시험 시 탄성한계를 지나 하중이 증감되지 않아도 재료가 급격하게 영구 변형하기 시작하는 때의 응력으로 재료의 기준강도에 널리 이용된다.

52 감람석이 변질된 것으로 색조는 암녹색 바탕에 흑백색의 아름다운 무늬가 있고 경질이나 풍화성이 있어 외벽보다는 실내장식용으로 사용되는 것은?

① 현무암　　　② 점판암
③ 응회암　　　④ 사문암

해설
① 현무암 : 내화성은 좋으나 가공이 어려우므로 부순 돌로 많이 사용된다.
② 점판암 : 흑색 또는 회색 등이 있으며 얇은 판으로 잘 쪼개지며 천연 슬레이트라고 한다. 치밀한 방수성이 있어 지붕, 벽 재료로 쓰인다.
③ 응회암 : 화성암의 일종으로 내구성 및 강도가 크고 외관이 수려하며, 절리의 거리가 비교적 커서 대재를 얻을 수 있으나, 함유광물의 열팽창계수가 달라 내화성이 약한 석재이다.

53 무기질 단열재료 중 규산질 분말과 석회분말을 오토클레이브 중에서 반응시켜 얻은 겔에 보강섬유를 첨가하여 프레스 성형하여 만드는 것은?

① 유리면　　　② 세라믹섬유
③ 펄라이트판　④ 규산칼슘판

해설
규산칼슘판
규산질 원료를 오토클레이브 처리하여 만든 외장재로 불연성과 내화성, 단열성이 좋다.

54 내화벽돌은 최소 얼마 이상의 내화도를 가져야 하는가?

① SK(제게르콘) 26 이상
② SK(제게르콘) 21 이상
③ SK(제게르콘) 15 이상
④ SK(제게르콘) 10 이상

해설
내화벽돌의 내화도는 SK번호로 나타내며 No.26부터 내화벽돌로 본다.

55 도막 방수재료의 특징으로 옳지 않은 것은?

① 복잡한 부위의 시공성이 좋다.
② 누수 시 결함 발견이 어렵고, 국부적으로 보수가 어렵다.
③ 신속한 작업 및 접착성이 좋다.
④ 바탕면의 미세한 균열에 대한 저항성이 있다.

해설
도막 방수는 밀착공법으로 결함부 발견이 용이하고 국부 보수가 가능하다.

56 보통 포틀랜드 시멘트의 품질규정(KS L 5201)에서 비카시험의 초결시간과 종결시간으로 옳은 것은?

① 30분 이상 – 6시간 이하
② 60분 이상 – 6시간 이하
③ 30분 이상 – 10시간 이하
④ 60분 이상 – 10시간 이하

해설
포틀랜트 시멘트 물리 성능(KS L 5201) – 비카시험의 응결시간

항목	1종	2종	3종	4종	5종
초결(분)	60 이상	60 이상	45 이상	60 이상	60 이상
종결(시간)	10 이하	10 이하	10 이하	10 이하	10 이하

57 석재의 장점으로 옳지 않은 것은?

① 외관이 장중하고, 치밀하다.
② 장대재를 얻기 쉬워 구조용으로 적합하다.
③ 내수성, 내구성, 내화학성이 풍부하다.
④ 다양한 외관과 색조의 표현이 가능하다.

해설
석재는 장대재를 얻기 어렵다.

58 모자이크 타일의 소지질로 가장 알맞은 것은?

① 토기질   ② 도기질
③ 석기질   ④ 자기질

해설
호칭 및 소지의 질에 의한 구분

호칭	소지의 질
내장 타일	자기질·석기질·도기질
외장 타일	자기질·석기질
바닥 타일	자기질·석기질
모자이크 타일	자기질
클링커 타일	석기질

59 유성 페인트에 관한 설명으로 옳은 것은?

① 보일유에 안료를 혼합시킨 도료이다.
② 안료를 적은 양의 물로 용해하여 수용성 고착제와 혼합한 분말 상태의 도료이다.
③ 천연수지 또는 합성수지 등을 건성유와 같이 가열·융합시켜 건조제를 넣고 용제로 녹인 도료이다.
④ 나이트로셀룰로스와 같은 용제에 용해시킨 섬유계 유도체를 주성분으로 하여 여기에 합성수지, 가소제와 안료를 첨가한 도료이다.

해설
② : 수성 페인트에 대한 설명이다.
③ : 바니시에 대한 설명이다.
④ : 래커에 대한 설명이다.

60 강화유리에 관한 설명으로 옳지 않은 것은?

① 보통 판유리를 600℃ 정도 가열했다가 급랭시켜 만든 것이다.
② 강도는 보통 판유리의 3~5배 정도이고 파괴 시 둔각파편으로 파괴되어 위험이 방지된다.
③ 온도에 대한 저항성이 매우 약하므로 적당한 완충제를 사용하여 튼튼한 상자에 포장한다.
④ 가공 후 절단이 불가하므로 소요치수대로 주문 제작한다.

해설
급격한 온도변화에 대하여 보통 판유리보다 수배의 내열성을 지니고 있다.

정답 56 ④ 57 ② 58 ④ 59 ① 60 ③

제4과목 건축일반

61 경보설비의 종류가 아닌 것은?

① 누전경보기
② 자동화재탐지설비
③ 비상방송설비
④ 무선통신보조설비

해설
④는 소화활동설비에 속한다.
소방시설(소방시설 설치 및 관리에 관한 법률 시행령 별표 1)
• 경보설비 : 화재 발생 사실을 통보하는 기계·기구 또는 설비로서 다음의 것을 말한다.
 – 단독경보형 감지기
 – 비상경보설비(비상벨설비, 자동식 사이렌설비)
 – 자동화재탐지설비
 – 시각경보기
 – 화재알림설비
 – 비상방송설비
 – 자동화재속보설비
 – 통합감시시설
 – 누전경보기

62 건축물의 바닥 면적 합계가 450㎡인 경우 주요 구조부를 내화구조로 하여야 하는 건축물이 아닌 것은?

① 의료시설
② 노유자시설 중 노인복지시설
③ 업무시설 중 오피스텔
④ 창고시설

해설
창고시설은 바닥 면적의 합계가 500㎡ 이상일 경우 주요 구조부를 내화구조로 해야 한다.
건축물의 내화구조(건축법 시행령 제56조)
문화 및 집회시설 중 전시장 또는 동·식물원, 판매시설, 운수시설, 교육연구시설에 설치하는 체육관·강당, 수련시설, 운동시설 중 체육관·운동장, 위락시설(주점영업의 용도로 쓰는 것은 제외한다), 창고시설, 위험물저장 및 처리시설, 자동차 관련 시설, 방송통신시설 중 방송국·전신전화국·촬영소, 묘지 관련 시설 중 화장시설·동물화장시설 또는 관광휴게시설의 용도로 쓰는 건축물로서 그 용도로 쓰는 바닥 면적의 합계가 500㎡ 이상인 건축물은 주요 구조부를 내화구조로 해야 한다.

63 다음 중 승용 승강기의 설치기준과 직접적으로 관련된 것은?

① 대지 안의 공지
② 건축물의 용도
③ 6층 이하의 거실 면적의 합계
④ 승강기의 속도

해설
승용 승강기의 설치기준(건축물의 설비기준 등에 관한 규칙 별표 1의2)
• 건축물의 용도
• 6층 이상의 거실 면적의 합계

64 건축물의 피난시설과 관련하여 건축물 바깥쪽으로 나가는 출구를 설치하는 경우 관람실의 바닥 면적의 합계가 300㎡ 이상인 집회장 또는 공연장에 있어서는 주된 출구 외에 보조출구 또는 비상구를 몇 개소 이상 설치하여야 하는가?

① 1개소 이상
② 2개소 이상
③ 3개소 이상
④ 4개소 이상

해설
건축물의 바깥쪽으로의 출구의 설치기준(건축물의 피난·방화구조 등의 기준에 관한 규칙 제11조 제3항)
건축물의 바깥쪽으로 나가는 출구를 설치하는 경우 관람실의 바닥 면적의 합계가 300㎡ 이상인 집회장 또는 공연장은 주된 출구 외에 보조출구 또는 비상구를 2개소 이상 설치해야 한다.

정답 61 ④ 62 ④ 63 ② 64 ②

65 로마시대의 주택에 관한 설명으로 옳지 않은 것은?

① 판사(pansa)의 주택같은 부유층의 도시형 주거는 주로 보도에 면하여 있었다.
② 인슐라(insula)에는 일반적으로 난방시설과 개인목욕탕이 설치되었다.
③ 빌라(villa)는 상류신분의 고급 교외별장이다.
④ 타블리눔(tablinum)은 가족의 중요문서 등이 보관되어 있는 곳이었다.

해설
인슐라(공동주택, insula)
인구급증으로 인한 거주문제를 해결하기 위해 지어진 다층건물로 가난한 로마 사람들이 살던 집이다. 이 다층건물에는 수도와 화장실 등의 편의시설이 거의 없었으며 여름에는 덥고, 겨울에는 추웠다.

66 특정소방대상물에서 사용하는 방염대상물품에 해당되지 않는 것은?

① 창문에 설치하는 커튼류
② 전시용 합판
③ 종이벽지
④ 섬유류 또는 합성수지류 등을 원료로 하여 제작된 소파

해설
※ 관련 법령 개정으로 문제의 지문이 다음과 같이 변경되었습니다.
    종이벽지 → 두께가 2mm 미만인 종이벽지
방염대상물품 및 방염성능기준(소방시설 설치 및 관리에 관한 법률 시행령 31조)
• 제조 또는 가공 공정에서 방염처리를 한 물품
• 창문에 설치하는 커튼류(블라인드를 포함)
• 카펫
• 벽지류(두께가 2mm 미만인 종이벽지는 제외)
• 전시용 합판·목재 또는 섬유판, 무대용 합판·목재 또는 섬유판(합판·목재류의 경우 불가피하게 설치현장에서 방염처리한 것을 포함)
• 암막·무대막(영화상영관에 설치하는 스크린과 가상체험체육시설업에 설치하는 스크린 포함)
• 섬유류 또는 합성수지류 등을 원료로 하여 제작된 소파·의자(단란주점영업, 유흥주점영업 및 노래연습장업의 영업장에 설치하는 것으로 한정)

67 방화구획의 설치기준으로 옳지 않은 것은?

① 10층 이하의 층은 바닥 면적 1,000m² 이내마다 구획할 것
② 10층 이하의 층은 스프링클러 기타 이와 유사한 자동식 소화설비를 설치한 경우에는 바닥 면적 3,000m² 이내마다 구획할 것
③ 지하층은 바닥 면적 200m² 이내마다 구획할 것
④ 11층 이상의 층은 바닥 면적 200m² 이내마다 구획할 것

해설
방화구획의 설치기준(건축물의 피난·방화구조 등의 기준에 관한 규칙 제14조)
• 10층 이하의 층은 바닥 면적 1,000m²(스프링클러 기타 이와 유사한 자동식 소화설비를 설치한 경우에는 바닥 면적 3,000m²) 이내마다 구획할 것
• 매 층마다 구획할 것. 다만, 지하 1층에서 지상으로 직접 연결하는 경사로 부위는 제외한다.
• 11층 이상의 층은 바닥 면적 200m²(스프링클러 기타 이와 유사한 자동식 소화설비를 설치한 경우에는 600m²) 이내마다 구획할 것. 다만, 벽 및 반자의 실내에 접하는 부분의 마감을 불연재료로 한 경우에는 바닥 면적 500m²(스프링클러 기타 이와 유사한 자동식 소화설비를 설치한 경우에는 1,500m²) 이내마다 구획하여야 한다.
• 필로티나 그 밖에 이와 비슷한 구조(벽면적의 1/2 이상이 그 층의 바닥면에서 위층 바닥 아래면까지 공간으로 된 것만 해당한다)의 부분을 주차장으로 사용하는 경우 그 부분은 건축물의 다른 부분과 구획할 것

정답 65 ② 66 ③ 67 ③

68 공동 소방안전관리자 선임대상 특정소방대상물이 되기 위한 연면적 기준은?(단, 복합건축물의 경우)

① 1,000m² 이상 ② 1,500m² 이상
③ 3,000m² 이상 ④ 5,000m² 이상

해설
※ 출제 시 정답은 ④였으나, 법령 개정으로 정답없음
관리의 권원이 분리된 특정소방대상물의 소방안전관리자 선임대상물(화재의 예방 및 안전관리에 관한 법률 제35조)
복합건축물(지하층을 제외한 층수가 11층 이상 또는 연면적 30,000m² 이상인 건축물)

69 철골구조에 관한 설명으로 옳지 않은 것은?

① 수평력에 약하며 공사비가 저렴한 편이다.
② 철근콘크리트구조에 비해 내화성이 부족하다.
③ 고층 및 장스팬 건물에 적합하다.
④ 철근콘크리트구조물에 비하여 중량이 가볍다.

해설
내진적이고 불연성이지만 공사비가 고가이다.

70 건축허가 등을 할 때 미리 소방본부장 또는 소방서장의 동의를 받아야 하는 대상건축물의 최소 연면적 기준은?

① 400m² 이상 ② 500m² 이상
③ 600m² 이상 ④ 1,000m² 이상

해설
건축허가 등의 동의대상물의 범위 등(소방시설 설치 및 관리에 관한 법률 시행령 제7조)
연면적이 400m² 이상인 건축물이나 시설. 다만, 다음의 어느 하나에 해당하는 건축물이나 시설은 해당 기준 이상인 건축물이나 시설로 한다.
• 건축 등을 하려는 학교시설 : 100m² 이상
• 노유자시설 및 수련시설 : 200m² 이상
• 정신의료기관(입원실이 없는 정신건강의학과 의원은 제외) : 300m² 이상
• 장애인의료재활시설 : 300m² 이상

71 문화 및 집회시설(동·식물원 제외)로서 지하층 무대부의 면적이 최소 몇 m² 이상일 때 모든 층에 스프링클러설비를 설치해야 하는가?

① 100m² ② 200m²
③ 300m² ④ 500m²

해설
스프링클러설비(위험물 저장 및 처리 시설 중 가스시설 또는 지하구는 제외한다)를 설치해야 하는 특정소방대상물(소방시설 설치 및 관리에 관한 법률 시행령 별표 4)
• 문화 및 집회시설(동·식물원은 제외), 종교시설(주요 구조부가 목조인 것은 제외), 운동시설(물놀이형 시설 및 바닥이 불연재료이고 관람석이 없는 운동시설은 제외)로서 다음의 어느 하나에 해당하는 경우에는 모든 층
  ㉠ 수용인원이 100명 이상인 것
  ㉡ 영화상영관의 용도로 쓰이는 층의 바닥 면적이 지하층 또는 무창층인 경우에는 500m² 이상, 그 밖의 층의 경우에는 1,000m² 이상인 것
  ㉢ 무대부가 지하층·무창층 또는 4층 이상의 층에 있는 경우에는 무대부의 면적이 300m² 이상인 것
  ㉣ 무대부가 ㉢ 외의 층에 있는 경우에는 무대부의 면적이 500m² 이상인 것

72 철근콘크리트구조의 철근 피복에 관한 설명으로 옳지 않은 것은?(단, 철근콘크리트 보로서 주근과 스터럽이 정상 설치된 경우)

① 철근콘크리트 보의 피복 두께는 주근의 표면과 이를 피복하는 콘크리트 표면까지의 최단 거리이다.
② 피복 두께는 내화성·내구성 및 부착력을 고려하여 정하는 것이다.
③ 동일한 부재의 단면에서 피복 두께가 클수록 구조적으로 불리하다.
④ 콘크리트의 중성화에 따른 철근의 부식을 방지한다.

해설
철근콘크리트 보의 피복 두께는 주철근의 중심이나 표면으로부터의 거리가 아니라, 스터럽이나 띠철근의 표면에서 콘크리트의 표면까지의 최단 거리이다. 기초에 있어서 버림 콘크리트의 두께는 포함되지 않는다.

73 표준형 벽돌로 구성한 벽체를 내력벽 2.5B로 할 때 벽 두께로 옳은 것은?

① 290mm ② 390mm
③ 490mm ④ 580mm

해설
벽돌벽의 두께(벽돌 1장의 단위 : B)

벽돌벽의 두께	표준형 벽돌(190×90×57mm)
0.5B	90mm
1.0B	190mm
1.5B	290mm
2.0B	390mm
2.5B	490mm

74 비상경보설비를 설치하여야 하는 특정소방대상물의 기준으로 옳지 않은 것은?

① 연면적 400m² 이상인 것
② 지하층 바닥 면적이 150m² 이상인 것
③ 지하가 중 터널로서 길이가 500m 이상인 것
④ 30명 이상의 근로자가 작업하는 옥내 작업장

해설
※ 관련 법령 개정으로 용어가 다음과 같이 변경되었습니다.
  지하가 중 터널 → 터널
비상경보설비를 설치해야 하는 특정소방대상물(소방시설 설치 및 관리에 관한 법률 시행령 별표 4)
모래·석재 등 불연재료 공장 및 창고시설, 위험물 저장 및 처리시설 중 가스시설, 사람이 거주하지 않거나 벽이 없는 축사 등 동물 및 식물 관련 시설 및 지하구는 제외한다.
• 연면적 400m² 이상인 것은 모든 층
• 지하층 또는 무창층의 바닥 면적이 150m²(공연장의 경우 100m²) 이상인 경우에는 모든 층
• 터널로서 길이가 500m 이상인 것
• 50명 이상의 근로자가 작업하는 옥내 작업장

75 건축물에 설치하는 굴뚝에 관한 기준으로 옳지 않은 것은?

① 굴뚝의 옥상 돌출부는 지붕면으로부터의 수직거리를 1m 이상으로 할 것
② 굴뚝의 상단으로부터 수평거리 1m 이내에 다른 건축물이 있는 경우에는 그 건축물의 처마보다 1.5m 이상 높게 할 것
③ 금속제 굴뚝으로서 건축물의 지붕속·반자위 및 가장 아랫바닥 밑에 있는 굴뚝의 부분은 금속 외의 불연재료로 덮을 것
④ 금속제 굴뚝은 목재 기타 가연재료로부터 15cm 이상 떨어져서 설치할 것

해설
건축물에 설치하는 굴뚝(건축물의 피난·방화구조 등의 기준에 관한 규칙 제20조)
굴뚝의 상단으로부터 수평거리 1m 이내에 다른 건축물이 있는 경우에는 그 건축물의 처마보다 1m 이상 높게 할 것

76 물체 표면 간의 복사열전달량을 계산함에 있어 이와 가장 밀접한 재료의 성질은?

① 방사율 ② 신장률
③ 투과율 ④ 굴절률

해설
복사열전달량은 물체가 방사하는 에너지와 주위로부터 흡수하는 에너지의 차를 말한다.
방사율 : 물체가 외부 적외선 에너지를 흡수, 투과 및 반사하는 비율을 말한다.

77 간이 스프링클러설비를 설치하여야 하는 특정소방대상물이 다음과 같을 때 최소 연면적 기준으로 옳은 것은?

> 교육연구시설 내 합숙소

① 100m² 이상
② 150m² 이상
③ 200m² 이상
④ 300m² 이상

해설
간이스프링클러설비(주택 전용 간이스프링클러설비는 제외한다)를 설치해야 하는 특정소방대상물(소방시설 설치 및 관리에 관한 법률 시행령 별표 4)
교육연구시설 내에 합숙소로서 연면적 100m² 이상인 경우에는 모든 층

78 건축물의 내부에 설치하는 피난계단의 구조에 관한 기준으로 옳지 않은 것은?

① 계단실은 창문·출입구 기타 개구부를 제외한 해당 건축물의 다른 부분과 내화구조의 벽으로 구획할 것
② 계단실에는 예비전원에 의한 조명설비를 할 것
③ 계단실의 바깥쪽과 접하는 창문 등은 해당 건축물의 다른 부분에 설치하는 창문 등으로부터 2m 이상의 거리를 두고 설치할 것
④ 계단실의 실내에 접하는 부분의 마감은 난연재료로 할 것

해설
피난계단 및 특별피난계단의 구조(건축물의 피난·방화구조 등의 기준에 관한 규칙 제9조)
계단실의 실내에 접하는 부분(바닥 및 반자 등 실내에 면한 모든 부분을 말한다)의 마감(마감을 위한 바탕을 포함한다)은 불연재료로 할 것

79 환기에 관한 설명으로 옳지 않은 것은?

① 실내환경의 쾌적성을 유지하기 위한 외기량을 필요환기량이라 한다.
② 1인당 차지하는 공간체적이 클수록 필요환기량은 증가한다.
③ 실내가 실외에 비해 온도가 높을 경우 실내의 공기밀도는 실외보다 낮다.
④ 중력환기는 실내외 온도차에 의한 공기의 밀도차에 의하여 발생한다.

해설
1인당 차지하는 공간체적이 클수록 필요환기량은 감소한다.
1인당 점유하는 면적에서 필요환기량 구하는 방법

$$필요환기량(m^3/h)분 = \frac{20(CMH) \times 실의\ 면적(m^2)}{1인당\ 점유하는\ 면적(m^2/h \cdot 인)}$$

여기서, 20(CMH) : 성인 남자가 조용히 앉아 있을 때 CO_2 배출량을 기준으로 한 필요환기량

80 한국의 목조건축 입면에서 벽면 구성을 위한 의장의 성격을 결정지어 주는 기본적인 요소는?

① 기둥-주두-창방
② 기둥-창방-평방
③ 기단-기둥-주두
④ 기단-기둥-창방

해설
기둥은 입면 구성에 있어서 중요한 의장적 요소이기도 하다. 입면상 기둥은 수직적 요소로서 수평적 요소인 기단, 인방재, 창방, 평방, 처마선과 용마루 등의 선 및 창호의 살들이 이루는 선과 더불어 한국 목조건축이 입면상 선적인 구성을 이루도록 한다.

2019년 제2회 과년도 기출문제

제1과목 실내디자인론

01 실내기본요소 중 바닥에 관한 설명으로 옳지 않은 것은?

① 공간을 구성하는 수평적 요소이다.
② 촉각적으로 만족할 수 있는 조건을 요구한다.
③ 고저차를 통해 공간의 영역을 조정할 수 있다.
④ 다른 요소들에 비해 시대와 양식에 의한 변화가 현저하다.

해설
다른 요소들이 시대와 양식에 의한 변화가 현저한 데 비해 바닥은 매우 고정적이다.

02 부엌 작업대의 배치 유형 중 작업대를 부엌의 중앙 공간에 설치한 것으로 주로 개방된 공간의 오픈 시스템에서 사용되는 것은?

① 일렬형   ② 병렬형
③ ㄱ자형   ④ 아일랜드형

해설
① 일렬형 : 부엌의 폭이 좁은 경우나 규모가 작아 공간의 여유가 없을 경우에 적용한다.
② 병렬형 : 작업대가 마주 보고 있어 동선이 짧아 가사노동 경감에 효과적이다.
③ ㄱ자형 : 인접한 두 벽면에 작업대를 붙여 배치한 형태로 동선의 흐름이 자유롭다.

03 균형에 관한 설명으로 옳지 않은 것은?

① 대칭적 균형은 가장 완전한 균형의 상태이다.
② 비정형 균형은 능동의 균형, 비대칭 균형이라고도 한다.
③ 균형은 정적이든 동적이든 시각적 안정성을 가져올 수 있다.
④ 대칭적 균형은 비정형 균형에 비해 자연스러우며 풍부한 개성 표현이 용이하다.

해설
비대칭적 균형은 대칭적 균형보다 자연스러우며 풍부한 개성을 표현할 수 있다.

04 다음의 실내디자인의 제반 기본조건 중 가장 우선시 되는 것은?

① 정서적 조건   ② 기능적 조건
③ 심미적 조건   ④ 환경적 조건

해설
실내디자인의 조건
- 기능적 조건 : 인간이 생활하는 데 필요한 공간의 활용도를 제공하는 것으로서 규모, 배치구조, 동선의 설계 등 제반사항을 충분히 고려하여 디자인하여야 한다.
- 정서·심미적 조건 : 인간의 심리적, 미적, 정서적 측면을 고려한 것으로 성격, 습관, 취미 등 구매자의 욕구를 충족시켜야 한다.
- 경제적 조건 : 최소의 자원을 투입하여 공간의 사용자가 최대로 만족할 수 있는 효과가 이루어져야 한다.
- 물리·환경적 조건 : 쾌적한 환경을 이룰 수 있는 요소 중에서 외형적이며, 장식적인 측면이 아닌 공기, 열, 소음, 일광 등의 자연적 요소를 고려하여 설계되어야 한다.

정답   1 ④   2 ④   3 ④   4 ②

05 형태의 지각에 관한 설명으로 옳지 않은 것은?

① 대상을 가능한 한 복합적인 구조로 지각하려 한다.
② 형태를 있는 그대로가 아니라 수정된 이미지로 지각하려 한다.
③ 이미지를 파악하기 위하여 몇 개의 부분으로 나누어 지각하려 한다.
④ 가까이 있는 유사한 시각적 요소들은 하나의 그룹으로 지각하려 한다.

해설
우리의 눈은 주어진 조건이 허용하는 범위 안에서 가능한 한 단순화된 형태로 표현(간결성)하려는 경향이 있다. 단순화된 형태로 표현하는 것은 시각적 표현에서 불필요한 것을 제거하고 필요한 구성요소만을 남기는 것을 말한다.

06 디자인의 요소 중 면에 관한 설명으로 옳은 것은?

① 면 자체의 절단에 의해 새로운 면을 얻을 수 있다.
② 면이 이동한 궤적으로 물체가 점유한 공간을 의미한다.
③ 점이 이동한 궤적으로 면의 한계 또는 교차에서 나타난다.
④ 위치만 있고 크기는 없는 것으로 선의 한계 또는 교차에서 나타난다.

해설
② 형(form)에 대한 설명이다.
③ 선에 대한 설명이다.
④ 점에 대한 설명이다.
면
선의 이동에 의해 면이 생성되며 그 이동방식에 의해 여러 가지 형태의 면이 생길 수 있다. 또한 면을 절단함으로써 새로운 형태의 면을 얻을 수 있는데 절단선의 양상에 따라 새로 생기는 면의 형태가 결정된다.

07 다음 설명에 알맞은 사무소 건축의 코어형식은?

- 중 · 대규모 사무소 건축에 적합하다.
- 2방향 피난에 이상적인 형식이다.

① 외코어형 ② 중앙코어형
③ 편심코어형 ④ 양단코어형

해설
코어의 종류

편심 코어형	• 기준층 바닥 면적이 작은 경우에 적합하며 너무 고층인 경우는 구조상 좋지 않다. • 바닥 면적이 커지면 코어 이외에 피난시설, 설비 샤프트 등이 필요해진다.
중앙 코어형	• 바닥 면적이 클 경우에 적합하며, 특히 고층, 초고층에 적합하다. • 외주 프레임을 내력벽으로 하며 코어와 일체로 한 내진구조를 만들 수 있다. • 유효율이 높고 대여 빌딩으로서 가장 경제적인 계획을 할 수 있다.
독립 코어형	• 자유로운 사무실 공간을 코어와 관계없이 제공할 수 있다. • 각종 덕트, 배관 등의 길이가 길어지며 제약이 많다. • 방재상 불리하고 바닥 면적이 커지면 피난시설을 포함한 서브코어가 필요하다. • 내진구조에는 불리하다.
양단 코어형	• 한 개의 대공간을 필요로 하는 전용 사무실에 적합하다. • 2방향 피난에는 이상적이며 방재상 유리하다.
기타형	중심코어형의 변형으로 구조 간격이 높다.

08 조명의 눈부심에 관한 설명으로 옳지 않은 것은

① 광원이 시선에 멀수록 눈부심이 강하다.
② 광원의 휘도가 클수록 눈부심이 강하다.
③ 광원의 크기가 클수록 눈부심이 강하다.
④ 배경이 어둡고 눈이 암순응될수록 눈부심이 강하다.

해설
광원이 시선에 가까울수록 눈부심이 강하다.

09 다음 중 실내 공간계획에서 가장 중요하게 고려해야 할 사항은?

① 인간스케일
② 조명스케일
③ 가구스케일
④ 색채스케일

해설
휴먼스케일은 인간을 기준으로 계산하여 공간에 대해 감각적으로 가장 쾌적한 비율이다.

10 다음의 설명에 알맞은 조명 연출기법은?

> 강조하고자 하는 물체에 의도적인 광선으로 조사시킴으로써 광선 그 자체가 시각적인 특성을 지니게 하는 기법이다.

① 실루엣 기법
② 월 워싱 기법
③ 글레이징 기법
④ 빔 플레이 기법

해설
① 실루엣 기법 : 물체의 형상만을 강조하는 기법으로 시각적인 눈부심은 없으나 물체면의 세밀한 묘사는 할 수 없다.
② 월 워싱 기법 : 수직 벽면을 빛으로 쓸어내리는 듯한 효과를 주기 위해 비대칭 배광방식의 조명기구를 사용하여 수직 벽면에 균일한 조도의 빛을 비추는 기법이다.
③ 글레이징 기법 : 빛의 각도를 이용하는 방법으로 수직면과 평행한 조명을 벽에 조사시킴으로써 마감재의 질감을 효과적으로 강조하는 기법이다.

11 수평 블라인드로 날개의 각도, 승강으로 일광, 조망, 시각의 차단 정도를 조절하는 것은?

① 롤 블라인드
② 로만 블라인드
③ 버티컬 블라인드
④ 베니션 블라인드

해설
① 롤 블라인드 : 단순하고 깔끔한 느낌을 주며 창 이외에 칸막이나 스크린의 효과를 얻을 수 있다.
② 로만 블라인드 : 블라인드 중간 부분에 가로봉 등을 삽입해 넓은 주름을 형성한 것이다.
③ 버티컬 블라인드 : 세로 방향으로 블라인드 조각이 연결되어 끈으로 각도를 조절하여 실내로 비치는 햇빛의 양을 조절한다.
베니션 블라인드(venetian blind)
• 다른 블라인드에 비해서 통풍성이 뛰어나고, 가로 폭이 좁은 슬릿들이 연결되어 자연채광과 빛의 각도를 더욱 세밀하게 조절할 수 있다.
• 슬릿 각도에 따라 외부로부터 시선을 차단할 수 있어 사생활을 보호해준다.

12 실내 치수계획으로 가장 부적절한 것은?

① 주택 출입문의 폭 : 90cm
② 부엌 조리대의 높이 : 85cm
③ 주택 침실의 반자 높이 : 2.3m
④ 상점 내의 계단 단높이 : 40cm

해설
판매시설의 계단 높이는 18cm 이하, 단너비는 26cm 이상이 적절하다.

13 상품의 유효 진열범위에서 고객의 시선이 자연스럽게 머물고, 손으로 잡기에도 편한 높이인 골든 스페이스(golden space)의 범위는?

① 500~850mm
② 850~1,250mm
③ 1,250~1,400mm
④ 1,450~1,600mm

[해설]
가장 사용하기 쉬운 위치, 즉 골든 스페이스는 높이 850~1,250mm 범위이다.

14 세포형 오피스(cellular type office)에 관한 설명으로 옳지 않은 것은?

① 연구원, 변호사 등 지식집약형 업종에 적합하다.
② 조직 구성원 간의 커뮤니케이션에 문제점이 있을 수 있다.
③ 개인별 공간을 확보하여 스스로 작업 공간의 연출과 구성이 가능하다.
④ 하나의 평면에서 직제가 명확한 배치로 상하급의 상호감시가 용이하다.

[해설]
1~2인 정도의 사무 공간에 어울린다.

15 다음과 같은 단면을 갖는 천장의 유형은?

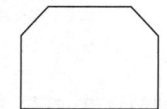

① 나비형
② 단저형
③ 경사형
④ 꺾임형

[해설]
천장의 유형(단면)

나비형	단저형	경사형	꺾임형
∧	⌒	╱	⌐

16 다음 중 단독주택의 현관 위치 결정에 가장 주된 영향을 끼치는 것은?

① 가족 구성
② 도로의 위치
③ 주택의 층수
④ 주택의 건폐율

[해설]
일반적으로 현관은 도로와 대지 그리고 주택의 배치에 의해 복합적으로 결정된다. 대문으로 진입하는 방문객의 시야에 현관이 자연스럽게 유도되도록 고려한다.

17 다음 설명에 알맞은 건축화 조명의 종류는?

- 벽면 전체 또는 일부분을 광원화하는 방식이다.
- 광원을 넓은 벽면에 매입함으로써 비스타(vista)적인 효과를 낼 수 있다.

① 코퍼 조명
② 광창조명
③ 코니스 조명
④ 광천장조명

[해설]
① 코퍼 조명 : 천장면을 사각형이나 원형으로 파내고 그 내부에 조명기구를 매립하는 방식으로 설비하여, 천장의 단조로움을 보완하는 조명방식이다.
③ 코니스 조명 : 벽면의 상부에 위치하여 모든 빛이 아래로 직사하도록 하는 조명방식이다.
④ 광천장조명 : 천장의 전체 또는 일부에 조명기구를 설치하고 그 밑에 아크릴, 플라스틱, 유리, 창호지, 스테인드글라스, 루버 등과 같은 확산용 스크린판을 대고 마감하는 가장 일반적인 건축화 조명방식이다.

정답 13 ② 14 ④ 15 ④ 16 ② 17 ②

18 필요에 따라 가구의 형태를 변화시킬 수 있어 고정적이면서 이동적인 성격을 갖는 가구로, 규격화된 단일 가구를 원하는 형태로 조합하여 사용할 수 있으므로 다목적으로 사용이 가능한 것은?

① 유닛 가구   ② 가동 가구
③ 원목 가구   ④ 붙박이 가구

해설
② 가동 가구 : 일반적인 가구가 여기에 속한다.
③ 원목 가구 : 베어 낸 그대로 가공하지 아니한 나무를 이용하여 만든 가구이다.
④ 붙박이 가구 : 건축계획 시 함께 계획하여 건축물과 일체화하여 설치되는 가구이다.

19 실내디자인 과정 중 공간의 레이아웃(layout) 단계에서 고려해야 할 사항으로 가장 알맞은 것은?

① 동선계획
② 설비계획
③ 입면계획
④ 색채계획

해설
동선계획은 평면 레이아웃과 동시에 이루어져야 한다.

20 상품을 판매하는 매장을 계획할 경우 일반적으로 동선을 길게 구성하는 것은?

① 고객 동선
② 관리 동선
③ 판매종업원 동선
④ 상품 반출입 동선

해설
고객 동선은 가능한 한 길게 하여 상점 내에 오래 머물도록 하는 것이 좋다.

제2과목 색채 및 인간공학

21 골격의 기능으로 볼 수 없는 것은?

① 인체의 지주
② 내부의 장기보호
③ 신경계통의 전달
④ 골수의 조혈기능

해설
골격의 기능
• 인체의 지주
• 체강을 형성하여 내부의 장기보호
• 지렛대 역할
• 골수의 조혈기능

22 실내 표면에서 추천 반사율이 가장 높은 곳은?

① 벽   ② 바닥
③ 가구   ④ 천장

해설
실내 표면에서 추천 반사율이 가장 높은 곳은 천장, 가장 낮은 곳은 바닥이다.

[정답] 18 ① 19 ① 20 ① 21 ③ 22 ④

23 pictorial graphics에서 "금지"를 나타내는 표시방식으로 적합한 것은?

① 대각선으로 표시
② 삼각형으로 표시
③ 사각형으로 표시
④ 다이아몬드형으로 표시

해설
부정
- 전체적인 활동을 부정해야 하는 경우에서는 부정요소가 왼쪽 상단부터 오른쪽 하단까지 그리는 대각선의 사선이 있어야 한다.
- 부정 표시 사선과 X 표시는 일반적으로 빨간색(7.5R 4/14)이어야 한다.

24 두 소리의 강도(强度)를 압력으로 측정한 결과 나중에 발생한 소리가 처음보다 압력이 100배 증가하였다면 두 음의 강도차는 몇 dB인가?

① 40
② 60
③ 80
④ 100

해설
음압수준(SPL) = $20\log_{10}(P_1/P_0)$
= $20\log_{10}(100)$
= 40dB

25 인지특성을 고려한 설계 원리가 아닌 것은?

① 가시성
② 피드백
③ 양립성
④ 복잡성

해설
인지특성을 고려한 설계 원리
- 좋은 개념 모형을 제공하라.
- 단순하게 하라(simple).
- 가시성(visibility)
- 피드백(feedback)의 원칙
- 양립성(compatibility)의 원칙
- 제약과 행동유도성
- 오류 방지를 위한 강제적 기능
- 안전 설계 원리

26 인체의 구조에 있어 근육의 부착점인 동시에 체격을 결정지으며 수동적 운동을 하는 기관은?

① 소화계
② 신경계
③ 골격계
④ 감각기계

해설
골격계는 다양한 움직임을 수행하는 동안 자세를 유지시켜 주는 역할, 움직임을 만들어 주는 근육, 힘줄, 인대의 부착점을 제공하며, 인체의 움직임을 만들어 지렛대 역할을 한다.

27 제어표시체계에 대한 설명으로 틀린 것은?

① 부착면을 달리한다.
② 대칭면으로 배치한다.
③ 전체의 색상을 통일한다.
④ 표시나 제어 그래프는 수직보다 수평으로 간격을 띄우는 것이 좋다.

해설
각 부분마다 다른 색깔로 한다.

28 다음과 같은 착시현상과 가장 관계가 깊은 것은?

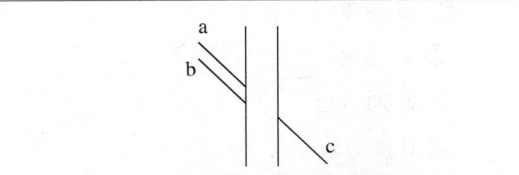

실제로는 a와 c가 일직선상에 있으나 b와 c가 일직선으로 보인다.

① Köhler의 착시(윤곽착오)
② Hering의 착시(분할착오)
③ Poggendorf의 착시(위치착오)
④ Müler-Lyer의 착시(동화착오)

해설
포겐도르프(위치) 착시 : 사선이 2개 이상의 평행선으로 인해 중단되면 서로 어긋나 보이는 현상이다.

29 근육의 국부적인 피로를 측정하기 위한 것으로 가장 적합한 것은?

① 심전도(ECG)
② 안전도(EOG)
③ 뇌전도(EEG)
④ 근전도(EMG)

해설
물리적 기법을 이용한 생체계측
• 심전도(ECG) : 심장 박동의 주기에 따라 발생하는 심장의 전기적 활동을 분석하여 파장형태로 기록한다.
• 안전도(EOG) : 눈 주변에 표면전극을 설치하여 눈동자의 운동 상태를 측정한다.
• 뇌전도(EEG) : 머리 주변에 표면전극을 설치하여 뇌의 전기활동을 측정한다.
• 근전도(EMG) : 근육 근처에 전극을 설치하여 수축작용을 측정한다.

30 인간공학적 산업디자인의 필요성을 표현한 것으로 가장 적절한 것은?

① 보존의 편리
② 효능 및 안전
③ 비용의 절감
④ 설비의 기능 강화

해설
인간공학은 인간의 행동, 능력, 한계 등 제반 특성들을 연구하여 인간이 사용하는 도구, 기계, 시스템, 업무 및 작업, 환경 등을 효과적이고 효율적이며, 안전하고 편리하게 사용할 수 있도록 설계하는 활동이다. 특히 산업디자인은 기능성, 경제성, 조형성 등을 고려하여 인간 중심의 편리함을 추구하는 디자인이다.

31 색의 지각과 감정효과에 관한 설명으로 틀린 것은?

① 색의 온도감은 빨강, 주황, 노랑, 연두, 녹색, 파랑, 하양 순으로 파장이 긴 쪽이 따뜻하게 지각된다.
② 색의 온도감은 색의 3속성 중 명도의 영향을 많이 받는다.
③ 난색계열의 고채도는 심리적 흥분을 유도하나 한색계열의 저채도는 심리적으로 침정된다.
④ 연두, 녹색, 보라 등은 때로는 차갑게 때로는 따뜻하게 느껴질 수도 있는 중성색이다.

해설
색의 중량감은 색의 밝기와 어두움에 따라 가볍고 무겁게 보이는 시각현상으로 색의 명도에 의하여 좌우된다.

정답 28 ③ 29 ④ 30 ② 31 ②

32 다음 중 감산혼합을 바르게 설명한 것은?

① 2개 이상의 색을 혼합하면 혼합한 색의 명도는 낮아진다.
② 가법혼색, 색광혼합이라고도 한다.
③ 2개 이상의 색을 혼합하면 색의 수에 관계없이 명도는 혼합하는 색의 평균 명도가 된다.
④ 2개 이상의 색을 혼합하면 색의 수에 관계없이 무채색이 된다.

해설
감산혼합(감법혼색, 색료혼합)
혼합색이 원래의 색보다 명도가 낮아지도록 색을 혼합하는 방법으로 감법혼합 또는 마이너스 혼합이라고도 한다.
※ 가산혼합(색광혼합) = 가법혼합, 정혼합, 플러스 혼합

33 다음 (　)에 들어갈 용어를 순서대로 짝지은 것은?

> 일반적으로 모니터상에서 (　)형식으로 색채를 구현하고, (　)에 의해 색채를 혼합한다.

① RGB – 가법혼색
② CMY – 가법혼색
③ Lab – 감법혼색
④ CMY – 감법혼색

해설
빛의 3원색(RGB)을 혼합하는 가법혼색의 결과는 다음과 같다.
- 청(blue) + 녹(green) = 청록(cyan)
- 녹(green) + 적(red) = 황(yellow)
- 청(blue) + 적(red) = 자주(magenta)
- 청(blue) + 녹(green) + 적(red) = 백색(white)

34 다음 색 중 명도가 가장 낮은 색은?

① 2R 8/4
② 5Y 6/6
③ 7.5G 4/2
④ 10B 2/2

해설
먼셀 기호 : 색상, 명도/채도로 표시한다.
예 10B 2/2 : 색상 10B, 명도 2, 채도 2를 표시한다.

35 슈브뢸(M.E. Chevreul)의 색채조화 원리가 아닌 것은?

① 분리효과
② 도미넌트 컬러
③ 등간격 2색의 조화
④ 보색배색의 조화

해설
슈브뢸(M. E. Chevreul) 조화론 '색의 조화와 대비의 법칙'에서 대비현상
- 분리색(separation color)
- 주조색(dominant color)
- 등간격 3색의 조화
- 보색배색의 조화
- 동시대비원리

36 적색의 육류나 과일이 황색 접시 위에 놓여 있을 때 육류와 과일의 적색이 자색으로 보여 신선도가 낮아지고 미각이 떨어진다. 이것은 무엇 때문에 일어나는 현상인가?

① 항상성　　② 잔상
③ 기억색　　④ 연색성

해설
잔상 : 원자극이 제거된 후에는 원자극과 비슷한 감각이 일어나는 현상이다.

37 색의 항상성(color constancy)을 바르게 설명한 것은?

① 배경색에 따라 색채가 변하여 인지된다.
② 조명에 따라 색채가 다르게 인지된다.
③ 빛의 양과 거리에 따라 색채가 다르게 인지된다.
④ 배경색과 조명이 변해도 색채는 그대로 인지된다.

해설
색의 항상성 : 일종의 색순응 현상으로서 주변의 광원이나 조명이 되는 빛의 강도와 조건이 달라져도 색을 본래의 모습 그대로 느끼는 현상을 말한다.

38 다음은 먼셀의 표색계이다. (A)에 맞는 요소는?

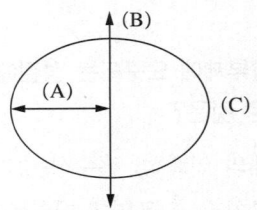

① white
② hue
③ chroma
④ value

해설
(A) 채도 : 크로마(chroma)
(B) 명도 : 밸류(value)
(C) 색상 : 휴(hue)
먼셀의 기본 표색계

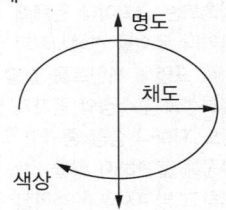

39 연기 속으로 사라진다는 뜻으로 색을 미묘하게 연속 변화시켜 형태의 윤곽이 엷은 안개에 쌓인 것처럼 차차 사라지게 하는 기법은?

① 그라데이션(gradation)
② 데칼코마니(decalcomanie)
③ 스푸마토(sfumato)
④ 메조틴트(mezzotint)

해설
스푸마토(sfumato)
연기라는 의미의 이탈리아어 스푸마레(sfumare)에서 나온 말로, 색을 미묘하게 연속적으로 변화시켜서 형태의 윤곽선을 번지듯이 하여 차차 없어지게 하는 명암법이다.

40 배색에 관한 일반적인 설명으로 옳은 것은?

① 가장 넓은 면적의 부분에 주로 적용되는 색채를 보조색이라고 한다.
② 통일감 있는 색채계획을 위해 보조색은 전체 색채의 50% 이상을 동일한 색채로 사용하여야 한다.
③ 보조색은 항상 무채색을 적용해야 한다.
④ 강조색은 주로 작은 면적에 사용되면서 시선을 집중시키는 효과를 나타낸다.

해설
색의 선정
• 주조색 : 가장 넓은 면적에 분포. 70% 이상의 면적색(1~2개)
• 보조색 : 주조색의 유사계열로 20~25%의 면적색(1~2개)
• 강조색 : 주, 보조색과 대비되어 작은 5~10%의 면적으로 악센트가 됨

제3과목 건축재료

41 각종 색유리의 작은 조각을 도안에 맞추어 절단하여 조합해서 만든 것으로 성당의 창 등에 사용되는 유리제품은?

① 내열유리 ② 유리타일
③ 샌드블라스트유리 ④ 스테인드글라스

해설
스테인드글라스 : 다채색의 유리를 각종 크기로 잘라서, 그들을 납틀에 끼워 넣어서 용접한 것으로 그림유리라고도 한다.

42 도로나 바닥에 깔기 위해 만든 두꺼운 벽돌로서 원료로 연화토, 도토 등을 사용하여 만들며 경질이고 흡습성이 적은 특징이 있는 것은?

① 이형벽돌 ② 포도벽돌
③ 치장벽돌 ④ 내화벽돌

해설
① 이형벽돌 : 보통벽돌보다 형상, 치수가 규격에 정한 바와 다른 특이한 벽돌이다.
③ 치장벽돌 : 벽돌을 노출되게 벽면에 쌓을 경우 노출되는 벽돌면의 색깔 형태 표면의 질감 그 밖의 원하는 효과를 얻기 위하여 특별히 만들어지거나 선택된 벽돌이다.
④ 내화벽돌 : 내화성이 있는 내화 점토로 만든 황백색의 벽돌이다.

43 다음 중 방수성이 가장 우수한 수지는?

① 푸란수지 ② 실리콘수지
③ 멜라민수지 ④ 알키드수지

해설
실리콘수지 : 발수성이 높아 건축물, 전기절연물 등의 방수에 쓰인다.

44 시멘트를 대기 중에 저장하게 되면 공기 중의 습기와 탄산가스가 시멘트와 결합하여 그 품질 상태가 변질되는데 이 현상을 무엇이라 하는가?

① 동상현상 ② 알칼리골재반응
③ 풍화 ④ 응결

해설
시멘트의 풍화
시멘트는 저장 중 공기 중에 노출되면 습기 및 탄산가스를 흡수하여 가벼운 수화반응을 일으켜 탄산화가 되면서 고체화하는데 이러한 현상을 풍화라고 한다.

45 목재 방부제에 요구되는 성질에 관한 설명으로 옳지 않은 것은?

① 목재의 인화성, 흡수성 증가가 없을 것
② 방부처리 후 표면에 페인트칠을 할 수 있을 것
③ 목재에 접촉되는 금속이나 인체에 피해가 없을 것
④ 목재에 침투가 되지 않고 전기전도율을 감소시킬 것

해설
목재 방부제에 요구되는 성질
• 목재에 침투가 잘되고 방부성이 큰 것
• 목재에 접촉되는 금속이나 인체에 피해가 없을 것
• 악취가 나거나 목재를 변색시키지 않을 것
• 방부처리 후 표면에 페인트를 칠할 수 있을 것
• 목재의 인화성과 흡수성의 증가가 없을 것
• 목재의 강도 저하나 중량 증가가 되지 않을 것
• 목재의 가공에 불편하지 않을 것
• 값이 저렴하고 방부처리가 용이할 것

정답 41 ④ 42 ② 43 ② 44 ③ 45 ④

46 철강제품 중에서 내식성, 내마모성이 우수하고 강도가 높으며, 장식적으로도 광택이 미려한 Cr-Ni 합금의 비자성 강(鋼)은?

① 스테인리스강 ② 탄소강
③ 주철 ④ 주강

해설
스테인리스강 : 크롬·니켈 등을 함유하며, 탄소량이 적고 내식성이 우수한 특수강이다.

47 목재의 부패조건에 관한 설명으로 옳은 것은?

① 목재에 부패균이 번식하기에 가장 최적의 온도조건은 35~45℃로서 부패균은 70℃까지 대다수 생존한다.
② 부패균류가 발육 가능한 최저 습도는 65% 정도이다.
③ 하등생물인 부패균은 산소가 없으면 생육이 불가능하므로, 지하수면 아래에 박힌 나무말뚝은 부식되지 않는다.
④ 변재는 심재에 비해 고무, 수지, 휘발성 유지 등의 성분을 포함하고 있어 내식성이 크고, 부패되기 어렵다.

해설
①·② 목재 부패균의 활동이 가장 왕성한 조건은 온도 25~35℃, 습도 70~80%이다.
④ 변재는 건조, 수축에 변형되기 쉽고 내구성이 부족하며 충해, 부패가 심재보다 심하다.

48 재료의 열팽창계수에 관한 설명으로 옳지 않은 것은?

① 온도의 변화에 따라 물체가 팽창·수축하는 비율을 말한다.
② 길이에 관한 비율인 선팽창계수와 용적에 관한 체적팽창계수가 있다.
③ 일반적으로 체적팽창계수는 선팽창계수의 3배이다.
④ 체적팽창계수의 단위는 W/m·K이다.

해설
체적팽창계수의 단위는 1/℃이다.

49 보통 포틀랜드 시멘트 제조 시 석고를 넣는 주목적으로 옳은 것은?

① 강도를 높이기 위하여
② 균열을 줄이기 위하여
③ 응결시간 조절을 위하여
④ 수축팽창을 줄이기 위하여

해설
보통 포틀랜드 시멘트에 석고가 들어가는 이유는 시멘트의 응결조절작용 때문이다. 시멘트에 석고가 적게 들어가면 물과 시멘트의 반응이 지연되어 굳는 시간이 오래 걸리게 되고, 이와 반대로 많이 첨가되면 시멘트와 물의 반응이 급속하게 일어나 빨리 굳게 되지만 균열이 생기기 쉽다.

50 인조석바름의 반죽에 필요한 재료를 가장 옳게 나열한 것은?

① 백색 포틀랜드 시멘트, 종석, 강모래, 해초풀, 물
② 백색 포틀랜드 시멘트, 종석, 안료, 돌가루, 물
③ 백색 포틀랜드 시멘트, 강자갈, 강모래, 안료, 물
④ 백색 포트렌드 시멘트, 강자갈, 해초풀, 안료, 물

해설
인조석바름
모르타르로 바름 바탕을 한 위에 종석(화강석, 사문암, 석회석 등의 부순 돌)과 보통 포틀랜드 시멘트 또는 백색 포틀랜드 시멘트와 안료, 돌가루(석분) 등을 배합 반죽하여 바르고 씻어 내기, 갈기 또는 잔다듬 등으로 마무리하여 천연의 석재와 유사하게 만든 것이다.

51 한 번에 두꺼운 도막을 얻을 수 있으며 넓은 면적의 평판도장에 최적인 도장방법은?

① 브러시칠
② 롤러칠
③ 에어 스프레이
④ 에어리스 스프레이

해설
에어리스 스프레이
먼지의 날림이 적고 도료의 소실 및 도장실의 오염이 적으며 도료의 비산이 적고 1회 도장으로 두꺼운 도막을 얻을 수 있다.

52 플라스틱 재료의 일반적인 성질에 관한 설명으로 옳지 않은 것은?

① 플라스틱의 강도는 목재보다 크며 인장강도가 압축강도보다 매우 크다.
② 플라스틱은 상호 간 접착이나 금속, 콘크리트, 목재, 유리 등 다른 재료에도 부착이 잘되는 편이다.
③ 플라스틱은 일반적으로 전기절연성이 양호하다.
④ 플라스틱은 열에 의한 팽창 및 수축이 크다.

해설
플라스틱의 압축강도는 인장강도보다 크다.

53 단열 모르타르에 관한 설명으로 옳지 않은 것은?

① 바닥, 벽, 천장 등의 열손실 방지를 목적으로 사용된다.
② 골재는 중량골재를 주재료로 사용한다.
③ 시멘트는 보통 포틀랜드 시멘트, 고로 슬래그 시멘트 등이 사용된다.
④ 구성재료를 공장에서 배합하여 만든 기배합 미장 재료로서 적당량의 물을 더하여 반죽 상태로 사용하는 것이 일반적이다.

해설
단열 모르타르는 모르타르에 경량단열 골재를 주재료로 만든 것을 말한다.

정답 50 ② 51 ④ 52 ① 53 ②

54 특수 도료 중 방청 도료의 종류와 가장 거리가 먼 것은?

① 인광 도료
② 알루미늄 도료
③ 역청질 도료
④ 징크로메이트 도료

해설
인광 도료는 발광 도료에 속한다.
※ 발광 도료 : 광선을 받았을 때 그 에너지를 흡수하여 어두운 곳에서 인광을 내며 그 발광성은 안료에 인광체의 분말을 사용함으로써 얻어진다. 종류로는 형광 도료와 인광 도료가 있다.

55 금속재에 관한 설명으로 옳지 않은 것은?

① 알루미늄은 경량이지만 강도가 커서 구조 재료로도 이용된다.
② 두랄루민은 알루미늄 합금의 일종으로 구리, 마그네슘, 망간, 아연 등을 혼합한다.
③ 납은 내식성은 우수하나 방사선 차단 효과가 적다.
④ 주석은 단독으로 사용하는 경우는 드물고, 철판에 도금을 할 때 사용된다.

해설
납은 내식성이 우수하고 방사선의 투과도가 낮아 방사선 차폐용 벽체에 이용된다.

56 투명도가 높으므로 유기유리라는 명칭이 있고 착색이 자유로워 채광판, 도어판, 칸막이판 등에 이용되는 것은?

① 아크릴수지
② 알키드수지
③ 멜라민수지
④ 폴리에스테르수지

해설
아크릴수지 : 열가소성 수지로서 평판 성형되어 유리와 같이 이용되는 경우가 많고 유기유리라고도 불린다.

57 점토벽돌(KS L 4201)의 시험방법과 관련된 항목이 아닌 것은?

① 겉모양
② 압축강도
③ 내충격성
④ 흡수율

해설
점토벽돌(KS L 4201)의 시험방법
• 시료
• 겉모양
• 치수
• 흡수율
• 압축강도

58 다음 석재 중 압축강도가 일반적으로 가장 큰 것은?

① 화강암
② 사문암
③ 사암
④ 응회암

해설
석재의 압축강도(kg/cm^2)
화강암(500~1,940) > 사문암(740~1,200) > 사암(266~674) > 응회암(86~372)

정답 54 ① 55 ③ 56 ① 57 ③ 58 ①

59 목재에 관한 설명으로 옳지 않은 것은?

① 춘재부는 세포막이 얇고 연하나 추재부는 세포막이 두껍고 치밀하다.
② 심재는 목질부 중 수심 부근에 위치하고 일반적으로 변재보다 강도가 크다.
③ 널결은 곧은결에 비해 일반적으로 외관이 아름답고 수축변형이 작다.
④ 4계절 중 벌목의 가장 적당한 시기는 겨울이다.

해설
널결은 나이테로 인한 무늬가 아름답다. 곧은결은 수축으로 인한 변형이 적어 목재로의 가치가 높다.

60 다음 중 지하 방수나 아스팔트 펠트 삼투용(滲透用)으로 쓰이는 것은?

① 스트레이트 아스팔트
② 블론 아스팔트
③ 아스팔트 콤파운드
④ 콜타르

해설
스트레이트 아스팔트(일반 아스팔트)
• 신도(伸渡)가 크고 교착력이 풍부하지만 용해점이 낮고 내구성 및 온도에 의한 변화가 커서 지하실 공사에만 적용한다.
• 모래와 자갈을 혼합하여 아스팔트 콘크리트를 제조하고 아스팔트 펠트, 아스팔트 루핑 제조에 사용된다.

제4과목 건축일반

61 실내 공간에 서 있는 사람의 경우 주변 환경과 지속적으로 열을 주고받는다. 인체와 주변 환경과의 열전달현상 중 그 영향이 가장 적은 것은?

① 전도 ② 대류
③ 복사 ④ 증발

해설
전도란 물질을 통하여 접촉하고 있는 두 물체 사이에 열이 이동하는 것을 말한다. 이것은 열을 가진 물질 자체가 이동하는 것이 아니고 열이 물질을 징검다리로 하여 이동하는 것이다.

62 다음 중 방염대상물품에 해당하지 않는 것은?

① 종이벽지
② 전시용 합판
③ 카펫
④ 창문에 설치하는 블라인드

해설
※ 관련 법령 개정으로 문제의 지문이 다음과 같이 변경되었습니다.
　종이벽지 → 두께가 2mm 미만인 종이벽지
방염대상물품 및 방염성능기준(소방시설 설치 및 관리에 관한 법률 시행령 31조)
• 제조 또는 가공 공정에서 방염처리를 한 물품
• 창문에 설치하는 커튼류(블라인드를 포함)
• 카펫
• 벽지류(두께가 2mm 미만인 종이벽지는 제외)
• 전시용 합판·목재 또는 섬유판, 무대용 합판·목재 또는 섬유판(합판·목재류의 경우 불가피하게 설치현장에서 방염처리한 것을 포함)
• 암막·무대막(영화상영관에 설치하는 스크린과 가상체험체육시설업에 설치하는 스크린 포함)
• 섬유류 또는 합성수지류 등을 원료로 하여 제작된 소파·의자(단란주점영업, 유흥주점영업 및 노래연습장업의 영업장에 설치하는 것으로 한정)

정답 59 ③　60 ①　61 ①　62 ①

63 한국의 목조건축에서 기둥 밑에 놓아 수직재인 기둥을 고정하는 것은?

① 인방 ② 주두
③ 초석 ④ 부연

해설
① 인방 : 창, 출입구 등 벽면 개구부 위에 보를 얹어 상부의 하중을 받는 보이다.
② 주두 : 기둥 위에서 대들보 목에 들어가면서 장혀가 끼이는 부분이다.
④ 부연 : 처마의 서까래나 들연 끝에 덧얹은 짧은 서까래이다.

64 소방시설법령에 따른 소방시설의 분류명칭에 해당되지 않는 것은?

① 소화설비 ② 급수설비
③ 소화활동설비 ④ 소화용수설비

해설
소방시설(소방시설 설치 및 관리에 관한 법률 시행령 별표 1)
• 소화설비 : 물 그 밖의 소화약제를 사용하여 소화하는 기계·기구 또는 설비
• 경보설비 : 화재발생 사실을 통보하는 기계·기구 또는 설비
• 피난구조설비 : 화재가 발생할 경우 피난하기 위하여 사용하는 기구 또는 설비
• 소화용수설비 : 화재를 진압하는 데 필요한 물을 공급하거나 저장하는 설비
• 소화활동설비 : 화재를 진압하거나 인명구조활동을 위하여 사용하는 설비

65 건축물에서 자연 채광을 위하여 거실에 설치하는 창문 등의 면적은 얼마 이상으로 하여야 하는가?

① 거실 바닥 면적의 5분의 1
② 거실 바닥 면적의 10분의 1
③ 거실 바닥 면적의 15분의 1
④ 거실 바닥 면적의 20분의 1

해설
채광 및 환기를 위한 창문 등(건축물의 피난·방화구조 등의 기준에 관한 규칙 제17조)
채광을 위하여 거실에 설치하는 창문 등의 면적은 그 거실의 바닥 면적의 1/10 이상이어야 한다.

66 소방시설법령에서 정의하는 무창층이 되기 위한 개구부 면적의 합계 기준은?(단, 개구부란 다음 요건을 충족)

> 가. 크기는 지름 50cm 이상의 원이 내접할 수 있는 크기일 것
> 나. 해당 층의 바닥면으로부터 개구부 밑부분까지의 높이가 1.2m 이내일 것
> 다. 도로 또는 차량이 진입할 수 있는 빈터를 향할 것
> 라. 화재 시 건축물로부터 쉽게 피난할 수 있도록 창살이나 그 밖의 장애물이 설치되지 아니할 것
> 마. 내부 또는 외부에서 쉽게 부수거나 열 수 있을 것

① 해당 층의 바닥 면적의 1/20 이하
② 해당 층의 바닥 면적의 1/25 이하
③ 해당 층의 바닥 면적의 1/30 이하
④ 해당 층의 바닥 면적의 1/35 이하

해설
정의(소방시설 설치 및 관리에 관한 법률 시행령 제2조)
'무창층(無窓層)'이란 지상층 중 다음의 요건을 모두 갖춘 개구부(건축물에서 채광·환기·통풍 또는 출입 등을 위하여 만든 창·출입구, 그 밖에 이와 비슷한 것을 말한다)의 면적의 합계가 해당 층의 바닥 면적의 1/30 이하가 되는 층을 말한다.
• 크기는 지름 50cm 이상의 원이 통과할 수 있는 크기일 것
• 해당 층의 바닥면으로부터 개구부 밑부분까지의 높이가 1.2m 이내일 것
• 도로 또는 차량이 진입할 수 있는 빈터를 향할 것
• 화재 시 건축물로부터 쉽게 피난할 수 있도록 창살이나 그 밖의 장애물이 설치되지 아니할 것
• 내부 또는 외부에서 쉽게 부수거나 열 수 있을 것

정답 63 ③ 64 ② 65 ② 66 ③

67 벽돌구조의 특징으로 옳지 않은 것은?

① 풍하중, 지진하중 등 수평력에 약하다.
② 목구조에 비해 벽체의 두께가 두꺼우므로 실내 면적이 감소한다.
③ 고층 건물에는 적용이 어렵다.
④ 시공법이 복잡하고 공사비가 고가인 편이다.

해설
벽돌구조는 시공이 용이하고 경제적이나 지진력 및 횡력에 약하다.

68 결로에 관한 설명으로 옳지 않은 것은?

① 실내공기의 노점온도보다 벽체표면온도가 높을 경우 외부결로가 발생할 수 있다.
② 여름철의 결로는 단열성이 높은 건물에서 고온다습한 공기가 유입될 경우 많이 발생한다.
③ 일반적으로 외단열시공이 내단열시공에 비하여 결로 방지기능이 우수하다.
④ 결로 방지를 위하여 환기를 통하여 실내의 절대 습도를 낮게 한다.

해설
벽체 내의 어느 부분의 건구온도가 그 부분의 노점온도보다 낮을 때 내부결로가 발생한다.

69 피난층 또는 지상으로 통하는 직통계단을 2개소 이상 설치해야 하는 용도가 아닌 것은?(단, 피난층 외의 층으로써 해당 용도로 쓰는 바닥 면적의 합계가 500m²일 경우)

① 단독주택 중 다가구주택
② 문화 및 집회시설 중 전시장
③ 제2종 근린생활시설 중 공연장
④ 교육연구시설 중 학원

해설
직통계단의 설치(건축법 시행령 제34조 제2항)
피난층 외의 층이 다음의 어느 하나에 해당하는 용도 및 규모의 건축물에는 국토교통부령으로 정하는 기준에 따라 피난층 또는 지상으로 통하는 직통계단을 2개소 이상 설치하여야 한다.
• 제2종 근린생활시설 중 공연장·종교집회장, 문화 및 집회시설 (전시장 및 동·식물원은 제외한다), 종교시설, 위락시설 중 주점영업 또는 장례시설의 용도로 쓰는 층으로서 그 층에서 해당 용도로 쓰는 바닥 면적의 합계가 200m²(제2종 근린생활시설 중 공연장·종교집회장은 각각 300m²) 이상인 것

70 그리스 파르테논(parthenon) 신전에 관한 설명으로 옳지 않은 것은?

① 그리스 아테네의 아크로폴리스 언덕에 위치하고 있다.
② 기원전 5세기경 건축가 익티누스와 조각가 피디아스의 작품이다.
③ 아테네의 수호신 아테나를 숭배하기 위해 축조하였다.
④ 대부분 화강석 재료를 사용하여 건축하였다.

해설
파르테논 신전의 기둥은 에기나 섬에서 산출된 석회암으로 만들어졌다.

정답 67 ④ 68 ① 69 ② 70 ④

71 소방시설법령에서 규정하고 있는 비상콘센트설비를 설치하여야 하는 특정소방대상물의 기준으로 옳은 것은?

① 층수가 7층 이상인 특정소방대상물의 경우에는 7층 이상의 층
② 층수가 8층 이상인 특정소방대상물의 경우에는 8층 이상의 층
③ 층수가 10층 이상인 특정소방대상물의 경우에는 10층 이상의 층
④ 층수가 11층 이상인 특정소방대상물의 경우에는 11층 이상의 층

해설
※ 관련 법령 개정으로 용어가 다음과 같이 변경되었습니다.
  지하가 중 터널 → 터널
비상콘센트설비를 설치해야 하는 특정소방대상물(소방시설 설치 및 관리에 관한 법률 시행령 별표 4)
비상콘센트설비를 설치해야 하는 특정소방대상물(위험물 저장 및 처리시설 중 가스시설 및 지하구는 제외한다)은 다음의 어느 하나에 해당하는 것으로 한다.
• 층수가 11층 이상인 특정소방대상물의 경우에는 11층 이상의 층
• 지하층의 층수가 3층 이상이고 지하층의 바닥 면적의 합계가 1,000m² 이상인 것은 지하층의 모든 층
• 터널로서 길이가 500m 이상인 것

72 건축물 내부에 설치하는 피난계단의 구조 기준으로 옳지 않은 것은?

① 계단은 내화구조로 하고 피난층 또는 지상까지 직접 연결되도록 한다.
② 계단실에는 예비전원에 의한 조명설비를 한다.
③ 계단실의 실내에 접하는 부분의 마감은 난연재료로 한다.
④ 건축물의 내부에서 계단실로 통하는 출입구의 유효 너비는 0.9m 이상으로 한다.

해설
피난계단 및 특별피난계단의 구조(건축물의 피난 · 방화구조 등의 기준에 관한 규칙 제9조)
계단실의 실내에 접하는 부분(바닥 및 반자 등 실내에 면한 모든 부분을 말한다)의 마감(마감을 위한 바탕을 포함한다)은 불연재료로 할 것

73 문화 및 집회시설 중 공연장의 개별 관람실 바닥면적이 550m²인 경우 관람실의 최소 출구개수는?(단, 각 출구의 유효 너비는 1.5m로 한다)

① 2개소　　② 3개소
③ 4개소　　④ 5개소

해설
관람실 등으로부터의 출구의 설치기준(건축물의 피난 · 방화구조 등의 기준에 관한 규칙 제10조)
문화 및 집회시설 중 공연장의 개별 관람실(바닥 면적이 300m² 이상인 것만 해당한다)의 출구는 다음의 기준에 적합하게 설치해야 한다.
• 관람실별로 2개소 이상 설치할 것
• 각 출구의 유효 너비는 1.5m 이상일 것
• 개별 관람실 출구의 유효 너비의 합계는 개별 관람실의 바닥 면적 100m²마다 0.6m의 비율로 산정한 너비 이상으로 할 것

$\frac{550m^2}{100m^2} \times 0.6 = 3.3m$

$3.3m \div 1.5m = 2.2$이므로
∴ 3개소

74 목재의 이음에 관한 설명으로 옳지 않은 것은?

① 엇걸이 산지이음은 옆에서 산지치기로 하고, 중간은 빗물리게 한다.
② 턱솔이음은 서로 경사지게 잘라 이은 것으로 못질 또는 볼트 죔으로 한다.
③ 빗이음은 띠장, 장선이음 등에 사용한다.
④ 겹친이음은 2개의 부재를 단순히 겹쳐대고 큰 못 · 볼트 등으로 보강한다.

해설
• 턱솔이음 : -자형, +자형, ㄷ자형 등 홈을 이용해 연결하는 방법이다.
• 빗이음 : 두 부재를 서로 경사지게 잘라 이은 것이다.

75 다음은 건축허가 등을 할 때 미리 소방본부장 또는 소방서장의 동의를 받아야 하는 건축물 등의 범위에 관한 내용이다. ( ) 안에 들어갈 내용을 순서대로 옳게 나열한 것은?(단, 차고·주차장 또는 주차용도로 사용되는 시설)

> 가. 차고·주차장으로 사용되는 바닥 면적이 ( ) 이상인 층이 있는 건축물이나 주차시설
> 나. 승강기 등 기계장치에 의한 주차시설로서 자동차 ( ) 이상을 주차할 수 있는 시설

① 100m², 20대 ② 200m², 20대
③ 100m², 30대 ④ 200m², 30대

해설
건축허가 등의 동의대상물의 범위 등(소방시설 설치 및 관리에 관한 법률 시행령 제7조)
차고·주차장 또는 주차용도로 사용되는 시설로서 다음의 어느 하나에 해당하는 것
- 차고·주차장으로 사용되는 바닥 면적이 200m² 이상인 층이 있는 건축물이나 주차시설
- 승강기 등 기계장치에 의한 주차시설로서 자동차 20대 이상을 주차할 수 있는 시설

76 철근콘크리트구조로서 내화구조가 아닌 것은?

① 두께가 8cm인 바닥
② 두께가 10cm인 벽
③ 보
④ 지붕

해설
내화구조(건축물의 피난·방화구조 등의 기준에 관한 규칙 제3조 제4호)
바닥의 경우에는 다음의 어느 하나에 해당하는 것
- 철근콘크리트조 또는 철골철근콘크리트조로서 두께가 10cm 이상인 것
- 철재로 보강된 콘크리트블록조·벽돌조 또는 석조로서 철재에 덮은 콘크리트블록 등의 두께가 5cm 이상인 것
- 철재의 양면을 두께 5cm 이상의 철망 모르타르 또는 콘크리트로 덮은 것

77 철골조에서 그림과 같은 H형강의 올바른 표기법은?

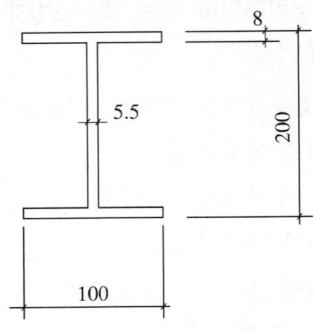

① H - 100 × 200 × 5.5 × 8
② H - 100 × 200 × 8 × 5.5
③ H - 200 × 100 × 5.5 × 8
④ H - 200 × 100 × 8 × 5.5

해설
H형강 표기법

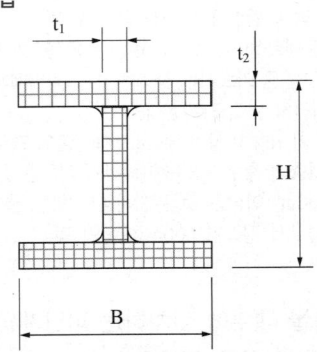

(H : 높이, B : 너비, t_1 : 웨브 두께, t_2 : 플랜지 두께)
H - 200(높이) × 100(너비) × 5.5(웨브 두께) × 8(플랜지 두께)

78 급수·배수 등의 용도를 위하여 건축물에 설치하는 배관설비의 설치 및 구조에 관한 기준으로 옳지 않은 것은?

① 배관설비의 오수에 접하는 부분은 내수재료를 사용할 것
② 지하실 등 공공하수도로 자연배수를 할 수 없는 곳에는 배수용량에 맞는 강제배수시설을 설치할 것
③ 우수관과 오수관은 통합하여 배관할 것
④ 콘크리트구조체에 배관을 매설하거나 배관이 콘크리트구조체를 관통할 경우에는 구조체에 덧관을 미리 매설하는 등 배관의 부식을 방지하고 그 수선 및 교체가 용이하도록 할 것

[해설]
배관설비(건축물의 설비기준 등에 관한 규칙 제17조)
우수관과 오수관은 분리하여 배관할 것

79 방염성능기준 이상의 실내장식물 등을 설치하여야 하는 특정소방대상물에 해당되지 않는 것은?

① 근린생활시설 중 체력단련장
② 방송통신시설 중 방송국
③ 의료시설 중 종합병원
④ 층수가 11층인 아파트

[해설]
방염성능기준 이상의 실내장식물 등을 설치하여야 하는 특정소방대상물(소방시설 설치 및 관리에 관한 법률 시행령 제30조)
1. 근린생활시설 중 의원, 치과의원, 한의원, 조산원, 산후조리원, 체력단련장, 공연장 및 종교집회장
2. 건축물의 옥내에 있는 다음의 시설
   · 문화 및 집회시설
   · 종교시설
   · 운동시설(수영장은 제외)
3. 의료시설
4. 교육연구시설 중 합숙소
5. 노유자시설
6. 숙박이 가능한 수련시설
7. 숙박시설
8. 방송통신시설 중 방송국 및 촬영소
9. 다중이용업소
10. 1.부터 9.까지의 시설에 해당하지 않는 것으로서 층수가 11층 이상인 것(아파트 등은 제외)

80 관계공무원에 의해 실시되는 소방안전관리에 관한 특별조사의 항목에 해당하지 않는 것은?

① 특정소방대상물의 소방안전관리 업무 수행에 관한 사항
② 특정소방대상물의 소방계획서 이행에 관한 사항
③ 특정소방대상물의 자체점검 및 정기적 점검 등에 관한 사항
④ 특정소방대상물의 소방안전관리자의 선임에 관한 사항

[해설]
※ 법령 개정으로 용어가 다음과 같이 변경되었습니다.
　소방특별조사 → 화재안전조사
※ 출제 시 정답은 ④였으나, 법령 개정으로 정답없음
화재안전조사의 항목(화재의 예방 및 안전관리에 관한 법률 시행령 제7조)
· 화재의 예방조치 등에 관한 사항
· 소방안전관리 업무 수행에 관한 사항
· 피난계획의 수립 및 시행에 관한 사항
· 소화·통보·피난 등의 훈련 및 소방안전관리에 필요한 교육(소방훈련·교육)에 관한 사항
· 소방자동차 전용구역의 설치에 관한 사항
· 시공, 감리 및 감리원의 배치에 관한 사항
· 소방시설의 설치 및 관리에 관한 사항
· 건설현장 임시소방시설의 설치 및 관리에 관한 사항
· 따른 피난시설, 방화구획 및 방화시설의 관리에 관한 사항
· 방염에 관한 사항
· 소방시설 등의 자체점검에 관한 사항
· 다중이용업소의 안전관리에 관한 특별법에 따른 안전관리에 관한 사항
· 위험물안전관리법에 따른 위험물 안전관리에 관한 사항
· 초고층 및 지하연계 복합건축물 재난관리에 관한 특별법에 따른 초고층 및 지하연계 복합건축물의 안전관리에 관한 사항

[정답] 78 ③　79 ④　80 정답없음

2019년 제3회 과년도 기출문제

제1과목 실내디자인론

01 다음 중 황금분할의 비율로 가장 알맞은 것은?
① 1 : 1.314
② 1 : 1.414
③ 1 : 1.618
④ 1 : 1.732

해설
황금분할은 1 : 1.618 비율로 가장 안정적이고 아름다운 느낌을 주는 비율이다.

02 투시성이 있는 얇은 커튼의 총칭으로 창문의 유리면 바로 앞에 얇은 직물로 설치하기 때문에 실내에 유입되는 빛을 부드럽게 하는 것은?
① 새시 커튼
② 드로 커튼
③ 글라스 커튼
④ 드레이퍼리 커튼

해설
글라스 커튼은 실내로 들어오는 빛을 부드럽게 하며 약간의 프라이버시를 제공한다.

03 조명의 연출기법 중 강조하고자 하는 물체에 의도적인 광선을 조사시킴으로써 광선 자체가 시각적인 특성을 갖도록 하는 기법은?
① 실루엣 기법
② 월 워싱 기법
③ 빔 플레이 기법
④ 그림자 연출기법

해설
① 실루엣 기법 : 물체의 형상만을 강조하는 기법으로 시각적인 눈부심은 없으나 물체면의 세밀한 묘사는 할 수 없다.
② 월 워싱 기법 : 수직 벽면을 빛으로 쓸어내리는 듯한 효과를 주기 위해 비대칭 배광방식의 조명기구를 사용하여 수직 벽면에 균일한 조도의 빛을 비추는 기법이다.
④ 그림자 연출기법 : 빛 부분이 아닌 그림자가 지는 부분을 이용하는 방법으로써 공간에 질감과 깊이를 부여하는 기법이다.

04 사무소 건축에서 코어의 기능에 관한 설명으로 옳지 않은 것은?
① 내력적 구조체로서의 기능을 수행할 수 있다.
② 공용 부분을 집약시켜 사무소의 유효 면적이 증가된다.
③ 엘리베이터, 파이프 샤프트, 덕트 등의 설비요소를 집약시킬 수 있다.
④ 설비 및 교통요소들이 존(zone)을 형성함으로서 업무 공간의 융통성이 감소된다.

해설
설비 및 교통요소들의 존(zone)을 형성하여 업무 공간의 융통성을 증가시킨다.

05 주거 공간에 있어 욕실에 관한 설명으로 옳지 않은 것은?
① 조명은 방습형 조명기구를 사용하도록 한다.
② 방수·방오성이 큰 마감재를 사용하는 것이 기본이다.
③ 변기 주위에는 냄새가 나므로 책, 화분 등을 놓지 않는다.
④ 욕실의 크기는 욕조, 세면기, 변기를 한 공간에 둘 경우 일반적 $4m^2$ 정도가 적당하다.

해설
변기 주위에 어린 관음죽 화분을 두면 암모니아 냄새를 막을 수 있다.

정답 1 ③ 2 ③ 3 ③ 4 ④ 5 ③

06 상점의 숍 프런트(shop front) 구성 형식 중 출입구 이외에는 벽 등으로 외부와의 경계를 차단한 형식은?

① 개방형 ② 폐쇄형
③ 돌출형 ④ 만입형

해설
폐쇄형
- 고객의 출입이 적고, 상점 내에 비교적 오래 머무르는 상점에 적합하다.
- 상점 내의 분위기가 중요하며, 고객이 내부 분위기에 만족하도록 계획한다.
- 숍 프런트를 출입구 이외에는 벽이나 장식장 등으로 외부와의 경계를 차단한 형식이다.

07 형태를 현실적 형태와 이념적 형태로 구분할 경우, 다음 중 이념적 형태에 관한 설명으로 옳은 것은?

① 주위에 실제 존재하는 모든 물상을 말한다.
② 인간의 지각으로는 직접 느낄 수 없는 형태이다.
③ 자연계에 존재하는 모든 것으로부터 보이는 형태를 말한다.
④ 기본적으로 모든 이념적 형태들은 휴먼 스케일과 일정한 관계를 갖는다.

해설
이념적 형태
인간의 지각, 즉 시각과 촉각 등으로 직접 느낄 수 없고 개념적으로만 제시될 수 있는 형태로서 순수 형태 혹은 상징적 형태라고도 한다.

08 실내 공간을 구성하는 주요 기본 구성요소에 관한 설명으로 옳지 않은 것은?

① 벽은 공간을 에워싸는 수직적 요소로 수평 방향을 차단하여 공간을 형성한다.
② 바닥은 신체와 직접 접촉하기에 촉각적으로 만족할 수 있는 조건을 요구한다.
③ 천장은 외부로부터 추위와 습기를 차단하고 사람과 물건을 지지하여 생활장소를 지탱하게 해 준다.
④ 기둥은 선형의 수직요소로 크기, 형상을 가지고 있으며 구조적 요소로 사용되거나 또는 강조적·상징적 요소로 사용된다.

해설
③은 바닥에 대한 설명이다.

09 소규모 주택에서 식당, 거실, 부엌을 하나의 공간에 배치한 형식은?

① 다이닝 키친
② 리빙 다이닝
③ 다이닝 테라스
④ 리빙 다이닝 키친

해설
리빙 다이닝 키친형(LDK형)은 거실과 식사실, 부엌을 한 공간에 집중시켜 배치한 형태로, 공간을 최대한 절약할 수 있으므로 소규모 주택에 적합하다.

10 사무소의 로비에 설치하는 안내 데스크에 관한 설명으로 옳지 않은 것은?

① 로비에서 시각적으로 찾기 쉬운 곳에 배치한다.
② 회사의 이미지, 스타일을 시각적으로 적절히 표현하는 것이 좋다.
③ 스툴 의자는 일반 의자에 비해 데스크 근무자의 피로도가 높다.
④ 바닥의 레벨을 높여 데스크 근무자가 방문객 및 로비의 상황을 내려다볼 수 있도록 한다.

11 한국 전통 가구 중 수납계 가구에 속하지 않는 것은?

① 농 ② 궤
③ 소반 ④ 반닫이

해설
작업형 가구 : 경상(經床), 서안(書案), 소반(小盤)

12 다음 중 부엌의 능률적인 작업 순서에 따른 작업대의 배열 순서로 알맞은 것은?

① 준비대→개수대→가열대→조리대→배선대
② 준비대→조리대→가열대→개수대→배선대
③ 준비대→개수대→조리대→가열대→배선대
④ 준비대→조리대→개수대→가열대→배선대

해설
작업대는 부엌에서 취사가 이루어지는 곳으로 준비대 → 개수대 → 조리대 → 가열대 → 배선대 순으로 배치한다.

13 건축계획 시 함께 계획하여 건축물과 일체화하여 설치되는 가구는?

① 유닛 가구 ② 붙박이 가구
③ 인체계 가구 ④ 시스템 가구

해설
붙박이 가구 : 건물과 일체화해서 만든 가구로서 가구 배치의 혼란감을 없애고 공간을 최대한 활용할 수 있다.

14 치수계획에 있어 적정치수를 설정하는 방법은 최소치 $+\alpha$, 최대치 $-\alpha$, 목표치 $\pm\alpha$이다. 이때 α는 적정치수를 끌어내기 위한 어떤 치수인가?

① 표준치수 ② 절대치수
③ 여유치수 ④ 기본치수

해설
α는 적정값을 이끌어 내기 위한 여유치수를 말한다.

정답 10 ④ 11 ③ 12 ③ 13 ② 14 ③

15 가장 완전한 균형의 상태로 공간에 질서를 주기가 용이하며, 정적, 안정, 엄숙 등의 성격으로 규명할 수 있는 것은?

① 비정형 균형 ② 대칭적 균형
③ 비대칭 균형 ④ 능동의 균형

해설
대칭적 균형은 안정감과 통일감을 준다.

16 다음 설명에 알맞은 건축화 조명방식은?

> 천장, 벽의 구조체에 의해 광원의 빛이 천장 또는 벽면으로 가려지게 하여 반사광으로 간접 조명하는 방식

① 코브 조명 ② 광창조명
③ 광천장조명 ④ 밸런스 조명

해설
② 광창조명 : 벽면의 전체 또는 일부분을 광원화하는 조명방식이다. 비스타(vista)적인 효과를 낼 수 있으며, 시선에 안락한 배경으로 작용한다.
③ 광천장조명 : 천장면에 확산투과재(아크릴, 플라스틱, 유리, 스테인드글라스, 루버 등)를 붙이고, 천장 내부에 광원을 배치하여 조명하는 가장 일반적인 건축화 조명방식이다.
④ 밸런스 조명 : 창이나 벽의 상부에 설치하는 방식으로 상향일 경우 천장에 반사하는 간접조명의 효과가 있으며, 하향일 경우 벽이나 커튼을 강조하는 역할을 한다.

17 상점의 상품 진열에 관한 설명으로 옳지 않은 것은?

① 운동기구 등 무게가 무거운 물품은 바닥에 가깝게 배치하는 것이 좋다.
② 상품의 진열범위 중 골든 스페이스(golden space)는 600~900mm의 높이이다.
③ 눈높이 1,500mm을 기준으로 상향 10°에서 하향 20° 사이가 고객이 시선을 두기 가장 편한 범위이다.
④ 사람의 시각적 특징에 따라 좌측에서 우측으로, 작은 상품에서 큰 상품으로 진열의 흐름도를 만드는 것이 효과적이다.

해설
유효 진열범위 내에서도 고객의 시선이 가장 편하게 머물고 손으로 잡기에도 가장 편안한 높이는 850~1,250mm로 이 범위를 골든 스페이스(golden space)라고 한다.

18 다음 그림이 나타내는 특수전시기법은?

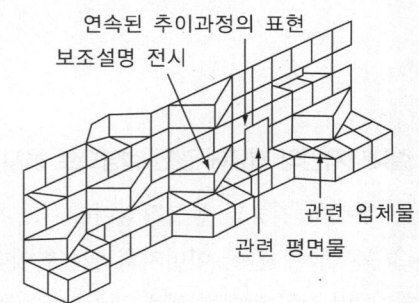

① 디오라마 전시 ② 아일랜드 전시
③ 파노라마 전시 ④ 하모니카 전시

해설
③ 파노라마 전시 : 주제를 연속적으로 연관성 깊게 표현하기 위해 선형으로 연출하는 전시 기법이다.
① 디오라마 전시 : 하나의 사실 또는 주제의 시간 상황을 고정시켜 연출하는 것으로 현장에 임한 느낌을 주는 기법이다.
② 아일랜드 전시 : 사방에서 감상해야 할 필요가 있는 조각물이나 모형을 전시하기 위해 벽면에서 띄어 놓아 전시하는 방법이다.
④ 하모니카 전시 : 전시 공간을 격자화하여 규칙적으로 배치하는 것으로 전시내용에 통일된 형식이 규칙적으로 나타난다.

19 디자인 요소 중 선에 관한 설명으로 옳지 않은 것은?

① 선은 면이 이동한 궤적이다.
② 선을 포개면 패턴을 얻을 수 있다.
③ 많은 선을 나란히 놓으면 면을 느낀다.
④ 선은 어떤 형상을 규정하거나 한정한다.

해설
선은 점이 이동한 궤적이며 면의 한계, 교차에서 나타난다.

20 실내디자인의 개념에 관한 설명으로 옳지 않은 것은?

① 형태와 기능의 통합작업이다.
② 목적물에 관한 이미지의 실체화이다.
③ 어떤 사물에 대해 행해지는 스타일링(styling)의 총칭이다.
④ 인간생활에 유용한 공간을 만들거나 환경을 조성하는 과정이다.

해설
실내디자인의 개념
실내디자인이란 인간이 거주하는 실내 공간을 보다 편리하게 구성하여 쾌적성, 안락성, 기능성을 창조하는 계획, 설계를 의미한다. 즉, 실내 공간에 대한 인간의 예술적, 서정적, 환경적 욕구 등을 해결하기 위하여 내부 공간을 생활양식에 따라 기능적이고 합리적인 방법으로 계획하는 것이다.

제2과목 색채 및 인간공학

21 최적의 조건에서 시각적 암호의 식별 가능 수준수가 가장 큰 것은?

① 숫자
② 면색(面色)
③ 영문자
④ 색광(色光)

해설
③ 단일 문자는 26
① 단일 숫자는 10
② 면색(面色)의 경우 색상은 9, 색상·채도·명도 조합은 24 이상
④ 색광(色光)의 경우 10
※ 여기서, 번호는 최적 조건의 절대기준에서 식별할 수 있는 수준의 수를 나타낸다.

22 작업장에서의 조명에 의한 그림자와 눈부심(glare)을 감소시키고, 균일한 조도를 얻을 수 있는 조명방법으로 적합한 것은?

① 자연광
② 직접조명
③ 간접조명
④ 국소조명

해설
간접조명
실내의 빛을 천장면이나 벽면에 부딪친 다음 조명면에 비치도록 하는 조명법이다.

23 다음 중 한국인 인체치수조사 사업의 표준인체측정항목 중 등길이로 옳은 것은?

 ①  ②

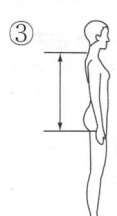 ③  ④

해설
등길이
측정자는 피측정자의 뒤에 서서 목 뒤점에서 허리 뒤점까지 뒤 정중선을 따라 체표 길이를 잰다.

24 시각적 표시장치에 있어서 지침의 설계요령으로 옳은 것은?

① 지침의 끝은 둥글게 하는 것이 좋다.
② 지침의 끝은 작은 눈금 부분과 겹치게 한다.
③ 지침은 시차를 없애기 위하여 눈금면과 밀착시킨다.
④ 원형 눈금의 경우 지침의 색은 눈금면의 색과 동일하게 한다.

해설
지침 설계요령
• 선각이 약 20° 정도 되는 뾰족한 지침을 사용한다.
• 지침의 끝은 작은 눈금과 맞닿되 겹치지 않게 한다.
• 지침은 시차를 없애기 위해서 눈금면과 밀착시킨다.
• 원형 눈금의 경우 지침의 색은 선단에서 눈금의 중심까지 칠한다.

25 인간-기계 시스템의 평가척도 중 인간기준이 아닌 것은?

① 성능척도
② 객관적 응답
③ 생리적 지표
④ 주관적 반응

해설
인간기준 : 성능척도, 사고 빈도, 생리학적 지표, 주관적 반응 등

26 산업안전보건법령상 영상표시단말기(VDT) 취급근로자의 작업자세에 관한 설명으로 옳지 않은 것은?

① 작업자의 손목을 지지해 줄 수 있도록 작업대 끝면과 키보드의 사이는 15cm 이상을 확보한다.
② 작업자의 시선은 수평선상으로부터 아래로 10~15° 이내로 한다.
③ 눈으로부터 화면까지의 시거리는 40cm 이상을 유지한다.
④ 무릎의 내각(knee angle)은 120° 이상이 되도록 한다.

해설
무릎의 내각(knee angle)은 90° 전후가 되도록 해야 한다.

정답 23 ① 24 ③ 25 ② 26 ④

27 음의 높고 낮음과 관련이 있는 음의 특성으로 옳은 것은?

① 진폭　　② 리듬
③ 파형　　④ 진동수

해설
진동수가 많으면 음이 높고, 적으면 음이 낮다.

28 경계 및 경보 신호를 설계할 때의 지침으로 옳지 않은 것은?

① 배경 소음의 진동수와 다른 신호를 사용한다.
② 장거리(300m 이상)용으로는 1,000Hz 이상의 진동수를 사용한다.
③ 귀는 중음역에 가장 민감하므로 500~3,000Hz의 진동수를 사용한다.
④ 신호가 장애물을 돌아가거나 칸막이를 사용할 때에는 500Hz 이하의 진동수를 사용한다.

해설
청각을 이용한 경계 및 경보 신호의 선택 및 설계
- 배경 소음의 진동수와 다른 신호를 사용한다.
- 중음은 멀리 가지 못하므로 300m 이상 장거리용으로는 1,000Hz 이하의 진동수를 사용한다.
- 귀는 중음역에 가장 민감하므로 500~3,000Hz의 진동수를 사용한다.
- 신호가 장애물을 돌아가거나 칸막이를 통과해야 할 때는 500Hz 이하의 진동수를 사용한다.
- 주의를 끌기 위해서는 초당 1~8번 나는 소리나 초당 1~3번 오르내리는 변조된 신호를 사용한다.
- 경보 효과를 높이기 위해서 개시시간이 짧은 고강도 신호를 사용하고, 소화기를 사용하는 경우에는 좌우로 교번하는 신호를 사용한다.
- 가능하면 다른 용도에 쓰이지 않는 확성기, 경적과 같은 별도의 통신계통을 사용한다.

29 다음의 짐 운반방법 중 상대적 에너지 소비량이 가장 큰 운반방법에 해당하는 것은?

① 배낭 메기
② 머리에 올리기
③ 쌀자루 메기
④ 양손으로 들기

해설
등, 가슴에 메어들 때 에너지 소비량이 100이라고 하면, 머리 103, 배낭 109, 이마 114, 양손 144로 양손으로 들 때가 가장 힘들다.

30 눈과 카메라의 구조상 동일한 기능을 수행하는 기관을 연결한 것으로 적합하지 않은 것은?

① 망막 – 필름
② 동공 – 조리개
③ 수정체 – 렌즈
④ 시신경 – 셔터

해설
카메라의 셔터 기능을 수행하는 기관은 눈꺼풀이다.

31 문–스펜서의 조화론에서 색의 중심이 되는 순응점은?

① N5　　② N7
③ N9　　④ N10

해설
문–스펜서는 색 공간 속에서 순응의 기준을 명도 5도의 무채색, 즉 N5를 순응점으로 정하고 배색의 균형을 "작은 면적의 강한 색과 큰 면적의 약한 색과는 어울린다."라고 설명하였다.

27 ④　28 ②　29 ④　30 ④　31 ①

32 다음은 색의 어떤 성질에 대한 설명인가?

> 흔히 태양광선 아래에서 본 물체와 형광등 아래에서 본 물체는 색이 다르게 보일 수 있는데 이는 광원에 따라 다른 성질을 보인 것이다.

① 조건등색
② 색각이상
③ 베졸드 효과
④ 연색성

해설
연색성 : 광원에 따라 물체의 색이 달라지는 효과로 조명빛과 태양열이 얼마나 흡사한가를 숫자로 나타낸 지표이다.

33 24비트 컬러 중에서 정해진 256컬러표를 사용하는 단일 채널 이미지는?

① 256 vector colors
② grayscale
③ bitmap color
④ indexed color

해설
indexed color
최대 256 색상으로 이미지를 표현하며, 주로 GIF포맷을 위해 사용된다.

34 다음 그림과 같은 색입체는?

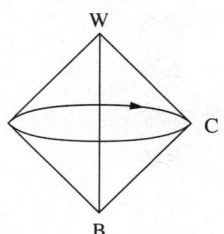

① 오스트발트
② 먼셀
③ L*a*b*
④ 괴테

해설
오스트발트 색입체는 수직, 수평의 배치를 가지고 있는 먼셀의 색입체와는 달리 정삼각 구도의 사선 배치로 이루어져 전체적으로 쌍원추체의 형태로 구성되어 있다.

35 다음 중 뚱뚱한 체격의 사람이 피해야 할 의복의 색은 무엇인가?

① 청색
② 초록색
③ 노란색
④ 바다색

해설
노란색은 확대되어 보이는 색이다.

36 옷감을 고를 때 작은 견본을 보고 고른 후 옷이 완성된 후에는 예상과 달리 색상이 뚜렷한 경우가 있다. 이것은 다음 중 어느 것과 관련이 있는가?

① 보색대비
② 연변대비
③ 색상대비
④ 면적대비

해설
매스효과(동일 색상의 경우, 큰 면적의 색은 작은 면적의 색견본을 보는 것보다 화려하고 박력이 가해진 인상으로 보이는 것)는 면적대비의 일종이다.

정답 32 ④ 33 ④ 34 ① 35 ③ 36 ④

37 먼셀의 20색상환에서 보색대비의 연결은?

① 노랑 – 남색
② 파랑 – 초록
③ 보라 – 노랑
④ 빨강 – 초록

해설
② 파랑 – 주황
③ 보라 – 연두
④ 빨강 – 청록

38 색의 3속성에 대한 설명으로 가장 관계가 적은 것은?

① 색의 3속성이란 색자극 요소에 의해 일어나는 세 가지 지각성질을 말한다.
② 색의 3속성은 색상, 명도, 채도이다.
③ 색의 밝기에 대한 정도를 느끼는 것을 명도라 부른다.
④ 색의 3속성 중 채도만 있는 것을 유채색이라 한다.

해설
유채색은 무채색(흑, 백, 그레이) 이외의 모든 색을 말한다.

39 빨간 사과를 태양광선 아래에서 보았을 때와 백열 등 아래에서 보았을 때 빨간색이 동일하게 지각되는데 이 현상을 무엇이라고 하는가?

① 명순응 ② 대비현상
③ 항상성 ④ 연색성

해설
항상성 : 일종의 색순응 현상으로서 주변의 광원이나 조명이 되는 빛의 강도와 조건이 달라져도 색을 본래의 모습 그대로 느끼는 현상을 말한다.

40 색의 조화에 관한 설명 중 옳은 것은?

① 색채의 조화, 부조화는 주관적인 것이기 때문에 인간 공통의 어떠한 법칙을 찾아내는 것은 불가능하다.
② 일반적으로 조화는 질서 있는 배색에서 생긴다.
③ 문-스펜서 조화론은 오스트발트 표색계를 사용한 것이다.
④ 오스트발트 조화론은 먼셀 표색계를 사용한 것이다.

해설
① 색의 조화는 복잡성 속에서 질서성을 갖는다.
③ 문-스펜서 조화론은 먼셀 표색계를 사용한 것이다.
④ 오스트발트 색상분할의 기본이 되었던 이론은 헤링의 4원색 이론이다.

정답 37 ① 38 ④ 39 ③ 40 ②

제3과목　건축재료

41 도장재료에 관한 설명으로 옳지 않은 것은?

① 바니시는 천연수지, 합성수지 또는 역청질 등을 건성유와 같이 가열·융합시켜 건조제를 넣고 용제로 녹인 것을 말한다.
② 유성조합 페인트는 붓바름 작업성 및 내후성이 뛰어나다.
③ 유성 페인트는 보일유와 안료를 혼합한 것을 말한다.
④ 수성 페인트는 광택이 매우 뛰어나고 마감면의 마모가 거의 없다.

[해설]
수성 페인트는 광택이 없으며, 마감면의 마모가 크다.

42 다음 중 유기재료에 속하는 것은?

① 목재
② 알루미늄
③ 석재
④ 콘크리트

[해설]
건축재료의 화학적 조성에 의한 분류

무기재료	금속재료	철강, 알루미늄 등
	비금속재료	석재, 콘크리트, 시멘트 등
유기재료	천연재료	목재, 아스팔트, 섬유류 등
	합성수지	플라스틱, 도료, 접착제 등

43 콘크리트 $1m^3$를 제작하는 데 소요되는 각 재료의 양을 질량(kg)으로 표시한 배합은?

① 질량배합
② 용적배합
③ 현장배합
④ 계획배합

[해설]
② 용적배합 : 콘크리트의 재료인 시멘트, 잔골재, 굵은 골재의 양을 용적비로 표시한 배합이다.
③ 현장배합 : 시방서에 따른 배합의 콘크리트가 되도록 현장에 있어서의 재료의 표면수, 입도 등의 상태 및 계량방법에 따라 정한 배합이다.

44 석재의 특징에 관한 설명으로 옳지 않은 것은?

① 압축강도가 큰 편이다.
② 불연성이다.
③ 비중이 작은 편이다.
④ 가공성이 불량하다.

[해설]
비중이 커서 운반 및 시공이 불편하다.

45 도장재료인 안료에 관한 설명으로 옳지 않은 것은?

① 안료는 유색의 불투명한 도막을 만듦과 동시에 도막의 기계적 성질을 보완한다.
② 무기안료는 내광성·내열성이 크다.
③ 유기안료는 레이크(lake)라고도 한다.
④ 무기안료는 유기용제에 잘 녹고 색의 선명도에서 유기안료보다 양호하다.

[해설]
무기안료는 유기용제에 잘 녹지 않고 일반적으로 내후성, 내열성, 은폐력은 우수하지만 색의 선명도에서 유기안료에 미치지 못한다.

[정답] 41 ④　42 ①　43 ①　44 ③　45 ④

46 시멘트에 관한 설명으로 옳지 않은 것은?

① 시멘트의 밀도는 $3.15g/cm^3$ 정도이다.
② 시멘트의 분말도는 비표면적으로 표시한다.
③ 강열감량은 시멘트의 소성반응의 완전 여부를 알아내는 척도가 된다.
④ 시멘트의 수화열은 균열발생의 원인이 된다.

해설
강열감량은 건조한 재료를 규정온도 조건으로 가열하였을 때 나타나는 무게의 감량 백분율을 말하며, 시멘트의 풍화 정도를 나타내는 척도가 된다.

47 열가소성 수지에 대한 설명으로 옳지 않은 것은?

① 축합반응으로부터 얻어진다.
② 유기용제로 녹일 수 있다.
③ 1차원적인 선상구조를 갖는다.
④ 가열하면 분자결합이 감소하여 부드러워지고 냉각하면 단단해진다.

해설
첨가 중합반응은 대체적으로 열가소성 수지를 만들고, 축합 중합반응은 열경화성 수지를 만든다.

48 도장공사 시 작업성을 개선하기 위한 보조첨가제(도막형성 부요소)로 볼 수 없는 것은?

① 산화촉진제 ② 침전방지제
③ 전색제   ④ 가소제

해설
도료의 주성분은 도막 형성 성분인 전색제와 안료성분으로 되어 있다.

49 강재의 탄소량과 강도와의 관계에서 강재의 인장강도 및 경도가 최대에 도달하게 되는 강의 탄소함유량은 약 얼마인가?

① 0.15%
② 0.35%
③ 0.55%
④ 0.85%

해설
0.85% C를 기준으로 최대 변태량을 보이며, 그 이상과 이하에서는 정도가 떨어진다.

50 목재의 흠의 종류 중 가지가 줄기의 조직에 말려들어가 나이테가 밀집되고 수지가 많아 단단하게 된 것은?

① 옹이
② 지선
③ 할렬
④ 잔적

해설
② 지선 : 목재 내부의 수지가 계속 흘러나와 굳어서 생긴 흠이다.
③ 할렬(갈라짐, crack) : 목질 부분의 수축에 의해 생기는 흠이다.

51 다음 접착제 중 고무상의 고분자물질로서 내유성 및 내약품성이 우수하며 줄눈재, 구멍메움제로 사용되는 것은?

① 천연 고무
② 티오콜
③ 네오프렌
④ 아교

해설
티오콜 : 알칼리 화합물과 폴리할로겐 탄화수소의 반응에 의해 얻어지는 고무상의 고분재로서 줄눈재, 구멍을 메우는 용도로 사용된다.

52 아스팔트와 피치(pitch)에 관한 설명으로 옳지 않은 것은?

① 아스팔트와 피치의 단면은 광택이 있고 흑색이다.
② 피치는 아스팔트보다 냄새가 강하다.
③ 아스팔트는 피치보다 내구성이 있다.
④ 아스팔트는 상온에서 유동성이 없지만 가열하면 피치보다 빨리 부드러워진다.

해설
아스팔트는 가열하면 유동성을 띠고 상온에서는 단단해진다.

53 목재의 강도에 관한 설명으로 옳지 않은 것은?

① 심재의 강도가 변재보다 크다.
② 함수율이 높을수록 강도가 크다.
③ 추재의 강도가 춘재보다 크다.
④ 절건비중이 클수록 강도가 크다.

해설
목재는 함수율이 낮을수록 강도가 크다.

54 콘크리트용 골재의 품질조건으로 옳지 않은 것은?

① 유해량의 먼지, 유기불순물 등을 포함하지 않은 것
② 표면이 매끈한 것
③ 구형에 가까운 것
④ 청정한 것

해설
콘크리트용 골재의 품질조건
- 견고하고 내화성이 있을 것
- 형태의 표면이 거칠고 구형에 가까울 것
- 입도는 조립에서 세립까지 연속적으로 균등히 혼합되어 있을 것
- 공극률이 작아 시멘트를 절약할 수 있는 것

55 표준형 점토벽돌의 치수로 옳은 것은?

① 210×90×57mm
② 210×110×60mm
③ 190×100×60mm
④ 190×90×57mm

해설
벽돌의 크기(표준형)
190(길이)×90(너비)×57(두께)mm

정답 51 ② 52 ④ 53 ② 54 ② 55 ④

56 차음재료의 요구 성능에 관한 설명으로 옳은 것은?

① 비중이 작을 것
② 음의 투과손실이 클 것
③ 밀도가 작을 것
④ 다공질 또는 섬유질이어야 할 것

해설
음향투과손실이 높은 것이 좋은 차음재이다. 밀도(무게)가 높을수록, 두께가 클수록 차음효과가 높다.

57 유리의 일반적인 성질에 관한 설명으로 옳지 않은 것은?

① 철분이 많을수록 자외선 투과율이 높아진다.
② 깨끗한 창유리의 흡수율은 2~6% 정도이다.
③ 투과율은 유리의 맑은 정도, 착색, 표면 상태에 따라 달라진다.
④ 열전도율은 대리석, 타일보다 작은 편이다.

해설
철분이 적을수록 자외선 투과율이 높아진다.

58 금속의 부식 방지를 위한 관리대책으로 옳지 않은 것은?

① 가능한 한 이종금속을 인접 또는 접촉시켜 사용할 것
② 큰 변형을 준 것은 가능한 한 풀림하여 사용할 것
③ 표면을 평활하고 깨끗이 하며, 가능한 한 건조상태를 유지할 것
④ 부분적으로 녹이 발생하면 즉시 제거할 것

해설
서로 다른 금속이 가진 전기적 특성의 차이로 인해 한쪽이 다른 한쪽의 부식을 촉진할 수 있으므로, 가능한 한 이종금속을 인접 또는 접촉시켜 사용하지 않는다.

59 클링커 타일(clinker tile)이 주로 사용되는 장소에 해당하는 곳은?

① 침실의 내벽
② 화장실의 내벽
③ 테라스의 바닥
④ 화학실험실의 바닥

해설
클링커 타일(clinker tile)
석기질 타일의 일종으로 비교적 다른 타일에 비해 두께가 두껍고 홈줄을 넣은 외장 바닥용(화장실의 내벽, 바닥 등)으로 사용한다.

60 용융하기 쉽고, 산에는 강하나 알칼리에 약하며 창유리, 유리블록 등에 사용하는 유리는?

① 물유리
② 유리섬유
③ 소다석회유리
④ 칼륨납유리

해설
소다석회유리
값이 저렴하고, 화학적으로 안정하며, 적당히 단단하면서도, 작품을 마무리할 때 필요하면 언제든지 다시 녹일 수 있기 때문에 세공이 쉽다. 이와 같은 성질 때문에 백열전구, 창유리, 병, 공예품 제조에 널리 사용된다.

제4과목 건축일반

61 물 0.5kg을 15℃에서 70℃로 가열하는 데 필요한 열량은 얼마인가?(단, 물의 비열은 4.2kJ/kg℃이다)

① 27.5kJ
② 57.75kJ
③ 115.5kJ
④ 231.5kJ

해설
(0.5kg × 4.2kJ/kg℃) × (70℃-15℃) = 115.5kJ

62 왕대공 지붕틀을 구성하는 부재가 아닌 것은?

① 평보
② ㅅ자보
③ 빗대공
④ 반자틀

해설
반자틀은 반자(지붕 밑이나 위층 바닥 밑을 편평하게 하여 치장한 천장)를 들이기 위하여 가늘고 긴 나무를 가로세로로 짜서 만든 틀을 말한다.
왕대공 지붕틀
- 양식 지붕틀 중에서 가장 많이 쓰이는 것으로, 지붕틀을 깔도리 위에 2~3m 간격으로 벽체의 기둥 위에 걸쳐댄 것이다.
- 왕대공, ㅅ자보, 평보, 빗대공, 달대공으로 구성된다.

63 단독경보형 감지기를 설치하여야 하는 특정소방대상물에 해당하지 않는 것은?

① 연면적 800m²인 아파트
② 연면적 600m²인 유치원
③ 수련시설 내에 있는 합숙소로서 연면적이 1,500m²인 것
④ 연면적 500m²인 숙박시설

해설
※ 출제 시 정답은 ②였으나, 법령 개정으로 정답 ①, ②, ④
단독경보형 감지기를 설치해야 하는 특정소방대상물(소방시설 설치 및 관리에 관한 법률 시행령 별표 4)
- 교육연구시설 내에 있는 기숙사 또는 합숙소로서 연면적 2,000m² 미만인 것
- 수련시설 내에 있는 기숙사 또는 합숙소로서 연면적 2,000m² 미만인 것
- 자동화재탐지설비 설치대상에 해당하지 않는 수련시설(숙박시설이 있는 것만 해당)
- 연면적 400m² 미만의 유치원
- 공동주택 중 연립주택 및 다세대주택(연동형으로 설치할 것)

정답 61 ③ 62 ④ 63 ①, ②, ④

64 방염성능기준 이상의 실내장식물 등을 설치하여야 하는 특정소방대상물에 해당되지 않는 것은?

① 건축물의 옥내에 있는 운동시설 중 수영장
② 근린생활시설 중 체력단련장
③ 방송통신시설 중 방송국
④ 교육연구시설 중 합숙소

해설
방염성능기준 이상의 실내장식물 등을 설치하여야 하는 특정소방대상물(소방시설 설치 및 관리에 관한 법률 시행령 제30조)
1. 근린생활시설 중 의원, 치과의원, 한의원, 조산원, 산후조리원, 체력단련장, 공연장 및 종교집회장
2. 건축물의 옥내에 있는 다음의 시설
   • 문화 및 집회시설
   • 종교시설
   • 운동시설(수영장은 제외)
3. 의료시설
4. 교육연구시설 중 합숙소
5. 노유자시설
6. 숙박이 가능한 수련시설
7. 숙박시설
8. 방송통신시설 중 방송국 및 촬영소
9. 다중이용업소
10. 1.부터 9.까지의 시설에 해당하지 않는 것으로서 층수가 11층 이상인 것(아파트 등은 제외)

65 건축물과 건축 시대의 연결이 옳지 않은 것은?

① 봉정사 극락전 – 고려시대
② 부석사 무량수전 – 고려시대
③ 수덕사 대웅전 – 조선 초기
④ 불국사 극락전 – 조선 후기

해설
수덕사 대웅전은 주심포 양식으로 대개 맞배지붕에 미학적으로 균형감을 주기 위해 기둥에 배흘림을 주는 것으로 고려시대에 성행하였다.

66 바닥 면적이 100m²인 의료시설의 병실에서 채광을 위하여 설치하여야 하는 창문 등의 최소 면적은?

① 5m² ② 10m²
③ 20m² ④ 30m²

해설
채광 및 환기를 위한 창문 등(건축물의 피난·방화구조 등의 기준에 관한 규칙 제17조)
채광을 위하여 거실에 설치하는 창문 등의 면적은 그 거실의 바닥 면적의 1/10 이상이어야 한다.

$$\therefore 100m^2 \times \frac{1}{10} = 10m^2$$

67 건축물에 설치하는 급수·배수 등의 용도로 쓰는 배관설비의 설치 및 구조에 관한 기준으로 옳지 않은 것은?

① 배관설비를 콘크리트에 묻는 경우 부식의 우려가 있는 재료는 부식 방지조치를 할 것
② 건축물의 주요 부분을 관통하여 배관하는 경우에는 건축물의 구조내력에 지장이 없도록 할 것
③ 승강기의 승강로 안에는 승강기의 운행에 필요한 배관설비 외에도 건축물 유지에 필요한 배관설비를 모두 집약하여 설치하도록 할 것
④ 압력탱크 및 급탕설비에는 폭발 등의 위험을 막을 수 있는 시설을 설치할 것

해설
배관설비(건축물의 설비기준 등에 관한 규칙 제17조)
승강기의 승강로 안에는 승강기의 운행에 필요한 배관설비 외의 배관설비를 설치하지 아니할 것

68 방염대상물품의 방염성능기준으로 옳지 않은 것은?

① 버너의 불꽃을 제거한 때부터 불꽃을 올리며 연소하는 상태가 그칠 때까지 시간은 20초 이내일 것
② 버너의 불꽃을 제거한 때부터 불꽃을 올리지 아니하고 연소하는 상태가 그칠 때까지 시간은 20초 이내일 것
③ 탄화한 면적은 50cm² 이내, 탄화한 길이는 20cm 이내일 것
④ 불꽃에 의하여 완전히 녹을 때까지 불꽃의 접촉 횟수는 3회 이상일 것

해설
방염대상물품 및 방염성능기준(소방시설 설치 및 관리에 관한 법률 시행령 제31조)
• 버너의 불꽃을 제거한 때부터 불꽃을 올리며 연소하는 상태가 그칠 때까지 시간은 20초 이내일 것
• 버너의 불꽃을 제거한 때부터 불꽃을 올리지 않고 연소하는 상태가 그칠 때까지 시간은 30초 이내일 것
• 탄화(炭化)한 면적은 50cm² 이내, 탄화한 길이는 20cm 이내일 것
• 불꽃에 의하여 완전히 녹을 때까지 불꽃의 접촉 횟수는 3회 이상일 것
• 소방청장이 정하여 고시한 방법으로 발연량(發煙量)을 측정하는 경우 최대 연기밀도는 400 이하일 것

69 차음성이 높은 재료의 특징으로 볼 수 없는 것은?

① 재질이 단단한 것
② 재질이 무거운 것
③ 재질이 치밀한 것
④ 재질이 다공질인 것

해설
흡음재가 다공질(多孔質)·섬유질인 데 비해, 차음재는 재질이 단단하고 무거운 것이 특징이다.

70 건축물의 피난·방화구조 등의 기준에 관한 규칙에서 정의하고 있는 재료에 해당되지 않는 것은?

① 난연재료
② 불연재료
③ 준불연재료
④ 내화재료

해설
건축물의 피난·방화구조 등의 기준에 관한 규칙
• 제1조 목적
• 제2조 내수재료
• 제3조 내화구조
• 제4조 방화구조
• 제5조 난연재료
• 제6조 불연재료
• 제7조 준불연재료

71 건축관계법규에서 규정하는 방화구조가 되기 위한 철망 모르타르의 최소 바름 두께는?

① 1.0cm
② 2.0cm
③ 2.7cm
④ 3.0cm

해설
방화구조(건축물의 피난·방화구조 등의 기준에 관한 규칙 제4조)
• 철망 모르타르로서 그 바름 두께가 2cm 이상인 것
• 석고판 위에 시멘트 모르타르 또는 회반죽을 바른 것으로서 그 두께의 합계가 2.5cm 이상인 것
• 시멘트 모르타르 위에 타일을 붙인 것으로서 그 두께의 합계가 2.5cm 이상인 것
• 심벽에 흙으로 맞벽치기한 것
• 산업표준화법에 따른 한국산업표준에 따라 시험한 결과 방화 2급 이상에 해당하는 것

72 목재의 이음에 사용되는 듀벨(dubel)이 저항하는 힘의 종류는?

① 인장력
② 전단력
③ 압축력
④ 수평력

해설
듀벨(dubel)은 2개의 목재를 접합할 때 두 부재 사이에 끼워 볼트와 병용하여 전단력에 저항하도록 한 철물이다.

[정답] 68 ② 69 ④ 70 ④ 71 ② 72 ②

73 다음 소방시설 중 소화설비가 아닌 것은?

① 누전경보기
② 옥내소화전설비
③ 간이스프링클러설비
④ 옥외소화전설비

해설
누전경보기는 경보설비에 속한다.
소방시설(소방시설 설치 및 관리에 관한 법률 시행령 별표 1)
• 소화설비 : 물 또는 그 밖의 소화약제를 사용하여 소화하는 기계·기구 또는 설비로서 다음의 것을 말한다.
  - 소화기구
  - 자동소화장치
  - 옥내소화전설비
  - 스프링클러설비 등
  - 물분무 등 소화설비
  - 옥외소화전설비

74 다음 ( ) 안에 적합한 것은?

지진·화산재해대책법 제14조 제1항 각 호의 시설 중 대통령령으로 정하는 특정소방대상물에 대통령령으로 정하는 소방시설을 설치하려는 자는 지진이 발생할 경우 소방시설이 정상적으로 작동될 수 있도록 (   )이 정하는 내진설계기준에 맞게 소방시설을 설치하여야 한다.

① 국토교통부장관
② 소방서장
③ 소방청장
④ 행정안전부장관

해설
소방시설의 내진 설계기준(소방시설 설치 및 관리에 관한 법률 제7조)
지진·화산재해대책법 제14조 제1항의 시설 중 대통령령으로 정하는 특정소방대상물에 대통령령으로 정하는 소방시설을 설치하려는 자는 지진이 발생할 경우 소방시설이 정상적으로 작동될 수 있도록 소방청장이 정하는 내진설계기준에 맞게 소방시설을 설치하여야 한다.

75 소방특별조사를 실시하는 경우에 해당되지 않는 것은?

① 관계인이 소방시설법 또는 다른 법령에 따라 실시하는 소방시설 등, 방화시설, 피난시설 등에 대한 자체점검 등이 불성실하거나 불완전하다고 인정되는 경우
② 국가적 행사 등 주요 행사가 개최되는 장소 및 그 주변의 관계 지역에 대하여 소방안전관리실태를 점검할 필요가 있는 경우
③ 화재가 발생되지 않아 일상적인 점검을 요하는 경우
④ 재난예측정보, 기상예보 등을 분석한 결과 소방대상물에 화재, 재난·재해의 발생 위험이 높다고 판단되는 경우

해설
※ 법령 개정으로 용어가 다음과 같이 변경되었습니다.
  소방특별조사 → 화재안전조사
화재안전조사(화재의 예방 및 안전관리에 관한 법률 제7조)
소방관서장은 다음의 어느 하나에 해당하는 경우 화재안전조사를 실시할 수 있다. 다만, 개인의 주거(실제 주거용도로 사용되는 경우에 한정한다)에 대한 화재안전조사는 관계인의 승낙이 있거나 화재발생의 우려가 뚜렷하여 긴급한 필요가 있는 때에 한정한다.
1. 자체점검이 불성실하거나 불완전하다고 인정되는 경우
2. 화재예방강화지구 등 법령에서 화재안전조사를 하도록 규정되어 있는 경우
3. 화재예방안전진단이 불성실하거나 불완전하다고 인정되는 경우
4. 국가적 행사 등 주요 행사가 개최되는 장소 및 그 주변의 관계 지역에 대하여 소방안전관리실태를 조사할 필요가 있는 경우
5. 화재가 자주 발생하였거나 발생할 우려가 뚜렷한 곳에 대한 조사가 필요한 경우
6. 재난예측정보, 기상예보 등을 분석한 결과 소방대상물에 화재의 발생 위험이 크다고 판단되는 경우
7. 1.부터 6.까지에서 규정한 경우 외에 화재, 그 밖의 긴급한 상황이 발생할 경우 인명 또는 재산피해의 우려가 현저하다고 판단되는 경우

76
문화 및 집회시설, 운동시설, 관광 휴게시설로서 자동화재탐지설비를 설치하여야 할 특정소방대상물은 연면적 기준은?

① 1,000m² 이상 ② 1,500m² 이상
③ 2,000m² 이상 ④ 2,300m² 이상

해설
자동화재탐지설비를 설치해야 하는 특정소방대상물(소방시설 설치 및 관리에 관한 법률 시행령 별표 4)
근린생활시설 중 목욕장, 문화 및 집회시설, 종교시설, 판매시설, 운수시설, 운동시설, 업무시설, 공장, 창고시설, 위험물 저장 및 처리시설, 항공기 및 자동차 관련 시설, 국방·군사시설, 방송통신시설, 발전시설, 관광 휴게시설, 지하상가로서 연면적 1,000m² 이상인 경우에는 모든 층

77
건축물에 설치하는 특별피난계단의 구조에 관한 기준으로 옳지 않은 것은?

① 계단실에는 노대 또는 부속실에 접하는 부분 외에는 건축물의 내부와 접하는 창문 등을 설치하지 아니할 것
② 건축물의 내부에서 노대 또는 부속실로 통하는 출입구에는 을종방화문을 설치할 것
③ 계단은 내화구조로 하되, 피난층 또는 지상까지 직접 연결되도록 할 것
④ 출입구의 유효 너비는 0.9m 이상으로 하고 피난의 방향으로 열 수 있을 것

해설
※ 법령 개정으로 용어가 다음과 같이 변경되었습니다.
  을종방화문 → 30분 방화문
방화벽에 설치하는 출입문은 60분+ 방화문 또는 60분 방화문(갑종방화문)을 설치해야 한다.
특별피난계단의 구조(건축물의 피난·방화구조 등의 기준에 관한 규칙 제9조)
건축물의 내부에서 노대 또는 부속실로 통하는 출입구에는 60분+ 방화문 또는 60분 방화문을 설치하고, 노대 또는 부속실로부터 계단실로 통하는 출입구에는 60분+ 방화문, 60분 방화문 또는 영 제64조 제1항 제3호의 30분 방화문을 설치할 것. 이 경우 방화문은 언제나 닫힌 상태를 유지하거나 화재로 인한 연기 또는 불꽃을 감지하여 자동적으로 닫히는 구조로 해야 하고, 연기 또는 불꽃으로 감지하여 자동적으로 닫히는 구조로 할 수 없는 경우에는 온도를 감지하여 자동적으로 닫히는 구조로 할 수 있다.

78
바우하우스에 관한 설명 중 옳지 않은 것은?

① 과거양식에 집착하고 이를 바탕으로 연구하였다.
② 월터 그로피우스에 의해 설립되었다.
③ 예술과 공업생산을 결합하여 모든 예술의 통합화를 추구하였다.
④ 이론과 실기교육을 병행하였다.

해설
바우하우스는 공업과 예술을 결합시켜 새로운 건축과 공예를 만드는 연구를 하였다.

79
건축물의 출입구에 설치하는 회전문은 계단이나 에스컬레이터로부터 최소 얼마 이상의 거리를 두어야 하는가?

① 2m 이상 ② 3m 이상
③ 4m 이상 ④ 5m 이상

해설
회전문의 설치 기준(건축물의 피난·방화구조 등의 기준에 관한 규칙 제12조)
계단이나 에스컬레이터로부터 2m 이상의 거리를 둘 것

80
목구조에서 각 부재의 접합부 및 벽체를 튼튼하게 하기 위하여 사용되는 부재와 관련 없는 것은?

① 귀잡이 ② 버팀대
③ 가새   ④ 장선

해설
장선은 상부의 수직하중을 받으면서 벽체에 전달하는 중요한 구조재이다.

정답 76 ① 77 ② 78 ① 79 ① 80 ④

2020년 제1·2회 통합 과년도 기출문제

제1과목 실내디자인론

01 다음 설명에 알맞은 커튼의 종류는?

- 유리 바로 앞에 치는 커튼으로 일반적으로 투명하고 막과 같은 직물을 사용한다.
- 실내로 들어오는 빛을 부드럽게 하며 약간의 프라이버시를 제공한다.

① 새시 커튼 ② 글라스 커튼
③ 드로우 커튼 ④ 드레이퍼리 커튼

해설
② 글라스 커튼 : 투시성이 있는 얇은 커튼의 총칭으로 창문의 유리면 바로 앞에 얇은 직물로 설치하기 때문에 실내에 유입되는 빛을 부드럽게 한다.
① 새시 커튼 : 창문 전체를 커튼으로 처리하지 않고 반 정도만 친 형태를 갖는 커튼이다.
③ 드로우 커튼 : 창문 위의 수평 가로대에 설치하는 커튼으로 글라스 커튼보다 무거운 재질의 직물로 처리한다.
④ 드레이퍼리 커튼 : 창문에 느슨하게 걸어두는 무거운 커튼으로, 장식적인 목적으로 이용된다.

02 그림과 같은 주택 부엌가구의 배치 유형은?

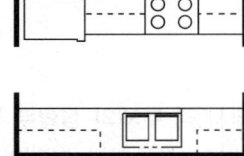

① 일렬형 ② ㄷ자형
③ 병렬형 ④ 아일랜드형

해설
병렬형 : 작업대가 마주 보고 있어 동선이 짧아 가사노동 경감에 효과적이다.

03 광원을 넓은 면적의 벽면에 매입하여 비스타(vista) 적인 효과를 낼 수 있으며 시선에 안락한 배경으로 작용하는 건축화 조명방식은?

① 광창조명 ② 광천장조명
③ 코니스 조명 ④ 캐노피 조명

해설
② 광천장조명 : 천장의 전체 또는 일부에 조명기구를 설치하고 그 밑에 아크릴, 플라스틱, 유리, 창호지, 스테인드글라스, 루버 등과 같은 확산용 스크린판을 대고 마감하는 가장 일반적인 건축화 조명방식이다.
③ 코니스 조명 : 벽면의 상부에 위치하여 모든 빛이 아래로 직사하도록 하는 조명방식이다.
④ 캐노피 조명 : 사용자의 얼굴에 적당한 조도를 분배하기 위해 벽면이나 천장면의 일부를 돌출시켜 조명을 설치한다.

04 다음 설명에 알맞은 극장의 평면형식은?

- 무대와 관람석의 크기, 모양, 배열 등을 필요에 따라 변경할 수 있다.
- 공연작품의 성격에 따라 적합한 공간을 만들어 낼 수 있다.

① 가변형 ② 아레나형
③ 프로시니엄형 ④ 오픈 스테이지

해설
① 가변형 : 최소한의 비용으로 극장 표현에 대한 최대한의 선택 가능성을 부여하는 형식이다.
② 아레나형 : 중앙무대형이라고도 하며, 무대가 객석으로 360° 둘러싸인 형식이다.
③ 프로시니엄형 : 연기자가 일정한 방향으로만 관객을 보는 형식이다.
④ 오픈 스테이지 : 무대를 중심으로 객석이 동일 공간에 있는 형식이다.

정답 1 ② 2 ③ 3 ① 4 ①

05 다음 중 질감(texture)에 관한 설명으로 옳은 것은?

① 스케일에 영향을 받지 않는다.
② 무게감은 전달할 수 있으나 온도감은 전달할 수 없다.
③ 촉각 또는 시각으로 지각할 수 있는 어떤 물체 표면상의 특징을 말한다.
④ 유리, 빛을 내는 금속류, 거울 같은 재료는 반사율이 낮아 차갑게 느껴진다.

해설
질감은 촉각에 의해서 뿐만 아니라 시각을 통해 감촉을 감지할 수 있으므로 적절하게 사용하면 기타의 장식 없이도 공간에 매우 아름다운 시각적 효과를 줄 수 있다.

06 각종 의자에 관한 설명으로 옳지 않은 것은?

① 풀업체어는 필요에 따라 이동시켜 사용할 수 있는 간이의자이다.
② 오토만은 스툴의 일종으로 편안한 휴식을 위해 발을 올려놓는 데도 사용된다.
③ 세티는 고대 로마시대 음식물을 먹거나 잠을 자기 위해 사용했던 긴 의자이다.
④ 라운지 체어는 비교적 큰 크기의 의자로 편하게 휴식을 취할 수 있는 안락의자이다.

해설
③은 카우치에 대한 설명이다.
세티 : 동일한 두 개의 의자를 나란히 합해 2인이 앉을 수 있도록 한 것이다.

07 다음 설명에 알맞은 사무 공간의 책상 배치 유형은?

- 대향형과 동향형의 양쪽 특성을 절충한 형태이다.
- 조직관리자면에서 조직의 융합을 꾀하기 쉽고 정보처리나 집무동작의 효율이 좋다.
- 배치에 따른 면적 손실이 크며 커뮤니케이션의 형성에 불리하다.

① 십자형   ② 자유형
③ 삼각형   ④ 좌우대향형

해설
좌우대향형은 대향형과 동향형의 특성을 절충한 형태이며 조직의 화합을 꾀하는 생산관리 업무에 적당하다.

08 문과 창에 관한 설명으로 옳지 않은 것은?

① 문은 공간과 인접 공간을 연결시켜 준다.
② 문의 위치는 가구 배치와 동선에 영향을 준다.
③ 이동창은 크기와 형태에 제약 없이 자유로이 디자인할 수 있다.
④ 창은 시야, 조망을 위해서는 크게 하는 것이 좋으나 보온과 개폐의 문제를 고려하여야 한다.

해설
고정창은 크기와 형태에 제약 없이 자유로이 디자인할 수 있다.

09 개방식 배치의 한 형식으로 업무와 환경을 경영관리 및 환경적 측면에서 개선한 것으로 오피스 작업을 사람의 흐름과 정보의 흐름을 매체로 효율적인 네트워크가 되도록 배치하는 방법은?

① 싱글 오피스
② 세포형 오피스
③ 집단형 오피스
④ 오피스 랜드스케이프

해설
오피스 랜드스케이프(office landscape)
• 사무 공간의 능률 향상을 위한 배려와 개방 공간에서의 근무자의 심리적 상태를 고려한 사무 공간계획 방식이다.
• 유효 면적이 크고, 적은 비용으로 변화가 가능하므로 경제적이다.
• 개방식 배치의 일종으로 칸막이 벽과 복도가 없고 코어와 사무실이 직접 연결되어 공간이 절약된다.

10 주거 공간을 주행동에 따라 개인 공간, 사회 공간, 노동 공간 등으로 구분할 경우, 다음 중 사회 공간에 속하지 않는 것은?

① 거실
② 식당
③ 서재
④ 응접실

해설
서재는 사생활을 위해 계획된 개인 공간이다.

11 조명의 연출기법 중 강조하고자 하는 물체에 의도적인 광선으로 조사시킴으로써 광선 그 자체가 시각적인 특성을 지니게 하는 기법은?

① 월 워싱 기법
② 실루엣 기법
③ 빔 플레이 기법
④ 글레이징 기법

해설
① 월 워싱 기법 : 수직 벽면을 빛으로 쓸어내리는 듯한 효과를 주기 위해 비대칭 배광방식의 조명기구를 사용하여 수직 벽면에 균일한 조도의 빛을 비추는 기법이다.
② 실루엣 기법 : 물체의 형상만을 강조하는 기법으로 시각적인 눈부심은 없으나 물체면의 세밀한 묘사는 할 수 없다.
④ 글레이징 기법 : 빛의 각도를 이용하는 방법으로 수직면과 평행한 조명을 벽에 조사시킴으로써 마감재의 질감을 효과적으로 강조하는 기법이다.

12 디자인의 원리 중 대비에 관한 설명으로 가장 알맞은 것은?

① 제반요소를 단순화하여 실내를 조화롭게 하는 것이다.
② 저울의 원리와 같이 중심에서 양측에 물리적 법칙으로 힘의 안정을 구하는 현상이다.
③ 모든 시각적 요소에 대하여 극적 분위기를 주는 상반된 성격의 결합에서 이루어진다.
④ 디자인 대상의 전체에 미적 질서를 부여하는 것으로 모든 형식의 출발점이며 구심점이다.

해설
①은 조화에 대한 설명이다.
②는 균형에 대한 설명이다.
④는 통일에 대한 설명이다.

13 그리스의 파르테논 신전에서 사용된 착시교정 수법에 관한 설명으로 옳지 않은 것은?

① 기둥의 중앙부를 약간 부풀어 오르게 만들었다.
② 모서리 쪽의 기둥 간격을 보다 좁혀지게 만들었다.
③ 기둥과 같은 수직 부재를 위쪽으로 갈수록 바깥쪽으로 약간 기울어지게 만들었다.
④ 아키트레이브, 코니스 등에 의해 형성되는 긴 수평선을 위쪽으로 약간 볼록하게 만들었다.

해설
기둥과 같은 수직 부재를 위쪽으로 갈수록 안쪽으로 약간 기울어지게 만들었다.

14 실내디자인 요소 중 점에 관한 설명으로 옳지 않은 것은?

① 점이 많은 경우에는 선이나 면으로 지각된다.
② 공간에 하나의 점이 놓여지면 주의력이 집중되는 효과가 있다.
③ 점의 연속이 점진적으로 축소 또는 팽창 나열되면 원근감이 생긴다.
④ 동일한 크기의 점인 경우 밝은 점은 작고 좁게, 어두운 점은 크고 넓게 지각된다.

해설
같은 점이라도 밝은 점은 크고 넓게 보이며, 어두운 점은 작고 좁게 보인다.

15 실내디자인 프로세스 중 조건설정 과정에서 고려하지 않아도 되는 사항은?

① 유지관리계획
② 도로와의 관계
③ 사용자의 요구사항
④ 방위 등의 자연적 조건

해설
조건설정 단계는 실내디자인 프로세스 중 실제 프로젝트에서 요구되는 조건사항들을 정하고 이들의 실행 가능성 여부를 파악하는 단계이다.

16 다음의 실내 공간 구성요소 중 촉각적 요소보다 시각적 요소가 상대적으로 가장 많은 부분을 차지하는 것은?

① 벽
② 바닥
③ 천장
④ 기둥

해설
천장은 시각적 흐름이 최종적으로 멈추는 곳으로 내부 공간요소 중 조형적으로 가장 자유롭다.

17 실내디자인에서 추구하는 목표와 가장 거리가 먼 것은?

① 기능성
② 경제성
③ 주관성
④ 심미성

해설
좋은 디자인은 기능성을 최우선으로 하며 합목적성, 심미성, 경제성, 독창성의 4대 조건을 만족해야 한다.

18 다음 중 주택의 실내 공간 구성에 있어서 다용도실(utility area)과 가장 밀접한 관계가 있는 곳은?

① 현관　　② 부엌
③ 거실　　④ 침실

해설
다용도실(가사실, utility)
제2의 주방으로 부엌 이외의 세탁, 수납 등 전반적인 가사작업 공간의 하나로 여러 작업을 목적으로 사용되는 주부의 생활 공간이다.

19 상점의 광고 요소로써 AIDMA법칙의 구성에 속하지 않는 것은?

① Attention　　② Interest
③ Development　　④ Memory

해설
AIDMA : 주의(Attention), 흥미(Interest), 욕구(Desire), 기억(Memory), 행위(Action)

20 판매 공간의 동선에 관한 설명으로 옳지 않은 것은?

① 판매원 동선은 고객 동선과 교차하지 않도록 계획한다.
② 고객 동선은 고객의 움직임이 자연스럽게 유도될 수 있도록 계획한다.
③ 판매원 동선은 가능한 한 짧게 만들어 일의 능률이 저하되지 않도록 한다.
④ 고객 동선은 고객이 원하는 곳으로 바로 접근할 수 있도록 가능한 한 짧게 계획한다.

해설
고객 동선은 가능한 한 길게 하여 상점 내에 오래 머물도록 하는 것이 좋다.

제2과목　색채 및 인간공학

21 인간-기계 시스템의 기능 중 행동에 대해 결정을 내리는 것으로 표현되는 기능은?

① 감각(sensing)
② 실행(execution)
③ 의사결정(decision making)
④ 정보저장(information storage)

해설
인간-기계 시스템의 기능
• 감지 : 감각(sensing)
• 정보저장(information storage)
• 정보처리 및 결정 : 의사결정(decision making)
• 행동기능 : 실행(execution)

22 주의(attention)의 특징으로 볼 수 없는 것은?

① 선택성
② 양립성
③ 방향성
④ 변동성

해설
주의(attention)의 특징
• 선택성 : 여러 종류의 자극을 자각할 때 특정한 것을 선택하는 기능
• 방향성 : 주시점만 인지하는 기능
• 변동성 : 주기적으로 부주의의 리듬이 존재

23 물체의 상이 맺히는 거리를 조절하는 눈의 구성요소는?

① 망막 ② 각막
③ 홍채 ④ 수정체

해설
수정체는 빛을 굴절시켜 망막에 상이 잘 맺히게 한다.

24 온도 변화에 대한 인체의 영향에 있어 적정온도에서 추운 환경으로 바뀌었을 때의 현상으로 옳지 않은 것은?

① 피부온도가 내려간다.
② 몸이 떨리고 소름이 돋는다.
③ 직장의 온도가 약간 올라간다.
④ 많은 양의 혈액이 피부를 경유하게 된다.

해설
몸의 중심부에 위치한 장기들을 따뜻하게 할 목적으로 혈액은 사지에서 중심으로 이동하며, 심장 박동수는 추위에 반응하여 떨어진다. 이로 인해 우리 몸은 상대적으로 덜 중요하게 생각하는 신체 기관인 피부, 팔, 다리로 가는 혈액의 양을 줄인다.

25 일반적으로 인체측정치의 최대 집단치를 기준으로 설계하는 것은?

① 선반의 높이
② 출입문의 높이
③ 안내 데스크의 높이
④ 공구 손잡이 둘레길이

해설
최대 집단치 : 대상 집단에 대한 인체계측 변수의 상위백분위수를 기준으로 하며 90, 95, 99%치가 사용된다.
예 문, 탈출구, 통로, 사다리와 같은 지지물 등

26 조명을 설계할 때 필요한 요소와 관련이 없는 것은?

① 작업 중 손 가까이를 일정하게 비출 것
② 작업 중 손 가까이를 적당한 밝기로 비출 것
③ 작업 부분과 배경 사이에 적당한 콘트라스트가 있을 것
④ 광원과 다른 물건에서도 눈부신 반사가 조금 있도록 할 것

해설
광원 및 물건에서도 눈부심이 없도록 한다.

27 다음 중 시각표시장치의 설계에 필요한 지침으로 옳은 설명은?

① 보통 글자의 폭-높이 비는 5 : 3이 좋다.
② 정량적 눈금에는 일반적으로 1단위의 수열이 사용하기 좋다.
③ 계기판의 문자는 소문자, 지침류의 문자는 대문자를 채택하는 방식이 좋다.
④ 흰 바탕에 검은 글씨로 표시할 경우에 획폭비는 글씨 높이의 1/3이 좋다.

해설
① 영문 대문자의 경우는 종횡비를 1 : 1로, 숫자의 경우는 종횡비를 약 3 : 5로 하는 것이 가장 적당하다.
③ 계기판의 문자에는 대문자가 좋으나 상세한 설명에는 대소문자를 섞어 쓰는 것이 좋다.
④ 흰바탕에 검은 글씨로 표시할 경우에 획폭비는 글씨 높이의 1/8 정도가 좋다.

정답 23 ④ 24 ④ 25 ② 26 ④ 27 ②

28 일반적으로 실현가능성이 같은 N개의 대안이 있을 때 총정보량을 구하는 식으로 옳은 것은?

① $\log_2 N$
② $\log_{10} 2N$
③ $\dfrac{N}{\log_{10} N}$
④ $\dfrac{1}{2} N^2$

해설
일반적으로 N개의 선택 대상이 주어졌을 때 모든 선택방법에 요구되는 총정보량은 $\log_2 N$이며, 각 방법이 지니고 있는 정보량은 $\dfrac{\log_2 N}{N}$이다.

※ Hick의 법칙 : 선택 대안이 증가할수록 선택 결정에 소요되는 시간도 증가한다는 이론이다.

29 다음 그림에서 에너지 소비가 큰 것에서부터 작은 순서대로 올바르게 나열된 것은?

① ㉢ → ㉠ → ㉡ → ㉣
② ㉢ → ㉡ → ㉠ → ㉣
③ ㉡ → ㉠ → ㉢ → ㉣
④ ㉡ → ㉢ → ㉠ → ㉣

해설
육체활동에 따른 에너지 소모량 크기순
도끼질 > 톱질 > 벽돌쌓기 > 앉은 자세의 작업

30 다음 조종장치 중 단회전용 조종장치로 가장 적합한 것은?

①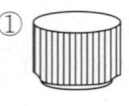
②
③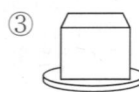
④

해설
①・②・④는 다회전용 조종장치이다.

31 감법혼색의 설명으로 틀린 것은?

① 3원색은 cyan, magenta, yellow이다.
② 감법혼색은 감산혼합, 색료혼합이라고도 하며, 혼색 할수록 탁하고 어두워진다.
③ magenta와 yellow를 혼색하면 빛의 3원색인 red가 된다.
④ magenta와 cyan의 혼합은 green이다.

해설
magenta와 cyan의 혼합은 blue이다.
색료혼합과 색광혼합

색료혼합(감법혼색)	색광혼합(가법혼색)

32 다음 배색 중 가장 차분한 느낌을 주는 것은?

① 빨강 – 흰색 – 검정
② 하늘색 – 흰색 – 회색
③ 주황 – 초록 – 보라
④ 빨강 – 흰색 – 분홍

해설
한색, 저채도일수록 차분한 느낌을 준다.

33 식욕을 감퇴시키는 효과가 가장 큰 색은?

① 빨간색   ② 노란색
③ 갈색   ④ 파란색

해설
식욕을 감퇴시키는 효과가 가장 큰 색은 한색이다.

34 오스트발트(W. Ostwald)의 등색상 삼각형의 흰색(W)에서 순색(C) 방향과 평행한 색상의 계열은?

① 등순계열   ② 등흑계열
③ 등백계열   ④ 등가색환계열

해설
오스트발트 색체계의 조화

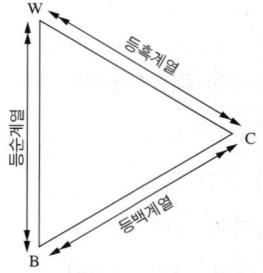
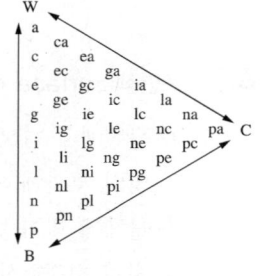

• 등백계열 : 흰색량이 같은 계열
• 등흑계열 : 검정량이 같은 계열
• 등순계열 : 순색량이 같아 보이는 계열

35 유채색의 경우 보색잔상의 영향으로 먼저 본 색의 보색이 나중에 보는 색에 혼합되어 보이는 현상은?

① 계시대비
② 명도대비
③ 색상대비
④ 면적대비

해설
② 명도대비 : 서로 다른 두 색이 인접했을 때 서로의 영향으로 밝은색은 더욱 밝아 보이고, 어두운색은 더욱 어두워 보이는 현상이다.
③ 색상대비 : 두 가지 이상의 색이 서로 영향을 주어 실제의 색과 다르게 보이는 현상이다.
④ 면적대비 : 색상과는 무관한 현상으로 면적이 커질수록 명도와 채도가 증대된다.

36 디지털 컬러모드인 HSB모델의 H에 대한 설명이 옳은 것은?

① 색상을 의미, 0~100%로 표시
② 명도를 의미, 0~255°로 표시
③ 색상을 의미, 0~360°로 표시
④ 명도를 의미, 0~100%로 표시

해설
HSB 모드
• H(색상) = 0°(빨강) ~ 360°(빨강)
• S(채도) = 0%(연함) ~ 100%(진함)
• B(명도) = 0%(어두움) ~ 100%(밝음)

정답 32 ② 33 ④ 34 ② 35 ① 36 ③

37 비렌의 색채조화 원리에서 가장 단순한 조화이면서 일반으로 깨끗하고 신선해 보이는 조화는?

① color – shade – black
② tint – tone – shade
③ color – tint – white
④ white – gray – black

해설
③ color – tint – white : 밝은 분위기를 표현하여 깨끗하고 신선한 느낌을 주는 배색조합이다.
① color – shade – black : 색채의 깊이와 풍부함이 느껴지는 배색조합이다.
② tint – tone – shade : 중채도의 명암법 색조를 구현하여 세련되고, 안정적인 느낌을 주는 배색조합이다.
④ white – gray – black : 무채색 및 저채도 위주의 색으로 시크하고 절제된 느낌을 주는 배색조합이다.

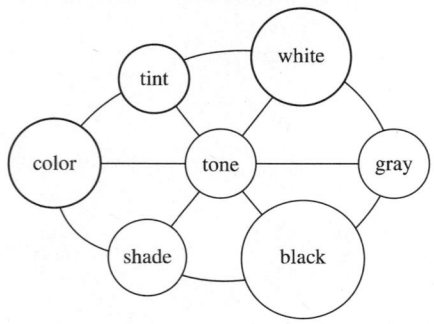

38 색채계획에 있어 효과적인 색 지정을 하기 위하여 디자이너가 갖추어야 할 능력으로 거리가 먼 것은?

① 색채 변별능력
② 색채 조색능력
③ 색채 구성능력
④ 심리 조사능력

해설
색채계획은 디자인의 대상이나 용도에 적합한 배색을 적용하고 기능적으로나 심미적으로 효과적인 배색효과를 얻을 수 있도록 미리 설계하는 것이다.

39 CIE Lab 모형에서 L이 의미하는 것은?

① 명도
② 채도
③ 색상
④ 순도

해설
Lab 컬러 : CIE(Commission Internationale de l'Eclairage)라는 국제표준컬러측정기구에 의하여 1976년 재정립된 컬러체계로 CIE Lab 모형을 말한다. Lab으로 색상모드를 변환하면 lightness, a, b 이렇게 3가지의 채널이 생긴다.
• L(Luminosity)은 lightness(밝기 = 명도)를 뜻하며 값의 범위는 0에서 100까지이다.
• a채널은 green에서 red 성분, b채널은 blue에서 yellow 성분이 된다.
• 각각 값의 범위는 +127에서 −128까지이다.

40 표면색(surface color)에 대한 용어의 정의는?

① 광원에서 나오는 빛의 색
② 빛의 투과에 의해 나타나는 색
③ 물체에 빛이 반사하여 나타나는 색
④ 빛의 회절현상에 의해 나타나는 색

해설
표면색은 물체의 표면에서 빛이 반사하여 나타나는 색이다.

제3과목 건축재료

41 콘크리트의 건조수축에 관한 설명으로 옳은 것은?

① 골재가 경질이고 탄성계수가 클수록 건조수축은 커진다.
② 물-시멘트비가 작을수록 건조수축이 크다.
③ 골재의 크기가 일정할 때 슬럼프값이 클수록 건조수축은 작아진다.
④ 물-시멘트비가 같은 경우 건조수축은 단위 시멘트량이 클수록 크다.

해설
① 골재가 경질이고 탄성계수가 클수록 건조수축은 감소한다.
② 물-시멘트비가 클수록 건조수축은 크다.
③ 골재의 크기가 일정할 때 슬럼프값이 클수록 건조수축은 크다.

42 합성섬유 중 폴리에스테르 섬유의 특징에 관한 설명으로 옳지 않은 것은?

① 강도와 신도를 제조공정상에서 조절할 수 있다.
② 영계수가 커서 주름이 생기지 않는다.
③ 다른 섬유와 혼방성이 풍부하다.
④ 유연하고 울에 가까운 감촉이다.

해설
④는 아크릴 섬유에 대한 설명이다.
폴리에스테르 섬유의 특징
• 강도가 우수하며, 초기 탄성률이 커서 혼방에 이용한다.
• 흡습성이 작고 대전성이 크며 필링이 많이 형성된다.
• 열가소성이 우수하여 텍스처사에 이용한다.
• 세탁 시 형태 안정성이 우수하며, 워시 앤드 웨어 가공이 가능하다.
• 광택과 촉감이 좋아 견대용으로 이용한다.

43 스테인리스강(stainless steel)은 어떤 성분의 금속이 많이 포함되어 있는 금속재료인가?

① 망간(Mn)   ② 규소(Si)
③ 크롬(Cr)   ④ 인(P)

해설
스테인리스강 : 철, 니켈, 크롬의 합금강으로 인장강도와 내식성, 인성이 높다.

44 원목을 적당한 각재로 만들어 칼로 얇게 절단하여 만든 베니어는?

① 로터리 베니어(rotary veneer)
② 슬라이스드 베니어(sliced veneer)
③ 하프 라운드 베니어(half round veneer)
④ 소드 베니어(sawed veneer)

해설
합판 제조법
• 로터리 베니어 : 원목(통나무)을 회전하면서 박판을 벗겨 내어 만든 것
• 슬라이스드 베니어 : 상하 또는 수평으로 이동하는 너비가 넓은 대팻날로 얇게 절단한 것
• 소드 베니어 : 얇게 톱으로 자르는 것

45 다음 도장재료 중 도포한 후 도막으로 남는 도막 형성 요소와 가장 거리가 먼 것은?

① 안료   ② 유지
③ 희석제   ④ 수지

해설
도료
• 도막 형성 요소 : 도막 형성 주요소(유지, 수지), 도막 형성 부요소(건조제, 가소제), 안료, 전색제
• 도막 형성 조요소 : 용제, 희석제

정답 41 ④ 42 ④ 43 ③ 44 ② 45 ③

46 단열재가 구비해야 할 조건으로 옳지 않은 것은?

① 불연성이며, 유독가스가 발생하지 않을 것
② 열전도율 및 흡수율이 낮을 것
③ 비중이 높고 단단할 것
④ 내부식성과 내구성이 좋을 것

해설
단열재의 선정 조건
• 열전도율, 흡수율, 투기성이 낮을 것
• 비중이 작으며, 기계적 강도가 우수할 것
• 내구성, 내열성, 내식성이 우수하여 냄새가 없을 것
• 경제적이고 시공이 용이할 것
• 품질의 편차가 적을 것

47 타일의 제조공법에 관한 설명으로 옳지 않은 것은?

① 건식 제법에는 가압성형과정이 포함된다.
② 건식 제법이라 하더라도 제작과정 중에 함수하는 과정이 있다.
③ 습식 제법은 건식 제법에 비해 제조능률과 치수·정밀도가 우수하다.
④ 습식 제법은 복잡한 형상의 제품 제작이 가능하다.

해설
건식 제법은 습식 제법에 비해 제조능률과 치수·정밀도가 우수하다.
타일 제조공법
• 습식 제법 : 수분이 대략 20% 정도 함유된 소정의 점도를 가지는 원료혼합물을 진공토련성형기를 이용하여 타일스트랩으로 연속 압출시키면서 타일을 성형하는 방법이다.
• 건식 제법 : 수분이 대략 10% 미만으로 함유된 분말상의 원료 혼합물을 소정의 캐비티가 형성된 프레스 금형에 넣고 가압 소성하여 타일을 제조하는 방법이다.

48 1종 점토벽돌의 압축강도는 최소 얼마 이상인가?

① 8.87MPa   ② 10.78MPa
③ 20.59MPa   ④ 24.50MPa

해설
벽돌의 품질(KS L 4201)

품질	종류	
	1종	2종
흡수율(%)	10.0 이하	15.0 이하
압축강도(MPa)	24.50 이상	14.70 이상

49 휘발유 등의 용제에 아스팔트를 희석시켜 만든 유액으로서 방수층에 이용되는 아스팔트 제품은?

① 아스팔트 루핑   ② 아스팔트 프라이머
③ 아스팔트 싱글   ④ 아스팔트 펠트

해설
아스팔트 프라이머 : 블론 아스팔트(blown asphalt)를 휘발성 용제로 녹인 저점도의 액체로서 아스팔트 방수의 바탕처리재이다.

50 주로 수량의 다소에 의해 좌우되는 굳지 않은 콘크리트의 변형 또는 유동에 대한 저항성을 무엇이라 하는가?

① 컨시스턴시   ② 피니셔빌리티
③ 워커빌리티   ④ 펌퍼빌리티

해설
① 컨시스턴시 : 굳지 않은 콘크리트의 성질로서 주로 물의 양이 많고 적음에 따른 반죽의 되고 진 정도를 나타내는 용어이다.
② 피니셔빌리티 : 굵은 골재의 최대 치수, 잔골재율, 잔골재입도, 컨시스턴시 등에 의한 마감성의 난이를 표시하는 성질이다.
③ 워커빌리티 : 부어 넣기의 난이도 정도 및 재료분리에 저항하는 정도를 나타낸다.
④ 펌퍼빌리티 : 펌프에 의한 운반을 실시하는 경우 콘크리트의 압송성을 의미한다.

51 재료가 외력을 받으면서 발생하는 변형에 저항하는 정도를 나타내는 것은?

① 가소성
② 강성
③ 크리프
④ 좌굴

해설
① 가소성 : 외력을 제거하여도 재료가 원상으로 되돌아가지 않고 변형된 그대로의 상태로 남아 있는 성질이다.
③ 크리프 : 콘크리트에 일정한 하중이 지속적으로 작용하면 하중의 증가가 없어도 콘크리트의 변형이 시간에 따라 증가하는 현상이다.
④ 좌굴 : 기둥의 길이가 그 횡단면의 치수에 비해 클 때, 기둥의 양단에 압축하중이 가해졌을 경우 하중이 어느 크기에 이르면 기둥이 갑자기 휘는 현상이다.

52 색을 칠하여 무늬나 그림을 나타낸 판유리로서 교회의 창, 천장 등에 많이 쓰이는 유리는?

① 스테인드글라스(stained glass)
② 강화유리(tempered glass)
③ 유리블록(glass block)
④ 복층유리(pair glass)

해설
스테인드글라스는 각종 색유리의 작은 조각을 도안에 맞추어 절단하여 조합해서 만든 것으로 교회의 창 등에 사용되는 유리제품이다.

53 석회석을 900~1,200°C로 소성하면 생성되는 것은?

① 돌로마이트 석회
② 생석회
③ 회반죽
④ 소석회

해설
석회석을 불에 가열하면 생석회가 되고, 생석회를 물에 넣으면 열이 발생하면서 소석회가 된다.

54 혼화제 중 AE제의 특징으로 옳지 않은 것은?

① 굳지 않은 콘크리트의 워커빌리티를 개선시킨다.
② 블리딩을 감소시킨다.
③ 동결융해작용에 의한 파괴나 마모에 대한 저항성을 증대시킨다.
④ 콘크리트의 압축강도는 감소하나, 휨강도와 탄성계수는 증가한다.

해설
AE제(공기연행제)의 특징
• 콘크리트용 계면활성제의 일종으로서 콘크리트 속에 독립된 미세한 기포를 골고루 분포시키는 작용을 한다.
• 기포들은 표면 활성을 발휘하여 굳지 않은 콘크리트의 워커빌리티를 개선시키며, 시멘트 및 골재의 미립자를 떠오르게 하거나 물의 이동을 도움으로써 유효 면적을 줄여주기 때문에 블리딩(bleeding)을 감소시킨다.
• 콘크리트가 굳은 다음은 동결·융해작용에 의한 파괴나 마모에 대한 저항성을 증대시키고, 경화 때는 수축도 감소시키며 균열을 방지하기도 한다.

55 다음 석재 중 박판으로 채취할 수 있어 슬레이트 등에 사용되는 것은?

① 응회암
② 점판암
③ 사문암
④ 트래버틴

해설
① 응회암 : 주로 화산재나 사암 조각 등의 화산 분출물이 오랜기간 동안 수중이나 육상에서 퇴적·응고되어 이루어진 암석이다.
③ 사문암 : 감람석이 변질된 것으로 암녹색 바탕에 아름다운 무늬를 갖고 있으며 물갈기를 하면 광택이 나므로 대리석 대용으로 사용된다.
④ 트래버틴 : 다공질이며 암갈색 무늬가 있으며, 갈면 광택이 나서 실내장식재로 사용된다.

정답 51 ② 52 ① 53 ② 54 ④ 55 ②

56 목재의 성질에 관한 설명으로 옳지 않은 것은?

① 변재부는 심재부보다 신축 변형이 크다.
② 비중이 큰 목재일수록 신축 변형이 작다.
③ 섬유포화점이란 함수율이 30% 정도인 상태를 말한다.
④ 목재의 널결면은 수축팽창의 변형이 크다.

해설
비중이 큰 목재일수록 신축 변형이 크다.

57 강의 역학적 성질에서 재료에 가해진 외력을 제거한 후에도 영구변형하지 않고 원형으로 되돌아올 수 있는 한계를 의미하는 것은?

① 탄성한계점　　② 상위항복점
③ 하위항복점　　④ 인장강도점

해설
② 상위항복점 : 항복하기 이전의 최대 하중을 원단면적으로 나눈 값이다.
③ 하위항복점 : 강재의 항복강도를 의미한다.
④ 인장강도점 : 변형도 경화영역(항복강도 이상의 저항능력이 다시 나타나는 시점)의 최대 응력을 의미한다.

58 목재의 인화에 있어 불꽃이 없어도 자체 발화하는 온도는 대략 몇 ℃ 정도 이상인가?

① 100℃　　② 150℃
③ 250℃　　④ 450℃

해설
목재의 연소
• 인화점 : 약 240℃
• 착화점 : 약 260℃
• 발화점 : 약 450℃

59 유리의 표면을 초고성능 조각기로 특수가공처리하여 만든 유리로서 5mm 이상의 후판유리에 그림이나 글 등을 새겨 넣은 유리는?

① 에칭유리
② 강화유리
③ 망입유리
④ 로이유리

해설
② 강화유리 : 유리를 가열한 후 공기를 분사하여 급랭·강화시킴으로써 투시성은 같으나 강도나 내열성을 높인 안전유리의 일종이다.
③ 망입유리 : 유리 내부에 금속망(철선, 황동선, 알루미늄선 등)을 삽입하고 압착 성형한 판유리이다.
④ 로이유리 : 유리 내부에 특수금속막 코팅으로 적외선을 반사시켜 열의 이동을 극소화시킨 고기능성 유리이다.

60 재료에 외력을 가했을 때 작은 변형에도 곧 파괴되는 성질은?

① 전성　　② 인성
③ 취성　　④ 탄성

해설
③ 취성 : 외력을 받아도 변형되지 않거나 극히 미세한 변형을 수반하고 파괴되는 성질이다.
① 전성 : 압축력에 의해 물체가 넓고 얇은 형태로 소성변형을 하는 성질이다.
② 인성 : 외력에 의해 파괴되기 어려운 질기고 강한 충격에 잘 견디는 재료의 성질이다.
④ 탄성 : 외력을 받아 변형되어도 다시 복원되는 성질이다.

정답 56 ② 57 ① 58 ④ 59 ① 60 ③

제4과목 건축일반

61 25층 업무시설로서 6층 이상의 거실 면적 합계가 36,000m²인 경우 승용 승강기의 최소 설치 대수는?(단, 16인승 이상의 승강기로 설치한다)

① 7대 ② 8대
③ 9대 ④ 10대

해설
승용 승강기의 설치기준(건축물의 설비기준 등에 관한 규칙 별표 1의2)

건축물의 용도	6층 이상의 거실 면적의 합계	3,000m² 이하	3,000m² 초과
• 문화 및 집회시설(전시장 및 동·식물원만 해당한다) • 업무시설 • 숙박시설 • 위락시설		1대	1대에 3,000m²를 초과하는 2,000m² 이내마다 1대를 더한 대수

※ 승강기의 대수를 계산할 때 8인승 이상 15인승 이하의 승강기는 1대의 승강기로 보고, 16인승 이상의 승강기는 2대의 승강기로 본다.

$$\frac{(36,000 - 3,000)}{2,000} + 1대 = 17.5대$$

18대의 승강기가 필요하지만, 16인승 이상의 승강기로 설치했으므로,
∴ 18 ÷ 2 = 9대

62 건축에서는 형태와 공간이 중요한 요소로 위계(hierarchy)를 갖기 위해서 시각적인 강조가 이루어진다. 이러한 위계에 영향을 미치는 요소와 가장 거리가 먼 것은?

① 좌우대칭에 의한 위계
② 크기의 차별화에 의한 위계
③ 형상의 차별화에 의한 위계
④ 전략적 위치에 의한 위계

해설
위계는 일반적인 것과는 다른 크기, 차별화되는 형상, 배치관계의 우열에 따라 공간을 구성한다.

63 방염대상물품의 방염성능기준에서 버너의 불꽃을 제거한 때부터 불꽃을 올리며 연소하는 상태가 그칠 때까지 시간은 몇 초 이내이어야 하는가?

① 5초 이내 ② 10초 이내
③ 20초 이내 ④ 30초 이내

해설
방염대상물품 및 방염성능기준(소방시설 설치 및 관리에 관한 법률 시행령 제31조)
• 버너의 불꽃을 제거한 때부터 불꽃을 올리며 연소하는 상태가 그칠 때까지 시간은 20초 이내일 것
• 버너의 불꽃을 제거한 때부터 불꽃을 올리지 않고 연소하는 상태가 그칠 때까지 시간은 30초 이내일 것

64 연면적 1,000m² 이상인 건축물에 설치하는 방화벽의 구조기준으로 옳지 않은 것은?

① 내화구조로서 홀로 설 수 있는 구조일 것
② 방화벽의 양쪽 끝과 위쪽 끝을 건축물의 외벽면 및 지붕면으로부터 0.5m 이상 튀어나오게 할 것
③ 방화벽에 설치하는 출입문의 너비 및 높이는 각각 1.8m 이하로 할 것
④ 방화벽에 설치하는 출입문에는 갑종방화문을 설치할 것

해설
※ 관련 법령 개정으로 용어가 다음과 같이 변경되었습니다.
갑종방화문 → 60분+ 방화문 또는 60분 방화문
방화벽의 구조(건축물의 피난·방화구조 등의 기준에 관한 규칙 제21조)
• 내화구조로서 홀로 설 수 있는 구조일 것
• 방화벽의 양쪽 끝과 위쪽 끝을 건축물의 외벽면 및 지붕면으로부터 0.5m 이상 튀어나오게 할 것
• 방화벽에 설치하는 출입문의 너비 및 높이는 각각 2.5m 이하로 하고, 해당 출입문에는 60분+ 방화문 또는 60분 방화문을 설치할 것

정답 61 ③ 62 ① 63 ③ 64 ③

65 특정소방대상물에서 피난기구를 설치하여야 하는 층에 해당하는 것은?

① 층수가 11층 이상인 층
② 피난층
③ 지상 2층
④ 지상 3층

해설
피난구조설비 중 피난기구의 설치(소방시설 설치 및 관리에 관한 법률 시행령 별표 4)
피난기구는 특정소방대상물의 모든 층에 화재안전기준에 적합한 것으로 설치하여야 한다. 다만, 피난층, 지상 1층, 지상 2층(노유자시설 중 피난층이 아닌 지상 1층과 피난층이 아닌 지상 2층은 제외) 및 층수가 11층 이상인 층과 위험물 저장 및 처리시설 중 가스시설, 터널 또는 지하구의 경우에는 그러하지 아니하다.

66 초등학교에 계단을 설치하는 경우 계단참의 유효 너비는 최소 얼마 이상으로 하여야 하는가?

① 120cm   ② 150cm
③ 160cm   ④ 170cm

해설
계단의 설치기준(건축물의 피난·방화구조 등의 기준에 관한 규칙 제15조 제2항)
초등학교의 계단인 경우에는 계단 및 계단참의 유효 너비는 150cm 이상, 단높이는 16cm 이하, 단너비는 26cm 이상으로 할 것

67 겨울철 생활이 이루어지는 공간의 실내측 표면에 발생하는 결로를 억제하기 위한 효과적인 조치방법 중 가장 거리가 먼 것은?

① 환기   ② 난방
③ 구조체 단열   ④ 방습층 설치

해설
방습층 설치는 표면결로 방지대책이 아닌, 내부결로 방지대책이다.

68 건축물의 사용승인 시 소재지 관할 소방본부장 또는 소방서장이 사용승인에 동의를 한 것으로 갈음할 수 있는 방식은?

① 건축물 관리대장 확인
② 국토교통부에 사용승인 신청
③ 소방시설공사로의 완공검사 요청
④ 소방시설공사의 완공검사증명서 교부

해설
건축허가 등의 동의 등(소방시설 설치 및 관리에 관한 법률 시행령 제6조 제6항)
사용승인에 대한 동의를 할 때에는 소방시설공사의 완공검사증명서를 발급하는 것으로 동의를 갈음할 수 있다. 이 경우 건축허가 등의 권한이 있는 행정기관은 소방시설공사의 완공검사증명서를 확인하여야 한다.

69 문화 및 집회시설 중 공연장 개별 관람실의 각 출구의 유효 너비 최소 기준은?(단, 바닥 면적이 300m² 이상인 경우)

① 1.2m 이상   ② 1.5m 이상
③ 1.8m 이상   ④ 2.1m 이상

해설
관람실 등으로부터의 출구의 설치기준(건축물의 피난·방화구조 등의 기준에 관한 규칙 제10조)
문화 및 집회시설 중 공연장의 개별 관람실(바닥 면적이 300m² 이상인 것만 해당)의 출구는 다음의 기준에 적합하게 설치해야 한다.
- 관람실별로 2개소 이상 설치할 것
- 각 출구의 유효 너비는 1.5m 이상일 것
- 개별 관람실 출구의 유효 너비의 합계는 개별 관람실의 바닥 면적 100m²마다 0.6m의 비율로 산정한 너비 이상으로 할 것

70 조적식 구조의 설계에 적용되는 기준으로 옳지 않은 것은?

① 조적식 구조인 각 층의 벽은 편심하중이 작용하지 아니하도록 설계하여야 한다.
② 조적식 구조인 건축물 중 2층 건축물에 있어서 2층 내력벽의 높이는 4m를 넘을 수 없다.
③ 조적식 구조인 내력벽으로 둘러쌓인 부분의 바닥 면적은 80m²를 넘을 수 없다.
④ 조적식 구조인 내력벽의 길이는 8m를 넘을 수 없다.

해설
조적식 구조인 내력벽의 길이는 10m를 넘을 수 없다.
조적식 구조(건축물의 구조기준 등에 관한 규칙 제3장 제3절)
• 조적식 구조의 설계(제29조)
 – 조적재는 통줄눈이 되지 아니하도록 설계하여야 한다.
 – 조적식 구조인 각 층의 벽은 편심하중이 작용하지 아니하도록 설계하여야 한다.
• 내력벽의 높이 및 길이(제31조)
 – 조적식 구조인 건축물 중 2층 건축물에 있어서 2층 내력벽의 높이는 4m를 넘을 수 없다.
 – 조적식 구조인 내력벽의 길이[대린벽(對隣壁: 서로 직각으로 교차되는 벽)의 경우에는 그 접합된 부분의 각 중심을 이은 선의 길이를 말한다]는 10m를 넘을 수 없다.
 – 조적식 구조인 내력벽으로 둘러쌓인 부분의 바닥 면적은 80m²를 넘을 수 없다.

71 특정소방대상물에서 사용하는 방염대상물품의 방염성능검사를 실시하는 자는?(단, 대통령령으로 정하는 방염대상물품의 경우는 고려하지 않는다)

① 행정안전부장관 ② 소방서장
③ 소방본부장   ④ 소방청장

해설
방염성능의 검사(소방시설 설치 및 관리에 관한 법률 제21조)
특정소방대상물에서 사용하는 방염대상물품은 소방청장(대통령령으로 정하는 방염대상물품의 경우에는 시·도지사)이 실시하는 방염성능검사를 받은 것이어야 한다.

72 철골보와 콘크리트 바닥판을 일체화시키기 위한 목적으로 활용되는 것은?

① 시어 커넥터
② 사이드 앵글
③ 필러 플레이트
④ 리브 플레이트

해설
시어 커넥터(shear connector, 강재 앵커)
철골보와 콘크리트 바닥판을 일체화시키기 위해 설치하는 전단력을 부담하는 연결재이다.

73 다음 중 소화설비에 해당되지 않는 것은?

① 자동소화장치
② 스프링클러설비
③ 물분무소화설비
④ 자동화재속보설비

해설
자동화재속보설비는 경보설비에 속한다.
소방시설(소방시설 설치 및 관리에 관한 법률 시행령 별표 1)
• 소화설비 : 물 또는 그 밖의 소화약제를 사용하여 소화하는 기계·기구 또는 설비로서 다음의 것을 말한다.
 – 소화기구
 – 자동소화장치
 – 옥내소화전설비
 – 스프링클러설비 등
 – 물분무 등 소화설비
 – 옥외소화전설비

74 화재예방, 소방시설 설치·유지 및 안전관리에 관한 법률에 따른 용어의 정의 중 다음 설명에 해당하는 것은?

> 소방시설 등을 구성하거나 소방용으로 사용되는 제품 또는 기기로서 대통령령으로 정하는 것을 말한다.

① 특정소방대상물
② 소방용품
③ 피난구조설비
④ 소화활동설비

해설
※ 문제에 해당하는 법이 분법되어 다음과 같이 변경되었습니다.
화재예방, 소방시설 설치·유지 및 안전관리에 관한 법 → 소방시설 설치 및 관리에 관한 법률
① 특정소방대상물 : 건축물 등의 규모·용도 및 수용인원 등을 고려하여 소방시설을 설치하여야 하는 소방대상물로서 대통령령으로 정하는 것을 말한다.
③ 피난구조설비 : 화재가 발생할 경우 피난하기 위하여 사용하는 기구 또는 설비를 말한다.
④ 소화활동설비 : 화재를 진압하거나 인명구조활동을 위하여 사용하는 설비를 말한다.

75 건축물에 설치하는 배연설비의 기준으로 옳지 않은 것은?

① 건축물이 방화구획으로 구획된 경우에는 그 구획마다 1개소 이상의 배연창을 설치한다.
② 배연창의 상변과 천장 또는 반자로부터 수직거리가 0.9m 이내로 한다.
③ 배연구는 연기감지기 또는 열감지기에 의하여 자동으로 열 수 있는 구조로 하고, 손으로는 열고 닫을 수 없도록 한다.
④ 배연구는 예비전원에 의하여 열 수 있도록 한다.

해설
배연설비(건축물의 설비기준 등에 관한 규칙 제14조)
배연구는 연기감지기 또는 열감지기에 의하여 자동으로 열 수 있는 구조로 하되, 손으로도 열고 닫을 수 있도록 할 것

76 광원으로부터 발산되는 광속의 입체각 밀도를 뜻하는 것은?

① 광도
② 조도
③ 광속발산도
④ 휘도

해설
① 광도 : 단위 면적당 표면에서 반사 또는 방출되는 광량(빛의 양)을 말한다.
③ 광속발산도 : 대상의 표면에서 발산되는 단위 면적당 빛의 양을 말한다.
④ 휘도 : 빛을 내는 물체의 단위 면적당 표면 밝기의 정도를 말한다.

77 건축물의 거실(피난층의 거실은 제외)에 국토교통부령으로 정하는 기준에 따라 배연설비를 하여야 하는 건축물의 용도가 아닌 것은?(단, 6층 이상인 건축물)

① 문화 및 집회시설
② 종교시설
③ 요양병원
④ 숙박시설

해설
거실(피난층의 거실 제외)에 배연설비를 해야 하는 건축물(건축법 시행령 제51조 제2항)
- 6층 이상인 건축물로서 다음에 해당하는 용도로 쓰는 건축물
  - 제2종 근린생활시설 중 공연장, 종교집회장, 인터넷컴퓨터게임시설제공업소 및 다중생활시설(공연장, 종교집회장 및 인터넷컴퓨터게임시설제공업소는 해당 용도로 쓰는 바닥 면적의 합계가 각각 300m² 이상인 경우만 해당한다)
  - 문화 및 집회시설, 종교시설, 판매시설, 운수시설
  - 의료시설(요양병원 및 정신병원 제외)
  - 교육연구시설 중 연구소
  - 노유자시설 중 아동 관련 시설, 노인복지시설(노인요양시설 제외)
  - 수련시설 중 유스호스텔
  - 운동시설, 업무시설, 숙박시설, 위락시설, 관광휴게시설, 장례시설

78 다음 그림과 같은 목재 이음의 종류는?

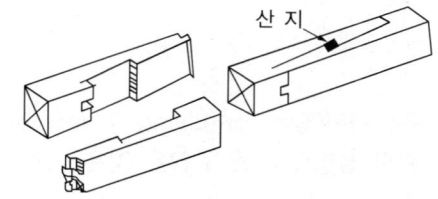

① 엇빗이음 ② 엇걸이이음
③ 겹침이음 ④ 긴촉이음

해설
엇걸이이음 : 중요한 가로재나 휨(구부림)에 효과적인 이음이다.

79 고딕 건축양식의 특징과 가장 거리가 먼 것은?

① 미나렛(minaret)
② 플라잉 버트레스(flying buttress)
③ 포인티드 아치(pointed arch)
④ 리브 볼트(rib vault)

해설
미나렛(minaret) : 이슬람 사원의 일부를 이루는 첨탑이다.

80 옥내소화전설비를 설치해야 하는 특정소방대상물의 종류 기준과 관련하여, 지하가 중 터널은 길이가 최소 얼마 이상인 것을 기준 대상으로 하는가?

① 1,000m 이상
② 2,000m 이상
③ 3,000m 이상
④ 5,000m 이상

해설
※ 관련 법령 개정으로 용어가 다음과 같이 변경되었습니다.
  지하가 중 터널 → 터널
옥내소화전설비(소방시설 설치 및 관리에 관한 법률 시행령 별표 4)
1. 다음의 어느 하나에 해당하는 경우에는 모든 층
   ㉠ 연면적 3,000m² 이상인 것(터널은 제외)
   ㉡ 지하층·무창층(축사는 제외)으로서 바닥 면적이 600m² 이상인 층이 있는 것
   ㉢ 층수가 4층 이상인 층 중에서 바닥 면적이 600m² 이상인 층이 있는 것
2. 1.에 해당하지 않는 근린생활시설, 판매시설, 운수시설, 의료시설, 노유자시설, 업무시설, 숙박시설, 위락시설, 공장, 창고시설, 항공기 및 자동차 관련 시설, 교정 및 군사시설 중 국방·군사시설, 방송통신시설, 발전시설, 장례시설 또는 복합건축물로서 다음의 어느 하나에 해당하는 경우에는 모든 층
   ㉠ 연면적 1,500m² 이상인 것
   ㉡ 지하층·무창층으로서 바닥 면적이 300m² 이상인 층이 있는 것
   ㉢ 층수가 4층 이상인 층 중에서 바닥 면적이 300m² 이상인 층이 있는 것
3. 건축물의 옥상에 설치된 차고·주차장으로서 사용되는 면적이 200m² 이상인 경우 해당 부분
4. 다음의 어느 하나에 해당하는 터널
   ㉠ 길이가 1,000m 이상인 터널
   ㉡ 예상교통량, 경사도 등 터널의 특성을 고려하여 행정안전부령으로 정하는 터널
5. 1. 및 2.에 해당하지 않는 공장 또는 창고시설로서 정하는 수량의 750배 이상의 특수가연물을 저장·취급하는 것

2020년 제3회 과년도 기출문제

제1과목 실내디자인론

01 실내디자인의 범위에 관한 설명으로 옳지 않은 것은?

① 인간에 의해 점유되는 공간을 대상으로 한다.
② 휴게소나 이벤트 공간 등의 임시적 공간도 포함된다.
③ 항공기나 선박 등의 교통수단의 실내디자인도 포함된다.
④ 바닥, 벽, 천장 중 2개 이상의 구성요소가 존재하는 공간이어야 한다.

[해설]
실내디자인은 순수한 내부 공간뿐만 아니라 외부로의 통로 공간 그리고 내부 공간의 연장으로서의 외부 공간 및 건물 전면까지도 포함된다.

02 황금비례에 관한 설명으로 옳지 않은 것은?

① 1 : 1.618의 비례이다.
② 기하학적인 분할방식이다.
③ 고대 이집트인들이 창안하였다.
④ 몬드리안의 작품에서 예를 들 수 있다.

[해설]
황금비례는 고대 그리스인들이 창안한 기하학적 분할방식이다.

03 주택계획에서 LDK(Living Dining Kitchen)형에 관한 설명으로 옳지 않은 것은?

① 동선을 최대한 단축시킬 수 있다.
② 소요 면적이 많아 소규모 주택에서는 도입이 어렵다.
③ 거실, 식당, 부엌을 개방된 하나의 공간에 배치한 것이다.
④ 부엌에서 조리를 하면서 거실이나 식당의 가족과 대화할 수 있는 장점이 있다.

[해설]
LDK(리빙 다이닝 키친)형은 공간을 효율적으로 활용할 수 있어서 소규모 주택에 주로 이용된다.

04 상업 공간 중 음식점의 동선계획에 관한 설명으로 옳지 않은 것은?

① 주방 및 팬트리의 문은 손님의 눈에 안 보이는 것이 좋다.
② 팬트리에서 일반석의 서비스 동선과 연회실의 동선을 분리한다.
③ 출입구 홀에서 일반석으로의 진입과 연회석으로의 진입을 서로 구별한다.
④ 일반석의 서비스 동선은 가급적 막다른 통로 형태로 구성하는 것이 좋다.

[해설]
일반석의 서비스 동선은 한 바퀴를 돌게 하는 동선이 좋다.

정답 1 ④ 2 ③ 3 ② 4 ④

05 시각적인 무게나 시선을 끄는 정도는 같으나 그 형태나 구성이 다른 경우의 균형을 무엇이라고 하는가?

① 정형 균형
② 좌우 불균형
③ 대칭적 균형
④ 비대칭형 균형

해설
비대칭형 균형은 능동의 균형, 비정형 균형이라고도 한다.

06 다음 설명에 알맞은 조명의 연출기법은?

> 빛의 각도를 이용하는 방법으로 수직면과 평행한 조명을 벽에 조사시킴으로써 마감재의 질감을 효과적으로 강조하는 기법

① 실루엣 기법
② 스파클 기법
③ 글레이징 기법
④ 빔 플레이 기법

해설
① 실루엣 기법 : 물체의 형상만을 강조하는 기법으로 시각적인 눈부심은 없으나 물체면의 세밀한 묘사는 할 수 없다.
② 스파클 기법 : 광원의 순간적인 on-off를 통하여 반짝거림을 이용하는 기법이다.
④ 빔 플레이 기법 : 강조하고자 하는 물체에 의도적인 광선을 조사시킴으로써 광선 그 자체가 시각적인 특성을 지니게 하는 기법이다.

07 점의 조형효과에 관한 설명으로 옳지 않은 것은?

① 점이 연속되면 선으로 느끼게 한다.
② 두 개의 점이 있을 경우 두 점의 크기가 같을 때 주의력은 균등하게 작용한다.
③ 배경의 중심에 있는 하나의 점은 점에 시선을 집중시키고 역동적인 효과를 느끼게 한다.
④ 배경의 중심에서 벗어난 하나의 점은 점을 둘러싼 영역과의 사이에 시각적 긴장감을 생성한다.

해설
배경의 중심에 있는 하나의 점은 시선을 집중시키는 효과가 있다.

08 형태의 지각에 관한 설명으로 옳지 않은 것은?

① 폐쇄성 : 폐쇄된 형태는 빈틈이 있는 형태들보다 우선적으로 지각된다.
② 근접성 : 거리적, 공간적으로 가까이 있는 시각적 요소들은 함께 지각된다.
③ 유사성 : 비슷한 형태, 규모, 색채, 질감, 명암, 패턴의 그룹은 하나의 그룹으로 지각된다.
④ 프래그난츠 원리 : 어떠한 형태도 그것을 될 수 있는 한 단순하고 명료하게 볼 수 있는 상태로 지각하게 된다.

해설
폐쇄성은 불완전하거나 떨어져 있는 부분이 연결되어 완전한 것으로 지각되는 현상이다.

정답 5 ④ 6 ③ 7 ③ 8 ①

09 실내 공간의 구성요소인 벽에 관한 설명으로 옳지 않은 것은?

① 벽면의 형태는 동선을 유도하는 역할을 담당하기도 한다.
② 벽체는 공간의 폐쇄성과 개방성을 조절하여 공간감을 형성한다.
③ 비내력벽은 건물의 하중을 지지하며 공간과 공간을 분리하는 칸막이 역할을 한다.
④ 낮은 벽은 영역과 영역을 구분하고 높은 벽은 공간의 폐쇄성이 요구되는 곳에 사용된다.

해설
벽은 상부의 고정하중을 지지하는 내력벽과 벽 자체의 하중만을 지지하는 비내력벽으로 구분된다. 내력벽은 수직압축력을 받으며 비내력벽은 벽 자체의 하중만을 받으므로 스크린이나 칸막이 역할을 한다.

10 다음 중 실내 공간계획에서 가장 중요하게 고려하여야 하는 것은?

① 조명스케일 ② 가구스케일
③ 공간스케일 ④ 인체스케일

해설
모든 사물과 공간설계의 기준은 인체치수(스케일)에 의해 결정된다.

11 사무소 건축의 코어 유형 중 코어 프레임(core frame)이 내력벽 및 내진구조의 역할을 하므로 구조적으로 가장 바람직한 것은?

① 독립형 ② 중심형
③ 편심형 ④ 분리형

해설
① 독립형 : 융통성이 높은 균일한 공간이 확보되나 양쪽에 코어가 배치되지 않으면 대피, 피난의 방재계획에 불리하다.
③ 편심형 : 바닥 면적이 일정 규모 이상으로 증가하면 코어 이외로 피난 및 설비 샤프트 시설 등이 필요한 형식이다.
④ 분리형 : 단일 용도의 대규모 전용 사무실에 적합한 유형이다.

12 주택 식당의 조명계획에 관한 설명으로 옳지 않은 것은?

① 전체조명과 국부조명을 병용한다.
② 한색계의 광원으로 깔끔한 분위기를 조성하는 것이 좋다.
③ 조리대 위에 국부조명을 설치하여 필요한 조도를 맞춘다.
④ 식탁에는 조사 방향에 주의하여 그림자가 지지 않게 한다.

해설
식욕을 돋울 수 있는 난색계통의 광원이 무난하다.

13 시스템 가구에 관한 설명으로 옳지 않은 것은?

① 건물, 가구, 인간과의 상호관계를 고려하여 치수를 산출한다.
② 건물의 구조부재, 공간 구성요소들과 함께 표준화되어 가변성이 적다.
③ 한 가구는 여러 유닛으로 구성되어 모든 치수가 규격화, 모듈화된다.
④ 단일 가구에 서로 다른 기능을 결합시켜 수납기능을 향상시킬 수 있다.

해설
시스템 가구
통일된 치수로 모듈화된 유닛들이 가구를 형성하므로 질이 높고 생산비가 저렴하며, 공간 배치가 자유롭다.

14 채광을 조절하는 일광 조절장치와 관련이 없는 것은?

① 루버(louver)
② 커튼(curtain)
③ 디퓨져(diffuser)
④ 베니션 블라인드(venetian blind)

해설
디퓨저(diffuser) : 광원으로부터 빛을 분산시키는 기구나 방식을 말한다.

15 상업 공간 진열장의 종류 중에서 시선 아래의 낮은 진열대를 말하며 의류를 펼쳐 놓거나 작은 가구를 이용하여 디스플레이할 때 주로 이용되는 것은?

① 쇼케이스(show case)
② 하이 케이스(high case)
③ 샘플 케이스(sample case)
④ 디스플레이 테이블(display table)

해설
디스플레이 테이블(display table) : 낮은 진열대를 말한다. 현장 제작이 가능하므로 자유로운 형태로 만들 수 있으며 매장 구성의 포인트가 될 수 있다.

16 다음 중 실내 공간에 있어 각 부분의 치수계획이 가장 바람직하지 않은 것은?

① 주택의 복도 폭 : 1,500mm
② 주택의 침실문 폭 : 600mm
③ 주택 현관문의 폭 : 900mm
④ 주택 거실의 천장 높이 : 2,300mm

해설
② 주택의 침실문 폭 : 일반적으로 900mm를 기본으로 한다.
④ 반자(천장) 높이
 • 건축물의 피난·방화구조 등의 기준에 관한 규칙 제16조 : 거실의 반자는 그 높이를 2.1m 이상으로 하여야 한다.
 • 주택건설기준 등에 관한 규칙 제3조 : 거실 및 침실의 반자 높이는 2.2m 이상으로 한다.

17 단독주택의 부엌계획에 관한 설명으로 옳지 않은 것은?

① 가사 작업은 인체의 활동 범위를 고려하여야 한다.
② 부엌은 넓으면 넓을수록 동선이 길어지기 때문에 편리하다.
③ 부엌은 작업대를 중심으로 구성하되 충분한 작업대의 면적이 필요하다.
④ 부엌의 크기는 식생활 양식, 부엌 내에서의 가사 작업 내용, 작업대의 종류, 각종 수납공간의 크기 등에 영향을 받는다.

해설
너무 협소한 부엌의 경우는 작업에 불편을 주며, 너무 넓은 경우는 작업 동선이 길어져 쉽게 피로를 느끼게 된다.

18 사무소 건축의 실단위 계획 중 개방식 배치에 관한 설명으로 옳지 않은 것은?

① 소음의 우려가 있다.
② 프라이버시의 확보가 용이하다.
③ 모든 면적을 유용하게 이용할 수 있다.
④ 방의 길이나 깊이에 변화를 줄 수 있다.

해설
개방식 배치
• 전 면적을 유용하게 이용할 수 있다.
• 방의 길이나 깊이에 변화를 줄 수 있다.
• 소음이 들리고 프라이버시가 결핍된다.
• 칸막이가 없어서 공사비가 적게 든다.

정답 14 ③ 15 ④ 16 ②, ④ 17 ② 18 ②

19 실내디자인의 요소 중 천장의 기능에 관한 설명으로 옳은 것은?

① 바닥에 비해 시대와 양식에 의한 변화가 거의 없다.
② 외부로부터 추위와 습기를 차단하고 사람과 물건을 지지한다.
③ 공간을 에워싸는 수직적 요소로 수평 방향을 차단하여 공간을 형성한다.
④ 접촉 빈도가 낮고 시각적 흐름이 최종적으로 멈추는 곳으로 다양한 느낌을 줄 수 있다.

해설
① 바닥에 비해 시대와 양식에 의한 변화가 현저하다.
② 바닥의 기능에 대한 설명이다.
③ 벽의 기능에 대한 설명이다.

20 다음 중 전시 공간의 규모 설정에 영향을 주는 요인과 가장 거리가 먼 것은?

① 전시방법
② 전시의 목적
③ 전시 공간의 세장비
④ 전시자료의 크기와 수량

해설
단위 전시 공간의 규모는 전시의 목적, 성격에 따라 그 규모에 차이가 있지만 관람자 수와 순회 유형, 전시물의 양과 크기 등에 따라서 좌우된다.

제2과목 색채 및 인간공학

21 근육의 대사(metabolism)에 관한 설명으로 옳지 않은 것은?

① 산소를 소비하여 에너지를 발생시키는 과정이다.
② 음식물을 기계적 에너지와 열로 전환하는 과정이다.
③ 신체활동 수준이 아주 낮은 경우에 젖산이 다량 축적된다.
④ 산소 소비량을 측정하면 에너지 소비량을 추정할 수 있다.

해설
신체활동 수준이 아주 높은 경우에는 젖산이 축적된다.

22 그림과 같은 인간-기계 시스템의 정보 흐름에 있어 빈칸의 (a)와 (b)에 들어갈 용어로 옳은 것은?

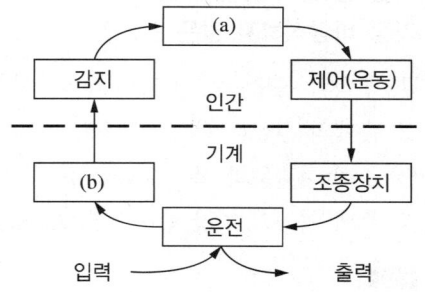

① (a) : 표시장치, (b) : 정보처리
② (a) : 의사결정, (b) : 정보저장
③ (a) : 표시장치, (b) : 의사결정
④ (a) : 정보처리, (b) : 표시장치

23 수공구 설계의 기본 원리로 볼 수 없는 것은?

① 손잡이의 단면은 원형을 피할 것
② 손잡이의 재질은 미끄럽지 않을 것
③ 양손잡이를 모두 고려한 설계일 것
④ 수공구의 무게를 줄이고 무게의 균형이 유지될 것

해설
손바닥 부위에 압박을 주는 형태를 피하기 위해 손잡이의 단면은 원형을 이루어야 한다.

24 시각 자극에 대한 정보처리 과정에서 자극에 의미를 부여하고 해석하는 것은?

① 감각　② 지각
③ 감성　④ 정서

해설
② 지각 : 감각기관을 통해 들어온 정보를 기존의 기억된 정보 등과 비교해 의미를 알아차리는 과정을 말한다.
① 감각 : 물리적, 화학적 자극 등을 감각기관을 통해 수용하고 자극의 크기를 파악하는 과정을 말한다.

25 1cd인 광원에서는 약 몇 루멘(lm)의 광량을 방출하는가?

① 3.14　② 6.28
③ 9.42　④ 12.57

해설
1cd의 효과는 그 본래의 개념인 1촉광과 거의 같으며, 1촉광을 광속의 개념으로 표시하면 $4\pi(\fallingdotseq 12.57)$lm이다.

26 다음 중 정량적 표시장치의 지침(指針) 설계에 있어 일반적인 요령으로 적절하지 않은 것은?

① 선각이 20° 정도 되는 뾰족한 지침을 사용한다.
② 지침의 끝은 작은 눈금과 겹치도록 한다.
③ 시차를 없애기 위하여 지침을 눈금면에 밀착시킨다.
④ 원형 눈금의 경우 지침의 색은 선단에서 눈금의 중심까지 칠한다.

해설
지침의 끝은 작은 눈금과 맞닿되 겹치지 않게 한다.

27 피로 측정방법의 분류에 있어 감각기능 검사에 속하는 것은?

① 심박수 검사
② 근전도 검사
③ 단순반응시간 검사
④ 에너지 대사량 검사

28 인간공학에 있어 시스템 설계과정의 주요 단계가 아래와 같은 경우 단계별 순서가 올바르게 나열된 것은?

> ㉠ 촉진물 설계
> ㉡ 목표 및 성능 명세 결정
> ㉢ 계면 설계
> ㉣ 기본 설계
> ㉤ 시험 및 평가
> ㉥ 체계의 정의

① ㉡ → ㉥ → ㉣ → ㉢ → ㉠ → ㉤
② ㉡ → ㉣ → ㉢ → ㉥ → ㉠ → ㉤
③ ㉥ → ㉡ → ㉣ → ㉢ → ㉠ → ㉤
④ ㉥ → ㉣ → ㉡ → ㉢ → ㉠ → ㉤

해설
시스템 설계과정의 주요 단계
목표 및 성능 명세의 결정 → 체계의 정의 → 기본 설계 → 계면 설계 → 촉진물 설계 → 시험 및 평가

29 망막을 구성하고 있는 세포 중 색채를 식별하는 기능을 가진 세포는?

① 공막
② 원추체
③ 간상체
④ 모양체

해설
② 원추체 : 밝은 곳에서 물체의 형태 및 색깔을 식별한다.
① 공막 : 안구의 가장 바깥쪽에 있는 흰색의 질긴 막(눈의 흰자위)으로 안구의 형태를 유지한다.
③ 간상체 : 명암과 계조, 어두운 곳에서 미약한 광선을 지각한다.
④ 모양체 : 맥락막의 일부가 변한 것으로 수정체 변두리에서 진대에 의해 수정체에 연결되어 수정체의 두께를 조절한다.

30 신체동작의 유형 중 팔굽혀펴기와 같은 동작에서 팔꿈치를 굽히는 동작에 해당하는 것은?

① 굴곡(flexion)
② 신전(extension)
③ 외전(abduction)
④ 내전(adduction)

해설
관절운동의 구분
• 외전(abduction) : 신체의 중심으로부터 멀어지는 운동
• 내전(adduction) : 신체의 중심으로 가까이 오는 운동
• 굴곡(flexion) : 각을 이루며 굽히는 것
• 신전(extension) : 관절을 곧게 펴는 것
• 내선 : 몸의 중심선으로의 회전
• 외선 : 몸의 중심선으로부터의 회전

31 색채를 표시하는 방법 중 인간의 색 지각을 기초로 지각적 등보성에 근거한 것은?

① 현색계
② 혼색계
③ 혼합계
④ 표준계

해설
현색계는 인간이 인지할 수 있는 물체의 색을 분류한 체계이다.

32 인쇄의 혼색과정과 동일한 의미의 혼색을 설명하고 있는 것은?

① 컴퓨터 모니터, TV 브라운관에서 보여지는 혼색
② 팽이를 돌렸을 때 보여지는 혼색
③ 투명한 색유리를 겹쳐 놓았을 때 보여지는 혼색
④ 채도 높은 빨강의 물체를 응시한 후 녹색의 잔상이 보이는 혼색

해설
① 가법혼색에 대한 설명이다.
② 회전혼색에 대한 설명이다.
④ 보색잔상에 대한 설명이다.
감법혼색 : 안료와 인쇄잉크 등의 혼색, 색 필터와 색 셀룰로이드판 등을 겹치게 해서 빛을 투과하는 경우에 생기는 혼색 등을 말한다.

33 ISCC-NBS 색명법 색상 수식어에서 채도, 명도의 가장 선명한 톤을 지칭하는 수식어는?

① pale
② brilliant
③ vivid
④ strong

해설
※ 명칭이 다음과 같이 변경되었습니다.
ISCC-NBS 색명법 → ISCC-NIST
명도 및 채도의 수식
• 명도에 따라 : light(연한), dark(어두운)
• 채도에 따라 : grayish(탁한), strong(강한), vivid(선명한)
• 명도 및 채도에 따라 : pale(아주 연한), light grayish, dark grayish, blackish, brilliant, deep(진한)

34 다음 중 현색계에 속하지 않은 것은?

① Munsell 색체계
② CIE 색체계
③ NCS 색체계
④ DIN 색체계

해설
표색계
• 혼색계(빛) : CIE 색체계(XYZ 색체계)
• 현색계(색) : 먼셀 색체계, 오스트발트 색체계, NCS 색체계, DIN 색체계 등

35 문-스펜서(P. Moon & D.E. Spencer)의 색채조화론에 대한 설명 중 틀린 것은?

① 먼셀 색체계로 설명이 가능하다.
② 정량적으로 표현 가능하다.
③ 오메가 공간으로 설정되어 있다.
④ 색채의 면적관계를 고려하지 않았다.

해설
문-스펜서의 조화론(정량적 색채조화론)
복잡한 가운데 통일을 미의 기준으로 보고, 색의 3속성을 고려한 독자적인 색공간을 가정했다. 색입체에 있어서 기하학적 관계, 면적관계, 배색의 아름다움의 척도 등으로 색채조화이론을 정립하였다.

36 사람의 눈의 기관 중 망막에 대한 설명으로 옳은 것은?

① 색을 지각하게 하는 간상체, 명암을 지각하는 추상체가 있다.
② 추상체에는 red, yellow, blue를 지각하는 3가지 세포가 있다.
③ 시신경으로 통하는 수정체 부분에는 시세포가 존재한다.
④ 망막의 중심와 부분에는 추상체가 밀집하여 분포되어 있다.

해설
① 색을 지각하게 하는 것은 추상체, 명암을 지각하는 것은 간상체이다.
② 추상체에는 red, green, blue를 지각하는 3가지 세포가 있다.
③ 시신경으로 통하는 맹점에는 시세포가 없어 그곳에 상이 맺히면 색을 감지할 수 없다. 수정체는 빛을 굴절시켜 망막에 상이 잘 맺히게 한다.

37 푸르킨예 현상에 대한 설명으로 옳은 것은?

① 어떤 조명 아래에서 물체색을 오랫동안 보면 그 색의 감각이 약해지는 현상
② 수면에 뜬 기름이나, 전복 껍데기에서 나타나는 색의 현상
③ 어두워질 때 단파장의 색이 잘 보이는 현상
④ 노랑, 빨강, 초록 등 유채색을 느끼는 세포의 지각 현상

해설
푸르킨예 현상
명소시(밝은 곳)에서 암소시(어두운 곳)로 이행할 때 붉은색(장파장)은 어둡게 되고, 녹색과 청색(단파장)은 상대적으로 밝게 보이는 현상이다.

38 건강, 산, 자연, 산뜻함 등을 상징하는 색상은?

① 보라 ② 파랑
③ 초록 ④ 흰색

해설
초록은 자연과 번영을 상징하는 색으로 영원한 젊음, 성장, 풍요, 재생, 비옥, 번영, 풍부, 다산, 돈과 부 등을 나타낸다.

39 인류생활, 작업상의 분위기, 환경 등을 상쾌하고 능률적으로 꾸미기 위한 것과 관련된 용어는?

① 색의 조화 및 배색(color harmony and combination)
② 색채조절(color conditioning)
③ 색의 대비(color contrast)
④ 컬러 하모니 매뉴얼(color harmony manual)

해설
색채조절 : 색 자체가 가지고 있는 심리적, 생리적 또는 물리적 성질을 이용하여 인간의 생활이나 작업의 분위기 또는 환경을 쾌적하고 보다 능률적으로 만드는 것을 목적으로 한다.

40 상품의 색채기획단계에서 고려해야 할 사항으로 옳은 것은?

① 가공, 재료 특성보다는 시장성과 심미성을 고려해야 한다.
② 재현성에 얽매이지 말고 색상관리를 해야 한다.
③ 유사제품과 연계제품의 색채와의 관계성은 기획단계에서 고려되지 않는다.
④ 색료를 선택할 때 내광, 내후성을 고려해야 한다.

해설
색료를 선택할 때 내광성(빛에 의한 산화, 가수분해, 화학반응 등의 자극에 견디는 성질), 내후성(기후 조건에 대한 변화의 정도)을 고려해야 한다.

제3과목 건축재료

41 다음 중 무기질 단열재료가 아닌 것은?

① 암면 ② 유리섬유
③ 펄라이트 ④ 셀룰로스

해설
단열재료의 종류
- 무기질 단열재료 : 유리면, 암면, 세라믹파이버, 펄라이트판, 규산칼슘판, 경량 기포 콘크리트
- 유기질 단열재료 : 셀룰로스 섬유판, 연질 섬유판, 폴리스틸렌폼, 경질 우레탄폼

42 건축용으로 많이 사용되는 석재의 역학적 성질 중 압축강도에 관한 설명으로 옳지 않은 것은?

① 중량이 클수록 강도가 크다.
② 결정도와 결합 상태가 좋을수록 강도가 크다.
③ 공극률과 구성입자가 클수록 강도가 크다.
④ 함수율이 높을수록 강도는 저하된다.

해설
석재의 압축강도는 단위 용적 중량이 클수록, 공극률과 구성입자가 작을수록, 결합 상태가 좋을수록 크며, 함수율이 높을수록 강도는 저하된다.

43 목재 건조의 목적 및 효과가 아닌 것은?

① 중량의 경감
② 강도의 증진
③ 가공성 증진
④ 균류 발생의 방지

[해설]
목재 건조의 목적
- 중량 경감으로 인한 취급 및 운반비의 절약
- 강도 및 내구성의 증진
- 균류에 의한 부식과 벌레에 의한 피해를 예방
- 수축·균열·뒤틀림·변형의 방지
- 방부제 등의 약제 주입을 용이하게 함
- 도장성의 개선
- 전기절연성의 증가

44 시멘트 종류에 따른 사용용도를 나타낸 것으로 옳지 않은 것은?

① 조강 포틀랜드 시멘트 - 한중 콘크리트 공사
② 중용열 포틀랜드 시멘트 - 매스 콘크리트 및 댐 공사
③ 고로 시멘트 - 타일 줄눈공사
④ 내황산염 포틀랜드 시멘트 - 온천지대나 하수도 공사

[해설]
고로 시멘트는 수화열이 낮고 수축률이 적어 항만, 댐, 도로 등의 공사에 사용된다.

45 콘크리트의 배합설계 시 표준이 되는 골재의 상태는?

① 절대건조 상태
② 기건 상태
③ 표면건조내부포화 상태
④ 습윤 상태

[해설]
콘크리트의 배합설계에서 골재의 함수 상태는 표면건조내부포화 상태(골재입자의 표면에 물은 없으나 내부의 공극에는 물이 꽉 차 있는 상태)를 기준으로 한다.

46 알루미늄에 관한 설명으로 옳지 않은 것은?

① 250~300℃에서 풀림한 것은 콘크리트 등의 알칼리에 침식되지 않는다.
② 비중은 철의 1/3 정도이다.
③ 전연성이 좋고 내식성이 우수하다.
④ 온도가 상승함에 따라 인장강도가 급격히 감소하고 600℃에 거의 0이 된다.

[해설]
알루미늄은 알칼리에 약하며, 대기 중에서 쉽게 부식되지 않으나 콘크리트와 접촉 시 쉽게 부식된다.

47 보통 판유리의 조성에 산화철, 니켈, 코발트 등의 금속 산화물을 미량 첨가하고 착색이 되게 한 유리로서, 단열유리라고도 불리는 것은?

① 망입유리
② 열선흡수유리
③ 스팬드럴유리
④ 강화유리

[해설]
② 열선흡수유리 : 철, 니켈, 코발트 등이 들어 있고, 담청색을 띠며, 태양광선 중의 장파 부분을 흡수하여 열선(적외선)의 투과를 줄이는 유리이다.
① 망입유리 : 유리 내부에 금속망(철선, 황동선, 알루미늄선 등)을 삽입하고 압착 성형한 판유리이다.
③ 스팬드럴 유리 : 플로트판유리의 한쪽 면에 세라믹질의 도료를 코팅한 후 고온에서 융착·반강화시킨 불투명한 유리이다.
④ 강화유리 : 유리를 가열한 후 공기를 분사하여 급랭·강화시킴으로써 투시성은 같으나 강도나 내열성을 높인 안전유리이다.

[정답] 43 ③ 44 ③ 45 ③ 46 ① 47 ②

48 방수공사에서 아스팔트 품질 결정요소와 가장 거리가 먼 것은?

① 침입도
② 신도
③ 연화점
④ 마모도

해설
아스팔트의 품질검사 항목 : 침입도, 연화점, 신도, 감온비, 인화점

49 보통 철선 또는 아연도금철선으로 마름모형, 갑옷형으로 만들며 시멘트 모르타르바름 바탕에 사용되는 금속제품은?

① 와이어 라스(wire lath)
② 와이어 메시(wire mesh)
③ 메탈 라스(metal lath)
④ 익스팬디드 메탈(expanded metal)

해설
① 와이어 라스(wire lath) : 지름이 0.9, 1.2, 2.0mm 등인 철선이다. 보통 철선 또는 아연도금 철선으로 마름모형, 갑옷형으로 만들어 시멘트 모르타르바름 바탕에 사용한다.
② 와이어 메시(wire mesh) : 연강 철선을 가로 세로로 대어 전기용접하여 정방형 또는 장방형으로 만들어, 콘크리트 도로 바탕용 등의 처짐 및 균열에 대응하도록 만든 철물이다.
③ 메탈 라스(metal lath) : 얇은 강판에 마름모꼴의 구멍을 연속적으로 뚫어 그물처럼 만든 것으로 천장, 벽 등의 미장 바탕에 사용한다.
④ 익스팬디드 메탈(expanded metal) : 두께 6~13mm의 연강판을 망상으로 만든 것으로, 주로 콘크리트 보강용으로 쓰인다.

50 석고계 플라스터 중 가장 경질이며 벽바름 재료뿐만 아니라 바닥바름 재료로도 사용되는 것은?

① 킨즈 시멘트
② 혼합석고 플라스터
③ 회반죽
④ 돌로마이트 플라스터

해설
경석고 플라스터(킨즈 시멘트) : 고온소성의 무수석고를 특별한 화학처리를 한 것으로, 석고계 플라스터 중 가장 경질이다.

51 다음 미장재료 중 수경성에 해당되지 않는 것은?

① 보드용 석고 플라스터
② 돌로마이트 플라스터
③ 인조석바름
④ 시멘트 모르타르

해설
돌로마이트 플라스터는 기경성이다.
미장재료의 분류
- 기경성 : 진흙, 석회질(회반죽, 회사벽, 돌로마이트 플라스터)
- 수경성 : 석고질(석고 플라스터, 킨즈 시멘트), 시멘트 모르타르, 테라초바름, 인조석바름

52 접착제의 분류에 따른 그 예로 옳지 않은 것은?

① 식물성 접착제 – 아교, 알부민, 카세인
② 고무계 접착제 – 네오프렌, 치오콜
③ 광물질 접착제 – 규산소다, 아스팔트
④ 합성수지계 접착제 – 요소수지 접착제, 아크릴 수지 접착제

해설
아교, 알부민, 카세인은 단백질계 접착제이다.

53 타일의 제조공정에서 건식제법에 관한 설명으로 옳지 않은 것은?

① 내장 타일은 주로 건식제법으로 제조된다.
② 제조능률이 높다.
③ 치수 정도(精度)가 좋다.
④ 복잡한 형상의 것에 적당하다.

> [해설]
> 건식제법은 단순 타일에 적합하고, 습식제법은 복잡한 형상 타일에 적합하다.

54 목재의 작은 조각을 합성수지 접착제와 같은 유기질의 접착제를 사용하여 가열 압축해 만든 목재 제품을 무엇이라고 하는가?

① 집성목재   ② 파티클 보드
③ 섬유판   ④ 합판

> [해설]
> 파티클 보드
> • 목재 및 기타 식물의 섬유질소편(particle)에 합성수지 접착제를 도포하여 가열·압착 성형한 판상제품이다.
> • 합판에 비해 휨강도는 떨어지지만 면내 강성이 우수하다.
> • 목재의 결함인 휨, 갈라짐, 옹이, 썩음 등이 제거되고 이방성이 없다.

55 다음 중 열경화성 합성수지에 속하지 않는 것은?

① 페놀수지   ② 요소수지
③ 초산비닐수지   ④ 멜라민수지

> [해설]
> 합성수지의 종류
>
> | 열경화성 수지 | 페놀, 에폭시, 요소, 멜라민, 프란, 실리콘, 알키드, 폴리에스테르 |
> |---|---|
> | 열가소성 수지 | 폴리스티렌, 폴리에틸렌, 폴리아미드, 폴리프로필렌, 염화비닐, 초산비닐, 메타크릴, 아크릴 |

56 다음 설명에 해당하는 유리를 무엇이라고 하는가?

> 2장 또는 그 이상의 판유리 사이에 유연성 있는 강하고 투명한 플라스틱 필름을 넣고 판유리 사이에 있는 공기를 완전히 제거한 진공 상태에서 고열로 강하게 접착하여 파손되더라도 그 파편이 접착제로부터 떨어지지 않도록 만든 유리이다.

① 연마판유리   ② 복층유리
③ 강화유리   ④ 접합유리

> [해설]
> ① 연마판유리 : 공장에서 기계에 의해 양면을 연마하여 평활하게 만든 판유리이다.
> ② 복층유리 : 방음, 방서, 단열효과가 크고 결로 방지용으로도 우수하다.
> ③ 강화유리 : 보통 유리보다 3~5배 정도 내충격 강도가 크다.

57 철근콘크리트에 사용하는 굵은 골재의 최대 치수를 정하는 가장 중요한 이유는?

① 철근의 사용수량을 줄이기 위해서
② 타설된 콘크리트가 철근 사이를 자유롭게 통과 가능하도록 하기 위해서
③ 콘크리트의 인장강도 증진을 위해서
④ 사용골재를 줄이기 위해서

[정답] 53 ④ 54 ② 55 ③ 56 ④ 57 ②

58 수지를 지방유와 가열융합하고, 건조제를 첨가한 다음 용제를 사용하여 희석하여 만든 도료는?

① 래커
② 유성 바니시
③ 유성 페인트
④ 내열 도료

해설
① 래커 : 셀룰로스 유도체에 수지·가소제·안료·용제 등을 첨가한 도료이다.
③ 유성 페인트 : 보일유와 안료를 혼합한 것이다.
④ 내열 도료 : 실리콘알키드수지와 내열성 안료를 사용하여 배합한 도료이다.

59 목재의 부패에 관한 설명으로 옳지 않은 것은?

① 부패균(腐敗菌)은 섬유질을 분해·감소시킨다.
② 부패균이 번식하기 위한 적당한 온도는 20~35℃ 정도이다.
③ 부패균은 산소가 없어도 번식할 수 있다.
④ 부패균은 습기가 없으면 번식할 수 없다.

해설
목재 부패균이 생물활동을 하기 위해서는 양분, 수분, 산소, 온도가 적절하게 충족되어야 한다.

60 다음 중 회반죽에 여물을 넣는 가장 주된 이유는?

① 균열을 방지하기 위하여
② 강도를 높이기 위하여
③ 경화속도를 높이기 위하여
④ 경도를 높이기 위하여

해설
여물을 사용하여 균열을 분산, 경감시킨다.

제4과목 건축일반

61 건축허가 등을 할 때 미리 소방본부장 또는 소방서장의 동의를 받아야 하는 건축물 등의 범위 기준에 해당하지 않는 것은?

① 연면적 $200m^2$의 수련시설
② 연면적 $200m^2$의 노유자시설
③ 연면적 $300m^2$의 근린생활시설
④ 연면적 $400m^2$의 의료시설

해설
건축허가 등의 동의대상물의 범위 등(소방시설 설치 및 관리에 관한 법률 시행령 제7조)
연면적이 $400m^2$ 이상인 건축물이나 시설. 다만, 다음의 어느 하나에 해당하는 건축물이나 시설은 해당 기준 이상인 건축물이나 시설로 한다.
• 건축 등을 하려는 학교시설 : $100m^2$ 이상
• 노유자시설 및 수련시설 : $200m^2$ 이상
• 정신의료기관(입원실이 없는 정신건강의학과 의원은 제외) : $300m^2$ 이상
• 장애인의료재활시설 : $300m^2$ 이상

62 방염성능기준 이상의 실내장식물 등을 설치하여야 하는 특정소방대상물에 해당하지 않는 것은?

① 교육연구시설 중 합숙소
② 방송통신시설 중 방송국
③ 건축물의 옥내에 있는 종교시설
④ 건축물의 옥내에 있는 수영장

해설
방염성능기준 이상의 실내장식물 등을 설치하여야 하는 특정소방대상물(소방시설 설치 및 관리에 관한 법률 시행령 제30조)
1. 근린생활시설 중 의원, 치과의원, 한의원, 조산원, 산후조리원, 체력단련장, 공연장 및 종교집회장
2. 건축물의 옥내에 있는 다음의 시설
   • 문화 및 집회시설
   • 종교시설
   • 운동시설(수영장은 제외)
3. 의료시설
4. 교육연구시설 중 합숙소
5. 노유자시설
6. 숙박이 가능한 수련시설
7. 숙박시설
8. 방송통신시설 중 방송국 및 촬영소
9. 다중이용업소
10. 1.부터 9.까지의 시설에 해당하지 않는 것으로서 층수가 11층 이상인 것(아파트 등은 제외)

63 공장의 용도로 쓰는 건축물로서 그 용도로 쓰는 바닥 면적의 합계가 최소 얼마 이상인 경우 주요 구조부를 내화구조로 하여야 하는가?(단, 화재의 위험이 적은 공장으로서 국토교통부령으로 정하는 공장은 제외한다)

① 200m²
② 500m²
③ 1,000m²
④ 2,000m²

해설
건축물의 내화구조(건축법 시행령 제56조 제1항 제3호)
공장의 용도로 쓰는 건축물로서 그 용도로 쓰는 바닥 면적의 합계가 2,000m² 이상인 건축물의 주요 구조부와 지붕은 내화구조로 해야 한다. 다만, 화재의 위험이 적은 공장으로서 국토교통부령으로 정하는 공장은 제외한다.

64 목재 접합 시 주의사항이 아닌 것은?

① 접합은 응력이 적은 곳에서 만들 것
② 목재는 될 수 있는 한 적게 깎아내어 약하게 되지 않게 할 것
③ 접합의 단면은 응력 방향과 평행으로 할 것
④ 공작이 간단한 것을 쓰고 모양에 치중하지 말 것

해설
접합의 단면은 응력 방향과 직각 방향으로 할 것

65 소방시설의 종류 중 경보설비에 속하지 않는 것은?

① 비상방송설비
② 비상벨설비
③ 가스누설경보기
④ 무선통신보조설비

해설
무선통신보조설비는 소화활동설비에 속한다.
소방시설(소방시설 설치 및 관리에 관한 법률 시행령 별표 1)
• 경보설비 : 화재 발생 사실을 통보하는 기계·기구 또는 설비로서 다음의 것을 말한다.
  – 단독경보형 감지기
  – 비상경보설비(비상벨설비, 자동식 사이렌설비)
  – 자동화재탐지설비
  – 시각경보기
  – 화재알림설비
  – 비상방송설비
  – 자동화재속보설비
  – 통합감시시설
  – 누전경보기

66 건축구조에서 일체식 구조에 속하는 것은?

① 철골구조
② 돌구조
③ 벽돌구조
④ 철골·철근콘크리트구조

해설
① 철골구조 : 가구식 구조
③ 벽돌구조 : 조적식 구조

정답 62 ④ 63 ④ 64 ③ 65 ④ 66 ④

67 건축물의 피난층 또는 피난층의 승강장으로부터 건축물의 바깥쪽에 이르는 통로에 경사로를 설치하여야 하는 판매시설의 연면적 기준은?

① 1,000㎡ 미만
② 2,000㎡ 미만
③ 3,000㎡ 이상
④ 5,000㎡ 이상

해설
건축물의 바깥쪽으로의 출구의 설치기준(건축물의 피난·방화구조 등의 기준에 관한 규칙 제11조 제5항)
다음의 어느 하나에 해당하는 건축물의 피난층 또는 피난층의 승강장으로부터 건축물의 바깥쪽에 이르는 통로에는 경사로를 설치하여야 한다.
- 제1종 근린생활시설 중 지역자치센터·파출소·지구대·소방서·우체국·방송국·보건소·공공도서관·지역건강보험조합 기타 이와 유사한 것으로서 동일한 건축물 안에서 당해 용도에 쓰이는 바닥 면적의 합계가 1,000㎡ 미만인 것
- 제1종 근린생활시설 중 마을회관·마을공동작업소·마을공동구판장·변전소·양수장·정수장·대피소·공중화장실 기타 이와 유사한 것
- 연면적이 5,000㎡ 이상인 판매시설, 운수시설
- 교육연구시설 중 학교
- 업무시설 중 국가 또는 지방자치단체의 청사와 외국공관의 건축물로서 제1종 근린생활시설에 해당하지 아니하는 것
- 승강기를 설치하여야 하는 건축물

68 비잔틴 건축의 구성요소와 관련이 없는 것은?

① 펜던티브(pendentive)
② 부주두(dosseret)
③ 돔(dome)
④ 크로스 리브 볼트(cross rib vault)

해설
- 비잔틴 건축의 구성요소 : 펜던티브, 부주두, 돔, 아치
- 고딕 건축의 구성요소 : 크로스 리브 볼트(cross rib vault), 첨두아치(pointed arch), 플라잉 버트레스(flying buttress)

69 거실의 채광 및 환기를 위한 창문 등이나 설비에 관한 기준 내용으로 옳은 것은?

① 채광을 위하여 거실에 설치하는 창문 등의 면적은 그 거실의 바닥 면적의 20분의 1 이상이어야 한다.
② 환기를 위하여 거실에 설치하는 창문 등의 면적은 그 거실의 바닥 면적의 10분의 1 이상이어야 한다.
③ 오피스텔에 거실 바닥으로부터 높이 1.2m 이하 부분에 여닫을 수 있는 창문을 설치하는 경우에는 높이 1.0m 이상의 난간이나 이와 유사한 추락 방지를 위한 안전시설을 설치하여야 한다.
④ 수시로 개방할 수 있는 미닫이로 구획된 2개의 거실은 1개의 거실로 본다.

해설
채광 및 환기를 위한 창문 등(건축물의 피난·방화구조 등의 기준에 관한 규칙 제17조)
1. 채광을 위하여 거실에 설치하는 창문 등의 면적은 그 거실의 바닥 면적의 1/10 이상이어야 한다(조도 이상의 조명장치를 설치하는 경우는 예외).
2. 환기를 위하여 거실에 설치하는 창문 등의 면적은 그 거실의 바닥 면적의 1/20 이상이어야 한다(기계환기장치 및 중앙관리방식의 공기조화설비를 설치하는 경우는 예외).
3. 1. 및 2.을 적용함에 있어서 수시로 개방할 수 있는 미닫이로 구획된 2개의 거실은 이를 1개의 거실로 본다.
4. 오피스텔에 거실 바닥으로부터 높이 1.2m 이하 부분에 여닫을 수 있는 창문을 설치하는 경우에는 높이 1.2m 이상의 난간이나 그 밖에 이와 유사한 추락 방지를 위한 안전시설을 설치하여야 한다.

70 소방시설 등의 자체점검 중 종합정밀점검 대상에 해당하지 않는 것은?

① 스프링클러설비가 설치된 특정소방대상물
② 물분무 등 소화설비가 설치된 연면적 5,000m²의 위험물 제조소
③ 제연설비가 설치된 터널
④ 옥내소화전설비가 설치된 연면적 1,000m²의 국공립학교

해설
※ 관련 법령 개정으로 용어가 다음과 같이 변경되었습니다.
 종합정밀점검 → 종합점검
종합점검(소방시설 설치 및 관리에 관한 법률 시행규칙 별표 3)
- 해당 특정소방대상물의 소방시설 등이 신설된 경우
- 스프링클러설비가 설치된 특정소방대상물
- 물분무 등 소화설비[호스릴(hose reel) 방식의 물분무 등 소화설비만을 설치한 경우는 제외]가 설치된 연면적 5,000m² 이상인 특정소방대상물(제조소 등은 제외)
- 다중이용업소의 안전관리에 관한 특별법 시행령에 따른 단란주점영업, 유흥주점영업, 영화상영관, 비디오물감상실업, 복합영상물제공업, 노래연습장업, 산후조리업, 고시원업, 안마시술소로서 연면적이 2,000m² 이상인 것
- 제연설비가 설치된 터널
- 공공기관 중 연면적(터널·지하구의 경우 그 길이와 평균폭을 곱하여 계산된 값)이 1,000m² 이상인 것으로서 옥내소화전설비 또는 자동화재탐지설비가 설치된 것. 다만, 소방기본법 제2조 제5호에 따른 소방대가 근무하는 공공기관은 제외한다.

71 건축물의 구조기준 등에 관한 규칙에 따라 조적식 구조인 경계벽의 두께는 최소 얼마 이상으로 해야 하는가?(단, 경계벽이란 내력벽이 아닌 그 밖의 벽을 포함한다)

① 9cm   ② 12cm
③ 15cm   ④ 20cm

해설
경계벽 등의 두께(건축물의 구조기준 등에 관한 규칙 제33조)
조적식 구조인 경계벽(내력벽이 아닌 그 밖의 벽을 포함함)의 두께는 90mm 이상으로 하여야 한다.

72 철골조 기둥(작은 지름 25cm 이상)이 내화구조 기준에 부합하기 위해서 두께를 최소 7cm 이상 보강해야 하는 재료에 해당되지 않는 것은?

① 콘크리트블록
② 철망 모르타르
③ 벽돌
④ 석재

해설
내화구조(건축물의 피난·방화구조 등의 기준에 관한 규칙 제3조)
기둥의 경우에는 그 작은 지름이 25cm 이상인 것으로서 다음의 어느 하나에 해당하는 것
- 철근콘크리트조 또는 철골철근콘크리트조
- 철골을 두께 6cm(경량골재를 사용하는 경우에는 5cm) 이상의 철망 모르타르 또는 두께 7cm 이상의 콘크리트블록·벽돌 또는 석재로 덮은 것
- 철골을 두께 5cm 이상의 콘크리트로 덮은 것

73 옥상 광장 또는 2층 이상인 층에 있는 노대의 주위에 설치하여야 하는 난간의 최소 높이 기준은?

① 1.0m 이상
② 1.1m 이상
③ 1.2m 이상
④ 1.5m 이상

해설
옥상 광장 등의 설치(건축법 시행령 제40조 제1항)
옥상 광장 또는 2층 이상인 층에 있는 노대 등[노대(露臺)나 그 밖에 이와 비슷한 것의 주위에는 높이 1.2m 이상의 난간을 설치하여야 한다. 다만, 그 노대 등에 출입할 수 없는 구조인 경우에는 그러하지 아니하다.

74 르네상스 건축양식에 해당하는 건축물은?

① 영국 솔즈베리 대성당
② 이탈리아 피렌체 대성당
③ 프랑스 노트르담 대성당
④ 독일 울름 대성당

해설
①·③·④는 고딕양식에 해당한다.

75 학교의 바깥쪽에 이르는 출입구에 계단을 대체하여 경사로를 설치하고자 한다. 필요한 경사로의 최소 수평길이는?(단, 경사로는 직선으로 되어 있으며 1층의 바닥 높이는 지상보다 50cm 높다)

① 2m
② 3m
③ 4m
④ 5m

해설
경사도는 1 : 8을 넘지 않아야 하므로 경사로의 수평길이는 0.5m × 8 = 4m이다.
계단을 대체하여 설치하는 경사로의 설치기준(건축물의 피난·방화구조 등의 기준에 관한 규칙 제15조 제5항)
• 경사도는 1 : 8을 넘지 아니할 것
• 표면을 거친 면으로 하거나 미끄러지지 아니하는 재료로 마감할 것
• 경사로의 직선 및 굴절 부분의 유효 너비는 장애인·노인·임산부 등의 편의증진보장에 관한 법률이 정하는 기준에 적합할 것

76 음의 물리적 특성에 대한 설명으로 옳지 않은 것은?

① 음이 1초 동안에 진동하는 횟수를 주파수라고 한다.
② 인간의 귀로 들을 수 있는 주파수 범위를 가청주파수라고 한다.
③ 기온이 높아지면 공기 중에 전파되는 음의 속도도 증가한다.
④ 공기 중으로 전달되는 음파의 전파속도는 주파수와 비례한다.

해설
음파는 주파수와 반비례한다.

77 특정소방대상물에 사용하는 실내장식물 중 방염대상물품에 속하지 않는 것은?

① 창문에 설치하는 커튼류
② 두께가 2mm 미만인 종이벽지
③ 전시용 섬유판
④ 전시용 합판

해설
방염대상물품 및 방염성능기준(소방시설 설치 및 관리에 관한 법률 시행령 31조)
• 제조 또는 가공 공정에서 방염처리를 한 물품
• 창문에 설치하는 커튼류(블라인드를 포함)
• 카펫
• 벽지류(두께가 2mm 미만인 종이벽지는 제외)
• 전시용 합판·목재 또는 섬유판, 무대용 합판·목재 또는 섬유판(합판·목재류의 경우 불가피하게 설치현장에서 방염처리한 것을 포함)
• 암막·무대막(영화상영관에 설치하는 스크린과 가상체험체육시설업에 설치하는 스크린 포함)
• 섬유류 또는 합성수지류 등을 원료로 하여 제작된 소파·의자(단란주점영업, 유흥주점영업 및 노래연습장업의 영업장에 설치하는 것으로 한정)

78 다음 중 주택의 소유자가 대통령령으로 정하는 소방시설을 설치하여야 하는 주택의 종류에 해당하지 않는 것은?

① 단독주택
② 기숙사
③ 연립주택
④ 다세대주택

해설
주택에 설치하는 소방시설(소방시설 설치 및 관리에 관한 법률 제10조, 건축법 시행령 별표 2)
다음 주택의 소유자는 대통령령으로 정하는 소방시설을 설치하여야 한다.
• 단독주택 : 단독주택, 다중주택, 다가구주택, 공관
• 공동주택(아파트와 기숙사는 제외) : 연립주택, 다세대주택

79 열전달방식에 포함되지 않는 것은?

① 복사
② 대류
③ 관류
④ 전도

해설
열은 전도, 대류 및 복사의 세 가지 방법으로 전달된다.

80 공동 소방안전관리자 선임대상 특정소방대상물의 층수 기준은?(단, 복합건축물의 경우)

① 3층 이상
② 5층 이상
③ 8층 이상
④ 10층 이상

해설
※ 출제 시 정답은 ②였으나, 법령 개정으로 정답없음
관리의 권원이 분리된 특정소방대상물의 소방안전관리자 선임대상물(화재의 예방 및 안전관리에 관한 법률 제35조)
• 복합건축물(지하층을 제외한 층수가 11층 이상 또는 연면적 30,000m² 이상인 건축물)
• 지하가(지하의 인공구조물 안에 설치된 상점 및 사무실, 그 밖에 이와 비슷한 시설이 연속하여 지하도에 접하여 설치된 것과 그 지하도를 합한 것을 말한다)
• 그 밖에 대통령령으로 정하는 특정소방대상물(판매시설 중 도매시장, 소매시장 및 전통시장)

[정답] 78 ② 79 ③ 80 정답없음

2021년 제1회 과년도 기출복원문제

※ 2021년부터는 CBT(컴퓨터 기반 시험)로 진행되어 수험자의 기억에 의해 문제를 복원하였습니다. 실제 시행문제와 일부 상이할 수 있음을 알려드립니다.

제1과목 실내디자인론

01 주거 공간의 개념계획도에 대한 설명으로 옳지 않은 것은?

① 공간을 부엌, 식당, 연결 공간 등 다이어그램으로 표시한다.
② 동선을 선으로 연결하여 개념적인 공간을 보여준다.
③ 한번 계획된 개념도는 가능하면 수정하지 않는 것이 좋다.
④ 개념계획도가 확정되면 평면도를 그린다.

해설
가족의 형태와 수, 연령, 라이프 스타일, 취미, 경제적 능력에 따른 주거 공간의 변화에 맞추어 개념도를 수정하는 것이 좋다.

02 실내디자인에 관한 설명 중 옳지 않은 것은?

① 실내디자인은 실내 공간을 보다 편리하고 쾌적한 환경으로 창조해 내는 문제해결의 과정과 그 결과이다.
② 실내디자인은 목적을 위한 행위이나 그 자체가 목적이 아니고 특정한 효과를 얻기 위한 수단이다.
③ 실내디자인의 영역은 주거 공간, 상업 공간, 업무 공간, 특수 공간 등으로 나눌 수 있다.
④ 실내디자인은 미술에 속하므로 미적인 관점에서만 그 성공 여부를 판단할 수 있다.

해설
실내디자인은 순수예술과 과학예술의 혼합된 하나의 응용예술이다.

03 디자인의 원리 중 리듬(rhythm)에 속하지 않는 것은?

① 반복　② 점이
③ 대립　④ 통일

해설
리듬은 점층, 대립, 변이, 방사, 반복 등이 사용된다.

04 문과 창문에 관한 설명으로 옳지 않은 것은?

① 공기와 빛을 통과시켜 통풍과 채광을 가능하게 한다.
② 인접된 공간을 연결시킨다.
③ 동선에 영향을 주지 않는다.
④ 전망과 프라이버시의 확보가 가능하다.

해설
문의 위치는 시점(視點) 이동을 좌우하며 내부 공간에서의 동선을 결정하고 가구 배치에 결정적인 영향을 준다.

05 다음 중 실내 공간의 평면계획에서 가장 우선적으로 고려해야 할 것은?

① 마감재료　② 공간의 동선
③ 공간의 색채　④ 공간의 환기

해설
실내 공간의 평면계획에서 가장 우선 고려해야 할 사항은 공간의 동선계획이다.

정답 1 ③　2 ④　3 ④　4 ③　5 ②

06 다음 중 디자인 프레젠테이션에 대한 설명과 가장 관계가 먼 것은?

① 프레젠테이션에서 디자이너는 고객에게 디자인적인 제안, 정보, 아이디어를 제시하고 설명한다.
② 오늘날의 컴퓨터그래픽과 같이 프레젠테이션 매체와 기술의 변화는 프레젠테이션의 형태에 영향을 미친다.
③ 디자인상의 약점을 감추고 강점을 부각시키기 위해 화려한 프레젠테이션을 준비하는 것이 유리하다.
④ 디자인 프레젠테이션을 통하여 고객과 주요한 디자인 결정을 만들어 나간다.

해설
프레젠테이션 시 2차원, 3차원 도면 또는 모델 등을 활용하여 고객의 이해를 돕는다.

07 균형의 원리에 관한 설명으로 옳지 않은 것은?

① 크기가 큰 것이 작은 것보다 시각적 중량감이 크다.
② 불규칙적인 형태가 기하학적 형태보다 시각적 중량감이 크다.
③ 복잡하고 거친 질감이 단순하고 부드러운 것보다 시각적 중량감이 크다.
④ 단순하고 부드러운 질감이 복잡하고 거친 질감보다 시각적 중량감이 크다.

해설
거친 질감이 단순하고 부드러운 질감보다 시각적 중량감이 크다.

08 내부 환경과 이용자의 요구, 감수성, 생산성과의 관계 파악이 가장 중요한 실내 공간은?

① 주택　② 박물관
③ 사무실　④ 호텔

해설
인간생활의 대부분이 이루어지는 주거 공간은 거주자가 신체적, 정신적, 사회적으로 건전한 상태로 쾌적하게 생활할 수 있는 공간이어야 한다.

09 "2차원적 형상의 절단을 통해 새로운 2차원적 형상을 예감할 수 있다."의 내용과 같은 그림은?

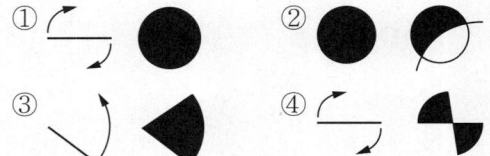

해설
② : 절단에 의해 생긴 면이다.
①・③・④ : 선의 이동에 의해 생긴 면이다.

10 실내디자인의 개념에 관한 설명으로 옳지 않은 것은?

① 실내디자인은 실내 공간의 사용효율을 증대시킨다.
② 실내디자인은 건축 및 환경과의 상호성을 고려하여 계획되는 것이 좋다.
③ 실내디자인은 인간의 활동을 도와주며 동시에 미적인 만족을 주는 환경을 창조한다.
④ 실내디자인은 일반 이용자의 영향을 벗어나 공간 예술 창조의 자유가 보장되어야 한다.

해설
실내디자인은 인간이 생활하는 실내 공간을 보다 아름답고 능률적이며 쾌적한 환경으로 창조하는 디자인 행위 일체를 말한다.

[정답] 6 ③　7 ④　8 ①　9 ②　10 ④

11 실내 공간에서 단면의 비례를 결정하는 데 가장 기본이 되는 요소는?

① 인간의 시점과 천장고
② 가구의 높이와 이용도
③ 공간의 가로세로 비율
④ 개구부와 가구의 폭

해설
단면의 비례
- 기능적인 면이 고려되어야 한다.
- 인간의 시점과 천장고는 단면의 비례를 결정하는 요소이다.
- 천장고가 낮은 공간 : 친밀하면서 답답한 느낌을 준다.
- 천장고가 높은 공간 : 장대하고 초자연적이면서 겸손하게 억제된 감정을 유발시킨다.

12 가구, 실내, 건축물 등 물체와 인체와의 관계 및 물체 상호 간의 관계를 인간 중심의 비율로 규정하는 것을 무엇이라 하는가?

① 휴먼스케일
② 황금비례
③ 심메트리
④ 모듈 플래닝

13 실내 마감재료의 질감은 시각적으로 변화를 주는 중요한 요소이다. 다음 중 재료의 질감을 바르게 활용하지 못한 것은?

① 창이 작은 실내는 거친 질감을 사용하여 안정감을 준다.
② 좁은 실내는 곱고 매끄러운 재료를 사용한다.
③ 차고 딱딱한 대리석 위에 부드러운 카펫을 사용하여 질감 대비를 주는 것이 좋다.
④ 넓은 실내는 거친 재료를 사용하여 무겁고 안정감을 갖도록 한다.

해설
창이 작은 실내는 표면이 곱고 매끄러운 질감을 사용하여 가볍고 환한 느낌을 준다.

14 상점 진열창(show window)에 눈부심을 방지하기 위한 방법으로 옳지 않은 것은?

① 유리면을 경사지게 한다.
② 외부에 차양을 설치한다.
③ 특수한 곡면유리를 사용한다.
④ 진열창의 내부 조도를 외부보다 낮게 한다.

해설
진열장 내의 밝기를 외부보다 밝게 한다.

15 디자인 원리 중 대비에 관한 설명으로 옳지 않은 것은?

① 상반 요소가 밀접하게 접근하면 할수록 대비의 효과는 감소된다.
② 극적인 분위기를 연출하는 데 효과적이다.
③ 강력하고 화려하며 남성적인 이미지를 주지만 지나치게 크거나 많은 대비의 사용은 통일성을 방해할 우려가 있다.
④ 질적, 양적으로 전혀 다른 둘 이상의 요소가 동시에 혹은 계속적으로 배열될 때 상호의 특질이 한층 강하게 느껴지는 통일적 현상이다.

[해설]
대비의 감정은 상반된 성격의 결합에서 이루어진다.

16 실내디자인의 프로세스를 조사분석(programming) 단계와 디자인 단계로 나눌 때 조사분석 단계에 속하지 않는 것은?

① 문제점의 인식
② 정보의 수집
③ 아이디어 스케치
④ 종합분석

[해설]
아이디어의 시각화는 디자인 단계에 속한다. 디자인의 개념 및 방향이 정해지면 이에 적합한 대안을 구상하고 이를 시각화하는 과정이 전개된다.

17 다음 중 2인용 침대인 더블베드(double bed)의 크기로 가장 적당한 것은?

① 1,000 × 2,100mm
② 1,150 × 1,800mm
③ 1,350 × 2,000mm
④ 1,600 × 2,400mm

[해설]
침대의 크기
• 싱글 : 1,000 × 2,000mm
• 슈퍼싱글 : 1,100 × 2,000mm
• 더블 : 1,350(1,400) × 2,000mm
• 퀸 : 1,500 × 2,000mm

18 다음 설명에 알맞은 한국의 전통 가구는?

책이나 완상품을 진열할 수 있도록 여러 층의 층널이 있고 네 면이 모두 트여 있으며 선반이 정방형에 가까운 사랑방에서 쓰인 문방가구

① 문갑
② 고비
③ 사방탁자
④ 반닫이장

[해설]
사방탁자 : 형태가 개방적이고 투시적인 공간성을 지녔으며 찬탁이나 서탁과는 별도로 애용되었다. 구성·비례·결구법 등에서 조선시대 가구를 대표할 뿐만 아니라 가장 현대적인 감각을 지닌 가구로 손꼽힌다.

19 다음 중 스페이스 프로그램 단계에 해당되지 않는 것은?

① 조닝
② 각실 세부계획
③ 소요실 판단
④ 공간별 규모 산정

해설
스페이스 프로그램(space program)
조닝(zoning : 유사한 기능과 연속될 동선(動線)의 실(室)들을 묶어 표현한 것), 소요실 판단(세부 단위로서 필요한 실을 설정한 것), 공간별 규모(면적이나 체적(體積)으로 최적 크기를 나타낸 것)로 표현한다.

20 실내 공간을 심리적으로 구획하는 데 사용하는 일반적인 방법이 아닌 것은?

① 화분
② 기둥
③ 조각
④ 커튼

해설
커튼은 물리적 구획방법이다.

제2과목 색채 및 인간공학

21 운동의 속도에 관한 생체 역학적 설명으로 틀린 것은?

① 손의 수직 운동은 수평 운동보다 빠르다.
② 운동의 최대 속도는 이동시키는 하중에 일반적으로 반비례한다.
③ 최대 속도에 이르는 시간은 하중에 비례하여 증가한다.
④ 연속적인 곡선 운동이 여러 번 방향을 바꾸는 운동보다 빠르다.

해설
손의 수평 운동은 수직 운동보다 빠르다.

22 가압동작 중 가장 간단하고 대표적인 동작은 무엇인가?

① 누름 버튼   ② 레버 조작
③ 노브   ④ 크랭크

해설
가압동작 중 누름 버튼식은 개폐에 의한 조작방법으로 가장 간단하다.

23 인체 치수의 비율에서 무릎(슬개골) 높이와 비슷한 비율은?

① 앉은키   ② 어깨의 폭
③ 가슴둘레   ④ 허리둘레

해설

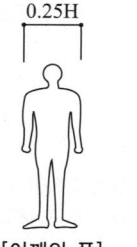
[어깨의 폭]

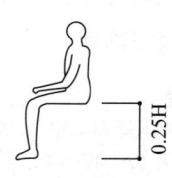
[무릎 높이]

24 심부감각(deep sensation)에 대한 설명으로 적절한 것은?

① 근육이나 건(힘줄) 등에 존재하는 감각기로 느끼는 감각
② 내장에 존재하는 통각신경으로 느끼는 감각
③ 직진 및 회전의 가속도 변화로 느끼는 감각
④ 피부에서 가해지는 온도자극으로 느끼는 감각

해설
심부감각 : 근, 건, 관절, 골막 따위에 있는 감각기로부터 전해지는 수족이나 신체의 위치, 운동, 저항, 아픔이나 물건의 무게 같은 감각을 통틀어 이르는 말이다.

25 다음 중 신체 진동의 영향을 가장 많이 받는 것은?

① 시력(視力)
② 미각(味覺)
③ 청력(聽力)
④ 근력(筋力)

해설
진동이 신체에 미치는 영향은 진동주파수에 따라 달라진다. 진동은 진폭에 비례하여 시력을 손상하며, 특히 10~25Hz의 경우에 가장 심하다.

26 조명방법 중 간접조명에 관한 설명으로 옳은 것은?

① 작업상 필요한 장소만 조명하는 방법이다.
② 효율이 좋지만 음영이 생기기 쉽다.
③ 광원을 천장에 매달기 때문에 파손의 위험이 적지만 전력소비량이 많다.
④ 광이 천장면이나 벽면에 부딪친 다음 반사된 광선이 조명면에 비치는 방법이다.

해설
① : 국부조명에 대한 설명이다.
② · ③ : 직접조명에 대한 설명이다.

27 다음 중 작업효율에 관한 설명으로 가장 적절한 것은?

① 어떤 조건 하에서 일정한 일을 함에 있어 신속, 확실, 효과적으로 해낼 수 있는 능력을 말한다.
② 신체적으로 보다 큰 에너지 소모가 있을 때 "작업효율이 있다."라고 한다.
③ 신경적으로는 보다 큰 긴장, 심리적으로는 보다 큰 노력감이 있을 때 "작업효율이 좋다."라고 한다.
④ 에너지 소비량을 S, 실현하여 얻은 작업을 P라고 하면 작업효율(E)은 S/P로 정의할 수 있다.

해설
작업효율
에너지 소비의 관점에서, 사람의 작업 수행도를 나타내는 척도로 쓰이며 식은 다음과 같다.

$$작업효율(\%) = \frac{작업량}{에너지\ 소비량} \times 100$$

28 동작경제의 원칙에 관한 설명으로 적합하지 않은 것은?

① 가능하다면 낙하식 운반방법을 이용한다.
② 공구의 기능을 결합하여 사용하도록 한다.
③ 양손을 움직일 때 가능하면 좌우대칭으로 한다.
④ 계속적인 곡선 운동보다는 갑작스런 방향전환을 하여 시간을 절약한다.

해설
동작이 급작스럽게 바뀌는 직선 동작은 피해야 한다.

29 어떤 음이 256Hz의 진동수를 갖는다. 이 음이 한 옥타브 높아졌을 때의 진동수는?

① 128Hz
② 257Hz
③ 512Hz
④ 2560Hz

해설
1옥타브 위의 음은 기본 진동수에 비해 2배 만큼 많은 진도수의 음이 되고, 2옥타브 위의 음은 4배만큼 많은 진동수의 음을 된다.
256×2 = 512Hz

30 다음 그림은 인간-기계 시스템을 개략적으로 묘사한 것이다. 빈칸에 들어갈 내용을 올바르게 연결한 것은?

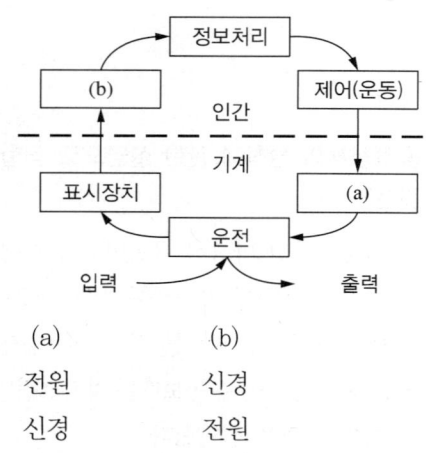

	(a)	(b)
①	전원	신경
②	신경	전원
③	감지	조종장치
④	조종장치	감지

31 다음 중 감법혼색을 사용하지 않은 것은?

① 컬러 슬라이드
② 컬러 영화필름
③ 컬러 인화사진
④ 컬러 텔레비전

해설
컬러 텔레비전은 가법혼색(색광혼합)을 이용한 것이다.
감법혼색(색료혼합)
3원색은 자주(M), 노랑(Y), 청록(C)이며, 모두 혼합하면 검정이나 검정에 가까운 회색이 된다. 현재 우리가 접하는 컬러 슬라이드, 컬러 영화필름, 색채사진 등은 모두 감법혼색을 이용한 것이다.

32 어떤 색이 같은 색상의 선명한 색 위에 위치하면 원래의 색보다 훨씬 탁한 색으로 보이고 무채색 위에 위치하면 원래의 색보다 맑은 색으로 보이는 대비현상은?

① 명도대비   ② 채도대비
③ 색상대비   ④ 연변대비

해설
채도대비
채도가 서로 다른 색들 간의 영향으로 인하여 채도가 높은 색은 더 높게, 낮은 색은 더 낮게 느끼는 색의 대비현상이다.

33 1905년에 색상, 명도, 채도의 3속성에 기반한 색채 분류 척도를 고안한 미국의 화가이자 미술 교사였던 사람은?

① 오스트발트   ② 헤링
③ 먼셀   ④ 저드

해설
먼셀(A.H. Munsell, 1858~1918년)은 1905년 색의 3속성을 척도로 체계화시킨 '먼셀 표색계'를 발표했으며, 이것은 합리적인 물체색의 표시방법으로 국제적으로 널리 사용되고 있다.

34 색의 연상 중 '기쁨'이나 '고독'과 같은 심리적 정서적 반응은?

① 구체적 연상
② 추상적 연상
③ 의미적 연상
④ 감성적 연상

해설
색의 연상에는 구체적 연상과 추상적 연상이 있다. 예를 들어, 적색을 보고 '불'이라는 구체적인 연상을 할 수도 있고 '정열', '애정'과 같은 추상적인 연상을 할 수도 있다.

35 색채의 온도감에 대한 설명 중 맞는 것은?

① 색채의 온도감은 색상에 의한 효과가 가장 강하다.
② 파장이 짧은 쪽이 따뜻하게 느껴진다.
③ 보라색, 녹색 등은 한색계의 색이다.
④ 검은색보다 백색이 따뜻하게 느껴진다.

해설
② 파장이 긴 쪽이 따뜻하게 느껴진다.
③ 보라색은 중성색이다.
④ 저명도인 검은색이 고명도인 백색보다 따뜻하게 느껴진다.

36 색광혼합에 대한 설명으로 가장 적절하지 않은 것은?

① 색광혼합은 가법혼색이라고도 한다.
② 색광혼합의 3원색은 빨강, 녹색, 노랑이다.
③ 색광혼합의 3원색을 합하면 백색이 된다.
④ 색광혼합의 2차색은 색료혼합의 원색이다.

해설
• 색광혼합의 3원색 : 빨강(red), 녹색(green), 파랑(blue)
• 색료혼합의 3원색 : 자주(magenta), 노랑(yellow), 청록(cyan)

37 색의 3속성에 대한 설명으로 옳은 것은?

① 색의 3속성은 빛의 물리적 3요소인 주파장, 분광률, 불포화도에 의해 결정된다.
② 인간이 물체에 대한 색을 느낄 때는 색상이 먼저 지각되고 다음으로 명도, 채도 순이다.
③ 명도는 빛의 분광률에 의해 다르게 나타나며, 완전한 흰색과 검은색은 존재하지 않는다.
④ 채도는 색의 선명도를 나타내는 데, 순색일수록 채도가 낮다.

해설
① 색의 3속성은 빛의 물리적 3요소인 주파장, 분광률, 포화도에 의해 결정된다.
② 인간이 물체에 대한 색을 느낄 때는 명도가 먼저 지각되고 다음으로 색상, 채도 순이다.
④ 채도는 색의 선명도를 나타내는 데, 순색일수록 채도가 높다.

38 헤링(Hering)의 반대색설에 관한 설명 중 잘못된 것은?

① 혼색과 색각이상을 잘 설명할 수 있다.
② 4원색과 무채색광을 가정하고 있다.
③ 이화작용, 동화작용으로 설명할 수 있다.
④ 분해, 합성이 동시에 일어날 때 회색의 감각이 생긴다.

해설
헤링의 이론은 혼색, 색맹을 설명하는 데 부합되지 않는다.

정답 34 ② 35 ① 36 ② 37 ③ 38 ①

39 빛이 프리즘을 통과할 때 나타나는 분광현상 중 굴절현상이 제일 큰 색은?

① 보라
② 초록
③ 빨강
④ 노랑

해설
파장이 긴 빨강이 굴절률이 작고, 파장이 짧은 보라는 굴절률이 크다.

40 문-스펜서(P. Moon and D.E. Spencer)의 색채조화론 중 거리가 먼 것은?

① 동일의 조화(identity)
② 유사의 조화(similarity)
③ 대비의 조화(contrast)
④ 통일의 조화(unity)

해설
문-스펜서의 색채조화론
- 동등(identity) : 같은 색의 조화
- 유사(similarity) : 유사한 색의 조화
- 대비(contrast) : 반대색의 조화·부조화
- 제1불명료(1st ambiguity) : 아주 유사한 색의 부조화
- 제2불명료(2nd ambiguity) : 약간 다른 색의 부조화
- 눈부심(glare) : 극단적인 반대색의 부조화

제3과목 건축재료

41 KS L 4201에 따른 점토벽돌의 치수로 옳은 것은?

① 190×90×57mm
② 190×90×60mm
③ 210×90×57mm
④ 210×90×60mm

해설
벽돌의 치수
- 기본형(표준형) : 190(길이)×90(너비)×57(두께)mm
- 기존형(재래형) : 210(길이)×100(너비)×60(두께)mm

42 플라스틱 재료에 대한 설명 중 옳지 않은 것은?

① 내수성 및 내 투습성은 폴리초산비닐 등 일부를 제외하고는 극히 양호하다.
② 일반적으로 전기절연성이 상당히 양호하다.
③ 열에 의한 팽창 및 수축이 크다.
④ 강도는 대략 목재와 비슷하며 인장강도가 압축강도보다 크다.

해설
플라스틱의 압축강도는 인장강도보다 크다.

43 회반죽의 주요 배합재료로 옳은 것은?

① 생석회, 해초풀, 여물, 수염
② 소석회, 모래, 해초풀, 여물
③ 소석회, 돌가루, 해초풀, 생석회
④ 돌가루, 모래, 해초풀, 여물

해설
회반죽은 소석회에 모래, 해초풀, 여물 등을 혼합하여 바르는 미장재료로서 목조바탕, 콘크리트블록 및 벽돌바탕 등에 바른다.

정답 39 ① 40 ④ 41 ① 42 ④ 43 ②

44 다음의 단열재에 대한 설명 중 옳지 않은 것은?

① 암면은 암석으로부터 인공적으로 만들어진 내열성이 높은 광물섬유를 이용하여 만드는 제품으로 단열성, 흡음성이 뛰어나다.
② 세라믹 파이버의 원료는 실리카와 알루미나이며, 알루미나의 함유량을 늘이면 내열성이 상승한다.
③ 경질 우레판품은 방수성, 내투습성이 뛰어나기 때문에 방습층을 겸한 단열재로 사용된다.
④ 펄라이트판은 천연의 목질 섬유를 원료로 하며, 단열성이 우수하여 주로 건축물의 외벽 단열재바름에 사용된다.

[해설]
펄라이트판
천연 암석을 원료로 한 일종의 천연 유리질의 펄라이트 입자를 무기 바인더로 프레스 성형하여 만들어진다. 내열성은 650℃로 높아 주로 배관용 단열재로 많이 사용된다.

45 절대건조비중(γ)이 0.75인 목재의 공극률은?

① 약 25.0%
② 약 38.6%
③ 약 51.3%
④ 약 75.0%

[해설]
$\nu = \left(1 - \dfrac{\gamma}{1.54}\right) \times 100\% = \left(1 - \dfrac{0.75}{1.54}\right) \times 100\% = 51.29\%$
여기서, ν : 공극률
γ : 절대건조비중
1.54 : 진비중(공극을 포함하지 않은 실제 부분의 비중)

46 온도변화에 따른 탄소강의 기계적 성질에 관한 설명 중 옳지 않은 것은?

① 연신율은 약 250℃를 경계로 온도가 높아질수록 커진다.
② 탄성률은 온도가 높아질수록 커진다.
③ 인장강도는 약 300℃를 경계로 온도가 높아질수록 작아진다.
④ 탄성계수는 온도가 높아질수록 작아진다.

[해설]
탄성계수, 탄성한계(탄성률) 및 항복점 등은 온도가 상승함에 따라 감소한다.

47 다음의 석재의 용도가 옳지 않은 것은?

① 화강암 – 외장재
② 점판암 – 지붕재
③ 대리석 – 조각재
④ 응회암 – 구조재

[해설]
응회암은 강도가 약해 구조재로 사용하기에 적당하지 않으며 특수 장식재, 경량골재 및 내화재 등으로 사용된다.

48 목재는 화재가 발생하면 순간적으로 불이 확산하여 큰 피해를 주는데 이를 억제하는 방법으로 가장 부적절한 것은?

① 목재의 표면에 플라스터로 피복한다.
② 염화비닐수지로 도포한다.
③ 방화 페인트로 도포한다.
④ 인산암모늄 약제로 도포한다.

[해설]
염화비닐수지는 열에 약하다.

[정답] 44 ④ 45 ③ 46 ② 47 ④ 48 ②

49 시멘트의 분말도가 클수록 나타나는 콘크리트의 성질에 해당되지 않는 것은?

① 수화작용이 촉진된다.
② 초기강도가 증진된다.
③ 발열량이 감소한다.
④ 응결속도가 빨라진다.

해설
시멘트의 분말도가 클수록(미세) : 수화작용 촉진, 초기강도 증진, 발열량 증대, 응결속도 증진, 시공연도 양호

50 수직면에 도장하였을 경우 흘러내림을 방지하기 위한 방법이 아닌 것은?

① 규정 도막을 유지한다.
② 희석량을 늘여 점도를 낮게 한다.
③ 사전에 시험도장을 하여 확인 후 도장한다.
④ airless 도장 시 팁사이즈를 줄여 도료토출량을 적게 하고 2차압을 높인다.

해설
희석량을 줄여 점도를 크게 한다.

51 다음 중 미장공사에서 바탕청소를 하는 가장 주된 목적은?

① 바름층의 경화 및 건조촉진
② 바탕층의 강도증진
③ 바름층과의 접착력 향상
④ 바름층의 강도증진

해설
미장공사에서 바탕청소를 하는 가장 주된 목적은 바름층과의 접착력 향상이다.

52 비금속재료의 특성에 관한 설명 중 옳지 않은 것은?

① 동은 상온의 건조공기 중에서 변화하지 않으나 습기가 있으면 광택을 소실하고 녹청색으로 된다.
② 알루미늄은 비중이 비교적 작고 연질이며 강도도 낮다.
③ 납은 비중이 크고 연질이며 전성, 연성이 풍부하다.
④ 아연은 산 및 알칼리에 강하나 공기 중 및 수중에서는 내식성이 작다.

해설
아연은 산 및 알칼리에 약하며, 공기 중에서는 내식성이 크다.

53 굳지 않은 콘크리트의 성질이 아닌 것은?

① 스태빌리티(stability)
② 워커빌리티(workability)
③ 컨시스턴시(consistency)
④ 피니셔빌리티(finishability)

해설
① 스태빌리티 : 구조체에 외력이 작용했을 때 구조체의 위치 또는 형태에 변화가 없는 상태를 말한다.
② 워커빌리티 : 부어 넣기의 난이도 정도 및 재료분리에 저항하는 정도를 나타낸다.
③ 컨시스턴시 : 주로 수량에 의해서 변화되는 유동성의 정도를 말한다.
④ 피니셔빌리티 : 굵은 골재의 최대 치수, 잔골재율, 잔골재입도, 컨시스턴시 등에 의한 마감성의 난이를 표시하는 성질이다.

54 열가소성 수지에 해당되지 않는 것은?

① 염화비닐수지
② 아크릴수지
③ 실리콘수지
④ 폴리에틸렌수지

해설
합성수지의 종류
• 열경화성 수지 : 페놀, 에폭시, 요소, 멜라민, 프란, 실리콘, 알키드, 폴리에스테르
• 열가소성 수지 : 폴리스티렌, 폴리에틸렌, 폴리아미드, 폴리프로필렌, 염화비닐, 초산비닐, 메타크릴, 아크릴

55 콘크리트 혼화제 중 AE제를 사용하는 목적과 가장 거리가 먼 것은?

① 동결융해에 대한 저항성 개선
② 단위 수량 감소
③ 워커빌리티 향상
④ 철근과의 부착강도 증대

해설
콘크리트에 AE제가 미치는 영향과 효과
• 콘크리트의 동결융해에 대한 내구성을 크게 증가시킨다.
• 콘크리트의 워커빌리티를 개선한다.
• 블리딩을 감소시킨다.
• 단위 수량이 감소된다.
• 콘크리트 내부에 미세한 독립된 기포를 발생시킨다.
• 공기량이 1% 증가함에 따라 슬럼프가 약 1.5cm 증가하며 압축강도는 4~6% 감소한다.
• 경화 시 수축 감소 및 균열을 방지한다.
• 알칼리골재반응의 영향이 적어진다.

56 다음의 타일 중 흡수율이 가장 적은 것은?

① 석기질 타일
② 자기질 타일
③ 토기질 타일
④ 도기질 타일

해설
타일의 흡수율은 토기>도기>석기>자기 순이다.

정답 53 ① 54 ③ 55 ④ 56 ②

57 미장재료 중 돌로마이트 플라스터에 관한 설명으로 틀린 것은?

① 공기 중의 탄산가스와 결합하여 경화한다.
② 보수성이 크고 응결시간이 길어 바르기 좋다.
③ 원칙적으로 풀 또는 여물을 사용하지 않고 물로 연화하여 사용한다.
④ 분말도가 미세한 것이 시공이 어렵고 균열의 발생도 크다.

해설
분말도가 미세한 것이 시공이 용이하고 마감이 아름다우며 균열의 발생도 적다.

58 다음 중 목재의 결점이 아닌 것은?

① 가연성이다.
② 열전도율이 작다.
③ 함수율에 따라 변형이 크다.
④ 내구성 약하다.

해설
목재는 열전도율이 작아서 보온·방한성이 뛰어나므로 결점이 아닌 장점에 해당한다.

59 플라이애시(fly ash)를 시멘트에 혼합하였을 때의 효과로 옳지 않은 것은?

① 수밀성이 증대된다.
② 수화열과 건조수축이 작아진다.
③ 워커빌리티가 좋아진다.
④ 초기강도는 증가하지만 장기강도는 감소된다.

해설
포졸란 작용으로 인해 초기강도는 작지만 장기강도는 큰 특성을 가지게 된다.

60 스테인리스강(stainless steel)은 탄소강에 어떤 주요 금속을 첨가한 합금강인가?

① 알루미늄(Al)
② 구리(Cu)
③ 망간(Mn)
④ 크롬(Cr)

해설
스테인리스강은 최소 10.5~11%의 크롬이 들어간 강철 합금이다.

제4과목 건축일반

61 자동소화장치를 설치하여야 하는 특정소방대상물은?

① 가스시설
② 터널
③ 국가유산
④ 아파트

해설
자동소화장치를 설치해야 하는 특정소방대상물(소방시설 설치 및 관리에 관한 법률 시행령 별표 4)
- 주거용 주방자동소화장치를 설치해야 하는 것 : 아파트 등 및 오피스텔의 모든 층
- 상업용 주방자동소화장치를 설치해야 하는 것
  - 대규모 점포에 입점해 있는 일반음식점
  - 집단급식소
- 캐비닛형 자동소화장치, 가스자동소화장치, 분말자동소화장치 또는 고체에어로졸자동소화장치를 설치해야 하는 것 : 화재안전기준에서 정하는 장소

62 천장면을 사각이나 원형으로 오려내고 매입 기구를 취부하여 실내의 단조로움을 피하는 조명방식은?

① 코퍼 조명
② 광천장조명
③ 코니스 조명
④ 밸런스 조명

해설
② 광천장조명 : 천장의 전체 또는 일부에 조명기구를 설치하고 그 밑에 아크릴, 플라스틱, 유리, 창호지, 스테인드글라스, 루버 등과 같은 확산용 스크린판을 대고 마감하는 가장 일반적인 건축화 조명방식이다.
③ 코니스 조명 : 벽면의 상부에 위치하여 모든 빛이 아래로 직사하도록 하는 조명방식이다.
④ 밸런스 조명 : 창이나 벽의 커튼 상부에 부설된 조명방식이다.

63 철근콘크리트구조에서 철근의 부착력에 관한 설명으로 옳지 않은 것은?

① 철근의 주장과는 관계가 없다.
② 철근의 끝에 갈고리(hook)가 있는 것이 크다.
③ 압축강도가 큰 콘크리트일수록 크다.
④ 철근의 표면 상태와 단면 모양에 큰 영향을 받는다.

해설
콘크리트의 부착력은 철근의 주장에 비례한다.

64 내력벽 벽돌쌓기에 있어서 영국식 쌓기가 활용되는 가장 큰 이유는?

① 토막 벽돌을 이용할 수 있어 경제적이기 때문에
② 시공의 용이함으로 공사 진행이 빠르기 때문에
③ 통줄눈이 생기지 않아 구조적으로 유리하기 때문에
④ 일반적으로 외관이 뛰어나기 때문에

해설
영국식 쌓기
- 처음 한 켜는 마구리쌓기, 다음 한 켜는 길이쌓기로 교대로 쌓는다.
- 모서리에 반절·이오토막 사용하므로 통줄눈이 생기지 않는다.
- 가장 튼튼한 쌓기법으로 내력벽(bearing wall)쌓기에 많이 이용된다.

정답 61 ④ 62 ① 63 ① 64 ③

65 소방특별조사를 실시하는 경우에 해당되지 않는 것은?

① 자체점검 등이 불성실하거나 불완전하다고 인정되는 경우
② 국가적 행사 등 주요 행사가 개최되는 장소 및 그 주변의 관계 지역에 대하여 소방안전관리 실태를 점검할 필요가 있는 경우
③ 화재가 발생되지 않아 일상적인 점검을 요하는 경우
④ 재난예측정보, 기상예보 등을 분석한 결과 소방대상물에 화재, 재난·재해의 발생 위험이 높다고 판단되는 경우

[해설]
※ 법령 개정으로 용어가 다음과 같이 변경되었습니다.
소방특별조사 → 화재안전조사
화재안전조사(화재의 예방 및 안전관리에 관한 법률 제7조)
소방관서장은 다음의 어느 하나에 해당하는 경우 화재안전조사를 실시할 수 있다. 다만, 개인의 주거(실제 주거용도로 사용되는 경우에 한정한다)에 대한 화재안전조사는 관계인의 승낙이 있거나 화재발생의 우려가 뚜렷하여 긴급한 필요가 있는 때에 한정한다.
1. 자체점검이 불성실하거나 불완전하다고 인정되는 경우
2. 화재예방강화지구 등 법령에서 화재안전조사를 하도록 규정되어 있는 경우
3. 화재예방안전진단이 불성실하거나 불완전하다고 인정되는 경우
4. 국가적 행사 등 주요 행사가 개최되는 장소 및 그 주변의 관계 지역에 대하여 소방안전관리실태를 조사할 필요가 있는 경우
5. 화재가 자주 발생하였거나 발생할 우려가 뚜렷한 곳에 대한 조사가 필요한 경우
6. 재난예측정보, 기상예보 등을 분석한 결과 소방대상물에 화재의 발생 위험이 크다고 판단되는 경우
7. 1.부터 6.까지에서 규정한 경우 외에 화재, 그 밖의 긴급한 상황이 발생할 경우 인명 또는 재산피해의 우려가 현저하다고 판단되는 경우

66 각 층 바닥 면적이 1,000m²인 10층의 공연장에 설치해야 할 승용 승강기의 최소 대수는?(단, 문화 및 집회시설 중 공연장, 8인승 이상 15인승 이하의 승강기임)

① 1대 ② 2대
③ 3대 ④ 4대

[해설]
승용 승강기의 설치기준(건축물의 설비기준 등에 관한 규칙 별표 1의2)

건축물의 용도	6층 이상의 거실 면적의 합계 3,000m² 이하	3,000m² 초과
• 문화 및 집회시설(공연장·집회장 및 관람장만 해당한다) • 판매시설 • 의료시설	2대	2대에 3,000m²를 초과하는 2,000m² 이내마다 1대를 더한 대수
• 문화 및 집회시설(전시장 및 동·식물원만 해당한다) • 업무시설 • 숙박시설 • 위락시설	1대	1대에 3,000m²를 초과하는 2,000m² 이내마다 1대를 더한 대수
• 공동주택 • 교육연구시설 • 노유자시설 • 그 밖의 시설	1대	1대에 3,000m²를 초과하는 3,000m² 이내마다 1대를 더한 대수

※ 위 표에 따라 승강기의 대수를 계산할 때 8인승 이상 15인승 이하의 승강기는 1대의 승강기로 보고, 16인승 이상의 승강기는 2대의 승강기로 본다.
6층 이상 거실 면적의 합계가 5,000m²이므로, 2대에 3,000m²를 초과하는 2,000m² 이내마다 1대를 더한 대수이므로
∴ 2대 + 1대 = 3대

67 방화에 장애가 되어 같은 건축물 안에 함께 설치할 수 없는 용도로 묶인 것은?

① 위락시설과 공연장
② 아동 관련 시설과 노인복지시설
③ 기숙사와 오피스텔
④ 공동주택과 제2종 근린생활시설 중 다중생활시설

해설

방화에 장애가 되는 용도의 제한(건축법 시행령 제47조)
- 법 제49조 제2항 본문에 따라 의료시설, 노유자시설(아동 관련 시설 및 노인복지시설만 해당), 공동주택, 장례시설 또는 제1종 근린생활시설(산후조리원만 해당)과 위락시설, 위험물저장 및 처리시설, 공장 또는 자동차 관련 시설(정비공장만 해당)은 같은 건축물에 함께 설치할 수 없다. 다만, 다음의 어느 하나에 해당하는 경우로서 국토교통부령으로 정하는 경우에는 같은 건축물에 함께 설치할 수 있다.
  - 공동주택(기숙사만 해당한다)과 공장이 같은 건축물에 있는 경우
  - 중심상업지역·일반상업지역 또는 근린상업지역에서 도시 및 주거환경정비법에 따른 재개발사업을 시행하는 경우
  - 공동주택과 위락시설이 같은 초고층 건축물에 있는 경우. 다만, 사생활을 보호하고 방범·방화 등 주거 안전을 보장하며 소음·악취 등으로부터 주거환경을 보호할 수 있도록 주택의 출입구·계단 및 승강기 등을 주택 외의 시설과 분리된 구조로 하여야 한다.
  - 산업집적활성화 및 공장설립에 관한 법률에 따른 지식산업센터와 영유아보육법에 따른 직장어린이집이 같은 건축물에 있는 경우
- 법 제49조 제2항에 따라 다음의 어느 하나에 해당하는 용도의 시설은 같은 건축물에 함께 설치할 수 없다.
  - 노유자시설 중 아동 관련 시설 또는 노인복지시설과 판매시설 중 도매시장 또는 소매시장
  - 단독주택(다중주택, 다가구주택에 한정한다), 공동주택, 제1종 근린생활시설 중 조산원 또는 산후조리원과 제2종 근린생활시설 중 다중생활시설

68 소규모 건축물에 적용되는 조적식 구조의 내력벽에 대한 설명으로 옳지 않은 것은?

① 평면 전체에 균형 있게 배치하도록 한다.
② 내력벽으로 둘러싸인 바닥 면적의 합계는 $100m^2$ 이하가 되도록 한다.
③ 보강철근은 굵은 것을 조금 넣는 것보다 가는 철근을 많이 사용하는 것이 좋다.
④ 상층과 하층의 내력벽은 수직으로 같은 위치에 배치하는 것이 좋다.

해설

내력벽의 높이 및 길이(건축물의 구조기준 등에 관한 규칙 제31조)
- 조적식 구조인 건축물중 2층 건축물에 있어서 2층 내력벽의 높이는 4m를 넘을 수 없다.
- 조적식 구조인 내력벽의 길이[대린벽(對隣壁) : 서로 직각으로 교차되는 벽을 말한다]의 경우에는 그 접합된 부분의 각 중심을 이은 선의 길이를 말한다. 이하 이 절에서 같다]는 10m를 넘을 수 없다.
- 조적식 구조인 내력벽으로 둘러쌓인 부분의 바닥 면적은 $80m^2$를 넘을 수 없다.

69 다음 중 방염대상물품에 해당되지 않는 것은?

① 무대막
② 무대용 합판
③ 두께가 2mm 미만인 종이벽지
④ 창문에 설치하는 커튼류

해설

방염대상물품 및 방염성능기준(소방시설 설치 및 관리에 관한 법률 시행령 31조)
- 제조 또는 가공 공정에서 방염처리를 한 물품
- 창문에 설치하는 커튼류(블라인드를 포함)
- 카펫
- 벽지류(두께가 2mm 미만인 종이벽지는 제외)
- 전시용 합판·목재 또는 섬유판, 무대용 합판·목재 또는 섬유판 (합판·목재류의 경우 불가피하게 설치현장에서 방염처리한 것을 포함)
- 암막·무대막(영화상영관에 설치하는 스크린과 가상체험체육시설업에 설치하는 스크린 포함)
- 섬유류 또는 합성수지류 등을 원료로 하여 제작된 소파·의자(단란주점영업, 유흥주점영업 및 노래연습장업의 영업장에 설치하는 것으로 한정)

정답 67 ④ 68 ② 69 ③

70 미스 반데어로에가 디자인한 바르셀로나 의자에 관한 설명 중 옳지 않은 것은?

① 크롬으로 도금된 철재의 완전한 곡선으로 인하여 이 의자는 모던운동 전체를 대표하는 상징물이 되었다.
② 현대에도 계속 생산되며 공공건물의 로비 등에 많이 쓰였다.
③ 의자의 덮개는 폴리에스테르 화이버 위에 가죽을 씌워 만들었다.
④ 값이 저렴하며 대량 생산에 적합하다.

해설
바르셀로나 의자는 처음부터 전시장의 인테리어 요소로 디자인되었으며 대량 생산을 목적으로 디자인된 의자가 아니었다. 그러나 바르셀로나 박람회 독일관과 거장 디자이너의 명성은 이 의자를 대량 생산하도록 만들었다.

71 실내 음환경에서 잔향시간에 관한 설명으로 옳은 것은?

① 음향 청취를 목적으로 하는 공간에서의 잔향시간은 음성 전달을 목적으로 하는 공간에서의 잔향시간보다 짧아야 한다.
② 음의 잔향시간은 실의 용적에 비례하며 벽면의 흡음력에 따라 결정된다.
③ 실의 형태를 변경하면 잔향시간은 조정이 가능하다.
④ 영화관은 전기음향설비가 주가 되므로 잔향시간은 길수록 좋다.

해설
잔향시간은 실의 용적에 비례하고, 실의 흡음력에 반비례한다.

72 보통 철선 또는 아연도금철선으로 마름모형, 갑옷형으로 만들며 시멘트 모르타르바름 바탕에 사용되는 금속제품은?

① 와이어 라스(wire lath)
② 와이어 메시(wire mesh)
③ 메탈 라스(metal lath)
④ 익스팬디드 메탈(expanded metal)

해설
② 와이어 메시(wire mesh) : 연강 철선을 가로 세로로 대어 전기용접하여 정방형 또는 장방형으로 만들어, 콘크리트 도로 바탕용 등의 처짐 및 균열에 대응하도록 만든 철물이다.
③ 메탈 라스(metal lath) : 얇은 강판에 마름모꼴의 구멍을 연속적으로 뚫어 그물처럼 만든 것으로 천장, 벽 등의 미장 바탕에 사용한다.
④ 익스팬디드 메탈(expanded metal) : 두께 6~13mm의 연강판을 망상으로 만든 것으로, 주로 콘크리트 보강용으로 쓰인다.

73 주요 구조부를 내화구조로 하여야 하는 대상 건축물의 기준으로 옳지 않은 것은?

① 종교시설의 용도로 쓰는 건축물로서 집회실의 바닥 면적의 합계가 200m² 이상인 건축물
② 장례시설의 용도로 쓰는 건축물로서 집회실의 바닥 면적의 합계가 200m² 이상인 건축물
③ 판매시설의 용도로 쓰는 건축물로서 그 용도로 쓰는 바닥 면적의 합계가 500m² 이상인 건축물
④ 공장의 용도로 쓰는 건축물로서 그 용도로 쓰는 바닥 면적의 합계가 1,000m² 이상인 건축물

해설
건축물의 내화구조(건축법 시행령 제56조)
공장의 용도로 쓰는 건축물로서 그 용도로 쓰는 바닥 면적의 합계가 2,000m² 이상인 건축물의 주요 구조부와 지붕은 내화구조로 해야 한다. 다만, 화재의 위험이 적은 공장으로서 국토교통부령으로 정하는 공장은 제외한다.

정답 70 ④ 71 ② 72 ① 73 ④

74 소방관의 권원이 분리된 다음의 소방대상물 중 공동소방안전관리자를 선임하여야 하는 특정소방대상물에 해당하지 않는 것은?

① 지하가
② 복합건축물로서 층수가 3층인 것
③ 판매시설 중 도매시장 및 소매시장
④ 지하층을 제외한 층수가 11층인 고층 건축물

해설
관리의 권원이 분리된 특정소방대상물의 소방안전관리자 선임대상물(화재의 예방 및 안전관리에 관한 법률 제35조)
- 복합건축물(지하층을 제외한 층수가 11층 이상 또는 연면적 30,000m² 이상인 건축물)
- 지하가(지하의 인공구조물 안에 설치된 상점 및 사무실, 그 밖에 이와 비슷한 시설이 연속하여 지하도에 접하여 설치된 것과 그 지하도를 합한 것을 말한다)
- 그 밖에 대통령령으로 정하는 특정소방대상물(판매시설 중 도매시장, 소매시장 및 전통시장)

75 비상용 승강기 승강장의 구조에 대한 기준으로 옳지 않은 것은?

① 승강장의 바닥 면적은 비상용 승강기 1대에 대하여 5m² 이상으로 할 것
② 벽 및 반자가 실내에 접하는 부분의 마감재료는 불연재료로 할 것
③ 채광이 되는 창문이 있거나 예비전원에 의한 조명설비를 할 것
④ 노대 또는 외부를 향하여 열 수 있는 창문이나 배연설비를 설치할 것

해설
비상용 승강기의 승강장 및 승강로의 구조(건축물의 설비기준 등에 관한 규칙 제10조)
승강장의 바닥 면적은 비상용 승강기 1대에 대하여 6m² 이상으로 할 것. 다만, 옥외에 승강장을 설치하는 경우에는 그러하지 아니하다.

76 방염성능기준 이상의 실내장식물 등을 설치하여야 하는 특정소방대상물에 해당되지 않는 것은?

① 층수가 11층 이상인 것(아파트 제외)
② 의료시설
③ 건축물의 옥내에 위치한 수영장
④ 근린생활시설 중 체력단련장

해설
방염성능기준 이상의 실내장식물 등을 설치하여야 하는 특정소방대상물(소방시설 설치 및 관리에 관한 법률 시행령 제30조)
1. 근린생활시설 중 의원, 치과의원, 한의원, 조산원, 산후조리원, 체력단련장, 공연장 및 종교집회장
2. 건축물의 옥내에 있는 다음의 시설
   - 문화 및 집회시설
   - 종교시설
   - 운동시설(수영장은 제외)
3. 의료시설
4. 교육연구시설 중 합숙소
5. 노유자시설
6. 숙박이 가능한 수련시설
7. 숙박시설
8. 방송통신시설 중 방송국 및 촬영소
9. 다중이용업소
10. 1.부터 9.까지의 시설에 해당하지 않는 것으로서 층수가 11층 이상인 것(아파트 등은 제외)

77 화재예방, 소방시설 설치·유지 및 안전관리에 관한 법률 시행령에 따른 피난층의 정의로 옳은 것은?

① 피난기구가 설치된 층
② 곧바로 지상으로 갈 수 있는 출입구가 있는 층
③ 비상구가 연결된 층
④ 무창층 외의 층

해설
※ 문제에 해당하는 법이 분법되어 다음과 같이 변경되었습니다.
화재예방, 소방시설 설치·유지 및 안전관리에 관한 법률 시행령 → 소방시설 설치 및 관리에 관한 법률 시행령
정의(소방시설 설치 및 관리에 관한 법률 시행령 제2조)
'피난층'이란 곧바로 지상으로 갈 수 있는 출입구가 있는 층을 말한다.

정답 74 ② 75 ① 76 ③ 77 ②

78 소방시설의 종류 중 경보설비에 속하지 않는 것은?

① 비상방송설비
② 자동화재속보설비
③ 자동화재탐지설비
④ 무선통신보조설비

해설
무선통신보조설비는 소화활동설비에 속한다.
소방시설(소방시설 설치 및 관리에 관한 법률 시행령 별표 1)
• 경보설비 : 화재 발생 사실을 통보하는 기계·기구 또는 설비로서 다음의 것을 말한다.
 - 단독경보형 감지기
 - 비상경보설비(비상벨설비, 자동식 사이렌설비)
 - 자동화재탐지설비
 - 시각경보기
 - 화재알림설비
 - 비상방송설비
 - 자동화재속보설비
 - 통합감시시설
 - 누전경보기

79 연면적이 200m²를 초과하는 공동주택에 설치하는 복도의 유효 너비는 최소 얼마 이상이어야 하는가?(단, 양옆에 거실이 있는 복도의 경우)

① 1.2m
② 1.8m
③ 2.4m
④ 3.0m

해설
복도의 너비 및 설치기준(건축물의 피난·방화구조 등의 기준에 관한 규칙 제15조의2)

구분	양옆에 거실이 있는 복도	기타의 복도
유치원·초등학교·중학교·고등학교	2.4m 이상	1.8m 이상
공동주택·오피스텔	1.8m 이상	1.2m 이상
당해 층 거실의 바닥 면적 합계가 200m² 이상인 경우	1.5m 이상 (의료시설의 복도 1.8m 이상)	1.2m 이상

80 건축물의 거실(피난층의 거실은 제외)에 국토교통부령으로 정하는 기준에 따라 배연설비를 하여야 하는 건축물이 아닌 것은?(단, 6층 이상인 건축물)

① 판매시설
② 종교시설
③ 문화 및 집회시설
④ 제1종 근린생활시설

해설
거실(피난층의 거실 제외)에 배연설비를 해야 하는 건축물(건축법 시행령 제51조 제2항)
6층 이상인 건축물로서 다음에 해당하는 용도로 쓰는 건축물
• 제2종 근린생활시설 중 공연장, 종교집회장, 인터넷컴퓨터게임시설제공업소 및 다중생활시설(공연장, 종교집회장 및 인터넷컴퓨터게임시설제공업소는 해당 용도로 쓰는 바닥 면적의 합계가 각각 300m² 이상인 경우만 해당한다)
• 문화 및 집회시설, 종교시설, 판매시설, 운수시설
• 의료시설(요양병원 및 정신병원 제외)
• 교육연구시설 중 연구소
• 노유자시설 중 아동 관련 시설, 노인복지시설(노인요양시설 제외)
• 수련시설 중 유스호스텔
• 운동시설, 업무시설, 숙박시설, 위락시설, 관광휴게시설, 장례시설

정답 78 ④ 79 ② 80 ④

2021년 제2회 과년도 기출복원문제

제1과목 실내디자인론

01 쇼윈도 조명계획에 대한 설명 중 가장 적절하지 않은 것은?

① 근접한 타 상점의 조도, 통과하는 보행자의 속도에 상응하여 주목성 있는 조도를 결정한다.
② 상점 내부의 전체 조명보다 2~4배 정도 높은 조도로 한다.
③ 진열상품의 입체감은 밝은 하이라이트 부분과 그림자 부분이 명확히 구분되어 형상의 입체감이 강조되도록 한다.
④ 광원이 보는 사람의 눈에 직접 보이게 한다.

[해설]
광원이 직접 눈에 비추어 글레어가 생겨서는 안 되며, 또 광원이 있는 진열품이나 배경에 투영되는 글레어의 불쾌감이 있어서도 안 된다.
※ 글레어 : 디스플레이 표면에 자연광이나 조명광이 직접 닿아서 표시되는 문자 등을 보기 곤란한 상태

02 창에 대한 설명으로 옳지 않은 것은?

① 창은 채광, 조망, 환기, 통풍의 역할을 하며 벽과 천장에 위치할 수 있다.
② 창의 높낮이는 가구의 높이와 사람의 시선 높이로 결정된다.
③ 충분한 보온과 개폐의 용이를 위해 창은 가능한 한 크게 내는 것이 바람직하다.
④ 창이 공간을 둘러싸면 시각적으로 천장면은 벽면에서 띄워 들어올린 것처럼 가벼운 느낌을 준다.

[해설]
충분한 보온과 개폐의 용이함을 위해 창은 가능한 한 작게 내는 것이 바람직하다.

03 부엌 작업대의 배치 유형 중 일렬형에 대한 설명으로 옳지 않은 것은?

① 부엌의 폭이 좁거나 공간의 여유가 없는 소규모 주택에 적합하다.
② 작업대가 길어지면, 작업 동선이 길게 되어 비효율적이 된다.
③ 작업대 전체의 길이는 3,500~4,000mm 정도가 가장 적당하다.
④ 작업대를 벽면에 한 줄로 붙여 배치하는 유형이다.

[해설]
작업대는 길이가 길면 작업 동선이 길어지므로 총길이는 3,000mm를 넘지 않도록 한다.

04 디자인을 위한 조건 중 최소의 재료와 노력에 의해 최대의 효과를 얻고자 하는 것은?

① 합목적성   ② 경제성
③ 심미성   ④ 독창성

[해설]
① 합목적성(적합성) : 디자인을 하게 된 목적에 부합되는 성질이다.
③ 심미성 : 어떤 사물을 볼 때 아름답다고 느끼는 감정이다.
④ 독창성 : 창의적인 발상에 의해 새롭게 탄생하는 것을 말한다.

[정답] 1 ④ 2 ③ 3 ③ 4 ②

05 투시성이 있는 얇은 커튼의 총칭으로 창문의 유리면 바로 앞에 얇은 직물로 설치하기 때문에 실내에 유입되는 빛을 부드럽게 하는 것은?

① 새시 커튼
② 드로 커튼
③ 글라스 커튼
④ 드레이퍼리 커튼

해설
글라스 커튼 : 실내로 들어오는 빛을 부드럽게 하며 약간의 프라이버시를 제공한다.

06 실내 공간을 구성하는 기본요소에 관한 설명으로 옳지 않은 것은?

① 벽은 다른 요소들에 비해 조형적으로 가장 자유롭다.
② 바닥은 고저차를 통해 공간의 영역을 조정할 수 있다.
③ 다른 요소들이 시대와 양식에 의한 변화가 현저한 데 비해 바닥은 매우 고정적이다.
④ 천장은 시각적 흐름이 최종적으로 멈추는 곳이기에 지각의 느낌에 영향을 미친다.

해설
천장은 벽 및 바닥요소와 비교 시 조형적으로 가장 자유롭다.

07 상품의 유효 진열범위 내에서 고객의 시선이 편하게 머물고 손으로 잡기에도 가장 편안한 높이인 골든 스페이스의 범위로 알맞은 것은?

① 450~850mm
② 850~1,250mm
③ 1,300~1,500mm
④ 1,500~1,700mm

해설
850~1,250mm 높이로 이 범위를 골든 스페이스(golden space)라고 한다.

08 점에 대한 설명 중에서 적당하지 않은 것은?

① 가까운 거리에 위치하는 두 개의 점은 장력의 작용으로 선이 생긴다.
② 나란히 있는 점은 간격에 따라 집합, 분리의 효과를 얻는다.
③ 공간의 중심에 점이 있음으로써 단순하지만 주목성을 높인다.
④ 많은 점들이 근접해 있을 경우 각 점의 독립성이 강조된다.

해설
많은 점을 근접시키면 면으로 지각하는 효과가 있다.

09 동선의 유형 중 최단 거리의 연결로 통과시간이 가장 짧은 것은?

① 직선형
② 나선형
③ 방사형
④ 혼합형

해설
동선의 유형
- 직선형 : 경과시간이 짧은 단거리로 연결된다.
- 나선형 : 공간적 연속성으로 우아하면서도 경쾌한 느낌을 연출한다.
- 방사형 : 중심에서 바깥쪽으로 회전하면서 연결한다.
- 격자형 : 정방형 형태가 종합적으로 구성되며, 통로 간에 위계질서를 갖도록 계획한다.
- 혼합형 : 모든 형을 종합한 것으로 통로 간의 위계적 질서를 고려하며, 복잡하지 않게 동선을 처리한다.

10 실내디자인에 대한 설명으로 옳지 않은 것은?

① 형태와 기능의 통합작업이다.
② 목적물에 관한 이미지의 실체화이다.
③ 어떤 사물에 대해 행해지는 스타일링(styling)의 총칭이다.
④ 인간생활에 유용한 공간을 만들거나 환경을 조성하는 과정이다.

해설
실내디자인이란 인간이 거주하는 실내 공간을 보다 편리하게 구성하여 쾌적성, 안락성, 기능성을 창조하는 계획, 설계를 의미한다. 즉, 실내 공간에 대한 인간의 예술적, 서정적, 환경적 욕구 등을 해결하기 위하여 내부 공간을 생활양식에 따라 기능적이고 합리적인 방법으로 계획하는 것이다.

11 은행·호텔 등의 출입구에 통풍·기류를 방지하고 출입 인원을 조절할 목적으로 사용되는 문의 종류는?

① 접이문
② 회전문
③ 여닫이문
④ 미닫이문

해설
회전문
방풍 및 열손실을 최소로 줄여주며, 통행의 흐름을 완만히 해주는 데 가장 유리한 출입문 방식이다.

12 디자인의 원리에 관한 설명으로 옳은 것은?

① 균형은 정적인 경우에만 시각적 안정성을 가져올 수 있다.
② 강조는 힘의 조절로서 전체 조화를 파괴하는 데 주로 사용된다.
③ 리듬은 청각의 원리가 시각적으로 표현된 것이라 할 수 있다.
④ 통일과 변화는 서로 대립되는 관계로, 동시 사용이 불가능하다.

해설
리듬은 규칙적인 요소들의 반복에 의해 나타나는 통제된 운동감이며, 시각적으로 디자인에 질서를 부여한다.

13 치수계획에 있어 적정치수를 설정하는 방법은 최소치 $+\alpha$, 최대치 $-\alpha$ 목표치 $\pm\alpha$ 이다. 이때 α는 적정치수를 끌어내기 위한 어떤 치수인가?

① 표준치수
② 절대치수
③ 여유치수
④ 기본치수

해설
α는 적정값을 이끌어 내기 위한 여유치수를 말한다.

정답 10 ③ 11 ② 12 ③ 13 ③

14 디자인의 원리 중 대비에 대한 설명으로 옳지 않은 것은?

① 극적인 분위기를 연출하는 데 효과적이다.
② 상반 요소가 밀접하게 접근하면 할수록 대비의 효과는 감소된다.
③ 강력하고 화려하며 남성적인 이미지를 주지만 지나치게 크거나 많은 대비의 사용은 통일성을 방해할 우려가 있다.
④ 질적, 양적으로 전혀 다른 둘 이상의 요소가 동시에 혹은 계속적으로 배열될 때 상호의 특질이 한층 강하게 느껴지는 통일적 현상이다.

> **해설**
> 상반 요소가 밀접하게 접근하면 할수록 대비의 효과는 극대화된다.

15 디자인 요소 중 선에 관한 설명으로 옳지 않은 것은?

① 선은 면이 이동한 궤적이다.
② 선을 포개면 패턴을 얻을 수 있다.
③ 많은 선을 나란히 놓으면 면을 느낀다.
④ 선은 어떤 형상을 규정하거나 한정한다.

> **해설**
> 선은 점이 이동한 궤적이며 면의 한계, 교차에서 나타난다.

16 실내디자인의 프로그래밍 진행단계로 알맞은 것은?

① 분석→목표설정→종합→조사→결정
② 종합→목표설정→분석→목표설정→결정
③ 목표설정→분석→종합→결정
④ 분석→분석→목표설정→종합→결정

> **해설**
> 실내디자인 프로그래밍 진행단계
> 목표설정→조사→분석→종합→결정→실행

17 일반적으로 목재와 같은 자연적인 재료의 질감이 주는 느낌은?

① 친근감
② 차가움
③ 세련됨
④ 현대적임

> **해설**
> 목재와 같은 자연 재료의 질감은 따뜻함과 친근감을 부여한다.

18 기하학적 형태에 관한 설명으로 옳지 않은 것은?

① 유기적 형태를 갖는다.
② 기하학적 형태는 규칙적이다.
③ 규칙적이며 단순 명쾌한 느낌을 준다.
④ 수학적인 법칙과 함께 생기며 뚜렷한 질서를 갖는다.

> **해설**
> 일반적으로 기하학적 형태는 비유기적 형태이다.

정답 14 ② 15 ① 16 ③ 17 ① 18 ①

19 전시 공간에 관한 설명 중 옳지 않은 것은?

① 전시의 성격은 영리적 전시와 비영리적 전시로 나눌 수 있다.
② 공간의 형태와 규모에 관련한 물리적 요건들이 전시 공간 특성을 좌우한다.
③ 전체 동선체계는 이용자 동선과 관리자 동선으로 대별되며 서로 통합되도록 계획한다.
④ 전시실 순회 유형에 따라 전시실 상호 간 결합 형식이 결정되며 전체의 전시계획에 영향을 미친다.

해설
이용자 동선과 관리자 동선은 서로 구별되어야 한다.

20 주택에서 거실, 식사실, 부엌을 겸용한 실의 명칭은?

① 리빙 다이닝 키친(living dining kitchen)
② 다이닝 키친(dining kitchen)
③ 다이닝 포치(dining porth) 테라스
④ 아일랜드 키친(island kitchen)

해설
리빙 다이닝 키친형(LDK형)은 거실과 식사실, 부엌을 한 공간에 집중시켜 배치한 형태로, 공간을 최대한 절약할 수 있으므로 소규모 주택에 적합하다.

제2과목 색채 및 인간공학

21 일반적으로 인체측정치의 최대 집단치를 기준으로 설계하는 것은?

① 선반의 높이
② 출입문의 높이
③ 안내 데스크의 높이
④ 공구 손잡이 둘레 길이

해설
최대 집단치 : 대상 집단에 대한 인체계측 변수의 상위 백분위수를 기준으로 하며 90, 95, 99%치가 사용된다(예 문, 탈출구, 통로, 줄사다리 같은 지지물 등).

22 다음 중 실내의 추천 반사율이 가장 낮은 것은?

① 창문 ② 벽
③ 바닥 ④ 천장

해설
추천 반사율
천장(80~90%) > 벽(40~60%) > 가구(25~45%) > 바닥(20~40%)

23 다음 그림의 각각 중앙의 각도는 같은데, B그림의 각도가 A그림의 각도보다 작게 보이는 착시현상은?

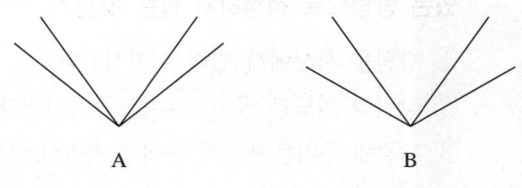

① 대비착시 ② 분할착시
③ 방향착시 ④ 각도착시

해설
대비착시 : 어떤 것의 실제 크기나 모양이 대비로 인해 실제와 달리 보이는 현상이다.

24 작업내용에 따른 작업대의 높이가 높은 것에서부터 낮은 순서대로 올바르게 나열된 것은?

① 타이핑작업 → 쓰고, 읽기작업 → 정밀작업
② 정밀작업 → 쓰고, 읽기 작업 → 타이핑작업
③ 쓰고, 읽기작업 → 정밀작업 → 타이핑작업
④ 정밀작업 → 타이핑작업 → 쓰고, 읽기작업

[해설]
일반적으로 작업대는 섬세한 작업(정밀작업)일수록 높아야 한다.

25 광원으로부터의 직사광에 의한 눈부심을 줄일 수 있는 방법으로 적절하지 않은 것은?

① 광원을 시선에서 멀리 위치시킨다.
② 광원의 휘도를 줄이고 수를 증가시킨다.
③ 휘광원 주위를 어둡게 하여 광속발산비(휘도)를 늘린다.
④ 가리개(shield)와 갓(hood) 혹은 차양(visor)을 사용한다.

[해설]
휘광원 주위를 밝게 하여 광속발산(휘도)비를 줄인다.

26 다음 내용은 게슈탈트의 법칙 중 어떤 요소를 설명하는 것인가?

> 더 가까이 있는 두 개 또는 그 이상의 시각요소들은 패턴이나 그룹으로 보여질 가능성이 크다.

① 배타성　② 접근성
③ 연속성　④ 폐쇄성

[해설]
게슈탈트(Gestalt)의 법칙
- 접근성(근접성) : 보다 더 가까이 있는 2개 또는 그 이상의 시각요소들은 패턴이나 그룹으로 지각될 가능성이 크다는 법칙이다.
- 유사성 : 형태, 규모, 색채, 질감 등에 있어서 유사한 시각적 요소들이 서로 연관되어 자연스럽게 그룹핑(grouping)하여 하나의 패턴으로 보인다는 법칙이다.
- 연속성 : 유사한 배열이 하나의 묶음으로 지각되는 것으로 공동운명의 법칙이라고 한다.
- 폐쇄성 : 시각요소들이 어떤 형성을 지각하게 하는 데 있어서 폐쇄된 느낌을 주는 법칙이다.

27 인간공학에 있어 시스템 설계과정의 주요 단계가 아래와 같은 경우 가장 먼저 진행하는 단계는?

> - 기본 설계
> - 계면 설계
> - 체계의 정의
> - 계면 설계
> - 촉진물 설계
> - 시험 및 평가
> - 목표 및 성능 명세 결정

① 기본 설계
② 계면 설계
③ 체계의 정의
④ 목표 및 성능 명세 결정

[해설]
시스템 설계과정의 주요 단계
목표 및 성능 명세 결정 → 체계의 정의 → 기본 설계 → 계면 설계 → 촉진물 설계 → 시험 및 평가

28 귀의 구조에 있어 내부에는 임파액(림프액)으로 차 있으며, 이 자극을 팽창시켜 청신경으로 보내는 기관은?

① 난원창
② 중이골
③ 정원창
④ 달팽이관

해설
귀의 구조

외이	귓바퀴	소리(음파)를 모아준다.
	외이도	귓바퀴에서 고막까지 음파의 이동통로이다.
중이	고막	음파에 의해 진동하는 얇은 막이다.
	귓속뼈	3개의 작은 뼈(망치뼈, 모루뼈, 등자뼈)로 되어 있으며, 고막의 진동을 증폭시켜 달팽이관으로 전달한다.
	귀인두관	중이와 목구멍을 연결하여 중이의 압력을 외이와 같게 조절한다. 예 귀가 멍멍할 때 침을 삼킨다.
내이	달팽이관	청각기능으로 청세포와 청신경이 분포하는 코르티기관이 있어서 음파를 수용한다.
	전정기관	신체의 평형감각을 맡고 있는 감각기관으로 중력의 자극을 받아들여 몸의 위치 감각을 느낀다.
	반고리관	몸의 회전감각을 감지하는 기관으로 3개의 반원 모양의 고리가 서로 직각으로 붙어 있다.

29 일반적으로 피부의 단위 면적당 신경의 수가 많은 것에서 적은 순으로 올바르게 나열된 것은?

① 통점>압점>냉점>온점
② 압점>냉점>온점>통점
③ 냉점>온점>통점>압점
④ 온점>통점>압점>냉점

해설
피부감각점은 통점>압점>촉점>냉점>온점의 순서로 많다.

30 다음 중 운동의 속도에 관한 생체 역학적 설명으로 틀린 것은?

① 손의 수직 운동은 수평운동보다 빠르다.
② 운동의 최대 속도는 이동시키는 하중에 일반적으로 반비례한다.
③ 최대 속도에 이르는 시간은 하중에 비례하여 증가한다.
④ 연속적인 곡선 운동이 여러 번 방향을 바꾸는 운동보다 빠르다.

해설
손의 수평 운동은 수직 운동보다 빠르다.

31 다음 중 명시도가 가장 높은 경우는?

① 흰 배경의 파란색
② 검정 배경의 파란색
③ 흰 배경의 주황색(5YR 8/12)
④ 검정 배경의 주황색

해설
명시도
• 검은색 배경 : 노랑, 주황이 명시도가 높고, 자주, 파랑 등은 명시도가 낮다.
• 흰색 배경 : 자주, 파랑이 명시도가 높고, 노랑, 주황 등은 명시도가 낮다.
• 유채색끼리일 때 : 보색관계일 경우 명시도가 높다.

정답 28 ④ 29 ① 30 ① 31 ①

32 감법혼색의 설명으로 틀린 것은?

① 3원색은 cyan, magenta, yellow이다.
② 감법혼색은 감산혼합, 색료혼합이라고도 하며, 혼색 할수록 탁하고 어두워진다.
③ magenta와 yellow를 혼합하면 빛의 3원색인 red가 된다.
④ magenta와 cyan의 혼합은 green이다.

해설
가법혼색과 감법혼색

색광혼합(가법혼색)	색료혼합(감법혼색)
red, magenta, yellow, white, blue, cyan, green	cyan, green, blue, black, yellow, red, magenta

33 색의 중량감에 관한 설명 중 잘못된 것은?

① 명도가 낮은 것은 무거움을 느낀다.
② 명도보다는 색상의 차이가 크게 좌우된다.
③ 채도보다는 명도의 차이가 크게 좌우된다.
④ 명도가 높은 것은 가벼움을 느낀다.

해설
중량감은 색의 밝기와 어두움에 따라 가볍고 무겁게 보이는 시각현상으로 색의 명도에 의하여 좌우된다.

34 하늘의 색은 넓이의 느낌은 있으나 거리감이 없고 물체감 없이 순수한 색 자체만을 느끼게 한다. 이러한 색이 나타나는 양상을 무엇이라고 하는가?

① 광원색　　② 면색
③ 공간색　　④ 표면색

해설
면색
표면 지각이나 용적 지각이 없는 색으로 구름 한 점 없이 맑고 푸른 하늘을 볼 때의 느낌처럼 순수하게 색만이 보이는 것을 말한다.

35 먼셀 색상환에서 GY는 어느 색인가?

① 초록　　② 연두
③ 노랑　　④ 하늘색

해설
먼셀 색상환
• 기본 5색상 : 빨강(R), 노랑(Y), 녹색(G), 파랑(B), 보라(P)
• 10색상 : 빨강(R), 주황(YR), 노랑(Y), 연두(GY), 녹색(G), 청록(BG), 파랑(B), 남색(PB), 보라(P), 자주(RP)

36 색채의 감정적 효과로서 가장 흥분을 유발시키는 색은?

① 한색계의 높은 채도
② 난색계의 높은 채도
③ 난색계의 낮은 명도
④ 한색계의 높은 명도

해설
난색계, 고채도의 색은 흥분을 유발하고, 한색계, 저채도의 색은 마음을 가라앉히는 진정의 효과를 가져온다.

32 ④　33 ②　34 ②　35 ②　36 ②　정답

37 베졸드 효과와 관련이 있는 것은?

① 색의 대비
② 동화현상
③ 연상과 상징
④ 계시대비

해설
베졸드 효과 : 색을 직접 섞지 않고 색점을 배열함으로써 인접색에 가까운 색으로 느끼게 하는 현상으로 주위 색과 닮아 보이는 동화현상과 관련이 있다.

38 다음 중 가장 무거운 느낌의 색은?

① 명도가 높은 적색
② 명도가 높은 황색
③ 중명도의 자색
④ 명도가 낮은 청색

해설
고명도(명도 5~6 이상)일수록 가볍게 느껴지고, 저명도일수록 무겁게 느껴진다.

39 명도와 채도에 관한 유채색의 수식 형용사 중 가장 고채도를 나타내는 것은?

① light
② pale
③ vivid
④ deep

해설
유채색의 수식 형용사(고채도순)
vivid(선명한) > deep(진한) > light(밝은) > pale(연한)

40 오스트발트 색채조화론에 관한 설명으로 틀린 것은?

① 무채색 단계에서 같은 간격으로 선택한 배색은 조화된다.
② 등색상 3각형의 아래쪽 사변에 평행한 선상의 색들을 조화된다.
③ 등색상 3각형의 위쪽 사변에 평행한 선상의 색들은 조화된다.
④ 색상 일련번호의 차가 8~9일 때 유사색 조화가 생긴다.

해설
색상차가 4 이하일 때는 유사색의 조화, 6~8일 경우는 이색조화가 된다.

정답 37 ② 38 ④ 39 ③ 40 ④

제3과목 건축재료

41 수용형, 용제형, 분말형 등이 있으며 목재, 금속, 플라스틱 및 이들 이종재(異種材) 간의 접착에 사용되는 합성수지 접착제는?

① 페놀수지 접착제
② 요소수지 접착제
③ 카세인 접착제
④ 폴리에스테르수지 접착제

해설
① 페놀수지 접착제 : 페놀수지의 초기축합물을 주성분으로 하며 주로 합판·목재제품 등에 사용된다.
② 요소수지 접착제 : 요소와 폼알데하이드 초기축합물을 탈수하여 축합한 것으로 목공용(목재접합, 합판제조 등)에 사용된다.
③ 카세인 접착제 : 단백질계 접착제로 카세인에 소석회, 소다염 등을 가하고 물로 잘 혼합하여 사용한다.
④ 폴리에스테르 접착제 : 목재 석재 등의 접착에 적당하다.

42 합성수지 도료에 관한 설명으로 옳지 않은 것은?

① 일반적으로 유성 페인트보다 가격이 매우 저렴하여 널리 사용된다.
② 유성 페인트보다 건조시간이 빠르고 도막이 단단하다.
③ 유성 페인트보다 내산, 내알칼리성이 우수하다.
④ 유성 페인트보다 방화성이 우수하다.

해설
합성수지 도료에 비해 유성 페인트가 가격이 저렴하다.

43 미장재료에 관한 설명 중 옳지 않은 것은?

① 회반죽에 석고를 약간 혼합하면 수축균열을 방지할 수 있는 효과가 있다.
② 회반죽은 소석회에 모래, 해초풀, 여물 등을 혼합하여 바르는 미장재료로서 목조바탕, 콘크리트 블록 및 벽돌바탕 등에 바른다.
③ 돌로마이트 플라스터는 소석회에 비해 점성이 높고 작업성이 좋다.
④ 무수석고는 가수후 급속경화하지만, 반수석고는 경화가 늦기 때문에 경화촉진제를 필요로 한다.

해설
반수석고는 가수 후 20~30분에서 급속 경화하지만, 무수석고는 경화가 늦기 때문에 경화촉진제를 필요로 한다.

44 목재를 소편(小片, chip)으로 만들어 유기질의 접착제를 첨가하여 가열·압착성형한 판상제품은?

① 파이버 보드(fiber board)
② 파티클 보드(particle board)
③ 플로링 보드(flooring board)
④ 파키트리 보드(parquetry board)

해설
파티클 보드
• 목재 및 기타 식물의 섬유질소편(particle)에 합성수지 접착제를 도포하여 가열·압착 성형한 판상제품이다.
• 합판에 비해 휨강도는 떨어지지만 면내 강성이 우수하다.
• 목재의 결함인 휨, 갈라짐, 옹이, 썩음 등이 제거되고 이방성이 없다.

정답 41 ① 42 ① 43 ④ 44 ②

45 목재의 방부제가 갖추어야 할 성질로 옳지 않은 것은?

① 균류에 대한 저항성이 클 것
② 화학적으로 안정할 것
③ 휘발성이 있을 것
④ 침투성이 클 것

해설
목재 방부제에 요구되는 성질
- 목재에 침투가 잘되고 방부성이 큰 것
- 목재에 접촉되는 금속이나 인체에 피해가 없을 것
- 악취가 나거나 목재를 변색시키지 않을 것
- 방부처리 후 표면에 페인트를 칠할 수 있을 것
- 목재의 인화성과 흡수성의 증가가 없을 것
- 목재의 강도가 저하되거나 중량이 증가되지 않을 것
- 목재의 가공에 불편하지 않을 것
- 값이 저렴하고 방부처리가 용이할 것

46 보통 포틀랜드 시멘트 제조 시 석고를 넣는 이유로 알맞은 것은?

① 강도를 높이기 위하여
② 균열을 줄이기 위하여
③ 응결시간 조절을 위하여
④ 수축팽창을 줄이기 위하여

해설
포틀랜드 시멘트 제조 시 시멘트의 응결시간 조절을 위하여 3~4%의 석고를 넣는다.

47 돌로마이트에 화강석 부스러기, 색모래, 안료 등을 섞어 정벌바름하고 충분히 굳지 않은 때에 표면에 거친 솔, 얼레빗 같은 것으로 긁어 거친 면으로 마무리한 것은?

① 리신바름
② 러프코트
③ 섬유벽바름
④ 회반죽바름

해설
② 러프코트(rough coat) : 시멘트, 모래, 잔자갈, 안료 등을 섞어 이긴 것을 바탕바름이 마르기 전에 뿌려 붙이거나 또는 바르는 것으로 거친바름 또는 거친면 마무리라고도 한다.
③ 섬유벽바름 : 목면, 펄프, 인견 등의 합성섬유, 톱밥, 코르크분, 왕겨, 수목 껍질, 암면 등의 각종 섬유상의 재료를 접착제로 접합해서 벽에 바른 것을 말한다.
④ 회반죽바름 : 소석회, 모래, 해초풀, 여물 등을 주재료로 하여 콘크리트, 콘크리트 블록, 프리캐스트 콘크리트, ALC 판넬, 흙벽, 졸대 바탕 등의 벽면 또는 천장면에 흙손바름 마감하는 공사를 말한다.

48 강의 일반적 성질에 관한 설명으로 옳지 않은 것은?

① 탄소함유량이 증가할수록 강도는 증가한다.
② 탄소함유량이 증가할수록 비열·전기저항이 커진다.
③ 탄소함유량이 증가할수록 비중·열전도율이 올라간다.
④ 탄소함유량이 증가할수록 연신율·열팽창계수가 떨어진다.

해설
탄소함유량이 증가할수록 비중·열전도율·열팽창계수는 낮아진다.

49 인조석 및 석재 가공제품에 대한 설명 중 틀린 것은?

① 테라초는 대리석, 사문암 등의 종석을 백색 시멘트나 수지로 결합시키고 가공하여 생산한다.
② 에보나이트는 주로 가구용 테이블 상판, 실내 벽면 등에 사용된다.
③ 패블스톤은 조약돌의 질감을 내지만 백화현상의 우려가 있다.
④ 초경량 스톤패널은 로비(lobby) 및 엘리베이터의 내장재 등으로 사용된다.

해설
패블스톤(pebble stone) : 조약돌의 자연스런 질감 효과를 위한 마감재료로, 시공이 간편하며 백화현상이 없다.

50 페인트에서 연단(鉛丹), 연백(鉛白) 등을 포함시킨 도료의 용도는?

① 방수   ② 방청
③ 내열   ④ 방화

해설
방청 도료(녹막이 페인트)
방청효과가 있는 안료를 사용한 도료로서 페인트에 연단, 연백 등을 혼합하여 광명단을 만들어 사용한다.

51 다음 중 유리와 유리 사이에 유연성이 있는 강하고 투명한 플라스틱 필름을 넣고 고열로 접착시킨 유리는?

① 복층유리   ② 강화유리
③ 스팬드럴 유리   ④ 접합유리

해설
① 복층유리 : 2장 이상의 판유리 등을 나란히 넣고, 그 틈새에 압력공기를 채운 뒤 그 주변을 밀봉·봉착하여 만든 유리이다.
② 강화유리 : 유리를 가열한 후 공기를 분사하여 급랭·강화시킴으로써 투시성은 같으나 강도나 내열성을 높인 안전유리의 일종이다.
③ 스팬드럴 유리 : 플로트판유리의 한쪽 면에 세라믹질의 도료를 코팅한 후 고온에서 융착·반강화시킨 불투명한 유리이다.

52 휘발유 등의 용제에 아스팔트를 희석시켜 만든 유액으로서 방수층에 이용되는 아스팔트 제품은?

① 아스팔트 루핑   ② 아스팔트 프라이머
③ 아스팔트 싱글   ④ 아스팔트 펠트

해설
아스팔트 프라이머 : 블론 아스팔트(blown asphalt)를 휘발성 용제로 녹인 저점도의 액체로서 아스팔트 방수의 바탕처리재이다.

53 합성수지에 대한 다음 설명 중 틀린 것은?

① 요소수지 : 내수합판의 접착제로 널리 사용되며 도료, 마감재, 장식재로 쓰인다.
② 에폭시수지 : 내수성, 내약품성, 전기절연성이 우수하여 건축의 넓은 분야에 사용된다.
③ 실리콘 : 발수성은 좋지 않으며, 기포성 제품으로 가공하여 보온재나 쿠션재로 사용된다.
④ 아크릴수지 : 투명도가 높아 채광판, 도어판, 칸막이 벽 등에 쓰인다.

해설
실리콘수지는 발수성이 높아 건축물, 전기절연물 등의 방수에 쓰인다.

54 물-시멘트비가 50%일 때 시멘트 10포를 쓴 콘크리트에 필요한 물의 양을 계산하면?(단, 시멘트 1포 중량은 40kg으로 한다)

① 150L ② 200L
③ 250L ④ 300L

해설
물의 중량 = 시멘트의 중량 × 물-시멘트비
$x = (10 \times 40) \times 50\%$
$= 200kg = 200L$

55 목재의 열적 성질에 대한 설명으로 틀린 것은?

① 겉보기 비중이 작은 목재일수록 열전도율은 작다.
② 목재는 불에 타는 단점이 있으나 열전도율이 낮아 여러 가지 용도로 사용되고 있다.
③ 가벼운 목재일수록 착화되기 쉽다.
④ 열전도율은 섬유 방향이 이것에 직각인 방향보다 작다.

해설
섬유 방향에 따라서 전기전도율은 다르며 축 방향이 최대이고, 반경 방향이 최소이다.

56 자기질 점토소성제품에 대한 설명으로 옳지 않은 것은?

① 조직이 치밀하고, 도기나 석기에 비하여 강도가 높다.
② 도기질보다 낮은 1,100℃ 내외의 고온으로 소성한다.
③ 흡수성이 낮으며, 반투명한 백색을 띤다.
④ 주로 타일 및 위생도기 등에 사용된다.

해설
소성온도가 높은 것에서 낮은 순서 : 자기 → 석기 → 도기 → 토기

57 점토재료에 관한 설명 중 옳지 않은 것은?

① 점토의 주성분은 실리카(SiO_2), 알루미나(Al_2O_3) 등이다.
② 점토의 가소성이 너무 큰 경우에는 모래나 샤모트 등을 혼합하며 조절한다.
③ 보통벽돌, 기와, 토관의 원료로는 주로 석회질 점토가 사용된다.
④ 점토의 소성온도 측정법으로 제게르콘(seger cone)법이 있다.

해설
보통벽돌, 기와, 토관의 원료로는 주로 사질 점토가 사용된다.

58 연강철선을 가로세로로 대어 전기용접하여 정방형 또는 장방형으로 만들어 콘크리트 도로 바탕용 등에 처짐 및 균열에 대응하도록 만든 철물은?

① 익스팬디드 메탈
② 메탈 라스
③ 와이어 메시
④ 코너비드

해설
① 익스팬디드 메탈 : 두께 6~13mm의 연강판을 망상으로 만든 것으로, 주로 콘크리트 보강용으로 쓰인다.
② 메탈 라스(metal lath) : 얇은 강판에 마름모꼴의 구멍을 연속적으로 뚫어 그물처럼 만든 것으로 천장, 벽 등의 미장 바탕에 사용한다.
④ 코너비드 : 벽, 기둥 등의 모서리 부분의 미장바름을 보호하기 위하여 묻어 붙인 것으로, 모서리쇠라고 한다.

59 비철금속에 관한 설명으로 옳은 것은?

① 이온화 경향이 높을수록 부식되기 어렵다.
② 동의 전기전도율, 열전도율은 은 다음으로 높다.
③ 알루미늄은 산에는 침식되지만 내해수성은 우수하다.
④ 아연은 내산, 내알칼리성이 우수하여 도금제로 사용된다.

해설
① 이온화 경향이 높을수록 부식되기 쉽다.
③ 알루미늄은 표면에 치밀한 산화피막이 형성되기 때문에 대기 중에서는 부식이 쉽게 일어나지 않지만, 알칼리나 해수에는 약하다.
④ 아연은 묽은 산류에 쉽게 용해되며 그 용해도는 불순할수록 심해진다.
전기전도율이 높은 금속 순서
은(Ag) > 구리(Cu) > 금(Au) > 알루미늄(Al) > 니켈(Ni) > 크롬(Cr)

60 콘크리트의 시공연도 시험방법과 거리가 먼 것은?

① 슬럼프시험
② 플로시험
③ 체가름시험
④ 리몰딩시험

해설
체가름시험은 콘크리트의 골재시험에 쓰인다.
시공연도를 측정하는 방법
슬럼프시험, 낙하시험, 리몰딩시험, 다짐계수시험, 구관입시험, 플로시험, 비비시험 등

제4과목 건축일반

61 소방시설법령에서 규정한 소화활동설비에 속하지 않는 것은?

① 제연설비
② 연결송수관설비
③ 비상콘센트설비
④ 자동화재탐지설비

해설
자동화재탐지설비는 경보설비에 속한다.
소방시설(소방시설 설치 및 관리에 관한 법률 시행령 별표 1)
• 소화활동설비 : 화재를 진압하거나 인명구조활동을 위하여 사용하는 설비로서 다음의 것을 말한다.
 – 제연설비
 – 연결송수관설비
 – 연결살수설비
 – 비상콘센트설비
 – 무선통신보조설비
 – 연소방지설비

62 비상경보설비를 설치하여야 할 특정소방대상물의 연면적 기준은?(단, 터널 또는 사람이 거주하지 않거나 벽이 없는 축사는 제외)

① 300m² 이상
② 400m² 이상
③ 500m² 이상
④ 600m² 이상

해설
비상경보설비를 설치해야 하는 특정소방대상물(소방시설 설치 및 관리에 관한 법률 시행령 별표 4)
모래·석재 등 불연재료 공장 및 창고시설, 위험물 저장 및 처리시설 중 가스시설, 사람이 거주하지 않거나 벽이 없는 축사 등 동물 및 식물 관련 시설 및 지하구는 제외한다.
• 연면적 400m² 이상인 것은 모든 층
• 지하층 또는 무창층의 바닥 면적이 150m²(공연장의 경우 100m²) 이상인 경우에는 모든 층
• 터널로서 길이가 500m 이상인 것
• 50명 이상의 근로자가 작업하는 옥내 작업장

63 특별피난계단에 설치하는 배연설비의 구조에 대한 기준으로 옳지 않은 것은?

① 배연기에는 예비전원을 설치할 것
② 배연구 및 배연풍도는 불연재료로 할 것
③ 배연구가 외기에 접하지 아니하는 경우에는 배연기를 설치할 것
④ 배연구는 평상시에는 열린 상태를 유지하고 배연에 의한 기류로 닫히지 아니하도록 할 것

해설
특별피난계단 및 비상용 승강기의 승강장에 설치하는 배연설비의 구조(건축물의 설비기준 등에 관한 규칙 제14조 제2항)
1. 배연구 및 배연풍도는 불연재료로 하고, 화재가 발생한 경우 원활하게 배연시킬 수 있는 규모로서 외기 또는 평상시에 사용하지 아니하는 굴뚝에 연결할 것
2. 배연구에 설치하는 수동개방장치 또는 자동개방장치(열감지기 또는 연기감지기에 의한 것을 말한다)는 손으로도 열고 닫을 수 있도록 할 것
3. 배연구는 평상시에는 닫힌 상태를 유지하고, 연 경우에는 배연에 의한 기류로 인하여 닫히지 아니하도록 할 것
4. 배연구가 외기에 접하지 아니하는 경우에는 배연기를 설치할 것
5. 배연기는 배연구의 열림에 따라 자동적으로 작동하고, 충분한 공기배출 또는 가압능력이 있을 것
6. 배연기에는 예비전원을 설치할 것
7. 공기유입방식을 급기가압방식 또는 급·배기방식으로 하는 경우에는 1. 내지 6.의 규정에 불구하고 소방관계법령의 규정에 적합하게 할 것

64 벽돌쌓기 방법 중 프랑스식 쌓기에 관한 설명으로 옳지 않은 것은?

① 통줄눈이 생겨서 영국식 쌓기에 비하여 튼튼하지 않은 편이다.
② 미관을 위주로 하는 벽체 또는 벽돌담 등에 쓰인다.
③ 벽의 모서리나 끝에는 반절 또는 이오토막을 쓰지 않고 칠오토막을 사용한다.
④ 한 켜에서 마구리와 길이를 번갈아 놓아 쌓고, 다음 켜는 마구리가 길이의 중심부에 놓이게 쌓는다.

해설
③은 네덜란드식 쌓기에 대한 설명이다.

65 상업지역 및 주거지역에서 건축물에 설치하는 냉방시설 및 환기시설의 배기구는 도로면으로부터 몇 m 이상의 높이에 설치해야 하는가?

① 1.8m 이상   ② 2m 이상
③ 3m 이상   ④ 4.5m 이상

해설
건축물의 냉방설비 등(건축물의 설비기준 등에 관한 규칙 제23조)
상업지역 및 주거지역에서 건축물에 설치하는 냉방시설 및 환기시설의 배기구와 배기장치의 설치는 다음의 기준에 모두 적합해야 한다.
• 배기구는 도로면으로부터 2m 이상의 높이에 설치할 것
• 배기장치에서 나오는 열기가 인근 건축물의 거주자나 보행자에게 직접 닿지 아니하도록 할 것
• 건축물의 외벽에 배기구 또는 배기장치를 설치할 때에는 외벽 또는 다음의 기준에 적합한 지지대 등 보호장치와 분리되지 아니하도록 견고하게 연결하여 배기구 또는 배기장치가 떨어지는 것을 방지할 수 있도록 할 것
  – 배기구 또는 배기장치를 지탱할 수 있는 구조일 것
  – 부식을 방지할 수 있는 자재를 사용하거나 도장(塗裝)할 것

66 철골보에서 웨브의 국부좌굴을 방지하기 위하여 사용하는 보강재는?

① 윙플레이트
② 스티프너
③ 거셋 플레이트
④ 브래킷

해설
스티프너
철골구조에서 판보에 작용하는 전단응력도가 클 경우 좌굴 방지를 위해 웨브판에 덧대는 보강재이다.

67 연면적 20m²를 초과하는 건축물에 설치하는 계단의 구조에 관한 기준 내용 중에서 옳지 않은 것은?

① 계단의 유효 높이는 1.8m 이상으로 할 것
② 높이가 3m를 넘는 계단에는 높이 3m 이내마다 너비 1.2m 이상의 계단참을 설치할 것
③ 높이가 1m를 넘는 계단 및 계단참의 양옆에는 난간을 설치할 것
④ 초등학교의 계단인 경우에는 계단 및 계단참의 너비는 150cm 이상으로 할 것

해설
계단의 설치기준(건축물의 피난·방화구조 등의 기준에 관한 규칙 제15조 제1항)
- 높이가 3m를 넘는 계단에는 높이 3m 이내마다 유효 너비 120cm 이상의 계단참을 설치할 것
- 높이가 1m를 넘는 계단 및 계단참의 양옆에는 난간(벽 또는 이에 대치되는 것을 포함한다)을 설치할 것
- 너비가 3m를 넘는 계단에는 계단의 중간에 너비 3m 이내마다 난간을 설치할 것. 다만, 계단의 단높이가 15cm 이하이고, 계단의 단너비가 30cm 이상인 경우에는 그러하지 아니하다.
- 계단의 유효 높이(계단의 바닥마감면부터 상부 구조체의 하부 마감면까지의 연직 방향의 높이를 말한다)는 2.1m 이상으로 할 것

68 중세의 건축 양식이 시대순으로 바르게 나열된 것은?

① 초기 기독교 양식 – 르네상스 양식 – 비잔틴 양식 – 고딕 양식
② 초기 기독교 양식 – 고딕 양식 – 르네상스 양식 – 비잔틴 양식
③ 초기 기독교 양식 – 고딕 양식 – 비잔틴 양식 – 르네상스 양식
④ 초기 기독교 양식 – 비잔틴 양식 – 고딕 양식 – 르네상스 양식

해설
초기 기독교(기원전 2세기~3세기 초) – 비잔틴(4세기~10세기) – 로마네스크(11세기 후반) – 고딕(12세기 후반)

69 다음 중 화재예방·소방시설 설치유지 및 안전관리에 관한 법령상 방염대상물품에 속하지 않는 것은?

① 두께 2mm 미만의 종이벽지
② 무대용 섬유판
③ 창문에 설치하는 커텐류
④ 전시용 합판

해설
※ 문제에 해당하는 법이 분법되어 다음과 같이 변경되었습니다.
화재예방, 소방시설 설치·유지 및 안전관리에 관한 법률 시행령
→ 소방시설 설치 및 관리에 관한 법률 시행령
방염대상물품 및 방염성능기준(소방시설 설치 및 관리에 관한 법률 시행령 31조)
- 제조 또는 가공 공정에서 방염처리를 한 물품
- 창문에 설치하는 커튼류(블라인드를 포함)
- 카펫
- 벽지류(두께가 2mm 미만인 종이벽지는 제외)
- 전시용 합판·목재 또는 섬유판, 무대용 합판·목재 또는 섬유판(합판·목재류의 경우 불가피하게 설치현장에서 방염처리한 것을 포함)
- 암막·무대막(영화상영관에 설치하는 스크린과 가상체험체육시설업에 설치하는 스크린 포함)
- 섬유류 또는 합성수지류 등을 원료로 하여 제작된 소파·의자(단란주점영업, 유흥주점영업 및 노래연습장업의 영업장에 설치하는 것으로 한정)

66 ② 67 ① 68 ④ 69 ①

70 오피스텔과 공동주택의 난방설비를 개별 난방방식으로 하는 경우의 기준으로 옳지 않은 것은?

① 보일러는 거실 외의 곳에 설치하고 보일러를 설치하는 곳과 거실 사이의 경계벽은 출입구를 포함하여 불연재료로 마감한다.
② 보일러실의 윗부분에는 0.5m² 이상의 환기창을 설치한다.
③ 오피스텔의 경우에는 난방구획을 방화구획으로 구획한다.
④ 기름보일러를 설치하는 경우에는 기름저장소를 보일러실 외의 다른 곳에 설치한다.

해설
개별난방설비(건축물의 설비기준 등에 관한 규칙 제13조 제1항)
공동주택과 오피스텔의 난방설비를 개별 난방방식으로 하는 경우에는 다음의 기준에 적합해야 한다.
• 보일러는 거실 외의 곳에 설치하되, 보일러를 설치하는 곳과 거실 사이의 경계벽은 출입구를 제외하고는 내화구조의 벽으로 구획할 것
• 보일러실의 윗부분에는 그 면적이 0.5m² 이상인 환기창을 설치하고, 보일러실의 윗부분과 아랫부분에는 각각 지름 10cm 이상의 공기흡입구 및 배기구를 항상 열려 있는 상태로 바깥공기에 접하도록 설치할 것. 다만, 전기보일러의 경우에는 그러하지 아니하다.
• 보일러실과 거실 사이의 출입구는 그 출입구가 닫힌 경우에는 보일러가스가 거실에 들어갈 수 없는 구조로 할 것
• 기름보일러를 설치하는 경우에는 기름저장소를 보일러실 외의 다른 곳에 설치할 것
• 오피스텔의 경우에는 난방구획을 방화구획으로 구획할 것
• 보일러의 연도는 내화구조로서 공동연도로 설치할 것

71 철근콘크리트구조의 특징에 관한 설명으로 옳지 않은 것은?

① 인장력을 받는 부분에는 철근을 보강하여야 한다.
② 철근을 콘크리트로 피복하므로 내구성이 우수하다.
③ 철골구조에 비하여 장스팬 건축물이나 연약지반 조건의 건축에도 유리하게 사용된다.
④ 철골구조에 비하여 내화성이 우수하다.

해설
장스팬 건축물이나 고층 건물에는 철근콘크리트구조보다 철골구조가 더 좋다.

72 열교현상에 대한 설명으로 옳지 않은 것은?

① 구조체 전체의 단열성이 저하된다.
② 건물 부위에 단열의 불연속성에 의해 발생한다.
③ 천장에 얼룩무늬현상이 발생된다.
④ 열교 방지를 위해 내단열이 권장된다.

해설
외단열로 하면 건물의 열교현상을 방지할 수 있다.

73 점광원으로부터 R[m] 떨어진 장소에서 빛의 방향과 수직인 면의 조도[lx]는?(단, 광도는 I[cd]이다)

① RI ② R^2I
③ $\dfrac{I}{R}$ ④ $\dfrac{I}{R^2}$

해설
조도[lx] = $\dfrac{광도}{(거리)^2}$

조도는 광도(I)에 비례하고 거리(R)의 제곱에 반비례의 관계를 갖는다.

정답 70 ① 71 ③ 72 ④ 73 ④

74 제연설비를 설치하여야 하는 특정소방대상물에 해당되지 않는 것은?

① 갓복도형 아파트에 부설된 특별피난계단
② 문화 및 집회시설로서 무대부의 바닥 면적이 200m² 이상인 것
③ 문화 및 집회시설 중 영화상영관으로서 수용인원 100인 이상인 것
④ 지하층에 설치된 숙박시설로서 해당 용도에 사용되는 바닥 면적의 합계가 1,000m² 이상인 것

> **해설**
> 제연설비를 설치해야 하는 특정소방대상물(소방시설 설치 및 관리에 관한 법률 시행령 별표 4)
> - 문화 및 집회시설, 종교시설, 운동시설로서 무대부의 바닥 면적이 200m² 이상인 경우에는 해당 무대부
> - 문화 및 집회시설 중 영화상영관으로서 수용인원 100명 이상인 경우에는 해당 영화상영관
> - 지하층이나 무창층에 설치된 근린생활시설, 판매시설, 운수시설, 숙박시설, 위락시설, 의료시설, 노유자시설 또는 창고시설(물류터미널로 한정한다)로서 해당 용도로 사용되는 바닥 면적의 합계가 1,000m² 이상인 경우 해당 부분
> - 운수시설 중 시외버스정류장, 철도 및 도시철도 시설, 공항시설 및 항만시설의 대기실 또는 휴게시설로서 지하층 또는 무창층의 바닥 면적이 1,000m² 이상인 경우에는 모든 층
> - 지하상가로서 연면적 1,000m² 이상인 것
> - 예상 교통량, 경사도 등 터널의 특성을 고려하여 행정안전부령으로 정하는 터널
> - 특정소방대상물(갓복도형 아파트 등은 제외)에 부설된 특별피난계단 또는 비상용 승강기의 승강장 또는 피난용 승강기의 승강장

75 무창층의 개구부 면적을 계산하는 데 있어 이 개구부에 해당되기 위한 기준으로 옳지 않은 것은?

① 크기는 지름 50cm 이상의 원이 내접할 수 있는 크기일 것
② 해당 층의 바닥면으로부터 개구부 밑부분까지의 높이가 1.5m 이내일 것
③ 도로 또는 차량이 진입할 수 있는 빈터를 향할 것
④ 내부 또는 외부에서 쉽게 부수거나 열 수 있을 것

> **해설**
> 정의(소방시설 설치 및 관리에 관한 법률 시행령 제2조)
> '무창층(無窓層)'이란 지상층 중 다음의 요건을 모두 갖춘 개구부(건축물에서 채광·환기·통풍 또는 출입 등을 위하여 만든 창·출입구, 그 밖에 이와 비슷한 것을 말한다)의 면적의 합계가 해당 층의 바닥 면적의 1/30 이하가 되는 층을 말한다.
> - 크기는 지름 50cm 이상의 원이 통과할 수 있는 크기일 것
> - 해당 층의 바닥면으로부터 개구부 밑부분까지의 높이가 1.2m 이내일 것
> - 도로 또는 차량이 진입할 수 있는 빈터를 향할 것
> - 화재 시 건축물로부터 쉽게 피난할 수 있도록 창살이나 그 밖의 장애물이 설치되지 아니할 것
> - 내부 또는 외부에서 쉽게 부수거나 열 수 있을 것

76 건축물에 설치하는 방화벽의 구조에 관한 기준으로 옳지 않은 것은?

① 방화벽에 설치하는 출입문의 너비 및 높이는 각각 2.5m 이하로 한다.
② 방화벽에 설치하는 출입문은 30분 방화문으로 한다.
③ 내화구조로서 홀로 설 수 있는 구조로 한다.
④ 방화벽의 양쪽 끝과 위쪽 끝을 건축물의 외벽면 및 지붕면으로부터 0.5m 이상 튀어나오게 한다.

> **해설**
> 방화벽의 구조(건축물의 피난·방화구조 등의 기준에 관한 규칙 제21조)
> 방화벽에 설치하는 출입문의 너비 및 높이는 각각 2.5m 이하로 하고, 해당 출입문에는 60분+ 방화문 또는 60분 방화문을 설치할 것

77 피난안전구역의 구조 및 설비에 관한 기준 내용으로 옳지 않은 것은?

① 피난안전구역의 높이는 1.8m 이상일 것
② 피난안전구역의 내부 마감재료는 불연재료로 설치할 것
③ 비상용 승강기는 피난안전구역에 승하차할 수 있는 구조로 설치할 것
④ 건축물의 내부에서 피난안전구역으로 통하는 계단은 특별피난계단의 구조로 설치할 것

해설
피난안전구역의 설치기준(건축물의 피난·방화구조 등의 기준에 관한 규칙 제8조의2)
피난안전구역의 높이는 2.1m 이상일 것

78 다음은 스프링클러설비를 설치하여야 하는 특정소방대상물에 대한 기준 내용이다. ( ) 안에 알맞은 것은?

> 판매시설로서 바닥 면적의 합계가 (㉠) 이상이거나 수용인원이 (㉡) 이상인 경우에 모든 층

① ㉠ 5,000m², ㉡ 300명
② ㉠ 5,000m², ㉡ 500명
③ ㉠ 10,000m², ㉡ 300명
④ ㉠ 10,000m², ㉡ 500명

해설
스프링클러설비(위험물 저장 및 처리 시설 중 가스시설 또는 지하구는 제외한다)를 설치해야 하는 특정소방대상물(소방시설 설치 및 관리에 관한 법률 시행령 별표 4)
판매시설, 운수시설 및 창고시설(물류터미널에 한정한다)로서 바닥 면적의 합계가 5,000m² 이상이거나 수용인원이 500명 이상인 경우에는 모든 층

79 건축허가 등을 할 때 미리 소방본부장 또는 소방서장의 동의를 받아야 하는 대상 건축물의 층수 기준은?

① 3층 이상
② 6층 이상
③ 10층 이상
④ 12층 이상

해설
건축허가 등의 동의대상물의 범위 등(소방시설 설치 및 관리에 관한 법률 시행령 제7조)
건축허가 등을 할 때 미리 소방본부장 또는 소방서장의 동의를 받아야 하는 건축물 등의 범위는 다음과 같다.
- 연면적이 400m² 이상인 건축물이나 시설. 다만, 다음의 어느 하나에 해당하는 건축물이나 시설은 해당 기준 이상인 건축물이나 시설로 한다.
  - 건축 등을 하려는 학교시설 : 100m² 이상
  - 노유자시설 및 수련시설 : 200m² 이상
  - 정신의료기관(입원실이 없는 정신건강의학과 의원은 제외) : 300m² 이상
  - 장애인의료재활시설 : 300m² 이상
- 지하층 또는 무창층이 있는 건축물로서 바닥 면적이 150m²(공연장의 경우에는 100m²) 이상인 층이 있는 것
- 차고·주차장 또는 주차용도로 사용되는 시설로서 다음의 어느 하나에 해당하는 것
  - 차고·주차장으로 사용되는 바닥 면적이 200m² 이상인 층이 있는 건축물이나 주차시설
  - 승강기 등 기계장치에 의한 주차시설로서 자동차 20대 이상을 주차할 수 있는 시설
- 층수가 6층 이상인 건축물

80 한국의 전통건축에서 주두의 일반적인 기능과 가장 거리가 먼 것은?

① 구조적 불안정의 교정
② 조형미의 교정
③ 시각적 불안감의 교정
④ 권위성의 교정

해설
주두는 기둥의 상부에 결구되어 상부의 공포를 받치는 부재로 위에서 오는 하중을 평방이나 기둥으로 전달하는 받침대 역할을 한다.

정답 77 ① 78 ② 79 ② 80 ④

2022년 제1회 과년도 기출복원문제

제1과목 실내디자인 계획

01 선의 조형효과에 관한 설명으로 옳지 않은 것은?

① 수평선은 영원, 무한, 안정, 평화의 느낌을 준다.
② 수직선은 상승, 존엄 등 종교적 느낌을 준다.
③ 사선은 침착, 안정과 같은 정적인 느낌을 준다.
④ 곡선은 유연함, 우아함 등 여성적인 느낌을 준다.

해설
사선은 불안, 운동감, 속도감 등 동적인 느낌을 준다.

02 다음 설명과 가장 관련된 형태의 지각심리는?

> 여러 종류의 형들이 모두 일정한 규모, 색채, 질감, 명암, 윤곽선을 갖고 모양만이 다를 경우에는 모양에 따라 그룹화되어 지각된다.

① 유사성
② 근접성
③ 연속성
④ 폐쇄성

해설
형태의 지각심리(게슈탈트의 지각심리)
- 유사성 : 형태, 규모, 색채, 질감 등에 있어서 유사한 시각적 요소들이 서로 연관되어 자연스럽게 그룹핑(grouping)하여 하나의 패턴으로 보인다는 법칙이다.
- 접근성(근접성) : 보다 더 가까이 있는 두 개 또는 그 이상의 시각요소는 패턴이나 그룹으로 지각될 가능성이 크다는 법칙이다.
- 연속성 : 유사한 배열이 하나의 묶음으로 지각되는 것으로 공동운명의 법칙이라고 한다.
- 폐쇄성 : 시각요소들이 어떤 형성을 지각하게 하는 데 있어서 폐쇄된 느낌을 주는 법칙이다.

03 디자인에 있어서 구심적 활동으로 변화와 함께 모든 조형에 대해 아름다움(美)의 근원이 되는 원리는 무엇인가?

① 통일
② 대비
③ 균형
④ 리듬

해설
① 통일 : 이질(異質)의 각 구성요소들이 전체로서 동일한 이미지를 갖게 하는 것으로, 변화와 함께 모든 조형에 대한 미의 근원이 되는 원리이다.
② 대비(대조) : 서로 다른 특성을 가진 요소를 같은 공간에 배열할 때 서로의 특성을 더욱 돋보이게 하는 현상이다.
③ 균형 : 디자인 요소들의 상호작용이 하나의 지점에서 역학적으로 평형을 갖거나 전체의 그룹 안에서 서로 균등함을 이루고 있는 상태를 말한다.
④ 리듬 : 규칙적인 요소들의 반복으로 나타나는 통제된 운동감이며, 시각적으로 디자인에 질서를 부여한다.

04 르 코르뷔지에의 모듈러에서 설명된 인체의 기본 치수로 옳지 않은 것은?

① 기본 신장 : 183cm
② 배꼽까지의 높이 : 113cm
③ 손을 들었을 때 손끝까지 높이 : 226cm
④ 어깨까지의 높이 : 162cm

해설
르 코르뷔지에의 모듈러에서 기본 신장(183cm), 배꼽까지의 높이(113cm), 손을 들었을 때 손끝까지 높이(226cm)는 규정되어 있으나 어깨까지의 높이는 규정되어 있지 않다.

정답 1 ③ 2 ① 3 ① 4 ④

05 장식물의 선정과 배치상의 주의사항으로 옳지 않은 것은?

① 좋고 귀한 것은 돋보일 수 있도록 많이 진열한다.
② 여러 장식품들이 서로 조화를 이루도록 배치한다.
③ 계절에 따른 변화를 시도할 수 있는 여지를 남긴다.
④ 형태, 스타일, 색상 등이 실내 공간과 어울리도록 한다.

해설
좋고 귀한 것은 돋보일 수 있도록 적게 진열한다.

06 실내 공간의 구성요소에 관한 설명으로 옳지 않은 것은?

① 천장의 높이는 실내 공간의 사용목적과 깊은 관계가 있다.
② 바닥을 높이거나 낮게 함으로서 공간영역을 구분·분리할 수 있다.
③ 여닫이문은 밖으로 여닫는 것이 원칙이나 비상문의 경우 안여닫이로 한다.
④ 벽의 높이가 가슴 정도이면 주변 공간에 시각적 연속성을 주면서도 특정 공간을 감싸는 느낌을 줄 수 있다.

해설
일반적으로 사용되는 경우에는 안여닫이로 하고, 비상시 사용되는 경우는 밖으로 여닫는다.

07 주택의 부엌계획에 관한 설명으로 옳은 것은?

① 부엌의 색채는 가급적 고채도, 저명도의 색을 사용하는 것이 좋다.
② 작업대 하나의 길이는 400mm를 기준으로 하되, 작업영역 치수인 1,500mm를 넘지 않도록 한다.
③ 부엌의 분위기는 일반적으로 수납장의 색깔과 질감보다는 벽체의 마감재에 의해 결정된다.
④ 아일랜드형의 부엌에는 주로 개방된 공간의 오픈 시스템에서 사용되며 공간이 큰 경우에 적합하다.

해설
아일랜드형 부엌
• 부엌의 작업대가 식당이나 거실 등으로 개방된 형태의 부엌이다.
• 가족 구성원 모두가 부엌일에 참여하는 것을 유도할 수 있다.
• 공간을 많이 차지하기 때문에 공간이 넉넉해야 한다.
• 개방성이 큰 만큼 부엌의 청결과 유지관리가 중요하다.

08 개방형 사무실(open office)에 관한 설명으로 옳지 않은 것은?

① 소음이 적고 프라이버시가 확보된다.
② 전체 면적을 유용하게 사용할 수 있다.
③ 실의 길이나 깊이에 변화를 줄 수 있다.
④ 주변 공간과 관련하여 깊은 구역의 활용이 용이하다.

해설
소음과 프라이버시의 확보가 문제되며 산만한 분위기로 작업능률이 저하될 수 있다.

정답 5 ① 6 ③ 7 ④ 8 ①

09 다음 중 대형 업무용 빌딩에서 공적인 문화 공간의 역할을 담당하기에 가장 적절한 공간은?

① 로비 공간　　② 회의실 공간
③ 직원 라운지　④ 비즈니스 센터

해설
대형 건물의 로비는 동선의 시작점인 출입구부터 이어져 있으며, 공적인 문화 공간의 역할을 담당한다.

10 상점에서 쇼윈도, 출입구 및 홀의 입구 부분을 포함한 평면적인 구성요소와 아케이드, 광고판, 사인 및 외부 장치를 포함한 입면적인 구성요소의 총체를 뜻하는 용어는?

① VMD　　② AIDMA
③ 파사드　④ 디스플레이

해설
① 비주얼 머천다이징(VMD ; Visual Merchandising) : 상품계획, 상점계획, 판촉, 접객 서비스 등의 제반요소를 시각적으로 구체화하여 상점 이미지를 고객에게 인식시키는 표현전략이다.
② AIDMA : 상점계획에서 요구되는 5가지 광고요소로 Attention(주의), Interest(흥미, 관심), Desire(욕망, 욕구), Memory(기억), Action(행동)을 의미한다.
④ 디스플레이 : 전시란 공간을 구성하는 모든 시각적 요소를 계획적으로 전시하여 공간의 메시지를 시각화하는 작업의 기술적 표현방법이다.

11 동선계획에 관한 설명으로 옳은 것은?

① 동선 속도가 빠른 경우 단차이를 두거나 계단을 만들어준다.
② 동선의 빈도가 높은 경우 동선 거리를 연장하고 곡선으로 처리한다.
③ 동선의 하중이 큰 경우 통로의 폭을 좁게 하고 쉽게 식별할 수 있도록 한다.
④ 동선이 복잡해질 경우 별도의 통로 공간을 두어 동선을 독립시킨다.

해설
① 동선 속도가 빠른 경우 요철이나 단차이를 두지 않고 평면적으로 처리한다.
② 동선의 빈도가 높은 경우 동선은 가능한 한 짧고 직선적이 되도록 한다.
③ 동선의 하중이 큰 경우 주 통로의 폭을 넓게 하고 쉽게 식별할 수 있도록 한다.

12 쇼룸(show room)에 관한 설명으로 옳지 않은 것은?

① 일반적으로 PR보다는 판매를 위주로 한다.
② 일반 매장과는 다르게 공간적으로 여유가 있다.
③ 쇼룸의 연출은 되도록 개념, 대상물, 효과라는 3단계가 종합적으로 디자인되어야 한다.
④ 상업적 쇼룸에는 필요한 경우 사용이나 작동을 위한 테스팅 룸(testing room)을 배치한다.

해설
쇼룸(show room)은 판매를 직접 목적으로는 하지 않으나 선전을 위해 넓은 공간을 조형처리하여 전시효과를 올린다.

13 색의 경연감에 관한 설명으로 틀린 것은?

① 고명도, 저채도 색이 부드러운 느낌을 준다.
② 난색계, 고채도 색은 흥분색이다.
③ 라이트(light) 색조는 부드러운 느낌을 준다.
④ 한색보다 난색이 딱딱한 느낌을 준다.

해설
채도가 낮고 명도가 높은 색은 부드러운 느낌을 준다.
색의 경연감
색채의 부드럽고 딱딱한 느낌을 주는 경연감은 색의 채도 및 명도에 따라 결정된다.
• 연감 : 난색계의 저채도, 고명도
• 경감 : 한색계의 저명도, 고채도

14 무채색과 유채색의 대비에서 일어나지 않는 대비 현상은?

① 명도대비   ② 색상대비
③ 채도대비   ④ 보색대비

해설
색상대비는 색상이 서로 다른 색들끼리의 영향으로 인하여 색상 차이가 커 보이는 현상을 말한다.

15 전시실의 순회 유형 중 연속순회형식에 대한 설명으로 옳은 것은?

① 뉴욕의 근대미술관, 뉴욕의 구겐하임 미술관이 대표적이다.
② 동선이 단순하고 공간을 절약할 수 있는 장점이 있다.
③ 중심부에 하나의 큰 홀을 두고 그 주위에 각 전시실을 배치한 형식으로 장래의 확장에 유리하다.
④ 각 실에 직접 들어갈 수가 있는 점이 유리하며, 필요시에는 자유로이 독립적으로 폐쇄할 수가 있다.

해설
①·③ : 중앙홀형에 대한 설명이다.
④ : 갤러리(gallery) 및 복도형에 대한 설명이다.
연속순회형식
긴 직사각형 또는 다각형 평면의 전시실이 연속적으로 연결된 형식으로 관람자는 연속적으로 이어지는 동선을 따라 관람하게 된다.

16 스펙트럼 분광색의 파장이 긴 색부터 파장이 짧은 색으로 나열된 것은?

① 노랑 – 파랑 – 주황
② 빨강 – 보라 – 초록
③ 보라 – 빨강 – 노랑
④ 노랑 – 초록 – 파랑

해설
스펙트럼 분광색의 파장은 빨강, 주황, 노랑, 초록, 파랑, 남색, 보라의 순이다.

17 영-헬름홀츠 색지각설의 3원색은?

① 빨강(red), 녹색(green), 파랑(blue)
② 사이안(cyan), 마젠타(magenta), 노랑(yellow)
③ 흰색(white), 회색(gray), 검정(black)
④ 빨강(red), 노랑(yellow), 파랑(blue)

해설
영-헬름홀츠의 3원색설
스펙트럼에서 3색광(적, 녹, 청)의 추상체 반응과정을 가정하였다.

18 컬러 TV의 브라운관 형광면에는 적(red), 녹(green), 청(blue)색들이 발광하는 미소한 형광 물체에 의하여 혼색된다. 이러한 혼색방법은?

① 동시감법혼색
② 계시가법혼색
③ 병치가법혼색
④ 색료감법혼색

해설
병치가법혼색(중간혼합, 병치혼색)
서로 다른 색이 조밀하게 병치되어 있어 서로 혼합되어 보이는 현상을 말한다. 점묘법, 모자이크, 직물의 색, 원색인쇄, TV의 화면에서 발견되는 색의 혼색방법이다.

19 먼셀 색체계에 관한 설명 중 틀린 것은?

① 모든 색상의 채도 위치가 같아 배색이 용이하다.
② 색상, 명도, 채도의 3속성을 기호로 한 3차원 체계이다.
③ 먼셀 색상은 R, Y, G, B, P를 기본색으로 한다.
④ 한국산업표준으로 제정되고 교육용으로 제정된 색체계이다.

해설
색상마다 최고 채도의 위치는 다르다. 즉, 채도는 중심축인 무채색이 0이고, 색의 순도에 따라 채도값을 1~14단계로 표기하며, 그 색상에서 가장 순수한 색의 채도값이 최대가 된다.

20 색체계(色體系)에서 "규칙적으로 선택된 색은 조화된다."라는 원리는?

① 동류성의 원리
② 질서의 원리
③ 친근성의 원리
④ 명료성의 원리

해설
저드(Judd)의 조화론
• 질서의 원리 : 규칙적으로 선택된 색들은 질서 있는 조화가 이루어져서 효과적인 반응을 얻을 수 있다. 색상, 명도, 톤 등 통일적이고 규칙적인 단계를 가지고 있어야 한다.
• 명료성(비모호성, 명백성)의 원리 : 색을 배합하는 방법이나 면적의 배분이 애매하지 않고 명료하게 선택된 배색이 조화가 잘 이루어진다. 색상, 명도, 채도의 차이가 확실하면 색들이 조화를 이루며 비슷한 색이나 면적은 조화하기 어렵다.
• 친근감(친밀성, 숙지)의 원리 : 사람들이 쉽게 접하는 색은 친근감을 주며, 조화를 느끼게 한다.
• 동류성(유사성, 공통성)의 원리 : 가장 가까운 색끼리의 배색은 친근감과 조화를 느끼게 하고 공통된 상태와 성질을 가지고 있는 색채군은 조화한다. 색상, 명도, 채도의 차이가 적으며, 색채의 속성이 공통적으로 느껴지면 조화한다.

정답 17 ① 18 ③ 19 ① 20 ②

제2과목 실내디자인 시공 및 재료

21 횡선식 공정표의 특징으로 옳지 않은 것은?

① 공정별 공사와 전체 공정기간을 한번에 쉽게 알아볼 수 있다.
② 각 공정별 공사의 착수와 종료일의 판단이 용이하다.
③ 공사의 진척사항을 기입할 수 없어 예정과 실시를 비교하기 어렵다.
④ 가장 많이 사용하는 공정표로 초보자도 쉽게 확인할 수 있다.

해설
횡선식 공정표는 공정표에 공사의 진척사항을 기입하고 예정과 실시를 비교하면서 관리할 수 있다.

22 콘크리트의 성질 중 거푸집에 용이하게 충전할 수 있는 정도, 즉 거푸집 등의 형상에 순응하여 채우기 쉽고, 분리가 일어나지 않는 성질은 무엇인가?

① 컨시스턴시
② 플라스티시티
③ 피니셔빌리티
④ 펌퍼빌리티

해설
② 플라스티시티 : 거푸집에 용이하게 충전할 수 있는 정도를 의미한다.
① 컨시스턴시 : 콘크리트 반죽의 질기를 뜻한다.
③ 피니셔빌리티 : 마감성의 난이를 표시하는 성질이다.
④ 펌퍼빌리티 : 펌프에 의한 운반을 실시하는 경우 콘크리트의 압송성을 의미한다.

23 표준형 벽돌로 구성한 벽체를 내력벽 1.5B로 할 때 벽두께로 옳은 것은?

① 290mm   ② 390mm
③ 490mm   ④ 580mm

해설
벽돌벽의 두께(벽돌 1장의 단위 : B)

벽돌벽의 두께	표준형 벽돌 (190 × 90 × 57mm)
0.5B	90mm
1.0B	190mm
1.5B	290mm
2.0B	390mm
2.5B	490mm

24 홈줄을 넣은 외부 바닥용 타일로 시유 또는 무유의 석기질 타일의 명칭은?

① 모자이크 타일   ② 클링커 타일
③ 논슬립 타일   ④ 세라믹 타일

해설
클링커 타일(clinker tile)
석기질 타일의 일종으로 비교적 다른 타일에 비해 두꺼우며, 홈줄을 넣은 외장 바닥용(화장실의 내벽, 바닥 등)으로 사용한다.

25 다음 금속 중 이온화 경향이 큰 것부터 순서대로 나열한 것은?

① Al > Ni > Fe > Cu
② Fe > Cu > Al > Ni
③ Fe > Al > Cu > Ni
④ Al > Fe > Ni > Cu

해설
금속의 이온화 경향
K > Ca > Na > Mg > Al > Zn > Fe > Ni > Sn > Pb > [H] > Cu > Hg > Ag > Pt > Au

정답 21 ③ 22 ② 23 ① 24 ② 25 ④

26 각종 금속의 성질에 관한 설명으로 옳지 않은 것은?

① 알루미늄은 콘크리트와 접촉하면 침식된다.
② 동은 대기 중에서는 내구성이 있으나 암모니아에는 침식되기 쉽다.
③ 동은 주물로 하기 어려우나 청동이나 황동은 쉽다.
④ 납은 방사선 투과율이 높으며, 주조 가공성 및 단조성이 우수하다.

해설
납은 내식성이 우수하고 방사선의 투과도가 낮아 방사선 차폐용 벽체에 이용된다.

27 자체 유동성을 가지고 있어 평탄하게 되는 성질을 활용해 바닥공사용으로 사용되는 재료는?

① 테라초
② 에칭 프라이머
③ 셀프 레벨링재
④ 평탄석

해설
주로 사용되는 석고계 셀프 레벨링재는 석고, 모래, 경화지연제 및 유동화제로 구성된다.

28 다음 중 목조 반자틀의 구성부재가 아닌 것은?

① 달대
② 멍에
③ 달대받이
④ 반자틀받이

해설
멍에는 목조 바닥의 구성부재이다.
목조 반재틀의 구성부재 : 달대받이, 달대, 반자틀받이, 반자틀, 반자돌림대

29 도장재료 중 금속면의 화학적 표면처리재용으로 가장 적합한 것은?

① 에칭 프라이머
② 셀락니스
③ 크레오소트유
④ 캐슈

해설
워시 프라이머(에칭 프라이머) : 금속면의 바름 바탕처리, 녹방지 도막 형성를 위한 도료이다.

30 석탄산과 포르말린의 축합반응에 의하여 얻어지는 합성수지로서 전기절연성, 내수성이 우수하며 덕트, 파이프, 접착제, 배전판 등에 사용되는 열경화성 합성수지는?

① 페놀수지
② 아크릴수지
③ 불소수지
④ 멜라민수지

해설
② 아크릴수지 : 투명성, 착색성이 우수하며 평판, 골판 등 각종 형태의 성형품으로 만들어 채광판, 도어판, 칸막이 벽 등에 쓰인다.
③ 불소수지 : 부식 약품이나 유기용제, 각종 파이프, 튜브, 패킹에 사용된다.
④ 멜라민수지 : 내열성·전기절연성이 우수하며 마감재, 전기부품, 판재류, 식기류, 전화기 등에 쓰인다.

31 FRP(Fiber Reinforced Plastics)에 대한 설명으로 틀린 것은?

① 내약품성이 우수하다.
② 투광성이 우수하다.
③ 비강도가 적다.
④ 욕조, 정화조 등에 사용된다.

해설
FRP(Fiber Reinforced Plastics) : 유리섬유로 강화된 플라스틱으로 재료 중 비강도(단위 중량에 대한 강도와 비탄성계수, 단위 중량에 대한 탄성계수)가 크고 내부식 및 내구성이 우수하여 항공, 조선, 우주, 자동차 및 레저산업의 재료로 이용되고 있다.

32 투명성, 착색성, 내후성이 우수하며, 표면의 손상이 쉽고 열에 약한 합성수지는?

① 폴리스티렌수지
② 아크릴수지
③ 초산비닐수지
④ 폴리에틸렌수지

해설
아크릴수지
투명도가 높아 유기유리라고도 불리며 착색이 자유롭고 내충격강도가 크며 채광판, 도어판, 칸막이 벽 제조에 적합한 합성수지이다.

33 건축공사의 공사원가 계산방법으로 옳지 않은 것은?

① 재료비 = 재료량×단위당 가격
② 경비 = 소요(소비)량×단위당 가격
③ 고용보험료 = 재료비×고용보험요율(%)
④ 일반관리비 = 공사원가×일반관리비율(%)

해설
고용보험료 = 노무비×고용보험요율(%)

34 도급공사는 공사 실시방식에 따른 분류와 공사비 지불방식에 따른 분류로 구분할 수 있다. 다음 중 공사 실시방식에 따른 분류에 해당하는 것은?

① 분할도급
② 정액도급
③ 단가도급
④ 실비청산보수가산도급

해설
도급공사
• 공사 실시방식에 따른 분류 : 일식도급, 분할도급, 공동도급
• 공사비 지불방식에 따른 분류 : 정액도급, 단가도급, 실비청산(정산)보수가산도급

35 콘크리트 혼화재료 중 플라이애시(fly ash)에 관한 설명으로 틀린 것은?

① 콘크리트의 워커빌리티(workability)를 좋게 한다.
② 주성분은 탄소(C)이다.
③ 콘크리트의 수밀성을 향상시킨다.
④ 콘크리트의 수화 초기 시의 발열량을 감소시킨다.

해설
플라이애시의 주성분은 SiO_2, Al_2O_3, Fe_2O_3 등이다.

정답 31 ③ 32 ② 33 ③ 34 ① 35 ②

36 네트워크 공정표의 특성에 관한 설명으로 틀린 것은?

① 개개의 작업이 도시되어 있어 프로젝트 전체 및 부분 파악이 용이하다.
② 작업 순서 관계가 명확하여 공사 담당자 간의 정보교환이 원활하다.
③ 네트워크 기법의 표시상의 제약으로 작업의 세분화 정도에는 한계가 있다.
④ 공정표가 단순하여 경험이 적은 사람도 이용하기 쉽다.

해설
네트워크 공정표를 능숙하게 작성하기 위해서는 시간과 경험이 요구된다.

37 다음은 재해가 발생하였을 때 조치요령이다. 조치 순서로 맞는 것은?

> ㉠ 운전 정지
> ㉡ 2차 재해 방지
> ㉢ 피해자 구조
> ㉣ 응급처치

① ㉠ → ㉢ → ㉡ → ㉣
② ㉠ → ㉢ → ㉣ → ㉡
③ ㉢ → ㉣ → ㉠ → ㉡
④ ㉢ → ㉣ → ㉡ → ㉠

해설
재해발생 시 조치요령 : 운전 정지 → 피해자 구조 → 응급처치 → 2차 재해 방지

38 시멘트의 분말도에 관한 설명 중 옳지 않은 것은?

① 분말이 미세할수록 비표면적 값은 적다.
② 분말이 미세할수록 수화속도가 빠르다.
③ 분말이 과도하게 미세한 것은 풍화되기 쉽다.
④ 분말이 미세할수록 강도의 발현속도가 빠르다.

해설
시멘트 분말이 미세할수록 물과 접촉하는 시멘트의 비표면적이 커지므로 수화작용이 촉진된다.

39 다음 중 한중 콘크리트에 대한 설명으로 옳지 않은 것은?

① 한중 콘크리트에는 공기연행 콘크리트를 사용하는 것을 원칙으로 한다.
② 단위 수량은 초기동해를 적게 하기 위하여 소요의 워커빌리티를 유지할 수 있는 범위 내에서 되도록 적게 정하여야 한다.
③ 물-결합재비는 원칙적으로 50% 이하로 하여야 한다.
④ 배합강도 및 물-결합재비는 적산온도 방식에 의해 결정할 수 있다.

해설
물-결합재비는 원칙적으로 60% 이하로 해야 한다.

40 방사선 차폐용 콘크리트 제작에 사용되는 골재로서 적합하지 않은 것은?

① 흑요석   ② 적철광
③ 중정석   ④ 자철광

해설
방호용, 원자로 차폐용 중량골재 : 적철광, 중정석, 자철광, 갈철광 등 철 성분을 함유한 무거운 골재

36 ④ 37 ② 38 ① 39 ③ 40 ① **정답**

제3과목 실내디자인 환경

41 인체의 열쾌적에 직접적인 영향을 미치는 요소를 옳게 나열한 것은?

① 기온, 기류, 습도, 복사열
② 기온, 기류, 습도, 활동량
③ 기온, 습도, 복사열, 활동량
④ 기온, 기류, 복사열, 일조

해설
인체의 열쾌적에 영향을 미치는 물리적 온열 4요소 : 기온, 기류, 습도, 복사열

42 굴뚝효과(stack effect)가 발생하는 주된 원인은?

① 온도 차이
② 습도 차이
③ 풍압 차이
④ 열저항 차이

해설
굴뚝효과 : 건축물의 내·외부의 온도 차이로 인해 공기가 유동하는 효과를 말한다. 중력환기의 원리로 연돌효과라고도 한다.

43 건축물 종류에 따른 복도의 유효 너비 기준으로 옳지 않은 것은?(단, 양옆에 거실이 있는 복도)

① 공동주택 : 1.5m 이상
② 유치원 : 2.4m 이상
③ 초등학교 : 2.4m 이상
④ 오피스텔 : 1.8m 이상

해설
공동주택, 오피스텔 : 1.8m 이상

44 건축물에 설치하는 특별피난계단의 구조에 관한 기준으로 옳지 않은 것은?

① 계단실에는 노대 또는 부속실에 접하는 부분 외에는 건축물의 내부와 접하는 창문 등을 설치하지 아니할 것
② 건축물의 내부에서 노대 또는 부속실로 통하는 출입구에는 30분 방화문을 설치할 것
③ 계단은 내화구조로 하되, 피난층 또는 지상까지 직접 연결되도록 할 것
④ 출입구의 유효 너비는 0.9m 이상으로 하고 피난의 방향으로 열 수 있을 것

해설
특별피난계단의 구조(건축물의 피난·방화구조 등의 기준에 관한 규칙 제9조)
건축물의 내부에서 노대 또는 부속실로 통하는 출입구에는 60분+ 방화문 또는 60분 방화문을 설치하고, 노대 또는 부속실로부터 계단실로 통하는 출입구에는 60분+ 방화문, 60분 방화문 또는 영 제64조 제1항 제3호의 30분 방화문을 설치할 것. 이 경우 방화문은 언제나 닫힌 상태를 유지하거나 화재로 인한 연기 또는 불꽃을 감지하여 자동적으로 닫히는 구조로 해야 하고, 연기 또는 불꽃으로 감지하여 자동적으로 닫히는 구조로 할 수 없는 경우에는 온도를 감지하여 자동적으로 닫히는 구조로 할 수 있다.

45 건축물의 바깥쪽으로의 출구로 쓰이는 문을 안여닫이로 하여서는 안 되는 건축물에 해당되지 않는 건축물은?

① 문화 및 집회시설 중 공연장
② 문화 및 집회시설 중 전시장
③ 종교시설
④ 장례식장

해설
건축물의 바깥쪽으로의 출구의 설치기준(건축물의 피난·방화구조 등의 기준에 관한 규칙 제11조)
건축물의 바깥쪽으로 나가는 출구를 설치하는 건축물 중 문화 및 집회시설(전시장 및 동·식물원을 제외한다), 종교시설, 장례식장 또는 위락시설의 용도에 쓰이는 건축물의 바깥쪽으로의 출구로 쓰이는 문은 안여닫이로 하여서는 아니 된다.

정답 41 ① 42 ① 43 ① 44 ② 45 ②

46 피난 용도로 사용할 수 있는 광장을 옥상에 설치해야 하는 시설기준에 해당되는 것은?

① 5층 이상인 층이 공동주택 용도로 사용되는 경우
② 5층 이상인 층이 학교 용도로 사용되는 경우
③ 5층 이상인 층이 전시장 용도로 사용되는 경우
④ 5층 이상인 층이 장례시설 용도로 사용되는 경우

해설
옥상 광장 등의 설치(건축법 시행령 제40조 제2항)
5층 이상인 층이 제2종 근린생활시설 중 공연장·종교집회장·인터넷컴퓨터게임시설제공업소(해당 용도로 쓰는 바닥 면적의 합계가 각각 300m² 이상인 경우만 해당한다), 문화 및 집회시설(전시장 및 동·식물원은 제외한다), 종교시설, 판매시설, 위락시설 중 주점영업 또는 장례시설의 용도로 쓰는 경우에는 피난 용도로 쓸 수 있는 광장을 옥상에 설치하여야 한다.

47 6층 이상 거실의 바닥 면적 합계가 18,000m²일 경우에 승용 승강기 최소 설치대수는?(단, 공동주택 15인승 이하 승용 승강기임)

① 5대
② 7대
③ 8대
④ 9대

해설
승용 승강기의 설치기준(건축물의 설비기준 등에 관한 규칙 별표 1의2)
1대에 3,000m²를 초과하는 2,000m² 이내마다 1대를 더한 대수
$$\therefore \frac{18,000 - 3,000}{2,000} + 1 = 8.5 \rightarrow 9대$$

48 건축물에 가스, 급수, 배수, 환기설비를 설치해야 하는 경우 건축기계설비기술사 또는 공조냉동기계기술사의 협력을 받아야 하는 대상 건축물에 속하지 않는 것은?

① 기숙사로서 해당 용도에 사용되는 바닥 면적의 합계가 2,000m²인 경우
② 판매시설로서 해당 용도에 사용되는 바닥 면적의 합계가 2,000m²인 경우
③ 의료시설로서 해당 용도에 사용되는 바닥 면적의 합계가 2,000m²인 경우
④ 숙박시설로서 해당 용도에 사용되는 바닥 면적의 합계가 2,000m²인 경우

해설
업무시설, 연구소, 판매시설 : 바닥 면적 합계가 3,000m² 이상인 경우

49 지표면으로부터 건축물의 지붕틀 또는 이와 유사한 수평재를 지지하는 벽·깔도리 또는 기둥의 상단까지의 높이로 산정하는 것은?

① 반자 높이
② 층고
③ 처마 높이
④ 건축물 높이

해설
① 반자 높이 : 방의 바닥면으로부터 반자까지의 높이로 한다.
② 층고 : 방 바닥구조체 윗면으로부터 위층 바닥구조체의 윗면까지의 높이로 한다.
④ 건축물 높이 : 지표면으로부터 건축물의 상단까지의 높이로 한다.

정답 46 ④ 47 ④ 48 ② 49 ③

50 다음 설명에 알맞은 건축화조명방식은?

> 천장, 벽의 구조체에 의해 광원의 빛이 천장 또는 벽면으로 가려지게 하며 반사광으로 간접조명하는 방식

① 코브 조명
② 광창조명
③ 광천장조명
④ 밸런스 조명

해설
② 광창조명 : 벽면의 전체 또는 일부분을 광원화하는 조명방식이다. 비스타(vista)적인 효과를 낼 수 있으며, 시선에 안락한 배경으로 작용한다.
③ 광천장조명 : 천장면에 확산투과재(아크릴, 플라스틱, 유리, 스테인드글라스, 루버 등)를 붙이고, 천장 내부에 광원을 배치하여 조명하는 가장 일반적인 건축화 조명방식이다.
④ 밸런스 조명 : 창이나 벽의 상부에 설치하는 방식으로 상향일 경우 천장에 반사하는 간접조명의 효과가 있으며, 하향일 경우 벽이나 커튼을 강조하는 역할을 한다.

51 광원의 연색성에 관한 설명으로 옳지 않은 것은?

① 연색성을 수치로 나타낸 것을 연색평가수라고 한다.
② 고압수은 램프의 평균연색평가수(Ra)는 100이다.
③ 평균연색평가수(Ra)가 100에 가까울수록 연색성이 좋다.
④ 물체가 광원에 의하여 조명될 때, 그 물체의 색의 보임을 정하는 광원의 성질을 말한다.

해설
태양과 백열전구의 연색평가수(Ra)가 100이다.

52 스파클(sparkle), 실루엣(silhouette), 글레이징(grazing), 월 워싱(wall washing)의 공통점은?

① 창문처리방법
② 조명연출방법
③ 동선처리방법
④ 투시도표현기법

해설
조명의 연출기법
• 강조기법(하이라이팅, high lighting)
• 빔 플레이(beam play) 기법
• 월 워싱(wall washing) 기법
• 그림자 연출기법
• 실루엣(silhouette) 기법
• 후광조명(back lighting) 기법
• 글레이징(glazing) 기법
• 상향등(uplighting) 기법
• 스파클(sparkle) 기법

53 조명의 연출기법 중 수직 벽면을 빛으로 쓸어내리는 듯한 효과를 주기 위해 비대칭 배광방식의 조명기구를 사용하여 수직 벽면에 균일한 조도의 빛을 비추는 기법은?

① 스파클 기법
② 월 워싱 기법
③ 실루엣 기법
④ 글레이징 기법

해설
① 스파클 기법 : 광원의 순간적인 on-off를 통하여 반짝거림을 이용하는 기법이다.
③ 실루엣 기법 : 거주자와 광원 사이에 피조물을 두어 빛의 강한 대비로 물체의 윤곽만을 강조하는 기법이다.
④ 글레이징 기법 : 빛의 각도를 이용하는 방법으로 수직면과 평행한 조명을 벽에 조사시킴으로써 마감재의 질감을 효과적으로 강조하는 기법이다.

54 주거 공간 조명계획의 설명으로 옳지 않은 것은?

① 현관은 방문자의 신원을 확일 할 수 있도록 밝게 조명계획이 이루어져야 한다.
② 거실은 가족이나 손님들이 이용하는 공간으로 온화한 분위기로 연출한다.
③ 욕실에는 국부조명을 기본으로 한다.
④ 복도는 천장이나 벽에 전체조명을 사용한다.

해설
욕실에는 전체조명을 기본으로 거울 면에 국부조명을 설치하여 사람의 얼굴에 그림자가 생기지 않게 한다.

55 에너지 절약을 위한 조명설계에 관한 설명 중 틀린 것은?

① 각 작업의 필요에 따라 국부적으로 선택조명을 한다.
② 가능한 한 동일 조도를 요하는 시작업으로 조닝(zoning)한다.
③ 선 인공조명, 후 주광시스템으로 설계한다.
④ 각 실별 조도는 조도기준에 따라 설계한다.

해설
선 주광시스템, 후 인공조명으로 설계한다.

56 옥내 배선의 전선 굵기 결정요소에 속하지 않는 것은?

① 허용전류
② 배선방식
③ 전압강하
④ 기계적 강도

해설
전선 굵기 결정요소 : 허용전류, 전압강하, 기계적 강도

57 급수방식 중 고가탱크방식에 관한 설명으로 옳지 않은 것은?

① 급수압력이 일정하다.
② 단수 시에도 일정량의 급수가 가능하다.
③ 대규모의 급수 수요에 쉽게 대응할 수 있다.
④ 위생성 및 유지·관리 측면에서 가장 바람직한 방식이다.

해설
위생성 및 유지·관리 측면에서 가장 바람직한 방식은 수도직결방식이다.

58 국소식 급탕방식에 대한 설명 중 옳지 않은 것은?

① 급탕개소마다 가열기의 설치 스페이스가 필요하다.
② 급탕개소가 적은 비교적 소규모의 건물에 채용된다.
③ 급탕배관의 길이가 길어 배관으로부터의 열손실이 크다.
④ 용도에 따라 필요한 개소에서 필요한 온도의 탕을 비교적 간단하게 얻을 수 있다.

해설
국소식 급탕방식은 배관의 거리가 짧고 열손실이 적다.

59 트랩 설치조건으로 옳지 못한 것은?

① 구조가 간단하며, 평활한 내면이어야 한다.
② 자체의 유수로 배수로를 세정하며 오수가 정체되지 않아야 한다.
③ 봉수가 없어지지 않고, 항상 유지되어야 한다.
④ 트랩은 위생기구에서 가능한 한 멀리 설치하는 것이 좋다.

해설
트랩은 위생기구에 가능한 한 접근시켜 설치하는 것이 좋다.

60 통기관의 설치 목적으로 옳지 않은 것은?

① 트랩의 봉수를 보호한다.
② 오수와 잡배수가 서로 혼합되지 않게 한다.
③ 배수계통 내의 배수 및 공기의 흐름을 원활히 한다.
④ 배수관 내에 환기를 도모하여 관 내를 청결하게 유지한다.

해설
오수와 잡배수가 서로 혼합되지 않게 함은 설치 시 주의사항으로 설치 목적과는 관계없다.

정답 59 ④ 60 ②

2022년 제2회 과년도 기출복원문제

제1과목 실내디자인 계획

01 다음의 디자인 요소에 관한 설명으로 옳지 않은 것은?

① 하나의 점은 관찰자의 시선을 화면 안에 특정한 위치로 이끈다.
② 선은 길이와 표면의 속성을 갖는다.
③ 두 점의 크기가 같을 때 주의력은 균등하게 작용한다.
④ 면은 절단에 의해 새로운 면을 얻을 수 있다.

[해설]
면은 길이와 폭, 위치, 방향을 갖는다.

02 '루빈의 항아리'와 가장 관련이 깊은 형태의 지각 심리는?

① 그룹핑 법칙
② 역리 도형 착시
③ 형과 배경의 법칙
④ 프래그난츠의 법칙

[해설]
도형과 배경의 법칙
루빈의 항아리는 항아리와 얼굴의 옆모습이 반전되어 보이는 현상이다.

03 다음 설명에 알맞은 디자인 원리는?

- 변화와 함께 모든 조형에 대한 미의 근원이 된다.
- 디자인 대상의 전체에 미적 질서를 주는 기본원리이다.

① 강조
② 통일
③ 리듬
④ 대비

[해설]
① 강조 : 시각적인 힘의 강약에 단계를 주어 디자인의 일부분에 주어지는 초점이나 흥미를 부여하는 디자인 원리이다.
③ 리듬 : 반복, 점층, 대립, 변이, 방사 등 규칙적인 요소들의 반복으로 나타나는 통제된 운동감이다. 리듬은 실내에 있어서 공간이나 형태의 구성을 조직하고 반영하여 시각적으로 디자인에 질서를 부여한다.
④ 대비(대조) : 서로 다른 특성을 가진 요소를 같은 공간에 배열할 때 서로의 특성을 더욱 돋보이게 하는 현상이다.

04 균형에 관한 설명으로 옳지 않은 것은?

① 대칭적 균형은 가장 완전한 균형의 상태이다.
② 비정형 균형은 능동의 균형, 비대칭 균형이라고도 한다.
③ 균형은 정적이든 동적이든 시각적 안정성을 가져올 수 있다.
④ 대칭적 균형은 비정형 균형에 비해 자연스러우며 풍부한 개성 표현이 용이하다.

[해설]
비대칭적 균형은 대칭적 균형보다 자연스러우며 풍부한 개성을 표현할 수 있다.

05 날개의 각도를 조절하여 일광, 조망, 시각의 차단 정도를 조정하는 것은?

① 드레이퍼리
② 롤 블라인드
③ 로만 블라인드
④ 베니션 블라인드

해설
① 드레이퍼리 : 창문에 느슨하게 걸어두는 무거운 커튼으로, 장식적인 목적으로 이용된다.
② 롤 블라인드 : 단순하고 깔끔한 느낌을 주며 창 이외에 칸막이나 스크린의 효과를 얻을 수 있다.
③ 로만 블라인드 : 블라인드 중간 부분에 가로봉 등을 삽입해 넓은 주름을 형성한 것이다.
베니션 블라인드(venetian blind)
• 다른 블라인드에 비해서 통풍성이 뛰어나고, 가로 폭이 좁은 슬릿들이 연결되어 자연채광과 빛의 각도를 더욱 세밀하게 조절할 수 있다.
• 슬릿 각도에 따라 외부로부터 시선을 차단할 수 있어 사생활을 보호해준다.

06 실내 공간을 구성하는 요소에 관한 설명으로 옳지 않은 것은?

① 상승된 바닥은 다른 부분보다 중요한 공간이라는 것을 나타낸다.
② 벽과 천장은 시대와 양식에 의한 변화가 현저한 데 비해 천장은 매우 고정적이다.
③ 벽, 문틀, 문과의 관계에서 색상은 실내 분위기 연출에 영향을 주는 중요한 요소가 된다.
④ 벽의 높이가 가슴 정도이면 주변 공간에 시각적 연속성을 주면서도 특정 공간을 감싸주는 느낌을 준다.

해설
다른 요소들이 시대와 양식에 의한 변화가 현저한 데 비해 바닥은 매우 고정적이다.

07 주택의 실구성 형식 중 LDK형에 관한 설명으로 옳은 것은?

① 식사실이 거실, 주방과 완전히 독립된 형식이다.
② 주부의 동선이 짧은 관계로 가사노동이 절감된다.
③ 대규모 주택에 적합하며 식사실 위치 선정이 자유롭다.
④ 식사 공간에서 주방의 지저분한 싱크대, 조리 중인 그릇, 음식들이 보이지 않는다.

해설
LDK형(리빙 다이닝 키친형) : 거실과 식사실, 부엌을 한 공간에 집중시켜 배치한 형태로, 공간을 최대한 절약할 수 있으므로 소규모 주택에 적합하다.

08 오피스 랜드스케이프(office landscape)에 관한 설명으로 옳지 않은 것은?

① 소음이 발생하기 쉽다.
② 프라이버시의 확보가 용이하다.
③ 고정된 칸막이를 사용하지 않고 이동식을 사용한다.
④ 변화하는 업무의 흐름이나 작업 패턴에 신속하게 대응할 수 있다.

해설
시각적인 프라이버시 확보가 어렵고, 소음상의 문제가 발생할 수 있다.

09 상점계획에 대한 설명 중 옳지 않은 것은?

① 상점 내의 고객 동선은 길고 원활하게 하는 것이 좋다.
② 실내 분위기 연출에 보색효과를 사용할 경우 활발하고 개성적인 분위기를 연출할 수 있다.
③ 상점 출입구에 대한 인식성을 강화하기 위해 출입구 부분에는 요철 및 경사, 계단 등을 설치한다.
④ 피난에 관련된 동선은 고객이 쉽게 인지할 수 있도록 위치 설정 및 접근성을 고려한 계획이 요구된다.

> **해설**
> 출입구에는 요철 및 경사, 계단 등을 설치하지 않는다.

10 디스플레이 기법 중 비주얼 머천다이징(VMD)에 관한 설명으로 옳지 않은 것은?

① VMD의 구성은 IP, PP, VP 등이 포함된다.
② VMD의 구성 중 IP는 상점의 이미지와 패션테마의 종합적인 표현을 일컫는다.
③ 상품계획, 상점계획, 관측 등을 시각화시켜 상점 이미지를 고객에게 인식시키는 판매전략을 말한다.
④ VMD란 상품과 고객 사이에서 치밀하게 계획된 정보전달 수단으로서 디스플레이의 기법 중 하나이다.

> **해설**
> **VMD의 구성**
> • IP(Item Presentation) : 개개의 상품을 분류, 정리하여 보기 쉽고 고르기 쉽게 진열한다.
> • PP(Point of sale Presentation) : 분류된 상품의 점두 표현 역할을 한다.
> • VP(Visual Presentation) : 상점의 이미지와 패션테마의 종합적인 표현을 일컫는다.

11 다음 설명에 알맞은 전시 공간의 평면형태는?

> • 관람자는 다양한 전시 공간의 선택을 자유롭게 할 수 있다.
> • 관람자에게 과중한 심리적 부담을 주지 않는 소규모 전시관에 사용한다.

① 원형   ② 선형
③ 부채꼴형 ④ 직사각형

> **해설**
> **부채꼴형**
> • 관람자에게 많은 선택의 가능성을 제시하고 빠른 판단을 요구한다.
> • 변화가 주어지면 관람자는 혼동을 일으켜 감상의욕을 저하시킬 수 있다.
> • 소규모 전시관에 적합하다.

12 스펙트럼 분광색의 파장이 긴 색부터 파장이 짧은 색으로 나열된 것은?

① 노랑 – 파랑 – 주황
② 빨강 – 보라 – 초록
③ 보라 – 빨강 – 노랑
④ 노랑 – 초록 – 파랑

> **해설**
> 스펙트럼 분광색의 파장은 빨강, 주황, 노랑, 초록, 파랑, 남색, 보라의 순이다.

13 오스트발트 색상환은 무엇을 기본으로 하여 만들어 졌는가?

① 먼셀의 5원색
② 뉴턴의 프리즘
③ 헤링의 4원색
④ 영-헬름홀츠의 3원색

> **해설**
> 오스트발트의 색상환은 헤링의 4원색 이론을 기본으로 하여 빨강, 청록, 노랑(황색), 남색을 4원색으로 설정하고, 그 사이에 주황, 파랑, 보라, 연두의 네 가지 색을 합하여 8색을 기본으로 한다.

14 하나의 색만을 변화시키거나 더함으로써 디자인 전체의 배색을 변화시킬 수 있다는 '베졸드(Willhelm Von Bezold)의 효과'는 다음 중 어떤 원리를 이용한 것인가?

① 회전혼합　　② 감산혼합
③ 병치혼합　　④ 가산혼합

> **해설**
> 베졸드 효과 : 병치혼합의 원리를 이용한 것으로 색을 직접 섞지 않고 색점을 섞어 배열함으로써 전체 색조를 변화시키는 효과를 준다.

15 먼셀 색체계에서 명도에 대한 설명으로 틀린 것은?

① 명도가 0에 해당하는 검정은 존재하지 않는다.
② 색의 밝고 어두움을 나타낸다.
③ 인간의 눈은 색의 3속성 중에서 명도에 대한 감각이 가장 둔하다.
④ 명도가 10에 해당하는 물체색은 존재하지 않는다.

> **해설**
> 인간의 눈은 색의 3속성 중에서 명도에 대한 감각이 가장 예민하다.

16 오스트발트(Ostwald) 표색계에 관한 설명 중 틀린 것은?

① 색의 합리적인 계획보다 색채계획이나 색채조화에 장점을 가지고 있다.
② 색상환은 24색상을 원칙으로 한다.
③ 최상단은 검정, 최하단은 하양으로 하여 정삼각형을 만들었다.
④ W + B + C = 100이라는 이론이다.

> **해설**
> 삼각형 세 꼭짓점에서 아래는(최하단) 검정(B), 위에는(최상단) 흰색(W), 수평 방향의 끝에는 순색(C)이 위치한다.

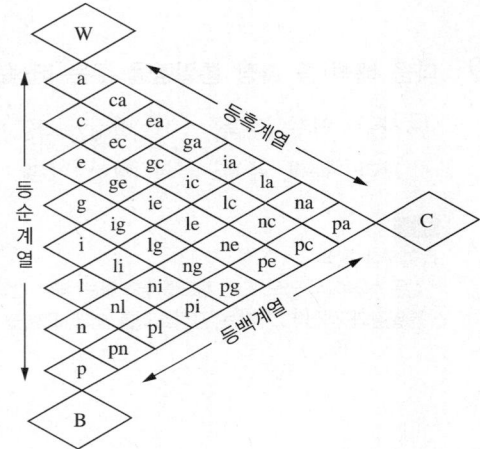

17 다음의 가구에 대한 설명 중 (　) 안에 들어갈 내용으로 알맞은 것은?

> 자유로이 움직이며 공간에 융통성을 부여하는 가구를 (㉠)라 하며, 특정한 사용목적이나 많은 물품을 수납하기 위해 건축화된 가구를 (㉡)라 한다.

① ㉠ 붙박이 가구, ㉡ 이동 가구
② ㉠ 이동 가구, ㉡ 붙박이 가구
③ ㉠ 고정 가구, ㉡ 가동 가구
④ ㉠ 이동 가구, ㉡ 가동 가구

18 문-스펜서의 조화론에 대한 설명 중 틀린 것은?

① 인간의 주관적인 미적 감각을 최대한 활용하여 개성을 중시하였다.
② 오메가 공간으로서 설명하였다.
③ 동등, 유사, 대비의 원리를 정량적 색표에 의해 총괄적 과학적으로 설명하였다.
④ 먼셀의 색표계에 그 근원을 두었다.

해설
종래의 감성적이며 비정량적으로 다루어져 왔던 색채조화론의 주관적인 모호성을 배제시키려 하였다.

19 다음 배색 중 가장 통일감을 주는 배색은?

① 자주, 연두, 청록   ② 빨강, 노랑, 녹색
③ 보라, 녹색, 주황   ④ 빨강, 주황, 자주

해설
동일색상 배색
- 같은 색상에서 명도 또는 채도를 달리하는 색상 간의 배색이다.
- 통일감과 색상이 가지는 감정효과를 쉽게 표현할 수 있다.

20 EPS(Encapsulated PoStscript) 파일의 특징으로 옳지 않은 것은?

① Adobe system에서 개발한 컴퓨터 파일 형식으로 EPS로 기록된 파일이다.
② 이미지나 문자 레이아웃 데이터를 다른 응용 프로그램에 입력하기 위해 캡슐화한 포스트스크립트 파일이다.
③ 어떤 크기를 출력해도 매끄러운 곡선을 인쇄할 수 있다.
④ 그래픽 손실률이 크고, 용량 또한 기존 이미지 파일보다 크다.

해설
EPS는 그래픽 손실률이 낮으며, 용량 또한 기존 이미지 파일보다 작아 전자출판 등에서 주로 사용하는 파일형식이다.

제2과목 실내디자인 시공 및 재료

21 목재의 성질에 대한 설명 중 틀린 것은?

① 불에 타는 단점이 있으나 열전도도가 낮아 여러 가지 보온재료로 사용된다.
② 함수율이 1% 증가하면 열전도율은 2% 감소한다.
③ 비중이 클수록 전기전도율도 증가한다.
④ 섬유 방향에 따라 전기전도율은 다르며 축 방향이 최대이고 반경 방향이 최소이다.

해설
목재의 열전도율은 함수율과 비중이 증가할수록 커진다.

22 목재의 강도에 관한 설명으로 옳지 않은 것은?

① 비중이 크면 압축강도도 크다.
② 목재의 휨강도는 전단강도보다 크다.
③ 목재의 함수율이 크면 클수록 압축강도는 증가한다.
④ 가력 방향이 섬유 방향에 평행할 경우가 직각 방향일 경우보다 목재의 인장강도가 더 크다.

해설
함수율의 감소에 따라 강도가 증가하고, 인성이 감소한다.

23 목구조의 접합철물 중 듀벨(dubel)과 관련된 응력은?

① 휨모멘트 ② 전단력
③ 인장력   ④ 부착력

해설
듀벨(dubel)은 2개의 목재를 접합할 때 두 부재 사이에 끼워 볼트와 병용하여 전단력에 저항하도록 한 철물이다.

24 강도, 경도, 비중이 크며 내화적이고 석질이 극히 치밀하여 구조용 석재 또는 장식재로 널리 쓰이는 것은?

① 화강암   ② 응회암
③ 캐스트 스톤 ④ 안산암

해설
④ 안산암 : 화성암의 일종으로 조직 및 색조가 일정치 않은 결점이 있고, 석괴 중에는 절리가 있어 채석, 가공이 용이하나 큰 재료를 얻기 힘들다.
① 화강암 : 화성암의 일종으로 흡수율과 내산성이 우수하여 내·외장재, 구조재, 도로 포장재, 콘크리트 골재 등에 사용된다.
② 응회암 : 주로 화산재나 사암 조각 등의 화산 분출물이 오랜기간 동안 수중이나 육상에서 퇴적·응고되어 이루어진 암석이다.
③ 캐스트 스톤 : 건물의 외부를 마감하는 데 쓰는 인조석 블록이며, 표면을 숫돌로 연마하거나 잔다듬을 하여 자연석에 가깝게 만든 것이다.

25 도자기 중 자기에 대한 설명으로 옳은 것은?

① 다공질로서 두드리면 탁음이 난다.
② 흡수율이 5% 이하이다.
③ 1,000℃ 이하에서 소성된다.
④ 위생도기 및 모자이크 타일 등으로 사용된다.

해설
① 다공질로서 두드리면 탁음이 나는 것은 도기이다.
② 흡수율이 매우 작다(거의 없음).
③ 소성온도는 1,230~1,460℃이다.

26 강(鋼)에 함유된 탄소 성분이 끼치는 영향이 아닌 것은?

① 강도의 증감
② 연율(신율)의 증감
③ 내산성의 증감
④ 경도의 증감

해설
탄소량에 따라 인장강도, 경도 및 항복점 등은 증가되고, 연신율 및 단면 감소율은 탄소량에 따라 감소한다.

27 다음 중 열 및 전기전도율이 가장 큰 금속은?

① 알루미늄 ② 크롬
③ 니켈   ④ 구리

해설
전기전도율이 높은 금속 순서
은(Ag) > 구리(Cu) > 금(Au) > 알루미늄(Al) > 니켈(Ni) > 크롬(Cr)

[정답] 23 ② 24 ④ 25 ④ 26 ③ 27 ④

28 비철금속에 대한 설명 중 옳지 않은 것은?

① 동 – 건조한 기중에서는 산화하지 않으나, 습기가 있거나 탄산가스가 있으면 녹이 발생한다.
② 알루미늄 – 탄산염, 크롬산염, 초산염, 황화물 등의 중성 수용액에서는 내식성이 좋으나 염화물용액 중에서는 나쁘다.
③ 아연 – 산, 알칼리 등은 아연의 부식을 촉진하며, 물의 온도 65~75℃에서 부식이 심하다.
④ 납 – 화학적으로 황산에 의한 부식에 매우 취약하며, 불화수소나 SO_2 가스에 대해 침식되기 쉽다.

해설
납은 내식성이 우수하여 황산에도 부식되지 않는다.

29 금속제 용수철과 완충유와의 조합작용으로 열린 문이 자동으로 닫히게 하는 것으로 바닥에 설치되며, 일반적으로 무게가 큰 중량창호에 사용되는 것은?

① 레버터리 힌지　② 플로어 힌지
③ 피봇 힌지　　　④ 도어 클로저

해설
① 레버터리 힌지 : 주로 공중전화, 화장실에 사용하는 철물
③ 피봇 힌지 : 중량의 여닫이 문에 사용하는 철물
④ 도어 클로저 : 문을 열면 저절로 닫히게 하는 창호 철물

30 광선에 대한 굴절률이 크나 열(熱), 산(酸)에는 약하고 쉽게 용융되는 성질을 가지고 있으며 광학렌즈, 고급 식기, 모조 보석용으로 쓰이는 유리는?

① 소다석회유리　② 고규산유리
③ 칼륨석회유리　④ 칼륨연유리

해설
칼륨연유리
• 내산, 내열성이 낮고 비중이 크다.
• 광선에 대한 굴절률, 분광률이 크다.
• 광학렌즈, 고급 식기, 모조 보석, 진공관 등에 사용된다.

31 도장공사에서 초벌 도료에 대한 설명 중 틀린 것은?

① 피도면과의 부착성을 높이고, 재벌, 정벌 칠하기 작업이 좋도록 만드는 것이 초벌 도료이다.
② 철재면 초벌 도료는 방청 도료이다.
③ 콘크리트, 모르타르 벽면에는 유성 페인트로 초벌칠을 한다.
④ 목재면의 초벌 도료는 목재면의 흡수성을 막고, 부착성을 증진시키며, 수액 또는 송진 등의 침출을 방지한다.

해설
콘크리트, 모르타르 벽면에는 유성 페인트로 칠을 하면 피막이 부서져 떨어지므로 수성 페인트로 초벌칠을 한다.

32 방청 도료에 해당되지 않는 것은?

① 광명단　　② 에칭 프라이머
③ 래커　　　④ 징크로메이트

해설
래커는 용제의 건조에 의해 도막을 형성하는 도료이다.
방청 도료 : 광명단, 규산염 도료, 징크로메이트, 방청산화철 도료, 알루미늄 도료, 역청질 도료, 워시(에칭) 프라이머 등

정답　28 ④　29 ②　30 ④　31 ③　32 ③

33 건축용 접착제에 기본적으로 요구되는 성능과 가장 관계가 먼 것은?

① 경화 시 체적 수축 등의 변형을 일으키지 않을 것
② 취급이 용이하고 사용 시 유동성이 없을 것
③ 장기 하중에 의한 크리프가 없을 것
④ 진동, 충격의 반복에 잘 견딜 것

[해설]
접착면을 잘 적실 수 있도록 유동성을 가질 것

34 다음 시멘트 모르타르 중 방수 모르타르에 속하지 않는 것은?

① 질석 모르타르
② 규산질 모르타르
③ 발수제 모르타르
④ 액체방수 모르타르

[해설]
시멘트 모르타르의 종류

보통 모르타르	• 보통 시멘트 모르타르(일반용) : 시멘트, 모래 • 백시멘트 모르타르(치장용) : 백시멘트, 색소, 돌가루, 모래
방수 모르타르	• 액체방수 모르타르(간이방수용) : 시멘트, 염화칼슘, 물유리제 • 발수제 모르타르(간이방수용) : 시멘트, 지방산비누, 아스팔트계 • 규산질 모르타르(충진용) : 시멘트, 규산질광물분말, 모래
특수 모르타르	• barite 모르타르(방사선차단용) : 시멘트, barite 분말, 모래 • 질석 모르타르(경량 모르타르 - 블록제조용) : 시멘트, 질석 • 석면 모르타르(균열 방지용 - 슬레이트) : 시멘트, 석면, 모래 • 합성수지혼화 모르타르(경도, 치밀성, 광택, 특수 치장용) : 시멘트, 합성수지, 모래

35 석고 플라스터에 대한 설명으로 옳지 않은 것은?

① 소석고를 주성분으로 하고, 돌로마이트 플라스터, 점토 등을 혼입한 것이다.
② 수축률이 크고 균열이 쉽게 생긴다.
③ 보드용 석고 플라스터는 바탕과의 부착력이 강하고, 석고라스 보드 바탕에 적합하다.
④ 가열하면 결정수를 방출하여 온도상승을 억제하기 때문에 내화성이 있다.

[해설]
응결시간이 길고, 응결경화에 의한 수축이 거의 없다(무수축).

36 인조석바름에 대한 설명 중 옳지 않은 것은?

① 인조석은 모르타르 바탕에 종석과 백시멘트, 안료, 돌가루를 배합하여 반죽한 것이다.
② 인조석바름으로 한 마감면은 수밀성 및 내수성이 우수하다.
③ 캐스트 스톤은 자연석과 유사하게 돌다듬으로 마감한 제품을 일컫는다.
④ 인조석 정벌바름 후 숫돌로 연마해서 매끈하게 마감하는 방법을 인조석 씻어 내기라 한다.

[해설]
④는 인조석 갈기에 대한 설명이다.
인조석 씻어 내기 : 인조석바름이 굳어지기 전에 솔 또는 분무기로 표면의 시멘트풀을 씻어 내어 표면에 종석만 나타나게 한 것을 말한다.

[정답] 33 ② 34 ① 35 ② 36 ④

37 ALC의 일반적 성질에 대한 설명 중 옳지 않은 것은?

① 기공구조이기 때문에 흡수율이 높은 편이다.
② 열전도율은 보통 콘크리트의 약 1/10 정도이다.
③ 경량으로 인력에 의한 취급은 가능하지만, 현장에서 절단 및 가공은 불가능하다.
④ 건조수축률이 작고 균열발생이 어렵다.

해설
경량재이므로 인력에 의한 취급이 가능하고 현장가공 등 시공성이 우수하다.

38 직영공사의 특징 설명으로 옳지 않은 것은?

① 공사 내용이 단순하고 시공과정이 용이할 때
② 풍부하고 저렴한 노동력, 재료의 보유 또는 구입 편의가 있을 때
③ 시급한 준공을 필요로 할 때
④ 일반도급으로 단가를 정하기 곤란한 특수한 공사가 필요할 때

해설
직영방식과 도급방식의 대상 업무

직영방식	도급방식
• 재빠른 대응이 필요한 업무 • 연속해서 행할 수 없는 업무 • 진척상황이 명확하지 않고 검사하기 어려운 업무 • 금액이 적고 간편한 업무 • 일상적으로 행하는 유지관리적인 업무	• 장기에 걸쳐 단순작업을 행하는 업무 • 전문적 지식, 기능, 자격을 요하는 업무 • 규모가 크고, 노력·재료 등을 포함하는 업무 • 관리주체가 보유한 설비로는 불가능한 업무 • 직영의 관리인원으로서는 부족한 업무

39 다음 중 포틀랜드 시멘트의 종류에 속하지 않는 것은?

① 보통 포틀랜드 시멘트
② 중용열 포틀랜드 시멘트
③ 조강 포틀랜드 시멘트
④ 포틀랜드 포졸란 시멘트

해설
포틀랜드 포졸란(실리카) 시멘트는 혼합 시멘트에 해당한다.
포틀랜드 시멘트 종류
• 보통 포틀랜드 시멘트(1종) : 일반적으로 쓰이는 시멘트에 해당하며 건축·토목공사에 사용된다.
• 중용열 포틀랜드 시멘트(2종) : 수화속도는 느리지만 수화열이 적고 장기강도가 우수하여 댐, 매스 콘크리트, 방사선 차폐용 등에 사용된다.
• 조강 포틀랜드 시멘트(3종) : 수화열이 높아 조기강도와 저온에서 강도 발현이 우수하여 한중공사, 긴급공사에 사용된다.
• 저열 포틀랜드 시멘트(4종) : 중용열 포틀랜드 시멘트보다 수화열이 가장 적으며 대형 구조물 공사에 적합하다.
• 내황산염 포틀랜드 시멘트(5종) : 황산염에 대한 저항성이 우수하여 해양공사에 유리하다.

40 다음 중 설계상의 결함으로 인한 균열 발생원인에 해당되지 않는 것은?

① 기초의 부동침하 및 철근량 부족
② 건물의 평면·입면의 불균형 및 벽 배치의 불합리
③ 통줄눈쌓기 시공, 벽돌벽의 길이·높이 및 두께와 벽돌 벽체의 강도
④ 콘크리트의 건조·수축

해설
콘크리트의 건조·수축은 시공상의 결함에 해당한다.
시공상 결함에 따른 균열
• 콘크리트의 건조·수축, 골재 분리현상
• 모르타르의 배합 불량, 모르타르바름의 들뜨기
• 장막벽(칸막이 벽) 상부의 시공 결함, 이음면 처리의 불량
• 벽돌벽의 부분적 시공 결함, 형틀의 조기 제거

37 ③ 38 ④ 39 ④ 40 ④ **정답**

제3과목 실내디자인 환경

41 복사에 의한 전열에 관한 설명 중 옳지 않은 것은?

① 일반적으로 흡수율이 작은 표면은 복사율도 작다.
② 물체에서 복사되는 열량은 그 표면의 절대온도의 4승에 비례한다.
③ 물질의 표면에 복사열 에너지가 닿으면 그 일부는 물질 내부에 흡수되고, 일부는 반사되고, 나머지는 투과된다.
④ 알루미늄박과 같은 금속의 연마면은 복사율이 1 정도로 매우 크므로 복사에 의한 열의 이동을 방지하기 위하여 표면에 사용된다.

해설
알루미늄박과 같은 금속의 연마면은 복사율이 매우 작으므로 단열판으로 사용이 가능하다.

42 건물에 있어 에너지 절약대책에 관한 설명 중 잘못된 것은?

① 벽, 천장 등의 재료는 열관류율이 높은 것을 사용한다.
② 창문에는 기밀성이 높은 재료를 선택하고 유리는 2중으로 한다.
③ 단열재는 투습성이 적은 것을 사용한다.
④ 외벽은 가능한 한 굴곡을 피하고 단순한 형태로 한다.

해설
벽, 천장 등의 재료는 열관류율이 낮은 것을 사용한다.

43 습공기에 관한 설명으로 옳지 않은 것은?

① 임의 상태의 습공기를 가열하면 습공기의 상대습도는 낮아진다.
② 임의 상태의 습공기를 가열하면 습공기의 절대습도는 낮아진다.
③ 임의 상태의 습공기를 가습하면 습공기의 엔탈피는 높아진다.
④ 임의 상태의 습공기를 가습하면 습공기의 비체적은 높아진다.

해설
공기를 냉각·가열하여도 절대습도는 변하지 않는다.

44 자연환기에 관한 설명으로 옳지 않은 것은?

① 풍력환기는 건물의 외벽면에 가해지는 풍압이 원동력이 된다.
② 일반적으로 공기 유입구와 유출구 높이의 차가 클수록 중력환기량은 많아진다.
③ 자연환기량은 개구부의 위치와 관련이 있으며, 개구부의 면적에는 영향을 받지 않는다.
④ 바람이 있을 때에는 중력환기와 풍력환기가 경합하므로 양자가 서로 다른 것을 상쇄하지 않도록 개구부의 위치에 주의한다.

해설
자연환기의 환기량은 개구부 면적에 비례하여 증가한다.

정답 41 ④ 42 ① 43 ② 44 ③

45 다음 중 조명과 관련된 단위를 설명한 것으로 옳은 것은?

① 와트(W) : 에너지 방사의 시간적 비율
② 럭스(lx) : 광원이 빛나는 정도
③ 루멘(lm) : 단위 면적 또는 단위 시간에 받는 빛의 양
④ 니트(nit[cd/m^2]) : 가시범위의 방사속을 빛의 강도로 환산한 것

해설
② 럭스(lx) : 조도의 단위, 단위 면적당 표면에서 반사 또는 방출되는 광량을 말한다.
③ 루멘(lm) : 광속의 단위, 광원으로부터 방출되는 빛의 총량을 말한다.
④ 니트(nit[cd/m^2]) : 휘도의 단위, 빛을 내는 물체의 단위 면적당 표면 밝기의 정도이다

46 음의 성질에 관한 설명으로 옳지 않은 것은?

① 음의 파장은 음속과 주파수를 곱한 값이다.
② 인간의 가청주파수의 범위는 20~20,000Hz이다.
③ 마스킹 효과(masking effect)는 음파의 간섭에 의해 일어난다.
④ 음파가 한 매질에서 타 매질로 통과할 때 구부러지는 현상을 음의 굴절이라 한다.

해설
음파가 1사이클 진행하는 데 걸리는 시간을 주기라며, 이것은 주파수의 역수이다. 즉, 어떤 주파수가 100Hz이면 이 소리의 주기는 1/100초이다. 음파가 1사이클 진행하는 거리를 파장이라 하며 음속과 주기를 곱한 값이다.

47 건축물의 내부에 설치하는 피난계단의 구조에 대한 기준으로 옳지 않은 것은?

① 계단실은 창문·출입구 기타 개구부를 제외한 당해 건축물의 다른 부분과 내화구조의 벽으로 구획할 것
② 계단실에는 예비전원에 의한 조명설비를 할 것
③ 계단실의 바깥쪽과 접하는 창문 등은 당해 건축물의 다른 부분에 설치하는 창문 등으로부터 2m 이상의 거리를 두고 설치할 것
④ 계단실의 실내에 접하는 부분의 마감은 난연재료로 할 것

해설
특별피난계단의 구조(건축물의 피난·방화구조 등의 기준에 관한 규칙 제9조)
계단실의 실내에 접하는 부분(바닥 및 반자 등 실내에 면한 모든 부분을 말한다)의 마감(마감을 위한 바탕을 포함한다)은 불연재료로 할 것

48 다음 중 헬리포트의 설치기준으로 틀린 것은?

① 헬리포트의 길이와 너비는 각각 22m 이상으로 할 것
② 헬리포트의 중앙 부분에는 지름 8m의 ⓗ표지를 백색으로 설치할 것
③ 헬리포트의 주위 한계선은 노란색으로 하되, 그 선의 너비는 48cm로 할 것
④ 헬리포트의 중심으로부터 반경 1m 이내에는 헬리콥터의 이·착륙에 장애가 되는 장애물, 공작물 또는 난간 등을 설치하지 아니할 것

해설
헬리포트의 주위 한계선은 백색으로 하되, 그 선의 너비는 38cm로 할 것

49 공동주택 중 아파트로서 4층 이상인 층의 각 세대가 2개 이상의 직통계단을 사용할 수 없는 경우에는 발코니에 인접 세대와 공동으로 또는 각 세대별로 일정 요건을 모두 갖춘 대피 공간을 하나 이상 설치하여야 하는데, 대피 공간이 갖추어야 할 일정 요건으로 옳지 않은 것은?

① 대피 공간은 바깥의 공기와 접할 것
② 대피 공간은 실내의 다른 부분과 방화구획으로 구획될 것
③ 대피 공간의 바닥 면적은 각 세대별로 설치하는 경우에는 $2m^2$ 이상일 것
④ 대피 공간의 바닥 면적은 인접 세대와 공동으로 설치하는 경우에는 $2.5m^2$ 이상일 것

해설
방화구획 등의 설치(건축법 시행령 제46조)
공동주택 중 아파트로서 4층 이상의 층의 각 세대가 2개 이상의 직통계단을 사용할 수 없는 경우에는 발코니에 인접 세대와 공동으로 또는 각 세대별로 다음의 요건을 모두 갖춘 대피 공간을 하나 이상 설치해야 한다. 이 경우 인접 세대와 공동으로 설치하는 대피 공간은 인접 세대를 통하여 2개 이상의 직통계단을 사용할 수 있는 위치에 우선 설치되어야 한다.
• 대피 공간은 바깥의 공기와 접할 것
• 대피 공간은 실내의 다른 부분과 방화구획으로 구획될 것
• 대피 공간의 바닥 면적은 인접 세대와 공동으로 설치하는 경우에는 $3m^2$ 이상, 각 세대별로 설치하는 경우에는 $2m^2$ 이상일 것

50 신축 또는 리모델링하는 100세대 이상의 공동주택(기숙사 제외)은 자연환기설비 또는 기계환기설비를 설치하여 최소 시간당 몇 회 이상의 환기가 이루어지도록 해야 하는가?

① 0.5회 ② 0.8회
③ 0.9회 ④ 1.0회

해설
공동주택 및 다중이용시설의 환기설비기준 등(건축물의 설비기준 등에 관한 규칙 제11조)
신축 또는 리모델링하는 다음의 어느 하나에 해당하는 주택 또는 건축물은 시간당 0.5회 이상의 환기가 이루어질 수 있도록 자연환기설비 또는 기계환기설비를 설치하여야 한다.
• 30세대 이상의 공동주택
• 주택을 주택 외의 시설과 동일건축물로 건축하는 경우로서 주택이 30세대 이상인 건축물

51 건축법에 따른 단독주택의 소유자가 설치하여야 하는 주택용 소방시설에 해당하는 것은?

① 소화기
② 인공소생기
③ 비상방송설비
④ 연결송수관설비

해설
주택에 설치하는 소방시설(소방시설 설치 및 관리에 관한 법률 제10조)
• 대상 : 단독주택, 공동주택(아파트 및 기숙사는 제외)
• 소방시설 : 소화기, 단독경보형 감지기

52 특정소방대상물의 11층 이상의 층에 설치하지 않아도 되는 소방시설은?

① 피난기구 설치
② 스프링클러설비 설치
③ 비상콘센트설비 설치
④ 비상방송설비 설치

해설
피난구조설비 중 피난기구의 설치(소방시설 설치 및 관리에 관한 법률 시행령 별표 4)
피난기구는 특정소방대상물의 모든 층에 화재안전기준에 적합한 것으로 설치하여야 한다. 다만, 피난층, 지상 1층, 지상 2층(노유자시설 중 피난층이 아닌 지상 1층과 피난층이 아닌 지상 2층은 제외) 및 층수가 11층 이상인 층과 위험물 저장 및 처리시설 중 가스시설, 터널 또는 지하구의 경우에는 그러하지 아니하다.

정답 49 ④ 50 ① 51 ① 52 ①

53 지진이 발생할 경우 소방시설이 정상적으로 작동될 수 있도록 소방청장이 정하는 내진설계기준에 맞게 설치하여야 하는 소방시설이 아닌 것은?(단, 내진설계기준의 설정 대상 시설에 소방시설을 설치하는 경우)

① 옥내소화전설비 ② 스프링클러설비
③ 물분무 등 소화설비 ④ 무선통신보조설비

해설
소방시설의 내진설계 대상(소방시설 설치 및 관리에 관한 법률 시행령 제8조)
• 옥내소화전설비
• 스프링클러설비
• 물분무 등 소화설비

54 건축화 조명방식에 대한 설명 중 옳지 않은 것은?

① 코니스 조명 : 벽면의 상부에 위치하여 모든 빛이 아래로 직사하도록 하는 조명방식이다.
② 밸런스 조명 : 창이나 벽의 커튼 상부에 부설된 조명이다.
③ 코브 조명 : 반사광을 사용하지 않고 광원의 빛을 직접조명하는 방식이다.
④ 캐노피 조명 : 사용자의 얼굴에 적당한 조도를 분배하기 위해 벽면이나 천장면의 일부를 돌출시켜 조명하는 방식이다.

해설
코브(cove) 조명 : 주로 천장의 높낮이 차를 이용하여 설치하는 간접조명방식이다.

55 조명설비의 광원에 관한 설명으로 옳지 않은 것은?

① 형광 램프는 점등장치를 필요로 한다.
② 고압나트륨 램프는 할로겐 전구에 비해 연색성이 좋다.
③ 고압수은 램프는 광속이 크고 수명이 긴 것이 특징이다.
④ LED는 수명이 길고 소비전력이 작다는 장점이 있다.

해설
고압나트륨 램프는 할로겐 전구에 비해 연색성이 떨어지며, 할로겐 전구의 연색성이 가장 우수하다.

56 급수방식에 관한 설명으로 옳지 않은 것은?

① 압력수조방식은 급수 공급압력의 변화가 심하다.
② 고가수조방식은 상향 급수 배관방식이 주로 사용된다.
③ 수도직결방식은 고층으로의 급수가 어렵다는 단점이 있다.
④ 펌프직송방식은 저수조 내의 상수를 급수펌프로 건물의 필요한 곳에 직접 급수하는 방식이다.

해설
고가수조방식은 하향 급수 배관방식이 주로 사용된다.

57 온수난방방식에 관한 설명으로 옳지 않은 것은?

① 증기난방에 비해 예열시간이 짧다.
② 온수의 현열을 이용하여 난방하는 방식이다.
③ 한랭지에서는 운전정지 중에 동결의 위험이 있다.
④ 보일러 정지 후에도 여열이 남아 있어 실내 난방이 어느 정도 지속된다.

해설
온수난방은 증기난방에 비하여 열용량이 커서 예열시간이 길다.

58 다음 중 병든집증후군(SBS ; Sick Building Syndrome)과 가장 밀접한 관계가 있는 것은?

① VOCs
② 기온
③ 습도
④ 일사량

해설
폼알데하이드는 가장 널리 알려진 휘발성 유기화합물(VOCs) 중 하나이며, 병든집증후군(SBS)이나 새집증후군의 주된 원인이 된다. 주로 내장용 합판이나 MDF, 가구에 사용된 패널에 사용된 접착제, 페인트 등에서 방출된다.

59 건축관계법규에 따라 단독주택 및 공동주택의 거실 등에 적용하는 채광 및 환기에 관한 기준으로 옳지 않은 것은?

① 환기를 위하여 거실에 설치하는 창문 등의 최소 면적기준은 기계환기장치 및 중앙관리방식의 공기조화설비를 설치하는 경우에는 적용받지 않는다.
② 채광을 위한 창문 등의 면적은 그 거실 바닥 면적의 1/10 이상이어야 한다.
③ 환기를 위하여 거실에 설치하는 창문 등의 면적은 그 거실 바닥 면적의 1/10 이상이어야 한다.
④ 채광 및 환기 관련 기준을 적용함에 있어 수시로 개방할 수 있는 미닫이로 구획된 2개의 거실은 1개의 거실로 본다.

해설
채광 및 환기를 위한 창문 등(건축물의 피난·방화구조 등의 기준에 관한 규칙 제17조)
환기를 위하여 거실에 설치하는 창문 등의 면적은 그 거실의 바닥 면적 1/20 이상이어야 한다.

60 유도등의 설치기준으로 옳지 않은 것은?

① 유도등은 화재 또는 정전 시 10분 이상 작동해야 한다.
② 피난구유도등은 피난구의 바닥으로부터 높이 1.5m 이상의 위치에 설치한다.
③ 통로유도등은 복도, 계단에 바닥으로부터 높이 1m 이하에 설치한다.
④ 객석유도등은 영화관 등 객석의 통로·바닥 또는 벽에 설치한다.

해설
유도등의 전원(유도등 및 유도표지의 화재안전기술기준 2.7)
비상전원은 다음의 기준에 적합하게 설치하여야 한다.
1. 축전지로 할 것
2. 유도등을 20분 이상 유효하게 작동시킬 수 있는 용량으로 할 것. 다만, 다음의 소방대상물의 경우에는 그 부분에서 피난층에 이르는 부분의 유도등을 60분 이상 유효하게 작동시킬 수 있는 용량으로 하여야 한다.
   • 지하층을 제외한 층수가 11층 이상의 층
   • 지하층 또는 무창층으로서 용도가 도매시장·소매시장·여객자동차터미널·지하역사 또는 지하상가

정답 58 ① 59 ③ 60 ①

2023년 제1회 과년도 기출복원문제

제1과목 실내디자인 계획

01 점의 조형효과에 관한 설명으로 옳지 않은 것은?
① 점이 연속되면 선으로 느끼게 한다.
② 두 개의 점이 있을 경우 두 점의 크기가 같을 때 주의력은 균등하게 작용한다.
③ 배경의 중심에 있는 하나의 점은 점에 시선을 집중시키고 역동적인 효과를 느끼게 한다.
④ 배경의 중심에서 벗어난 하나의 점은 점을 둘러싼 영역과의 사이에 시각적 긴장감을 생성한다.

해설
점이 중앙에서 벗어날 경우에 점과 그 영역 사이에서 시각적 긴장이 생긴다.

02 디자인의 기본요소에 대한 설명 중 옳지 않은 것은?
① 점은 선의 양 끝, 선의 교차, 선의 굴절, 면과 선의 교차에서 나타난다.
② 점은 어떤 형상을 규정하거나 한정하고, 면적을 분할한다.
③ 2차원적 형상에 깊이나 볼륨을 더하면 3차원적 형태가 창조된다.
④ 평면이란 완전히 평평한 면을 말하는데 이는 선들이 교차함으로써 이루어진다.

해설
어떤 형상을 규정하거나 한정하고, 면적을 분할하는 것은 선이다.

03 공간에 관한 설명 중 옳지 않은 것은?
① 직사각형의 평면형을 갖는 공간 형태는 강한 방향성을 갖는다.
② 공간은 사용자가 보는 위치에 따라 시각적으로 수없이 변화한다.
③ 실내의 공간은 건축물의 구조적 요소인 벽, 바닥, 기초, 천장, 가구에 의해 한정된다.
④ 공간은 적극적인 공간(positive space)과 소극적인 공간(negative space)으로 나눌 수 있다.

해설
실내 공간을 이루는 기본 요소는 바닥, 벽, 천장, 문, 창이다.

04 단위 공간 사용자의 특성, 목적 등에 따라 몇 개의 생활권으로 구분하는 작업을 의미하는 실내디자인 용어는?
① 모듈(module)
② 샘플링(sampling)
③ 조닝(zoning)
④ 드로잉(drawing)

해설
조닝(zoning) : 공간을 용도별로 나누어 배치하는 것을 말한다.

1 ③ 2 ② 3 ③ 4 ③ 정답

05 주거 공간의 개념계획도에 대한 설명으로 옳지 않은 것은?

① 공간을 부엌, 식당, 연결 공간 등 다이어그램으로 표시한다.
② 동선을 선으로 연결하여 개념적인 공간을 보여준다.
③ 한번 계획된 개념도는 가능하면 수정하지 않는 것이 좋다.
④ 개념계획도가 확정되면 평면도를 그린다.

해설
개념계획도는 대략적이고 개괄적인 도면이기 때문에 확정될 때까지 수정이 불가피하다. 즉, 가족의 형태와 수, 연령, 라이프 스타일, 취미, 경제적 능력에 따른 주거 공간의 변화에 맞추어 개념도를 수정해야 한다.

06 사무소 건축에서 코어의 기능에 관한 설명으로 옳지 않은 것은?

① 내력적 구조체로서의 기능을 수행할 수 있다.
② 공용 부분을 집약시켜 사무소의 유효 면적이 증가된다.
③ 엘리베이터, 파이프 샤프트, 덕트 등의 설비요소를 집약시킬 수 있다.
④ 설비 및 교통요소들이 존(zone)을 형성함으로서 업무 공간의 융통성이 감소된다.

해설
설비 및 교통요소들이 존(zone)을 형성하여 업무 공간의 융통성이 증가한다.

07 상점의 판매형식 중 측면 판매에 관한 설명으로 옳지 않은 것은?

① 대면 판매에 비해 넓은 진열 면적의 확보가 가능하다.
② 판매원이 고정된 자리 및 위치를 설정하기가 어렵다.
③ 소형으로 고가품인 귀금속, 시계, 화장품 판매점 등에 적합하다.
④ 고객이 직접 진열된 상품을 접촉할 수 있는 관계로 상품의 선택이 용이하다.

해설
보석류와 같은 소형 고가품은 대면 판매형식이 바람직하다.

08 상점의 출입구 및 홀의 입구부분을 포함한 평면적인 구성과 광고판, 사인(sign), 외부 장치를 포함한 입체적인 구성요소의 총체를 의미하는 것은?

① 파사드
② 아케이드
③ 쇼윈도
④ 디스플레이

해설
파사드(facade) : 쇼윈도, 출입구 및 홀의 입구 부분을 포함한 평면적인 구성요소와 광고판, 사인, 외부 장치를 포함한 입체적인 구성요소의 총체이다. 파사드는 개성적이고 인상적으로 상품 이미지를 반영하여 상권 내 통행객들로 하여금 내적 충동을 일으켜야 하므로 대중성을 배제해서는 안 된다.

정답 5 ③ 6 ④ 7 ③ 8 ①

09 일반적인 색채조절의 용도별 배색에 관한 내용으로 가장 거리가 먼 것은?

① 천장 : 빛의 발산을 이용하여 반사율이 가장 낮은 색을 이용한다.
② 벽 : 빛의 발산을 이용하는 것이 좋으나 천장보다 명도가 낮은 것이 좋다.
③ 바닥 : 아주 밝게 하면 심리적 불안감이 생길 수 있다.
④ 걸레받이 : 방의 형태와 바닥 면적의 스케일감을 명료하게 하는 것으로 어두운 색채로 선택한다.

[해설]
천장은 반사율이 높은 밝은색으로 한다.

10 공간 내 패턴의 사용에 관한 설명으로 옳지 않은 것은?

① 수평의 줄무늬는 공간을 넓고 낮게 보이게 한다.
② 패턴은 선, 형태, 조명, 색채 등의 사용으로 만들어진다.
③ 지루하게 긴 벽체는 수직의 패턴을 이용하여 지루함을 줄인다.
④ 작은 공간에서 여러 패턴을 혼용하여 사용할 경우, 공간이 크고 넓게 보이게 된다.

[해설]
작은 공간에서 여러 패턴을 혼용하여 사용하면 오히려 공간이 혼잡해져 좁아 보일 수 있다.

11 나뭇잎이 녹색으로 보이는 이유를 색채 지각적 원리로 옳게 설명한 것은?

① 녹색의 빛은 투과하고 그 밖의 빛은 흡수하기 때문이다.
② 녹색의 빛은 산란하고 그 밖의 빛은 반사하기 때문이다.
③ 녹색의 빛은 반사하고 그 밖의 빛은 흡수하기 때문이다.
④ 녹색의 빛은 흡수하고 그 밖의 빛은 반사하기 때문이다.

[해설]
엽록소는 녹색이 아닌 다른 색깔의 빛을 흡수하고 녹색 빛을 반사하므로 나뭇잎이 녹색으로 보이게 된다.

12 가시광선은 파장 380~780nm의 전자파를 말하는데 380nm 이하의 파장을 갖고 있으면서 화학작용 및 살균작용을 하는 전자파는?

① 적외선　　　② 자외선
③ 휘선　　　　④ 흑선

[해설]
• 자외선 : 380nm보다 짧은 파장 영역
• 적외선 : 780nm보다 긴 파장 영역

13 배색에 관한 일반적인 설명으로 옳은 것은?

① 가장 넓은 면적의 부분에 주로 적용되는 색채를 보조색이라고 한다.
② 통일감 있는 색채계획을 위해 보조색은 전체 색채의 50% 이상을 동일한 색채로 사용하여야 한다.
③ 보조색은 항상 무채색을 적용해야 한다.
④ 강조색은 주로 작은 면적에 사용되면서 시선을 집중시키는 효과를 나타낸다.

해설
색의 선정
- 주조색 : 가장 넓은 면적에 분포, 70% 이상 면적색(1~2개)
- 보조색 : 주조색의 유사계열로 20~25%의 면적색(1~2개)
- 강조색 : 주, 보조색과 대비되어 5~10%의 적은 면으로 악센트가 됨

14 다음 중 단맛의 느낌을 수반하는 배색은?

① 빨강, 핑크
② 브라운, 올리브
③ 파랑, 갈색
④ 초록, 회색

해설
색채와 공감각 중 미각
- 단맛 : 빨간색, 핑크
- 쓴맛 : 올리브 그린, 브라운
- 신맛 : 노란색, 연두색, 녹황색
- 짠맛 : 청록색, 회색, 흰색

15 르네상스 건축양식의 실내장식에 관한 설명 중 틀린 것은?

① 실내장식 수법은 외관의 구성수법을 그대로 적용하였다.
② 실내디자인 요소로서 계단은 중요하지 않았다.
③ 바닥마감은 목재와 석재가 주로 사용되었다.
④ 문양은 그로테스크 문양과 아라베스크 문양이 주로 사용되었다.

해설
르네상스 시대에는 작가주의가 등장했다. 최초로 개별 건축가의 작품 개념으로 계단이 정의되었으며 이에 따라 계단에 담긴 근대적 의미의 초기 씨앗이 뿌려졌다.

16 르 코르뷔지에(Le Corbusier)의 스승으로서 구조의 대가이며 평지붕, 옥상 정원을 그의 프랭클린가의 저택에서 설계했던 건축가는?

① 토니 가르니에(Tony Garnier)
② 오귀스트 페레(August Perret)
③ 피에르 지네레(Pierre Jeanneret)
④ 오장팡(A. Ozenfant)

해설
오귀스트 페레(August Perret)
- 철근콘크리트에 이용한 건축물의 새로운 역사를 열었다고 평가를 받는 건축가이다.
- 철근콘크리트에 의한 근대 공동주택인 아파트의 효시이다.
- 참신한 평면, 옥상 정원, 유리블록에 의한 계단실의 채광 등 근대 건축의 요소를 모두 갖추고 있다.

정답 13 ④ 14 ① 15 ② 16 ②

17 정지된 인체치수와 동작을 중심으로 한 인간공학적 측면에 따른 가구의 분류에 속하지 않는 것은?

① 인체 지지용 가구
② 작업용 가구
③ 칸막이용 가구
④ 수납용 가구

해설
인간공학적 측면에 따른 가구의 분류
- 인체계 가구 : 인체 지지용 가구 또는 에르고믹스(ergomics)계 가구
- 준인체계 가구 : 작업용 가구 또는 세미에르고믹스(semi ergomics)계 가구
- 건축계 가구(쉘터계 가구) : 수납용 가구

18 다음은 무엇에 대한 설명인가?

> • 여러 개의 유닛으로 구성되어 각 유닛은 폭, 길이, 높이의 치수가 규격화·모듈화되어 있다.
> • 다양한 조합이 가능하여 임의의 공간에 배치가 자유롭고 합리적이며 사용함에 융통성이 크다.

① 건축화 조명
② 캐스캐이드
③ 시스템 가구
④ 멀티존 유닛

해설
시스템 가구
가구와 인간과의 관계, 가구와 건축구체와의 관계, 가구와 가구와의 관계들을 종합적으로 고려하여 적합한 치수를 산출한 후 이를 모듈화한 것으로, 각 유닛이 모여 전체 가구를 형성한다.

19 소파 및 의자에 관한 설명으로 옳지 않은 것은?

① 스툴은 등받이와 팔걸이가 없는 형태의 보조의자이다.
② 2인용 소파는 암체어라고 하며 3인용 이상은 미팅 시트라 한다.
③ 세티는 동일한 두 개의 의자를 나란히 합해 2인이 앉을 수 있도록 한 것이다.
④ 라운지 소파는 편히 누울 수 있도록 쿠션이 좋으며 머리와 어깨 부분을 받칠 수 있도록 한쪽 부분이 경사져 있다.

해설
팔걸이가 있는 1인용 소파는 암체어, 2인용은 러브 시트라고 한다.

20 고대 로마시대 음식물을 먹거나 잠을 자기 위해 사용했던 긴 의자로 몸을 기댈 수 있도록 좌판의 한쪽 끝이 올라간 형태를 갖는 것은?

① 체스터필드(chesterfield)
② 스툴(stool)
③ 세티(settee)
④ 카우치(couch)

해설
① 체스터필드 : 솜, 스펀지 등으로 속을 채워 넣고 천으로 씌운 커다란 소파이다.
② 스툴 : 등받이와 팔걸이가 없는 가장 오래된 형태의 서양식 의자이다.
③ 세티 : 두 사람 이상이 앉는 등받이가 있는 긴 안락의자이다.

정답 17 ③ 18 ③ 19 ② 20 ④

제2과목 실내디자인 시공 및 재료

21 석고보드에 관한 설명 중 틀린 것은?

① 내화성이 부족하다.
② 신축성이 작다.
③ 시공이 용이하고 표면가공이 다양하다.
④ 부식이 안 되고 충해를 받지 않는다.

해설
석고보드 내열성, 내구성, 단열성, 방화성 등이 좋으며 벽, 칸막이, 천장 등에 합판 대용으로 사용된다.

22 다음 중 유기재료에 속하는 것은?

① 목재
② 알루미늄
③ 석재
④ 콘크리트

해설
건축재료의 화학적 조성에 의한 분류

무기재료	금속재료	철강, 알루미늄 등
	비금속재료	석재, 콘크리트, 시멘트 등
유기재료	천연재료	목재, 아스팔트, 섬유류 등
	합성수지	플라스틱, 도료, 접착제 등

23 목재의 일반적인 성질에 대한 설명 중 틀린 것은?

① 가공성이 좋고 차음성이 있다.
② 온도에 따른 팽창계수가 비교적 작다.
③ 열전도율이 적으므로 보온성, 방한성이 우수하다.
④ 내구성이 크고 재질이 균질하다.

해설
목재는 재질 및 방향에 따라 강도가 다르며, 부위에 따라 재질이 고르지 못하다.

24 다음 암석 중 화성암에 속하지 않는 것은?

① 화강암
② 안산암
③ 섬록암
④ 석회암

해설
석재의 분류
• 화성암 : 화강암, 현무암, 안산암, 섬록암
• 수성암(퇴적암) : 점판암, 사암, 응회암, 석회암
• 변성암 : 사문암, 대리석, 석면

25 석재의 인력에 의한 가공 순서로 옳은 것은?

① 혹두기 → 정다듬 → 잔다듬 → 물갈기
② 혹두기 → 물갈기 → 정다듬 → 잔다듬
③ 정다듬 → 혹두기 → 물갈기 → 잔다듬
④ 정다듬 → 잔다듬 → 혹두기 → 물갈기

해설
석재의 다듬기 순서와 석공구

순서		석공구
1	혹두기(메다듬)	쇠메
2	정다듬	정
3	도드락다듬	도드락망치
4	잔다듬	날망치
5	물갈기	숫돌, 금강사

정답 21 ① 22 ① 23 ④ 24 ④ 25 ①

26 보강블록조에 테두리 보(wall girder)를 설치하는 이유와 가장 관계가 먼 것은?

① 가로 철근의 정착을 위해서
② 분산된 벽체를 일체화시키기 위해서
③ 횡력에 의한 벽체의 수직균열을 막기 위해서
④ 집중하중을 받는 블록을 보강하기 위해서

[해설]
세로 철근의 끝을 정착시키기 위해 테두리 보를 설치한다.

27 그림과 같은 벽 A의 대린벽으로 옳은 것은?

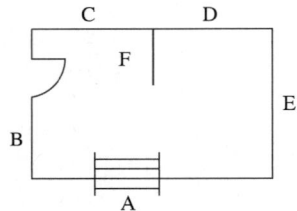

① B와 E
② C와 D
③ E와 D
④ B와 C

[해설]
대린벽은 한 벽에 직교하여 붙은 2개의 이웃하고 있는 내력벽을 말한다.

28 점토제품 중에서 흡수성이 가장 큰 것은?

① 토기
② 도기
③ 석기
④ 자기

[해설]
점토제품의 흡수성
토기 > 도기 > 석기 > 자기

29 타일에 대한 설명 중 옳지 않은 것은?

① 일반적으로 모자이크 타일 및 내장 타일은 건식법, 외장 타일은 습식법에 의해 제조된다.
② 바닥 타일, 외부 타일로는 주로 도기질 타일이 사용된다.
③ 내부 벽용 타일은 흡수성과 마모저항성이 조금 떨어지더라도 미려하고 위생적인 것을 선택한다.
④ 타일은 경량, 내화, 형상과 색조의 자유로움 등의 우수한 특성이 있다.

[해설]
바닥 타일, 외부 타일로는 주로 자기질·석기질이 사용된다.

30 서로 다른 종류의 금속재가 접촉하는 경우 부식이 일어나는 경우가 있는데 부식성이 큰 금속 순으로 옳게 나열된 것은?

① 알루미늄 > 철 > 주석 > 구리
② 주석 > 철 > 알루미늄 > 구리
③ 철 > 주석 > 구리 > 알루미늄
④ 구리 > 철 > 알루미늄 > 주석

31 강의 탄소함유량 증가에 따른 성질 변화에 대한 설명으로 옳지 않은 것은?

① 경도가 높아진다.
② 인성이 낮아진다.
③ 연성이 낮아진다.
④ 용접성이 좋아진다.

해설
탄소량을 증가시키면 경도, 인장강도, 항복점은 증대되지만, 연신율, 단면수축률, 용접성은 저하된다.

32 재료가 외력을 받으면서 발생하는 변형에 저항하는 정도를 나타내는 것은?

① 가소성   ② 강성
③ 연성   ④ 좌굴

해설
① 가소성 : 외력을 제거하여도 재료가 원래대로 되돌아가지 않고 변형된 상태로 남아 있는 성질을 말한다.
③ 연성 : 재료가 탄성한계 이상의 힘을 받아도 파괴되지 않고 가늘고 길게 늘어나는 성질을 말한다.
④ 좌굴 : 기둥의 길이가 그 횡단면의 치수에 비해 클 때, 기둥의 양단에 압축하중이 가해졌을 경우 하중이 어느 크기에 이르면 기둥이 갑자기 휘는 현상이다.

33 알루미늄 창호에 관한 설명으로 옳지 않은 것은?

① 녹슬지 않아 사용연한이 길다.
② 가공이 용이하다.
③ 모르타르에 직접 접촉시켜도 무방하다.
④ 철에 비해 가볍다.

해설
알루미늄 창호는 알칼리에 약하므로 모르타르에 직접 접촉시키지 않는다.

34 유리의 주성분 중 가장 많이 함유되어 있는 것은?

① 석회
② 소다
③ 규산
④ 붕산

해설
유리의 주성분
• 규산(SiO_2) : 71~73%
• 소다(Na_2O) : 14~16%
• 석회(CaO) : 8~15%
• 기타 : 붕산, 인산, 산화마그네슘, 알루미나, 산화아연 등 소량 함유

35 다음 중 건축일반용 창호유리, 병유리에 주로 사용되는 유리는?

① 물유리
② 고규산유리
③ 칼륨석회유리
④ 소다석회유리

해설
소다석회유리
값이 저렴하고, 화학적으로 안정하며, 적당히 단단하면서도, 작품을 마무리할 때 필요하면 언제든지 다시 녹일 수 있기 때문에 세공이 쉽다. 이와 같은 성질 때문에 백열전구, 창유리, 병, 공예품 제조에 널리 사용된다.

정답 31 ④ 32 ② 33 ③ 34 ③ 35 ④

36 수성 페인트에 합성수지와 유화제를 섞은 것으로서 실내·외 어느 곳에서나 매우 광범위하게 사용되며, 피막의 먼지 등으로 오염된 것을 비눗물로도 쉽게 제거할 수 있는 장점을 가진 것은?

① 에나멜 페인트
② 래커 에나멜
③ 에멀션 페인트
④ 클리어 래커

해설
에나멜 페인트와 에멀션 페인트

에나멜 페인트	• 안료 + 유성 바니시 + 건조제 • 내후성, 내수성, 내열성, 내약품성이 우수하다. • 내알칼리성이 약하다.
에멀션 페인트	• 수성 페인트 + 합성수지 + 유화제 • 수성과 유성 페인트의 특징을 모두 가지고 있다. • 수성 페인트의 일종으로 발수성이 있다. • 내외부 도장용으로 사용한다.

37 미장공사에서 나타나는 결함 유형과 가장 거리가 먼 것은?

① 균열
② 부식
③ 탈락
④ 백화

해설
부식은 철재에서 일어나는 결함이다.

38 다음은 공사현장에서 이루어지는 업무에 관한 설명이다. 이 업무의 명칭으로 옳은 것은?

> 공사 내용을 분석하고 공사 관리의 목적을 명확히 제시하며 작업의 순서를 반영하며 실내 공사의 작업을 세분화하고 집약시킨다. 공사의 종류에 따라 기술적인 순서와 상호관계를 정리하고 설계도서, 시방서, 물량산출서, 견적서를 기초로 작업에 투여되는 인력, 장비, 자재의 수량을 비교 검토한다.

① 실행예산편성   ② 공정계획
③ 작업일보 작성   ④ 입찰참가 신청

해설
공정계획 : 작성된 공정표의 기간에 공사를 진행시키고 관리하는 계획이다.

39 횡선식 공정표의 특징을 옳지 않은 것은?

① 가로축에 공사기간, 세로축에 공사 종목을 표시한다.
② 공정은 막대 그래프 형식으로 표시한다.
③ 공사의 진척사항을 기입할 수 없어 예정과 실시를 비교하기 어렵다.
④ 가장 많이 사용하는 공정표로 초보자도 쉽게 확인할 수 있다.

해설
횡선식 공정표는 공정표에 공사의 진척사항을 기입하고 예정과 실시를 비교하면서 관리할 수 있다.

40 슬럼프시험을 하는 가장 주된 목적은?

① 콘크리트 강도를 알기 위하여
② 공기량이 적절한지 파악하기 위하여
③ 응결속도를 알기 위하여
④ 시공연도가 적당한지 파악하기 위하여

해설
콘크리트의 슬럼프시험은 굳지 않은 콘크리트의 반죽 질기를 측정하는 것으로, 워커빌리티를 판단하는 수단으로 사용된다.

제3과목 실내디자인 환경

41 물리적 온열 4요소를 옳게 나열한 것은?

① 기온, 습도, 공기의 청정도, 복사열
② 기온, 습도, 기류, 복사열
③ 기온, CO_2 농도, 복사열, 대류열
④ 기온, 습도, 기류, 공기의 청정도

해설
인체의 열쾌적에 영향을 미치는 물리적 온열 4요소 : 기온, 기류, 습도, 복사열

42 다음 중 불쾌지수의 산정요소로만 구성된 것은?

① 기온, 습도
② 기온, 기류
③ 기온, 습도, 기류
④ 기온, 습도, 기류, 복사열

해설
불쾌지수(DI ; Discomfort Index)
기온과 습도의 영향에 의해서 인체가 느끼는 불쾌감을 지수화한 것으로 기류 및 복사열 등은 고려되지 않는다.

43 굴뚝효과(stack effect)는 어떠한 현상에 의하여 발생되는가?

① 온도 차이
② 습도 차이
③ 풍압 차이
④ 열저항 차이

해설
굴뚝효과 : 건축물의 내부와 외부의 온도 차이로 인해 공기가 유동하는 효과를 말한다. 중력환기의 원리로 연돌효과라고도 한다.

44 다음 중 습공기 선도의 구성에 속하지 않는 것은?

① 비열
② 절대습도
③ 습구온도
④ 상대습도

해설
습공기 선도를 구성하는 요소
건구온도, 습구온도, 노점온도, 절대습도, 상대습도, 수증기 분압, 비체적, 엔탈피, 현열비 등

45 다음 중 광속의 단위로 옳은 것은?

① cd
② lx
③ lm
④ cd/m^2

해설
① cd : 광도의 단위
② lx : 조도의 단위
④ cd/m^2 : 휘도의 단위

정답 41 ② 42 ① 43 ① 44 ① 45 ③

46 한번 분광된 빛은 다시 프리즘을 통과시켜도 그 이상 분광되지 않는다. 이와 같은 광은?

① 반사광　　② 복합광
③ 투명광　　④ 단색광

해설
① 반사광 : 광원에서 나온 직사광이 다른 물체에 닿았다가 반사된 빛
② 복합광 : 다수의 단색광으로 구성된 빛

47 측창 채광에 대한 설명으로 옳지 않은 것은?

① 통풍 및 차열에 유리하다.
② 시공이 용이하며 비막이에 유리하다.
③ 편측창의 경우 조도분포가 균일하다.
④ 동일한 면적의 천장에 비해 채광량이 적다.

해설
편측 채광은 조도분포가 불균일하며 실 안쪽의 조도가 부족하다.

48 다음 중 음의 3요소에 속하지 않는 것은?

① 음색　　② 음의 폭
③ 음의 고저　　④ 음의 크기

해설
음의 3요소
• 음의 강도(세기) : 음압에 따라 결정된다.
• 음의 고저 : 주파수에 따라 결정된다.
• 음색 : 음의 파형(순음, 복합음)에 따라 결정된다.

49 차음성이 높은 재료의 특징으로 볼 수 없는 것은?

① 재질이 단단한 것
② 재질이 무거운 것
③ 재질이 치밀한 것
④ 재질이 다공질인 것

해설
재질이 다공질인 것은 흡음재의 특징이다.

50 대수선 행위 기준에 대한 설명으로 옳지 않은 것은?

① 내력벽 증설 또는 해체하거나 그 벽 면적을 $30m^2$ 이상 수선 또는 변경하는 것
② 기둥을 증설, 해체하거나 세 개 이상 수선 또는 변경하는 것
③ 보를 증설, 해체하거나 두 개 이상 수선 또는 변경하는 것
④ 방화벽 또는 방화구획을 위한 바닥 또는 벽을 증설 또는 해체하거나 수선 또는 변경하는 것

해설
대수선의 범위(건축법 시행령 제3조의2)
• 증축·개축, 재축에 해당하지 아니하는 것을 말한다.
• 대수선에 해당하는 행위
  – 내력벽을 증설 또는 해체하거나 그 벽 면적을 $30m^2$ 이상 수선 또는 변경하는 것
  – 기둥을 증설 또는 해체하거나 세 개 이상 수선 또는 변경하는 것
  – 보를 증설 또는 해체하거나 세 개 이상 수선 또는 변경하는 것
  – 지붕틀(한옥의 경우에는 지붕틀의 범위에서 서까래는 제외)을 증설 또는 해체하거나 세 개 이상 수선 또는 변경하는 것
  – 방화벽 또는 방화구획을 위한 바닥 또는 벽을 증설 또는 해체하거나 수선 또는 변경하는 것
  – 주계단·피난계단 또는 특별피난계단을 증설 또는 해체하거나 수선 또는 변경하는 것
  – 다가구주택의 가구 간 경계벽 또는 다세대주택의 세대 간 경계벽을 증설 또는 해체하거나 수선 또는 변경하는 것
  – 건축물의 외벽에 사용하는 마감재료를 증설 또는 해체하거나 벽 면적 $30m^2$ 이상 수선 또는 변경하는 것

정답　46 ④　47 ③　48 ②　49 ④　50 ③

51 건물의 피난층 외의 층에서는 거실의 각 부분으로부터 피난층 또는 지상으로 통하는 직통계단까지 보행거리를 최대 얼마 이하로 해야 하는가?(단, 예외사항은 제외)

① 10m ② 20m
③ 30m ④ 40m

해설
피난층 외의 층에서의 보행거리(건축법 시행령 제34조)

구분	보행거리
원칙	30m 이하
주요 구조부가 내화구조 또는 불연재료 건축물	• 50m 이하(지하층 바닥 면적 300m² 이상 공연장·집회장·관람장, 전시장 제외) • 16층 이상 공동주택의 경우 16층 이상인 층에 대해서는 40m 이하
자동화 생산시설에 스프링클러 등 자동식 소화설비를 설치한 공장	반도체 및 디스플레이 패널 제조공장 75m 이하(무인화 공장 : 100m 이하)

52 6층 이상의 거실 면적의 합계가 18,000m² 이상인 문화 및 집회시설 중 전시장의 승용 승강기 설치 대수로 옳은 것은?(단, 8인승 15인승 이하의 승강기)

① 6대 ② 7대
③ 8대 ④ 9대

해설
승용 승강기의 설치기준(건축물의 설비기준 등에 관한 규칙 별표 1의2)
문화 및 집회시설 중 전시장은 2대에 3,000m²를 초과하는 경우에는 그 초과하는 매 2,000m² 이내마다 1대를 더한 대수

$$\therefore \frac{18,000 - 3,000}{2,000} + 1 = 8.5 \rightarrow 9대$$

53 철근콘크리트구조로서 내화구조가 아닌 것은?

① 두께가 8cm인 바닥
② 두께가 10cm인 벽
③ 보
④ 지붕

해설
내화구조(건축물의 피난·방화구조 등의 기준에 관한 규칙 제3조 제4호)
바닥의 경우에는 다음의 어느 하나에 해당하는 것
• 철근콘크리트조 또는 철골철근콘크리트조로서 두께가 10cm 이상인 것
• 철재로 보강된 콘크리트블록조·벽돌조 또는 석조로서 철재에 덮은 콘크리트블록 등의 두께가 5cm 이상인 것
• 철재의 양면을 두께 5cm 이상의 철망 모르타르 또는 콘크리트로 덮은 것

54 장애인등편의법상 장애인 등의 출입이 가능한 출입구에 대한 설명으로 옳지 않은 것은?

① 출입구(문)은 통과유효폭을 0.9m 이상으로 한다.
② 출입문은 회전문을 제외한 다른 형태의 문을 설치해야 한다.
③ 출입구(문)의 전면 유효 거리는 1.2m 이상으로 한다.
④ 여닫이문에 도어 체크를 설치 시 문이 닫히는 시간이 10초 이상 확보되도록 하여야 한다.

해설
장애인 등의 출입이 가능한 출입구(장애인·노인·임산부 등의 편의증진 보장에 관한 법률 시행규칙 별표 1)
여닫이문에 도어 체크를 설치하는 경우에는 문이 닫히는 시간이 3초 이상 충분하게 확보되도록 하여야 한다.

정답 51 ③ 52 ④ 53 ① 54 ④

55 다음 중 소방시설의 구분에 속하지 않는 것은?

① 소화설비 ② 급수설비
③ 경보설비 ④ 소화용수설비

[해설]
소방시설(소방시설 설치 및 관리에 관한 법률 시행령 별표 1)
- 소화설비 : 물 또는 그 밖의 소화 약제를 사용하여 소화하는 기계·기구 또는 설비
- 경보설비 : 화재발생 사실을 통보하는 기계·기구 또는 설비
- 피난구조설비 : 화재가 발생할 경우 피난하기 위하여 사용하는 기구 또는 설비
- 소화용수설비 : 화재를 진압하는 데 필요한 물을 공급하거나 저장하는 설비
- 소화활동설비 : 화재를 진압하거나 인명구조활동을 위하여 사용하는 설비

56 무창층의 정의와 관련한 다음 내용에서 밑줄 친 부분에 해당하는 기준 내용이 틀린 것은?

> "무창층"이란 지상층 중 <u>다음 각 목의 요건</u>을 모두 갖춘 개구부의 면적의 합계가 해당 층의 바닥 면적의 30분의 1 이하가 되는 층을 말한다.

① 크기는 지름 50cm 이상의 원이 내접할 수 있는 크기일 것
② 해당 층의 바닥면으로부터 개구부 밑부분까지의 높이가 1.2m 이내일 것
③ 도로 또는 차량이 진입할 수 있는 빈터를 향할 것
④ 내부 또는 외부에서 쉽게 부수거나 열 수 없는 고정창일 것

[해설]
무창층(소방시설 설치 및 관리에 관한 법률 시행령 제2조)
지상층 중 다음의 요건을 모두 갖춘 개구부의 면적의 합계가 해당 층의 바닥 면적의 1/30 이하가 되는 층을 말한다.
- 크기는 지름 50cm 이상의 원이 통과할 수 있을 것
- 해당 층의 바닥면으로부터 개구부 밑부분까지의 높이가 1.2m 이내일 것
- 도로 또는 차량이 진입할 수 있는 빈터를 향할 것
- 화재 시 건축물로부터 쉽게 피난할 수 있도록 창살이나 그 밖의 장애물이 설치되지 않을 것
- 내부 또는 외부에서 쉽게 부수거나 열 수 있을 것

57 화재안전조사의 연기사유가 될 수 없는 것은?

① 태풍, 홍수 등 재난이 발생하여 소방대상물을 관리하기가 매우 어려운 경우
② 관계인이 질병, 장기출장 등으로 화재안전조사에 참여할 수 없는 경우
③ 권한 있는 기관에 자체점검기록부, 교육·훈련일지 등 화재안전조사에 필요한 장부·서류 등이 압수되거나 영치되어 있는 경우
④ 소방본부장 또는 소방서장으로부터 피난시설, 방화구획 및 방화시설의 유지·관리에 대한 시정보완을 통보 받은 후 불가피하게 연기해야 하는 경우

[해설]
화재안전조사의 연기(화재의 예방 및 안전관리에 관한 법률 시행령 제9조)
- 자연재난, 사회재난에 해당하는 재난이 발생한 경우
- 관계인의 질병, 사고, 장기출장의 경우
- 권한 있는 기관에 자체점검기록부, 교육·훈련일지 등 화재안전조사에 필요한 장부·서류 등이 압수되거나 영치(領置)되어 있는 경우
- 소방대상물의 증축·용도변경 또는 대수선 등의 공사로 화재안전조사를 실시하기 어려운 경우

58 다음 중 조명의 4가지 요소에 해당하지 않는 것은?

① 시간
② 광도
③ 대비
④ 대상물

[해설]
조명의 4가지 요소 : 시간, 광도(밝기), 대비, 물체의 크기

59 급수방식에 관한 설명으로 옳지 않은 것은?

① 고가수조방식은 일반적으로 하향 급수 배관방식이 사용된다.
② 압력수조방식은 급수압력의 변화가 심하고 취급이 까다롭다.
③ 수도직결방식은 급수압력의 변동이 없어 일정한 수압으로 급수가 가능하다.
④ 펌프직송방식은 펌프운전방식에 따라 정속방식과 변속방식으로 분류할 수 있다.

해설
③은 고가수조방식에 대한 설명이며, 수도직결방식은 규모가 크면 수압이 떨어진다.

60 호텔의 주방이나 레스토랑의 주방에서 배출되는 배수 중의 유지분을 포집하기 위하여 사용되는 포집기는?

① 플라스터 포집기
② 헤어 포집기
③ 오일 포집기
④ 그리스 포집기

해설
그리스 저집기(그리스 트랩)
음식점 주방의 배수에 포함된 지방분을 냉각, 응고시켜서 제거하여 지방분이 배수관 속으로 유입되는 것을 방지하는 목적으로 사용된다.

2023년 제2회 과년도 기출복원문제

제1과목 실내디자인 계획

01 디자인 요소의 개념 중 옳지 않은 것은?
① 점은 위치만 가진 무차원의 추상개념이다.
② 선은 모든 조형의 최초의 요소로 규정된다.
③ 평면이란 완전히 평평한 면을 말하는데 이는 선들이 교차함으로써 이루어진다.
④ 3차원의 형상은 직교식 선형체와 비직교식 선형체 그리고 이 양자의 복합적 구조로 나눌 수 있다.

해설
모든 조형의 최초의 요소는 '점'이다.

02 디자인 요소로서 선이 갖고 있지 않는 특성은?
① 질감(texture) ② 방향성(direction)
③ 형(shape)   ④ 길이(length)

해설
질감(texture) : 촉각 또는 시각적으로 지각할 수 있는, 어떤 물체가 갖고 있는 표면상의 특징이다.

03 선의 종류별 조형 효과로 옳지 않은 것은?
① 수직선 - 위엄, 절대
② 사선 - 약동감, 속도감
③ 곡선 - 유연함, 미묘함
④ 수평선 - 우아함, 풍요로움

해설
수평선 : 평온, 평화, 정지, 무한함, 안정감, 정적인 느낌 등

04 공간의 레이아웃(layout)과 가장 알맞은 관계를 가지고 있는 것은?
① 재료계획   ② 동선계획
③ 설비계획   ④ 색채계획

해설
동선계획은 평면 레이아웃과 동시에 이루어져야 한다.

05 주거 공간을 행동 반사에 따라 정적 공간과 동적 공간으로 구분할 수 있다. 다음 중 정적 공간에 속하는 것은?
① 서재   ② 식당
③ 거실   ④ 부엌

해설
주거 공간(행동반사에 의한 분류)
• 정적 공간 : 서재, 침실, 휴식 공간
• 동적 공간 : 거실, 식당, 현관, 부엌, 세탁실, 응접실, 다용도실

1 ② 2 ① 3 ④ 4 ② 5 ① **정답**

06 사무소 건축의 코어 유형 중 코어 프레임(core frame)이 내력벽 및 내진구조의 역할을 하므로 구조적으로 가장 바람직한 것은?

① 독립형 ② 중심형
③ 편심형 ④ 분리형

해설
② 중심형 : 코어와 일체로 한 내진구조가 가능한 유형으로 중·고층의 바닥 면적이 대규모인 경우에 적합하다.
① 독립형 : 융통성이 높은 균일한 공간이 확보되지만 양쪽에 코너가 배치되지 않으면 대피, 피난의 방재계획에 불리하다.
③ 편심형 : 바닥 면적이 일정한 규모 이상으로 증가하면 코어 이외로 피난 및 설비 샤프트 시설 등이 필요한 형식이다.
④ 분리형 : 단일 용도의 대규모 전용 사무실에 적합한 유형이다.

07 상점의 판매형식 중 대면 판매에 관한 설명으로 옳지 않은 것은?

① 포장대나 계산대를 별도로 둘 필요가 없다.
② 귀금속과 같은 소형 고가품 판매점에 적합하다.
③ 고객과 마주 대하기 때문에 상품 설명이 용이하다.
④ 진열된 상품을 자유롭게 직접 접촉하므로 선택이 용이하다.

해설
④는 측면 판매형식에 대한 설명이다.
대면 판매 : 고객과 종업원이 쇼케이스를 가운데 두고 판매하는 방식이다.

08 기업체가 자사제품의 홍보, 판매 촉진 등을 위해 제품 및 기업에 관한 자료를 소비자들에게 직접 호소하여 제품의 우위성을 인식시키고자 하는 전시공간은?

① 캐럴(carrel)
② 아레나(arena)
③ 쇼룸(showroom)
④ 랜드스케이프(landscape)

해설
쇼룸(showroom)
• 일반적으로 판매보다는 PR을 위주로 한다.
• 쇼룸은 관람의 흐름에 막힘이 없어야 한다.
• 전시상품에 대한 정보를 알리거나 관람자를 안내하기 위한 서비스 공간이 필요하다.
• 쇼룸의 연출은 되도록 개념, 대상물, 효과라는 3단계가 종합적으로 디자인되어야 한다.

09 색채계획에 관한 내용으로 적합한 것은?

① 사용 대상자의 유형은 고려하지 않는다.
② 색채 정보 분석과정에서는 시장 정보, 소비자 정보 등을 고려한다.
③ 색채계획에서는 경제적 환경 변화는 고려하지 않는다.
④ 재료나 기능보다는 심미성이 중요하다.

해설
색채 정보 분석단계에서는 시장 정보, 소비자 정보, 유행 정보 등을 고려하여 색채계획서를 작성한다.

10 주거 공간의 침실 색채계획 시 고려해야 할 사항으로 틀린 것은?

① 침실 색채는 거주자의 선호를 최대한 반영한 색채계획이 필요하다.
② 천장이나 넓은 벽 면적에는 강렬한 색을 사용한다.
③ 베개, 침대 커버, 쿠션 등의 소품 영역들은 계절색을 이용할 수 있다.
④ 색채 사용은 2~3가지로 제한하는 것이 좋다.

[해설]
천장이나 넓은 벽 면적에는 강렬한 색의 사용을 피한다.

11 스펙트럼 현상을 바르게 설명한 것은?

① 적외선이라고도 한다.
② 우주에 존재하는 모든 발광체의 스펙트럼은 모두 같다.
③ 무지개 색과 같이 연속된 색의 띠를 말한다.
④ 장파장 쪽이 자색광이고, 단파장 쪽이 적색광이다.

[해설]
스펙트럼(spectrum) 현상
빛의 굴절현상을 이용하여 백광을 분광시키면 빨, 주, 노, 초, 파, 남, 보의 연속된 띠가 생기는데, 이것은 파장의 길고 짧음에 따라 굴절률이 다르기 때문에 나타난다. 즉, 파장이 길면 굴절률이 작고, 파장이 짧을수록 굴절률은 크다.

12 색 지각을 일으키는 가장 기본적인 요소는?

① 물체   ② 프리즘
③ 빛   ④ 망막

[해설]
색채 지각을 위한 시각의 3요소에는 빛, 물체, 눈(시각기관)이 있다. 색은 빛의 한 현상이며 우리가 지각하는 색은 가시광선 범위의 파장이다.

13 다음 중 뚱뚱한 체격의 사람이 피해야 할 의복의 색은 무엇인가?

① 청색   ② 초록색
③ 노란색   ④ 바다색

[해설]
노란색은 확대되어 보이는 색이다.

14 다음 중 짠맛과 관계가 깊은 색은?

① 회색   ② 올리브그린
③ 빨간색   ④ 갈색

[해설]
• 짠맛 : 청록색, 회색, 흰색
• 단맛 : 빨간색, 핑크
• 쓴맛 : 올리브그린, 브라운
• 신맛 : 노란색, 연두색, 녹황색

[정답] 10 ② 11 ③ 12 ③ 13 ③ 14 ①

15 이탈리아에서 시작된 1600년에서 1750년 사이의 서양예술사조로서, 율동과 긴장감이 넘치는 선과 매스 그리고 고전적 모티브의 자유로운 사용 등으로 특징지어지는 양식은?

① 바로크 시대
② 르네상스 시대
③ 매너리즘 시대
④ 로코코 시대

해설
② 르네상스는 14~16세기 사이에 일어난 문예부흥 운동을 말한다.
③ 매너리즘은 이탈리아 1520년대 르네상스 전성기의 후기에서 시작해서 1600년대 바로크가 시작하기 전까지 지속된 회화, 조각, 건축과 장식 예술의 시기를 지칭한다.
④ 로코코는 바로크 시대의 호방한 취향을 이어받아 경박함 속에 표현되는 화려한 색채와 섬세한 장식의 건축 유행을 말한다.

16 바우하우스(Bauhaus)에 대한 설명 중 옳지 않은 것은?

① 과거양식에 집착하고 이를 바탕으로 연구하였다.
② 월터 그로피우스에 의해 설립되었다.
③ 예술과 공업생산을 결합하여 모든 예술의 통합화를 추구하였다.
④ 이론과 실기교육을 병행하였다.

해설
바우하우스는 공업과 예술을 결합시켜 새로운 건축과 공예를 만드는 연구를 하였다.

17 다음 중 가구류의 분류가 옳지 않은 것은?

① 작업용 가구 - 테이블, 책상
② 인체 지지용 가구 - 휴식의자, 침대
③ 정리·수납용 가구 - 벽장, 선반, 서랍장
④ 작업용 가구 - 부엌 작업대, 작업의자

해설
작업의자는 인체 지지용 가구에 해당한다.
작업용 가구 : 테이블, 탁자, 책상, 조리대, 카운터, 판매대 등

18 특정한 사용목적이나 많은 물품을 수납하기 위해 건축화된 기구는?

① 붙박이 가구
② 가동 가구
③ 이동 가구
④ 유닛 가구

해설
붙박이 가구는 건물과 일체화해서 만든 가구로서, 가구 배치의 혼란감을 없애고 공간을 최대한 활용할 수 있다.

정답 15 ① 16 ① 17 ④ 18 ①

19 의자에 관한 설명으로 옳지 않은 것은?

① 스툴(stool)은 등받이와 팔걸이가 없는 형태의 보조의자이다.
② 오토만(ottoman)은 좀 더 편안한 휴식을 위해 발을 올려놓는 데도 사용된다.
③ 풀업체어(pull-up chair)는 필요에 따라 이동시켜 사용할 수 있는 간이 의자이다.
④ 라운지 체어(lounge chair)는 오래 전부터 식탁과 함께 사용되어온 식사를 위한 의자로 다이닝 체어라고도 한다.

> **해설**
> 라운지 체어 : 비교적 큰 크기의 의자로 편하게 휴식을 취할 수 있는 안락의자이다.

20 마르셀 브로이어에 의해 디자인된 의자로, 강철 파이프를 구부려서 지지대 없이 만든 의자는?

① 체스카 의자
② 파이미오 의자
③ 레드블루 의자
④ 바르셀로나 의자

> **해설**
> ② 파이미오 의자 : 알바 알토가 결핵 요양소의 의뢰로 디자인한 나무 소재의 의자이다. 가볍고 유기적인 형태이며 시트가 흐르는 구조로 되어 있어 앉은 사람이 숨쉬기 편하도록 디자인되었다.
> ③ 레드블루 의자 : 리트벨트(G. Rietveld)가 규격화한 판재를 이용하여 적, 청, 황의 원색으로 디자인한 의자이다. 과거의 전통적인 곡선 지향적 성격에서 탈피하여, 직선적이며 대량 생산이 가능한 형태로 디자인하였다.
> ④ 바르셀로나 의자 : 미스 반데어로에에 의하여 디자인된 의자이다. XX자로 된 강철 파이프 다리 및 가죽으로 된 등받이와 좌석으로 구성되어 있다.

제2과목 실내디자인 시공 및 재료

21 화재 시 가열에 대하여 연소되지 않고 유해한 연기나 가스를 발생하지 않는 불연재료에 해당되지 않는 것은?

① 콘크리트
② 석재
③ 알루미늄
④ 목모 시멘트판

> **해설**
> • 불연재료 : 콘크리트, 석재, 벽돌, 유리, 알루미늄, 미장재료 등
> • 준불연재료 : 석고보드, 목모 시멘트판, 미네랄 텍스(mineral tex) 등

22 침엽수에 관한 설명으로 옳은 것은?

① 대표적인 수종은 소나무와 느티나무, 박달나무 등이다.
② 재질에 따라 경재(hard wood)로 분류된다.
③ 일반적으로 활엽수에 비하여 직통대재가 많고 가공이 용이하다.
④ 수선세포는 뚜렷하게 아름다운 무늬로 나타난다.

> **해설**
> ① 대표적인 수종은 소나무, 해송, 삼송나무, 전나무, 솔송나무, 낙엽송, 가문비나무, 잣나무 등이다.
> ② 재질에 따라 연재(soft wood)로 분류된다.
> ④ 수선세포는 침엽수에서 잘 보이지 않는다.

19 ④ 20 ① 21 ④ 22 ③ **정답**

23. 목재의 특성에 관한 설명 중 옳지 않은 것은?

① 가공이 용이하다.
② 열전도율이 높다.
③ 온도에 다른 신축이 적다.
④ 충격·진동 등에 대한 흡수성이 크다.

해설
목재는 열전도율이 낮아 여러 가지 보온재료로 사용된다.

24. 돌구조의 표면마무리 중 잔다듬에서 필요한 공구는?

① 도드락망치
② 정
③ 날망치
④ 날메

해설
석재의 다듬기 순서와 석공구

순서		석공구
1	혹두기(메다듬)	쇠메
2	정다듬	정
3	도드락다듬	도드락망치
4	잔다듬	날망치
5	물갈기	숫돌, 금강사

25. 석재의 성질에 대한 설명으로 옳은 것은?

① 강도는 비중에 반비례한다.
② 압축강도는 함수 상태의 영향을 받는다.
③ 내화성은 조성결정과 공극률이 클수록 커진다.
④ 내구성은 조암광물의 조직이 클수록 우수하다.

해설
① 강도는 비중에 비례한다.
③ 내화성은 조성결정형이 작고 공극률이 클수록 커진다.
④ 내구성은 조암광물의 조직이 미세할수록 우수하다.
석재 : 압축강도는 단위용적중량이 클수록 큰 것이 일반적이며, 공극률이 작을수록 또는 구성 입자가 작을수록 크며, 결정도와 그 결합상태가 좋을수록 크다. 또한 함수율에 영향을 받아 함수율이 높을수록 강도가 저하된다.

26. 벽돌쌓기에 대한 설명으로 옳지 않은 것은?

① 연속되는 벽면의 일부를 나중쌓기할 때에는 그 부분을 층단 들여쌓기로 한다.
② 내력벽 쌓기에서는 세워쌓기나 옆쌓기가 주로 쓰인다.
③ 벽돌쌓기 시 줄눈 모르타르가 부족하면 하중 분담이 일정하지 않아 벽면에 균열이 발생할 수 있다.
④ 창대쌓기는 물흘림을 위해 벽돌을 15° 정도 기울여 벽면에서 3~5cm 정도 내밀어 쌓는다.

해설
내력벽 쌓기에서는 눕혀쌓기가 주로 쓰인다.

27. 벽돌 벽체쌓기에서 입면으로 볼 경우 같은 켜에 벽돌의 길이와 마구리가 번갈아 보이도록 하는 쌓기법은?

① 프랑스식 쌓기
② 영국식 쌓기
③ 네덜란드식 쌓기
④ 미국식 쌓기

해설
벽돌쌓기 방법
- 프랑스식(불식) 쌓기 : 매 켜에 길이와 마구리쌓기가 번갈아 나오게 쌓는 방법이다.
- 영국식(영식) 쌓기 : 한 켜는 마구리쌓기, 다음 켜는 길이쌓기로 하고, 모서리 벽 끝에는 이오토막을 사용하여 마무리하는 쌓기법으로 가장 튼튼한 쌓기법이다.
- 네덜란드식(화란식) 쌓기 : 영식 쌓기와 거의 같으나 길이쌓기 층의 끝에 칠오토막을 사용한다.
- 미국식(미식) 쌓기 : 5켜는 길이쌓기로 하고, 다음 한 켜는 마구리쌓기로 한다.

28 표면을 연마하여 고광택을 유지하도록 만든 시유 타일로 대형 타일에 많이 사용되며, 천연 화강석의 색깔과 무늬가 표면에 나타나게 만들 수 있는 것은?

① 모자이크 타일
② 클링커 타일
③ 논슬립 타일
④ 폴리싱 타일

해설
① 모자이크 타일 : 다양한 모양의 타일 조각을 모자이크 형태로 만든 타일이며, 주로 내장용으로 사용된다.
② 클링커 타일 : 석기질 타일의 일종으로 비교적 다른 타일에 비해 두꺼우며, 홈줄을 넣은 외장 바닥용(화장실의 내벽, 바닥 등)으로 사용한다.
③ 논슬립 타일 : 계단이나 화장실과 같은 곳에서 미끄럼이 발생하지 않기 위해서 제작한 특수 타일이다.

29 테라코타의 용도로써 가장 옳은 것은?

① 방수를 위한 목적으로 사용
② 보온을 위하여 사용
③ 장식을 위한 목적으로 사용
④ 방부를 위한 목적으로 사용

해설
테라코타는 내·외장식용으로 주문 제작하며 난간벽, 돌림대, 창대 등에 많이 사용한다.

30 일반 금속재료의 공통적인 성질로 옳지 않은 것은?

① 열과 전기의 양도체이다.
② 연성이 낮아 소성변형이 어렵다.
③ 경도가 높고 내마멸성이 크다.
④ 금속광택을 가지고 있으며 빛에 불투명하다.

해설
일반 금속재료는 전성과 연성이 풍부하다.

31 탄소함유량에 의한 철의 분류 중 탄소량이 가장 많은 것은?

① 순철
② 연철
③ 강
④ 주철

해설
철의 분류

명칭	탄소량(C)	성질
철	0.04% 이하	연질이고 가단성(可鍛性)이 크다.
강	0.04~1.7%	가단성, 주조성, 담금질 효과가 있다.
주철	1.7% 이상	주조성이 좋고 경질이고, 취성(脆性)이 크다.

32 강의 열처리란 금속재료에 필요한 성질을 주기 위하여 가열 또는 냉각하는 조작을 말하는데 다음 중 강의 열처리방법에 해당하지 않는 것은?

① 늘림
② 불림
③ 풀림
④ 뜨임질

해설
강의 열처리 방법으로는 불림(normalizing), 풀림(annealing), 담금질(quenching), 뜨임(tempering) 등이 있다.

28 ④ 29 ③ 30 ② 31 ④ 32 ①

33 화재 시 유리가 파손되는 원인과 관계가 적은 것은?

① 열팽창계수가 크기 때문이다.
② 급가열 시 부분적으로 면내(面內) 온도차가 커지기 때문이다.
③ 용융온도가 낮아 녹기 때문이다.
④ 열전도율이 작기 때문이다.

해설
유리는 500~700℃에서 연화되기 시작하여 1,300℃ 정도에서 점성이 높은 액체가 된다.

34 유리 중 현장에서 절단 가공할 수 없는 것은?

① 망입유리
② 강화유리
③ 소다석회유리
④ 무늬유리

해설
강화유리
• 유리를 가열한 후 공기를 분사하여 급랭·강화시킴으로써 투시성은 같으나 강도나 내열성을 높인 안전유리의 일종이다.
• 가공이 불가능하므로 제작 전에 나사 구멍, 절단 등의 작업을 해야 한다.

35 2장 이상의 판유리 등을 나란히 넣고, 그 틈새에 대기압에 가까운 압력의 건조한 공기를 채우고 그 주변을 밀봉·봉착한 것은?

① 열선흡수유리
② 배강도 유리
③ 강화유리
④ 복층유리

해설
④ 복층유리 : 2장 이상의 판유리 틈새에 압력공기를 채운 것으로 단열성, 차음성이 좋고 결로가 생기지 않는다.
① 열선흡수유리 : 보통 판유리의 조성에 산화철, 니켈, 코발트 등의 금속 산화물을 미량 첨가하고, 착색이 되게 한 유리이다.
② 배강도 유리 : 일반유리와 강화유리의 중간 단계인 유리이다.
③ 강화유리 : 유리를 가열한 후 공기를 분사하여 급랭·강화시킴으로써 투시성은 같으나 강도나 내열성을 높인 안전유리의 일종이다.

36 도료 중 주로 목재면의 투명 도장에 쓰이고 오일 니스에 비하여 도막이 얇으나 견고하며, 담색으로서 우아한 광택이 있고 내부용으로 쓰이는 것은?

① 클리어 래커(clear lacquer)
② 에나멜 래커(enamel lacquer)
③ 에나멜 페인트(enamel paint)
④ 하이 솔리드 래커(high solid lacquer)

해설
클리어 래커(clear lacquer)
• 안료를 배합하지 않은 것이다.
• 주로 목재면의 투명 도장에 쓴다.
• 오일 니스에 비하여 도막이 얇으나 견고하며, 담색으로서 우아한 광택이 있다.
• 내후성이 좋지 않아 외부용으로는 사용하기 곤란하며, 주로 내부용으로 사용한다.

정답 33 ③ 34 ② 35 ④ 36 ①

37 석고 플라스터에 대한 설명으로 틀린 것은?

① 석고 플라스터는 경화지연제를 넣어서 경화시간을 너무 빠르지 않게 한다.
② 경화·건조 시 치수 안정성과 내화성이 뛰어나다.
③ 석고 플라스터는 공기 중의 탄산가스를 흡수하여 표면부터 서서히 경화한다.
④ 시공 중에는 될 수 있는 한 통풍을 피하고 경화 후에는 적당한 통풍을 시켜야 한다.

해설
순수 소석고는 표면부터 빠른 속도로 경화한다. 경화시간이 짧으므로 건축공사에서는 경화시간을 조절하기 위해 혼화재(소석회, 돌로마이트 플라스터)를 함께 사용한다.

38 원가 절감을 목적으로 공사계약 후 해당 공사의 현장 여건 및 사전조사 등을 분석한 이후 공사 수행을 위하여 세부적으로 작성하는 예산은?

① 추경예산
② 변경예산
③ 실행예산
④ 도급예산

해설
실행예산 : 원가 절감을 목적으로 시공현장의 환경 및 여건을 고려하여 최적의 공사비로 재구성한다.

39 안전관리 총괄책임자의 직무에 해당하지 않는 것은?

① 작업 진행상황을 관찰하고 세부 기술에 관한 지도 및 조언을 한다.
② 안전관리계획서의 작성 제출 및 안전관리를 총괄한다.
③ 안전관리관계자의 직무를 감독한다.
④ 안전관리비의 편성과 집행 내용을 확인한다.

해설
안전관리 총괄책임자의 직무의 범위(건설기술 진흥법 시행령 제102조)
• 안전관리계획서의 작성 및 제출
• 안전관리관계자의 업무 분담 및 직무 감독
• 안전사고가 발생할 우려가 있거나 안전사고가 발생한 경우의 비상동원 및 응급조치
• 안전관리비의 집행 및 확인
• 협의체의 운영
• 안전관리에 필요한 시설 및 장비 등의 지원

40 콘크리트의 시공연도(workability)를 측정하는 시험방법이 아닌 것은?

① 슬럼프시험
② 낙하시험
③ 리몰딩시험
④ 압축강도시험

해설
시공연도를 측정하는 방법 : 슬럼프시험, 낙하시험, 리몰딩시험, 다짐계수시험, 구관입시험, 흐름시험, 비비시험 등

정답 37 ③ 38 ③ 39 ① 40 ④

제3과목 실내디자인 환경

41 물리적 온열요소 중 열쾌적감에 가장 크게 영향을 미치는 요소는?

① 기온 ② 기류
③ 습도 ④ 복사열

해설
기온은 지상 1.5m에서의 건구온도로 인체의 쾌적에 가장 큰 영향을 미친다.

42 clo는 다음 중 어느 것을 나타내는 단위인가?

① 착의량 ② 대사량
③ 복사열량 ④ 수증기량

해설
클로(clo) : 옷을 입었을 때 의복의 보온력 단위로, 1clo는 2면 사이의 온도 구배가 0.18℃일 때 1시간에 1m²에 대해 1cal의 열통과를 허용하는 양이다.

43 기온, 습도, 기류의 3요소의 조합에 의한 실내 온열감각을 기온의 척도로 나타낸 것은?

① 등가온도 ② 유효온도
③ 작용온도 ④ 수정유효온도

해설
유효온도(ET ; Effective Temperature) : 온도, 기류, 습도를 조합한 감각 지표로서 효과온도, 감각온도, 실효온도 또는 체감온도라고도 한다.

44 절대습도를 가장 올바르게 표현한 것은?

① 포화수증기량에 대한 백분율
② 습공기 1kg당 포함된 수증기의 질량
③ 일정한 온도에서 더 이상 포함할 수 없는 수증기량
④ 습공기를 구성하고 있는 건공기 1kg당 포함된 수증기의 질량

해설
절대습도 = $\dfrac{수증기\ 중량}{습한\ 공기\ 중의\ 건조\ 공기\ 중량}$ (kg/kg′)

45 광원으로부터 발산되는 광속의 입체각 밀도를 뜻하는 것은?

① 광도 ② 조도
③ 광속발산도 ④ 휘도

해설
① 광도 : 단위 면적당 표면에서 반사 또는 방출되는 광량(빛의 양)을 말한다.
③ 광속발산도 : 대상의 표면에서 발산되는 단위 면적당 빛의 양을 말한다.
④ 휘도 : 빛을 내는 물체의 단위 면적당 표면 밝기의 정도를 말한다.

정답 41 ① 42 ① 43 ② 44 ④ 45 ②

46 다음 중 광원으로부터의 직사광에 의한 눈부심(glare)을 줄일 수 있는 방법으로 적절하지 않은 것은?

① 광원의 휘도를 줄이고 수를 늘린다.
② 광원을 시선에서 멀리 위치시킨다.
③ 휘광은 주위를 어둡게 하여 광도비를 늘린다.
④ 가리개(shield), 갓(hood) 혹은 차양(visor)을 사용한다.

해설
휘광원 주위를 밝게 하여 휘도비를 줄인다.

47 측창 채광과 비교한 천창 채광의 특징에 관한 설명으로 옳지 않은 것은?

① 비막이에 불리하다.
② 채광량 확보에 불리하다.
③ 조도분포의 균일화에 유리하다.
④ 근린의 상황에 따라 채광을 방해받는 경우가 적다.

해설
천창 채광은 지붕면에 있는 수평창에 의한 채광으로 측창 채광에 비해 채광량이 많다.

48 군인들이 다리를 건널 때는 다리의 붕괴를 방지하기 위하여 발을 맞추지 않는다. 이는 다음 중 어떠한 현상과 관련이 있는가?

① 감쇠(attenuation)
② 공명(resonance)
③ 관성(inertia)
④ 댐핑(damping)

해설
공명(공진) : 강제로 진동시킨 어떤 물체의 진동수(주파수)가 그 물체의 고유 진동수와 같을 때, 진폭이 엄청 커지는 현상이다.

49 배경 소음에 관한 설명으로 옳은 것은?

① 저주파수 영역에서의 소음
② 고주파수 영역에서의 소음
③ 측정 대상음 이외의 주위 소음
④ 어느 장소에서나 일정한 소음

해설
배경 소음
신호의 생성, 검파, 측정, 기록을 위하여 사용되는 신호의 유무와 관계없이 시스템에 존재하는 모든 장해 요인을 총칭한다.

50 건축법령에서 정의하는 다음에 해당하는 용어는?

> 기존 건축물의 전부 또는 일부[내력벽·기둥·보·지붕틀(제16호에 따른 한옥의 경우에는 지붕틀의 범위에서 서까래는 제외한다) 중 셋 이상이 포함되는 경우를 말한다]를 해체하고 그 대지에 종전과 같은 규모의 범위에서 건축물을 다시 축조하는 것을 말한다.

① 신축
② 개축
③ 증축
④ 재축

해설
① 신축 : 건축물이 없는 대지(기존 건축물이 해체되거나 멸실된 대지를 포함)에 새로 건축물을 축조하는 것[부속건축물만 있는 대지에 새로 주된 건축물을 축조하는 것을 포함하되, 개축 또는 재축하는 것은 제외]을 말한다.
③ 증축 : 기존 건축물이 있는 대지에서 건축물의 건축 면적, 연면적, 층수 또는 높이를 늘리는 것을 말한다.
④ 재축 : 건축물이 천재지변이나 그 밖의 재해로 멸실된 경우 그 대지에 요건을 갖추어 다시 축조하는 것을 말한다.

51. 건축법령상 건축물의 용도와 건축물의 연결이 옳지 않은 것은?

① 숙박시설 - 휴양콘도미니엄
② 제1종 근린생활시설 - 치과의원
③ 동물 및 식물 관련 시설 - 동물원
④ 제2종 근린생활시설 - 노래연습장

해설
동물원은 문화 및 집회시설에 해당한다.
동물 및 식물 관련 시설(건축법 시행령 별표 1)
1. 축사(양잠·양봉·양어·양돈·양계·곤충사육 시설 및 부화장 등을 포함한다)
2. 가축시설[가축용 운동시설, 인공수정센터, 관리사(管理舍), 가축용 창고, 가축시장, 동물검역소, 실험동물 사육시설, 그 밖에 이와 비슷한 것을 말한다]
3. 도축장
4. 도계장
5. 작물 재배사
6. 종묘배양시설
7. 화초 및 분재 등의 온실
8. 동물 또는 식물과 관련된 1~7.까지의 시설과 비슷한 것(동·식물원은 제외한다)

52. 다음 중 승용 승강기의 설치기준과 직접적으로 관련된 것은?

① 대지 안의 공지
② 건축물의 용도
③ 6층 이하의 거실 면적의 합계
④ 승강기의 속도

해설
승용 승강기의 설치기준(건축물의 설비기준 등에 관한 규칙 별표 1의2)
• 건축물의 용도
• 6층 이상의 거실 면적의 합계

53. 다음 중 두께에 관계없이 방화구조에 해당하는 것은?

① 시멘트 모르타르 위에 타일을 붙인 것
② 흙으로 맞벽치기한 심벽
③ 철망 모르타르로 바른 것
④ 석고판 위에 회반죽을 바른 것

해설
방화구조(건축물의 피난·방화구조 등의 기준에 관한 규칙 제4조) 화염의 확산을 막을 수 있는 성능을 가진 구조로서 국토교통부령으로 정하는 기준에 적합한 구조를 말한다.

구조 부분	방화구조의 기준
철망 모르타르 바르기	바름 두께 : 2cm 이상
석고판 위에 시멘트 모르타르 또는 회반죽을 바른 것	두께 합계 : 2.5cm 이상
시멘트 모르타르 위에 타일을 붙인 것	
심벽에 흙으로 맞벽치기를 한 것	두께에 관계없이 인정
산업표준화법에 따른 한국산업표준에 따라 시험한 결과	방화 2급 이상에 해당하는 것

54. 장애인등편의법상 편의시설을 설치하여야 하는 대상으로 옳지 않은 것은?

① 공공건물 및 공중이용시설
② 공동주택
③ 통신시설
④ 교통시설

해설
편의시설을 설치하여야 하는 대상(장애인·노인·임산부 등의 편의증진 보장에 관한 법률 제7조)
• 공원, 공공건물 및 공중이용시설, 공동주택, 통신시설
• 그 밖에 장애인 등의 편의를 위하여 편의시설을 설치할 필요가 있는 건물·시설 및 그 부대시설

정답 51 ③ 52 ② 53 ② 54 ④

55 다음의 소방시설 중 소화설비에 속하는 것은?

① 소화기구
② 연결살수설비
③ 연결송수관설비
④ 자동화재탐지설비

해설

소방시설(소방시설 설치 및 관리에 관한 법률 시행령 별표 1)
- 소화설비 : 소화기구, 자동소화장치, 옥내소화전설비, 스프링클러설비 등, 물분무 등 소화설비, 옥외소화전설비
- 경보설비 : 단독경보형 감지기, 비상경보설비, 자동화재탐지설비, 시각경보기, 화재알림설비, 비상방송설비, 자동화재속보설비, 통합감시시설, 누전경보기, 가스누설경보기
- 피난설비 : 피난기구, 인명구조기구, 유도등, 비상조명등 및 휴대용 비상조명등
- 소화용수설비 : 상수도소화용수설비, 소화수조·저수조, 그 밖의 소화용수설비
- 소화활동설비 : 제연설비, 연결송수관설비, 연결살수설비, 비상콘센트설비, 무선통신보조설비, 연소방지설비

56 특정소방대상물 중 교육연구시설에 해당하는 것은?

① 무도학원
② 자동차정비학원
③ 자동차운전학원
④ 연구소

해설
① : 위락시설에 해당한다.
②·③ : 항공기 및 자동차 관련 시설에 해당한다.

57 화재안전조사를 실시하는 경우에 해당되지 않는 것은?

① 소방시설 등의 자체점검이 불성실하거나 불완전하다고 인정되는 경우
② 국가적 행사 등 주요 행사가 개최되는 장소 및 그 주변의 관계 지역에 대하여 소방안전 관리 실태를 점검할 필요가 있는 경우
③ 화재가 발생되지 않아 일상적인 점검을 요하는 경우
④ 재난예측정보, 기상예보 등을 분석한 결과 소방대상물에 화재의 발생 위험이 크다고 판단되는 경우

해설

화재안전조사(화재의 예방 및 안전관리에 관한 법률 제7조)
소방관서장은 다음의 어느 하나에 해당하는 경우 화재안전조사를 실시할 수 있다. 다만, 개인의 주거(실제 주거용도로 사용되는 경우에 한정)에 대한 화재안전조사는 관계인의 승낙이 있거나 화재발생의 우려가 뚜렷하여 긴급한 필요가 있는 때에 한정한다.
1. 소방시설 등의 자체점검이 불성실하거나 불완전하다고 인정되는 경우
2. 화재예방강화지구 등 법령에서 화재안전조사를 하도록 규정되어 있는 경우
3. 화재예방안전진단이 불성실하거나 불완전하다고 인정되는 경우
4. 국가적 행사 등 주요 행사가 개최되는 장소 및 그 주변의 관계 지역에 대하여 소방안전관리 실태를 조사할 필요가 있는 경우
5. 화재가 자주 발생하였거나 발생할 우려가 뚜렷한 곳에 대한 조사가 필요한 경우
6. 재난예측정보, 기상예보 등을 분석한 결과 소방대상물에 화재의 발생 위험이 크다고 판단되는 경우
7. 1.부터 6.까지에서 규정한 경우 외에 화재, 그 밖의 긴급한 상황이 발생할 경우 인명 또는 재산 피해의 우려가 현저하다고 판단되는 경우

정답 55 ① 56 ④ 57 ③

58 작업구역에는 전용의 국부조명방식으로 조명하고, 기타 주변 환경에 대하여는 간접조명과 같은 낮은 조도 레벨로 조명하는 방식은?

① TAL 조명방식
② LED 조명방식
③ 전반조명방식
④ 건축화 조명방식

해설
② LED 조명방식 : 긴 수명, 낮은 소비전력, 높은 신뢰성 등의 장점이며, 서로 다른 광색의 특성을 지닌 LED를 조합하여 다양한 광색과 모양을 표현할 수 있다.
③ 전반조명방식 : 천장이나 바닥에 전반적인 조명을 설치하는 것으로 실 전체를 평균적으로 밝고 온화한 분위기로 만든다.
④ 건축화 조명방식 : 건축 구조체(천장, 벽, 기둥 등)의 일부분이나 구조적인 요소를 이용하여 조명하는 방식이다.

59 급수방식 중 고가탱크방식에 관한 설명으로 옳지 않은 것은?

① 급수압력이 일정하다.
② 단수 시에도 일정량의 급수가 가능하다.
③ 대규모의 급수 수요에 쉽게 대응할 수 있다.
④ 위생성 및 유지·관리 측면에서 가장 바람직한 방식이다.

해설
위생성 및 유지·관리 측면에서 가장 바람직한 방식은 수도직결방식이다.

60 플러시 밸브식 대변기에 관한 설명으로 옳지 않은 것은?

① 대변기의 연속 사용이 가능하다.
② 일반 가정용으로 주로 사용된다.
③ 세정음은 유수음도 포함되기 때문에 소음이 크다.
④ 로우 탱크식에 비해 화장실을 넓게 사용할 수 있다는 장점이 있다.

해설
세정밸브(flush valve)식
• 대변기의 연속 사용이 가능한 방식으로 학교, 극장, 백화점 등 사용 빈도가 많은 곳에 적합하다.
• 소음이 크며 단시간에 다량의 물이 필요하므로 가정용으로는 거의 사용하지 않는다.

정답 58 ① 59 ④ 60 ②

2024년 제1회 과년도 기출복원문제

제1과목 실내디자인 계획

01 디자인의 구성 원리 중 형태를 현실적 형태와 이념적 형태로 구분할 경우, 다음 중 이념적 형태에 대한 설명으로 옳은 것은?

① 인간의 지각으로는 직접 느낄 수 없는 형태이다.
② 주위에 실제 존재하는 모든 물상을 말한다.
③ 인간에 의해 인위적으로 만들어진 모든 사물, 구조체에서 볼 수 있는 형태이다.
④ 자연계에 존재하는 모든 것으로부터 보이는 형태를 말한다.

해설
이념적 형태
인간의 지각, 즉 시각과 촉각 등으로 직접 느낄 수 없고 개념적으로만 제시될 수 있는 형태로서 순수 형태 혹은 상징적 형태라고도 한다.

02 다음 그림과 같이 가운데 위치한 두 원의 크기는 동일할 때 나타나는 착시현상을 무엇이라 하는가?

① 분할의 착시
② 만곡의 착시
③ 대소의 착시
④ 각도의 착시

해설
착시의 종류

분할의 착시	분할된 선은 분할되지 않은 선보다 길게 보인다.
만곡의 착시	분트 도형에서 2개의 평행선이 만곡하여 오목렌즈 모양으로 보인다.
각도의 착시	각도 방향 착시는 포겐도르프 도형에서 빗금이 어긋나 보이고, 촐너 도형에서 세로 평행선이 서로 기울어져 보인다.

03 다음 중 실내 공간계획에서 가장 중요하게 고려해야 할 사항은?

① 휴먼 스케일
② 조명 스케일
③ 가구 스케일
④ 색채 스케일

해설
휴먼 스케일 : 인간을 기준으로 계산하여 공간에 대해 감각적으로 가장 쾌적한 비율이다. 휴먼 스케일이 잘 적용된 실내 공간은 심리적 · 시각적으로 안정되고 편안한 느낌을 준다.

04 다음 중 균형(balance)의 종류가 아닌 것은?

① 선형 균형
② 대칭 균형
③ 비대칭 균형
④ 방사 균형

해설
균형(balance)의 종류
• 대칭(정형적) 균형 : 가장 완전한 균형의 상태로 공간에 질서를 주기가 용이하다.
 – 좌우 대칭 : 좌우 또는 상하로 1개의 직선을 축으로 하는 것(예 나비, 잠자리)
 – 방사 대칭 : 1개의 점을 중심으로 주위에 방사성 대칭을 이루는 것(예 회전계단)
• 비대칭 균형 : 물리적으로는 불균형이지만 시각적으로는 균형을 이룬다.

05 리듬과 연계를 갖는 디자인의 원리는?

① 균제
② 대칭
③ 대조
④ 반복

해설
리듬은 일반적으로 규칙적인 요소들의 반복으로 나타나는 통제된 운동감이다.

06 다음 설명에 알맞은 디자인 원리는?

- 디자인 대상의 전체에 미적 질서를 주는 기본원리이다.
- 변화와 함께 모든 조형에 대한 미의 근원이 된다.

① 리듬 ② 통일
③ 균형 ④ 대비

해설
통일은 변화와 함께 모든 조형에 대한 미의 근원이 되는 원리이다. 변화는 단순히 무질서한 변화가 아니라 통일 속의 변화를 뜻하며, 통일과 변화는 서로 대립되는 관계가 아니라 상호 유기적인 관계 속에서 성립된다.

07 실내 기본요소 중 바닥에 관한 설명으로 옳지 않은 것은?

① 공간을 구성하는 수평적 요소이다.
② 촉각적으로 만족할 수 있는 조건을 요구한다.
③ 고저차를 통해 공간의 영역을 조정할 수 있다.
④ 다른 요소들에 비해 시대와 양식에 의한 변화가 현저하다.

해설
다른 요소들이 시대와 양식에 의한 변화가 현저한 데 비해 바닥은 매우 고정적이다.

08 공간의 가변성을 위해 필요한 계획적 요소는?

① 설비의 고정화 ② 내벽의 구조화
③ 모듈과 시스템화 ④ 공간기능의 집적화

해설
공간의 가변성 : 초기에 어떤 목적기능으로 창출된 공간은 용도(쓰임새) 및 기능, 크기의 변화가 요구되는데, 이러한 것을 탄력적으로 수용하기 위한 개념으로 구조의 모듈과 시스템화를 기반으로 한다.

09 실내디자인 과정 중 다음 설명이 나타내는 것은?

- 단위 공간 사용자의 특성, 사용목적, 사용시간, 사용빈도, 행위의 연결 등을 고려하여 전체 공간을 몇 개의 생활권으로 구분
- 생활 공간의 성격이 같은 것은 가까이 배치하여 같은 생활권으로 구분

① 동선계획 ② 조닝계획
③ 치수계획 ④ 가구계획

해설
단위 공간 사용자의 특성, 사용목적, 사용시간, 사용빈도, 행위의 연결 등을 고려하여 전체 공간을 몇 개의 생활권으로 구분하는 것을 조닝(zoning)이라 하며, 조닝계획에 의해 구분된 공간을 구역 또는 존(zone)이라 한다.

10 동선의 3요소에 해당하지 않는 것은?

① 빈도 ② 속도
③ 하중 ④ 방향성

해설
동선의 3요소 : 속도, 하중, 빈도

11 주거 공간의 주행동에 따른 분류에 속하지 않는 것은?

① 개인 공간 ② 정적 공간
③ 작업 공간 ④ 사회 공간

해설
주거 공간의 주행동에 따라 개인 공간, 작업 공간, 사회적 공간으로 구분한다.

정답 6 ② 7 ④ 8 ③ 9 ② 10 ④ 11 ②

12 다음 중 빛이 생성되는 방식이 아닌 것은?

① 흑체복사　　② 형광
③ 백열광　　　④ 파장

해설
빛의 생성방식
- 흑체복사(백열광)
- 전계발광(전기 스파크)
- 화학발광(형광)

13 색채조화의 원리 중 가장 보편적이며 공통적으로 적용할 수 있는 원리로 저드(Judd, D. B.)가 주장하는 정성적 조화론에 속하지 않는 것은?

① 질서의 원리　　② 숙지의 원리
③ 명료성의 원리　④ 보색의 원리

해설
저드(Judd)의 조화론
- 질서의 원리
- 친근감(친밀성, 숙지)의 원리
- 명료성(비모호성, 명백성)의 원리
- 유사성(동류성, 공통성)의 원리

14 건강, 산, 자연, 산뜻함 등을 상징하는 색상은?

① 보라　　② 파랑
③ 초록　　④ 흰색

해설
초록은 자연과 번영을 상징하는 색으로 영원한 젊음, 성장, 풍요, 재생, 비옥, 번영, 풍부, 다산, 돈과 부 등을 나타낸다.

15 배색방법 중 하나로 단계적으로 명도, 채도, 색상, 톤의 배열에 따라서 시각적인 자연스러움을 주는 것으로 3색 이상의 다색배색에서 이와 같은 효과를 낼 수 있는 배색방법은?

① 반복배색　　② 강조배색
③ 연속배색　　④ 트리콜로 배색

해설
① 반복배색 : 2색 이상을 반복 사용하여 일정한 질서를 유도하여 조화를 이루는 배색이다.
② 강조배색 : 단조로운 배색에 대조색을 소량 덧붙임으로서 전체를 돋보이게 하는 배색이다.
④ 트리콜로 배색 : 하나의 면을 세 가지로 나누는 배색으로 강렬하고 대비가 강하며 안정감이 높다.

16 색채계획에 관한 내용으로 적합한 것은?

① 사용 대상자의 유형은 고려하지 않는다.
② 색채 정보 분석과정에서는 시장 정보, 소비자 정보 등을 고려한다.
③ 색채계획에서는 경제적 환경 변화는 고려하지 않는다.
④ 재료나 기능보다는 심미성이 중요하다.

해설
색채 정보 분석단계에서는 시장 정보, 소비자 정보, 유행 정보 등을 고려하여 색채계획서를 작성한다.

17 서양 건축양식을 시대순에 따라 옳게 나열한 것은?

① 비잔틴 → 로코코 → 로마 → 르네상스
② 바로크 → 로마 → 이집트 → 비잔틴
③ 이집트 → 바로크 → 로마 → 르네상스
④ 이집트 → 로마 → 비잔틴 → 바로크

해설
서양 건축의 발달사
- 고대 : 이집트 → 그리스 → 로마
- 중세 : 초기 기독교 → 비잔틴 → 로마네스크 → 고딕
- 근세 : 르네상스 → 바로크 → 로코코
- 근대 : 미술공예운동 → 아르누보 → 세제션 → 독일공작연맹 → 데 스틸 → 바우하우스 → 에스프리누보
- 현대 : 포스트모더니즘(post modernism) → 멤피스(memphis)

18 규모 및 치수계획에 대한 설명으로 옳지 않은 것은?

① 동작영역의 크기는 인체치수를 기본으로 결정되며 동적인 인체치수가 곧 동작치수이다.
② 규모 및 치수계획의 궁극적 목표는 물품, 공간 또는 세부 부분에 필요한 적정치수를 결정하기 위함이다.
③ 적정치수의 결정방법 중 목표치 ±방법은 설계자나 사용자의 판단으로 어느 목표치를 설정하고 그 효과를 타진하면서 치수를 조정하는 방법이다.
④ 천장고는 인체치수를 고려한 절대적인 치수로 취급되어야 한다.

해설
천장의 최적 높이는 방의 용도나 모인 사람 수, 넓이 등에 관계하며, 감각적으로는 낮을수록 안정된다.

19 소파의 골격에 쿠션성이 좋도록 솜, 스펀지 등의 속을 많이 채워 넣고 천으로 감싼 소파로, 구조, 형태 및 사용상 안락성이 매우 큰 것은?

① 스툴　　　　② 카우치
③ 풀업체어　　④ 체스터필드

해설
① 스툴 : 등받이와 팔걸이가 없는 형태의 보조의자이다.
② 카우치 : 기대기 쉽게 한쪽 끝이 올라간 형태의 의자이다.
③ 풀업체어 : 필요에 따라 이동시켜 사용할 수 있는 간이의자이다.

20 다음 중 렌더링(rendering)의 의미로 가장 알맞은 것은?

① 아이디어 스케치　② 설계도
③ 완성 예상도　　　④ 연구 모형

해설
렌더링(rendering)은 개발하고자 하는 제품이 최종적으로 제작되었을 때의 완성 예상도를 말한다.

정답 17 ④　18 ④　19 ④　20 ③

제2과목 실내디자인 시공 및 재료

21 구조용 목재의 종류와 각각의 특성에 대한 설명으로 옳은 것은?

① 낙엽송 – 활엽수로서 강도가 크고 곧은 목재를 얻기 쉽다.
② 느티나무 – 활엽수로서 강도가 크고 내부식성이 크므로 기둥, 벽판, 계단판 등의 구조체에 국부적으로 쓰인다.
③ 흑송 – 재질이 무르고 가공이 용이하며 수축이 적어 주택의 내장재로 주로 사용된다.
④ 떡갈나무 – 곧은 대재(大材)이며, 미려하여 수장 겸용 구조재로 쓰인다.

해설
목재의 수종
• 침엽수(주로 구조재) : 낙엽송, 삼송, 잣나무, 전나무, 미송, 소나무, 흑송 등
• 활엽수(주로 장식재, 치장재) : 느티나무, 단풍나무, 참나무, 나왕, 마호가니, 떡갈나무 등

22 목재의 일반적인 성질에 대한 설명 중 틀린 것은?

① 비중이 작다.
② 가공성이 좋다.
③ 건조한 것은 불에 타기 쉽다.
④ 열전도율이 크다.

해설
목재는 열전도율이 적어 보온, 방서·방한의 효과가 있고 흡습조절능력이 우수하다.

23 석재의 일반적인 특징에 관한 설명으로 옳지 않은 것은?

① 내구성, 내화학성, 내마모성이 우수하다.
② 외관이 장중하고 석질이 치밀한 것을 갈면 미려한 광택이 난다.
③ 압축강도에 비해 인장강도가 작다.
④ 가공성이 좋으며 장대재를 얻기 용이하다.

해설
석재는 비중이 크고 가공이 불편하며 장대재를 얻기 어렵다.

24 돌구조에서 상하돌의 맞댐면 양쪽에 구멍을 파서 전단보강을 목적으로 한 고정 철물은?

① 촉
② 은장
③ 꺾쇠
④ 장부

해설
촉 : 두 개의 석재를 하나로 이을 때 접합부를 보강할 목적으로 연결하는 철물이다. 석재에 구멍을 끼운 후 틈새에 유황이나 납 등을 녹여 부어 고정한다.

25 블록구조의 장점을 설명한 것으로 옳은 것은?

① 내구·내진적이다.
② 고층 건물에 사용하기 적합하다.
③ 경량이며 내화적이다.
④ 통줄눈을 사용하여 응력을 고루 분산시킬 수 있다.

해설
블록구조는 벽돌과 같은 방법으로 모르타르와 콘크리트 블록을 만들어 벽체에 쌓아 구성하는 조적식 구조법의 하나이다.
• 장점 : 내구·내화적, 건물의 경량화 도모, 구조상 공기 단축, 경비 절약 등
• 단점 : 횡력에 약함, 구조체보다는 칸막이용

정답 21 ② 22 ④ 23 ④ 24 ① 25 ③

26 붉은벽돌의 칠오토막의 크기는?

① 온장의 1/4   ② 온장의 1/2
③ 온장의 2/3   ④ 온장의 3/4

해설
칠오토막은 벽돌 온장을 3/4쪽으로 동강내어 쓰는 벽돌이다.

27 점토제품 중 흡수율이 가장 작은 것은?

① 석기   ② 토기
③ 자기   ④ 도기

해설
점토제품의 흡수율 순서 : 토기 > 도기 > 석기 > 자기 순이다.

28 점토제품으로 화강암보다 내화성이 강하고 대리석보다 풍화에 강하므로 주로 건축물의 파라펫, 주두 등의 외부 장식에 사용되는 것은?

① 클링커타일   ② 테라코타
③ 테라초   ④ 내화벽돌

해설
① 클링커타일 : 석기질 타일의 일종으로 다른 타일에 비해 비교적 두껍고 홈줄을 넣은 외장 바닥용(화장실의 내벽, 바닥 등)으로 사용한다.
③ 테라초 : 대리석 파편에 백색 시멘트를 가하여 혼합하여 경화 후 표면을 갈아낸 인조석이다.
④ 내화벽돌 : 내화성이 높은 원료인 내화 점토로 만든 황백색 벽돌이다.

29 주철관이 오수관(汚水管)으로 사용되는 가장 큰 이유는?

① 인장강도가 크기 때문이다.
② 압축강도가 크기 때문이다.
③ 내식성이 뛰어나기 때문이다.
④ 가공성이 좋기 때문이다.

해설
주철관
- 내·외압강도 및 인장강도가 매우 크다.
- 내식성이 크며 내부 시멘트 모르타르 라이닝으로 부식에 강하다.
- 수밀성이 매우 우수하다.
- 상수도관, 공업용수관으로 사용된다.

30 강재의 탄소량과 강도와의 관계에서 강재의 인장강도 및 경도가 최대에 도달하게 되는 강의 탄소함유량은 약 얼마인가?

① 0.15% C   ② 0.35% C
③ 0.55% C   ④ 0.85% C

해설
0.85% C를 기준으로 최대 변태량을 보이며 그 이상과 이하에서는 정도가 떨어진다.

정답 26 ④ 27 ③ 28 ② 29 ③ 30 ④

31 색을 칠하여 무늬나 그림을 나타낸 판유리로서 교회의 창, 천장 등에 많이 쓰이는 유리는?

① 스테인드글라스(stained glass)
② 프리즘유리(prism glass)
③ 유리블록(glass block)
④ 복층유리(pair glass)

해설
① 스테인드글라스 : 각종 색유리의 작은 조각을 도안에 맞추어 절단하여 조합해서 만든 것으로, 성당의 창 등에 사용되는 유리제품이다.
② 프리즘유리 : 프리즘유리는 투시광선의 방향을 변화시키거나 집중 또는 확산시킬 목적으로 쓰이며, 주로 지하실 또는 지붕 등의 채광용으로 사용된다.
③ 유리블록 : 벽돌 모양의 유리 성형품으로 패턴, 형상, 치수, 색채의 종류가 다양하며, 내·외벽의 장식용으로 쓰인다.
④ 복층유리 : 2장 이상의 판유리 틈새에 압력공기를 채운 것이다.

32 유리의 일반적인 성질에 관한 설명으로 옳지 않은 것은?

① 철분이 많을수록 자외선 투과율이 높아진다.
② 깨끗한 창유리의 흡수율은 2~6% 정도이다.
③ 투과율은 유리의 맑은 정도, 착색, 표면 상태에 따라 달라진다.
④ 열전도율은 대리석, 타일보다 작은 편이다.

해설
철분이 적을수록 자외선 투과율이 높아진다.

33 금속면의 보호와 금속의 부식 방지를 목적으로 사용되는 도료는?

① 방화 도료
② 발광 도료
③ 방청 도료
④ 내화 도료

해설
① 방화 도료 : 기재(기본적으로 유기계 재료)에 도포하는 것에 의해서 불연재료, 준불연재료 혹은 난연재료로 하는 도료이다.
② 발광 도료(야광 도료) : 인광체를 사용해서 어두운 곳에서 발광하도록 한 도료이다.
④ 내화 도료 : 기재(기본적으로 철골)에 도포하는 것에 의해서 내화구조로 하는 도료이다.

34 다음 중 수경성 미장재료인 것은?

① 돌로마이트 플라스터
② 회사벽
③ 시멘트 모르타르
④ 회반죽

해설
미장재료의 분류
• 기경성 : 진흙, 석회질(회반죽, 회사벽, 돌로마이트 플라스터)
• 수경성 : 석고질(석고 플라스터, 킨즈 시멘트), 시멘트 모르타르, 테라초바름, 인조석바름

35 다음 중 미장공사에서 바탕청소를 하는 가장 주된 목적은?

① 바름층의 경화 및 건조 촉진
② 바탕층의 강도 증진
③ 바름층과의 접착력 향상
④ 바름층의 강도 증진

해설
바탕면의 오염물은 도막의 접착력을 저하시키는 원인이 되므로 깨끗이 청소해야 한다.

36 실내디자인의 프로세스(process)가 옳게 나열된 것은?

① 기본계획 → 기획 → 기본설계 → 실시설계
② 기획 → 기본설계 → 기본계획 → 실시설계
③ 기본설계 → 기획 → 기본계획 → 실시설계
④ 기획 → 기본계획 → 기본설계 → 실시설계

해설
실내디자인 프로세스(process)
- 기획 : 실내디자이너나 의뢰인이 공간의 사용목적, 예산 등을 종합적으로 검토하여 설계에 대한 희망·요구사항을 정하는 작업으로 완성 후 운영에 이르기까지 예견하여 운영방법, 경영의 타당성까지 기획에 포함된다.
- 기본계획 : 기획에서 나타난 요구사항과 내·외부적 요구사항의 계획조건 파악에 의거하여 기본개념과 제한요소를 설정하여 기본구상을 진행한다.
- 기본설계 : 결정안에 대해 도면화 작업이 이루어지는 단계이며 저평면도, 천장도, 입면도, 단면도, 실내전개도, 가구배치도, 재료마감표 등의 기본설계도가 작성된다.
- 실시설계 : 시공 및 제작을 위해 디자인 의도를 아주 세밀하게 도면에 표시하여 시공자에게 정확히 전달하며 공사 및 조립 등의 구체적인 근거를 제시한다.

37 다음 중 시멘트의 분말도 시험방법이 아닌 것은?

① 체분석법
② 로스앤젤레스법
③ 피크노메타법
④ 블레인법

해설
②는 굵은 골재의 마모 시험방법이다.

38 콘크리트 슬럼프용 시험기구에 해당되지 않는 것은?

① 수밀평판
② 압력계
③ 슬럼프 콘
④ 다짐봉

해설
콘크리트 슬럼프용 시험기구
슬럼프 콘, 다짐봉, 슬럼프 측정기, 수밀성 평판, 소형 삽

39 건물의 바닥 충격음을 저감시키는 방법에 관한 설명으로 옳지 않은 것은?

① 완충재를 바닥 공간 사이에 넣는다.
② 부드러운 표면마감재를 사용하여 충격력을 작게 한다.
③ 바닥을 띄우는 이중바닥으로 한다.
④ 바닥 슬래브의 중량을 작게 한다.

해설
바닥 슬래브의 중량을 증가시키면 발생된 충격에 대해 바닥이 진동하기 어렵게 되어 바닥 충격음도 낮아진다.

40 공사 감리자가 시공의 적정성을 판단하기 위하여 수행하는 업무가 아닌 것은?

① 소방 완비 대상에 포함될 경우 법에 따른 적합한 설비를 하였는지를 확인하고 시공자가 관할 관청에 점검을 받도록 지도한다.
② 설계도서에 준하여 시공되었는지에 대한 내용으로 체크리스트에 작성하고 이를 활용하여 시공의 적정성을 점검한다.
③ 현장에서 제작·설치되는 제품의 규격과 제작과정, 제작물의 작동 상태 등을 점검한다.
④ 감리자가 직접 준공도서를 작성하고 준공도서에 근거하여 시공 적정성을 파악한다.

해설
준공도서를 작성하는 것은 시공자의 업무이다. 감리자는 시공자가 작성한 준공도서를 확인하고 검토하여 시공의 적정성을 판단하는 역할을 수행한다.

정답 36 ④ 37 ② 38 ② 39 ④ 40 ④

제3과목 실내디자인 환경

41 실내 공기오염의 종합적 지표로 사용되는 오염물질은?

① CO
② CO_2
③ SO_2
④ 부유 분진

해설
이산화탄소(CO_2)는 일반적인 건축물의 실내 공기오염의 종합적 지표로 사용되는 오염물질이다.

42 물리적 온열 4요소를 옳게 나열한 것은?

① 기온, 습도, 공기의 청정도, 복사열
② 기온, 습도, 기류속도, 복사열
③ 기온, CO_2 농도, 복사열, 대류열
④ 기온, 습도, 기류속도, 공기의 청정도

해설
인체의 열쾌적에 영향을 미치는 물리적 온열 4요소 : 기온, 기류, 습도, 복사열

43 다음 중 습공기 선도의 구성에 속하지 않는 것은?

① 비열
② 절대습도
③ 습구온도
④ 상대습도

해설
습공기 선도를 구성하는 요소
건구온도, 습구온도, 노점온도, 절대습도, 상대습도, 수증기 분압, 비체적, 엔탈피, 현열비 등

44 절대습도를 가장 올바르게 표현한 것은?

① 포화수증기량에 대한 백분율
② 습공기 1kg당 포함된 수증기의 질량
③ 일정한 온도에서 더 이상 포함할 수 없는 수증기량
④ 습공기를 구성하고 있는 건공기 1kg당 포함된 수증기의 질량

해설
$$절대습도 = \frac{수증기\ 중량}{습한\ 공기\ 중의\ 건조\ 공기\ 중량}(kg/kg')$$

45 다음 중 점광원에서 어떤 물체나 표면에 도달하는 빛의 단위 면적당 밀도로 빛을 받는 면의 밝기를 나타내는 것은?

① 휘도
② 광도
③ 조도
④ 명도

해설
① 휘도 : 빛을 내는 물체의 단위 면적당 표면 밝기의 정도를 말한다.
② 광도 : 단위 면적당 표면에서 반사 또는 방출되는 광량(빛의 양)을 말한다.
④ 명도 : 밝기의 정도를 나타낸다.

46 조명 용어와 사용 단위의 연결이 옳은 것은?

① 광속 – 루멘[lm]
② 조도 – 칸델라[cd]
③ 휘도 – 럭스[lx]
④ 광도 – 데시벨[dB]

해설
② 조도 – [lx]
③ 휘도 – [cd/m^2]
④ 광도 – [cd]

47 다음 중 음의 높고 낮음에 관계되는 것은?

① 진폭 ② 리듬
③ 파형 ④ 진동수

해설
진동수가 많으면 음이 높고, 적으면 음이 낮다.
※ 진폭이 큰 음은 크게, 진폭이 작은 음은 작게 들린다.

48 다음 설명에 알맞은 음과 관련된 현상은?

- 음파는 파동의 하나이기 때문에 물체가 진행방향을 가로막고 있다고 해도 그 물체의 후면에도 전달된다.
- 낮은 주파수의 음일수록 현저하게 나타난다.

① 반사 ② 간섭
③ 회절 ④ 굴절

해설
③ 회절 : 소리가 장애물을 만나 일부가 장애물 뒤로 꺾여 돌아가는 현상
① 반사 : 소리의 파동이 어느 물체와 부딪히는 현상
② 간섭 : 여러 음원의 소리가 전파될 때 서로 만나는 현상
④ 굴절 : 소리가 휘는 현상

49 건축법상의 주요 구조부에 해당하지 않는 것은?

① 내력벽 ② 기둥
③ 지붕틀 ④ 최하층 바닥

해설
주요 구조부
- 내력벽(耐力壁), 기둥, 바닥, 보, 지붕틀, 주계단 등을 말한다.
- 사잇기둥, 최하층 바닥, 작은 보, 차양, 옥외계단 그 밖에 이와 유사한 것으로 건축물의 구조상 중요하지 않은 부분은 제외한다.

50 건축물의 피난층 외의 층에서 피난층 또는 지상으로 통하는 직통계단을 설치할 때 거실의 각 부분으로부터 직통계단에 이르는 최대 보행거리 기준은?(단, 주요 구조부가 내화구조 또는 불연재료로 구성, 16층 이상의 공동주택은 제외)

① 30m 이하 ② 40m 이하
③ 50m 이하 ④ 60m 이하

해설
피난층 외의 층에서의 보행거리(건축법 시행령 제34조)

구분	보행거리
원칙	30m 이하
주요 구조부가 내화구조 또는 불연재료 건축물	• 50m 이하(지하층 바닥 면적 300m² 이상 공연장·집회장·관람장, 전시장 제외) • 16층 이상 공동주택의 경우 16층 이상인 층에 대해서는 40m 이하
자동화생산시설에 스프링클러 등 자동식소화설비를 설치한 공장	반도체 및 디스플레이 패널 제조공장 : 75m 이하(무인화 공장 : 100m 이하)

51 높이 31m를 넘는 각 층의 바닥 면적 중 최대 바닥 면적이 6,000m²인 건축물에 설치해야 하는 비상용 승강기의 최소 설치대수는?(단, 8인승 승강기임)

① 2대 ② 3대
③ 4대 ④ 5대

해설
비상용 승강기의 설치(건축법 시행령 제90조 제1항)
높이 31m를 넘는 건축물에는 다음의 기준에 따른 대수 이상의 비상용 승강기(비상용 승강기의 승강장 및 승강로를 포함)를 설치하여야 한다. 다만, 승강기를 비상용 승강기의 구조로 하는 경우에는 그러하지 아니하다.
- 높이 31m를 넘는 각 층의 바닥 면적 중 최대 바닥 면적이 1,500m² 이하인 건축물 : 1대 이상
- 높이 31m를 넘는 각 층의 바닥 면적 중 최대 바닥 면적이 1,500m²를 넘는 건축물 : 1대에 1,500m²를 넘는 3,000m² 이내마다 1대씩 더한 대수 이상

$$\therefore 1 + \frac{6,000 - 1,500}{3,000} = 2.5 \to 3\text{대}$$

정답 47 ④ 48 ③ 49 ④ 50 ③ 51 ②

52 벽이 내화구조가 되기 위한 기준으로 틀린 것은?

① 철근콘크리트조로서 벽의 두께가 10cm 이상인 것
② 철골철근콘크리트조로서 벽의 두께가 10cm 이상인 것
③ 벽돌조로서 벽의 두께가 15cm 이상인 것
④ 고온·고압의 증기로 양생된 경량기포콘크리트 패널로서 두께가 10cm 이상인 것

해설
벽의 내화구조(건축물의 피난·방화구조 등의 기준에 관한 규칙 제3조)
- 철근콘크리트조 또는 철골철근콘크리트조로서 두께가 10cm 이상인 것
- 골구를 철골조로 하고 그 양면을 두께 4cm 이상의 철망모르타르(그 바름바탕을 불연재료로 한 것으로 한정) 또는 두께 5cm 이상의 콘크리트블록·벽돌 또는 석재로 덮은 것
- 벽돌조로서 두께가 19cm 이상인 것
- 철재로 보강된 콘크리트블록조·벽돌조 또는 석조로서 철재에 덮은 콘크리트블록 등의 두께가 5cm 이상인 것
- 고온·고압의 증기로 양생된 경량기포 콘크리트패널 또는 경량기포 콘크리트블록조로서 두께가 10cm 이상인 것

53 소방시설 중 소화설비가 아닌 것은?

① 자동화재탐지설비
② 스프링클러설비
③ 옥외소화전설비
④ 소화기구

해설
자동화재설비는 경보설비에 속한다.
소화설비 : 소화기구, 자동소화장치, 옥내소화전설비, 스프링클러설비 등, 물분무 등 소화설비, 옥외소화전설비

54 건축물 증축 시 건축허가 권한이 있는 행정기관이 건축허가 등을 할 때 미리 동의를 받아야 하는 대상으로 옳은 것은?

① 국무총리
② 소방안전관리자
③ 행정안전부장관
④ 소방본부장이나 소방서장

해설
건축허가 등의 동의 등(소방시설법 제6조)
건축물 등의 신축·증축·개축·재축·이전·용도변경 또는 대수선(大修繕)의 허가·협의 및 사용승인의 권한이 있는 행정기관은 건축허가 등을 할 때 미리 그 건축물 등의 시공지(施工地) 또는 소재지를 관할하는 소방본부장이나 소방서장의 동의를 받아야 한다.

55 조명을 설계할 때 필요한 요소와 관련이 없는 것은?

① 작업 중 손 가까이를 일정하게 비출 것
② 작업 중 손 가까이를 적당한 밝기로 비출 것
③ 작업 부분과 배경 사이에 적당한 콘트라스트가 있을 것
④ 광원과 다른 물건에서도 눈부신 반사가 조금 있도록 할 것

해설
광원 및 물건에서도 눈부심이 없도록 해야 한다.

56 조명설계 순서로서 가장 알맞은 것은?

㉠ 소요조도 결정
㉡ 조명방식 결정
㉢ 광원 선택
㉣ 조명기구 선정
㉤ 조명기구 배치

① ㉠→㉢→㉡→㉣→㉤
② ㉠→㉡→㉢→㉣→㉤
③ ㉠→㉡→㉢→㉤→㉣
④ ㉠→㉢→㉣→㉡→㉤

해설
조명설계 순서
소요조도 결정 → 광원 선택 → 조명방식 결정 → 조명기구 선정 → 조명기구 배치

57 일광 조절장치에 속하지 않는 것은?

① 커튼　　② 블라인드
③ 루버　　④ 코니스

해설
코니스는 벽면 건축화 조명장치이다.
코니스 조명 : 벽면의 상부에 위치하여 모든 빛이 아래로 직사하도록 하는 방식의 조명이다.

58 옥내 급수방식 중 위생성 및 유지·관리 측면에서 가장 바람직한 방식은?

① 수도직결방식　　② 압력탱크방식
③ 고가탱크방식　　④ 펌프직송방식

해설
수도직결방식
- 위생성 및 유지·관리 측면에서 가장 바람직한 방식이다.
- 정전으로 인한 단수의 염려가 없다.
- 고층으로의 급수가 어렵다.

59 지진이 발생할 경우 소방시설이 정상적으로 작동될 수 있도록 소방청장이 정하는 내진설계기준에 맞게 설치하여야 하는 소방시설이 아닌 것은?(단, 내진설계기준의 설정 대상 시설에 소방시설을 설치하는 경우)

① 옥내소화전설비
② 스프링클러설비
③ 물분무 등 소화설비
④ 무선통신보조설비

해설
소방시설의 내진설계 대상(소방시설 설치 및 관리에 관한 법률 시행령 제8조)
- 옥내소화전설비
- 스프링클러설비
- 물분무 등 소화설비

60 다음은 자동소화장치를 설치하여야 하는 특정소방대상물과 관련된 법령이다. ( ) 안에 알맞은 것은?

주거용 주방자동소화장치를 설치해야 하는 것 : 아파트 등 및 오피스텔의 (　　)

① 20층　　② 25층
③ 30층　　④ 모든 층

해설
자동소화장치를 설치해야 하는 특정소방대상물(소방시설 설치 및 관리에 관한 법률 시행령 별표 4)
- 주거용 주방자동소화장치를 설치해야 하는 것 : 아파트 등 및 오피스텔의 모든 층
- 상업용 주방자동소화장치를 설치해야 하는 것
  - 대규모 점포에 입점해 있는 일반음식점
  - 집단급식소
- 캐비닛형 자동소화장치, 가스자동소화장치, 분말자동소화장치 또는 고체에어로졸자동소화장치를 설치해야 하는 것 : 화재안전기준에서 정하는 장소

정답　56 ①　57 ④　58 ①　59 ④　60 ④

2024년 제2회 과년도 기출복원문제

제1과목 실내디자인 계획

01 상품을 판매하는 매장을 계획할 경우 일반적으로 동선을 길게 구성하는 것은?

① 고객 동선
② 관리 동선
③ 판매종업원 동선
④ 상품 반·출입 동선

해설
고객 동선은 가능한 한 길게 하여 상점 내에 오래 머물도록 하는 것이 좋다.

02 원룸 시스템(one room system)에 관한 설명으로 옳지 않은 것은?

① 제한된 공간에서 벗어나므로 공간의 활용이 자유롭다.
② 데스 스페이스를 만듦으로써 공간 사용의 극대화를 도모할 수 있다.
③ 원룸 시스템화된 공간은 크게 느껴지게 되므로 좁은 공간의 활용에 적합하다.
④ 간편하고 이동이 용이한 조립식 가구나 다양한 기능을 구사하는 다목적 가구의 사용이 효과적이다.

해설
데스 스페이스를 만들지 않음으로써 공간 사용을 극대화할 수 있다.
원룸 시스템 : 기본적인 벽 이외의 칸막이 벽을 제거하여 주어진 공간을 최대한으로 넓게 사용하기 위해 여러 가지 기능의 실들을 한 곳에 집약시켜 생활 공간을 구성하는 일실다용도 방식이다.

03 액세서리에 관한 설명으로 옳지 않은 것은?

① 강조하고 싶은 요소들을 보완해 주는 물건이다.
② 액세서리에는 장식물, 회화, 공예품 등이 있다.
③ 공간의 분위기를 생기 있게 하는 실내디자인의 최종작업이다.
④ 액세서리는 생활에 있어서의 실질적인 기능과는 전혀 무관하다.

해설
실용적 장식품(액세서리)은 생활에 있어 실질적인 기능을 담당하는 물품으로 장식적인 효과를 갖는다.

04 단독주택의 현관 위치결정에 가장 주된 영향을 끼치는 것은?

① 건폐율
② 도로의 위치
③ 주택의 규모
④ 거실의 크기

해설
일반적으로 현관은 도로와 대지 그리고 주택의 배치에 의해 복합적으로 결정된다. 대문으로 진입하는 방문객의 시야에 현관이 자연스럽게 유도되도록 고려한다.

정답 1 ① 2 ② 3 ④ 4 ②

05 더블베드(double bed)의 크기로 알맞은 것은?

① 1,000×2,000mm
② 1,350×2,000mm
③ 1,500×2,000mm
④ 2,000×2,000mm

해설
침대의 크기
- 싱글 : 1,000×2,000mm
- 슈퍼싱글 : 1,100×2,000mm
- 더블 : 1,350(1,400)×2,000mm
- 퀸 : 1,500×2,000mm

06 다음과 같은 특징을 갖는 조명의 연출기법은?

> 물체의 형상만을 강조하는 기법으로 시각적인 눈부심은 없으나 물체면의 세밀한 묘사는 할 수 없다.

① 스파클 기법
② 실루엣 기법
③ 월 워싱 기법
④ 글레이징 기법

해설
② 실루엣 기법 : 거주자와 광원 사이에 피조물을 두어 빛의 강한 대비로 물체의 윤곽만을 강조하는 기법이다.
① 스파클 기법 : 광원의 순간적인 on-off를 통하여 반짝거림을 이용하는 기법이다.
③ 월 워싱 기법 : 수직 벽면을 빛으로 쓸어내리는 듯한 효과를 주기 위해 비대칭 배광방식의 조명기구를 사용하여 수직 벽면에 균일한 조도의 빛을 비추는 기법이다.
④ 글레이징 기법 : 빛의 각도를 이용하는 방법으로 수직면과 평행한 조명을 벽에 조사시킴으로써 마감재의 질감을 효과적으로 강조하는 기법이다.

07 다음 중 황금비례를 나타낸 것은?

① 1 : 1.414
② 1 : 1.618
③ 1 : 1.681
④ 1 : 1.861

해설
황금분할은 1 : 1.618 비율로 가장 안정적이고 아름다운 느낌을 주는 비율이다.

08 다음 설명에 알맞은 전시 공간의 평면형태는?

> - 관람자는 다양한 전시 공간의 선택을 자유롭게 할 수 있다.
> - 관람자에게 과중한 심리적 부담을 주지 않는 소규모 전시관에 사용한다.

① 원형
② 선형
③ 부채꼴형
④ 직사각형

해설
부채꼴형
- 관람자에게 많은 선택의 가능성을 제시하고 빠른 판단을 요구한다.
- 변화가 주어지면 관람자는 혼동을 일으켜 감상 의욕을 저하시킨다.
- 소규모 전시관에 적합하다.

09 각종 의자에 관한 설명으로 옳지 않은 것은?

① 풀업체어는 필요에 따라 이동시켜 사용할 수 있는 간이의자이다.
② 오토만은 스툴의 일종으로 편안한 휴식을 위해 발을 올려놓는 데도 사용된다.
③ 세티는 고대 로마시대 음식물을 먹거나 잠을 자기 위해 사용했던 긴 의자이다.
④ 라운지 체어는 비교적 큰 크기의 의자로 편하게 휴식을 취할 수 있는 안락의자이다.

해설
③은 카우치에 대한 설명이다.
세티 : 동일한 2개의 의자를 나란히 합해 2인이 앉을 수 있도록 한 의자이다.

정답 5 ② 6 ② 7 ② 8 ③ 9 ③

10 주택 부엌의 작업순서에 따른 가구 배치방법으로 가장 알맞은 것은?

① 준비대 → 개수대 → 조리대 → 가열대 → 배선대
② 준비대 → 조리대 → 개수대 → 가열대 → 배선대
③ 준비대 → 개수대 → 가열대 → 조리대 → 배선대
④ 준비대 → 가열대 → 개수대 → 조리대 → 배선대

해설
작업대는 부엌에서 취사가 이루어지는 곳으로 준비대 → 개수대 → 조리대 → 가열대 → 배선대순으로 배치한다.

11 다음 설명에 알맞은 사무소 건축의 코어형식은?

- 중·대규모 사무소 건축에 적합하다.
- 2방향 피난에 이상적인 형식이다.

① 외코어형   ② 중앙코어형
③ 편심코어형   ④ 양단코어형

해설
코어의 종류
- 편심코어형
  - 기준층 바닥 면적이 적은 경우에 적합하며 너무 고층인 경우는 구조상 좋지 않다.
  - 바닥 면적이 커지면 코어 이외에 피난시설, 설비 샤프트 등이 필요해진다.
- 중앙코어형
  - 바닥 면적이 클 경우 적합하며 특히 고층, 초고층에 적합하다.
  - 외주 프레임을 내력벽으로 하며 코어와 일체한 내진구조를 만들 수 있다.
  - 유효율이 높고 대여 빌딩으로서 가장 경제적인 계획을 할 수 있다.
- 독립코어형(외코어형)
  - 자유로운 사무실 공간을 코어와 관계없이 제공할 수 있다.
  - 각종 덕트, 배관, 등의 길이가 길어지며 제약이 많다.
  - 방재상 불리하고 바닥 면적이 커지면 피난시설을 포함한 서브코어가 필요하다.
  - 내진 구조에는 불리하다.
- 양단코어형
  - 한 개의 대공간을 필요로 하는 전용 사무실에 적합하다.
  - 2방향 피난에는 이상적이며 방재상 유리하다.

12 형태의 크기, 방향 및 색상의 점차적인 변화로 생기는 리듬감을 무엇이라 하는가?

① 점이(gradation)   ② 변이(transition)
③ 반복(repetition)   ④ 대립(opposition)

해설
리듬의 원리
- 반복 : 색채, 문양, 질감, 선이나 형태가 되풀이됨으로서 이루어지는 리듬이다.
- 점층(점이, 점진) : 형태의 크기, 방향 및 색의 점차적인 변화로 생기는 리듬이다.
- 대립(교체) : 사각 창문틀의 모서리처럼 직각 부위에서 연속적이면서 규칙적인 상이(相異)한 선에서 볼 수 있는 리듬이다.
- 변이(대조) : 삼각형에서 사각형으로, 검은색이 빨간색 등으로 변화하는 현상으로 상반된 분위기를 배치하는 것이다.
- 방사 : 중심점에서 중심 주변으로 퍼져 나가는 양상을 보이며 리듬을 이루는 것이다.

13 다음과 같은 거실의 가구배치의 유형은?

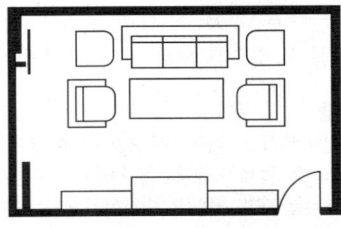

① ㄱ자형   ② ㄷ자형
③ 대면형   ④ 직선형

해설
U자형(ㄷ자형) : 중앙의 탁자를 중심으로 좌석을 정원, 벽난로, TV 등 한 방향으로 향하도록 배치한다.

14 공간에 대한 설명 중 옳지 않은 것은?

① 내부 공간의 형태는 바닥, 벽, 천장의 수직, 수평적 요소에 의해 이루어진다.
② 평면, 입면, 단면의 비례에 의해 내부 공간의 특성이 달라지며 사람은 심리적으로 다르게 영향을 받는다.
③ 내부 공간의 형태에 따라 가구유형과 형태, 가구배치 등 실내의 제요소들이 달라진다.
④ 불규칙적 형태의 공간은 일반적으로 한 개 이상의 축을 가지며 자연스럽고 대칭적이어서 안정되어 있다.

> **해설**
> 불규칙적인 형태의 공간은 일반적으로 한쪽 방향으로 긴 축이 형성되어 강한 방향성을 갖게 되는 것이 특징이다.

15 실내 공간을 형성하는 기본 요소 중 바닥에 관한 설명으로 옳지 않은 것은?

① 바닥은 모든 공간의 기초가 되므로 항상 수평면이어야 한다.
② 하강된 바닥면은 내향적이며 주변의 공간에 대해 아늑한 은신처로 인식된다.
③ 다른 요소들이 시대와 양식에 의한 변화가 현저한 데 비해 바닥은 매우 고정적이다.
④ 상승된 바닥면은 공간의 흐름이나 동선을 차단하지만 주변의 공간과는 다른 중요한 공간으로 인식된다.

> **해설**
> 바닥의 고저차로 영역의 분리가 가능하고 스케일감의 변화를 줄 수 있다.

16 좁은 공간을 시각적으로 넓게 보이게 하는 방법에 대한 설명 중 옳지 않은 것은?

① 한정되고 좁은 공간에 소규모의 가구를 놓으면 시각적으로 넓어 보인다.
② 어둡고 따뜻한 색은 공간을 넓게 보이게 하고 밝고 차가운 색은 공간을 작게 보이게 한다.
③ 한쪽 벽면 전체에 거울을 부착시키면 공간이 넓게 보인다.
④ 가구의 높이를 일정 높이 이하로 낮추면 공간이 넓게 보인다.

> **해설**
> 밝고 따뜻한 색은 공간을 넓게 보이게 하고, 어둡고 차가운 색은 공간을 작게 보이게 한다.

17 사무소의 로비에 설치하는 안내 데스크에 관한 설명으로 옳지 않은 것은?

① 로비에서 시각적으로 찾기 쉬운 곳에 배치한다.
② 회사의 이미지, 스타일을 시각적으로 적절히 표현하는 것이 좋다.
③ 스툴 의자는 일반 의자에 비해 데스크 근무자의 피로도가 높다.
④ 바닥의 레벨을 높여 데스크 근무자가 방문객 및 로비의 상황을 내려다볼 수 있도록 한다.

> **해설**
> 안내 데스크는 방문객에게 정보를 제공하고 안내하는 역할을 하기 때문에, 데스크 근무자가 방문객을 직접 볼 수 있어야 한다. 바닥 레벨을 높이면 데스크 근무자가 방문객을 내려다보게 되어, 접근성이 떨어지고 불편함을 줄 수 있다.

정답 14 ④ 15 ① 16 ② 17 ④

18 실내공간을 구성하는 기본요소 중 벽에 관한 설명으로 옳지 않은 것은?

① 외부로부터의 방어와 프라이버시의 확보 역할을 한다.
② 수직적 요소로서 수평 방향을 차단하여 공간을 형성한다.
③ 다른 요소들이 시대와 양식에 의한 변화가 현저한 데 비해 벽은 매우 고정적이다.
④ 인간의 시선이나 동선을 차단하고 공기의 움직임, 소리의 전파, 열의 이동을 제어한다.

해설
다른 요소들이 시대와 양식에 의한 변화가 현저한 데 비해 바닥은 매우 고정적이다.

19 창의 종류 중 천창에 대한 설명으로 옳지 않은 것은?

① 벽면을 개구부에 상관없이 다양하게 활용할 수 있다.
② 측창에 비해 채광량은 적으나 반사로 인한 눈부심이 없다.
③ 밀집된 건물에 둘러싸여 있어도 일정량의 채광을 확보할 수 있다.
④ 국부조명처럼 실내의 어느 한 지점을 밝게 비추어 강조할 수 있다.

해설
천창은 같은 크기의 측창에 비해 3배의 채광 효과가 있고 조도가 균일하다.

20 다음 채도대비(彩度對比)에 관한 설명 중 옳은 것은?

① 어떤 중간색을 무채색 위에 위치시키면 채도가 낮아 보이고, 같은 색상의 밝은색 위에 위치시키면 원래보다 채도가 높아 보인다.
② 어떤 중간색을 무채색 위에 위치시키면 원래의 색보다 채도가 높아 보인다.
③ 어떤 중간색을 같은 색상의 밝은색 위에 위치시키면 원래의 색보다 채도가 높아 보인다.
④ 어떤 중간색을 같은 색상의 밝은색 위에 위치시키면 채도가 낮아 보이고, 무채색 위에 위치시키면 원래의 채도와 같아 보인다.

해설
채도대비
채도가 서로 다른 색들 간의 영향으로 인하여 채도가 높은 색은 더 높게, 낮은 색은 더 낮게 느끼는 색의 대비이다. 즉, 높은 채도 밑의 낮은 채도는 더욱 낮게 보이고, 낮은 채도 밑의 높은 채도는 더욱 높게 보이는 것을 말한다. 그리고 무채색 위의 유채색은 훨씬 밝은색으로 채도가 높아 보이고, 중간색을 그 색과 같은 색상의 밝은색 위에 높으면 원래의 색보다 훨씬 탁하게 보인다.

제2과목 실내디자인 시공 및 재료

21 목재 및 기타 식물의 섬유질소편에 합성수지 접착제를 도포하여 가열·압착성형한 판상제품은?

① 플로어링 블록
② 코르크판
③ 파티클 보드
④ 연질 섬유판

해설
파티클 보드
- 목재 및 기타 식물의 섬유질소편(particle)에 합성수지 접착제를 도포하여 가열·압착 성형한 판상제품이다.
- 합판에 비해 휨강도는 떨어지지만 면내 강성이 우수하다.
- 목재의 결함인 휨, 갈라짐, 옹이, 썩음 등이 제거되고 이방성이 없다.
- ※ 플로어링 블록 : 두께 1.5~2cm인 판 3~4매를 철물로 뒷면과 마구리를 쪽매한 장식용 판재로, 뒷면은 방부 또는 방수처리를 하고, 아스팔트 시멘트 또는 모르타르 등으로 바닥에 붙인다.

22 색을 지각적으로 고른 감도의 오메가 공간을 만들어 조화시킨 색채 학자는?

① 오스트발트
② 먼셀
③ 문-스펜서
④ 비렌

해설
문-스펜서는 색의 3속성에 대하여 지각적으로 고른 감도의 오메가 공간을 설정하여 과학적으로 설명할 수 있는 정량적인 색채조화론을 만들었다.

23 열적외선을 반사하는 은(Ag)소재 도막으로 코팅하여 방사율과 열관류율을 낮추고 가시광선 투과율을 높인 유리는?

① 스팬드럴 유리
② 접합유리
③ 배강도 유리
④ 로이유리

해설
① 스팬드럴 유리 : 플로트판유리의 한쪽 면에 세라믹질의 도료를 코팅한 후 고온에서 융착·반강화시킨 불투명한 유리이다.
② 접합유리 : 유리와 유리 사이에 유연성이 있는 강하고 투명한 플라스틱 필름을 넣고 고열로 접착시킨 유리이다.
③ 배강도 유리 : 일반유리와 강화유리의 중간 단계인 유리이다.

24 강의 응력도-변형률 곡선에서 A와 D는 무엇을 나타내는가?

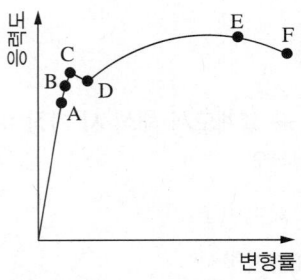

① (A) : 비례한도점, (D) 파괴강도점
② (A) : 상위항복점, (D) 최대 강도점
③ (A) : 비례한도점, (D) 하위항복점
④ (A) : 탄성한도 지점, (D) 하위항복점

해설
- A : 비례한도점
- B : 탄성한도 지점
- C : 상위항복점
- D : 하위항복점
- E : 최대 강도점
- F : 파괴강도점

[정답] 21 ③ 22 ③ 23 ④ 24 ③

25 미장재료 중 회반죽에 소요되는 재료가 아닌 것은?

① 해초풀
② 모래
③ 여물
④ 시멘트

해설
회반죽의 주요 배합재료 : 소석회, 모래, 해초풀, 여물

26 금속면의 화학적 표면처리재용 도장재로 가장 적합한 것은?

① 셀락니스
② 에칭 프라이머
③ 크레오소트유
④ 캐슈

해설
에칭 프라이머는 워시 프라이머 또는 금속 전처리 도료라고 불리며 피도면인 금속면의 전처리 하도(下塗)로 사용된다.

27 다음 중 설계도서 해석 시 가장 우선적으로 적용하는 것은?

① 설계도면
② 표준시방서
③ 전문시방서
④ 공사시방서

해설
설계도서 해석의 우선순위
1. 공사시방서
2. 설계도면
3. 전문시방서
4. 표준시방서
5. 산출내역서
6. 승인된 시공 상세도면
7. 관계 법령의 유권해석
8. 감리자 지시사항

28 급수방식 중 고가수조방식에 관한 설명으로 옳지 않은 것은?

① 급수압력이 일정하다.
② 대규모의 급수 수요에 쉽게 대응할 수 있다.
③ 위생성 측면에서 가장 바람직한 방식이다.
④ 단수 시에도 일정량의 급수가 가능하다.

해설
고가수조방식은 저수조(탱크) 설치로서 위생성 측면에서 불리하며, 위생 및 유지 관리 측면에서 가장 바람직한 방식은 수도직결식이다.

29 프리캡 공법의 시공순서로 옳은 것은?

① 먹매김(프리캡핀 부착위치 표시) → 바탕정리 → 핀고정 → 타공 → 석고보드 시공 → 단열재 시공 → 프리캡 설치 및 수평조절
② 핀고정 → 바탕정리 → 먹매김(프리캡핀 부착위치 표시) → 타공 → 석고보드 시공 → 단열재 시공 → 프리캡 설치 및 수평조절
③ 바탕정리 → 먹매김(프리캡핀 부착위치 표시) → 타공 → 핀고정 → 단열캡 설치 및 수평조절 → 석고보드 시공
④ 타공 → 핀고정 → 바탕정리 → 먹매김(프리캡핀 부착위치 표시) → 단열재 시공 → 프리캡 설치 및 수평조절 → 석고보드 시공

해설
단열재 프리캡 공법의 시공순서
바탕정리 → 먹매김(프리캡핀 부착위치 표시) → 타공 → 핀고정 → 단열재 시공 → 프리캡 설치 및 수평조절 → 석고보드 시공

정답 25 ④ 26 ② 27 ④ 28 ③ 29 ③

30 측창 채광과 비교한 천창 채광의 특징에 관한 설명으로 옳지 않은 것은?

① 비막이에 불리하다.
② 채광량 확보에 불리하다.
③ 조도분포의 균일화에 유리하다.
④ 근린의 상황에 따라 채광을 방해받는 경우가 적다.

해설
천창 채광은 지붕면에 있는 수평창에 의한 채광으로 측창 채광에 비해 채광량이 많다.

31 타일의 제조공정에서 건식제법에 관한 설명으로 옳지 않은 것은?

① 내장타일은 주로 건식제법으로 제조된다.
② 제조능률이 높다.
③ 치수 정도(精度)가 좋다.
④ 복잡한 형상의 것에 적당하다.

해설
건식제법은 단순타일에 적합하고, 습식제법은 복잡한 형상의 타일에 적합하다.

32 타일공사의 동시줄눈붙이기 공법에 관한 설명으로 옳지 않은 것은?

① 붙임 모르타르를 바탕면에 5~8mm로 바르고 자막대로 눌러 평탄하게 고른다.
② 1회 붙임 면적은 4.5m² 이하로 하고 붙임 시간은 60분 이내로 한다.
③ 줄눈의 수정은 타일 붙임 후 15분 이내에 실시하고, 붙임 후 30분 이상이 경과했을 때에는 그 부분의 모르타르를 제거하여 다시 붙인다.
④ 타일의 줄눈 부위에 올라온 붙임 모르타르의 경화 정도를 보아 줄눈흙손으로 충분히 눌러 빈틈이 생기지 않도록 한다.

해설
1회 붙임 면적은 1.5m² 이하로 하고 붙임 시간은 30분 이내로 한다.

33 타일공사의 바탕처리에 관한 설명으로 옳지 않은 것은?

① 타일을 붙이기 전에 바탕의 들뜸, 균열 등을 검사하여 불량 부분은 보수한다.
② 여름에 외장타일을 붙일 경우에는 하루 전에 바탕면에 물을 적시는 행위를 금하도록 한다.
③ 타일붙임 바탕에는 뿜칠 또는 솔을 사용하여 물을 골고루 뿌린다.
④ 타일을 붙이기 전에 불순물을 제거한다.

해설
여름에 외장타일을 붙일 경우에는 하루 전에 바탕면에 물을 충분히 적셔 둔다.

정답 30 ② 31 ④ 32 ② 33 ②

34 흡음재료의 특성에 대한 설명으로 옳은 것은?

① 유공판재료는 연질 섬유판, 흡음 텍스가 있다.
② 판상재료는 뒷면의 공기층에 강제 진동으로 흡음 효과를 발휘한다.
③ 유공판재료는 재료 내부의 공기진동으로 고음역의 흡음효과를 발휘한다.
④ 다공질재료는 적당한 크기나 모양의 관통구멍을 일정 간격으로 설치하여 흡음효과를 발휘한다.

해설
①·③ : 다공질재료에 대한 설명이다.
④ : 유공판재료에 대한 설명이다.

35 대규모 댐 건설 등에 사용할 수 없는 시멘트는?

① 중용열 포틀랜드 시멘트
② 플라이애시 시멘트
③ 고로 시멘트
④ 백색 포틀랜드 시멘트

해설
④ 백색 포틀랜드 시멘트 : 포틀랜드 시멘트의 알루민산철 3석회를 극히 적게 하여 백색을 띤 시멘트이다. 건축물 내·외장면의 마감, 각종 인조석, 현장타설 착색 콘크리트로 사용된다.
① 중용열 포틀랜드 시멘트 : 시멘트의 발열량을 저감시킬 목적으로 제조한 시멘트이다. 초기강도와 내구성이 우수하여 주로 댐공사, 매스 콘크리트용으로 사용된다.
② 플라이애시 시멘트 : 포틀랜드 시멘트에 플라이애시(fly ash)를 혼합한 시멘트이다. 일반 건축 및 토목공사에 널리 사용되고, 특히 댐공사에 사용된다.
③ 고로 시멘트 : 포틀랜드 시멘트 클링커에 급랭한 고로 슬래그를 적당히 혼합하고 다시 석고를 가하여 미분쇄한 혼합 시멘트이다. 수화열이 낮고 수축률이 적어 도로, 댐이나 항만공사 등에 적합하다.

36 미장공사에서 바탕청소를 하는 가장 주된 목적은?

① 바름층의 경화 및 건조 촉진
② 바탕층의 강도 증진
③ 바름층과의 접착력 향상
④ 바름층의 강도 증진

해설
바탕면의 오염물은 도막의 접착력을 저하시키는 원인이 되므로 깨끗이 청소해야 한다.

37 다음 중 250℃의 고온에서도 연속 사용이 가능한 재료는?

① 염화비닐수지
② 불소수지
③ 비닐아세탈수지
④ 폴리아미드수지

해설
② 불소수지 : 250℃ 고온에서도 연속 사용이 가능하며, -100℃에서도 성질변화가 없어 부식 약품이나 유기용제, 각종 파이프, 튜브, 패킹 등에 사용된다.
① 염화비닐수지 : 강도, 내약품성, 전기절연성이 우수하며 타일, 시트, 파이프, 튜브, 물받이통, 접착제, 도료 등에 사용된다.
③ 비닐아세탈수지 : 무색투명하고 밀착성이 양호하여 안전유리, 접착제, 도료에 사용된다.
④ 폴리아미드수지 : 나일론수지라고도 하며 강인하고 내마모성이 커서 알루미늄 새시나 도어 체크, 또는 커튼 롤러 등에 사용된다.

38 시멘트의 수화열을 저감시킬 목적으로 제조한 시멘트로 매스 콘크리트용으로 사용되며, 건조수축이 작고 화학저항성이 일반적으로 큰 것은?

① 조강 포틀랜드 시멘트
② 중용열 포틀랜드 시멘트
③ 실리카 시멘트
④ 알루미나 시멘트

해설
중용열 포틀랜드 시멘트 : 수화열이 보통 시멘트보다 작고 조기강도는 보통 포틀랜드 시멘트보다 낮으나 장기강도는 같거나 약간 높다. 주로 댐이나 원자로의 차폐용으로 쓰인다.

39 금속의 부식 방지를 위한 관리대책으로 옳지 않은 것은?

① 가능한 한 이종금속을 인접 또는 접촉시켜 사용할 것
② 큰 변형을 준 것은 가능한 한 풀림하여 사용할 것
③ 표면을 평활하고 깨끗이 하며, 가능한 한 건조 상태를 유지할 것
④ 부분적으로 녹이 발생하면 즉시 제거할 것

[해설]
서로 다른 금속이 가진 전기적 특성의 차이로 인해 한쪽이 다른 한쪽의 부식을 촉진할 수 있으므로, 가능한 한 이종금속을 인접 또는 접촉시켜 사용하지 않는다.

40 차음재료의 요구 성능에 관한 설명으로 옳은 것은?

① 비중이 작을 것
② 음의 투과손실이 클 것
③ 밀도가 작을 것
④ 다공질 또는 섬유질이어야 할 것

[해설]
음향 투과손실과 밀도(무게)가 높을수록, 두께가 클수록 차음효과가 좋다.

제3과목 실내디자인 환경

41 6층 이상의 거실 면적의 합계가 18,000m² 이상인 문화 및 집회시설 중 전시장의 승용 승강기 설치 대수로 옳은 것은?(단, 8인승 15인승 이하의 승강기)

① 6대   ② 7대
③ 8대   ④ 9대

[해설]
승용 승강기의 설치기준(건축물의 설비기준 등에 관한 규칙 별표 1의2)
문화 및 집회시설 중 전시장은 2대에 3,000m²를 초과하는 경우에는 그 초과하는 매 2,000m² 이내마다 1대를 더한 대수

$$\therefore \frac{18,000 - 3,000}{2,000} + 1 = 8.5 \rightarrow 9대$$

42 에너지 절약을 위한 조명설계에 관한 설명 중 틀린 것은?

① 각 작업의 필요에 따라 국부적으로 선택조명을 한다.
② 가능한 한 동일 조도를 요하는 시작업으로 조닝(zoning)한다.
③ 선 인공조명, 후 주광시스템으로 설계한다.
④ 각 실별 조도는 조도기준에 따라 설계한다.

[해설]
선 주광시스템, 후 인공조명으로 설계한다.

43 횡선식 공정표의 특징으로 옳지 않은 것은?

① 공정별 공사와 전체 공정기간을 한번에 쉽게 알아볼 수 있다.
② 각 공정별 공사의 착수와 종료일의 판단이 용이하다.
③ 공사의 진척사항을 기입할 수 없어 예정과 실시를 비교하기 어렵다.
④ 가장 많이 사용하는 공정표로 초보자도 쉽게 확인할 수 있다.

해설
횡선식 공정표(bar chart)
- 세로축에 공사명, 가로축에 날짜를 적은 뒤 공사 소요시간을 표시한다.
- 횡선식 공정표는 공정표에 공사의 진척사항을 기입하고 예정과 실시를 비교하면서 관리할 수 있다.

44 마름돌의 두드러진 부분을 쇠메로 쳐서 대강 다듬는 정도의 돌 표면 마무리 기법을 무엇이라 하는가?

① 혹두기
② 도드락다듬
③ 잔다듬
④ 버너구이 마감

해설
② 도드락다듬 : 정다듬한 면을 도드락망치로 평탄하게 다듬는 것
③ 잔다듬 : 도드락다듬면을 날망치로 평탄하게 마무리하는 것
④ 버너구이 마감(제트버너, 화염분사법) : 고열의 불꽃을 분사하는 방식으로 독특한 마감면 형성

45 건축적 채광방식 중 천창 채광에 관한 설명으로 옳지 않은 것은?

① 측창 채광에 비해 채광량이 적다.
② 측창 채광에 비해 비막이에 불리하다.
③ 측창 채광에 비해 조도분포의 균일화에 유리하다.
④ 측창 채광에 비해 근린의 상황에 따라 채광을 방해받는 경우가 적다.

해설
천창 채광은 측창 채광에 비해 채광량이 많다.

46 실내외의 온도차에 의한 공기의 밀도차가 원동력이 되는 환기방법은?

① 기계환기
② 인공환기
③ 풍력환기
④ 중력환기

해설
④ 중력환기 : 실내외의 온도차에 의한 공기밀도의 차이가 원동력이 되는 환기방식이다.
① 기계환기 : 송풍기와 배풍기를 이용하여 환기하는 방식이다.
③ 풍력환기 : 건물의 외벽면에 가해지는 풍압이 원동력이 되는 환기방식이다.

정답 43 ③ 44 ① 45 ① 46 ④

47 콘크리트의 골재시험과 관계없는 것은?

① 단위용적 질량시험
② 안정성 시험
③ 체가름 시험
④ 크리프 시험

해설
콘크리트의 골재시험
• 골재의 체가름 시험
• 골재의 안정성 시험
• 골재의 잔입재(No. 200 통과량) 시험
• 골재의 단위용적 질량시험
• 굵은 골재의 마모시험
• 굵은 골재의 연석량 시험
• 굵은 골재의 밀도 및 흡수율 시험
• 잔골재의 밀도 및 흡수율 시험
• 모래의 유기불순물 시험

48 비상경보설비를 설치하여야 하는 특정소방대상물의 기준으로 옳지 않은 것은?

① 연면적 400㎡ 이상인 것은 모든 층
② 터널로서 길이가 500m 이상인 것
③ 50명 이상의 근로자가 작업하는 옥내 작업장
④ 지하층 또는 무창층의 바닥 면적이 400㎡(공연장의 경우 200㎡) 이상인 것

해설
비상경보설비를 설치해야 하는 특정소방대상물(소방시설 설치 및 관리에 관한 법률 시행령 별표 4)
모래·석재 등 불연재료 공장 및 창고시설, 위험물 저장 및 처리시설 중 가스시설, 사람이 거주하지 않거나 벽이 없는 축사 등 동물 및 식물 관련 시설 및 지하구는 제외한다.
• 연면적 400㎡ 이상인 것은 모든 층
• 지하층 또는 무창층의 바닥 면적이 150㎡(공연장의 경우 100㎡) 이상인 경우에는 모든 층
• 터널로서 길이가 500m 이상인 것
• 50명 이상의 근로자가 작업하는 옥내 작업장

49 다음 중 천장고가 높은 비행기 격납고, 공항 등에 가장 적합한 화재감지장치는?

① 보상식
② 불꽃감지기
③ 차동식
④ 정온식

해설
불꽃감지기
• 넓은 공간으로 천장고가 높아 열 및 연기가 확산하는 장소에 설치한다.
• 설치장소 : 체육관, 항공기 격납고, 높은 천장의 창고·공장, 관람석 상부 등 감지기 부착 높이가 8m 이상인 곳

50 전기설비에서 다음과 같이 정의되는 것은?

배전반에서 배선된 간선을 다시 분기 배선하는 장치로서 옥내 배선에서의 간선으로부터 각 분기회로로 갈라지는 곳에 설치하여 분기회로의 과전류 차단기를 설치해 한 곳에 모아 놓는다.

① 캐비닛
② 차단기
③ 배전반
④ 분전반

해설
② 차단기 : 회로의 이상이 생길 경우 전로를 자동적으로 개폐하여 기기를 보호한다.
③ 배전반 : 공용 전기 배전망과 건물의 전기회로 접속점을 형성하는 장치로서 각종 개폐기, 과전류 차단장치 등의 계기류가 부착된다.

51 물-시멘트비가 50%일 때 시멘트 10포를 쓴 콘크리트에 필요한 물의 양을 계산하면?(단, 시멘트 1포 중량은 40kg으로 한다)

① 150L
② 200L
③ 250L
④ 300L

해설
물의 중량(x) = 시멘트의 중량 × 물-시멘트비
$x = (10 \times 40) \times 50\%$
  = 200kg = 200L

52. 건축법령상 초고층 건축물의 정의로 옳은 것은?

① 층수가 30층 이상이거나 높이나 90m 이상인 건축물
② 층수가 30층 이상이거나 높이가 120m 이상인 건축물
③ 층수가 50층 이상이거나 높이가 150m 이상인 건축물
④ 층수가 50층 이상이거나 높이가 200m 이상인 건축물

해설
- 초고층 건축물(건축법 시행령 제2조) : 층수가 50층 이상이거나 높이가 200m 이상
- 고층 건축물(건축법 제2조) : 층수가 30층 이상이거나 높이가 120m 이상

53. 비상콘센트설비를 설치하여야 하는 특정소방대상물의 기준에 해당되지 않는 것은?

① 가스시설 중 지상에 노출된 탱크의 용량이 30톤 이상인 탱크시설
② 층수가 11층 이상인 특정소방대상물의 경우에는 11층 이상의 층
③ 지하층의 층수가 3층 이상이고 지하층의 바닥 면적의 합계가 1,000m² 이상인 것은 지하층의 모든 층
④ 터널로서 길이가 500m 이상인 것

해설
비상콘센트설비를 설치해야 하는 특정소방대상물(소방시설 설치 및 관리에 관한 법률 시행령 별표 4)
비상콘센트설비를 설치해야 하는 특정소방대상물(위험물 저장 및 처리시설 중 가스시설 및 지하구는 제외한다)은 다음의 어느 하나에 해당하는 것으로 한다.
- 층수가 11층 이상인 특정소방대상물의 경우에는 11층 이상의 층
- 지하층의 층수가 3층 이상이고 지하층의 바닥 면적의 합계가 1,000m² 이상인 것은 지하층의 모든 층
- 터널로서 길이가 500m 이상인 것

54. 오피스텔과 공동주택의 난방설비를 개별난방방식으로 하는 경우의 기준으로 옳지 않은 것은?

① 보일러는 거실 외의 곳에 설치하고 보일러를 설치하는 곳과 거실 사이의 경계벽은 출입구를 포함하여 불연재료로 마감한다.
② 보일러실의 윗부분에는 0.5m² 이상의 환기창을 설치한다.
③ 오피스텔의 경우에는 난방구획을 방화구획으로 구획한다.
④ 기름보일러를 설치하는 경우에는 기름저장소를 보일러실 외의 다른 곳에 설치한다.

해설
개별난방설비(건축물의 설비기준 등에 관한 규칙 제13조 제1항)
공동주택과 오피스텔의 난방설비를 개별난방방식으로 하는 경우에는 다음의 기준에 적합해야 한다.
- 보일러는 거실 외의 곳에 설치하되, 보일러를 설치하는 곳과 거실 사이의 경계벽은 출입구를 제외하고는 내화구조의 벽으로 구획할 것
- 보일러실의 윗부분에는 그 면적이 0.5m² 이상인 환기창을 설치하고, 보일러실의 윗부분과 아랫부분에는 각각 지름 10cm 이상의 공기흡입구 및 배기구를 항상 열려 있는 상태로 바깥공기에 접하도록 설치할 것. 다만, 전기보일러의 경우에는 그러하지 아니하다.
- 보일러실과 거실 사이의 출입구는 그 출입구가 닫힌 경우에는 보일러가스가 거실에 들어갈 수 없는 구조로 할 것
- 기름보일러를 설치하는 경우에는 기름저장소를 보일러실 외의 다른 곳에 설치할 것
- 오피스텔의 경우에는 난방구획을 방화구획으로 구획할 것
- 보일러의 연도는 내화구조로서 공동연도로 설치할 것

55 관리의 권원이 분리된 특정소방대상물이 되기 위한 연면적 기준은?(단, 복합건축물의 경우)

① 10,000m² 이상
② 10,500m² 이상
③ 30,000m² 이상
④ 50,000m² 이상

해설
관리의 권원이 분리된 특정소방대상물의 소방안전관리자 선임대상물(화재의 예방 및 안전관리에 관한 법률 제35조)
- 복합건축물(지하층을 제외한 층수가 11층 이상 또는 연면적 30,000m² 이상인 건축물)
- 지하가(지하의 인공 구조물 안에 설치된 상점 및 사무실, 그 밖에 이와 비슷한 시설이 연속하여 지하도에 접하여 설치된 것과 그 지하도를 합한 것을 말한다)
- 그 밖에 대통령령으로 정하는 특정소방대상물(판매시설 중 도매시장, 소매시장 및 전통시장)

56 특정소방대상물에서 피난기구를 설치해야 하는 층에 해당하는 것은?

① 피난층
② 층수가 11층 이상인 층
③ 지상 2층
④ 지상 3층

해설
피난기구 설치 제외 대상 : 피난층, 지상 1층, 지상 2층(노유자시설 중 피난층이 아닌 지상 1층)과 피난층이 아닌 지상 2층은 제외) 및 층수가 11층 이상인 층과 위험물 저장 및 처리시설 중 가스시설, 터널 또는 지하구

57 바닥에 설치된 피난유도등은 바닥으로부터 얼마 이하의 높이에 설치해야 하는가?

① 30cm
② 50cm
③ 100cm
④ 150cm

해설
광원점등방식 피난유도선의 설치기준
- 구획된 실로부터 주출입구 또는 비상구까지 설치할 것
- 피난유도 표시부는 바닥으로부터 높이 1m 이하의 위치 또는 바닥면에 설치할 것
- 피난유도 표시부는 50cm 이내의 간격으로 연속되도록 설치하되 실내장식물 등으로 설치가 곤란할 경우 1m 이내로 설치할 것

58 트랩의 봉수를 보호하고 배수의 흐름을 원활하게 하는 역할을 하는 것은?

① 오수관
② 배수관
③ 통기관
④ 배관

해설
통기관 설치 목적
- 트랩의 봉수를 보호하고, 배수관 내의 물의 흐름을 원활히 한다.
- 배수관 내 신선한 공기 유통으로 환기 및 청결을 유지하고, 관 내의 기압을 일정하게 유지한다.

[정답] 55 ③ 56 ④ 57 ③ 58 ③

59 다음은 대피 공간의 설치에 관한 기준 내용이다. 밑줄 친 요건의 내용으로 옳지 않은 것은?

> 공동주택 중 아파트로서 4층 이상인 층의 각 세대가 2개 이상의 직통계단을 사용할 수 없는 경우에는 발코니에 인접 세대와 공동으로 또는 각 세대별로 <u>다음 각 호의 요건을 모두 갖춘</u> 대피 공간을 하나 이상 설치하여야 한다.

① 대피 공간은 바깥의 공기와 접하지 않을 것
② 대피 공간은 실내의 다른 부분과 방화구획으로 구획될 것
③ 대피 공간의 바닥 면적은 각 세대별로 설치하는 경우에는 $2m^2$ 이상일 것
④ 대피 공간의 바닥 면적은 인접 세대와 공동으로 설치하는 경우에는 $3m^2$ 이상일 것

해설
방화구획 등의 설치(건축법 시행령 제46조)
공동주택 중 아파트로서 4층 이상의 층의 각 세대가 2개 이상의 직통계단을 사용할 수 없는 경우에는 발코니에 인접 세대와 공동으로 또는 각 세대별로 다음의 요건을 모두 갖춘 대피 공간을 하나 이상 설치해야 한다. 이 경우 인접 세대와 공동으로 설치하는 대피 공간은 인접 세대를 통하여 2개 이상의 직통계단을 사용할 수 있는 위치에 우선 설치되어야 한다.
• 대피 공간은 바깥의 공기와 접할 것
• 대피 공간은 실내의 다른 부분과 방화구획으로 구획될 것
• 대피 공간의 바닥 면적은 인접 세대와 공동으로 설치하는 경우에는 $3m^2$ 이상, 각 세대별로 설치하는 경우에는 $2m^2$ 이상일 것
• 대피 공간으로 통하는 출입문은 60분+ 방화문으로 설치할 것

60 소화활동설비에 해당되는 것은?

① 스프링클러설비
② 자동화재탐지설비
③ 상수도소화용수설비
④ 연결송수관설비

해설
① 소화설비에 해당한다.
② 경보설비에 해당한다.
③ 소화용수설비에 해당한다.
소방시설(소방시설 설치 및 관리에 관한 법률 시행령 별표 1)
• 소화활동설비 : 화재를 진압하거나 인명구조활동을 위하여 사용하는 설비로서 다음의 것을 말한다.
 – 제연설비
 – 연결송수관설비
 – 연결살수설비
 – 비상콘센트설비
 – 무선통신보조설비
 – 연소방지설비

정답 59 ① 60 ④

2025년 제1회 최근 기출복원문제

제1과목 실내디자인 계획

01 다음의 디자인 요소에 관한 설명 중 옳지 않은 것은?

① 질감은 촉각 또는 시각으로 지각할 수 있는 어떤 물체 표면상의 특징을 말한다.
② 공간은 항상 보는 자와 일정한 관계를 갖는다.
③ 선은 면 위에 있을 때는 폭이 있고, 공간 내에 있을 때는 굵기가 있다.
④ 면은 길이와 깊이가 있다.

해설
면은 길이와 폭, 위치, 방향을 가지지만 두께는 없다.

02 인간의 지각, 즉 시각과 촉각 등으로는 직접 느낄 수 없고 개념적으로만 제시될 수 있는 형태로서 상징적 형태라고도 하는 것은?

① 현실적 형태
② 인위적 형태
③ 이념적 형태
④ 자연적 형태

해설
형태의 분류
• 이념적 형태 : 순수 형태, 추상 형태, 상징적 형태
• 현실적 형태 : 자연적 형태, 인위적 형태

03 디자인의 요소 중 면에 관한 설명으로 옳은 것은?

① 면 자체의 절단에 의해 새로운 면을 얻을 수 있다.
② 면이 이동한 궤적으로 물체가 점유한 공간을 의미한다.
③ 점이 이동한 궤적으로 면의 한계 또는 교차에서 나타난다.
④ 위치만 있고 크기는 없는 것으로 선의 한계 또는 교차에서 나타난다.

해설
② 형(form)에 대한 설명이다.
③ 선에 대한 설명이다.
④ 점에 대한 설명이다.
면
선의 이동에 의해 면이 생성되며 그 이동방식에 의해 여러 가지 형태의 면이 생길 수 있다. 또한 면을 절단함으로써 새로운 형태의 면을 얻을 수 있는데, 절단선의 양성에 따라 새로 생기는 면의 형태가 결정된다.

04 선의 조형효과에 관한 설명으로 옳지 않은 것은?

① 수직선은 상승감, 존엄성의 느낌을 준다.
② 사선은 침착, 안정과 같은 정적인 느낌을 준다.
③ 수평선은 영원, 무한, 안정, 평화의 느낌을 준다.
④ 곡선은 유연함, 우아함 등 여성적인 느낌을 준다.

해설
사선은 역동적이고 방향적이며 시각적으로 위험, 변화, 활동적인 느낌을 준다.

정답 1 ④ 2 ③ 3 ① 4 ②

05 스케일의 상이성(相異性)에 대한 설명으로 가장 알맞은 것은?

① 인간이 작은 공간에서는 커 보이고, 큰 공간에서는 작아 보이는 현상이다.
② 유사한 배열을 구분해서 보려는 현상이다.
③ 사물을 집합적으로 인식하는 현상이다.
④ 대상을 가능한 한 간단한 구조로 보려고 하는 현상이다.

해설
스케일의 상이성(相異性)은 같은 대상이라도 보는 사람이나 상황에 따라 다르게 인식되는 현상을 의미한다.

06 인간의 신체를 기준으로 하여 파악·측정되는 척도는?

① 휴먼 팩터(human factor)
② 휴먼 스케일(human scale)
③ 어거노믹스(ergonomics)
④ 휴먼 바디(human body)

해설
휴먼 스케일(human scale)
- 인체를 기준으로 파악·측정되는 척도기준이다.
- 인체의 크기에 비해 너무 크거나 작지 않을 때 휴먼 스케일이라 한다.
- 휴먼 스케일의 적용은 추상적, 상징적이 아닌 기능적인 척도를 추구하는 것이다.

07 디자인 원리 중 디자인 대상의 전체에 미적 질서를 부여하는 것으로 변화와 함께 모든 조형에 대한 미의 근원이 되는 것은?

① 리듬
② 통일
③ 강조
④ 대비

해설
① 리듬 : 반복, 점층, 대립, 변이, 방사 등 규칙적인 요소들의 반복으로 나타나는 통제된 운동감이다.
③ 강조 : 시각적인 힘의 강약에 단계를 주어 디자인의 일부분에 주어지는 초점이나 흥미를 중심으로 변화, 변칙, 불규칙성을 의도적으로 조성하는 것이다.
④ 대비 : 모든 시각적 요소에 대해 극적인 분위기를 주는 상반된 성격의 결합에서 이루어진다.

08 실내건축의 요소들이 한 공간에서 표현될 때 상호관계에 대한 미적 판단이 되는 원리는?

① 리듬
② 균형
③ 강조
④ 조화

해설
조화 : 두 가지 이상의 요소나 부분의 상호관계에 대한 미적 판단으로서, 서로 분리하거나 배척하지 않고 통일된 전체 요소로서 융합하여 새로운 미적 아름다움을 만드는 것을 말한다.

09 실내 공간을 형성하는 주요 기본 구성요소로 인간의 감각 중 촉각적 요소와 가장 관계가 밀접한 것은?

① 바닥
② 벽
③ 천장
④ 보

해설
바닥은 천장과 함께 실내 공간을 구성하는 수평적 요소로서 인간의 감각 중 시각적·촉각적 요소와 밀접한 관계를 갖는 가장 기본적인 요소이다.

10 실내 공간 요소 중 2차적 요소(가동적 요소)는?

① 바닥　　② 가구
③ 계단　　④ 개구부

해설
실내 공간의 요소
- 1차적 요소(고정적 요소) : 천장, 벽, 바닥, 기둥, 보, 개구부(창과 문), 실내환경 시스템, 통로
- 2차적 요소(가동적 요소) : 가구, 장식물(액세서리), 디스플레이, 조명
- 3차적 요소(심리적 요소) : 색채, 질감, 직물, 문양, 형태, 전시

11 단위 공간에서의 사용자의 특성, 사용목적, 시간, 행위 빈도를 고려하여 전체 공간을 몇 개의 생활권으로 구분하는 계획을 무엇이라고 하는가?

① 동선계획
② 조닝(zoning)
③ 프레임(frame)
④ 다이어그램(diagram)

12 다음 중 주거 공간계획에서 가장 큰 비중을 두어야 할 사항은?

① 부엌의 위치　　② 침실의 위치
③ 거실의 위치　　④ 주부의 동선

해설
동선은 사용빈도를 기준으로 주동선과 부동선으로 분류한다. 주동선은 외부와 직접 연결시키고, 동선은 가능한 한 짧고 직선적이 되도록 한다.

13 상점의 공간 구성 중 판매 공간에 해당하지 않는 것은?

① 통로 공간
② 서비스 공간
③ 파사드 공간
④ 상품 전시 공간

해설
상점의 공간 구성
- 판매 공간 : 도입 공간, 통로 공간, 상품 전시 공간, 서비스 공간
- 부대 공간 : 상품관리 공간, 판매원 후생 공간, 시설관리 부분, 영업관리 부분, 주차장
- 파사드 : 쇼윈도, 출입구 및 홀의 입구 부분을 포함한 평면적인 구성요소와 아케이드, 광고판, 사인, 외부 장치를 포함한 입체적인 구성요소의 총체이다.

14 실내 공간의 색채 기능으로 옳지 않은 것은?

① 색채 기능의 기본 조건으로 심미적인 역할을 한다.
② 적절한 색채는 시선의 편안과 즐거운 환경을 제공한다.
③ 식별, 정리, 분류의 목적으로 사용될 수 있는 기능이다.
④ 색의 온도 변화에 따른 화학적 기능으로 건강과 활력을 제공한다.

해설
색채는 빛에 대한 물리적 반사와 흡수에 관련된 물리적 기능으로 쾌적하고 건강한 주변 환경을 만들 수 있다.

정답　10 ②　11 ②　12 ④　13 ③　14 ④

15 공간 내 패턴의 사용에 관한 설명으로 옳지 않은 것은?

① 수평의 줄무늬는 공간을 넓고 낮게 보이게 한다.
② 패턴은 선, 형태, 조명, 색채 등의 사용으로 만들어진다.
③ 지루하게 긴 벽체는 수직의 패턴을 이용하여 지루함을 줄인다.
④ 작은 공간에서 여러 패턴을 혼용하여 사용할 경우, 공간이 크고 넓게 보이게 된다.

해설
작은 공간에서 여러 패턴을 혼용하여 사용하면 오히려 공간이 혼잡해져 좁아 보일 수 있다.

16 우리 눈으로 지각하는 가시광선의 파장 범위는?

① 약 350~750nm
② 약 350~700nm
③ 약 380~780nm
④ 약 200~480nm

해설
가시광선은 보통 우리의 눈으로 지각할 수 있는 빛을 말하며, 파장 범위는 약 380~780nm이다.

17 다음 중 서양의 건축양식이 시대순으로 옳게 나열된 것은?

① 초기 기독교 → 비잔틴 → 로마네스크 → 고딕
② 초기 기독교 → 로마네스크 → 비잔틴 → 고딕
③ 초기 기독교 → 고딕 → 비잔틴 → 로마네스크
④ 초기 기독교 → 비잔틴 → 고딕 → 로마네스크

해설
초기 기독교(기원 2~3세기 초) → 비잔틴(4~10세기) → 로마네스크(11세기 후반) → 고딕(12세기 후반)

18 공간의 목적이나 행위가 비교적 자유로운 장소에 배치를 하는 가구 방식은?

① 부분적 배치
② 붙박이 배치
③ 집중적 배치
④ 분산식 가구 배치

해설
① 부분적 배치 : 특정 영역에 가구를 집중시키는 배치 방식이다.
② 붙박이 배치 : 가구를 벽에 고정하여 공간을 효율적으로 활용하는 배치 방식이다.
③ 집중적 배치 : 특정 목적에 맞게 가구를 배치하여 공간을 효율적으로 사용하는 배치 방식이다.

19 부엌 작업대의 배치 유형 중 작업대를 부엌의 중앙 공간에 설치한 것으로 주로 개방된 공간의 오픈 시스템에서 사용되는 것은?

① 일렬형　　② 병렬형
③ ㄱ자형　　④ 아일랜드형

해설
① 일렬형 : 부엌의 폭이 좁은 경우나 규모가 작아 공간의 여유가 없을 경우에 적용한다.
② 병렬형 : 작업대가 마주보고 있어 동선이 짧아 가사노동 경감에 효과적이다.
③ ㄱ자형 : 인접한 두 벽면에 작업대를 붙여 배치한 형태로 동선의 흐름이 자유롭다.

20 다음 중 모형제작을 설명하는 것으로 틀린 것은?

① 모형제작은 2차원으로 작성한 설계를 3차원 방식으로 구현해 주는 작업이다
② 모형을 제작함으로써 3차원적 공간의 접근이 용이하다.
③ 모형을 제작함으로써 외부와 내부의 전개과정을 쉽게 이해할 수 있다.
④ 모형제작 도면으로는 가구견적서, 가구계획 제안서, 입면도, 단면도가 있다.

해설
모형제작 도면으로는 평면도, 입면도, 단면도, 가구제작도가 있다.

제2과목　실내디자인 시공 및 재료

21 목구조의 장점에 해당되지 않는 것은?

① 재료의 강도, 강성에 대한 편차가 작고 균일하기 때문에 안전율을 매우 작게 설정할 수 있다.
② 경량이며, 중량에 비해 강도가 일반적으로 큰 편이다.
③ 외관이 미려하고 감촉이 좋다.
④ 증·개축이 용이하다.

해설
목구조는 재료의 강도·강성에 대한 편차가 크고, 그 균일성이 다른 재료에 비하여 낮기 때문에 안전율을 크게 해야 한다.

22 마름돌이 두드러진 부분을 쇠메로 쳐서 대강 다듬는 정도의 돌 표면 마무리 기법을 무엇이라 하는가?

① 혹두기
② 도드락다듬
③ 잔다듬
④ 버너구이 마감

해설
② 도드락다듬 : 정다듬한 면을 도드락망치로 평탄하게 다듬는 것
③ 잔다듬 : 도드락다듬면을 날망치로 평탄하게 마무리하는 것
④ 버너구이 마감(제트버너, 화염분사법) : 고열의 불꽃을 분사하는 방식으로 독특한 마감면 형성

23 조적구조에 관한 설명 중 옳지 않은 것은?

① 조적구조는 내화성, 내구성 등의 성능을 고루 갖추면서 시공이 용이한 편이다.
② 기초침하 등으로 벽면이 쉽게 균열이 생긴다.
③ 조적구조는 3~4층 이하의 소규모 건축물의 내력벽으로 널리 쓰인다.
④ 횡력 및 충격에 강하고 습기에 의해 동파되지 않는다.

해설
조적구조(벽돌, 블록, 돌 등)는 압축력에는 강하지만, 횡력과 충격에 약하며 습기에 의해 동파될 수 있다.

24 대형타일에 주로 사용되며 표면을 연마하여 고광택을 유지하도록 만든 것은?

① 스크래치 타일
② 논슬립 타일
③ 폴리싱 타일
④ 모자이크 타일

해설
③ 폴리싱 타일 : 포세린 타일의 표면을 연마하여 대리석과 같은 광택을 낸 타일이다.
① 스크래치 타일 : 표면이 긁힌 모양인 외장형 타일로, 습식제법으로 만든 성형품이다.
② 논슬립 타일 : 계단이나 화장실과 같은 곳에서 미끄럼이 발생하지 않기 위해서 제작한 특수 타일이다.
④ 모자이크 타일 : 다양한 모양의 타일 조각을 모자이크 형태로 만든 타일이며, 주로 내장용으로 사용된다.

25 금속재료의 일반적 성질에 대한 설명으로 옳지 않은 것은?

① 강도와 탄성계수가 크다.
② 경도 및 내마모성이 크다.
③ 열전도율이 작고 부식성이 크다.
④ 비중이 커서 자중이 크다.

해설
금속재료는 열과 전기의 양도체이며 부식성이 적다.

26 유리의 일반적 성질에 관한 설명으로 옳지 않은 것은?

① 청결한 창유리의 흡수율은 2~6%이나 두께가 두꺼울수록 또는 불순물이 많고 착색이 진할수록 크게 된다.
② 일반적으로 열전도율 및 팽창계수는 크고 비열은 적으므로, 부분적으로 급히 가열하거나 냉각해도 쉽게 파괴되지 않는다.
③ 창유리 등의 소다석회유리의 비중은 약 2.5로 석영보다 약간 가볍다.
④ 전기에 대해서는 건조 상태에서 부도체이나 공중의 습도가 많게 되면 유리 표면에 습기가 흡착되므로 절연성이 감소한다.

해설
유리는 열전도율 및 열팽창률이 작고 비열은 크므로 부분적으로 급히 가열하거나 냉각하면 파괴되기 쉽다.

23 ④ 24 ③ 25 ③ 26 ②

27 다음 중 목재의 무늬를 가장 잘 나타내는 투명도료는?

① 유성 페인트
② 클리어 래커
③ 수성 페인트
④ 에나멜 페인트

해설
② 클리어 래커 : 안료를 배합하지 않은 것으로, 주로 목재면의 투명 도장에 쓰인다.
① 유성 페인트 : 보일유와 안료를 혼합한 것으로 붓바름 작업성 및 내후성이 뛰어나다.
③ 수성 페인트 : 안료와 아교 또는 카세인과 물을 혼합한 것으로 건조시간이 빠르며, 내산·내알칼리성이 우수하다.
④ 에나멜 페인트 : 안료, 유성 바니시, 건조제 등을 섞은 도료이다. 유성 페인트와 비교하여 건조시간, 광택, 경도, 도막의 평활 정도가 우수하다.

28 다음 중 수경성 미장재료로만 묶어 놓는 것은?

① 시멘트 모르타르, 테라초바름
② 테라초바름, 회반죽
③ 시멘트 모르타르, 회반죽
④ 석고 플라스터, 진흙

해설
미장재료의 분류
• 기경성 : 진흙, 회반죽, 돌로마이트 플라스터
• 수경성 : 시멘트 모르타르, 인조석바름, 테라초바름, 석고 플라스터
• 특수재료 : 리신바름, 러프코트, 모조석, 섬유벽, 아스팔트 모르타르, 마그네시아 시멘트

29 내알칼리성은 약하나 전기절연성, 내수성이 우수하며 덕트, 파이프, 접착제 등에 사용되는 열경화성수지는?

① 페놀수지
② 염화비닐수지
③ 초산비닐수지
④ 폴리에틸렌수지

해설
②·③·④는 모두 열가소성 수지에 해당한다.
페놀수지 : 석탄산과 포르말린의 축합반응에 의하여 얻어지는 합성수지로서 전기절연성, 내수성이 우수하며 덕트, 파이프, 접착제, 배전판 등에 사용되는 열경화성 수지이다.

30 네트워크 공정표에 관한 설명 중 옳지 않은 것은?

① 작성 및 검사가 용이하다.
② 공사 전체의 파악을 용이하게 할 수 있다.
③ 크리티컬 패스(critical path)는 전체 공기를 규제하는 작업과정이다.
④ 계획단계에서 공정상의 문제점이 명확하게 되어 작업 전에 적절히 수정할 수 있다.

해설
네트워크 공정표
• 공정별 작업 단위를 망형도로 표시하고 각 공사의 순서관계, 일정관계를 도해식으로 표시한 것이다.
• 공정관리가 편리하며, 작업원의 중점 배치가 가능하다.
• 다른 공정표에 비해 작성하는 데 시간이 많이 걸리며, 작성 및 검사에 특별한 기능이 필요하다.

정답 27 ② 28 ① 29 ① 30 ①

31 열린 여닫이문이 저절로 닫히게 하는 철물로서 여닫이문의 윗막이대와 문틀 상부에 설치하는 창호철물은?

① 크레센트
② 도어 클로저
③ 도어 스톱
④ 도어 홀더

해설
② 도어 클로저 : 열린 여닫이문이 저절로 닫히게 하는 철물로서 도어 체크라고도 한다.
① 크레센트 : 오르내리창 또는 미서기창용의 잠금 철물이다.
③ 도어 스톱 : 여닫이문이나 장지를 고정하는 철물이다.
④ 도어 홀더 : 문이 떨어지지 않도록 위아래에서 고정시킨 장치이다.

32 공정표에서 크리티컬 패스(critical path)의 설명으로 틀린 것은?

① 공정표상의 주공정선이다.
② 크리티컬 패스 중 한 작업구간이 늦어지면 그만큼 공사기간이 늘어난다.
③ 크리티컬 패스상의 각 소요일수의 합은 각 경로 중 작업일수가 가장 작은 값이 된다.
④ 크리티컬 패스상의 작업을 중심으로 공정관리를 진행하면 효과적이다.

해설
크리티컬 패스(한계경로)는 개시결합점에서 완료결합점에 이르는 최장경로를 말한다.

33 다음 중 콘크리트의 응결속도가 빨라지는 경우가 아닌 것은?

① 조강성의 시멘트를 사용할수록
② 동일 시멘트상에서 슬럼프가 클수록
③ 물-시멘트비가 작을수록
④ 골재나 물에 염분이 포함될수록

해설
슬럼프(slump)는 콘크리트 반죽의 정도를 측정하는 치수로 슬럼프가 낮을수록 응결속도가 빨라진다.

34 다음 중 슬럼프시험을 하는 가장 주된 목적은?

① 콘크리트 강도를 알기 위하여
② 공기량이 적절한지 파악하기 위하여
③ 응결속도를 알기 위하여
④ 시공연도가 적당한지 파악하기 위하여

해설
콘크리트의 슬럼프시험은 굳지 않은 콘크리트의 반죽질기를 측정하는 것으로, 워커빌리티(시공연도)를 판단하는 수단으로 사용된다.

35. 방수공사에서 아스팔트 품질 결정요소와 가장 거리가 먼 것은?

① 침입도 ② 신도
③ 연화점 ④ 마모도

해설
아스팔트의 품질검사 항목
- 침입도 : 모체에 아스팔트가 침입해 들어가는 비율
- 신도 : 아스팔트의 늘어나는 정도
- 연화점 : 가열하면 녹는 온도
- 감온비 : 아스팔트의 성질이 온도 변화에 따라 얼마나 민감한지 나타내는 지표
- 인화점 : 아스팔트를 가열할 때 휘발성 성분이 증발하여 불꽃이 순간적으로 붙는 최소 온도

36. 종이, 마직, 실크, 메탈 등 모든 질감의 표현이 가능하며 습기에 강해 주방, 욕실 및 세면장 벽면에도 사용되는 벽지는?

① 종이벽지 ② 비닐벽지
③ 섬유벽지 ④ 갈포벽지

해설
① 종이벽지 : 종이 위에 무늬와 색상을 프린팅한 벽지로 우리나라에서 가장 많이 사용한다.
③ 섬유벽지 : 여러 종류의 실을 이용하여 종이에 붙여 만든 벽지이다.
④ 갈포벽지 : 자연미가 있고 방음이 잘 되며, 색상이 부드러워 눈을 보호하는 장점이 있으나 다른 벽지에 비해 질감이 거칠고, 디자인이 다양하지 못하다.

37. 다음의 단열재료 중에서 가장 높은 온도에서 사용할 수 있는 것은?

① 세라믹파이버 ② 암면
③ 석면 ④ 글래스울

해설
세라믹파이버
- 1,000℃ 이상의 고온에도 견디는 섬유로, 가장 높은 온도에서 사용할 수 있다.
- 본래는 공업용 가열로의 내화단열재로 사용되어 왔으나 최근에는 건축용, 특히 철골의 내화피복재로 많이 사용되고 있다.

38. 공사원가계산서에 표기되는 비목 중 순공사원가에 해당되지 않는 것은?

① 직접재료비 ② 노무비
③ 경비 ④ 일반관리비

해설
순공사원가에 포함되지 않는 비목은 일반관리비, 이윤, 부가가치세이다.
순공사원가(직접공사비 + 간접공사비)
- 직접공사비 자재비, 노무비(임금, 급료, 잡급, 상여 수당), 외주비, 경비(건설공사 시 자재, 노무, 외주비를 제외한 비용) 등 공사 현장에서 직접적으로 사용되는 비용
- 간접공사비 : 각종 보험료 및 퇴직공제부금, 안전관리비, 환경보전비, 하도급 보증 수수료, 공사이행 보증 수수료 등 직접공사비 외에 공사 현장 운영에 필요한 비용

정답 35 ④ 36 ② 37 ① 38 ④

39 벽체 초벌 미장에 대한 검측 내용으로 옳지 않은 것은?

① 하절기에는 초벌 미장 후 살수양생을 검토한다.
② 벽체의 선형 및 평활도를 위하여 규준점을 설치한다.
③ 면 잡은 후 쇠빗 등으로 가늘고 고르게 긁어준다.
④ 신속한 건조를 위하여 통풍이 잘 되도록 조치한다.

해설
빠른 건조는 모르타르의 균열이나 접착 불량을 초래할 수 있으므로, 초벌 미장 후 습윤양생을 충분히 하여 급격한 건조를 방지해야 한다.

40 다음 내용이 설명하는 용어는?

> 완공된 시설물의 기능을 보전하고 시설물 이용자의 편의와 안전을 높이기 위하여 시설물을 일상적으로 점검·정비하고 손상된 부분을 원상복구하며 경과 시간에 따라 요구되는 시설물의 개량·보수·보강에 필요한 활동을 하는 것을 말한다.

① 유지관리 ② 안전관리
③ 감리   ④ 보수관리

해설
② 안전관리 : 재난이나 각종 사고로부터 사람의 생명, 신체 및 재산상의 피해를 예방하고, 안전한 환경을 조성하기 위해 계획적이고 체계적으로 수행하는 모든 활동을 말한다.
③ 감리 : 공사를 진행하는 시공업체가 설계도서와 관련 규정대로 공사를 진행하는지 발주처를 대신하여 관리, 감독, 지도하는 업무를 말한다.
④ 보수관리 : 설비되어 있는 기계, 장치의 마모, 부식, 균열 등의 결함을 시정하여 항상 올바른 능력과 상태를 유지할 수 있도록 감시하고, 또 이것을 정비·관리하도록 하는 것을 말한다.

제3과목 실내디자인 환경

41 다음 중 고온 환경에 대한 신체의 영향이 아닌 것은?

① 근육의 이완
② 체표면의 증가
③ 수분 및 염분의 감소
④ 화학적 대사작용의 증가

해설
고온 환경에서는 기초대사에 의한 체열 발생이 감소한다(화학적 조절).

42 인체의 열쾌적에 영향을 미치는 물리적 온열 4요소에 해당하지 않는 것은?

① 기온   ② 습도
③ 청정도   ④ 기류속도

해설
인체의 열쾌적에 영향을 미치는 물리적 온열 4요소 : 온도, 습도, 복사열, 기류

43 단위 면적당 표면에서 반사 또는 방출되는 광량을 무엇이라 하는가?

① 조도(照度)   ② 광속(光束)
③ 광도(光度)   ④ 명도(明度)

해설
① 조도 : 물체나 표면에 도달하는 빛의 단위 면적당 밀도(광의 밀도)를 나타낸다.
② 광속 : 빛에너지가 단위 입체각을 통과하는 비율을 말한다.
④ 명도 : 밝기의 정도를 나타낸다.

정답 39 ④ 40 ① 41 ④ 42 ③ 43 ③

44 다음 중 일반적으로 경계 및 경보 신호를 설계할 경우의 참고되는 지침으로 틀린 것은?

① 귀는 중음역에 가장 민감하므로 500~3,000Hz의 진동수를 사용한다.
② 장거리(300m 이상)용으로는 1,000Hz 이상의 진동수를 사용한다.
③ 신호가 장애물을 돌아가거나 칸막이를 사용할 때에는 500Hz 이하의 진동수를 사용한다.
④ 배경 소음의 진동수와 다른 신호를 사용한다.

해설
중음은 멀리 가지 못하므로 장거리(300m 이상)용으로는 1,000Hz 이하의 진동수를 사용한다.

45 주요 구조부를 내화구조로 하여야 하는 건축물에 해당되지 않는 것은?

① 해당 용도의 바닥 면적 합계가 500m²인 판매시설
② 해당 용도의 바닥 면적 합계가 600m²인 문화 및 집회시설 중 전시장
③ 해당 용도의 바닥 면적 합계가 2,000m²인 공장
④ 해당 용도의 바닥 면적 합계가 300m²인 창고시설

해설
건축물의 내화구조(건축법 시행령 제56조)
• 문화 및 집회시설 중 전시장 또는 동·식물원, 판매시설, 운수시설, 교육연구시설에 설치하는 체육관·강당, 수련시설, 운동시설 중 체육관·운동장, 위락시설(주점영업의 용도로 쓰는 것은 제외한다), 창고시설, 위험물저장 및 처리시설, 자동차 관련 시설, 방송통신시설 중 방송국·전신전화국·촬영소, 묘지 관련 시설 중 화장시설·동물화장시설 또는 관광휴게시설의 용도로 쓰는 건축물로서 그 용도로 쓰는 바닥 면적의 합계가 500m² 이상인 건축물
• 공장의 용도로 쓰는 건축물로서 그 용도로 쓰는 바닥 면적의 합계가 2,000m² 이상인 건축물

46 건축물의 건축주가 해당 건축물의 설계자로부터 구조 안전의 확인 서류를 받아 착공신고를 하는 때에 그 확인 서류를 허가권자에게 제출하여야 하는 대상의 기준으로 옳지 않은 것은?

① 층수가 2층(주요 구조부인 기둥과 보를 설치하는 건축물로서 그 기둥과 보가 목재인 목구조 건축물의 경우에는 3층) 이상인 건축물
② 높이가 13m 이상인 건축물
③ 처마 높이가 9m 이상인 건축물
④ 기둥과 기둥 사이의 거리가 9m 이상인 건축물

해설
구조 안전의 확인(건축법 시행령 제32조)
구조 안전을 확인한 건축물 중 다음의 어느 하나에 해당하는 건축물의 건축주는 해당 건축물의 설계자로부터 구조 안전의 확인서류를 받아 착공신고를 하는 때에 그 확인 서류를 허가권자에게 제출하여야 한다. 다만, 표준설계도서에 따라 건축하는 건축물은 제외한다.
• 층수가 2층(주요 구조부인 기둥과 보를 설치하는 건축물로서 그 기둥과 보가 목재인 목구조 건축물의 경우에는 3층) 이상인 건축물
• 연면적이 200m²(목구조 건축물의 경우 500m²) 이상인 건축물. 다만, 창고, 축사, 작물 재배사는 제외한다.
• 높이가 13m 이상인 건축물
• 처마 높이가 9m 이상인 건축물
• 기둥과 기둥 사이의 거리가 10m 이상인 건축물
• 건축물의 용도 및 규모를 고려한 중요도가 높은 건축물로서 국토교통부령으로 정하는 건축물
• 국가적 문화유산으로 보존할 가치가 있는 건축물로서 국토교통부령으로 정하는 것
• 한쪽 끝은 고정되고 다른 끝은 지지되지 아니한 구조로 된 보·차양 등이 외벽(외벽이 없는 경우에는 외곽 기둥을 말한다)의 중심선으로부터 3m 이상 돌출된 건축물 또는 특수한 설계·시공·공법 등이 필요한 건축물로서 국토교통부장관이 정하여 고시하는 구조로 된 건축물
• 건축법 시행령 별표 1 제1호의 단독주택 및 같은 표 제2호의 공동주택

정답 44 ② 45 ④ 46 ④

47 6층 이상의 거실 면적의 합계가 18,000m² 이상인 문화 및 집회시설 중 전시장의 승용 승강기 설치 대수로 옳은 것은?(단, 8인승 15인승 이하의 승강기)

① 6대 ② 7대
③ 8대 ④ 9대

해설
승용 승강기의 설치기준(건축물의 설비기준 등에 관한 규칙 별표 1의2)
문화 및 집회시설 중 전시장은 2대에 3,000m²를 초과하는 경우에는 그 초과하는 매 2,000m² 이내마다 1대를 더한 대수

$$\therefore \frac{18,000 - 3,000}{2,000} + 1 = 8.5 \rightarrow 9대$$

48 다음은 건축물의 최하층에 있는 거실(바닥이 목조인 경우)의 방습 조치에 관한 규정이다. ( ) 안에 들어갈 내용으로 옳은 것은?

> 건축물의 최하층에 있는 거실바닥의 높이는 지표면으로부터 ( ) 이상으로 하여야 한다. 다만, 지표면을 콘크리트바닥으로 설치하는 등 방습을 위한 조치를 하는 경우에는 그러하지 아니하다.

① 30cm ② 45cm
③ 60cm ④ 75cm

해설
거실 등의 방습(건축물의 피난·방화구조 등의 기준에 관한 규칙 제18조)
건축물의 최하층에 있는 거실(바닥이 목조인 경우만 해당한다) 바닥의 높이는 지표면으로부터 45cm 이상으로 하여야 한다. 다만, 지표면을 콘크리트 바닥으로 설치하는 등 방습을 위한 조치를 하는 경우에는 그러하지 아니하다.

49 건축법에 따라 계단에 대체하여 설치되는 경사로의 경사도는 최대 얼마를 넘지 않아야 하는가?

① 1 : 6 ② 1 : 8
③ 1 : 10 ④ 1 : 12

해설
계단의 설치기준(건축물의 피난·방화구조 등의 기준에 관한 규칙 제15조 제5항)
계단을 대체하여 설치하는 경사로는 다음의 기준에 적합하게 설치하여야 한다.
• 경사도는 1 : 8을 넘지 아니할 것
• 표면을 거친 면으로 하거나 미끄러지지 아니하는 재료로 마감할 것
• 경사로의 직선 및 굴절 부분의 유효 너비는 장애인·노인·임산부 등의 편의증진보장에 관한 법률이 정하는 기준에 적합할 것

50 방염성능기준 이상의 실내장식물 등을 설치하여야 하는 특정소방대상물에 해당되지 않는 것은?

① 아파트를 제외한 건축물로서 층수가 11층 이상인 것
② 방송통신시설 중 방송국
③ 건축물의 옥내에 있는 종교시설
④ 건축물의 옥내에 있는 수영장

해설
방염성능기준 이상의 실내장식물 등을 설치하여야 하는 특정소방대상물(소방시설 설치 및 관리에 관한 법률 시행령 제30조)
1. 근린생활시설 중 의원, 치과의원, 한의원, 조산원, 산후조리원, 체력단련장, 공연장 및 종교집회장
2. 건축물의 옥내에 있는 다음의 시설
   • 문화 및 집회시설
   • 종교시설
   • 운동시설(수영장은 제외)
3. 의료시설
4. 교육연구시설 중 합숙소
5. 노유자시설
6. 숙박이 가능한 수련시설
7. 숙박시설
8. 방송통신시설 중 방송국 및 촬영소
9. 다중이용업소
10. 1~9.까지의 시설에 해당하지 않는 것으로서 층수가 11층 이상인 것(아파트 등은 제외)

정답 47 ④ 48 ② 49 ② 50 ④

51 다음 설명에 알맞은 건축화 조명의 종류는?

> 광원을 넓은 면적의 벽면에 매입하여 비스타(vista)적인 효과를 낼 수 있으며 시선에 안락한 배경으로 작용한다.

① 광창조명　　② 광천장조명
③ 캐노피 조명　④ 코니스 조명

해설
② 광천장조명 : 천장 내부에 광원을 배치하는 방식으로 고조도가 필요한 곳에 설치하는 가장 일반적인 건축화 조명방식이다.
③ 캐노피 조명 : 천장면의 일부를 돌출시켜 조명하는 방식이다.
④ 코니스 조명 : 벽면의 상부에 위치하여 모든 빛이 아래로 직사하도록 하는 조명방식이다.

52 수작업을 위한 인공조명 중 가장 효율이 높은 방법은?

① 간접조명　　② 확산조명
③ 직접조명　　④ 투과조명

해설
직접조명은 빛의 90% 이상을 밝히고 싶은 면과 물건에 직접 비추는 방식으로 효율이 높고 경제적이다.

53 다음 중 감산혼합을 바르게 설명한 것은?

① 2개 이상의 색을 혼합하면 혼합한 색의 명도는 낮아진다.
② 가법혼색, 색광혼합이라고도 한다.
③ 2개 이상의 색을 혼합하면 색의 수에 관계없이 명도는 혼합하는 색의 평균 명도가 된다.
④ 2개 이상의 색을 혼합하면 색의 수에 관계없이 무채색이 된다.

해설
색의 혼합
• 감산혼합(색료혼합) = 감법혼합, 마이너스 혼합
• 가산혼합(색광혼합) = 가법혼합, 플러스 혼합

54 다음 (　) 안에 들어갈 용어를 순서대로 짝지은 것은?

> 일반적으로 모니터상에서 (　)형식으로 색채를 구현하고, (　)에 의해 색채를 혼합한다.

① RGB - 가법혼색　　② CMY - 가법혼색
③ Lab - 감법혼색　　④ CMY - 감법혼색

해설
가산혼합(가색혼합, 가법혼색)
• 빛의 혼합으로 색광혼합이라고 한다.
• 색광혼합의 3원색은 빨강(R), 녹색(G), 파랑(B)이며, 혼합할수록 명도가 높아진다.
• 원색 인쇄의 색분해, 스포트라이트(spot light), 컬러 TV, 기타 조명 등에 사용된다.

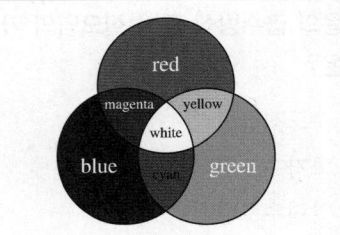

• 파랑(B) + 녹색(G) = 청록(C)
• 녹색(G) + 빨강(R) = 노랑(Y)
• 파랑(B) + 빨강(R) = 자주(M)
• 파랑(B) + 녹색(G) + 빨강(R) = 백색(W)

55 다음 설명에 가장 알맞은 급수방식은?

- 위생성 및 유지·관리 측면에서 가장 바람직한 방식이다.
- 정전으로 인한 단수의 염려가 없다.
- 고층으로의 급수가 어렵다.

① 고가탱크방식 ② 압력탱크방식
③ 플래시밸브방식 ④ 수도직결방식

해설
급수방식 종류
- 수도직결방식
  - 위생성 및 유지·관리 측면에서 가장 바람직한 방식이다.
  - 설비비가 저렴하고, 소규모 건물에 적합하다.
- 고가수조(탱크)방식
  - 일반적으로 하향 급수 배관방식이 사용된다.
  - 대규모의 급수 수요에 쉽게 대응할 수 있다.
- 압력수조(탱크)방식
  - 국부적 고압이 필요할 때 적합하다.
  - 탱크가 없어 구조 강화의 필요성이 없다.
- 펌프직송방식
  - 급수펌프로 저수조 내의 상수를 필요한 곳에 직접 급수하는 방식이다.
  - 펌프운전방식에 따라 정속방식과 변속방식으로 분류할 수 있다.

56 다음의 급수방식 중 수질오염의 가능성이 가장 큰 것은?

① 수도직결방식
② 고가수조방식
③ 압력수조방식
④ 펌프직송방식

해설
고가수조(탱크)방식은 저수시간이 길어지면 수질이 나빠지기 쉽다(녹, 슬러지 등으로 수질 오염의 가능성이 가장 크다).

57 전기설비용 시설공간(실)의 계획에 관한 설명으로 옳지 않은 것은?

① 변전실은 부하의 중심에 설치한다.
② 발전기실은 변전실에서 최소 15m 이상 떨어진 위치에 배치한다.
③ 변전실은 외부로부터 전력의 수전이 용이한 곳에 설치한다.
④ 전기샤프트는 간선의 배선과 점검·유지보수가 용이한 장소로 한다.

해설
발전기실은 변전실과 인접하도록 배치하고, 냉각수 공급, 연료의 공급, 급기 및 배기 용이성, 연도와의 관계 등을 고려하여 위치를 선정하여야 한다.

58 변전실의 위치 결정 시 고려할 사항으로 옳지 않은 것은?

① 발전기실, 축전기실과 인접한 장소일 것
② 외부로부터 전원의 인입이 편리할 것
③ 기기를 반입, 반출하는 데 지장이 없을 것
④ 부하의 중심위치에서 멀 것

해설
변전설비를 설치할 때 부하의 중심(동력설비 용량 분포, 조명설비 용량 분포를 감안)에 설치하는 것이 바람직하다.
변전실 위치 선정 시 고려해야 할 사항
- 부하의 중심에 가깝고 배전에 편리한 장소일 것
- 외부로부터 전원의 인입이 편리할 것
- 기기를 반입, 반출하는 데 지장이 없을 것
- 지반이 좋고 침수 등의 재해가 일어날 염려가 없을 것
- 천장 높이는 4m 이상으로 할 것
- 발전기실, 축전지실과 인접한 장소일 것
- 습기나 먼지, 염해나 유독가스의 발생이 적은 장소일 것
- 주위에 화재, 폭발 등의 위험성이 적은 장소일 것
- 장래의 부하증설을 고려할 것
- 종합적으로 경제적일 것

59 소방시설 중 소화활동설비에 해당되는 것은?

① 비상콘센트설비
② 피난사다리
③ 비상조명등
④ 공기안전매트

해설
②·③·④는 피난설비에 해당된다.
소방시설(소방시설 설치 및 관리에 관한 법률 시행령 별표 1)
- 소화설비 : 소화기구, 자동소화장치, 옥내소화전설비, 스프링클러설비 등, 물분무 등 소화설비, 옥외소화전설비
- 경보설비 : 단독경보형 감지기, 비상경보설비, 자동화재탐지설비, 시각경보기, 화재알림설비, 비상방송설비, 자동화재속보설비, 통합감시시설, 누전경보기, 가스누설경보기
- 피난설비 : 피난기구, 인명구조기구, 유도등, 비상조명등 및 휴대용 비상조명등
- 소화용수설비 : 상수도소화용수설비, 소화수조·저수조, 그 밖의 소화용수설비
- 소화활동설비 : 제연설비, 연결송수관설비, 연결살수설비, 비상콘센트설비, 무선통신보조설비, 연소방지설비

60 방염대상물품의 방염성능기준으로 옳지 않은 것은?

① 버너의 불꽃을 제거한 때부터 불꽃을 올리며 연소하는 상태가 그칠 때까지 시간은 20초 이내
② 버너의 불꽃을 제거한 때부터 불꽃을 올리지 아니하고 연소하는 상태가 그칠 때까지 시간은 20초 이내
③ 탄화한 면적은 50cm^2 이내, 탄화한 길이는 20cm 이내
④ 불꽃에 의하여 완전히 녹을 때까지 불꽃의 접촉 횟수는 3회 이상

해설
방염대상물품 및 방염성능기준(소방시설 설치 및 관리에 관한 법률 시행령 제31조)
- 버너의 불꽃을 제거한 때부터 불꽃을 올리며 연소하는 상태가 그칠 때까지 시간은 20초 이내일 것
- 버너의 불꽃을 제거한 때부터 불꽃을 올리지 않고 연소하는 상태가 그칠 때까지 시간은 30초 이내일 것
- 탄화한 면적은 50cm^2 이내, 탄화한 길이는 20cm 이내일 것
- 불꽃에 의하여 완전히 녹을 때까지 불꽃의 접촉 횟수는 3회 이상일 것
- 소방청장이 정하여 고시한 방법으로 발연량을 측정하는 경우 최대 연기밀도는 400 이하일 것

우리 인생의 가장 큰 영광은 결코 넘어지지 않는 데 있는 것이 아니라
넘어질 때마다 일어서는 데 있다.

– 넬슨 만델라 –

Win-Q 실내건축산업기사 필기

개정2판1쇄 발행	2026년 01월 05일 (인쇄 2025년 08월 12일)
초 판 발 행	2024년 02월 05일 (인쇄 2023년 12월 28일)
발 행 인	박영일
책 임 편 집	이해욱
편 저	최광희
편 집 진 행	윤진영, 김달해, 권기윤
표지디자인	권은경, 길전홍선
편집디자인	정경일
발 행 처	(주)시대고시기획
출 판 등 록	제10-1521호
주 소	서울시 마포구 큰우물로 75 [도화동 538 성지 B/D] 9F
전 화	1600-3600
팩 스	02-701-8823
홈 페 이 지	www.sdedu.co.kr

I S B N	979-11-383-9789-6(13540)
정 가	32,000원

※ 저자와의 협의에 의해 인지를 생략합니다.
※ 이 책은 저작권법의 보호를 받는 저작물이므로 동영상 제작 및 무단전재와 배포를 금합니다.
※ 잘못된 책은 구입하신 서점에서 바꾸어 드립니다.